Konrad Sattler

Lehrbuch der Statik

Theorie und ihre Anwendung

Zweiter Band

Höhere Berechnungsverfahren

Teil B: Stabilität und Schwingungen

Springer-Verlag Berlin Heidelberg GmbH 1975

Dr.-Ing. Dr. techn. h.c. Konrad Sattler

o. Professor an der Technischen Hochschule in Graz
M. I. Struct. E., Chartered Structural Engineer, London

Mit 400 Abbildungen

ISBN 978-3-642-52186-7   ISBN 978-3-642-52185-0 (eBook)
DOI 10.1007/978-3-642-52185-0

Vorwort

Während im Band I die klassischen, grundlegenden Methoden der Statik ebener Stab- und Fachwerke enthalten sind, werden im Band II eine Reihe von besonderen Gebieten der Statik behandelt, deren Beherrschung für einen verantwortlich arbeitenden Ingenieur von Vorteil ist. Es handelt sich dabei sowohl um Verfahren zur Ermittlung von Schnittbelastungen (Bd. II A) als auch um solche zur Bestimmung von Eigenwerten (Bd. II B), wie sie bei Stabilitätsproblemen und bei Fragen der Eigenschwingungen zur Anwendung kommen.

Ein wesentlicher Teil dieses Werkes betrifft räumliche Stab- und Fachwerke. Letztere werden vorteilhaft unter Verwendung der Vektoren-, Dyaden- und Matrizenrechnung erfaßt. Ein kurzer Auszug der wesentlichen, aber vielfältig anwendbaren Operationen mit Vektoren, Dyaden und Matrizen bildet daher den Beginn des Werkes.

Aus den Schnittbelastungen erhält der Ingenieur über die Spannungsermittlung einen Einblick über die Beanspruchungen und die Sicherheit der Konstruktionen, wobei sowohl ebene als auch räumliche Spannungszustände Berücksichtigung finden müssen. Die Aussagen über Anstrengungshypothesen weisen jedoch einen wesentlich größeren Streubereich auf, als die Ermittlung der Schnittbelastungen, die genauer erfaßt werden können. Ein eigenes zusammenfassendes Kapitel gibt sowohl Einblick in die Berechnung ebener und räumlicher Spannungszustände aus den Schnittbelastungen, als auch eine Gegenüberstellung der verschiedenen Anstrengungshypothesen, damit der Ingenieur sich selbst ein Urteil über die vielen damit verbundenen schwierigen Probleme bilden kann.

Die Torsion und die sich daraus ergebenden Spannungen werden — wegen ihrer besonderen Bedeutung — in einem eigenen Kapitel behandelt.

Die Kapitel über Trägerroste und Rautenfachwerke zeigen, wie mit geringem Aufwand vielfach statisch unbestimmte Systeme mit einfachen Näherungsberechnungen erfaßt werden können, wobei deren Ergebnisse nur wenige Prozent von den genauen Werten abweichen.

In den Kapiteln über die Stabilität und die Schwingungen wird gezeigt, wie nicht nur Einzelstäbe, sondern beliebige ebene und räumliche Systeme im elastischen und plastischen Bereich erfaßt werden können, wobei genauen Methoden wieder einfache Näherungsberechnungen gegenübergestellt werden.

Obwohl in diesem Werk nur Teilgebiete der Statik aufgenommen werden konnten, wird darin eine Vielfalt der verschiedensten Methoden geboten, die auch bei immer wieder neu auftretenden Problemen sinngemäß zur Anwendung kommen können. Sie werden daher dem Ingenieur bei der Schaffung neuer Konstruktionen eine Hilfe sein können, um die volle Verantwortung für deren Sicherheit zu tragen.

Zahlenbeispiele zeigen zu allen Kapiteln die Anwendung der Theorien.

Mit den vier Bänden I A und B, II A und B ist ein Werk abgeschlossen, das einen großen Bereich der Statik ebener und räumlicher Tragwerke erfaßt. Dieses soll eine zusammenfassende Grundlage zu den anderweitigen, modernen Werken über Flächentragwerke und Finite Elemente bilden. Ein Ingenieur, der Stab- und Fachwerke voll beherrscht und sich auch über Anstrengungsprobleme Rechenschaft geben kann, wird sich auch in anderen Bereichen zurecht finden.

Von den angegebenen Entwicklungen sind manche während meiner langen Tätigkeit als Hochschullehrer an der Technischen Universität Berlin und der Technischen Hochschule in Graz — die nun zu Ende geht — entwickelt worden. Während dieser ganzen Zeit war ich im ständigen Gedankenaustausch mit meinen jeweiligen Assistenten, die auch die umfangreichen Zahlenrechnungen durchgeführt haben. Sie sind somit wesentlich am Zustandekommen dieses Werkes beteiligt. So danke ich als erstes meinen ehemaligen und jetzigen Mitarbeitern, den Herren:

Civ. Eng. Dr.-Ing. Hk. Bandel, New York;
Baurat Dr. techn. W. Gobiet, Graz;
Dr. techn. G. Gsell, Linz;
Prüf. Ing. Dr.-Ing. S. Krug, Aachen;
Prok. Dr.-Ing. K. Kunert, Mainz;
Dr. techn. K. Matz, Graz;
Prof. Dr. techn. W. Mudrak, Wien;
Ziv. Ing. Dr. techn. H. Passer, Innsbruck;
Prok. Dr.-Ing. E. Schaber, Saarlouis;
Dir. Dr.-Ing. H. J. Schrader, Hannover;
Dr. techn. H. Spener, München;
Prof. Dr.-Ing. P. Stein, Wien;
Prof. Dr.-Ing. W. Steinbach, Hannover;
Dr. techn. H. Steiner, Linz;
Dr. techn. T. Szyszkowitz, Graz;
Dr. techn. L. Wagner, Frankfurt;
Dr. techn. W. Walluschek-Wallfeld, Graz.

Von diesen Herren wurden interessante Dissertationen am Institut angefertigt, deren Ergebnisse zu großen Teilen in diesem Werk aufgenommen wurden.

Dies betrifft auch die Dissertationen der Herren Dr. techn. W. Jeltsch und Dr. techn. F. Tschemmernegg. Ich danke auch Herrn Dipl.-Ing. R. Kersten für seine Zustimmung, daß ein kurzer Auszug des Reduktionsverfahrens aus seinem Buch aufgenommen werden konnte. Meinem Assistenten Dipl.-Ing. H. Adelsberger gebührt mein Dank für die Mitarbeit bei der Fertigstellung dieses Buches.

Dieses Buch habe ich in großer Dankbarkeit meiner Frau gewidmet, denn sie hat durch eine lange Lebenszeit hindurch, unter Inkaufnahme manchen Verzichtes, mir die günstigen Voraussetzungen zu einer gedeihlichen wissenschaftlichen Arbeit geschaffen.

Besonderer Dank gebührt dem Springer-Verlag für die Drucklegung und schöne Ausstattung dieses Buches.

Graz, im Sommer 1974

Konrad Sattler

Inhaltsverzeichnis

II. Stabilität räumlicher Tragwerke

Inhaltsübersicht von Band II A

   I. Grundlagen der Vektor-, Dyaden- und Matrizenrechnung

  II. Spannungen, Verzerrungen, Formänderungsarbeit, Anstrengungshypothesen

 III. Torsion

 IV. Pfahlrost mit starrer Fundamentplatte (Dyaden-Methode)

  V. Ebene Stabwerke (Matrizen-Methode)

 VI. Rautenfachwerke

VII. Räumliche Stabwerke (Matrizen-Methode)

VIII. Räumliche Fachwerke

 IX. Trägerroste

Tafeln A bis E

Wesentliche Bezeichnungen

Querschnittswerte

F	Fläche;
J	Trägheitsmomente (z. B. J_1, J_x, J_{xy} usw.);
W	Widerstandsmoment;
S_e	Statisches Moment einer Teilfläche;
$\tilde{S}_e = S_e + C_g$	($C_g =$ Integrationskonstante);
i	Trägheitsradius;
J_d	Drillungswiderstand;
ω	Einheitsverwölbungen (auf den Schubmittelpunkt bezogen);
$C_m = J_{\omega\omega} = \int \omega^2 \, \mathrm{d}F$	Wölbwiderstand;
$S_\omega = \int \omega \, \mathrm{d}F$	sektorielles statisches Moment;
$\tilde{S}_\omega = S_\omega + C_\omega$	($C_\omega =$ Integrationskonstante);
$J_{\omega x} = \int \omega x \, \mathrm{d}F$; $J_{\omega y} = \int \omega y \, \mathrm{d}F$;	
k	Schubkonstante.

Allgemeine Größen

$E; G$	Elastizitätsmodul, Schubmodul;
$\varepsilon; \gamma; \sigma; \tau$	Dehnungen, Schiebungen, Zug-Druckspannungen, Schubspannungen;
${}^0\tau; {}^s\tau; \tilde{\tau}$	Schubspannungen für dünnwandige Querschnitte (^{0} offener Querschnitt, ^{s} Hohlquerschnitt, $\tilde{\ }$ sekundäre Spannungen);
t	Schubkraft;
m	Poisson-Konstante, $\nu = \dfrac{1}{m}$;
e	Räumliche Dehnung;
σ_m	Mittlere räumliche Spannung (hydraulischer Druck);
s_{i-k}	Länge des Stabes $i - k$;
Δs_{i-k}	Längenänderung des Stabes $i - k$;
$\lambda = \dfrac{s_{i-k}}{i}$	Schlankheit;
A_i	Formänderungsarbeit;
$A_\ddot{a}$	Äußere Arbeit;
${}^v A$	virtuelle Arbeit;
$k_{i,k} = \dfrac{J_{i,k}}{s_{i-k}}$	
$s_{i,k}; {}^0 s_{i,k}; {}^s s_{i,k}; {}^a s_{i,k}$	Steifigkeiten eines Stabes $i - k$ (beiderseits eingespannte Knoten, einseitig Gelenkknoten, Symmetrie, Antimetrie);
f	Federkonstante;
$\mu_{i,k}$	Verteilungszahl für Momentenausgleich aus Knotendrehung;
$\nu_{i,k}$	Verteilungszahl für Momentenausgleich aus Stockwerksverschiebung;
μ_{i-k}	Fortleitungszahl bei Momentenausgleich;
α_T	Wärmeausdehnungszahl für 1 °C;
γ	spezifisches Gewicht.

Vektoren und Matrizen

$\mathfrak{r}; \mathfrak{v}; \mathfrak{d}; \mathfrak{P}; \mathfrak{M}$	Vektoren (Strecken, Verschiebungen, Drehungen, Kräfte, Momente);
$r; v^*; d^*; P; M$	Absolutwerte von Vektoren;
e	Einheitsvektor;
$\mathfrak{a} \cdot \mathfrak{b}$	Skalares Produkt;
$\mathfrak{a} \times \mathfrak{b}$	Vektorprodukt;
$(\mathfrak{a} \times \mathfrak{b}) \cdot \mathfrak{c} = \lvert \mathfrak{a}\, \mathfrak{b}\, \mathfrak{c} \rvert$	Gemischtes Produkt;
$\{\mathfrak{a}\mathfrak{b}\}$	dyadisches Produkt;
$x; s$ usw.	Spaltenvektoren;
$x^T; s^T$ usw.	Zeilenvektoren;
$\mathbf{A}; \mathbf{B}; \boldsymbol{\Phi}$ usw.	Matrizen, Dyaden;
$\mathbf{A}^T$	Transformierte Matrix;
$\mathbf{A}^{-1}$	Kehrmatrix;
$\mathbf{\check{A}}$	Diagonalmatrix;
$\mathbf{A} \cdot x$	Produkt einer Matrix mit einem Spaltenvektor;
$x^T \cdot \mathbf{A}$	Produkt einer Matrix mit einem Zeilenvektor;
$\mathbf{F} = \mathbf{A} \cdot \mathbf{B} \cdot \mathbf{C}$	Matrizenprodukt.

Belastungen

$g; p; q$	Belastungen je Längeneinheit;
$m; m_t$	Momentenbelastung je Längeneinheit (Biege-Torsions-momente);
$P; {}^{\ddot{a}}M$	Absolutwerte der Belastung;
$\mathfrak{P}; {}^{\ddot{a}}\mathfrak{M}$	Vektoren der Belastung.

Schnittbelastungen, Verformungen, Arbeiten ebener Systeme

$M; N; Q; S_{i-k}$	Moment, Längskraft, Querkraft, Stabkraft für Stab $i - k$ für statisch bestimmte Systeme;
$M_d; T_s; T_\omega$	Torsionsmomente ($_s$ = Saint Venant Torsion, $_\omega$ = Wölbkrafttorsion);
$u; w; \varphi; \vartheta$ usw.	Verschiebungen, Drehungen, Verdrehung für statisch bestimmte Systeme;
$\varphi_i; \varphi_k; \psi_{i-k}$	Drehung des Knotens i, des Knotens k und Sehnendrehung des Stabes $i - k$;
X	Statisch unbestimmte Größen der Schnittbelastungsmethode;
Y	Statisch unbestimmte Lastgruppengrößen der Schnittbelastungsmethode;
W	Elastische Gewichte;
${}^W M; {}^W N; {}^W Q; {}^W S_{i-k}$	Schnittbelastungen aus W-Gewichtsbelastungen;
${}^v M; {}^v N; {}^v Q; {}^v S_{i-k}$	Schnittbelastungen aus virtueller Belastung;
$a_{i,i}; a_{i,k}; a_{B,i}$ usw.	Virtuelle Arbeiten der Schnittbelastungsmethode (aus Einheitszuständen und Belastungszuständen);
${}^i a_i; {}^k a_i; a_{B,i}; {}^i a_{i-k}$ usw.	Virtuelle Arbeiten der Deformationsmethode (aus Einheitszuständen und Belastungszuständen);
$M'_{i\,k}; M'_{k,i}$	Momente infolge Knotendrehungen (Momentenausgleich);
$M''_{i,k}$	Momente infolge Sehnendrehungen (Momentenausgleich);
$V_{i,i}; V_{B,i}$	Stabkräfte in Festhaltestäben (Verfahren Ostenfeld).

Belastungen, Schnittbelastungen, Verformungen, Matrizen usw. für räumliche Systeme

Index ^{q}	bezieht sich auf das q-System mit den Richtungen 1, 2 und 3 der Stabachse und der Hauptträgheitsachsen senkrecht zur Stabachse;
Index ^{p}	bezieht sich auf das p-System mit den Richtungen x, y, z;
${}^q\mathfrak{P}; {}^p\mathfrak{P}; {}^{q,\ddot{a}}\mathfrak{M}; {}^{p,\ddot{a}}\mathfrak{M}$	Äußere Lasten, Momente;
$\mathfrak{S}_{i-k}$	Stabkraft im Stab $i - k$ (Vektor);

${}^{p}\mathfrak{S}_i$; ${}^{q}\mathfrak{S}_i$	Stützbelastung im Knoten i aus Wirkung eines Stabes $i-k$;
${}^{q}\mathfrak{V}_i$; ${}^{p}\mathfrak{V}_i$	Stützbelastung im Knoten i senkrecht zur Stabachse $i-k$; aus Wirkung eines Stabes $i-k$;
${}^{q}\mathfrak{M}$; ${}^{q}\mathfrak{N}$; ${}^{q}\mathfrak{Q}$; ${}^{p}\mathfrak{M}$; ${}^{p}\mathfrak{N}$; ${}^{p}\mathfrak{Q}$	Schnittbelastungen (Moment, Längskraft, Querkraft);
${}^{q}\mathfrak{v}_i$; ${}^{q}\Phi_i$; ${}^{p}\mathfrak{v}_i$; ${}^{p}\Phi_i$ usw.	Knotenverschiebungen, Knotendrehungen (Vektoren);
$\mathbf{R}_{i,k}$; $\mathbf{R}_{i,k}^{T}$	Rotationsmatrizen zur Transformation von Belastungen, Schnittbelastungen und Verformungen vom q- ins p-System und umgekehrt;
${}^{q}\mathbf{K}_{i,i}$; ${}^{q}\mathbf{K}_{k,i}$; ${}^{q}\mathbf{D}_{i,i}$; ${}^{q}\mathbf{E}_{i,i}$; ${}^{q}\mathbf{L}_{i,k}$; ${}^{q}\mathbf{E}_{k,i}$; ${}^{p}\mathbf{K}_{ii}$; ${}^{p}\mathbf{D}_{ii}$ usw.	Steifigkeitsmatrizen der Deformationsmethode für Stäbe $i-k$;
${}^{p}\mathbf{K}_i$; ${}^{p}\mathbf{D}_i$; ${}^{p}\mathbf{E}_i$; ${}^{p}\mathbf{L}_i$	Summen von Steifigkeitsmatrizen für Knoten i.

Statisch bestimmte Systeme, statisch unbestimmte Systeme, statisch unbestimmte Grundsysteme

Die Schnittbelastungen und Verformungen werden für alle Verfahren einheitlich bezeichnet.

M; N; S_{i-k}; w; φ; $\mathfrak{S}_{i-k}$; $\mathfrak{M}$; W usw.	Statisch bestimmte Systeme (ohne besondere Kennzeichnung);
$\tilde{M}$; $\tilde{N}$; $\tilde{S}_{i-k}$; $\tilde{w}$; $\tilde{\mathfrak{M}}$; $\tilde{W}$ usw.	Statisch unbestimmte Grundsysteme (mit $\tilde{}$);
$\tilde{M}*$ usw.	Statisch unbestimmte Grundsysteme nach Momentenausgleich (mit $\tilde{}*$);
$\overline{M}$; $\overline{Q}$; $\overline{S}_{i-k}$; $\overline{v}$; $\overline{\mathfrak{M}}$; $\overline{W}$ usw.	Statisch unbestimmte Systeme (mit $\overline{}$);
${}^{o}S_{i-k}$; ${}^{o}M_i$	Stabkraft, Moment am Ersatzsystem (Schnittbelastungsvertauschung).

Trägerroste

α; $\alpha*$	Torsionssteifigkeitsfaktor;
ϑ; $\vartheta*$	Roststeifigkeitsfaktor;
$K_{i,a;0}$; $K_{i,a;\alpha}$ usw.	Lastverteilungsfaktoren ohne, mit Torsionssteifigkeit;
$k_{i,a;0}$; $k_{i,a;\alpha}$ usw.	Querverteilungseinflußlinie ohne, mit Torsionssteifigkeit;
$\overline{k}_{i,a;0}$; $\overline{k}_{i,a;\alpha}$ usw.	Querverteilungseinflußlinie, wenn die Randträger ein anderes Trägheitsmoment als die Mittelträger aufweisen;
ζ'; ζ''; $\overline{\zeta}'$; $\overline{\zeta}''$	Zerlegung von k bzw. $\overline{k}$ in symmetrische und antimetrische Anteile;
h'	Querverteilungseinflußlinie für Sekundäreinfluß bei großen Abständen der lastverteilenden Querträger;
$\tilde{M}$	Sekundär-Momente des an den Querträgern starr gestützten Systems.

Allgemeines (Bezeichnungen und Indizierung)

$[\ ]$	Zustände, (z.B. $[M_{H=1}]$, Zustandslinie der Momente infolge $H=1$);
„ "	Einflußlinien (z.B. „S_{3-4}", „M_2", Einflußlinie der Stabkraft des Stabes $3-4$, bzw. des Momentes im Punkt 2);
$s_i = \begin{pmatrix} M_i \\ N_i \\ Q_i \end{pmatrix}$; $s^{T} = (M_i; N_i; Q_i)$	Spalten- und Zeilenvektor;
$\mathbf{A} = \begin{vmatrix} a_{11}\ a_{12} \cdots a_{1n} \\ a_{21} \cdots\cdots a_{2n} \\ \vdots \\ a_{m1} \cdots\cdots a_{mn} \end{vmatrix}$	Matrix;
$\det A = \begin{vmatrix} 3 & 1 & -2 \\ 2 & 4 & 3 \\ 1 & -3 & 0 \end{vmatrix} = 50$	Wert einer Determinante;

$$\mathbf{u}_k = \begin{pmatrix} u_{kx} \\ u_{ky} \\ u_{kz} \end{pmatrix}; \quad \mathbf{e}_2 = \begin{pmatrix} e_{2,x} \\ e_{2,y} \\ e_{2,z} \end{pmatrix}$$

Vektor $\mathbf{u}$ und Einheitsvektor in Richtung der Hauptträgheitsachse 2;

$$\mathbf{B}_k = \{\mathbf{u}_k\,\mathbf{e}_2\} = \begin{Bmatrix} u_{kx}e_{2x} & u_{kx}e_{2y} & u_{kx}e_{2z} \\ u_{ky}e_{2x} & u_{ky}e_{2y} & u_{ky}e_{2z} \\ u_{kz}e_{2x} & u_{kz}e_{2y} & u_{kz}e_{2z} \end{Bmatrix} \quad \text{Dyade.}$$

Bei mehrfacher Indizierung wird zuerst die Ursache der Entstehung des betreffenden Wertes und dann die Art seines Auftretens angegeben bzw. die Größe eines Wertes und seine Komponente.

$P_{2,x}$	Komponente der Kraft P_2 in Richtung x;
$e_R; e_{R,z}$	Einheitsvektor der Resultierenden R, Komponente in Richtung z;
$M_{R,m;x}$	Moment der Resultierenden R um den Punkt m in Richtung x;
J_1	Trägheitsmoment um die Achse 1;
$S_{A_0=1;2-3}$	Stabkraft infolge $A_0 = 1$ im Stab $2-3$;
$^{o}S_{T_1=1;E_2}$	Stabkraft infolge $T_1 = 1$ im Ersatzstab E_2 am Ersatzsystem;
$^{W}S_{3;4-5}$	Stabkraft infolge W-Gewichtsbelastung für Punkt 3, im Stab $4-5$;
$M_{B;i,r}$	Moment aus Belastungszustand $[B]$ im Punkt i, rechts;
$X_{B,3}$	Unbekannte X_3 aus der Belastung B;
$\tilde{M}_{B,i;i,k}$	Moment im Knoten i des beiderseits eingespannten Stabes $i - k$ infolge Belastung B;
$^{1}\psi_{4-5}$	Sehnendrehung des Stabes $4-5$ infolge Einheitsverschiebung $\varDelta_1 = 1$;
$^{3}\tilde{M}_{P,1;1,2}$	Starreinspannmoment des Stabes $1-2$ in Richtung 3 im Punkt 1 infolge P;
$^{2}\overline{M}_{B,1;1,2}$	Endgültiges Moment des Stabes $1-2$ im Punkt 1 in Richtung 2 infolge Belastung B;

$$^{q}\mathbf{K}_{1,1;1,2} = \begin{bmatrix} 11\,165 & 0 & 0 \\ 0 & 120\,000 & 0 \\ 0 & 0 & 46\,875 \end{bmatrix}$$

Steifigkeitsmatrix für Stab $1-2$ im Knoten 1 bei Drehung des Knotens 1 im q-System;

$$^{q}\overline{\mathfrak{S}}_{B,1;1,2} = \begin{pmatrix} -2,20 \\ +2,49 \\ +3,30 \end{pmatrix}$$

Endgültige Belastung des Knotens 1 infolge Belastung B durch Stab $1-2$;

$M_{B;b}; w_{B;n}$	erster Index gibt die Wirkung, zweiter Index den Ort an;
$k_{1,2;0}$	Querverteilungseinflußlinienordinate für den Träger 2 bei Laststellung am Träger 1 für torsionsfreien Trägerrost;
$,,\overline{M}_{b;a,5}``$	Einflußlinie für das Moment im Punkt 5 des Trägers a, bei Laststellung auf Träger b eines Trägerrostes.

Maßeinheiten, Dimensionen

In Bd. I A, S. 19, ist auf die Beziehungen zwischen den bisher üblichen technischen Maßsystemen und den physikalischen Maßsystemen hingewiesen worden und es sind die Größen Kilopond [kp], dyn und Newton [N] erläutert.

Mit Rücksicht auf die Einheitlichkeit der Bände I und II des Lehrbuches mit den vielen Zahlenbeispielen und mit Rücksicht darauf, daß die Größen [kg] (Kilogramm) und [t] (Tonnen) aus der Praxis des Bauingenieurwesens noch nicht wegzudenken sind und die vorhandene Literatur des Bauingenieurwesens noch darauf basiert, ist es erforderlich, dieses Maßsystem auch beim II. Band beizubehalten.

Nachfolgend werden jedoch tabellarisch die Zusammenhänge zwischen den einzelnen Maßsystemen angegeben, so daß die Umrechnung bzw. Umbezeichnung vom einen System in das andere ohne Schwierigkeiten erfolgen kann.

Umrechnung von derzeit üblichen technischen Maßsystemen in das SI-System

Belastungen, Schnittbelastungen	Kraft	0,1 kg = 0,1 kp = 1 N 1 kg = 1 kp = 10 N 100 kg = 100 kp = 1 kN 1 t = 1 Mp = 10 kN 100 t = 100 Mp = 1 MN
	Moment	0,1 kgm = 0,1 kpm = 1 Nm 1 kgm = 1 kpm = 10 Nm 100 kgm = 100 kpm = 1 kNm 1 tm = 1 Mpm = 10 kNm 100 tm = 100 Mpm = 1 MNm
Spannungen, Festigkeiten, Moduli		1 kg/cm² = 10 t/m² = 1 kp/cm² = 0,1 N/mm² 10 kg/cm² = 10 kp/cm² = 1 N/mm² = 1 MN/m² = 1 MPa 1 t/cm² = 1 kp/cm² = 100 N/mm² = 100 MN/m² 1 t/m² = 0,1 kg/cm² = 0,1 kp/cm² = 10 kN/m²
Steifigkeiten		1 kg cm² = 1 kp cm² = 0,1 N mm² 10 kg cm² = 10 kp cm² = 1 N mm² = 1 MN m²

Bezeichnungen: k Kilo = 10^3 kg Kilogramm
           M Mega = 10^6 kp Kilopond
           1 Pa = 1 N/m²   t Tonne
                        N Newton
                        Pa Pascal

Die obigen Angaben gelten in sehr guter Näherung, da nach Bd. I A, S. 19 die Beziehung gilt: 1 kp = 9,80665 N.

Stabilität

$$\lambda = \frac{s}{i}$$ Schlankheit

σ_p Spannungen an der Proportionalitätsgrenze

σ_F Spannungen an der Fließgrenze

σ_{ki} ideelle Knickspannung

σ_{kr} kritische Knickspannung

P_{ki}, P_{kr}, P_d, P_E ideelle −, kritische −, Dreh-, Euler-Knicklast

$P_{ki,el}, \sigma_{ki,el}$ usw.   Werte im elastischen Bereich

$P_{ki,pl}, \sigma_{kr,pl}$ usw.   Werte im plastischen Bereich

ν Sicherheitsfaktor

T, T^* Modul, ideeller Modul im plastischen Bereich

ω Knickbeiwert nach Norm

$$\mu = \frac{P_E}{P}$$

$$\varepsilon = \frac{s}{i}\sqrt{\frac{\sigma}{E}} \text{ bzw. } \frac{s}{i}\sqrt{\frac{\sigma^*}{T^*}} \text{ bzw. } s\sqrt{\frac{P}{EJ}} \text{ usw.}$$ Stabkennwerte für axial beanspruchte Stäbe

$F_i(\varepsilon), F_i^*(\varepsilon)$ Funktionen zur Berechnung der Endschnittlasten axial beanspruchter Stäbe für Einheitsverformungszustände (Druck, Zug)

n_x, n_{xy}, n_y Schnittbelastungen von Scheiben

F_m Spannungsfunktion bei Scheiben

Schwingungen

m	Masse je Längeneinheit
θ	Massenträgheitsmoment je Längeneinheit
$\mu = \dfrac{m}{g}$	
T	Schwingungszeit
$\gamma = \dfrac{1}{T}$	Frequenz
$\omega = \dfrac{2\pi}{T}$	Kreisfrequenz (ω_B, ω_T), Biegung, Torsion
$\lambda = s\sqrt[4]{\dfrac{\mu\omega^2}{EJ}}\,,\ \varkappa = s\sqrt{\dfrac{\mu\omega^2}{EF}}\,,\ \vartheta = s\sqrt{\dfrac{\theta\omega^2}{GJ}}$	Stabkennwerte bei Quer-, Längs-, Drehschwingungen ohne Berücksichtigung der Normalkraft
$d,\ a$	Stabkennwerte bei Schwingungen mit Berücksichtigung der Normalkraft
$H_i(\lambda,\ \varkappa,\ \vartheta,\ d,\ a)$	Funktionen zur Berechnung der Endschnittlasten schwingender Stäbe

Einleitung

Die Untersuchungen über die Stabilität von Einzelstäben oder ganzen Systemen sind im modernen Bauen — gleichgültig um welche Materialien es sich handelt — von besonderer Bedeutung. Bei der Stabilität von Systemen, bei denen sowohl Zugstäbe als auch Druckstäbe mit verschiedenen Schlankheitsgraden vorhanden sein können, wird die Aussage über den Sicherheitsgrad wesentlich. In einem Gesamtsystem kann es nur einen kritischen Sicherheitsgrad, den Laststeigerungsfaktor gegenüber der Gebrauchslast, geben, während in den Normen für die Einzelstäbe bei Zug und Druck im elastischen und plastischen Bereich verschiedene Sicherheitsgrade aufscheinen. Es wird im Rahmen dieses Bandes II B gezeigt, wie mit der Einführung eines idealisierten Moduls T^* eine Möglichkeit gegeben ist, solche Berechnungen unabhängig vom System, nach einer einheitlichen Linie durchzuführen. Dies betrifft auch Stäbe mit veränderlichem Querschnitt u.a.m.

Es werden im Kapitel I — aufbauend auf Bd. I A — für ebene Systeme verschiedene genaue Methoden und Näherungsberechnungen gezeigt, wobei letztere vor allem bei Stäben mit veränderlichem Querschnitt besondere Beachtung verdienen. Aus den Zahlenbeispielen kann durch Vergleich ersehen werden, wann das eine oder andere Verfahren zweckmäßig anzuwenden ist.

Für räumliche Stab- und Fachwerke des Kapitels II sind den Stabilitätsuntersuchungen die Entwicklungen des Bandes II A zugrunde gelegt, so daß auch diese rein schematisch in Matrizenschreibweise durchgeführt werden können.

Im Kapitel III werden beliebig belastete Scheiben behandelt, so daß für Fälle, die nicht in Normen und anderen Werken enthalten sind, Verfahren zur Berechnung der Spannungen und der Beulbelastungen zur Verfügung stehen. Es zeigt sich dabei, daß sowohl für rechteckige Vollscheiben als auch für solche mit Öffnungen zur Berechnung der Spannungen das Differenzenverfahren wegen seiner Einfachheit vorteilhaft angewendet werden kann. Dies gilt auch für die Beuluntersuchungen von rechteckigen Vollscheiben, während für beliebige Scheiben — auch gelochte Scheiben — die Anwendung des Verfahrens der Finiten Elemente notwendig wird.

Im Kapitel IV erfolgt eine zusammenfassende Betrachtung der Berechnung der Eigenfrequenzen von beliebigen ebenen und räumlichen Fachwerken und Stabwerken. Auch hier werden — aufbauend auf den Verfahren der vorhergehenden Bände, vor allem aber auf den Kapiteln I und II — genaue Methoden und Näherungsberechnungen angegeben. Gerade bei der Berechnung der Eigenfrequenzen genügen letztere praktisch allen Anforderungen bezüglich der Genauigkeit. Bei den in der Praxis vorkommenden Fällen der Tragwerke mit veränderlichen Querschnitten — ebene Fachwerk- und Vollwandträger — sind diese einfachen Näherungsberechnungen von besonderem Vorteil.

Als Anhang werden Zahlentafeln über Funktionen F und H gebracht, die zur Berechnung der Stabilität und der Eigenfrequenzen von ebenen und räumlichen Tragwerken bei genauen Rechenverfahren notwendig sind, um diese Berechnungen schematisch durchführen zu können. Ebenso wichtig sind die Zahlenwerte für den idealisierten Modul T^*, zugehörig zu Spannungen σ^*, da diese Werte für alle Berechnungen benötigt werden.

I. Stabilität ebener Systeme

In diesem Abschnitt sollen verschiedene Verfahren gezeigt werden, die eine einfache Stabilitätsberechnung von beliebigen Systemen ermöglichen.

Im Abschnitt A werden die Grundlagen für den Einzelstab mit konstantem Querschnitt im elastischen und plastischen Bereich unter Zugrundelegung verschiedener Verfahren und verschiedener Materialien entwickelt. Diese Entwicklungen beziehen sich auf das Ausknicken um die Hauptträgheitsachsen von Vollstäben und gegliederten Stäben und auf das Biegedrehknicken, das für unsymmetrische und einfach symmetrische Querschnitte von wesentlicher Bedeutung ist.

Im Abschnitt B über die Knicksicherheiten werden die Voraussetzungen bekannt gegeben, unter denen überhaupt eine sinnvolle Stabilitätsberechnung von Stäben mit veränderlichem Querschnitt und von Systemen durchgeführt werden kann, da die Normen nur für den Einzelstab bzw. für Stäbe mit bekannter Schlankheit gelten. Mit den idealisierten Modulwerten T^* kann aber jede Stabilitätsberechnung unter Zugrundelegung einer einheitlichen Sicherheit v_E durchgeführt werden.

Die Ergebnisse des Abschnittes B ermöglichen auch die einfache Berechnung von Stäben mit veränderlichen Querschnittswerten nach Abschnitt C.

Im Abschnitt D werden Näherungsberechnungen für Stäbe bei Druck und Biegung behandelt, wobei die Theorie II. Ordnung von Bedeutung wird. Es wird auch für Stahl- und Betonträger gezeigt, wie die Probleme des Kippens von Trägern in Näherung in einfacher Weise erfaßt werden können.

Der Abschnitt E umfaßt die allgemeine Deformationsmethode zur Berechnung der Stabilitätsbedingungen für ebene Stabwerke. Die Grundlagen für den Elementarstab führen zu Funktionstafeln, mit welchen die Koeffizienten der Knickdeterminante schematisch und rasch für beliebige Systeme bestimmt werden können. Das Nullsetzen dieser Determinanten führt dann zu genauen Lösungen.

Hier bewährt sich vor allem die Einführung der ideellen Moduln T^* nach Abschnitt B, da die Berechnung in gleicher Weise für den elastischen und plastischen Bereich und für Druck- und Zugstäbe des Systems durchgeführt werden kann und klare Aussagen über die zulässige Belastung aus den Gebrauchslasten gemacht werden können. Die Anwendung dieses Verfahrens wird für die verschiedensten Probleme gezeigt.

Abschnitt F zeigt die verschiedenartigen Anwendungsmöglichkeiten der Momentenausgleichsverfahren zur Bestimmung der Knickbelastungen von ebenen Systemen. Die gezeigten Methoden unterscheiden sich — je nachdem es sich um unverschiebliche oder verschiebliche Systeme handelt — nach Systemen mit konstanten oder veränderlichen Querschnitten. Allen diesen Verfahren gleich ist aber, daß sie dem Statiker eine übersichtliche und einfache Berechnung der verschiedensten Probleme erlauben.

Im Abschnitt über die Zahlenbeispiele wird die Durchführung der Rechnung zu allen Theorien, so weit dies erforderlich scheint, gebracht. Hierbei ist verschiedentlich an einem Beispiel die Anwendung der verschiedensten Verfahren gezeigt, so daß sich der Leser selbst ein Urteil über die zweckmäßige Anwendung der einen oder anderen Methode sowie über die Genauigkeit derselben bilden kann.

Praktisch kann unter Zugrundelegung einer Rechengenauigkeit von $1-2\%$ jedes Problem in einfacher Weise und rasch gelöst werden, die allen Anforderungen der Praxis entspricht, da die Voraussetzungen der Rechnung (Belastung, Rechenwerte, Materialeigenschaften usw.) meist in anderen Größenordnungen schwanken.

A. Mittig belastete Einzelstäbe mit konstantem Querschnitt

Den nachfolgenden theoretischen Entwicklungen sind ideale Stäbe zugrunde gelegt. Imperfektionen werden bei der Festlegung der Sicherheiten berücksichtigt.

1. Vollstäbe. Ausknicken nach den Hauptachsen

a) Methode der Differentialgleichung

Nach Bd. I (III B.1) gilt für die Krümmung (Abb. I A.1)

$$\frac{1}{r} = - \frac{w''}{(1 + w'^2)^{3/2}}$$

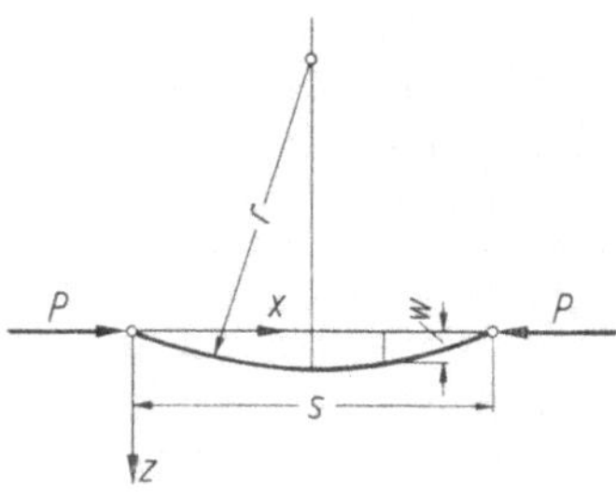

Abb. I A.1

und als Näherung, von Sonderfällen abgesehen, nach Bd. I (III B.2)

$$\frac{1}{r} = -w''.$$

α) Elastischer Bereich

Für Materialien mit einer ausgesprochenen Proportionalitätsgrenze σ_P gilt für Spannungen unterhalb von σ_p

$$\sigma = \varepsilon E,$$

wobei der Elastizitätsmodul ein konstanter Wert ist. Nach Bd. I (III B.6) gilt

$$\frac{\mathrm{d}^2 w}{\mathrm{d}x^2} = - \frac{M}{EJ}. \tag{I A.1}$$

Für einen beiderseits gelenkig gelagerten Stab (Abb. I A.1) ist

$$M = Pw$$

und

$$\frac{\mathrm{d}^2 w}{\mathrm{d}x^2} + \frac{P}{EJ} w = 0. \tag{I A.2}$$

Mit

$$k^2 = \frac{P}{EJ} \tag{I A.3}$$

ergibt sich

$$\frac{\mathrm{d}^2 w}{\mathrm{d}x^2} + k^2 w = 0,$$

mit der Lösung

$$w = A \sin kx + B \cos kx.$$

Unter Zugrundelegung der Randbedingungen $x = 0$, $w = 0$; $x = s$, $w = 0$ wird

$$A \sin ks = 0.$$

Diese Bedingung ist erfüllt für $ks = \pi$ bzw. $ks = n\pi$. Danach wird für den elastischen Bereich nach (I A.3)

$$P_{ki} = \frac{\pi^2 E J}{s^2} \quad \text{bzw.} \quad P_{ki} = \frac{\pi^2 E J}{(s/n)^2} \,. \tag{I A.4}$$

Bei anderen Lagerungsarten ändern sich die Randbedingungen und damit auch P_{ki}.
Mit dem Trägheitsradius

$$i = \sqrt{\frac{J}{F}}$$

und der Schlankheit

$$\lambda = \frac{s}{i} \tag{I A.5}$$

wird die ideelle kritische Knickspannung

$$\sigma_{ki} = \frac{P_{ki}}{F} = \frac{\pi^2 E}{\lambda^2} \,. \tag{I A.6}$$

Für $\sigma_{ki} = \sigma_p$ ergibt sich aus (I A.6) die Grenzschlankheit

$$\lambda_p = \pi \sqrt{\frac{E}{\sigma_p}} \,. \tag{I A.7}$$

Für Schlankheiten $\lambda \geqq \lambda_p$ — dem sogenannten Eulerbereich — gelten somit (I A.4) und (I A.6).

Für einen Stahl mit $E = 2100 \ \text{t/cm}^2$ und $\sigma_p = 1{,}9 \ \text{t/cm}^2$ wird $\lambda_p = 104{,}4$.

Abb. I A.2 zeigt die Euler-Kurve für einen Sonderstahl [23], wobei der strichlierten Linie die unbeschränkte Gültigkeit des elastischen Bereiches zugrunde liegt.

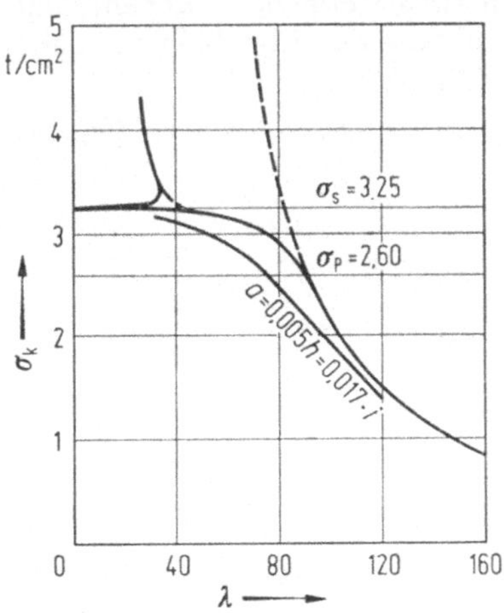

Abb. I A.2. Knickspannungen nach Karmann ($E = 2{,}170 \ \text{t/cm}^2$; $\sigma_b = 6{,}8 \ \text{t/cm}^2$; $\sigma_p = 2{,}6 \ \text{t/cm}^2$; $\sigma_s = 3{,}25 \ \text{t/cm}^2$; $a =$ Außermittigkeit des Kraftangriffes)

Betrachtet man (I A.2) unter Zugrundelegung eines beiderseits gelenkig gelagerten Stabes

$$\frac{\mathrm{d}^2 w}{\mathrm{d}x^2} = -\frac{P}{EJ}\,w,$$

so erkennt man, daß diese Gleichung nur für den Ansatz

$$w = c \sin \frac{\pi x}{s}$$

erfüllt sein kann.

Mit

$$\frac{\mathrm{d}^2 w}{\mathrm{d}x^2} = -c\,\frac{\pi^2}{s^2} \sin \frac{\pi x}{s}$$

wird

$$\frac{\pi^2}{s^2} = \frac{P}{EJ}$$

und

$$P_{ki} = \frac{\pi^2 EJ}{s^2},$$

wie nach (I A.4).

β) Plastischer Bereich

Nach Engesser [11, 12] und v. Kármán [22, 23] kann unter Zugrundelegung des Spannungs-Dehnungs-Diagrammes aus dem Zugversuch für ein bestimmtes Material die ideelle Knicklast für den plastischen Bereich bestimmt werden. Es wird angenommen, daß infolge der Krümmung $1/r$ des Stabes im Augenblick des Erreichens der Knicklast mit der Spannung $\sigma_{ki} = P_{ki}/F$ für eine infinitesimal benachbarte Lage ein Biegemoment auftritt und daß daraus einerseits am Innenrand eine Zunahme $\sigma_{1,B}$ und andererseits am Außenrand eine Abnahme der Spannungen $\sigma_{2,B}$ verbunden ist. In Abb. I A.3 ist hierfür die vereinfachende Annahme gemacht, daß der Spannungsverlauf in den beiden Bereichen geradlinig verläuft. (Genauer wurde dieses Problem von Jäger [19] erfaßt.)

Für ein bestimmtes Spannungs-Dehnungs-Diagramm (Abb. I A.4) gilt für den Entlastungsbereich der Elastizitätsmodul E des elastischen Bereiches, während für den Belastungsbereich näherungsweise der Tangentenmodul E_1 an der Stelle σ_{kr} gewählt wird. Aus der Bedingung des Ebenbleibens des Querschnittes ergeben sich die Zusatzspannungen aus dem Moment

$$\sigma_{1,B} = E_1 \varepsilon_1; \quad \sigma_{2,B} = E\varepsilon_2. \tag{I A.8}$$

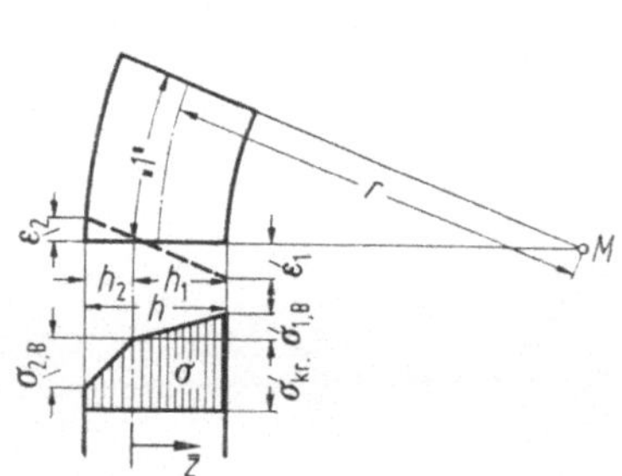

Abb. I A.3. Ideelle Knickspannungsverteilung im plastischen Bereich

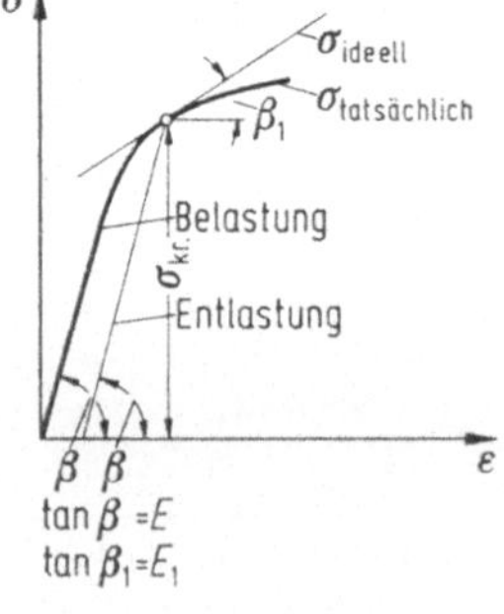

Abb. I A.4. Spannungsdehnungslinie für Stahl

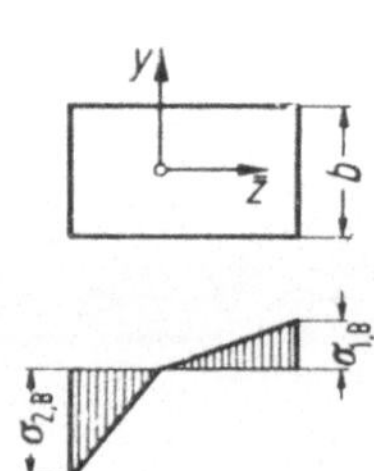

Abb. I A.5. Knick-Biegespannungsverteilung im plastischen Bereich

Mit

$$\frac{\varepsilon_1}{h_1} = \frac{1}{r} , \quad \frac{\varepsilon_2}{h_2} = \frac{1}{r} , \quad h = h_1 + h_2 \qquad \text{(I A.9)}$$

wird

$$\sigma_{1,B} = E_1 \frac{h_1}{r} ; \quad \sigma_{2,B} = E \frac{h_2}{r} . \qquad \text{(I A.10)}$$

Die Lage der neutralen Faser ist vorerst noch nicht bekannt, sie muß für jede Querschnittsform besonders bestimmt werden.

Rechteckquerschnitt. Aus der Bedingung

$$\int \sigma_B \, dF = 0$$

ergibt sich aus Abb. I A.5

$$\frac{1}{2} \sigma_{1,B} h_1 = \frac{1}{2} \sigma_{2,B} h_2$$

und mit (I A.9) und (I A.10)

$$h_1 = \frac{\sqrt{E}}{\sqrt{E_1} + \sqrt{E}} h .$$

Das Moment der Biegespannungen beträgt

$$M_{i,B} = \int \sigma_B \bar{z} \, dF = \frac{b}{3} (h_1^2 \sigma_{1,B} + h_2^2 \sigma_{2,B}) = \frac{bh^3}{3r} \frac{E_1 E}{(\sqrt{E_1} + \sqrt{E})^2} .$$

Mit

$$J_y = \frac{bh^3}{12}$$

und

$$T = \frac{4 E_1 E}{(\sqrt{E_1} + \sqrt{E})^2} \qquad \text{(I A.11)}$$

wird

$$M_{i,B} = \frac{T J_y}{r} .$$

Mit

$$\frac{1}{r} = - \frac{d^2 w}{dx^2} ; \quad M_{i,B} = M_{a,B} = Pw \quad \text{(Abb. I A.1)}$$

ergibt sich

$$\frac{d^2 w}{dx^2} + \frac{P}{T J_y} w = 0 . \qquad \text{(I A.12)}$$

Als kleinste Knicklast bzw. Knickspannung ergibt sich entsprechend (I A.4) und (I A.6)

$$P_{ki} = \frac{\pi^2 T J_y}{s^2} \qquad \text{(I A.13)}$$

und

$$\sigma_{ki} = \frac{\pi^2 T}{\lambda^2} . \qquad \text{(I A.14)}$$

Beliebige Querschnitte. Für einen beliebigen Vollquerschnitt erhält man für das Ausknicken in Richtung einer Hauptträgheitsachse unter Zugrundelegung der linearen Spannungsverteilung nach Abb. I A.3 die neutrale Achse (Abb. I A.6) aus der Bedingung

$$\int \sigma_B \, dF = 0 \quad \text{bzw.} \quad E_1 S_1 = E S_2 , \qquad \text{(I A.15)}$$

S_1 bzw. S_2 sind die statischen Momente der beiden, durch die neutrale Achse gebildeten Teilflächen von dieser Achse, die entsprechenden Teilträgheitsmomente sind J_{1y} und J_{2y}.

Trägt man für angenommenen Achsen die Werte S_1 und S_2 auf (Abb. I A.6c), so ergibt sich aus dem Schnittpunkt der beiden Kurven die Lage der neutralen Achse.

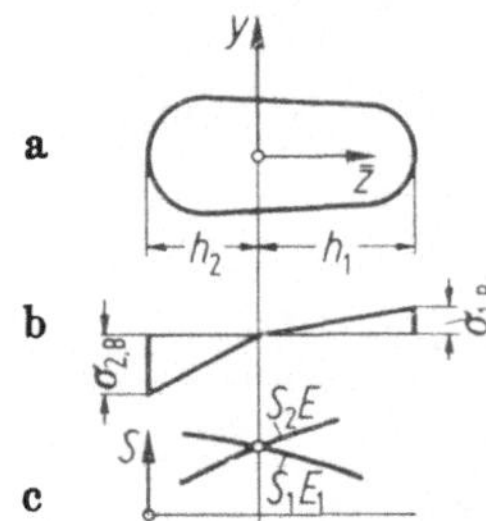

Abb. I A.6. Bestimmung der neutralen Achse

Aus der Beziehung

$$M_{i,B} = \int \sigma_{i,B}\,\bar{z}\,\mathrm{d}F = \frac{T J_y}{r}$$

erhält man

$$\int_{F_1} E_1 \frac{\bar{z}^2}{r}\,\mathrm{d}F + \int_{F_2} E \frac{\bar{z}^2}{r}\,\mathrm{d}F = \frac{T J_y}{r}$$

und

$$T = E_1 \frac{J_{1,y}}{J_y} + E \frac{J_{2,y}}{J_y}. \tag{I A.16}$$

Damit ist aber die „$\sigma_{ki} - \lambda$-Kurve" im plastischen Bereich vom Querschnitt abhängig, wie dies z. B. Abb. I A.7 zeigt [15], für $\lambda = 0$ wird $\sigma_{ki} = \sigma_F$ gleich der Fließspannung. Für den Rechteckquerschnitt kommt man auf nachfolgende Weise zur „$\sigma_{ki} - \lambda$-Kurve" im plastischen Bereich. Ist für ein bestimmtes Material die Spannungs-Dehnungs-Kurve entsprechend Abb. I A.8a oder b gegeben, so nimmt man einen beliebigen Wert σ_{kr} an. Mit Punkt a ist aber außer E auch E_1 (Tafel G) festgelegt und nach (I A.11) auch T (Tafel G). Aus (I A.14) ergibt sich

$$\lambda = \pi \sqrt{\frac{T}{\sigma_{ki}}}.$$

Damit kann aber die Engesser-v. Kármán-Kurve (Abb. I A.2) für jedes beliebige Material bestimmt werden. In ähnlicher Weise ergibt sich diese auch für beliebige Querschnitte.

Nach anderen Überlegungen, wie z. B. von Shanley [46] wird der Tangentenmodul E_1 statt T für Stabilitätsprobleme vorgeschlagen.

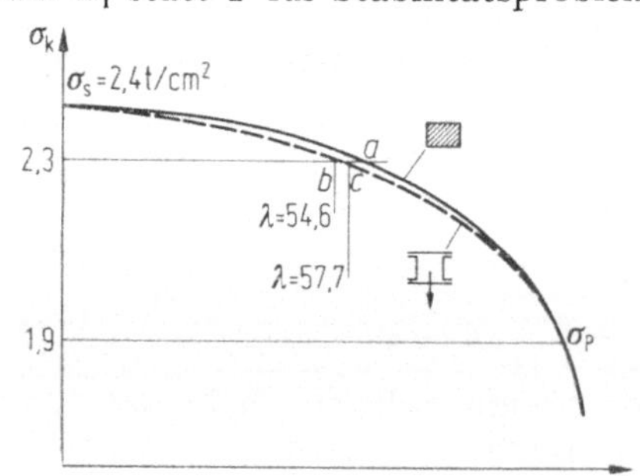

Abb. I A.7. Einfluß der Querschnittsform auf σ_{ki} im plastischen Bereich

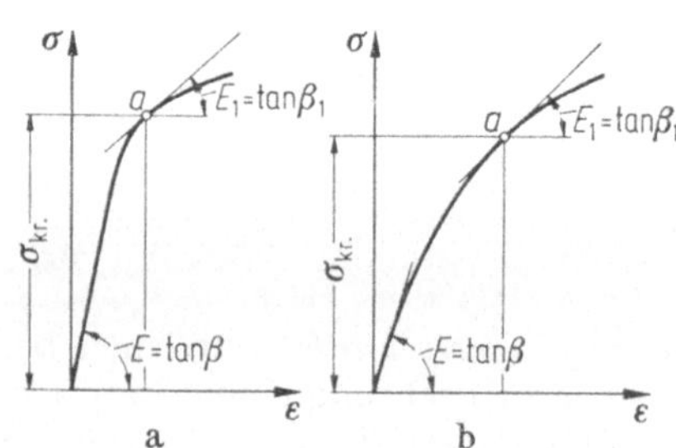

Abb. I A.8. Spannungs-Dehnungslinie für verschiedene Materialien

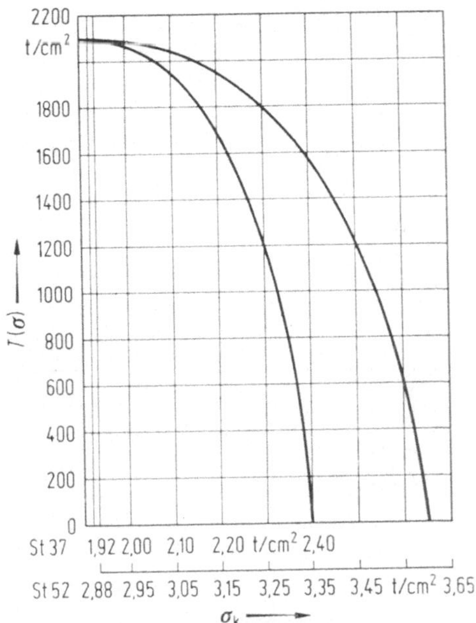

Abb. I A.9. Knickmodul T in Abhängigkeit von σ_k für St 37 und St 52

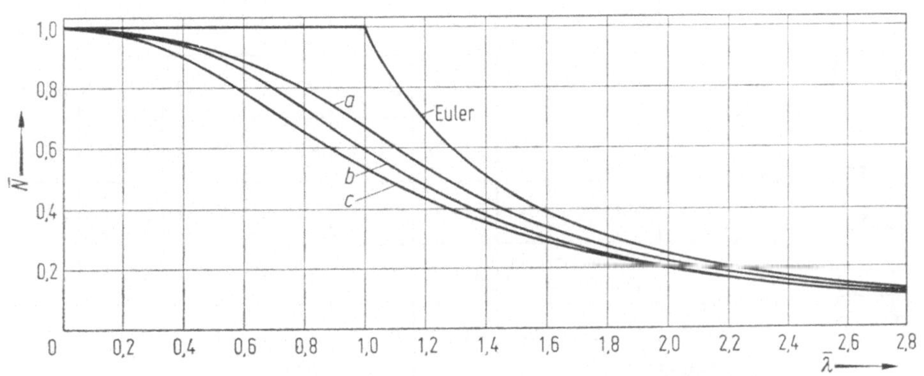

	t [mm]	σ_F [kp/cm²]	λ_F	Kurve	Querschnitt nach Abb. $IA11$
Stahl St 37	$t \leqslant 20$	2550	90,155	a b c	$A\,1-37$ $B\,1-37$ $C\,1-37$
	$20 < t \leqslant 30$	2400	92,929	a b c	$A\,2-37$ $B\,2-37$ $C\,2-37$
	$30 < t$	2250	95,977	a b c	$A\,3-37$ $B\,3-37$ $C\,3-37$
Stahl St 52	$t \leqslant 20$	3800	73,853	a b c	$A\,1-52$ $B\,1-52$ $C\,1-52$
	$20 < t \leqslant 30$	3600	75,877	a b c	$A\,2-52$ $B\,2-52$ $C\,2-52$
	$30 < t$	3400	78,077	a b c	$A\,3-52$ $B\,3-52$ $C\,3-52$

t Wandstärke

$\sigma_K = \bar{N} \cdot \sigma_F$ σ_K Knickspannung $\lambda = l/i$ Schlankheit

$\lambda = \bar{\lambda} \cdot \lambda_F$ σ_F Flußspannung $\lambda_F = \pi \cdot \sqrt{E/\sigma_F}$

Abb. I A.10. $\sigma_k — \lambda$-Kurven (Europ. Konv. Stahlbauverbände)

Stahl. Für normale Stahlbauquerschnitte ist in Abb. I A.9 der Verlauf des ideellen Knickmoduls T in Abhängigkeit von σ_{ki} für die Stähle St 37 und St 52 nach DIN 4114 [35] dargestellt. Die Unterschiede, die sich unter Verwendung von T oder E_1 ergeben, sind mit wenigen Prozenten praktisch vernachlässigbar gegenüber den grundlegenden Annahmen und Voraussetzungen der Stabilitätsuntersuchungen.

Zum Unterschied von den ohne Imperfektionen nach Euler bzw. Engesserv. Kármán ermittelten Knickspannungen wurden von der Konvention der Europäischen Stahlbauverbände, Kommission 8, Knickspannungstabellen und Querlast-

Querschnitt		Stahl St 37			Stahl St 52		
		$t\leq20$mm	$20<t\leq30$	$t>30$mm	$t\leq20$mm	$20<t\leq30$	$t>30$mm
gerollte Rohre		A1–37	A2–37	A3–37	A1–52	A2–52	A3–52
geschweißte Rohre		A2–37		A3–37	A2–52		A3–52
geschweißter Kasten	$t=t_1$ in Knickrichtung	B1–37	B2–37	B3–37	B1–52	B2–52	B3–52
gewalztes I-Profil schwache Achse	$h/b>1{,}2$	B1–37	B2–37	B3–37	B1–52	B2–52	B3–52
	$h/b\leq1{,}2$	C1–37	C2–37	C3–37	C1–52	C2–52	C3–52
gewalztes I-Profil starke Achse	$h/b>1{,}2$	A1–37	A2–37	A3–37	A1–52	A2–52	A3–52
	$h/b<1{,}2$	B1–37	B2–37	B3–37	B1–52	B2–52	B3–52
geschweißtes I-Profil schwache Achse	flammengeschnittene Platten	B1–37	B2–37	B3–37	B1–52	B2–52	B3–52
	gewalzte Platten	C1–37	C2–37	C3–37	C1–52	C2–52	C3–52
geschweißtes I-Profil starke Achse	flammengeschnittene Platten	A1–37	A2–37	A3–37	A1–52	A2–52	A3–52
	gewalzte Platten	B1–37	B2–37	B3–37	B1–52	B2–52	B3–52
gewalztes I-Profil mit aufgeschweißten Platten $(t=t_{i\,max})$	schwache Achse	A1–37	A2–37	A3–37	A1–52	A2–52	A3–52
	starke Achse	B1–37	B2–37	B3–37	B1–52	B2–52	B3–52
ausgeglühter Kasten	$t=t_i$	A1–37	A2–37	A3–37	A1–52	A2–52	A3–52
ausgeglühtes I-Profil	schwache Achse	B1–37	B2–37	B3–37	B1–52	B2–52	B3–52
	starke Achse	A1–37	A2–37	A3–37	A1–52	A2–52	A3–52
T-Profil		C1–37	C2–37	C3–37	C1–52	C2–52	C3–52
U-Profil		C1–37	C2–37	C3–37	C1–52	C2–52	C3–52

Abb. I A.11. Zuordnung verschiedener Querschnitte zu den Kurven der Abb. I A.10

korrekturbeiwerte für den gelenkig gelagerten Druckstab mit Imperfektionen [2, 3] festgelegt. Statt der „$\sigma_k - \lambda$-Kurven" wurden dimensionslose „Kurven $\bar{N} - \bar{\lambda}$" nach Abb. I A.10 entwickelt. Die Kurven a, b und c entsprechen den theoretischen Traglastkurven für Rohrprofile, für geschweißte Kastenprofile und für I-Profile. Bezüglich der Imperfektionsannahmen für die Traglastberechnung sei auf [3] verwiesen. Die Zuordnung der einzelnen Profile zu den verschiedenen Kurven ist aus Abb. I A.11 ersichtlich.

Wirken Profileigengewicht, Wind- oder Schneelasten auf den Druckstab ein, so sind nach diesen Vorschriften Korrekturwerte zu berücksichtigen.

Beton. Für Beton sind die Voraussetzungen für eine genaue Erfassung der Knicklast naturgegeben wesentlich ungünstiger. Es betrifft dies sowohl die Form der Spannungs-Dehnungslinie als auch die absoluten Größen der einzelnen Materialeigenschaften.

Nach der DIN 4227 ist der Verlauf der Spannungs-Dehnungslinie nach Abb. I A.12 festgelegt.

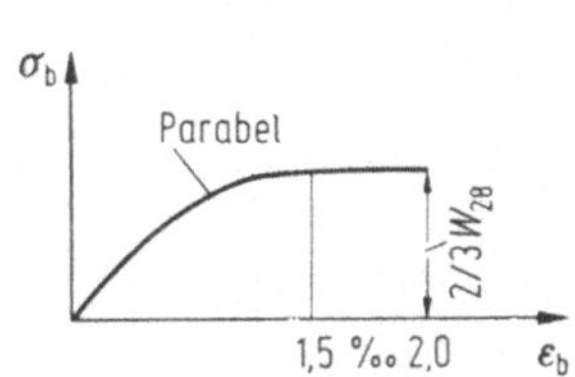

Abb. I A.12. $\sigma_b - \varepsilon$-Kurve für Beton nach DIN 4227

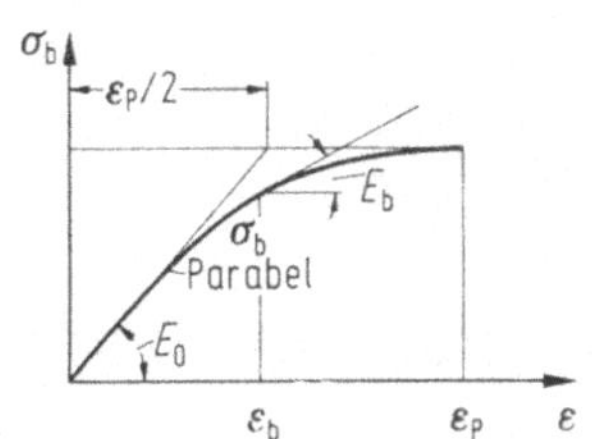

Abb. I A.13. $\sigma_b - \varepsilon$-Kurve für Beton (allgemeines Gesetz)

Nach den österreichischen und schweizerischen Normen (siehe Pucher [39]) gilt nach Abb. I A.13

$$\sigma_b = \sigma_p\,\varphi\,(2 - \varphi) \tag{I A.17}$$

mit der Prismenfestigkeit σ_p und $\varphi = \varepsilon_b/\varepsilon_p$.

Damit ergibt sich der Tangentenmodul

$$E_b = \frac{d\sigma_b}{d\varepsilon_b} = \frac{d\sigma_b}{\varepsilon_p\,d\varphi} = \frac{\sigma_p}{\varepsilon_p}\,(2 - 2\varphi) = \frac{\sigma_p}{\varepsilon_p/2}\,(1 - \varphi) = E_0(1 - \varphi), \tag{I A.18}$$

der für $\sigma_b = 0$

$$E_0 = \frac{\sigma_p}{\varepsilon_p/2} \tag{I A.19}$$

ist. Aus (I A.17) wird

$$\varphi_{1,2} = 1 \pm \sqrt{1 - \frac{\sigma_b}{\sigma_p}}$$

und mit (I A.18)

$$E_b = E_1 = E_0 \sqrt{1 - \frac{\sigma_b}{\sigma_p}}. \tag{I A.20}$$

Aus (I A.11) erhält man für Rechteckquerschnitte

$$T_b = \frac{4E_b E_0}{(\sqrt{E_b} + \sqrt{E_0})^2} = \left(\frac{2}{1 + \sqrt{\dfrac{1}{1 - \varphi}}}\right)^2 E_0. \tag{I A.21}$$

In der Tabelle I A.1 [39] sind für einige φ-Werte die Werte $\sigma_b, E_b, T_b, \lambda = \pi\sqrt{T_b/\sigma_b}$ und $\omega = \sigma_p/\sigma_b$ für $\varepsilon_p = 2\,^0/_{00}$ angegeben und in Abb. I A.14 für einen Beton B 300 mit $\sigma_p = 225\ \text{kg/cm}^2$ (ÖNORM), $\varepsilon_p = 2\,^0/_{00}$, $E_0 = 225\,000\ \text{kg/cm}^2$ die Kurven $T_b - \sigma_b$ bzw. $E_b - \sigma_b$ dargestellt.

Tabelle I A.1

$\varphi = \dfrac{\varepsilon_p}{\varepsilon_b}$ *)	0	0,2	0,5	0,8	1,0	
$\sigma_b = \sigma_p\varphi\,(2-\varphi)$	0	0,36	0,75	0,96	1,0	$\cdot\,\sigma_p$
$E_b = E_0\,(1-\varphi)$	1,0	0,8	0,5	0,2	0	$\cdot\,E_0$
T	1,0	0,89	0,69	0,38	0	$\cdot\,E_0$
$\lambda = \pi\sqrt{\dfrac{T}{\sigma_b}}$	∞	158	91	63	0	
$\omega = \dfrac{\sigma_p}{\sigma_b}$		2,78	1,33	1,04	1,0	

*) $\varepsilon_p = 2\,^0/_{00}$

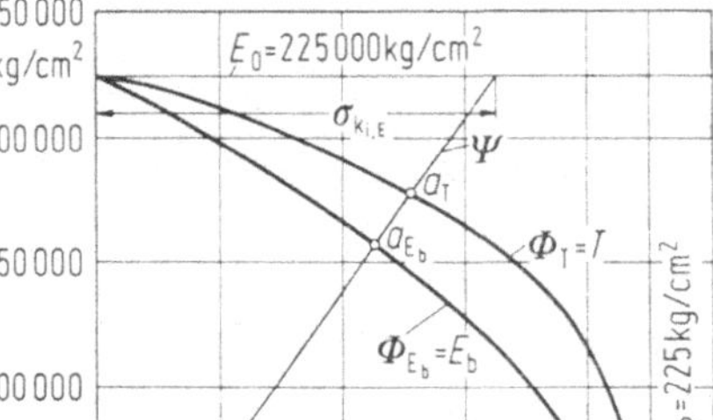

Abb. I A.14. $T_b - \sigma_b$-Kurve und $E_b - \sigma_b$-Kurve für Beton B 300 nach ÖNORM B 4200/9

Für besondere Stabilitätsuntersuchungen wird auch der Sekantenmodul E_{sek} verwendet.

Nach den österreichischen Vorschriften wird

$$E_{\text{sek}} = \frac{\sigma_b}{\varepsilon_b} = \frac{\sigma_p\varphi(2-\varphi)}{\varphi\varepsilon_p} = \frac{\sigma_p}{\varepsilon_p/2}\left(1 - \frac{\varphi}{2}\right) = E_0\left(1 - \frac{\varphi}{2}\right)$$

bzw.

$$E_{\text{sek}} = \frac{\sigma_p}{\varepsilon_p}\left[1 + \sqrt{1 - \frac{\sigma_b}{\sigma_p}}\,\right]. \tag{I A.22}$$

Für $\sigma_b = 0$ wird

$$E_{\text{sek}} = E_0;$$

für $\sigma_b = \sigma_p$ wird

$$E_{\text{sek}} = E_0/2.$$

Nach Dilger [9] gilt

$$E_{\text{sek}} = \frac{\sigma_b}{\max \varepsilon_b \left[1 - \left(1 - \dfrac{\sigma_b}{\sigma_p} \right)^{1/\lambda} \right]}$$

mit

$$\lambda = \frac{2000}{100 + W_{28}[\text{kg/cm}^2]} \; ; \quad \sigma_p = 0,85 \, W_{28};$$

$$\max \varepsilon_b = 5 - \frac{W_{28}}{400} \; ;$$

$$E_0 = \frac{\lambda}{\max \varepsilon_b} \, \sigma_p \, .$$

(I A.23)

Für einen B 300 ergibt sich z. B. nach ÖNORM B 4200

$$E_0 = 225\,000 \text{ kg/cm}^2 \, ;$$

$$E_{\text{sek}} = 112\,500 \left[1 + \sqrt{1 - \frac{\sigma_b}{225}} \, \right] ;$$

nach Dilger [9]

$$\lambda = \frac{2000}{100 + 300} = 5,0; \quad \max \varepsilon_b = 5 - \frac{300}{400} = 4,25\,^{\text{o}}/_{\text{oo}};$$

$$\sigma_p = 0,85 \cdot 300 = 255 \text{ kg/cm}^2; \quad E_0 = \frac{5 \cdot 1000}{4,25} \cdot 255 = 300\,000 \text{ kg/cm}^2;$$

$$E_{\text{sek}} = \frac{\sigma_b}{4,25 \left[1 - \left(1 - \dfrac{\sigma_b}{225} \right)^{1/5} \right]} \, .$$

Die beiden Kurven für E_{sek} sind in Abb. I A.15 dargestellt.

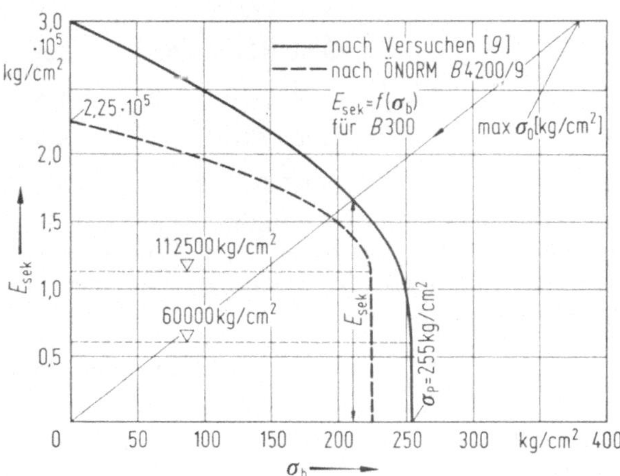

Abb. I A.15. Sekantenmodul für
B 300 nach [9] und ÖNORM B 4200

Nach (I A.14) ist für den geraden, beiderseits gelenkig gelagerten Stab mit konstantem Querschnitt und der Schlankheit λ im elastischen Bereich $\sigma_{ki,E} = \pi^2 E_0/\lambda^2$ und im plastischen Bereich $\sigma_{ki,\text{pl}} = \pi^2 T_b/\lambda^2$ bzw. $\sigma_{ki,\text{pl}} = \pi^2 E_b/\lambda^2$.

Somit ist $\sigma_{ki,\text{pl}}$ linear von T_b bzw. E_b abhängig. Trägt man den Wert $\sigma_{ki,E}$ in Abb. I A.14 zugehörig zu E_0 ein, so erkennt man, daß die tatsächliche Knickspannung im plastischen Bereich sich nur aus dem Schnittpunkt a_T bzw. a_{Eb} der Φ- und Ψ-

Kurven ergeben kann, denn nur in diesem Punkt sind die Zuordnung von Knickmodul und Spannung für ein bestimmtes Material eingehalten. Die Anwendung zeigt das folgende Beispiel.

Beispiel

Betonstab: $30\ \text{cm} \cdot 30\ \text{cm}$; $s = 10{,}0\ \text{m}$; B 300; $\sigma_p = 225\ \text{kg/cm}^2$.

$$E_0 = 225\,000\ \text{kg/cm}^2;\quad \text{Gebrauchslast } P = 30\ \text{t}.$$

$$F = 0{,}3^2 = 0{,}09\ \text{m}^2;\quad J = \frac{1}{12}\,0{,}3^4 = 6{,}75 \cdot 10^{-4}\ \text{m}^4;$$

$$i = \sqrt{\frac{6{,}75 \cdot 10^2}{10^4 \cdot 9}} = \frac{0{,}866}{10};\quad \lambda = \frac{10 \cdot 10}{0{,}866} = 115{,}5;$$

$$\sigma_{ki,E} = \frac{\pi^2 \cdot 2{,}25 \cdot 10^5}{115{,}5^2} = 164\ \text{kg/cm}^2.$$

Aus Abb. I A.14 wird für E_b der Wert $\sigma_{ki,\text{pl}} = 114\ \text{kg/cm}^2$, für T_b der Wert $\sigma_{ki,\text{pl}} = 130\ \text{kg/cm}^2$ erhalten. Der Unterschied beträgt somit 14%.
Mit

$$\sigma_{b,\text{vorh}} = \frac{30\,000}{30 \cdot 30} = 33{,}3\ \text{kg/cm}^2$$

ergibt sich die Sicherheit

$$v_{\text{pl}} = \frac{114}{33{,}3} = 3{,}43 \qquad \text{bzw.} \qquad v_{\text{pl}} = \frac{130}{33{,}3} = 3{,}90.$$

Sind schon die Unterschiede beachtlich, je nachdem die Φ_T- bzw. Φ_{Eb}-Kurve berücksichtigt wird, so werden sie noch wesentlich größer, wenn man die unterschiedlichen Annahmen von E_0 betrachtet. Für einen B 300 gelten je nach den Vorschriften und Veröffentlichungen z. B. folgende Werte für E_0:

DIN 4227	$300\,000\ \text{kg/cm}^2$
ÖNORM B 4200	$225\,000\ \text{kg/cm}^2$
Dilger [9]	$300\,000\ \text{kg/cm}^2$
Graf, Roš	$370\,000\ \text{kg/cm}^2$
Saliger	$355\,000\ \text{kg/cm}^2$

Kleinster und größter Wert unterscheiden sich um 65%. Ein verantwortungsbewußter Ingenieur wird in einem solchen Fall nicht eine übetriebene Rechengenauigkeit anstreben, sondern sich über richtige Annahmen und Sicherheiten ein Bild zu machen versuchen.

b) Energiemethode

Hat der ideale Stab gerade die Knicklast erreicht, so kann er eine infinitesimal benachbarte Lage ohne Änderung der Stablänge annehmen (Abb. I A.16a). Die dabei infolge der Momente — die Querkräfte können im allgemeinen vernachlässigt werden — entstehende innere Arbeit beträgt mit

$$d\varphi = \frac{M}{EJ}\,dx,\quad \frac{d^2w}{dx^2} = -\frac{M}{EJ}\quad \text{und}\quad J = J_c,$$

$$A_i = \frac{1}{2} \int_0^s M\,d\varphi = \frac{1}{2} \int \frac{M^2}{EJ}\,dx = \frac{EJ}{2} \int \left(\frac{d^2w}{dx^2}\right)^2 dx. \tag{I A.24}$$

Für die ausgebogene Lage ist nach Abb. I A.16b

$$ds^2 = dw^2 + dx^2; \quad \frac{ds}{dx} = \sqrt{1 + \left(\frac{dw}{dx}\right)^2} \approx 1 + \frac{1}{2}\left(\frac{dw}{dx}\right)^2.$$

Damit wird

$$\Delta ds = ds - dx = \frac{1}{2}\left(\frac{dw}{dx}\right)^2 dx$$

$$\Delta s = \frac{1}{2}\int \left(\frac{dw}{dx}\right)^2 dx$$

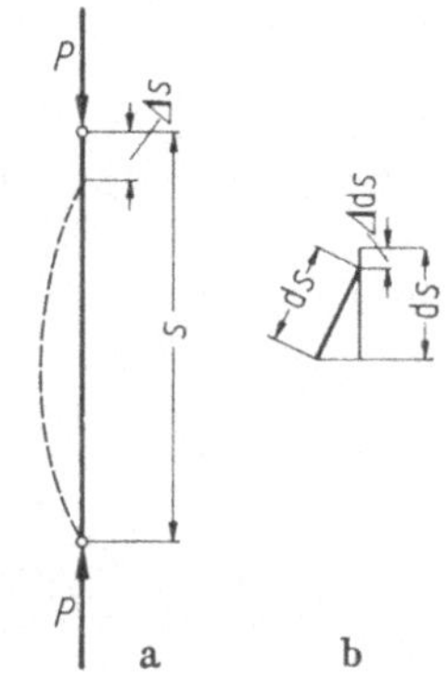

Abb. I A.16

und die Last P_{ki} leistet eine äußere Arbeit

$$A_{\ddot{a}} = P_{ki}\,\Delta s = \frac{P_{ki}}{2}\int \left(\frac{dw}{dx}\right)^2 dx. \tag{I A.25}$$

Für $A_i > A_{\ddot{a}}$ ist das Gleichgewicht stabil, für $A_i < A_{\ddot{a}}$ unstabil, während $A_i = A_{\ddot{a}}$ den Augenblick des Ausknickens kennzeichnet.

Für den Ansatz $w = c \sin x/s$ wird

$$\frac{dw}{dx} = c\,\frac{\pi}{s}\cos\frac{\pi x}{s}\,; \quad \frac{d^2w}{dx^2} = c\,\frac{\pi^2}{s^2}\sin\frac{\pi x}{s}$$

und

$$\int_0^s \sin^2\frac{\pi x}{s}\,dx = \int_0^s \cos^2\frac{\pi x}{s}\,dx = \frac{s}{2}.$$

Damit wird

$$A_i = \frac{EJ}{2}\int_0^s c^2\frac{\pi^4}{s^4}\sin^2\frac{\pi x}{s}\,dx = c^2\frac{\pi^4}{4}\frac{EJ}{s^3}\,;$$

$$A_{\ddot{a}} = \frac{P_{ki}}{2}\int_0^s c^2\frac{\pi^2}{s^2}\cos^2\frac{\pi x}{s}\,dx = c^2\frac{\pi^2}{4}\frac{P_{ki}}{s}$$

und aus $A_i = A_{\ddot{a}}$

$$P_{ki} = \frac{\pi^2 EJ}{s^2}. \tag{I A.4}$$

c) Durchbiegeverfahren

Dieses Verfahren [44] bietet die Möglichkeit, über die Berechnung von Durchbiegungen, die in üblicher Weise erfolgen kann, Stabilitätsprobleme zu lösen.

Wesentlich ist, daß die Durchbiegungen im Augenblick des Ausknickens des Stabes unbestimmte Werte haben, aber ihre Absolutwerte aus den Bedingungsgleichungen herausfallen und daß es nur auf die Form der Biegelinie ankommt.

Nimmt man nach Abb. I A.17a für einen beiderseits gelenkig gelagerten Stab die Form der Biegelinie nach

$$w = f \sin \frac{\pi x}{s}$$

an, so beträgt das Moment an einer Stelle x

$$M_x = P_{ki} M_{P=1} = P_{ki} w \, .$$

Nach dem Satz von der virtuellen Arbeit wird zur Bestimmung der Durchbiegung im Punkt m (Bd. I A; Abschnitt III B 5) eine virtuelle Last ${}^v P_m = 1$ (Abb. I A.17b) aufgebracht und die Momente ${}^v M_{P_m=1}$ berechnet.

Aus ${}^v A_{\ddot{a}} = {}^v A_i$ wird

$$1 \cdot f = P_{ki} \int_0^s M_{P=1} \, {}^v M_{P_m=1} \frac{dx}{EJ} \, . \tag{I A.26a}$$

Im vorliegenden Fall wird

$$1 \cdot f = \frac{P_{ki}}{EJ_y} f \, 2 \int_0^{s/2} \frac{x}{2} \sin \frac{\pi x}{s} \, dx = \frac{P_{ki}}{EJ_y} f \frac{s^2}{\pi^2}$$

und

$$P_{ki} = \frac{\pi^2 EJ_y}{s^2} \, . \tag{I A.4}$$

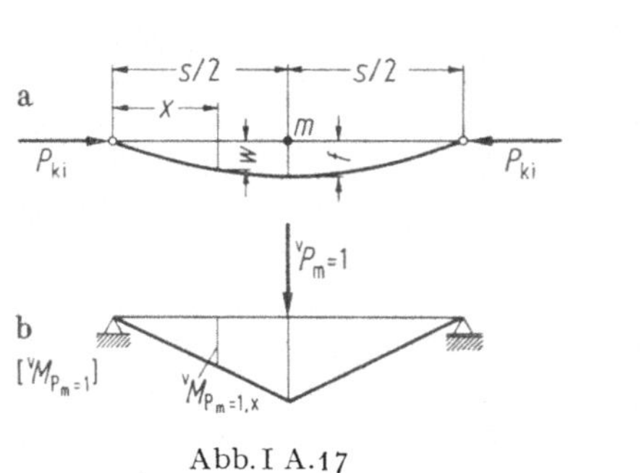

Abb. I A.17

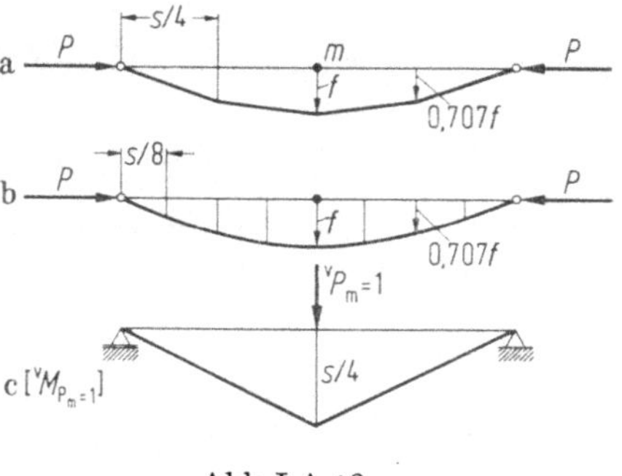

Abb. I A.18

Teilt man den Stab in vier gleiche Teile und nimmt man die Momente Pw in den einzelnen Abschnitten näherungsweise geradlinig verlaufend an, so ergibt sich mit den Formeln von Bd. I A, Tabelle III B.1 (siehe Abb. I A.18a und c)

$$EJ_y f = 2 \frac{s}{4 \cdot 6} P_{ki} f \left[\frac{s}{8} (4 \cdot 0{,}707 + 1{,}0) + \frac{s}{4} (2 \cdot 1{,}0 + 0{,}707) \right];$$

$$P_{ki} = 10{,}37 \frac{EJ_y}{s^2} \, .$$

Die Abweichung gegenüber dem genauen Wert beträgt somit nur 5%. Würde man eine weitere Unterteilung in 8 Abschnitte vornehmen (Abb. I A.18b), ergibt sich

$$P_{ki} = 10{,}0 \frac{EJ_y}{s^2} \text{ mit einer Abweichung von nur } 1{,}5\% \, .$$

Mit (I A.26) kann somit, bei Unterteilung des Stabes in mehrere Abschnitte, mit völlig ausreichender Genauigkeit, in einfachster Weise die Knicklast berechnet werden, was vor allem bei schwierigeren Problemen Vorteile bietet.

Verschiedene Randbedingungen können in einfacher Weise erfaßt werden, wobei mit Vorteil vom Reduktionssatz [Bd. I A, (V C.32a)] Gebrauch gemacht werden kann. Dies sei am Beispiel des beidseitig eingespannten Stabes gezeigt. Nach Abb. I A.19a ergeben sich in bekannter Weise in den Viertelpunkten gedachte Gelenke und die endgültigen Momente des statisch unbestimmten Systems betragen

$$\bar{M}_P = Pw = P\,\frac{f}{2}\,\cos\frac{2\pi x}{s}\,.$$

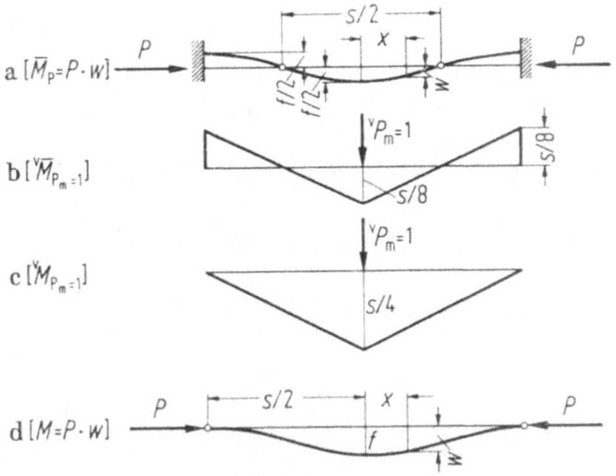

Abb. I A.19

Für die virtuelle Belastung $^vP_m = 1$ ergeben sich die Momente am statisch unbestimmten System nach Abb. I A.19b zu

$$^v\bar{M}_{P_m=1} = \left(\frac{s}{8} - \frac{x}{2}\right).$$

Damit wird entsprechend (I A.26a)

$$1 \cdot f = 2 \int_0^{s/2} \bar{M}_P\,{}^v\bar{M}_{P_m=1}\,\frac{\mathrm{d}x}{EJ_y}\,;\qquad\text{(I A.26b)}$$

$$1 \cdot f = 2\,\frac{Pf}{2EJ_y} \int_0^{s/2} \cos\frac{2\pi x}{s}\left(\frac{s}{8} - \frac{x}{2}\right)\mathrm{d}x = Pf\,\frac{s^2}{4\pi^2 EJ_y}\,;$$

$$P_{ki} = \frac{4\pi^2 EJ_y}{s^2}\,.$$

Nach dem Reduktionssatz kann einer der beiden Zustände am statisch bestimmten System angenommen werden. Wählt man den Zustand $^vP_m = 1$ am statisch bestimmten System (Abb. I A.19c), so ergibt sich mit $^vM_{P_m=1} = s/4 - x/2$

$$1 \cdot f = 2 \int_0^{s/2} \bar{M}_P\,{}^vM_{P_m=1}\,\frac{\mathrm{d}x}{EJ_y}\,;\qquad\text{(I A.26c)}$$

$$1 \cdot f = 2\,\frac{Pf}{2EJ_y} \int_0^{s/2} \cos\frac{2\pi x}{s}\left(\frac{s}{4} - \frac{x}{2}\right)\mathrm{d}x = \frac{Pfs^2}{4\pi^2 EJ_y}\,;$$

$$P_{ki} = \frac{4\pi^2 EJ_y}{s^2}\,.$$

Zweckmäßig wird man den Zustand $M = Pw$ nach Abb. I A.19d am statisch bestimmten System und den virtuellen Zustand $^v\bar{M}_{P_m=1}$ am statisch unbestimmten System wählen:

$$1 \cdot f = 2 \int_0^{s/2} M_P\,{}^v\bar{M}_{P_m=1}\,\frac{\mathrm{d}x}{EJ_y}\,.\qquad\text{(I A.26d)}$$

Mit

$$M_P = \frac{Pf}{2}\left(1 + \cos\frac{2\pi x}{s}\right)$$

wird

$$1 \cdot f = 2\frac{Pf}{2EJ_y}\int_0^{s/2}\left(1 + \cos\frac{2\pi x}{s}\right)\left(\frac{s}{8} - \frac{x}{2}\right)\mathrm{d}x = \frac{Pf}{EJ_y}\frac{s^2}{4\pi^2}\,;$$

$$P_{ki} = \frac{4\pi^2 EJ_y}{s^2}\,.$$

Für diesen bekannten Fall wurde die volle Gültigkeit des Reduktionssatzes nachgewiesen. Er wird mit Vorteil für andere Probleme angewendet, wenn die Biegelinie von vornherein nicht bekannt ist.

Entspricht die angenommene Biegelinie nicht vollständig der endgültigen Biegelinie, so ist der nachfolgende Weg einzuschlagen: Man nimmt für das gegebene System (z.B. Abb. I A.20) eine Biegelinie B_a an, die den Lagerbedingungen entspricht. Damit ergeben sich die Momente

$$M_P = P_{ki}M_{P=1} \text{ mit } M_{P=1} \text{ nach Abb. I A.20e.}$$

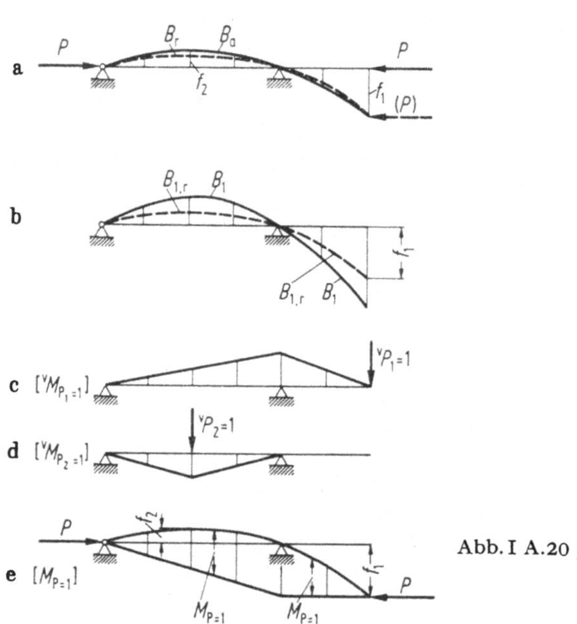

Abb. I A.20

Berechnet man für die Momente $M_{P=1}$ mit Hilfe der W-Gewichte die Biegelinie B_1 und reduziert diese wieder auf den angenommenen Bezugswert f_1 (Abb. I A.20b), so ergibt sich die Biegelinie $B_{1,r}$, die von der angenommenen Biegelinie B_a abweichen wird. Ist die Abweichung gering, so kann $B_{1,r}$ der Bestimmung der Knicklast P_{ki} zugrunde gelegt werden, im anderen Fall wird mit $B_{1,r}$ eine neue Biegelinie B_2 bzw. $B_{2,r}$ berechnet. Der Vorteil dieses Vorganges ist der, daß die Knicklast aus einer einzigen Gleichung nach (I A.26) erhalten wird.

Bei der Anwendung von (I A.26) ist es völlig gleichgültig, für welchen Punkt die Durchbiegung berechnet wird. Bei dem Beispiel nach Abb. I A.20 führt z.B. die virtuelle Belastung $^vP_1 = 1$ (Abb. I A.20c) zur selben Knicklast P_{ki} als die von $^vP_2 = 1$ (Abb. I A.20d).

Mit $M_{P=1}$ nach Abb. I A.20e wird

$$1 \cdot f_1 = P_{ki} \int\limits_0^s M_{P=1}{}^v M_{P_1=1} \frac{\mathrm{d}x}{EJ} \; ;$$

$$1 \cdot f_2 = P_{ki} \int M_{P=1}{}^v M_{P_2=1} \frac{\mathrm{d}x}{EJ} \; .$$

Die Durchführung der Zahlenrechnung ist im Beispiel I 2.1 gezeigt. Ganz allgemein ist es aber nicht einmal notwendig, die Form der Biegelinie zu wählen.

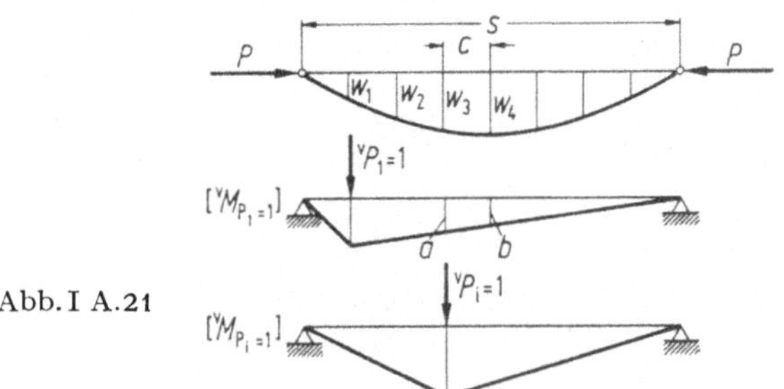

Abb. I A.21

Wird die Biegelinie des gelenkig gelagerten Stabes nach Abb. I A.21 als ein Linienzug mit den unbekannten Durchbiegungen $w_1, w_2, \ldots, w_n$ angenommen, so erhält man je eine Bedingungsgleichung für die unbekannte Durchbiegung w_i, wenn man in diesem Punkt die virtuelle Last $^v P_i = 1$ anbringt zu

$$1 \cdot w_i = P_{ki} \int M_{P=1}{}^v M_{P_i=1} \frac{\mathrm{d}x}{EJ} = P_{ki} \int w\, {}^v M_{P_i=1} \frac{\mathrm{d}x}{EJ} \, ,$$

z. B. ergibt sich für Punkt 1

$$EJ\, w_1 = P_{ki} \int\limits_0^s w\, {}^v M_{P_1=1}\, \mathrm{d}x = P_{ki} \sum \int\limits_0^c w\, {}^v M_{P_1=1}\, \mathrm{d}x = P_{ki} F_1(w_1 \cdots w_n) \, .$$

Für den Bereich $i - k$ ist $\int\limits_0^c w\, {}^v M_{P_1=1}\, \mathrm{d}x = (c/6)\, [w_i(2a + b) + w_k(2b + a)]$. Somit wird $\int\limits_0^s w\, {}^v M_{P_1=1}\, \mathrm{d}x = F_1(w_1 \cdots w_n)$ eine lineare Funktion aller unbekannten Durchbiegungen w_1 bis w_n, wobei alle Koeffizienten einfach zu berechnen sind.

Mit $q = k^2 = P/EJ$ nach (I A.3) ergibt sich daraus die Gleichung

$$(1 + a_{11}k^2)\, w_1 + a_{21}k^2 w_2 + \cdots a_{n1}k^2 w_n = 0.$$

Stellt man die entsprechenden Gleichungen für jeden Punkt auf, so erhält man das homogene Gleichungssystem

w_1	w_2	w_3	$\cdots$	w_i	$\cdots$	w_n	
$1 + a_{11}k^2$	$a_{21}k^2$	$a_{31}k^2$		$a_{i1}k^2$		$a_{n1}k^2$	$= 0$
$a_{12}k^2$	$1 + a_{22}k^2$	$a_{32}k^2$		$a_{i2}k^2$		$a_{n2}k^2$	$= 0$
$\vdots$	$\vdots$	$\vdots$		$\vdots$		$\vdots$	
$a_{1n}k^2$	$a_{2n}k^2$	$a_{3n}k^2$		$a_{in}k^2$		$1 + a_{nn}k^2$	$= 0$

(I A.27)

Das Gleichungssystem kann nur erfüllt werden, wenn die Determinante Null wird.

Aus der Bedingung $D = 0$ ergibt sich aus (I A.27) eine Gleichung n-ter Ordnung für die Knicklast, für die niedrigste und die höheren Knicklasten. Setzt man eine Lösung für P_{ki} in (I A.27) ein und teilt alle Durchbiegungen durch w_i, so ergibt sich ein neues Gleichungssystem. Mit

$$k_n^2 = \frac{P_{k,n}}{EJ}$$

wird

$$\frac{w_1}{w_i} = z_1 \qquad \frac{w_2}{w_i} = z_2 \qquad \dots \qquad \frac{w_i}{w_i} = 1 = z_i \qquad \frac{w_n}{w_i} = z_n$$

$$
\begin{array}{cccc}
1 + a_{11}k_n^2 & a_{21}k_n^2 & a_{i1}k_n^2 & a_{n1}k_n^2 \\
a_{12}k_n^2 & 1 + a_{22}k_n^2 & a_{i2}k_n^2 & a_{n2}k_n^2 \\
\vdots & \vdots & \vdots & \vdots \\
a_{1n}k_n^2 & a_{2n}k_n^2 & a_{in}k_n^2 & 1 + a_{nn}k_n^2
\end{array}
\qquad \text{(I A.28)}
$$

Aus diesem Gleichungssystem erhält man für eine bestimmte Knicklast, z.B. $P_{ki,n}$, wodurch k_n^2 gegeben ist, die Durchbiegungen z_m und damit die Form der Biegelinie zu jeder Knicklast (siehe Beispiel I. 1).

Die Determinante löst man am schnellsten, wenn man für P_{ki} verschiedene Werte einsetzt — man weiß meist, in welchem Bereich die kritischen Werte zu erwarten sind — und die sich für D ergebenden Werte in einer Kurve aufträgt. Im Schnittpunkt mit der $k^2 = q$-Achse ($D = 0$) ergeben sich entsprechend Abb. I A.22 die kritischen Werte.

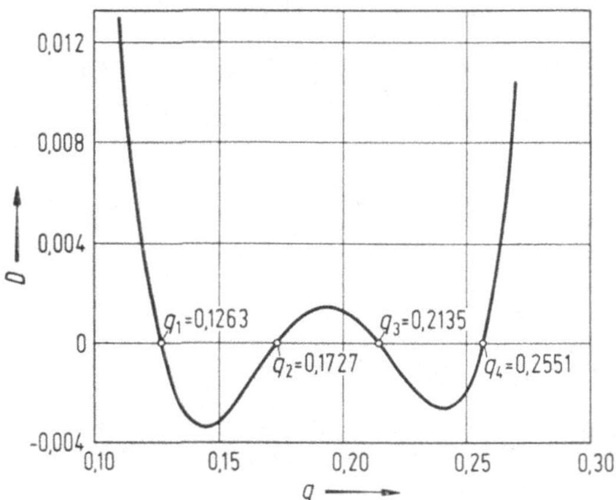

Abb. I A.22. $D - q$-Kurve für einen Gelenkstab mit veränderlichem Trägheitsmoment und vier unbekannten Durchbiegungen w_1 bis w_4

Im allgemeinen interessiert nur der kleinste Wert $P_{ki,1}$. Begnügt man sich mit einer Genauigkeit von $1\% - 2\%$, so benötigt man verhältnismäßig nur wenige Punkte (siehe Beispiel I.1 und I.2).

d) Differenzen-Verfahren

Differenziert man (I A.2) zweimal, so ergibt sich für den gelenkig gelagerten Stab

$$\frac{d^4 w}{dx^4} = -\frac{P}{EJ}\frac{d^2 w}{dx^2} = -k^2 \frac{d^2 w}{dx^2} = q\frac{d^2 w}{dx^2}$$

mit $q = -k^2$.

Führt man die Beziehung (Abb. I A.23)

$$\frac{\mathrm{d}^2 w}{\mathrm{d}x^2} = \frac{w_{k-1} - 2w_k + w_{k+1}}{c^2} \qquad (\text{I A.29})$$

ein und zerlegt nach Markus [30] die Differentialgleichung 4. Ordnung in 2 Differentialgleichungen 2. Ordnung,

$$\frac{\mathrm{d}^2 w}{\mathrm{d}x^2} = u; \qquad \frac{\mathrm{d}^2 u}{\mathrm{d}x^2} = q \frac{\mathrm{d}^2 w}{\mathrm{d}x^2}, \qquad (\text{I A.30})$$

so kann man diese Gleichungen für jeden Punkt anschreiben. Eliminiert man die unbekannten Werte u_i, so ergibt sich ein homogenes Gleichungssystem in den unbekannten Durchbiegungen w_i. Die Bedingung $D = 0$ ergibt, wie bei Abschnitt c, die Knicklasten.

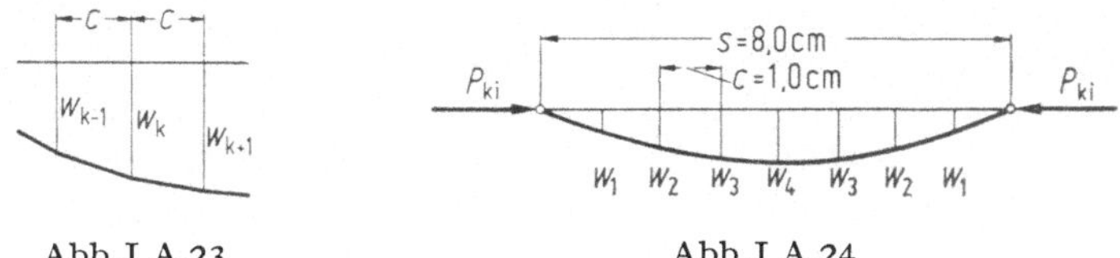

Abb. I A.23   Abb. I A.24

Für einen Stab mit $s = 8{,}0$ m und $c = 1{,}0$ m nach Abb. I A.24 erhält man z. B. das Gleichungssystem

Pkt. 1 $u_2 - 2u_1 = q(w_2 - 2w_1);$ $w_2 - 2w_1 = u_1$

Pkt. 2 $u_3 - 2u_2 + u_1 = q(w_3 - 2w_2 + w_1);$ $w_3 - 2w_2 + w_1 = u_2$

Pkt. 3 $u_4 - 2u_3 + u_2 = q(w_4 - 2w_3 + w_2);$ $w_4 - 2w_3 + w_2 = u_3$

Pkt. 4 $u_3 - 2u_4 + u_3 = q(w_3 - 2w_4 + w_3);$ $w_3 - 2w_4 + w_3 = u_4$

und nach Eliminierung von u die Bedingung

$$D = 0 = q^4 - 8q^3 + 20q^2 + 16q + 2 = 0,$$

mit der Lösung

$$q = -0{,}1557 = -k^2 = -\frac{P}{EJ}.$$

Vergleicht man damit den genauen Wert

$$\frac{P}{EJ} = \frac{\pi^2}{s^2} = 0{,}1542,$$

so erkennt man, daß die Abweichung nur 1% beträgt.

Die Zugrundelegung der Differentialgleichung 4. Ordnung und ihre Zerlegung in 2 Differentialgleichungen 2. Ordnung wurde gezeigt, weil ähnliche Betrachtungen bei der später gezeigten Bestimmung der Beulspannungen von Platten Anwendung finden. Im vorliegenden Fall hätte auch sofort die Differentialgleichung (I A.2)

$$\frac{\mathrm{d}^2 w}{\mathrm{d}x^2} + \frac{P}{EJ} w = 0$$

in Differenzenform angeschrieben werden können, z. B. Pkt. 2

$$w_3 - 2w_2 + w_1 + k^2 w_2 = 0 \quad \text{usw.}$$

e) Zusammenfassung

In den Abschnitten a) bis d) sind verschiedene Methoden angegeben, um für den Sonderfall konstanten Querschnittes die Knicklasten zu bestimmen. Man erkennt daraus, daß alle angegebenen Verfahren im Endergebnis übereinstimmen. Für die in nachfolgenden Abschnitten aber zu behandelnden allgemeinen Fälle, für die verschiedensten Systeme, für variierende Querschnitte usw., wobei Teile des Stabes im elastischen, Teile im plastischen Bereich liegen können, können mit Vorteil nur Näherungsmethoden, die den Abschnitten b) bis d) entsprechen, Anwendung finden. Die notwendige Genauigkeit dieser Verfahren ist nach den obigen Darlegungen gewährleistet. Da die Berechnung der Durchbiegungen mittels der W-Gewichte zur täglichen Arbeit des Ingenieurs gehört, wird der Durchbiegungsmethode bei den nachfolgenden Abschnitten ein besonderer Platz eingeräumt.

2. Gegliederte Stäbe. Ausknicken in den Hauptachsenrichtungen

a) Vergitterte Stäbe

Es wird ein beiderseits gelenkig gelagerter Stab mit 10 Feldern nach Abb. I A.25 a zugrunde gelegt und das Ergebnis für beliebige Stäbe erweitert. Es werden die Untersuchungen im plastischen Bereich durchgeführt, die Knicklast im elastischen Bereich ergibt sich dann als Sonderfall. Der Einfluß der verschiedenen Vergitterungsarten kann in einfacher Weise erfaßt werden, wenn der Fall der gekreuzten Vergitterung bekannt ist.

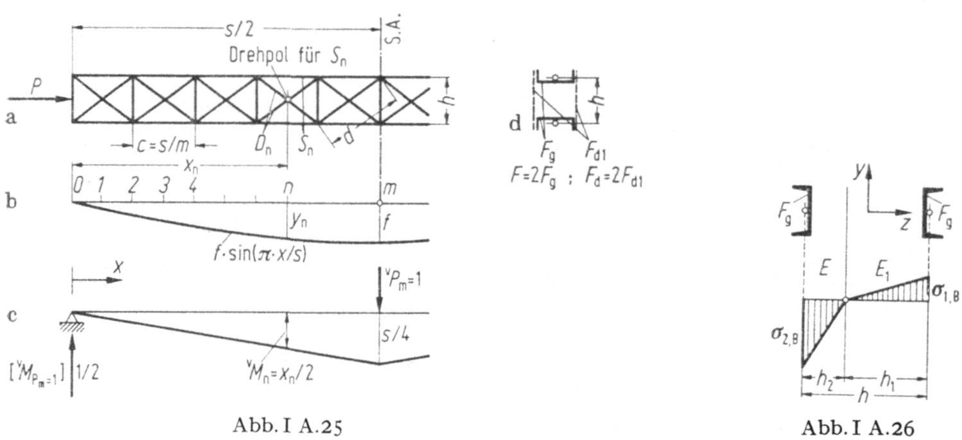

Abb. I A.25Abb. I A.26

Entsprechend (I A.15) und Abb. I A.26 ergibt sich für eine bestimmte Knickspannung σ_{ki} im plastischen Bereich der Wert E_1 (Tafel G), und damit die neutrale Achse für eine unmittelbar benachbarte Ausbiegungslinie beim Ausknicken um die materialfreie Achse

$$E_1 S_1 = E S_2$$

bzw.

$$E_1 F_g h_1 = E F_g h_2.$$

Mit $h = h_1 + h_2$ wird daraus

$$h_1 = \frac{E}{E + E_1}\, h; \quad h_2 = \frac{E_1}{E + E_1}\, h.$$

Aus (I A.16) wird, bei Vernachlässigung des Eigenträgheitsmomentes des Gurtes,

$$T J_{y,0} = E_1 F_g h_1^2 + E F_g h_2^2 = F_g h^2 \frac{E_1 E}{E_1 + E} \qquad \text{(I A.31 a)}$$

bzw.

$$\frac{1}{T J_{y,0}} = \frac{1}{E_1 F_g h^2} + \frac{1}{E F_g h^2}. \qquad \text{(I A.31 b)}$$

Nimmt man für den beiderseitig gelenkig gelagerten Stab die Biegelinie nach der Form

$$w = f \sin \frac{\pi x}{s}$$

an (Abb. I A.25 b), so erhält man

$$M = Pw = Pf \sin \frac{\pi x}{s} = Pf \sin \alpha_n \qquad \text{(I A.32)}$$

und

$$Q = \frac{\mathrm{d}M}{\mathrm{d}w} = Pf \frac{\pi}{s} \cos \frac{\pi x}{s} = Pf \frac{\pi}{s} \cos \alpha_n . \qquad \text{(I A.33)}$$

Für den virtuellen Zustand $^v P_m = 1$ nach Abb. I A.25 c wird

$$^v M = \frac{x}{2} \quad \text{und} \quad ^v Q = \frac{1}{2} .$$

Bestimmt man die Stabkräfte für die Gurte aus $S_n = M_n/h$ und für die Diagonalen aus $S_n = (Q_n/2)\,(d/h)$, so ergibt sich aus der Beziehung $^v A_{\ddot{a}} = {}^v A_i$ entsprechend (I A.26)

$$1 \cdot f = 2 \left(\sum_0^{s/2} S_n {}^v S_n \frac{S_n}{EF} + \sum_0^{s/2} S_n {}^v S_n \frac{S_n}{E_1 F} \right) . \qquad \text{(I A.34a)}$$

Für den Gurt, bei dem aus der Biegung des Stabes eine Druckkraft entsteht, ist hierbei der Modul E_1, für den anderen, entlasteten Gurt und die Diagonalen ist der Modul E einzuführen. Damit wird

$$1 \cdot f = 2 \left[\sum \frac{M_n}{h} \frac{{}^v M_n}{h} \frac{c}{EF_g} + \sum \frac{M_n}{h} \frac{{}^v M_n}{h} \frac{c}{E_1 F_g} + \sum \frac{Q_n}{2} \frac{{}^v Q_n}{2} \frac{d^2}{h^2} \frac{d}{EF_d} 2 \right]_0^{s/2}$$

$$\text{(I A.34b)}$$

Mit

$$^v M_n = \frac{x_n}{2} = \frac{1}{2} \frac{s}{20} n = \frac{ns}{40}$$

wird

$$1 \cdot f = 2Pf \left[\sum \frac{\sin \alpha_n}{h} \frac{ns}{40h} \frac{s}{10 EF_g} + \sum \frac{\sin \alpha_n ns^2}{400 h^2 E_1 F_g} + \sum \frac{\pi \cos \alpha_n}{s} \frac{1}{2} \frac{2d^3}{4h^2 EF_d} \right]_0^{s/2}$$

$$= \frac{2Pfs^2}{EF_g h^2 \pi^2} \left[\frac{\pi^2 \sum n \sin \alpha_n}{400} + \frac{\pi^2 \sum n \sin \alpha_n}{400} \frac{E}{E_1} + \frac{\pi^3 \sum \cos \alpha_n}{4 \cdot 10} \frac{d^3}{cs^2} \frac{F_g}{F_d} \right] .$$

Für die Summen ergeben sich die Werte

Punkt n	$\dfrac{\pi x}{s}$	α_n^0	$\sin \alpha_n$	$\cos \alpha_n$	$n \cdot \sin \alpha_n$
1	$\pi/20$	$9°$	0,15643	0,98769	0,15643
3	$3\pi/20$	$27°$	0,45399	0,89101	1,36197
5	$5\pi/20$	$45°$	0,70711	0,70711	3,53557
7	$7\pi/20$	$63°$	0,89101	0,45399	6,23707
9	$9\pi/20$	$81°$	0,98769	0,15643	8,88921
$\sum$				3,19623	20,1802

Man erhält

$$\frac{\pi^2 \sum n \sin \alpha_n}{400} = 0,498 \approx 0,5 ; \qquad \frac{\pi^3 \sum \cos \alpha_n}{40} = 2,48 \approx 2,5 ;$$

$$1 = \frac{s^2}{\pi^2} P_{ki} \left[\frac{1}{EF_g h^2} + \frac{1}{E_1 F_g h^2} + \frac{5}{EF_g h^2} \frac{d^3}{cs^2} \frac{F_g}{F_d} \right] .$$

Mit (I A.31 b) wird

$$1 = \frac{P_{ki}s^2}{\pi^2 T J_{y,0}} \left[1 + \frac{5TJ}{EF_g h^2} \frac{d^3}{cs^2} \frac{F_g}{F_d}\right];$$

$$1 = \frac{P_{ki}s^2}{\pi^2 T J_{y,0}} \left[1 + \frac{\pi^2 TJ}{2F_g s^2} \frac{2}{\pi^2} \frac{5}{Eh^2} \frac{d^3}{c} \frac{F_g}{F_d}\right].$$

Für einen gedachten Vollstab wäre mit (I A.13) und (I A.14)

$$P_{ki,0} = \frac{\pi^2 T J_y}{s^2}; \quad \sigma_{ki,0} = \frac{\pi^2 T J_y}{2F_g s^2}.$$

J_y ist hierbei das Trägheitsmoment einschließlich der Eigenträgheitsmomente der Gurte. Mit

$$\frac{10}{\pi^2} \approx 1{,}0$$

wird

$$1 = \frac{P_{ki}s^2}{\pi^2 T J_y} \left[1 + \sigma_{ki,0} \frac{d^3}{Eh^2 c} \frac{F_g}{F_d}\right],$$

und mit

$$\beta_{\mathrm{pl}} = \sqrt{1 + \sigma_{ki,0} \frac{d^3}{Eh^2 c} \frac{F_g}{F_d}}; \tag{I A.35 a}$$

$$P_{ki} = \frac{\pi^2 T J_y}{(\beta_{\mathrm{pl}}s)^2}. \tag{I A.36}$$

F_d ist dabei die Fläche der vorderen *und* rückwärtigen Diagonale. Für den elastischen Bereich wird

$$\sigma_{ki,0} = \frac{\pi^2 E J_{y,0}}{s^2\,2F_g}$$

und mit

$$J_{y,0} \approx \frac{F_g h^2}{2};$$

$$\beta_{\mathrm{el}} = \sqrt{1 + 2{,}5\,\frac{d^3}{cs^2} \frac{F_g}{F_d}}; \tag{I A.37}$$

$$P_{ki} = \frac{\pi^2 E J_y}{(\beta_{\mathrm{el}}s)^2}. \tag{I A.38}$$

Bei gegliederten Stäben mit einer Felderzahl $m \geq 10$ ist β somit unabhängig von m, aber auch für kleinere Werte von $m \geq 6$ ist diese Formel als Näherung gut zu gebrauchen. Der Aufbau der Formel stimmt mit der von Bleich [4] überein, die mittels der Energiemethode entwickelt wurde, wobei jedoch in letzterer beim Anteil der Diagonalen ein Zahlenfehler vorhanden ist. Die Art der Vergitterung kann wie folgt einfach erfaßt werden, wobei bei größerer Felderzahl der Anteil der Gurte in (I A.34) unverändert bleibt.

Nach Abb. I A.27 ergibt sich
Fall a) gekreuzte Diagonalen

$$\sum \frac{Q}{2} \frac{d}{h} \frac{{}^v Q}{2} \frac{d}{h} \frac{2d}{EF_d} = \frac{\Phi}{2}; \qquad \beta_{\mathrm{pl}} = \sqrt{1 + \sigma_{ki,0} \frac{d^3}{Eh^2 c} \frac{F_g}{F_d}}; \tag{I A.35 a}$$

Fall b) einfache Diagonalen

$$\sum Q\,\frac{d}{h}\,{}^v Q\,\frac{d}{h}\,\frac{d}{EF_d} = \Phi; \qquad \beta_{\mathrm{pl}} = \sqrt{1 + \sigma_{ki,0} \frac{2d^3}{Eh^2 c} \frac{F_g}{F_d}}; \tag{I A.35 b}$$

Fall c) K-Fachwerk

$$\sum \frac{Q}{2}\frac{d}{h/2}\frac{{}^{v}Q}{2}\frac{d}{h/2}\frac{d}{EF_d}2 = 2\Phi; \quad \beta_{\mathrm{pl}} = \sqrt{1 + \sigma_{ki,0}\frac{4d^3}{Eh^2c}\frac{F_g}{F_d}}. \qquad \text{(I A.35 c)}$$

Dieses Verfahren kann für beliebige Systeme, auch für veränderliches h mit Vorteil angewendet werden (siehe Beispiel I 3.1 und I 3.2).

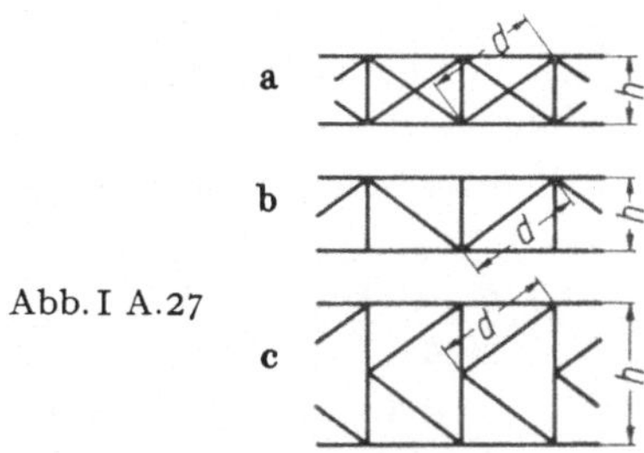

Abb. I A.27

b) Rahmenstäbe

Nach Abb. I A.28 sind J_g und J_b die Trägheitsmomente eines Gurtes bzw. von 2 Bindungen. Für einen Rahmenstab können in Näherung die Momenten-Nullpunkte aus einer Querkraft in den Feldmitten angenommen werden (Abb. I A.29).

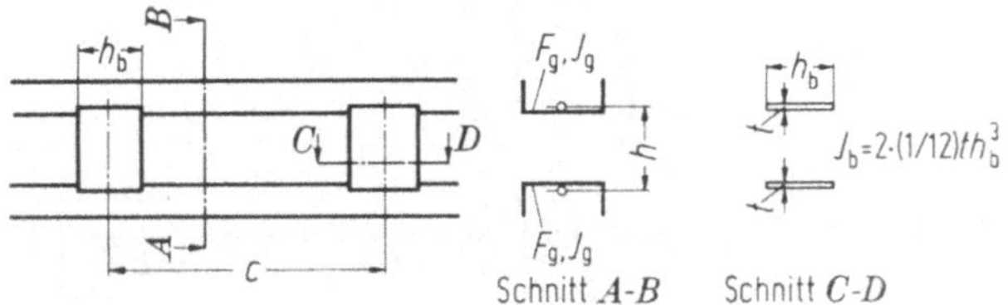

Abb. I A.28

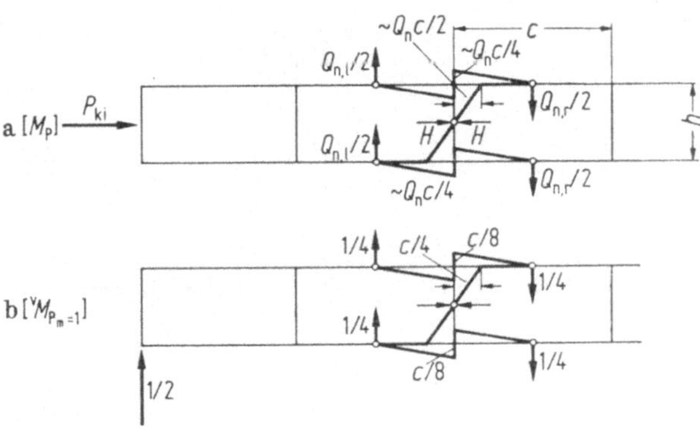

Abb. I A.29

Nimmt man bei größerer Felderanzahl $Q_{n,l} \approx Q_{n,r} \approx Q_n$ an, so ist nach (I A.33) für eine unmittelbar benachbarte Ausbiegungslinie

$$Q_n = Pf\frac{\pi}{s}\cos\alpha_n$$

und die Momente im Rahmenstab ergeben sich nach Abb. I A.29 a. Für den virtuellen Belastungsfall ${}^{v}P_m = 1$ sind die Momente ${}^{v}M_{P_m=1}$ in Abb. I A.29 b angegeben.

Entsprechend (I A.34) ergibt sich:

$$1 \cdot f = 2\left[\sum S_n{}^v S_n \frac{s_n}{EF_g} + \sum S_n{}^v S_n \frac{s_n}{E_1 F_g} + \int M_g{}^v M_g \frac{\mathrm{d}x}{TJ_g} + \int M_b{}^v M_b \frac{\mathrm{d}x}{EJ_b}\right]_0^{s/2}$$

(I A.39)

Entsprechend den Entwicklungen des Abschnittes a) wird sich der Anteil aus den Längskräften in der Gurtung bei der virtuellen Arbeit A_i nicht ändern. Bei den Anteilen aus den Momenten in den Gurtungen M_g ist mit Rücksicht auf die zusätzlich aus der Ausbiegung entstehenden Momente der Modul T einzuführen. Für die Anteile aus den Momenten in den Bindungen ist E zu berücksichtigen.

Somit erhält man mit Abb. I A.29a und b und mit $\int M_1 M_2\, \mathrm{d}s = (c'/3)\, AB$ nach Abb. I A.30

$$1 \cdot f = P_{ki} f\left[\frac{s^2}{\pi^2 TJ_{y,0}} + \frac{\pi}{s}\left(\frac{c}{6}\frac{c}{4}\frac{c}{8} 4\frac{\sum \cos \alpha_n}{TJ_g} + \frac{h}{6}\frac{c}{2}\frac{c}{4} 2\frac{\sum \cos \alpha_n}{EJ_b}\right)\right];$$

$$1 = P_{ki}\frac{s^2}{\pi^2}\left[\frac{1}{TJ_{y,0}} + \frac{\pi^3}{s^3}\frac{\sum \cos \alpha_n c^3}{48 TJ_g} + \frac{\pi^3}{s^3}\frac{\sum \cos \alpha_n}{24}\frac{c^2 h}{EJ_b}\right].$$

a $[M_1]$

b $[M_2]$ Abb. I A.30

In ähnlicher Weise wie unter Abschnitt a) ergibt sich bei 10 Feldern $\sum \cos \alpha_n = 6{,}32$ und mit $s = 10\,c$

$$1 = P_{ki}\frac{s^2}{\pi^2}\left[\frac{1}{TJ_{y,0}} + 0{,}41\left(\frac{c}{s}\right)^2\frac{1}{TJ_g} + 0{,}82\frac{ch}{s^2 EJ_b}\right];$$

$$1 = P_{ki}\frac{s^2}{\pi^2 TJ_{y,0}}\left[1 + 0{,}41\left(\frac{c}{s}\right)^2\frac{J_{y,0}}{J_g} + \frac{TJ_{y,0}}{s^2} 0{,}82\frac{ch}{EJ_b}\right].$$

Mit

$$\sigma_{ki,0} = \frac{\pi^2 TJ_{y,0}}{2F_g s^2}$$

wird

$$1 = \frac{P_{ki}s^2}{\pi^2 TJ_{y,0}}\left[1 + 0{,}41\left(\frac{c}{s}\right)^2\frac{J_{y,0}}{J_g} + 0{,}167\,\sigma_{ki,0}\frac{chF_g}{EJ_b}\right].$$

Mit

$$\beta_{\mathrm{pl}} = \sqrt{1 + 0{,}41\left(\frac{c}{s}\right)^2\frac{J_{y,0}}{J_g} + 0{,}167\,\sigma_{ki,0}\frac{chF_g}{EJ_b}}$$

(I A.40)

wird

$$P_{ki} = \frac{\pi^2 TJ_y}{(\beta_{\mathrm{pl}}s)^2}.$$

(I A.36)

Für den elastischen Bereich erhält man entsprechend Abschnitt a)

$$\beta_{\mathrm{el}} = \sqrt{1 + 0{,}41\left(\frac{c}{s}\right)^2\frac{J_{y,0}}{J_g} + 0{,}167\frac{\pi^2 EJ_{y,0}}{s^2\, 2F_g}\frac{chF_g}{EJ_b}}\;;$$

$$\beta_{\mathrm{el}} = \sqrt{1 + 0{,}41\left(\frac{c}{s}\right)^2\frac{J_{y,0}}{J_g} + 0{,}82\frac{ch}{s^2}\frac{J_{y,0}}{J_b}}.$$

(I A.41)

Für J_y ist hierbei das Trägheitsmoment einschließlich der Eigenträgheitsmomente der Gurte einzuführen (siehe Beispiel I 3.3).

c) Vergitterung, Bindebleche

In der DIN 4114 und in der ÖNORM 4600, 4. Teil, sind die Vergitterungsstäbe bzw. die Bindebleche unter Zugrundelegung der zulässigen Spannungen auf eine Querkraft

$$Q_i = \frac{F\sigma_{zul}}{80} \qquad \text{(I A.42)}$$

zu dimensionieren.

Mit einem einfachen Nachweis soll diese Formel überprüft werden, die in ihren Grundzügen schon auf Krohn [26] zurückgeht. Denkt man sich den Stab gerade so weit ausgebogen (Abb. I A.31), daß auf der Krümmungsinnenseite gerade die Fließgrenze σ_F erreicht wird, so gilt mit

$$J \approx F_g \frac{h^2}{2}\;;\quad W = \frac{J}{h/2} \approx F_g h\;;\quad i^2 = \frac{J}{2F_g} \approx \frac{h^2}{4}\;;\quad \lambda = \frac{s}{i} \approx \frac{2s}{h}\;;\quad h \approx 2i\;;$$

$$\frac{P_{kr}}{2F_g} + \frac{M}{W} = \frac{P_{kr}}{2F_g} + \frac{P_{kr}}{F_g h}f = \sigma_F\;;$$

$$\sigma_{kr} + \frac{P_{kr}}{F_g h}f = \sigma_F\;;$$

$$f = \frac{F_g h}{P_{kr}}(\sigma_F - \sigma_{kr})\,.$$

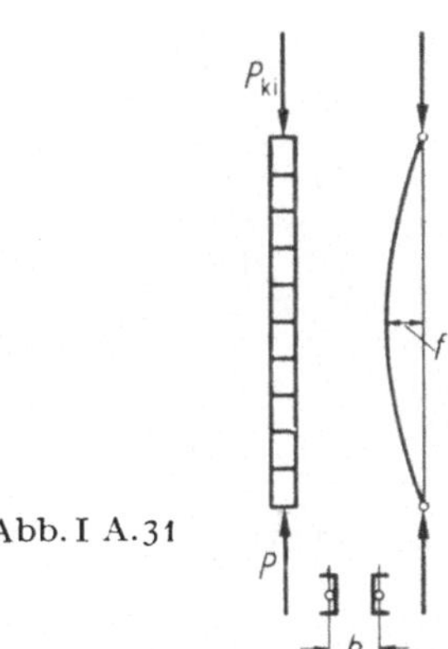

Abb. I A.31

σ_{kr} ist dabei die nach DIN 4114/2, Tafel 1 festgelegte Traglastspannung, für die unter Berücksichtigung von Imperfektionen nur eine Sicherheit von $v_{kr} = 1{,}5$ im plastischen Bereich vorgesehen ist. Mit $M = Pf\sin \pi x/s$ wird

$$Q = \frac{dM}{dx} = Pf\frac{\pi}{s}\cos\frac{\pi x}{s}$$

und

$$\max Q = P_{kr}f\frac{\pi}{s} = P_{kr}\frac{F_g h}{P_{kr}}\frac{\pi}{s}(\sigma_F - \sigma_{kr}) = F_g\frac{2i\pi}{s}(\sigma_F - \sigma_{kr})\;;$$

$$\frac{\max Q}{2F_g} = \frac{\pi}{\lambda}(\sigma_F - \sigma_{kr})\,.$$

Tabelle 1   *DIN 4114/2*

λ	σ_{kr}		σ_{ki}	Belastungsfall I $\sigma_{d,\text{zul}}$	
	St 37	St 52		St 37	St 52
20	2023	2975		1349	1983
40	1845	2659		1230	1773
60	1617	2231		1078	1487
80	1358	1762	3238	905	1175
100	1107	1354	2073	738	829
120	892	1043	1439	576	576
140			1057	423	423
150			921	368	368

In oben genannter Tabelle 1 sind im elastischen Bereich die ideellen Druckspannungen σ_{ki} angegeben, für die aber eine Sicherheit $\nu_{ki} = 2{,}5$ vorgegeben ist. Für σ_{kr} wird statt σ_{ki} näherungsweise ein reduzierter Wert $\sigma_{kr} = 1{,}5/2{,}5\ \sigma_{ki}$ eingeführt.

Damit ergibt sich für St 37

λ	$\dfrac{\max Q}{2F_g}$	$[\text{t/cm}^2]$
40	$(2{,}4 - 1{,}845)\,\dfrac{\pi}{40} =$	0,0436
60	$(2{,}4 - 1{,}617)\,\dfrac{\pi}{60} =$	0,0410
100	$(2{,}4 - 1{,}107)\,\dfrac{\pi}{100} =$	0,0406
120	$\left(2{,}4 - 1{,}439\,\dfrac{1{,}5}{2{,}5}\right)\dfrac{\pi}{120} =$	0,040
150	$\left(2{,}4 - 0{,}921\,\dfrac{1{,}5}{2{,}5}\right)\dfrac{\pi}{150} =$	0,039

und für St 52

λ	$\dfrac{\max Q}{2F_g}$	$[\text{t/cm}^2]$
40	$(3{,}6 - 2{,}659)\,\dfrac{\pi}{40} =$	0,074
60	$(3{,}6 - 2{,}231)\,\dfrac{\pi}{60} =$	0,072
100	$(3{,}6 - 1{,}354)\,\dfrac{\pi}{100} =$	0,070
120	$\left(3{,}6 - 1{,}439\,\dfrac{1{,}5}{2{,}5}\right)\dfrac{\pi}{120} =$	0,072
150	$\left(3{,}6 - 0{,}921\,\dfrac{1{,}5}{2{,}5}\right)\dfrac{\pi}{150} =$	0,064

Als Mittelwert ergibt sich für sämtliche Schlankheitsgrade

$$\text{für St 37} \qquad \frac{\max Q}{2F_g} \approx 0{,}040\ \text{t/cm}^2\,; \qquad\qquad (\text{I A.43 a})$$

$$\text{für St 52} \qquad \frac{\max Q}{2F_g} \approx 0{,}070\ \text{t/cm}^2\,. \qquad\qquad (\text{I A.43 b})$$

Nimmt man für die Gebrauchslasten eine 1,71fache Sicherheit gegen Fließen und als Mittelwert für alle Vergitterungen — das Endbindeblech ist stärker als die obigen ausgebildet — eine Abminderung von 0,8 an, was auf der sicheren Seite liegt, so ergibt sich die Querkraft, für die die Vergitterungen bzw. Bindebleche unter Zugrundelegung der zulässigen Spannungen zu bemessen sind:

$$\text{für St 37} \qquad \frac{Q_i}{2F_g} = \frac{0,8}{1,71}\,0,04 = 0,0183 \ \text{t/cm}^2 = \frac{1,4}{76} = \frac{\sigma_{zul}}{76}\,;$$

$$\text{für St 52} \qquad \frac{Q_i}{2F_g} = \frac{0,8}{1,71}\,0,07 = 0,033 \ \text{t/cm}^2 = \frac{2,1}{64} = \frac{\sigma_{zul}}{64}\,.$$

Damit sind folgende Werte zweckmäßig

$$\text{für St 37:} \qquad Q_i = \frac{F\sigma_{zul}}{70} \tag{I A.44a}$$

$$\text{für St 52:} \qquad Q_i = \frac{F\sigma_{zul}}{60}\,. \tag{I A.44b}$$

3. Biegedrehknicken

Nach Bd. II A, Gleichung (III B.24) lautet die Differentialgleichung für die Zwängungsdrillung:

$$EJ_{ww}\varphi^{IV} - GJ_d\varphi'' + \frac{dT}{dx} = 0. \tag{I A.45}$$

Hierbei findet die Drehung um den Schubmittelpunkt m statt. Es wurde nachgewiesen [20, 21, 62], daß sich beim Ausknicken eines Stabes die Verformungen aus Verdrehungen des Querschnittes um die Drehachse durch den Schubmittelpunkt und aus Ausbiegungen der Drehachse zusammensetzen. Als Ergebnis wurde festgestellt, daß dabei die kritische Knicklast unter Umständen wesentlich kleiner ausfallen kann, als beim reinen Biegeknicken oder reinem Drehknicken.

Von der Druckkraft P, die auf den Querschnitt F wirkt, entfällt auf das Flächenelement dF der Anteil

$$dP = \frac{P}{F}\,dF.$$

Bei einer Verschiebung des Schubmittelpunktes m um v_m und w_m in Richtung der Hauptachsen y und z und einer gleichzeitigen Drehung des Querschnittes um m von der Größe φ, erhält man für die Verschiebung des Punktes i die Werte (Abb. I A.32)

$$v_i = v_m - \bar{z}\varphi\,; \qquad\qquad w_i = w_m + \bar{y}\varphi\,;$$

$$v_i = v_m - (z - e_z)\,\varphi\,; \qquad w_i = w_m + (y - e_y)\,\varphi\,,$$

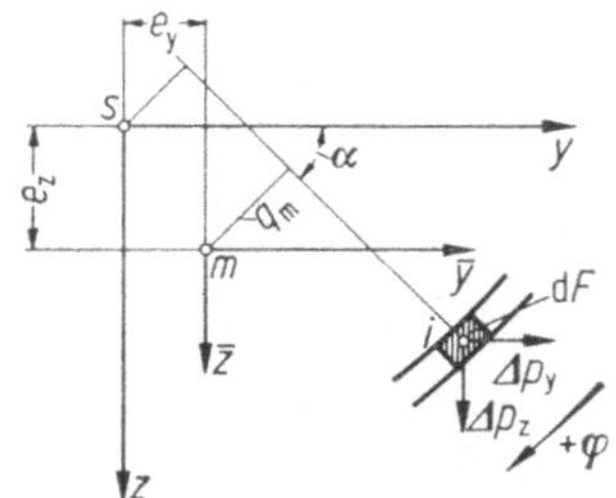

Abb. I A.32

und für die Ableitungen nach x

$$v_i'' = v_m'' - (z - e_z)\,\varphi''; \qquad w_i'' = w_m'' + (y - e_y)\,\varphi''.$$

Bei der Krümmung eines Stabelementes mit der Fläche $\mathrm{d}F$ und der Stabkraft $\mathrm{d}P$ ergibt sich eine Abtriebkraft

$$\Delta p = \frac{\mathrm{d}P}{r}.$$

Als Resultierende aller Abtriebkräfte, in m wirkend, ergibt sich in den Hauptachsenrichtungen, mit $1/r = -v''$ bzw. $1/r = -w''$ und $\Delta p_y = -\mathrm{d}Pv_i''$, $\Delta p_z = -\mathrm{d}Pw_i''$

$$p_y = -\int v_i''\,\mathrm{d}P = -\frac{P}{F}\int [v_m'' - (z - e_z)\,\varphi'']\,\mathrm{d}F = -P(v_m'' + e_z\varphi'');$$

$$p_z = -\int w_i''\,\mathrm{d}P = -\frac{P}{F}\int [w_m'' + (y - e_y)\,\varphi'']\,\mathrm{d}F = -P(w_m'' - e_y\varphi'').$$

Die Änderung des Drehmomentes im Bereich $\mathrm{d}x$ erhält man aus dem Drehmoment der örtlichen Abtriebkräfte unter Beachtung von Abb. I A.33 zu:

$$\frac{\mathrm{d}T}{\mathrm{d}x} = \int [+\Delta p_y\,\bar{z} - \Delta p_z\,\bar{y})\,\mathrm{d}F = \frac{P}{F}\int (-v_i''\bar{z} + w_i''\bar{y})\,\mathrm{d}F =$$

$$= \frac{P}{F}\int \{- [v_m'' - (z - e_z)\,\varphi'']\,(z - e_z) + [w_m'' + (y - e_y)\,\varphi'']\,(y - e_y)\,\mathrm{d}F =$$

$$= P[e_z v_m'' - e_y w_m'' + (i_y^2 + i_z^2 + e_z^2 + e_y^2)\,\varphi''].$$

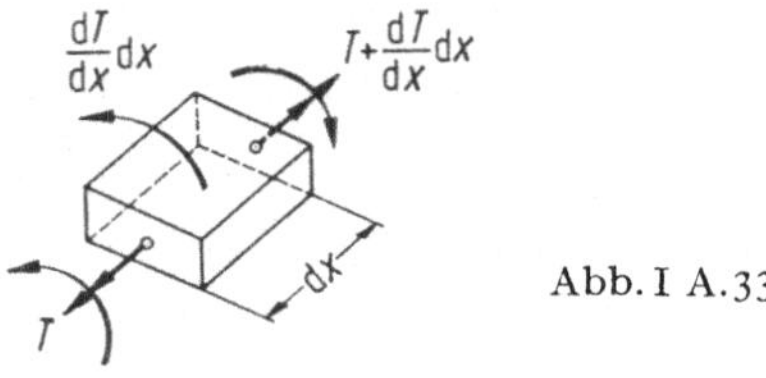

Abb. I A.33

Mit

$$i_p^2 = \frac{\int (y^2 + z^2)\,\mathrm{d}F}{F} = i_z^2 + i_y^2;$$

$$i_m^2 = \frac{\int (\bar{y}^2 + \bar{z}^2)\,\mathrm{d}F}{F} = i_z^2 + i_y^2 + e_z^2 + e_y^2$$

und

$$\frac{\mathrm{d}T}{\mathrm{d}x} = P[e_z v_m'' - e_y w_m'' + i_m^2 \varphi'']$$

ergibt sich aus (I A.45)

$$EJ_{ww}\varphi^{\mathrm{IV}} - GJ_d\varphi'' + P(e_z v_m'' - e_y w_m'' + i_m^2\varphi'') = 0.$$

Mit $p_y = EJ_z v_m^{\mathrm{IV}}$ und $p_z = EJ_y w_m^{\mathrm{IV}}$ wird

$$\left.\begin{aligned} EJ_z v_m^{\mathrm{IV}} + Pv_m'' + Pe_z\varphi'' &= 0; \\ EJ_y w_m^{\mathrm{IV}} + Pw_m'' - Pe_y\varphi'' &= 0; \\ Pe_z v_m'' - Pe_y w_m'' + EJ_{ww}\varphi^{\mathrm{IV}} + (Pi_m^2 - GJ_d)\,\varphi'' &= 0. \end{aligned}\right\} \quad (\mathrm{I\ A.46})$$

Sind die beiden Enden des Stabes gelenkig und wölbungsfrei gelagert, so kann man für die Lösungen von (I A.46) annehmen

$$v_m = A \sin\frac{\pi x}{s} \; ; \quad w_m = B \sin\frac{\pi x}{s} \; ; \quad \varphi = C \sin\frac{\pi x}{s} .$$

Mit

$$v_m'' = -A\frac{\pi^2}{s^2}\sin\frac{\pi x}{s} \; ; \quad v_m^{IV} = +A\frac{\pi^4}{s^4}\sin\frac{\pi x}{s} \; ;$$

$$w_m'' = -B\frac{\pi^2}{s^2}\sin\frac{\pi x}{s} \; ; \quad w_m^{IV} = +B\frac{\pi^4}{s^4}\sin\frac{\pi x}{s} \; ;$$

$$\varphi'' = -C\frac{\pi^2}{s^2}\sin\frac{\pi x}{s} \; ; \quad \varphi^{IV} = +C\frac{\pi^4}{s^4}\sin\frac{\pi x}{s} \; ;$$

und

$$\left. \begin{array}{l} P_y = \dfrac{\pi^2 E J_z}{s^2} \; ; \quad P_z = \dfrac{\pi^2 E J_y}{s^2} \; ; \\[3mm] P_d = \dfrac{E}{i_m^2}\left[\dfrac{\pi^2 J_{ww}}{s^2} + \dfrac{G}{E} J_d\right] \end{array} \right\} \qquad (\text{I A.47})$$

erhält man das homogene Gleichungssystem für die Konstanten A, B und C.

A	B	C		
$(P_y - P)$		$-Pe_z$	$= 0$ ·	(I A.48)
	$(P_z - P)$	$+Pe_y$	$= 0$	
$-Pe_z$	$+Pe_y$	$i_m^2(P_d - P)$	$= 0$	

Aus der Bedingung, daß die Determinante des Systems Null werden muß ($D = 0$), ergibt sich die Bedingungsgleichung für die Knicklast P_{ki}

$$P_{ki}^3(e_y^2 + e_z^2 - i_m^2) + P_{ki}^2[i_m^2(P_y + P_z + P_d) - e_y^2 P_y - e_z^2 P_z] +$$
$$+ P_{ki}[-i_m^2(+P_y P_z + P_y P_d + P_z P_d)] + i_m^2 P_y P_z P_d = 0. \qquad (\text{I A.49})$$

Im plastischen Bereich ist in (I A.47) statt E der Knickmodul T einzuführen, wobei jedoch für P_d der Wert G/E unverändert bleibt, da näherungsweise angenommen wird, daß der Schubmodul G im gleichen Verhältnis als der Modul E abnimmt.

Abb. I A.34

Für den Sonderfall eines zur Achse z symmetrischen Querschnittes (z. B. Abb. I A.34) wird $e_y = 0$ und das Gleichungssystem (I A.48) zerfällt in zwei unabhängige Bedingungen

$$P_{ki} = P_z \; ;$$

A	C		
$(P_y - P)$	$-Pe_z$	$= 0$	(I A.50)
$-Pe_z$	$i_m^2(P_d - P)$	$= 0$	

Aus letzterem Gleichungssystem erhält man mit $i_m^2 = i_p^2 + e_z^2$

$$P^2 \frac{i_p^2}{i_m^2} - P(P_y + P_d) + P_y P_d = 0$$

und als Lösung

$$P_{ki} = \frac{i_m^2}{i_p^2}\left[\frac{(P_y + P_d)}{2} - \sqrt{\frac{(P_y + P_d)^2}{4} - \frac{i_p^2}{i_m^2} P_y P_d}\right]. \qquad \text{(I A.51)}$$

Für den plastischen Bereich gelten die früheren Festlegungen. Für den Sonderfall eines doppelsymmetrischen Querschnittes wird

$$e_y = e_z = 0,$$

und das Gleichungssystem (I A.48) zerfällt in drei voneinander unabhängigen Gleichungen

$$P_{ki} = P_y; \quad P_{ki} = P_z; \quad P_{ki} = P_d. \qquad \text{(I A.52)}$$

Der kleinste Wert ist maßgebend.

In der DIN 4114/2 Ri 7,5 wird das Biegedrehknicken über eine gedachte Schlankheit erfaßt. Sind s die Netzlänge des Stabes und s_0 die für die Verdrehung maßgebende Länge, β der Einspannungswert für Biegung und β_0 der Kennwert für Verwölbung ($\beta = 1$ gelenkige Lagerung, $\beta = 0,5$ starre Einspannung, $\beta_0 = 1$ keine Wölbbehinderung, $\beta_0 = 0,5$ volle Wölbbehinderung an den Stabenden), so bestimmt man zuerst den Drehradius

$$c = \sqrt{\frac{J_{ww}(\beta s)^2/(\beta_0 s_0^2) + 0,039(\beta s)^2 J_d}{J_z}} \qquad \text{(I A.53)}$$

und damit die ideelle Schlankheit λ_{vi}

$$\lambda_{vi} = \frac{\beta s}{i_z}\sqrt{\frac{c^2 + i_m^2}{2c^2}\left\{1 + \sqrt{1 - \frac{4c^2[i_p^2 + 0,093(\beta^2/\beta_0^2 - 1)e_z^2]}{(c^2 + i_m^2)^2}}\right\}}. \qquad \text{(I A.54)}$$

Damit ist die Knicklast nach den DIN festgelegt.

Die Beispiele I 5.2 und I 5.3 zeigen die gute Übereinstimmung von (I A.51) und (I A.54).

Aus den Beispielen I 5.1 bis I 5.5 ist zu ersehen, daß unsymmetrische und einfach symmetrische Querschnitte sehr biegedrillempfindlich sein können. Die übliche Berechnung der Knicklasten, nur für die Hauptachsen, könnte in vielen Fällen zum frühzeitigen Versagen der Konstruktionen führen. Doppelsymmetrische Querschnitte mit üblichen Wandstärken sind praktisch biegedrillunempfindlich, so daß sich hierbei ein entsprechender Nachweis für P_{ki} erübrigt.

B. Festlegung der Knicksicherheiten

1. Stahl

Die Festlegung der Knicksicherheiten ist für den Einzelstab mit konstantem Querschnitt verhältnismäßig einfach. Je nachdem ob das Traglastverfahren unter Beachtung von Imperfektionen der Ermittlung der kritischen Knickspannungen σ_{kr} zugrunde gelegt wird oder eine ideelle Knickspannung σ_{ki} bestimmt wird, wobei keinerlei Imperfektionen angenommen werden, ist die Sicherheit verschieden gewählt worden. Maßgebend ist schließlich die zulässige Druckspannung $\sigma_{d,zul}$. In den Vorschriften der verschiedenen Länder sind entweder $\sigma_{d,zul}$-Werte in Abhängigkeit von λ

(z. B. ÖNORM 4600) angegeben, so daß gilt

$$\sigma_{d,\text{zul}} \geqq \frac{P_{\text{vorh.}}}{F},\tag{I B.1}$$

oder es sind die sogenannten ω-Werte (z. B. DIN 4114/1) festgelegt. Für letztere gilt die Beziehung

$$\sigma_{\text{zul}} \geqq \frac{\sigma_{d,\text{zul}}}{\sigma_{d,\text{zul}}} \, \sigma_{\text{zul}} \geqq \frac{\sigma_{\text{zul}}}{\sigma_{d,\text{zul}}} \frac{P_{\text{vorh.}}}{F} = \omega \frac{P_{\text{vorh.}}}{F}\tag{I B.2}$$

mit

$$\omega = \frac{\sigma_{\text{zul}}}{\sigma_{d,\text{zul}}}.\tag{I B.3}$$

Für die Berechnung von Systemen und Stäben mit wechselnden Querschnittswerten treten dabei aber Schwierigkeiten auf, was die Sicherheit betrifft. Es empfiehlt sich im letzteren Fall, auch im plastischen Bereich von ideellen Knickspannungen auszugehen, ohne Imperfektionen, dafür aber die Knicksicherheiten größer zu wählen.

In der DIN 4114/2 Ri 7,5 sind für den elastischen Bereich die ideellen Knickspannungen $\sigma_{ki} = \pi^2 E/\lambda^2$ und für den plastischen Bereich die ideellen Knickspannungen $\sigma_{ki,T} = \pi^2 T/\lambda^2$ zugrunde gelegt, wobei der Wert T nach (I A.11) gewählt wird (Tafel G).

Überlegungen über die Sicherheit verlangen, daß für den gedrungenen Stab die Sicherheit $v_{\lambda=0} = \sigma_F/\sigma_{\text{zul}}$ eingehalten wird, im elastischen Bereich aber eine wesentlich höhere Sicherheit — mit Rücksicht auf viel größere Unsicherheiten in den ideellen Annahmen — gewählt werden muß.

Wählt man eine ,,$\sigma_{d,\text{zul}} - \lambda$-Kurve“, die stetig verlaufen soll, so ist mit σ_{ki} bzw. $\sigma_{ki,T}$ die Sicherheit

$$v_k = \frac{\sigma_{ki}}{\sigma_{d,\text{zul}}} \quad \text{bzw.} \quad v_k = \frac{\sigma_{ki,T}}{\sigma_{d,\text{zul}}}\tag{I B.4}$$

variabel mit λ.

In der DIN 4114, Tafel 3, sind die Werte σ_{ki}, $\sigma_{ki,T}$ und v_k für St 37 und St 52 angegeben.

Tabelle 3   DIN 4114/2

| | | | St 37 | | | |
| | | | H | | HZ | |
λ	σ_{ki}	$\sigma_{ki,T}$	$\sigma_{d,\text{zul}}$	v_k	$\sigma_{d,\text{zul}}$	v_k
0		2 400	1 400	1,71	1 600	1,5
20	51 815	2 397	1 349	1,77	1 542	1,55
40	12 954	2 382	1 230	1,94	1 406	1,69
60	5 757	2 344	1 078	2,18	1 232	1,90
80	3 238	2 255	905	2,49	1 034	2,18
100	2 073	2 024	738	2,74	843	2,40
120	1 439		576	2,50	658	2,19
150	921		368	2,50	421	2,19

Die Sicherheiten schwanken danach für Hauptkräfte zwischen 1,71 und 2,5, für Haupt- und Zusatzkräfte zwischen 1,5 und 2,19. Der Verlauf der σ_{ki}, $\sigma_{ki,T}$ und v-Kurven, in Abhängigkeit von der Schlankheit λ, ist aus der Abb. I B.1 ersichtlich.

In der DIN 4114/2 ist auch für den Modul T nach (I A.11) eine stetige Kurve gewählt worden (Tafel G), und zwar

$$T = \frac{E}{\left[0,5 + \dfrac{0,5(\sigma_F - \sigma_P)}{\sqrt{(\sigma_F - \sigma_P)^2 - (\sigma_{ki,T} - \sigma_P)^2}}\right]^2} \,. \tag{I B.5}$$

Es wird dabei $\sigma_P = 0,8\,\sigma_F$ angenommen.

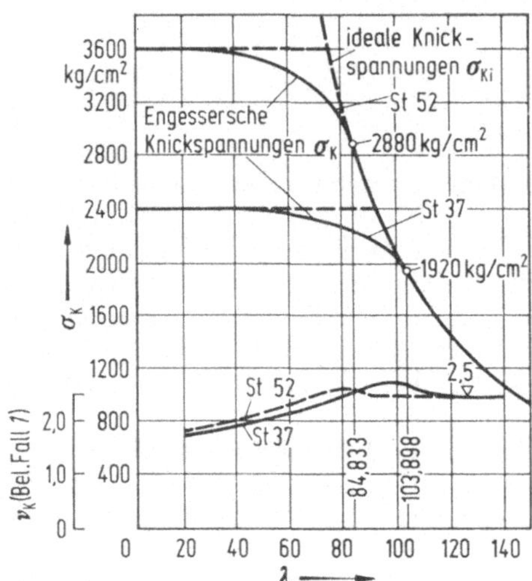

Abb. I B.1. Ideelle Knickspannungen für St 37 und St 52 und Sicherheiten v_k nach DIN 4114/2

Die „$\sigma_{ki,T} - \lambda$-Kurven" für St 37 und St 52 sind in den Normen dargestellt. Die oben erwähnten Schwierigkeiten bei der Berechnung von Systemen aus mehreren Stäben u.a.m. bestehen nun darin, daß Stäbe verschiedener Schlankheit, wechselnden Querschnitten u.a.m. auftreten können. Damit sind aber nach den Normen verschiedene Sicherheiten verbunden. Es gibt aber nur eine Knicklast für das ganze System und eine dazu zulässige Belastung, also auch nur eine Sicherheit. Es wurden verschiedene Wege zur Lösung dieses Problemes beschritten. Eine zusammenfassende Betrachtung darüber wurde von Beer [2] gegeben. Nachfolgend wird der Weg gezeigt, der erstmalig von Chwalla 1960 beschritten wurde, mit Ergänzung von Gsell [14] bezüglich des Zugbereiches. Diesem Weg liegen folgende Gedanken zugrunde:

Für einen Zugstab ist die Fließsicherheit

$$v_F = \frac{\sigma_F}{\sigma_{zul}}$$

gegeben, sie ist wesentlich geringer als die Euler-Sicherheit v_E. Würde man für den Knickstab aber alle Imperfektionen bezüglich Querschnittswerte, Stabkrümmungen, Eigenspannungen, nicht genaue Krafteinleitung usw. berücksichtigen — diese Imperfektionen können tatsächlich auftreten, wie die Versuche und theoretischen Überlegungen z.B. von Roš, Marincek und Beer und die eigenen Versuche [14] gezeigt haben — so erhält man ebenfalls nur eine Sicherheit in der Größenordnung von v_F.

Anstatt nun in der Berechnung alle Imperfektionen zu berücksichtigen, kann man die Fließsicherheit des Zugstabes erhöhen

$$\sigma_F^* = \sigma_F \frac{v_E}{v_F} \,. \tag{I B.6}$$

Für den Augenblick des Versagens der Konstruktion kann somit σ_F^* zugrunde gelegt werden, mit ν_E als Sicherheit. Es ändert sich dabei nichts an der zulässigen Spannung

$$\sigma_{\text{zul}} = \frac{\sigma_F}{\nu_F} = \frac{\sigma_F^*}{\nu_E} \,. \tag{I B.7}$$

σ_F^* und ν_E sind für den Zugstab rein theoretische Werte, die in die Rechnung eingeführt werden.

Für den elastischen Bereich (Euler-Bereich) gilt unter ideellen Voraussetzungen nach (I A.6)

$$\sigma_{ki} = \frac{\pi^2 E}{\lambda^2} \quad \text{mit der Sicherheit } \nu_E \,.$$

Für den plastischen Druckbereich gilt ohne Imperfektionen nach (I A.14)

$$\sigma_{ki,T} = \frac{\pi^2 T}{\lambda^2} \,.$$

Arbeitet man wieder mit der Eulersicherheit ν_E so müßte gelten

$$\sigma_{ki}^* = \nu_E \sigma_{d,\text{zul}} = \nu_E \frac{\sigma_{ki,T}}{\nu_k} = \frac{\nu_E}{\nu_k} \frac{\pi^2 T}{\lambda^2} \,.$$

Mit $T^* = (\nu_E/\nu_k)\, T$ wird $\hspace{6cm}$ (I B.8)

$$\sigma_{ki}^* = \frac{\pi^2 T^*}{\lambda^2} \,. \tag{I B.9}$$

Für den Fall des Versagens gilt

$$\sigma_{d,\text{zul}} = \frac{\sigma_{ki}^*}{\nu_E} = \frac{\sigma_{ki,T}}{\nu_k} \frac{\nu_E}{\nu_E} = \frac{\sigma_{ki,T}}{\nu_k} \,. \tag{I B.10}$$

Man kann somit auch im plastischen Druckbereich mit den theoretischen Werten σ_{ki}^* und ν_E rechnen. Wenn man die theoretische Sicherheit ν_E einhält, hat man die Gewißheit, daß unter Berücksichtigung aller Imperfektionen in allen Stäben oder Einzelteilen von Stäben die gleiche Sicherheit ν_F eingehalten wird; damit hat man aber eine eindeutige Aussage über die wirkliche Sicherheit.

Zu beachten ist noch, daß bei Druckstäben bis $\sigma \leqq \sigma_P$ der Stab im elastischen Bereich ist und somit die Sicherheit ν_E gilt. Somit gilt im gesamten elastischen Bereich σ_{ki} und ν_E, während im plastischen Bereich σ_{ki}^* und ν_E zu wählen sind. Abb. I B.2 zeigt die „$\sigma_{ki}^* - \lambda$-Kurve".

Etwas anders liegt es beim Zugstab. Wenn der Zugstab beim erhöhten Wert σ_F^* mit einer ν_E-fachen Sicherheit zum Fließen kommt, so kann auch die Proportionali-

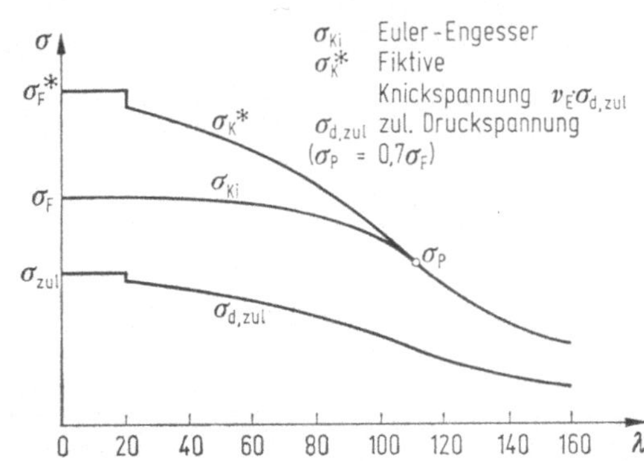

Abb. I B.2. $(\sigma_{ki} - \lambda)$- und $(\sigma_{ki}^* - \lambda)$-Kurven

tätsgrenze unter Beachtung von v_E erst bei der erhöhten ideellen Proportionalitätsgrenze

$$\sigma_P^* = \sigma_P \frac{v_E}{v_F} \qquad \text{(I B.11)}$$

erreicht werden.

Beim Entwurf der neuen ÖNORM B 4600, 4. Teil, wurde nun erstmals der Weg über die T^*-Werte beschritten. Entsprechend (I B.5) und (I B.8) wurden die nachfolgenden Gesetze für T^* gewählt. Für den Druckbereich gilt

$$T^* = \frac{E}{\left[0,5 + \dfrac{0,5(\sigma_F^* - \sigma_P)}{\sqrt{(\sigma_F^* - \sigma_P)^2 - (\sigma_{ki}^* - \sigma_P)^2}}\right]^5} \; ; \qquad \text{(I B.12)}$$

für den Zugbereich

$$T^* = \frac{E}{\left[0,5 + \dfrac{0,5(\sigma_F^* - \sigma_P^*)}{\sqrt{(\sigma_F^* - \sigma_P^*)^2 - (\sigma_z^* - \sigma_P^*)^2}}\right]^2} \, . \qquad \text{(I B.13)}$$

Hierbei ist

$$\sigma_z^* = \sigma_z \frac{v_E}{v_F} \, .$$

Die nachfolgenden Zahlenfestlegungen sind so gewählt, daß für die verschiedenen Belastungsfälle und für die ÖNORM und DIN die gleichen T^*-Werte erhalten werden, was für die Durchführung der Berechnung von Vorteil ist. Dabei ergeben sich nur allfällige geringfügige Änderungen gegenüber den Vorschriften in bezug auf die zulässigen Spannungen und Sicherheiten.

Entsprechend der ÖNORM wird

$$\sigma_P = 0,7 \, \sigma_F$$

gewählt, so daß die Ergebnisse auf der sicheren Seite liegen.

Legt man die ÖNORM 4600, 2. Teil, Tafel 1—3 zugrunde, so gilt für die verschiedenen Spannungen in kg/cm²:

			St 37	St 44	St 52
		σ_F	2400	2900	3600
EF		$\sigma_{\text{zul}} = \sigma_P = 0,70\,\sigma_F$	1680	2030	2520
			(1700)	(2100)	(2500)
RF		$\sigma_{\text{zul}} = 0,62\,\sigma_F$	1488	1798	2232
		$\sigma_F^* = \sigma_F \dfrac{v_E}{v_F}$	3495	4222	5242
		$\sigma_P^* = \sigma_P \dfrac{v_E}{v_F}$	2446	2955	3669

Hierbei ist für den Erhöhungsfall (EF) für alle Stähle

$$v_{F;E} = \frac{1}{0,7} = 1,428 \quad \text{und} \quad v_{E;E} = 2,08,$$

und für den Regelfall (RF)

$$v_{F;R} = \frac{1}{0,62} = 1,613 \quad \text{und} \quad v_{E;R} = 2,35,$$

und

$$\frac{v_E}{v_F} = \frac{2,08}{1,428} = \frac{2,35}{1,613} = 1,456.$$

Für St 37 ergibt sich damit mit $E = 2100\ \text{t/cm}^2$:

$$T^*_{\text{Druck}} = \frac{2100}{\left[0,5 + \dfrac{0,5\,(3,495 - 1,680)}{\sqrt{1,8144^2 - (\sigma^*_{ki} - 1,680)^2}}\right]^5}\ ;$$

$$T^*_{\text{Zug}} = \frac{2100}{\left[0,5 + \dfrac{0,5\,(3,495 - 2,446)}{\sqrt{1,0483^2 - (\sigma^*_z - 2,446)^2}}\right]^2}\ .$$

Für ÖNORM 4603 gilt

			St 37	St 44	St 52
		σ_F	2400	2900	3600
HZ		$\sigma_{\text{zul}} = 0,75\,\sigma_F$	1800	2175	2700
				(2160)	
H		$\sigma_{\text{zul}} = 0,666\,\sigma_F$	1600	1933	2400
				(1920)	
		$\sigma^*_F = \sigma_F\,\dfrac{\nu_E}{\nu_F}$	3495	4222	5242
		$\sigma_P = 0,7\,\sigma_F$	1680	2030	2520
		$\sigma^*_P = \sigma_P\,\dfrac{\nu_E}{\nu_F}$	2446	2955	3669

Haupt- + Zusatzkraft (HZ): $\nu_{F;HZ} = \dfrac{1}{0,75} = 1,333;\quad \nu_{E;HZ} = 1,94\,.$

Hauptkräfte (H): $\qquad \nu_{F;H} = \dfrac{1}{0,666} = 1,50;\quad \nu_{E;H} = 2,18\,.$

$$\frac{\nu_E}{\nu_F} = \frac{2,18}{1,50} = \frac{1,94}{1,333} = 1,456\,.$$

Für DIN 1073 und BE gilt

			St 37	St 44	St 52
		σ_F	2400	2900	3600
HZ		$\sigma_{\text{zul}} = 0,666\,\sigma_F$	1600	1933	2400
H		$\sigma_{\text{zul}} = 0,585\,\sigma_F$	1400	1690	2100
		$\sigma^*_F;\ \sigma_P;\ \sigma^*_P$ wie früher			

Haupt- und Zusatzkräfte (HZ): $\nu_{F;HZ} = \dfrac{1}{0,666} = 1,5;\quad \nu_{E;HZ} = 2,18,$

Hauptkräfte (H): $\qquad \nu_{F;H} = \dfrac{1}{0,585} = 1,71;\quad \nu_{E;H} = 2,49,$

$$\frac{\nu_E}{\nu_F} = \frac{2,18}{1,50} = \frac{2,49}{1,71} = 1,456\,.$$

Somit gelten für *alle* Vorschriften die gleichen T^*-Werte für die einzelnen Stähle.

Diese Werte T^* sind in der Tafel G angegeben und in den Abb. I B.3 bis I B.5 dargestellt, und zwar für St 37, St 44 und St 52.

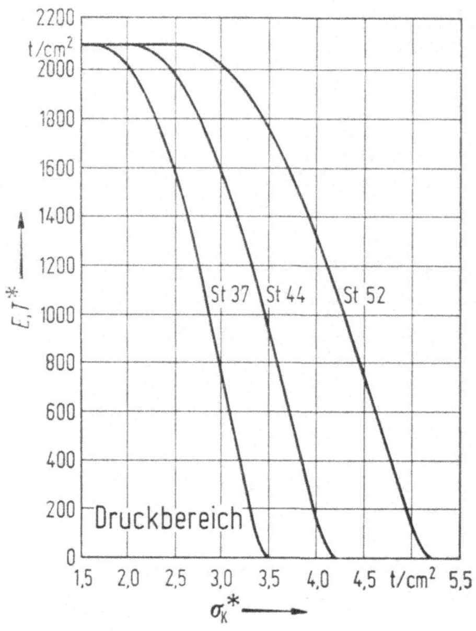

Abb. I B.3. Fiktiver Modul T^* für den Druckbereich

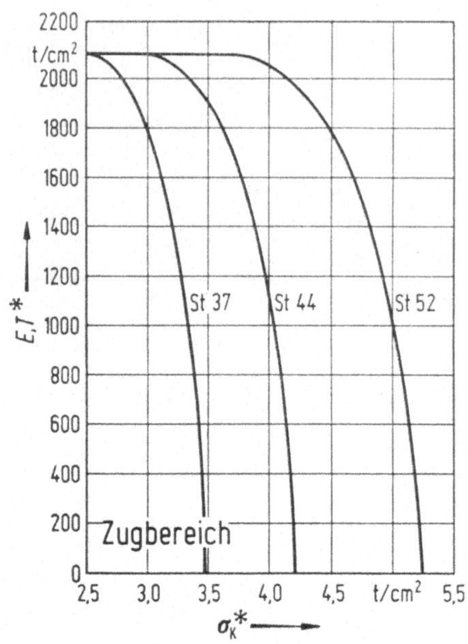

Abb. I B.4. Fiktiver Modul T^* für den Zugbereich

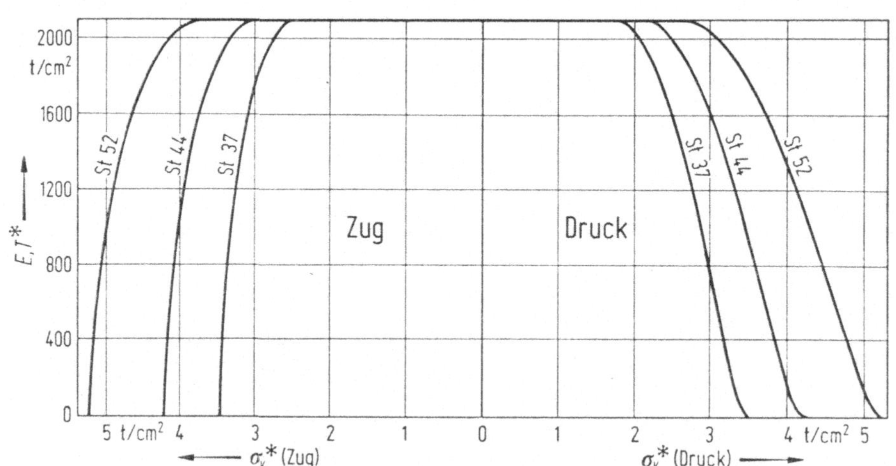

Abb. I B.5. T^*-Modul für Druck- und Zugbereich

Nach (I A.3) ist für eine Druckkraft P

$$k^2 = \frac{P}{EJ}.$$

Führt man die dimensionslose Größe

$$\varepsilon^2 = k^2 s^2 = \frac{P}{EJ}\, s^2$$

ein, so wird im elastischen Bereich

$$\varepsilon = s \sqrt{\frac{P}{EJ}\frac{F}{F}} = s \sqrt{\frac{\sigma}{Ei^2}} = \frac{s}{i} \sqrt{\frac{\sigma}{E}}. \tag{I B.14}$$

Für den plastischen Bereich gilt entsprechend

$$\varepsilon = \frac{s}{i} \sqrt{\frac{\sigma}{T}}. \tag{I B.15}$$

Ist die Knicklast in einem Stab von der Länge s erreicht, so erhält man mit (I B.4) und (I B.8)

$$v_k = \frac{\sigma_{ki,T}}{\sigma_{d,\mathrm{zul}}} \ ; \quad T^* = \frac{v_E}{v_k}\,T;$$

$$\frac{\sigma_{ki,T}}{T} = \frac{\sigma_{ki,T}v_E}{T^*v_k} = \frac{\sigma_{d,\mathrm{zul}}v_k v_E}{T^*v_k} = \frac{\sigma_{ki}^*}{T^*}.$$

Als Ergebnis ergibt sich die wichtige Tatsache, daß für eine gedachte erhöhte Belastung $P^* = P\,v_E/v_k$ der Wert ε gleich bleibt.

$$\varepsilon = \frac{s}{i} \sqrt{\frac{\sigma_{ki,T}}{T}} = \frac{s}{i} \sqrt{\frac{\sigma_{ki}^*}{T^*}}. \tag{I B.16}$$

Erhält man für irgendein Problem im elastischen Bereich die Knicklast $P_{ki;E}$, im plastischen Bereich unter Zugrundelegung von T die Knicklast $P_{ki,T}$ oder unter Zugrundelegung von T^* die Knicklast $P_{ki,T}^*$, so gilt allgemein mit (I B.14) bis (I B.16)

$$P_{ki;E} = \varepsilon^2 \frac{EJ}{s^2} = \frac{\pi^2 EJ}{(s_{k,\mathrm{eff.}})^2} \ ; \quad s_{k,\mathrm{eff.}} = \frac{\pi}{\varepsilon}\,s;$$

$$P_{ki;T} = \varepsilon^2 \frac{TJ}{s^2} = \frac{\pi^2 TJ}{(s_{k,\mathrm{eff.}})^2} \ ; \quad s_{k,\mathrm{eff.}} = \frac{\pi}{\varepsilon}\,s; \tag{I B.17}$$

$$P_{ki;T^*}^* = \varepsilon^2 \frac{T^*J}{s^2} = \frac{\pi^2 T^*J}{(s_{k;\mathrm{eff.}})^2} \ ; \quad s_{k;\mathrm{eff.}} = \frac{\pi}{\varepsilon}\,s.$$

Man gewinnt somit mit (I B.17) die Kenntnis über die effektive Knicklänge eines Stabes, die unabhängig davon sein muß, über welches Verfahren die Knickbelastung berechnet wurde.

Der große Vorteil des in diesem Abschnitt gezeigten Verfahrens, im plastischen Bereich mit T^* zu rechnen, liegt nun darin, daß — gleichgültig um welches Problem es sich handelt — immer mit der ideellen Sicherheit v_E gerechnet wird. Die kritische Belastung ist somit immer durch den Wert v_E der entsprechenden Vorschrift zu teilen, um die zulässige Belastung zu erhalten. Dies bedeutet aber, daß bei Berücksichtigung aller Imperfektionen, sowohl im elastischen wie auch im plastischen Bereich, immer die endgültige Sicherheit v_F nach den entsprechenden Vorschriften einzuhalten ist und daß somit Zug- und Druckstäbe in allen Bereichen die gleiche Sicherheit aufweisen. Damit ist aber ein einfacher Weg geöffnet, auch schwierige Probleme der Stabilität von beliebigen Systemen für Fachwerke und Stabwerke zu lösen.

2. Beton

Bei Beton empfiehlt es sich, die tatsächlichen ideellen Knickbelastungen ohne Berücksichtigung von Imperfektionen unter Zugrundelegung einer ideellen Spannungsdehnungslinie des Betons zu berechnen. Legt man z.B. die ÖNORM zugrunde, so kann unter Verwendung von (I A.17) für Druckstäbe T_b nach (I A.21) und für

Zugstäbe E_b nach (I A.18), bei nicht gerissenem Querschnitt, Anwendung finden. Bei der Berechnung der Stabilität von Systemen ist dann entsprechend

$$\varepsilon = \frac{s}{i}\sqrt{\frac{\sigma_{ki}}{T_b}} \quad \text{bzw.} \quad \varepsilon = \frac{s}{i}\sqrt{\frac{\sigma_{ki}}{E_b}} \qquad \text{(I B.18)}$$

einzuführen. Hat man damit die Knickbelastung ohne Berücksichtigung von Imperfektionen bestimmt, so muß man sich Rechenschaft über die zu wählende Sicherheit geben, um die zulässige Belastung zu bestimmen.

3. Beliebiges Material

Auch bei einem beliebigen Material, z.B. einer bestimmten Aluminiumlegierung, wird man von der Spannungs-Dehnungslinie ausgehen, wobei letztere vom Ursprung aus schon gekrümmt sein kann. Man wird sich dann entsprechend (I A.11) den T-Modul berechnen und mit diesem die Stabilitätsberechnung durchführen. Entsprechend 2. wäre bei Systemen für Druckstäbe T und für Zugstäbe E_1 einzuführen, wobei gilt

$$\varepsilon = \frac{s}{i}\sqrt{\frac{\sigma_{ki}}{T}} \quad \text{bzw.} \quad \varepsilon = \frac{s}{i}\sqrt{\frac{\sigma_{ki}}{E_1}}. \qquad \text{(I B.19)}$$

Auch hierbei muß man sich nach Erhalt der Knickbelastung Rechenschaft über die zu wählende Sicherheit geben.

C. Mittig belastete Einzelstäbe mit veränderlichem Querschnitt

1. Vollstäbe

a) Energiemethode

Die Energiemethode wurde verschiedentlich für Sonderfälle, wie z.B. veränderliche Querschnitte, zur Anwendung gebracht. Nimmt man näherungsweise die Form der Biegelinie als eine Summe von Funktionen $f(x)$ an, von denen jede die Randbedingungen erfüllt (z.B. Abb. I C.1)

$$w = C_1 f_1(x) + C_2 f_2(x) + \cdots + C_n f_n(x) \qquad \text{(I C.1)}$$

und bildet

$$\frac{\mathrm{d}w}{\mathrm{d}x}, \quad \frac{\mathrm{d}^2 w}{\mathrm{d}x^2} \quad \text{bzw.} \quad \left(\frac{\mathrm{d}w}{\mathrm{d}x}\right)^2, \quad \left(\frac{\mathrm{d}^2 w}{\mathrm{d}x^2}\right)^2,$$

so ergeben sich nach (I A.24) und (I A.25)

$$A_i = F_i(C_1, C_2, \ldots, C_n) \qquad \text{(I C.1)}$$

und

$$A_{\ddot{a}} = P_{ki} F_a(C_1, C_2, \ldots, C_n) \qquad \text{(I C.2)}$$

als Funktionen der unbekannten Konstanten C_i. Diese treten als Produkte C_i^2 und $C_i C_k$ auf.

Infolge der willkürlichen Wahl der Funktionen $f_i(x)$ wird die Bedingung $A_i = A_{\ddot{a}}$ nicht ganz erfüllt werden können. Die Konstanten C_i sind nun so zu wählen, daß die Differenz

$$A_{\ddot{a}} - A_i = P_{ki} F_a - F_i = A \qquad \text{(I C.3)}$$

zu einem Minimum wird. Damit ergeben sich die Bedingungsgleichungen für C_i

$$\frac{dA}{dC_1} = 0; \quad \frac{dA}{dC_2} = 0; \ldots \quad \frac{dA}{dC_n} = 0. \tag{I C.4}$$

Aus dem homogenen Gleichungssystem für die Größen C_i erhält man durch Nullsetzen der Determinante die Bedingungsgleichung n-ten Grades für P_{ki} [siehe 4].

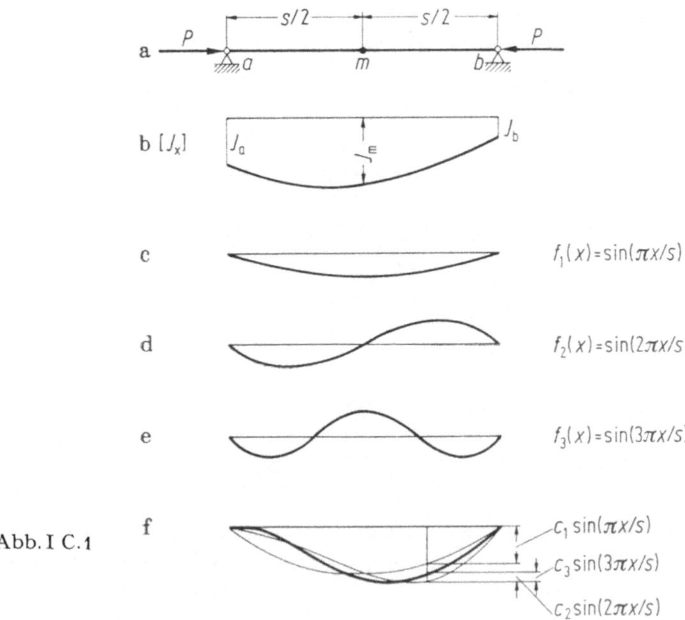

Abb. I C.1

b) Durchbiegungsmethode

Wie die nachfolgenden Entwicklungen zeigen, kann die Durchbiegungsmethode mit besonderem Vorteil angewendet werden.

α) Elastischer Bereich

Die Ermittlung der Knicklast wird entsprechend Abschnitt A.1 c durchgeführt. Man teilt den Stab zweckmäßig in gleiche Abschnitte von der Länge c (Abb. I C.2)

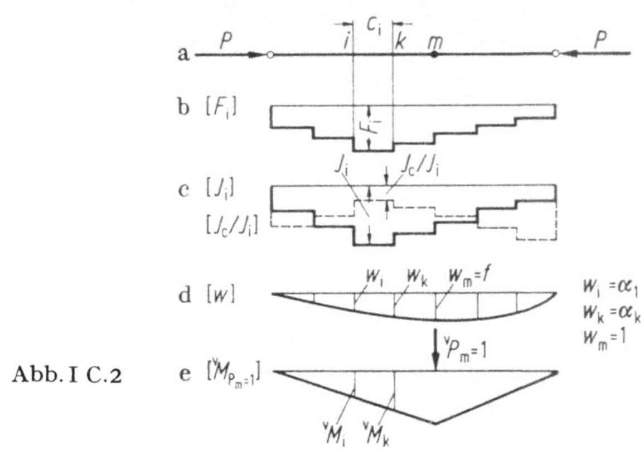

Abb. I C.2

und nimmt die Flächen F_i und Trägheitsmomente J_i für einen Teilabschnitt konstant an. Unter der Annahme eines Wertes J_c sind damit die Größen J_c/J_i festgelegt.

Will man die Knicklast aus einer einzigen Gleichung erhalten, wird die Biegelinie nach Abb. I C.2d angenommen. Nach Abschnitt A.1c kann mit dem Moment $M_{P=1}$ die zugehörige Biegelinie berechnet werden. Sind die Abweichungen in den Werten α_i unbedeutend gegenüber der Annahme, so kann die neue Biegelinie bereits der Knickuntersuchung zugrunde gelegt werden, im anderen Fall findet eine neuerliche Berechnung der Biegelinie statt. Für die virtuelle Belastung $^v P_m = 1$ ergibt sich entsprechend (I A.26a) die Bedingungsgleichung (Abb. I C.2c bis e)

$$1 \cdot f E J_c = P_{ki} \int M_{P=1}{}^v M_{P_m=1} \frac{J_c}{J} \, ds = P_{ki} f C; \qquad \text{(I C.5)}$$

$$P_{ki} = \frac{E J_c}{C}.$$

Für den vorliegenden Fall des gelenkig gelagerten Stabes ist

$$M_{P=1} = w$$

und

$$E J_c = P_{ki} \int w^v M_{P_m=1} \frac{J_c}{J} \, dx.$$

Für den Teilbereich $i - k$ ist in diesem Fall

$$\Delta C = \frac{c_i}{6} \frac{J_c}{J_{i,y}} \left[{}^v M_i (2 w_i + w_k) + {}^v M_k (2 w_k + w_i) \right]; \qquad C = \sum_1^n \Delta C.$$

Nimmt man sämtliche Durchbiegungen in den Teilungspunkten als Unbekannte an so erhält man ein Gleichungssystem entsprechend (I A.27), wobei sich nunmehr die Koeffizienten der i-ten Zeile zu

$$E J_c w_i = P_{ki} \int w^v M_i \frac{J_c}{J} \, dx$$

ergeben. Die Determinante gleich Null ergibt die Knickbelastungen.

β) Plastischer Bereich

Hat der Stab einen veränderlichen Querschnitt, so treten im Augenblick des Auftretens der Knickbelastung P_{ki} in den einzelnen Querschnitten F_n verschiedene Knickspannungen $\sigma_{ki,n}$ auf. Zu jeder dieser Spannungen $\sigma_{ki,n}$ gehört nach (I A.11) ein bestimmter Modul T_n. Da P_{ki} vorerst nicht bekannt ist, muß folgender Weg eingeschlagen werden: Man nimmt eine Last ^1P an. Damit sind die Spannungen $^1\sigma_n = {}^1P/F_n$ für jeden Querschnitt festgelegt und nach Abb. I A.9 auch die zugehörigen Moduli ^1T_n bzw. die Werte $E/^1T_n$ (Tafel G). Für die angenommene Biegelinie (z. B. Abb. I C.2) ergibt sich entsprechend (I C.5)

$$1 \cdot f E J_c = P_{ki} f \int M_{P=1}{}^v M_{P_m=1} \frac{J_c}{J_y} \frac{E}{^1T} \, dx = P_{ki} f {}^1C; \qquad \text{(I C.6)}$$

$$^1 P_{ki;T} = \frac{E J_c}{^1C}.$$

Für den gelenkig gelagerten Stab ist

$$M_{P=1} = w$$

und

$$E J_c = {}^1 P_{ki} \int w^v M_{P_m=1} \frac{J_c}{J} \frac{E}{^1T} \, dx.$$

Für den Teilbereich $i - k$ ist:

$$\Delta^1 C = \frac{c_i}{6} \frac{J_c}{J_{i,y}} \frac{E}{T_i} [{}^v M_i (2w_i + w_k) + {}^v M_k (2w_k + w_i)]; \quad {}^1 C = \sum \Delta C.$$

Für den Querschnitt n ist dann ${}^1 \sigma_{ki,n} = {}^1 P_{ki,T}/F_n$. Diesen Betrag trägt man zum angenommenen Wert ${}^1 T_n$ in die $T - \sigma_{ki}$-Kurve ein (Abb. I C.3). Er wird nicht auf der „$T - \sigma_{ki}$-Kurve" liegen. Wiederholt man die Rechnung mit anderen Werten ${}^i P$, so erhält man eine Kurve Ψ. Nur im Schnittpunkt der Φ- und Ψ-Kurven entsprechen σ_{ki} und T_i den zueinander gehörigen Werten für einen bestimmten Stahl. Die Knicklast ist dann

$$P_{ki,T} = \sigma_{ki,n} F_n.$$

Dabei ist es gleichgültig für welchen Querschnitt F_n man die Ψ-Kurve aufträgt. Man erhält wohl für die verschiedenen Querschnitte verschiedene Schnittpunkte, aber immer die gleiche Knicklast.

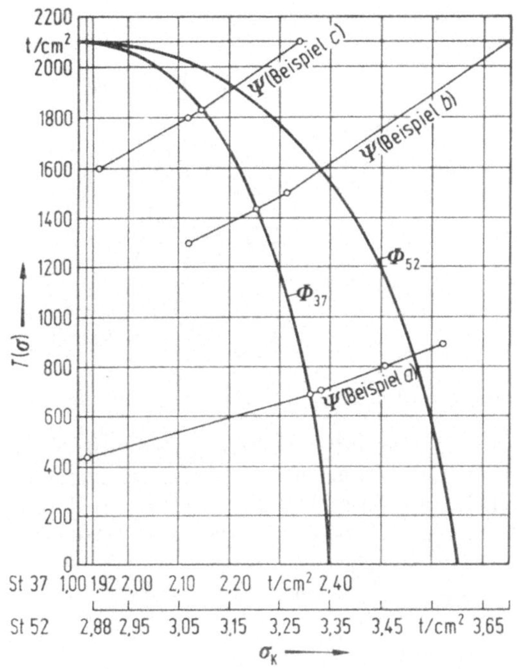

Abb. I C.3. Graphische Ermittlung der Knicklast im plastischen Bereich (T-Modul)

Will man nun die zulässige Last P_{zul} feststellen, so kommt man zu einem Widerspruch mit den Vorschriften. Nach den Vorschriften entspricht einer Spannung σ_{ki} eine bestimmte Schlankheit λ, und damit eine bestimmte zulässige Spannung $\sigma_{d,zul}$ bzw. eine Sicherheit ν_k. Für die verschiedenen Querschnitte eines Stabes gibt es nun verschiedene Spannungen $\sigma_{ki,n}$, verschiedene Spannungen $\sigma_{d,zul}$ und verschiedene zulässige Lasten $P_{zul,n}$. Dies ist aber nicht vertretbar.

Auf Grund des Abschnittes B bietet sich folgerichtig der Weg an, mit dem Modul T^* zu rechnen.

Statt (I C.6) gilt dann die Bedingung

$$1 \cdot fEJ_c = {}^1 P_{ki}^* f \int w^v M_{P_{m=1}} \frac{J_c}{J_y} \frac{E}{{}^1 T^*} dx \tag{I C.7}$$

und

$$^1P^*_{ki,T^*} = \frac{EJ}{^1C^*}.$$

Die Werte T^*/E sind in Tafel G angegeben.

Der Rechnungsgang entspricht vollständig dem früheren, aus dem Schnittpunkt der Φ^*- und Ψ^*-Kurven ergibt ein P^*_{ki,T^*} (siehe Abb. I C.4). Die zulässige Belastung P_{zul} erhält man aus der Bedingung

$$P_{zul} = \frac{P^*_{ki,T^*}}{\nu_E}. \qquad (I\ C.8)$$

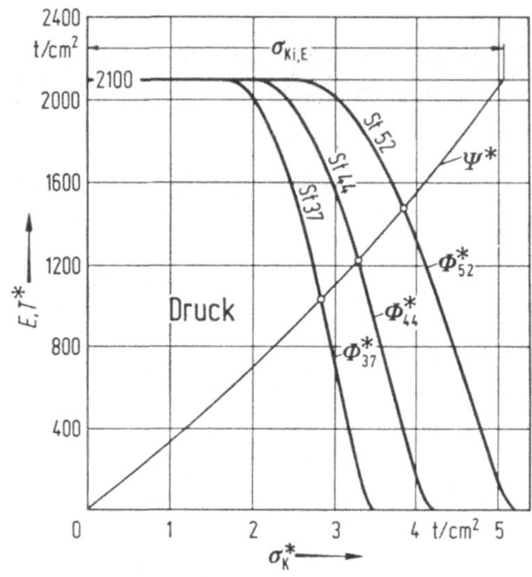

Abb. I C.4. Graphische Ermittlung der Knicklast im plastischen Bereich (T^*-Modul)

Hierbei erhält man, gleichgültig mit welchem Querschnitt F_n man P_{zul} berechnet, immer den gleichen Wert. Die Sicherheit ν_E ist entsprechend den Vorschriften nach Abschnitt B zu wählen. Ist die Knicklast P_{ki} bekannt, so kann man sich unter Zugrundelegung eines Bezugsquerschnittes F_{id} und einer Bezugslänge s_{id} mit

$$\sigma^*_{ki} = \frac{P^*_{ki}}{F_{id}} \quad \text{und} \quad \varepsilon = \frac{s_{id}}{i_{id}} \sqrt{\frac{\sigma^*_{ki}}{T^*}}$$

nach (I B.17) eine ideelle effektive Knicklänge

$$s_{k,\text{eff},id} = \frac{\pi}{\varepsilon}\, s_{id} \qquad (I\ C.9)$$

berechnen, die einen Einblick in das Verhalten des Stabes gibt. Die Durchführung der Rechnung ist in den Zahlenbeispielen I.1 und I 2.2 gezeigt.

2. Gegliederte Stäbe

Betrachtet man den gelenkig gelagerten Stab mit konstantem Trägheitsmoment und konstanter Fläche im plastischen Bereich, so kann man unter Beachtung des Abschnittes B die Berechnung der zulässigen Knickbelastung auch unter Zugrundelegung der konstanten Sicherheit ν_E durchführen.

Nach (I A.31 a) ist

$$TJ_{y,0} = \frac{F_g h^2}{2}\, \frac{2EE_1}{E + E_1}$$

und mit

$$J_{y,0} = \frac{F_g h^2}{2},$$

$$T = \frac{2EE_1}{E + E_1} \qquad \text{(I C.10)}$$

und

$$E_1 = \frac{E}{2\dfrac{E}{T} - 1} \qquad \text{(Tafel G)}. \qquad \text{(I C.11)}$$

Führt man statt T für die erhöhte Sicherheit den Wert T^* ein, so ergibt sich

$$E_1^* = \frac{E}{2\dfrac{E}{T^*} - 1} \qquad \text{(Tafel G)}. \qquad \text{(I C.12)}$$

In (I A.34) ist somit E_1^* statt E_1 einzuführen. Damit ergibt sich aber mit

$$P_{ki,0}^* = \frac{\pi^2 T^* J_y}{s^2}\,; \qquad \text{(I C.13)}$$

$$\sigma_{ki,0}^* = \frac{\pi^2 T^* J_y}{2F_g s^2}\,; \qquad \text{(I C.14)}$$

$$\beta_{\text{pl}}^* = \sqrt{1 + \sigma_{ki,0}^* \frac{d^3}{Eh^2 c} \frac{F_g}{F_d}}\,; \qquad \text{(I C.15)}$$

$$P_{ki,T^*}^* = \frac{\pi^2 T^* J_y}{(\beta_{\text{pl}}^* s)^2} \qquad \text{(I C.16)}$$

und

$$P_{\text{zul}} = \frac{P_{ki,T^*}^*}{\nu_E}. \qquad \text{(I C.8)}$$

Das Zahlenbeispiel zeigt, daß gilt

$$\frac{P_{ki,T}}{\nu_k} = \frac{P_{ki,T^*}^*}{\nu_E}.$$

Damit ist aber der Weg gezeigt, wie in Sonderfällen gegliederte Stäbe behandelt werden können. In den zu entwickelnden Gleichungen ist in dem Stabteil, der durch die Momente Druckspannungen bekommt, statt E_1 der Modul E_1^* nach (I C.12) einzuführen.

Dies sei schematisch am Stab nach Abb. I C.5 gezeigt. Dieser Stab hat veränderliche Gurtflächen $F_{g,n}$, veränderliche Höhe h_n und weist zum Teil Bindebleche, zum Teil Vergitterungen auf.

Nimmt man die Biegelinie entsprechend Abb. I C.5 b an — die nach Abschnitt A 1 c durch Berechnung der Biegelinie unter Zugrundelegung der Momente $M_{P=1}$ verbessert werden kann, bis zwischen berechneter und angenommener Biegelinie kein Unterschied in den Koeffizienten α_n mehr besteht — so erhält man die zulässigen Momente und Querkräfte.

Bereich a—b:

$$M_{P=1,n} = f\left(\frac{1}{s_{a-b}} x_n + \alpha_n\right);$$

$$Q_{P=1;n} = \frac{dM}{dx} = f\left(\frac{1}{s_{a-b}} + \frac{d\alpha_n}{dx}\right).$$

Bereich b—c:

$$M_{P=1;i} = f(1 - \alpha_i);$$

$$Q_{P=1;i} = \frac{\mathrm{d}M}{\mathrm{d}x} = -f\,\frac{\mathrm{d}\alpha_i}{\mathrm{d}x}.$$

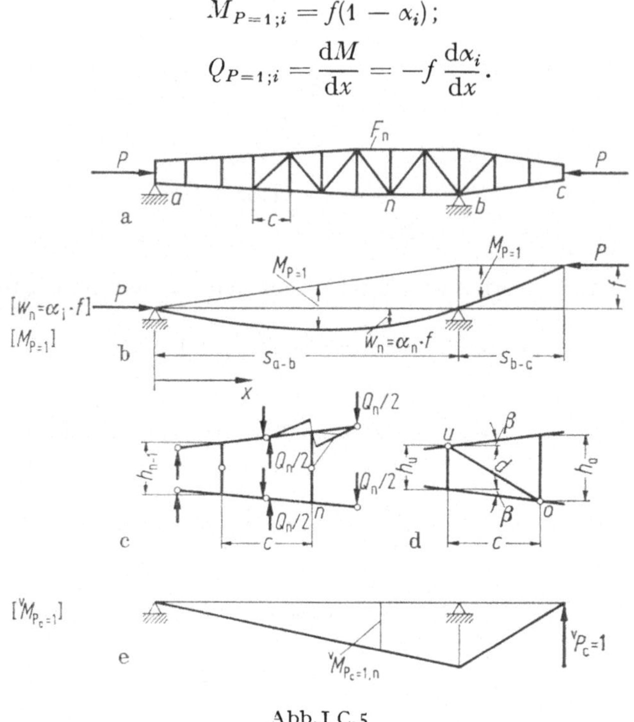

Abb. I C.5

Damit ergeben sich für den Bereich der Vergitterung die Gurtkräfte

$$S_o = -\frac{M_o}{h_o}\frac{1}{\cos\beta}\;;\quad S_u = +\frac{M_u}{h_u}\frac{1}{\cos\beta}\;;\quad S_d = \pm\left(\frac{M_o}{h_o} - \frac{M_u}{h_u}\right)\frac{d}{c}.$$

Für den Bereich der Bindebleche gilt für die Gurte

$$S_u = -S_o = \left(\frac{M}{h_n}\right)\frac{1}{\cos\beta_n},$$

wobei die Momentennullpunkte näherungsweise in Feldmitte $(c/2)$ angenommen werden können. Da die Momente $M_{P=1}$ und die Stabhöhe im vorliegenden Fall in gleicher Weise steigen, ist von den Gurten nur eine Restquerkraft

$$'Q = Q - 2\frac{M}{h}\operatorname{tg}\alpha$$

aufzunehmen; im anderen Falle würde sich

$$'Q = Q + 2\frac{M}{h}\operatorname{tg}\alpha$$

ergeben.

Es wird wieder die mittlere Querkraft, die dem Punkt n entspricht, beiderseits der Bindungen gleich groß angenommen. Damit können alle Stabkräfte und Momente für den Zustand $P = 1$ bestimmt werden.

In gleicher Weise werden die Schnittbelastungen für den virtuellen Zustand $^vP_c = 1$ bestimmt.

Nunmehr kann nach Abschnitt A 2a und b sinngemäß vorgegangen werden.

Man nimmt eine Last $^1P^*$ an. Damit sind für den Gurt mit der Fläche $2F_{g,n}$ die Spannungen $^1\sigma^*_{k,n} = {}^1P^*/2F_{g,n}$ festgelegt und nach (I C.12) für $^1\sigma^*_{k,n} > \sigma_P$ die zugehörigen Moduln T^* und E^*_1. Entsprechend (I A.34) und (I A.39) erhält man die Bedingungsgleichung für P^*_{ki}

$$1 \cdot f = P^*_{ki}\left[\sum S_{P=1}{}^vS_{P_c=1}\frac{s_n}{EF_{g,n}} + \sum S_{P=1}{}^vS_{P_c=1}\frac{s_n}{E^*_1 F_{g,n}} + \sum S_{P=1}{}^vS_{P_c=1}\frac{s_n}{EF_d} + \right.$$
$$\left. + \int M_{P=1,g}{}^vM_{P_c=1,g}\frac{ds}{T^*J_g} + \int M_{P=1,b}{}^vM_{P_c=1,b}\frac{ds}{EJ_b}\right]. \qquad \text{(I C.17)}$$

Dabei betreffen die Integrale den Bereich mit Bindeblechen. Für $^1\sigma^*_{k,n} \leqq \sigma_P$ ist auch hierbei E einzuführen. Trägt man für mehrere Annahmen von $^1P^*_{ki}$, $^2P^*_{ki}$ usw. für einen bestimmten Querschnitt F_n zu den zugehörigen Werten $^1T^*$, $^2T^*$ usw. die nach (I C.17) berechneten Werte $^1\sigma^*_{ki,T}$, $^2\sigma^*_{ki,T}$ usw. auf, so erhält man entsprechend Abb. I C.4 die Ψ^*-Kurve und im Schnittpunkt mit der Φ^*-Kurve die tatsächliche Knickspannung $\sigma^*_{ki,T}$ und $P^*_{ki,T} = F_n\sigma^*_{ki,T}$. Die zulässige Belastung ist nach (I C.8) wieder

$$P_{\text{zul}} = \frac{P^*_{ki,T}}{v_E}.$$

Die Durchführung der Rechnung ist in Beispiel I. 4 gezeigt.

D. Einzelstäbe bei Druck und Biegung

1. Gerade, planmäßig außermittig gedrückte Stäbe; Beanspruchung auf Druck und Zug

In der DIN 4114/1—10 [35] sind für Lastangriffe auf einer Querschnittshauptachse Näherungsformeln zur Festlegung der Querschnitte angegeben. Je nach der Lage des Lastangriffes gilt entsprechend Abb. I D.1 für Fälle entsprechend a) und b)

$$\sigma_{\text{zul}} \geqq \omega\frac{S}{F} + 0,9\frac{M}{W_d}, \qquad \text{(I D.1)}$$

und für Fälle entsprechend c)

$$\sigma_{\text{zul}} \geqq \omega\frac{S}{F} + 0,9\frac{M}{W_d} \qquad \text{(I D.2)}$$

oder

$$\sigma_{\text{zul}} \geqq \omega\frac{S}{F} + \frac{300 + 2\lambda}{1\,000}\frac{M}{W_z}.$$

Abb. I D.1

W_d bzw. W_z sind die Widerstandsmomente bezogen auf den Druckrand bzw. Zugrand. In den Normen ist auch festgelegt, welche Werte M für die verschiedensten Momentenverteilungen zu wählen sind. Eine eingehende Diskussion über diese Formeln ist in dem Vorschlag zur Neufassung des Abschnittes A I e des Normblattentwurfes DIN E 4114 von E. Chwalla gegeben.

2. Biegedrillknicken planmäßig außermittig gedrückter Stäbe

Nach den DIN 4114/2 Ri 10.1 sind gerade Stäbe mit einem dünnwandigen, offenen, gleichbleibenden Querschnitt, wenn sie planmäßig außermittig gedrückt werden, auch auf Biegedrillknicken zu untersuchen. Weiterentwicklungen des Biegedrillknickens mittig belasteter Stäbe haben zur Feststellung einer ideellen Schlankheit $\lambda_{v,i}$ geführt, auf Grund der der Spannungsnachweise durchgeführt werden kann. Unter Beachtung der Bezeichnungen von Abschnitt A 3 sind folgende Werte zu ermitteln, wobei einfach-, punkt- oder doppelsymmetrische Querschnitte zugrunde gelegt werden können.

$$r_y = \int \frac{z(y^2 + z^2)\,\mathrm{d}F}{J_y} \; ; \tag{I D.3}$$

c nach (I A.53);

$$\lambda_{v,i} = \frac{\beta s}{i_z} \times \tag{I D.4}$$

$$\sqrt{\frac{c^2 + i_m^2 + a(r_y - 2e_z)}{2c^2}\left\{1 \pm \sqrt{1 - \frac{4c^2[i_p^2 + a(r_y - a) + 0{,}093\left(\frac{\beta^2}{\beta_0^2} - 1\right)(a - e_z)^2}{[c^2 + i_m^2 + a(r_y - 2e_z)]^2}}\right.}.$$

a ist hierbei der Abstand des Lastangriffspunktes vom Schwerpunkt. Mit dem zu $\lambda_{v,i}$ zugehörigen ω-Wert gilt

$$\sigma_{\mathrm{zul}} \geqq \frac{\omega S}{F}. \tag{I D.5}$$

Statt des Nachweises nach (I D.5) kann näherungsweise folgende einfache Berechnung durchgeführt werden.

Für den Schwerpunkt des Druckgurtes erhält man das Widerstandsmoment

$$W_G = \frac{J_y}{z_G}.$$

Der absolute Wert der Druckspannung im Schwerpunkt des Druckgurtes aus einer außermittigen Druckkraft P beträgt

$$\sigma_G = \frac{P}{F} + \frac{Pa}{W_G} = P\left(\frac{1}{F} + \frac{a}{W_G}\right) = PC$$

mit

$$C = \left(\frac{1}{F} + \frac{a}{W_G}\right). \tag{I D.6}$$

Im Druckgurt entsteht die Druckkraft

$$P_G = \sigma_G F_G = PCF_G.$$

Beträgt die Knicklänge des Druckgurtes in y-Richtung (Abb. I D.2) $s_{k,y}$, das Trägheitsmoment des Druckgurtes um die z-Achse $J_{z,G}$, so erhät man mit

$$i_{z,G} = \sqrt{\frac{J_{z,G}}{F_G}}$$

die Schlankheit $\lambda_{z,G} = s_{k,y}/i_{z,G}$ und nach den DIN 4114/1 den zugehörigen Wert ω_y.

Aus der Bedingung

$$\sigma_{\mathrm{zul}} = \frac{\omega_y P_{G,\mathrm{zul}}}{F_G} \quad \text{bzw.} \quad P_{G,\mathrm{zul}} = \frac{\sigma_{\mathrm{zul}} F_G}{\omega_y}$$

ergibt sich

$$P_{\mathrm{zul}} = \frac{P_{G,\mathrm{zul}}}{CF_G} = \frac{\sigma_{\mathrm{zul}} F_G}{CF_G \omega_y} = \frac{\sigma_{\mathrm{zul}}}{C\omega_y}. \tag{I D.7}$$

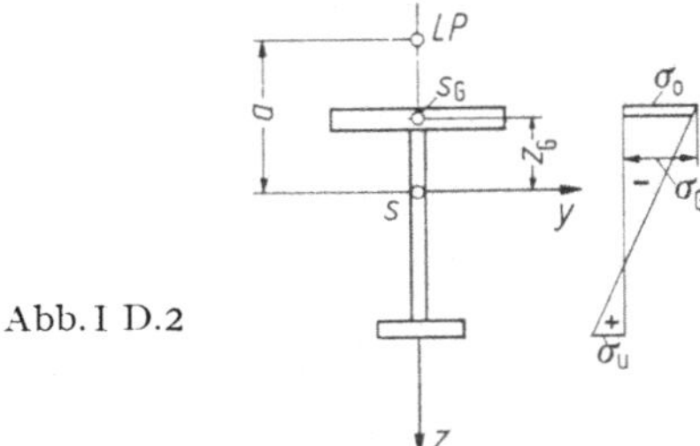

Abb. I D.2

Aus Abb. I D.2 erkennt man, daß die maximale Beanspruchung im Druckrand auftritt und der übrige Querschnitt geringer beansprucht wird bzw. sogar Zugspannungen erhalten kann. Der Restquerschnitt wird somit eine stabilisierende Wirkung auf den Druckgurt ausüben, und zwar um so mehr, je größer die Zugspannungen werden. Durchgeführte Zahlenrechnungen ergeben, daß P_{zul} nach (I D.7) erhöht werden kann, wobei ein Faktor von 1,14 (siehe auch DIN 4114/1 — 15.3 und 15.4) jedenfalls auf der sicheren Seite liegt. Es gilt somit statt (I D.7)

$$P_{zul} = 1{,}14 \frac{\sigma_{zul}}{C \omega_y}. \qquad\qquad (I\ D.8)$$

Dieses Verfahren kann als einfache Näherungsberechnung auch für beliebige Momentenbelastungen und bei beliebigen Randbedingungen und Abstützungen Verwendung finden.

3. Druck und Biegung (Theorie II. Ordnung)

Bei Stäben, die durch Druck und Biegung beansprucht werden und in bezug zur Knicklast P_{ki} verhältnismäßig große Druckkräfte aufweisen, kann die Theorie II. Ordnung für die Dimensionierung von Bedeutung werden.

Es wird wieder die Durchbiegungsmethode den nachfolgenden Untersuchungen zugrunde gelegt, da sie dann in ähnlicher Weise auch für Probleme Anwendung finden kann, die nicht durch Formeln für Sonderfälle erfaßt werden können.

a) Stab mit anfänglicher Krümmung

Hat ein gelenkig gelagerter Stab eine anfängliche Krümmung, für die ein sinusförmiger Verlauf angenommen wird (Abb. I D.3 a)

$$w_0 = f_0 \sin \frac{\pi x}{s},$$

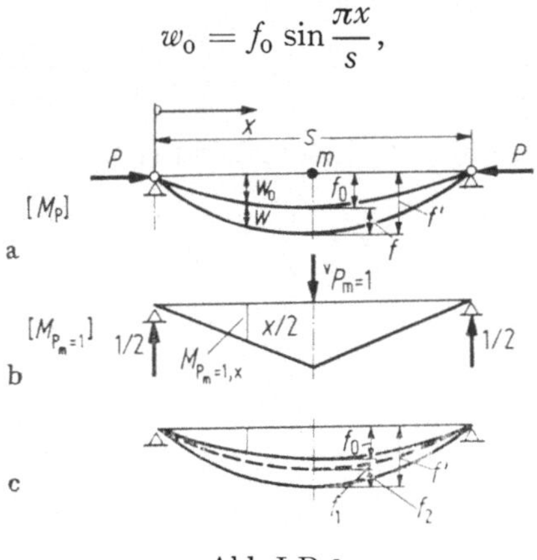

Abb. I D.3

so wird dieser beim Aufbringen einer Last P infolge der dabei auftretenden Momente eine zusätzliche Durchbiegung w erhalten. Nimmt man diese von der Form

$$w = f \sin \frac{\pi x}{s}$$

an (Abb. I D.3 a), so erhält man die Momente

$$M_x = P(f_0 + f) \sin \frac{\pi x}{s}.$$

Die zusätzliche Durchbiegung f wird für eine gedachte Kraft $^v P_m = 1$ berechnet (Abb. I D.3 b)

$$1 \cdot f = 2 \int_0^{s/2} M_p{}^v M_{P_m=1} \frac{\mathrm{d}x}{EJ} = \frac{P(f_0+f)}{EJ} \int_0^{s/2} x \sin \frac{\pi x}{s}\, \mathrm{d}x = \frac{P(f_0+f)}{EJ} \frac{s^2}{\pi^2}.$$

Mit der Euler-Knicklast $P_E = \pi^2 EJ/s^2$ (I D.9) und $\mu = P_E/P$ (I D.10) wird

$$f = \frac{P}{P_E} f_0 + \frac{P}{P_E} f;$$

$$f = \frac{f_0}{\mu - 1}; \tag{I D.11}$$

$$f' = f_0 + f = f_0 \frac{\mu}{\mu - 1}. \tag{I D.12}$$

Das endgültige maximale Moment beträgt mit $M_0 = Pf_0$

$$\max M = Pf' = Pf_0 \frac{\mu}{\mu - 1} = M_{0,m} \frac{\mu}{\mu - 1}. \tag{I D.13}$$

Es ist dies die Formel, die auf andere Weise von Föppl und Timoschenko [13] aufgestellt wurde.

Man kann auch von folgenden Überlegungen ausgehen. Mit der vorhandenen anfänglichen Ausbiegung w_0 ergibt sich ein anfängliches Moment

$$M_0 = Pw_0 = Pf_0 \sin \frac{\pi x}{s}.$$

Hierfür ergibt sich eine zusätzliche Durchbiegung unter Beachtung von Abb. I D.3 c

$$1 \cdot f_1 = \frac{Pf_0}{EJ} 2 \int_0^{s/2} \sin \frac{\pi x}{s} \frac{x}{2}\, \mathrm{d}x = \frac{Pf_0}{EJ} \frac{s^2}{\pi^2} = \frac{M_{0,m}}{P_E} = \frac{f_0}{\mu}.$$

Aus der Durchbiegung f_1 ergibt sich entsprechend (I D.11) die zusätzliche endgültige Durchbiegung f_2

$$f_2 = \frac{f_1}{\mu - 1},$$

und es wird

$$f_1 + f_2 = f_1 \frac{\mu}{\mu - 1}$$

bzw.

$$f' = f_0 + f_1 + f_2 = f_0 + \frac{f_0}{\mu} \frac{\mu}{\mu - 1} = f_0 \frac{\mu}{\mu - 1}.$$

Dies ist das gleiche Ergebnis wie nach (I D.12).

b) Gerader Stab mit gleichmäßig verteilter Belastung

Für den mit p belasteten Stab (Abb. I D.4) ergibt sich mit (I D.9) und (I D.10)

$$M_{0,m} = \frac{ps^2}{8},$$

und die anfängliche Durchbiegung in Stabmitte

$$f_0 = \frac{5}{384}\frac{ps^4}{EJ} = \frac{ps^2}{8}\frac{s^2}{\pi^2 EJ}\frac{5\pi^2}{48} \approx \frac{M_{0,m}}{P_E} = \frac{M_{0,m}}{\mu P}$$

und

$$Pf_0 = \frac{M_{0,m}}{\mu}.$$

Entsprechend (I D.11) ergibt sich

$$f' = f_0\frac{\mu}{\mu - 1}$$

und

$$\max M = M_{0,m} + Pf' = M_{0,m} + Pf_0\frac{\mu}{\mu - 1} = M_{0,m}\left(1 + \frac{1}{\mu - 1}\right) = M_{0,m}\frac{\mu}{\mu - 1}$$

$$(\text{I D.14})$$

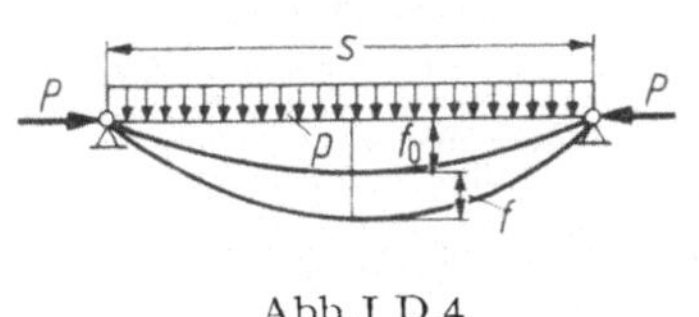

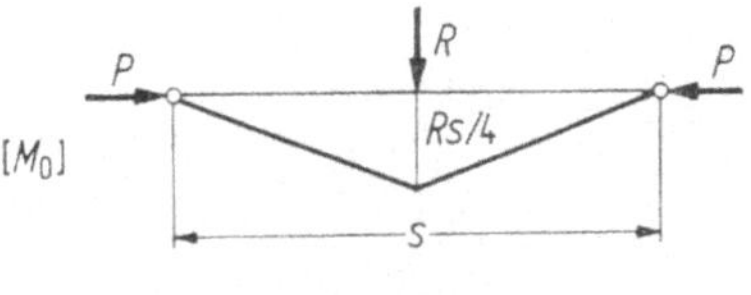

c) Gerader Stab mit einer Einzellast in Stabmitte

Für den mit R belasteten Stab (Abb. I D.5) ergibt sich mit (I D.9) und (I D.10)

$$\max M_{0,m} = \frac{Rs}{4},$$

und die anfängliche Ausbiegung in Stabmitte

$$f_0 = \frac{Rs^3}{48 EJ} = \frac{Rs}{4}\frac{s^2}{\pi^2 EJ}\frac{\pi^2}{12} = 0{,}82\frac{M_{0,m}}{P_E} = 0{,}82\frac{M_{0,m}}{\mu P}$$

und

$$Pf_0 = 0{,}82\frac{M_{0,m}}{\mu}.$$

Entsprechend (I D.11) erhält man

$$f' = f_0\frac{\mu}{\mu - 1}$$

und

$$\max M = M_{0,m} + Pf' = M_{0,m} + Pf_0\frac{\mu}{\mu - 1};$$

$$\max M = M_{0,m}\left(1 + \frac{0{,}82}{\mu - 1}\right) = M_{0,m}\frac{\mu - 0{,}18}{\mu - 1}. \qquad (\text{I D.15})$$

d) Exzentrische Krafteinleitung bei gedrückten Stäben

Für den exzentrisch belasteten Stab (Abb. I D.6) tritt ein anfängliches Moment $M_0 = Pe$ auf. Mit Abb. I D.6b und c ergibt sich die daraus resultierende Durchbiegung in Stabmitte

$$f_0 = \frac{M_0}{EJ} \frac{1}{2} \frac{s}{4} s = M_0 \frac{s^2}{\pi^2 EJ} \frac{\pi^2}{8} = 1{,}23 \frac{M_0}{P_E} = 1{,}23 \frac{M_0}{\mu P}$$

und

$$Pf_0 = 1{,}23 \frac{M_0}{\mu}.$$

Entsprechend (I D.11) erhält man

$$\max M = M_0 + Pf' = M_0\left(1 + \frac{1{,}23}{\mu - 1}\right) = M_0 \frac{\mu + 0{,}23}{\mu - 1}. \qquad \text{(I D.16)}$$

Für den Rand gilt $M = M_0$.

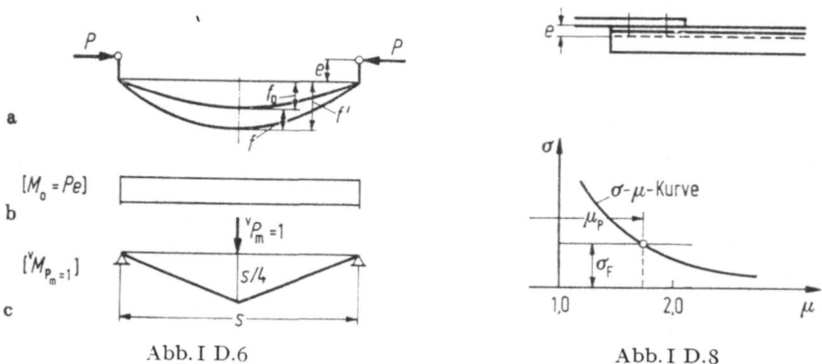

Abb. I D.6   Abb. I D.8

e) Festlegung der zulässigen Belastung

Es wird vorerst für einen unbelasteten Stab diejenige Längsdruckkraft gesucht, für die am Rand des Querschnittes gerade die Fließspannung σ_F auftritt. Für eine bestimmte Längskraft P gilt für die Formeln (I D.13) bis (I D.16) das Superpositionsgesetz, wobei in jedem einzelnen Fall die gleiche Längsdruckkraft P zu beachten ist.

Betrachtet man z. B. den Stab nach Abb. I D.7, bei dem einerseits das Eigengewicht des Stabes zu berücksichtigen ist und andererseits die außermittige Krafteinteilung, so gilt

$$\sigma_F = \frac{P_F}{F} + \frac{M}{W}. \qquad \text{(I D.17a)}$$

Mit (I D.9) und (I D.10) ist für die Fließlast

$$P_F = \frac{P_E}{\mu},$$

und es ergibt sich mit dem bekannten Wert P_E

$$\sigma_F = \frac{P_E}{\mu F} + \frac{gl^2}{8} \frac{\mu}{\mu - 1} \frac{1}{W} + \frac{P_E e}{\mu} \frac{\mu + 0{,}23}{\mu - 1} \frac{1}{W}. \qquad \text{(I D.17b)}$$

In dieser Gleichung ist nur μ ein unbekannter Wert. Nimmt man für μ verschiedene Werte an und setzt diese in (I D.17b) ein, so wird dadurch die „$\sigma - \mu$-Kurve" der Abb. I D.8 bestimmt. Im Schnittpunkt mit der Geraden $\sigma_F = $ konstant ergibt sich der Wert μ_F, für den gerade Fließen am Rande des Querschnittes eintritt.

Ist gegen Fließen eine ν-fache Sicherheit gefordert, so erhält man die zulässige Druckkraft

$$P_{\text{zul}} = \frac{P_F}{\nu} = \frac{P_E}{\mu_F \nu}. \tag{I D.18}$$

In der Regel wird diese Art der Berechnung nur bei sehr schlanken Stäben erforderlich sein.

f) Eingespannter Stab mit Längs- und Querbelastung

Der eingespannte Stab (z. B. Pylone einer Hängebrücke) der Abb. I D.9a mit veränderlichem Querschnitt ist mit V und H belastet. Nimmt man die Form der Biegelinie an (Abb. I D.9c), so beträgt das Moment an der Stelle x

$$M_x = V(w_0 - w_x) + Hx = Vw_0(1 - \alpha_x) + Hx. \tag{I D.19}$$

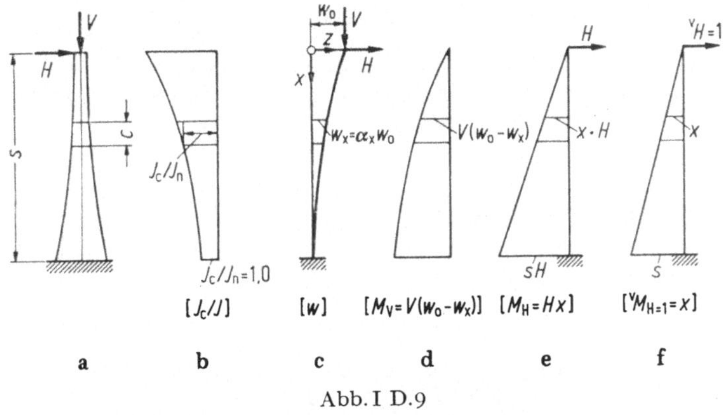

Abb. I D.9

Mit Hilfe der virtuellen Belastung $^vH = 1$ ergibt sich

$$EJ_c w_0 - \int M_x{}^v M_{II-1} \frac{J_c}{J} \, dx = Vw_0 \int_0^s (1 - \alpha_x) x \frac{J_c}{J} \, dx + H \int_0^s xx \frac{J_c}{J} \, dx.$$

Teilt man den Stab in n Teile mit der Länge c und nimmt die Werte J_c/J für jeden Teil konstant an, so können die Einzelintegrale nach Abb. I D.10 ermittelt werden

$$\int M_1 M_2 \frac{J_c}{J} \, dx = \frac{c}{6} \frac{J_c}{J} [A(2C + D) + B(2D + C)].$$

Abb. I D.10

Damit ergeben sich die Zahlenwerte C_1 und C_2 der beiden Integrale und

$$EJ_c w_0 = Vw_0 C_1 + HC_2;$$

$$w_0 = \frac{HC_2}{EJ_c - VC_1}. \tag{I D.20}$$

Ist w_0 bekannt, so können nach (I D.19) die Momente bestimmt werden. Bestimmt man in üblicher Weise mit den elastischen Gewichten zu diesen Momenten die Biegelinie und weicht die erhaltene Form von der angenommenen ab, so wird der Rechengang wiederholt.

Dieser im Schrifttum nur für Sonderfälle behandelte Fall ist somit in allgemeinster Form in einfacher Weise zu erfassen.

4. Zug und Biegung (Theorie II. Ordnung)

Bei Stäben, die durch Zug und Biegung beansprucht werden, ist die Theorie II. Ordnung praktisch bedeutungslos. Die Berechnung kann entsprechend Abschnitt 3 durchgeführt werden.

a) Stab mit anfänglicher Krümmung

Mit $w_0 = f_0 \sin \pi x/s$ als anfängliche Krümmung eines gelenkig gelagerten Stabes wird sich beim Aufbringen einer Zugkraft P die Durchbiegung um den Wert

$$w = f \sin \frac{\pi x}{s}$$

verringern (Abb. I D.11). Damit wird

$$M_x = P(f_0 - f) \sin \frac{\pi x}{s}$$

und

$$1 \cdot f = \frac{P(f_0 - f)}{EJ} \int_0^{s/2} x \sin \frac{\pi x}{s}\, \mathrm{d}x = \frac{P(f_0 - f)}{EJ} \frac{s^2}{\pi^2}.$$

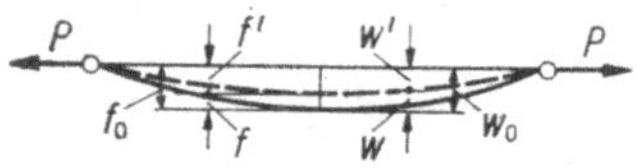

Abb. I D.11

Mit den Bezeichnungen des Abschnittes 3 wird

$$f' = f_0 \frac{\mu}{1 + \mu}$$

und

$$\max M = M_{0,m} \frac{\mu}{1 + \mu}. \tag{I D.21}$$

Das Moment in Stabmitte wird somit kleiner und somit in den meisten Fällen bedeutungslos.

b) Gerader Stab mit gleichmäßig verteilter Belastung

Entsprechend Abschnitt 3 b wird

$$\max M = M_{0,m} \frac{\mu}{1 + \mu}. \tag{I D.22}$$

c) Exzentrische Krafteinleitung

Nach Abb. I D.12 wird

$$w = f \sin \frac{\pi x}{s} \; ;$$

$$M_x = P(e - w), \quad M_0 = Pe \, ;$$

$$1 \cdot f = \frac{2}{EJ} \int_0^{s/2} M_x{}^v M_{P_m=1} \, \mathrm{d}x = \frac{P}{EJ} \left[\int_0^{s/2} ex \, \mathrm{d}x - f \int_0^{s/2} x \sin \frac{\pi x}{s} \, \mathrm{d}x \right] =$$

$$= \frac{P}{EJ} \left[e \frac{s^2}{8} \frac{\pi^2}{\pi^2} - f \frac{s^2}{\pi^2} \right] = \frac{1,23 \, Pe}{P_E} - \frac{P}{P_E} f \, ;$$

$$f = \frac{1,23 \, e}{\mu + 1} \; ;$$

$$\max M = P(e - f) = M_0 \frac{\mu - 0,23}{1 + \mu} \, . \tag{I D.23}$$

Am Rand ist $M = M_0 = Pe$.

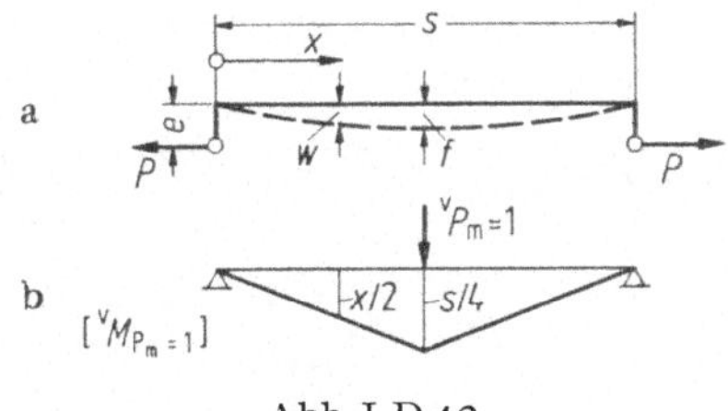

Abb. I D.12

d) Analogie für den Versteifungsträger von Hängebrücken

Wirkt auf den Versteifungsträger einer Hängebrücke (Abb. I D.13 a) die Belastung $p(x)$ (Abb. I D.13 b), so wird sich das Kabel um die Werte w durchbiegen. Vernachlässigt man die Längenänderungen der Hängeseile, so muß sich der Versteifungsträger um denselben Wert w durchbiegen. Der Wert der Horizontalkraft im Kabel ändert sich infolge $p(x)$ auf $H = H_g + H_p$.

Wird die ständige Last bei der Montage vom Kabel allein aufgenommen, so gilt

$$H_g \frac{\mathrm{d}^2 z}{\mathrm{d}x^2} = -g, \tag{I D.24}$$

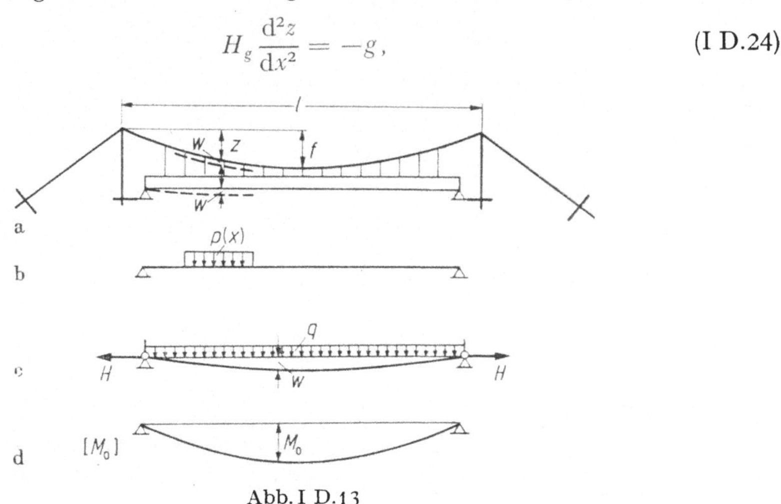

Abb. I D.13

wobei mit

$$z = \frac{1}{l^2}\, 4f(lx - x^2),$$

$$\frac{\mathrm{d}^2 z}{\mathrm{d}x^2} = -\frac{8f}{l^2} \tag{I D.25}$$

wird. Von der Last $p(x)$ wird der Anteil p_1 vom Kabel, der Anteil p_2 vom Versteifungsträger aufgenommen. Für das Kabel erhält man

$$H\,\frac{\mathrm{d}^2(z + w)}{\mathrm{d}x^2} = -g - p_1 ;$$

$$H\,\frac{\mathrm{d}^2 w}{\mathrm{d}x^2} + H_g\,\frac{\mathrm{d}^2 z}{\mathrm{d}x^2} + H_p\,\frac{\mathrm{d}^2 z}{\mathrm{d}x^2} = -g - p_1 ;$$

$$p_1 = -H\,\frac{\mathrm{d}^2 w}{\mathrm{d}x^2} - H_p\,\frac{\mathrm{d}^2 z}{\mathrm{d}x^2}.$$

Für den Versteifungsträger wird

$$p_2 = EJ\,\frac{\mathrm{d}^4 w}{\mathrm{d}x^4}.$$

Damit ergibt sich

$$p = p_1 + p_2 = EJ_c\,\frac{\mathrm{d}^4 w}{\mathrm{d}x^4} - H\,\frac{\mathrm{d}^2 w}{\mathrm{d}x^2} - H_p\,\frac{\mathrm{d}^2 z}{\mathrm{d}x^2} ;$$

$$EJ_c\,\frac{\mathrm{d}^4 w}{\mathrm{d}x^4} = p + H_p\,\frac{\mathrm{d}^2 z}{\mathrm{d}x^2} + H\,\frac{\mathrm{d}^2 w}{\mathrm{d}x^2} ;$$

bzw.

$$EJ_c\,\frac{\mathrm{d}^4 w}{\mathrm{d}x^4} = q + H\,\frac{\mathrm{d}^2 w}{\mathrm{d}x^2} \tag{I D.26}$$

mit

$$q = p + H_p\,\frac{\mathrm{d}^2 z}{\mathrm{d}x^2} = p - H_p\,\frac{8f}{l^2}. \tag{I D.27}$$

Betrachtet man einen Gelenkstab, der mit q querbelastet ist und mit H gezogen wird, so gilt hierfür die Differentialgleichung

$$\frac{\mathrm{d}^2 w}{\mathrm{d}x^2} = -\frac{M}{EJ} = -\frac{1}{EJ}\,(M_0 - Hw), \tag{I D.28}$$

und bei $J_c = \mathrm{constant}$ mit $d^2 M_0/\mathrm{d}x^2 = -q$

$$EJ\,\frac{\mathrm{d}^4 w}{\mathrm{d}x^4} = q + H\,\frac{\mathrm{d}^2 w}{\mathrm{d}x^2}.$$

Man erhält z.B. somit im Versteifungsträger einer Hängebrücke für Vollbelastung dieselben Schnittbelastungen wie für einen Träger, der mit q nach (I D.27) belastet ist und außerdem mit der Längskraft H gezogen wird (Abb. I D.13 c und d). Diese Analogie wird verschiedentlich im Versuchswesen ausgenützt.

5. Kippen von Trägern

Das Schrifttum über das Kippen von Trägern ist überaus vielseitig und umfangreich. Von der ersten Arbeit von Prandtl [38], Timoshenko [57], Chwalla [6] u.a.m. ist die Theorie des Kippens, befruchtet von den grundlegenden Arbeiten über die Torsion von Weber [63], Wagner [61], Kappus [20, 21] u.a.m., immer weiter ausgebaut worden.

In den Büchern von Föppl [13], Hartmann [15], Bürgermeister und Steup [5], Kollbrunner, Meister [25] und Wlassow [64] u. a. werden die verschiedenen Probleme eingehend dargestellt und es können die umfangreichen Schrifttumsangaben daraus entnommen werden. Für geschlossene Lösungen ist dabei ein sehr großer Rechenaufwand erforderlich. Dies ist z. B. schon bei der Behandlung des einfachen Falles eines Kragträgers nach Steinbach [52] zu erkennen. Man war daher bemüht, dem Statiker für Sonderfälle Formeln und Tabellen zur Verfügung zu stellen. Für Stahlträger sind entsprechende Formeln und Richtlinien in den DIN 4114 angegeben und Nomogramme z. B. von Müller [32] aufgestellt worden.

Die Entwicklung im Stahlbeton und Spannbeton hat auch hier zu immer schlankeren Querschnitten geführt, für die ebenfalls die Frage der Kippstabilität von Bedeutung werden kann, im besonderen, wenn es sich um Fertigteile handelt.

Beachtet man die Unsicherheiten, mit denen die Materialeigenschaften des Betons behaftet sind und den großen mathematischen Aufwand, der für strenge Lösungen von Kippproblemen erforderlich ist, so gewinnt die Anwendung einfacher Näherungsberechnungen Bedeutung. Jeltsch [18] hat nun dargelegt, daß sich auch für die Kippuntersuchungen beliebiger Träger das Durchbiegungsverfahren gut eignet. Hierin wird u. a. auch auf das Schrifttum bezüglich der Kippstabilität von Betonträgern (K. F. Rafla, P. Lebelle, A. R. Flink, H. Beck, P. Csonka, A. Siev, I. Sant und R. Bletzacker, W. Hausel und G. Winter u. a.) verwiesen.

Die Anwendung des Durchbiegungsverfahrens für einige verschiedene Kippprobleme nach Jeltsch wird nachfolgend für den frei aufliegenden Träger mit Gabellagerung (wölbunbehinderte Lagerung) gezeigt und kann entsprechend für andere Fälle angewandt werden. In [18] sind weit über die nachfolgenden Angaben hinaus Entwicklungen durchgeführt und auch Zusammenstellungen über maßgebende Kippfälle gemacht worden.

a) Elastischer Bereich

α) Belastung durch ein konstantes Moment M_c

1. Vollquerschnitt. Der Träger nach Abb. I D.14a mit konstantem Querschnitt wird sich im Augenblick des Auskippens in eine benachbarte Lage einstellen, mit unendlich kleinen Verformungen. Der Querschnitt wird sich nach Abb. I D.14b um den Winkel φ verdrehen, wobei die Schwerachse um v seitlich ausgebogen wird. Das Moment $M_c = M_y$ ergibt nach Abb. I D.14d eine Komponente in z-Richtung — unter Vernachlässigung von Größen 2. Ordnung — mit dem Wert

$$M_z = M_y \sin \varphi \approx M_y\varphi. \qquad \text{(I D.29)}$$

Bringt man nach Abb. I D.14c eine virtuelle horizontale Belastung $^vP_{m,y} = 1$ in Trägermitte an, so erhält man nach dem Satz über die virtuelle Arbeit für die seitliche

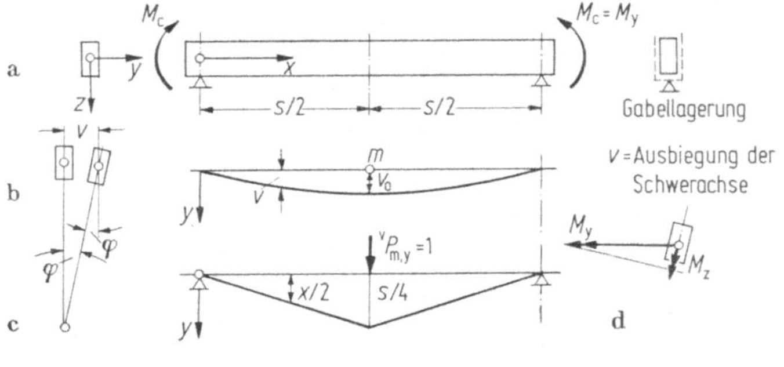

Abb. I D.14

Ausbiegung v_0 in Trägermitte den Ausdruck

$$1 \cdot v_0 = \int {}^v M_{P_m=1} M_z \frac{\mathrm{d}x}{EJ_z} = 2 \int_0^{s/2} \frac{x}{2} M_y \varphi \frac{\mathrm{d}x}{EJ_z}. \tag{I D.30}$$

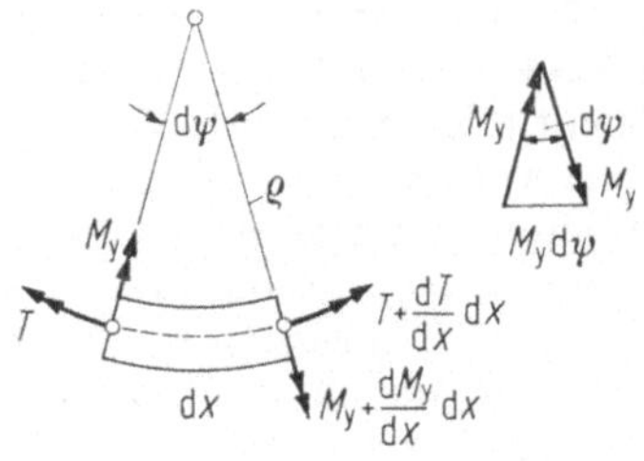

Abb. I D.15

Nach Abb. I D.15 ergibt sich unter Vernachlässigung von Größen 2. Ordnung

$$-T + T + \frac{\mathrm{d}T}{\mathrm{d}x}\,\mathrm{d}x + M_y\,\mathrm{d}\psi = 0,$$

und mit

$$\mathrm{d}\psi = \frac{\mathrm{d}x}{\varrho} = -v''\,\mathrm{d}x;$$

$$\frac{\mathrm{d}T}{\mathrm{d}x} = +M_y v''. \tag{I D.31}$$

Für den Vollquerschnitt gilt unter Zugrundelegung der Saint-Veinantschen Torsion nach Bd. II A (III B.2)

$$T = GJ_d \varphi'.$$

Mit den Steifigkeiten

$$EJ_z = B, \quad GJ_d = C,$$

wird

$$C\varphi'' = M_y v''$$

und

$$\varphi'' = \frac{M}{C}\,v''. \tag{I D.32}$$

Mit den Randbedingungen

$$x = 0, \quad v = 0, \quad \varphi = 0,$$
$$x = s, \quad v = 0, \quad \varphi = 0,$$

wird mit dem Ansatz für die seitliche Ausbiegung

$$v = v_0 \sin \frac{\pi x}{s} \tag{I D.33}$$

(I D.32) erfüllt durch

$$\varphi = \frac{M_y}{C}\,v = \frac{M_y}{C}\,v_0 \sin \frac{\pi x}{s}. \tag{I D.34}$$

Damit ergibt sich aus (I D.30)

$$1 \cdot v_0 = v_0 \int_0^{s/2} x M_y \frac{M_y}{C} \sin \frac{\pi x}{s} \frac{\mathrm{d}x}{B} = v_0 \frac{M_y^2}{CB} \int_0^{s/2} x \sin \frac{\pi x}{s}\,\mathrm{d}x = v_0 \frac{M_y^2}{CB} \frac{s^2}{\pi^2}$$

und das kritische Kippmoment

$$M_{y,kr} = \frac{\pi}{s}\sqrt{BC}\,. \tag{I D.35}$$

Dieser Wert stimmt mit den genauen Lösungen von Prandtl [38] und Michell überein.

Bei einem Träger mit veränderlichem Querschnitt (z. B. nach Abb. I D.16) sind die Steifigkeiten $B(x)$ und $C(x)$ Funktionen von x.

Entsprechend (I D.29), (I D.33) und (I D.34) erhält man

$$\varphi = \frac{M_y}{C_{(x)}}\,v$$

und

$$M_z = \frac{M_y^2}{C_{(x)}}\,v_0 \sin\frac{\pi x}{s}\,.$$

Mit den Steifigkeitswerten B und C für $x = s/2$ ergibt sich aus (I D.30)

$$1 \cdot v_0 = 2\int_0^{s/2} {}^vM_{P_m=1} M_z \frac{\mathrm{d}x}{B_{(x)}} = 2\int_0^{s/2} \frac{{}^vM_{P_m=1}M_y^2}{B_{(x)}\,C_{(x)}}\,v_0 \sin\frac{\pi x}{s}\,\mathrm{d}x$$

und

$$\frac{BC}{M_y^2} = 2\int_0^{s/2} \frac{x}{2}\sin\frac{\pi x}{s}\cdot\frac{B}{B_{(x)}}\frac{C}{C_{(x)}}\,\mathrm{d}x = 2\int_0^{s/2} {}^vM_{P_m=1} M_{z,\mathrm{red}}\,\mathrm{d}x = \frac{s^2}{k^2\pi^2}\,.$$

Abb. I D.16

Abb. I D.17

Die Werte $M_{z,\mathrm{red}} = (\sin \pi x/s)\,(B/B_{(x)})\,(C/C_{(x)})$ (siehe Abb. I D.16c) werden punktweise berechnet. Die Integration über das Produkt der beiden Momentenflächen ${}^vM_{P_m=1}$ und $M_{z,\mathrm{red}}$ erfolgt am einfachsten nach der Trapezregel für die einzelnen Trägerabschnitte, womit der Wert k festgelegt ist. Damit wird das kritische Kippmoment

$$M_{y,kr} = k\,\frac{\pi}{s}\sqrt{BC} \tag{I D.36}$$

mit $k < 1$.

2. I-Querschnitt. Zum Unterschied von Abschnitt 1 ist in diesem Fall die Zwängungsdrillung zu beachten. Nach Bd. II A (III B.22) gilt

$$T = GJ_d\varphi' - EJ_{ww}\varphi''\,.$$

Mit Abb. I D.14 und Abb. I D.17 wird mit $J_g = (1/12)\,s_g b^3$

$$J_{w,w} = \int \omega^2\,\mathrm{d}F = J_g \frac{h^2}{2}$$

und

$$EJ_g = D,\quad EJ_{ww} = D\frac{h^2}{2}\,.$$

Aus Bd. II A (III B.22) erhält man mit $GJ_d = C$ und (I D.31)

$$\frac{dT}{dx} = C\varphi'' - D\frac{h^2}{2}\varphi^{IV} = M_y v''.$$ (I D.37)

Mit dem Ansatz

$$v = v_0 \sin\frac{\pi x}{s}, \quad v'' = -v_0\frac{\pi^2}{s^2}\sin\frac{\pi x}{s}$$

wird

$$D\frac{h^2}{2}\varphi^{IV} - C\varphi'' = M_y v_0\frac{\pi^2}{s^2}\sin\frac{\pi x}{s}.$$

Als Lösung der homogenen Gleichung ergibt sich mit $\varphi = e^{\lambda x}$ und

$$\lambda^4 e^{\lambda x} - \frac{2C}{Dh^2}\lambda^2 e^{\lambda x} = 0;$$

$$\lambda_{1,2} = 0; \quad \lambda_{3,4} = \pm\frac{1}{h}\sqrt{\frac{2C}{D}};$$

$$\varphi = C_1 + C_2 x + C_3 e^{\frac{1}{h}\sqrt{\frac{2C}{D}}\,x} + C_4 e^{-\frac{1}{h}\sqrt{\frac{2C}{D}}\,x}$$

und als partikuläre Lösung mit

$$\varphi = \alpha\sin\frac{\pi x}{s};$$

$$\varphi'' = -\alpha\frac{\pi^2}{s^2}\sin\frac{\pi x}{s}; \quad \varphi^{IV} = \alpha\frac{\pi^4}{s^4}\sin\frac{\pi x}{s};$$

$$D\frac{h^2}{2}\alpha\frac{\pi^4}{s^4} + C\alpha\frac{\pi^2}{s^2} = M_y v_0\frac{\pi^2}{s^2};$$

$$\alpha = \frac{M_y v_0}{D\dfrac{h^2}{2}\dfrac{\pi^2}{s^2} + C}$$

und

$$\varphi = \frac{M_y v_0}{D\dfrac{h^2}{2}\dfrac{\pi^2}{s^2} + C}\sin\frac{\pi x}{s}.$$ (I D.38)

Die allgemeine Lösung lautet

$$\varphi = C_1 + C_2 x + C_3 e^{\frac{1}{h}\sqrt{\frac{2C}{D}}\,x} + C_4 e^{-\frac{1}{h}\sqrt{\frac{2C}{D}}\,x} + \frac{M_y v_0}{D\dfrac{h^2}{2}\dfrac{\pi^2}{s^2} + C}\sin\frac{\pi x}{s}.$$

Für den Fall nach Abb. I D.14 und den Randbedingungen

$$x = 0, \quad \varphi = 0, \quad \varphi'' = 0,$$

$$x = s, \quad \varphi = 0, \quad \varphi'' = 0$$

werden C_1 bis C_4 gleich Null und (I D.38) ist die Lösung des Problems.

Nach (I D.30) ergibt sich

$$1 \cdot v_0 = \int_0^s {}^v M_{P_m=1} M_z \frac{dx}{B} = \int_0^{s/2} x M_y \varphi \frac{dx}{B} =$$

$$= \frac{M_y^2 v_0}{\left(D\frac{h^2}{2}\frac{\pi^2}{s^2} + C\right)B} \int_0^{s/2} x \sin\frac{\pi x}{s}\, dx = \frac{M_y^2 v_0}{\left(D\frac{h^2}{2}\frac{\pi^2}{s^2} + C\right)B}\frac{s^2}{\pi^2},$$

und das kritische Kippmoment

$$M_{y,kr} = \frac{\pi}{s}\sqrt{BC}\,\sqrt{1 + \frac{\pi^2}{2}\frac{h^2}{s^2}\frac{D}{C}} \qquad\qquad \text{(I D.39)}$$

(siehe auch Chwalla [6]). (I D.39) kann auch für Spannbetonträger Verwendung finden.

β) Belastung durch konstantes Moment M_c und Längskraft N (Vollquerschnitt)

Unter den Voraussetzungen von Abschnitt a) und mit (I D.32) bis (I D.34) ergibt sich mit Abb. I D.18 statt (I D.29)

$$M_z \approx \varphi M_y + {}^N M_z = \frac{M_y^2}{C} v_0 \sin\frac{\pi x}{s} + N v_0 \sin\frac{\pi x}{s}\,;$$

$$M_z = \left(\frac{M_y^2}{C} + N\right) v_0 \sin\frac{\pi x}{s}. \qquad\qquad \text{(I D.40)}$$

Mit (I D.30) wird

$$1 \cdot v_0 = 2\int_0^{s/2} {}^v M_{P_m=1} M_z \frac{dx}{B} = \frac{v_0}{B}\left(\frac{M_y^2}{C} + N\right)\int_0^{s/2} x \sin\frac{\pi x}{s}\, dx =$$

$$= \frac{v_0}{B}\left(\frac{M_y^2}{C} + N\right)\frac{s^2}{\pi^2}$$

und

$$M_{y,kr} = \frac{\pi}{s}\sqrt{BC}\,\sqrt{1 - \frac{N s^2}{\pi^2 B}} \qquad\qquad \text{(I D.41)}$$

(siehe auch Chwalla [6]).

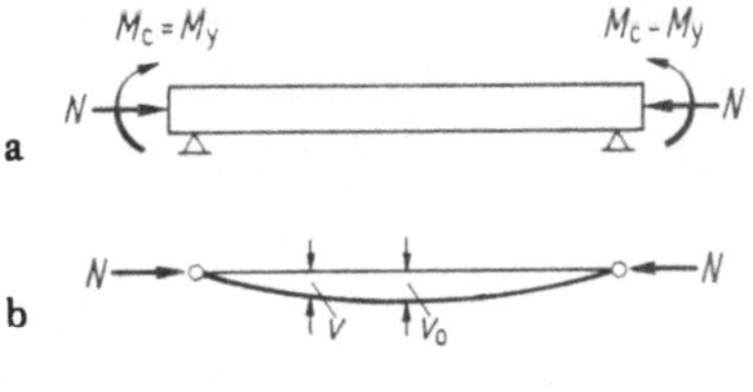

Abb. I D.18

γ) Einzellast in Feldmitte im Schwerpunkt angreifend (Vollquerschnitt)

Unter Zugrundelegung von Abb. I D.14a bis c und Abb. I D.19 und mit (I D.32) wird

$$\varphi'' = \frac{M_y}{C} v'' = -\frac{1}{C}\frac{P}{2} x \frac{\pi^2}{s^2} v_0 \sin\frac{\pi x}{s}\,;$$

$$\varphi' = -\frac{1}{C}\frac{P}{2}\frac{\pi^2}{s^2} v_0 \left(\frac{s^2}{\pi^2}\sin\frac{\pi x}{s} - \frac{\pi x}{s}\cos\frac{\pi x}{s}\right) + C_1\,;$$

$$\varphi = -\frac{1}{C}\frac{P}{2}\frac{\pi^2}{s^2} v_0 \left[\frac{s^2}{\pi^2}\left(-\frac{s}{\pi}\cos\frac{\pi x}{s}\right) - \frac{s}{\pi}\left(x\frac{s}{\pi}\sin\frac{\pi x}{s} + \frac{s^2}{\pi^2}\cos\frac{\pi x}{s}\right)\right] +$$

$$+ C_1 x + C_2 = \frac{1}{C}\frac{P}{2} v_0 \left[\frac{2s}{\pi}\cos\frac{\pi x}{s} + x\sin\frac{\pi x}{s}\right] + C_1 x + C_2.$$

Für $x = 0$ und $x = s$ wird $\varphi = 0$. Damit ergibt sich

$$C_2 = -\frac{1}{C}\, P v_0\, \frac{s}{\pi}, \quad C_1 = \frac{2}{C}\, P v_0\, \frac{1}{\pi}$$

und

$$\varphi = \frac{1}{C}\, \frac{P}{2}\, v_0 \left[\frac{2s}{\pi}\cos\frac{\pi x}{s} + x\sin\frac{\pi x}{s}\right] + \frac{2}{C}\, P v_0\, \frac{x}{\pi} - \frac{1}{C}\, P v_0\, \frac{s}{\pi}.$$

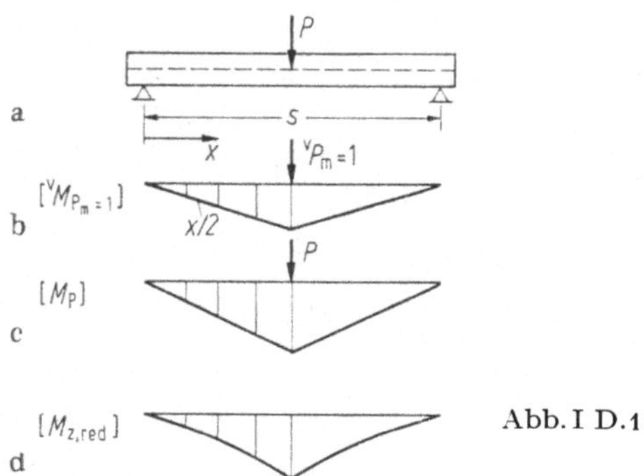

Abb. I D.19

In sehr guter Näherung gilt hierfür aber wieder

$$\varphi = \frac{M_y}{C}\, v = \frac{M_y}{C}\, v_0 \sin\frac{\pi x}{s}.$$

Damit ergibt sich

$$M_z \approx \varphi M_y = \frac{M_y^2}{C}\, v_0 \sin\frac{\pi x}{s} = \frac{P^2 x^2}{4C}\, v_0 \sin\frac{\pi x}{s},$$

und aus (I D.30)

$$1 \cdot v_0 = 2\int_0^{s/2} {}^vM_{P_{m=1}} M_z\, \frac{\mathrm{d}x}{B} = 2\int_0^{s/2} {}^vM_{P_m=1}\, \frac{P^2 x^2}{4CB}\, v_0 \sin\frac{\pi x}{s}\, \frac{s^2}{s^2}\, \mathrm{d}x,$$

$$\frac{CB}{P^2 s^2} = \int_0^{s/2} {}^vM_{P_{m=1}}\, \frac{1}{2}\, \frac{x^2}{s^2} \sin\frac{\pi x}{s}\, \mathrm{d}x = \int_0^{s/2} {}^vM_{P_{m=1}} M_{z,red}\, \mathrm{d}x.$$

Die numerische Integration mit der Trapezregel nach Abb. I D.19 b und d ergibt die kritische Kippbelastung

$$P_{kr} = 16,55\, \frac{\sqrt{BC}}{s^2}. \tag{I D.42}$$

Stüssi [53, 54] erhält den Faktor 16,94.

δ) Gleichförmig verteilte Belastung p ohne und mit Normalkraft N in der Schwerachse wirkend (Vollquerschnitt)

Entsprechend Abschnitt γ) und Abb. I D.20 ergibt sich für $N = 0$ und $M_y = (p s^2/2)\,(\xi - \xi^2)$; $\xi = x/s$; $\varphi = (M_y/C)\, v$

$$M_z = \varphi M_y = \frac{M_y^2}{C}\, v_0 \sin\frac{\pi x}{s}$$

und die kritische Belastung

$$p_{kr} = 28,2\, \frac{\sqrt{BC}}{s^3}. \tag{I D.43}$$

Stüssi [53, 54] erhält hierfür den Faktor 28,32.

Bei Vorhandensein einer Normalkraft N ergibt sich unter Beachtung von Abschnitt β) und γ)

$$p_{kr} = 28{,}2 \frac{\sqrt{BC}}{s^3} \sqrt{1 - \frac{s^2}{\pi^2} \frac{N}{B}}. \tag{I D.44}$$

Dieser Fall tritt bei der Montage von Fertigteilen beim Aufheben durch einen Kran auf (Abb. I D.21).

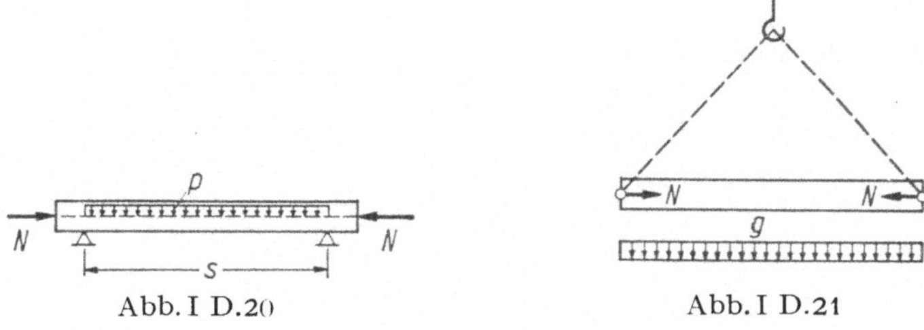

Abb. I D.20   Abb. I D.21

ε) Gleichförmig verteilte Belastung p am oberen Trägerrand angreifend (Vollquerschnitt)

Nach Abb. I D.22a und b ist (I D.31) um die Änderung des Torsionsmomentes zu ergänzen, die durch die Lage der Belastung außerhalb der Schwerachse bedingt ist.

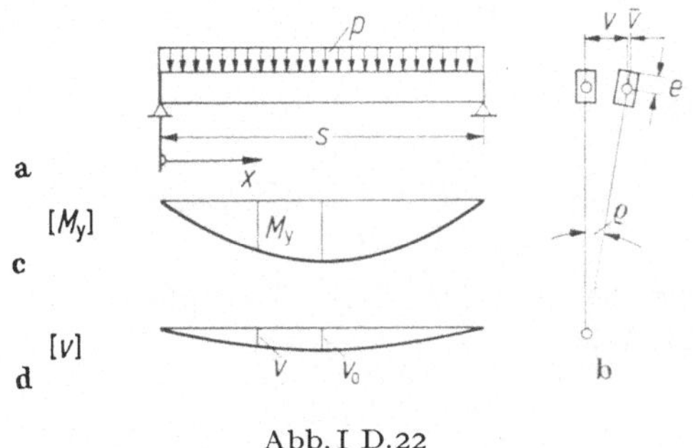

Abb. I D.22

Mit $\bar{v} \approx \varphi e$ wird

$$\frac{dT}{dx} = +M_y v'' - p\varphi e. \tag{I D.45}$$

Nach Bd. II A (III B.2) gilt

$$T = C\varphi' \quad \text{und} \quad \frac{dT}{dx} = C\varphi'',$$

und somit

$$C\varphi'' + pe\varphi = M_y v''.$$

Mit $v = v_0 \sin \pi x/s$ wird

$$\varphi'' + \frac{pe}{C} \varphi = - \frac{M_y}{C} \frac{\pi^2}{s^2} v_0 \sin \frac{\pi x}{s}.$$

Nimmt man als erste Näherung

$$M_y = M_c \approx \frac{ps^2}{8}$$

als konstant an, bzw.

$$p = \frac{8M_c}{s^2},$$

so erhält man die allgemeine Lösung

$$\varphi = C_1 \sin \sqrt{\frac{pe}{C}}\, x + C_2 \cos \sqrt{\frac{pe}{C}}\, x + \frac{\dfrac{M_c}{C}\, v_0\, \dfrac{\pi^2}{s^2}}{\dfrac{\pi^2}{s^2} - \dfrac{8e}{Cs^2}\, M_c} \sin \frac{\pi x}{s}\,.$$

Aus den Randbedingungen

$$\varphi = 0 \quad \text{für} \quad x = 0 \quad \text{und} \quad x = s \quad \text{werden} \quad C_1 = C_2 = 0.$$

Nach (I D.30) erhält man

$$1 \cdot v_0 = 2 \int\limits_0^{s/2} \frac{x}{2}\, M_c \varphi\, \frac{\mathrm{d}x}{B}$$

bzw.

$$\frac{B}{M_c} = \int\limits_0^{s/2} \frac{\dfrac{M_c}{C}\, \dfrac{\pi^2}{s^2}}{\dfrac{\pi^2}{s^2} - \dfrac{8e}{Cs^2}\, M_c}\, x \sin \frac{\pi x}{s}\, \mathrm{d}x\,.$$

Unter Vernachlässigung kleiner Größen ergibt sich daraus

$$M_{kr} = \frac{\pi}{s} \sqrt{BC} \left[1 - 1,27\, \frac{e}{s}\, \sqrt{\frac{B}{C}} \right]. \tag{I D.46}$$

Vergleicht man (I D.35) und (I D.43), mit p in der Trägerachse angreifend ($e = 0$),

$$^{M_c}M_{kr} = \frac{\pi}{s} \sqrt{BC}\,,$$

$$^{p}M_{kr,e=0} = \frac{p_{kr}s^2}{8} = \frac{28,2}{8}\, \frac{\pi}{\pi s}\, \sqrt{BC} = 1,122\, \frac{\pi}{s}\, \sqrt{BC}\,,$$

so ist auch im vorliegenden Fall der gleiche Multiplikator gerechtfertigt.
Mit $1,27 \cdot 1,122 = 1,43$ wird

$$^{p}M_{kr,e} = {}^{p}M_{kr,e=0} \left(1 - 1,43\, \frac{e}{s}\, \sqrt{\frac{B}{C}} \right). \tag{I D.47}$$

Statt des Faktors 1,43 gibt Lebelle den Wert 1,44 und Timoschenko den von 1,54 an.
Für $e = 0$ ergibt sich das kritische Kippmoment für eine Belastung in der Schwerachse.

ζ) Einzellast mit dem Abstand e außerhalb der Schwerachse

Für eine Belastung nach Abb. I D.23 können die Entwicklungen von Abschnitt ε) sinngemäß Verwendung finden. Vergleicht man nun (I D.35) mit (I D.42)

$$^{P}M_{kr,e=0} = \frac{P_{kr}s}{4} = \frac{16,94}{4}\, \frac{\pi}{\pi}\, \frac{1}{s}\, \sqrt{BC} = 1,35\, \frac{\pi}{s}\, \sqrt{BC}\,,$$

so ergibt sich der Multiplikator in (I D.46) zu $1,27 \cdot 1,35 = 1,72$, und das kritische Kippmoment für eine Außermittigkeit e, bezogen auf das bei einem Lastangriff in der Schwerachse ($e = 0$), zu

$$^{P}M_{kr,e} = {}^{P}M_{kr,e=0} \left(1 - 1,72\, \frac{e}{s}\, \sqrt{\frac{B}{C}} \right). \tag{I D.48}$$

Rafla [40] und Beck [1] geben statt 1,72 den Faktor 1,74 an.

b) Plastischer Bereich

Für Stahlträger kann nach der DIN 4114, Ri 15.12 die ideelle Kippspannung σ_{ki}, wenn die Proportionalitätsgrenze überschritten wird, in gleicher Weise abgemindert werden, wie dies beim Knicken im plastischen Bereich vorgesehen ist, wo die ideelle Knickspannung $\sigma_{v,ki}$ auf den Wert $\sigma_{v,k}$ reduziert wird (DIN 4114, Tafel 7). Es wird diesbezüglich auch auf Chwalla [6] und Bürgermeister, Steup [3] und Kollbrunner, Meister [25] verwiesen, wobei den Betrachtungen ideelle Schlankheiten zugrunde gelegt werden.

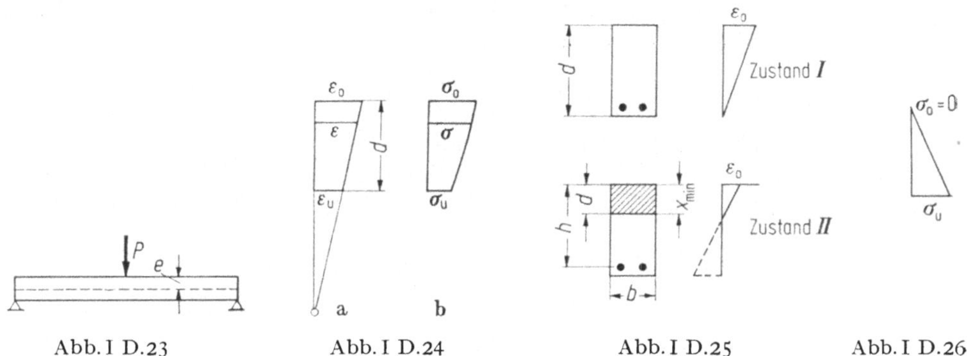

Abb. I D.23   Abb. I D.24   Abb. I D.25   Abb. I D.26

ϑ) Stahlbetonträger im plastischen Bereich

Wesentlich schwieriger als bei Stahlträgern liegen die Verhältnisse bei Stahlbetonträgern, da hier zwischen dem Zustand I ohne und Zustand II mit gerissener Betonzugzone unterschieden werden muß. Unter Zugrundelegung des Ebenbleibens des Querschnittes (Abb. I D.24a) erhält Jeltsch [18] den mittleren Plastizitätsmodul E_m für eine Spannungsverteilung nach Abb. I D.24b

$$E_m = \frac{\sigma_0 - \sigma_u}{\varepsilon_0 - \varepsilon_u}. \tag{I D.49}$$

Nach Abb. I D.25 ergibt sich demnach sowohl für den Zustand I als auch für den Zustand II mit $\sigma_u = 0$

$$E_m = \frac{\sigma_0}{\varepsilon_0} = E_{\text{sek}} ,$$

d.h. der mittlere Plastizitätsmodul entspricht dem Sekantenmodul nach (I A.22) bzw. (I A.23).

Für den Sonderfall eines Spannbetonträgers mit $\sigma_0 = \sigma_u$ wird $E_m = d\sigma/d\varepsilon = = E_t = E_b$ nach (I A.18) bzw. (I A.20), während für den Fall, daß später eine hohe Nutzlast aufgebracht wird und vorerst eine Spannungsverteilung nach Abb. I D.26 vorhanden ist, wieder

$$E_m = \frac{\sigma_u}{\varepsilon_u} = E_{\text{sek}}$$

gewählt werden kann.

Nach den Abschnitten α) bis ζ) kann das kritische Kippmoment in allgemeiner Form

$$M_{kr} = k_1 k_2 \frac{1}{s} \sqrt{BC} \tag{I D.50}$$

angeschrieben werden, wobei k_1 der Belastung und Lagerungsart und k_2 der Lage des Kraftangriffspunktes (e) entsprechen. Für Beton wird der Schubmodul näherungsweise angenommen zu

$$G = \frac{3}{7} E, \quad G_{\text{sek}} = \frac{3}{7} E_{\text{sek}}. \tag{I D.51}$$

Für den Zustand I erhält man mit den Querschnittswerten nach Abb. I D.25a die Größen

$$B^{\text{I}} = (EJ_z)_{\text{I}}; \quad C^{\text{I}} = (GJ_d)_{\text{I}}, \tag{I D.52}$$

und damit nach (I D.50) das kritische Kippmoment im elastischen Bereich

$$M^{\text{I}}_{\text{kr,el}} = k_1 k_2 \frac{1}{s} \sqrt{B^{\text{I}} C^{\text{I}}}. \tag{I D.53}$$

Die zulässige Randspannung beträgt

$$\max \sigma_{0,\text{el}} = \frac{M^{\text{I}}_{\text{kr,el}}}{W^{\text{I}}_0}.$$

Trägt man diesen Wert in Abb. I D.27 (entsprechend Abb. I A.15) ein, so erhält man aus dem Schnittpunkt der Φ-Kurve und der Ψ-Geraden den diesem Zustand entsprechenden Wert $E^{\text{I}}_{\text{sek}}$ unter Berücksichtigung des Spannungs-Dehnungsgesetzes des Betons.

Mit $E^{\text{I}}_{\text{sek}}$ wird nach (I D.51) $G^{\text{I}}_{\text{sek}} = (3/7)\, E^{\text{I}}_{\text{sek}}$, und man erhält

$$\begin{aligned} B^{\text{I}}_{\text{pl}} &= (E^{\text{I}}_{\text{sek}} J_z)_{\text{I}}; \\ C^{\text{I}}_{\text{pl}} &= (G^{\text{I}}_{\text{sek}} J_d)_{\text{I}} \end{aligned} \tag{I D.54}$$

und

$$M^{\text{I}}_{\text{kr,pl}} = k_1 k_2 \frac{1}{s} \sqrt{B^{\text{I}}_{\text{pl}} C^{\text{I}}_{\text{pl}}} \tag{I D.55}$$

bzw.

$$\max \sigma_0 = \frac{M^{\text{I}}_{\text{kr,pl}}}{W^{\text{I}}_0}.$$

Damit ist der Grenzwert bei voller Wirkung des Querschnittes gegeben.

Aus Bruchuntersuchungen kann der Wert $x_{\min}$ für Zustand II (Abb. I D.25b) gefunden werden. In Näherung kann hierfür die Schwerlinie des ideellen Querschnittes gewählt werden:

$$x \approx \frac{nF_e}{b}\left(-1 + \sqrt{1 + \frac{2bh}{nF_e}}\right). \tag{I D.56}$$

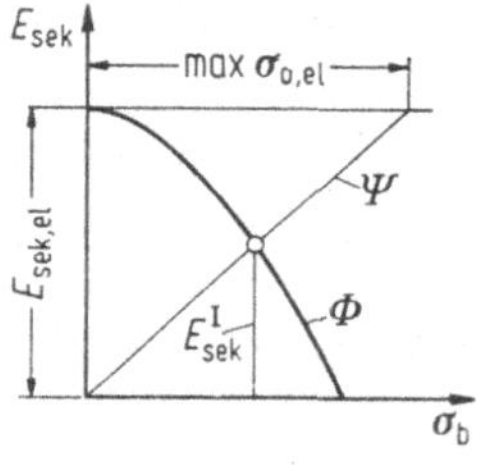

Abb. I D.27

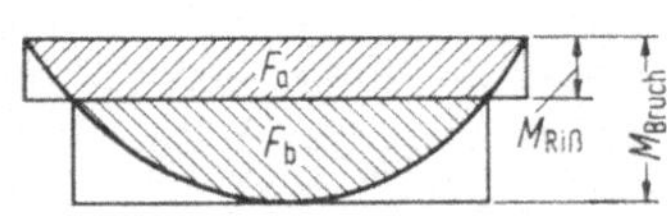

Abb. I D.28

Für diesen Restquerschnitt werden J_z und J_d ermittelt. Entsprechend (I D.52) bis (I D.55) ermittelt man mit Abb. I D.27

$$B^{\text{II}} = (EJ_z)^{\text{II}}; \quad C^{\text{II}} = (CJ_d)^{\text{II}};$$

$$M^{\text{II}}_{\text{kr,el}} = k_1 k_2 \frac{1}{s} \sqrt{B^{\text{II}} C^{\text{II}}};$$

$$\max \sigma_{0,\text{el}} = \frac{M^{\text{II}}_{\text{kr,el}}}{W^{\text{II}}_0}; \quad E^{\text{II}}_{\text{sek}}, \quad G^{\text{II}}_{\text{sek}}, \quad B^{\text{II}}_{\text{pl}}, \quad C^{\text{II}}_{\text{pl}}$$

und damit

$$M^{\mathrm{II}}_{\mathrm{kr,pl}} = k_1 k_2 \frac{1}{s} \sqrt{B^{\mathrm{II}}_{\mathrm{pl}} C^{\mathrm{II}}_{\mathrm{pl}}}.$$

Das tatsächliche Kippmoment $M_{\mathrm{kr,pl}}$ wird zwischen diesen Grenzwerten liegen

$$M^{\mathrm{II}}_{\mathrm{kr,pl}} < M_{\mathrm{kr,pl}} < M^{\mathrm{I}}_{\mathrm{kr,pl}}.$$

Von Jeltsch [18] wird vorgeschlagen, die maximale Durchbiegung eines Trägers, bei dem die Querschnitte zum Teil dem Stadium I, zum Teil dem Stadium II angehören (Abb. I D.28), wie folgt näherungsweise zu bestimmen:

unterer Grenzwert

$$f_{\mathrm{I}} = \frac{\max M s^2}{\alpha B^{\mathrm{I}}};$$

oberer Grenzwert

$$f_{\mathrm{II}} = f_{\mathrm{I}} \frac{B^{\mathrm{I}}}{B^{\mathrm{II}}};\qquad\qquad\text{(I D.57)}$$

tatsächliche Durchbiegung

$$f = f_{\mathrm{I}} \frac{F_a}{F_a + F_b} + f_{\mathrm{II}} \frac{F_b}{F_a + F_b}.$$

Dementsprechend ergibt sich näherungsweise

$$M_{\mathrm{kr,pl}} = M^{\mathrm{I}}_{\mathrm{kr,pl}} \frac{F_a}{F_a + F_b} + M^{\mathrm{II}}_{\mathrm{kr,pl}} \frac{F_b}{F_a + F_b}.\qquad\qquad\text{(I D.58)}$$

Eine große Anzahl von Zahlenbeispielen [18] zeigt die Durchführung der Rechnung und interessante Ergebnisse.

E. Stabilität ebener Stabwerke. Allgemeine Deformationsmethode

Unter Beachtung des Abschnittes B über die Knicksicherheit werden folgende ideale Annahmen den Stabwerken mit biegesteifen Knotenpunkten zugrunde gelegt:

homogener Werkstoff;
ideal gerade Stäbe;
stabweise konstanter Querschnitt;
Belastung in den Knotenpunkten, so daß im unverformten Zustand nur Längskräfte auftreten;
richtungstreue Belastung, auch während des Ausknickens;
Gültigkeit des Hookeschen Gesetzes.

Im Augenblick des Erreichens der kritischen Knickbelastung ist eine infinitesimal benachbarte Gleichgewichtsfigur möglich. Nach der Deformationsmethode (Bd. I A, VIII) treten als unbekannte Größen Verformungen auf; diese sind die Knotendrehungen φ, die Stabsehnendrehungen ψ und die Stablängenänderungen Δs bzw. statt der beiden letzteren die Knotenpunktsverschiebungen u und w (Bd. I A, VIII A.2).

Unter Beachtung der Annahme, daß die Belastung in den Knotenpunkten angreift, erhält man für die Unbekannten ein lineares, homogenes Gleichungssystem, das nur für den Fall, daß die Nennerdeterminante D_k zu Null wird, Lösungen ergibt. Aus der Bedingung für die Knickdeterminante

$$D_k = 0\qquad\qquad\text{(I E.1)}$$

können die kritischen Belastungen für das gesamte System ermittelt werden. Unter Beachtung von Abschnitt B ist es dabei gleichgültig, ob die einzelnen Stäbe sich im elastischen oder plastischen Bereich befinden.

Die nachfolgenden Entwicklungen entsprechen weitgehend der Arbeit von Schaber [47], wobei jedoch der Einfluß der Schubverformung vernachlässigt wird. Schaber hat gezeigt, wie auch dieser Einfluß in einfacher Weise miterfaßt werden kann.

1. Grundlagen. Der Elementarstab im Stabwerk

Zum Unterschied von der Deformationsmethode nach Theorie I. Ordnung (Bd. I A, VIII B.1) sind die endgültigen Schnittbelastungen auch von der Längskraft des Stabes, dessen Durchbiegungen und damit von den so entstehenden zusätzlichen Schnittbelastungen abhängig.

1 a) Der durch eine Druckkraft belastete Einzelstab

Im Stab $i - k$ tritt im ursprünglichen Zustand (Abb. I E.1 b) nur die Längskraft S_{i-k} auf. Betrachtet man die Knoten i und k, die durch Drehfesseln D_i und D_k und Wegfesseln W_i und W_k elastisch gestützt sein können (Abb. I E.1 a), so wirkt auf diese, vom Stab $i - k$ aus, ebenfalls nur die Stabkraft S_{i-k}. Im Augenblick des Ausweichens in die infinitesimal benachbarte Lage (Abb. I E.1 c) treten infolge der Knotendrehungen φ_i und φ_k und der Sehnendrehung ψ_{i-k} die Stabendmomente M_{ik} und M_{ki} und die Stützkräfte V_{ik}, die senkrecht zur urspünglichen Stabachse wirkend angenommen werden, auf. Infolge der Knotendrehungen φ_i und φ_k treten als Wirkung der Drehfesseln Knotenmomente M_i und M_k und infolge der Wegfesseln Knotenkräfte N_i und N_k auf. Die Stablängenänderung Δs_{i-k} hat die Knotenkraft K_{ik} zur Folge. Die Schnittbelastungen auf die Knoten sind in Abb. I E.1 d dargestellt.

Bezieht man die Verformungen immer auf die neue Sehne $i' - k'$ und nimmt man Momente, die in der Zugfaser Zug ergeben (Abb. I E.2) positiv an, so gilt nach

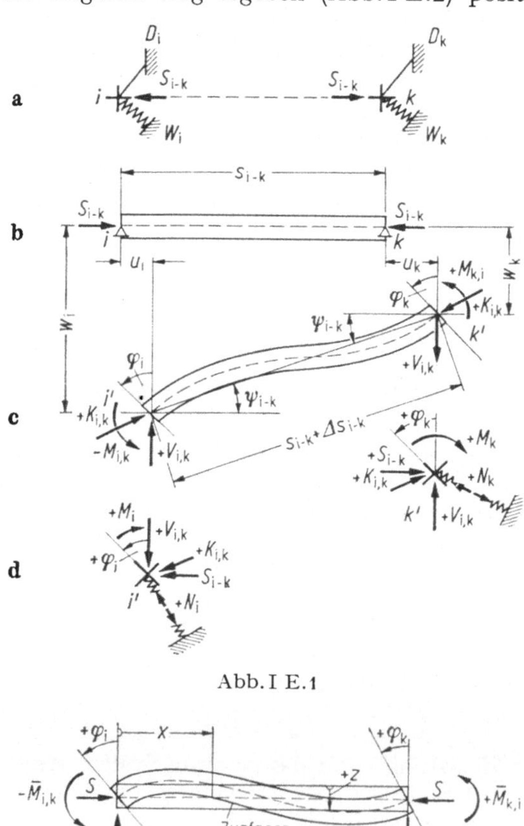

Abb. I E.1

Abb. I E.2

Bd. I A (III B.6)

$$\frac{\mathrm{d}^2 z}{\mathrm{d}x^2} = -\frac{\bar{M}}{EJ}$$

mit

$$\bar{M} = \bar{M}_{ik}\left(1 - \frac{x}{s}\right) + \bar{M}_{ki}\frac{x}{s} + Sz,$$

und somit

$$EJz'' + \bar{M}_{ik}\left(1 - \frac{x}{s}\right) + \bar{M}_{ki}\frac{x}{s} + Sz = 0 \qquad\qquad \text{(I E.2)}$$

bzw.

$$EJz^{IV} + Sz'' = 0. \qquad\qquad \text{(I E.3 a)}$$

Führt man nach (I B.14)

$$\varepsilon = s\sqrt{\frac{S}{EJ}} \qquad\qquad \text{(I B.14)}$$

ein, so ergibt sich aus (I E.3 a)

$$z^{IV} + \left(\frac{\varepsilon}{s}\right)^2 z'' = 0 \qquad\qquad \text{(I E.3 b)}$$

mit der allgemeinen Lösung

$$z = C_1 + C_2 \frac{\varepsilon}{s} x + C_3 \sin \frac{\varepsilon}{s} x + C_4 \cos \frac{\varepsilon}{s} x;$$

bzw.

$$z' = \frac{\varepsilon}{s}\left(C_2 + C_3 \cos \frac{\varepsilon}{s} x - C_4 \sin \frac{\varepsilon}{s} x\right);$$

$$z'' = \left(\frac{\varepsilon}{s}\right)^2\left(-C_3 \sin \frac{\varepsilon}{s} x - C_4 \cos \frac{\varepsilon}{s} x\right).$$

$$\text{(I E.4)}$$

Nachfolgend werden für die verschiedenen Randbedingungen die Konstanten und damit die Schnittbelastungen bestimmt. Der Rechnungsgang wird für die Fälle a) und b) gezeigt, während für die anderen die Endergebnisse angegeben werden (siehe [47]).

a) Knotendrehungen $\varphi_i = \varphi_k = +1$ bei gelenkiger Knotenlagerung in i und k

Mit den Randbedingungen $x = 0, z = 0, z' = -\varphi_i = -1; x = s, z = 0,$ $z' = -\varphi_k = -1$, erhält man

$$C_1 + C_4 = 0;$$

$$C_1 + C_2\varepsilon + C_3 \sin \varepsilon + C_4 \cos \varepsilon = 0;$$

$$\varepsilon(C_2 + C_3) = -1 \cdot s;$$

$$\varepsilon(C_2 + C_3 \cos \varepsilon - C_4 \sin \varepsilon) = -1 \cdot s.$$

Damit ergibt sich

$$C_1 = -C_4 = s\frac{1 - \cos \varepsilon}{2(1 - \cos \varepsilon) - \varepsilon \sin \varepsilon};$$

$$C_2 = -\frac{s}{\varepsilon} \cdot \frac{2(1 - \cos \varepsilon)}{2(1 - \cos \varepsilon) - \varepsilon \sin \varepsilon};$$

$$C_3 = s\frac{\sin \varepsilon}{2(1 - \cos \varepsilon) - \varepsilon \sin \varepsilon},$$

und aus (I E.4)

$$z = \frac{s}{\varepsilon} \frac{1}{2(1 - \cos \varepsilon) - \varepsilon \sin \varepsilon} \left[-2(1 - \cos \varepsilon) - \frac{\varepsilon}{s} x + \right.$$

$$\left. + \varepsilon \sin \varepsilon \sin \frac{\varepsilon}{s} x + \varepsilon(1 - \cos \varepsilon)\left(1 - \cos \frac{\varepsilon}{s} x\right)\right];$$

$$z'' = \frac{\varepsilon^2}{s} \frac{1}{2(1 - \cos \varepsilon) - \varepsilon \sin \varepsilon} \left[-\sin \varepsilon \sin \frac{\varepsilon}{s} x + (1 - \cos \varepsilon) \cos \frac{\varepsilon}{s} x \right].$$

Mit $z'' = -\bar{M}/EJ$ erhält man

$$\bar{M} = \frac{EJ}{s} \frac{\varepsilon^2}{2(1 - \cos \varepsilon) - \varepsilon \sin \varepsilon} \left[\sin \varepsilon \sin \frac{\varepsilon}{s} x - (1 - \cos \varepsilon) \cos \frac{\varepsilon}{s} x \right].$$

Die Stabendmomente ergeben sich damit für $x = 0$ bzw. $x = s$ zu

$$\bar{M}_{\varphi_i = \varphi_k = 1; ik} = -\frac{EJ}{s} \frac{\varepsilon^2(1 - \cos \varepsilon)}{2(1 - \cos \varepsilon) - \varepsilon \sin \varepsilon} = -\bar{M}_{\varphi_i = \varphi_k = 1; ki},$$

und die Stützkräfte zu

$$\bar{V}_{\varphi_i = \varphi_k = 1; ik} = \frac{EJ}{s^2} \frac{2\varepsilon^2(1 - \cos \varepsilon)}{2(1 - \cos \varepsilon) - \varepsilon \sin \varepsilon}.$$

Den weiteren Untersuchungen für Systeme wird die Vorzeichenfestlegung der Deformationsmethode (Bd. I A, VIII 3) zugrunde gelegt, wonach Momente positiv gerechnet werden, wenn sie auf den Knoten im Uhrzeigersinn wirken (Abb. I E.3).

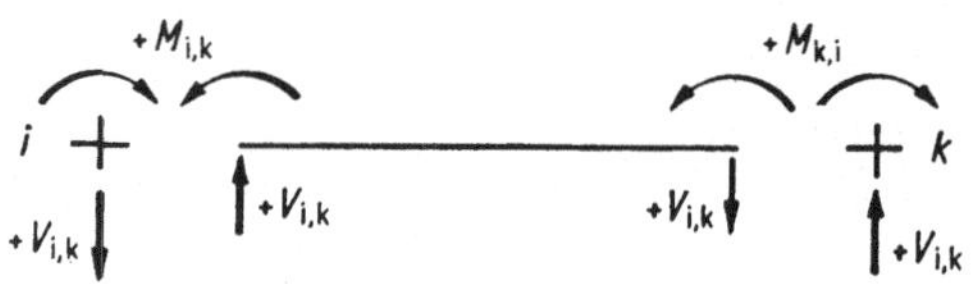

Abb. I E.3

Damit wird

$$\bar{M}_{\varphi_i = \varphi_k = 1; ik} = \bar{M}_{\varphi_i = \varphi_k = 1; ki} = \frac{EJ}{s} \frac{\varepsilon^2(1 - \cos \varepsilon)}{2(1 - \cos \varepsilon) - \varepsilon \sin \varepsilon} = \frac{EJ}{s} F_3(\varepsilon)$$

und

$$\bar{V}_{\varphi_i = \varphi_k = 1; ik} = \frac{EJ}{s^2} 2F_3(\varepsilon).$$

Für $S = 0$ wird $F_3(\varepsilon)$ ein unbestimmter Ausdruck.

    Für $\lim \varepsilon \to 0$ wird

$$\frac{\varepsilon^2(1 - \cos \varepsilon)}{2(1 - \cos \varepsilon) - \varepsilon \sin \varepsilon} = \frac{2\varepsilon(1 - \cos \varepsilon) + \varepsilon^2 \sin \varepsilon}{2 \sin \varepsilon - \sin \varepsilon - \varepsilon \cos \varepsilon} =$$

$$= \frac{2(1 - \cos \varepsilon) + 2\varepsilon \sin \varepsilon + 2\varepsilon \sin \varepsilon + \varepsilon^2 \cos \varepsilon}{\cos \varepsilon - \cos \varepsilon + \varepsilon \sin \varepsilon} =$$

$$= \frac{2 \sin \varepsilon + 4 \sin \varepsilon + 4\varepsilon \cos \varepsilon + 2\varepsilon \cos \varepsilon - \varepsilon^2 \sin \varepsilon}{\sin \varepsilon + \varepsilon \cos \varepsilon} =$$

$$= \frac{6 \cos \varepsilon + 6 \cos \varepsilon + 6\varepsilon \sin \varepsilon + 2\varepsilon \sin \varepsilon - \varepsilon^2 \cos \varepsilon}{\cos \varepsilon + \cos \varepsilon - \varepsilon \sin \varepsilon}.$$

Für lim $\varepsilon \to 0$ wird $F_3 = 6$ und

$$\bar{M}_{\varphi_i = \varphi_k = 1;\,ik} = \frac{6EJ}{s}$$

[siehe auch Bd. I A (VIII B.34)].

b) Sehnendrehung $\psi_{i-k} = +1$ bei starrer Einspannung der Stabenden i und k (Knotenpunkte)

Betrachtet man Abb. I E.4, so erkennt man, daß — bezogen auf die Stabachse $i' - k'$ — den Stabenden die Verformungen $\varphi_i = \varphi_k = -\psi_{i-k} = -1$ eingeprägt werden. Für die Knotenendpunkte erhält man somit dieselben Werte wie in Abschnitt a), nur mit geänderten Vorzeichen (Vorzeichen nach Deformationsmethode):

$$\bar{M}_{\psi_{i-k} = +1;\,ik} = \bar{M}_{\psi_{i-k} = +1;\,ki} = -\frac{EJ}{s} F_3(\varepsilon).$$

Bei den Stützkräften ist jedoch das Versetzungsmoment aus der Stabkraft noch zusätzlich zu berücksichtigen. Mit (I B.14) wird

$$\bar{V}_{\psi_{i-k} = 1;\,ik} = \frac{-EJ}{s^2} 2F_3 + S_{i-k}\frac{s}{s} = -\frac{EJ}{s^2}(2F_3 - \varepsilon^2) = -\frac{EJ}{s^2} F_4(\varepsilon).$$

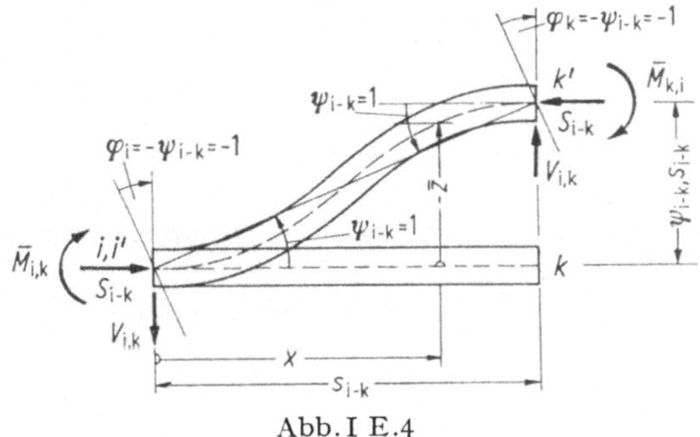

Abb. I E.4

Nach Abb. I E.4 wird

$$\bar{z} = \frac{s}{2(1 - \cos\varepsilon) - \varepsilon\sin\varepsilon}\left[\frac{\varepsilon}{s} x \sin\varepsilon - \sin\varepsilon \sin\frac{\varepsilon}{s}x - (1 - \cos\varepsilon)\left(1 - \cos\frac{\varepsilon}{s}x\right)\right].$$

c) Knotendrehungen $\varphi_i = +1$, $\varphi_k = -1$ bei gelenkiger Knotenlagerung in i und k

$$z = \frac{s}{\varepsilon}\left[-\sin\frac{\varepsilon}{s}x + \frac{1 + \cos\varepsilon}{\sin\varepsilon}\left(1 - \cos\frac{\varepsilon}{s}x\right);\right.$$

$$\bar{M}_{ik} = \frac{EJ}{s}\frac{\varepsilon(1 + \cos\varepsilon)}{\sin\varepsilon} = \frac{EJ}{s} F_5(\varepsilon);$$

$$\bar{M}_{ki} = -\frac{EJ}{s} F_5(\varepsilon);$$

$$\bar{V}_{ik} = 0.$$

d) Knotendrehungen $\varphi_i = 0, \varphi_k = +1$; gelenkige Lagerung in k, starre Einspannung in i

$$z = \frac{s}{\varepsilon[2(1 - \cos \varepsilon) - \varepsilon \sin \varepsilon]} \left[- (1 - \cos \varepsilon) \left(\frac{\varepsilon}{s} x - \sin \frac{\varepsilon}{s} x \right) + (\varepsilon - \sin \varepsilon) \cdot \right.$$

$$\left. \cdot \left(1 - \cos \frac{\varepsilon}{s} x \right) \right];$$

$$\bar{M}_{ik} = \frac{EJ}{s} \frac{\varepsilon(\varepsilon - \sin \varepsilon)}{2(1 - \cos \varepsilon) - \varepsilon \sin \varepsilon} = \frac{EJ}{s} F_2(\varepsilon);$$

$$\bar{M}_{ki} = \frac{EJ}{s} \frac{\varepsilon(\sin \varepsilon - \varepsilon \cos \varepsilon)}{2(1 - \cos \varepsilon) - \varepsilon \sin \varepsilon} = \frac{EJ}{s} F_1(\varepsilon);$$

$$V_{ik} = \frac{EJ}{s^2} \frac{\varepsilon^2(1 - \cos \varepsilon)}{2(1 - \cos \varepsilon) - \varepsilon \sin \varepsilon} = \frac{EJ}{s^2} F_3(\varepsilon).$$

e) Knotendrehung $\varphi_k = +1$; gelenkige Lagerung in i und k

$$z = \frac{s}{\varepsilon(\sin \varepsilon - \varepsilon \cos \varepsilon)} \left(- \frac{\varepsilon}{s} x \sin \varepsilon + \varepsilon \sin \frac{\varepsilon}{s} x \right);$$

$$\bar{M}_{ik} = 0;$$

$$\bar{M}_{ki} = \frac{EJ}{s} \frac{\varepsilon^2 \sin \varepsilon}{\sin \varepsilon - \varepsilon \cos \varepsilon} = \frac{EJ}{s} F_8(\varepsilon);$$

$$V_{ik} = \frac{EJ}{s^2} \frac{\varepsilon^2 \sin \varepsilon}{\sin \varepsilon - \varepsilon \cos \varepsilon} = \frac{EJ}{s^2} F_8(\varepsilon).$$

f) Sehnendrehung $\psi_{i-k} = +1$; Knoten i gelenkig, Knoten k starr eingespannt

$$\bar{z} = \frac{s}{\sin \varepsilon - \varepsilon \cos \varepsilon} \left(\frac{\varepsilon}{s} x \cos \varepsilon - \sin \frac{\varepsilon}{s} x \right);$$

$$\bar{M}_{ik} = 0;$$

$$\bar{M}_{ki} = - \frac{EJ}{s} \frac{\varepsilon^2 \sin \varepsilon}{\sin \varepsilon - \varepsilon \cos \varepsilon} = - \frac{EJ}{s} F_8(\varepsilon);$$

$$V_{ik} = - \frac{EJ}{s^2} \frac{\varepsilon^3 \cos \varepsilon}{\sin \varepsilon - \varepsilon \cos \varepsilon} = - \frac{EJ}{s^2} F_9(\varepsilon).$$

g) Knotendrehung $\varphi_k = +1$ am freien Ende k, Knoten i starr eingespannt (Stützkräfte Null)

$$\bar{z} = - \frac{s}{\varepsilon \sin \varepsilon} \left(1 - \cos \frac{\varepsilon}{s} x \right);$$

$$\bar{M}_{ik} = - \frac{EJ}{s} \frac{\varepsilon}{\sin \varepsilon} = - \frac{EJ}{s} F_6(\varepsilon);$$

$$\bar{M}_{ki} = \frac{EJ}{s} \frac{\varepsilon}{\tan \varepsilon} = + \frac{EJ}{s} F_7(\varepsilon);$$

$$V_{ik} = 0.$$

h) Knotendrehung $\varphi_k = +1$ am freien Ende k, Knoten i gelenkig gelagert (Stützkräfte Null)

$$\bar{z} = -\frac{s}{\varepsilon \cos \varepsilon} \sin \frac{\varepsilon}{s} x;$$

$$\bar{M}_{ik} = 0;$$

$$\bar{M}_{ki} = -\frac{EJ}{s} \varepsilon \tan \varepsilon = -\frac{EJ}{s} F_{10}(\varepsilon).$$

i) Sehnendrehung $\psi_{i-k} = +1$; Knoten i und k gelenkig gelagert

$$\bar{z} = -x;$$

$$\bar{M}_{ik} = \bar{M}_{ki} = 0;$$

$$\bar{V}_{ik} = S_{i-k} = \frac{EJ}{s^2} \varepsilon^2 = \frac{EJ}{s^2} F_{11}(\varepsilon).$$

k) Knotendrehung $\varphi_i = -1$ eines Kragträgers

Mit $d^2z/dx^2 = -M/EJ$ wird nach Abb. I E.5

$$M = -S_{i-k}(\bar{z}_k - \bar{z}) = -S_{i-k}(s + z_k - x - z)$$

und

$$\frac{d^4z}{dx^4} + \frac{S}{EJ} z'' = 0$$

bzw.

$$z^{IV} + \left(\frac{\varepsilon}{s}\right)^2 z'' = 0 \qquad\qquad\qquad (\text{I E.3 b})$$

mit der allgemeinen Lösung nach (I E.4).

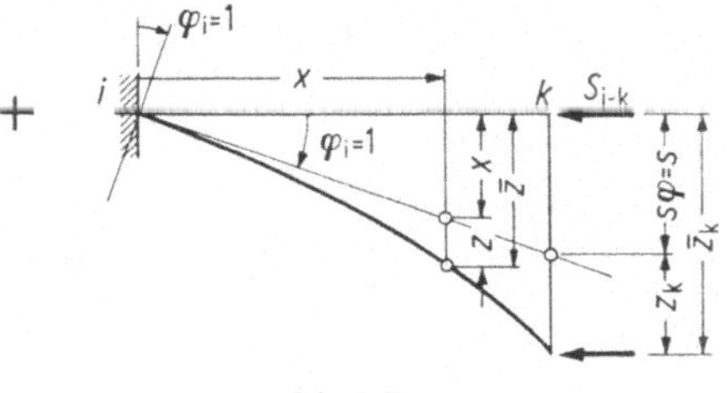

Abb. I E.5

Randbedingungen:

$$x = 0; \quad z = 0; \quad z' = 0; \quad z'' = -\frac{M}{EJ} = \frac{S_{i-k}}{EJ}(s + z_k) = \frac{\varepsilon^2}{s^2}(s + z_k);$$

$$x = s; \quad z'' = 0.$$

$$C_1 + C_4 = 0; \quad C_1 = -C_4;$$

$$C_2 + C_3 = 0; \quad C_2 = -C_3;$$

$$-C_4 = s + C_1 + C_2\varepsilon + C_3 \sin \varepsilon + C_4 \cos \varepsilon = s + C_1 + C_2\varepsilon;$$

$$+C_3 \sin \varepsilon + C_4 \cos \varepsilon = 0.$$

Damit wird

$$C_1 = -C_4 = s\,\frac{\sin\varepsilon}{\varepsilon\cos\varepsilon}\,; \quad C_2 = -C_3 = -\frac{s}{\varepsilon}\,;$$

$$z_k = s\,\frac{\sin\varepsilon - \varepsilon\cos\varepsilon}{\varepsilon\cos\varepsilon}\,;$$

$$\bar{z}_k = s + z_k = s\,\frac{\tan\varepsilon}{\varepsilon}\,;$$

$$M_i = -S_{i-k}\bar{z}_k = -\frac{\varepsilon^2}{s^2}\,EJs\,\frac{\tan\varepsilon}{\varepsilon} = -\frac{EJ}{s}\,\varepsilon\tan\varepsilon = -\frac{EJ}{s}\,F_{10}(\varepsilon).$$

Nach der Deformationstheorieregel wird

$$M_i = +\frac{EJ}{s}\,F_{10}(\varepsilon).$$

Für $\varphi_i = +1$ wird

$$M_i = -\frac{EJ}{s}\,F_{10}(\varepsilon).$$

Die schematischen Verformungen für die einzelnen Zustände a) bis k) und die zugehörigen Schnittbelastungen — mit den Vorzeichen nach Deformationsmethode — sind in Tabelle I E.1 (Seite 76/77) zusammengestellt.

Die Funktionen F_1 bis F_{11} von ε sind im Anhang Tafel F angegeben. Sie wurden erstmalig zum Teil von Lundquist und Kroll [29] aufgestellt und von Schaber erweitert [46].

1 b) Der durch eine Zugkraft belastete Einzelstab

Mit dem Absolutwert

$$\varepsilon = s\,\sqrt{\frac{S}{EJ}} \tag{I B.14}$$

ergibt sich entsprechend (I E.2) und (I E.3 b)

$$EJz'' + \bar{M}_{ik}\left(1 - \frac{x}{s}\right) + \bar{M}_{ki}\,\frac{x}{s} - Sz = 0, \tag{I E.5}$$

$$z^{\mathrm{IV}} - \left(\frac{\varepsilon}{s}\right)^2 z'' = 0. \tag{I E.6}$$

Die allgemeine Lösung lautet:

$$\left.\begin{aligned}
z &= C_1 + C_2\,\frac{\varepsilon}{s}\,x + C_3\sinh\frac{\varepsilon}{s}\,x + C_4\cosh\frac{\varepsilon}{s}\,x\,; \\[2mm]
z' &= \frac{\varepsilon}{s}\left(C_2 + C_3\cosh\frac{\varepsilon}{s}\,x + C_4\sinh\frac{\varepsilon}{s}\,x\right); \\[2mm]
z'' &= \frac{\varepsilon^2}{s^2}\left(C_3\sinh\frac{\varepsilon}{s}\,x + C_4\cosh\frac{\varepsilon}{s}\,x\right).
\end{aligned}\right\} \tag{I E.7}$$

In ähnlicher Weise, wie unter Abschnitt 1 a), gewinnt man für die einzelnen Verformungszustände aus den Randbedingungen die Konstanten C_1 bis C_4 und damit die Schnittbelastungen.

a*) Knotendrehungen $\varphi_i = \varphi_k = +1$. Gelenkige Knotenlagerung in i und k

$$z = \frac{s}{\varepsilon\,[2(\cosh \varepsilon - 1) - \varepsilon \sinh \varepsilon]}\left[-2(\cosh \varepsilon - 1)\frac{\varepsilon}{s}x + \varepsilon \sinh \varepsilon \cdot\right.$$

$$\left.\cdot \sinh \frac{\varepsilon}{s}x - \varepsilon(\cosh \varepsilon - 1)\left(\cosh \frac{\varepsilon}{s}x - 1\right)\right];$$

$$\bar{M}_{ik} = \frac{EJ}{s}\frac{\varepsilon^2(1 - \cosh \varepsilon)}{2\,(\cosh \varepsilon - 1) - \varepsilon \sinh \varepsilon} = \frac{EJ}{s}F_3^*(\varepsilon);$$

$$\bar{M}_{ki} = \frac{EJ}{s}F_3^*(\varepsilon);$$

$$\bar{V}_{ik} = \frac{EJ}{s^2}\cdot 2 \cdot F_3^*(\varepsilon).$$

b*) Sehnendrehung $\psi_{i-k} = +1$ bei starrer Einspannung der Stabenden i und k

$$\bar{z} = \frac{s}{2\,(\cosh \varepsilon - 1) - \varepsilon \sinh \varepsilon}\left[+\frac{\varepsilon}{s}x \sinh \varepsilon - \sinh \varepsilon \sinh \frac{\varepsilon}{s}x +\right.$$

$$\left.+ (\cosh \varepsilon - 1)\left(\cosh \frac{\varepsilon}{s}x - 1\right)\right];$$

$$\bar{M}_{ik} = -\frac{EJ}{s}F_3^*(\varepsilon);$$

$$\bar{M}_{ki} = -\frac{EJ}{s}F_3^*(\varepsilon);$$

$$\bar{V}_{ik} = -\frac{EJ}{s^2}(2F_3^* + \varepsilon^2) = -\frac{EJ}{s^2}F_4^*(\varepsilon).$$

c*) Knotendrehungen $\varphi_i = +1,\, \varphi_k = -1$ bei gelenkiger Knotenlagerung in i und k

$$z = \frac{s}{\varepsilon}\left[-\sinh \frac{\varepsilon}{s}x + \frac{1 + \cosh \varepsilon}{\sinh \varepsilon}\left(\cosh \frac{\varepsilon}{s}x - 1\right)\right];$$

$$M_{ik} = +\frac{EJ}{s}\frac{\varepsilon(1 + \cosh \varepsilon)}{\sinh \varepsilon} = \frac{EJ}{s}F_5^*(\varepsilon);$$

$$\bar{M}_{ki} = -\frac{EJ}{s}F_5^*(\varepsilon);$$

$$\bar{V}_{ik} = 0.$$

d*) Knotendrehungen $\varphi_i = 0,\, \varphi_k = +1$; gelenkige Lagerung in k, starre Einspannung in i

$$z = \frac{s}{\varepsilon[2(\cosh \varepsilon - 1) - \varepsilon \sinh \varepsilon]}\left[-(\cosh \varepsilon - 1)\left(\frac{\varepsilon}{s}x - \sinh \frac{\varepsilon}{s}x\right) +\right.$$

$$\left.+ (\varepsilon - \sinh \varepsilon)\left(\cosh \frac{\varepsilon}{s}x - 1\right)\right];$$

$$\bar{M}_{ik} = \frac{EJ}{s}\frac{\varepsilon(\varepsilon - \sinh \varepsilon)}{2(\cosh \varepsilon - 1) - \varepsilon \sinh \varepsilon} = \frac{EJ}{s}F_2^*(\varepsilon);$$

$$\bar{M}_{ki} = \frac{EJ}{s}\frac{\varepsilon(\sinh \varepsilon - \varepsilon \cosh \varepsilon)}{2(\cosh \varepsilon - 1) - \varepsilon \sinh \varepsilon} = \frac{EJ}{s}F_1^*(\varepsilon);$$

$$\bar{V}_{ik} = \frac{EJ}{s^2}\frac{\varepsilon^2(1 - \cosh \varepsilon)}{2(\cosh \varepsilon - 1) - \varepsilon \sinh \varepsilon} = \frac{EJ}{s^2}F_3^*(\varepsilon).$$

e*) Knotendrehung $\varphi_k = +1$; gelenkige Lagerung in i und k

$$z = \frac{s}{\varepsilon(\sinh\varepsilon - \varepsilon\cosh\varepsilon)}\left[-\frac{\varepsilon}{s}\,x\sinh\varepsilon + \varepsilon\cosh\frac{\varepsilon}{s}\,x\right];$$

$$\bar{M}_{ik} = 0;$$

$$\bar{M}_{ki} = \frac{EJ}{s}\,\frac{\varepsilon^2\sinh\varepsilon}{\varepsilon\cosh\varepsilon - \sinh\varepsilon} = \frac{EJ}{s}\,F_8^*(\varepsilon);$$

$$\bar{V}_{ik} = \frac{EJ}{s^2}\,\frac{\varepsilon^2\sinh\varepsilon}{\varepsilon\cosh\varepsilon - \sinh\varepsilon} = \frac{EJ}{s^2}\,F_8^*(\varepsilon).$$

f*) Sehnendrehung $\psi_{i-k} = +1$; Knoten i gelenkig, Knoten k starr eingespannt

$$\bar{z} = \frac{s}{\varepsilon\cosh\varepsilon - \sinh\varepsilon}\left(-\frac{\varepsilon}{s}\,x\cosh\varepsilon + \sinh\frac{\varepsilon}{s}\,x\right);$$

$$\bar{M}_{ik} = 0;$$

$$\bar{M}_{ki} = -\frac{EJ}{s}\,\frac{\varepsilon^2\sinh\varepsilon}{\varepsilon\cosh\varepsilon - \sinh\varepsilon} = -\frac{EJ}{s}\,F_8^*(\varepsilon);$$

$$\bar{V}_{ik} = -\frac{EJ}{s^2}\,\frac{\varepsilon^3\cosh\varepsilon}{\varepsilon\cosh\varepsilon - \sinh\varepsilon} = -\frac{EJ}{s^2}\,F_9^*(\varepsilon).$$

g*) Knotendrehung $\varphi_k = +1$ am freien Ende k, Knoten i starr eingespannt (Stützkräfte Null)

$$\bar{z} = -\frac{s}{\varepsilon\sinh\varepsilon}\left(\cosh\frac{\varepsilon}{s}\,x - 1\right);$$

$$\bar{M}_{ik} = -\frac{EJ}{s}\,\frac{\varepsilon}{\sinh\varepsilon} = -\frac{EJ}{s}\,F_6^*(\varepsilon);$$

$$\bar{M}_{ki} = \frac{EJ}{s}\,\frac{\varepsilon}{\tanh\varepsilon} = \frac{EJ}{s}\,F_7^*(\varepsilon).$$

h*) Knotendrehung $\varphi_k = +1$ am freien Ende k, Knoten i gelenkig gelagert (Stützkraft Null)

$$\bar{z} = -\frac{s}{\varepsilon\cosh\varepsilon}\,\sinh\frac{\varepsilon}{s}\,x;$$

$$\bar{M}_{ik} = 0;$$

$$\bar{M}_{ki} = \frac{EJ}{s}\,\varepsilon\tanh\varepsilon = \frac{EJ}{s}\,F_{10}^*(\varepsilon);$$

$$\bar{V}_{ik} = 0.$$

i*) Sehnendrehung $\psi_{i-k} = +1$; Knoten i und k gelenkig gelagert

$$\bar{z} = -x;$$

$$\bar{M}_{ik} = \bar{M}_{ki} = 0;$$

$$\bar{V}_{ik} = S_{i-k} = -\frac{EJ}{s^2}\,\varepsilon^2 = -\frac{EJ}{s^2}\,F_{11}^*(\varepsilon).$$

Die schematischen Verformungen für die einzelnen Zustände a*) bis k*) und die zugehörigen Schnittbelastungen — mit den Vorzeichen der Deformationsmethode — sind in Tabelle I E.1 (Seite 76/77) zusammengestellt.

Die Funktionen F_1^* bis F_{11}^* sind in Tafel F angegeben.

1 c) Einzelstab unter der Wirkung einer Stabdehnung $e_{ik} = \dfrac{\Delta s}{s} = 1$

Wird der Knoten k nach Abb. I E.6 um den absoluten Wert Δs_{i-k} in Richtung des Stabes $i - k$ verschoben, so gilt

$$\Delta s_{i-k} = \frac{S_{i-k} s_{i-k}}{EF_{ik}}$$

bzw.

$$\frac{\Delta s_{i-k}}{s_{i-k}} = \frac{S_{i-k}}{EF_{ik}},$$

wobei S_{i-k} die im Stab $i - k$ entstehende Druckkraft ist. Aus

$$S_{i-k} = \frac{\Delta s_{i-k}}{s_{i-k}} EF_{ik}$$

ergibt sich für

$$e_{ik} = \frac{\Delta s_{i-k}}{s_{i-k}} = 1;$$

$$K_{ik} = EF_{ik}. \qquad\qquad (\text{I E.8})$$

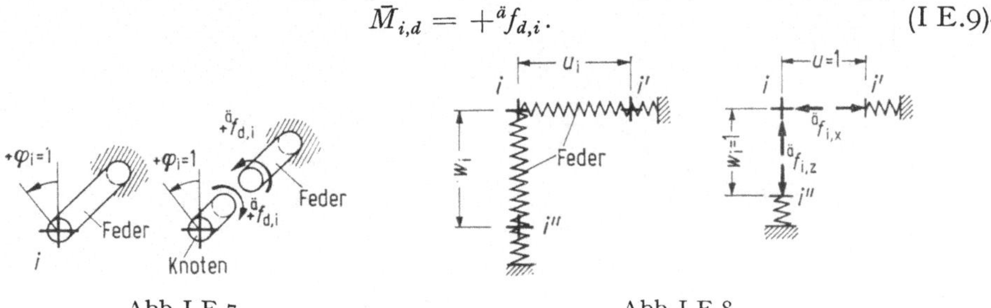

Abb. I E.6

1 d) Einzelknoten i unter der Wirkung von elastischen Stützungen (Drehfesseln und Wegfesseln)

α) Drehfessel

Wird der durch eine äußere Drehfessel elastisch gestützte Knoten i (die Drehfessel ist durch ein Rohr dargestellt) um $\varphi_i = +1$ gedreht, so ist ein Moment $^a f_{d,i}$ erforderlich, um die Drehfeder um den Wert $\varphi_i = 1$ zu drehen (Abb. I E.7).

Auf den Knoten i wirkt infolge $\varphi_i = +1$ das Moment

$$\bar{M}_{i,d} = +^a f_{d,i}. \qquad\qquad (\text{I E.9})$$

Abb. I E.7   Abb. I E.8

β) Wegfessel

Wird der durch äußere Wegfesseln elastisch gestützte Knoten i um $u = 1$ bzw. $w = 1$ verschoben (Abb. I E.8), so wirken auf den Knoten die Federkräfte

$$\left.\begin{aligned}
\bar{N}_{i,x} &= {}^a f_{i,x} \\
\bar{N}_{i,z} &= {}^a f_{i,z},
\end{aligned}\right\} \qquad\qquad (\text{I E.10})$$

bzw.

entgegengesetzt der Verschiebungsrichtung.

Tabelle I E.1

Schnittbelastungen für Druckstäbe	S_{i-K}	$S_{i-K}=0$
$+\!)\,+M$(positives Moment)		
a	$\overline{M}_{i,K}=+(EJ/s)F_3(\varepsilon)$	$6EJ/s$
	$\overline{M}_{K,i}=+(EJ/s)F_3(\varepsilon)$	$6EJ/s$
	$\overline{V}_{i,K}=+(EJ/s^2)2F_3(\varepsilon)$	$12EJ/s^2$
b	$\overline{M}_{i,K}=-(EJ/s)F_3(\varepsilon)$	$-6EJ/s$
	$\overline{M}_{K,i}=-(EJ/s)F_3(\varepsilon)$	$-6EJ/s$
	$\overline{V}_{i,K}=-(EJ/s^2)F_4(\varepsilon)$	$-12EJ/s^2$
c	$\overline{M}_{i,K}=+(EJ/s)F_5(\varepsilon)$	$2EJ/s$
	$\overline{M}_{K,i}=-(EJ/s)F_5(\varepsilon)$	$-2EJ/s$
	$\overline{V}_{i,K}=0$	0
d	$\overline{M}_{i,K}=+(EJ/s)F_2(\varepsilon)$	$+2EJ/s$
	$\overline{M}_{K,i}=+(EJ/s)F_1(\varepsilon)$	$+4EJ/s$
	$\overline{V}_{i,K}=+(EJ/s^2)F_3(\varepsilon)$	$+6EJ/s^2$
e	$\overline{M}_{i,K}=0$	0
	$\overline{M}_{K,i}=+(EJ/s)F_8(\varepsilon)$	$3EJ/s$
	$\overline{V}_{i,K}=+(EJ/s^2)F_8(\varepsilon)$	$3EJ/s^2$
f	$\overline{M}_{i,K}=0$	0
	$\overline{M}_{K,i}=-(EJ/s)F_8(\varepsilon)$	$-3EJ/s$
	$\overline{V}_{i,K}=-(EJ/s^2)F_9(\varepsilon)$	$-3EJ/s^2$
g	$\overline{M}_{i,K}=-(EJ/s)F_6(\varepsilon)$	$-EJ/s$
	$\overline{M}_{K,i}=+(EJ/s)F_7(\varepsilon)$	$+EJ/s$
	$\overline{V}_{i,K}=0$	0
h	$\overline{M}_{i,K}=0$	0
	$\overline{M}_{K,i}=-(EJ/s)F_{10}(\varepsilon)$	0
	0	0
i	$\overline{M}_{i,K}=0$	0
	$\overline{M}_{K,i}=0$	0
	$\overline{V}_{i,K}=(EJ/s^2)F_{11}(\varepsilon)$	0

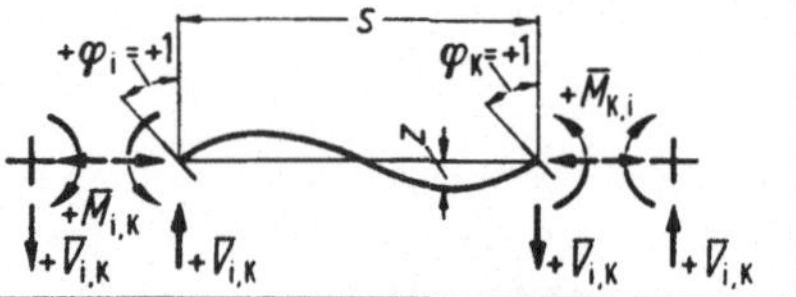

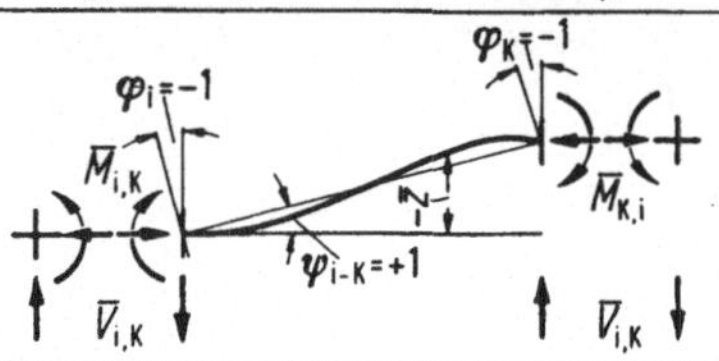

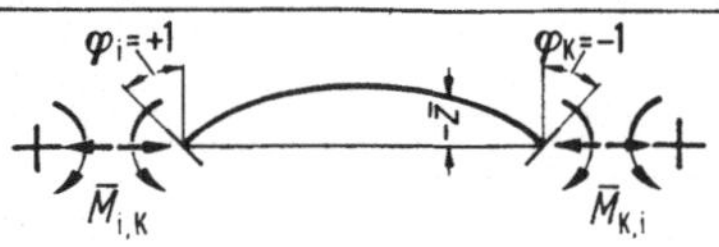

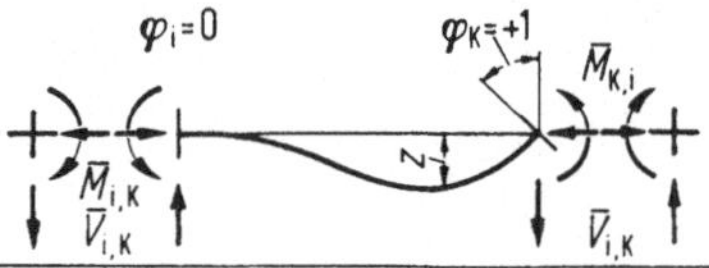

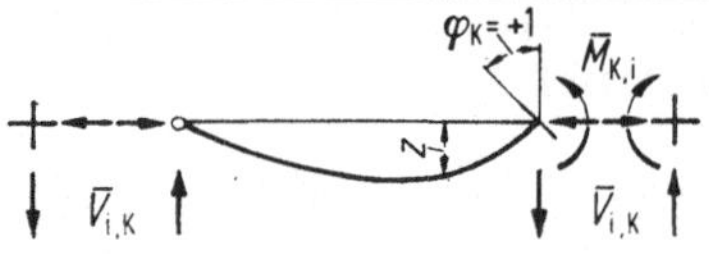

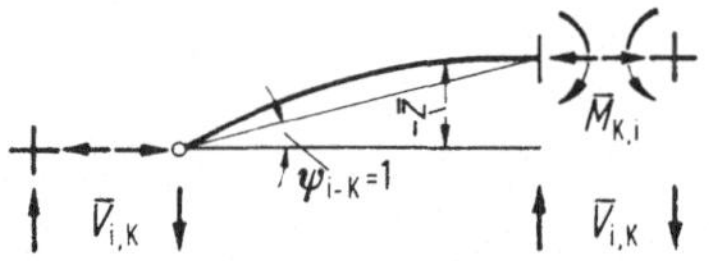

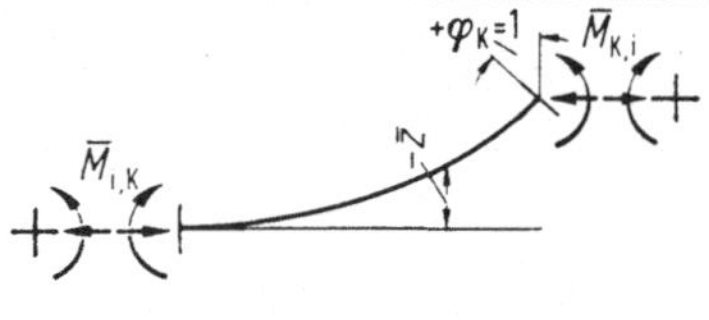

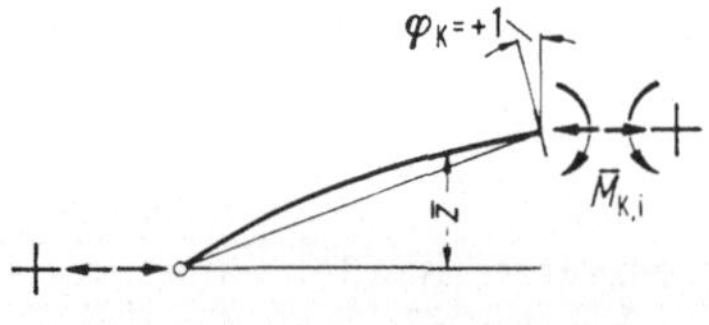

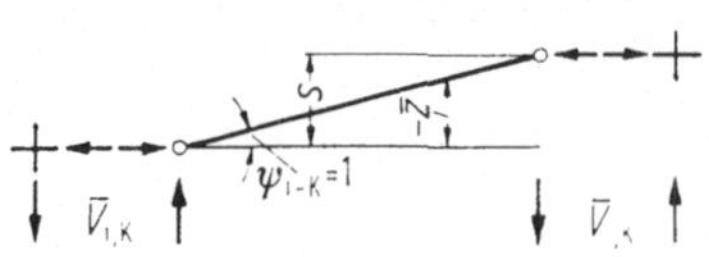

Tabelle I E.1 (Fortsetzung)

Schnittbelastungen für Druckstäbe		$+M$(positives Moment)
	S_{i-K}	$S_{i-K}=0$
k	$\bar{M}_{i,K}=-(EJ/s)F_{10}\,(\varepsilon)$	0

Schnittbelastungen für Zugstäbe		
a* bis g* statt $F_n(\varepsilon)$ nach a bis g gelten die Funktionen $F_n^*(\varepsilon)$		
h*	$\bar{M}_{i,K}=0$	0
	$\bar{M}_{K,i}=+(EJ/s)F_{10}^*(\varepsilon)$	0
	$\bar{V}_{i,K}=0$	0
i*	$\bar{M}_{i,K}=0$	0
	$\bar{M}_{K,i}=0$	0
	$\bar{V}_{i,K}=-(EJ/s^2)F_{11}^*(\varepsilon)$	0
k*	$\bar{M}_{i,K}=+(EJ/s)F_{10}^*(\varepsilon)$	0
	$\bar{M}_{K,i}=0$	0
	$\bar{V}_{i,K}=0$	0

2. Steifigkeiten

Zum Unterschied von den Entwicklungen für die Deformationsmethode I. Ordnung (Bd. I A, VIII B.3) sind nunmehr die Steifigkeiten von der Längskraft abhängig. Die Steifigkeit s_{ik} eines Stabes s_{i-k} ist das Moment, das an der Stelle i wirken muß, um dort die Drehung $\varphi_i = +1$ zu bewirken.

α) Lager in k starr eingespannt (Abb. I E.9)

Nach Abb. I E.9 und Tabelle I E.1 d bzw. I E.1 d* ergibt sich für den Druckstab

$$s_{ik} = \frac{EJ}{s} F_1(\varepsilon) , \qquad\qquad (\text{I E.11 a})$$

und für den Zugstab

$$s_{ik}^* = \frac{EJ}{s} F_1^*(\varepsilon) \qquad\qquad (\text{I E.11 b})$$

(für den Sonderfall $S_{i-k} = 0$ wird $s_{ik} = 4EJ/s$).

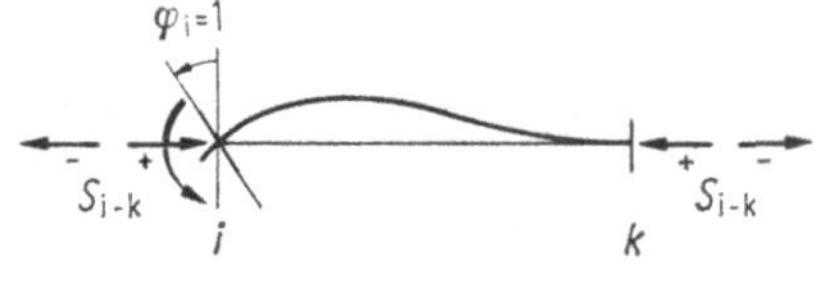

Abb. I E.9

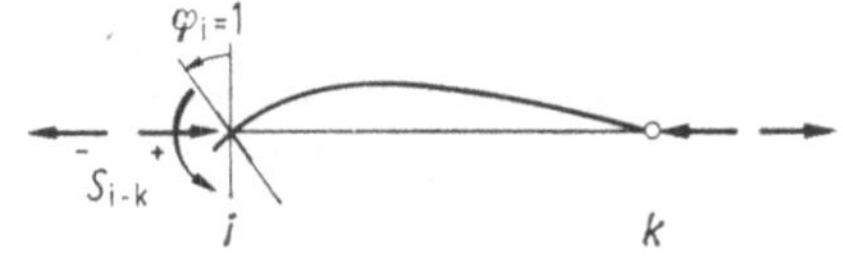

Abb. I E.10

β) Lager in k gelenkig gelagert (Abb. I E.10)

Nach Abb. I E.10 und Tabelle I E.1 e bzw. I E.1 e* ergibt sich für den Druckstab

$$^0s_{ik} = \frac{EJ}{s} F_8(\varepsilon), \tag{I E.12a}$$

und für den Zugstab

$$^0s_{ik}^* = \frac{EJ}{s} F_8^*(\varepsilon) \tag{I E.12b}$$

(für $S_{i-k} = 0$ wird $^0s_{ik} = 3EJ/s$).

γ) Gleichzeitige symmetrische Drehungen in i und k (Abb. I E.11)

Nach Abb. I E.11 und Tabelle I E.1 c bzw. I E.1 c* ergibt sich für den Druckstab

$$^ss_{ik} = \frac{EJ}{s} F_5(\varepsilon), \tag{I E.13a}$$

und für den Zugstab

$$^ss_{ik}^* = \frac{EJ}{s} F_5^*(\varepsilon) \tag{I E.13b}$$

(für $S_{i-k} = 0$ ist $^ss_{ik} = 2EJ/s$).

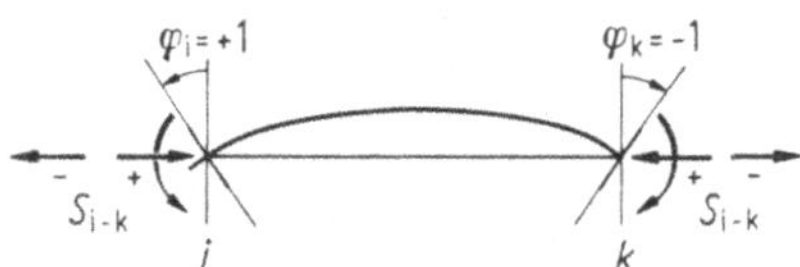

Abb. I E.11

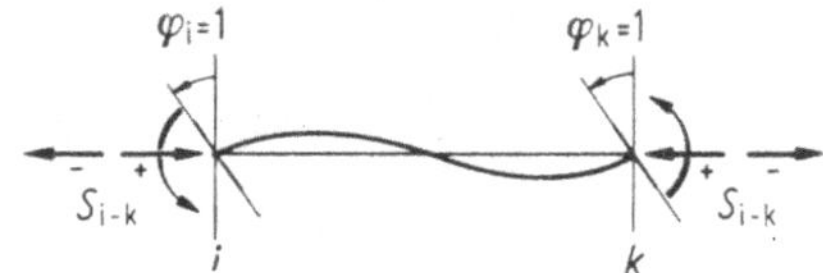

Abb. I E.12

δ) Gleichzeitige antimetrische Drehungen in i und k (Abb. I E.12)

Nach Abb. I E.12 und Tabelle I E.1 a bzw. I E.1 a* ergibt sich für den Druckstab

$$^as_{ik} = \frac{EJ}{s} F_3(\varepsilon), \tag{I E.14a}$$

und für den Zugstab

$$^as_{ik}^* = \frac{EJ}{s} F_3^*(\varepsilon) \tag{I E.14b}$$

(für $S_{i-k} = 0$ ist $^as_{ik} = 6EJ/s$).

3. Fortleitungszahlen μ_{i-k}

Wird der Stab $i - k$ im Punkt k starr eingespannt festgehalten und im Punkt i um $\varphi_i = 1$ gedreht (Abb. I E.13), so ergeben sich nach Tabelle I E.1 d bzw. I E.1 d* die Knotenendmomente $\bar{M}_{ik}$ und $\bar{M}_{ki}$.

Für den Druckstab gilt

$$\bar{M}_{ki} = \frac{EJ}{s} F_2(\varepsilon); \qquad \bar{M}_{ik} = \frac{EJ}{s} F_1(\varepsilon)$$

und

$$\mu_{i-k} = \frac{\bar{M}_{ki}}{\bar{M}_{ik}} = \frac{F_2(\varepsilon)}{F_1(\varepsilon)}. \qquad\qquad \text{(I E.15 a)}$$

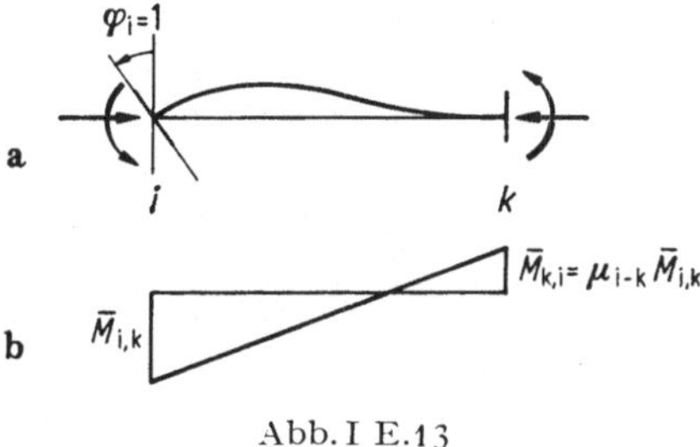

Abb. I E.13

Für den Zugstab gilt

$$\mu^*_{i-k} = \frac{F^*_2(\varepsilon)}{F^*_1(\varepsilon)}. \qquad\qquad \text{(I E.15 b)}$$

(für $S_{i-k} = 0$ ist $\mu_{i-k} = 2/4 = 1/2$).

Ist der Punkt k gelenkig gelagert, so wird

$$^0\mu_{i-k} = 0.$$

4. Stabilitätsbedingung

a) Gleichungssystem

Bei der Einstellung einer infinitesimal benachbarten Gleichgewichtslage werden sich unbekannte Knotendrehungen φ_m, unbekannte Sehnendrehungen ψ_n und unbekannte Dehnungen e_o ergeben. Die Anzahl der unabhängigen Größen φ_m, ψ_n und e_o ist nach Bd. I A, VIII A.2 festgelegt.

Für einen bestimmten Belastungszustand — unveränderliche Stabkräfte — gilt das Superpositionsgesetz. Es können somit die Schnittbelastungen durch Multiplikation der Einheitszustände $[\varphi_m = 1]$, $[\psi_n = 1]$, $[e_o = 1]$ mit den unbekannten Größen φ_m, ψ_n und e_o und Superposition für den gegebenen „Belastungsfall" angeschrieben weden.

Die Bedingungsgleichungen für die unbekannten Verformungen werden entsprechend den Entwicklungen für die Deformationsmethode [Bd. I a, VIII, C, D, E] mit Hilfe der virtuellen Arbeiten erhalten. Während der obige „Belastungsfall" am statisch unbestimmten System wirkt, können nach dem Reduktionssatz die virtuellen „Verformungszustände" $[^v\varphi_m = 1]$, $[^v\psi_n = 1]$, $[^v e_o = 1]$ am stabilisierten Gelenksystem wirkend angenommen werden. Für jede unbekannte Verformungsgröße ergibt sich damit eine Bedingungsgleichung und damit das Gleichungssystem (I E.16).

Dieses homogene Gleichungssystem kann nur erfüllt werden, wenn die Nennerdeterminante zu Null wird. Die Knickbedingung lautet daher

$$D_k = 0. \qquad\qquad \text{(I E.1)}$$

Gleichungssystem (I E.16)

Belastungszustand	φ_1	$\cdots$	φ_f	φ_g	$\cdots$	ψ_{m-n}	ψ_{o-p}	$\cdots$	e_{rs}	e_{tu}	$\cdots$	Belastungsglied
virtueller Zustand												
${}^{v}\varphi_1 = 1$ …	${}^{1}a_1^{*}$		${}^{1}a_f$	${}^{1}a_g$		${}^{1}a_{m-n}^{*}$	${}^{1}a_{o-p}^{*}$		${}^{1}a_{rs}^{*}$	${}^{1}a_{tu}^{*}$	$\cdots$	0
${}^{v}\varphi_f = 1$ …	${}^{f}a_1$		${}^{f}a_f^{*}$	${}^{f}a_g$		${}^{f}a_{m-n}^{*}$	${}^{f}a_{o-p}^{*}$		${}^{f}a_{rs}^{*}$	${}^{f}a_{tu}^{*}$	$\cdots$	0
${}^{v}\psi_{m-n} = 1$	${}^{m-n}a_1^{*}$		${}^{m-n}a_f^{*}$	${}^{m-n}a_g^{*}$		${}^{m-n}a_{m-n}^{*}$	${}^{m-n}a_{o-p}^{*}$		${}^{m-n}a_{rs}^{*}$	${}^{m-n}a_{tu}^{*}$	$\cdots$	0
${}^{v}e_{tu} = 1$ …	${}^{tu}a_1^{*}$		${}^{tu}a_f^{*}$	${}^{tu}a_g^{*}$		${}^{tu}a_{m-n}^{*}$	${}^{tu}a_{o-p}^{*}$		${}^{tu}a_{rs}^{*}$	${}^{tu}a_{tu}^{*}$	$\cdots$	0

b) Koeffizienten des Gleichungssystems

Die Koeffizienten von (I E.16) können allgemein unter Verwendung der Funktionen F_1 bis F_{11} bzw. F_1^* bis F_{11}^* (Tafel F) angegeben werden, so daß die Berechnung derselben — unter Verwendung der Zahlentafeln für diese Funktionen F und F^* — einfach und schnell erfolgen kann.

Bei der Bestimmung der einzelnen Koeffizienten ${}^y a_x$, die virtuelle Arbeiten darstellen, werden einerseits die Arbeiten der Knotenpunkte betrachtet und andererseits jeweils die negativen Arbeiten bestimmt.

α) Koeffizient ${}^f a_f^*$

Nach Abb. I E.14a entsteht im Stab $f - n$, mit starrer Einspannung im Knoten n, bei der Drehung des Knotens f um $\varphi_f = 1$ nach Tabelle I E.1d das Knotenmoment

$$\bar{M}_{f,n} = \frac{EJ}{s} F_1 ,$$

und bei einer virtuellen Drehung nur des Knotens f um ${}^v\varphi_f = 1$ die virtuelle Arbeit

$${}^v A = -1 \cdot \bar{M}_{f,n}$$

bzw.

$$-{}^v A = {}^f a_f = 1 \cdot \bar{M}_{f,n} + = \frac{EJ}{s} F_1 .$$

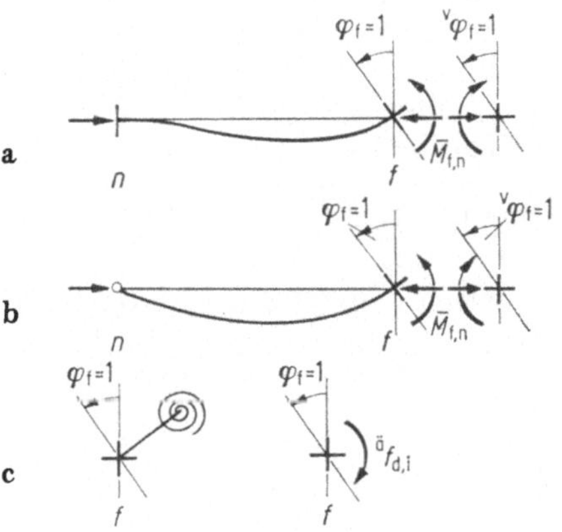

Abb. I E.14

Für einen Stab $f - n$ mit gelenkiger Lagerung in n ergibt sich nach Abb. I E.14b und Tabelle I E.1e

$${}^f a_f = \frac{EJ}{s} F_8 .$$

Aus einer elastischen Drehfessel wird nach Abb. I E.14c

$${}^f a_f = {}^{\ddot{a}} f_{d,i} .$$

Insgesamt ergibt sich somit für alle Stäbe $f - n$, die an den Knoten f anschließen, wobei bei Zugstäben statt der Funktion F die Funktionen F^* einzuführen sind,

$${}^f a_f^* = \sum_e \frac{EJ}{s} F_1 + \sum_e \frac{EJ}{s} F_1^* + \sum_g \frac{EJ}{s} F_8 + \sum_g \frac{EJ}{s} F_8^* + {}^{\ddot{a}} f_{d,i} . \qquad \text{(I E.17a)}$$

Der Index e bezieht sich auf Stäbe mit Starreinspannung im Knoten n, der Index g auf solche mit gelenkiger Lagerung in n.

β) Koeffizient $^g a_f$

Nach Abb. I E.15 entsteht im Stab $f - g$, mit starrer Einspannung im Knoten g, bei einer Drehung $\varphi_f = 1$ nach Tabelle I E.1 d das Knotenmoment

$$\bar{M}_{g,f} = + \frac{EJ}{s} F_2 .$$

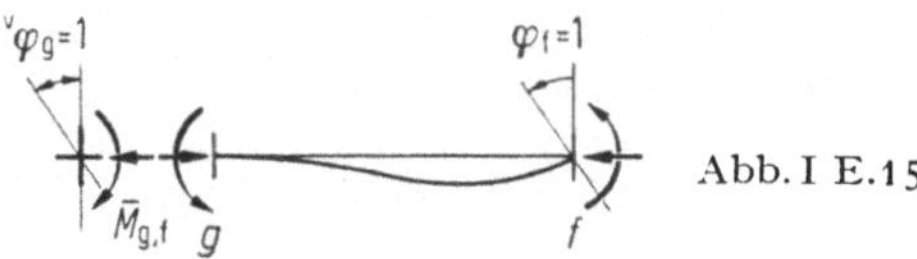

Bei einer virtuellen Drehung $^v\varphi_g = 1$ wird

$$+^v A = -^g a_f = -1 \cdot \bar{M}_{g,f} = - \frac{EJ}{s} F_2 ; \qquad \text{(I E.17b)}$$

bzw.

$$^g a_f = \frac{EJ}{s} F_2 .$$

Diese Arbeit besteht aus einem einzigen Glied.

γ) Koeffizient $^f a^*_{m-n}$

Zu einer unbekannten Sehnendrehung ψ_{m-n} gehören bei einem stabilisierten Gelenksystem auch abhängige Sehnendrehungen $^{m-n}\tilde{\psi}_{i-k}$. Zum Beispiel gehören nach Abb. I E.16 zur unabhängigen Sehnendrehung $\psi_{1-2} = 1$ die abhängigen Sehnendrehungen $^{1-2}\tilde{\psi}_{2-3}$ und $^{1-2}\tilde{\psi}_{3-4}$. Für einen Stab $k - f$, der in k starr eingespannt ist, wird nach Abb. I E.17 und Tabelle I E.1 b bei einer virtuellen Drehung $^v\varphi_f = 1$

$$+^v A = +1 \cdot {}^{m-n}\tilde{M}_{f,k} = \frac{EJ}{s} F_3 ; \quad {}^f a_{m-n} = -^v A = - \frac{EJ}{s} F_3 .$$

Ist der Stab in k gelenkig gelagert, so wird nach Abb. I E.17 und Tabelle I E.1 f

$$^f a_{m-n} = - \frac{EJ}{s} F_8 .$$

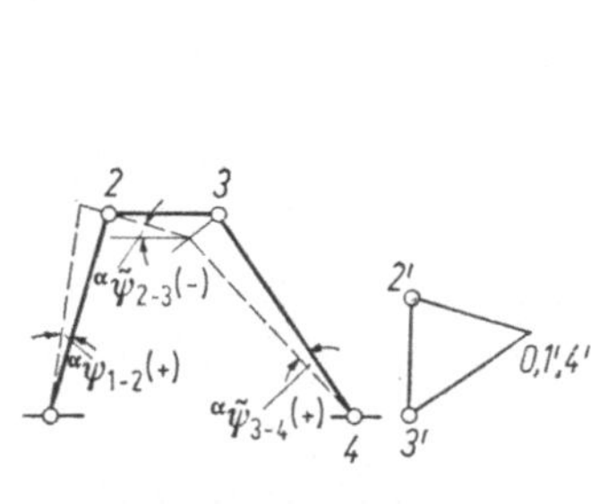

Abb. I E.16

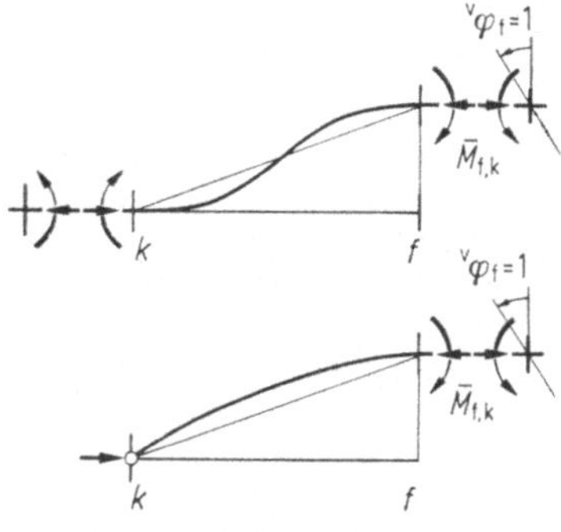

Abb. I E.17

Aus sämtlichen Stäben, die an den Knoten f anschließen, ergibt sich

$$^f a^*_{m-n} = - \sum_e \frac{EJ}{s} F_3 {}^{m-n}\tilde{\psi}_{f-k} - \sum_g \frac{EJ}{s} F_8 {}^{m-n}\tilde{\psi}_{f-k} -$$

$$- \sum_e \frac{EJ}{s} F_3^* {}^{m-n}\tilde{\psi}_{f-k} - \sum_g \frac{EJ}{s} F_8^* {}^{m-n}\tilde{\psi}_{f-k} . \qquad \text{(I E.17c)}$$

δ) Koeffizient $^f a^*_{r,s}$

Zu einer unbekannten Dehnung $e_{i,k}$ gehören bei einem stabilisierten Gelenksystem auch abhängige Sehnendrehungen $^{r,s}\tilde{\psi}_{i-k}$. Zum Beispiel gehören zu Abb. I E.18 mit der unabhängigen Sehnendrehung ψ_{1-2} zur unbekannten Dehnung des Stabes 2—3 die abhängigen Sehnendrehungen $^{2,3}\tilde{\psi}_{2-3}$ und $^{2,3}\tilde{\psi}_{3-4}$.

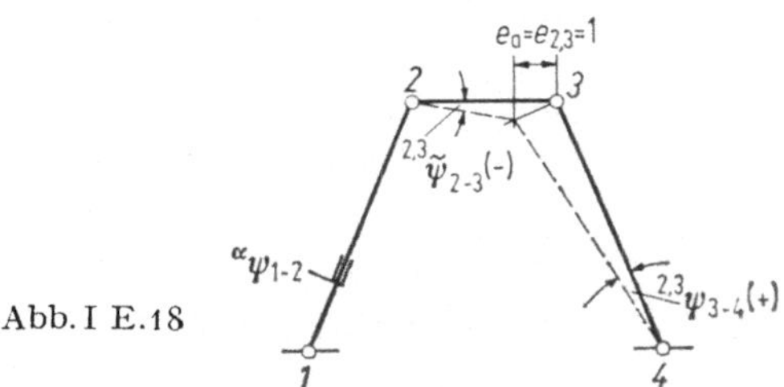

Abb. I E.18

Entsprechend $^f a^*_{m-n}$ gilt hier

$$^f a^*_{r,s} = -\sum_e \frac{EJ}{s} F_3\,{}^{r,s}\tilde{\psi}_{f-k} - \sum_g \frac{EJ}{s} F_8\,{}^{r,s}\tilde{\psi}_{f-k} -$$
$$- \sum_e \frac{EJ}{s} F_3^*\,{}^{r,s}\tilde{\psi}_{f-k} - \sum_g \frac{EJ}{s} F_8^*\,{}^{r,s}\tilde{\psi}_{f-k}.$$

(I E.17 d)

ε) Koeffizient $^{m-n}a^*_{m-n}$

Zu einer unabhängigen Sehnendrehung ψ_{m-n} gehören in allen abhängigen Stäben abhängige Sehnendrehungen $^{m-n}\tilde{\psi}_{i-k}$. Nach Abb. I E.19a und Tabelle I E.1 b entsteht infolge der Sehnendrehung ψ_{m-n} die Stützkraft vom absoluten Betrag

$$\bar{V}_{i,k} = \frac{EJ}{s^2} F_4 \psi_{m-n}.$$

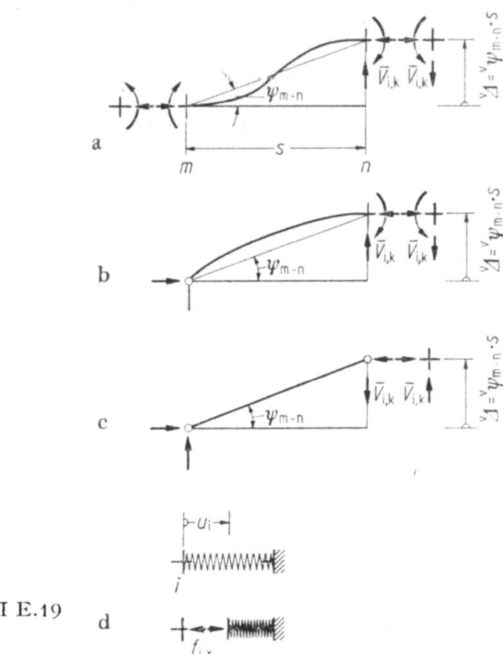

Abb. I E.19

6*

Für die virtuelle Sehnendrehung $^v\psi_{m-n}$ ergibt sich die virtuelle Knotenpunktsverschiebung

$$^v\Delta = {}^v\psi_{m-n}s,$$

und damit die Arbeit für den Stab $m-n$

$$^vA = -\overline{V}_{i,k}{}^v\Delta = -\frac{EJ}{s^2}F_4\psi_{m-n}s\psi_{m-n} = -\frac{EJ}{s}F_4\psi_{m-n}^2.$$

Für den Zustand $\psi_{m-n} = 1$ ist für den Stab $m-n$ $\psi_{m-n} = 1$ und für alle abhängigen Stäbe ergeben sich Sehnendrehungen $^{m-n}\tilde{\psi}_{f-k}$. Für einen in m gelenkig gelagerten Stab wird nach Abb. I E.19b und Tabelle I E.1 f

$$^vA = -\overline{V}_{i,k}{}^v\Delta = -\frac{EJ}{s^2}F_9\psi_{m-n}s\psi_{m-n} = -\frac{EJ}{s}F_9\psi_{m-n}^2.$$

Für einen beiderseits gelenkig angeschlossenen Stab wird nach Abb. I E.19c und Tabelle I E.1 i

$$^vA = \overline{V}_{i,k}{}^v\Delta = \frac{EJ}{s^2}F_{11}\psi_{m-n}s\psi_{m-n} = \frac{EJ}{s}F_{11}\psi_{m-n}^2.$$

Tritt im Knoten i eine Verschiebung u_i auf (Abb. I E.19d), so beträgt die Arbeit der Federkraft

$$^vA = -f_{i,x}{}^{m-n}u_i{}^{m-n}u_i = -f_{i,x}{}^{m-n}u_i^2.$$

Somit ergibt sich insgesamt für alle Stäbe, die durch die Sehnendrehung $\psi_{m-n} = 1$ Sehnendrehungen erleiden und alle elastisch gestützten Knoten, die durch $\psi_{m-n} = 1$ Verschiebungen ^{m-n}u und ^{m-n}w erfahren, die negative virtuelle Arbeit infolge einer virtuellen Sehnendrehung $^v\psi_{m-n} = 1$

$$^{m-n}a_{m-n}^* = \sum_e \frac{EJ}{s}F_4{}^{m-n}\tilde{\psi}_{f-k}^2 + \sum_g \frac{EJ}{s}F_9{}^{m-n}\tilde{\psi}_{f-k}^2 - \sum_G \frac{EJ}{s}F_{11}{}^{m-n}\tilde{\psi}_{f-k}^2 +$$

$$+ \sum_e \frac{EJ}{s}F_4^*{}^{m-n}\tilde{\psi}_{f-k}^2 + \sum_g \frac{EJ}{s}F_9^*{}^{m-n}\tilde{\psi}_{f-k}^2 + \sum_G \frac{EJ}{s}F_{11}^*{}^{m-n}\tilde{\psi}_{f-k}^2 +$$

$$+ \sum_i f_{i,x}{}^{m-n}\tilde{u}_i^2 + \sum_i f_{i,z}{}^{m-n}\tilde{w}_i^2. \tag{I E.17e}$$

Die Summe $\sum\limits_G$ erstreckt sich dabei über alle Stäbe, die beiderseits gelenkig angeschlossen sind und die Summe $\sum\limits_i$ über alle Knoten, die elastisch gestützt sind. Für den Stab $m-n$ ist $^{m-n}\tilde{\psi}_{f-k} = 1$ einzuführen.

ζ) Koeffizient $^{o-p}a_{m-n}^*$

Entsprechend der Bestimmung von $^{m-n}a_{m-n}^*$ ergibt sich

$$^{o-p}a_{m-n}^* = \sum_e \frac{EJ}{s}F_4{}^{m-n}\tilde{\psi}_{f-k}{}^{o-p}\tilde{\psi}_{f-k} + \sum_g \frac{EJ}{s}F_9{}^{m-n}\tilde{\psi}_{f-k}{}^{o-p}\tilde{\psi}_{f-k} -$$

$$- \sum_G \frac{EJ}{s}F_{11}{}^{m-n}\tilde{\psi}_{f-k}{}^{o-p}\psi_{f-k} +$$

$$+ \sum_e \frac{EJ}{s}F_4^*{}^{m-n}\tilde{\psi}_{f-k}{}^{o-p}\tilde{\psi}_{f-k} + \sum_g \frac{EJ}{s}F_9^*{}^{m-n}\tilde{\psi}_{f-k}{}^{o-p}\tilde{\psi}_{f-k} +$$

$$+ \sum_G \frac{EJ}{s}F_{11}^*{}^{m-n}\tilde{\psi}_{f-k}{}^{o-p}\tilde{\psi}_{f-k} +$$

$$+ \sum_i f_{i,x}{}^{m-n}\tilde{u}_i{}^{o-p}\tilde{u}_i + \sum_i f_{i,z}{}^{m-n}\tilde{w}_i{}^{o-p}\tilde{w}_i. \tag{I E.17f}$$

Für den Stab $m-n$ ist $^{m-n}\tilde{\psi}_{m-n} = 1$ und für den Stab $o-p$ $^{o-p}\tilde{\psi}_{o-p} = 1$ einzuführen.

ϑ) Koeffizient $^{r,s}a^*_{m-n}$

Entsprechend der Bestimmung von $^{o-p}a^*_{m-n}$ gilt

$$^{r,s}a^*_{m-n} = \sum_e \frac{EJ}{s} F_4{}^{m-n}\tilde{\psi}_{f-k}{}^{r,s}\tilde{\psi}_{f-k} + \sum_g \frac{EJ}{s} F_9{}^{m-n}\tilde{\psi}_{f-k}{}^{r,s}\tilde{\psi}_{f-k} -$$

$$- \sum_G \frac{EJ}{s} F_{11}^*{}^{m-n}\tilde{\psi}_{f-k}{}^{r,s}\tilde{\psi}_{f-k} +$$

$$+ \sum_e \frac{EJ}{s} F_4^*{}^{m-n}\tilde{\psi}_{f-k}{}^{r,s}\tilde{\psi}_{f-k} + \sum_g \frac{EJ}{s} F_9^*{}^{m-n}\tilde{\psi}_{f-k}{}^{r,s}\tilde{\psi}_{f-k} +$$

$$+ \sum_G \frac{EJ}{s} F_{11}^*{}^{m-n}\tilde{\psi}_{f-k}{}^{r,s}\tilde{\psi}_{f-k} +$$

$$+ \sum_i f_{i,x}{}^{m-n}\tilde{u}_i{}^{r,s}\tilde{u}_i + \sum_i f_{i,z}{}^{m-n}\tilde{w}_i{}^{r,s}\tilde{w}_i. \qquad \text{(I E.17 g)}$$

η) Koeffizient $^{r,s}a^*_{rs}$

Infolge einer Dehnung $e_{r,s} = \Delta s_{r-s}/s_{r-s} = 1$ bzw. $\Delta s_{r-s} = s_{r-s}$ können sowohl abhängige Längenänderungen $^{r,s}\tilde{\Delta}s_{f-k}$ als auch abhängige Sehnendrehungen $^{r,s}\tilde{\psi}_{f-k}$ auftreten.

Zum Beispiel ist das stabilisierte Gelenksystem nach Abb. I E.20 a unverschieblich, so daß keine unbekannten Sehnendrehungen auftreten. Würde der Stab $2-5$ nicht vorhanden sein, so wären 4 unabhängige Dehnungen $e_{1,2}$, $e_{2,6}$, $e_{2,4}$ und $e_{3,4}$ vorhanden. Zum Beispiel würde sich für den Zustand $e_{1,2} = 1 = \varepsilon_a$ der Verschiebungszustand nach Abb. I E.20 b ergeben, wobei für alle anderen Stäbe $^{1,2}\Delta s_{i,k} = 0$ ist. Auch treten abhängige Sehnendrehungen $^{1,2}\tilde{\psi}_{f-k}$ auf. Der Knoten 2 ist durch die Stäbe $1-2$ und $2-6$ eindeutig festgelegt. Somit ist die Längenänderung vom Stab $2-5$ $^{1,2}\tilde{\Delta}s_{2-5}$ infolge $e_{1,2} = 1$ eine abhängige Größe, die aus dem Verschiebungsplan abgelesen werden kann.

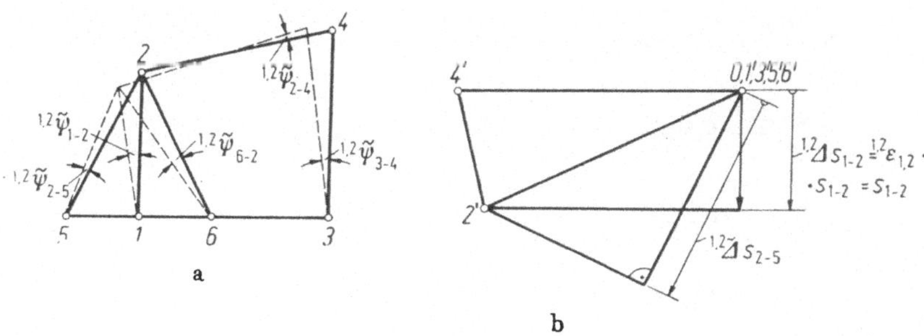

Abb. I E.20

Einer Dehnung $e_{r,s} = 1$ bzw. $\Delta s_{r-s} = s_{r-s}$ entspricht nach (I E.8) und Abb. I E.21 eine auf den Knoten wirkende Kraft $K_{r,s} = EF_{r,s}$. Die virtuelle Arbeit für einen virtuellen Verschiebungszustand $^ve_{r,s} = 1$ mit $\Delta s_{r-s} = s_{r-s}$ lautet

$$^vA = -^v\Delta s_{r-s}K_{r,s} = -s_{r-s}EF_{r,s}.$$

Für einen Stab mit dem abhängigen Wert $^{r,s}\Delta s_{f-k}$ ergibt sich die auf den Knoten wirkende Kraft

$$K_{f,k}\frac{^{r,s}\tilde{\Delta}s_{f-k}}{s_{f-k}} = EF_{f,k}\frac{^{r,s}\tilde{\Delta}s_{f-k}}{s_{f-k}},$$

und die virtuelle Arbeit

$$^{v}A = -\,^{r,s}\tilde{\Delta}s_{f-k}\,EF_{f,k}\,\frac{^{r,s}\tilde{\Delta}s_{f-k}}{s_{f-k}} = -\frac{EF}{s}\,^{r,s}\tilde{\Delta}s^{2}_{f-k}\,.$$

Abb. I E.21

Die Arbeiten aus den abhängigen Sehnendrehungen entsprechen den Ableitungen für $^{m-n}a^{*}_{m-n}$. Somit beträgt die gesamte negative virtuelle Arbeit

$$^{r,s}a^{*}_{r,s} = +EF_{r,s}s_{r-s} + \sum_{e,g,G}\frac{EF}{s}\,^{r,s}\tilde{\Delta}s^{2}_{f-k} +$$

$$+ \sum_{e}\frac{EJ}{s}F_{4}\,^{r,s}\tilde{\psi}^{2}_{f-k} + \sum_{g}\frac{EJ}{s}F_{9}\,^{r,s}\tilde{\psi}^{2}_{f-k} - \sum_{G}\frac{EJ}{s}F_{11}\,^{r,s}\tilde{\psi}^{2}_{f-k} +$$

$$+ \sum_{e}\frac{EJ}{s}F_{4}^{*}\,^{r,s}\tilde{\psi}^{2}_{f-k} + \sum_{g}\frac{EJ}{s}F_{9}^{*}\,^{r,s}\tilde{\psi}^{2}_{f-k} + \sum_{G}\frac{EJ}{s}F_{11}^{*}\,^{r,s}\tilde{\psi}^{2}_{f-k} +$$

$$+ \sum f_{i,x}\,^{r,s}\tilde{u}^{2}_{i} + \sum_{i} f_{i,z}\,^{r,s}\tilde{w}^{2}_{i}\,. \tag{I E.17h}$$

ι) Koeffizient $^{t,u}a^{*}_{r,s}$

Dieser Koeffizient ergibt sich entsprechend $^{r,s}a^{*}_{r,s}$

$$^{t,u}a^{*}_{r,s} = \sum_{e,g,G}\frac{EF}{s}\,^{r,s}\tilde{\Delta}s_{f-k}\,^{t,u}\tilde{\Delta}s_{f-k} + \sum_{e}\frac{EJ}{s}F_{4}\,^{r,s}\tilde{\psi}_{f-k}\,^{t,u}\tilde{\psi}_{f-k} +$$

$$+ \sum_{g}\frac{EJ}{s}F_{9}\,^{r,s}\tilde{\psi}_{f-k}\,^{t,u}\tilde{\psi}_{f-k} - \sum_{G}\frac{EJ}{s}F_{11}\,^{r,s}\tilde{\psi}_{f-k}\,^{t,u}\tilde{\psi}_{f-k} + \tag{I E.17i}$$

$$+ \sum_{e}\frac{EJ}{s}F_{4}^{*}\,^{r,s}\tilde{\psi}_{f-k}\,^{t,u}\tilde{\psi}_{f-k} + \sum_{g}\frac{EJ}{s}F_{9}^{*}\,^{r,s}\tilde{\psi}_{f-k}\,^{t,u}\tilde{\psi}_{f-k} +$$

$$+ \sum_{G}\frac{EJ}{s}F_{11}^{*}\,^{r,s}\tilde{\psi}_{f-k}\,^{t,u}\tilde{\psi}_{f-k} + \sum f_{i,x}\,^{r,s}\tilde{u}_{i}\,^{t,u}\tilde{u}_{i} + \sum f_{i,z}\,^{r,s}\tilde{w}_{i}\,^{t,u}\tilde{w}_{i}\,.$$

c) Knickbelastung und Sicherheit

Sind für den Gebrauchszustand die Stabkräfte im System bekannt, so wird bei einer v-fachen Belastungssteigerung das plötzliche Versagen der Konstruktion durch Ausknicken eintreten. Hierbei können bei Stahlkonstruktionen alle Stäbe im elastischen oder im plastischen Bereich liegen oder zum Teil im elastischen, zum Teil im plastischen Bereich. Es kann sich dabei zum Teil um Druckstäbe, zum Teil um Zugstäbe handeln.

Die Berechnung der Sicherheit erfolgt nunmehr unter Zugrundelegung von Abschnitt I B, d. h. es muß unter Beachtung des Moduls T^{*} mindestens eine v_{E}-fache Sicherheit vorhanden sein.

Wählt man einen beliebigen Faktor v_1, und sind S_{i-k} die Stabkräfte aus der Gebrauchslast, so ergeben sich für die einzelnen Stäbe die Spannungen

$$\sigma_1 = \frac{v_1 S_{i-k}}{F_{i,k}}.$$

Für Spannungen in Druckstäben unter der Proportionalitätsgrenze σ_P gilt nach (I B.14)

$$\varepsilon = s \sqrt{\frac{S}{EJ}} = \frac{s}{i} \sqrt{\frac{\sigma}{E}}. \tag{I B.14}$$

Für Spannungen über der Proportionalitätsgrenze σ_P gilt nach (I B.16)

$$\varepsilon = \frac{s}{i} \sqrt{\frac{\sigma_{ki}^*}{T^*}}. \tag{I B.16}$$

Hierbei ist

$$\sigma_{ki}^* = \frac{v_1 S_{i-k}}{F_{i,k}}.$$

Für Spannungen in Zugstäben gilt als Grenze für den elastischen Bereich die ideelle Proportionalitätsgrenze

$$\sigma_P^* = \sigma_P \frac{v_E}{v_F}, \tag{I B.11}$$

und ε nach (I B.14).

Für den plastischen Bereich gilt (I B.16).

Die Werte T^* können für Zug- und Druckkräfte aus der Tafel G bzw. aus der Abb. I B.3 entnommen werden.

Mit den ε-Werten der einzelnen Stäbe und den zugehörigen E- bzw. T^*-Werten können die F- bzw. F^*-Werte den Zahlentafeln F entnommen und die Koeffizienten $^y a_x^*$ nach (I E.17) berechnet werden. Mit den $^y a_x^*$-Werten kann aus dem Gleichungssystem (I E.16) der Wert der Nennerdeterminante D_{k,v_1} bestimmt werden.

Führt man die Berechnung für verschiedene v-Werte, v_1, v_2 usw., durch, so erhält man die D-Kurve (Abb. I E.22). Im Schnittpunkt mit der Abszisse ergibt sich die ideelle Knicksicherheit v_e, die größer als die Euler-Sicherheit v_E sein muß:

$$v_e \gtrsim v_E. \tag{I E.18}$$

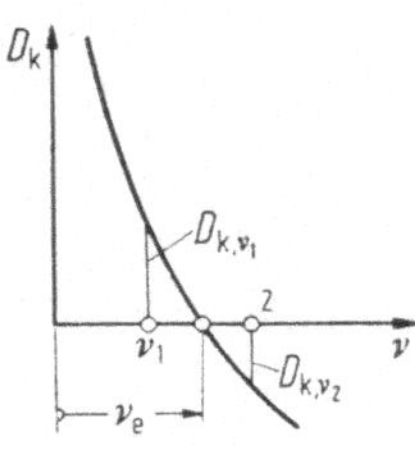

Abb. I E.22

Die wirkliche Sicherheit — unter Beachtung aller Imperfektionen — ergibt sich damit

$$v_k \gtrsim v_e \frac{v_F}{v_E} \gtrsim v_F. \tag{I E.19}$$

Damit wird sowohl den Zugstäben als auch den Druckstäben verschiedener Schlankheiten eines bestimmten Systems in gleicher Weise Rechnung getragen, d. h. die wirkliche Sicherheit ist für alle Stäbe für die ihnen entsprechenden Laststellungen gleich.

Bei der Berechnung der $^ya_x^*$-Werte nach (I E.17) kann es sich empfehlen, alle Glieder mit dem konstanten Faktor

$$C = \frac{s_c}{EJ_c}$$

zu multiplizieren.

Mit

$$\varkappa_{i-k} = \frac{s_c}{s} \frac{J_{i,k}}{J_c} \tag{I E.20}$$

nehmen die Faktoren der einzelnen Glieder von (I E.17) folgende Werte an:

$$\text{statt} \quad \frac{EJ}{s} \quad \text{bzw.} \quad \frac{T^*J}{s} \cdots \varkappa_{i-k} \quad \text{bzw.} \quad \varkappa_{i-k}\frac{T^*}{E} \; ;$$

$$\text{statt} \quad f_{i,x}, f_{i,z}, f_{i,d}, \cdots Cf_{i,x}, Cf_{i,z}, Cf_{i,d}; \tag{I E.21}$$

$$\text{statt} \quad EFs \quad \text{bzw.} \quad T^*Fs \cdots CEF_s \quad \text{bzw.} \quad CT^*Fs;$$

$$\text{statt} \quad \frac{EF}{s} \quad \text{bzw.} \quad \frac{T^*F}{s} \cdots \varkappa_{i-k}\frac{F}{J} \quad \text{bzw.} \quad \varkappa_{i-k}\frac{FT^*}{JE} \cdot$$

Entwickelt man die Koeffizientenmatrix D für einen bestimmten Wert v, z.B. nach Gauß, in eine reine Diagonalmatrix mit dem Koeffizienten a', so erkennt man an den Vorzeichen der einzelnen a'-Werte, ob man sich im Bereich der niedrigsten Knickbelastung oder schon im Bereich höherer Knicklasten [43] befindet. Vor dem Durchschreiten der niedrigsten Knickbelastung haben alle a'-Werte dasselbe Vorzeichen, nachher hat sich das Vorzeichen eines einzigen Wertes umgedreht. Bei mehreren Vorzeichenwechseln befindet man sich im Bereich höherer Knickbelastungen.

5. Betrachtungen zu verschiedenen Systemen

a) Unverschiebliche Rahmensysteme

Bei unverschieblichen stabilisierten Gelenksystemen treten keine unabhängigen Größen ψ_{i-k} auf.

Bei der Theorie I.Ordnung von Rahmentragwerken wurde in Bd. I A und bei den Beispielen des Bd. I B verschiedentlich darauf hingewiesen, daß in der Regel bei der Berechnung der statisch unbestimmten Größen der Einfluß der Normalkräfte vernachlässigt werden kann, da ihr Anteil in den Verformungsgrößen verschwindend klein ist. Dies trifft in der Regel sowohl für die Riegel als auch für die Stiele zu. Die Längenänderungen der Stiele sind nur dann von Einfluß, wenn die Riegel kurz und verhältnismäßig biegesteif sind.

In Bd. I A ist auch gezeigt (z.B. VIII, IX), wie der Einfluß von Längenänderungen aus Normalkräften einfach zusätzlich berücksichtigt werden kann. Ist dieser Einfluß bei der Theorie I.Ordnung gering, so kann er auch bei der Stabilitätsuntersuchung vernachlässigt werden.

In der Regel treten daher auch keine unabhängigen Größen $e_{i,k}$ auf. Die einzigen Unbekannten sind somit die Knotendrehungen φ_i, und für das Gleichungssystem (I E.16) sind nur für biegesteife Knoten die Werte $^ia_i^*$ und ^ka_i zu berechnen. Es gilt somit das Gleichungssystem (I E.22):

	φ_1	φ_2		φ_n	
$^v\varphi_1 = 1$	$^1a_1^*$	$^1a_2$		^1a_n	$= 0$
$^v\varphi_1 = 1$	$^2a_1$	$^2a_2^*$		^2a_n	$= 0$
$^v\varphi_n = 1$	$^na_1$	$^na_2$		$^na_n^*$	$= 0$

$$\tag{I E.22}$$

Hierbei wird ein großer Teil der $^k a_i$-Werte zu Null, da nur für benachbarte Knoten Werte auftreten. Für das System nach Abb. I E.23 lautet z. B. das Gleichungssystem:

	φ_4	φ_5	φ_7	φ_8	
$^v\varphi_4 = 1$	$^4a_4^*$	$^4a_5$			$= 0$
$^v\varphi_5 = 1$	$^5a_4$	$^5a_5^*$	$^5a_7$		$= 0$
$^v\varphi_7 = 1$		$^7a_5$	$^7a_7^*$	$^7a_8$	$= 0$
$^v\varphi_8 = 1$			$^8a_7$	$^8a_8^*$	$= 0$

Es werden daher bei unverschieblichen Rahmensystemen nur die Funktionen F_1, F_2, F_8 bzw. F_1^*, F_2^*, F_8^* benötigt. Bei dem System nach Abb. I E.23 treten z. B. nur 4 unbekannte Größen φ_i (φ_4, φ_5, φ_7, φ_8), bei dem System nach Abb. I E.24 nur 2 (φ_3, φ_4) auf.

Abb. I E.23

Abb. I E.24

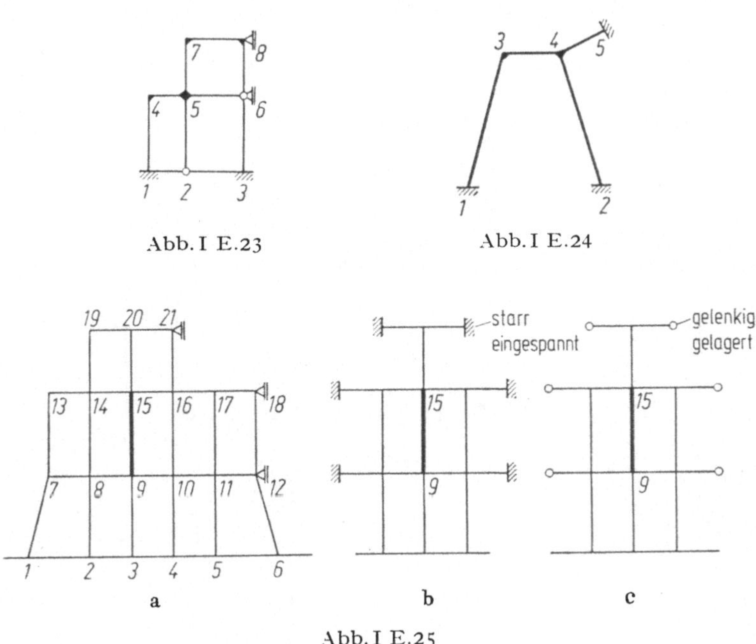

Abb. I E.25

Beim System nach Abb. I E.25a sind 15 unbekannte Größen φ_i vorhanden.

Entsprechend [46] können auch nur Teilbereiche des Systems untersucht werden (z. B. Abb. I E.25b und c), für die in der Knickdeterminante unter Zugrundelegung des Stieles 9—15 die Zahl der Unbekannten stark absinkt (7). Nimmt man dabei die Enden des herausgeschnittenen Systems einmal starr eingespannt (b), einmal gelenkig gelagert (c) an, so erhält man 2 Grenzwerte, die aber nur unbedeutend voneinander abweichen. Wie solche Systeme ohne Lösung eines Gleichungssystems berechnet werden können, wird in Kapitel F gezeigt.

Bei symmetrischem bzw. antimetrischem Ausknicken des Systems können mit Vorteil die Zustände nach Tabelle I E.1 c und a mit den Anteilen

$$^f a_f = \frac{EJ}{s} \quad (F_5 \text{ bzw. } F_3 \text{ bzw. } F_5^* \text{ bzw. } F_3^*)$$

Verwendung finden. Für das Beispiel nach Abb. I E.26 gilt für ein symmetrisches Ausknicken:

	φ_5	φ_6	
$^v\varphi_5 = 1$	$^5a_5^*$	$^5a_6$	$= 0$
$^v\varphi_6 = 1$	$^6a_5$	$^6a_6^*$	$= 0$

mit

$$^6a_6^* = \left(\frac{EJ}{s}\,F_8\right)_{2,6} + \left(\frac{EJ}{s}\,F_1\right)_{5,6} + \left(\frac{EJ}{s}\,F_5\right)_{6,7};$$

$$^6a_5 = \left(\frac{EJ}{s}\,F_2\right)_{5,6};$$

$$^5a_5^* = \left(\frac{EJ}{s}\,F_1\right)_{5,6} + \left(\frac{EJ}{s}\,F_1\right)_{1,5}.$$

Sind an einem unverschieblichen System belastete Kragarme vorhanden (z. B. Abb. I E.27 und I E.28), so treten ebenfalls nur unbekannte Knotendrehungen φ_i auf.

Nach Tabelle I E.1 k bzw. k* tritt an Knoten f, in dem der Kragarm anschließt, infolge der Drehung $\varphi_f = 1$ das Moment

$$\bar{M}_f = -\frac{EJ}{s}\,F_{10} \quad \text{bzw.} \quad \bar{M}_f = \frac{EJ}{s}\,F_{10}^*$$

auf. Damit ist der Wert der Koeffizienten nach (I E.17a) zu ergänzen um den Betrag

$$^fa_f^* = (\text{I E.17a}) - \frac{EJ}{s}\,F_{10} \quad (\text{Druckkraft am Kragarm})$$

bzw.

$$^fa_f^* = (\text{I E.17a}) + \frac{EJ}{s}\,F_{10}^* \quad (\text{Zugkraft am Kragarm}).$$

$$\text{(I E.17k)}$$

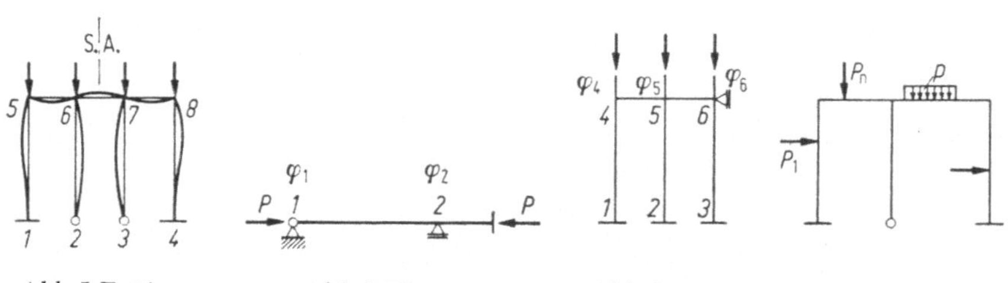

Abb. I E.26   Abb. I E.27   Abb. I E.28   Abb. I E.29

Schließt ein unendlich starrer Kragarm an den Knoten f an, so gilt

$$^fa_f^* = (\text{I E.17a}) - Ss \quad (\text{Druckkraft am Kragarm});$$

$$^fa_f^* = (\text{I E.17a}) + Ss \quad (\text{Zugkraft am Kragarm}).$$

In der Regel wirkt die Belastung nicht — wie nach den Voraussetzungen angenommen — in den Knotenpunkten, sondern wirkt längs der Riegel und Stiele (z. B. Abb. I E.29). Für diesen Fall können nach [8] die Belastungen in die Knotenpunkte des stabilisierten Gelenksystems reduziert werden bzw. die Normalkräfte in den Riegeln und Stielen nach Theorie I. Ordnung bestimmt werden, um damit die ε-Werte zu ermitteln. Die Abweichungen gegenüber den genauen Werten der Knicksicherheiten sind dabei gering.

In der Regel wird für die Knickbelastung in einem Teil der Stäbe die Proportionalitätsgrenze σ_P bei Druckstäben bzw. σ_P^* bei Zugstäben überschritten werden. In diesen Fällen sind die ε-Werte unter Zugrundelegung der T^*-Werte zu berechnen und dann die entsprechenden F-Werte aus den Tabellen zu entnehmen. In jedem Fall muß die Sicherheit

$$\nu_e \geqq \nu_E$$

eingehalten werden. Die Durchführung der Zahlenrechnung ist aus den Beispielen I 2.1 b, I 6.2, I 7.1 a und d, I 10.1 und I 14.1 zu ersehen.

b) Fachwerksysteme

Ebene Fachwerksysteme werden in der Regel als Gelenksysteme, d.h. mit Gelenken in allen Knotenpunkten, berechnet. In diesem Falle würde für jeden Stab die Systemlänge auch gleichzeitig Knicklänge sein. Tatsächlich sind die einzelnen Stäbe in den Knotenpunkten biegesteif miteinander verbunden. Die dadurch bedingten Nebenspannungen können in einfacher Weise berechnet werden (Bd. I A, S. 437). Die biegesteifen Knoten wirken sich nun besonders vorteilhaft bei der Berechnung ganzer Fachwerksysteme aus. Betrachtet man z.B. für das System nach Abb. I E.30 die Einflußlinien für den Obergurt S_o und die Diagonale S_d, so erkennt man, daß z.B. bei einer gleichförmigen Verkehrslast p für die maximale Obergurtdruckkraft die ganze Brücke belastet werden muß (Laststellung A). Wertet man dazu die Diagonaleinflußlinie aus, so erhält man eine ganz geringe Diagonalkraft. Umgekehrt erhält man die maximale Diagonaldruckkraft für die Laststellung B. Die Auswertung der Obergurteinflußlinie für die gleiche Laststellung ergibt nur einen Bruchteil der maximalen Stabkraft aus Verkehr. Dies bedeutet, daß die nicht ausgenützten Stäbe den mit der maximalen Stabkraft belasteten Stab stützen, wenn alle Stäbe durch biegesteife Knoten miteinander verbunden sind.

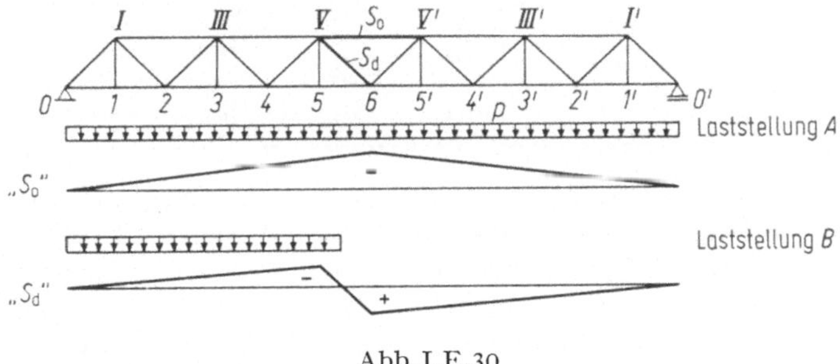

Abb. I E.30

Während die elastische Stützung der Obergurte durch die Diagonalen und Pfosten verhältnismäßig gering ist, ist die elastische Stützung der Diagonalen durch die dann nicht ausgenützten Obergurte bedeutend. Besonders zu erwähnen ist, daß die Zugstäbe stark stabilisierend wirken.

Für eine bestimmte Laststellung ergeben sich Stabkräfte, daraus Längenänderungen der Stäbe und damit stellt sich eine Biegelinie des Systems ein. Nach Einstellung der — im Verhältnis zu den Systemabmessungen geringen — Durchbiegungen ist das System unverschieblich, d.h. es treten bei der Einstellung einer infintesimal benachbarten Gleichgewichtsform nur Knotendrehungen φ_i und keine Sehnendrehungen ψ_{i-k} auf. Da der Einfluß der Nebenspannungen verhältnismäßig gering ist, ändern sich die Stabkräfte infolge der Nebenspannungen nur unbedeutend. Der Einfluß der Stabdehnungen $e_{i,k}$ ist bei Fachwerken für die infinitesimal benachbarte Gleichgewichtslage im Falle des Ausknickens ebenfalls unbedeutend, so daß auch die $e_{i,k}$-Größen ohne Bedeutung sind. Somit brauchen, wie bei Abschnitt a), nur die φ_i-

Größen berücksichtigt zu werden. Für das symmetrische Ausknicken des Systems nach Abb. I E.30 treten z. B. 9 unbekannte Größen φ_i auf.

Eingehende Untersuchungen von Slavin [45, 49, 50] haben gezeigt, daß, mit Abweichungen von 0 bis 2,5% von den genauen theoretischen Werten, aus einem ganzen System ein Teilsystem herausgelöst werden kann, für das dann die Stabilitätsuntersuchung durchgeführt wird. Es hat sich dabei als zweckmäßig ergeben, von dem betrachteten Stab, für den die ungünstigste Laststellung zugrunde gelegt wird, noch je um 2 Stäbe das Teilsystem zu erweitern.

Nimmt man die Enden der Stäbe des Teilsystems einmal starr eingespannt und einmal gelenkig gelagert an (Abb. I E.31 a und b), so erhält man bereits 2 Grenzwerte für die Knicksicherheit, zwischen denen der genaue Wert liegt.

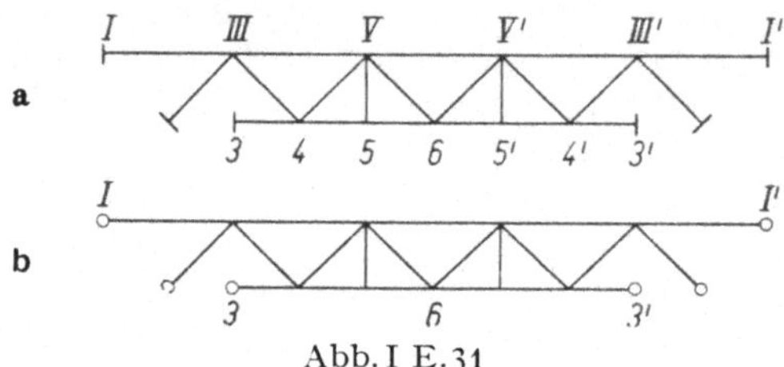

Abb. I E.31

Für den Fall des symmetrischen Ausknickens ergeben sich nach Abb. I E.31 gegenüber Abb. I E.30 nur mehr 4 unbekannte Größen φ_i ($\varphi_6 = 0$). Das Gleichungssystem lautet in diesem Fall:

	φ_V	φ_{III}	φ_5	φ_4	
$^v\varphi_V = 1$	$^V a_V^*$	$^V a_{III}$	$^V a_5$	$^V a_4$	$= 0$
$^v\varphi_{III} = 1$	$^{III} a_V$	$^{III} a_{III}^*$		$^{III} a_1$	$= 0$
$^v\varphi_5 = 1$	$^5 a_V$		$^5 a_5^*$	$^5 a_4$	$= 0$
$^v\varphi_4 = 1$	$^4 a_V$	$^4 a_{III}$	$^4 a_5$	$^4 a_4^*$	$= 0$

Von Gsell [14] wurden systematisch an einer sehr großen Zahl der verschiedensten Fachwerktypen und für die verschiedenen Stäbe (Obergurte, Enddiagonalen und Füllstäbe) Knickuntersuchungen durchgeführt. Auf Grund der Lösungen von rund 6000 Gleichungssystemen konnten Aussagen über die effektiven Knicklängen der einzelnen Stäbe gemacht werden, entsprechend (I B.17). Bei Brücken mit den verschiedensten Dreiecksfachwerken ist man danach auf der sicheren Seite, wenn man folgende Knicklängen der Dimensionierung der Stäbe, als beiderseits gelenkig gelagerte Stäbe, zugrunde legt:

für Gurte: $s_{k,\text{eff}} = 0,9\,s;$

Enddiagonalen und Diagonalen im
Stützbereich von Durchlaufträgern: $s_{k,\text{eff}} = 0,8\,s;$ (I E.23)

Felddiagonalen: $s_{k,\text{eff}} = 0,6\,s.$

Ausführliche Einzelheiten und Folgerungen über diese Untersuchungen sind aus [14] zu entnehmen.

An der Technischen Hochschule Graz [14] wurden zur Kontrolle der Überlegungen dieses Abschnittes — vor allem was die Sicherheit betrifft — Versuche durchgeführt. Für den geklebten Stahlträger nach Abb. I E.32 — damit keine Schweißeigenspannungen vorhanden waren — konnten die Belastungen so aufgebracht werden, daß einmal der mittlere Obergurt und einmal eine mittlere Diagonale knickgefährdet war.

Für das Ausknicken des Obergurtes ergab sich als maßgebende theoretische rechnerische Belastungsgröße nach (I E.22) ein Wert

$$P_k^* = 8827 \text{ kg}.$$

Diesem entspricht nach (I B.11) eine tatsächliche Knickbelastungsgröße von

$$P_k = P^* \frac{v_F}{v_E}.$$

Mit $v_E = 2,20$ und $v_F = 1,5$ somit

$$P_k = 8827 \frac{1,5}{2,2} = 6018 \text{ kg}.$$

Das Ausknicken selbst erfolgt entsprechend Abb. I E.33 bei einem Belastungswert

$$P_{k,\text{vorh}} = 5\,650 \text{ kg}.$$

Abb. I E.32

Abb. I E.33

Der zulässige Belastungswert beträgt

$$P_{\text{zul}} = \frac{P^*}{v_E} = \frac{8827}{2,2} = 4020 \text{ kg}.$$

Die zugehörige effektive Knicklänge nach (I B.17) ergibt sich mit P_k zu

$$s_{k,\text{eff}} = 0,79\ s.$$

Für die Mitteldiagonale ergab sich ein Versagen nach Abb. I E.34 bei $P^* = 6626$ kg. Damit wird

$$P_k = 6626\,\frac{1,5}{2,2} = 4518 \text{ kg}.$$

Tatsächlich ergab sich aus dem Versuch $P_{k,\text{vorh}} = 5000$ kg, und damit ein Wert $s_{k,\text{eff}} = 0,495\ s$.

Abb. I E.34

Diese Versuche können als Bestätigung der theoretischen Überlegungen mit der ideellen Sicherheit v und der Verwendung der T^*-Moduli im plastischen Bereich für Druck- und Zugstäbe angesehen werden.

Von wesentlicher Bedeutung ergibt sich als Ergebnis der theoretischen Betrachtungen — gestützt durch Versuche —, daß die Knickberechnung ganzer Fachwerksysteme im elastischen und plastischen Bereich unter Zugrundelegung von Stäben ohne Imperfektionen in einfacher Weise nach (I E.22) durchgeführt werden kann, wobei die Eulersicherheit von v_E entsprechend den jeweiligen Vorschriften eingehalten werden muß. Unter Beachtung aller möglichen Imperfektionen ist damit für alle Stäbe eine Sicherheit von v_F eingehalten.

Für die Dimensionierung der einzelnen Druckstäbe können dabei die Knicklängen nach (I E.23) angenommen werden.

c) Verschiebliche Rahmensysteme

Entsprechend Abschnitt a) können in der Regel auch bei verschieblichen Rahmensystemen die unbekannten Stabdehnungen vernachlässigt werden. Damit ergibt sich das Gleichungssystem (I E.24):

	φ_1	$\cdots$	φ_i	$\cdots$	ψ_{m-n}	$\cdots$	ψ_{u-v}	
$^v\varphi_1 = 1$	$^1a_1^*$		^1a_i		$^1a_{m-n}^*$		$^1a_{u-v}^*$	$= 0$
$\vdots$								
$^v\varphi_i = 1$	$^ia_1$		$^ia_i^*$		$^ia_{m-n}^*$		$^ia_{u-v}^*$	$= 0$
$\vdots$								
$^v\psi_{u-v} = 1$	$^{u-v}a_1^*$		$^{u-v}a_i^*$		$^{u-v}a_{m-n}^*$		$^{u-v}a_{u-v}^*$	$= 0$

$$(\text{I E.24})$$

Die unabhängigen Sehnendrehungen ψ_{i-k} und die davon abhängigen Sehnendrehungen $^{i-k}\tilde{\psi}_{m-n}$ werden mittels Verschiebungsplänen nach Bd. I A, VIII D, bestimmt. Für die Koeffizienten $^ia_i^*$ und ^ka_f gilt Abschnitt a); ebenfalls für die Koeffizienten $^fa_f^*$ von Kragarmen. Besonders zu beachten ist bei Kragarmen (z. B. Abb. I E.35), daß diese bei Sehnendrehungen nur Parallelverschiebungen erleiden können, da hierbei keine Knotendrehungen vorgenommen werden dürfen. Für die von den Sehnendrehungen abhängigen Koeffizienten werden in der Regel die Koeffizienten $^fa_{i-k}^*$ und $^{l-m}a_{i-k}^*$ nach (I E.17c), (I E.17e), (I E.17f) mit den Funktionen F_3, F_4, F_8, F_9, F_{11} bzw. F_3^*, F_4^*, F_8^*, F_9^*, F_{11}^* berechnet.

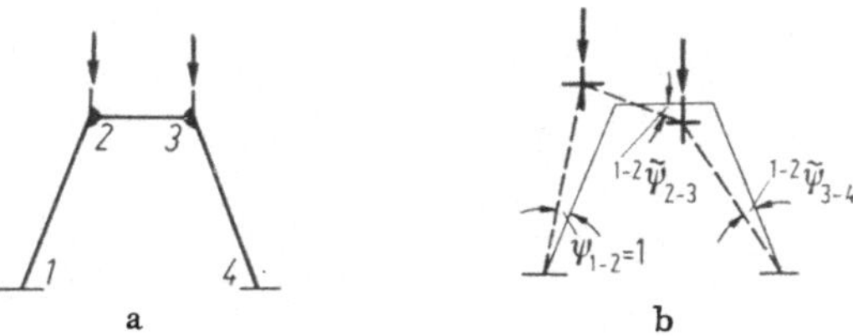

Abb. I E.35

Beim antimetrischen Ausknicken von parallelstieligen Stockwerksrahmen kann mit Vorteil Tabelle I E.1, g, h bzw. g*, h* Verwendung finden, wodurch die Unbekannten ganz oder zum Teil auf die φ_i-Größen beschränkt bleiben. Man erkennt z. B., daß der Rahmen nach Abb. I 36a antimetrisch nach Abb. I E.36b ausknicken kann, wobei sich in Riegelmitte ein ideelles Gelenk einstellt und die Berechnung nur für das halbe System nach Abb. I E.36c durchgeführt zu werden braucht. Da im ideellen Gelenkpunkt 5 keine Horizontalkräfte auftreten können, können auch im Stab 1—2 keine $V_{i,k}$-Werte auftreten. Für Stab 1—2 gilt somit Tabelle I E.1 g und es tritt als einzige Unbekannte φ_2 auf. Die Knickbedingung lautet somit $^2a_2^* = 0$, wobei gilt

$$^2a_2^* = \left(\frac{EJ}{s} F_7\right)_{1,2} + \left(\frac{EJ}{s_R/2} F_8\right)_{2,5} . \qquad (\text{I E.25})$$

Abb. I E.36

Bei einer gelenkigen Lagerung des Punktes 1 nach Abb. I E.36d würde gelten

$$^2a_2^* = \left(-\frac{EJ}{s}\,F_{10}\right)_{1,2} + \left(\frac{EJ}{s_R/2}\,F_8\right)_{2,5}. \qquad \text{(I E.26)}$$

Für Zugkräfte gelten die Funktionen F^*.

Auch für den zweistöckigen Rahmen nach Abb. I E.37a treten beim antimetrischen Knicken ideelle Gelenke in Punkt 4 und 5 auf. Bei Berücksichtigung der Zustände nach Tabelle I E.1 g und h treten nur die beiden unbekannten Knotendrehungen φ_2 und φ_3 auf. Die Stabendmomente für die Zustände $[\varphi_2 = 1]$ und $[\varphi_3 = 1]$ sind in Abb. I E.37b und c eingetragen. Das Gleichungssystem lautet in diesem Fall:

	φ_2	φ_3	
$^v\varphi_2 = 1$	$^2a_2^*$	$^2a_3$	$= 0$
$^v\varphi_3 = 1$	$^3a_2$	$^3a_3^*$	$= 0$

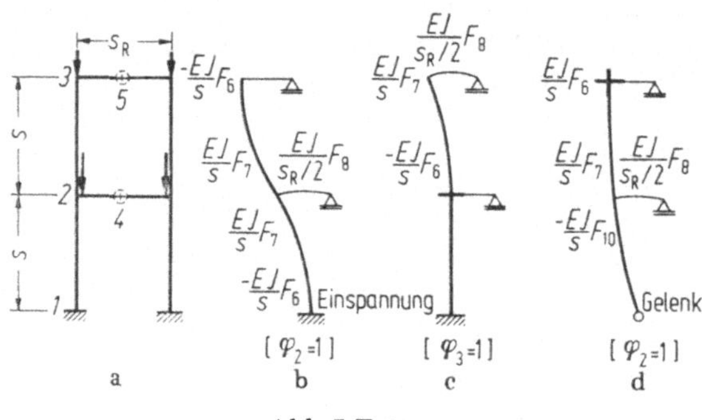

Abb. I E.37

Mit

$$^2a_2^* = \left(\frac{EJ}{s}\,F_7\right)_{1,2} + \left(\frac{EJ}{s}\,F_7\right)_{2,3} + \left(\frac{EJ}{s_R/2}\,F_8\right)_{2,4};$$

$$^2a_3 = {}^3a_2 = \left(-\frac{EJ}{s}\,F_6\right)_{2,3}; \qquad \text{(I E.27)}$$

$$^3a_3^* = \left(\frac{EJ}{s}\,F_7\right)_{2,3} + \left(\frac{EJ}{s_R/2}\,F_8\right)_{3,5}.$$

Es ist zu beachten, daß in diesem Fall ^8a_f nicht nach (I E.17b) berechnet werden darf.

Für einen gelenkig gelagerten Fußpunkt 1 gilt nach Abb. I E.37c und d

$$^2a_2^* = \left(-\frac{EJ}{s}\,F_{10}\right)_{1,2} + \left(\frac{EJ}{s}\,F_7\right)_{2,3} + \left(\frac{EJ}{s_R/2}\,F_8\right)_{2,4};$$

$$^3a_2 = \left(-\frac{EJ}{s}\,F_6\right)_{2,3}; \qquad \text{(I E.28)}$$

$$^3a_3^* = \left(\frac{EJ}{s}\,F_7\right)_{2,3} + \left(\frac{EJ}{s_R/2}\,F_8\right)_{3,5}.$$

Entsprechend ist in ähnlichen Fällen zu verfahren, wobei empfohlen wird, immer die Verformungszustände aufzuzeichnen.

Können bei einem verschieblichen System am stabilisierten Gelenksystem keine Stabkräfte aus Kraftplänen ermittelt werden (z. B. Abb. I E.38a bis c), so kann man in sehr guter Näherung die Normalkräfte nach der Theorie I. Ordnung bestimmen (z. B. Bd. I A, IX) und damit dann unter Beachtung der auftretenden ε-Werte nach den obigen Entwicklungen die Knickuntersuchung durchführen.

Die Durchführung der Berechnung ist aus den Beispielen I 7.1b, I 10.1a, I 12.2a, I 13.2 und 14.1b zu ersehen.

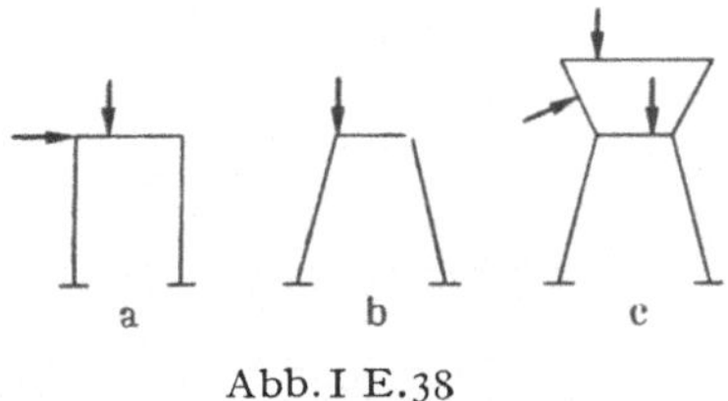

Abb. I E.38

d) Seitliches Ausknicken der Druckgurte oben offener Brücken

Die Obergurte oben offener Brücken werden durch die Rahmen, bestehend aus der biegesteifen Verbindung von Pfosten und Querträger, seitlich elastisch gehalten (Abb. I E.39a und b). Unter der Wirkung einer horizontalen Kraft $H = 1$ (Abb. I E.39 c und d) ergibt sich eine Verschiebung v

$$2EJ_c v = \int\limits_{P+R} M^2_{H=1} \frac{J_c}{J}\, ds,$$

und die Federkonstante der einzelnen Rahmen wird

$$^{\ddot{a}}f_i = \frac{1}{v}.$$

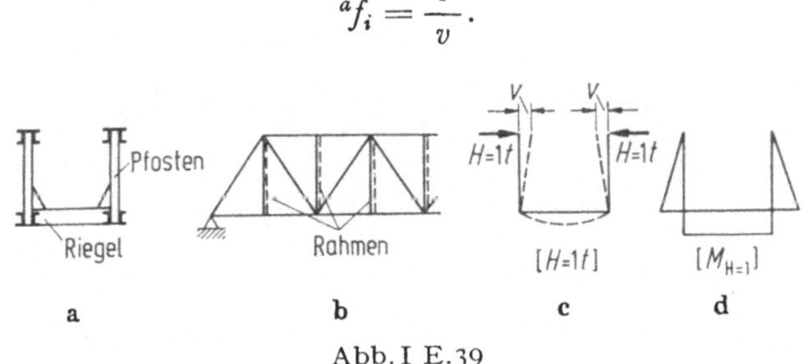

Abb. I E.39

Die schematische Darstellung des seitlich elastisch gestützten Druckgurtes einer oben offenen Brücke zeigt Abb. I E.40a. Sind die Endpunkte 0 und n seitlich starr gehalten (Abb. I E.40b), so treten als Unbekannte $n - 2$ Größen φ_f und $n - 1$ Größen ψ_{f-g} auf. In einem Stab, z. B. im Stab $(n - 1) - n$, treten auch abhängige Sehnendrehungen $^{f-g}\tilde{\psi}_{(n-1)-n}$ auf (z. B. Abb. I E.40d). Sind auch die Endpunkte des Druckgurtes (Abb. I E.40a) elastisch gehalten, so treten zwei unbekannte Größen mehr auf. Es treten dann n Größen ψ_{f-g} und keine abhängigen Größen $^{f-g}\tilde{\psi}_{m-n}$ auf (z. B. Abb. I E.40e) und eine unbekannte Stützensenkung $v_0 = 1$. Da für diesen Fall $[v_0 = 1]$ alle ψ-Werte Null sein müssen, ist der Verschiebungszustand $[v_0 = 1]$ durch Abb. I E.40f gekennzeichnet. Im letzteren Fall wären somit bei einem unsymmetrischen System bzw. einer unsymmetrischen Belastung $n - 2$ Größen φ_f, n Größen ψ_{f-g} und eine Verschiebung v_0 als Unbekannte einzuführen. Statt der ψ_{f-g}-Werte können auch die Stützensenkungen aller Knoten als Unbekannte v_n eingeführt werden. Im letzteren Fall treten wieder abhängige Sehnendrehungen $^{v_f}\tilde{\psi}_{f-g}$ auf (Abb. I E.40g).

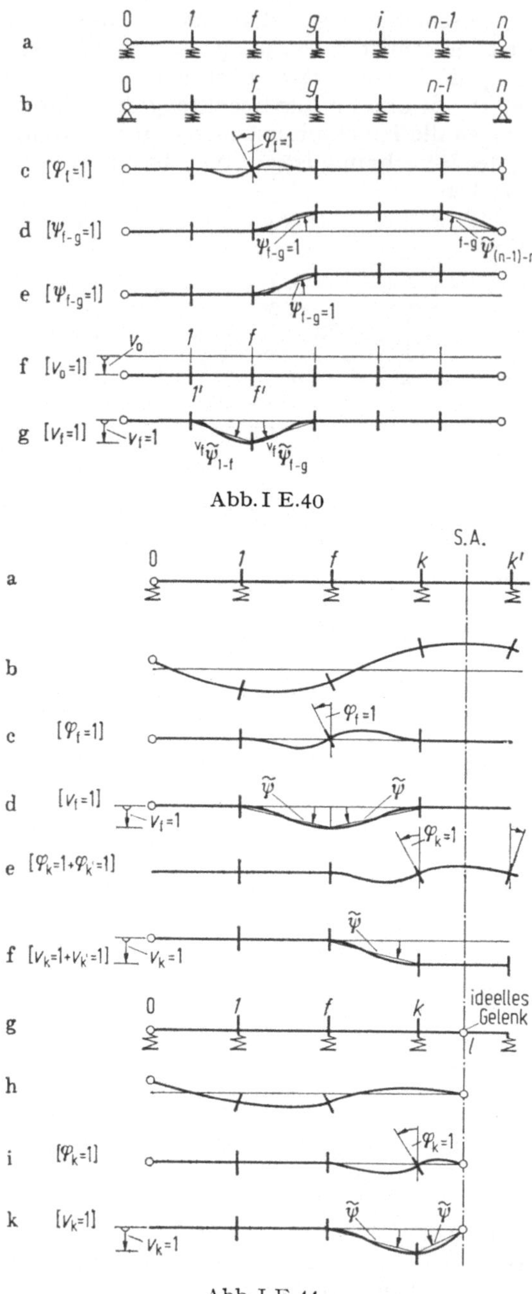

Abb. I E.40

Abb. I E.41

Eine große Reduzierung des Rechenaufwandes ergibt sich für das symmetrische und antimetrische Ausknicken symmetrischer Systeme bei symmetrischer Belastung, da in solchen Fällen nur das halbe System erfaßt zu werden braucht. Für das System nach Abb. I E.41 a und ein symmetrisches Ausknicken (Abb. I E.41 b) treten die unbekannten Knotendrehungen φ_1 bis φ_k auf und z.B. die unbekannten Stützenbewegungen v_0 bis v_k. Zum Unterschied von den Zuständen $[\varphi_f = 1]$ (Abb. I E.41 c) und

$[v_f = 1]$ (Abb. I E.41 d) sind für die Zustände $[\varphi_k = 1]$ (Abb. I E.41 e) und $[v_k = 1]$ (Abb. I E.41 f) die Symmetriebedingungen zu beachten. Zum Beispiel gilt

$$^k a_k^* = \left(\frac{EJ}{s} F_1\right)_{f,k} + \left(\frac{EJ}{s} F_5\right)_{k,k'}.$$

Für ein antimetrisches Ausknicken des Systems nach Abb. I E.41 h kann in Systemmitte (Abb. I E.41 g, h) ein ideelles unverschiebliches Gelenk (Punkt l) angenommen werden, so daß die Untersuchungen auf das System $0 - l$ beschränkt bleiben. Für den Zustand $[\varphi_k = 1]$ (Abb. I E.41 i) gilt

$$^k a_k^* = \left(\frac{EJ}{s} F_1\right)_{f,k} + \left(\frac{EJ}{s/2} F_8\right)_{k,l}.$$

Für den Zustand $[v_k = 1]$ (Abb. I E.41 k) gilt z. B. entsprechend (I E.17 f)

$$^{v_k} a_{v_k}^* = \left(\frac{EJ}{s} F_4 \, ^{v_k}\tilde{\psi}_{f-k}^2\right)_{f,k} + \left(\frac{EJ}{s/2} F_9 \, ^{v_k}\tilde{\psi}_{k-l}^2\right)_{l,k} + f_k \cdot 1^2.$$

Liegt bei einem symmetrischen System mit elastischer Lagerung in allen Punkten mit symmetrischer Belastung ein Knoten in der Symmetrieachse (Abb. I E.42a), so kann für ein symmetrisches Ausknicken das halbe System mit einem starr eingespannten Ende im Punkt l zugrunde gelegt werden, wobei der Punkt l elastisch gelagert ist (Abb. I E.42b). Für ein antimetrisches Ausknicken wird ebenfalls das halbe System zugrunde gelegt. In diesem Fall ist der Knoten l als gelenkig unverschieblich gelagert zu betrachten (Abb. I E.42 c).

Mit der Berechnung der Koeffizienten $^{\nu} a_x^*$ ergibt sich aus der Bedingung $D_k = 0$ in einfacher Weise die Knicksicherheit, wobei im plastischen Bereich nur die T^*-Werte bei der Bestimmung der ε-Werte zu beachten sind.

An zwei einfachen Beispielen wird schematisch die Aufstellung der Knickdeterminante gezeigt.

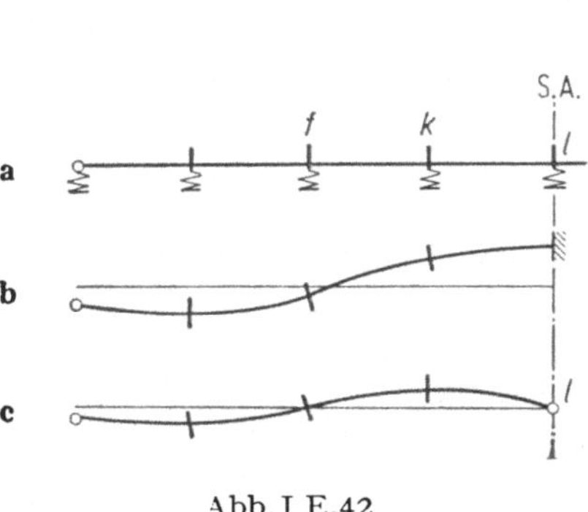

Abb. I E.42

Abb. I E.43

System nach Abb. I E.43a

Symmetrisches Ausknicken (Abb. I E.43 b). Zustände $[\varphi_1 = 1]$, $[\varphi_2 = 1]$, $[v_1 = 1]$ und $[v_2 = 1]$ nach Abb. I 43 c bis f.

Knickdeterminante

	φ_1	φ_2	v_1	v_2	
$^v\varphi_1 = 1$	$^1a_1^*$	$^1a_2$	$^1a_{v_1}^*$	$^1a_{v_2}^*$	$= 0$
$^v\varphi_2 = 1$	$^2a_1$	$^2a_2^*$	$^2a_{v_1}^*$	$^2a_{v_2}^*$	$= 0$
$^vv_1 = 1$	$^{v_1}a_1^*$	$^{v_1}a_2^*$	$^{v_1}a_{v_1}^*$	$^{v_1}a_{v_2}^*$	$= 0$
$^vv_2 = 1$	$^{v_2}a_1^*$	$^{v_2}a_2^*$	$^{v_2}a_{v_1}^*$	$^{v_2}a_{v_2}^*$	$= 0$

Koeffizienten

$$^1a_1^* = \left(\frac{EJ}{s}F_8\right)_{0,1} + \left(\frac{EJ}{s}F_1\right)_{1,2}; \quad ^2a_1 = \left(\frac{EJ}{s}F_2\right)_{1,2};$$

$$^1a_{v_1}^* = \left(-\frac{EJ}{s}F_8\right)_{0,1}(^{v_1}\tilde{\psi}_{0-1}) + \left(-\frac{EJ}{s}F_3\right)_{1,2}(^{v_1}\tilde{\psi}_{1-2});$$

$$^1a_{v_2}^* = \left(-\frac{EJ}{s}F_3\right)_{1,2}(^{v_2}\tilde{\psi}_{1-2});$$

$$^2a_2^* = \left(\frac{EJ}{s}F_1\right)_{1,2} + \left(\frac{EJ}{s}F_5\right)_{2,2'};$$

$$^2a_{v_1}^* = \left(-\frac{EJ}{s}F_3\right)_{1,2}(^{v_1}\tilde{\psi}_{1-2}); \quad ^2a_{v_2}^* = \left(-\frac{EJ}{s}F_3\right)_{1,2}(^{v_2}\tilde{\psi}_{1-2});$$

$$^{v_1}a_{v_1}^* = \left(\frac{EJ}{s}F_9\right)_{0,1}(^{v_1}\tilde{\psi}_{0-1}^2) + \left(\frac{EJ}{s}F_4\right)_{1,2}(^{v_1}\tilde{\psi}_{1-2}^2) + f_1 \cdot 1^2;$$

$$^{v_1}a_{v_2}^* = \left(\frac{EJ}{s}F_4\right)_{1,2}{}^{v_1}\tilde{\psi}_{1-2}\,{}^{v_2}\tilde{\psi}_{1-2};$$

$$^{v_2}a_{v_2}^* = \left(\frac{EJ}{s}F_4\right)_{1,2}{}^{v_2}\tilde{\psi}_{1-2}^2 + f_2 \cdot 1^2.$$

Bei der Berechnung dieser Koeffizienten sind die $\tilde{\psi}$-Werte vorzeichengerecht einzuführen (siehe Abb. I E.43 e und f).

Antimetrisches Ausknicken (Abb. I E.43 g). Zustände $[\varphi_1 = 1]$, $[\varphi_2 = 1]$, $[v_1 = 1]$, $[v_2 = 1]$ nach Abb. I E.43 c, h, e, i.

Knickdeterminante wie oben.

Koeffizienten (so weit sich Änderungen ergeben):

$$^2a_2^* = \left(-\frac{EJ}{s}F_1\right)_{1,2} + \left(\frac{EJ}{s/2}F_8\right)_{2,l};$$

$$^2a_{v_2}^* = \left(-\frac{EJ}{s}F_3\right){}^{v_2}\tilde{\psi}_{1-2} + \left(-\frac{EJ}{s/2}F_8\right)_{2,l}{}^{v_2}\psi_{2-l};$$

$$^{v_2}a_{v_2}^* = \left(\frac{EJ}{s}F_4\right)_{1,2}{}^{v_2}\tilde{\psi}_{1-2}^2 + \left(\frac{EJ}{s/2}F_9\right)_{2,l}{}^{v_2}\tilde{\psi}_{2-l}^2 + f_2 \cdot 1^2.$$

Alle Koeffizienten der Knickdeterminante können somit mit Hilfe der tabulierten Funktionen F schnell berechnet werden. Die Berechnung der Knicksicherheit oben offener Brücken bietet somit keinerlei Schwierigkeiten und es können alle Besonderheiten der Konstruktion mit erfaßt werden.

Die Durchführung der Rechnung ist in Beispiel I 8.1 a und b gezeigt.

F. Stabilität ebener Stabwerke, Momentenausgleichsverfahren

Es gelten dieselben Voraussetzungen wie in Abschnitt E, und es werden auch die gleichen Bezeichnungen und Vorzeichenregeln beibehalten. Den nachfolgenden Entwicklungen liegen die Arbeiten von E. Lundquist [27, 28, 29], Slavin [49, 50], R. Resinger und H. Steiner [42] und eigene Arbeiten [44, 45, 46] zugrunde. Verwiesen sei auch auf die Arbeiten von Niles, Newell [34], James [17] und Southwell [51].

1. Verfahren der Momentenbelastung für unverschiebliche Systeme

a) Steifigkeiten und Fortleitungszahlen

Die Steifigkeiten $s_{i,k}$, $^0s_{i,k}$, $^ss_{i,k}$, $^as_{i,k}$, $s_{i,k}^*$, $^0s_{i,k}^*$, $^ss_{i,k}^*$, $^as_{i,k}^*$ für längsbelastete Stäbe (Druck- und Zugstäbe) sind nach (I E.11) bis (I E.14) angegeben, wobei die dem untersuchten Knoten gegenüberliegenden Stabenden eingespannt oder gelenkig gelagert sind, bzw. symmetrische oder antimetrische Momentenbelastungen zugrunde gelegt werden. Die Fortleitungszahlen μ_{i-k} bzw. μ_{i-k}^* bei starr eingespannten Knoten k sind nach (I E.15) festgelegt.

Die angegebenen Formeln zur Ermittlung der Steifigkeiten und der Fortleitungszahlen gelten sowohl für den elastischen als auch plastischen Bereich. Im letzteren Fall ist bei der Ermittlung der Funktionen F bei der Berechnung der ε-Werte statt des Moduls E lediglich der Modul T^* zu berücksichtigen.

Von besonderer Bedeutung für die nachfolgenden Entwicklungen ist die von Lundquist [27—29] festgestellte Beziehung über die elastische Steifigkeit längsbelasteter Stäbe, die zu einfachen Knickkriterien führt.

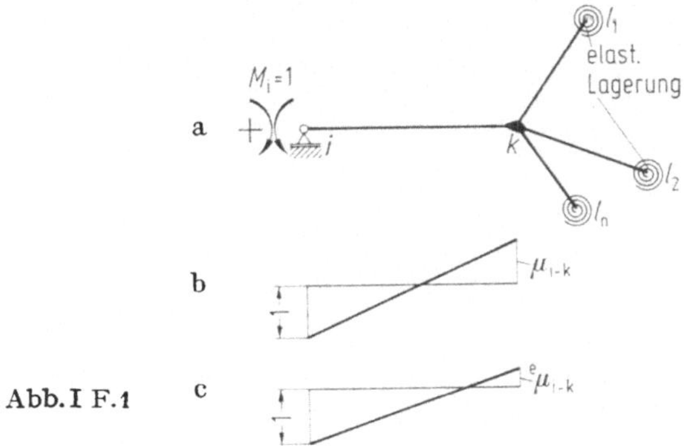

Der Stab $i - k$ nach Abb. I F.1a ist in i gelenkig gelagert, während im Stab k die Stäbe $k - l$ biegesteif angeschlossen sind. Das bedeutet aber eine elastische Lagerung des Knotens k durch die stützenden Stäbe $k - l$, die ihrerseits in l wieder elastisch gelagert sein können.

Wäre der Stab $i - k$ im Knoten k starr eingespannt, so würde sich in k aus dem Moment $M_i = 1$ ein Moment

$$\bar M_{k,i} = \mu_{i-k} M_i = \mu_{i-k}$$

ergeben (Abb. I F.1 b). Wird nun der Knoten k frei drehbar gemacht und entsprechend der Verteilung nach Cross (Bd. I A, IX C) das Moment μ_{i-k} auf die einzelnen Stäbe verteilt, so erhält man folgende Anteile:

Stab $k-i$:
$$-\mu_{i-k}\,\frac{^0s_{k,i}}{^0s_{k,i}+\sum{}^e s_{k,l}}\;;$$

Stab $k-l$:
$$-\mu_{i-k}\,\frac{^e s_{k,l}}{^0s_{k,i}+\sum{}^e s_{k,l}}.$$

Für den Stab $k-i$ ist die Steifigkeit $^0s_{k,i}$ zu wählen, da der Knoten i gelenkig gelagert ist, für die Stäbe $k-l$ die elastischen Steifigkeiten, da diese in l elastisch gelagert sind. Sind die Enden l gelenkig gelagert bzw. starr eingespannt, so sind dafür die Steifigkeiten $^0s_{k,l}$ bzw. $s_{k,l}$ zu wählen.

Aus Gleichgewichtsgründen muß nach dem Ausgleich das endgültige Moment $\bar{M}_{k,i}$ der Summe der Momente der Stäbe $k-l$ — mit entgegengesetzten Vorzeichen — entsprechen:

$$\bar{M}_{k,i}=\mu_{i-k}\,\frac{\sum{}^e s_{k,l}}{^0s_{k,i}+\sum{}^e s_{k,l}}.$$

Somit beträgt die elastische Übertragungszahl (Abb. I F.1 c)

$$^e\mu_{i-k}=\frac{\bar{M}_{k,i}}{M_i=1}=\mu_{i-k}\,\frac{\sum{}^e s_{k,l}}{^0s_{k,i}+\sum{}^e s_{k,l}}.\tag{I F.1}$$

Betrachtet man Abb. I F.2, so entspricht Abb. I F.2a dem endgültigen Verformungs- und Momentenzustand infolge eines Moments $^e s_{i,k}$ im Punkt i eines in k elastisch gelagerten Stabes; wobei definitionsgemäß im Punkt i die Drehung $\varphi_i=1$ entsteht.

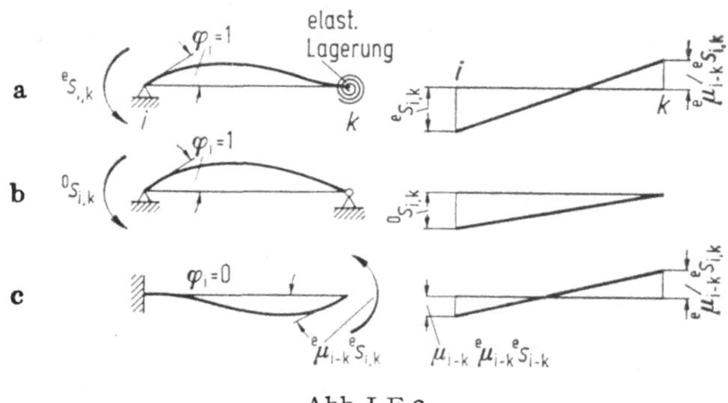

Abb. I F.2

Aus der Überlagerung der beiden Zustände nach Abb. I F.2 b und c erkennt man, daß sich im Punkt i die Drehung $\varphi_i=1{,}0+0=1{,}0$ ergibt, und im Punkt k das Moment $\bar{M}_{k,i}=0+{}^e\mu_{i-k}\,{}^e s_{i,k}={}^e\mu_{i-k}\,{}^e s_{i,k}$. Wenn nun nach Abb. I F.1 a im Punkt i die Drehung $\varphi_i=1$ und im Punkt k das Moment $^e\mu_{i-k}\,{}^e s_{i,k}$ auftritt, so kann bei der Überlagerung der Zustände nach b) und c) im Punkt i nur das gleiche Moment auftreten, als bei Zustand a). Es gilt:

$$^e s_{i,k}={}^0s_{i,k}+\mu_{i-k}\,{}^e\mu_{i-k}\,{}^e s_{i,k}.\tag{I F.2}$$

Mit (I F.1) wird

$$^e s_{i,k}={}^0s_{i,k}+\mu_{i-k}^2\,{}^e s_{i,k}\,\frac{\sum{}^e s_{k,l}}{^0s_{k,i}+\sum{}^e s_{k,}}$$

und

$$^{e}s_{i,k} = \frac{^{0}s_{i,k}}{1 - \mu_{i-k}^{2}\,\dfrac{\sum\,^{e}s_{k,l}}{^{0}s_{i,k} + \sum\,^{e}s_{k,l}}} = \frac{^{0}s_{i,k}}{1 - \mu_{i-k}^{2}\,\dfrac{f_{d,k}}{^{0}s_{i,k} + f_{d,k}}} \qquad \text{(I F.3)}$$

mit $f_{d,k} = \sum\,^{e}s_{k,l}$. Für $S = 0$ ist $\mu_{i-k} = 1/2$ und $^{0}s_{i,k} = 3/4\,s_{i,k}$. Hierfür wird mit der Knotensteifigkeit $f_{d} = \sum\,^{e}s_{k,l}$ (entsprechend Bd. I A, (VIII B.53)

$$^{e}s_{i,k} = \frac{(3/4)s_{i,k}}{1 - (1/4)\,\dfrac{f_{d}}{(3/4)s_{i,k} + f_{d}}} = s_{i,k}\left(1 - \frac{1}{4 + \dfrac{f_{d}s_{i,k}}{EJ}}\right). \qquad \text{(I F.4)}$$

(I F.4) entspricht der Formel Bd. I A (VIII B.52) für konstantes Trägheitsmoment.

Die Formeln (I F.1) und (I F.3) gelten sowohl für den elastischen als auch plastischen Bereich. Im letzteren Fall ist ε unter Beachtung von T^{*} zu berechnen.

b) Knickkriterien

α) Steifigkeitskriterien

Von einer Konstruktion aus beliebig vielen Stäben wird ein Knotenpunkt a einschließlich der anschließenden Stäbe $a - b$ betrachtet (Abb. I F.3). Die Knoten b können ihrerseits wieder durch andere Stäbe elastisch gestützt sein. Wirkt auf den Knotenpunkt a ein äußeres Moment $^{ä}M_{a} = 1$ und gleicht man dieses nach Cross aus, so verteilt sich dieses entsprechend den vorhandenen Steifigkeiten auf die einzelnen Stäbe. Für den Stab $a - b_{n}$ ergibt sich für das anliegende Ende a

$$\bar{M}_{a,b_{n}} = -\frac{^{e}s_{a,b_{n}}}{\sum\,^{e}s_{a,b}},$$

und für das abliegende Ende b_{n}

$$\bar{M}_{b,a} = -\bar{M}_{ab}\,^{e}\mu_{i-k} = -\,^{e}\mu_{i-k}\frac{^{e}s_{a,b_{n}}}{\sum\,^{e}s_{a,b}}.$$

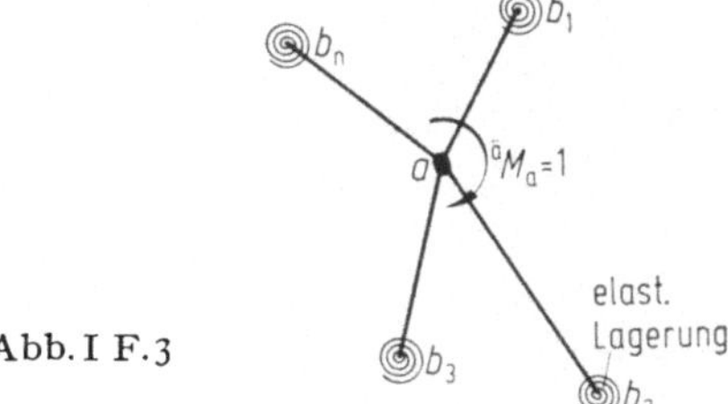

Abb. I F.3

Dieses Moment verteilt sich weiter im Verhältnis der Steifigkeiten der anschließenden Stäbe. Der Nenner $\sum\,^{e}s_{a,b}$ kommt dabei immer als ein Faktor vor und es können alle Momente in der Form

$$\bar{M} = \frac{K}{\sum\,^{e}s_{a,b}}$$

dargestellt werden, wobei K sich ändert. Wenn der Wert $\sum\,^{e}s_{a,b}$ zu Null wird, werden alle Momente unendlich groß, d.h. das System knickt aus. Die Knickbedingung für das gesamte System lautet somit

$$\sum\,^{e}s_{a,b} = 0, \qquad \text{(I F.5)}$$

d.h. die Summe der elastischen Steifigkeiten in einem beliebigen Punkt des Systems muß Null sein. Das Kriterium für sichere Stabilität lautet somit

$$\sum {}^{e}s_{a,b} > 0. \qquad (\text{I F.6})$$

In einem solchen Fall kann auch die Drehung des Knotens a infolge eines Momentes ${}^{\ddot{a}}M_a = 1$ über die Knotendrehung eines Stabes bestimmt werden. Ist die Steifigkeit ${}^{e}s_{a,b_n}$ das Moment, das die Drehung $\varphi_a = 1$ hervorruft, so entspricht dem Moment

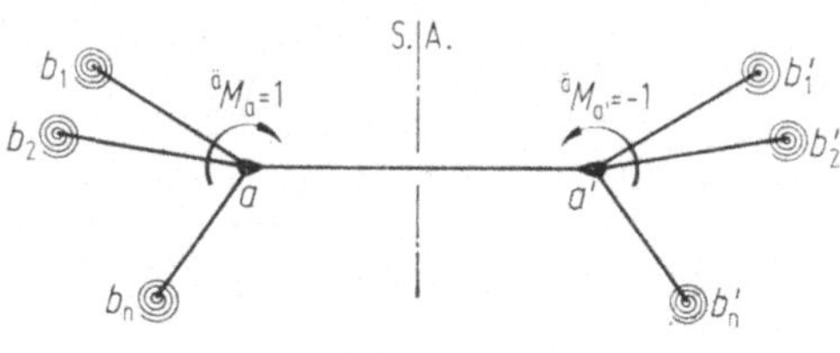

Abb. I F.4

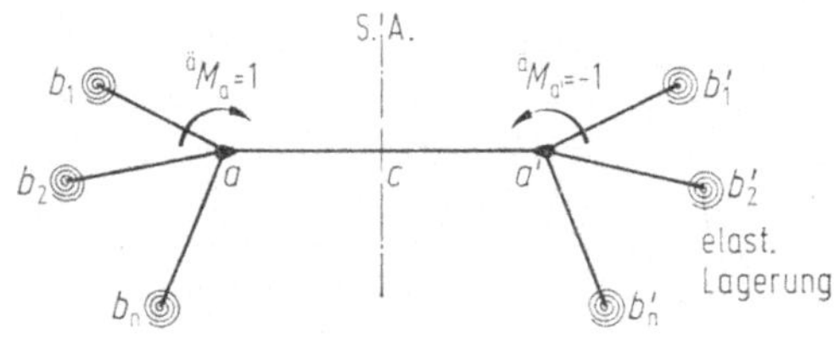

Abb. I F.5

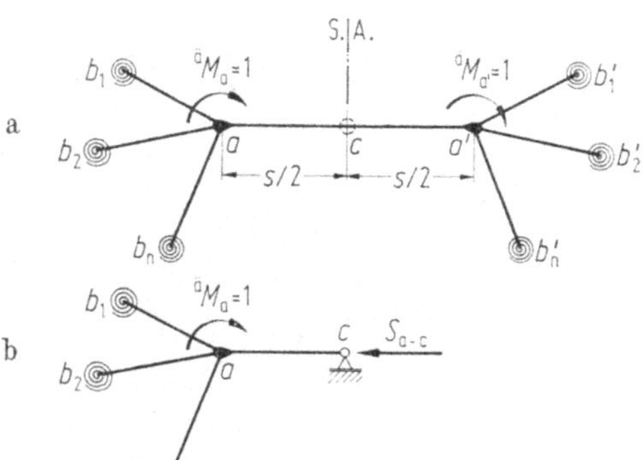

Abb. I E.6

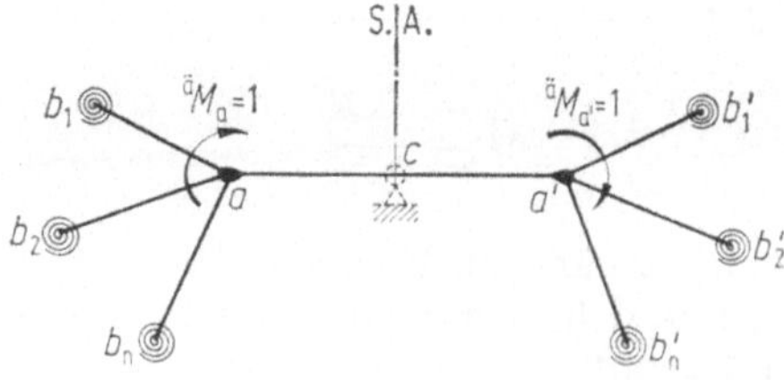

Abb. I F.7

$\bar{M}_{a,b_n}$ die Drehung φ_a:

$$\varphi_a = \frac{1}{{}^e s_{a,b_n}} \frac{{}^e s_{a,b_n}}{\sum {}^e s_{a,b}}, \tag{I F.7}$$

welcher Wert zur Bestimmung der Knickbelastung von Vorteil sein kann.

Handelt es sich um ein symmetrisches System (z.B. Abb. I F.4), so muß beim Anbringen zweier symmetrisch wirkender Momente ${}^{\ddot{a}}M_a = -{}^{\ddot{a}}M_{a'} = 1$ an einem in der Mitte liegenden Stab $a - a'$ eine der Formel (I F.5) entsprechende Bedingung gelten, wobei lediglich für den Stab $a - a'$ die Steifigkeit ${}^s s_{i,k}$ nach (I E.13) einzuführen ist. Die Knickbedingung für symmetrisches Knicken lautet:

$$\left(\sum {}^e s_{a,b}\right) + s_{a,a'} = 0. \tag{I F.8}$$

Liegt bei einem symmetrischen System ein Knoten in der Symmetrieachse (Abb. I F.5), so kann sich unter der Wirkung der beiden Momente ${}^{\ddot{a}}M_a = -{}^{\ddot{a}}M_{a'} = 1$ der Knoten c nicht drehen, er ist als starr eingespannt zu betrachten. Die Knickbedingung für symmetrisches Knicken lautet

$$\left(\sum {}^e s_{a,b}\right) + s_{a,c} = 0. \tag{I F.9}$$

Für ein symmetrisches System nach Abb. I F.6a kann das Knickkriterium für antimetrisches Knicken unter der Wirkung der beiden Momente ${}^{\ddot{a}}M_a = {}^{\ddot{a}}M_{a'} = 1$ entweder über die antimetrische Steifigkeit ${}^a s_{i,k}$ nach (I E.14) zu

$$\left(\sum {}^e s_{a,b}\right) + {}^a s_{a,a'} = 0 \tag{I F.10}$$

oder unter der Annahme eines ideellen Gelenkes m nach Abb. I F.6b zu

$$\left(\sum {}^e s_{a,b}\right) + {}^0 s_{a,c} = 0 \tag{I F.11}$$

angeschrieben werden.

Bei einem symmetrischen System mit einem Knoten in Systemmitte (Abb. I F.7) kann für antimetrisches Knicken ein Gelenk in Punkt c angenommen werden. Die Knickbedingung lautet

$$\left(\sum {}^e s_{a,b}\right) + {}^0 s_{a,c} = 0. \tag{I F.12}$$

Die Durchführung der Rechnung ist in dem Beispiel I 9.2 gezeigt.

β) Serienkriterium

Wirkt auf den Knoten a des Systems nach Abb. I F.8a ein äußeres Moment ${}^{\ddot{a}}M_a = 1$ und wird der Knoten c drehsteif festgehalten (Abb. I F.8b), so verteilt sich dieses entsprechend den Steifigkeiten $s_{a,c}$ bzw. ${}^e s_{a,b}$ auf die einzelnen Stäbe:

Stab $a - b_n$: $\qquad \tilde{M}_{a,b_n} = -\dfrac{{}^e s_{a,b_n}}{s_{a,c} + \sum {}^e s_{a,b}}$;

Stab $a - c$: $\qquad \tilde{M}_{a,c} = -\dfrac{s_{a,c}}{s_{a,c} + \sum {}^e s_{a,b}}$.

Das Moment $\tilde{M}_{a,c}$ wird mit der Fortleitungszahl μ_{a-c} zum Knoten c weitergeleitet, so daß dort das Moment $\tilde{M}_{c,a}$ entsteht:

$$\tilde{M}_{c,a} = \mu_{a-c}\tilde{M}_{a,c} = -\mu_{a-c}\frac{s_{a,c}}{s_{a,c} + \sum {}^e s_{a,b}} .$$

Wird nun der Knoten c ausgeglichen und der Knoten a festgehalten (Abb. F I.8c), so ergeben sich im Knoten c für den Stab $c - a$ ein zusätzliches Moment $\Delta\tilde{M}_{c,a}$ und in den Stäben $c - d$ die Momente $\tilde{M}_{c,d_n}$:

Stab $c - d_n$:
$$\tilde{M}_{c,d_n} = -\tilde{M}_{c,a} \frac{s_{c,d_n}}{s_{c,a} + \sum {}^e s_{c,d}} \;;$$

Stab $c - a$:
$$\triangle \tilde{M}_{c,a} = -\tilde{M}_{c,a} \frac{s_{c,a}}{s_{c,a} + \sum {}^e s_{c,d}} .$$

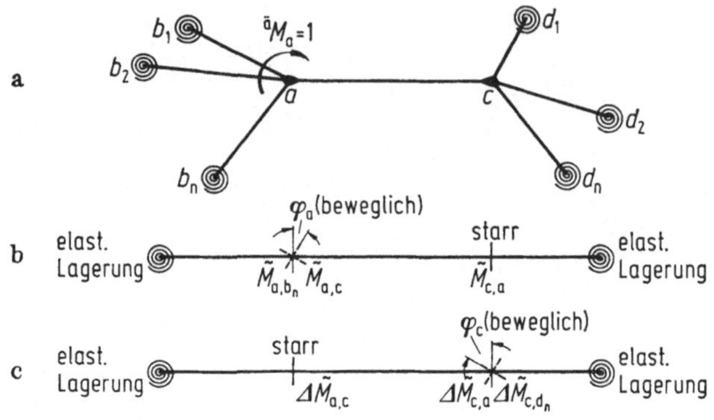

Abb. I F.8

Dieses letztere Moment wird zum Knoten a weitergeleitet:

$$\triangle \tilde{M}_{a,c} = \mu_{c-a} \triangle \tilde{M}_{c,a} = \frac{\mu_{c-a} s_{c,a}}{s_{c,a} + \sum {}^e s_{c,d}} \frac{\mu_{a-c} s_{a,c}}{s_{a,c} + \sum {}^e s_{a,b}} = r .$$

Für einen Stab mit konstantem Trägheitsmoment ist $s_{a,c} = s_{c,a}$ und $\mu_{a-c} = \mu_{c-a}$. Somit wird

$$r = \frac{(\mu_{a-c} s_{a,c})^2}{\left(s_{a,c} + \sum {}^e s_{a,b}\right)\left(s_{a,c} + \sum {}^e s_{c,d}\right)} . \tag{I F.13}$$

In dem Knoten a ist somit ein nicht ausgeglichenes Moment r vorhanden. Wenn für das Moment $^a M_a = 1$ nach dem Ausgleich im Knoten a ein unausgeglichenes Moment r auftritt, so muß bei dem zweiten Ausgleich für ein Moment $\triangle M_a = r$ ein unausgeglichenes Moment r^2 im Knoten a auftreten usw. Nach n-fachem Ausgleich erhält man im Knotenpunkt a das Moment

$$1 + r + r^2 + r^3 \cdots + r^n \approx \frac{1}{1-r} \quad \text{für} \quad |r| < 1 . \tag{I F.14}$$

Für die Stäbe $a - b_n$ erhält man infolge des Momentes $^a M_a = 1$ die endgültigen Momente

$$\bar{M}_{a,b} = - \frac{{}^e s_{a,b}}{s_{a,c} + \sum {}^e s_{a,b}} (1 + r + r^2 + \cdots + r^n) = - \frac{{}^e s_{a,b}}{s_{a,c} + \sum {}^e s_{a,b}} \frac{1}{1-r} ,$$
$$\tag{I F.15a}$$

und für die Stäbe $c - d$

$$\bar{M}_{c,d} = \mu_{a-c} \frac{s_{a,c}}{s_{a,c} + \sum {}^e s_{a,b}} \frac{{}^e s_{c,d}}{s_{a,c} + \sum {}^e s_{c,d}} (1 + r + r^2 + \cdots + r^n) . \tag{I F.15b}$$

Für $r = 1$ werden alle Momente unendlich groß, d. h. es lautet das Serienkriterium zur Bestimmung der Knickbelastung

$$r = 1 . \tag{I F.16}$$

Für $r < 1$ sind alle Momente endlich, d.h. das System ist stabil. Das Kriterium für sichere Stabilität lautet:

$$r \leqq 1.\tag{I F.17}$$

Wenn unter Zugrundelegung des Stabes $a - b$ im Knoten a infolge der elastischen Steifigkeit ${}^{e}s_{a,b}$ die Knotendrehung „1" entsteht, so ergibt sich die Knotendrehung infolge des endgültigen Momentes $\tilde{M}_{a,b}$ zu

$$\varphi_a = \frac{\tilde{M}_{a,b}}{{}^{e}s_{a,b}} = \frac{1}{s_{a,c} + \sum {}^{e}s_{a,b}} \frac{1}{1-r}.\tag{I F.18}$$

Unter Zugrundelegung eines vollständigen Cross-Ausgleiches für ein geschlossenes System wurde das Serienkriterium von Lundquist auch von Hoff [16] und Niles, Newell [34] zur Stabilitätsberechnung von Fachwerken herangezogen. Die Berechnung wird entsprechend Bd. I A, IX C durchgeführt. Der Unterschied besteht nur darin, daß nunmehr für die Bestimmung der Momentenverteilungszahlen $\mu_{i,k}$ die Steifigkeiten des längsbelasteten Stabes nach (I E.11) und (I E.12) einzuführen sind:

$$s_{i,k} = \frac{EJ}{s} F_1(\varepsilon); \quad s_{i,k}^* = \frac{EJ}{s} F_1^*(\varepsilon);$$

$$^{0}s_{i,k} = \frac{EJ}{s} F_3(\varepsilon); \quad {}^{0}s_{i,k}^* = \frac{EJ}{s} F_3^*(\varepsilon).$$

Mit der Summe aller Steifigkeiten $f_{d,i}$ der Stäbe, die an einem Knoten i anschließen, ergeben sich die Verteilungszahlen

$$\mu_{i,k} = -\frac{s_{i,k}}{f_{d,i}}; \quad \text{bzw.} \quad \mu_{i,k} = -\frac{^{0}s_{i,k}}{f_{d,i}}.\tag{I F.19}$$

Die Fortleitungszahlen für beiderseits starr eingespannte Stäbe lauten nach (I E.15)

$$\mu_{i-k} = \frac{F_2(\varepsilon)}{F_1(\varepsilon)} \quad \text{bzw.} \quad \mu_{i-k}^* = \frac{F_2^*(\varepsilon)}{F_1^*(\varepsilon)}.\tag{I F.21}$$

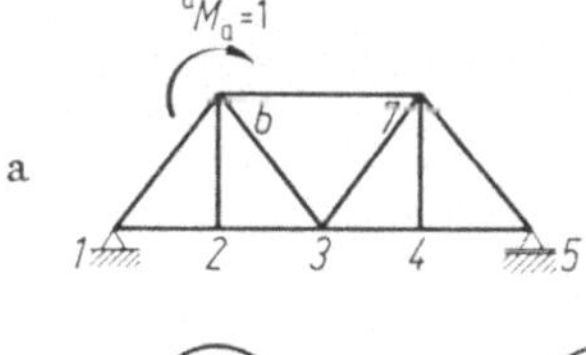

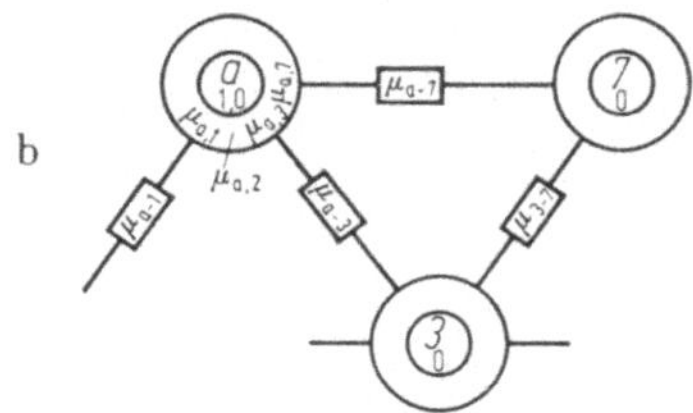

Abb. I F.9

Die Verteilungszahlen $\mu_{i,k}$ werden bei jedem Knoten, die Fortleitungszahlen μ_{i-k} bei jedem Stab entsprechend Abb. I F.9b eingetragen; sie sind nun nicht mehr konstante Werte, die nur von den Querschnitts- und Systemwerten abhängen, sondern auch von der Belastung abhängig, d.h. sie müssen für jede Belastungssteigerung neu berechnet werden. Bringt man nun in einem Knoten a des Fachwerkes das Moment ${}^{a}M_a = 1$ auf (z.B. Abb. I F.9a), so kann man mit den $\mu_{i,k}$-Werten den Ausgleich dieses Knotens durchführen, wobei alle anderen Knoten drehfest gehalten werden (Abb. I F.9b).

Mit den Fortleitungszahlen μ_{i-k} erhält man nicht ausgeglichene Momente in den benachbarten Knoten (z. B. in 1, 2, 3, 7). Mit den entsprechenden $\mu_{i,k}$- und μ_{i-k}-Werten werden dann alle Knoten des Systems (z. B. 1, 2, 3, 4, 5, 7), mit Ausnahme des Knotens a, so lange ausgeglichen, bis sich keine Änderungen mehr in diesen Knoten ergeben. Von allen Ausgleichen der zu dem Knoten a benachbarten n Knoten b sind Rückübertragungsmomente zum Knoten a geleitet worden. Die Summe dieser Rückübertragungsmomente über alle Stäbe n und alle Ausgleiche m wird bestimmt und mit „r_n" bezeichnet:

$$\sum_n \sum_m \Delta \tilde{M}_{a,b} = \sum_n \sum_m \mu_{b_i-a} \Delta \tilde{M}_{b,a} = r_n . \tag{I F.22}$$

Es gelten die gleichen Betrachtungen wie oben, d. h. die Knickbedingung lautet wieder

$$r_n = 1 . \tag{I F.23}$$

Der letztere Weg über den vollständigen Cross-Ausgleich wird nicht empfohlen, da er umständlich und umfangreich ist, und die Konvergenz im Bereich der Knickbelastung sehr schlecht wird.

Bei der Bestimmung der Knicksicherheit nach dem Steifigkeits- und Serienkriterium geht man so vor, daß man einen Laststeigerungsfaktor v_i wählt und dafür die Stabkräfte und Spannungen berechnet. Damit sind die Elastizitätsmoduli E bzw. T^* festgelegt und es können mit den ε-Werten die Steifigkeiten berechnet werden.

Bei offenen Systemen (z. B. Abb. I F.3 bis Abb. I F.8) können die elastischen Steifigkeiten $^e s_{i,k}$ nach (I F.3) von den Systemenden aus fortlaufend berechnet werden, wobei die Lagerung der Systemenden bekannt sei. Zum Beispiel ergibt sich für die Berechnung des Steifigkeitskriteriums des Systems nach Abb. I F.10 folgender Rechnungsweg, wenn alle Beanspruchungen unter den Werten σ_P bzw. σ_P^* bleiben:

$$s_{4,1} = \left(\frac{EJ}{s} F_1\right)_{1,4} ; \quad {}^0 s_{4,2} = \left(\frac{EJ}{s} F_8\right)_{2,4} ; \quad s_{4,3}^* = \left(\frac{EJ}{s} F_1^*\right)_{3,4} ;$$

$${}^0 s_{4,6} = \left(\frac{EJ}{s} F_8\right)_{4,6} \quad \text{usw.};$$

$$\mu_{6-4} = \left(\frac{F_2}{F_1}\right)_{4,6} \quad \text{usw.};$$

$$f_{d,4} = \sum {}^e s_{k,l} = s_{4,1} + {}^0 s_{4,2} + s_{4,3}^* ;$$

$${}^e s_{6,4} = \cfrac{{}^0 s_{4,6}}{1 - \mu_{4-6}^2 \cfrac{f_{d,4}}{{}^0 s_{4,6} + f_{d,4}}} ;$$

$$f_{d,10} = s_{10,12} + {}^0 s_{10,11} ; \quad {}^e s_{8,10} = \cfrac{{}^0 s_{8,10}}{1 - \mu_{8-10}^2 \cfrac{f_{d,10}}{{}^0 s_{8,10} + f_{d,10}}} ;$$

$$f_{d,8} = {}^e s_{8,10} + s_{8,9} ; \quad {}^e s_{6,8} = \cfrac{{}^0 s_{6,8}}{1 - \mu_{6-8}^2 \cfrac{f_{d,8}}{{}^0 s_{6,8} + f_{d,8}}} ;$$

$$\left(\sum {}^e s_{a,b}\right)_{v_i} = {}^e s_{6,4} + {}^0 s_{6,5} + s_{6,7} + {}^e s_{6,8} .$$

Dieser Wert nach (I F.5) wird entsprechend Abb. I F.11 als Ordinate zur Abszisse v_i aufgetragen. Unter Zugrundelegung verschiedener Werte v_i erhält man die $\sum{}^e s_{a,b}$-Kurve, deren Nullstelle die wirkliche Knicksicherheit v_e gibt, die über dem Wert v_E liegen muß. Bezüglich der Berechnung der Knicksicherheit geschlossener Systeme sei auf Abschnitt c) verwiesen.

Die Durchführung der Berechnung ist in den Beispielen I 6.1 und I 12.1 a gezeigt.

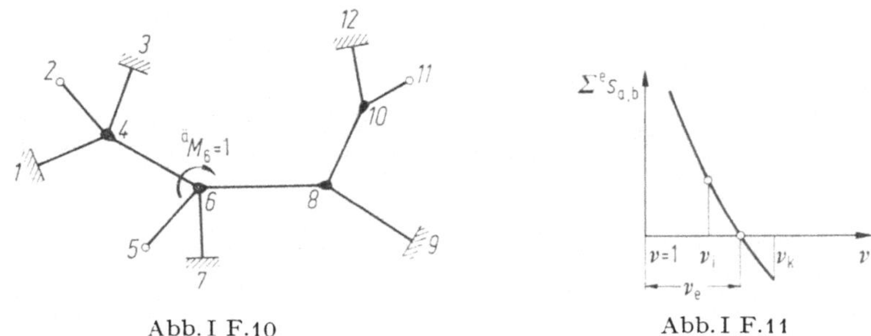

Abb. I F.10   Abb. I F.11

γ) Bestimmung der Knickbelastung aus Verformungen II. Ordnung von Belastungszuständen

Um langwieriges Probieren bei der Ermittlung der Knicksbelastung bzw. Knicksicherheit zu vermeiden, wurde von B. V. Southwell [51] ein Verfahren entwickelt, das aus den Verformungen zweier Belastungsstufen die Bestimmung der Knickbelastung ermöglicht, auch wenn die Laststufen weit von der Knickbelastung entfernt sind. Dieses Verfahren wurde von Lundquist [27, 28] mit Vorteil auch für die unter α) und β) entwickelten Verfahren angewandt.

Sind z.B. für den beiderseits gelenkig gelagerten Stab (Abb. I F.12a) im Versuch für eine Anfangsbelastung P_a die Durchbiegung v_a bekannt und ebenfalls zu Belastungen P_1 und P_2 die zugehörigen Durchbiegungen v_1 und v_2, so gilt nach Southwell, wenn die Werte nach Abb. I F.12b aufgetragen werden und der Winkel β bestimmt wird, für die Knicklast

$$P_k = P_a + \tan\beta. \tag{I F.24}$$

Die gleiche Formel gilt für die Probleme nach α) und β), wenn statt der Werte v_a, v_1, v_2 die von φ_a, φ_1 und φ_2 nach (I F.7) oder (I F.18) entsprechend Abb. I F.12c eingeführt werden. Letzterer Weg ist besonders für die rechnerische Bestimmung günstig, da für jede Belastungsstufe ein Wert φ ermittelt werden kann.

Für Formel (I F.24) kann nachfolgender Beweis geführt werden.

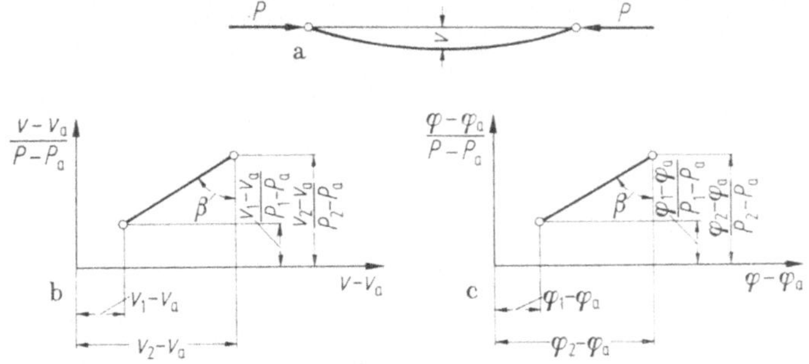

Abb. I F.12

Nach (I D.11) ergibt sich für einen zentrisch belasteten Stab (Abb. I F.13 a) mit der Anfangsausbiegung f_0 des unbelasteten Stabes

$$f = \frac{f_0}{\mu - 1} \quad \text{mit} \quad \mu = \frac{P_E}{P}$$

nach (I D.9) und (I D.10). Nach (I D.12) wird

$$f' = f_0 \frac{\mu}{\mu - 1},$$

und

$$\frac{f}{f'} = \frac{1}{\mu} = \frac{P}{P_E} \quad \text{bzw.} \quad P = P_E \frac{f}{f'}.$$

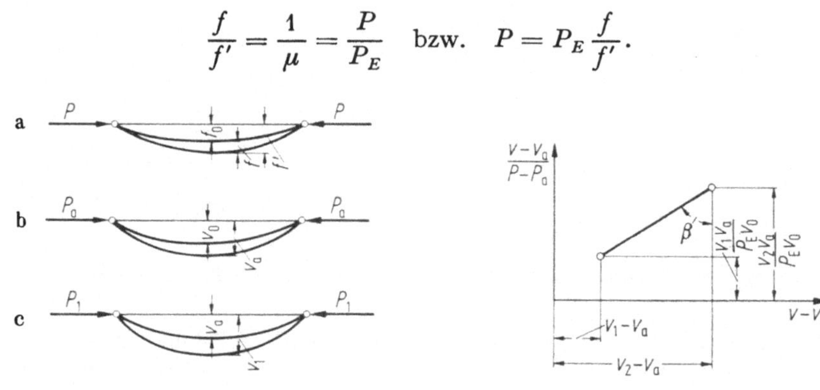

Abb. I F.13   Abb. I F.14

Für eine anfängliche Ausbiegung v_0 zu $P = 0$ ergibt sich für eine Ausgangslage v_a, zu P_a gehörig, somit (Abb. I F.13 b)

$$P_a = P_E \frac{v_a - v_0}{v_a} \quad \text{bzw.} \quad P_a v_a - P_E v_a = -P_E v_0 \quad \text{bzw.} \quad P_E - P_a = P_E \frac{v_0}{v_a},$$

und entsprechend ergeben sich für die Belastungen P_1 und P_2 (Abb. I F.13 c)

$$P_1 = P_E \frac{v_1 - v_0}{v_1} \; ;$$

$$P_2 = P_E \frac{v_2 - v_0}{v_2} .$$

Damit wird

$$P_2 - P_1 = P_E v_0 \frac{v_2 - v_1}{v_1 v_2}$$

bzw.

$$\frac{v_2 - v_1}{P_2 - P_1} = \frac{v_1 v_2}{P_E v_0} .$$

Somit gilt aber auch

$$\frac{v_1 - v_a}{P_1 - P_a} = \frac{v_1 v_a}{P_E v_0} \; ; \quad \frac{v_2 - v_a}{P_2 - P_a} = \frac{v_2 v_a}{P_E v_0} .$$

Nach Abb. I F.12 b wird mit der Umschreibung nach Abb. I F.14

$$\tan \beta = \frac{v_2 - v_1}{\dfrac{v_a}{P_E v_0} (v_2 - v_1)} = \frac{P_E v_0}{v_a} .$$

Mit $P_E\, v_0/v_a = P_E - P_a$ wird

$$\tan \beta = P_E - P_a,$$

und man erhält die Euler-Knicklast

$$P_E = P_a + \tan \beta.$$

c) Anwendung auf verschiedene Systeme

α) Der Einzelstab

Ist nur ein Stab $i - k$ vorhanden, so reduziert sich das Steifigkeitskriterium nach (I F.5) auf eine einzige Steifigkeit.

Für den beiderseits gelenkig gelagerten Stab nach Abb. I F.15 a lautet die Knickbedingung

$$^0s_{i,k} = 0. \qquad\qquad \text{(I F.25 a)}$$

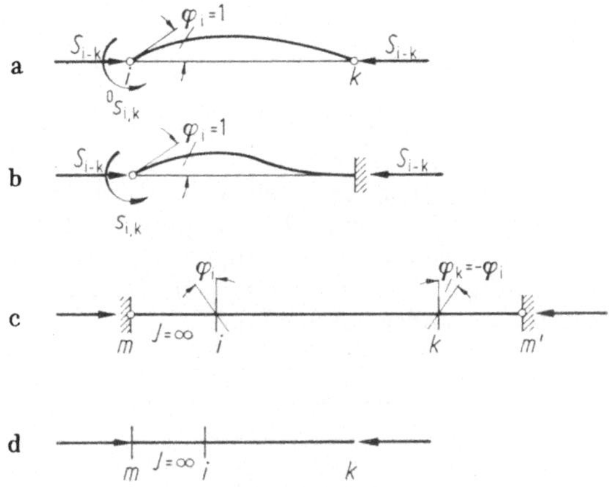

Abb. I F.15

Nach (I E.12a) ist $^0s_{i,k} = (EJ/s)\, F_8(\varepsilon)$, womit aus (I F.25 a) folgt

$$F_8(\varepsilon) = 0. \qquad\qquad \text{(I F.25 b)}$$

Aus den Tafeln F ergibt sich $F_8 = 0$ für $\varepsilon = \pi$. Mit $\varepsilon = s\,\sqrt{S_{i-k}/EJ_{i,k}}$ nach (I B.14) wird

$$S_{kr} = \frac{\pi^2 E J_{i,k}}{s_{i-k}^2}.$$

Für den einseitig gelenkig, einseitig starr eingespannten Stab nach Abb. I F.15 b lautet die Knickbedingung

$$s_{i,k} = 0 \qquad\qquad \text{(I F.25 c)}$$

bzw. mit $s_{i,k} = (EJ/s)\, F_1(\varepsilon)$ nach (I E.11 a)

$$F_1(\varepsilon) = 0. \qquad\qquad \text{(I F.25 d)}$$

Aus den Tafeln F ergibt sich $F_1 = 0$ für $\varepsilon = 4{,}493$ und

$$S_{kr} = \frac{4{,}493^2 E J}{s_{i-k}^2} = \frac{\pi^2 E J}{\left(\dfrac{\pi}{4{,}493}\right)^2 s_{i-k}^2} = \frac{\pi^2 E J}{(0{,}707\, s_{i-k})^2}.$$

Die effektive Knicklänge beträgt somit $0{,}707\, s_{i-k}$.

Für den beiderseits eingespannten Stab kann man sich 2 Nachbarstäbe mit $J_{i,m} = \infty$ vorstellen. Bei gleichzeitiger Drehung der Knoten i und k nach Abb. I F.15c gilt die Knickbedingung

$$^i a_i^* = \left(\frac{EJ}{s}\,F_1\right)_{i,m} + \left(\frac{EJ}{s}\,F_5\right)_{i,k} = 0. \tag{I F.26a}$$

Da $J_{i,m} = \infty$ ist, muß F_5 den Wert $(-\infty)$ annehmen, das ist bei $\varepsilon = 2\pi$ erfüllt. Somit wird

$$S_{kr} = \frac{\pi^2 EJ}{(0,5\,s)^2}.$$

In ähnlicher Weise ergibt sich für den einseitig eingespannten Stab nach Abb. I F.15d mit $J_{i,m} = \infty$

$$^i a_i^* = \left(\frac{EJ}{s}\,F_1\right)_{m,i} - \left(\frac{EJ}{s}\,F_{10}\right)_{i,k} = 0. \tag{I F.26b}$$

Es ist wieder $[(EJ/s)\,F_1]_{m,i} = +\infty$, somit muß F_{10} ebenfalls den Wert $(+\infty)$ haben. Dies ist für $\varepsilon = \pi/2$ erfüllt. Damit wird

$$S_{kr} = \frac{\pi^2 EJ}{(2s)^2}.$$

Für einen mehrfach gestützten, aber starr gelagerten Stab (z. B. nach Abb. I F.16), mit Druck- und Zugkräften, wird für einen Knotenpunkt a das Steifigkeitskriterium oder für einen Stab $a - c$ das Serienkriterium aufgestellt. Man bestimmt dabei, jeweils von den Enden beginnend, die elastischen Steifigkeiten der beiden an den Knoten a oder an die Knoten a und c anschließenden Stäbe.

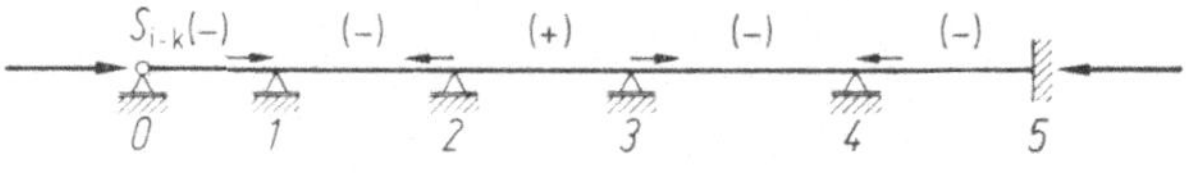

Abb. I F.16

Zum Beispiel ergibt sich für Abb. I F.16 das Steifigkeitskriterium nach (I F.5) für Punkt $a = 3$:

$$^0 s_{1,0} = \left(\frac{EJ}{s}\,F_8\right)_{0,1}; \quad ^e s_{2,1} = \frac{^0 s_{2,1}}{1 - \mu_{1-2}^2\,\dfrac{^0 s_{1,0}}{^0 s_{2,1} + {}^0 s_{1,0}}};$$

$$^e s_{3,2} = \frac{^0 s_{3,2}^*}{1 - \mu_{3-2}^{2*}\,\dfrac{^e s_{2,1}}{^0 s_{3,2}^* + {}^e s_{2,1}}}; \quad s_{4,5} = \left(\frac{EJ}{s}\,F_1\right)_{4,5};$$

$$^e s_{3,4} = \frac{^0 s_{3,4}}{1 - \mu_{3-4}^2\,\dfrac{s_{4,5}}{^0 s_{3,4} + s_{4,5}}}.$$

Das Steifigkeitskriterium lautet

$$^e s_{3,2} + {}^e s_{3,4} = 0.$$

Das Serienkriterium für den Stab $a - c = 3 - 4$ erhält man nach (I F.13) zu

$$\gamma = \frac{(\mu_{3-4} s_{3,4})^2}{(s_{3,4} + {}^e s_{3,2})\,(s_{3,4} + s_{4,5})} = 1.$$

β) Unverschiebliche Rahmen

Für unverschiebliche offene Systeme (z.B. Abb. I F.17a—c) gelten die Entwicklungen nach b, β). Die elastischen Steifigkeiten können laufend von den Enden aus, für die die Lagerungsart festliegt, bestimmt werden. Zum Beispiel ergibt sich das Serienkriterium für Abb. I F.17a für den Stab $a - c = 2 - 3$

$$r = \frac{(\mu_{2-3}s_{2,3})^2}{(s_{2,3} + s_{2,1})(s_{2,3} + {}^0s_{3,4})} = 1,$$

und das Steifigkeitskriterium für Abb. I F.17b für den Knoten $a = 8$ zu

$${}^e s_{8,7} + s_{8,3} + {}^e s_{8,9} = 0.$$

Für unverschiebliche geschlossene Systeme (z.B. Abb. I F.18a) kann man für irgendeinen Knoten a oder Stab $a - c$ das Steifigkeitskriterium bzw. Serienkriterium aufstellen. Hierbei wird das geschlossene System zweckmäßig in ein ideelles offenes System [46] umgewandelt. Dies erfolgt derart, daß man von den betrachteten Knoten a bzw. c aus das System über einige Stäbe weiter verfolgt und dann mit einem Gelenk bzw. starr eingespannt enden läßt. Selbstverständlich wird man einen Teil des Systems bis zur Lagerung mitberücksichtigen. Für das Steifigkeitskriterium im Punkt $a = 8$ der Abb. I F.18a sind die entsprechenden Teilsysteme, für die die elastischen Steifigkeiten ermittelt werden, in Abb. I F.18b, c und d dargestellt.

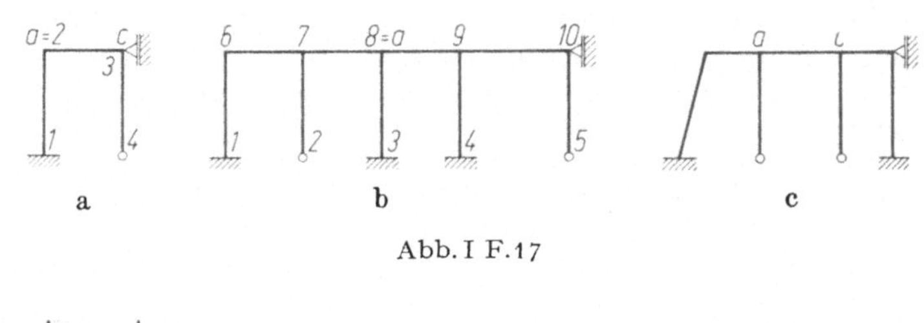

Abb. I F.17

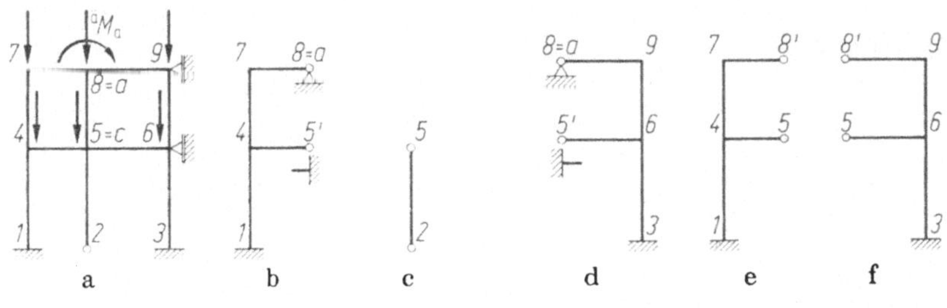

Abb. I F.18

Zum Beispiel ergibt sich

$$s_{4,1} = \left(\frac{EJ}{s}F_1\right)_{1,4} ; \quad {}^0s_{4,5'} = \left(\frac{EJ}{s}F_8\right)_{4,5'} ; \quad f_{d,4} = s_{4,1} + {}^0s_{4,5'} ;$$

$${}^e s_{7,4} = \frac{{}^0s_{7,4}}{1 - \mu_{4-7}^2 \dfrac{f_{d,4}}{{}^0s_{7,4} + f_{d,4}}} ; \quad {}^e s_{8,7} = \frac{{}^0s_{8,7}}{1 - \mu_{8-7}^2 \dfrac{{}^e s_{7,4}}{{}^0s_{8,7} + {}^e s_{7,4}}} ,$$

und entsprechend ${}^e s_{8,5}$ und ${}^e s_{8,9}$.

Würde man das Ende 5′ starr eingespannt annehmen, so wäre statt ${}^0s_{4,5'}$ der Wert $s_{4,5'}$ einzuführen. Das Knickkriterium lautet

$${}^e s_{8,7} + {}^e s_{8,5} + {}^e s_{8,9} = 0.$$

Für das Serienkriterium für den Stab $a - c = 8 - 5$ wären entsprechende Teilsysteme zu wählen, wobei jedoch der Stab $a - c$ nicht mehr Teil eines Teilsystems sein darf (Abb. I F.18b, d, e, f).

In (I F.13)

$$r = \frac{(\mu_{a-c} s_{a,c})^2}{(s_{a,c} + \sum {}^e s_{a,b})(s_{a,c} + \sum {}^e s_{c,d})} = 1$$

wären einzuführen:

$$\mu_{a-c} = \mu_{8-5}; \quad s_{a,c} = s_{5,8};$$

$$\sum {}^e s_{a,b} = {}^e s_{8,7} + {}^e s_{8,9}; \quad \sum {}^e s_{c,d} = {}^e s_{5,4} + {}^0 s_{5,2} + {}^e s_{5,6}.$$

Hierbei ist z. B.

$$^0 s_{7,8'} = \left(\frac{EJ}{s} F_8\right)_{7,8'}; \quad {}^e s_{4,7} = \frac{{}^0 s_{4,7}}{1 - \mu_{4-7}^2 \dfrac{{}^0 s_{7,8'}}{{}^0 s_{4,7} + {}^0 s_{7,8'}}};$$

$$f_{d,4} = {}^e s_{4,7} + s_{4,1}; \quad {}^e s_{5,4} = \frac{{}^0 s_{5,4}}{1 - \mu_{5-4}^2 \dfrac{f_{d,4}}{{}^0 s_{5,4} + f_{d,4}}}.$$

Ist im System, einschließlich der Belastung, Symmetrie vorhanden, so werden beim Steifigkeitskriterium mit Vorteil die Formeln (I F.8) bis (I F.12) zur Anwendung kommen. Zum Beispiel sind für das System nach Abb. I F.19a die Teilsysteme nach Abb. I F.19b und c dargestellt, wobei die Momente ${}^{\ddot{a}} M_a = 1$ und ${}^{\ddot{a}} M_{a'} = -1$ gleichzeitig wirken. ${}^e s_{10,9}$ wird nach Abb. I F.19b bestimmt. Für ${}^e s_{10,6}$ wird bereits die Symmetrie beachtet:

$$f_{d,6} = {}^0 s_{6,5'} + {}^0 s_{6,2} + {}^s s_{6,7};$$

$$^e s_{10,6} = \frac{{}^0 s_{10,6}}{1 - \mu_{6-10}^2 \dfrac{f_{d,6}}{{}^0 s_{10,6} + f_{d,6}}}.$$

Steifigkeitskriterium:

$$^e s_{10,9} + {}^e s_{10,6} + {}^s s_{10,11} = 0.$$

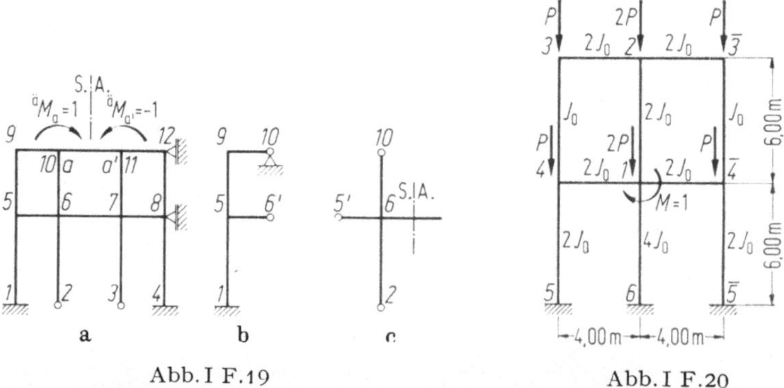

Bei allen Stabilitätsuntersuchungen ist die kleinste Knicklast maßgebend. Löst man z. B. das Serienkriterium für bestimmte Belastungen P oder Laststeigerungsfaktoren ν, so ergibt sich für r eine Kurve. Im Schnittpunkt mit der Geraden $r = 1$ erhält man die kleinste und die höheren kritischen Belastungen. Zu beachten ist, daß die Funktionen von r großen Schwankungen unterworfen sind und im Bereich der kritischen

Lasten oft steil nach Unendlich streben. Es ist daher Vorsicht geboten, daß man im Bereich der kleinsten Knicklast nur kleine Schritte bei der Belastungssteigerung wählt Diese Tatsache ist besonders deutlich aus der r-Kurve (Abb. I F.21) für den dreistieligen, doppelstöckigen Rahmen nach (Abb. I F.20) und für den Rahmen nach Abb. I F.22 aus Abb. I F.23 zu ersehen (siehe Beispiele I 9.2 und I 6.1 und I 12.1 a).

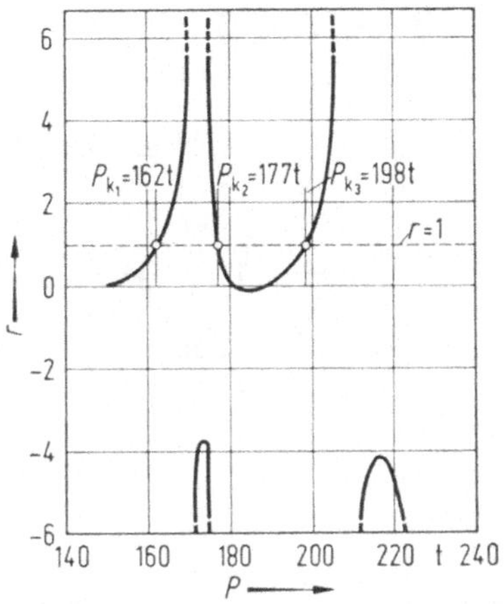

Abb. I F.21

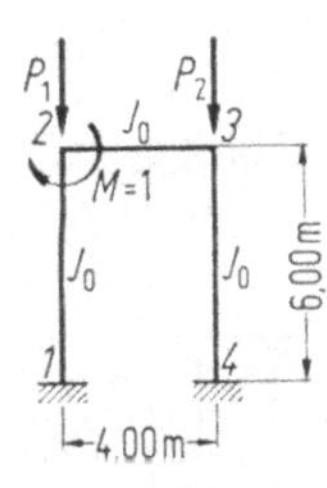

Abb. I F.22

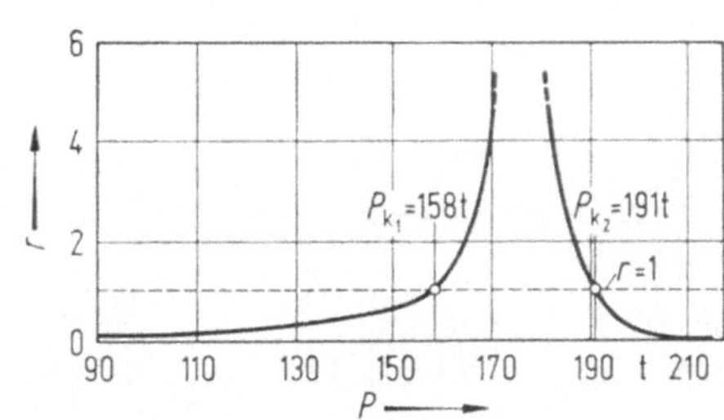

Abb. I F.23

γ) Fachwerke mit biegesteifen Knoten

Es gelten grundsätzlich die Überlegungen von Abschnitt E 5 b. Slavin [49, 50] hat zuerst darauf hingewiesen, daß man ein Teilsystem aus dem Fachwerk herausgreifen kann. Es empfiehlt sich, beim Steifigkeitskriterium und Serienkriterium über

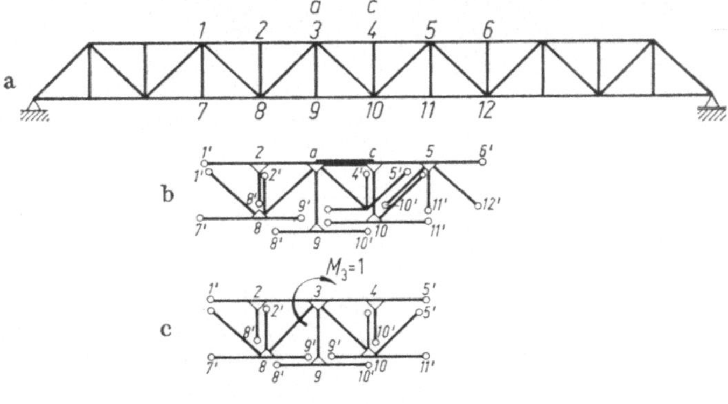

Abb. I F.24

Gesamtfachwerk
E.M. bei L_0 od. U_1 od. U_2 od. U_3 od. L_2

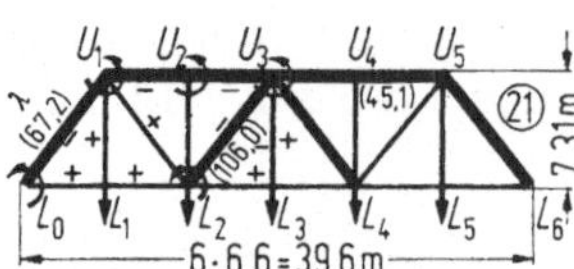

1. Gruppe - $L_0 U_1$ Hauptdruckglied
[1×] von den Enden L_0 und U_1
E.M. bei L_0 oder U_1

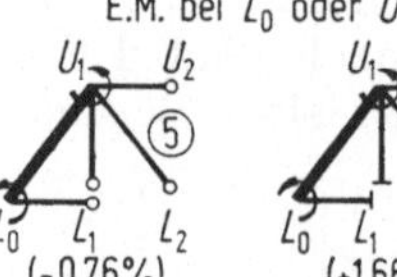

2. Gruppe - $U_1 U_2$ Hauptdruckglied
[1×] von den Enden L_1 und U_2
E.M. bei U_1 oder U_2

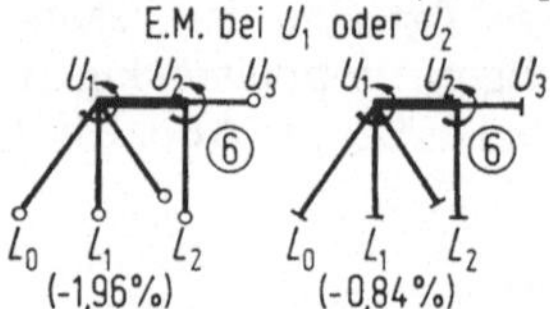

3. Gruppe - $U_2 U_3$ Hauptdruckglied
[1×] von den Enden U_2 und U_3
E.M. bei U_2 oder U_3

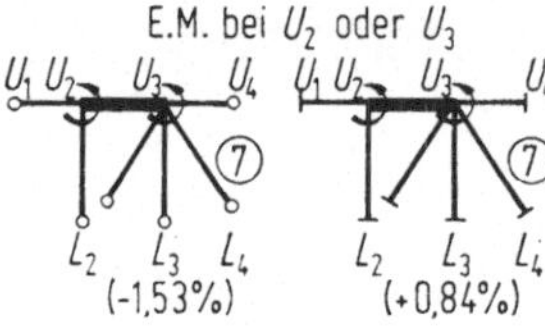

4. Gruppe - $L_2 U_3$ Hauptdruckglied
[1×] von den Enden L_2 und U_3
E.M. bei L_2 oder U_3

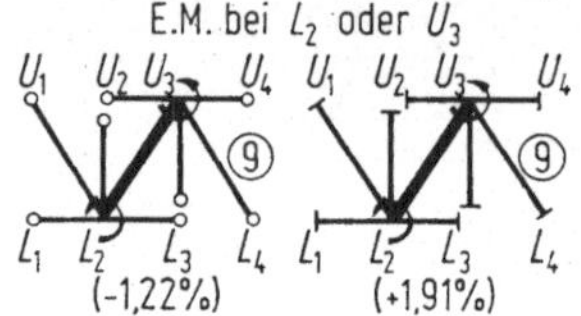

5. Gruppe - $L_0 U_1$ Hauptdruckglied
[2×] von den Enden L_0 und U_1
E.M. bei L_0 oder U_1

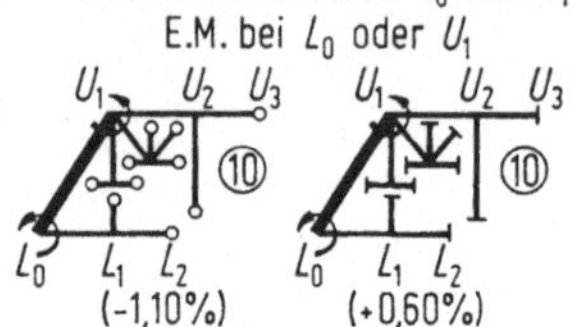

6. Gruppe - $U_1 U_2$ Hauptdruckglied
[2×] von den Enden U_1 und U_2
E.M. bei U_1 oder U_2

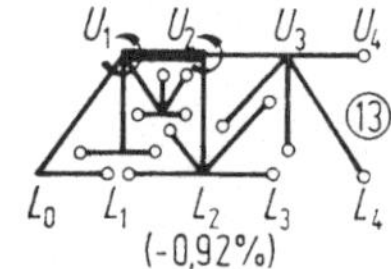

7. Gruppe - $U_2 U_3$ Hauptdruckglied
[2×] von den Enden U_2 und U_3
E.M. bei U_2 oder U_3

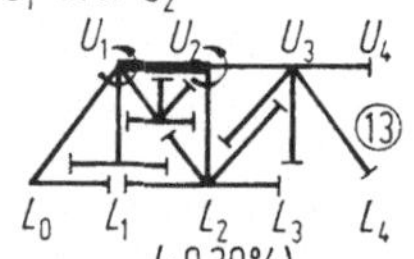

8. Gruppe - $L_2 U_3$ Hauptdruckglied
[2×] von den Enden L_2 und U_3
E.M. bei L_2 oder U_3

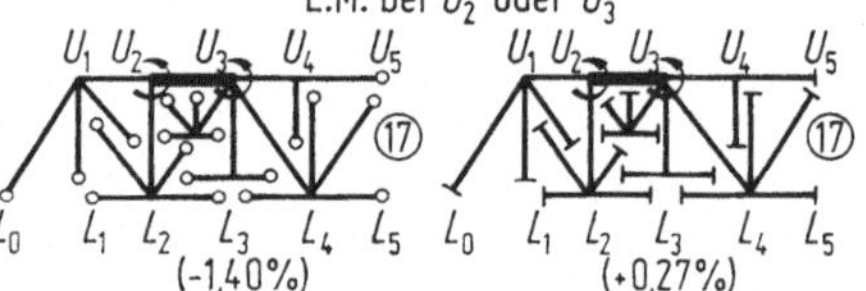

9. Gruppe - E.M. bei L_0
[2×] vom Knoten L_0

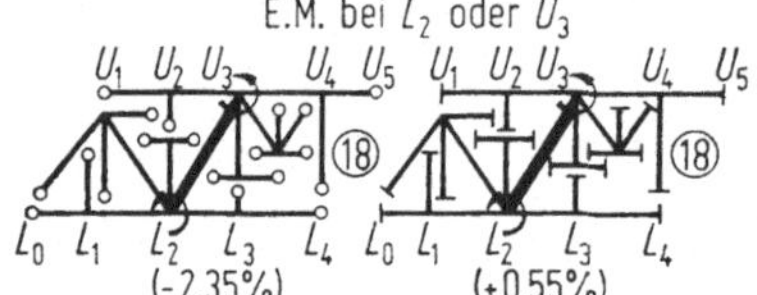

10. Gruppe - E.M. bei U_1
[2×] vom Knoten U_1

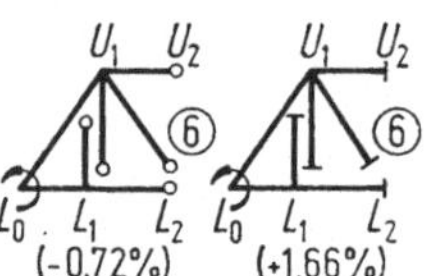

11. Gruppe - E.M. bei U_2
[2×] vom Knoten U_2

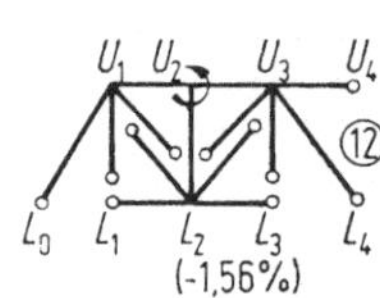

12. Gruppe - E.M. bei U_3
[2×] vom Knoten U_3

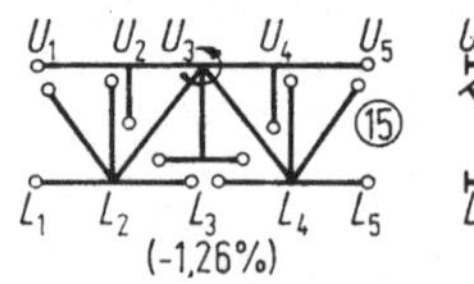

13. Gruppe - E.M. bei L_2
[2×] vom Knoten L_2

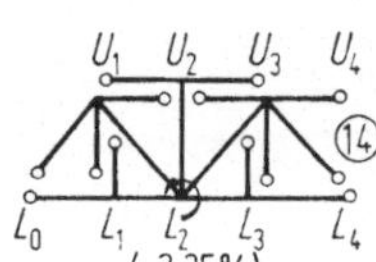
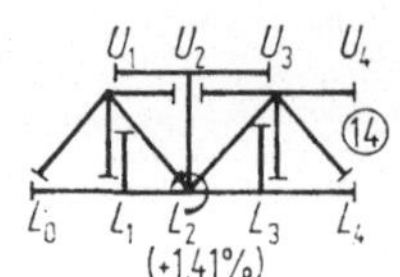

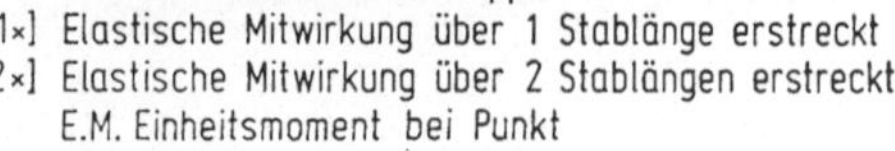

Abb. I F.25

2 Stablängen vom Knoten a bzw. von den Knoten a und c das Teilsystem erstrecken zu lassen. Für das nun offene System können einzelne Stäbe von verschiedenen elastischen Steifigkeiten enthalten sein. Der Stab $a - c$ darf beim Serienkriterium jedoch nicht in elastischen Steifigkeiten mitberücksichtigt werden.

Für die ungünstigste Knickbelastung des Stabes $a - c$ nach Abb. I F.24a wird das Teilsystem nach Abb. I F.24b gewählt. Die Enden des Teilsystems werden gelenkig angenommen. Für das Serienkriterium sind folgende Werte zu berechnen:

$$^0s_{8,7'} = \left(\frac{EJ}{s} F_8\right)_{8,7'} ; \quad ^0s_{8,9'} = \left(\frac{EJ}{s} F_8\right)_{8,9'} ; \quad ^0s_{8,1'} = \left(\frac{EJ}{s} F_8\right)_{8,1'} ; \quad ^0s_{8,2'} = \left(\frac{EJ}{s} F_8\right)_{8,2'} ;$$

$$f_{d,8} = {}^0s_{8,7'} + {}^0s_{8,9'} + {}^0s_{8,1'} + {}^0s_{8,2'} ;$$

$$^es_{3,8} = \frac{{}^0s_{3,8}}{1 - \mu_{3-8}^2 \dfrac{f_{d,8}}{{}^0s_{3,8} + f_{d,8}}} .$$

Bei Zugstäben sind die F^*-Werte zu verwenden.

Entsprechend ergeben sich $^es_{3,2}$, $^es_{3,9}$, $^es_{3,10}$, $^es_{4,10}$, $^es_{4,5}$. Damit ergibt sich das Serienkriterium

$$r = \frac{(\mu_{3-4}s_{3,4})^2}{(s_{3,4} + {}^es_{3,2} + {}^es_{3,8} + {}^es_{3,9} + {}^es_{3,10})(s_{3,4} + {}^es_{4,10} + {}^es_{4,5})} = 1 .$$

Für das Steifigkeitskriterium des Punktes 3 wird mit Abb. I F.24c:

$$^es_{3,2} + {}^es_{3,8} + {}^es_{3,9} + {}^es_{3,10} + {}^es_{3,4} = 0 .$$

Würde man die Enden des Teilsystems starr eingespannt annehmen, so würde sich ein zweiter Grenzwert für die Knickbelastung ergeben. Die Differenzen zwischen gelenkigen Enden des Teilsystems und starr eingespannten sind gering.

Von Slavin sind umfangreiche schematische Untersuchungen in dieser Hinsicht durchgeführt worden. Abb. I F.25 zeigt an einem Beispiel für verschiedene Druckstäbe die Ergebnisse Slavins für Teilsysteme mit einer und zwei Stablängen und mit gelenkigen und starr eingespannten Enden der Teilsysteme. Diese Ergebnisse sind genauen Lösungen gegenübergestellt. Man erkennt aus dieser Abbildung die sehr geringen Abweichungen gegenüber den strengen Lösungen. Dieser Weg kann somit bedenkenlos beschritten werden. Im plastischen Bereich sind die ε-Werte mit den T^*-Werten zu berechnen, dazu die F-Funktionen zu wählen und die Steifigkeiten wieder mit den T^*-Werten zu ermitteln, d.h. es gilt

$$^es_{i,k} = \left(\frac{T^*J}{s} F\right)_{i,k} .$$

Mit diesem Verfahren kann in einfacher Weise die Knickbelastung von ganzen Fachwerksystemen durchgeführt werden.

2. Verfahren der Festhaltestäbe bei verschieblichen Systemen

Dieses Verfahren baut auf den grundlegenden Entwicklungen des Momentenausgleichsverfahrens in Kombination mit dem Verfahren Ostenfeld (Bd. I A, IX D) nach der Theorie I. Ordnung auf. Resinger und Steiner [42] haben dieses Verfahren zur Gewinnung von Näherungslösungen für Probleme der Theorie II. Ordnung weiterentwickelt. Damit ist aber auch der weitere Weg zur Aufstellung von Knicktheorien für verschiebliche Systeme ersichtlich. Nachfolgend werden die entsprechenden Entwicklungen gezeigt, die bei den verschiedensten Systemen zu sehr guten Näherungslösungen führen. Dabei werden die Längenänderungen der Stäbe — wegen ihres geringen Einflusses — nicht berücksichtigt.

a) Festhaltestabkräfte infolge Einheitsverschiebungszuständen

Nach der Theorie der Festhaltestäbe (Bd. I A, IX D.1) wird das verschiebliche stabilisierte Gelenksystem durch das Anbringen von Festhaltestäben V_i unverschieblich (z.B. V_1 in Abb. I F.26a und V_1, V_2 in Abb. I F.27a). Anschließend werden für die Klaffungen $\Delta_i = 1$ — an den Stellen der einzelnen Festhaltestäbe — Verschiebungspläne gezeichnet (z.B. Abb. I F.26b und Abb. I F.27b und c), wodurch die Verschiebungen der Knotenpunkte und die Sehnendrehungen $^m\psi_{i-k}$ der einzelnen Stäbe gegeben sind (z.B. in Abb. I F.27d u. e). Für den Zustand $[\Delta_m = 1]$ ergeben sich aus den Sehnendrehungen $^m\psi_{i-k}$ Starreinspannmomente $\tilde{M}_m$ bzw. $^0\tilde{M}_m$ und nach dem Momentenausgleich die endgültigen Momente $\tilde{M}_m^*$. Nach Bd. I A (IX D.5) können daraus die Stabkräfte V_{mn} in den einzelnen Festhaltestäben n infolge des Verschiebungszustandes $[\Delta_m = 1]$ bestimmt werden. $\tilde{M}_m^*$ bzw. $^0\tilde{M}_m^*$ sind dabei die Momente für beiderseits starr bzw. für einseitig starr, einseitig gelenkig angeschlossene Stäbe.

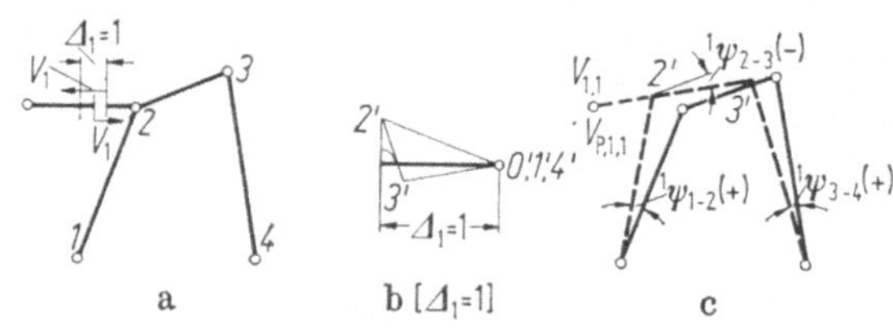

Abb. I F.26

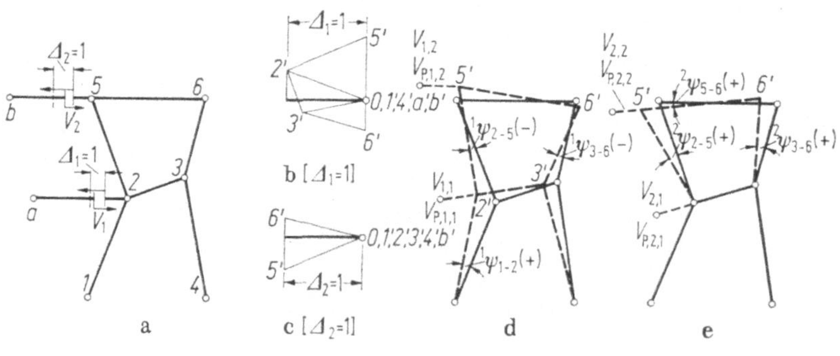

Abb. I F.27

Ist nur ein Festhaltestab vorhanden, so gilt

$$V_{1,1} = -\sum (\tilde{M}_{1i;ik}^* + \tilde{M}_{1k;ki}^*)\,^1\psi_{i-k} - \sum (^0\tilde{M}_{1i;ik}^* \quad \text{bzw.} \quad ^0\tilde{M}_{1k;ki}^*)\,^1\psi_{i-k}. \qquad \text{(I F.27)}$$

Bei mehreren Festhaltestäben gilt

$$V_{m,n} = -\sum (\tilde{M}_{mi;ik}^* + \tilde{M}_{mk;ki}^*)\,^n\psi_{i-k} - \sum (^0\tilde{M}_{mi;ik}^* \quad \text{bzw.} \quad ^0\tilde{M}_{mk;ki}^*)\,^n\psi_{i-k}. \qquad \text{(I F.28)}$$

Statt Einzelverschiebungen können auch Verschiebungsgruppen $[\Delta_a = 1]$, $[\Delta_b = 1]$ usw. (z.B. Abb. I F.28a—c) nach Bd. I A, IX D.3, gewählt und hierfür die Festhaltestabkräfte $V_{a,n}$, $V_{b,n}$ usw. nach Bd. I A, IX D.23, bestimmt werden. Es kann aber auch gleich die Arbeit der Festhaltestabkräfte aus einem Verschiebungsgruppenzustand mit einem anderen virtuellen Verschiebungsgruppenzustand bestimmt werden.

Zum Beispiel ergibt sich nach Abb. I F.28 für die Zustände:

$$[\Delta_a = 1] \text{ und } [^v\!\Delta_a = 1]: \quad V_{a,1} \cdot 1 + V_{a,2} \cdot 1 + \sum (\tilde{M}^*_{ai;ik} + \tilde{M}^*_{ak;ki}) \, {}^a\psi_{i-k} = 0;$$

$$[\Delta_a = 1] \text{ und } [^v\!\Delta_b = 1]: \quad V_{a,1} \cdot 0 + V_{a,2} \cdot 1 + \sum (\tilde{M}^*_{ai;ik} + \tilde{M}^*_{ak;ki}) \, {}^b\psi_{i-k} = 0;$$

$$[\Delta_b = 1] \text{ und } [^v\!\Delta_b = 1]: \quad V_{b,1} \cdot 0 + V_{b,2} \cdot 1 + \sum (\tilde{M}^*_{bi;ik} + \tilde{M}^*_{bk;ki}) \, {}^b\psi_{i-k} = 0;$$

$$[\Delta_b = 1] \text{ und } [^v\!\Delta_a = 1]: \quad V_{b,1} \cdot 1 + V_{b,2} \cdot 1 + \sum (\tilde{M}^*_{bi;ik} + \tilde{M}^*_{bk;ki}) \, {}^a\psi_{i-k} = 0;$$

$$(\text{I F.29})$$

wobei gilt:

$$\sum (\tilde{M}^*_{ai;ik} + \tilde{M}^*_{ak;ki}) \, {}^b\psi_{i-k} = \sum (\tilde{M}^*_{bi;ik} + \tilde{M}^*_{bk;ki}) \, {}^a\psi_{i-k}.$$

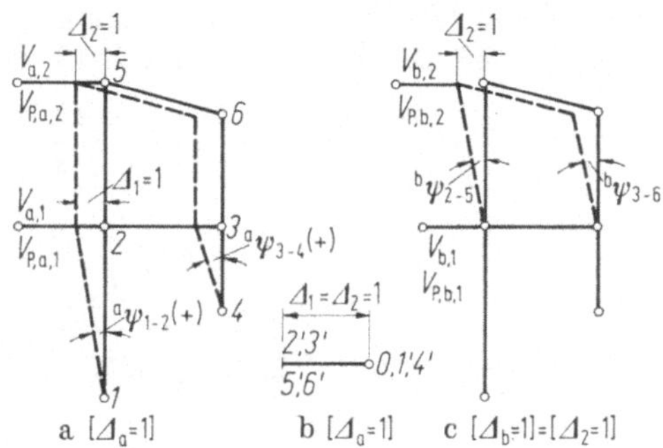

Abb. I F.28

b) Momentenausgleich für die Einheitsverschiebungszustände

Der Momentenausgleich wird nach Cross (siehe Bd. I A, IX C) oder Kani (siehe Bd. I A, IX B.2) durchgeführt.

α) Steifigkeiten

Da bei Stabilitätsuntersuchungen die Theorie II. Ordnung aber von größerem Einfluß sein kann, werden die Steifigkeiten unter Beachtung der Längskräfte nach Abschnitt I E.2 berechnet. Es gelten somit für die Steifigkeiten

$$s_{i,k} \text{ bzw. } s^*_{i,k} \text{ bzw. } {}^0\!s_{i,k} \text{ bzw. } {}^0\!s^*_{i,k} \text{ bzw. } {}^s\!s_{i,k} \text{ bzw. } {}^s\!s^*_{i,k} \text{ bzw. } {}^a\!s_{i,k} \text{ bzw. } {}^a\!s^*_{i,k}$$

die Gleichungen (I E.11) bis (I E.14), wobei im plastischen Bereich statt E der zu ε zugehörige Wert T^* einzuführen ist. Zum Beispiel ist

$$s_{i,k} = \frac{T^* J}{s} F_1 \quad \text{usw.}$$

β) Verteilungszahlen nach Cross

Nach Bd. I A (IX C.2) ergibt sich

$$\mu_{i,k} = - \frac{s_{i,k}}{\sum s_{i,k}} \text{ bzw. } - \frac{{}^0\!s_{i,k}}{\sum s_{i,k}} \text{ bzw. } - \frac{{}^s\!s_{i,k}}{\sum s_{i,k}} \text{ bzw. } - \frac{s^*_{i,k}}{\sum s_{i,k}} \text{ usw.}$$

$$(\text{I.F 30})$$

mit

$$\sum s_{i,k} = \sum (s_{i,k} + {}^0\!s_{i,k} + {}^s\!s_{i,k} + {}^*\!s_{i,k} + \cdots).$$

γ) Fortleitungszahlen nach Cross

Für die Fortleitungszahlen des beiderseits starr angeschlossenen Stabes gelten nach Abschnitt I E.3 die Gleichungen (I E.15)

$$\mu_{i-k} = \frac{F_2}{F_1} \quad \text{bzw.} \quad \frac{F_2^*}{F_1^*} \tag{I F.31}$$

und

$$^0\mu_{i-k} = 0.$$

Für $S_{i-k} = 0$ wird $\mu_{i-k} = 1/2$.

δ) Verteilungszahlen nach Kani

Die Verteilungszahlen müssen bei Beachtung der Längskräfte (Theorie II. Ordnung) nach Bd. I A (IX B.41) bzw. (IX B.46) und (IX B.48) berechnet werden. Mit

$$^i a_i = \frac{T^*J}{s} F_1; \quad {}^k a_i = \frac{T^*J}{s} F_2; \quad {}^i a_i^0 = \frac{T^*J}{s} F_8 \tag{I F.32}$$

ergeben sich die Verteilungszahlen

$$^e\mu_{i,k}' = - \frac{{}^k a_i}{\sum\limits_e {}^i a_i + \sum\limits_g {}^i a_i^0} = - \frac{\dfrac{T^*J}{s} F_2}{\sum\limits_e \dfrac{T^*J}{s} F_1 + \sum\limits_g \dfrac{T^*J}{s} F_8}; \tag{I F.33}$$

$$^g\mu_{i,k}' = - \frac{{}^i a_i^0 \, {}^k a_i}{{}^i a_i \left(\sum\limits_e {}^i a_i + \sum\limits_g {}^i a_i^0 \right)} = - \frac{\dfrac{T^*J}{s} F_2 \dfrac{F_8}{F_1}}{\sum\limits_e \dfrac{T^*J}{s} F_1 + \sum\limits_g \dfrac{T^*J}{s} F_8}. \tag{I F.34}$$

Weiter ist nach Bd. I A (IX B.36)

$$c_{i,k} = \frac{{}^i a_i}{{}^k a_i} = \frac{F_1}{F_2}. \tag{I F.35}$$

ε) Starreinspannmomente infolge Sehnendrehungen

Nach Abschnitt I E.1 a,b bzw. b,b* ergibt sich für den beiderseits starr angeschlossenen Stab

$$\tilde{M}_{\psi;ik} = \tilde{M}_{\psi;ki} = - \frac{T^*J_{i,k}}{s_{i-k}} F_3 \psi_{i-k} \quad \text{bzw.} \quad - \frac{T^*J_{i,k}}{s_{i-k}} F_3^* \psi_{i-k}, \tag{I F.36}$$

und nach I E.1 a,f bzw. b,f* für den einseitig starr, einseitig gelenkig gelagerten Stab

$$^0\tilde{M}_{\psi;ik} = - \frac{T^*J_{i,k}}{s_{i-k}} F_8 \psi_{i-k} \quad \text{bzw.} \quad - \frac{T^*J_{i,k}}{s_{i-k}} F_8^* \psi_{i-k}. \tag{I F.37}$$

ζ) Ausgleich

Wird der Ausgleich nach Cross durchgeführt (z.B. Beispiele I 8, I 10, I 12 und I 14), so gelten die Gleichungen Bd. I A (IX C.10 bis 13); wird das Verfahren von Kani angewendet, so gelten die Gleichungen Bd. I A (IX B.36 bis 48)

$$\bar{M}_{B;ik} = \tilde{M}_{B;ik} + c_{i,k} M_{ik}' + M_{ki}'$$

(z.B. Beispiel I 15).

Der Vorteil des Verfahrens von Kani besteht dabei darin, daß allfällige Fehler beim nächsten Rechnungsschritt ausgeglichen werden und daß nur der letzte Rechnungsschritt angegeben zu werden braucht. Beim Verfahren von Cross müssen demgegenüber sämtliche Einzelwerte angegeben und deren Summe bestimmt werden; ein Fehler in einem Einzelwert hat somit auch einen Fehler im Gesamtergebnis zur Folge.

Nach dem Ausgleich werden die Momente $\tilde{M}^*_\psi$ bzw. $^0\tilde{M}^*_\psi$ erhalten, die in (I F.27) bzw. (I F.28) einzuführen sind.

c) Festhaltestabkräfte aus der Belastung (II. Ordnung)

Hierbei muß unterschieden werden, auf welches System die Belastung wirkt. Bei Systemen, wie z. B. Abb. I F.29 und Abb. I F.30, können die Stabkräfte in den einzelnen Stäben des stabilisierten Gelenksystems unmittelbar aus Gleichgewichtsbe-

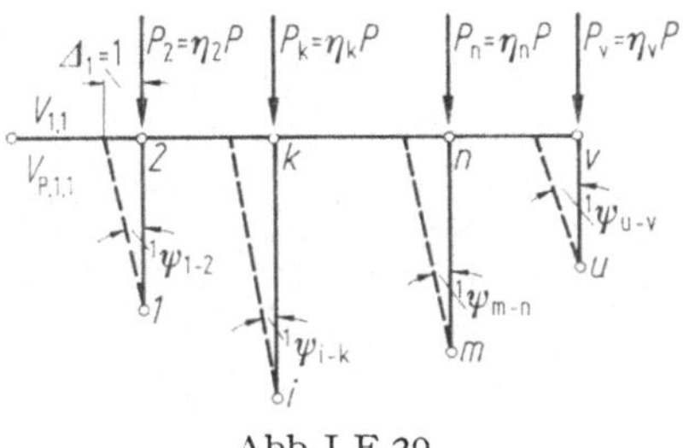

Abb. I F.29

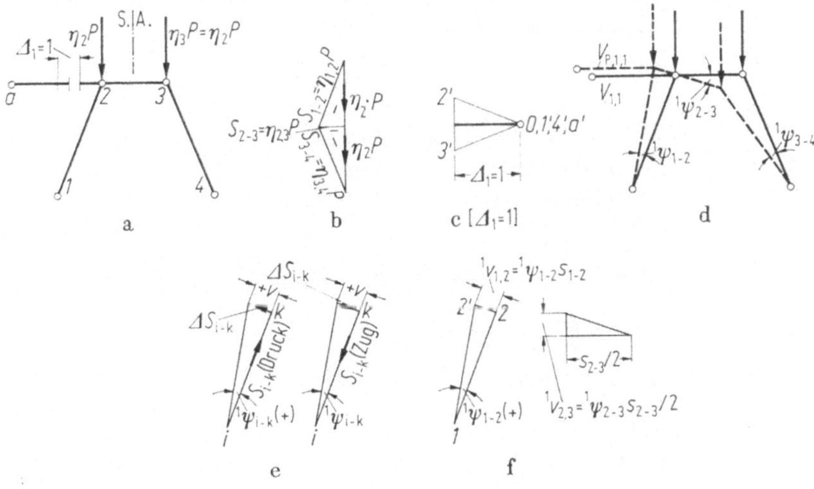

Abb. I F.30

dingungen in den einzelnen Knoten bzw. aus Kraftplänen bestimmt werden: Bei Systemen, wie z. B. Abb. I F.31 und Abb. I F.32, sind zuerst in üblicher Weise — z. B. durch Momentenausgleich nach Kani oder Cross — nach der Theorie I. Ordnung die endgültigen Momente für diese Belastung und damit die Stabkräfte zu bestimmen [siehe Bd. I A (IX D), (IX D 1) bis (IX D 7)].

Werden alle Belastungen auf eine bestimmte Last P bezogen (z. B. Abb. I F.29), so gilt allgemein für die Belastung

$$P_n = \eta_n P; \quad P_m = \eta_m P \quad \text{usw.} \tag{I F.38}$$

und für die Stabkräfte

$$S_{P,i-k} = \eta_{i,k} P \quad (+ \text{ Zugkräfte}, - \text{ Druckkräfte}) \tag{I F.39}$$

(z. B. $S_{P,1-2} = \eta_{1,2} P$ in Abb. I F.30).

Für einen infinitesimal kleinen Verschiebungszustand $[\Delta_m = 1]$ wird vorausgesetzt, daß sich dabei die Stabkräfte nicht ändern. Die Stabkräfte erzeugen aber dabei Komponenten $\Delta^m S_{P,i-k}$, sogenannte Abtriebskräfte, senkrecht zur Stabrichtung.

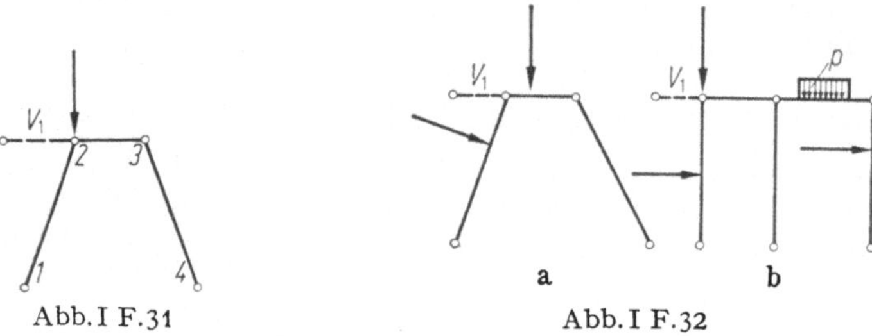

Abb. I F.31   Abb. I F.32

Beim virtuellen Verschiebungszustand $[^v\Delta_m = 1]$ leisten sowohl die Festhaltestabkraft $V_{P,m}$ aus der Belastung als auch die Abtriebskräfte virtuelle Arbeiten. Für die Abtriebskräfte der Stäbe $(i - k)$ kommen als Arbeitswege aus dem Verschiebungsplan des stabilisierten Gelenksystems die gegenseitigen Knotenverschiebungen $^m v_{i,k}$ senkrecht zur Stabachse in Frage. Ist $^m\psi_{i-k}$ die Sehnendrehung, wird

$$^m v_{i,k} = {}^m\psi_{i-k} s_{i-k} \tag{I F.40}$$

(siehe z. B. $^1 v_{1,2}$ und $^1 v_{2,3}$ der Abb. I F.30 b bis f).

Allgemein gilt für die gesamte virtuelle Arbeit bei einem virtuellen Verschiebungszustand $[^v\Delta_m = 1]$ und einem Belastungszustand aus $[\Delta_m = 1]$

$$^v A = V_{P;m,m} \cdot 1 + \sum \left(\Delta^m S_{P;i-k}{}^m v_{i,k}\right) = 0. \tag{I F.41}$$

Hierbei ist

$$\Delta^m S_{P;i-k} = S_{P;i-k} \tan {}^m\psi_{i-k} \approx S_{P;i-k}{}^m\psi_{i-k} = \eta_{i,k}{}^m\psi_{i-k}P. \tag{I F.42}$$

Die Stabkraft $S_{P;i-k}$ bzw. die Werte $\eta_{i,k}$ sind entsprechend Abb. I F.30 e für Druckkräfte positiv, für Zugkräfte negativ in (I F.42) einzuführen.

Mit (I F.40) bis (I F.42) wird

mit

$$\left.\begin{aligned} V_{P;m,m} &= -P\sum\left(\eta_{i,k}{}^m\psi_{i-k}^2 s_{i-k}\right) = -Pk_{m,m} \\[2mm] k_{m,m} &= \sum\left(\eta_{i,k}{}^m\psi_{i-k}^2 s_{i-k}\right). \end{aligned}\right\} \tag{I F.43 a}$$

Die Summe von $k_{m,m}$ ist über alle belasteten Stäbe, die Sehnendrehungen $^m\psi_{i-k}$ erleiden, zu erstrecken.

Wenn für das stabilisierte Gelenksystem aus der Belastung ein Kraftplan gezeichnet werden kann (z. B. Abb. I F.29 und 30) und die Längenänderungen der Stäbe — wie vorausgesetzt — nicht berücksichtigt werden, leisten die Lasten $\eta_n P$ bei einem virtuellen Verschiebungszustand keine Arbeit, da es sich um einen Gleichgewichtszustand handelt. Auch für Systeme, wie z. B. Abb. I F.31 und I F.32 wird die Arbeit der Belastung nicht berücksichtigt, da sie genau so groß, nur mit entgegengesetzten Vorzeichen, erhalten wird wie die Arbeit der Knotenmomente $\bar{M}_{B,i}$ beim virtuellen Verschiebungszustand. Bei der Theorie I. Ordnung ist nämlich die virtuelle Arbeit bei einem virtuellen Verschiebungszustand für einen Gleichgewichtszustand Null.

In (I F.43) sind z. B. beim System der Abb. I F.29 nur die Stiele zu berücksichtigen mit $^1\psi_{i-k} = 1/s_{i-k}$.

Bei einem symmetrischen, symmetrisch belasteten System und antimetrischem Verschiebungszustand reduziert sich der Rechenaufwand. Zum Beispiel ergibt sich für $[\Delta_1 = 1]$ nach Abb. I F.30 a—d

$$V_{P;1,1} = -2P\left(\eta_{1,2}{}^1\psi_{1-2}^2 s_{1-2} + \eta_{2,3}{}^1\psi_{2-3}^2 \frac{s_{2-3}}{2}\right).$$

Für einen Belastungszustand aus $[\Delta_m = 1]$ und einem Verschiebungszustand aus $[^v\Delta_n = 1]$ ergibt sich die Festhaltestabkraft entsprechend (I F.41) bis (I F.43) zu

$$V_{P;m,n} = -P\sum (\eta_{i,k}{}^m\psi_{i-k}{}^n\psi_{i-k}s_{i-k}) = -Pk_{m,n}. \qquad \text{(I F.43 b)}$$

(Zum Beispiel sind für die Zustände $[\Delta_1 = 1]$ und $[\Delta_2 = 1]$ in Abb. I F.27 die Größen $V_{P;1,1}$, $V_{P;2,2}$, $V_{P;1,2}$, zu berechnen).

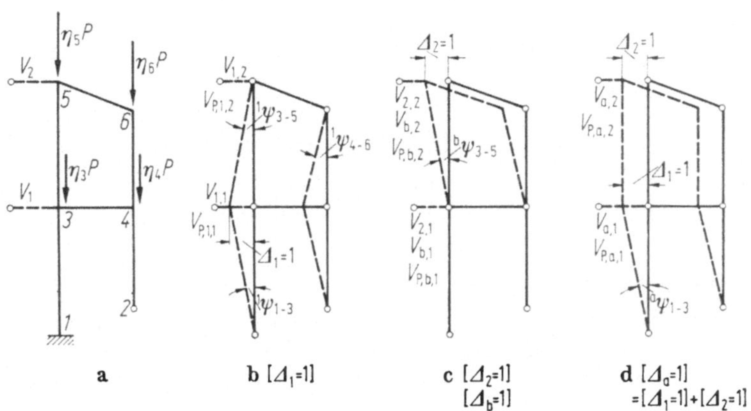

Abb. I F.33

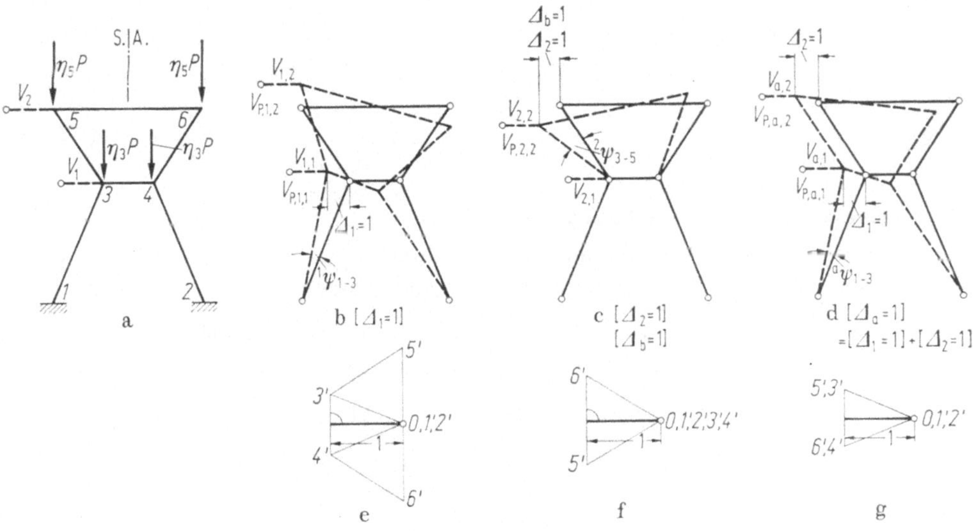

Abb. I F.34

Wird mit Verschiebungsgruppen $[\Delta_a = 1]$, $[\Delta_b = 1]$ usw. gearbeitet, so ist sinngemäß vorzugehen (z. B. Abb. I F.33 und I F.34). Zum Beispiel ergeben sich für das System nach Abb. I F.33 mit den beiden Festhaltestäben V_1 und V_2 und den Verschiebungsgruppenzuständen $[\Delta_a = 1]$ und $[\Delta_b = 1]$ die Festhaltestabkräfte aus der Belastung:

allgemein für $[\Delta_a = 1]$ und dem Einzelverschiebungszustand $[\Delta_m = 1]$

$$V_{P;a,m} = -P\sum (\eta_{i,k}{}^a\psi_{i-k}{}^m\psi_{i-k}s_{i-k}) \qquad \text{(I F.43 c)}$$

und im besonderen mit $\psi_{i-k} = \pm 1/s_{i-k}$

$$V_{P;a,1} = -P \sum (\eta_{i,k}{}^{a}\psi_{i-k}{}^{1}\psi_{i-k}s_{i-k}) = -P \left(\frac{\eta_{1,3}}{s_{1-3}} + \frac{\eta_{2,4}}{s_{2-4}}\right);$$

$$V_{P;a,2} = -P \sum (\eta_{i,k}{}^{a}\psi_{i-k}{}^{2}\psi_{i-k}s_{i-k}) = 0;$$

$$V_{P;b,1} = -P \sum (\eta_{i,k}{}^{2}\psi_{i-k}{}^{1}\psi_{i-k}s_{i-k}) = -P \left(-\frac{\eta_{3,5}}{s_{3-5}} - \frac{\eta_{4,6}}{s_{4-6}}\right);$$

$$V_{P;b,2} = -P \sum (\eta_{i,k}{}^{2}\psi_{i-k}^{2}s_{i-k}) = -P \left(\frac{\eta_{3,5}}{s_{3-5}} + \frac{\eta_{4,6}}{s_{4-6}}\right) = -V_{P;b,1}.$$

d) Knickkriterium

Als Knickkriterium dient die Bedingung, daß auch für infinitesimal verschobene Systeme die Stabkräfte in den Festhaltestäben Null sein müssen.

α) Systeme mit einem Festhaltestab

Unter Beachtung einer endgültigen Verschiebung $\Delta_{P,1}$ in Richtung des Festhaltestabes V_1 ergibt sich nach a) aus dem Widerstand des Systems die Festhaltestabkraft $\Delta_{P,1}V_{1,1}$ und nach der Theorie II. Ordnung aus der Belastung nach c) die Festhaltestabkraft $\Delta_{P,1}V_{P;1,1}$.

Somit lautet die Knickbedingung

$$\Delta_{P,1}V_{1,1} + \Delta_{P,1}V_{P;1,1} = 0, \tag{I F.44}$$

und mit (I F.27) und (I F.43)

$$V_{1,1} - P_{\mathrm{kr}}k_{1,1} = 0,$$

$$P_{\mathrm{kr}} = \frac{V_{1,1}}{k_{1,1}}. \tag{I F.45}$$

β) Systeme mit mehreren Festhaltestäben

Arbeitet man mit Einzelverschiebungszuständen $[\Delta_1 = 1]$, $[\Delta_2 = 1]$ usw., so erhält man entsprechend (I F.44) die Bedingungsgleichungen:

$$\Delta_{P,1}(V_{1,1} + V_{P;1,1}) + \Delta_{P,2}(V_{2,1} + V_{P;2,1}) + \Delta_{P,3}(V_{3,1} + V_{P;3,1}) + \cdots = 0$$

$$\Delta_{P,1}(V_{1,2} + V_{P;1,2}) + \Delta_{P,2}(V_{2,2} + V_{P;2,2}) + \Delta_{P,3}(V_{3,2} + V_{P;3,2}) + \cdots = 0$$

$$\Delta_{P,1}(V_{1,3} + V_{P;1,3}) + \Delta_{P,2}(V_{2,3} + V_{P;2,3}) + \Delta_{P,3}(V_{3,3} + V_{P;3,3}) + \cdots = 0$$

$$\vdots$$

$$\Delta_{P,1}(V_{1,n} + V_{P;1,n}) + \cdots + \Delta_{P,n}(V_{n,n} + V_{P;n,n}) = 0. \tag{I F.46}$$

Aus der Bedingung, daß die Nennerdeterminante dieses Gleichungssystems für den Knickfall zu Null werden muß, erhält man die Knickbelastungen

$\Delta_{P,1}$	$\Delta_{P,2}$	$\Delta_{P,3}$		$\Delta_{P,n}$	
$V_{1,1} - Pk_{1,1}$	$V_{2,1} - Pk_{2,1}$	$V_{3,1} - Pk_{3,1}$	$\cdots$	$V_{n,1} - Pk_{n,1}$	$= 0$
$V_{1,2} - Pk_{1,2}$	$V_{2,2} - Pk_{2,2}$	$V_{3,2} - Pk_{3,2}$	$\cdots$	$V_{n,2} - Pk_{n,2}$	$= 0$
$\vdots$	$\vdots$	$\vdots$		$\vdots$	$\vdots$
$V_{1,n} - Pk_{1,n}$	$V_{2,n} - Pk_{2,n}$	$V_{3,n} - Pk_{3,n}$	$\cdots$	$V_{n,n} - Pk_{n,n}$	$= 0$

$$\tag{I F.47}$$

Die Berechnung des Determinantenwertes D_ν wird wieder so durchgeführt, daß für bestimmte angenommene Laststeigerungen νP_0 die Stabkräfte $\nu S_{P_0;i-k}$, die Spannungen σ, die Werte T^* und ε berechnet werden. Damit ergeben sich nach Abschnitt a) bis d) bestimmte Werte D_ν. Trägt man diese nach Abb. I F.35 auf, so ergibt sich für $D = 0$ die kritische Laststeigerung ν_{kr} und

$$P_{kr}^* = \nu_{kr} P_0. \tag{I F.48}$$

Dieses Verfahren wird mit Vorteil für beliebige Systeme mit Schrägstielen, Stockwerkrahmen mit ungleich hohen Stielen u. a. m. angewandt (z. B. nach Abb. I F.36).

Die Durchführung der Berechnung wird an den Beispielen I 8.2, I 10.3, I 12.2b, I 14.3 und I 15 gezeigt.

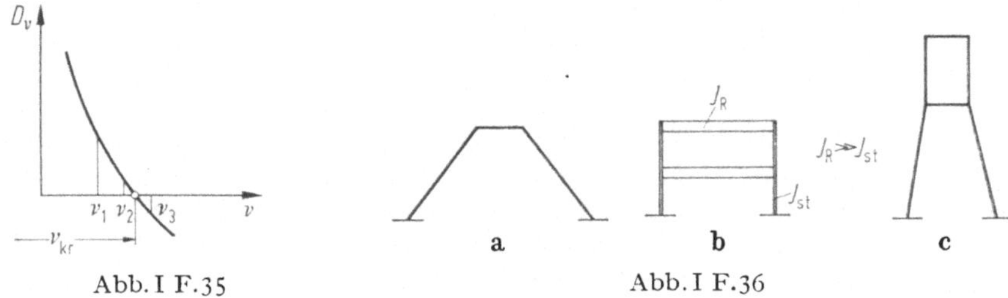

Abb. I F.35   Abb. I F.36

3. Das Durchbiegungsverfahren für verschiebliche und unverschiebliche Systeme

Die einfache und vorteilhafte Anwendung des Durchbiegungsverfahrens [44] wurde schon in früheren Abschnitten gezeigt. Es läßt sich bei der Ermittlung der Knickbelastungen von verschieblichen Stockwerkrahmen mit Vorteil verwenden. Auch bei unverschieblichen Systemen kann es zweckmäßig sein, das Durchbiegungsverfahren anzuwenden, vor allem wenn es sich dabei um Stäbe mit veränderlichem Trägheitsmoment handelt.

a) Verschiebliche Stockwerkrahmen mit senkrechten und gleich hohen Stielen

Besonders einfach wird die Anwendung des Durchbiegungsverfahrens für Stockwerkrahmen mit gleich hohen Stielen, da man hier das Verfahren von Kani für verschiebliche Rahmen zugrunde legen kann, d. h. keine Festhaltestabkräfte benötigt.

α) Unbestimmte Rahmenmomente im Augenblick des Ausknickens

Für einen in den Knotenpunkten mit lotrechten Lasten belasteten Rahmen (z. B. Abb. I F.37a) wird sich der Riegel im Augenblick seitlichen Ausknickens um den infinitesimal kleinen Wert Δ_P seitlich verschieben. Hierfür gilt

$$\tan \alpha \approx \sin \alpha \approx \frac{\Delta_P}{h} \quad \text{und} \quad \cos \alpha \approx 1{,}0.$$

Unter Berücksichtigung der seitlichen Verschiebung Δ_P ergibt sich nach Abb. I F.37b in horizontaler Richtung eine Gleichgewichtsbedingung, wobei alle Stiele des Stockwerkes zu berücksichtigen sind. Mit $S_{P;i-k} = \eta_{i,k} P$ wird

bzw.

$$\left.\begin{aligned} \sum Q_{P;i,k} \cos \alpha - \sum S_{P;i-k} \frac{\Delta_P}{h} &= 0 \\[2mm] \sum Q_{P;ik} - \left(\sum \eta_{i,k}\right) P \frac{\Delta_P}{h} &= 0. \end{aligned}\right\} \tag{I F.49}$$

Die Summe $\left(\sum \eta_{i,k}\right)$ ist über alle Stiele des ausgelenkten Stockwerkes zu bilden.

Nachfolgend werden die Entwicklungen und Formeln des Verfahrens von Kani-Engesser nach Bd. I A, IX a und b zugrunde gelegt.

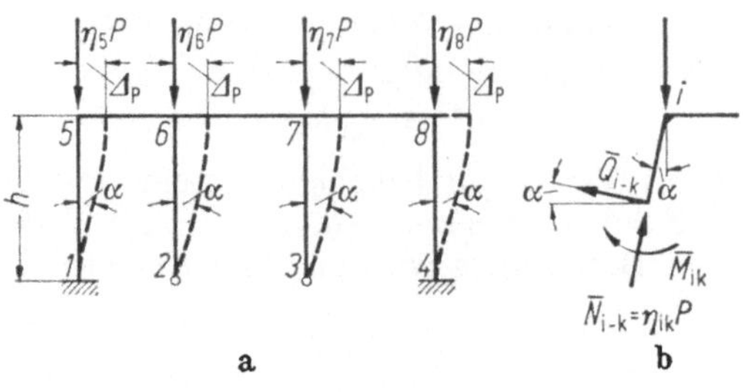

Abb. I F.37

Da die Berechnung für bestimmte Laststeigerungen νP_0 (P_0 angenommener Ausgangswert wie in Abschnitt 2) durchgeführt wird, sind jeweils in allen Stäben die zu ν gehörigen Stabkräfte und Spannungen gegeben. Übersteigen diese bei Druckkräften die Proportionalitätsgrenze σ_P bzw. bei Zugkräften die ideelle Grenze σ_P^*, so sind die zum entsprechenden Stabkennwert ε zugehörigen Moduli T^* zu berücksichtigen. Letztere sind den Steifigkeiten in (I F.51) zugrunde zu legen. Beachtet man noch den Multiplikator $s_c/4EJ_c$ und führt

$$\bar{k}_{i,k} = \frac{T^*}{E} \frac{J_{i,k}}{J_c} \frac{s_c}{s_{i-k}} \tag{I F.50}$$

ein, so ergeben sich die Werte von (I F.51) statt nach Bd. I A (IX, B 4).

	Steifigkeit	$m\bar{k}_{i,k}$	m	
$s_{i,k}$	$\dfrac{4T^*J_{i,k}}{s_{i-k}}$	$1{,}0\ \bar{k}_{i,k}$	$1{,}0$	
$^0 s_{i,k}$	$\dfrac{3T^*J_{i,k}}{s_{i-k}}$	$0{,}75\ \bar{k}_{i,k}$	$0{,}75$	(I F.51)
$^s s_{i,k}$	$\dfrac{2T^*J_{i,k}}{s_{i-k}}$	$0{,}50\ \bar{k}_{i,k}$	$0{,}5$	
$^a s_{i,k}$	$\dfrac{6T^*J_{i,k}}{s_{i-k}}$	$1{,}5\ \bar{k}_{i,k}$	$1{,}5$	

Statt der Formel (IX B.7) von Bd. I A gilt nunmehr

$$\mu'_{i,k} = -\frac{1}{2} \frac{m\bar{k}_{i,k}}{\sum m\bar{k}_{i,k}}. \tag{I F.52}$$

Statt der Verteilungszahlen $\nu'_{i,k}$ von Bd. I A (IX B.24) und (IX B.25) gelten mit $s_c = h = s_{i-k}$ nunmehr die Gleichungen

$$^e\nu'_{i,k} = -\frac{\bar{k}_{i,k}}{2\sum_e \bar{k}_{i,k} + 0{,}5\sum_g \bar{k}_{i,k}}; \tag{I F.53}$$

$$^g\nu'_{i,k} = -\frac{0{,}5\bar{k}_{i,k}}{2\sum_e \bar{k}_{i,k} + 0{,}5\sum_g \bar{k}_{i,k}}.$$

Entsprechend Bd. I A (IX B.22) ergibt sich mit $Q_{P;ik} = 0$

$$\tilde{M}_{ik} = \tilde{M}_{ki} = 0;$$

$$\bar{Q}_{ik} = \frac{(\bar{M}_{ik} + \bar{M}_{ki})_e}{h} \quad \text{bzw.} \quad \bar{Q}_{ik} = \frac{(\bar{M}_{ik})_g}{h}$$

aus (XII F.49)

$$M''_{ik} = v'_{i,k} \left[-\triangle_P \left(\sum \eta_{i,k} \right) P + 3 \sum_e (M'_{ik} + M'_{ki}) + 2 \sum_g M'_{ik} \right].$$

Mit dem Stockwerkmoment für das erste Stockwerk bei einer Verschiebung $\triangle_P$ dieses Stockwerkes I,

$$^{\mathrm{I}}M_{r,\mathrm{I}} = -\triangle_P P \left(\sum_{\mathrm{I}} \eta_{i,k} \right) \tag{I F.54}$$

wird

$$M''_{ik} = v'_{i,k} \left[^{\mathrm{I}}M_{r,\mathrm{I}} + 3 \sum_e (M'_{ik} + M'_{ki}) + 2 \sum_g M'_{ik} \right], \tag{I F.55}$$

wobei die Summation bei (I F.54) und (I F.55) über alle Stiele eines Stockwerkes durchzuführen ist.

Da im vorliegenden Fall keine äußeren Knotenpunktsmomente und keine Starreinspannmomente vorhanden sind, gilt nach Bd. I A (IX B.21)

$$M'_{ik} = \mu'_{i,k} \left[\sum_e (M'_{ki} + M''_{ik}) + \sum_g M''_{ik} \right]. \tag{I F.56}$$

Die endgültigen Momente ergeben sich zu

$$\left. \begin{aligned} \bar{M}_{ik} &= M'_{ik} + (M'_{ik} + M'_{ki} + M''_{ik}) = M'_{ik} + b \\ ^0\bar{M}_{ik} &= M'_{ik} + (M'_{ik} + M''_{ik}) = M'_{ik} + b. \end{aligned} \right\} \tag{I F.57}$$

bzw.

Der erste Wert gilt für beiderseits eingespannte Stiele, der zweite für einseitig eingespannte, einseitig gelenkig gelagerte Stiele.

Obwohl $\triangle_P$ und P unbekannte Werte sind, kann man — wenn man den Multiplikator $\triangle_P P$ hervorhebt — den Ausgleich in üblicher Weise [(siehe Abb. I F.38 und Bd. I A (IX B.1 b)] durchführen. Für die erhaltenen Zahlenwerte $^{\mathrm{I}}M$ der Momente gilt der unbekannte Faktor $\triangle_P P$ als Multiplikator. Somit gilt allgemein

$$\bar{M}_P = \triangle_P P^{\mathrm{I}}\bar{M}. \tag{I F.58a}$$

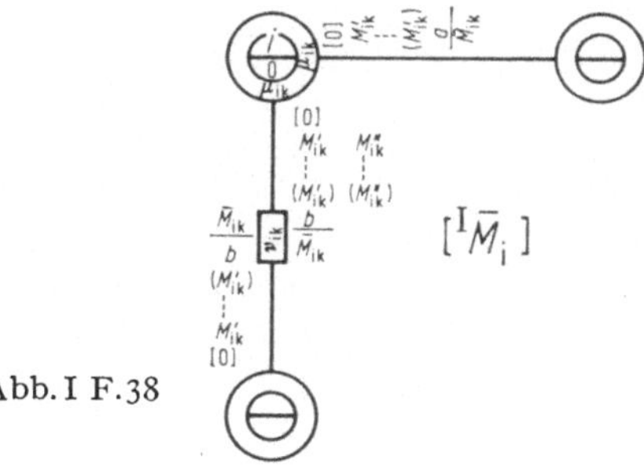

Abb. I F.38

Zum Beispiel ist für den Rahmen nach Abb. I F.39a mit

$$\left(\sum_{\mathrm{I}} \eta_{i,k} \right) = 0{,}8 + 2{,}0 + 1{,}0 = 3{,}8 \quad \text{und} \quad ^{\mathrm{I}}M_{r,\mathrm{I}} = -3{,}8 \triangle_P P$$

der Ausgleich zum Erhalt der Momente $^{\mathrm{I}}M$ in Abb. I F.39b gezeigt. Diese Momente $^{\mathrm{I}}M$ sind außerdem in Abb. I F.39c dargestellt.

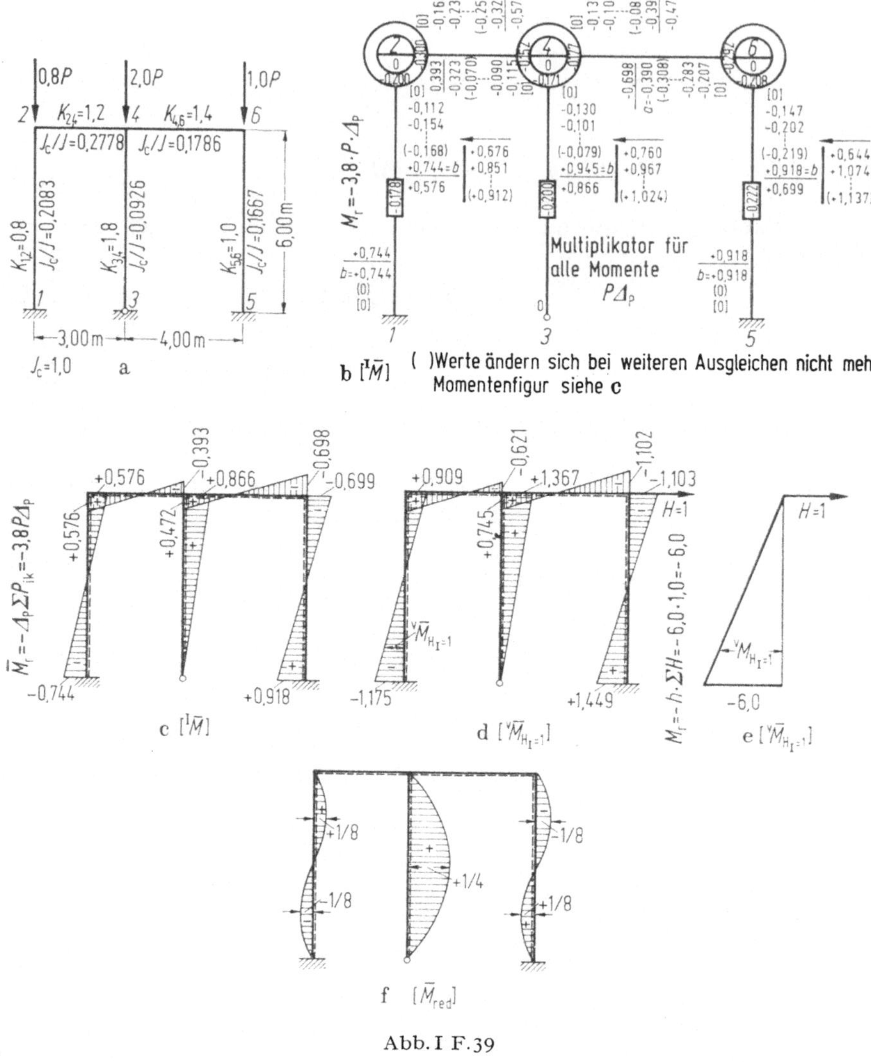

Abb. I F.39

Sind mehrere Stockwerke vorhanden, z. B. Abb. I F.40a, so wird die Verschiebungsfigur mit den unbekannten Verschiebungen der einzelnen Stockwerke von $\alpha\Delta_P$, $\beta\Delta_P$, $\gamma\Delta_P$ usw. entsprechend Abb. I F.40b angenommen. Zweckmäßig werden die Verformungszustände der einzelnen Stockwerke getrennt berechnet. Zum Beispiel ergibt sich für den Zustand $\beta\Delta_P$ (Abb. I F.40c) das Stockwerkmoment des 2. Stockwerkes bei Auslenkung dieses Stockwerkes zu

$$^{II}M_{r,II} = -\beta\Delta_P P\left(\sum_{II}\eta_{ik}\right). \tag{I F.59a}$$

Die $\left(\sum_{II}\eta_{i,k}\right)$ erstreckt sich über alle Stiele des 2. Stockwerks. Die entsprechenden Stockwerkmomente in den anderen Stockwerken verschwinden hierbei:

$$^{II}M_{r,I} = {}^{II}M_{r,III} = {}^{II}M_{r,IV} = 0. \tag{I F.59b}$$

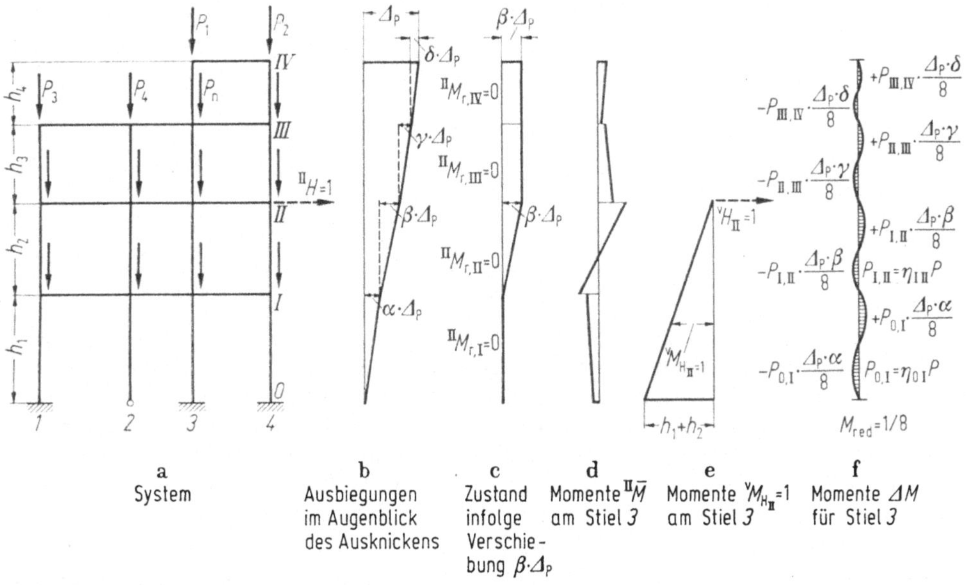

Abb. I F.40

Führt man den Ausgleich hierfür durch, so ergeben sich im gesamten System die Momente

$$^{II}\bar{M}_P = \Delta_P P \beta\, ^{II}\bar{M} \tag{I F.58 b}$$

(z. B. im Stiel 3 der Abb. I F.40d).

In gleicher Weise werden die Ausgleiche für die Zustände $[\alpha \Delta_P]$, $[\gamma \Delta_P]$ usw. durchgeführt.

Erst die Summe aller Ausgleiche ergibt einen Gleichgewichtszustand, für den gilt

$$\bar{M}_P = \Delta_P P [\alpha\, ^{I}\bar{M} + \beta\, ^{II}\bar{M} + \gamma\, ^{III}\bar{M} + \cdots]. \tag{I F.60}$$

β) Angenähertes Knickkriterium

Bringt man bei einem einstöckigen Rahmen in Riegelhöhe die virtuelle Kraft $^{v}H_I = 1$ an, so kann man in üblicher Weise nach Kani-Engesser [Bd. I A (IX B.1 b)] die Momente $^{v}\bar{M}_{H_I=1}$ am statisch unbestimmten System berechnen (z. B. Abb. I F.39 d). Für den Belastungszustand mit der unbekannten Ausbiegung Δ_P, für den die Momente $\bar{M}_P = \Delta_P P^{I}M$ nach (I F.58) gegeben sind, kann unter der Wirkung von $^{v}H_I = 1$ die horizontale Verschiebung Δ_P berechnet werden.

Es gilt für den elastischen Bereich

$$EJ_c\, \Delta_P = \Delta_P P \int\, ^{I}\bar{M}\, ^{v}\bar{M}_{H_I=1}\, \frac{J_c}{J}\, ds. \tag{I F.61}$$

Damit ergibt sich die kritische Knickbelastung

$$P_{\mathrm{kr,el}} = \frac{EJ_c}{\int\, ^{I}\bar{M}\, ^{v}\bar{M}_{H_I=1}\, \dfrac{J_c}{J}\, ds}. \tag{I F.62}$$

Nach dem Reduktionssatz können jedoch statt der Momente aus der Horizontalkraft $^{v}H_I = 1$ am statisch unbestimmten System auch die Momente $^{v}M_{H_I} = 1$ an einem statisch bestimmten Grundsystem gewählt werden. Für das System nach Abb. I F.39 wird dafür das Moment am eingespannten Stiel 5—6 nach Abb. I F.39e gewählt.

Damit gilt statt (I F.61)

$$EJ_c \, \Delta_P = \Delta_P P \int {}^{\mathrm{I}}\bar{M}^v M_{H=1} \frac{J_c}{J} \, ds, \qquad \text{(I F.63)}$$

wobei dieses Integral nicht mehr über das gesamte System, wie bei (I F.61), sondern nur mehr über einen einzigen Stiel zu berechnen ist, was eine wesentliche Reduktion des Rechenaufwandes bedeutet.

Damit wird

$$P_{\mathrm{kr,el}} = \frac{EJ_c}{\int {}^{\mathrm{I}}\bar{M}^v M_{H_{\mathrm{I}}=1} \dfrac{J_c}{J} \, ds} . \qquad \text{(I F.64)}$$

Für Stockwerkrahmen mit mehreren Stockwerken (z.B. Abb. I F.40) werden entsprechend (I F.61) bzw. (I F.63) die horizontalen Verschiebungen jedes Riegels berechnet, was so viele Gleichungen ergibt, als unbekannte Größen $\alpha\Delta_P$, $\beta\Delta_P$, $\gamma\Delta_P$ usw. vorhanden sind. Es wird zweckmäßig an einem statisch bestimmten Grundsystem — einem eingespannten Stiel (z.B. Stiel 4 in Abb. I F.40e) jeweils die Kraft ${}^vH_{\mathrm{I}} = 1$, ${}^vH_{\mathrm{II}} = 1$ usw. angebracht und das zugehörige Moment ${}^vM_{H_i=1}$ am statisch bestimmten System berechnet (z.B. ${}^vM_{H_{\mathrm{II}}=1}$ nach Abb. I F.40e).

Mit (I F.60) ergibt sich für einen dreistöckigen Stockwerkrahmen das Gleichungssystem im elastischen Bereich:

$$EJ_c\alpha\Delta_P = \Delta_P P \left[\alpha \int {}^{\mathrm{I}}\bar{M}^v M_{H_{\mathrm{I}}=1} \frac{J_c}{J} \, ds + \beta \int {}^{\mathrm{II}}\bar{M}^v M_{H_{\mathrm{I}}=1} \frac{J_c}{J} \, ds + \gamma \int {}^{\mathrm{III}}\bar{M}^v M_{H_{\mathrm{I}}=1} \frac{J_c}{J} \, ds \right];$$

$$EJ_c(\alpha + \beta) \, \Delta_P = \Delta_P P \left[\alpha \int {}^{\mathrm{I}}\bar{M}^v M_{H_{\mathrm{II}}=1} \frac{J_c}{J} \, ds + \beta \int {}^{\mathrm{II}}\bar{M}^v M_{H_{\mathrm{II}}=1} \frac{J_c}{J} \, ds + \right.$$

$$\left. + \gamma \int {}^{\mathrm{III}}\bar{M}^v M_{H_{\mathrm{II}}=1} \frac{J_c}{J} \, ds \right]; \qquad \text{(I F.65)}$$

$$EJ_c(\alpha + \beta + \gamma) \, \Delta_P = \Delta_P P \left[\alpha \int {}^{\mathrm{I}}\bar{M}^v M_{H_{\mathrm{III}}=1} \frac{J_c}{J} \, ds + \beta \int {}^{\mathrm{II}}\bar{M}^v M_{H_{\mathrm{III}}=1} \frac{J_c}{J} \, ds + \right.$$

$$\left. + \gamma \int {}^{\mathrm{III}}\bar{M}^v M_{H_{\mathrm{III}}=1} \frac{J_c}{J} \, ds \right] .$$

Die Integrale $\int \bar{M}^v M_H (J_c/J) \, ds$ erstrecken sich jeweils nur über den Stiel, der als statisch bestimmtes Grundsystem gewählt wurde und ergeben bestimmte Zahlenwerte. Damit ergibt sich mit

$$q = \frac{P}{EJ_c} \qquad \text{(I F.66)}$$

das Gleichungssystem:

α	β	γ		
$1 + a_{11}q$	$a_{21}q$	$a_{31}q$	$= 0$	
$1 + a_{12}q$	$1 + a_{22}q$	$a_{32}q$	$= 0$	(I F.67)
$1 + a_{13}q$	$1 + a_{23}q$	$1 + a_{33}q$	$= 0$	

Die Nennerdeterminante gleich Null gesetzt, gibt die kritischen Werte q_{kr}. Der kleinste ist maßgebend. Die Knickbestimmung lautet somit

$$D = 0. \qquad \text{(I F.68)}$$

Setzt man einen der Werte q_{kr} in (I F.67) ein und schreibt (I F.67) in der Form

α/γ	β/γ	1
$1 + a_{11}q_{kr}$	$a_{21}q_{kr}$	$a_{31}q_{kr}$
$1 + a_{12}q_{kr}$	$1 + a_{22}q_{kr}$	$a_{32}q_{kr}$
$1 + a_{13}q_{kr}$	$1 + a_{23}q_{kr}$	$1 + a_{33}q_{kr}$

$$\text{(I F.69)}$$

so kann man aus zwei der Gleichungen die Werte α/γ und β/γ berechnen, wodurch ein Anhalt über die zugehörige Form der Ausknickfigur gegeben ist. Für einen vierstöckigen Rahmen sind z.B. die Knickfiguren, zugehörig zu den vier kritischen Werten q_1 bis q_4, in Abb. I F.41 dargestellt.

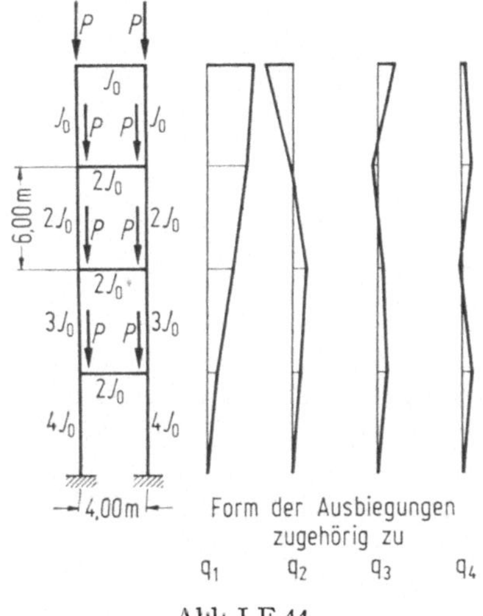

Abb. I F.41

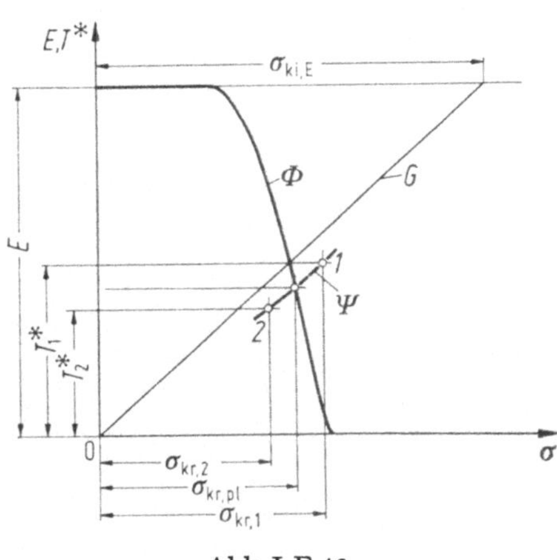

Abb. I F.42

Für mehrere Stockwerke ist sinngemäß vorzugehen.
Ist für die Knickbelastung

$$P_{kr} = q_{kr}EJ_c$$

in irgendwelchen Stäben die Proportionalitätsgrenze überschritten, so wird man entsprechend Abschnitt 2d) vorgehen, wobei man entsprechend Abb. I F.42, unter Zugrundelegung eines maßgebenden Stabes, einen ersten Näherungswert für $q_{kr,pl}$ im plastischen Bereich erhält. Die Integrale von (I F.65) erhalten dann die Form

$$\int \bar{M}^v M_H \frac{J_c}{J}\frac{E}{T^*}.$$

$$\text{(I F.70)}$$

Aus dem Schnittpunkt der Φ- und Ψ-Kurven, entsprechend Abb. I F.42, erhält man nach wenigen Annahmen die kritische Belastung im plastischen Bereich.

γ) Verbessertes Knickkriterium

Für seitlich stark verschiebliche Systeme, wie es Stockwerkrahmen mit senkrechten Stielen sind, sind Sehnendrehungen von wesentlich größerem Einfluß als Knotendrehungen. Bei der Berechnung des Knickkriteriums nach β) ist der Verlauf der Momente $^{I}\bar{M}$, $^{II}\bar{M}$ usw. zwischen den Knotenpunkten geradlinig. Der Anteil der sekundären Momente

$$\Delta M = S_{i-k}z, \qquad \text{(I F.71)}$$

die sich aus den Durchbiegungen z des Stabes $(i-k)$ ergeben (Abb. I F.43), sind dabei nicht berücksichtigt.

Wenn man nach [44] die Durchbiegungen z, die sich nur aus den Sehnendrehungen der Stäbe ergeben, erfaßt, so erhält man schon sehr genaue Knicklasten.

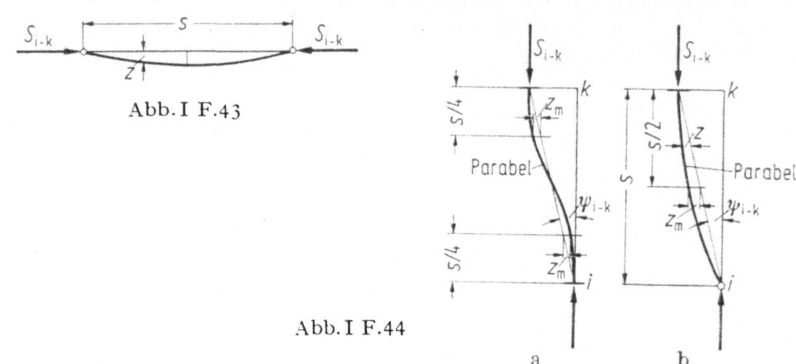

Abb. I F.43

Abb. I F.44

a   b

Für den beiderseits eingespannten Stab ergibt sich für einen Druckstab nach Abschnitt E 1 a, b für $x = s/4$ und $\psi_{i-k} = 1$ (Abb. I F.44a)

$$\frac{z_m}{s_{i-k}} = \left\{ \frac{1}{4} - \frac{1}{2(1-\cos\varepsilon) - \varepsilon\sin\varepsilon}\left[\frac{\varepsilon}{4}\sin\varepsilon - \sin\varepsilon\sin\frac{\varepsilon}{4} - \right.\right.$$

$$\left.\left. - (1-\cos\varepsilon)\left(1-\cos\frac{\varepsilon}{4}\right)\right]\right\} = \alpha_e \qquad \text{(I F.72)}$$

bzw.

$$z_{\psi,m} = \alpha_e s_{i-k}\psi_{i-k}. \qquad \text{(I F.73)}$$

Für den einseitig eingespannten, eineitig gelenkig gelagerten Stab ergibt sich für einen Druckstab nach Abschnitt E 1 a, f für $x = s/2$ und $\psi_{i-k} = 1$ (Abb. I F.44b)

$$\frac{z_m}{s_{i-k}} = \left[\frac{\dfrac{\varepsilon}{2}\cos\varepsilon - \sin\dfrac{\varepsilon}{2}}{\sin\varepsilon - \varepsilon\cos\varepsilon} - 0{,}5\right] = \alpha_g \qquad \text{(I F.74)}$$

bzw.

$$z_{\psi,m} = \alpha_g s_{i-k}\psi_{i-k}. \qquad \text{(I F.75)}$$

Die Werte α_e bzw. α_g, in Abhängigkeit von ε, sind in Tabelle I F.1 angegeben und in Abb. I F.45 bzw. I F.46 dargestellt.

Bei der Berücksichtigung der Verformungen z kann der Verlauf der z-Kurven nach Parabeln (Abb. I F.44a und b) angenommen werden. Der maximale Wert von z_m kann in $x = s/4$ bzw. $x = s/2$ angenommen und entweder aus der Tabelle I F.1, zugehörig zu ε, entnommen werden oder es werden die nachfolgenden Grenzwerte berücksichtigt.

Tabelle I F.1

beiderseits eingespannter Stab		einseitig eingespannter, einseitig gelenkiger Stab	
ε	α_e	ε	α_g
0	0,094	0	0,187
0,8	0,094	0,6	0,190
1,0	0,095	1,0	0,195
1,6	0,096	1,4	0,203
2,2	0,098	1,6	0,208
2,6	0,100	1,8	0,214
3,0	0,103	2,0	0,222
3,5	0,106	2,2	0,232
4,0	0,111	2,4	**0,243**
4,5	0,117	2,6	0,257
5,0	**0,125**	2,8	0,275
5,5	0,135	3,0	0,298
6,0	0,149	3,5	0,396

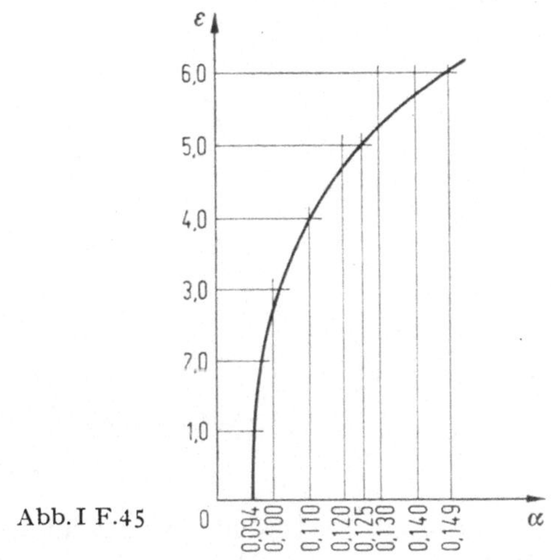

Abb. I F.45

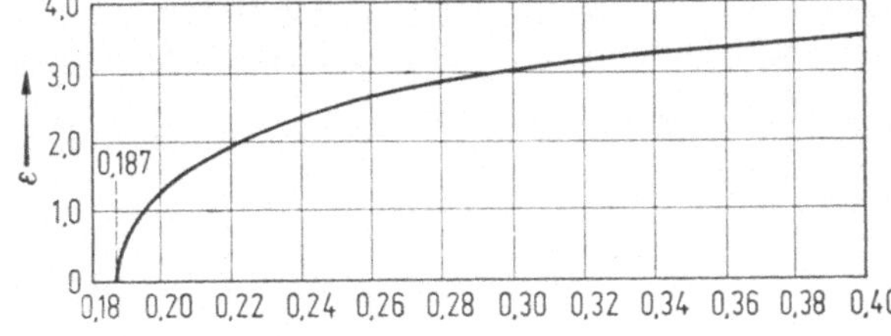

Abb. I F.46

Grenzwerte z_m. Beiderseits eingespannter Stab:

$$\varepsilon \leqq 5,0; \quad \alpha_e \approx \frac{1}{8} = 0,125;$$

$$\varepsilon > 5,0; \quad \alpha_e \approx 0,150.$$

(I F.76a)

Einseitig starr, einseitig gelenkig gelagerter Stab:

$$\varepsilon < 2{,}5; \quad \alpha_g \approx \frac{1}{4} = 0{,}250; \left.\vphantom{\frac{1}{4}}\right\}$$

$$2{,}5 < \varepsilon < 3{,}5; \quad \alpha_g \approx 0{,}40. \qquad\qquad \text{(I F.76b)}$$

Mit den Grenzwerten liegt die Berechnung auf der sicheren Seite. Bei Zugstäben werden sekundäre Momente nicht berücksichtigt, da sie für die Berechnung bedeutungslos sind. Damit ergeben sich die maximalen Zusatzmomente für die unbekannten Verschiebungen der einzelnen Stockwerke um $\alpha \Delta_P$, $\beta \Delta_P$ usw. der einzelnen Stiele zu

$$\max \Delta M = \eta_{i,k} \alpha_e \alpha \, \Delta_P P \quad \text{bzw.} \quad \eta_{i,k} \alpha_e \beta \, \Delta_P P \cdot \quad \text{usw.} \qquad \text{(I F.77a)}$$

bzw.

$$\max \Delta^0 M = \eta_{i,k} \alpha_g \alpha \, \Delta_P P \quad \text{bzw.} \quad \eta_{i,k} \alpha_g \beta \, \Delta_P P \quad \text{usw.} \qquad \text{(I F.77b)}$$

Bezeichnet man die nur von α_e bzw. α_g abhängigen Kurven (als Parabeln angenommen) als reduzierte Momente M_{red} bzw. $^0M_{\text{red}}$ (Abb. I F.47a und b und Abb. I F.48) so gilt

$$\Delta M = \eta_{i,k} \alpha_e \, \Delta_P P M_{\text{red}} \quad \text{usw.}$$

$$\Delta^0 M = \eta_{i,k} \alpha_g \, \Delta_P P \,^0M_{\text{red}} \quad \text{usw.} \qquad\qquad \text{(I F.78)}$$

Die reduzierten Momente M_{red} bzw. $^0M_{\text{red}}$ ergeben sich entsprechend Abb. I F.39f für einstöckige Rahmen und entsprechend Abb. I F.40f für mehrstöckige Stockwerkrahmen.

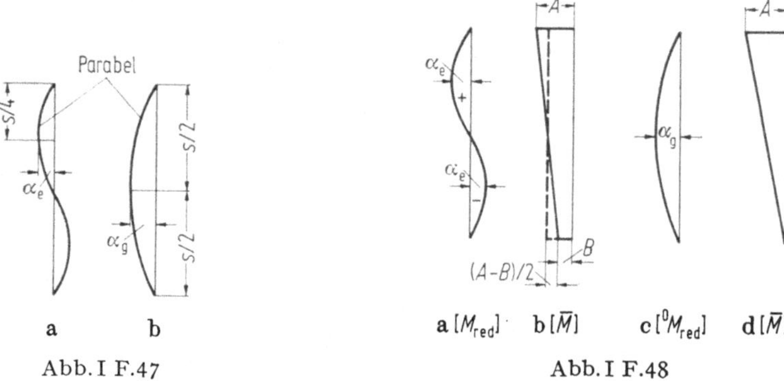

a   b $\mathbf{a}\,[M_{\text{red}}]$ $\mathbf{b}\,[\bar{M}]$ $\mathbf{c}\,[^0M_{\text{red}}]$ $\mathbf{d}\,[\bar{M}]$

Abb. I F.47   Abb. I F.48

Bei der Berechnung der horizontalen Durchbiegungen infolge der Kräfte $^vH_i = 1$ sind nunmehr auch die Momente ΔM bzw. $\Delta^0 M$ zu berücksichtigen.

Nachfolgend wird in den Gleichungen M_{red} angeschrieben, für einseitig gelenkig angeschlossene Stäbe ist entsprechend $^0M_{\text{red}}$ einzuführen.

Für den einstöckigen Rahmen erhält man statt (I F.61) bzw. (I F.63)

$$EJ_c \, \Delta_P = \Delta_P P \left[\int {}^{\mathrm{I}}\bar{M}{}^v\bar{M}_{H_{\mathrm{I}}=1} \frac{J_c}{J} \, \mathrm{d}s + \int \eta_{i,k} M_{\text{red}}{}^v\bar{M}_{H_{\mathrm{I}}=1} \frac{J_c}{J} \, \mathrm{d}s \right] \qquad \text{(I F.79)}$$

bzw.

$$EJ_c \, \Delta_P = \Delta_P P \left[\int {}^{\mathrm{I}}\bar{M}{}^v M_{H_{\mathrm{I}}=1} \frac{J_c}{J} \, \mathrm{d}s + \int \eta_{i,k} M_{\text{red}}{}^v\bar{M}_{H_{\mathrm{I}}=1} \frac{J_c}{J} \, \mathrm{d}s \right]. \qquad \text{(I F.80)}$$

Die zweiten Integrale ergeben sich mit Abb. I F.48 nach Bd. I A, S. 229, zu

$$\int \bar{M} \, M_{\text{red}} \, \mathrm{d}s = \frac{s}{6} (A - B) \, \alpha_e, \qquad\qquad \text{(I F.81a)}$$

$$\int \bar{M}\,^0M_{\text{red}} \, \mathrm{d}s = \frac{s}{3} A \alpha_g. \qquad\qquad\qquad \text{(I F.81b)}$$

Für Systeme, bei denen in den Stielen etwa die gleichen Spannungen auftreten und entweder alle Stiele eingespannt oder alle Stiele gelenkig gelagert sind (Abb. I F.49), kann wieder für die Belastung $H_\mathrm{I} = 1$ das Moment an einem statisch bestimmten System verwendet werden:

$$EJ_c \, \Delta_P = \Delta_P P \left[\int {}^\mathrm{I}\bar{M} {}^v M_{H_\mathrm{I}=1} \frac{J_c}{J}\,\mathrm{d}s + \int \eta_{i,k} M_\mathrm{red} {}^v M_{H_\mathrm{I}=1} \frac{J_c}{J}\,\mathrm{d}s \right]. \qquad \text{(I F.82)}$$

Für mehrere Stockwerke ist sinngemäß vorzugehen.

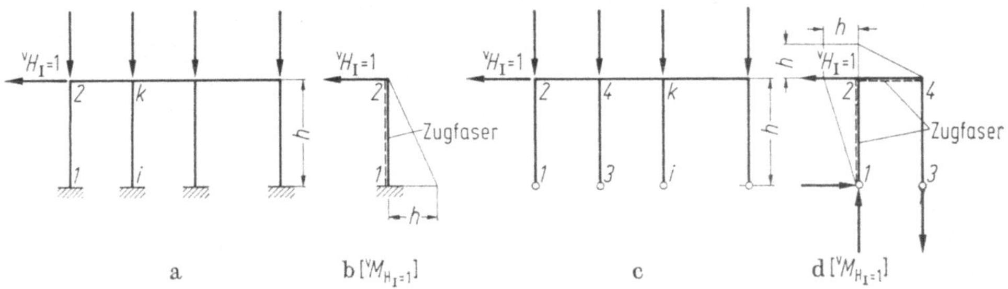

Abb. I F.49

Für den Rahmen nach Abb. I F.40 ergibt sich z. B. für die Verschiebung des Riegels II die nachfolgende Gleichung.

Da die einzelnen Stiele hierbei verschiedene Lagerungen und stark unterschiedliche Spannungen aufweisen, sind die Momente ${}^v\bar{M}_{H_\mathrm{II}=1}$ am statisch unbestimmten System zu berechnen. Es gilt dann:

$$EJ_c(\alpha + \beta) \, \Delta_P = \Delta_P P \left[\alpha \left(\int {}^\mathrm{I}\bar{M} {}^v M_{H_\mathrm{II}=1} \frac{J_c}{J}\,\mathrm{d}s + \int_\mathrm{I} \eta_{i,k} M_\mathrm{red} {}^v\bar{M}_{H_\mathrm{II}=1} \frac{J_c}{J}\,\mathrm{d}s \right) + \right.$$

$$+ \beta \left(\int {}^\mathrm{II}\bar{M} {}^v M_{H_\mathrm{II}=1} \frac{J_c}{J}\,\mathrm{d}s + \int_\mathrm{II} \eta_{i,k} M_\mathrm{red} {}^v\bar{M}_{H_\mathrm{II}=1} \frac{J_c}{J}\,\mathrm{d}s \right) +$$

$$+ \gamma \left(\int {}^\mathrm{III}\bar{M} {}^v M_{H_\mathrm{II}=1} \frac{J_c}{J}\,\mathrm{d}s + \int_\mathrm{III} \eta_{i,k} M_\mathrm{red} {}^v\bar{M}_{H_\mathrm{II}=1} \frac{J_c}{J}\,\mathrm{d}s \right) +$$

$$\left. + \delta \left(\int {}^\mathrm{IV}\bar{M} {}^v M_{H_\mathrm{II}=1} \frac{J_c}{J}\,\mathrm{d}s + \int_\mathrm{IV} \eta_{i,k} M_\mathrm{red} {}^v\bar{M}_{H_\mathrm{II}=1} \frac{J_c}{J}\,\mathrm{d}s \right) \right]. \qquad \text{(I F.83)}$$

Die Integrale mit den reduzierten Momenten M_red gelten jeweils über alle Stiele eines Stockwerkes.

Für Systeme, bei denen etwa die gleichen Spannungen in den Stielen eines Stockwerkes auftreten und alle Stiele gleiche Lagerung haben (wenn z. B. bei Abb. I F.40 auch der Stiel 2 unten eingespannt wäre), können auch bei den Integralen mit den reduzierten Momenten M_red die Momente ${}^v M_{H_i} = 1$ am statisch bestimmten System verwendet werden.

Statt (I F.83) ergibt sich im letzteren Falle, wenn z. B. der unten eingespannte Stiel 4 als statisch bestimmtes Grundsystem gewählt wird, die Gleichung für die horizontale Verschiebung des Riegels II:

$$EJ_c(\alpha + \beta) \, \Delta_P = \Delta_P P \left[\alpha \left(\int {}^\mathrm{I}\bar{M} {}^v M_{H_\mathrm{II}=1} \frac{J_c}{J}\,\mathrm{d}s + \int \eta_{i,k} M_\mathrm{red} {}^v M_{H_\mathrm{II}=1} \frac{J_c}{J}\,\mathrm{d}s \right) + \right.$$

$$\left. + \beta \left(\int {}^\mathrm{II}\bar{M} {}^v M_{H_\mathrm{II}=1} \frac{J_c}{J}\,\mathrm{d}s + \int \eta_{i,k} M_\mathrm{red} {}^v M_{H_\mathrm{II}=1} \frac{J_c}{J}\,\mathrm{d}s \right) + \cdots \right] \qquad \text{(I F.84)}$$

Die Integrale mit den reduzierten Momenten erstrecken sich in diesem Fall nur jeweils über einen Stiel eines Stockwerkes. Dies bedeutet eine wesentliche Reduzierung des Rechenaufwandes.

Sind jedoch die oben genannten Bedingungen nicht gegeben und muß man mit den Momenten $^v\bar{M}_{H_i=1}$ rechnen, so ist es nicht erforderlich, den Momentenausgleich zur Bestimmung von $\bar{M}_{H_i=1}$ durchzuführen, sondern man kann die Momente $^I\bar{M}$, $^{II}\bar{M}$ usw. zur Bestimmung von $\bar{M}_{H_i=1}$ verwenden.

Vergleicht man z. B. für einen zweistöckigen Rahmen nach Abb. I F.50 die Stockwerksmomente für den Fall des Ausknickens mit den Stockwerkmomenten für den Belastungsfall $H_I = 1$, so kommt man zu folgenden Beziehungen: Für den Fall a) ergeben sich aus dem Stockwerkmoment $^IM_{r,I}$ nach dem Ausgleich die Momente

$$\alpha \, \Delta_P P \, {}^I\bar{M}$$

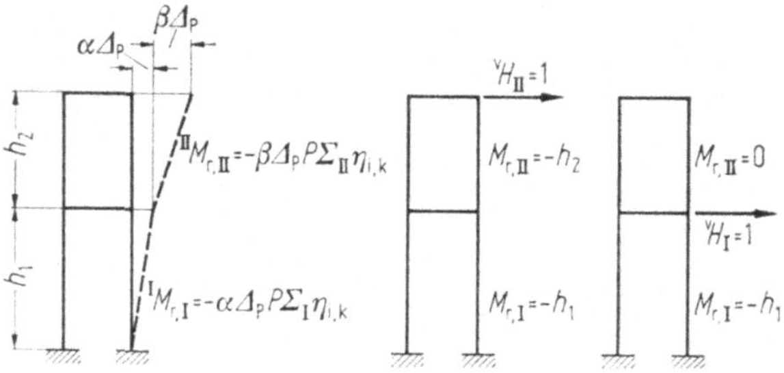

Abb. I F.50

und für das Stockwerkmoment $^{II}M_{r,II}$ die Momente

$$\beta \, \Delta_P P \, {}^{II}\bar{M},$$

und die endgültigen Momente

$$\bar{M}_{\Delta_P P} = \Delta_P P(\alpha \, {}^I\bar{M} + \beta \, {}^{II}\bar{M}).$$

Für den Fall b) ergibt sich aus Proportionalitätsgründen

$$\bar{M}_{H_{II}=1} = \frac{\alpha \, \Delta_P P \, {}^I\bar{M}}{-\alpha \, \Delta_P P \left(\sum_I \eta_{i,k}\right)} (-h_1) + \frac{\beta \, \Delta_P P \, {}^{II}\bar{M}}{-\beta \, \Delta_P P \left(\sum_{II} \eta_{i,k}\right)} (-h_2) =$$

$$= \frac{h_1}{\left(\sum_I \eta_{i,k}\right)} \, {}^I\bar{M} + \frac{h_2}{\left(\sum_{II} \eta_{i,k}\right)} \, {}^{II}\bar{M}.$$

Damit ergeben sich folgende Umrechnungsformeln zur Bestimmung von $\bar{M}_{H_i=1}$:

Einstöckiger Rahmen:

$$\bar{M}_{H_I=1} = \frac{h_1}{\sum_I \eta_{i,k}} \, {}^I\bar{M};$$

zweistöckiger Rahmen:

$$\bar{M}_{H_I=1} = \frac{h_1}{\sum_I \eta_{i,k}} \, {}^I\bar{M};$$

$$\bar{M}_{H_{II}=1} = \frac{h_1}{\sum_I \eta_{i,k}} \, {}^I\bar{M} + \frac{h_2}{\sum_{II} \eta_{i,k}} \, {}^{II}\bar{M}.$$

$$(I \text{ F.85})$$

Für einen n-stöckigen Rahmen ist entsprechend vorzugehen. Die Berechnung ist in den Beispielen I 10.2 und I 11 gezeigt.

b) Unverschiebliche Systeme

Bei unverschieblichen Systemen mit stabweise konstanten Querschnittswerten, wie z. B. bei Abb. I F. 51 a und b, kann die kritische Belastung, bei der ein Ausknicken des Systems erfolgt, in einfacher Weise entweder nach Abschnitt E 5 a oder nach Abschnitt F 1 bα oder β mit dem Steifigkeits- oder Serienkriterium bestimmt werden. Hierfür sind die F-Funktionen zu verwenden, die für stabweise konstante Querschnitte tabuliert sind. Sind jedoch die Querschnittswerte eines Stabes veränderlich, so kann man auch in solchen Fällen mit dem Durchbiegungsverfahren zu einfachen Näherungslösungen kommen.

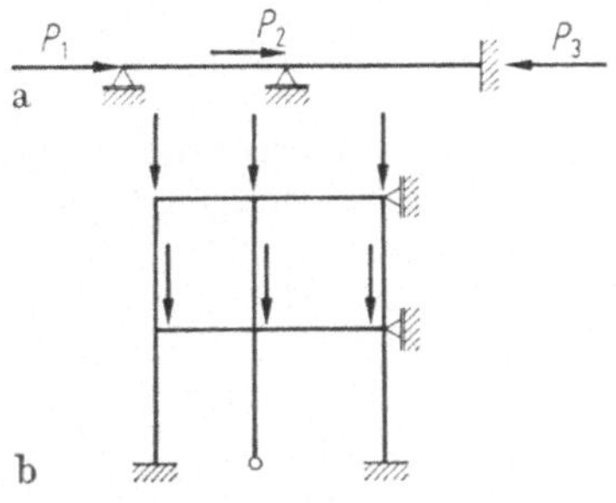

Abb. I F. 51

Für den über mehrere Stützen durchlaufenden Stab nach Abb. I F. 52 a, der in den Punkten a und b drehbar gelagert und im Punkt c starr eingespannt ist, könnte nach Abschnitt A 1 c die Knickdeterminante entsprechend (I A.27) aufgestellt werden. Es wird der Stab in einzelne Teile von der Länge e unterteilt und es werden die Ausbiegungen w_i in den einzelnen Punkten i als unbekannte Größen angenommen. Dann

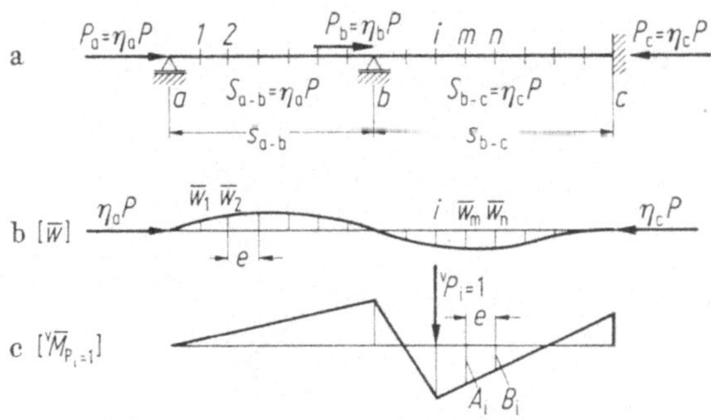

Abb. I F. 52

wird in jedem dieser Punkte die virtuelle Last $^v P_i = 1$ angenommen und hierfür im statisch unbestimmten System das Moment $^v \bar{M}_{P_i=1}$ bestimmt. Nimmt man das Moment aus der Längsbelastung am statisch bestimmten Grundysstem, so ergibt sich hierfür

$$M_{P,n} = \eta_{i,k} P \bar{w}_n. \tag{I F.86}$$

Für die Berechnung der Durchbiegung $\bar{w}_i$ gilt die Gleichung

$$E J_c \bar{w}_i = \int M_P {}^v \bar{M}_{P_i=1} \frac{J_c}{J} \, ds \quad \text{bzw.} \quad \int M_P {}^v \bar{M}_{P_i=1} \frac{J_c}{J} \frac{E}{T^*} \, ds.$$

Mit (I F.86) wird

$$EJ_c\bar{w}_i = P \int \eta_{i,k}\bar{w}_n\bar{M}_{P_i=1}\frac{J_c}{J}\,ds, \qquad\qquad \text{(I F.87)}$$

z. B. ergibt sich für den Bereich $m - n$ (Abb. I F.52) der Integralanteil

$$\eta_c\frac{e}{6}\frac{J_c}{J_{m,n}}\left[\bar{w}_m(2A_i + B_i) + \bar{w}_n(2B_i + A_i)\right].$$

Mit $q = P/EJ_c$ läßt sich (I F.87) in der Form

$$a_{i,1}q\bar{w}_1 + a_{i,2}q\bar{w}_2 + \cdots (1 + a_{i,i}q)\,\bar{w}_i + \cdots a_{i,v}q\bar{w}_v \cdots = 0 \qquad\qquad \text{(I F.88)}$$

schreiben.

Schreibt man für jeden Punkt eine entsprechende Gleichung an, so erhält man so viele Gleichungen als unbekannte Durchbiegungen $\bar{w}$ angenommen wurden.

Die Knickdeterminante entsprechend (I A.27) ergibt die kritischen Knickbelastungen, von denen die kleinste maßgebend ist. Der Rechenaufwand ist jedoch sehr umfangreich, daher wird ein Näherungsverfahren nachfolgend vorgeschlagen.

Man wählt, z. B. für das System nach Abb. I F.53 a, zwei Punkte u und v etwa in Feldmitte der einzelnen Stäbe aus. Für eine virtuelle Belastung $^vP_u = 1$ werden die Momente am statisch unbestimmten System $^v\bar{M}_{u,i}$ berechnet und mit $\bar{W}$-Gewichten die zugehörige Biegelinie $\bar{w}_{u,i}$ bestimmt. Für die Belastung $^vP_v = 1$ erhält man entsprechend die Momente $^v\bar{M}_{v,i}$ und die Biegelinie $\bar{w}_{v,i}$. Beide Biegelinien erfüllen die Randbedingungen (Abb. I F.53 b bis e).

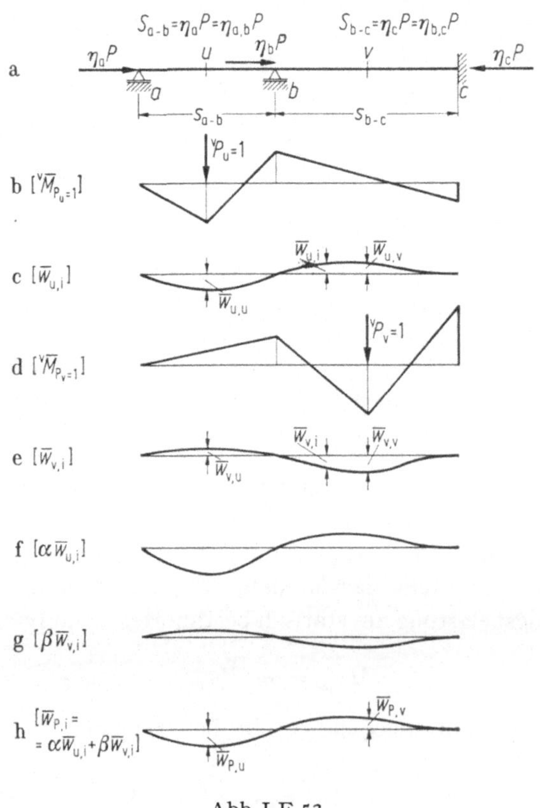

Abb. I F.53

Multipliziert man die Biegelinie $\bar{w}_{u,i}$ mit einem unbekannten Wert α und die Biegelinie $\bar{w}_{v,i}$ mit einem unbekannten Wert β, und superponiert beide, so erhält man nach Abb. I F.53 f bis h die Biegelinie

$$\bar{w}_{P,i} = \alpha \bar{w}_{u,i} + \beta \bar{w}_{v,i}. \tag{I F.89}$$

Nimmt man diese als Knickfigur an, so ist sie durch die zwei unbekannten Größen α und β bestimmt. Die Randbedingungen entsprechen jedenfalls den Systembedingungen. Stellt man nun in den Punkten u und v die Gleichungen für die Durchbiegung $\bar{w}_{P,u}$ und $\bar{w}_{P,v}$ infolge der Momente aus der Belastung auf, so erhält man zwei Bedingungsgleichungen für α und β.

Bei sämtlichen Zahlenrechnungen, unter Zugrundelegung des Durchbiegungsverfahrens, hat sich gezeigt, daß es im wesentlichen auf die maximalen Werte der Durchbiegungen ankommt und die Form der Biegelinie nicht von besonderem Einfluß ist. Unter den obigen Annahmen, bei denen die Randbedingungen dem System entsprechen, erhält man damit gute Näherungswerte.

Die beiden Bedingungsgleichungen lauten:

$$EJ_c(\alpha\bar{w}_{u,u} + \beta\bar{w}_{v,u}) = \int M_P\bar{M}_u \frac{J_c}{J}\,\mathrm{d}s \quad \text{bzw.} \quad \int M_P\bar{M}_u \frac{J_c}{J}\frac{E}{T^*}\,\mathrm{d}s;$$

$$EJ_c(\alpha\bar{w}_{u,v} + \beta\bar{w}_{v,v}) = \int M_P\bar{M}_v \frac{J_c}{J}\,\mathrm{d}s \quad \text{bzw.} \quad \int M_P\bar{M}_v \frac{J_c}{J}\frac{E}{T^*}\,\mathrm{d}s. \tag{I F.90}$$

Es gilt mit (I F.86) bei konstantem Modul E:

$$\int M_P\bar{M}_u \frac{J_c}{J}\,\mathrm{d}s = P\left[\eta_{a,b}\int_a^b (\alpha\bar{w}_{u,i} + \beta\bar{w}_{v,i})\,\bar{M}_u \frac{J_c}{J}\,\mathrm{d}s + \right.$$

$$\left. + \eta_{b,c}\int_b^c (\alpha\bar{w}_{u,i} + \beta\bar{w}_{v,i})\,\bar{M}_u \frac{J_c}{J}\,\mathrm{d}s. \right] \tag{IF.91}$$

Berechnet man die Zahlenwerte der Integrale

$$\int \bar{w}_{u,i}\bar{M}_u \frac{J_c}{J}\,\mathrm{d}s \quad \text{usw.} \tag{I F.92}$$

und bezeichnet

$$q = \frac{P}{EJ_c}, $$

so erhält man das Gleichungssystem

α	β	
$\bar{w}_{u,u} + a_{1,1}q$	$\bar{w}_{v,u} + a_{1,2}q$	$= 0$
$\bar{w}_{u,v} + a_{2,1}q$	$\bar{w}_{v,v} + a_{2,2}q$	$= 0$

$$\tag{I F.93}$$

Hierbei sind die Durchbiegungen $\bar{w}_{u,u}$, $\bar{w}_{v,u}$, $\bar{w}_{v,v}$ und die Koeffizienten $a_{i,k}$ feste Zahlenwerte.

Die Determinante Null gesetzt

$$D = 0 \tag{I F.94}$$

gibt die kritische Belastung q_{kr}.

Setzt man diese Werte in (I F.93) ein, so erhält man mit der Schreibweise

$$
\begin{array}{ll}
\dfrac{\alpha}{\beta} & \qquad 1
\end{array}
$$

$$
\begin{aligned}
\bar{w}_{u,u} + a_{1,1}q_{\mathrm{kr}} && \bar{w}_{v,u} + a_{2,1}q_{\mathrm{kr}} &= 0 \\
\bar{w}_{u,v} + a_{1,2}q_{\mathrm{kr}} && \bar{w}_{vv} + a_{2,2}q_{\mathrm{kr}} &= 0
\end{aligned}
\tag{I F.95}
$$

aus einer der beiden Gleichungen die Form der Knickfigur.

Um die Knicksicherheit eines Stieles eines unverschieblichen Stockwerkrahmens zu bestimmen (z.B. Abb. I F.54a, Stiel 1), werden in Mitte eines jeden Stockwerkes die virtuellen Kräfte $^{v}P_{i} = 1$ angebracht und dazu mit Momentenausgleich die Momente am statisch unbestimmten System $^{v}\bar{M}_{P_{i}=1}$ bestimmt. Damit können mit W-Gewichten die zugehörigen Biegelinien des Stieles $\bar{w}_{i}$ berechnet werden (z.B. $^{v}\bar{M}_{P_{b}=1}$ und $\bar{w}_{b}$ für $^{v}P_{b} = 1$ in Mitte des zweiten Stockwerkes nach Abb. I F.54b und c).

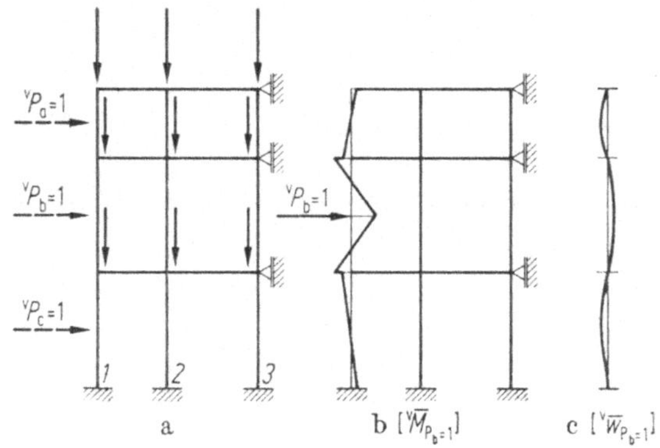

Abb. I F.54

Mit dem Ansatz

$$
\bar{w}_{P,i} = \alpha\bar{w}_{a,i} + \beta\bar{w}_{b,i} + \gamma\bar{w}_{c,i}
\tag{I F.96}
$$

kann das (I F.93) entsprechende Gleichungssystem bestimmt werden.

$$
\begin{array}{lll}
\alpha & \qquad \beta & \qquad \gamma
\end{array}
$$

$$
\begin{aligned}
\bar{w}_{a,a} + a_{1,1}q && \bar{w}_{a,b} + a_{2,1}q && \bar{w}_{a,c} + a_{3,1}q &= 0 \\
\bar{w}_{a,b} + a_{1,2}q && \bar{w}_{b,b} + a_{2,2}q && \bar{w}_{c,b} + a_{3,2}q &= 0 \\
\bar{w}_{a,c} + a_{1,3}q && \bar{w}_{c,b} + a_{2,3}q && \bar{w}_{c,c} + a_{3,3}q &= 0
\end{aligned}
\tag{I F.97}
$$

Mit $D = 0$ ist wieder q_{kr} bestimmt.

Bezüglich des plastischen Bereiches gelten die in früheren Abschnitten angegebenen Maßnahmen. Da hierbei immer mit dem T^{*}-Modul gerechnet wird, ist eine Sicherheit von v_{E} erforderlich.

Die Durchführung der Berechnung wird in den Beispielen I 3a und b und I 12.6 gezeigt.

Zahlenbeispiele

1. Beispiel. Gelenkstab mit veränderlichen Querschnittswerten

Durchbiegungsverfahren

Die Abmessungen und Querschnittswerte des beiderseits gelenkig gelagerten Stabes sind aus Abb. I 1.1 zu ersehen:

$$F_1 = 60 \text{ cm}^2; \quad J_1 = 5016 \text{ cm}^4; \quad F_2 = 68 \text{ cm}^2; \quad J_2 = 6060 \text{ cm}^4.$$

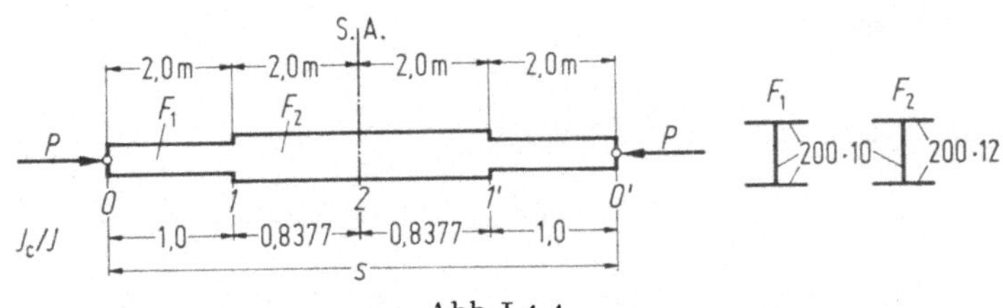

Abb. I 1.1

Die Berechnung der Knicklast erfolgt nach Abschnitt I C.1 b. Die Ausbiegungslinie wird nach einer sin-Linie angenommen (Abb. I 1.2 a) und in erster Näherung der Stab nur in 4 Abschnitte geteilt und die Momentenlinie

$$M_P = Pw = PM_{P=1}$$

zwischen den Teilungspunkten geradlinig verlaufend angenommen (Abb. I 1.2 b). Mit den Momenten aus der virtuellen Belastung

$$^vP_m = 1$$

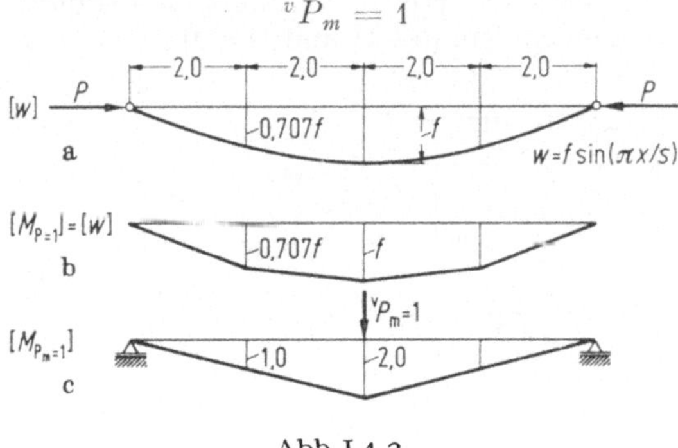

Abb. I 1.2

nach Abb. I 1.2 c erhält man bei Vollgültigkeit des elastischen Bereiches nach (I C.5):

$$EJ_c \cdot 1 \cdot f = P_{kr} \int M_{P=1} \,^vM_{P_m=1} \frac{J_c}{J} \, ds;$$

$$EJ_c f = P_{kr} f \, 2 \left\{ \frac{2,0}{3} \, 1,0 \cdot 0,707 + \frac{2,0}{6} \cdot 0,8377 \, [0,707(2 \cdot 1,0 + 2,0) + \right.$$

$$+ \, 1,0 \, (2 \cdot 2,0 + 1,0)] = P_{kr} f \, 2(0,4713 + 2,185) = 5,3143 \, P_{kr} f.$$

Mit

$$EJ_c = 2100 \cdot 5076 \cdot 10^{-4}$$

wird

$$P_{kr,E} = \frac{EJ_c}{5,3143} = 200,6 \text{ t}$$

und

$$\sigma_{ki,0-1} = \frac{200,6}{60,0} = 3,34 \text{ t/cm}^2;$$

$$\sigma_{ki,1-2} = \frac{200,6}{68,0} = 2,96 \text{ t/cm}^2.$$

Damit ist die Proportionalitätsgrenze für St 37 überschritten und die Berechnung muß im plastischen Bereich unter Beachtung des Moduls T^* (Tafel G) nach Abschnitt I C.1b durchgeführt werden.

Mit der Annahme

$$^1P = 150 \text{ t}$$

ergeben sich die Spannungen und T^*-Werte

Bereich 0—1: $^1\sigma_{0-1} = \dfrac{150}{60} = 2,50 \text{ t/cm}^2;$ $^1T^* = 1\,560 \text{ t/cm}^2;$ $E/^1T^* = 1,35;$

Bereich 1—2: $^1\sigma_{1-2} = 2,206 \text{ t/cm}^2;$ $^1T^* = 1\,880 \text{ t/cm}^2;$ $E/^1T^* = 1,12.$

Damit ergibt sich nach (I C.6)

$$EJ_cf = 2\,^1P_{kr}f(0,4713 \cdot 1,35 + 2,185 \cdot 1,12) = 6,15\,^1P_{kr}f$$

und

$$^1P_{kr} = 173,3 \text{ t}$$

mit

$$^1\sigma_{kr,0-1} = 2,89 \text{ t/cm}^2 \quad \text{und} \quad ^1\sigma_{kr,1-2} = 2,55 \text{ t/cm}^2.$$

Mit den zugehörigen $^1T^*$-Werten ergeben sich damit die Punkte a_1 und b_1 der Ψ_1- und Ψ_2-Kurve für die Querschnitte (0—1) und (1—2) der Abb. I 1.3.

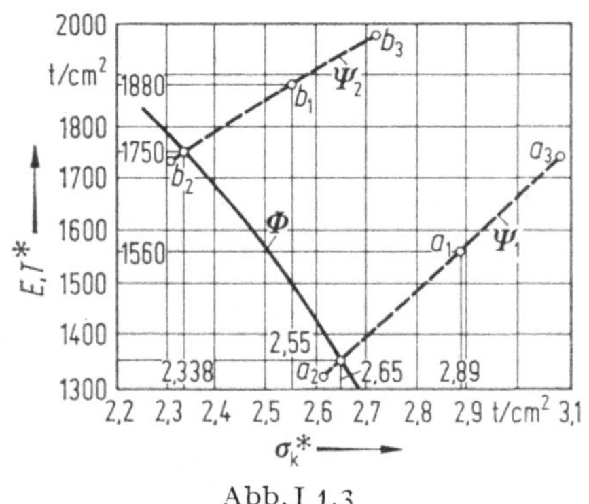

Abb. I 1.3

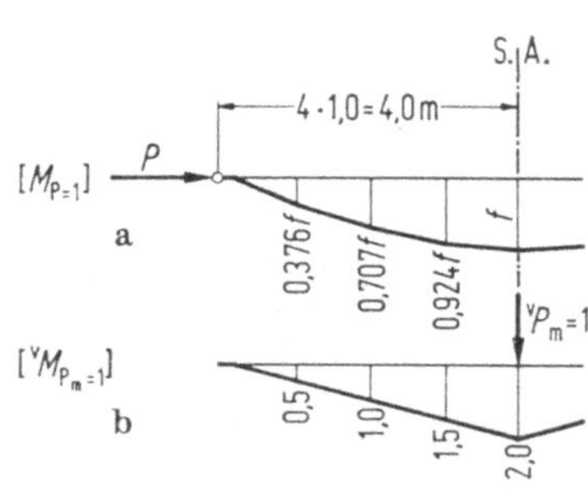

Abb. I 1.4

Mit den Annahmen $^2P = 160$ t bzw. $^3P = 140$ t ergeben sich entsprechend die Punkte a_2, b_2 bzw. a_3, b_3. Damit sind die Kurven Ψ_1 und Ψ_2 festgelegt. Aus den Schnittpunkten mit der Φ-Kurve (von der nur der maßgebliche Teil der Abb. I B.3 in Abb. I 1.3 gezeichnet ist) bekommt man die kritischen Knickspannungen für die Querschnitte (0—1) und (1—2). Die Knicklast P_{kr} muß selbstverständlich gleich sein, ob über den Querschnitt (0—1) oder (1—2) gerechnet wird, daher braucht nur die Ψ_1- oder Ψ_2-Kurve gezeichnet werden:

Bereich 0—1: $P_{kr,T^*} = 2,650 \cdot 60 = 159,0 \text{ t};$

Bereich 1—2: $P_{kr,T^*} = 2,338 \cdot 68 = 159,0 \text{ t}.$

Die zulässige Druckkraft beträgt dann mit der Sicherheit nach (I C.8) mit $\nu_E = 2{,}08$

$$P_{\text{zul}} = \frac{159{,}0}{2{,}08} = 76{,}44 \text{ t}.$$

Würde der Stab statt in 4 Teile in 8 Teile unterteilt, und wird wieder die sin-Linie als Ausbiegungslinie angenommen (Abb. I 1.4a), so ergibt sich entsprechend der obigen Rechnung für den elastischen Bereich

$$P_{\text{r},E} = 193{,}3 \text{ t}$$

und für den plastischen Bereich

$$P_{\text{kr},T*} = 156{,}8 \text{ t}.$$

Man erkennt daraus, daß bereits eine sehr große Feldteilung schon verhältnismäßig genaue Ergebnisse gewährleistet.

Nimmt man nach Abschnitt I A 1 c die Form der Biegelinie nicht von vornherein an, sondern unterteilt den Stab in Abschnitte und nimmt die Durchbiegungen an den Teilungspunkten als unbekannte Größe an, so kann entsprechend (I A.27) die Knickbedingung erhalten werden.

Mit 8 Teilbereichen und den unbekannten Durchbiegungen w_1 bis w_4 (Abb. I 1.5 a) wird jede der Durchbiegungen aus einer Bestimmungsgleichung berechnet. Zweckmäßig wird bei einem symmetrischen System jeweils eine Lastgruppe, bestehend aus zwei symmetrisch angeordneten Kräften $^v P_n = 1$ zugrunde gelegt.

Für den Zustand $[2 \cdot (^v P_1 = 1)]$ sind die Momente $^v M_{2(P_v=1)}$ in Abb. I 1.5 b eingetragen. Damit ergibt sich, bei Integration über das halbe System, für die unbekannte Durchbiegung w_1 die Bestimmungsgleichung:

$$EJ_c w_1 = P_{\text{kr}} \frac{1{,}0}{6} \left[1{,}0 \, (w_1 \cdot 5 + w_2 \cdot 3) + 0{,}8377 \, (w_2 \cdot 3 + w_3 \cdot 6 + w_4 \cdot 3)\right] =$$

$$= P_{\text{kr}} \frac{1}{6} \left[5w_1 + 5{,}51w_2 + 5{,}02w_3 + 2{,}51w_4\right]$$

bzw. mit

$$q_{\text{kr}} = \frac{P_{\text{kr}}}{EJ}$$

$$(1 - 0{,}8333q) \, w_1 - 0{,}9188qw_2 - 0{,}8377qw_3 - 0{,}4188qw_4 = 0.$$

Werden in gleicher Weise die Durchbiegungen w_2 bis w_4 berechnet, so ergibt sich das Gleichungssystem:

w_1	w_2	w_3	w_4	
$1{,}0 - 0{,}833\,q$	$-0{,}9188\,q$	$-0{,}8377\,q$	$-0{,}4188\,q$	$= 0$
$-1{,}0\,q$	$1{,}0 - 1{,}6710\,q$	$-1{,}6754\,q$	$-0{,}8377\,q$	$= 0$
$-1{,}0\,q$	$-1{,}8106\,q$	$1{,}0 - 2{,}3734\,q$	$-1{,}2565\,q$	$= 0$
$-1{,}0\,q$	$-1{,}8106\,q$	$-2{,}5131\,q$	$1{,}0 - 1{,}5357\,q$	$= 0$

Der Wert der Determinante D wird für verschiedene Werte von P berechnet.

So ergeben sich folgende Werte für Annahmen von P:

$$^1P = 190 \text{ t}; \quad ^1q = 0{,}1782; \quad D = +0{,}0147;$$

$$^2P = 195 \text{ t}; \quad ^2q = 0{,}1829; \quad D = -0{,}0132.$$

Nach Abb. I 1.6 ergibt sich der Schnittpunkt der Kurve D mit der Abszisse zu $q_{\text{kr}} = 0{,}1805$.

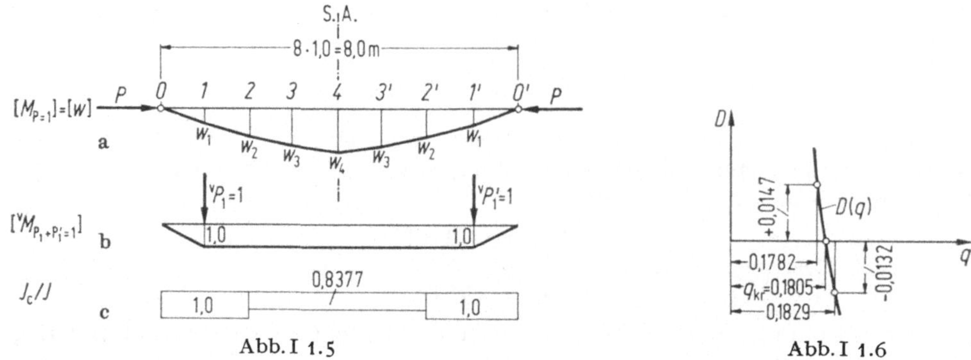

Abb. I 1.5   Abb. I 1.6

Es ist dies der erste Vorzeichenwechsel von D, somit handelt es sich um die kleinste Knicklast im elastischen Bereich:

$$P_{kr} = q_{kr} E J_c = 192,4 \text{ t}.$$

Vergleicht man diesen Wert mit dem von $P_{kr} = 193,3$ t, wo mit der gleichen Teilung die Form der Biegelinie angenommen wurde, so erkennt man die fast vollständige Übereinstimmung der Ergebnisse. Da der letzte Weg wesentlich umfangreicheren Rechenaufwand bedingt, wird man zweckmäßig immer den Weg über die Annahme der Form der Biegelinie wählen.

2. Beispiel. 1. Zentrisch belasteter Kragträger mit konstantem Querschnitt

a) Durchbiegungsverfahren

Der Kragträger von 10,5 m Gesamtlänge und konstantem Querschnitt ist an seinen Enden (Punkt 0 gelenkig gelagert, Punkt 7 freies Ende) zentrisch mit der Last P belastet. Er wird in 7 Teile von 1,5 m Länge unterteilt (Abb. I 2.1 a). In der ausgebogenen Lage tritt die größte Durchbiegung f im Punkt 7 auf.

Zuerst wird die Biegelinie w/f willkürlich nach Abb. I 2.1 b angenommen. Damit ergeben sich die Momente aus der Belastung P bzw. die reduzierten Werte

$$\frac{M_{P=1}}{f}$$

der Abb. I 2.1 b.

Entsprechend Abschnitt I A 1 c wird im Punkt 7 eine virtuelle Belastung $^v P_7 = 1$ angebracht. Die zugehörigen Momente sind in Abb. I 2.1 c eingetragen.

Nach (I A.26a) wird mit $J_c/J = 1$

$$E J_c f_7 = P_{kr} \int M_{P=1} \, ^v M_{P_7=1} \, \mathrm{d}x = P_{kr} f \int \frac{M_{P=1}}{f} \, ^v M_{P_7=1} \, \mathrm{d}x.$$

Mit Abb. I 2.1 b und Abb. I 2.1 c wird

$$\int \frac{M_{P=1}}{f} \, ^v M_{P_7=1} \, \mathrm{d}x = \frac{1,5}{6} \, [-0,36 \, (-4 \cdot 1,125 - 2,25) -$$

$$- 0,67 \, (-1,125 - 4 \cdot 2,25 - 3,375) - 0,9 \, (-2,25 - 4 \cdot 3,375 - 4,5) -$$

$$- 1,0 \, (3,375 - 4 \cdot 4,5 - 3,0) - 0,74 \, (-4,50 - 4 \cdot 3,0 - 1,5) -$$

$$- 0,4 \, (-3,0 - 4 \cdot 1,5 + 0)] = 17,75 \, .$$

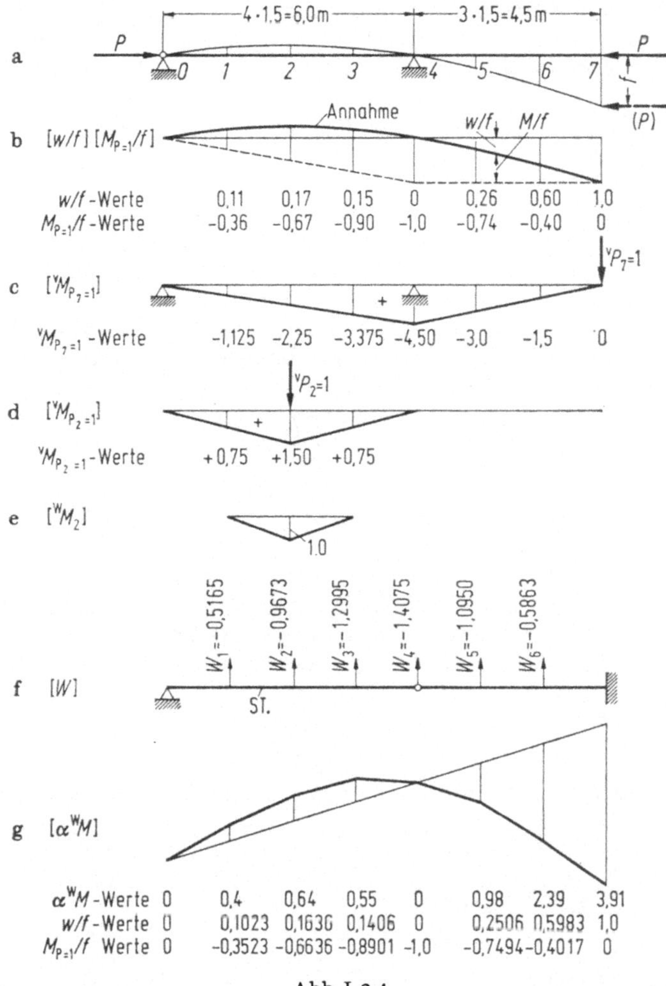

Abb. I 2.1

Damit wird

$$P_{\mathrm{kr},7} = \frac{EJ_c}{17{,}75}.$$

Bringt man die virtuelle Last $^vP_2 = 1$ im Punkt 2 auf, so ergeben sich die Momente $^vM_{P_2=1}$ nach Abb. I 2.1 d.

Bei einer richtigen Annahme der Biegelinie muß sich der gleiche Wert von P_{kr} ergeben. Im vorliegenden Fall ist

$$EJ_c f_2 = -EJ_c \cdot 0{,}17 \cdot f = P_{\mathrm{kr}} f \int \frac{M_{P=1}}{f} {}^vM_{P_2=1}\, \mathrm{d}x$$

bzw.

$$0{,}17 EJ_c = P_{\mathrm{kr}}\, 2{,}86$$

und

$$P_{\mathrm{kr},2} = \frac{EJ}{16{,}83}.$$

Man erkennt daraus, daß die Biegelinie nicht richtig gewählt wurde.

Es wird nun eine Korrektur der Biegelinie vorgenommen, derart, daß für die Momentenbelastung $M_{P=1}/f$ die zugehörige Biegelinie berechnet wird. Dies erfolgt mit W-Gewichten. Zum Beispiel ist für Punkt 2 in bekannter Weise (Bd. I A (II B.60))

$$EJW_2 = \int \frac{{}^{\cdot}M_{P=1}}{f}\, {}^W M\, ds = -\frac{1,50}{6}(0,36 + 4\cdot 0,67 + 0,9) = -0,9673,$$

wobei ${}^W M_2$ in Abb. I 2.1 e dargestellt ist.

Bringt man die W-Gewischte W_1 bis W_6 am symbolischen Träger ST (Abb. I 2.1 f) auf, und bestimmt für diesen die Momente aus den W-Gewichten, so ist die Momentenlinie gleich der Biegelinie. Die mit einem Faktor α multiplizierten Momente sind in Abb. I 2.1 g dargestellt. Auf den Wert „1" im Punkt 7 reduziert, gewinnt man damit die neue Form der Biegelinie. Damit ergeben sich die neuen Werte $M_{P=1}/f$ (Abb. I 2.1 g). Werden damit neuerdings die Bedingungsgleichungen für f_7 und f_2 aufgestellt, so ergeben sich die Werte

für f_7:

$$P_{\mathrm{kr},7} = \frac{EJ_c}{17,71} = \frac{EJ_c}{\eta_7};$$

für f_2:

$$0,1636 EJ_c = P_{\mathrm{kr}}\cdot 2,8301; \quad P_{\mathrm{kr},2} = \frac{EJ_c}{17,30} = \frac{EJ}{\eta_2}.$$

Trägt man in Abb. I 2.2 zueinander gehörige Werte von η_7 und η_2 auf (Kurve A), so muß der genaue Wert von P_{kr} auf einer Geraden unter $45°$ liegen, denn für diesen Fall ist $P_{\mathrm{kr},7} = P_{\mathrm{kr},2}$. In der Regel wird man nur die Bedingungsgleichung für die Stelle der größten Durchbiegung aufstellen. Es ergibt sich aus dem Schnittpunkt der Kurve A und der Geraden G

$$P_{\mathrm{kr}} = \frac{EJ_c}{17,65}.$$

Für ein IP 320 mit $F = 161$ cm²; $J = 30820$ cm⁴ und $E = 21\cdot 10^6$ t/m² wird

$$P_{\mathrm{kr}} = \frac{21\cdot 10^6\cdot 308,2\cdot 10^{-6}}{17,65} = 367\ \mathrm{t};$$

$$\sigma_{\mathrm{kr},E} = \frac{367}{161} = 2,28\ \mathrm{t/cm^2}.$$

Für einen Stahl St 52 ist $\sigma_{kr} < 2,52$ t/cm² und das Ausknicken findet im elastischen Bereich statt und der obige Wert für P_{kr} ist maßgebend.

Für einen Stahl St 37 ist $\sigma_{\mathrm{kr}} > 1,675$, und daher ist die Berechnung im plastischen Bereich durchzuführen.

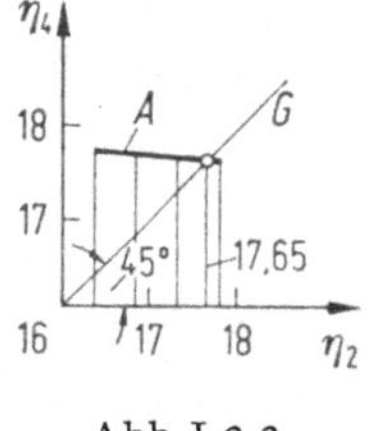

Abb. I 2.2

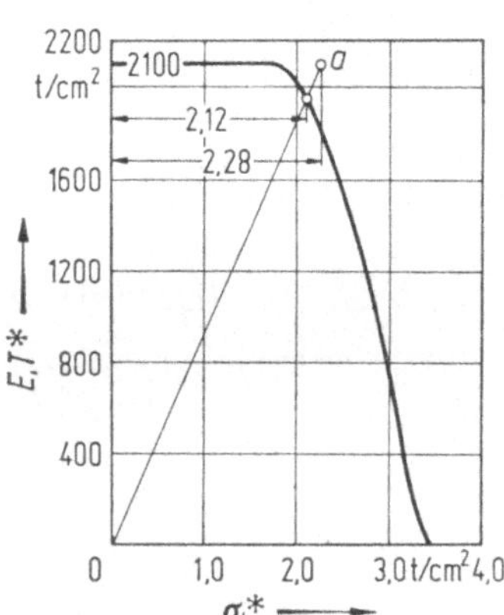

Abb. I 2.3

Für den plastischen Bereich gilt bei konstantem Querschnitt

$$P_{\mathrm{kr},T*} = \frac{T*J_c}{17{,}65}\,,$$

d. h. σ_{kr}^* verläuft linear mit $T*$.

Trägt man im $T* - \sigma_{ki}^*$-Diagramm den Wert $\sigma_{\mathrm{kr},E} = 2{,}28$ t/cm² bei E auf (Punkt a der Abb. I 2.3) und verbindet diesen mit dem Nullpunkt, so erhält man $\sigma_{\mathrm{kr},T*}$ und zwar für St 37

$$\sigma_{\mathrm{kr},T*} = 2{,}12 \text{ t/cm}^2\,.$$

Man kann auch für verschiedene Annahmen $^a\sigma_{\mathrm{kr}}$ aus den Tafeln G die Werte $T*$ entnehmen. Damit ergibt sich P_{kr}^* und σ_{kr}^*. Wenn Annahme und Ergebnis übereinstimmen, ist der richtige Weg gefunden.

1. Annahme: $\qquad ^1\sigma = 1{,}95 \text{ t/cm}^2;\quad T* = 2040 \text{ t/cm}^2,\quad \dfrac{T*}{E} = 0{,}971\,,$

$$P_{\mathrm{kr}} = 367 \cdot 0{,}971 = 356 \text{ t},\quad ^1\sigma_{\mathrm{kr}}^* = \frac{356}{161} = 2{,}215 \text{ t/cm}^2,$$

2. Annahme: $\qquad ^2\sigma = 2{,}20 \text{ t/cm}^2,\quad T* = 1\,887 \text{ t/cm}^2,\quad \dfrac{T*}{E} = 0{,}898\,,$

$$P_{\mathrm{kr}}^* = 367 \cdot 0{,}898 = 330 \text{ t},\quad ^2\sigma_{\mathrm{kr}}^* = 2{,}05\,.$$

Aus der Abb. I 2.4 ergibt sich aus dem Schnittpunkt der Ψ- und Φ-Kurven (Kurve 2.1) die Lösung:

$$\sigma_{\mathrm{kr}}^* = 2{,}12 \text{ t/cm}^2;\quad P_{\mathrm{kr}}^* = 161 \cdot 2{,}12 = 341{,}5 \text{ t};$$

$$P_{\mathrm{zul}} = \frac{P_{\mathrm{kr},T*}}{\nu_E}\,.$$

Für $\nu_E = 2{,}08$ bzw. $2{,}35$ (EF oder RF nach ÖNORM) wird

$$P_{\mathrm{zul}} = 164 \text{ t}\quad \text{bzw.}\quad 145 \text{ t}.$$

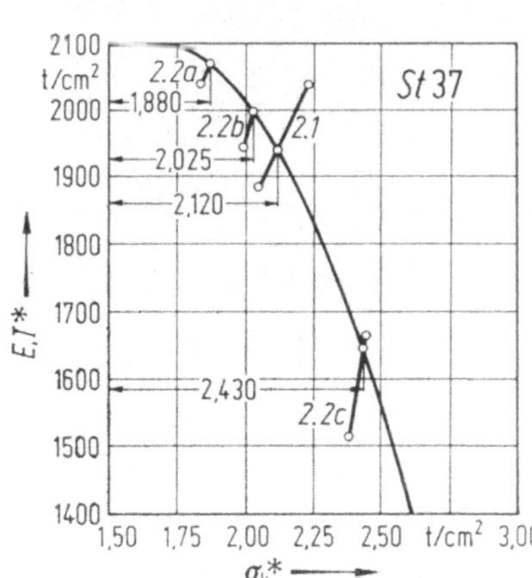

Abb. I 2.4

b) Allgemeine Deformationsmethode

Die Berechnung wird nach Abschnitt I E.5 a durchgeführt, wobei auf die Berücksichtigung des Kragarmes besonders hingewiesen wird. Im vorliegenden Fall (Abb. I 2.5) tritt damit nur eine einzige Knotendrehung, nämlich φ_4, als unbekannte Größe auf.

Nach (E I.17a) und (I E.27k) ergibt sich:

$$^{4}a_{4}^{*} = {}^{4}a_{4;4,0}^{0} + {}^{4}a_{4,\mathrm{krag}} = \frac{EJ}{s}\,F_{8} - \frac{EJ}{s}\,F_{10}$$

bzw.

$$= \frac{T^{*}J}{s_{0-4}}\,F_{8} - \frac{T^{*}J}{s_{4-7}}\,F_{10}.$$

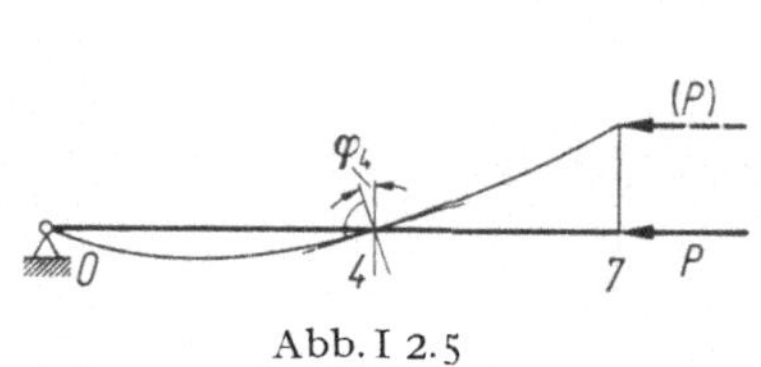

Abb. I 2.5

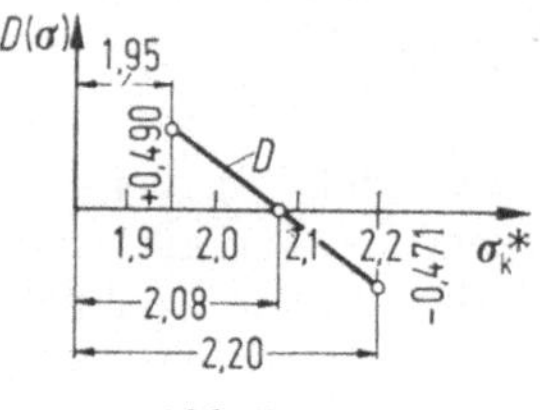

Abb. I 2.6

Die Knickbedingung lautet:

$$^{4}a_{4}^{*}\varphi_{4} = 0 \quad \text{bzw.} \quad ^{4}a_{4}^{*} = 0 \quad \text{bzw.} \quad (F_{8})_{0,4} - \frac{4}{3}\,(F_{10})_{4,7} = 0.$$

Der Koeffizient $^{4}a_{4}^{*}$ wird für verschiedene Werte von σ^{*} berechnet. Mit

$$i = \sqrt{\frac{J}{F}} = \sqrt{\frac{30820}{161}} = 13{,}82\ \mathrm{cm}$$

und

$$\varepsilon = \frac{s}{i}\,\sqrt{\frac{\sigma^{*}}{T^{*}}}$$

ergibt sich:

1. Annahme: $^{1}\sigma = 1{,}95\ \mathrm{t/cm^{2}}; \quad T^{*} = 2040\ \mathrm{t/cm^{2}};$

Stab 0—4: $\varepsilon_{0-4} = \dfrac{600}{13{,}82}\,\sqrt{\dfrac{1{,}95}{2040}} = 1{,}34; \quad F_{8} = 2{,}620;$

Stab 4—7: $\varepsilon_{4-7} = \dfrac{450}{13{,}82}\,\sqrt{\dfrac{1{,}95}{2040}} = 1{,}007; \quad F_{10} = 1{,}592;$

$$(F_{8})_{0,4} - \frac{4}{3}\,(F_{10})_{4,7} = 2{,}620 - \frac{4}{3}\,1{,}592 = +0{,}490;$$

2. Annahme: $^{2}\sigma = 2{,}20\ \mathrm{t/cm^{2}}; \quad T^{*} = 1887\ \mathrm{t/cm^{2}};$

Stab 0—4: $\varepsilon_{0-4} = \dfrac{600}{13{,}82}\,\sqrt{\dfrac{2{,}2}{1887}} = 1{,}483; \quad F_{8} = 2{,}529;$

Stab 4—7: $\varepsilon_{4-7} = \dfrac{450}{13{,}82}\,\sqrt{\dfrac{2{,}2}{1887}} = 1{,}112; \quad F_{10} = 2{,}2515;$

$$(F_{8})_{0,4} - \frac{4}{3}\,(F_{10})_{4,7} = 2{,}529 - 3{,}000 = -0{,}471.$$

Als Schnittpunkt der D-Kurve mit der Abszisse ergibt sich (Abb. I 2.6)

$$\sigma_{\mathrm{kr}} = 2{,}08\ \mathrm{t/cm^{2}};$$

$$P_{\mathrm{kr}} = 2{,}08 \cdot 161 = \underline{335\ \mathrm{t}}.$$

Mit diesem genauen Wert stimmt der Näherungswert von 341,5 t nach Abschnitt a) gut überein.

2. Zentrisch belasteter Kragträger mit veränderlichen Querschnitten

Durchbiegungsverfahren

Der Stab nach Abb. I 2.7 ist in 7 Teile geteilt und an den Enden mit P belastet. Die Querschnittswerte ändern sich und sind jeweils in den Bereichen a, b und c konstant.

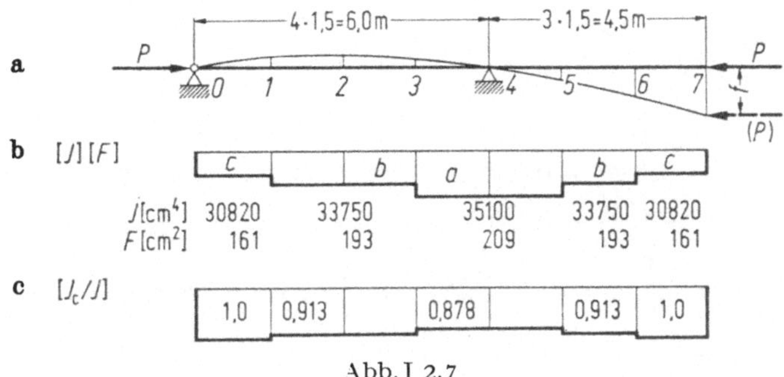

Abb. I 2.7

Querschnittswerte:

Bereich c: IPB 320; $i_y = 13{,}8$ cm; $J_c = 30820$ cm^4; $F_c = 161$ cm^2;

Bereich b: IPB 320 + 4 · 100 · 8; $J_b = 33750$ cm^4; $F_b = 193$ cm^2;

Bereich a: IPB 320 + 4 · 100 · 12; $J_a = 35100$ cm^4; $F_a = 209$ cm^2.

Die Durchführung der Berechnung erfolgt nach Abschnitt I A.1 c bzw. entsprechend 1.

Knickt der Stab aus, so wird sich eine infinitesimale benachbarte Knickfigur einstellen (Abb. I 2.7a) mit dem maximalen Wert f in Punkt 7.

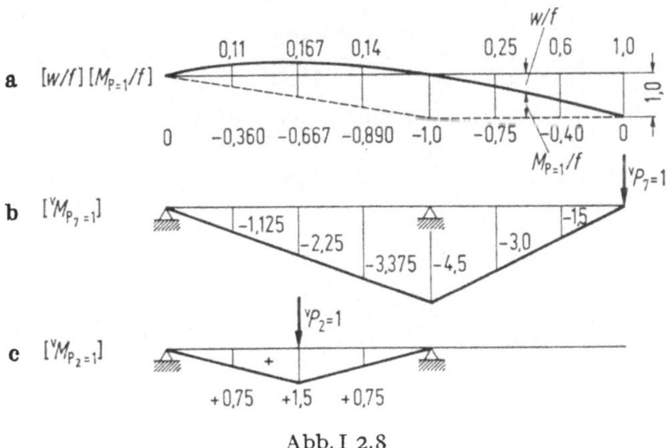

Abb. I 2.8

Zuerst wird eine willkürliche Biegelinie nach Abb. I 2.8a angenommen (volle Linie). Die Ordinaten w/f werden festgelegt. Damit sind die Momente $M_{P=1}$ ebenfalls bestimmbar. Die Werte $M_{P=1}/f$ sind durch die strichlierte Linie der Abb. I 2.8a dargestellt. Da die Form der Biegelinie angenommen wurde, genügt wieder die Berechnung einer einzigen Durchbiegung, um zur Knicklast zu kommen. Es ist dabei völlig gleichgültig, für welchen Punkt diese Berechnung erfolgt. Dies wird ersichtlich, da einmal der Punkt 7 und einmal der Punkt 2 der Berechnung zugrunde gelegt werden. Zweckmäßig wird jedoch die Durchbiegung für den Punkt mit der größten Durchbiegung berechnet, da in diesem Fall die Genauigkeit größer ist.

Für einen rein elastischen Zustand ergibt sich nach (I C.5) für die Durchbiegung im Punkt 7 mit $^vM_{P_7=1}$ nach Abb. I 2.8b

$$EJ_c f_7 = EJ_c w_7 = P \int M_{P=1} {}^vM_{P_7=1} \frac{J_c}{J} \, ds =$$

$$= Pf_7 \int \frac{M_{P=1}}{f} {}^vM_{P_7=1} \frac{J_c}{J} \, ds =$$

$$= Pf_7 \left\{ \frac{1,5}{3} 1,0 \, (-0,36) \, (-1,125) + \frac{1,5}{6} 0,913 \cdot \right.$$

$$\cdot [-1,125(-0,72 - 0,667) - 2,25 \, (-1,333 - 0,360 -$$

$$- 1,333 - 0,890) - 3,375 \, (-1,780 - 0,667) - 3,0 \cdot$$

$$\cdot (-1,50 - 0,40) - 1,5 \, (-0,8 - 0,75)] +$$

$$+ \frac{1,5}{6} 0,878 \, [-3,375 \, (-1,78 - 1,0) - 4,5 \, (-2,0 - 0,89 -$$

$$- 2,0 - 0,75) - 3,0 \, (-1,5 - 1,0)] =$$

$$= P_{kr} f_7 (0,502 + 6,085 + 9,280) = 15,867 \, P_{kr} f_7 .$$

Die 3 Zahlen entsprechen den Bereichen c, b und a. Führt man die Berechnung über die Durchbiegung des Punktes 2 mit $^vM_{P_2=1}$ nach Abb. I 2.8c durch, ergibt sich

$$EJ_c f_2 = EJ_c \, 0,167 \cdot f = P_{kr} f (0,135 + 1,996 + 0,4575) = P_{kr} f \cdot 2,5885 ,$$

$$EJ_c = P_{kr} \, 15,52 .$$

Eine verbesserte Rechnung entsprechend 1) ergab endgültig

$$EJ_c = P_{kr} \cdot 15,84$$

und

$$P_{kr,E} = \frac{EJ_c}{15,84} = \frac{21 \cdot 10^6 \cdot 308,2 \cdot 10^{-6}}{15,84} = 408 \, \text{t} .$$

Die Spannungen in den einzelnen Querschnitten betragen dazu:

$$\text{Querschnitt } c: \quad \sigma_{kr,E} = \frac{408}{161} = 2,53 \, \text{t/cm}^2; \quad T^* = 1\,520 \, \text{t/cm}^2;$$

$$\frac{E}{T^*} = 1,382;$$

$$\text{Querschnitt } b: \quad \sigma_{kr,E} = \frac{408}{193} = 2,11 \, \text{t/cm}^2; \quad T^* = 1\,950 \, \text{t/cm}^2;$$

$$\frac{E}{T^*} = 1,077;$$

$$\text{Querschnitt } a: \quad \sigma_{kr,E} = \frac{408}{209} = 1,95 \, \text{t/cm}^2; \quad T^* = 2\,040 \, \text{t/cm}^2;$$

$$\frac{E}{T^*} = 1,030.$$

Für einen St 37 sind dazu die T^*-Werte und die Werte E/T^* angegeben.

Entsprechend (I C.6) ergibt sich damit die geänderte Bedingungsgleichung für den Punkt 7:

$$EJ_c f_7 = P^*_{kr} f_7 (0,502 \cdot 1,382 + 6,085 \cdot 1,077 + 9,280 \cdot 1,030) = P^*_{kr} f_7 \cdot 16,80 .$$

Damit wird

$$P_{kr}^* = \frac{21 \cdot 10^6 \cdot 308{,}2 \cdot 10^{-6}}{16{,}8} = 385 \text{ t};$$

$$\sigma_{kr,c}^* = 2{,}39 \text{ t/cm}^2; \quad \sigma_{kr,b}^* = 2{,}00 \text{ t/cm}^2; \quad \sigma_{kr,a}^* = 1{,}84 \text{ t/cm}^2$$

zugehörig zu

$$T_c^* = 1\,520 \text{ t/cm}^2; \quad T_b^* = 1\,950 \text{ t/cm}^2; \quad T_a^* = 2040 \text{ t/cm}^2.$$

Für eine zweite Annahme $^2P = 390$ t ergeben sich die Werte:

	σ_{kr}	T^*	E/T^*
Querschnitt c	2,42	1 660	1,265
Querschnitt b	2,02	2010	1,045
Querschnitt a	1,865	2070	1,014

Damit erhält man

$$EJ_c f_7 = P_{kr}^* f_7 (0{,}502 \cdot 1{,}265 + 6{,}085 \cdot 1{,}045 + 9{,}280 \cdot 1{,}014) = P_{kr}^* f_7 \cdot 16{,}50$$

und

$$P_{kr}^* = \frac{21 \cdot 308{,}2}{16{,}5} = 394 \text{ t}$$

und

$$\sigma_{kr,c}^* = 2{,}44 \text{ t/cm}^2; \quad \sigma_{kr,b}^* = 2{,}03 \text{ t/cm}^2; \quad \sigma_{kr,a}^* = 1{,}88 \text{ t/cm}^2$$

zugehörig zu

$$T_c^* = 1\,660 \text{ t/cm}^2; \quad T_b^* = 2010 \text{ t/cm}^2; \quad T_a^* = 2070 \text{ t/cm}^2.$$

Trägt man die Ψ-Kurven — zugehörige Werte von σ_{kr}^* und T^* — für die Querschnitte a, b und c auf, so ergeben die Schnittpunkte mit der Φ-Kurve die kritischen Spannungen (Kurven 2.2a, 2.2b und 2.2c in Abb. I 2.4)

$$\sigma_{kr,c}^* = 2{,}43 \text{ t/cm}^2; \quad \sigma_{kr,b}^* = 2{,}025 \text{ t/cm}^2; \quad \sigma_{kr,a}^* = 1{,}88 \text{ t/cm}^2.$$

Die kritische Belastung beträgt somit

$$P_{kr,c}^* = 2{,}43 \cdot 161 = 391 \text{ t};$$
$$P_{kr,b}^* = 2{,}025 \cdot 193 = 391 \text{ t};$$
$$P_{kr,a}^* = 1{,}88 \cdot 208 = 391 \text{ t}.$$

Es genügt somit die Ψ-Kurve für einen einzigen Querschnitt, um zur Knicklast zu kommen.

Mit $\nu_E = 2{,}08$ ergibt sich

$$P_{zul} = \frac{P_{kr}^*}{2{,}08} = 188 \text{ t}.$$

3. Beispiel. Gegliederte Stäbe. Durchbiegungsverfahren

a) Gelenkig gelagerter Stab mit kreuzweiser Vergitterung

Die Abmessungen des gelenkig gelagerten Stabes sind in Abb. I 3.1 angegeben.

Annahmen: $s = 400$ cm; $h = 25$ cm; $d = 47{,}17$ cm; $c = 40$ cm; $\llcorner - 20$;

$$F_g = 32{,}2 \text{ cm}^2; \quad J_1 = J_g = 148 \text{ cm}^4; \quad F_d = 2 \cdot 2{,}67 = 5{,}34 \text{ cm}^2;$$
$$J_y = 2(148 + 32{,}2 \cdot 12{,}5^2) = 10358 \text{ cm}^4.$$

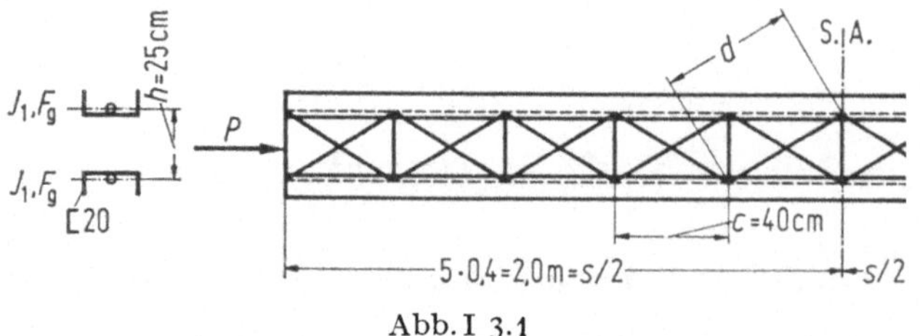

Abb. I 3.1

Die Berechnung wird nach Abschnitt I.A 2a bzw. I C.2 durchgeführt. Nach (I A.35 a) bzw. (I C.15) ergibt sich

$$\beta_{\mathrm{pl}} = \sqrt{1 + \sigma_{ki,0}\, \frac{d^3}{Eh^2 c}\, \frac{F_g}{F_d}}$$

bzw.

$$\beta_{\mathrm{pl}} = \sqrt{1 + \sigma_{ki,0}^*\, \frac{d^3}{Eh^2 c}\, \frac{F_g}{F_d}}\,.$$

1. Annahme: $P^* = 205\ \mathrm{t}$; $\sigma_{ki,0}^* = \dfrac{205}{64,4} = 3,183\ \mathrm{t/cm^2}$; $T^* = 400\ \mathrm{t/cm^2}$;

$$\beta_{\mathrm{pl}} = \sqrt{1 + 3,183\, \frac{47,17^3}{2100 \cdot 25^2 \cdot 40} \cdot \frac{32,2}{5,34}} = \sqrt{1 + 3,183 \cdot 0,012} = 1,0189.$$

Nach (I C.16)

$$P_{ki}^* = \frac{\pi^2 T^* J_y}{(\beta_{\mathrm{pl}} s)^2} = \frac{\pi^2 \cdot 4,0 \cdot 10^6 \cdot 103,58 \cdot 10^{-6}}{(1,0189 \cdot 4,9)^2} = 246,17\ \mathrm{t};$$

$$\sigma_{ki}^* = \frac{246,17}{64,4} = 3,822\ \mathrm{t/cm^2}.$$

2. Annahme: $P^* = 207,5\ \mathrm{t}$; $\sigma_{ki,0}^* = 3,222\ \mathrm{t/cm^2}$; $T^* = 325\ \mathrm{t/cm^2}$;

$$\beta_{\mathrm{pl}} = \sqrt{1 + 3,222 \cdot 0,012} = 1,0191;$$

$$P_{ki}^* = \frac{\pi^2 \cdot 3,25 \cdot 103,58}{(1,0191 \cdot 4,0)^2} = 199,91\ \mathrm{t};   \sigma_{ki}^* = 3,104\ \mathrm{t/cm^2}.$$

Bestimmt man mit den zueinander gehörigen Werten σ_{ki}^* und T^* die Ψ-Kurve, so kann man aus dem Schnittpunkt mit der Φ-Kurve $\sigma_{ki,\mathrm{pl}}^*$ erhalten (Abb. I 3.2, Kurve 3.1).

	σ_{ki}^* [t/cm²]	T^* [t/cm²]
1. Annahme	3,822	400
2. Annahme	3,104	325

Es ergibt sich

$$\sigma_{ki,\mathrm{pl}}^* = 3,217\ \mathrm{t/cm^2};   \text{und}   P_{\mathrm{kr}}^* = 3,217 \cdot 64,4 = 207,17\ \mathrm{t}.$$

Mit $\nu_E = 2,08$ erhält man die zulässige Druckkraft

$$P_{\mathrm{zul}} = \frac{P_{\mathrm{kr}}^*}{\nu_E} = \frac{207,17}{2,08} = 99,6\ \mathrm{t}.$$

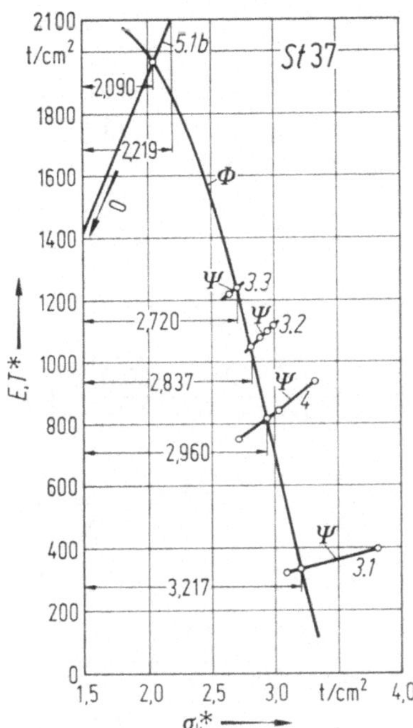

Abb. I 3.2

Berechnung nach ÖNORM 4600 4. Teil

$$i_y = \sqrt{\frac{J_y}{F}} = \sqrt{\frac{J_y}{2F_g}} = 12{,}68 \text{ cm};$$

$$\lambda_y = \frac{s}{i_y} = \frac{400}{12{,}68} = 31{,}54;$$

$$\lambda_1 = \pi \sqrt{\frac{F}{2F_d} \frac{d^3}{ch^2}} = \pi \sqrt{\frac{64{,}4}{2 \cdot 5{,}34} \cdot \frac{47{,}17^3}{40 \cdot 25^2}} = 15{,}80;$$

$$\lambda_{y,i} = \sqrt{\lambda_y^2 + \lambda_1^2} = 35{,}28; \quad \sigma_{k,\text{zul}} = 1{,}549 \text{ t/cm}^2;$$

$$P_{\text{zul}} = 99{,}75 \text{ t}.$$

b) Gelenkig gelagerter Stab mit Vergitterung
bei steigenden und fallenden Diagonalen

Die Abmessungen des gelenkig gelagerten Stabes sind in Abb. I 3.3 angegeben.

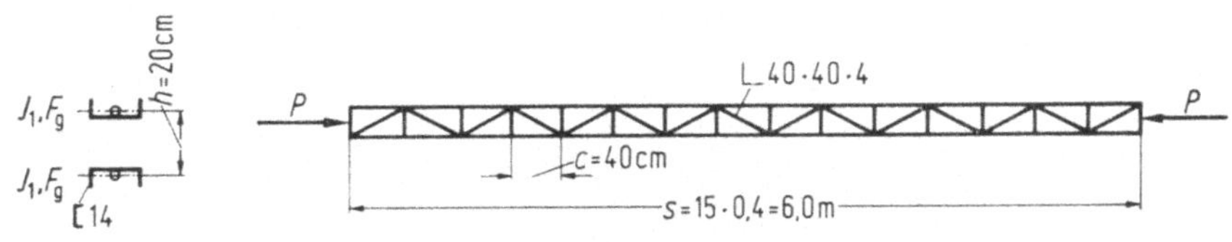

Abb. I 3.3

Annahmen: $s = 600$ cm; $h = 20$ cm; $d = 44{,}72$ cm; $c = 40$ cm; $\sqsubset$—14;
$$F_g = 20{,}4 \text{ cm}^2; \quad J_g = 62{,}7 \text{ cm}^4; \quad F_d = 2 \cdot 3{,}08 = 6{,}16 \text{ cm}^2;$$
$$J_y = 2(62{,}7 + 20{,}4 \cdot 10{,}0^2) = 4205 \text{ cm}^4; \quad F = 2 \cdot 20{,}4 = 40{,}8 \text{ cm}^2.$$

Die Berechnung wird nach Abschnitt I A.2a bzw. I C.2 durchgeführt.

Nach (I A.35b) bzw. (I C.15) ergibt sich

$$\beta_{\mathrm{pl}} = \sqrt{1 + \sigma_{ki,0}^{*} \frac{2d^3}{Eh^2 c} \frac{F_g}{F_d}}.$$

1. Annahme: $P^* = 114$ t; $\sigma_{ki,0}^{*} = \dfrac{114}{40{,}8} = 2{,}794$ t/cm²; $T^* = 1120$ t/cm²;

$$\beta_{\mathrm{pl}} = \sqrt{1 + 2{,}794 \frac{2 \cdot 44{,}72^3}{2100 \cdot 20^2 \cdot 40} \cdot \frac{20{,}4}{6{,}16}} = \sqrt{1 + 2{,}794 \cdot 0{,}0176} = 1{,}0243 .$$

Nach (I C.16) wird

$$P_{ki}^{*} = \frac{\pi^2 T^* J_y}{(\beta_{\mathrm{pl}}s)^2} = \frac{\pi^2 \cdot 11{,}2 \cdot 10^6 \cdot 42{,}05 \cdot 10^{-6}}{(1{,}0243 \cdot 6{,}0)^2} = 123{,}07 \text{ t};$$

$$\sigma_{ki}^{*} = \frac{123{,}07}{40{,}8} = 3{,}016 \text{ t/cm}^2.$$

3. Annahme: $P^* = 115$ t; $\sigma_{ki,0}^{*} = 2{,}819$ t/cm²; $T^* = 1080$ t/cm²;

$$\beta_{\mathrm{pl}} = \sqrt{1 + 2{,}819 \cdot 0{,}0176} = 1{,}024;$$

$$P_{ki}^{*} = \frac{\pi^2 \cdot 10{,}8 \cdot 42{,}05}{(1{,}024 \cdot 6{,}0)^2} = 118{,}63 \text{ t}; \quad \sigma_{ki}^{*} = 2{,}907 \text{ t/cm}^2.$$

Bestimmt man mit den zueinander gehörigen Werten σ_{ki}^{*} und T^* die Ψ-Kurve (Abb. I 3.2, Kurve 3.2), so ergibt sich aus dem Schnittpunkt der Φ- und Ψ-Kurven $\sigma_{ki,\mathrm{pl}}^{*}$.

	σ_{ki}^{*} [t/cm²]	T^* [t/cm²]
1. Annahme	3,016	1120
2. Annahme	2,962	1100
3. Annahme	2,907	1080

Es ergibt sich

$$\sigma_{ki\,\mathrm{pl}}^{*} = 2{,}837 \text{ t/cm}^2;$$
$$P_{ki,\mathrm{pl}}^{*} = 115{,}55 \text{ t}.$$

Mit $\nu_E = 2{,}08$ erhält man

$$P_{\mathrm{zul}} = \frac{115{,}55}{2{,}08} = 55{,}55 \text{ t}.$$

Nach ÖNORM 4600, 4. Teil ergibt sich

$$i_y = \sqrt{\frac{4205}{40{,}8}} = 10{,}15 \text{ cm};$$

$$\lambda_1 = \pi \sqrt{\frac{F}{2F_d} \frac{d^3}{ch^2}} = \pi \sqrt{\frac{40{,}8}{2 \cdot 3{,}08} \cdot \frac{44{,}72^3}{40 \cdot 20^2}} = 19{,}11;$$

$$\lambda_y = \frac{600}{10{,}15} = 59{,}1;$$

$$\lambda_{y,i} = \sqrt{\lambda_y^2 + \lambda_1^2} = \sqrt{59{,}1^2 + 19{,}11^2} = 62{,}1;$$
$$\sigma_{k,\mathrm{zul}} = 1{,}368 \text{ t/cm}^2;$$
$$P_{\mathrm{zul}} = 1{,}308 \cdot 40{,}8 = 55{,}81 \text{ t}.$$

c) Gelenkig gelagerter Stab mit Bindeblechvergitterung

α) Stab mit $s = 6,0$ m und $h = 0,2$ m

Die Abmessungen des gelenkig gelagerten Stabes sind gleich wie bei b). Die Anordnung der Bindebleche ist in Abb. I 3.4 dargestellt.

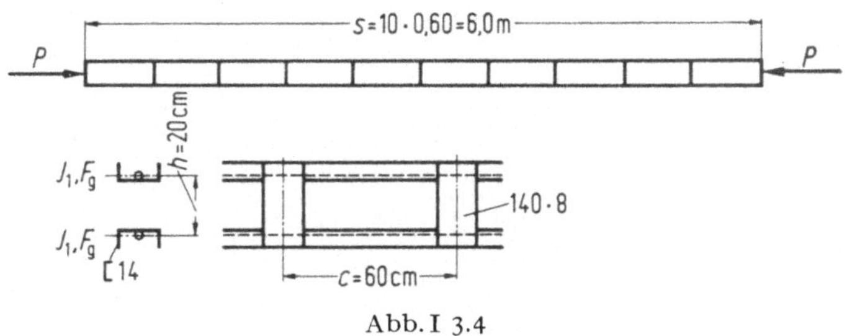

Abb. I 3.4

Annahmen: $s = 600$ cm; $h = 20$ cm; $c = 60$ cm; $\mathsf{L}\!-\!14$; $F_g = 20,4$ cm²;

$$J_g = 62,7 \text{ cm}^4;\quad J_b = 2 \cdot 0,8 \cdot 14^3/12 = 366 \text{ cm}^4;\quad J_y = 4205 \text{ cm}^4;$$

$$F = 40,8 \text{ cm}^2.$$

Die Berechnung wird nach Abschnitt I A.2b bzw. I C.2 durchgeführt. Nach (I A.40) bzw. entsprechend (I C.14) bis (I C.16) wird

$$\beta_{\text{pl}} = \sqrt{1 + 0,41 \left(\frac{c}{s}\right)^2 \frac{J_{y,0}}{J_g} + 0,167\, \sigma_{ki,0}^* \frac{chF_g}{EJ_b}}\,.$$

1. Annahme: $P^* = 111,5$ t; $\sigma_{ki,0}^* = \dfrac{111,5}{40,8} = 2,733$ t/cm²; $T^* = 1\,220$ t/cm²;

$$\beta_{\text{pl}} = \sqrt{1 + 0,41 \left(\frac{60}{600}\right)^2 \cdot \frac{4\,205}{62,7} + 0,167\, \frac{60 \cdot 20 \cdot 20,4}{2\,100 \cdot 366}\, 2,733} =$$

$$= \sqrt{1,2749 + 0,0053 \cdot 2,733} = 1,135;$$

$$P_{ki}^* = \frac{\pi^2 T^* J_y}{(\beta s)^2} = \frac{\pi^2 \cdot 12,2 \cdot 10^6 \cdot 42,05 \cdot 10^{-6}}{(1,135 \cdot 6,0)^2} = 109,08 \text{ t};$$

$$\sigma_{ki}^* = \frac{109,08}{40,8} = 2,763 \text{ t/cm}^2.$$

2. Annahme: $P^* = 111,2$ t; $\sigma_{ki,0}^* = 2,725$ t/cm²; $T^* = 1\,230$ t/cm²;

$$\beta_{\text{pl}} = \sqrt{1,2749 + 0,0053 \cdot 2,725} = 1,135;$$

$$P_{ki}^* = \frac{\pi^2 \cdot 12,3 \cdot 42,05}{(1,135 \cdot 6,0)^2} = 109,98 \text{ t};\quad \sigma_{ki}^* = 2,695 \text{ t/cm}^2.$$

Aus den $\Phi - \Psi$-Kurven (Abb. I 3.2, Kurve 3.3) ergibt sich mit den Werten:

	σ_{ki}^* [t/cm²]	T^* [t/cm²]
1. Annahme	2,673	1 220
2. Annahme	2,695	1 230

die kritische Knickspannung $\sigma^*_{ki,\mathrm{pl}} = 2{,}72\ \mathrm{t/cm^2}$;

$$P^*_{ki,\mathrm{pl}} = 2{,}72 \cdot 40{,}8 = 110{,}98\ \mathrm{t}.$$

Mit $\nu_E = 2{,}08$ wird

$$P_{\mathrm{zul}} = \frac{110{,}98}{2{,}08} = 53{,}35\ \mathrm{t}.$$

Nach ÖNORM 4600, 4. Teil, ergibt sich:

$$i_y = 10{,}15\ \mathrm{cm};\quad \lambda_y = \frac{600}{10{,}15} = 59{,}1;\quad \lambda_1 = \frac{s}{i_1} = \frac{60}{1{,}75} = 34{,}29;$$

$$\lambda_{y,i} = \sqrt{\lambda_y^2 + \lambda_1^2} = \sqrt{59{,}1^2 + 34{,}29^2} = 68{,}3;$$

$$\sigma_{k,\mathrm{zul}} = 1{,}315\ \mathrm{t/cm^2};$$

$$P_{\mathrm{zul}} = 1{,}315 \cdot 40{,}8 = 53{,}65\ \mathrm{t}.$$

β) Stab mit $s = 7{,}0$ m und $h = 0{,}1$ m

Die Anordnung der Bindebleche ist aus Abb. I 3.5 ersichtlich.

Annahmen: $s = 700$ cm; $h = 10$ cm; $c = 70$ cm; $\llcorner$—14; $F_g = 20{,}4\ \mathrm{cm^2}$;

$$J_g = 62{,}7\ \mathrm{cm^4};\quad J_{y,0} = 2[62{,}7 + 20{,}4 \cdot 5{,}0^2] = 1\,145\ \mathrm{cm^4};$$

$$J_b = 366\ \mathrm{cm^4}.$$

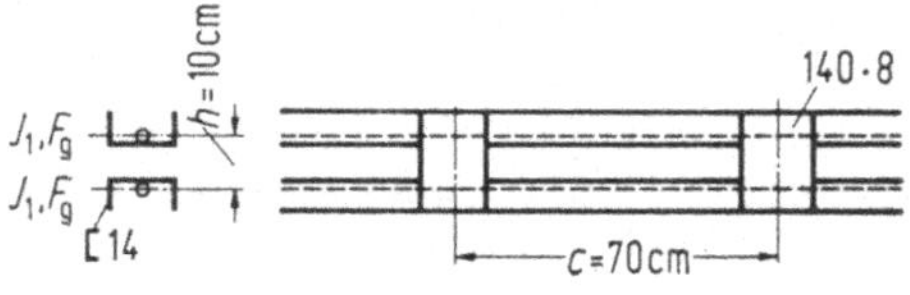

Abb. I 3.5

Nach (I A.41) ergibt sich:

$$\beta_{\mathrm{el}} = \sqrt{1 + 0{,}41\left(\frac{c}{s}\right)^2 \frac{J_{y,0}}{J_g} + 0{,}82\,\frac{ch}{s^2}\,\frac{J_{y,0}}{J_b}} =$$

$$= \sqrt{1 + 0{,}41\left(\frac{70}{700}\right)^2 \frac{1\,145}{62{,}7} + 0{,}82\,\frac{70 \cdot 10}{700^2}\,\frac{1\,145}{366}} =$$

$$= \sqrt{1{,}0748 + 0{,}0036} = 1{,}038.$$

Nach (I A.38) ist

$$P_{ki} = \frac{\pi^2 E J}{(\beta_{\mathrm{el}}s)^2} = \frac{\pi^2 \cdot 21 \cdot 10^6 \cdot 11{,}45 \cdot 10^{-6}}{(1{,}038 \cdot 7{,}0)^2} = 44{,}92\ \mathrm{t};$$

$$\sigma_{ki} = \frac{44{,}92}{40{,}8} = 1{,}10\ \mathrm{t/cm^2}.$$

Die Spannung ist unter σ_P und daher ist die Berechnung im elastischen Bereich gültig.

Mit $\nu_E = 2{,}08$ wird

$$P_{\mathrm{zul}} = \frac{P_{ki}}{\nu_E} = \frac{44{,}92}{2{,}08} = 21{,}60\ \mathrm{t}.$$

Nach ÖNORM 4600, 4. Teil, wird:

$$i_y = \sqrt{\frac{J_{y,0}}{F}} = \sqrt{\frac{1145}{40,8}} = 5,298;$$

$$\lambda_y = \frac{700}{5,298} = 132,1; \qquad \lambda_1 = \frac{70}{1,75} = 40,0;$$

$$\lambda_{y,i} = \sqrt{\lambda_y^2 + \lambda_1^2} = \sqrt{132,1^2 + 40,0^2} = 138,0;$$

$$\sigma_{k,\text{zul}} = 0,531 \text{ t/cm}^2; \qquad P_{\text{zul}} = 0,531 \cdot 40,8 = 21,66 \text{ t}.$$

4. Beispiel. Einseitig eingespannter, gegliederter Stab mit veränderlichen Querschnittswerten, teilweise Vergitterung, teilweise Bindebleche

Durchbiegungsverfahren

Die geometrischen Abmessungen des Stabes sind in Abb. I 4.1 angegeben.

Annahmen: $s = 11,0$ m;   St 37;

Gurt: $\sqsubset\!\!-40$; $F_g^1 = 91,5$ cm^2; $J_1 = 846$ cm$^4 = J_g$;

Bindebleche: $2 \cdot 200 \cdot 14$; $J_b = \dfrac{2 \cdot 1,4 \cdot 20^3}{12} = 1\,867$ cm^4;

Diagonalen: $2 \measuredangle 60 \cdot 60 \cdot 6$; $F_d = 2 \cdot 6,91 = 13,82$ cm^2.

Nach Abb. I 4.2 beträgt der Normalabstand b einer Diagonale von deren Drehpol

$$b = e \cos \alpha = e\,\frac{a}{d}.$$

Damit ergeben sich die Stablängen und Drehpolabstände b für die einzelnen Stäbe nach Tabelle 4.1.

Tabelle 4.1

		1	2	3	4	5	6	7	8	9	10	11
Pkt.	h	Stab	s	b	Stab	s	b	Stab	d	e	d/a	b
	cm		cm	cm		cm	cm		cm	cm		cm
a	50,0	A, B	80,0	50,0								
1	53,87	L_1	80,02	53,85	R_1	80,02	49,99	D_1	95,38	1 083	1,836	590
2	57,74	L_2	80,02	53,85	R_2	80,02	57,75	D_2	87,54	1 163	1,748	665
3	61,61	L_3	80,02	61,59	R_3	80,02	57,75	D_3	99,81	1 243	1,672	743
4	65,48	L_4	80,02	61,59	R_4	80,02	65,46	D_4	102,17	1 323	1,608	823
5	70,32	L_5	100,03	70,30	R_5	100,03	65,46	D_5	120,87	1 403	1,780	788
6	75,16	L_6	100,03	70,30	R_6	100,03	75,14	D_6	123,66	1 503	1,700	884
7	80,00	L_7	100,03	79,98	R_7	100,03	75,14	D_7	125,56	1 603	1,631	982

Die Berechnung der Knickbelastung wird nach dem Durchbiegungsverfahren des Abschnittes I C.2 durchgeführt. Als Knickfigur wird annähernd die Biegelinie für eine am Kragarmende angreifende Last $H_a = 1$ angenommen (Abb. I 4.3), wobei zwei Werte der Biegelinie im Punkt a und g berechnet werden und die Zwischenwerte gewählt werden. Bei dieser Annahme wird den Systembedingungen Rechnung getragen.

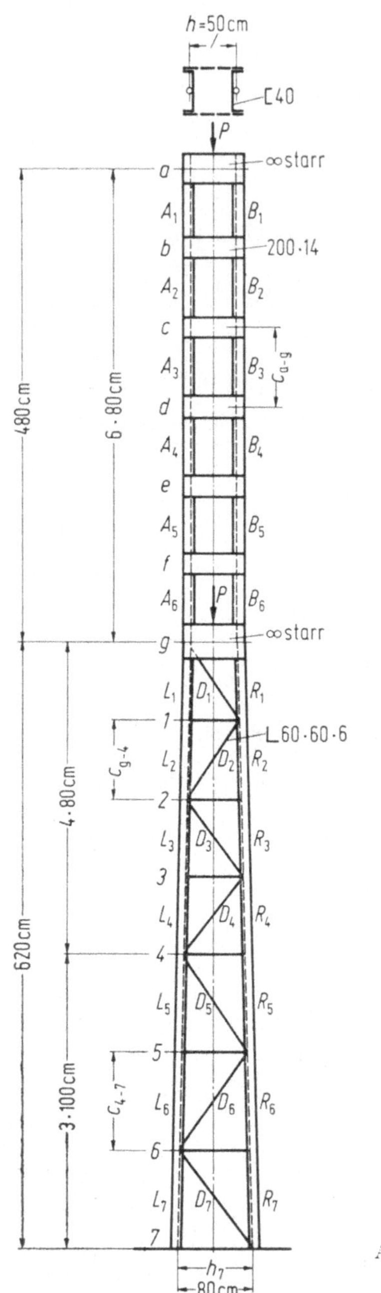

Abb. I 4.1

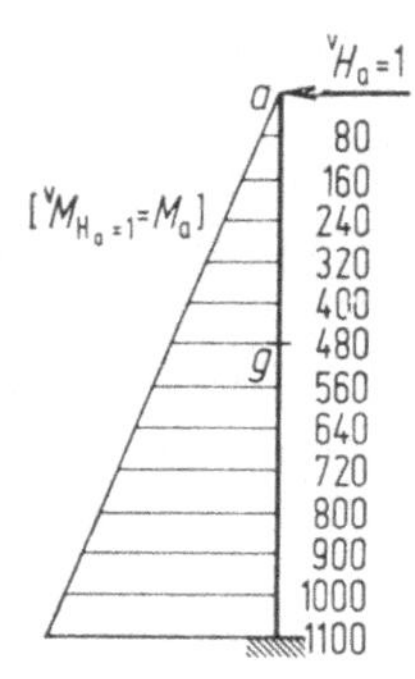

Abb. I 4.2

Abb. I 4.3

Die Momente infolge $M_{H_a=1} = M_a$ sind in Abb. I 4.3 eingetragen. Mit den Drehpolen und Drehpolabständen für Gurte und Diagonalen ergeben sich die Stabkräfte $S_{H=1,i-k} = S_a$ der Tabelle 4.2.

Im Bereich der Bindebleche werden die Momentennullpunkte näherungsweise in der Mitte der einzelnen Gurtfelder angenommen. Damit ergeben sich die Momente in den Gurtungen und Bindungen nach Abb. I 4.4. Zur Bestimmung der Durchbiegung

Tabelle 4.2

1	2	3	4	5	6	7
Stab	$S_a = {}^v S_a$	$\Delta s_a / 10^{-4}$	$[2] \cdot [3]$	$S_{P=1, f=100}$	$[3] \cdot [5]$	Σ
	t	cm	tcm	t	tcm	
A_1	$-0{,}800$	$-3{,}331$	$2{,}665$	$-0{,}140$	$0{,}466$	
A_2	$-2{,}400$	$-9{,}992$	$23{,}981$	$-0{,}410$	$4{,}097$	
A_3	$-4{,}000$	$-16{,}654$	$66{,}614$	$-0{,}660$	$10{,}992$	
A_4	$-5{,}600$	$-23{,}315$	$130{,}564$	$-0{,}890$	$20{,}750$	
A_5	$-7{,}200$	$-29{,}976$	$215{,}831$	$-1{,}100$	$32{,}972$	
A_6	$-8{,}800$	$-36{,}638$	$322{,}414$	$-1{,}280$	$46{,}897$	**116,175**
$B_1 - B_6$			$762{,}137$		$116{,}175$	**116,175**
L_{1+2}	$-10{,}400$	$-43{,}305 \cdot 2$	$450{,}378 \cdot 2$	$-1{,}523$	$65{,}943 \cdot 2$	
L_{3+4}	$-11{,}690$	$-48{,}677 \cdot 2$	$569{,}036 \cdot 2$	$-1{,}688$	$82{,}195 \cdot 2$	
L_{6+5}	$-12{,}802$	$-66{,}647 \cdot 2$	$853{,}217 \cdot 2$	$-1{,}735$	$115{,}660 \cdot 2$	
L_7	$-13{,}752$	$-71{,}592$	$984{,}545$	$-1{,}650$	$118{,}156$	**645,752**
R_1	$+9{,}602$	$+39{,}983$	$383{,}919$	$+1{,}360$	$54{,}388$	
R_{2+3}	$+11{,}088$	$+46{,}170 \cdot 2$	$511{,}937 \cdot 2$	$+1{,}628$	$75{,}190 \cdot 2$	
R_{4+5}	$+12{,}221$	$+114{,}510$	$1399{,}435$	$+1{,}741$	$199{,}421$	
R_{6+7}	$+13{,}308$	$+69{,}281 \cdot 2$	$921{,}997 \cdot 2$	$+1{,}703$	$118{,}019 \cdot 2$	**640,230**
D_1	$+0{,}937$	$+30{,}794$	$28{,}854$	$+0{,}193$	$5{,}936$	
D_2	$-0{,}831$	$-27{,}929$	$23{,}209$	$-0{,}129$	$3{,}613$	
D_3	$+0{,}744$	$+25{,}586$	$19{,}036$	$+0{,}073$	$1{,}923$	
D_4	$-0{,}672$	$-23{,}657$	$15{,}897$	$-0{,}067$	$1{,}598$	
D_5	$+0{,}702$	$+29{,}236$	$20{,}524$	$-0{,}007$	$-0{,}208$	
D_6	$-0{,}625$	$-26{,}630$	$16{,}644$	$+0{,}039$	$-1{,}041$	
D_7	$+0{,}563$	$+24{,}551$	$13{,}822$	$-0{,}067$	$-1{,}642$	10,181
Σ			$11\,043{,}155$		$1528{,}513$	1528,513

infolge $H_a = 1$ an der Stelle a wird eine virtuelle Last ${}^v H_a = 1$ angebracht. Mit den Schnittbelastungen daraus ergibt sich die horizontale Durchbiegung:

$$v_{a,a} = \sum S_a \frac{s}{EF} {}^v S_a + \int M_a {}^v M_a \frac{ds}{EJ_g} + \int M_a {}^v M_a \frac{ds}{EJ_b} =$$

$$= \sum \Delta s_a {}^v S_a + \int M_a {}^v M_a \frac{ds}{EJ_g} + \int M_a {}^v M_a \frac{ds}{EJ_b} .$$

Der erste Anteil betrifft alle Stäbe, der zweite die Gurtmomente, der dritte die Bindeblechmomente im Bereich $a - g$. Mit Abb. I 4.4 wird

$$\int M_a {}^v M_a \frac{ds}{EJ_g} = 24 \cdot \frac{40}{3} \cdot \frac{20^2}{2100 \cdot 8{,}46} \cdot 10^4 \cdot 10^{-4} = 720{,}476 \cdot 10^{-4} ;$$

$$\int M_a {}^v M_a \frac{ds}{EJ_b} = 10 \cdot \frac{25}{3} \cdot \frac{40^2}{2100 \cdot 1\,867} \cdot 10^4 \cdot 10^{-4} = 340{,}130 \cdot 10^{-4} .$$

Die Berechnung des Wertes $\sum \Delta s_a S_a$ ist in Tabelle 4.2, Spalte 2—4, durchgeführt. Damit wird

$$v_{a,a} = (11\,043{,}2 + 720{,}5 + 340{,}1) \cdot 10^{-4} = 12\,103{,}8 \cdot 10^{-4} \text{ cm} .$$

Zur Berechnung der Durchbiegung an der Stelle b infolge der Belastung $H_a = 1$ wird in b die virtuelle Last $^v H_b = 1$ angebracht (Abb. I 4.5).

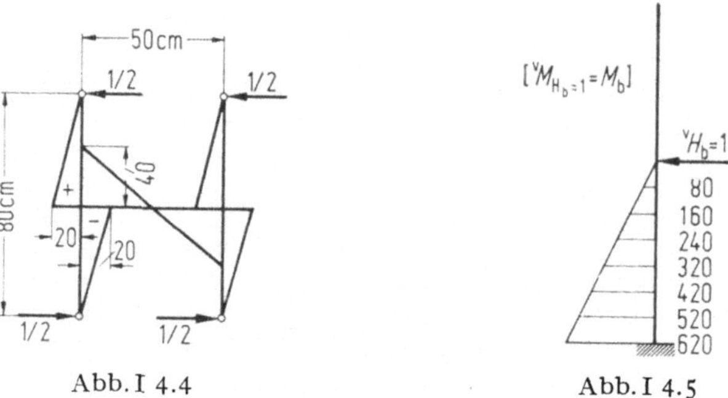

Abb. I 4.4   Abb. I 4.5

Mit den Stabkräften $^v S_{H_b=1} = {}^v S_b$ ergibt sich

$$v_{a,b} = \sum S_a \frac{s}{EF}\,{}^v S_b = \sum \Delta s_a\,{}^v S_b = 3\,891{,}7 \cdot 10^{-4}\ \text{cm}.$$

Die Summe erstreckt sich hier nur über die Stäbe des Bereiches $(g - 7)$. Damit wird

$$\frac{v_{a,b}}{v_{a,a}} = 0{,}32\,.$$

Die Ausbiegungslinie für den Knickfall wird nun nach Abb. I 4.6 angenommen. Damit ergeben sich die Momente für $P = 1$ und $v_a = 100$ nach Abb. I 4.6 und damit die Stabkräfte nach Tabelle 4.2, Spalte 5.

Die Stabkräfte in den Diagonalen und die Momente im Bindeblechbereich für Gurte und Bindungen werden aus den Querkräften berechnet. Es ist allgemein:

$$Q = \frac{M_u - M_o}{c}\,.$$

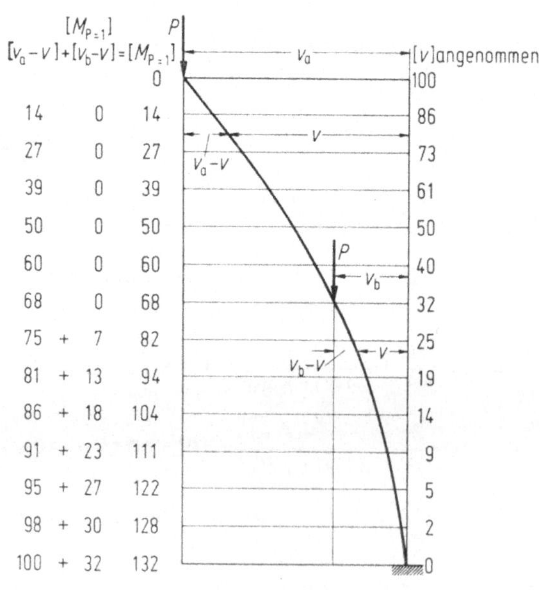

Abb. I 4.6

Im Bereich $(g - 7)$ mit geneigten Stielen kommt auf die Diagonalen ein Querkraft-anteil Q_d

$$Q_d = \frac{M_u - M_o}{c} - 2\frac{M}{h}\tan\beta$$

und für die Diagonalkräfte gilt $S_d = Q_d\, d/a$, sie sind in Tabelle 4.3 berechnet.

Tabelle 4.3

1	2	3	4	5	6	7	8
Feld	$\dfrac{M_u + M_o}{c}$	Mittel von [2]	$-2\dfrac{M}{h}\tan\beta$	Mittel von [4]	[2]−[5]	Stab	[6] · d/a
	t		t	t	t		t
a−b	0,175	0,169			0,175		
b−c	0,163	0,1565			0,163		
c−d	0,150	0,144			0,150		
d−e	0,138	0,1365			0,138		
e−f	0,125	Punkt			0,125		
f−g	0,100	g	−0,066		0,100		
g−1	0,175	1	−0,074	−0,070	0,105	D_1	+0,193
1−2	0,150	2	−0,079	−0,076	0,074	D_2	−0,129
2−3	0,125	3	−0,082	−0,080	0,045	D_3	+0,075
3−4	0,125	4	−0,084	−0,083	0,042	D_4	−0,067
4−5	0,080	5	−0,084	−0,084	−0,004	D_5	−0,007
5−6	0,060	6	−0,082	−0,083	−0,023	D_6	+0,039
6−7	0,040	7	−0,080	−0,081	−0,041	D_7	−0,067

Für die Momente in den Gurten und Bindungen im Bereich $(a - g)$ sind unter Zugrundelegung eines Mittelwertes der Querkraft für die Knotenpunkte die entsprechenden Werte in Abb. I 4.7 eingetragen.

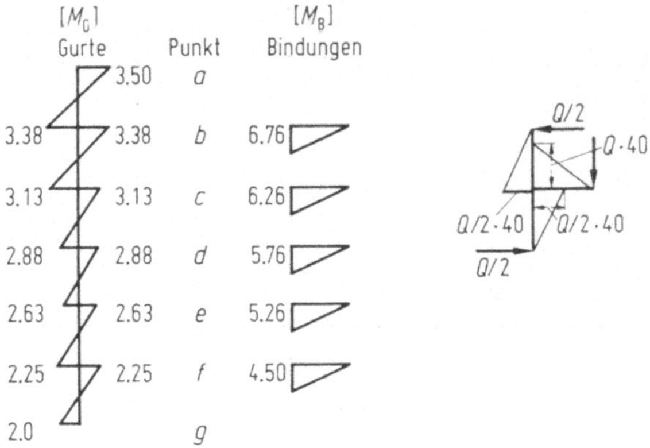

Abb. I 4.7

Für die wirkliche Ausbiegung im Punkt a mit dem Wert $100 \cdot f$ sind alle Stab-kräfte und Momente mit f zu multiplizieren. Nach (I C.17) ergibt sich die Bedingungs-gleichung für die Knickbelastung, indem man die Durchbiegung des Punkts a infolge einer horizontalen Belastung $^vH_a = 1$ berechnet, die gleich $100 \cdot f$ sein muß.

Es gilt

$$1 \cdot v_{P,a} = 1 \cdot 100 \cdot f = P^*_{ki} f \left[\sum_G S_{P=1}{}^v S_a \frac{s}{EF_g} + \sum_G S_{P=1}{}^v S_a \frac{s}{E^*_1 F_g} + \right.$$

$$\left. + \sum_D S_{P=1}{}^v S_a \frac{s}{EF_d} + \int_G M_{P=1}{}^v M_a \frac{s}{T^* J_g} + \int_B M_{P=1}{}^v M_a \frac{s}{EJ_b} \right].$$

Hierbei betrifft der 1. Ausdruck die Zuggurte, der zweite die Druckgurte, der dritte die Diagonalen, der 4. die Gurtmomente und der 5. die Bindeblechmomente. Die Berechnung der ersten drei Ausdrücke erfolgt in Tabelle 4.2, Spalte 6, wobei für alle Stäbe als erste Annahme ein elastisches Verhalten angenommen wird. Damit gilt $E^*_1 = T^* = E$. Mit $^v M_a$ nach Abb. I 4.3 und $M_{P=1}$ nach Abb. I 4.7 erhält man die Momentenanteile

$$\int_G M_{P=1}{}^v M_a \frac{ds}{EJ_g} = 2 \cdot \frac{40}{3} \cdot \frac{20}{2100 \cdot 846} [3,5 + 2 \cdot 3,38 + 2 \cdot 3,13 + 2 \cdot 2,88 +$$

$$+ 2 \cdot 2,63 + 2 \cdot 2,25 + 2,0] = 102,188 \cdot 10^{-4};$$

$$\int_B M_{P=1}{}^v M_a \frac{ds}{EJ_b} = 2 \cdot \frac{25}{3} \cdot \frac{40}{2100 \cdot 1867} [6,76 + 6,26 + 5,76 + 5,26 + 4,50] =$$

$$= 48,540 \cdot 10^{-4}.$$

Damit ergibt sich (s. Tab. 4.2)

$$100 \cdot f = P^*_{kr} f [1\,528,513 + 102,188 + 48,540] \cdot 10^{-4};$$

$$P^*_{kr} = \frac{10^6}{1\,679,24} = 595,5 \text{ t},$$

und für den Bereich $(g - 7)$

$$\sigma^*_{ki,E} = \frac{2 P^*_{kr}}{2 \cdot 91,5} = 6,51 \text{ t/cm}^2.$$

Für den Bereich $(a - g)$ wird

$$\sigma^*_{ki} = 3,255 \text{ t/cm}^2.$$

Die Berechnung ist somit im plastischen Bereich durchzuführen. Entsprechend Abb. I F.42 ergibt sich aus dem Schnittpunkt der Geraden mit $\sigma^*_{ki,E} = 6,51$ mit dem Nullpunkt ein Näherungswert

$$\sigma^*_{ki,pl} = 2,90 \text{ t/cm}^2.$$

Nach (I C.12) gilt $E/E^*_1 = 2\,E/T^* - 1$.

1. Annahme:

$$^1 P = 2,90 \cdot 91,5 = 265,5 \text{ t}; \quad 2P = 531,0 \text{ t}.$$

Bereich $(a - g)$: $^1\sigma^* = 1,45$ t/cm²; $T^* = E = 2100$ t/cm²; $E/E^*_1 = 1,0$;

Bereich $(g - 7)$: $^1\sigma^* = 2,90$ t/cm²; $T^* = 935$ t/cm²; $E/E^*_{1_i} = 3,492$.

In der Bestimmungsgleichung für P^*_{kr} sind somit nur die Anteile für die Gurtstäbe L_1 bis L_7 mit E/E^*_1 zu multiplizieren.

Es gilt (s. Tab. 4.2)

$$100 \cdot f = P^*_{kr} f [116,175 \cdot 2 + 645,752 \cdot 3,492 + 640,230 + 10,181 +$$

$$+ 102,188 + 48,540] \cdot 10^{-4}.$$

Damit wird

$$P^*_{kr} = \frac{10^6}{3\,288,46} = 304,1 \text{ t}$$

und für den Bereich $(g - 7)$

$${}^1\sigma^*_{ki,g-7} = 3{,}323 \ \text{t/cm}^2 .$$

2. Annahme: $\qquad {}^2P = 270 \ \text{t}; \quad 2P = 540 \ \text{t}.$

Bereich $\qquad (g - 7): {}^2\sigma^* = 2{,}95 \ \text{t/cm}^2; \quad T^* = 843 \ \text{t/cm}^2;$

$$E/E_1^* = 3{,}982;$$

$${}^2P^*_{kr} = \frac{10^6}{3\,604{,}87} = 277{,}4 \ \text{t};$$

$${}^2\sigma^*_{kr} = \frac{2 \cdot 277{,}4}{2 \cdot 91{,}5} = 3{,}032 \ \text{t/cm}^2 .$$

3. Annahme: ${}^3P = 274{,}5 \ \text{t};$

Bereich $\qquad (g - 7): {}^3\sigma^* = 3{,}0 \ \text{t/cm}^2; \quad T^* = 750 \ \text{t/cm}^2;$

$$E/E_1^* = 4{,}6;$$

$${}^3P^*_{kr} = \frac{10^6}{4\,003{,}95} = 249{,}7 \ ;\text{t}$$

$${}^3\sigma^*_{kr} = 2{,}729 \ \text{t/cm} .$$

Trägt man die $\sigma^*_{kr} - T^*$-Kurve in Abb. I 3.2 (Kurve 4) mit den Werten

T^*	σ^*_{kr}
935	3,323
843	3,032
750	2,729

auf und bringt sie mit der Φ-Kurve zum Schnitt, so ergibt sich die kritische Knick-spannung

$$\sigma^*_{kr,pl} = 2{,}96 \ \text{t/cm}^2$$

und

$$P^*_{kr} = 270{,}8 \ \text{t};$$

$$P_{zul} = \frac{270{,}8}{\nu_E} \quad \text{bzw.} \quad \frac{270}{2{,}08} = 130{,}2 \ \text{t}.$$

Betrachtet man die einzelnen Anteile des der Knickbelastung zugrunde gelegten Arbeitsbetrages, so erkennt man, daß die Anteile aus den Gurtkräften allein schon sehr gute Näherungswerte für die Knickbelastung ergeben. Zum Beispiel würde sich für die Annahmen $P = 265{,}5 \ \text{t}$ ergeben

$$P^*_{kr} = \frac{10^6}{3\,127{,}55} = 320 \ \text{t} \quad \text{statt} \quad 304 \ \text{t}.$$

Rechnet man die Knicklast über die Durchbiegung im Punkt b, so ergibt sich aus $v_{P,b}$ eine Knickspannung von $\sigma^*_{kr,pl} = 2{,}93 \ \text{t/cm}^2$ und ein Verhältnis

$$\frac{v_{ab}}{v_{aa}} = 0{,}34 .$$

Die Annahme stimmt gut mit der Wirklichkeit überein, so daß eine Wiederholung der Rechnung nicht erforderlich ist.

5. Beispiel. Biegedrill-Knicklast für beiderseits gelenkig, wölbfrei gelagerte, offene Querschnitte

a) Unsymmetrischer Querschnitt

Der Querschnitt ist in Abb. I 5.1 dargestellt. Alle Querschnittswerte sind in Bd. I B, S. 32 berechnet.

$$F = 46,4 \text{ cm}^2; \quad J_y = J_1 = 2803 \text{ cm}^4; \quad J_z = J_2 = 1515 \text{ cm}^4;$$

$$J_{ww} = C_m = 98477 \text{ cm}^6; \quad i_1 = 60,41 \text{ cm}; \quad i_2 = 32,65 \text{ cm}; \quad J_d = 9,9 \text{ cm}^4;$$

$$e_y = 10,19 \text{ cm}; \quad e_z = 12,13 \text{ cm}; \quad E/G = 2,6.$$

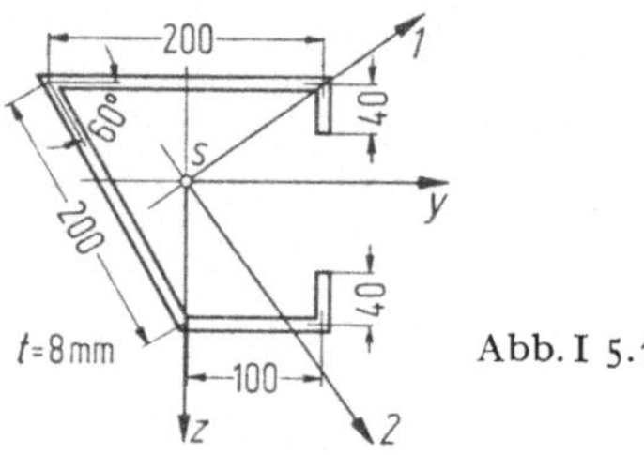

Abb. I 5.1

Die Berechnung erfolgt nach Abschnitt I A.3:

$$i_m^2 = i_1^2 + i_2^2 + e_y^2 + e_z^2 = 344,0 \text{ cm}^2.$$

Nach (I A.47) wird

$$P_y = \frac{\pi^2 E J_z}{s^2}; \quad P_z = \frac{\pi^2 E J_y}{s^2};$$

$$P_d = \frac{E}{i_m^2}\left[\frac{\pi^2 J_{ww}}{s^2} + \frac{G}{E} J_d\right].$$

?) Stab mit einer Knicklänge von 4,0 m

$$P_y = \frac{\pi^2 \cdot 21 \cdot 10^6 \cdot 15,15 \cdot 10^{-6}}{4,0^2} = 196 \text{ t};$$

$$P_z = \frac{\pi^2 \cdot 21 \cdot 28,03}{4,0^2} = 363 \text{ t};$$

$$P_d = \frac{2100}{344}\left[\frac{\pi^2 \cdot 98477}{400^2} + \frac{9,9}{2,6}\right] = 60,3 \text{ t}.$$

Nach (I A.48) erhält man das Gleichungssystem:

A	B	C	
$P_y - P$		$-Pe_z$	$= 0$
	$(P_z - P)$	$+Pe_y$	$= 0$
$-Pe_z$	$+Pe_y$	$i_m^2(P_d - P)$	$= 0$

Durch Nullsetzen der Determinante ergibt sich die Knickbedingung

$$(P_y - P)(P_z - P)(P_d - P) i_m^2 - (P_y - P) P^2 e_y^2 + Pe_z(P_z - P) \cdot$$
$$\cdot (-Pe_z) = 0$$

bzw.

$$P^3[e_y^2 + e_z^2 - i_m^2] + P^2[i_m^2(P_y + P_z + P_d) - e_y^2 P_y - e_z^2 P_z] - P i_m^2 \cdot$$
$$\cdot [P_y P_z + P_y P_d + P_z P_d] + i_m^2 P_y P_z P_d = 0$$

bzw.

$$-93 P^3 + 139382 P^2 - 36122536 P + 1478745986 = 0$$

bzw.

$$P^3 - 1\text{'}498 P^2 + 388206 P - 15891950 = 0.$$

Nach dem Newtonschen Lösungsverfahren ergibt sich für eine Funktion

$$f(x) = A_0 x^m + A_1 x^{m-1} + \cdots + A_m = 0$$

mit der Näherungswurzel $x_0 = a$ der verbesserte Wert

$$x_1 = a - \frac{f(a)}{f'(a)}.$$

Den Wert der Funktion $f(a)$ erhält man mit dem Horner-Schema

$$B_0 = A_0;$$
$$B_1 = B_0 a + A;$$
$$\vdots$$
$$B_m = B_{m-1} a + A_m = f(a).$$

Als Näherungswert wird ein kleinerer Wert als $P_d = 60{,}3$ t angenommen:

$$P_a = a = 50 \text{ t}.$$

	$f(x)$	$+1$	-1498	$+388206$	-15891950	
1. Ann.	$a = 50{,}0$	$+1$	-1448	$+315806$	-101650	$= f(a)$
2. Ann.	$a = 50{,}41$	$+1$	$-1447{,}59$	$+315232{,}99$	$-1054{,}97$	$= f(a)$
	$f'(x)$	$+3$	-2996	$+388206$		
1. Ann.	$a = 50$	$+3$	-2846	$+245906$	$= f'(a)$	
2. Ann.	$a = 50{,}41$	$+3$	$-2844{,}77$	$+244801{,}14$	$= f'(a)$	

Für die Annahme $a = 50{,}0$ t ergibt sich

$$x_1 = 50{,}0 - \frac{-101650}{245906} = 50{,}41 \text{ t}.$$

Mit diesem Wert wird eine nochmalige Rechnung durchgeführt:

$$P_{kr} = x_2 = 50{,}41 - \frac{-1054{,}97}{244801{,}14} = 50{,}41 + 0{,}0043 = 50{,}41 \text{ t}.$$

Vergleicht man die Einzelwerte $P_y = 196$ t, $P_z = 363$ t und $P_d = 60{,}3$ t, so erkennt man deutlich, wie tief die tatsächliche Knicklast unter diesen Werten liegen kann.

Die Knickspannung beträgt

$$\sigma_{kr} = \frac{50{,}41}{46{,}40} = 1{,}03 \text{ t/cm}^2;$$

sie liegt damit im elastischen Bereich und die Annahme der Berechnung mit $E = 2100$ t/cm² ist zutreffend.

β) Stab mit einer Knicklänge von 2,50 m

Mit $E = 2100\ \text{t/cm}^2$ ergibt sich entsprechend der obigen Rechnung:

$$P_y = 502,4\ \text{t};\quad P_z = 929,5\ \text{t};\quad \frac{E}{i_m^2} = 6,1;$$

$$P_d = 6,1 \cdot 19,35 = 118,1\ \text{t};$$

$$P^3 - 3701 P^2 + 2352222 P - 204032906 = 0;$$

$$P_{\text{kr}} = 102,95\ \text{t};\quad \sigma_{\text{kr},E} = \frac{102,95}{46,4} = 2,219\ \text{t/cm}^2.$$

Der Stab ist somit für einen St 37 im plastischen Bereich. Betrachtet man die 3 Gleichungen für P_y, P_z und P_d und behält im plastischen Bereich das Verhältnis $G^*/T^* = G/E$ bei, — unter der Annahme, daß E und G im selben Verhältnis im plastischen Bereich abgemindert werden —, so erkennt man, daß die Werte P_y, P_z und P_d linear von E abhängen.

Die Ψ-Kurve im $\Phi - \Psi$-Diagramm (Abb. I 3.2, Kurve 5.1 b) ist somit eine Gerade ($\Psi = G$) zwischen $\sigma_{ki,E}$ für $E = 2100\ \text{t/cm}^2$ und dem Nullpunkt und im Schnittpunkt mit der Φ-Kurve ergibt sich die kritische Spannung $\sigma^*_{\text{kr},T*}$:

$$\sigma_{\text{kr},T*} = 2,09\ \text{t/cm}^2;$$

$$P^*_{\text{kr},T*} = 2,09 \cdot 46,4 = 96,98\ \text{t}.$$

b) Einfach symmetrischer I-Querschnitt

Der Querschnitt des Stabes mit der Knicklänge $s = 4,0$ m ist in Abb. I 5.2 dargestellt. Die Querschnittswerte sind in Tabelle 5.2 berechnet.

$$\bar{z}_s = \frac{613}{48} = 12,8\ \text{cm};$$

$$i_y = \sqrt{\frac{J_y}{F}} = 12,96\ \text{cm};\qquad i_z = \sqrt{\frac{J_z}{F}} = 3,95\ \text{cm}.$$

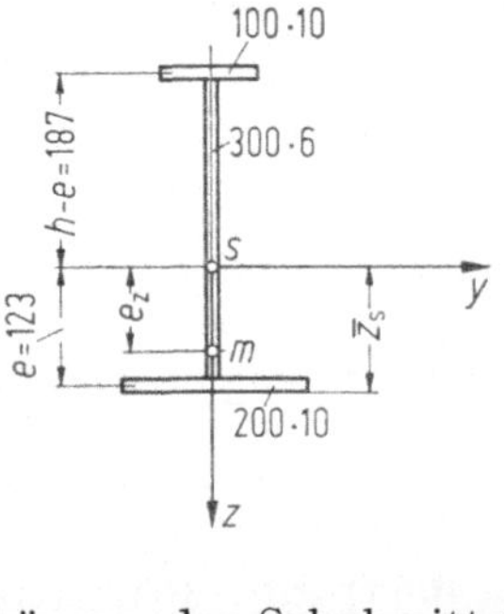

Abb. I 5.2

Für diesen Querschnitt können der Schubmittelpunkt m und der Wölbwiderstand $J_{ww} = C_m$ nach DIN 4114 Ri 7.521 bestimmt werden. Mit $h = 31,0$ cm wird

$$e_z = \frac{1}{J_z}\left[e J_1 - (h - e) J_2\right] = \frac{1}{750}\left[12,3 \cdot 667 - 18,7 \cdot 83\right] = 8,9\ \text{cm};$$

$$J_{ww} = C_m = \frac{J_1 J_2 h^2}{J_1 + J_2} = \frac{667 \cdot 83 \cdot 31}{750} = 70940\ \text{cm}^6.$$

Tabelle 5.2

1	2	3	4	5	6	7	8	9
Querschnitt	F	$\bar{z}$	$F \cdot \bar{z}$	z	$F \cdot z^2$	$J_{y,0}$	$J_y =$ [6]+[7]	$J_{z,0}$
	cm²	cm	cm³	cm	cm⁴	cm⁴	cm⁴	cm⁴
$200 \cdot 10$	20,0	0,5	10	$+12,3$	3026		3026	$667 = J_1$
$100 \cdot 10$	10,0	31,5	315	$-18,7$	3497		3497	$83 = J_2$
$300 \cdot 6$	18,0	16,0	288	$-3,2$	184	1350	1534	
Σ	48,0		613				8057	750

Weiter ist

$$i_p^2 = i_y^2 + i_z^2 = 183,5 \text{ cm}^2;$$

$$i_m^2 = i_p^2 + e_z^2 = 262,7 \text{ cm}^2; \quad \frac{i_m^2}{i_p^2} = 1,432; \quad \frac{i_p^2}{i_m^2} = 0,699;$$

$$J_d = \frac{1}{3} \sum s^3 l = \frac{1}{3} [20 \cdot 1,0^3 + 10 \cdot 1,0^3 + 30 \cdot 0,6^3] = 12,2 \text{ cm}^4.$$

Interessant ist im vorliegenden Fall nur das Ausknicken in der y-Richtung.
Nach (I A.47) wird

$$P_y = \frac{\pi^2 E J_z}{s^2} = \frac{\pi^2 \cdot 2100 \cdot 750}{400^2} = 97,15 \text{ t},$$

$$P_d = \frac{E}{i_m^2} \left[\frac{\pi^2 J_{ww}}{s^2} + \frac{G}{E} J_d \right] = \frac{2100}{262,7} \left[\frac{\pi^2 \cdot 70940}{400^2} + \frac{1}{2,6} \cdot 12,2 \right] = 72,49 \text{ t},$$

und nach (I A.51)

$$P_{kr} = 1,432 \left[\frac{97,15 + 72,49}{2} - \sqrt{\frac{169,64^2}{4} - 0,699 \cdot 97,15 \cdot 72,49} \right] = 53,21 \text{ t}.$$

Nach DIN 4114, Ri 7.52 ergibt sich mit $\beta = \beta_0 = 1$, $s = s_0 = 400$ cm nach (I A.53)

$$c = \sqrt{\frac{70940 \cdot 1 + 0,039 \cdot 400^2 \cdot 12,2}{750}} = 14,0 \text{ cm};$$

und nach (I A.54)

$$\lambda_{v,i} = \frac{400}{3,95} \sqrt{\frac{196 + 262,7}{2 \cdot 196} \left\{ 1 + \sqrt{1 - \frac{4 \cdot 196 \cdot [183,5 - 0,093 \cdot 0]}{(196 + 262,7)^2}} \right\}} = 136,93.$$

Damit wird

$$s_{k,i} = 136,93 \cdot 3,95 = 540,87 \text{ cm},$$

und

$$P_{ki} = \frac{\pi^2 E J_z}{s_{ik}^2} = \frac{\pi^2 \cdot 2100 \cdot 750}{540,87^2} = 53,14 \text{ t}.$$

Mit $\sigma_{k,i} = P_{k,i}/F = 1,11$ t/cm² $< \sigma_P$ bleibt die kritische Knickspannung im elastischen Bereich.

c) Einfach symmetrisches T-Profil

Der Querschnitt des Stabes mit der Knicklänge $s = 2,50$ m ist in Abb. I 5.3 dargestellt. Die Querschnittswerte sind in Tabelle 5.3 berechnet.

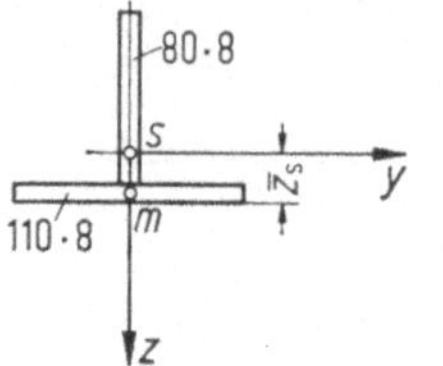

Abb. I 5.3

Tabelle 5.3

1	2	3	4	5	6	7	8	9
Querschnitt	F	$\bar z$	$F\bar z$	z	$F \cdot z^2$	$J_{y,0}$	$J_y =$ [6] + [7]	J_z
	cm²	cm	cm³	cm	cm³	cm⁴	cm⁴	cm⁴
110 · 8	8,8	0,4	3,52	+1,85	30		30	89
80 · 8	6,4	4,8	30,72	−2,55	42	34	76	
	15,2		34,24				106	89

$$z_s = \frac{34,24}{15,20} = 2,25 \text{ cm.}$$

Der Schubmittelpunkt liegt im Schnittpunkt der beiden Rechtecke

$$e_z = 2,25 - 0,4 = 1,85 \text{ cm};$$

$$i_y^2 = \frac{106}{15,2} = 6,97 \text{ cm}^2; \qquad i_z^2 = \frac{89}{15,2} = 5,86 \text{ cm}^2; \qquad i_z = 2,42 \text{ cm};$$

$$i_p^2 = i_y^2 + i_z^2 = 12,83 \text{ cm}^2;$$

$$i_m^2 = i_p^2 + e_z^2 = 16,25 \text{ cm}^2; \qquad \frac{i_m^2}{i_p^2} = 1,267; \qquad \frac{i_p^2}{i_m^2} = 0,790;$$

$$J_{ww} = C_m = 0;$$

$$J_d = \frac{1}{3} \sum s^3 l = \frac{1}{3} (11 \cdot 0,8^3 + 8 \cdot 0,8^3) = 3,24 \text{ cm.}^4$$

Nach (I A.47), (I A.50) und (I A.51) wird

$$P_{k,z} = \frac{\pi^2 E J_y}{s^2} = \frac{\pi^2 \cdot 2100 \cdot 106}{250^2} = 35,15 \text{ t};$$

$$P_{k,y} = \frac{\pi^2 \cdot 2100 \cdot 89}{250^2} = 29,51 \text{ t};$$

$$P_d = \frac{2100}{16,25} \left[\frac{\pi^2 \cdot 0}{250^2} + \frac{1}{2,6} 3,24 \right] = 161,04 \text{ t};$$

$$P_{k,i} = \frac{16,25}{12,83} \left[\frac{29,51 + 161,04}{2} - \sqrt{\frac{190,55^2}{4} - \frac{12,83}{16,25} \cdot 29,51 \cdot 161,04} \right] =$$

$$= 28,27 \text{ t};$$

$$\sigma_{k,i} = \frac{28,2}{15,20} = 1,87 \text{ t/cm}^2 < \sigma_P.$$

Nach DIN 4114 Ri 7.52 ergibt sich mit $\beta = \beta_0 = 1{,}0$ und $s = s_0 = 250\ \text{cm}$ nach (I A.53) und (I A.54):

$$c = \sqrt{\frac{0{,}039 \cdot 250^2 \cdot 3{,}24}{89}}\ ; \qquad c^2 = 88{,}74;$$

$$\lambda_{v,i} = \frac{250}{2{,}42}\ \sqrt{\frac{88{,}74 + 16{,}25}{2 \cdot 88{,}74}\left\{1 + \sqrt{1 - \frac{4 \cdot 88{,}74 \cdot 12{,}83}{(88{,}74 + 16{,}25)^2}}\right\}} = 105{,}6;$$

$$s_{k,i} = \lambda i_z = 105{,}6 \cdot 2{,}42 = 255{,}5\ \text{cm};$$

$$P_{\mathrm{kr}} = \frac{\pi^2 E J_z}{s_{ki}^2} = \frac{\pi^2 \cdot 2100 \cdot 89}{255{,}5^2} = 28{,}26\ \text{t}.$$

d) Einfach symmetrischer Winkel

Für den Winkel $90 \cdot 90 \cdot 9$ nach Abb. I 5.4 ist:

$$F = 15{,}5\ \text{cm}^2; \quad J_z = 184\ \text{cm}^4; \quad J_y = 47{,}8\ \text{cm}^4$$

$$i_y = 3{,}45\ \text{cm}; \quad i_z = 1{,}76\ \text{cm};$$

$$i_y^2 = 11{,}90\ \text{cm}^2; \quad i_z^2 = 3{,}10\ \text{cm}^2;$$

$$e_z = 2{,}96\ \text{cm}; \quad e_z^2 = 8{,}76\ \text{cm}^2;$$

$$i_p^2 = 15{,}0\ \text{cm}^2; \quad i_m^2 = 23{,}76\ \text{cm}^2; \quad \frac{i_m^2}{i_p^2} = 1{,}584; \quad \frac{i_p^2}{i_m^2} = 0{,}631;$$

$$J_d = 2 \cdot \frac{1}{3} \cdot 9{,}0 \cdot 0{,}9^3 = 4{,}37\ \text{cm}^4; \quad C_m = J_{ww} = 0.$$

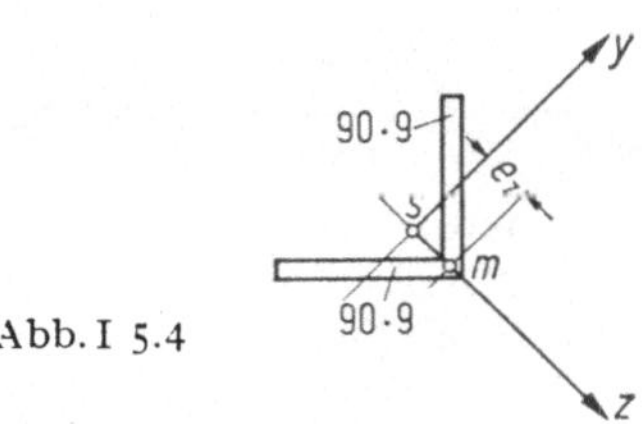

Abb. I 5.4

Nach (I A.47) wird

$$P_{k,z} = \frac{\pi^2 \cdot 2100 \cdot 47{,}8}{250^2} = 15{,}85\ \text{t};$$

$$P_{k,y} = \frac{\pi^2 \cdot 2100 \cdot 184}{250} = 61{,}02\ \text{t};$$

$$P_d = \frac{2100}{23{,}76}\frac{4{,}37}{2{,}6} = 148{,}55\ \text{t},$$

und nach (I A.51)

$$P_{\mathrm{kr}} = 1{,}584 \cdot \left[\frac{61{,}02 + 148{,}55}{2} - \sqrt{104{,}285^2 - 0{,}631 \cdot 61{,}02 \cdot 148{,}55}\right] = 50{,}30\ \text{t}.$$

Somit ist bei gleichschenkeligen Winkeln $P_{z,k}$ maßgebend und nicht Biegedrillknicken.

e) Doppelsymmetrischer I-Querschnitt

Für den doppelsymmtrischen Querschnitt nach Abb. I 5.5 ergibt sich mit $s = 4,00$ m

$$F = 46,0 \text{ cm}^2; \quad J_y = 8070 \text{ cm}^4; \quad J_z = 457 \text{ cm}^4; \quad J_1 = J_2 = 228 \text{ cm}^4;$$

$$i_y = 13,28 \text{ cm}; \quad i_z = 3,15 \text{ cm};$$

$$i_y^2 = 176 \text{ cm}^2; \quad i_z^2 = 10 \text{ cm}^2; \quad i_p^2 = 186 \text{ cm}^2 = i_m^2;$$

$$e_y = e_z = 0;$$

$$J_d = \frac{1}{3}\left[2,14 \cdot 1,0^3 + 30 \cdot 0,6^3\right] = 11,50 \text{ cm}^4.$$

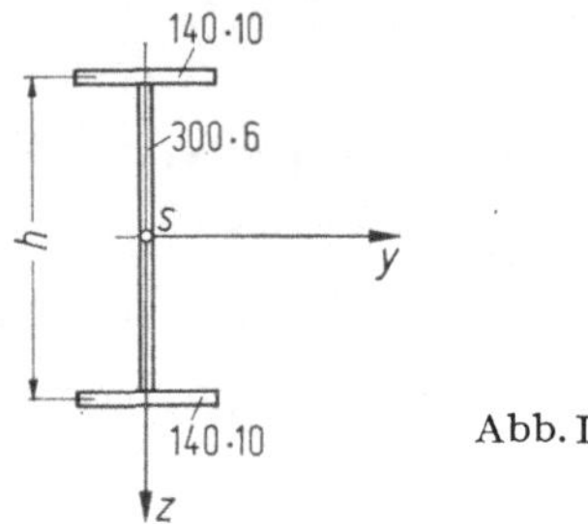

Abb. I 5.5

Nach DIN 4114, Ri 7.521 ist

$$C_m = J_{ww} = \frac{J_1 J_2 h^2}{J_1 + J_2} = \frac{J_1 h^2}{2} = \frac{228 \cdot 31^2}{2} = 109\,300 \text{ cm}^6.$$

Nach (I A.52) ist mit (I A.47):

$$P_{k,y} = \frac{\pi^2 E J_z}{s^2} = \frac{\pi^2 \cdot 2100 \cdot 457}{400^2} = 59,2 \text{ t};$$

$$P_d = \frac{2100}{186}\left[\frac{\pi^2 \cdot 109\,300}{400^2} + \frac{11,5}{2,6}\right] = 126,1 \text{ t}.$$

Somit ist $P_{k,y}$ maßgebend und es wird

$$\sigma_{\text{kr}} = \frac{59,2}{46,0} = 1,29 \text{ t/cm}^2 < \sigma_P.$$

f) Zusammenfassung zu den Querschnitten nach a) bis e)

Nach (I A.49) kann für jeden zentrisch belasteten Stab mit unsymmetrischem Querschnitt die Biegedrillknicklast bestimmt werden. Man erkennt, daß für unsymmetrische Querschnitte die Biegedrillknicklast wesentlich unter den Knicklasten liegen kann, die sich für das Ausknicken nach den Hauptträgheitsachsen ergeben. Der plastische Bereich kann dabei in einfacher Weise erfaßt werden.

Das gleiche gilt für einfach symmetrische Querschnitte. Auch hier kann die Biegedrillknicklast wesentlich unter den Knicklasten, die sich für die Hauptträgheitsachsen ergeben, liegen. Der Vergleich mit der Berechnung über die ideelle Schlankheit nach DIN 4114 zeigt eine volle Übereinstimmung.

Ein Vergleich der Ergebnisse nach b) und e) läßt erkennen, daß der doppelsymmetrische Querschnitt, für den Biegedrillknicken nicht in Frage kommt, dem einfach symmetrischen Querschnitt überlegen ist. Bei einer um 5% geringeren Fläche hat sich eine um 12% höhere Knicklast ergeben. Man wird daher aus wirtschaftlichen Gründen trachten, möglichst doppelsymmetrische Knickstäbe auszuführen.

Auch bei T-Profilen ergibt sich infolge Biegedrillknicken eine Abminderung der Knicklasten, da sich die ideelle Schlankheit — je nach den Querschnittsausbildungen — um etwa 5—25% erhöhen kann.

Gleichschenkelige Winkel — wenn es sich um Walzprofile und nicht um dünne Abkantprofile handelt — sind biegedrillunempfindlich.

6. Beispiel. Zentrisch belasteter, durchlaufender Stab auf starren Stützen mit feldweise wechselnder Stabkraft

Der durchlaufende Stab nach Abb. I 6.1 ist im System und in der Belastung symmetrisch. Er ist in den Punkten 0 und 0′ gelenkig gelagert und an den übrigen Lagern frei drehbar.

In den Stäben 1—2, 3—3′ und 2′—1′ ist eine Druckkraft P, in den Stäben 2—3 und 3′—2′ eine Zugkraft $0{,}866P$ vorhanden und die Stäbe 0—1 und 1′—0′ sind unbelastet.

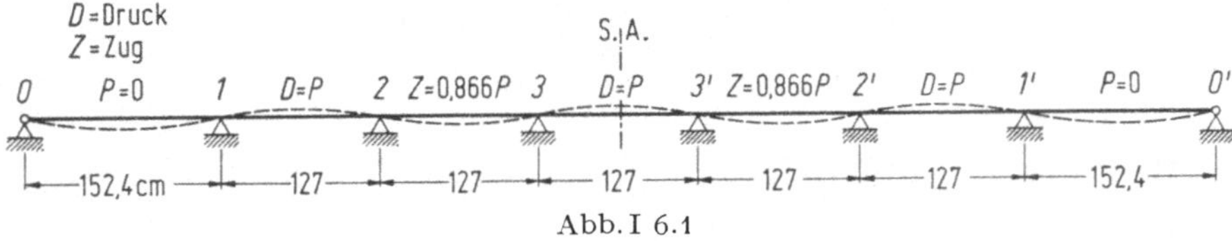

Abb. I 6.1

Querschnittswerte des konstant durchlaufenden Rohres:

$\varnothing = 42{,}2$ mm; $\quad t = 2{,}6$ mm; $\quad F = 3{,}25$ cm²; $\quad J = 6{,}46$ cm⁴; $\quad i = 1{,}41$ cm.

Die Gebrauchslast beträgt $P = 4510$ kg; die Knicksicherheit des Systems ist zu berechnen.

a) Momentenausgleichsverfahren — Serienkriterium

Die Berechnung wird nach Abschnitt I F 1 bβ durchgeführt

Nach (I F.13) lautet das Knickkriterium für das symmetrische Ausknicken des Systems:

$$r = \frac{(\mu_{3-3'}s_{3,3'})^2}{(s_{3,3'} + {}^e s_{3,2})^2} = \left[\frac{\mu_{3-3'}s_{3,3'}}{s_{3,3'} + {}^e s_{3,2}}\right]^2.$$

Die elastische Steifigkeit ${}^e s_{3,2}$ ergibt sich durch fortlaufende Anwendung von (I F.3), beginnend vom Punkt 1 an:

$$f_{d,1} = {}^0 s_{1,0};$$

$${}^e s_{2,1} = \frac{{}^0 s_{2,1}}{1 - \mu_{2-1}^2 \dfrac{f_{d,1}}{{}^0 s_{2,1} + f_{d,1}}} = \frac{{}^0 s_{2,1}}{1 - \mu_{2-1}^2 \dfrac{{}^0 s_{1,0}}{{}^1 s_{2,1} + {}^0 s_{1,0}}};$$

$$s_{3,2} = \frac{{}^0 s_{3,2}^*}{1 - \mu_{3-2}^{*2} \dfrac{f_{d,2}}{{}^0 s_{3,2}^* + f_{d.2}}} = \frac{{}^0 s_{3,2}^*}{1 - \mu_{3-2}^{*2} \dfrac{{}^e s_{2,1}}{{}^0 s_{3,2}^* + {}^e s_{2,1}}}.$$

Die Berechnung wird so durchgeführt, daß für verschiedene Laststeigerungen vP der Wert r ermittelt und die $r - v$-Kurve gezeichnet wird. Im Schnittpunkt mit der Abszisse ergibt sich die Knicksicherheit v_e.

Nach (I E.11), (I E.12) und (I F.21) gilt mit

$$c = \frac{EJ}{s} \quad \text{bzw.} \quad \frac{T^*J}{s}$$

für Druckstäbe:

$$s_{i,k} = \frac{EJ}{s} F_1 \quad \text{bzw.} \quad \frac{T^*J}{s} F_1 = cF_1\,;$$

$$^0s_{i,k} = \frac{EJ}{s} F_8 \quad \text{bzw.} \quad \frac{T^*J}{s} F_8 = cF_8\,;$$

$$\mu_{i-k} = \frac{F_2}{F_1}\,;$$

für Zugstäbe:

$$s_{i,k} = \frac{EJ}{s} F_1^* \quad \text{bzw.} \quad \frac{T^*J}{s} F_1^* = cF_1^*\,;$$

$$^0s_{i,k} = \frac{EJ}{s} F_8^* \quad \text{bzw.} \quad \frac{T^*J}{s} F_8^* = cF_8^*\,;$$

$$\mu_{i-k}^* = \frac{F_2^*}{F_1^*}\,.$$

Nach (I B.14) ist

$$\varepsilon = s\sqrt{\frac{S}{EJ}} = \frac{s}{i}\sqrt{\frac{\sigma}{E}}$$

bzw. nach (I B.16)

$$\varepsilon = s\sqrt{\frac{S^*}{T^*J}} = \frac{s}{i}\sqrt{\frac{\sigma_{ki}^*}{T^*}}\,.$$

Zu jeder Annahme von v_i wird zuerst die Spannung $\sigma^* = v_i S_{i-k}/F$ berechnet und der Wert T^* angeschrieben, woraus sich ε ergibt (Tabelle 6.1).

Tabelle 6.1

1	2	3	4	5	6	7	8	9	10	11
Stäbe $(1-2)$ und $(3-3')$ Druck						Stab $(2-3)$ Zug				
v_i	$v_i S_{i-k}$	σ^*	$E,\ T^*$	c	ε	$v_i S_{i-k}$	σ^*	$E,\ T^*$	c	ε
	t	t/cm^2	t/cm^2	tcm		t	t/cm^2	t/cm^2	tcm	
1,0	4,51	1,39	2100	106,8	2,315	3,906	1,235	2100	106,8	2,155
1,5	6,76	2,08	1970	100,2	2,925	5,85	1,80	2100	106,8	2,69
1,7	7,66	2,36	1780	90,5	3,325	6,63	2,04	2100	106,8	2,81
1,9	8,56	2,69	1340	68,1	3,995	7,42	2,28	2100	106,8	2,97
2,05	9,25	2,84	1050	53,4	4,69	8,0	2,46	2100	106,8	3,085
2,085	9,400	2,89	955	48,6	4,95	8,13	2,50	2098	106,7	3,11
2,1	9,46	2,91	920	46,8	5,06	8,20	2,52	2095	106,6	3,13
2,115	9,539	2,93	866	44,1	5,24	8,26	2,54	2091	106,5	3,14

Für den Stab $(0-1)$ mit $S_{i-k} = 0$ wird

$$^0s_{1,0} = \frac{EJ}{s_{1-0}} F_8 = \frac{EJ}{s_{1-0}} 3,0 = \frac{2100 \cdot 6,46}{152,4} 3,0 = 267,05\,.$$

Mit den Werten der Tabelle 6.1 werden die Größen ${}^{e}s_{2,1}$; ${}^{e}s_{3,2}^{*}$ und damit die Werte r in Tabelle 6.2 berechnet, wobei die F- und F^{*}-Werte der Tafel F entnommen werden.

Tabelle 6.2

1	2	3	4	5	6	7	8
Stab (1—2); Druck							
v_i	F_8	$\mu_{2-1} =$ $= F_2/F_1$	${}^{0}s_{2,1} =$ $= c \cdot [2]$ tcm	${}^{0}s_{1,0} +$ $+ [4]$ tcm	$\mu_{2-1}^{2} \cdot$ $\cdot {}^{0}s_{1,0}/[5]$	$1,0 - [6]$	${}^{e}s_{2,1} =$ $= [4]/[7]$ tcm
1,0	1,711	0,685	182,73	449,78	0,2786	0,7214	253,30
1,5	0,599	0,882	60,02	327,07	0,6352	0,3648	164,51
1,7	—0,653	1,136	—59,10	207,95	1,6572	—0,6572	89,92
1,9	—6,422	2,536	—437,34	—170,29	—10,0857	11,0857	—39,45
2,05	24,577	—6,359	1312,41	1579,46	6,8369	—5,8369	—224,85
2,085	11,143	—2,771	541,55	808,60	2,5359	—1,5359	—352,59
2,1	9,036	—2,252	422,88	689,93	1,9630	—0,9630	—439,12

9	10	11	12	13	14	15	16
Stab (2—3); Zug							
v_i	F_8^{*}	$\mu_{3-2}^{*} =$ $= F_2^{*}/F_1^{*}$	${}^{0}s_{3,2}^{*} =$ $= c \cdot [10]$ tcm	$[8] + [12]$ tcm	$\mu_{3-2}^{*2} \cdot$ $\cdot [8]/[13]$	$1,0 - [14]$	${}^{e}s_{3,2} =$ $= [12]/[15]$ tcm
1,0	3,827	0,407	408,68	661,98	0,0634	0,9366	436,34
1,5	4,219	0,369	450,65	615,16	0,0364	0,9635	467,70
1,7	4,314	0,361	460,71	550,63	0,0212	0,9787	470,72
1,9	4,442	0,350	474,45	435,00	—0,0111	1,0111	469,24
2,05	4,536	0,342	484,51	259,66	—0,1012	1,1012	439,97
2,085	4,557	0,340	486,25	133,66	—0,3053	1,3053	372,51
2,1	4,574	0,339	487,57	48,45	—1,0406	2,0406	238,93

17	18	19	20	21	22	23	24
Stab (3—3'); Druck							
v_i	F_1	$\mu_{3-3}^{'} =$ $= F_2/F_1$	$s_{3,3'} =$ $= c \cdot [18]$ tcm	$[16] + [20]$ tcm	$[19] \cdot$ $[20]/[21]$	$r =$ $= [22]^2$	
,0	3,229	0,685	344,82	781,16	0,3024	0,091	
,5	2,702	0,882	270,77	738,47	0,3233	0,105	
,7	2,244	1,136	203,12	673,84	0,3424	0,117	
1,9	1,183	2,536	80,55	549,79	0,3715	0,138	
2,05	—0,623	—6,359	—33,27	406,70	0,5201	0,271	
2,085	—1,668	—2,771	—81,06	291,45	0,7707	0,594	
2,1	—2,218	—2,252	—103,80	135,13	1,7299	2,992	

Trägt man die $v - r$-Kurve auf (Abb. I 6.2), so ergibt sich im Schnittpunkt mit der Geraden $r = 1$ die kritische Sicherheit $v_e = 2{,}092$. Ist z.B. $v_E = 2{,}08$ gefordert, so ist der gesamte Stab mit $v_e > v_E$ knicksicher.

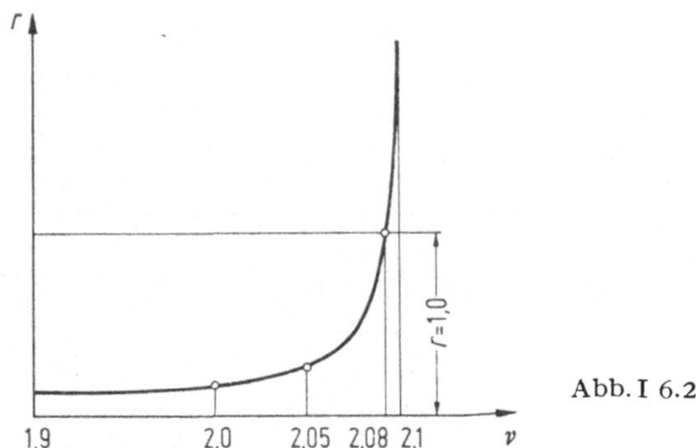

Abb. I 6.2

b) Allgemeine Deformationsmethode

Die Berechnung wird nach Abschnitt I E durchgeführt

Für das symmetrische Ausknicken des Systems nach Abb. I 6.1 treten nur die drei unbekannten Knotendrehungen φ_1, φ_2 und φ_3 auf.

Nach (I E.16) lautet das zugehörige Gleichungssystem:

Bel. Zustand Virt. Zustand	φ_1	φ_2	φ_3	
$^v\varphi_1 = 1$	$^1a_1^*$	$^1a_2$		$= 0$
$^v\varphi_2 = 1$	$^2a_1$	$^2a_2^*$	$^2a_3$	$= 0$
$^v\varphi_3 = 1$		$^3a_2$	$^3a_3^*$	$= 0$

Nach (I E.20) sind in den Gleichungen die Funktionen F bzw. F^* mit den Faktoren $\varkappa_{i-k}$ im elastischen Bereich bzw. mit $\varkappa_{i-k}\,T^*/E$ im plastischen Bereich zu multiplizieren. Hierbei ist

$$\varkappa_{i-k} = \frac{s_c}{s_{i-k}}\,\frac{J_{i,k}}{J_c}\,.$$

Für den Stab 0—1 ist $\varkappa_{1-2} = 1{,}2$; für alle anderen Stäbe $\varkappa_{i-k} = 1{,}0$. Nach (I E.17a) ergeben sich die Koeffizienten $(^ia_i^*)$ zu:

$$(^1a_1^*) = \varkappa_{0-1}(F_8)_{0,1} + \varkappa_{1-2}\frac{T^*}{E}\,(F_1)_{1,2} = 1{,}2(F_8)_{0,1} + \frac{T^*}{E}\,(F_1)_{1,2};$$

$$(^2a_2^*) = \varkappa_{1-2}(F_1)_{1,2} + \varkappa_{2-3}\frac{T^*}{E}\,(F_1^*)_{2,3} = \frac{T^*}{E}\,(F_1)_{1,2} + \frac{T^*}{E}\,(F_1^*)_{2,3};$$

$$(^3a_3^*) = \varkappa_{2-3}\frac{T^*}{E}\,(F_1^*)_{2,3} + \varkappa_{3-3'}\frac{T^*}{E}\,(F_5)_{3,3'} = \frac{T^*}{E}\,(F_1^*)_{2,3} + \frac{T^*}{E}\,(F_5)_{3,3'}\,.$$

Bei $^3a_3^*$ ist zu beachten, daß für den Stab $(3-3')$ der Koeffizient $^sa_{3;3,3'}^*$ für symmetrische Knotendrehungen in 3 und $3'$ nach Tab. I E 1 c einzuführen ist.

Tabelle 6.3

1	2	3	4	5	6	7	8	9	10	11	12
	Stab $(0-1)$				$^1a^0_{1;1,0}$	Stab $(1-2)$				$^1a_{1;1,2}$	$^1a^*_1$
v	σ^*	$\dfrac{T^*}{E}$	ε	F_8	$1{,}2\,F_8$	σ^*	$\dfrac{T^*}{E}$	ε	F_1	$\dfrac{T^*}{E}\,F_1$	$[6]+[11]$
	t/cm^2					t/cm^2					
2,05	0	1	0	3,0	3,6	2,84	0,4965	4,69	$-0{,}6232$	$-0{,}3094$	3,2906
2,085	0	1	0	3,0	3,6	2,89	0,4543	4,95	$-1{,}6685$	$-0{,}7580$	2,8420
2,115	0	1	0	3,0	3,6	2,93	0,4124	5,24	$-3{,}3243$	$-1{,}3709$	2,290

13	14	15	16	17	18	19	20	21	22	23	24
	Stab $(2-3)$				$^2a_{2;2,3}$	Stab $(3-3')$				$^3a_{3;3,3'}$	$^2a^*_2$
v	σ^*	$\dfrac{T^*}{E}$	ε	F^*_1	$\dfrac{T^*}{E}\,F^*_1$	σ^*	$\dfrac{T^*}{E}$	ε	F_5	$\dfrac{T^*}{E}\,F_5$	$[11]+[18]$
	t/cm^2					t/cm^2					
2,05	2,46	1,0	3,085	5,1370	5,1370	2,84	0,4965	4,69	$-4{,}5862$	$-2{,}2770$	4,8276
2,085	2,50	0,9986	3,11	5,1536	5,1464	2,89	0,4543	4,95	$-6{,}2919$	$-2{,}8584$	4,3884
2,115	2,54	0,9957	3,14	5,1739	5,1516	2,93	0,4124	5,24	$-9{,}1181$	$-3{,}7603$	3,7807

25	26	27	28	29	30	31	32	33	34	35	36
	Stab $(1-2)$				$^1a_2$	Stab $(2-3)$				$^3a_2$	$^3a^*_3$
v	σ^*	$\dfrac{T^*}{E}$	ε	F_2	$\dfrac{T^*}{E}\,F_2$	σ^*	$\dfrac{T^*}{E}$	ε	F^*_2	$\dfrac{T^*}{E}\,F^*_2$	$[18]+[23]$
	t/cm^2					t/cm^2					
2,05	2,84	0,4965	4,69	3,9630	1,9676	2,46	1,0	3,085	1,7562	1,7562	2,8600
2,085	2,89	0,4543	4,95	4,6325	2,1045	2,51	0,9986	3,11	1,7532	1,7507	2,2880
2,115	2,93	0,4124	5,24	5,7939	2,3894	2,54	0,9957	3,14	1,7496	1,7421	1,3913

Weiter ist nach (I E.17b)

$$({}^1a_2) = ({}^2a_1) = \varkappa_{1-2}\frac{T^*}{E}\,(F_2)_{1,2} = \frac{T^*}{E}\,(F_2)_{1,2};$$

$$({}^3a_2) = ({}^2a_3) = \varkappa_{2-3}\frac{T^*}{E}\,(F_2^*)_{2,3} = \frac{T^*}{E}\,(F_2^*)_{2,3}.$$

Diese Koeffizienten werden für einige Werte von v_i berechnet und damit der Wert der Determinante bestimmt. Die Nullstelle der D-Kurve ergibt die Knicksicherheit v_e.

Im vorliegenden Fall werden die Sicherheiten $v = 2{,}05$; $2{,}085$ und $2{,}115$ nach Tabelle 6.1 zugrunde gelegt, die Werte von T^* und ε übernommen und die Koeffizienten nach Tabelle 6.3 berechnet.

Mit den Koeffizienten von Tabelle 6.3 ergeben sich die Determinanten aus den Gleichungen nach Tabelle 6.4.

Tabelle 6.4

$v = 2{,}05$			$v = 2{,}085$			$v = 2{,}115$		
φ_1	φ_2	φ_3	φ_1	φ_2	φ_3	φ_1	φ_2	φ_3
3,2906	1,9676	0,0	2,8420	2,1045	0,0	2,2290	2,3894	0,0
1,9676	4,8276	1,7562	2,1045	4,3884	1,7507	2,3894	3,7807	1,7421
0,0	1,7562	2,8600	0,0	1,7507	2,2880	0,0	1,7421	1,3913

Die Werte der Determinanten betragen

$$v = 2{,}05; \quad D = 24{,}212,$$
$$v = 2{,}085; \quad D = 9{,}692,$$
$$v = 2{,}115; \quad D = -2{,}983.$$

Aus der $D - v$-Kurve der Abb. I 6.3 ergibt sich die Nullstelle für $v_e = 2{,}108$.

Vergleicht man diesen Wert mit dem nach Abschnitt a), so erkennt man eine Abweichung von 1%; dies liegt aber im Rahmen der Rechengenauigkeit bzw. im Rahmen der Ablesegenauigkeit der E-, T^*- und F-Werte.

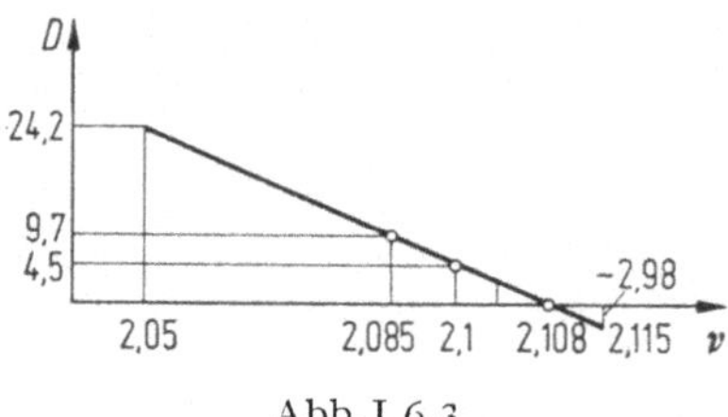

Abb. I 6.3

7. Beispiel. Einseitig eingespannt, einseitig elastisch gelagerter Stab

a) Allgemeine Deformationsmethode

α) Stab von 6,0 m Länge

Annahmen: $s = 600$ cm; IPB 160; $F = 54$ cm²; $J = 2490$ cm⁴ (Abb. I 7.1).
Die elastische Stützung im Punkt 1 wird variiert. Material St 37.

a) Keine elastische Stützung. Ist keine Stützung im Punkt 1 vorhanden (Abb. I 7.2), so ist der Knoten 1 völlig frei, während der Knoten 0 starr eingespannt bleibt. Es ist dies der Fall nach Tab. I E.1 g:

$$^1a_1^* = \frac{EJ}{s}\,F_7 \quad \text{bzw.} \quad \frac{T^*J}{s}\,F_7\,.$$

Die Bedingungsgleichung lautet, da nur die unbekannte Größe φ_1 auftritt:

$$^1a_1^*\varphi_1 = 0 \quad \text{bzw.} \quad ^1a_1^* = 0 \quad \text{bzw.} \quad F_7 = 0\,.$$

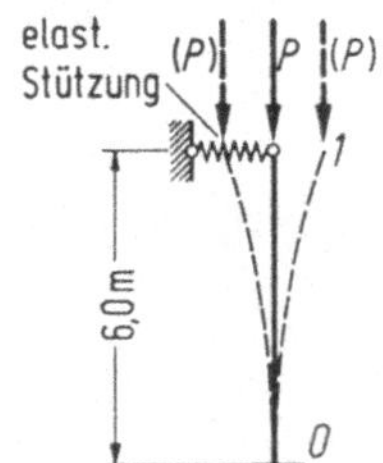

Abb. I 7.1

Dies ist der Fall für $\varepsilon = \pi/2$ (siehe Tafeln von F). Mit

$$\varepsilon = s\,\sqrt{\frac{P}{EJ}} = \frac{\pi}{2}$$

wird

$$P_{\text{kr}} = \frac{\pi^2 EJ}{(2s)^2} \quad \text{bzw.} \quad \frac{\pi^2 T^*J}{(2s)^2}\,;$$

$$P_{\text{kr}} = \frac{\pi^2 \cdot 21 \cdot 10^6 \cdot 24{,}9 \cdot 10^{-6}}{(2 \cdot 6{,}0)^2} = 36{,}0 \text{ t}\,;$$

$$\sigma_{ki,E} = \frac{36{,}0}{54{,}0} = 0{,}667 \text{ t/cm}^2\,; \quad s_{k,\text{eff}} = 2s_{0-1}\,.$$

Da die Spannung im elastischen Bereich liegt, ist die Berechnung in Ordnung. Wäre $\sigma_{ki,E} > \sigma_P$, trägt man in der $\sigma_k^* - T^*$-Kurve (Abb. I 7.3) den Wert $\sigma_{ki,E}$ bei $E = 2100$ t/cm² auf. Der Schnittpunkt von Φ und $\Psi = G$ ergibt dann die kritische Spannung im plastischen Bereich.

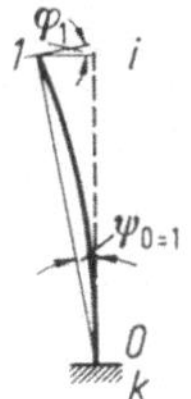

Abb. I 7.2

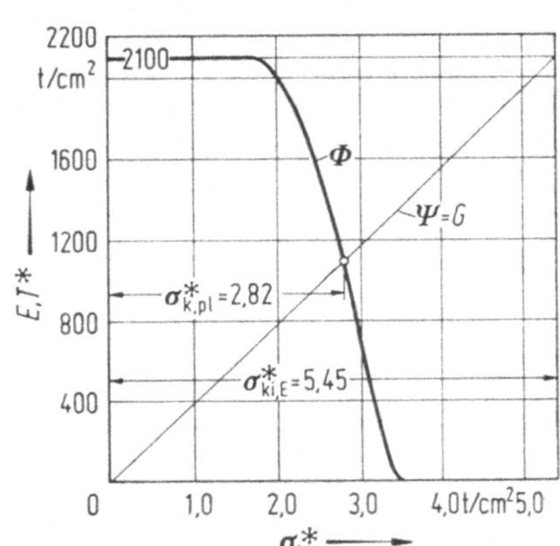

Abb. I 7.3

b) Elastische Stützung mit der Federkonstante $f = 0{,}289$ t/cm.

Die Sehnendrehung ψ_{0-1} und die Knotendrehung φ_1 sind unbekannte Größen. Nach (I E.24) lautet das Gleichungssystem für Abb. I 7.2

Bel. Zustand Virt. Zustand	φ_1	ψ_{0-1}	
$^v\varphi_1 = 1$	$^1a_1^*$	$^1a_{0-1}$	$= 0$
$^v\psi_{0-1} = 1$	$^{0-1}a_1$	$^{0-1}a_{0-1}^*$	$= 0$

Nach (I E.17a) ist

$$^1a_1^* = \frac{EJ}{s}\,(F_1)_{0,1} \quad \text{bzw.} \quad \frac{T^*J}{s}\,(F_1)_{0,1}\,.$$

Nach (I E.17c) ist mit $\psi_{0-1} = 1{,}0$:

$$^1a_{0-1} = -\frac{EJ}{s}\,(F_3)_{0,1} \quad \text{bzw.} \quad -\frac{T^*J}{s}\,(F_3)_{0,1}\,;$$

und nach (I E.17e) mit $\psi_{0-1} = 1{,}0$ und $w_1 = s_{0-1}\cdot 1$:

$$^{0-1}a_{0-1}^* = \frac{EJ}{s}\,(F_4)_{0,1} + f_{i,z}\,{}^{0-1}\tilde{w}_1^2 = \frac{EJ}{s}\,(F_4)_{0,1} + f_{i,z}s_{0-1}^2\,;$$

bzw.

$$\frac{T^*J}{s}\,(F_4)_{0,1} + f_{i,z}s_{0-1}^2\,.$$

Nach (I E.20) und (I E.21) ergeben sich die Koeffizienten (a) zu:

$$(^1a_1^*) = \frac{T^*}{E}\,F_1\,; \qquad (^1a_{0-1}) = -\frac{T^*}{E}\,F_3\,;$$

$$(^{0-1}a_{0-1}^*) = \frac{T^*}{E}\,F_4 + \frac{s_{0-1}}{EJ_{0,1}}\,s_{0-1}^2 f_{i,z}\,.$$

Mit $f_{i,z} = 0{,}289\cdot 10^2$ [t/m] wird

$$\frac{s_{0-1}^3}{EJ_{0,1}}\,f_{i,z} = \frac{6{,}0^3\cdot 0{,}289\cdot 10^2}{21\cdot 10^6\cdot 24{,}9\cdot 10^{-6}} = 11{,}938 = a\,.$$

Die Berechnung der Koeffizienten ist in Tabelle 7.1 durchgeführt, die Ermittlung der Determinantenwerte aus den Gleichungen der Tabelle 7.2.

Tabelle 7.1

1	2	3	4	5	6	7	8	9	10	11	12
P	σ_k^*	T^*	$\dfrac{T^*}{E^*}$	ε	F_1	F_3	F_4	$(^1a_1^*) =$ $= [4]\cdot[6]$	$(^1a_{1-0}) =$ $= -[4]\cdot[7]$	$[4]\cdot[8]$	$(^{0-1}a_{0-1}) =$ $= [11] + a$
t	t/cm²	t/cm²									
130	2,405	1 680	0,8000	3,34	+2,225	+4,762	−1,590	+1,780	−3,825	−1,272	+10,666
135	2,504	1 565	0,7452	3,53	+1,965	+4,625	−3,311	+1,464	−3,446	−2,467	+9,471
138	2,585	1 490	0,7095	3,66	+1,769	+4,509	−4,376	+1,255	−3,199	−3,105	+8,833
142	2,628	1 390	0,6619	3,89	+1,470	+4,339	−6,067	+0,973	−2,872	−4,016	+7,922

Tabelle 7.2

$P = 130$ t		$P = 135$ t		$P = 138$ t		$P = 142$ t	
φ_1	ψ_{0-1}	φ_1	ψ_{0-1}	φ_1	ψ_{0-1}	φ_1	ψ_{0-1}
$+1{,}780$	$-3{,}825$	$+1{,}464$	$-3{,}446$	$+1{,}255$	$-3{,}199$	$+0{,}973$	$-2{,}872$
$-3{,}825$	$+10{,}666$	$-3{,}446$	$+9{,}471$	$-3{,}199$	$+8{,}833$	$-2{,}872$	$+7{,}922$
$D = -4{,}35$		$D = -1{,}988$		$D = -0{,}851$		$D = +0{,}54$	

Trägt man die Kurve $(D - P^*)$ auf, so ergibt sich aus den Schnittpunkten mit der Abszisse die kritische Knicklast (Abb. I 7.4)

$$P^*_{\text{kr},T^*} = 140 \text{ t}.$$

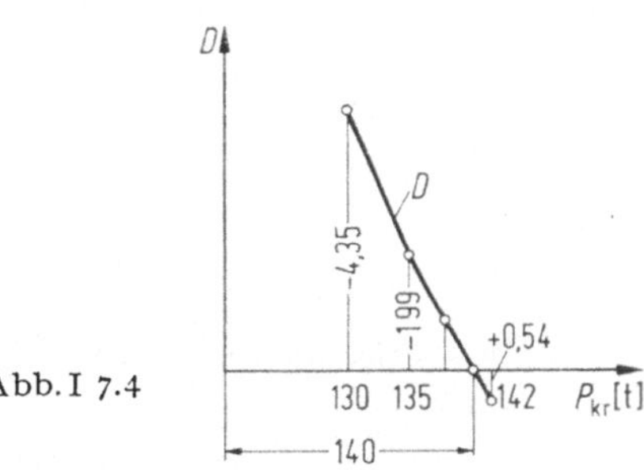

Abb. I 7.4

Nach (I B.17) ergibt sich die effektive Knicklänge

$$s_{k,\text{eff}} = \frac{\pi}{\varepsilon}\, s_{i-k}.$$

Mit

$$\sigma_k^* = \frac{140}{54{,}0} = 2{,}590 \text{ t/cm}^2$$

wird

$$T^* - 1440 \text{ t/cm}^2;$$

$$i = \sqrt{\frac{24{,}90}{54}} = 6{,}78 \text{ cm}$$

und

$$\varepsilon = \frac{s}{i}\sqrt{\frac{\sigma_k^*}{T^*}} = \frac{600}{6{,}78}\sqrt{\frac{2{,}590}{1440}} = 3{,}75;$$

$$s_{k,\text{eff}} = \frac{\pi}{3{,}75}\, 600 = 504 \text{ cm} = 0{,}84\, s_{0-1}.$$

Die Sehnendrehung ψ_{0-1} des im Punkt 0 starr eingespannten Stabes wird als einzige Unbekannte gewählt. Bei dieser Annahme ist der Knoten 1 frei drehbar, so daß die Knotendrehung φ_1 nicht als unbekannte Größe auftritt. Betrachtet man den Fall nach Tabelle I E.1f, der in Abb. I 7.5a ebenfalls dargestellt ist, bei dem der Knoten k um $\psi_{i-k}s$ verschoben wird und bei dem der Punkt i gelenkig gelagert ist, so ergibt sich die Kraft $V_{i,k}$ zu

$$V_{i,k} = -\frac{EJ}{s^2} F_9(\varepsilon).$$

Man kann sich nun genau so den Stab $(k - i)$ bei k eingespannt denken und den Punkt i um $\psi_{i-k}s$ verschoben denken.

Für den Fall, daß das Ende i frei beweglich ist (Abb. I 7.5 b), kann im Augenblick des Ausknickens im Punkt i keine Stützkraft $V_{i,k}$ auftreten. Hierfür muß somit gelten

$$V_{i,k} = 0 \quad \text{bzw.} \quad F_9(\varepsilon) = 0 .$$

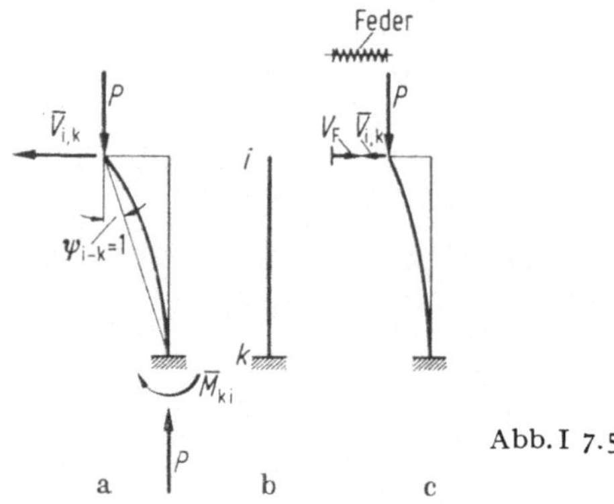

Abb. I 7.5

Aus den Tabellen erkennt man, daß für $\varepsilon = \pi/2$ der Wert $F_9 = 0$ wird. Damit erhält man die gleiche Knicklast wie unter a). Ist jedoch der Punkt i elastisch gestützt, so müssen sich im Augenblick des Ausknickens die Kraft $V_{i,k}$ und die Federkraft V_F gegenseitig aufheben (Abb. I 7.5 c). Somit gilt

$$V_{i,k} - V_F = 0$$

bzw.

$$\left(- \frac{T^*J}{s^2} F_9(\varepsilon) - f_{i,z}s \right) \psi_{i-k} = 0 .$$

Betrachtet man die Arbeiten infolge des Zustandes $\psi_{0-1} = 1$ und des virtuellen Zustandes $^v\psi_{0-1} = 1$, so erhält man nach (I E.16) und (I E.17e) die Bedingungsgleichung

$$^{0-1}a^*_{0-1} = 0$$

mit

$$^{0-1}a^*_{0-1} = \frac{T^*J}{s} F_9 + f_{i,z} \, ^{0-1}\tilde{w}_1 = \frac{T^*J}{s} F_9 + f_{i,z}s^2 = 0 .$$

Dies ist aber die gleiche Bedingung wie früher.

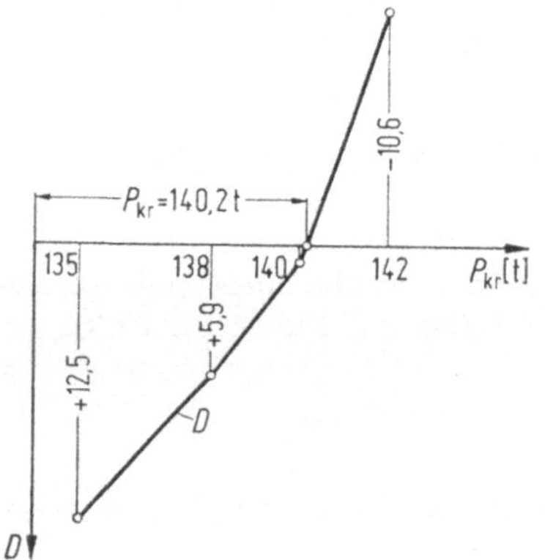

Abb. I 7.6

Mit Tabelle 7.1 ergibt sich für diese Gleichung:

$$P^* = 135\ \text{t};\quad T^* = 1\,565\ \text{t/cm}^2;\quad \varepsilon = 3{,}53;\quad F_9 = -14{,}094;$$

$$(-91{,}5 + 104{,}0)\,10^3 = +12{,}5 \cdot 10^3 = D_{135};$$

$$P^* = 138\ \text{t};\quad T^* = 1\,490\ \text{t/cm}^2;\quad \varepsilon = 3{,}66;\quad F_9 = -15{,}869;$$

$$(-98{,}1 + 104{,}0)\,10^3 = +\,5{,}9 \cdot 10^3 = D_{138};$$

$$P^* = 142\ \text{t};\quad T^* = 1\,390\ \text{t/cm}^2;\quad \varepsilon = 3{,}89;\quad F_9 = -19{,}377;$$

$$(-114{,}6 + 104{,}0)\,10^3 = -10{,}6 \cdot 10^3 = D_{142}.$$

Aus der Kurve $D - P^*$ erhält man (Abb. I 7.6) die Nullstelle für D mit

$$P^* = 140{,}2\ \text{t}\quad \text{(wie früher)}.$$

c) Elastische Stützung mit der Federkonstanten $f_{i,z} = 0{,}1$ t/cm. Zum Unterschied von Abschnitt b) wird hier

$$\frac{s_{0-1}^3}{E J_{0,1}}\, f_{i,z} = \frac{6{,}0^3 \cdot 0{,}1 \cdot 10^2}{21 \cdot 24{,}9} = 4{,}131 = a.$$

Entsprechend Tabelle 7.1 ergibt sich nunmehr Tabelle 7.3 und damit das Gleichungssystem nach Tabelle 7.4 mit den Determinantenwerten D.

Tabelle 7.3

1	2	3	4	5	6	7	8	9	10	11	12
P	σ_k^*	T^*	$\dfrac{T^*}{E}$	ε	F_1	F_3	F_4	$(^1a_1^*) =$ $= [4] \cdot [6]$	$(^1a_{0-1}) =$ $= -[4] \cdot [7]$	$[4] \cdot [8]$	$(^{0-1}a_{0-1}^*) =$ $= [11] + a$
t	t/cm^2	t/cm^2									
100	1,852	2077	0,989	2,62	2,988	5,277	3,690	+2,982	−5,277	3,690	7,821
90	1,668	2100	1,0	2,49	3,095	5,350	4,501	+3,095	−5,350	4,500	8,631
83	1,539	2100	1,0	2,39	3,173	5,403	5,096	+3,173	−5,403	5,095	9,226

Tabelle 7.4

$P = 100$ t		$P = 90$ t		$P = 83$ t	
φ_1	ψ_{0-1}	φ_1	ψ_{0-1}	φ_1	ψ_{0-1}
+2,982	−5,277	+3,095	−5,350	+3,173	−5,403
−5,277	+7,821	−5,350	+8,631	−5,403	+9,226
$D = -4{,}527$		$D = -1{,}909$		$D = -0{,}0816$	

Trägt man die Kurve $(D - P^*)$ auf, so ergibt sich aus dem Schnittpunkt mit der Abszisse die kritische Knicklast (Abb. I 7.7):

$$P^*_{\mathrm{kr},T^*} = 83 \text{ t};$$

$$\sigma^*_{\mathrm{kr},T^*} = \frac{83}{54,0} = 1,54 \text{ t/cm}^2; \quad T^* = E = 2100;$$

$$\varepsilon = \frac{600}{6,78} \sqrt{\frac{1,54}{2100}} = 2,39;$$

$$s_{k,\mathrm{eff}} = \frac{\pi}{2,39}\, 600 = 790 \text{ cm} = 1,32\, s_{0-1}.$$

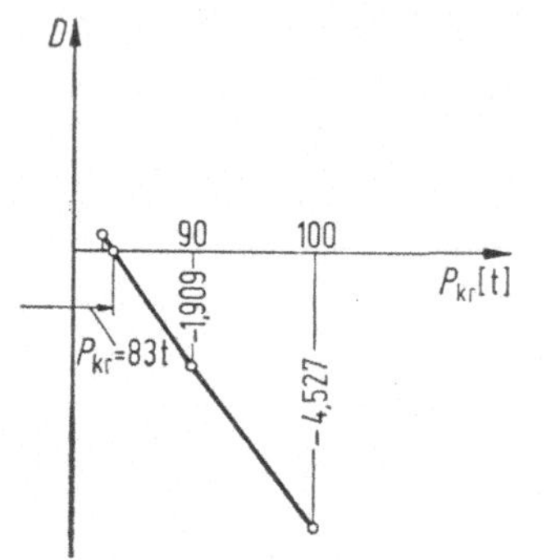

Abb. I 7.7   Abb. I 7.8

d) Gelenkige starre Stützung im Punkt 1. Nach Abb. I 7.8 wird mit (I E.17a)

$$^{1}a^*_1 = \frac{EJ}{s}\, F_1.$$

Die Knickbedingung lautet somit

$$F_1 = 0.$$

Dies ist der Fall für $\varepsilon = 4,5$.

Nach (I B.14) wird

$$P_{\mathrm{kr}} = EJ\, \frac{\varepsilon^2}{s^2} = 21 \cdot 10^6 \cdot 24,90 \cdot 10^{-6}\, \frac{4,5^2}{6,0^2} = 294 \text{ t};$$

$$\sigma_{ki,E} = \frac{294}{54} = 5,45 \text{ t/cm}^2.$$

Entsprechend 1a) (Abb. I 7.3) gewinnt man die Knickspannung im plastischen Bereich aus dem Schnittpunkt der Φ- und $\Psi = G$-Kurven:

$$\sigma^*_{\mathrm{kr,pl}} = 2,82 \text{ t/cm}^2; \quad P^*_{\mathrm{kr},T^*} = 2,82 \cdot 54,0 = 142 \text{ t};$$

$$s_{k,\mathrm{eff}} = \frac{\pi}{4,5}\, 600 = 429 \text{ cm} = 0,7\, s_{0-1}.$$

β) Stab von 5,0 m Länge

Annahmen: $s = 500$ cm; IPE 220; $F = 33,4$ cm^2; $J = 2770$ cm^4; St 37. Die Steifigkeit dieses Stabes ist mit $k = J/s = 5,55$ größer als die von 4,15 des Stabes unter Abschnitt α.

Die Berechnung wird gleich durchgeführt wie früher. Nachfolgend werden nur die Ergebnisse der einzelnen Fälle angegeben.

a) Keine elastische Stützung

$$\varepsilon = \frac{\pi}{2}; \quad s_{k,\text{eff}} = 2s; \quad P_{\text{kr}} = 57{,}5\,\text{t}.$$

b) Elastische Stützung mit $f_{i,z} = 0{,}289\ \text{t/cm}$

$$P^*_{\text{kr}} = 103\ \text{t}; \quad \varepsilon = 3{,}98; \quad s_{k,\text{eff}} = 0{,}79\ s.$$

c) Elastische Stützung mit $f_{i,z} = 0{,}1\ \text{t/cm}$

$$P^*_{\text{kr}} = 83{,}3\ \text{t}; \quad \varepsilon = 2{,}18; \quad s_{k,\text{eff}} = 1{,}44\ s.$$

Die Kurve der effektiven Knicklängen, in Abhängigkeit von der Federung, zeigt Abb. I 7.9.

Aus Abb. I 7.9 erkennt man die Abnahme der effektiven Knicklänge mit der Zunahme der elastischen Stützung im Punkt 1.

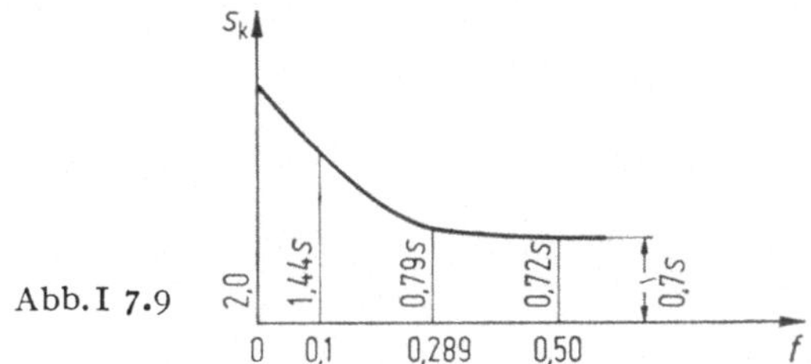

Abb. I 7.9

8. Beispiel. Seitliches Ausknicken des Druckgurtes einer oben offenen Brücke

Der Druckgurt der Brücke nach Abb. I 8.1 a ist in den Knotenpunkten 1 bis 5 elastisch gestützt. Diese Stützung erfolgt durch die Querrahmen und Pfosten.

Die Federkonstante $f_{i,z}$ entspricht der Kraft auf den Halbrahmen (Abb. I 8.1 b), die die Durchbiegung 1 zur Folge hat. Schematisch ist das zu untersuchende System in Abb. I 8.2 dargestellt, d. h. jeder Knoten ist elastisch gestützt. Die Berechnung wird für eine ganz leichte Federung $f_{i,z}$ und eine stärkere $(f_{i,z})$ durchgeführt.

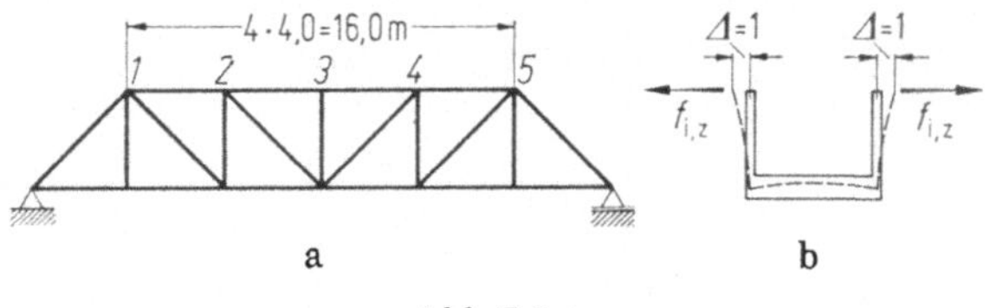

Abb. I 8.1

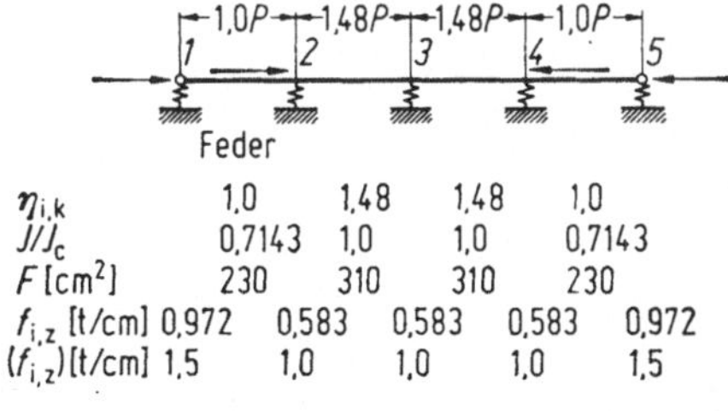

$\eta_{i,k}$	1,0	1,48	1,48	1,0
J/J_c	0,7143	1,0	1,0	0,7143
$F\ [\text{cm}^2]$	230	310	310	230
$f_{i,z}\ [\text{t/cm}]$ 0,972	0,583	0,583	0,583	0,972
$(f_{i,z})\ [\text{t/cm}]$ 1,5	1,0	1,0	1,0	1,5

Abb. I 8.2

Für die ungünstigste Laststellung des Stabes (2—3—4) ergibt sich für die gedrückten Obergurte mit $S_{i-k} = \eta_{i,k} P$

für Stab (1—2) $\eta_{1,2} = 1{,}0$ und für Stab (2—3) $\eta_{2,3} = 1{,}48$.

Mit $J_c = 70\,000$ cm⁴ ergeben sich die Werte $J_{i,k}/J_c$ nach Abb. I 8.2.

Mit Rücksicht auf die Symmetrie von System und Belastung wird symmetrisches und antimetrisches Ausknicken untersucht.

a) Allgemeine Deformationsmethode

$\varkappa$) Symmetrisches Ausknicken

Für das symmetrische Ausknicken wird das halbe System nach Abb. I 8.3 a betrachtet, wobei im Knoten 3 keine Drehung auftreten kann, somit $\varphi_3 = 0$ gilt. In diesem Fall muß für die Federung im Punkt 3 der Wert $f_{3,z}/2$ eingeführt werden. Als unbekannte Größen treten auf: φ_2, ψ_{1-2}, ψ_{2-3} und Δ (Abb. I 8.3 b bis e).

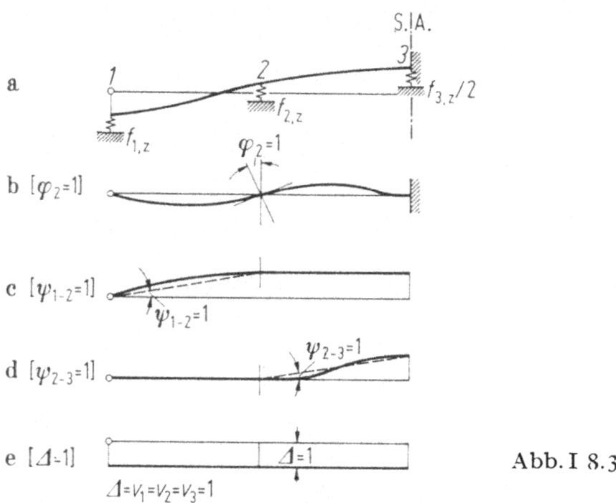

Abb. I 8.3

Entsprechend (I E.24) gilt das Gleichungssystem:

	φ_2	ψ_{1-2}	ψ_{2-3}	Δ	
$^v\varphi_2 = 1$	$^2a_2^*$	$^2a_{1-2}$	$^2a_{2-3}$	0	$= 0$
$^v\psi_{1-2} = 1$	$^{1-2}a_2$	$^{1-2}a_{1-2}^*$	$^{1-2}a_{2-3}$	$^{1-2}a_\Delta^*$	$= 0$
$^v\psi_{2-3} = 1$	$^{2-3}a_2$	$^{2-3}a_{1-2}$	$^{2-3}a_{2-3}^*$	$^{2-3}a_\Delta$	$= 0$
$^v\Delta = 1$	0	$^\Delta a_{1-2}$	$^\Delta a_{2-3}$	$^\Delta a_\Delta^*$	$= 0$

Nach (I E.20) und (I E.21) werden die mit $C = s_c/EJ_c$ multiplizierten Koeffizienten (a) berechnet.

Für den Stab (2—3) ist $\varkappa_{2-3} = 1{,}0$; für den Stab (1—2) ist $\varkappa_{1-2} = 0{,}7143$. Nach (I E.17a) ist

$$(^2a_2^*) = \varkappa_{2-1}\frac{T^*}{E}F_8 + \varkappa_{2-3}\frac{T^*}{E}F_1 = 0{,}7143\,\frac{T^*}{E}(F_8)_{1,2} + \frac{T^*}{E}(F_1)_{2,3}.$$

Nach (I E.17c) ist:

$$(^2a_{1-2}) = -\varkappa_{2-1}\frac{T^*}{E}F_8 = -0{,}7143\,\frac{T^*}{E}(F_8)_{1,2};$$

$$(^2a_{2-3}) = -\varkappa_{2-3}\frac{T^*}{E}F_3 = -\frac{T^*}{E}(F_3)_{2,3};$$

$$^2a_\Delta = 0.$$

Nach (I E.17e) ist mit

$$^{1-2}\tilde{w}_2 = {}^{1-2}\tilde{w}_3 = -s;\qquad ^{2-3}\tilde{w}_3 = -s;$$

$$(^{1-2}a^*_{1-2}) = \varkappa_{1-2}\frac{T^*}{E}F_9 + Cs^2\left(f_{2,z} + \frac{f_{3,z}}{2}\right) =$$

$$= 0{,}7143\,\frac{T^*}{E}(F_9)_{1,2} + Cs^2\left(f_{2,z} + \frac{f_{3,z}}{2}\right);$$

$$(^{2-3}a^*_{2-3}) = \varkappa_{2-3}\frac{T^*}{E}(F_4) + Cs^2\frac{f_{3,z}}{2} = \frac{T^*}{E}(F_4)_{2,3} + Cs^2\frac{f_{3,z}}{2}.$$

Nach (I E.17f) ist:

$$^{1-2}a_{2-3} = Cs^2\frac{f_{3,z}}{2}\,.$$

Weiter ist:

$$(^{1-2}a_\Delta) = C\left[f_{2,z}(-s)\cdot 1{,}0 + \frac{f_{3,z}}{2}(-s)\cdot 1{,}0\right] = -Cs\left(f_{2,z} + \frac{f_{3,z}}{2}\right);$$

$$(^{2-3}a_\Delta) = C\frac{f_{3,z}}{2}(-s)\cdot 1{,}0 = -Cs\frac{f_{3,z}}{2}\,;$$

$$(^\Delta a^*_\Delta) = C\left(f_{1,z} + f_{2,z} + \frac{f_{3,z}}{2}\right).$$

Nach (I B.16) ist

$$\varepsilon = \frac{s}{i}\sqrt{\frac{\sigma^*_k}{T^*}}\,.$$

Für den Stab (1—2) ist

$$i = \sqrt{\frac{50\,000}{230}} = 14{,}74\text{ cm}\quad\text{und}\quad \varepsilon = \frac{400}{i}\sqrt{\frac{\sigma^*_k}{T^*}} = 27{,}137\sqrt{\frac{\sigma^*_k}{T^*}},$$

und für Stab 2—3

$$i = \sqrt{\frac{70\,000}{310}} = 15{,}026\text{ cm}\quad\text{und}\quad \varepsilon = \frac{400}{i}\sqrt{\frac{\sigma^*_k}{T^*}} = 26{,}62\sqrt{\frac{\sigma^*_k}{T^*}}.$$

Die Funktionen F sind, wenn die Gebrauchslast $P = 250$ t beträgt, für verschiedene Laststeigerungen ν_i in Tabelle 8.1 für die Stäbe (1—2) und (2—3) angegeben. Sie sind Funktionen der Werte ε, die über die σ^*- und T^*-Werte nach obiger Formel in der gleichen Tabelle berechnet sind.

Tabelle 8.1

1	2	3	4	5	6	7	8	9	10	11	12
ν_i	Stab	S_{i-k} t	σ_k^* t/cm²	T^* t/cm²	T^*/E	ε	F_1	F_3	F_4	F_8	F_9
1,9	1—2	475	2,065	1985	0,945	0,87				2,845	2,085
	2—3	703	2,268	1825	0,869	0,94	3,880	5,910	10,936		
2,1	1—2	525	2,283	1810	0,862	0,96				2,810	1,886
	2—3	777	2,506	1560	0,743	1,07	3,845	5,884	10,624	2,763	1,618
2,16	1—2	540	2,348	1750	0,833	0,99				2,796	1,808
	2—3	799,2	2,578	1460	0,693	1,12	3,829	5,873	10,492		
2,3	1—2	575	2,500	1565	0,745	1,08				2,758	1,592
	2—3	851	2,745	1200	0,571	1,27	3,780	5,836	10,060	2,661	1,048
2,5	1—2	625	2,72	1240	0,591	1,27				2,661	1,048
	2—3	925	2,98	800	0,381	1,63	3,632	5,729	8,801	2,422	—0,234
2,58	1—2	645	2,804	1100	0,534	1,37				2,603	0,726
	2—3	945,6	3,079	600	0,2857	1,90	3,494	5,629	7,649	2,189	—1,421
3,0	1—2	750	3,261	260	0,1237						
	2—3	1110	3,581	0							
2,80	1—2	700	3,043	668	0,3180	1,83				2,255	—1,094
	2—3	1036	3,342	130	0,0617	4,27	0,5877	3,878	—10,478	—17,828	—36,061
2,40	1—2	600	2,609	1415	0,6740	1,17				2,715	1,346
	2—3	888	2,865	999	0,4755	1,43	3,720	5,792	9,540	2,565	0,520
2,64	1—2	660	2,870	990	0,4713	1,46				2,545	0,413
	2—3	976,8	3,151	461	0,2197	2,20				1,861	—2,979
2,33	1—2	582,5	2,533	1522	0,7249	1,11				2,744	1,512
	2—3	862,1	2,781	1186	0,5649	1,29	3,773	5,832	9,999		
2,34	1—2	585,0	2,543	1507	0,7179	1,11				2,744	1,512
	2—3	865,8	2,793	1124	0,5354	1,33	3,758	5,821	9,873		
2,61	1—2	652,5	2,837	1048	0,4991	1,41				2,578	0,589
	2—3	965,7	3,115	530	0,2522	2,04	3,412	5,571	6,980	2,046	—2,116

1. Schwache Federung. Mit den $f_{i,z}$-Werten der Abb. I 8.2 und $C = s_c/EJ_c$ ergibt sich:

$$Cs^2\left(f_{2,z} + \frac{f_{3,z}}{2}\right) = \frac{4,0}{21 \cdot 10^6 \cdot 700 \cdot 10^{-6}} 4,0^2 (58,3 + 29,15) = 0,3807;$$

$$Cs^2\frac{f_{3,z}}{2} = \frac{4,0^3}{21 \cdot 700} 29,15 = 0,127;$$

$$-Cs(f_{2,z} + f_{3,z}/2) = -\frac{4,0^2}{21 \cdot 700} 87,45 = -0,09518;$$

$$-Cs\frac{f_{3,z}}{2} = -\frac{4,0^2}{21 \cdot 700} 29,15 = -0,03173;$$

$$C\left(f_{1,z} + f_{2,z} + \frac{f_{3,z}}{2}\right) = \frac{4,0}{21 \cdot 700} (97,2 + 58,3 + 29,15) = 0,05024.$$

Nach den eben angegebenen Formeln für die Koeffizienten (a) ergeben sich mit den Werten der Tabelle 8.1 und den aus der Federung die Determinanten, zugehörig zu den einzelnen Laststeigerungen v_i nach Tabelle 8.2.

Tabelle 8.2

$v = 1,90$				$v = 2,10$			
φ_2	ψ_{1-2}	ψ_{2-3}	Δ	φ_2	ψ_{1-2}	ψ_{2-3}	Δ
$5,2927$	$-1,9209$	$-5,1358$	0	$+4,5867$	$-1,7298$	$-4,3718$	0
$-1,9209$	$+1,7887$	$+0,1270$	$-0,0952$	$-1,7298$	$+1,5419$	$+0,1270$	$-0,0952$
$-5,1358$	$+0,1270$	$+9,6304$	$-0,0317$	$-4,3718$	$+0,1270$	$+8,0206$	$-0,0317$
0	$-0,0952$	$-0,0317$	$+0,0502$	0	$-0,0952$	$-0,0317$	$+0,0502$
$D = +0,262$				$D = +0,049$			
$v = 2,30$				$v = 2,16$			
φ_2	ψ_{1-2}	ψ_{2-3}	Δ	φ_2	ψ_{1-2}	ψ_{2-3}	Δ
$+3,6265$	$-1,4681$	$-3,3324$	0	$+4,3177$	$-1,6642$	$-4,0700$	0
$-1,4681$	$+1,2283$	$+0,1270$	$-0,0952$	$-1,6642$	$+1,4570$	$+0,1270$	$-0,0952$
$-3,3324$	$+0,1270$	$+5,8713$	$-0,0317$	$-4,0700$	$+0,1270$	$+7,3980$	$-0,0317$
0	$-0,0952$	$-0,0317$	$+0,0502$	0	$-0,0952$	$-0,0317$	$+0,0502$
$D = -0,069$				$D = -0,001$			

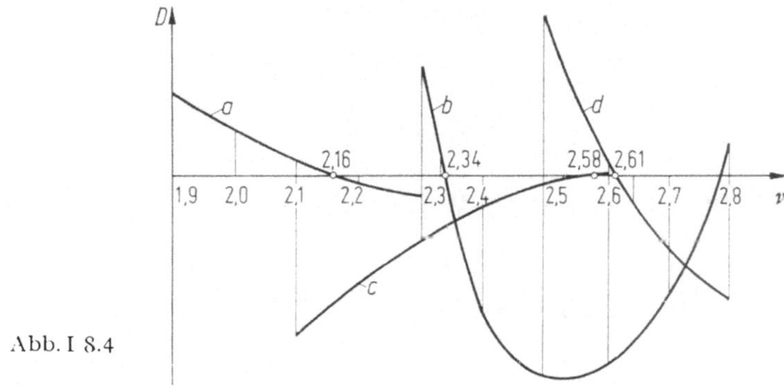

Abb. I 8.4

Trägt man die Determinantenwerte als Ordinaten und die v_i-Werte als Abszissen auf (Abb. I 8.4, Kurve a), so erhält man $v_e = 2,16$ als kritischen Wert für die Knickbelastung; er stimmt mit dem gerechneten Wert $v = 2,16$ überein. Es gelten somit alle Koeffizienten der Determinante $v_e = 2,16$. Man erhält daraus, wenn man die Werte φ_1/Δ, ψ_{1-2}/Δ und ψ_{2-3}/Δ einführt, das folgende Gleichungssystem, von dem drei Gleichungen gewählt werden können.

φ_2/Δ	ψ_{1-2}/Δ	$\psi_{2-3}/\wedge$	1	
$4,3177$	$-1,6642$	$-4,0700$	0	$= 0$
$-1,6642$	$+1,4570$	$+0,1270$	$-0,0952$	$= 0$
$-4,0700$	$+0,1270$	$+7,3980$	$-0,0317$	$= 0$
0	$-0,0952$	$-0,0317$	$+0,0502$	$= 0$

Als Lösung der ersten 3 Gleichungen erhält man:

$$\varphi_2/\Delta = +0{,}3658; \quad \psi_{1-2}/\Delta = +0{,}4660; \quad \psi_{2-3}/\Delta = +0{,}1976.$$

Die sich damit ergebende Knickfigur ist in Abb. I 8.5 dargestellt, wobei

$$\tan \varphi_2/\Delta = 0{,}383 = \tan 21°.$$

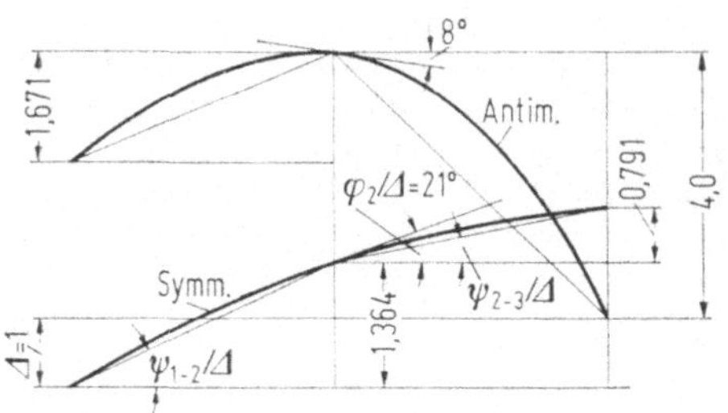

Abb. I 8.5

Für den Stab (2—3) ergibt sich mit $\varepsilon = 1{,}12$ nach Tabelle 8.1 und nach (I B.17)

$$s_{k,\text{eff}} = \frac{\pi}{\varepsilon}\, s = \frac{\pi}{1{,}12} \cdot 4{,}00 = 11{,}22\ \text{m}.$$

Die kritische Knickbelastung ist somit für den Stab 2—3

$$S^*_{ki,2-3} = 799\ \text{t},$$

und die zulässige Stabkraft

$$S_{2-3,\text{zul}} = \frac{799}{\nu_E}.$$

2. *Starke Federung.* Mit den $(f_{i,z})$-Werten nach Abb. I 8.2 und $C = s_c/EJ_c$ ergibt sich

$$Cs^2\left(f_{2,z} + \frac{f_{3,z}}{2}\right) = \frac{4{,}0^3}{21 \cdot 700} \cdot (100 + 50) = +0{,}6531;$$

$$Cs^2\frac{f_{3,z}}{2} = \frac{4{,}0^3}{21 \cdot 700} \cdot 50 = +0{,}2177;$$

$$-Cs\left(f_{2,z} + \frac{f_{3,z}}{2}\right) = -\frac{4{,}0^2}{21 \cdot 700} \cdot 150 = -0{,}1633;$$

$$-Cs\frac{f_{3,z}}{2} = -\frac{4{,}0^2}{21 \cdot 700} \cdot 50 = -0{,}0544;$$

$$C\left(f_{1,z} + f_{2,z} + \frac{f_{3,z}}{2}\right) = \frac{4{,}0}{21 \cdot 700} \cdot (150 + 100 + 50) = +0{,}0816.$$

Entsprechend 1. ergeben sich mit den Werten der Tabelle 8.1 und den aus der Federung die Koeffizienten (a) der Determinanten, zugehörig zu den einzelnen Laststeigerungen ν_i nach Tabelle 8.3.

Aus Abb. I 8.4, Kurve b, ergibt sich $\nu_e = 2{,}34$ als kritischer Wert für die Knickbelastung.

Tabelle 8.3

| $v = 2,50$ | | | | $v = 2,80$ | | | |
φ_2	ψ_{1-2}	ψ_{2-3}	Δ	φ_2	ψ_{1-2}	ψ_{2-3}	Δ
$+2,5071$	$-1,1233$	$-2,1827$	0	$+0,5485$	$-0,5122$	$-0,2393$	0
$-1,1233$	$+1,0955$	$+0,2177$	$-0,1633$	$-0,5122$	$+0,4046$	$+0,2177$	$-0,1633$
$-2,1827$	$+0,2177$	$+3,5709$	$-0,0544$	$-0,2393$	$+0,2177$	$-0,4288$	$-0,0544$
0	$-0,1635$	$-0,0544$	$+0,0816$	0	$-0,1633$	$-0,0544$	$+0,0816$

$D = -0,0658$ $\qquad\qquad\qquad\qquad$ $D = +0,0096$

| $v = 2,40$ | | | | $v = 2,30$ | | | |
φ_2	ψ_{1-2}	ψ_{2-3}	Δ	φ_2	ψ_{1-2}	ψ_{2-3}	Δ
$+3,0760$	$-1,3071$	$-2,7541$	0	$+3,6265$	$-1,4681$	$-3,3324$	0
$-1,3071$	$+1,3011$	$+0,2177$	$-0,1633$	$-1,4681$	$+1,5003$	$+0,2177$	$-0,1633$
$-2,7541$	$+0,2177$	$+4,7540$	$-0,0544$	$-3,3324$	$+0,2177$	$+5,9620$	$-0,0544$
0	$-0,1633$	$-0,0544$	$+0,0816$	0	$-0,1633$	$-0,0544$	$+0,0816$

$D = -0,0461$ $\qquad\qquad\qquad\qquad$ $D = +0,0358$

Mit $v_e = 2,34$ erhält man das Gleichungssystem

φ_2/Δ	ψ_{1-2}/Δ	ψ_{2-3}/Δ	1	
$+3,4191$	$-1,4071$	$-3,1166$	0	$= 0$
$-1,4071$	$+1,4284$	$+0,2177$	$-0,1633$	$= 0$
$-3,1166$	$+0,2177$	$+5,5037$	$-0,0544$	$= 0$
0	$-0,1633$	$-0,0544$	$+0,0816$	$= 0$

Als Lösung erhält man aus den ersten 3 Gleichungen:

$$\frac{\varphi_2}{\Delta} = +0,3578; \qquad \frac{\psi_{1-2}}{\Delta} = +0,4370; \qquad \frac{\psi_{2-3}}{\Delta} = +0,1952.$$

Für den Stab $(2-3)$ ergibt sich mit $\varepsilon = 1,33$

$$s_{k,\text{eff}} = \frac{\pi}{\varepsilon}\, s = 9,45 \text{ m}.$$

Die kritische Belastung für den Stab $(2-3)$ beträgt:

$$S^*_{kJ} = 865,8 \text{ t}.$$

Man erkennt den starken Einfluß der Federung auf die effektive Knicklänge und die Knickbelastung.

β) Antimetrisches Ausknicken

Für das antimetrische Ausknicken wird das halbe System nach Abb. I 8.6a betrachtet, wobei der Knoten 3 als gelenkig gelagert und starr gestützt angenommen werden kann. Als unbekannte Größen treten auf: φ_2, ψ_{1-2} und ψ_{2-3} (Abb. I 8.6b—d).

Entsprechend (I E.24) gilt das Gleichungssystem:

	φ_2	ψ_{1-2}	ψ_{2-3}	
$^v\varphi_2 = 1$	$^2a_2^*$	$^2a_{1-2}$	$^2a_{2-3}$	$= 0$
$^v\psi_{1-2} = 1$	$^{1-2}a_2$	$^{1-2}a_{1-2}^*$	$^{1-2}a_{2-3}$	$= 0$
$^v\psi_{2-3} = 1$	$^{2-3}a_2$	$^{2-3}a_{1-2}$	$^{2-3}a_{2-3}^*$	$= 0$

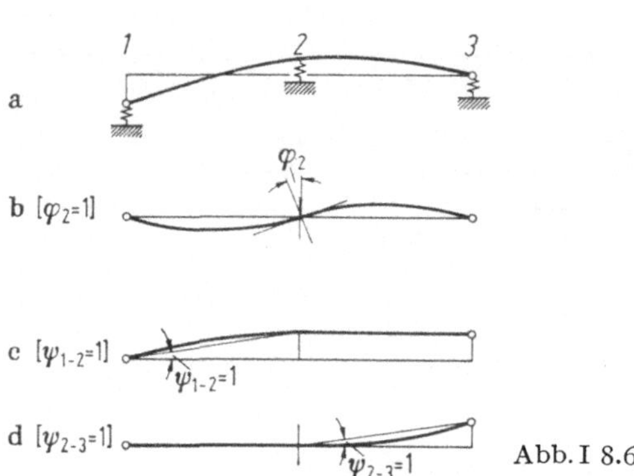

Abb. I 8.6

Mit (I E.20) und (I E.21) ergeben sich entsprechend α) die Koeffizienten (a). Nach (I E.17a) ist

$$(^2a_2^*) = \varkappa_{2-1}\frac{T^*}{E}F_8 + \varkappa_{2-3}\frac{T^*}{E}F_8 = 0{,}7143\,\frac{T^*}{E}(F_8)_{1,2} + \frac{T^*}{E}(F_8)_{2,3}\,.$$

Nach (I E.17c) ist:

$$(^2a_{1-2}) = -\varkappa_{2-1}\frac{T^*}{E}F_8 = -\,0{,}7143\,\frac{T^*}{E}(F_8)_{1,2}\,;$$

$$(^2a_{2-3}) = -\varkappa_{2-3}\frac{T^*}{E}F_8 = -\frac{T^*}{E}(F_8)_{2,3}\,.$$

Nach (I E.17e) ist mit

$$^{1-2}w_1 = +s;\quad ^{2-3}w_1 = {}^{2-3}w_2 = +s;$$

$$(^{1-2}a_{1-2}^*) = \varkappa_{1-2}\frac{T^*}{E}F_9 + Cs^2f_{1,z} = 0{,}7143\,\frac{T^*}{E}(F_9)_{1,2} + Cs^2f_{1,z};$$

$$(^{2-3}a_{2-3}^*) = \varkappa_{2-3}\frac{T^*}{E}F_9 + Cs^2(f_{1,z} + f_{2,z}) = \frac{T^*}{E}(F_9)_{2,3} + Cs^2(f_{1,z} + f_{2,z});$$

$$(^{2-3}a_{1-2}) = Cs^2f_{1,z}\,.$$

Die Funktionen F können wieder, zugehörig zu ε, aus der Tabelle 8.1 entnommen werden.

1. Schwache Federung. Mit den $f_{i,z}$-Werten der Abb. I 8.2 und $C = s_c/EJ_c$ ergibt sich

$$Cs^2f_{1,z} = \frac{4{,}0^3}{21\cdot 700}\,97{,}2 = +0{,}4232;$$

$$Cs^2(f_{1,z} + f_{2,z}) = \frac{4{,}0^3}{21\cdot 700}\,(97{,}2 + 58{,}3) = +0{,}6770.$$

Mit den Formeln für die Koeffizienten (a) und den obigen Werten ergeben sich mit den Werten der Tabelle 8.1 die Determinanten, zugehörig zu den einzelnen Laststeigerungen v_i nach Tabelle 8.4.

Tabelle 8.4

| $v = 2{,}10$ | | | $v = 2{,}50$ | | | $v = 2{,}58$ | | |
φ_2	ψ_{1-2}	ψ_{2-3}	φ_2	ψ_{1-2}	ψ_{2-3}	φ_2	ψ_{1-2}	ψ_{2-3}
$+3{,}7827$	$-1{,}7298$	$-2{,}0529$	$+2{,}0460$	$-1{,}1232$	$-0{,}9228$	$+1{,}5988$	$-0{,}9734$	$-0{,}6259$
$-1{,}7298$	$+1{,}5843$	$+0{,}4232$	$-1{,}1232$	$+0{,}8657$	$+0{,}4232$	$-0{,}9734$	$+0{,}6945$	$+0{,}4232$
$-2{,}0529$	$+0{,}4232$	$+1{,}8794$	$-0{,}9228$	$+0{,}4232$	$+0{,}5880$	$-0{,}6259$	$+0{,}4232$	$+0{,}2715$
$D = -1{,}291$			$D = -0{,}073$			$D = -0{,}001$		

Die Determinantenwerte als Kurve $D - v_i$ aufgetragen zeigt Abb. I 8.4, Kurve c. Es ergibt sich als kritische Sicherheit $v_e = 2{,}58$. Damit erhält man das Gleichungssystem zur Bestimmung der Werte φ_2/ψ_{2-3} und ψ_{1-2}/ψ_{2-3}

φ_2/ψ_{2-3}	ψ_{1-2}/ψ_{2-3}	1	
$+1{,}5988$	$-0{,}9734$	$-0{,}6259$	$= 0$
$-0{,}9734$	$+0{,}6945$	$+0{,}4232$	$= 0$
$-0{,}6259$	$+0{,}4232$	$+0{,}2715$	$= 0$

Als Lösung der ersten 2 Gleichungen erhält man:

$$\frac{\varphi_2}{\psi_{2-3}} = -0{,}1369; \quad \frac{\psi_{1-2}}{\psi_{2-3}} = +0{,}4177; \quad \psi_{2-3} = 1.$$

Damit ergibt sich die Ausknickfigur nach Abb. I 8.5 und $s_{k,\text{eff}} = (\pi/\varepsilon)\, s = (\pi/1{,}90)\, 4{,}0 = 6{,}61$ m und $S^*_{ki,2-3} = 945$ t mit $\varphi_2 = 8°$.

2. *Starke Federung.* Mit den $(f_{i,z})$ Werten der Abb. I 8.2 und $C = s_c/EJ_c$ ergibt sich:

$$Cs^2 f_{1,z} = \frac{4{,}0^3}{21 \cdot 700}\, 150 = +0{,}6531;$$

$$Cs^2(f_{1,z} + f_{2,z}) = \frac{4{,}0^3}{21 \cdot 700}\,(150 + 100) = +1{,}0884.$$

Entsprechend *1.* ergeben sich für die Koeffizienten (a) und den obigen Werten sowie mit den Werten der Tabelle 8.1 die Determinanten, zugehörig zu den einzelnen Laststeigerungen nach Tabelle 8.5.

Tabelle 8.5

| $v = 2{,}5$ | | | $v = 2{,}8$ | | | $v = 2{,}64$ | | |
φ_2	ψ_{1-2}	ψ_{2-3}	φ_2	ψ_{1-2}	ψ_{2-3}	φ_2	ψ_{1-2}	ψ_{2-3}
$+2{,}046$	$-1{,}1232$	$-0{,}9228$	$-0{,}5878$	$-0{,}5122$	$+1{,}1000$	$+1{,}2656$	$-0{,}8568$	$-0{,}4089$
$-1{,}1232$	$+1{,}0955$	$+0{,}6531$	$-0{,}5122$	$+0{,}4046$	$+0{,}6531$	$-0{,}8568$	$+0{,}7921$	$+0{,}6531$
$-0{,}9228$	$+0{,}6531$	$+0{,}9992$	$+1{,}100$	$+0{,}6531$	$-1{,}1366$	$-0{,}4089$	$+0{,}6531$	$+0{,}4339$
$D = +0{,}5273$			$D = -0{,}4063$			$D = -0{,}0981$		

Aus der Nullstelle der Determinante (Abb. I 8.4, Kurve d) ergibt sich die kritische Sicherheit $\nu_\ell = 2{,}61$.

Das Gleichungssystem zur Bestimmung der Werte φ_2/ψ_{2-3} und ψ_{1-2}/ψ_{2-3} lautet:

φ_2/ψ_{2-3}	ψ_{1-2}/ψ_{2-3}	1	
$+1{,}4351$	$-0{,}9191$	$-0{,}5160$	$= 0$
$-0{,}9191$	$+0{,}8631$	$+0{,}6531$	$= 0$
$-0{,}5160$	$+0{,}6531$	$+0{,}5547$	$= 0$

Als Lösung der ersten 2 Gleichungen erhält man:

$$\frac{\varphi_2}{\psi_{2-3}} = -0{,}393; \quad \frac{\psi_{1-2}}{\psi_{2-3}} = -1{,}175; \quad \psi_{2-3} = 1.$$

Es ergibt sich mit $\varepsilon = 2{,}04$

$$s_{k,\text{eff}} = \frac{\pi}{\varepsilon}\, s = \frac{\pi}{\varepsilon}\, 400 = 6{,}16 \text{ m} \quad \text{und} \quad S^*_{ki,2-3} = 965{,}7 \text{ t}.$$

b) Festhaltestabverfahren

Die Anwendung dieses Verfahrens nach Abschnitt I F.2 wird nur für den Fall des symmetrischen Knickens und starker Federung gezeigt. Die obigen Fälle können entsprechend behandelt werden. Es gelten die Annahmen von Fall a α 2.

Für den Fall des symmetrischen Ausknickens kann sich der Knoten 3 nicht drehen, er gilt somit für den Momentenausgleich als starr eigespannt (Abb. I 8.7a). Die Verschiebungszustände $[\Delta_1 = 1]$, $[\Delta_2 = 1]$ und $[\Delta_3 = 1]$ sind in Abb. I 8.7c—e dargestellt. Damit ergeben sich

$$^1\psi_{1-2} = -\,^2\psi_{1-2} = \,^2\psi_{2-3} = -\,^3\psi_{2-3} = 0{,}25.$$

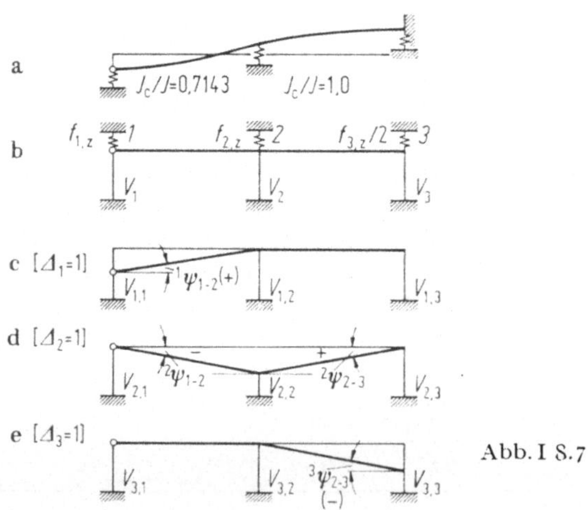

Ausgleich nach Cross (genaues Verfahren)

Die Steifigkeiten ergeben sich nach (I E.11) bis (I E.14); die Verteilungszahlen nach (I F.30) und die Fortleitungszahlen nach (I F.31).

Die Berechnung wird für den plastischen Bereich durchgeführt. Für die Annahme $\nu = 2{,}34$ erhält man nach Tab. 8.1:

Stab $1-2$: $S_{1-2} = 585{,}0\ \text{t}$; $T^* = 1507\ \text{t/cm}^2$; $T^*/E = 0{,}7179$; $\varepsilon = 1{,}11$;

$$\frac{J}{J_c} = 0{,}7143;\quad F_8 = 2{,}7444;\quad \mu_{2-1} = 0.$$

Stab $2-3$: $S_{2-3} = 865{,}8\ \text{t}$; $T^* = 1124\ \text{t/cm}^2$; $T^*/E = 0{,}5354$; $\dfrac{J}{J_c} = 1{,}0$;

$$\varepsilon = 1{,}33;\quad F_1 = 3{,}7585;\quad \mu_{2-3} = 0{,}5487;\quad F_3 = 5{,}8208.$$

1. Verteilungszahlen und Fortleitungszahlen. Mit den Steifigkeiten

$$\bar{s}_{i,k} = \frac{s_{i,k}}{C}\quad \text{und}\quad C = \frac{EJ_c}{s_c};$$

$$^0\bar{s}_{2,1} = \frac{T^* J_{1,2}}{s_{1-2}}\,\frac{s_c}{EJ_c}\,F_8 = \frac{T^*}{E}\,\frac{J_{1,2}}{J_c}\,F_8$$

und

$$\bar{s}_{2,3} = \frac{T^*}{E}\,\frac{J_{2,3}}{J_c}\,F_1$$

wird

$$\mu_{2-1} = 0;\quad \mu_{2-3} = \frac{F_2}{F_1};$$

$$\mu_{2,1} = \frac{-\,^0\bar{s}_{2,1}}{^0\bar{s}_{2,1} + \bar{s}_{2,3}};\quad \mu_{2,3} = \frac{-\,\bar{s}_{2,3}}{^0\bar{s}_{2,1} + \bar{s}_{2,3}}.$$

$$^0\bar{s}_{2,1} = 0{,}7179 \cdot 0{,}7143 \cdot 2{,}7444 = 1{,}4073;$$

$$\bar{s}_{2,3} = 0{,}5354 \cdot 1{,}0 \cdot 3{,}7585 = 2{,}0123;$$

$$\mu_{2,1} = -0{,}4115;\quad \mu_{2,3} = -0{,}5885;\quad \mu_{2,1} + \mu_{2,3} = -1{,}0.$$

2. Starreinspannmomente aus den Sehnendrehungen. Für die Verschiebungszustände nach Abb. I 8.7 erhält man nach (I F.36) und (I F.37):

$$^1\psi_{1-2} = +0{,}25;\quad \frac{1}{C}\,^0\tilde{M}_{1;2,1} = -\frac{T^* J_{1,2}}{s_{1-2}}\,\frac{s_c}{EJ_c}\,F_8 = -\frac{T^*}{E}\,\frac{J_{1,2}}{J_c}\,F_8\,^1\psi_{1-2} =$$

$$= -0{,}7179 \cdot 0{,}7143 \cdot 2{,}7444 \cdot 0{,}25 = -0{,}3518;$$

$$^2\psi_{1-2} = -0{,}25;\quad \frac{1}{C}\,^0\tilde{M}_{2;2,1} = +0{,}3518;$$

$$^2\psi_{2-3} = +0{,}25;\quad \frac{1}{C}\,\tilde{M}_{2;2,3} = \frac{1}{C}\,\tilde{M}_{2;3,2} = -\frac{T^*}{E}\,\frac{J_{2,3}}{J_c}\,F_3\,^2\psi_{2-3} =$$

$$= -0{,}5354 \cdot 1{,}0 \cdot 5{,}8208 \cdot 0{,}25 = -0{,}7791;$$

$$^3\psi_{2-3} = -0{,}25;\quad \frac{1}{C}\,\tilde{M}_{3;2,3} = \frac{1}{C}\,\tilde{M}_{3;3,2} = +0{,}7791.$$

3. *Ausgleich*. Der Ausgleich ist in Abb. I 8.8 durchgeführt.

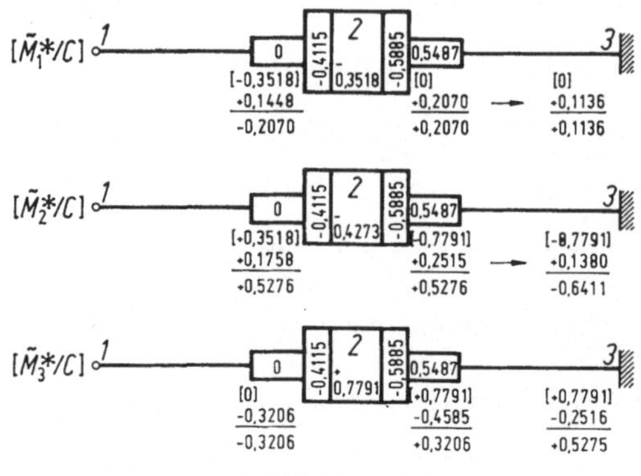

Abb. I 8.8

4. *Festhaltestabkräfte infolge der Verschiebungszustände*. Die Berechnung erfolgt nach Bd. I A (IX D), wobei in Ergänzung zu (I F.27) und (I F.28) nach Bd. I A (IX D.10) bis (IX D.12) unter Beachtung der Federung gilt:

$$V_{m,m} = -\sum (\tilde{M}^*_{mi;ik} + \tilde{M}^*_{mk;ki})^m \tilde{\psi}_{i-k} + \sum f_a\, \Delta s^2_{m,a};$$

$$V_{m,n} = -\sum (\tilde{M}^*_{mi;ik} + \tilde{M}^*_{mk;ki})^n \tilde{\psi}_{i-k} + \sum f_a\, \Delta s_{m,a} \Delta s_{n,a}.$$

Damit ergibt sich mit $EJ_c = 21 \cdot 700$, $s_c = 4{,}0$ m und $C = EJ_c/s_c$

$$V_{1,1} = \left[-\left(\frac{1}{C}\,\tilde{M}^*_{1,2;2,1}\ {}^1\tilde{\psi}_{1-2} \right) + f_{1,z}\, \frac{1{,}0^2 \cdot s_c}{EJ_c} \right] C;$$

$$V_{1,1} = \left[-(-0{,}2070) \cdot 0{,}25 + \frac{150 \cdot 1{,}0}{21 \cdot 700}\, 4{,}0 \right] C = +0{,}09257C;$$

$$V_{1,2} = [-0{,}5276 \cdot 0{,}25]\, C = -0{,}13190C;$$

$$V_{1,3} = [-(-0{,}3206) \cdot 0{,}25]\, C = +0{,}08015;$$

$$V_{2,2} = \left[-(-0{,}5276)\,(-0{,}25) - (-0{,}5276 - 0{,}6411)\,0{,}25 + \frac{100}{21 \cdot 700}\, 4{,}0 \right] C =$$

$$= +0{,}45379C;$$

$$V_{2,3} = [-(-0{,}5276 - 0{,}6411)\,(-0{,}25)]\, C = -0{,}29218C;$$

$$V_{3,3} = \left[-(0{,}3206 + 0{,}5276)\,(-0{,}25) + \frac{50}{21 \cdot 700}\, 4{,}0 \right] C = +0{,}22563C.$$

5. *Elastische Stabkräfte aus Belastung (II. Ordnung)*. Nach (I F.43a) und (I F.43b) ergibt sich mit $\eta_{1,2} = 1{,}0$ und $\eta_{2,3} = 1{,}48$

$$V_{P;1,1} = -P \sum \eta_{i,k}\, {}^1\tilde{\psi}_{i-k}\, {}^1\tilde{\psi}_{i-k} s_{i-k} =$$

$$= -P \cdot 1{,}0 \cdot 0{,}25^2 \cdot 4{,}0 = -0{,}25P = -0{,}25\, \frac{P\, s_c}{EJ_c}\, C = -0{,}25qC;$$

$$V_{P;1,2} = -P \sum \eta_{i,k}\, {}^1\tilde{\psi}_{i-k}\, {}^2\tilde{\psi}_{i-k} s_{i-k} =$$

$$= -P \cdot 1{,}0 \cdot 0{,}25(-0{,}25) \cdot 4{,}0 = +0{,}25P = +0{,}25qC;$$

$$V_{P;1,3} = 0; \quad V_{P;2,2} = -P \cdot 1{,}0 \cdot 0{,}25^2 \cdot 4{,}0 - P \cdot 1{,}48 \cdot 0{,}25^2 \cdot 4{,}0 =$$

$$= -0{,}62P = -0{,}62qC;$$

$$V_{P;2,3} = +0{,}37P; \quad V_{P;3,3} = -0{,}37P = -0{,}37qC.$$

6. Gleichungssystem (Knickkriterium). Nach (I F.46) ergibt sich mit $q = P\,s_c/EJ_c$

$\Delta_{P,1}$	$\Delta_{P,2}$	$\Delta_{P,3}$	$= 0$
$+9{,}257 - 25\,q$	$-13{,}19 + 25\,q$	$+8{,}015$	$= 0$
$-13{,}19 + 25\,q$	$+45{,}379 - 62\,q$	$-29{,}218 + 37\,q$	$= 0$
$+8{,}015$	$-29{,}218 + 37\,q$	$+22{,}563 - 37\,q$	$= 0$

Als Lösung der Determinante $D = 0$ ergibt sich der kleinste Wert

$$q = 0{,}1595\,.$$

Damit wird

$$P_{ki}^* = 0{,}1595\,\frac{21 \cdot 700}{4{,}0} = 586{,}0\ \text{t}$$

und

$$\sigma_{ki,\mathrm{pl}}^* = \frac{586}{230} = 2{,}548\ \text{t/cm}^2\,.$$

Dies stimmt mit der Annahme $P = 585$ t überein und auch mit der genauen Lösung nach aα2 ($\nu_e = 2{,}34$; $P_{\mathrm{kr}} = 585$ t). Bei nicht Übereinstimmung von Annahme und Ergebnis werden verschiedene Annahmen berechnet und aus dem Schnittpunkt der Ψ-Kurve mit der Φ-Kurve ($\sigma_k^* - T^*$-Diagramm nach Abb. I C.4) die endgültige Knickbelastung ermittelt.

9. Beispiel. Zweistöckiger, seitlich unverschieblicher Stockwerkrahmen

Das System des in den Abmessungen und in der Belastung symmetrischen Rahmens ist in Abb. I 9.1 dargestellt. Für dieses System ist symmetrisches Ausknicken maßgebend, daher kann den Untersuchungen das schematische System nach Abb. I 9.2 zugrunde gelegt werden:

$$J_R = J_V = 5\,820\ \text{cm}^4;\quad F = 121\ \text{cm}^2\,.$$

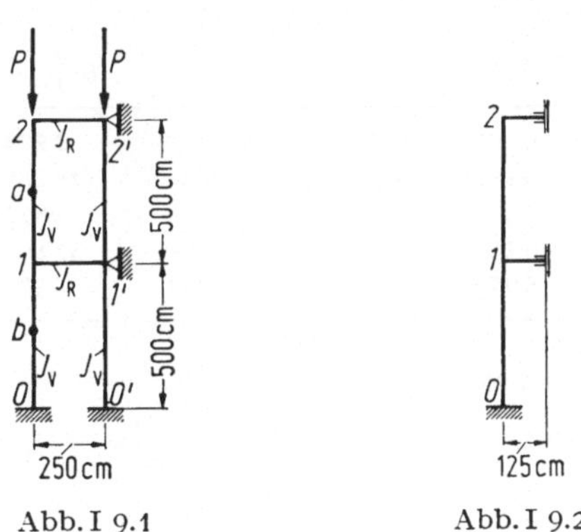

Abb. I 9.1   Abb. I 9.2

a) Momentenausgleichsverfahren — Serienkriterium

Die Berechnung wird nach Abschnitt I F.1 bβ durchgeführt

Nach (I F.13) lautet das Knickkriterium für das symmetrische Ausknicken des Systems unter Zugrundelegung des Stabes (1—2)

$$r = \frac{(\mu_{1-2}\,s_{1,2})^2}{(s_{1,2} + \sum{}^e s_{1,b})\,(s_{1,2} + \sum{}^e s_{2,c})}\,.$$

Mit

$$\sum {}^{e}s_{1,b} = s_{1,0} + {}^{s}s_{1,1'}; \qquad \sum {}^{e}s_{2,c} = {}^{s}s_{2,2'}$$

wird

$$r = \frac{(\mu_{1-2}s_{1,2})^2}{(s_{1,2} + s_{1,0} + {}^{s}s_{1,1'})(s_{1,2} + {}^{s}s_{2,2'})}.$$

Mit $c = EJ/s$ bzw. T^*J/s ergibt sich für die Stiele nach (I E.11)

$$s_{1,2} = \frac{EJ}{s}F_1 \quad \text{bzw.} \quad \frac{T^*J}{s}F_1 = cF_1; \quad s_{1,0} = cF_1;$$

und für die Riegel nach (I E.13)

$$^{s}s_{2,2'} = {}^{s}s_{1,1'} = \frac{EJ}{s}F_5 = cF_5.$$

Weiter ist nach (I E.15)

$$\mu_{1-2} = \frac{F_2}{F_1}.$$

Für die Riegel gilt für $\varepsilon = 0$

$$^{s}s_{2,2'} = {}^{s}s_{1,1'} = \frac{EJ}{s}F_5 = \frac{2100 \cdot 5820}{250} 2,0 = 97800 \text{ tcm}.$$

Für die Werte ε nach (I B.14)

$$\varepsilon = s\sqrt{\frac{S}{EJ}} \quad \text{bzw.} \quad s\sqrt{\frac{S^*}{T^*J}}$$

werden in Tabelle 9.1 die zur Bestimmung von r erforderlichen Werte der Stiele $(1-2)$ und $(0-1)$ ermittelt ($s = 500$ cm; $J_V = 5820$ cm^4).

Tabelle 9.1 (Stiele (0—1) und (1—2))

1	2	3	4	5	6	7	8	9	10
S^* $= P$	σ^*	T^*	ε	c	F_1	μ_{1-2}	$s_{1,2}$ $= s_{1,0}$	$s_{1,2} + s_{1,0} + {}^{s}s_{1,1'}$	$s_{1,2}$ $+ {}^{s}s_{2,2'}$
t	t/cm^2	t/cm^2		tcm			tcm	tcm	tcm
360	2,98	796	4,407	9260	0,2400	14,4769	2224	102248	100024
375	3,10	558,6	5,37	6500	$-4,3511$	$-1,5125$	-28280	41240	69520
376	3,107	545	5,44	6344	$-5,0176$	$-1,4174$	-31832	34136	65988
377	3,115	529	5,53	6160	$-6,0351$	$-1,3170$	-37160	23480	60640
378	3,125	510,8	5,64	5940	$-7,6242$	$-1,2204$	-45320	7160	52480

Damit ergeben sich die Werte r

$$P = 360 \text{ t}; \quad r = \frac{(14,4769 \cdot 2224)^2}{102248 \cdot 100024} = 0,101;$$

$$P = 375 \text{ t}; \quad r = \frac{(1,5125 \cdot 28280)^2}{69520 \cdot 41240} = 0,638;$$

$$P = 376 \text{ t}; \quad r = \frac{(1,4174 \cdot 31832)^2}{34136 \cdot 65988} = 0,904;$$

$$P = 377 \text{ t}; \quad r = \frac{(1,317 \cdot 37160)^2}{23480 \cdot 60640} = 1,682;$$

$$P = 378 \text{ t}; \quad r = \frac{(1,2204 \cdot 45320)^2}{7160 \cdot 52480} = 8,141.$$

Trägt man die $r - P$-Kurve auf (Abb. I 9.3), so erhält man aus dem Schnittpunkt mit der Geraden $r = 1$ die Knicklast $P^* = 376,2$ t.

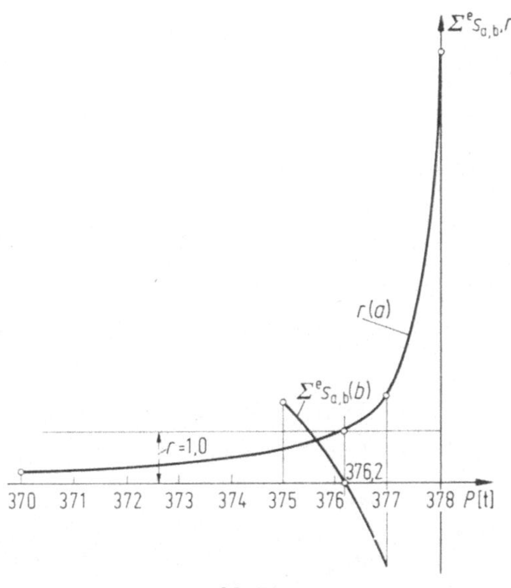

Abb. I 9.3

Mit $\nu_E = 2,08$ wird

$$P_{zul} = \frac{376,2}{2,08} = 181 \text{ t} \qquad \text{bzw.} \qquad \sigma_{k,zul} = \frac{181}{121} = 1,495 \text{ t/cm}^2.$$

b) Momentenausgleichsverfahren — Steifigkeitskriterium

Die Berechnung wird für den Knoten 1 nach Abschnitt I F.1 b durchgeführt

Nach (I F.5) lautet das Kriterium

$$\sum {}^e s_{a,b} = 0 = s_{0,1} + {}^s s_{1,1'} + {}^e s_{1,2}.$$

Nach (I F.3) gilt

$$^e s_{i,k} = \frac{{}^0 s_{i,k}}{1 - \mu^2_{i-k}\dfrac{\sum {}^e s_{k,l}}{{}^0 s_{i,k} + \sum {}^e s_{k,l}}} = \frac{{}^0 s_{i,k}}{1 - \mu^2_{i-k}\dfrac{f_{d,k}}{{}^0 s_{i,k} + f_{d,k}}}.$$

Für den Stab (1—2) ist

$$f_{d,2} = {}^s s_{2,2'}.$$

Damit wird

$$^e s_{1,2} = \frac{{}^0 s_{1,2}}{1 - \mu^2_{1-2}\dfrac{{}^s s_{2,2'}}{{}^0 s_{1,2} + {}^s s_{2,2'}}}.$$

Nach (I E.12) ist

$$^0 s_{1,2} = \frac{EJ}{s}F_8 \qquad \text{bzw.} \qquad \frac{T^*J}{s}F_8 = cF_8.$$

Mit ${}^s s_{2,2'} = 97\,800$ tcm und den entsprechenden Werten der Tabelle 9.1 erhält man die Werte der Tabelle 9.2.

Tabelle 9.2

1	2	3	4	5	6	7
$S^* = P^*$	F_8	${}^0s_{1,2} = cF_8$	${}^0s_{1,2} + {}^ss_{2,2'}$	${}^es_{1,2}$	$s_{0,1}$	$\sum {}^es_{a,b}$
t		tcm	tcm	tcm	tcm	tcm
375	5,6025	36400	134200	−54559	−28230	+15011
376	5,0631	32120	129920	−62694	−31832	+3274
377	4,4331	27308	125108	−76732	−37160	−16092

Trägt man die Werte $\sum {}^es_{a,b}$ in der Abb. I 9.3 ein, so ergibt sich als Schnittpunkt mit der Abszisse wieder die Knicklast $P_{kr}^* = 376{,}2$ t.

Nach (I B.17) erhält man für $\varepsilon = 3{,}109$ die effektive Knicklänge

$$s_{k,\text{eff}} = \frac{\pi}{3{,}109}\, 500 = 505 \text{ cm}.$$

c) Durchbiegeverfahren

Die Berechnung wird nach Abschnitt I F.3 b durchgeführt

α) Annahme einer Biegelinie für den Stiel 0—2

Da der Stiel 1—2 der knickgefährdete ist, wird als einfachste Annahme für die Form der Knickfigur die Biegelinie für eine Belastung $P_a = 1$ nach Abb. I 9.4 gewählt, wobei diese so reduziert wird, daß im Punkt a der Wert $\bar{w}_{a,a} = 1$ auftritt. Die Momente $\bar{M}_a$ infolge $P_a = 1$ werden nach dem Verfahren Engesser-Kani (s. Bd. I A, IX B.1 a) berechnet.

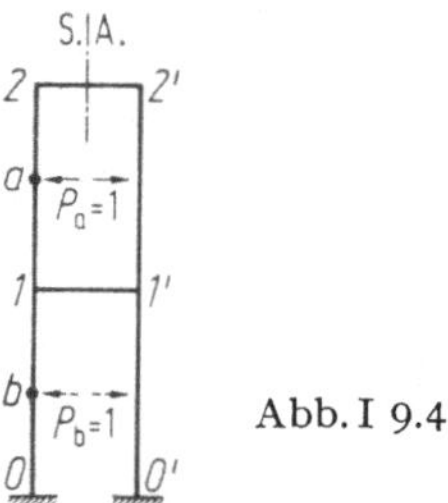

Abb. I 9.4

1. Elastischer Bereich. Es wird zuerst angenommen, daß das Hookesche Gesetz mit $E = 2100$ t/cm² unbeschränkt Gültigkeit hat.

Die Verteilungszahlen $\mu'_{i,k}$ werden nach Bd. I A (IX B.7) in Tabelle 9.3 berechnet.

Tabelle 9.3

1	2	3	4	5	6	7	8	9
							$T^* = 530$	
Knoten	Stab	$k_{i,k} = \dfrac{J}{s}$	m	$mk_{i,k}$	$\mu'_{i,k}$	T^*/E	$[5] \cdot [7]$	$\mu'_{i,k}$
		cm³		cm³			cm³	
1	0—1	11,64	1,0	11,64	−0,167	0,252	2,938	−0,0839
	1—2	11,64	1,0	11,64	−0,167	0,252	2,938	−0,0839
	1—1′	23,20	0,5	11,64	−0,167	1,0	11,640	−0,3322
			Σ	34,92	−0,5		17,516	−0,5
2	1—2	11,64	1,0	11,64	−0,25	0,252	2,938	−0,1008
	2—2′	23,28	0,5	11,64	−0,25	1,0	11,640	−0,3992
			Σ	23,29	−0,5		14,578	−0,5

Die Starreinspannmomente betragen für den Stiel $1-2$:

$$\tilde{M} = \frac{1,0 \cdot 500}{8} = \pm 62,5 \text{ tcm}.$$

Der Momentenausgleich nach Kani ist in Abb. I 9.5a durchgeführt, die Momente sind in Abb. I 9.5b dargestellt. Damit erhält man mit den $\overline{W}$-Gewichten die Biegelinie, die auf den Wert $\bar{w}_{a,a} = 1$ reduziert wird (Abb. I 9.5c).

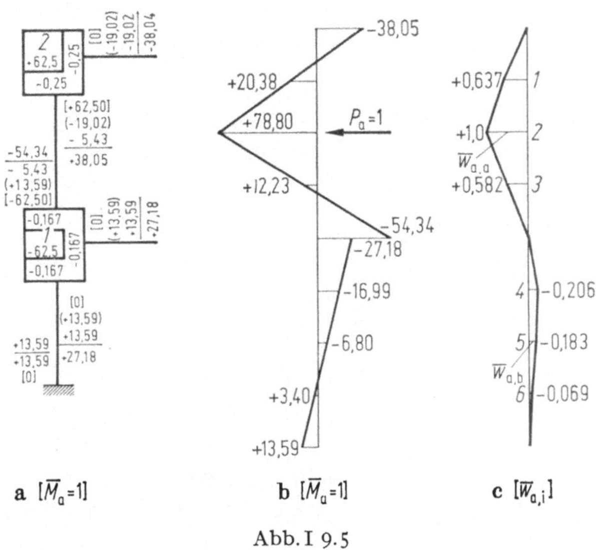

a $[\overline{M}_a=1]$ b $[\overline{M}_a=1]$ c $[\overline{W}_{a,i}]$

Abb. I 9.5

Nach (I F.86) beträgt das Moment infolge der Längsbelastung P^* der Stiele bei Berücksichtigung der Durchbiegungen $\alpha \bar{w}_{a,i}$

$$M_{P*} = \alpha P^* \, \bar{w}_{a,i},$$

wobei α eine unbekannte Größe ist.

Für die Berechnung der Durchbiegung im Punkt a aus den Momenten M_{P*} wird im Punkt a eine virtuelle Belastung $^v P_a = 1$ nach Abb. I 9.4 aufgebracht. Die Momente $^v \overline{M}_a$ sind dann wieder durch Abb. I 9.5b gegeben.

Nach (I F.87) gilt

$$E J_c \alpha \bar{w}_{a,a} = P^* \alpha \int \bar{w}_{a,i} \overline{M}_a \frac{J_c}{J} \, ds, \quad \text{wobei} \quad \frac{J_c}{J} = 1,0 \quad \text{ist}.$$

Berechnet man das Integral nach der Trapezregel, so erhält man

$$E J_c \cdot \alpha \cdot 1 = P^* \alpha \cdot 10322.$$

Mit $E J_c = 2100 \cdot 5820 = 12222 \cdot 10^3$ wird

$$P^* = \frac{E J_c}{10322} = 1184 \text{ t} \quad \text{und} \quad \sigma^*_{ki,E} = \frac{1184}{121} = 9,786 \text{ t/cm}^2.$$

Plastischer Bereich. Bringt man nach Abb. I F.42 die Gerade G mit der Φ-Kurve zum Schnitt, so erhält man als erste Näherung nach Abb. I 9.6, Linie a, für den plastischen Bereich

$$\sigma^*_{ki,pl} = 3,05 \text{ t/cm}^2,$$

und damit

$$P_{ki,\mathrm{pl}}^{*} = 3{,}05 \cdot 121 = 369\,\mathrm{t}.$$

Dieser Wert stimmt schon sehr gut mit dem genauen Wert $P_{ki,\mathrm{pl}}^{*} = 376{,}2\,\mathrm{t}$ überein.

Will man eine genauere Berechnung durchführen, so sind für verschiedene Annahmen von T^{*} die Momente $\bar{M}_{a}$ zu berechnen.

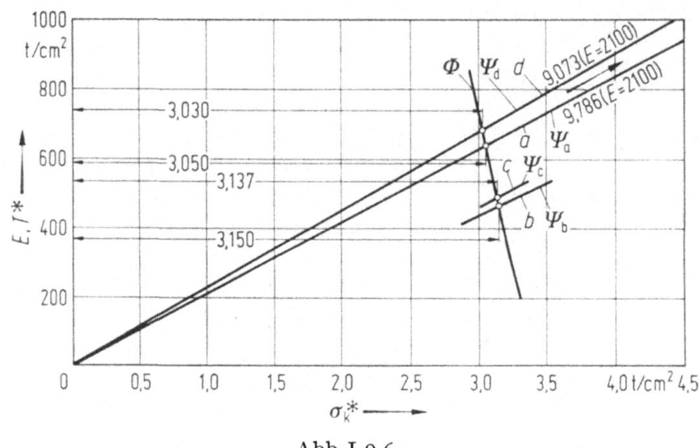

Abb. I 9.6

Annahme: $T^{*} = 530\,\mathrm{t/cm^{2}}$; $T^{*}/E = 0{,}252$.

Für die nicht längsbelasteten Riegel bleibt $E = 2100\,\mathrm{t/cm^{2}}$.

Damit wird entsprechend (I F.50), wobei $\bar{k}_{i,k} = k_{i,k}\,T^{*}/E$ eingeführt wird, und nach (I F.52)

$$\mu_{i,k}' = \frac{m\bar{k}_{i,k}}{\sum m\bar{k}_{i,k}}.$$

Diese Werte sind in Tabelle 9.3 berechnet.

Der Momentenausgleich ist in Abb. I 9.7a durchgeführt, die Momente $\bar{M}_{a}$ sind in Abb. I 9.7b dargestellt.

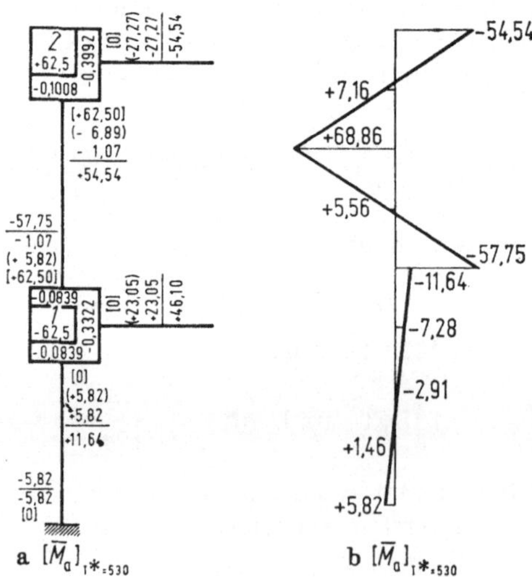

Abb. I 9.7

Nach (I F.87) ergibt sich nunmehr

$$T^* J_c \alpha \bar{w}_{a,a} = P^* \alpha \int \bar{w}_{a,i} \bar{M}_a \, ds;$$

$$P^* = \frac{T^* J}{7219} = \frac{530 \cdot 5820}{7219} = 427{,}3 \text{ t}$$

und

$$\sigma^*_{ki;\text{pl}} = 3{,}531 \text{ t/cm}^2.$$

In gleicher Weise ergibt sich für

$$T^* = 510 \text{ t/cm}^2; \quad P^* = 414{,}5 \text{ t}; \quad \sigma^*_k = 3{,}426 \text{ t/cm}^2;$$

$$T^* = 460 \text{ t/cm}^2; \quad P^* = 382{,}5 \text{ t}; \quad \sigma^*_k = 3{,}161 \text{ t/cm}^2;$$

$$(T^* = 530 \text{ t/cm}^2; \quad P^* = 427{,}5 \text{ t}; \quad \sigma^*_k = 3{,}531 \text{ t/cm}^2).$$

Trägt man die $T^* - \sigma^*_{ki,\text{pl}}$-Kurve — die Ψ-Kurve — auf und bringt sie mit der Φ-Kurve zum Schnitt (Abb. I 9.6, Kurve b), so erhält man

$$\sigma^*_{k,\text{pl}} = 3{,}15 \text{ t/cm}^2 \quad \text{und} \quad P^*_{k,\text{pl}} = 381{,}2 \text{ t}.$$

β) Knickfigur als Kombination zweier Biegelinien

Während im Falle α) das Verhältnis der maximalen Durchbiegungen der Stiele $(0-1)$ und $(0-2)$ durch den Wert $\bar{w}_{a,b}/\bar{w}_{a,a} = -0{,}183$ von vornherein festgelegt wurde, wird nunmehr dieses Verhältnis als unbekannte Größe angenommen, was der Wirklichkeit besser entspricht.

Die Ermittlung der Knickbelastung erfolgt nach (I F.90) bis (I F.95). Die einzelnen Biegelinien werden so angenommen, daß sie dem System gerecht werden.

Die erste Biegelinie $\bar{w}_{a,i}$, die im wesentlichen dem Ausknicken des Stieles $(1-2)$ entspricht, wird wieder nach Abb. I 9.5c angenommen. Die zweite Biegelinie wird für die Belastung $P_b = 1$ nach Abb. I 9.4 berechnet.

Die entsprechenden Momente werden für den elastischen Bereich nach Abb. I 9.8a ermittelt und sind in Abb. I 9.8b dargestellt. Die zugehörige reduzierte Biegelinie $\bar{w}_{b,i}$ mit dem Wert $\bar{w}_{b,b} = 1$ ist aus Abb. I 9.8c ersichtlich.

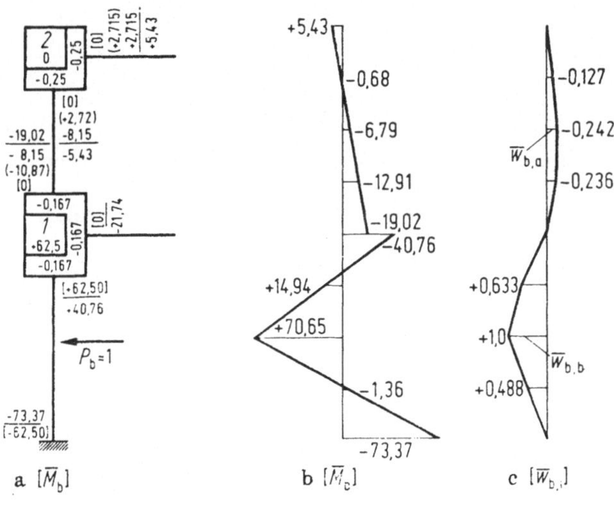

Abb. I 9.8

Nach (I F.90) und (I F.91) erhält man, bei Multiplikation der $\bar{w}_{a,i}$-Linie mit α und der $\bar{w}_{b,i}$-Linie mit β und $J_c/J = 1{,}0$ die Bedingungsgleichungen für die Durchbiegungen in den Punkten a und b im Falle des Ausknickens, indem man virtuelle Belastungen $^vP_a = 1$ bzw. $^vP_b = 1$ anbringt. Die virtuellen Momente sind dann gleich mit den Momenten $\bar{M}_a$ und $\bar{M}_b$ nach Abb. I 9.5b bzw. Abb. I 9.8b:

$$EJ(\alpha\bar{w}_{a,a} + \beta\bar{w}_{b,a}) = P^*[\alpha\int\bar{w}_{a,i}\bar{M}_a\,\mathrm{d}s + \beta\int\bar{w}_{b,i}\bar{M}_a\,\mathrm{d}s] = P^*[\alpha a_{1,1} + \beta a_{2,1}];$$

$$EJ(\alpha\bar{w}_{a,b} + \beta\bar{w}_{b,b}) = P^*[\alpha\int\bar{w}_{a,i}\bar{M}_b\,\mathrm{d}s + \beta\int\bar{w}_{b,i}\bar{M}_b\,\mathrm{d}s] = P^*[\alpha a_{1,2} + \beta a_{2,2}].$$

Mit $q = P^*/EJ_c$ erhält man das Gleichungssystem

α	β	
$\bar{w}_{a,a} - a_{1,1}q$	$\bar{w}_{b,a} - a_{2,1}q$	$= 0$
$\bar{w}_{a,b} - a_{1,2}q$	$\bar{w}_{b,b} - a_{2,2}q$	$= 0$

Aus der Bedingung, daß die Nennerdeterminante $D = 0$ sein muß, ergibt sich der kritische Wert q_{kr}. Die Ermittlung der Integrale, unter Zugrundelegung der Trapezregel, ergibt die Werte

$$a_{1,1} = 10322; \quad a_{2,2} = 8342; \quad a_{1,2} = -3344; \quad a_{2,1} = -4425.$$

Damit ergibt sich

α	β
$1{,}0 \quad - \quad 10322\,q$	$-0{,}242 + 4425\,q$
$-0{,}183 + \quad 3344\,q$	$1{,}0 \quad + 8342\,q$

mit

$$q_{kr} = 0{,}8982 \cdot 10^{-4} \quad \text{und} \quad P^*_{kr} = q_{kr}EJ_c = 0{,}8982 \cdot 2100 \cdot 5820 = 1097{,}8\ \mathrm{t}.$$

$$\sigma^*_{kr,el} = 9{,}073\ \mathrm{t/cm^2}.$$

Setzt man q_{kr} in eine der obigen Gleichungen ein, so erhält man die Gleichung

$$(1{,}0 - 0{,}9272) + (-0{,}2420 + 0{,}3975)\frac{\beta}{\alpha} = 0$$

und

$$\beta = -0{,}47\alpha.$$

Für den plastischen Bereich wird die Berechnung wieder für einige Werte T^* durchgeführt.

Für $T^* = 530\ \mathrm{t/cm^2}$ ergeben sich die Momente $\bar{M}_b$ nach Abb. I 9.9a und b, während für die Momente $\bar{M}_a$ Abb. I 9.7a und b gelten.

Damit erhält man unter Beachtung, daß der Wert E/T^* für beide Stiele gleich groß ist:

$$EJ(\alpha\bar{w}_{a,a} + \beta\bar{w}_{b,a}) = P^*\left[\alpha\int\bar{w}_{a,i}\bar{M}_a\frac{E}{T^*}\,\mathrm{d}s + \beta\int\bar{w}_{b,i}\bar{M}_a\frac{E}{T^*}\,\mathrm{d}s\right] =$$

$$= P^*[\alpha a_{1,1} + \beta a_{2,1}];$$

$$EJ(\alpha\bar{w}_{a,b} + \beta\bar{w}_{b,b}) = P^*\left[\alpha\int\bar{w}_{a,i}\bar{M}_b\frac{E}{T^*}\,\mathrm{d}s + \beta\int\bar{w}_{b,i}\bar{M}_b\frac{E}{T^*}\,\mathrm{d}s\right] =$$

$$= P^*[\alpha a_{1,2} + \beta a_{2,2}].$$

Mit $T^*/E = 0,2523$ ergibt sich

$$a_{1,1} = 7219 \frac{1}{0,2523} = 28614; \quad a_{2,2} = 6251 \frac{1}{0,2523} = 24778;$$

$$a_{1,2} = \frac{-1955}{0,2523} = -7750; \quad a_{2,1} = -\frac{2581}{0,2523} = -10230.$$

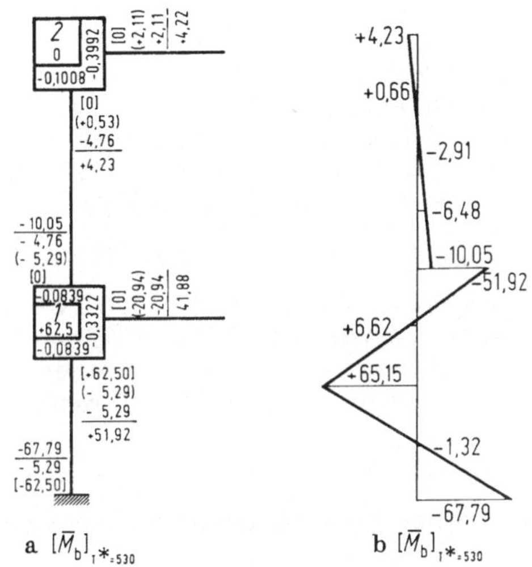

Abb. I 9.9

Damit ergibt sich die Bedingungsgleichung für q

	α	β
1,0	$- 28614\,q$	$-0,242 + 10230\,q = 0$
$-0,183 +$	$7750\,q$	$1,0 \quad - 24778\,q = 0$

Mit

$$q_{kr} = 0,33408 \cdot 10^{-4}$$

und

$$P^*_{kr,pl} = 0,33408 \cdot 10^{-4} \cdot 2100 \cdot 5820 = 408,3\ \mathrm{t}; \quad \sigma^*_{kr,pl} = 3,374\ \mathrm{t/cm^2}.$$

q_{kr} in eine der Gleichungen eingesetzt, ergibt

$$0,0441\alpha + 0,0998\beta = 0; \quad \beta = -0,44\alpha.$$

In gleicher Weise ergibt sich

für $T^* = 510\ \mathrm{t/cm^2}; \quad P^* = 396,7\ \mathrm{t}; \quad \sigma^*_k = 3,279\ \mathrm{t/cm^2}; \quad \beta = -0,44\alpha;$

für $T^* = 460\ \mathrm{t/cm^2}; \quad P^* = 366,6\ \mathrm{t}; \quad \sigma^*_k = 3,03\ \ \mathrm{t/cm^2}; \quad \beta = -0,45\alpha;$

$(T^* = 530\ \mathrm{t/cm^2}; \quad P^* = 408,3\ \mathrm{t}; \quad \sigma^*_k = 3,374\ \mathrm{t/cm^2}; \quad \beta = -0,44\alpha).$

Trägt man die $T^* - \sigma^*_{ki,pl}$-Kurve — die Ψ-Kurve — auf, und bringt sie mit der Φ-Kurve zum Schnitt (Abb. I 9.6, Kurve c), so erhält man

$$\sigma^*_{k,pl} = 3,137\ \mathrm{t/cm^2} \quad \text{und} \quad P^*_{k,pl} = 379,6\ \mathrm{t}.$$

Dieser Wert stimmt mit dem genauen Wert von 376,2 t auf 1% überein. Mit $\beta = -0,44\alpha$ wird

$$\bar{w}_a = 1,0\alpha + (-0,242)\,(-0,44\alpha) = 1,106\alpha\,;$$

$$\bar{w}_b = -0,183\alpha + 1,0(-0,44\alpha) = 0,623\alpha\,;$$

$$\frac{\bar{w}_b}{\bar{w}_a} = 0,56\,.$$

Man erkennt daraus, daß die Berechnung der Knicklast aus nur einer Biegelinie $\bar{w}_{a,i}$ nach Abb. I 9.5 c nicht die richtigen Verhältnisse erfaßt, und daß somit unter Umständen größere Abweichungen auftreten können.

Beachtet man den Fall der Kombination von 2 Biegelinien im elastischen Bereich und bringt nach Abb. I F.42 die Gerade G mit $\sigma_{ki,e}^* = 9,073$ t/cm² mit der Φ-Kurve zum Schnitt (Abb. I 9.6, Linie d), so erhält man als Näherungswert

$$\sigma_{k,\mathrm{pl}}^* = 3,03 \text{ t/cm}^2 \quad \text{und} \quad P_{k,\mathrm{pl}}^* = 3,03 \cdot 121 = 366,6 \text{ t}.$$

Der Fehler gegenüber dem genauen Wert von $P^* = 376,2$ t beträgt somit rund 2,5% und ist außerdem noch auf der sicheren Seite. Man wird somit bereits mit der Rechnung im elastischen Bereich zu sehr guten Näherungswerten kommen, so daß in der Regel eine weitere Berechnung nicht erforderlich wird, wenn die gewünschte Sicherheit eingehalten ist.

10. Beispiel. Seitlich verschieblicher zweistöckiger Rahmen

Das System und die Belastung sind in Abb. I 10.1 a dargestellt. Querschnittswerte:

$$J = J_c = 5820 \text{ cm}^4\,; \quad F = 121 \text{ cm}^2.$$

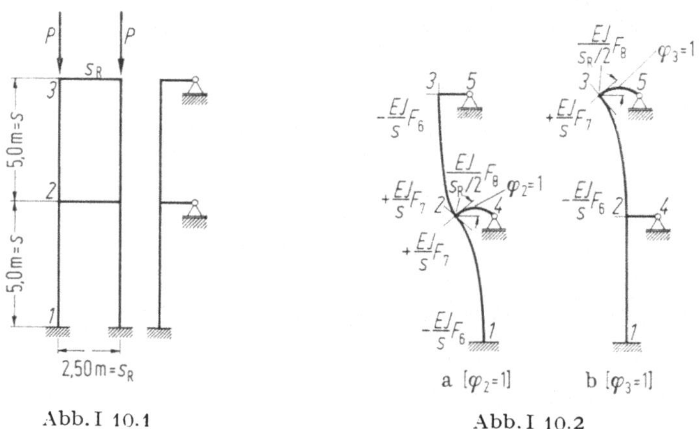

Abb. I 10.1   Abb. I 10.2

a) Allgemeine Deformationsmethode

Die Berechnung wird nach Abschnitt I E. 5 c durchgeführt

Da das System und die Belastung symmetrisch sind, kommt eine antimetrische Knickfigur in Betracht, d. h. die Berechnung kann für das halbe System der Abb. I 10.1 durchgeführt werden. Beachtet man die Ausführungen des Abschnittes I E.5 c, so kann man allein mit den Knotendrehungen φ_1 und φ_2 als Unbekannte das Problem lösen. Entsprechend Abb. I E.36 und 37 ergeben sich die Verformungszustände $[\varphi_2 = 1]$ und $[\varphi_3 = 1]$ nach Abb. I 10.2 a und b.

Damit ergibt sich das Gleichungssystem nach (I E.24)

	φ_2	φ_3	
	$^2a_2^*$	$^2a_3$	$= 0$
	$^3a_2$	$^3a_3^*$	$= 0$

Nach (I E.20) und (I E.21) werden die mit $C = s_c/EJ_c$ multiplizierten Koeffizienten (a) berechnet.
Mit

$$\varkappa_{i-k} = \frac{s_c}{s_{i-k}} \frac{J_{i,k}}{J_c}$$

wird

$$\varkappa_{1-2} = \varkappa_{2-3} = 1{,}0; \quad \varkappa_{2-4} = \varkappa_{3-5} = \frac{5{,}0}{1{,}25} = 4{,}0.$$

Nach (I E.25) bis (I E.27) wird

$$(^2a_2^*) = \frac{T^*}{E}(F_7)_{2,1} + \frac{T^*}{E}(F_7)_{2,3} + 4{,}0(F_8)_{2,4};$$

$$(^3a_2) = -\frac{T^*}{E}(F_6)_{2,3} = (^2a_3);$$

$$(^3a_3^*) = \frac{T^*}{E}(F_7)_{3,2} + 4{,}0(F_8)_{3,5}.$$

Nach (I B.14) und (I B.16) ist

$$\varepsilon = s\sqrt{\frac{P^*}{T^*J}} = \frac{s}{i}\sqrt{\frac{\sigma_{ki}^*}{T^*}} = \frac{500}{\sqrt{\frac{5\,820}{121}}}\sqrt{\frac{\sigma_{ki}^*}{T^*}} = 72{,}094\sqrt{\frac{\sigma_{ki}^*}{T^*}}.$$

Tabelle 10.1 Funktionen F

Stab	S_{i-k}^*	σ_k^*	T^*	T^*/E	ε	F_6	F_7	F_8
	t	t/cm²	t/cm²	—	—	—	—	—
2−4 3−5	0	0	2100	1,0	0			3,0
1−2 2−3	288	2,380	1710	0,814	2,69	6,164	−5,546	
	286	2,369	1735	0,826	2,66	5,743	−5,089	

Damit wird für $P^* = 288$ t:

$$(^2a_2^*) = 0{,}814\,(-5{,}546)\,2 + 4\cdot 3{,}0 = +2{,}971;$$

$$(^3a_2) = -0{,}814\cdot 6{,}164 = -5{,}017;$$

$$(^3a_3^*) = 0{,}814\,(-5{,}546) + 4\cdot 3{,}0 = +7{,}485;$$

und für $P^* = 286$ t:

$$(^2a_2^*) = +3{,}593; \quad (^3a_2) = -4{,}744; \quad (^3a_3^*) = +7{,}796.$$

Damit ergibt sich das Gleichungssystem und der Wert der Determinante D.

$P^* = 288$ t		$P^* = 286$ t	
φ_2	φ_3	φ_2	φ_3
$+2{,}971$	$-5{,}017$	$+3{,}593$	$-4{,}744$
$-5{,}017$	$+7{,}485$	$-4{,}744$	$+7{,}796$
$D = +2{,}935$		$D = -5{,}510$	

Aus Abb. I 10.3 erhält man die Nullstelle der Determinante für

$$P^*_{ki,\mathrm{pl}} = 287{,}3 \text{ t} \quad \text{und} \quad \sigma^*_{ki,\mathrm{pl}} = \frac{287{,}3}{121{,}0} = 2{,}38 \text{ t/cm}^2,$$

und mit $\nu_E = 2{,}08$

$$P_{\mathrm{zul}} = \frac{287{,}3}{2{,}08} = 138 \text{ t}.$$

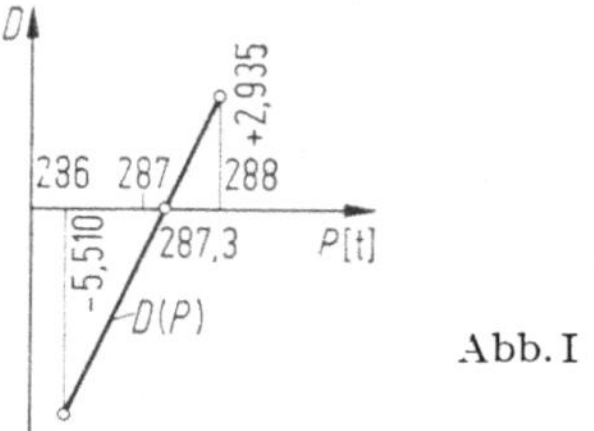

Abb. I 10.3

Nach (I B.17) ergibt sich die effektive Knicklänge für den Stiel

$$s_{k,\mathrm{eff}} = \frac{\pi}{\varepsilon} s = \frac{\pi}{2{,}67} \, 500 = 588 \text{ cm}.$$

b) Durchbiegungsmethode

Die Berechnung wird nach Abschnitt I F.3a durchgeführt

Für das System nach Abb. I 10.4a werden die unbekannten Verformungen nach Abb. I 10.4b angenommen.

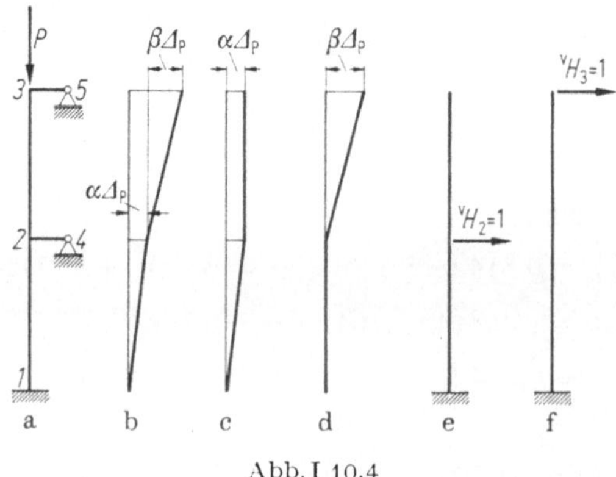

Abb. I 10.4

α) Angenähertes Knickkriterium

Nach (I F.65) lautet das angenäherte Knickkriterium für den plastischen Bereich

$$EJ_c\alpha\Delta_P = P_{\Delta_P}\left[\alpha \int {}^{\mathrm{I}}\bar{M}^v M_{H_2=1}\frac{J_c}{J}\frac{E}{T^*}\,ds + \beta \int {}^{\mathrm{II}}\bar{M}^v M_{H_2=1}\frac{J_c}{J}\frac{E}{T^*}\,ds\right];$$

$$EJ_c(\alpha+\beta)\,\Delta_P = P_{\Delta_P}\left[\alpha \int {}^{\mathrm{I}}\bar{M}^v M_{H_3=1}\frac{J_c}{J}\frac{E}{T^*}\,ds + \beta \int {}^{\mathrm{II}}\bar{M}^v M_{H_3=1}\frac{J_c}{J}\frac{E}{T^*}\,ds\right].$$

Die Momente ${}^{\mathrm{I}}\bar{M}$ am statisch unbestimmten System entstehen aus der Verformung nach Abb. I 10.4c, die von ${}^{\mathrm{II}}\bar{M}$ aus der Verformung nach Abb. I 10.4d. Die Momente ${}^v M_{H_2=1}$ und ${}^v M_{H_3=1}$ ergeben sich am statisch bestimmten Grundsystem (Abb. I 10.4e und f). Die Momente $\bar{M}$ werden nach Kani berechnet, und zwar für seitlich verschiebliche Stockwerkrahmen nach Bd. I A, IX B.1 b.

1. Verteilungszahlen. Nach (I F.50) ergibt sich unter der Annahme

$$P^* = 287\ \text{t};\quad \sigma^* = 2{,}372\ \text{t/cm}^2;\quad T^* = 1\,720\ \text{t/cm}^2;\ \frac{T^*}{E} = 0{,}819;$$

$$\frac{E}{T^*} = 1{,}221;\quad \bar{k}_{i,k} = \frac{T^*}{E}\frac{J_{ik}}{J_c}\frac{s_c}{s_{i-k}}$$

und nach (I F.52) mit

$$s_c = 5{,}0\ \text{m};\quad \left(\frac{T^*}{E}\right)_{2,4;3,5} = 1{,}0;$$

$$\mu'_{i,k} = -\frac{1}{2}\frac{m\bar{k}_{i,k}}{\sum m\bar{k}_{i,k}}.$$

Tabelle 10.2 $\mu'_{i,k}$-*Werte*

1	2	3	4	5	6
Knoten	Stab	m	$\bar{k}_{i,k}$	$m\bar{k}_{i,k}$	$\mu'_{i,k}$
2	2−1	1,0	0,819	0,819	−0,0883
	2−3	1,0	0,819	0,819	−0,0883
	2−4	0,75	4,0	3,0	−0,3234
	Σ			4,638	−0,5
3	3−2	1,0	0,819	0,819	−0,1070
	3−5	0,75	4,0	3,0	−0,3930
	Σ			3,819	−0,580

Weiter ist nach (I F.53)

$$v'_{i,k} = -\frac{\bar{k}_{i,k}}{2\sum_e \bar{k}_{i,k}} = -0{,}5.$$

2. Ausgleich nach Kani. Nach (I F.55) und (I F.56) gilt:

$$M''_{i,k} = v'_{i,k}\left[\bar{M}_r + 3\sum_e (M'_{i,k} + M'_{k,i})\right];$$

$$M'_{i,k} = \mu'_{i,k}\left[\sum_e (M'_{k,i} + M''_{i,k})\right].$$

Entsprechend (I F.54) und (I F.58) wird für:

Verformung $\alpha\ \Delta_P$ nach Abb. I 10.4c:

$$^{\mathrm{I}}M_{r,\mathrm{I}} = -\alpha\ \Delta_P P; \quad ^{\mathrm{II}}M_{r,\mathrm{I}} = 0;$$

Verformung $\beta\ \Delta_P$ nach Abb. I 10.4d:

$$^{\mathrm{I}}M_{r,\mathrm{II}} = 0; \quad ^{\mathrm{II}}M_{r,\mathrm{II}} = -\beta\ \Delta_P P.$$

Der Ausgleich wird in Abb. I 10.5 durchgeführt und die Momente in Abb. I 10.6a und b dargestellt. Die Momente $^v M_{H_3=1}$ und $^v M_{H_2=1}$ und ΔM sind aus der Abb. 10.6c, d und e ersichtlich.

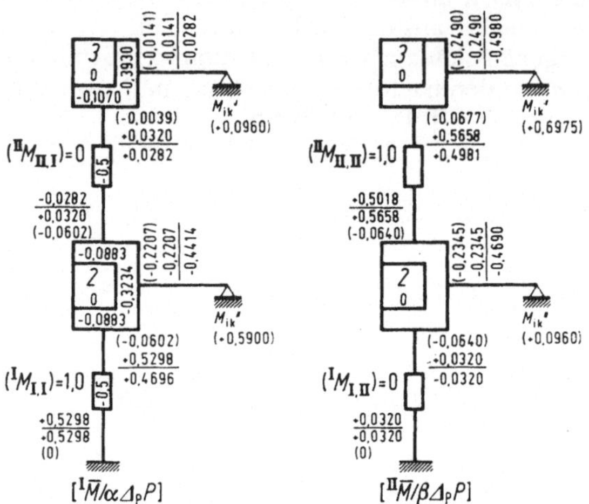

Abb. I 10.5

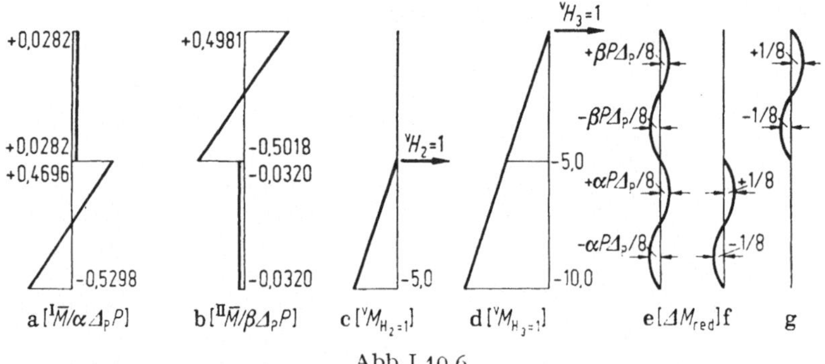

Abb. I 10.6

3. Knickkriterium. Damit ergibt sich nach (I F.65)

$$EJ_c\alpha\ \Delta_P = P\ \Delta_P\,\frac{5,0}{6}\,1{,}221(-5{,}0)\,\{\alpha[2(-0{,}5298) + 0{,}4694] +$$

$$+ \beta\,3(-0{,}0320)\} = P\ \Delta_P[3{,}000\alpha + 0{,}4885\beta];$$

$$EJ_c(\alpha + \beta)\ \Delta_P = P\ \Delta_P\,\frac{5,0}{6}\,1{,}221\,\{\alpha[(-10{,}0)\,(-2\cdot 0{,}5298 + 0{,}4696) -$$

$$- 5{,}0(2\cdot 0{,}4696 - 0{,}5298) - 5{,}0(3\cdot 0{,}0282)] +$$

$$+ \beta[-5{,}0(-2\cdot 0{,}5018 + 0{,}4981) - 5{,}0\cdot 3(-0{,}0320) -$$

$$- 10{,}0\cdot 3(-0{,}0320)]\} = P\ \Delta_P[3{,}491\alpha + 4{,}045\beta];$$

bzw. mit $q = P/EJ_c$ nach (I F.67):

α	β
$3{,}000\,q - 1{,}0$	$+0{,}4885\,q \qquad\;\; = 0$
$3{,}491\,q - 1{,}0$	$+4{,}045\,q - 1{,}0 = 0$

Aus $D = 0$ erhält man die kleinste Wurzel

$$q_1 = 0{,}2605 \quad\text{und}\quad P^*_{ki,\mathrm{pl}} = 0{,}2605\,EJ_c = 0{,}2605 \cdot 21 \cdot 58{,}2 = 318{,}4\,\mathrm{t};$$
$$\sigma^*_{ki,\mathrm{pl}} = 2{,}631\,\mathrm{t/cm^2}.$$

Die Wiederholung der Rechnung mit der Annahme $P = 281\,\mathrm{t}$, $T^* = 1770\,\mathrm{t/cm^2}$ ergab $q_1 = 0{,}2657$; $P^*_{ki,\mathrm{pl}} = 324{,}7\,\mathrm{t}$; $\sigma^*_{ki,\mathrm{pl}} = 2{,}684\,\mathrm{t/cm^2}$.

Trägt man wieder die Ψ-Kurve mit

$$T^* = 1720\,\mathrm{t/cm^2}; \quad \sigma^*_{ki} = 2{,}631\,\mathrm{t/cm^2};$$
$$T^* = 1770\,\mathrm{t/cm^2}; \quad \sigma^*_{ki} = 2{,}684\,\mathrm{t/cm^2}$$

auf (Abb. I 10.7, Kurve a), so erhält man aus dem Schnittpunkt mit der Φ-Kurve

$$\sigma^*_{ki,\mathrm{pl}} = 2{,}48\,\mathrm{t/cm^2} \quad\text{und}\quad P^*_{ki,\mathrm{pl}} = 2{,}48 \cdot 121 = 300\,\mathrm{t}.$$

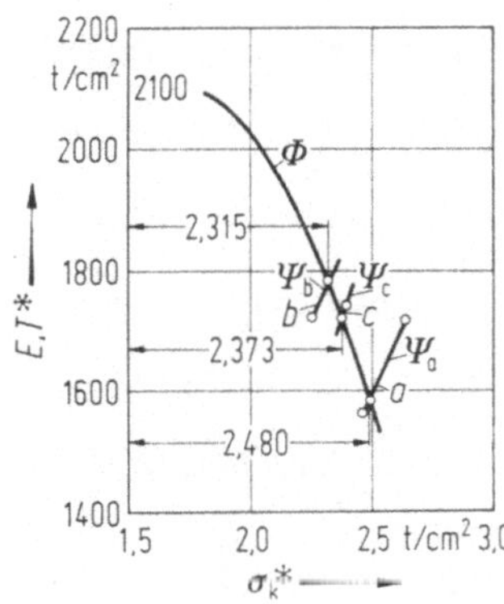

Abb. I 10.7

$\beta)$ Verbessertes Knickkriterium

Nach (I F.76) und (I F.77) wird

$$\max \Delta M = \frac{1}{8}\,\alpha \Delta_P\,P \quad\text{bzw.}\quad \frac{1}{8}\,\beta \Delta_P P.$$

Damit ergeben sich die Zusatzwerte zu den Gleichungen nach $\alpha)$ mit (I F.84) nach Abb. I 10.6c bis e zu:

$$EJ_c\alpha\,\Delta_{P,z} = \alpha\,\Delta_P P \int {}^{\mathrm{I}}M_{\mathrm{red}}{}^v M_{H_\mathrm{a}=1}\frac{J_c}{J}\frac{E}{T^*}\,\mathrm{ds};$$

$$EJ_c\,\Delta_{P,z}(\alpha + \beta) = \Delta_P P\left[\alpha \int {}^{\mathrm{I}}M_{\mathrm{red}}{}^v M_{H_\mathrm{a}=1}\frac{J_c}{J}\frac{E}{T^*}\,\mathrm{ds} + \beta \int {}^{\mathrm{I}}M_{\mathrm{red}}{}^v M_{H_\mathrm{a}=1}\frac{J_c}{J}\frac{E}{T^*}\,\mathrm{ds}\right],$$

bzw. mit (I F.81):

$$EJ_c\alpha\,\Delta_{P,z} = \Delta_P P\alpha\frac{1}{48}\,5{,}0 \cdot 5{,}0 \cdot 1{,}221 = \Delta_P P\alpha \cdot 0{,}637;$$

$$EJ_c\,\Delta_{P,z}(\alpha + \beta) = \Delta_P P\left[\alpha\frac{1}{48}(-5 + 10{,}0)\,5{,}0 \cdot 1{,}221 + \beta\frac{1}{48}\,5{,}0 \cdot 5{,}0 \cdot 1{,}221\right]$$

$$= \Delta_P P[0{,}637\alpha + 0{,}637\beta].$$

Damit lautet das Gleichungssystem nach (I F.83) bzw. (I F.84)

$$EJ_c \alpha \, \Delta_P = P_{\Delta_P}[3{,}637\alpha + 0{,}4885\beta];$$

$$EJ_c(\alpha + \beta) \, \Delta_P = P_{\Delta_P}[4{,}128\alpha + 4{,}682\beta]$$

bzw.

α	β	
$3{,}637\,q - 1{,}0$	$0{,}4885\,q$	$= 0$
$4{,}128\,q - 1{,}0$	$4{,}6820\,q - 1{,}0$	$= 0$

Aus $D = 0$ wird

$$q_1 = 0{,}2223 \quad \text{und} \quad P_1^* = 0{,}2223 \cdot 21 \cdot 58{,}2 = 272 \text{ t}; \quad \sigma_{ki}^* = 2{,}245 \text{ t/cm}^2.$$

Die Wiederholung der Rechnung mit $P = 281$ t; $T^* = 1\,770$ t/cm² ergibt

$$q_1 = 0{,}2283; \quad P_1^* = 279 \text{ t}; \quad \sigma_{ki}^* = 2{,}305 \text{ t/cm}^2.$$

Mit der Ψ-Kurve

$$T^* = 1\,720 \text{ t/cm}^2; \quad \sigma_{ki}^* = 2{,}245 \text{ t/cm}^2;$$

$$T^* = 1\,770 \text{ t/cm}^2; \quad \sigma_{ki}^* = 2{,}305 \text{ t/cm}^2$$

erhält man aus dem Schnittpunkt mit der Φ-Kurve (Abb. I 10.7, Kurve b)

$$\sigma_{ki,\mathrm{pl}}^* = 2{,}315 \text{ t/cm}^2;$$

$$P_{ki,\mathrm{pl}}^* = 2{,}315 \cdot 121 = 280 \text{ t}.$$

Die Abweichung von dem genauen Wert 287,3 t beträgt somit nur 2,5%.

c) Festhaltestabverfahren

Die Berechnung wird nach Abschnitt I F. 2 durchgeführt,
wobei der Momentenausgleich nach Cross erfolgt

Für das System nach Abb. I 10.4a ergeben sich für die Stiele $(1-2)$ und $(2-3)$ für die Annahme $P = 288$ t nach a:

$$\sigma_k^* = 2{,}380 \text{ t/cm}^2; \quad T^* = 1\,710 \text{ t/cm}^2; \quad T^*/E = 0{,}8141; \quad \varepsilon = 2{,}69;$$

und damit die Funktionen

$$F_1 = 2{,}9268; \quad F_3 = 5{,}2357; \quad c^* = F_2/F_1 = 0{,}7889.$$

Für die Stäbe $(2-4)$ und $(3-5)$ wird für $S_{i-k} = 0$ die Funktion $F_8 = 3{,}0$.

1. Verteilungszahlen (Cross). Steifigkeiten: Stab $(1-2)$ und $(2-3)$ nach (I E.11):

$$s_{1,2} = \frac{T^*J}{s_{1-2}} F_1 \quad \text{bzw.} \frac{s_c}{EJ_c} s_{1,2} = \frac{T^*}{E} F_1 = 2{,}9268 \cdot 0{,}8411 = 2{,}3827;$$

Stab $(2-4)$ und $(3-5)$:

$$^0s_{2,4} = \frac{EJ}{s_{2-4}} F_8 \quad \text{bzw.} \frac{s_c}{EJ_c} {}^0s_{2,4} = \frac{500}{125} 3{,}0 = 12{,}0.$$

$$\mu_{ik}\text{-}Werte\ nach\ (I\ F.30)$$

1	2	3	4
Knoten	Stab	$s_{i,k}$	$\mu_{i,k}$
2	2—1	2,3827	−0,1421
	2—3	2,3827	−0,1421
	2—4	12,0	−0,7158
	Σ	16,7654	−1,0
3	3—2	2,3827	−0,1657
	3—5	12,0	−0,8343
	Σ	14,3827	−1,0

2. Verschiebungszustände. Für die Verschiebungszustände nach Abb. I 10.8b und c erhält man die Starreinspannmomente für Stab (1—2) und (2—3) nach (I F.36)

$$\tilde{M}_{i,k} = -\frac{T^*J}{s_{i-k}}F_3\psi_{i-k};$$

für Stab (2—4) und (3—5)

$$\tilde{M}_{i,k} = 0.$$

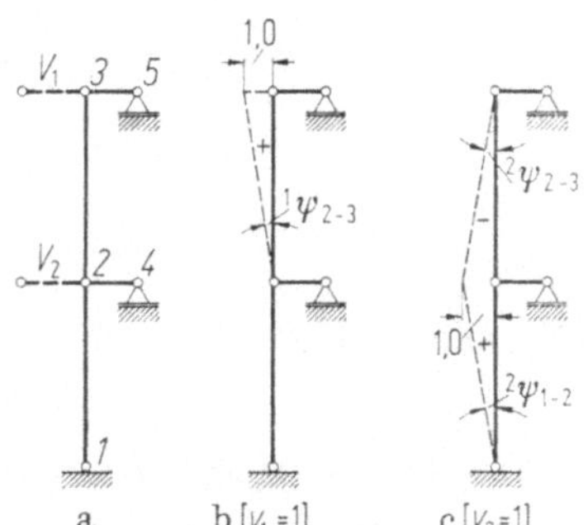

Abb. I 10.8

Entsprechend Abb. I 10.8a wird für das antimetrische Knicken das halbe System gewählt und das stabilisierte Gelenksystem durch die beiden Festhaltestäbe V_1 und V_2 gehalten.

Für den Verschiebungszustand [$v_1 = 1$] ist nach Abb. I 10.8b

$$^1\psi_{3-2} = +\frac{1}{500} = +0,2\cdot 10^{-2},$$

und für den Zustand [$v_2 = 1$] nach Abb. I 10.8c

$$^2\psi_{3-2} = -0,2\cdot 10^{-2};\quad ^2\psi_{1-2} = +0,2\cdot 10^{-2}.$$

Mit

$$c = \frac{EJ_c}{s_c\cdot 100} = \frac{2100\cdot 5820}{500\cdot 100} = 244,44$$

wird

$$\frac{1}{c}\tilde{M}_{i,k} = -\frac{T^*J_{i,k}}{s_{i-k}}F_3\psi_{i-k}\frac{s_c\cdot 100}{EJ_c} = -\frac{T^*}{E}\frac{J_{i,k}}{J_c}\frac{s_c}{s_{i-k}}F_3\cdot 100\cdot\psi_{i-k}.$$

Somit ergibt sich mit $J/J_c = 1$, $s_c = s$ bzw.

$$\frac{1}{c}\,^2\tilde{M}_{3,2} = -5,2357\cdot 0,8141\cdot 0,2 = -0,8525 = \frac{1}{c}\,^2\tilde{M}_{2,1} = -\frac{1}{c}\,^2\tilde{M}_{2,3}.$$

3. Ausgleich. Der Ausgleich nach Cross ist in Abb. I 10.9a und b durchgeführt. Nach (I F.31) ist die Fortleitungszahl

$$\mu_{i-k} = \frac{F_2}{F_1} = c^* = 0{,}7889.$$

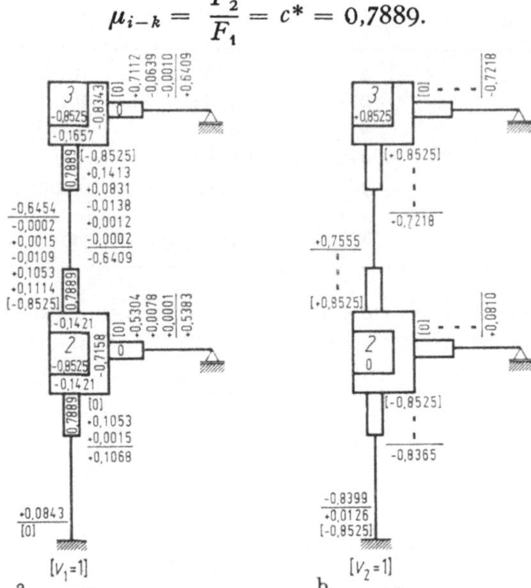

Abb. I 10.9

4. Festhaltestabkräfte. Nach (I F.27) und (I F.28) erhält man die zugehörigen Festhaltestabkräfte:

$$\frac{1}{c} V_{1,1} = -(-0{,}6454 - 0{,}6409) \cdot 0{,}2 \cdot 10^{-2} = +0{,}25726 \cdot 10^{-2};$$

$$\frac{1}{c} V_{2,2} = [-(-0{,}8399 - 0{,}8365) \cdot 0{,}2 - (0{,}7555 + 0{,}7218)\,(-0{,}2)] \cdot 10^{-2} =$$
$$= +0{,}63074 \cdot 10^{-2}$$

$$\frac{1}{c} V_{2,1} = \frac{1}{c} V_{1,2} = [-(0{,}0843 + 0{,}1068) \cdot 0{,}2 - (-0{,}6454 - 0{,}6409) \cdot (0{,}2)] \cdot 10^{-2} =$$
$$= -0{,}29548 \cdot 10^{-2}.$$

Nach (I F.43) ergeben sich die Festhaltestabkräfte aus der Belastung

$$\frac{1}{c} V_{P;1,1} = -P \cdot 0{,}2^2 \cdot 500 \cdot 10^{-4} \cdot \frac{1}{c}.$$

Mit

$$P \frac{s_c}{EJ_c} = q$$

wird

$$\frac{1}{c} V_{P;1,1} = -P \frac{0{,}2^2 \cdot 500 \cdot 10^{-4} \cdot s_c \cdot 100}{EJ_c} = -20 \cdot q \cdot 10^{-2};$$

$$\frac{1}{c} V_{P;2,2} = -P(0{,}2^2 + 0{,}2^2) \cdot 500 \cdot 10^{-4} \cdot \frac{1}{c} = -40 \cdot q \cdot 10^{-2};$$

$$\frac{1}{c} V_{P;2,1} = -P(-0{,}2) \cdot 0{,}2 \cdot 500 \cdot 10^{-4} \cdot \frac{1}{c} = +20 \cdot q \cdot 10^{-2}.$$

5. Knickkriterium. Nach (I F.46) bzw. (I F.47) ergibt sich damit das Knickkriterium

$\Delta_{P,1}$	$\Delta_{P,2}$	
$0{,}25726 - 20\,q$	$-0{,}29548 + 20\,q$	$= 0$
$-0{,}29548 + 20\,q$	$+0{,}63074 - 40\,q$	$= 0$

mit der Lösung $q = 0{,}0117$ und

$$P_{ki}^* = 0{,}0117 \frac{2100 \cdot 5820}{500} = 286{,}1 \text{ t};$$

$$\sigma_{kr}^* = \frac{286{,}1}{121} = 2{,}364 \text{ t/cm}^2 \quad (\text{angenommen } \sigma_{kr}^* = 2{,}380 \text{ t/cm}^2).$$

Die Wiederholung der Rechnung mit

$$P = 286 \text{ t}; \quad \sigma_k^* = 2{,}364 \text{ t/cm}^2; \quad T^* = 1728 \text{ t/cm}^2;$$

$$T^*/E = 0{,}8227; \quad \varepsilon = 2{,}67; \quad F_1 = 2{,}9446; \quad F_3 = 5{,}2477;$$

$$\mu_{i-k} = \frac{F_2}{F_1} = c^* = 0{,}7821$$

ergibt

$$P_{kr}^* = 288{,}6 \text{ t} \quad \text{und} \quad \sigma_{kr}^* = 2{,}385 \text{ t/cm}^2.$$

Mit der Ψ-Kurve

$$T^* = 1710 \text{ t/cm}^2; \quad \sigma_{ki}^* = 2{,}364 \text{ t/cm}^2;$$

$$T^* = 1728 \text{ t/cm}^2; \quad \sigma_{ki}^* = 2{,}385 \text{ t/cm}^2$$

erhält man aus dem Schnittpunkt mit der Φ-Kurve (Abb. I 10.7, Kurve c)

$$\sigma_{kr,pl}^* = 2{,}373 \text{ t/cm}^2$$

und

$$P_{kr,pl}^* = 2{,}373 \cdot 121 = 287{,}1 \text{ t}.$$

Dieser Wert stimmt mit dem genauen Wert von a) $P_{kr,pl}^* = 287{,}3$ t überein.

11. Beispiel. Seitlich verschieblicher zweistöckiger Rahmen-Durchbiegeverfahren

Das System und die Belastung sind in Abb. I 11.1 dargestellt, wobei im Punkt 1 ein Gelenk angeordnet ist (Abb. I 11.3). Die Werte $\eta_{i,k}$ aus $S_{i-k} = \eta_{i,k}P$, die Querschnittswerte F_{st} und J_{st} sowie die Steifigkeiten nach (I F.50) für den elastischen Bereich

$$\bar{k}_{i,k} = \frac{J_{i,k}}{J_c} \frac{s_c}{s_{i-k}}$$

mit $J_c = 1050$ cm^4 und $s_c = 100$ cm sind in Tabelle 11.1 angegeben.

Die Verteilungszahlen $\mu'_{i,k}$ nach (I F.52), wobei nach (I F.51) für den Stab 1—4 $m = 0{,}75$ und für alle übrigen Stäbe $m = 1{,}0$ beträgt, sind für den Knoten 4 in Tabelle 11.2 berechnet. Für alle übrigen Knoten sind sie in Abb. I 11.3 eingetragen.

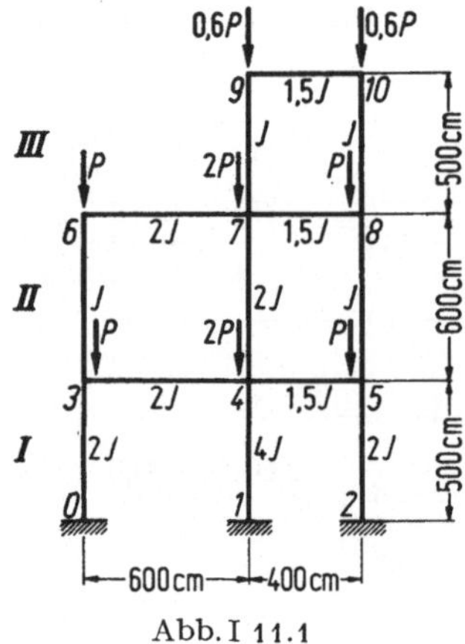

Abb. I 11.1

Tabelle 11.1

Stab	s_{i-k} cm	$\eta_{i,k}$	$J_{i,k}$ cm^4	$F_{i,k}$ cm^2	$\bar{k}_{i,k}$
7—9, 8—10	500	0,6	1 050	51	0,2
3—6	600	1,0	1 050	51	0,167
5—8	600	1,6	1 050	51	0,167
2—5	500	2,6	2 100	68	0,40
4—7	600	2,6	2 100	68	0,333
0—3	500	2,0	2 100	68	0,40
1—4	500	4,6	4 200	88	0,80
4—5, 7—8, 9—10	400	0	1 575		0,375
3—4, 6—7	600	0	2 100		0,333

Tabelle 11.2

Knoten	Stab	$m\bar{k}_{i,k}$	$\mu'_{i,k}$
4	4—3	0,333	—0,1015
	4—7	0,333	—0,1015
	4—5	0,375	—0,1142
	4—1	0,600	—0,1828
	Σ	1,641	—0,5000

Die Verteilungszahlen $v'_{i,k}$ nach (I F.53) sind in Tabelle 11.3 berechnet. Hierbei ergibt sich für die Ausdrücke

$$2\sum_e \bar{k}_{i,k} + 0,5 \sum_g \bar{k}_{i,k}$$

Stockwerk I: $2 \cdot 2 \cdot 0,4 + 0,5 \cdot 0,8 = 2,0;$

Stockwerk II: $2 \cdot (2 \cdot 0,167 + 0,333) = 1,334;$

Stockwerk III: $2 \cdot 2 \cdot 0,2 = 0,8.$

Tabelle 11.3

Stockwerk	Stab	$^e\bar{k}_{i,k}$	$0{,}5\,^g\bar{k}_{i,k}$	v'_{ik}
I	0—3	0,4		—0,20
	1—4		0,4	—0,20
	2—5	0,4		—0,20
II	3—6	0,167		—0,125
	4—7	0,333		—0,250
	5—8	0,167		—0,125
III	7—9	0,20		—0,25
	8—10	0,20		—0,25

Nach (I F.49) ergibt sich

Stockwerk I: $\sum \eta_{i,k} = 2{,}0 + 4{,}6 + 2{,}6 = 9{,}2;$

Stockwerk II: $\sum \eta_{i,k} = 1{,}0 + 2{,}6 + 1{,}6 = 5{,}2;$

Stockwerk III: $\sum \eta_{i,k} = 2 \cdot 0{,}6 = 1{,}2.$

Die Verschiebungsfigur wird nach Abb. I 11.2 angenommen. Die einzelnen Verschiebungen $\alpha\,\Delta_P$, $\beta\,\Delta_P$ und $\gamma\,\Delta_P$ werden getrennt erfaßt und es wird die Berechnung entsprechend (I F.54) bis (I F.60) durchgeführt.

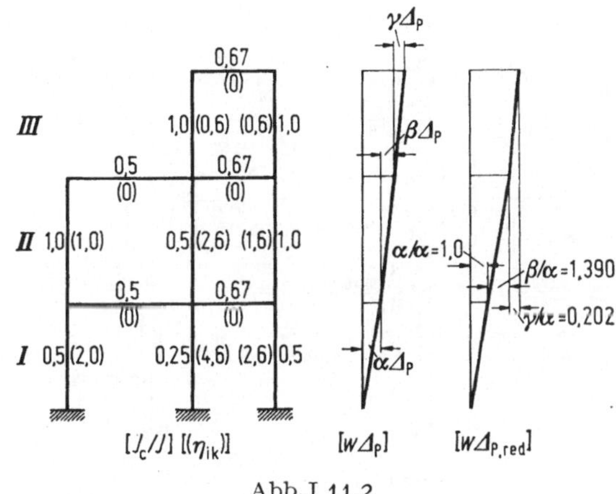

Abb. I 11.2

1. Zustand $[\alpha\,\Delta_P]$. Stockwerkmoment:

$$^{\mathrm{I}}M_{r,\mathrm{I}} = -\alpha\,\Delta_P P \sum_{\mathrm{I}} \eta_{i,k} = -9{,}2\,\alpha\Delta_P P;$$

$$^{\mathrm{I}}M_{r,\mathrm{II}} = {}^{\mathrm{I}}M_{r,\mathrm{III}} = 0.$$

Starreinspannmomente $\tilde{M}_B$ und damit Momente $\tilde{M}_i$ sind keine vorhanden. Der Momentenausgleich wird nach Bd. I A (IX B.21) bis (IX B.27) durchgeführt, und zwar in Abb. I 11.3, wodurch die Momente $^{\mathrm{I}}\bar{M}$ erhalten werden.

2. Zustand $[\beta\,\Delta_P]$. Stockwerkmoment:

$$^{\mathrm{II}}M_{r,\mathrm{II}} = -\beta\Delta_P P \sum_{\mathrm{II}} \eta_{i,k} = -5{,}2\,\beta\Delta_P P;$$

$$^{\mathrm{II}}M_{r,\mathrm{I}} = {}^{\mathrm{II}}M_{r,\mathrm{III}} = 0.$$

Der Ausgleich wird in Abb. I 11.3 durchgeführt, wodurch die Momente $^{\mathrm{II}}\bar{M}$ erhalten werden.

3. *Zustand* $[\gamma_{\Delta_P}]$. Stockwerkmoment:

$$^{\mathrm{III}}M_{r,\mathrm{III}} = -1{,}2\,\gamma_{\Delta_P}P;$$

$$^{\mathrm{III}}M_{r,\mathrm{I}} = {}^{\mathrm{III}}M_{r,\mathrm{II}} = 0.$$

Der Ausgleich wird in Abb. I 11.3 durchgeführt, wodurch die Momente $^{\mathrm{III}}\bar{M}$ erhalten werden.

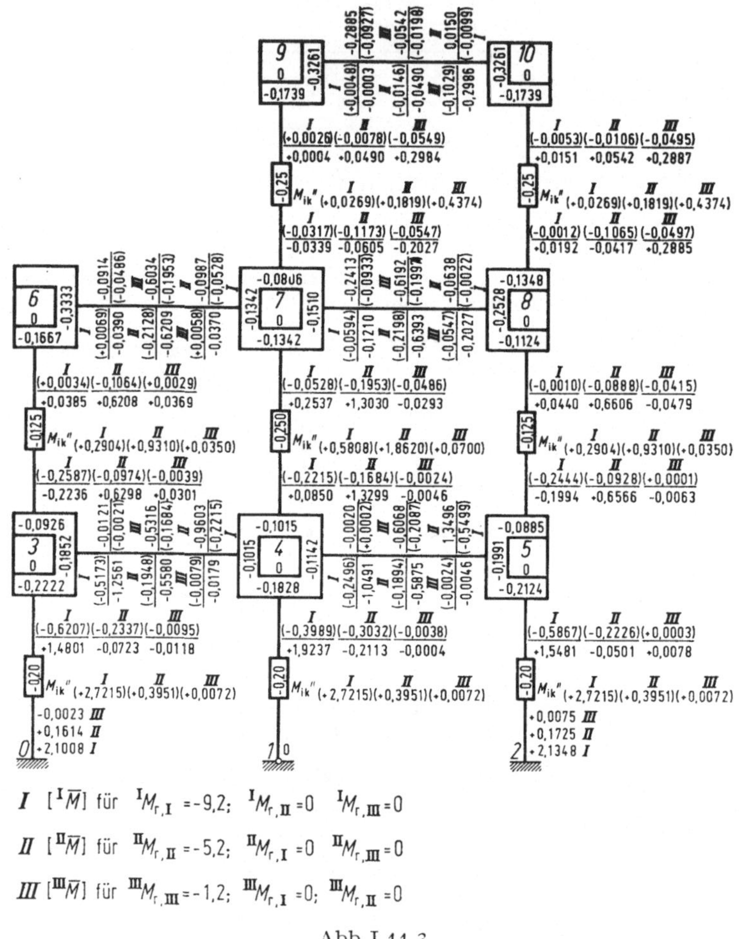

I $[^{\mathrm{I}}\bar{M}]$ für $^{\mathrm{I}}M_{r,\mathrm{I}} = -9{,}2;$ $^{\mathrm{I}}M_{r,\mathrm{II}} = 0$ $^{\mathrm{I}}M_{r,\mathrm{III}} = 0$

II $[^{\mathrm{II}}\bar{M}]$ für $^{\mathrm{II}}M_{r,\mathrm{II}} = -5{,}2;$ $^{\mathrm{II}}M_{r,\mathrm{I}} = 0$ $^{\mathrm{II}}M_{r,\mathrm{III}} = 0$

III $[^{\mathrm{III}}\bar{M}]$ für $^{\mathrm{III}}M_{r,\mathrm{III}} = -1{,}2;$ $^{\mathrm{III}}M_{r,\mathrm{I}} = 0;$ $^{\mathrm{III}}M_{r,\mathrm{II}} = 0$

Abb. I 11.3

a) Angenähertes Knickkriterium

Entsprechend (I F.65) erhält man das Gleichungssystem für die unbekannten Größen α, β und γ, wobei für das statisch bestimmte Grundsystem für die virtuellen Belastungszustände $^vH_{\mathrm{I}} = 1$, $^vH_{\mathrm{II}} = 1$ und $^vH_{\mathrm{III}} = 1$ der in 2 starr eingespannte Kragträger 2—5—8—10 gewählt wird. Die zugehörigen Momente $^vM_{II}$ sind in Abb. I 11.4a, e und i eingetragen. In Abb. I 11.4b—d, f—h, k—m sind die Momente $^{\mathrm{I}}\bar{M}$, $^{\mathrm{II}}\bar{M}$ und $^{\mathrm{III}}\bar{M}$ für den Stab 2—5—8—10, die sich nach Abb. I 11.3 ergeben, eingetragen.

Aus der Integration der Momentenflächen ergibt sich nach (I F.65), wenn man durch Δ_P kürzt und mit $q = (P/EJ)\,10000$:

$$EJ_c\alpha = P\frac{500}{6}\cdot 0,5\cdot 500\,[\alpha(2\cdot 2,1348 - 1,5481) + \beta(2\cdot 0,1725 + 0,0501) +$$

$$+\,\gamma(2\cdot 0,0075 - 0,0078)] =$$

$$= P\,10000\,(5,6698\alpha + 0,8231\beta + 0,0150\gamma);$$

$$EJ_c(\alpha + \beta) = P\,10000\,(7,4132\alpha + 6,4082\beta + 0,2246\gamma);$$

$$EJ_c(\alpha + \beta + \gamma) = P\,10000\,(7,5262\alpha + 7,1661\beta + 2,0479\gamma).$$

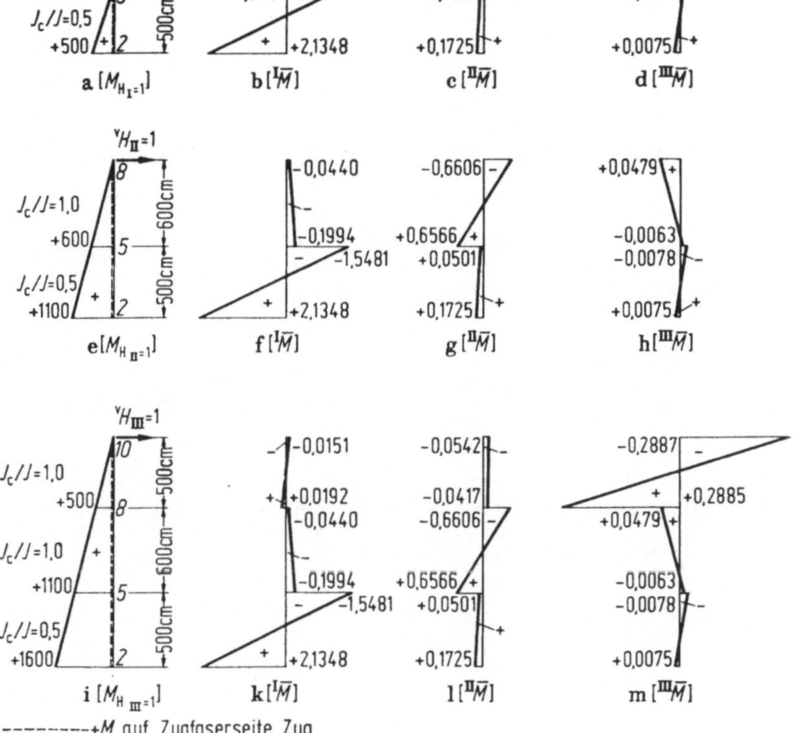

Abb. I 11.4

Damit ergibt sich das homogene Gleichungssystem:

α	β	γ	
$5,6698\,q - 1$	$0,8231\,q$	$0,0150\,q$	$= 0$
$7,4132\,q - 1$	$6,4082\,q - 1$	$0,2246\,q$	$= 0$
$7,5262\,q - 1$	$7,1661\,q - 1$	$2,0479\,q - 1$	$= 0$

Wertet man die Determinante für verschiedene q-Werte aus, so ergibt sich aus der $D - q$-Kurve die Nullstelle der Determinante und damit der kritische Wert q_{kr}.

$$q_{kr} = 0,1461$$

und

$$P_{\mathrm{kr}} = \frac{q_{\mathrm{kr}} E J_c}{10\,000} = \frac{0{,}1461 \cdot 2100 \cdot 1050}{10\,000} = 32{,}15\ \mathrm{t};$$

$$\sigma_{kr,1-4} = \frac{4{,}6 \cdot 32{,}15}{88{,}0} = 1{,}68\ \mathrm{t/cm^2}.$$

b) Verbessertes Knickkriterium

Die Berechnung wird nach Abschnitt I F.3a γ durchgeführt

Nach (I F.85) ergeben sich die Momente infolge der virtuellen Belastungszustände $^v\bar{M}_{H_{i=1}}$ am statisch unbestimmten System zu

$$^v\bar{M}_{H_{\mathrm{I}}=1} = \frac{h_1}{\sum\limits_{\mathrm{I}} \eta_{i,k}}\,{}^{\mathrm{I}}\bar{M} = \frac{500}{9{,}2}\,{}^{\mathrm{I}}\bar{M} = 54{,}35\ {}^{\mathrm{I}}\bar{M};$$

$$^v\bar{M}_{H_{\mathrm{II}}=1} = \frac{h_1}{\sum\limits_{\mathrm{I}} \eta_{i,k}}\,{}^{\mathrm{I}}\bar{M} + \frac{h_2}{\sum\limits_{\mathrm{II}} \eta_{i,k}}\,{}^{\mathrm{II}}\bar{M} = 54{,}35\ {}^{\mathrm{I}}\bar{M} + \frac{660}{5{,}2}\,{}^{\mathrm{II}}\bar{M} =$$

$$= 54{,}35\ {}^{\mathrm{I}}\bar{M} + 115{,}38\ {}^{\mathrm{II}}\bar{M};$$

$$^v\bar{M}_{H_{\mathrm{III}}=1} = 54{,}35\ {}^{\mathrm{I}}\bar{M} + 115{,}38\ {}^{\mathrm{II}}\bar{M} + \frac{h_3}{\sum\limits_{\mathrm{III}} \eta_{i,k}}\,{}^{\mathrm{III}}\bar{M} =$$

$$= 54{,}35\ {}^{\mathrm{I}}\bar{M} + 115{,}38\ {}^{\mathrm{II}}\bar{M} + \frac{500}{1{,}2}\,{}^{\mathrm{III}}\bar{M} =$$

$$= 54{,}35\ {}^{\mathrm{I}}\bar{M} + 115{,}38\ {}^{\mathrm{II}}\bar{M} + 416{,}67\ {}^{\mathrm{III}}\bar{M}.$$

Nach (I F.81) ergeben sich die Integrale für die beiderseits eingespannten Stäbe

$$\int \bar{M} M_{\mathrm{red}}\,\mathrm{d}s = \frac{s}{6}\,(A - B)\,\alpha_e \approx \frac{s}{6}\,(A - B)\,0{,}125$$

und für den Stab $1-4$

$$\int \bar{M} M_{\mathrm{red}}\,\mathrm{d}s = \frac{s}{3}\,A\alpha_g \approx \frac{s}{3}\,A\,0{,}25.$$

Entsprechend (I F.83) erhält man, unter Beachtung der primären Anteile des Abschnittes a), das Gleichungssystem

$$E J_c \alpha = P\,10\,000\,[\alpha(5{,}6698 + A_1) + \beta(0{,}8231 + B_1) + \gamma(0{,}0150 + C_1)];$$

$$E J_c(\alpha + \beta) = P\,10\,000\,[\alpha(7{,}4132 + A_1 + A_2) + \beta(6{,}4082 + B_1 + B_2) +$$

$$+ \gamma(0{,}2246 + C_1 + C_2)];$$

$$E J_c(\alpha + \beta + \gamma) = P\,10\,000\,[\alpha(7{,}5262 + A_1 + A_2 + A_3) +$$

$$+ \beta(7{,}1661 + B_1 + B_2 + B_3) + \gamma(2{,}0479 + C_1 + C_2 + C_3)].$$

Bei der Berechnung der Integrale A_i, B_i und C_i ist darauf zu achten, daß die Werte A_i über alle Stiele des ersten Stockwerkes, B_i über die Stiele des 2. Stockwerkes und C_i über die Stiele des 3. Stockwerkes zu erstrecken sind.

Mit den Momentenflächen $^{I}\bar{M}$, $^{II}\bar{M}$ und $^{III}\bar{M}$ nach der Abb. I 11.4 ergeben sich die Werte

$$A_1 = \frac{1}{10\,000} \int\limits_{I} \eta_{i,k} M_{\mathrm{red}}{}^{I}\bar{M}\, 54{,}35\, \frac{J_c}{J}\, \mathrm{d}s =$$

$$= \frac{500}{10\,000 \cdot 6} [2{,}6 \cdot 0{,}125 \cdot 54{,}35 \cdot 0{,}5(2{,}1348 + 1{,}5481) +$$

$$+\, 4{,}6 \cdot 2 \cdot 0{,}25 \cdot 54{,}35 \cdot 0{,}25 \cdot 1{,}9237 +$$

$$+\, 2{,}0 \cdot 0{,}125 \cdot 54{,}35 \cdot 0{,}5(2{,}1008 + 1{,}4801)] = 0{,}9748;$$

$$B_1 = \frac{1}{10\,000} \int\limits_{II} \eta_{i,k} M_{\mathrm{red}}{}^{I}\bar{M}\, 54{,}35\, \frac{J_c}{J}\, \mathrm{d}s =$$

$$= \frac{600}{10\,000 \cdot 6} [1{,}6 \cdot 0{,}125 \cdot 54{,}35 \cdot 1{,}0(-0{,}1994 + 0{,}0440) +$$

$$+\, 2{,}6 \cdot 0{,}125 \cdot 54{,}35 \cdot 0{,}5(0{,}0850 + 0{,}2537) +$$

$$+\, 1{,}0 \cdot 0{,}125 \cdot 54{,}35 \cdot 1{,}0(-0{,}2236 + 0{,}0385)] = +0{,}0004;$$

$$C_1 = \frac{1}{10\,000} \int\limits_{III} \eta_{i,k} M_{\mathrm{red}}\, 54{,}35\, {}^{I}\bar{M}\, \frac{J_c}{J}\, \mathrm{d}s = +0{,}00003 \approx 0;$$

$$A_2 = \frac{1}{10\,000} \int\limits_{I} \eta_{i,k} M_{\mathrm{red}}\, 115{,}38\, {}^{II}\bar{M}\, \frac{J_c}{J}\, \mathrm{d}s = -0{,}0870;$$

$$B_2 = \frac{1}{10\,000} \int\limits_{II} \eta_{i,k} M_{\mathrm{red}}\, 115{,}38\, {}^{II}\bar{M}\, \frac{J_c}{J}\, \mathrm{d}s = +0{,}9780;$$

$$C_2 = \frac{1}{10\,000} \int\limits_{III} \eta_{i,k} M_{\mathrm{red}}\, 115{,}38\, {}^{II}\bar{M}\, \frac{J_c}{J}\, \mathrm{d}s = +0{,}0001;$$

$$A_3 = \frac{1}{10\,000} \int\limits_{I} \eta_{i,k} M_{\mathrm{red}}\, 416{,}67\, {}^{III}\bar{M}\, \frac{J_c}{J}\, \mathrm{d}s = +0{,}0017;$$

$$B_3 = \frac{1}{10\,000} \int\limits_{II} \eta_{i,k} M_{\mathrm{red}}\, 416{,}67\, {}^{III}\bar{M}\, \frac{J_c}{J}\, \mathrm{d}s = -0{,}0185;$$

$$C_3 = \frac{1}{10\,000} \int\limits_{III} \eta_{i,k} M_{\mathrm{red}}\, 416{,}67\, {}^{III}\bar{M}\, \frac{J_c}{J}\, \mathrm{d}s = +0{,}3124.$$

Damit ergibt sich das Gleichungssystem:

$$\alpha = q[\alpha(5{,}6698 + 0{,}9748) + \beta(0{,}8231 + 0{,}0004) + \gamma(0{,}0150 + 0)];$$

$$\alpha + \beta = q[\alpha(7{,}4132 + 0{,}9748 - 0{,}0870) + \beta(6{,}4082 + 0{,}0004 + 0{,}9780) +$$

$$+\, \gamma(0{,}2246 + 0 + 0{,}0001)];$$

$$\alpha + \beta + \gamma = q[\alpha(7{,}5262 + 0{,}9748 - 0{,}0870 + 0{,}0017) +$$

$$+\, \beta(7{,}1661 + 0{,}0004 + 0{,}9780 - 0{,}0185) +$$

$$+\, \gamma(2{,}0479 + 0 + 0{,}0001 + 0{,}3124)];$$

bzw.

α	β	γ
$6{,}6446\,q - 1$	$0{,}8235\,q$	$0{,}0150\,q$
$8{,}3010\,q - 1$	$7{,}3866\,q - 1$	$0{,}2247\,q$
$8{,}4157\,q - 1$	$8{,}1260\,q - 1$	$2{,}3604\,q - 1$

Die Lösung der Determinante ergibt für

$$q = 0,13; \quad D = +0,00265;$$
$$q = 0,128; \quad D = -0,00067,$$

und aus Abb. I 11.5

$$q_{kr} = 0,1284.$$

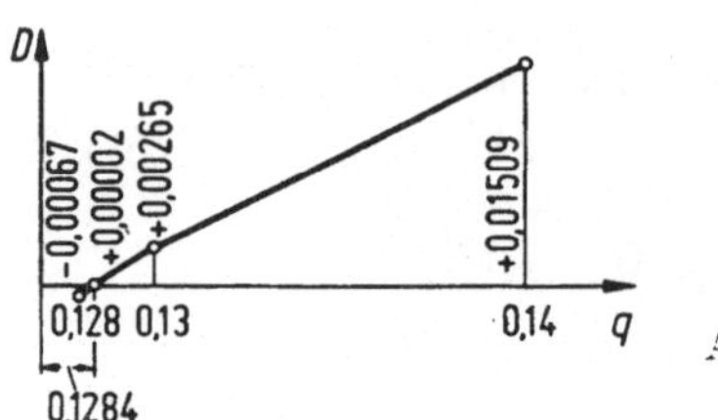

Abb. I 11.5

Damit wird

$$P_{kr} = \frac{0,1284 \cdot 2100 \cdot 1050}{10000} = 28,31 \text{ t},$$

d. h. daß der Wert der Näherungsberechnung nach a) um 12% zu hoch ist

$$\max \sigma_{kr} = \frac{4,6 \cdot 28,31}{88,0} = 1,48 \text{ t/cm}^2 < \sigma_P.$$

Die Annahme der Berechnung im elastischen Bereich ist somit gültig.

Setzt man den Wert $q = 0,1284$ z. B. in die 2. und 3. obige Gleichung ein, so erhält man das Gleichungssystem

1	β/α	γ/α	
$+0,06585$	$-0,05156$	$+0,02885$	0
$+0,08058$	$+0,04338$	$-0,69692$	0

mit den Lösungen

$$\frac{\beta}{\alpha} = +1,3903; \quad \frac{\gamma}{\alpha} = +0,2022.$$

Damit ist aber die Form der Biegelinie im Augenblick des Ausknickens bekannt (Abb. I 11.2).

12. Beispiel.   Symmetrisch belasteter Schrägstielrahmen

Das System und die Belastung sind nach Abb. I 12.1 gegeben.
Für den überall konstanten Querschnitt ist

$$J_c = 1800 \text{ cm}^4; \quad F = 50,0 \text{ cm}^2; \quad \text{St } 37;$$
$$S_{1-2} = 1,055P; \quad S_{2-3} = 0,333P.$$

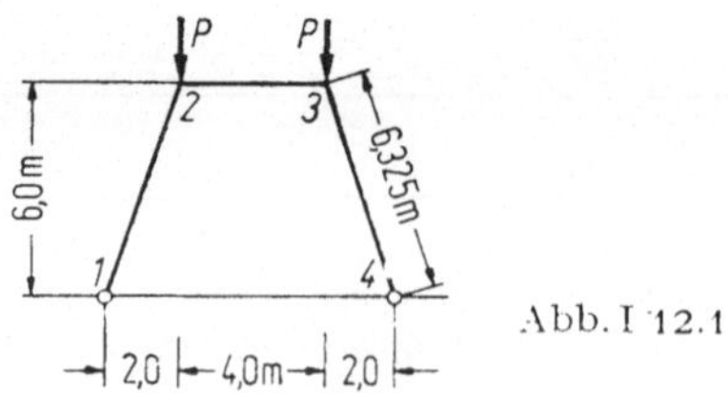

Abb. I 12.1

a) Symmetrisches Ausknicken

α) Momentenbelastungsverfahren — Serienkriterium

Die Berechnung wird nach Abschnitt F.1 bβ) durchgeführt. Nach (I F.13) lautet das Knickkriterium für das symmetrische Ausknicken des Systems:

$$r = \frac{(\mu_{2-3}\,s_{2,3})^2}{(s_{2,3} + {}^0s_{2,1})^2} = \left(\frac{\mu_{2-3}\,s_{2,3}}{s_{2,3} + {}^0s_{2,1}}\right)^2 .$$

Nach (I E.11), (I E.12) und (I F.21) gilt mit

$$c = \frac{EJ}{s} \quad \text{bzw.} \quad \frac{T^*J}{s} ;$$

$$s_{i,k} = \frac{EJ}{s}\,F_1 \quad \text{bzw.} \quad \frac{T^*J}{s}\,F_1 = cF_1 = s_{2,3};$$

$$^0s_{i,k} = \frac{EJ}{s}\,F_8 \quad \text{bzw.} \quad \frac{T^*J}{s}\,F_8 = cF_8 = {}^0s_{1,2};$$

$$\mu_{i-k} = \frac{F_2}{F_1} .$$

Nach (I B.14) ist

$$\varepsilon = s\,\sqrt{\frac{S}{EJ}} \quad \text{bzw.} \quad s\,\sqrt{\frac{S^*}{T^*J}} .$$

Zu jeder Annahme von P^* wird zuerst die Spannung $\sigma^* = S^*_{i-k}/F$ berechnet und der Wert T^* angeschrieben, woraus sich ε ergibt (Tabelle 12.1). Die zugehörigen Werte r sind in Tabelle 12.2 berechnet.

Tabelle 12.1

1	2	3	4	5	6	7	8	9	10	11
	Stab $1-2$					Stab $2-3$				
P^*	S^*_{i-k}	σ^*	E, T^*	c	ε	S^*_{i-k}	σ^*	E, T^*	c	ε
t	t	t/cm²	t/cm²	tcm		t	t/cm²	t/cm²	tcm	
100	105,6	2,113	1 950	5 550	3,47	34,0	$<\sigma_P$	2 100	9 450	1,20
105	111,0	2,220	1 870	5 320	3,63	35,7	$<\sigma_P$	2 100	9 450	1,23
110	116,0	2,325	1 768	5 030	3,82	37,4	$<\sigma_P$	2 100	9 450	1,26

Tabelle 12.2

1	2	3	4	5	6	7	8	9
Last	Stab $2-3$					Stab $1-2$		r
P^*	F_1	$\mu_{2-3} = F_2/F_1$	$s_{2,3} = c \cdot [2]$	$[3] \cdot [4]$	F_8	$^0s_{1,2} = c \cdot F_8$	$[4] \cdot [7]$	$([5]/[8])^2$
t	—	—	tcm	tcm	—	tcm	tcm	
100	3,8043	0,5389	35 960	19 380	$-1,3111$	$-7 280$	28 680	0,456
105	3,7941	0,5411	35 840	19 400	$-2,2595$	$-12 040$	23 800	0,665
110	3,7838	0,5433	35 760	19 420	$-3,9025$	$-19 600$	16 160	1,445

Aus dem Schnittpunkt der r-Kurve mit der Geraden $r = 1$ (Abb. I 12.2) ergibt sich die kritische Last $P^*_{\mathrm{kr,pl}} = 107{,}5$ t und mit $v_E = 2{,}08$

$$P_{\mathrm{zul}} = \frac{107{,}5}{2{,}08} = 51{,}8 \text{ t}.$$

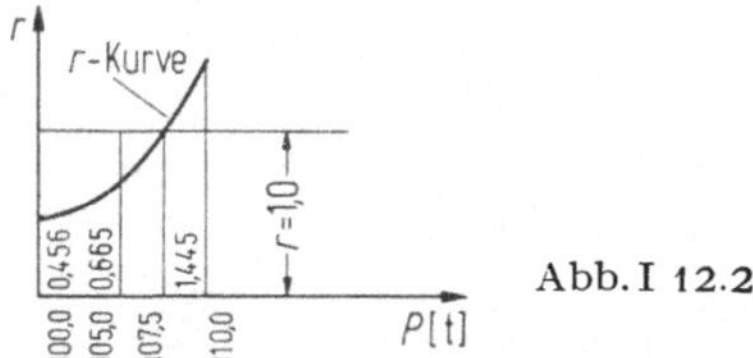

Abb. I 12.2

Mit

$$\sigma^*_{\mathrm{kr};1,2} = \frac{107{,}5 \cdot 1{,}056}{50{,}0} = 2{,}57 \text{ t/cm}^2$$

wird

$$T^* = 1\,818 \text{ t/cm}^2 ;$$

$$\varepsilon_{1,2} = 632{,}5 \; \sqrt{\frac{113{,}5}{1\,818 \cdot 1\,800}} = 3{,}73 .$$

Damit wird die effektive Knicklänge für den Stab $1-2$ nach (I B.17)

$$s_{k,\mathrm{eff}} = \frac{\pi}{\varepsilon} \, s_{1-2} = \frac{\pi}{3{,}73} \, 632{,}5 = 533 \text{ cm} .$$

β) Durchbiegungsverfahren

Die Berechnung wird nach Abschnitt (I F.3 b) und zuerst im elastischen Bereich durchgeführt.

Für die Belastung P nach Abb. I 12.1 ergibt sich:

$$S_{1-2} = \eta_{1,2} P = 1{,}055 P; \quad S_{2-3} = \eta_{2,3} P = 0{,}333 P.$$

Für die Belastung $P_a = 1$ nach Abb. I 12.3 werden die Momente nach Kani berechnet (halbes System).

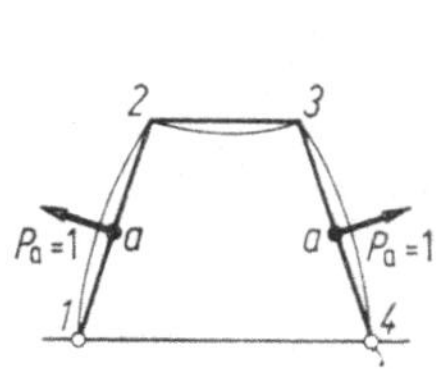

Abb. I 12.3

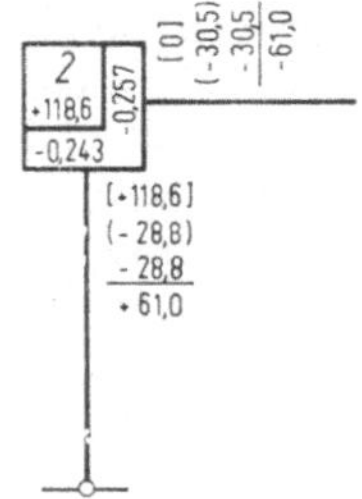

Abb. I 12.4

$$\textit{Verteilungszahlen } \mu'_{i,k} = -\frac{1}{2} \, \frac{mk_{i,k}}{\sum mk_{i,k}}$$

Knoten	Stab	$k_{i,k} = J/s$	m	$mk_{i,k}$	$\mu'_{i,k}$
2	1—2	2,84	0,75	2,13	−0,243
	2—3	4,50	0,5	2,25	−0,257
Σ				4,38	−0,500

Starreinspannmoment für $P_a = 1$.

$$\tilde{M}_{Pa,2} = +\frac{3}{16}\,P_a s = +\frac{3}{16}\,632{,}5\,P = +118{,}6.$$

Der Ausgleich nach Kani wird in Abb. I 12.4 durchgeführt.

Die Momente $\bar{M}_{P_a=1}$ sind, in Abb. I 12.5a dargestellt, die zugehörigen Biegelinien $\bar{w}_{P_a=1}$ in Abb. I 12.5b. Diese Biegelinien werden als Knickfigur angenommen. Dann wird für eine virtuelle Last ${}^v P_a = 1$ die Durchbiegung im Punkt a berechnet.

$$M_P = \eta_{i,k}\bar{w}P = M_{P=1}P;$$

$$M_{P=1} = \text{Klammerwerte ( ) in Abb. I 12.5b.}$$

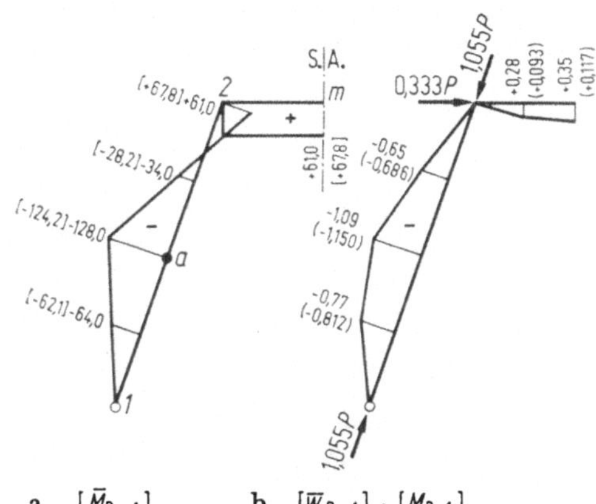

Abb. I 12.5

Nach (I F.87) ergibt sich unter Zugrundelegung der Abb. I 12.5a und I 12.5b im elastischen Bereich mit $E/T^* = 1{,}0$

$$EJ_c\,1{,}09\,\Delta_P = P\int M_{P=1}\bar{M}_{P_a=1}\frac{I_c}{J}\frac{E}{T^*}\,\mathrm{d}s = P^*_{\mathrm{kr}}(30374 + 924) = P^*_{\mathrm{kr}}\cdot 31298;$$

$$P^*_{\mathrm{kr,el}} = \frac{1{,}09\cdot 2100\cdot 1800}{31298} = 131{,}6\,\mathrm{t};\quad \sigma^*_{\mathrm{kr,el}} = \frac{131{,}6}{50{,}0} = 2{,}632\,\mathrm{t/cm^2}.$$

Aus dem Schnittpunkt der Φ-Kurve mit der Geraden $0 - e$ (Abb. I 12.6), wobei e durch die Koordinaten $E = 2100$ und $\sigma^*_k = 2{,}632$ gegeben ist, erhält man angenähert $\sigma^*_k = 2{,}270\,\mathrm{t/cm^2}$ und $P_{\mathrm{kr,pl}} = 2{,}27\cdot 50 = 113{,}5\,\mathrm{t}$. Die Abweichung vom genauen Wert beträgt somit nur rund 5%.

Unter der Annahme von $P = 115{,}0\,\mathrm{t}$ ergibt sich

$$S^*_{1-2} = 1{,}055\cdot 115{,}0 = 121{,}3\,\mathrm{t};\quad \sigma^*_{k,1-2} = 2{,}426\,\mathrm{t/cm^2};\quad T^*/E = 0{,}7888;$$

$$T^* = 1657\,\mathrm{t/cm^2};\quad S_{2-3} = 0{,}333\cdot 115 = 38{,}3\,\mathrm{t};\quad \sigma_{2-3} = 0{,}766\,\mathrm{t/cm^2}.$$

Damit ergeben sich die Verteilungszahlen nach (I F.50) bis (I F.52) zu

$$\mu'_{1,2} = -0{,}214;\quad \mu'_{2,3} = -0{,}286,$$

und nach erfolgtem Ausgleich nach Kani

$$\bar{M}_{2\,u} = +67{,}8\,\mathrm{tcm};\quad \bar{M}_{2,r} = -67{,}8\,\mathrm{tcm}.$$

Die entsprechenden endgültigen Momente infolge $P = 1$ sind in Abb. I 12.5a in []-Klammern eingetragen.

Wie oben ergibt sich nach (I F.87) und mit Abb. I 12.5a und b

$$EJ_c\, 1{,}09\, \Delta_P = P \cdot 35\,887$$

und

$$P^*_{kr,pl} = 114{,}8\ t\,.$$

Da die Annahme $P = 115{,}0$ t mit dem Ergebnis übereinstimmt, ist die Knicklast im plastischen Bereich gefunden.

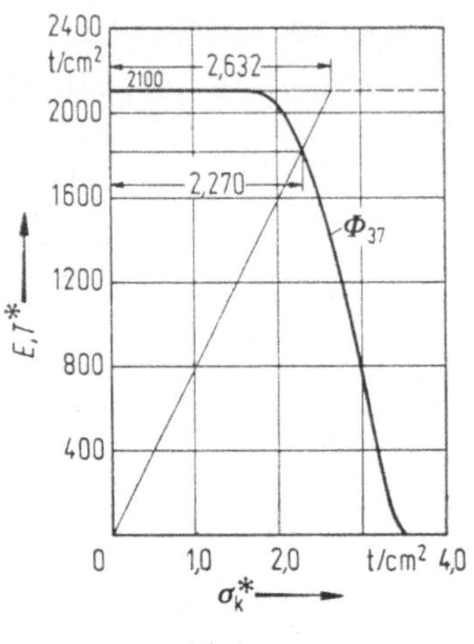

Abb. I 12.6

b) Antimetrisches Ausknicken

Für das antimetrische Ausknicken kann das halbe System nach Abb. I 12.7a zugrunde gelegt werden. Für den Verschiebungszustand $[\psi_{1-2} = 1]$ ergibt sich nach dem Verschiebungsplan Abb. I 12.7b

$$^{\alpha}\psi_{1-2} = 1{,}0;\quad {}^{\alpha}\tilde{\psi}_{2-m} = -\frac{2{,}0}{2{,}0} = -1{,}0\,.$$

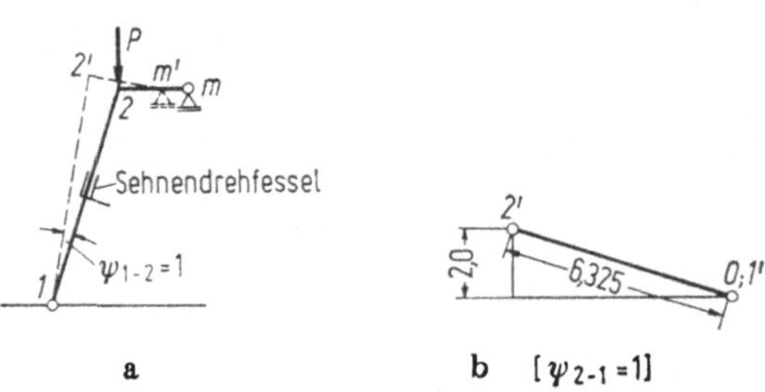

Abb. I 12.7

α) Allgemeine Deformationsmethode

Die Berechnung wird nach Abschnitt I.E 4 durchgeführt. Da die Stäbe in 1 und m gelenkig gelagert sind, ergeben sich die Koeffizienten des Gleichungssystems (I E.16) für die Zustände $[\varphi_2 = 1]$ und $[^{\alpha}\psi_{1-2} = 1]$, unter Beachtung, daß alle Werte mit

$s_{1-2}/E J_c$ multipliziert werden, zu:

$$(^2a_2^*) = \frac{s_{1-2}}{EJ}\,^2a_2^* = \left(F_8\,\frac{T^*}{E}\right)_{1,2} \cdot + \left(F_8\,\frac{T^*}{E}\,\frac{s_{1-2}}{s_{2-m}}\right)_{2,m} \qquad \text{nach (I E.17a)};$$

$$(^\alpha a_2^*) = \frac{s_{1-2}}{EJ}\,^\alpha a_2^* = -\left(+F_8\,\frac{T^*}{E}\cdot 1,0\right)_{1,2} - \left[F_8\,\frac{T^*}{E}\,\frac{s_{1-2}}{s_{2-m}}\,(-1,0)\right]_{2,m}$$

$$\text{nach (I E.17c)};$$

$$(^\alpha a_\alpha^*) = \frac{s_{1-2}}{EJ}\,^\alpha a_\alpha^* = \left(+F_9\,\frac{T^*}{E}\,1,0^2\right)_{1,2} + \left(F_9\,\frac{T^*}{E}\,\frac{s_{1-2}}{s_{2-m}}\,1,0^2\right)_{2,m}$$

$$\text{nach (I F.17e)}.$$

Tabelle 12.3

1	2	3	4	5	6	7	8	9
	Stab $(1-2)$				Stab $(2-m)$			
P^*	S_{i-k}^*	σ^*	$E,\,T^*$	ε	S_{i-k}^*	σ^*	$E,\,T^*$	ε
t	t	t/cm²	t/cm²	—	t	t/cm²	t/cm²	
50,0	52,70	$<\sigma_P$	2100	2,362	16,67	$<\sigma_P$	2100	0,420
47,8	50,39	$<\sigma_P$	2100	2,308	15,93	$<\sigma_P$	2100	0,410
47,6	50,17	$<\sigma_P$	2100	2,304	15,86	$<\sigma_P$	2100	0,410
47,0	49,54	$<\sigma_P$	2100	2,290	15,70	$<\sigma_P$	2100	0,410
	F_8	$(100/s_{1-2})F_8$	F_9	ε	F_8	$(100/s_{2-m})F_8$	F_9	ε
50,0	1,646	0,2602	$-3,933$	2,362	2,965	1 483	2,788	0,420
47,8	1,721	0,272	$-3,606$	2,308	2,965	1,483	2,797	0,410
47,6	1,726		$-3,582$	2,304	2,965		2,797	0,410
47,0	1,245		$-3,499$	2,290	2,965		2,797	0,410

Mit Tabelle 12.3 erhält man mit $E/T^* = 1,0$ und $s_{2-m} = 2,0$ m;

$$P = 47,8\ \text{t:}$$

$$(^2a_2^*) = +1,721 + 2,965\,\frac{6,325}{2,000} = +11,0972;$$

$$(^\alpha a_2^*) = -1,721 + 2,965 \cdot 3,1625 = +7,6558;$$

$$(^\alpha a_\alpha^*) = -3,606 + 2,797 \cdot 3,1625 = +5,2364.$$

Das Gleichungssystem lautet

φ_2	ψ_x	φ_2	ψ_α
$(^2a_2^*)$	$(^2a_x^*)$ =	$+11,0972$	$+7,6558$ = 0
$(^\alpha a_2^*)$	$(^\alpha a_\alpha^*)$	$+7,6558$	$+5,2364$ = 0

mit dem Wert der Determinante $D = -0,499$.

Für $P = 47,6$ t wird $D = -0,095$ und für $P = 47,0$ t wird $D = +1,511$.

Aus dem Schnittpunkt der D-Kurve mit der Abszisse (Abb. I 12.8) ergibt sich

$$P_{\mathrm{kr}}^{*} = 47{,}57\ \mathrm{t}.$$

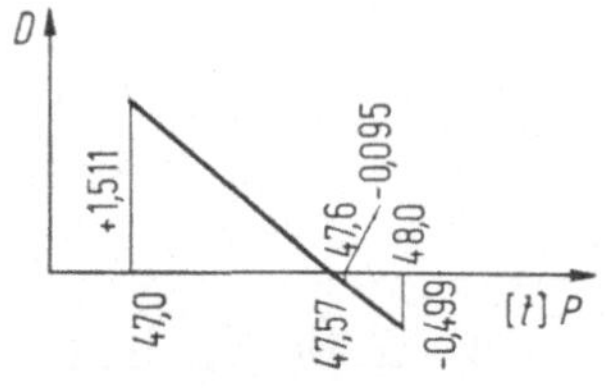

Abb. I 12.8

β) Festhaltestabverfahren mit Cross-Ausgleich

Die Berechnung wird nach Abschnitt I F.2 durchgeführt, wobei der Momentenausgleich nach Cross erfolgt. Da alle Spannungen unterhalb der Proportionalitätsgrenze liegen, ist $E/T^{*} = 1{,}0$.

Verteilungszahlen:

Nach (I F.30) ist

$$\mu_{i,k} = -\ \frac{{}^{0}s_{i,k}}{\sum s_{i,k}}.$$

Nach (I E.12) ist

$${}^{0}s_{i,k} = \frac{EJ}{s_{i-k}}\,F_8 \quad \text{bzw.} \quad ({}^{0}s_{i,k}) = \frac{100}{EJ}\,\frac{EJ}{s_{i-k}}\,F_8.$$

Stab $(1-2)$:
$$({}^{0}s_{1,2}) = \frac{100}{632{,}5}\,F_8;$$

Stab $(2-m)$:
$$({}^{0}s_{2,m}) = \frac{100}{200}\,F_8.$$

Annahme $P = 50\ \mathrm{t}$ (siehe Tabelle 12.3)

$$({}^{0}s_{1,2}) = \frac{1{,}646}{6{,}325} = 0{,}2602; \quad ({}^{0}s_{2,m}) = \frac{2{,}965}{2{,}0} = 1{,}4825; \quad \sum {}^{0}s_{i,k} = 1{,}7427;$$

$$\mu_{2,1} = -0{,}1493; \quad \mu_{2,m} = -0{,}8507; \quad \sum \mu = -1{,}0.$$

Für die Verschiebung „1" in Richtung des Festhaltestabes V_1 (Abb. I 12.9) ergibt sich

$$\psi_{1-2} = \frac{+1{,}0541}{632{,}5} = +\frac{1}{600}; \quad \psi_{2-m} = -\frac{0{,}3333}{200} = -\frac{1}{600}.$$

Nach (I F.37) erhält man die Starreinspannmomente:

$$\tilde{M}_{2-1} = -\frac{EJ}{s_{i-k}}\,F_8\psi_{i-k} = -\frac{2100 \cdot 1800}{632{,}5} \cdot 1{,}646\,\frac{1}{600} = -16{,}39\ \mathrm{tcm};$$

$$\tilde{M}_{2-3} = -\frac{2100 \cdot 1800}{200}\,2{,}965\left(-\frac{1}{600}\right) = +93{,}40\ \mathrm{tcm}.$$

Der Cross-Ausgleich wird nach Abb. I 12.10 durchgeführt.

Nach (I F.27) ergibt sich die Festhaltestabkraft aus den Verschiebungen

$$V_{1,1} = -\left(-27{,}089 \cdot \frac{1}{600}\right) - 27{,}89\left(-\frac{1}{600}\right) = +0{,}09297;$$

und aus der Belastung (Theorie II. Ordnung) nach (I F.43)

$$V_{P,1} = -P \sum \eta_{ik}\psi^2_{i-k}s_{i-k} =$$

$$= -1{,}055P \cdot \left(\frac{1}{600}\right)^2 \cdot 632{,}5 - 0{,}3333 \cdot P \cdot 200\left(\frac{1}{600}\right)^2 =$$

$$= -0{,}002037P = -Pk_1.$$

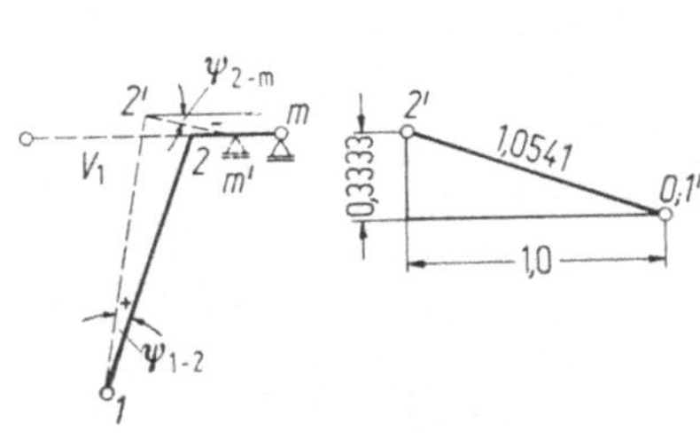

Abb. I 12.9

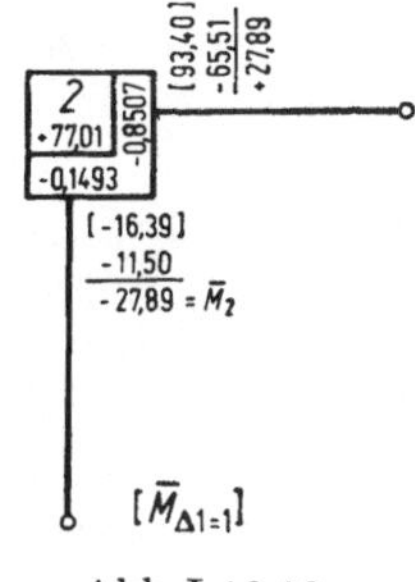

Abb. I 12.10

Nach (I F.44) bzw. (I F.45) wird

$$V_{1,1}\Delta_{P,1} + V_{P,1}\Delta_{P,1} = 0;$$

$$V_{1,1} - Pk_1 = 0;$$

$$P^*_{kr} = \frac{V_{1,1}}{k_1} = \frac{0{,}09297}{0{,}002037} = 45{,}6\,t.$$

Die Wiederholung der Rechnung für $P = 47{,}8\,t$ ergibt

$$\mu_{2,1} = -0{,}1549; \quad \mu_{2,m} = -0{,}8451;$$

$$\tilde{M}_{2-1} = -17{,}126\,\text{tcm}; \quad \tilde{M}_{2-m} = +93{,}433\,\text{tcm}; \quad \bar{M}_2 = \pm28{,}944\,\text{tcm};$$

$$V_{1,1} = +0{,}09648; \quad P^*_{kr} = 47{,}4\,t.$$

Aus Abb. I 12.11 erhält man aus dem Schnittpunkt der beiden Geraden P und P^*_{kr}

$$P^*_{kr} = 47{,}7\,t.$$

Es ist dies der gleiche Wert wie unter α).

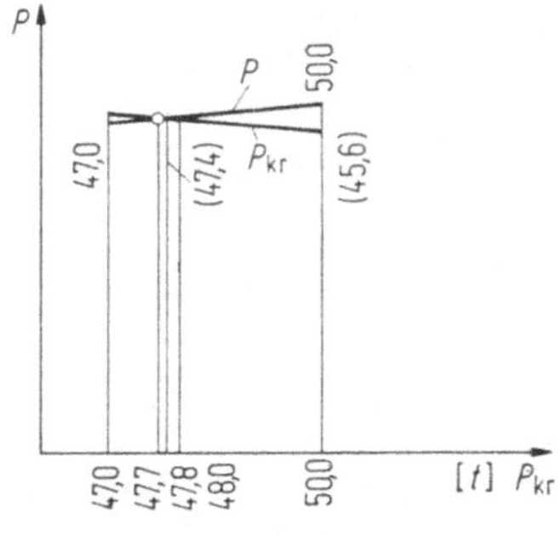

Abb. I 12.11

13. Beispiel. Unsymmetrisch belasteter Schrägstielrahmen
Allgemeine Deformationsmethode

Das System und die Belastung sind nach Abb. I 13.1 gegeben. Für den überall konstanten Querschnitt ist:

$$J_c = J_y = 5950 \text{ cm}^4; \quad W_y = 595 \text{ cm}^3; \quad i_y = 8,48 \text{ cm}; \quad F = 82,7 \text{ cm}^2; \quad \text{Stahl St 37};$$

$$s_{1-2} = 300 \text{ cm}; \quad s_{0-1} = s_{2-3} = 447 \text{ cm}.$$

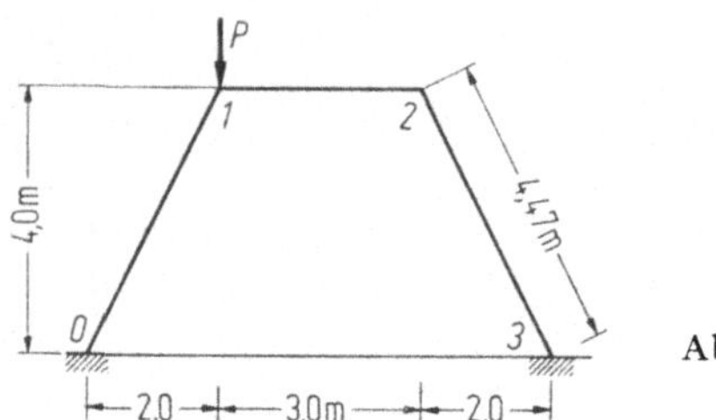

Abb. I 13.1

a) Schnittbelastungen nach Theorie I. Ordnung

Die Berechnung der Schnittlasten für die Last P im Punkt 1 wird nach Bd. I A (VIII D) unter Beachtung des Belastungsumordnungsverfahrens durchgeführt, wobei die Stablängenänderungen vernachlässigt werden.

Für die *symmetrische Belastung* nach Abb. I 13.2a treten nur Normalkräfte auf:

$$\bar{N}_{0-1} = -0{,}562P; \quad \bar{N}_{1-2} = -0{,}25P; \quad \bar{Q} = 0; \quad \bar{M} = 0.$$

Für die *antimetrische Belastung* kann das stabilisierte Gelenksystem nach Abb. I 13.2b der Rechnung zugrunde gelegt werden, mit den unbekannten Größen φ_1 und $\psi_x = \psi_{0-1}$. Aus dem Verschiebungszustand $[\psi_\alpha = 1]$ (Abb. I 13.2c) ergibt sich

$$^\alpha\psi_{0-1} = 1{,}0; \quad ^\alpha\psi_{1-m} = -\frac{200}{150} = -1{,}333; \quad ^\alpha\psi_{1-m}^2 = 1{,}78.$$

Mit Bd. I A (VIII C.2, VIII C.3, VIII D.2 bis VIII D.8) wird

$$^1a_1^* = {}^1a_{1;1,0} + {}^1a_{1;1,m}^0 = \frac{4EJ_c}{s_{0-1}} + \frac{3EJ_c}{s_{1-m}} = (4 \cdot 13{,}32 + 3 \cdot 39{,}70)\,E = 172{,}3E;$$

$$^1a_\alpha^* = -({}^1a_{1-0}\,{}^\alpha\psi_{1-0} + {}^1a_{1-m}^0\,{}^\alpha\psi_{1-m}) =$$

$$= \frac{6EJ_c}{s_{1-0}}\,1{,}0 + \frac{3EJ_c}{s_{1-m}}\,1{,}333 = -(6 \cdot 13{,}32 - 3 \cdot 39{,}7 \cdot 1{,}333)\,E = 79{,}0E;$$

$$^\alpha a_\alpha^* = ({}^1a_{1-0} + {}^0a_{0-1})\,{}^\alpha\psi_{1-0}^2 + {}^1a_{1-m}^0\,{}^\alpha\psi_{1-m}^2 =$$

$$= 2 \cdot \frac{6EJ_c}{s_{1-0}}\,1{,}0^2 + \frac{3EJ_c}{s_{1-m}}\,1{,}333^2 = (12 \cdot 13{,}32 + 3 \cdot 39{,}70 \cdot 1{,}78)\,E = 372{,}0E;$$

$$^1a_{B,1}^* = 0; \quad ^\alpha a_{B,\alpha}^* = -\sum \mathfrak{P}_n \cdot {}^\alpha v_n = -\left(-\frac{P}{2}\,200\right) = +100P.$$

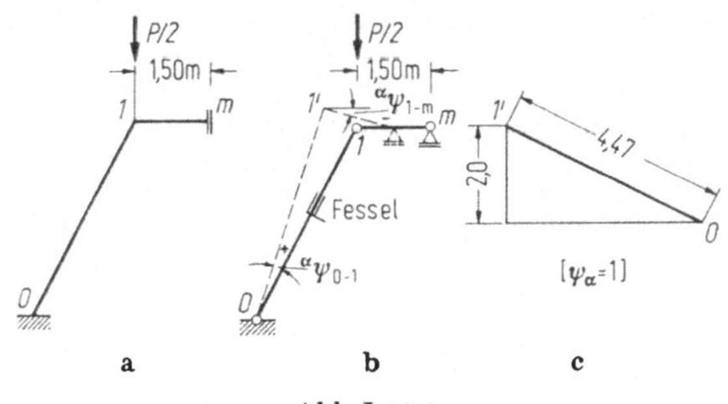

Abb. I 13.2

Damit ergibt sich das Gleichungssystem nach Bd. I A (VIII D.8) zu

φ_1	ψ_α	Bel.
172,3 E	79,0 E	0
79,0 E	372,0 E	100 P

mit der Lösung

$$\varphi_{P,1} = 0,65 \cdot 10^{-4}P; \quad \psi_{P,\alpha} = -1,42 \cdot 10^{-4}P.$$

Nach Bd. I A (VIII B.13) bzw. (VIII B.22) ergibt sich damit

$$\bar{M}_{P,0;0,1} = \frac{2EJ_c}{s_{0-1}}\varphi_{P,1} - \frac{6EJ_c}{s_{0-1}}{}^\alpha\psi_{P,0-1} =$$

$$= E \cdot 13,32\,(2 \cdot 0,65 + 6 \cdot 1,42) \cdot P \cdot 10^{-4} =$$

$$= 0,0131EP = 27,5P \;[\text{tcm}];$$

$$\bar{M}_{P,1;1,0} = E \cdot 13,32(4 \cdot 0,65 + 6 \cdot 1,42)\, P \cdot 10^{-4} = 0,0148PE = 31,1P \;[\text{tcm}];$$

$$\bar{M}_{P,1;1,m} = \frac{3EJ_c}{s_{1-m}}(\varphi_{P,1} - {}^\alpha\psi_{P;1-m}) =$$

$$= E \cdot 39,70\,[3 \cdot 0,65 - (-1,333)(-1,42)]\, P \cdot 10^{-4} = -31,1P \;[\text{t/cm}].$$

Aus Abb. I 13.3 erhält man mit den Querkräften

$$\bar{Q}_{0-1} = \frac{31,1 + 27,5}{447}\, P = 0,131P$$

und

$$\bar{Q}_{1-m} = \frac{31,1}{150}\, P = 0,207P;$$

$$\bar{N}_{0-1} = -0,260P \quad \text{und} \quad \bar{N}_{1-m} = 0.$$

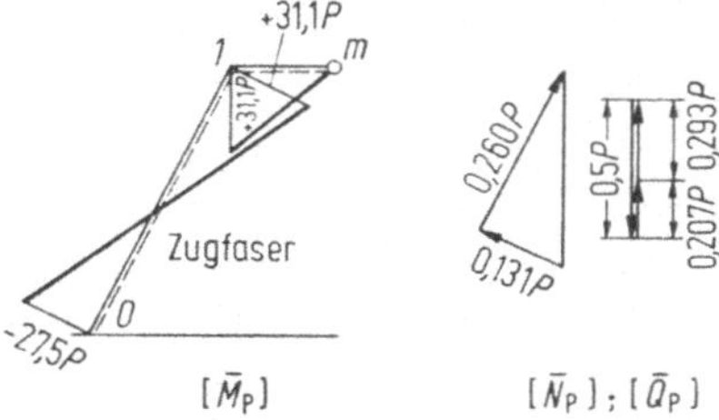

Abb. I 13.3

Somit ergibt sich insgesamt für die beiden Zustände nach Abb. I 13.2a und b

$$\bar{M}_{P,0;0,1} = -27,5P \text{ tcm}; \quad \bar{M}_{P,1;1,0} = -\bar{M}_{P,1;1,m} = +31,1P;$$

$$\bar{N}_{P;0-1} = -0,822P; \quad \bar{N}_{P;1-2} = -0,25P; \quad \bar{N}_{P;2-3} = -0,302P.$$

Mit $P = 28,5$ t erhält man die auf die Zugfaser bezogenen Schnittlasten

$$\bar{N}_{0-1} = -23,4 \text{ t}; \quad \bar{N}_{1-2} = -7,1 \text{ t}; \quad \bar{N}_{2-3} = -8,6 \text{ t};$$

$$\bar{M}_{0;0,1} = -783,75 \text{ tcm} = -\bar{M}_{3;3,2};$$

$$\bar{M}_{1;1,0} = +886,35 \text{ tcm};$$

und die maximale Spannung

$$\sigma_{1;1,u} = -\frac{23,4}{82,7} - \frac{886,35}{595} = 1,774 \text{ t/cm}^2.$$

b) Schnittbelastungen nach Theorie II. Ordnung

Entsprechend Abb. I 13.2b und c ergeben sich für den Verschiebungszustand $[\psi_\alpha = 1]$: ${}^\alpha\psi_{0-1} = +1,0$; ${}^\alpha\psi_{1-2} = -1,333$; ${}^\alpha\psi_{2-3} = +1,0$.

Da für die Theorie II. Ordnung keine Symmetrie bzw. Antimetrie in der Belastung vorhanden ist, ist $\varphi_1 \neq \varphi_2$.

Das Gleichungssystem für die unbekannten Größen φ_1, φ_2 und ψ_α ergibt sich nach Bd. I A (VIII D.8) zu:

	φ_1	φ_2	ψ_α	Bel.
$\varphi_1 = 1$	${}^1a_1^*$	${}^1a_2$	${}^1a_\alpha^*$	$a_{B,1}^*$
$\varphi_2 = 1$	${}^2a_1$	${}^2a_2^*$	${}^2a_\alpha^*$	$a_{B,2}^*$
$\psi_\alpha = 1$	${}^\alpha a_1^*$	${}^\alpha a_2^*$	${}^\alpha a_\alpha^*$	$a_{B,\alpha}^*$

Die Koeffizienten dieses Gleichungssystems sind nunmehr nach Abschnitt I E.4b zu bestimmen:

$$ {}^1a_1^* = \frac{EJ_c}{s_{0-1}} F_{1;0,1} + \frac{EJ_c}{s_{1-2}} F_{1;1,2}; $$

$$ {}^1a_2 = \frac{EJ_c}{s_{1-2}} F_{2;1,2}; \quad {}^2a_2^* = \frac{EJ_c}{s_{1-2}} F_{1;1,2} + \frac{EJ_c}{s_{2-3}} F_{1;2,3}; $$

$$ {}^1a_\alpha^* = -\frac{EJ_c}{s_{1-0}} 1,0\, F_{3;0,1} - \frac{EJ_c}{s_{1-2}} (-1,333)\, F_{3;1,2}; $$

$$ {}^2a_\alpha^* = -\frac{EJ_c}{s_{1-2}} (-1,333)\, F_{3;1,2} - \frac{EJ_c}{s_{2-3}} 1,0\, F_{3;2,3}; $$

$$ {}^\alpha a_\alpha^* = +\frac{EJ_c}{s_{0-1}} 1,0^2\, F_{4;0,1} + \frac{EJ_c}{s_{1-2}} (-1,333)^2\, F_{4;1,2} + $$

$$ + \frac{EJ_c}{s_{2-3}} 1,0^2\, F_{4;2,3}. $$

Da im vorliegenden Fall keine Starreinspannmomente vorhanden sind, gilt:

$$ a_{B,1}^* = 0; \quad a_{B,2}^* = 0; $$

$$ a_{B,\alpha}^* = -\sum \mathfrak{P}_n \cdot {}^\alpha v_n = -P\,(-200) = +28,5 \cdot 200 = = +5\,700. $$

Mit (I B.14) ist

$$\varepsilon = s_{i-k}\,\sqrt{\frac{N_{i-k}}{EJ_c}}\,,$$

wobei für die Gebrauchslast die Spannungen σ_N im elastischen Bereich sind. Mit den Tafeln F ergeben sich die Werte der Tabelle 13.1.

Tabelle 13.1

1	2	3	4	5	6	7	8
Stab	EJ_c/s_{i-k}	$\bar{N}$	ε	F_1	F_2	F_3	F_4
	tcm	t					
0—1	27953	−23,4	0,61	3,950	2,013	5,963	11,553
1—2	41650	−7,1	0,23	3,993	2,002	5,995	11,936
2—3	27953	−8,6	0,37	3,982	2,005	5,986	11,836

Damit erhält man:

$$^1a_1^* = +110414 + 166308 = +276724;\quad {}^1a_2 = +83383;$$

$$^2a_2^* = +166308 + 111309 = +277617;$$

$$^1a_\alpha^* = -166684 + 332839 = +166155;$$

$$^2a_\alpha^* = +332839 - 167327 = +165512;$$

$$^\alpha a_\alpha^* = +322941 + 883408 + 330852 = +1537201.$$

Als Lösung des Gleichungssystems

φ_1	φ_2	ψ_α	Bel.
+276723	+ 83383	+ 166155	0
+ 83383	+277617	+ 165512	0
+166155	+165512	+1537201	+5700

ergibt sich

$$\psi_\alpha = -4{,}116\cdot 10^{-3};\quad \varphi_2 = +1{,}882\cdot 10^{-3};$$

$$\varphi_1 = +1{,}905\cdot 10^{-3};$$

$$\psi_{0-1} = \psi_{2-3} = \psi_\alpha;\quad \psi_{1-2} = +5{,}587\cdot 10^{-3}.$$

Nach Bd. I A (VIII B.12) erhält man die Momente an den Stabenden

$$\bar{M}_{B,i;i,k} = {}^ia_i\varphi_i + {}^ia_k\varphi_k - {}^ia_{i-k}\psi_{i-k} + \tilde{M}_{B,i;i,k} =$$

$$= \frac{EJ}{s_{i-k}}\left[F_{1;i,k}\varphi_i + F_{2;i,k}\varphi_k - F_{3;i,k}\psi_k\right] + \tilde{M}_{B,i;ik},$$

wobei im vorliegenden Fall $\tilde{M}_{B,i;ik} = 0$ ist.

Mit den Werten der Tabelle 13.1 ergibt sich

$$\bar{M}_{P,0;0,1} = 0 + 107{,}19 + 686{,}07 = +793{,}26 \text{ tcm}; \qquad (+783{,}75);$$

$$\bar{M}_{P,1;1,0} = +210{,}34 + 0 + 686{,}07 = +896{,}41 \text{ tcm}; \qquad (+886{,}35);$$

$$\bar{M}_{P,1;1,2} = +316{,}82 + 156{,}93 - 1370{,}06 = -896{,}31 \text{ tcm}; \quad (-886{,}35);$$

$$\bar{M}_{P,2;2,1} = +312{,}99 + 158{,}84 - 1370{,}06 = -898{,}22 \text{ tcm}; \quad (-886{,}35);$$

$$\bar{M}_{P,2;2,3} = +209{,}48 + 0 + 688{,}72 = +898{,}20 \text{ tcm}; \qquad (+886{,}35);$$

$$\bar{M}_{P,3;3,2} = 0 + 105{,}48 + 688{,}72 = +794{,}19 \text{ tcm}; \qquad (+783{,}75).$$

Vergleicht man die Werte nach der Theorie II. Ordnung mit denen nach der Theorie I. Ordnung (Klammerwerte), so ist nur eine Differenz von rund 1,5% vorhanden.

c) Kritische Knickbelastung

Die kritische Knickbelastung erhält man nach (I E.24) aus der Bedingung, daß die Determinante des oben angegebenen Gleichungssystemes zu Null wird. In der Tabelle 13.2 werden zu verschiedenen Laststeigerungsfaktoren v^* die Funktionen F und in Tabelle 13.3 die Koeffizienten $^1a_1^*\,\cdots$ bis $^\alpha a_\alpha^*$ nach b) ermittelt und damit der Determinantenwert D bestimmt.

Tabelle 13.2

1	2	3	4	5	6	7	8	9	10	11
v^*	Stab	$\bar{N}$	σ	E/T^*	ε	F_1	F_2	F_3	F_4	EJ_c/s_{i-k}; T^*J_c/s_{i-k}
		t	t/cm²	t/cm²						tcm
2,08	0−1	48,73	0,589	2100	0,88	3,896		5,922	11,070	27953
	1−2	14,82		2100	0,33	3,985	2,009	5,989	11,869	41650
	2−3	17,90		2100	0,53	3,962		5,972	11,663	27953
8,0	0−1	197,42	2,266	1830	1,85	3,522		5,649	7,876	24359
	1−2	57,00		2100	0,64	3,945	2,019	5,959	11,508	41650
	2−3	68,86		2100	1,05	3,851		5,889	10,675	27953
11,0	0−1	257,70	3,116	520	4,08	1,012		4,092	−8,463	6922
	1−2	78,37		2100	0,75	3,924	2,019	5,943	11,324	41650
	2−3	94,68		2100	1,23	3,794		5,847	10,181	27953
11,5	0−1	269,40	3,258	265	5,84	−12,694		1,197	−31,828	3527
	1−2	81,90		2100	0,77	3,920	2,020	5,940	11,288	41650
	2−3	99,00		2100	1,26	3,784		5,839	10,091	27953

Tabelle 13.3

1	2	3	4	5	6	7	8
v^*	$^1a_1^*$	$^2a_1$	$^2a_2^*$	$^1a_x^*$	$^2a_x^*$	$^\alpha a_\alpha^*$	D
2,08	274,880	83,467	276,725	166,968	165,571	1513,904	$94{,}0 \cdot 10^6$
8,0	250,102	83,883	271,956	193,236	166,225	1341,981	$70{,}2 \cdot 10^6$
11,0	170,439	84,091	269,488	301,628	166,511	1064,124	$20{,}5 \cdot 10^6$
11,5	118,491	84,133	269,042	325,563	166,568	1005,252	$2{,}2 \cdot 10^6$

Nach Abb. I 13.4 ergibt sich der kritische Laststeigerungsfaktor zu $\nu_{kr} = 11,6$. Da bereits die Sicherheit $\nu_{kr} = 2,08$ genügen würde, ist somit das Ausknicken des Rahmens nicht maßgebend. Im allgemeinen ist bei Rahmenkonstruktionen, die neben Längskräften auch durch Momente beansprucht werden, nicht die Knicklast, sondern die Belastung, bei der aus den Momenten und Längskräften die Fließspannung an einen bestimmten Querschnitt erreicht wird, für die Sicherheit des Bauwerkes maßgebend.

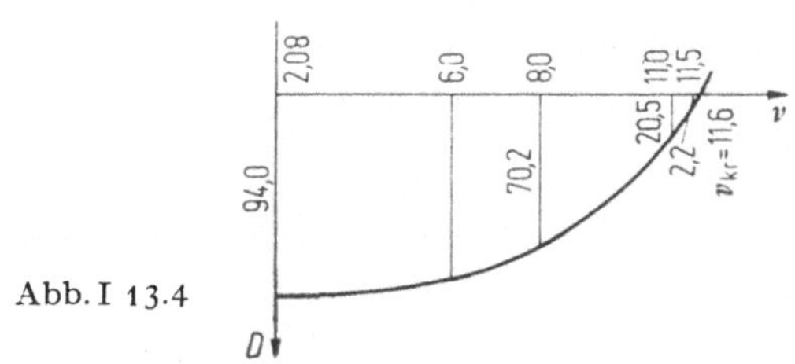

Abb. I 13.4

14. Beispiel.   Symmetrisch belasteter, symmetrischer zweistöckiger Schrägstielrahmen

Das System und die Belastung sind in Abb. I 14.1 dargestellt.

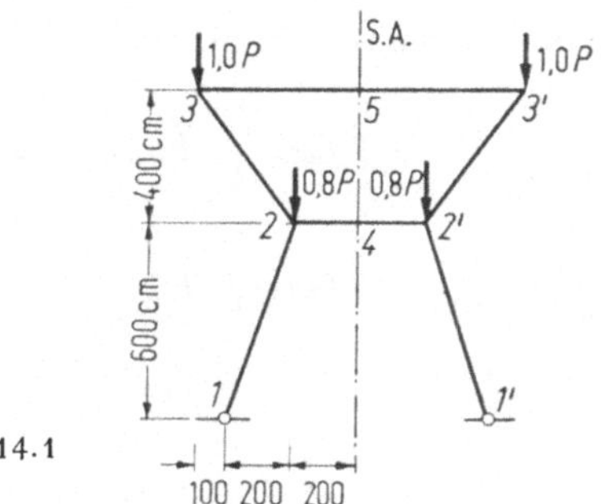

Abb. I 14.1

System- und Querschnittswerte:

$\quad$ Stab $1-2$: $\quad J_{1,2} = 5700\ \text{cm}^4$; $\quad F_{1,2} = 78,1\ \text{cm}^2$; $\quad s_{1-2} = 632,46\ \text{cm}$;

$\quad$ Stab $2-3$: $\quad J_{2,3} = 3830\ \text{cm}^4$; $\quad F_{2,3} = 65,3\ \text{cm}^2$; $\quad s_{2-3} = 500,0\ \text{cm}$;

$\quad$ Stab $3-5$: $\quad J_{3,5} = 2490\ \text{cm}^4$; $\quad F_{3,5} = 42,6\ \text{cm}^2$; $\quad s_{3-5} = 500,0\ \text{cm}$;

$\quad$ Stab $2-4$: $\quad J_{2,4} = 3830\ \text{cm}^4$; $\quad F_{2,4} = 65,3\ \text{cm}^2$; $\quad s_{2-4} = 200,0\ \text{cm}$.

Stabkräfte:

Aus dem Kraftplan (Abb. I 14.3 b) ergeben sich die Stabkräfte $\eta_{i,k} P$:

$$\eta_{1,2} = -1,897; \quad \eta_{2,3} = -1,250; \quad \eta_{3,5} = +0,750; \quad \eta_{2,4} = -1,350.$$

a) Allgemeine Deformationsmethode

α) Symmetrisches Ausknicken

Für den Fall des symmetrischen Ausknickens treten im Gleichungssystem (I E.16) nur die beiden unbekannten Knotendrehungen φ_2 und φ_3 auf (siehe Abschnitt I E.5 a).

Das Gleichungssystem lautet:

	φ_2	φ_3	Bel.
	$^2a_2^{\ast}$	$^2a_3$	$= 0$
	$^3a_2$	$^3a_3^{\ast}$	$= 0$

Nach (I E.13a) und (I E.17a) und (I E.17b) wird

$$^2a_2^{\ast} = \frac{EJ_{2,2'}}{s_{2-2'}} F_{5;2,2'} + \frac{EJ_{2,3}}{s_{2-3}} F_{1;2,3} + \frac{EJ_{2,1}}{s_{2-1}} F_{8;2,1};$$

$$^3a_3^{\ast} = \frac{EJ_{3,3'}}{s_{3-3'}} F_{5;3,3'} + \frac{EJ_{3,2}}{s_{3-2}} F_{1;3,2};$$

$$^2a_3 = \frac{EJ_{3,2}}{s_{3-2}} F_{2;3,2}.$$

Mit

$$k_{i,k} = \frac{J_{i,k}}{s_{i-k}}$$

wird

$$k_{2,1} = 9{,}012; \quad k_{2.2'} = 9{,}575; \quad k_{3,2} = 7{,}660; \quad k_{3,3'} = 2{,}490.$$

Unter Berücksichtigung des plastischen Bereiches wird entsprechend (I E.21):

$$(^2a_2^{\ast}) = 9{,}575 \frac{T^{\ast}}{E} F_{5;2,2'} + 7{,}660 \frac{T^{\ast}}{E} F_{1;2,3} + 9{,}012 \frac{T^{\ast}}{E} F_{8;2,1};$$

$$(^3a_3^{\ast}) = 2{,}490 \frac{T^{\ast}}{E} F_{5;3,3'} + 7{,}660 \frac{T^{\ast}}{E} F_{1;3,2};$$

$$(^2a_3) = 7{,}660 \frac{T^{\ast}}{E} F_{2;3,2}.$$

Nach (I B.14) bzw. (I B.16) gilt für eine Laststeigerung ν bei einer Gebrauchslast $P = 50\,\text{t}$ (Tab. 14.1):

$$\varepsilon = s \sqrt{\frac{S}{EJ}} = \frac{s}{\sqrt{J}} \sqrt{\frac{\nu\eta P}{E}} \quad \text{bzw.} \quad \frac{s}{\sqrt{J}} \sqrt{\frac{\nu\eta P}{T^{\ast}}};$$

$$\varepsilon_{1,2} = \frac{632}{\sqrt{5\,700}} \sqrt{\frac{\nu\eta_{1,2}P}{T^{\ast}}} = 8{,}371 \sqrt{\frac{\nu\eta_{1,2}P}{T^{\ast}}};$$

$$\varepsilon_{2,2'} = \frac{400}{\sqrt{3\,830}} \sqrt{\frac{\nu\eta_{2,2}P}{T^{\ast}}} = 6{,}463 \sqrt{\frac{\nu\eta_{2,2}P}{T^{\ast}}};$$

$$\varepsilon_{3,2} = \frac{500}{\sqrt{3\,800}} \sqrt{\frac{\nu\eta_{2,3}P}{T^{\ast}}} = 8{,}079 \sqrt{\frac{\nu\eta_{2,3}P}{T^{\ast}}};$$

$$\varepsilon_{3,3'} = \frac{1\,000}{\sqrt{2\,490}} \sqrt{\frac{\nu\eta_{3,3}P}{T^{\ast}}} = 20{,}040 \sqrt{\frac{\nu\eta_{3,3}P}{T^{\ast}}}.$$

Tabelle 14.1

ν	Stab	$\eta_{i,k}$	F cm²	σ^* t/cm²	T^* t/cm²	ε	F_1	F_2	F_5	F_8
2,30	2—1	−1,897	78,1	−2,793	1 124	3,691				−2,710
	2—2′	−1,350	65,3	−2,377	1 713	1,946			1,325	
	3—2	−1,250	65,3	−2,201	1 883	2,232	3,287	2,195		
	3—3′	+0,750	42,6	2,025	2 100	4,06			4,203	
2,40	2—1	−1,897	78,1	−2,915	908	4,194				−12,637
	2—2′	−1,350	65,3	−2,481	1 590	2,063			1,235	
	3—2	−1,250	65,3	−2,297	1 797	2,334	3,215	2,218		
	3—3	+0,750	42,6	2,113	2 100	4,15			4,283	

Damit ergeben sich die Werte $(^2a_2^*)$, $(^3a_3^*)$ und $(^2a_3)$, das Gleichungssystem und der Wert der Determinante wie folgt (Tab. 14.2):

Tabelle 14.2

$\nu = 2,3$		$\nu = 2,4$		$\nu = 2,1$		$\nu = 2,2$	
φ_2	φ_3	φ_2	φ_3	φ_2	φ_3	φ_2	φ_3
19,85	15,08	−19,21	14,54	40,20	15,88	31,65	15,53
15,08	33,04	14,54	31,74	15,88	35,02	15,53	34,13
$D = 429$		$D = -821$		$D = 1 156$		$D = 839$	

Aus Abb. I 14.2 erhält man den Nullpunkt der Determinante für $\nu_{kr} = 2,35$. Damit wird $P_{kr}^* = 2,35 \cdot 50 = 117,5$ t.

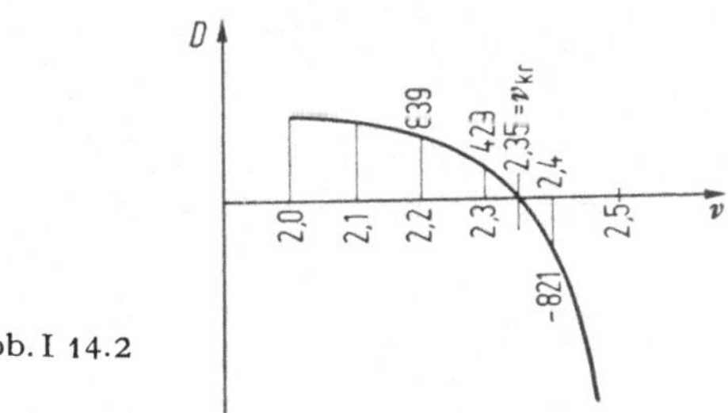

Abb. I 14.2

β) Antimetrisches Ausknicken

Für das antimetrische Ausknicken kann das halbe System nach Abb. I 14.3 a mit seitlich verschieblichen Gelenklagern in den Punkten 4 und 5 der Berechnung zugrunde gelegt werden. Als unbekannte Sehnendrehungen werden ψ_{1-2} und ψ_{2-3} angenommen, die zugehörigen Verschiebungspläne sind in den Abb. I 14.3 c und d dargestellt. Damit ergeben sich folgende Sehnendrehungen:

Zustand $[\psi_{1-2} = +1,0]$:

$$^{1-2}\psi_{1-2} = +1,0; \quad ^{1-2}\tilde{\psi}_{2-4} = -1,0; \quad ^{1-2}\tilde{\psi}_{2-3} = 0; \quad ^{1-2}\tilde{\psi}_{2-5} = -0,40.$$

Zustand $[\psi_{2-3} = +1,0]$:

$$^{2-3}\tilde{\psi}_{1-2} = 0; \quad ^{2-3}\tilde{\psi}_{2-4} = 0; \quad ^{2-3}\psi_{2-3} = +1,0; \quad ^{2-3}\tilde{\psi}_{3-5} = +0,6.$$

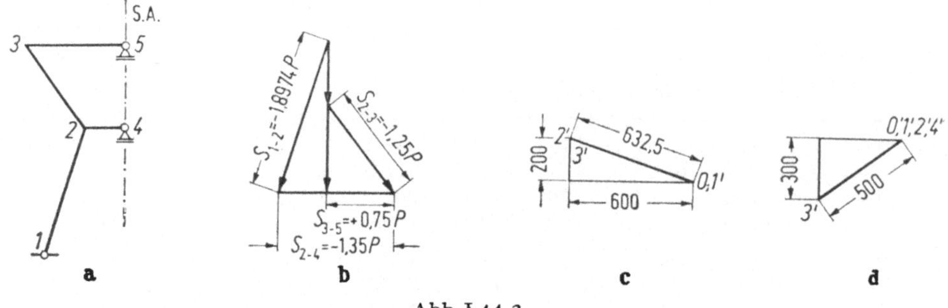

Abb. I 14.3

Mit den Unbekannten φ_2, φ_3, ψ_{1-2} und ψ_{2-3} ergibt sich nach (I E.16) das Gleichungssystem

φ_2	φ_3	ψ_{1-2}	ψ_{2-3}	
$^2a_2^*$	$^2a_3$	$^2a_{1-2}^*$	$^2a_{2-3}^*$	$=0$
$^3a_2$	$^3a_3^*$	$^3a_{1-2}^*$	$^3a_{2-3}^*$	$=0$
$^{1-2}a_2^*$	$^{1-2}a_3^*$	$^{1-2}a_{1-2}^*$	$^{1-2}a_{2-3}^*$	$=0$
$^{2-3}a_2^*$	$^{2-3}a_3^*$	$^{2-3}a_{1-2}^*$	$^{2-3}a_{2-3}^*$	$=0$

Nach (I E.17a) bis (I E.17f), mit $k_{i,k}=J_{i,k}/s_{i-k}$ und entsprechend (I E.21) ergeben sich die auf E reduzierten Koeffizienten

$$(^2a_2^*)=\left(k\,\frac{T^*}{E}\,F_8\right)_{1,2}+\left(k\,\frac{T^*}{E}\,F_8\right)_{2,4}+\left(k\,\frac{T^*}{E}\,F_1\right)_{2,3};$$

$$(^3a_3^*)=\left(k\,\frac{T^*}{E}\,F_1\right)_{2,3}+\left(k\,\frac{T^*}{E}\,F_8^*\right)_{3,5};$$

$$(^2a_3)=\left(k\,\frac{T^*}{E}\,F_2\right)_{2,3};$$

$$(^2a_{1-2}^*)=-\left(k\,\frac{T^*}{E}\,F_8\right)_{1,2}\cdot{}^{1-2}\psi_{1-2}-\left(k\,\frac{T^*}{E}\,F_8\right)_{2,4}\cdot{}^{1-2}\tilde{\psi}_{2-4};$$

$$(^3a_{1-2}^*)=-\left(k\,\frac{T^*}{E}\,F_8^*\right)_{3,5}\cdot{}^{1-2}\tilde{\psi}_{3-5};$$

$$(^2a_{2-3}^*)=-\left(k\,\frac{T^*}{E}\,F_3\right)_{2,3}\cdot{}^{2-3}\psi_{2-3};$$

$$(^3a_{2-3}^*)=-\left(k\,\frac{T^*}{E}\,F_3\right)_{2,3}\cdot{}^{2-3}\psi_{2-3}-\left(k\,\frac{T^*}{E}\,F_8^*\right)_{3,5}\cdot{}^{2-3}\tilde{\psi}_{3-5};$$

$$(^{1-2}a_{2-3}^*)=\left(k\,\frac{T^*}{E}\,F_9^*\right)_{3,5}\cdot{}^{1-2}\tilde{\psi}_{3-5}\cdot{}^{2-3}\tilde{\psi}_{3-5};$$

$$(^{1-2}a_{1-2}^*)=\left(k\,\frac{T^*}{E}\,F_9\right)_{1,2}\cdot{}^{1-2}\psi_{1-2}^2+\left(k\,\frac{T^*}{E}\,F_9\right)_{2,4}\cdot{}^{1-2}\tilde{\psi}_{2-4}^2+$$

$$+\left(k\,\frac{T^*}{E}\,F_9^*\right)_{3,5}\cdot{}^{1-2}\tilde{\psi}_{3-5}^2;$$

$$(^{2-3}a_{2-3}^*)=\left(k\,\frac{T^*}{E}\,F_9^*\right)_{3,5}\cdot{}^{2-3}\tilde{\psi}_{3-5}^2+\left(k\,\frac{T^*}{E}\,F_4\right)_{2,3}\cdot{}^{2-3}\psi_{2-3}^2.$$

Nach Abb. I 14.3 a erhält man

$$k_{1,2} = \frac{5\,700}{632,46} = 9,012; \quad k_{2,4} = \frac{3\,830}{200} = 19,150;$$

$$k_{2,3} = \frac{3\,830}{500} = 7,660; \quad k_{3,5} = \frac{2\,490}{500} = 4,980,$$

und mit den Werten $^{1-2}\widetilde{\psi}_{i-k}$ und $^{2-3}\widetilde{\psi}_{i-k}$ die Werte der Tabelle 14.3.

Tabelle 14.3

Stab	$1-2$	$2-3$	$2-4$	$3-5$
$(^2a_2^*)$	$+9,012\,\dfrac{T^*}{E}\,F_3$	$+7,660\,\dfrac{T^*}{E}\,F_1$	$+19,150\,\dfrac{T^*}{E}\,F_8$	
$(^3a_3^*)$		$+7,660\,\dfrac{T^*}{E}\,F_1$		$+4,980\,\dfrac{T^*}{E}\,F_8^*$
$(^2a_3)$		$+7,660\,\dfrac{T^*}{E}\,F_2$		
$(^2a_{1-2}^*)$	$-9,012\,\dfrac{T^*}{E}\,F_8$		$+19,150\,\dfrac{T^*}{E}\,F_8$	
$(^3a_{1-2}^*)$				$+1,992\,\dfrac{T^*}{E}\,F_8^*$
$(^2a_{2-3}^*)$		$-7,660\,\dfrac{T^*}{E}\,F_3$		
$(^3a_{2-3}^*)$		$-7,660\,\dfrac{T^*}{E}\,F_3$		$-2,988\,\dfrac{T^*}{E}\,F_8^*$
$(^{1-2}a_{2-3}^*)$				$-1,195\,\dfrac{T^*}{E}\,F_9^*$
$(^{1-2}a_{1-2}^*)$	$+9,012\,\dfrac{T^*}{E}\,F_9$		$+19,150\,\dfrac{T^*}{E}\,F_9$	$+0,797\,\dfrac{T^*}{E}\,F_9^*$
$(^{2-3}a_{2-3}^*)$		$+7,660\,\dfrac{T^*}{E}\,F_4$		$+1,793\,\dfrac{T^*}{E}\,F_9^*$

Entsprechend Abschnitt $\alpha)$ ergibt sich

$$\varepsilon_{1,2} = 8,377\,\sqrt{\frac{\nu\eta_{1,2}P}{T^*}}; \quad \varepsilon_{2,4} = 3,2315\,\sqrt{\frac{\nu\eta_{2,4}P}{T^*}};$$

$$\varepsilon_{3,2} = 8,079\,\sqrt{\frac{\nu\eta_{2,3}P}{T^*}}; \quad \varepsilon_{3,5} = 10,020\,\sqrt{\frac{\nu\eta_{3,5}P}{T^*}}.$$

Mit den Werten $\eta_{i,k}$ und $F_{i,k}$ der Tabelle 14.1 werden σ^*, T^* und ε bestimmt, wodurch sich die Funktionen F nach Tabelle 14.4 ergeben.

Tabelle 14.4

ν	Stab	σ^* t/cm²	T^* t/cm²	ε	F_1	F_2	F_3	F_4	F_8, F_8^*	F_9, F_9^*
1,3	1—2	1,579	2100	2,030					2,057	−2,013
	2—3	1,244	2100	1,589	3,652	2,091	5,743	8,961		
	2—4	1,344	2100	0,661					2,911	2,474
	3—5	1,144	2100	1,530					3,440	5,783
1,4	1—2	1,700	2100	2,107					1,971	−2,468
	2—3	1,340	2100	1,649	3,624	2,099	5,723	8,726		
	2—4	1,447	2100	0,686					2,904	2,434
	3—5	1,232	2100	1,580					3,467	5,965
1,37	1—2	1,664	2100	2,084					1,997	
	2—3	1,311	2100	1,631	3,632		5,729			
	2—4	1,416	2100	0,678					2,097	
	3—5	1,206	2100	1,570					3,462	

Damit ergeben sich die Koeffizienten (a^*), das Gleichungssystem und der Wert der Determinante wie folgt:

Tabelle 14.5

$\nu = 1,30$				$\nu = 1,40$			
φ_2	φ_3	ψ_{1-2}	ψ_{2-3}	φ_2	φ_3	ψ_{1-2}	ψ_{2-3}
102,35	16,02	37,12	−43,99	101,13	16,08	37,85	−43,84
16,02	45,11	6,85	−54,27	16,08	45,03	6,91	−54,20
37,12	6,85	33,84	−6,91	37,85	6,91	29,12	−7,13
−43,99	−54,27	−6,91	79,01	−43,84	−54,20	−7,13	77,54
$D = +202963$				$D = -67619$			

Für $\nu = 1,5$ ergibt sich $D = -194238$.

Nach Abb. I 14.4 erhält man den Nullpunkt der Determinante für $\nu_{kr} = 1,37$. Damit wird $P_{kr}^* = 1,37 \cdot 50 = 68,5$ t und die kritische Spannung im Stab $1—2$

$$\sigma_{kr}^* = \frac{1,897 \cdot 68,5}{78,1} = 1,66 \text{ t/cm}^2.$$

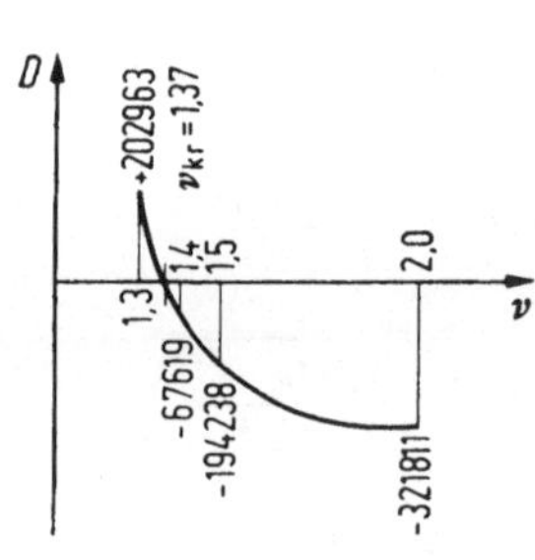

Abb. I 14.4

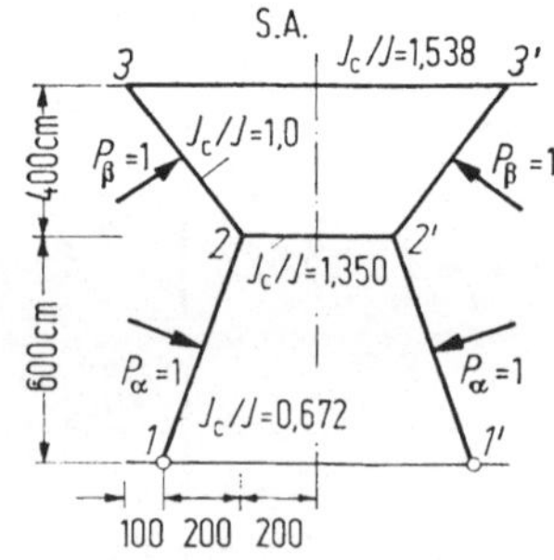

Abb. I 14.5

b) Durchbiegungsverfahren — Symmetrisches Ausknicken

Die Berechnung wird nach Abschnitt I F.3 b durchgeführt. Dabei werden jeweils für die Lasten $P_\alpha = 1$ und $P_\beta = 1$ (Abb. I 14.5) die Biegelinien der einzelnen Stäbe ermittelt und diese auf Einheitswerte in den Angriffspunkten dieser Lasten reduziert. Die Form dieser Biegelinie wird der Stabilitätsuntersuchung zugrunde gelegt.

α) Annahme $\nu = 2{,}35$

Mit der Annahme von $\nu = 2{,}35$, bei einer Gebrauchslast $P = 50$ t, ergeben sich mit den Größen $\eta_{i,k}$ die Werte σ_k^* und T^* nach Tabelle 14.6.

Tabelle 14.6

Stab	P^*	σ_k^*	T^*	T^*/E
	t	t/cm²	t/cm²	
1—2	−222,89	2,854	1 018	0,4848
2—2'	−158,13	2,429	1 653	0,7871
2—3	−146,88	2,249	1 842	0,8771
3—3'	+ 88,13	2,069	2 100	1,0

Mit (I F.50) und (I F.52) ergeben sich mit $k_{i,k} = J_{i,k}/s_{i-k}$ die Verteilungszahlen $\mu'_{i,k}$ der Tabelle 14.7.

Tabelle 14.7

Knoten	Stab	$k_{i,k}$	T^*/E	m	$k'_{i,k} = k_{i,k}\,(T^*/E)\,m$	$\mu'_{i,k}$
	2—1	9,0124	0,4848	0,75	3,2767	−0,1190
2	2—2'	9,5750	0,7871	0,5	3,7682	−0,1369
	2—3	7,6600	0,8771	1,0	6,7186	−0,2441
3	3—3'	2,4900	1,0	0,5	1,2450	−0,0782
	3—2	7,6600	0,8771	1,0	6,7186	−0,4218

1. Biegelinie infolge $P_\alpha = 1$. Das Starreinspannmoment im Punkt 2 beträgt

$$\tilde{M}_{2;2,1} = -\frac{3}{16}\,1{,}0 \cdot 632{,}46 = -118{,}59.$$

Der Momentenausgleich nach Bd. I A (IX B a) ist in Abb. I 14.6a durchgeführt. Die zugehörigen Momente $\bar{M}_{P_\alpha}$ sind in Abb. I 14.7a dargestellt. Mit diesen Momenten werden für jeden einzelnen Stab die „W-Gewichte" und daraus die Durchbiegungen zwischen den Knotenpunkten berechnet. Zum Beispiel ergeben sich für den Stab $1-2$ die W-Gewichte

$$E J_c \bar{W} = \int {}^W M \bar{M}_{P_\alpha}\, \frac{J_c}{J}\, \frac{E}{T^*}\, ds.$$

Nach der Trapezformel erhält man mit $c = 632{,}46/4 = 158{,}11$;

$$\frac{J_c}{J} = 0{,}672; \qquad \frac{E}{T^*} = \frac{1}{0{,}4848};$$

$$E J_c \overline{W}_{\alpha,a} = 158{,}11 \cdot 57{,}28 \cdot 0{,}672 \frac{1}{0{,}4848} = 125{,}5 \cdot 10^2;$$

$$E J \overline{W}_{\alpha,b} = \frac{158{,}11}{6}(57{,}28 + 4 \cdot 114{,}55 + 13{,}71)\, 0{,}672 \frac{1}{0{,}4848} =$$

$$= 193{,}3 \cdot 10^2;$$

$$E J \overline{W}_{\alpha,c} = 158{,}11 \cdot 13{,}71 \cdot 0{,}672 \frac{1}{0{,}4848} = 30{,}0.$$

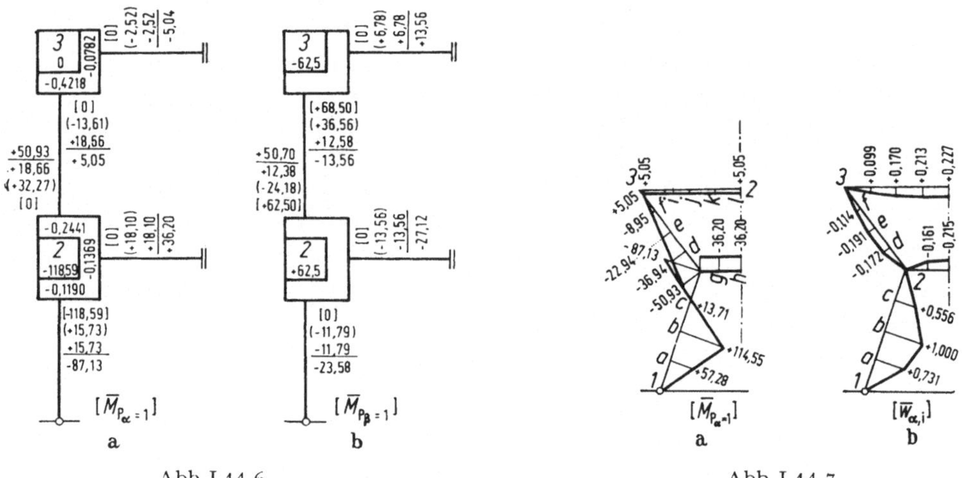

Abb. I 14.6   Abb. I 14.7

Die Momente aus dieser Belastung für den Träger 1—2 betragen:

$$^{W}M_a = 313{,}5 \cdot 10^4; \quad {}^{W}M_b = 428{,}6 \cdot 10^4; \quad {}^{W}M_c = 238{,}1 \cdot 10^4;$$

$$^{W}M_1 = {}^{W}M_2 = 0.$$

Damit erhält man die Biegelinie, mit dem Wert im Punkt b auf die Einheit bezogen,

$$\overline{w}_{\alpha,a} = +0{,}731; \quad \overline{w}_{\alpha,b} = +1{,}0; \quad \overline{w}_{\alpha,c} = +0{,}556.$$

In gleicher Weise erhält man die Biegelinien für die anderen Stäbe, wobei alle Werte auf den Bezugswert $^{W}M_b = 428{,}6 \cdot 10^4$ bezogen sind. Die gesamten Biegelinien für den Fall $P_\alpha = 1$ sind in Abb. I 14.7b eingetragen.

 2. *Biegelinie infolge* $P_\beta = 1$. Die Starreinspannmomente für den Stab 2—3 betragen

$$\widetilde{M}_{2;2,3} = -\widetilde{M}_{3;3,2} = \frac{1{,}0 \cdot 500}{8} = +62{,}5.$$

Der Momentenausgleich ist in Abb. I 14.6b durchgeführt. Die Momente $\overline{M}_{P_\beta}$ sind in Abb. I 14.8a, die auf die Einheit im Punkt e bezogenen Biegelinien $\overline{w}_{\beta,i}$ sind in Abb. I 14.8b dargestellt.

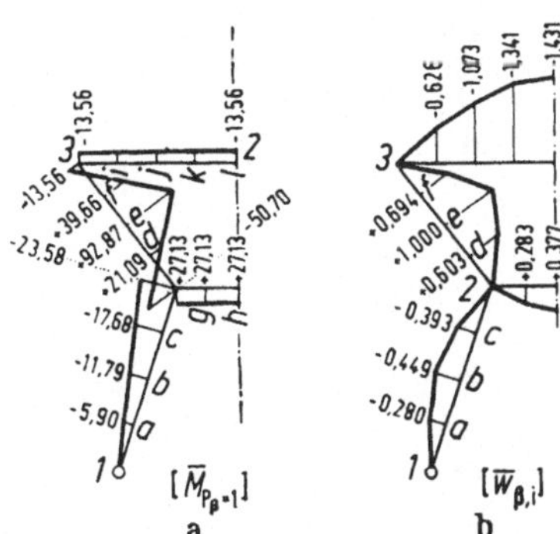

Abb. I 14.8

3. Knickbedingung. Nach (I F.89) bis (I F.93) ergibt sich:

$$EJ_c(\alpha \bar{w}_{\alpha,b} + \beta \bar{w}_{\beta,b}) = \int M_P \bar{M}_{P_\alpha} \frac{J_c}{J} \frac{E}{T*}\, ds;$$

$$EJ_c(\alpha \bar{w}_{\alpha,e} + \beta \bar{w}_{\beta,e}) = \int M_P \bar{M}_{P_\beta} \frac{J_c}{J} \frac{E}{T*}\, ds.$$

Hierbei gilt allgemein

$$M_{P,i} = P\eta_{i,k}[\alpha \bar{w}_{\alpha,i} + \beta \bar{w}_{\beta,i}].$$

Bei der Integration über einen Stab ergeben sich die Integrale $\eta_{i,k}\int \bar{M}\bar{w}_i(E/T*)$ ds positiv, wenn bei positiven Momenten positive Biegelinien zugrunde zu legen sind und wenn beachtet wird, daß bei Druckkräften $\eta_{i,k}$ ebenfalls positiv einzuführen ist.

Zum Beispiel ergibt sich für den Stab 1—2 mit der Abb. I 14.7a und b

$$\int \bar{M}_{P_\alpha=1}\bar{w}_\alpha\, ds = \frac{158,1}{6}\,[0,731\,(4\cdot 57,28 + 114,55) + 1,0\,(57,28 +$$

$$+ 4\cdot 114,5 + 13,71) + 0,556\,(114,55 + 4\cdot 13,71 - 87,13) =$$

$$= \frac{158,1}{6}\cdot 826,15;$$

$$\int \bar{M}_{P_\alpha=1}\bar{w}_\beta\, ds = \frac{158,1}{6}\,(-366,16);$$

und mit Abb. I 14.7a und b und Abb. I 14.8a und b

$$\int \bar{M}_{P_\alpha=1}\bar{w}_\alpha\, ds = \frac{158,1}{6}\,(-155,60);$$

$$\int \bar{M}_{P_\beta=1}\bar{w}_\beta\, ds = \frac{158,1}{6}\,83,36.$$

Damit ergibt sich für das gesamte System

$$EJ_c(\alpha - 0,449\beta) = P\left[\frac{158,1\cdot 0,672}{6\cdot 0,4848}\,1,897\,(826,15\alpha - 366,16\beta) + \right.$$

$$+ \frac{100\cdot 1}{6\cdot 0,7871}\,1,350\,(58,31\alpha - 102,41\beta) +$$

$$+ \frac{125\cdot 1}{6\cdot 0,8771}\,1,250\,(70,53\alpha - 308,55\beta) +$$

$$+ \left.\frac{125\cdot 1,538}{6\cdot 100}\,(-0,75)\,(18,04\alpha - 113,79\beta)\right] =$$

$$= P(60\,570\alpha - 34\,720\beta).$$

$$EJ_c(-0{,}191\alpha + \beta) = P\left[\frac{158{,}1}{6}\,\frac{0{,}672}{0{,}4848}\,1{,}897\,(-155{,}60\alpha + 83{,}36\beta) + \right.$$

$$+ \frac{100}{6}\,\frac{1}{0{,}7871}\,1{,}350\,(-43{,}69\alpha + 76{,}72\beta) +$$

$$+ \frac{125}{6}\,\frac{1}{0{,}8771}\,1{,}250\,(-131{,}45\alpha + 673{,}66\beta) +$$

$$\left. + \frac{125}{6}\,\frac{1{,}538}{1{,}0}\,(-0{,}75)\,(-48{,}56\alpha + 305{,}55\beta)\right] =$$

$$= P(-14770\alpha + 20630\beta)$$

bzw. mit

$$q = \frac{10000P}{EJ_c}$$

α	β	
$6{,}057\,q - 1{,}0$	$0{,}449 - 3{,}472\,q$	$= 0$
$0{,}191 - 1{,}477\,q$	$2{,}063\,q - 1{,}0$	$= 0$

$$7{,}367q^2 - 6{,}794q + 0{,}914 = 0;$$
$$q = 0{,}1636;$$
$$P_{kr}^* = \frac{2100 \cdot 3830}{10000}\,0{,}1636 = 131{,}6\,\text{t};$$
$$\sigma_{kr}^* = \frac{131{,}6 \cdot 1{,}897}{78{,}1} = 3{,}196\,\text{t/cm}^2.$$

β) **Annahme** $\quad v = 2{,}40$

Tabelle 14.8

Stab	P	σ_k^*	T^*	T^*/E
	t	t/cm²	t/cm²	
$1-2$	$-227{,}6$	$2{,}715$	808	$0{,}3848$
$2-2'$	$-162{,}0$	$2{,}481$	$1\,590$	$0{,}7571$
$2-3$	$-150{,}0$	$2{,}297$	$1\,797$	$0{,}8557$
$3-3'$	$+90{,}0$	$2{,}113$	$2\,100$	$1{,}0$

Bei dieser geringen Laststeigerung kann man sowohl die Momente $\bar{M}_{P_\alpha}$, $\bar{M}_{P_{,\beta}}$ wie auch die Biegelinien $\bar{w}_\alpha$, $\bar{w}_\beta$ gleich lassen, so daß man sofort das neue Gleichungssystem anschreiben kann:

$$EJ_c(\alpha - 0{,}449\beta) = P\left[\frac{158{,}1 \cdot 0{,}672 \cdot 1{,}897}{6 \cdot 0{,}3848}\,(826{,}15\alpha - 366{,}16\beta) + \right.$$

$$+ \frac{100 \cdot 1{,}350}{6 \cdot 0{,}7571}\,(58{,}32\alpha - 102{,}41\beta) +$$

$$+ \frac{125 \cdot 1{,}25}{6 \cdot 0{,}8557}\,(70{,}53\alpha - 308{,}55\beta) +$$

$$\left. + \frac{125 \cdot 1{,}538}{6 \cdot 1{,}0}\,(-0{,}75)\,(18{,}04\alpha - 113{,}79\beta)\right] =$$

$$= P(75\,560\alpha - 41\,660\beta);$$

$$EJ_c(-0{,}191\alpha + \beta) = P[87{,}294(-155{,}60\alpha + 83{,}36\beta) +$$
$$+ 29{,}719(-43{,}69\alpha + 76{,}72\beta) +$$
$$+ 30{,}433(-131{,}45\alpha + 673{,}66\beta) +$$
$$+ (-24{,}031)\,(-48{,}56\alpha + 305{,}55\beta)] =$$
$$= P(17720\alpha + 22720\beta).$$

α	β	
$7{,}655\,q - 1{,}0$	$0{,}449 - 4{,}166\,q$	$= 0$
$0{,}191 - 1{,}772\,q$	$2{,}272\,q - 1{,}0$	$= 0$

$$q = 0{,}1316;$$
$$P^*_{\mathrm{kr}} = 105{,}8\ \mathrm{t};\quad \sigma^*_{\mathrm{kr}} = 2{,}570\ \mathrm{t/cm^2}.$$

γ) Endgültige Knickbelastung

Trägt man für den Stab 1—2 die $\sigma^*_k - T^*$-Kurve (Kurve Ψ) in die Abb. I 14.9 ein, so erhält man im Schnittpunkt der Ψ-und Φ-Kurve σ^*_{kr}.

1. Annahme: $T^* = 1018\ \mathrm{t/cm^2}$; $\sigma^*_k = 3{,}196\ \mathrm{t/cm^2}$;

2. Annahme: $T^* = 808\ \mathrm{t/cm^2}$; $\sigma^*_k = 2{,}570$;

Schnittpunkt $\sigma^*_{\mathrm{kr}} = 2{,}910\ \mathrm{t/cm^2}$

$$P^*_{\mathrm{kr}} = \frac{2{,}91 \cdot 78{,}1}{1{,}897} = 119{,}8\ \mathrm{t}.$$

Vergleicht man diesen Wert mit dem Ergebnis von a α) mit $P = 117{,}5$ t, so beträgt der Unterschied nur 2%.

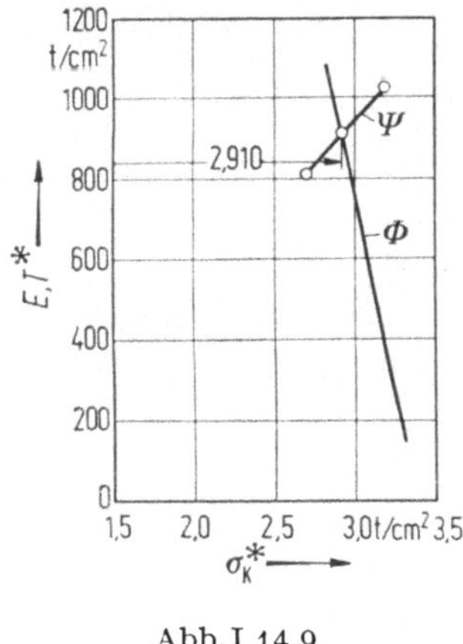

Abb. I 14.9

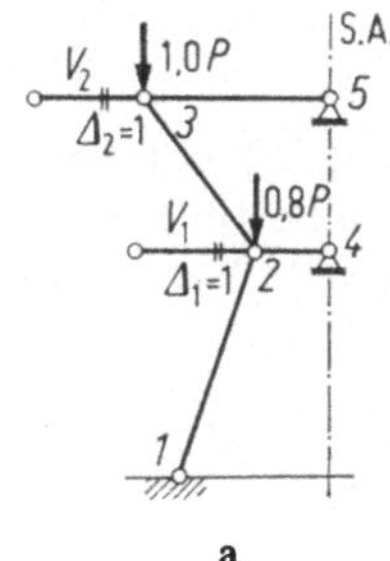

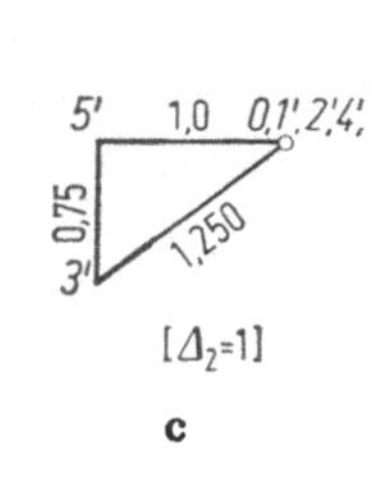

Abb. I 14.10

c) Festhaltestabverfahren — Antimetrisches Ausknicken

Die Berechnung wird nach Abschnitt I F.2 durchgeführt. Für diese Untersuchungen wird das System nach Abb. I 14.3 a mit 2 Festhaltestäben V_1 und V_2 stabilisiert (Abb. I 14.10a). Aus den Verschiebungsplänen für die Zustände [$\Delta_1 = 1$] und [$\Delta_2 = 1$] nach Abb. I 14.10b und c ergeben sich die Stabsehnendrehungen.

Zustand $[\Delta_1 = 1]$:

$$^1\tilde{\psi}_{1-2} = + \frac{1{,}054}{632{,}56} = +0{,}001667; \quad ^1\tilde{\psi}_{2-3} = - \frac{1{,}250}{500} = -0{,}002500;$$

$$^1\tilde{\psi}_{2-4} = - \frac{0{,}333}{200} = -0{,}001667; \quad ^1\tilde{\psi}_{3-5} = - \frac{1{,}083}{500} = -0{,}002167;$$

Zustand $[\Delta_2 = 1]$:

$$^2\tilde{\psi}_{1-2} = {}^2\tilde{\psi}_{2-4} = 0;$$

$$^2\tilde{\psi}_{2-3} = + \frac{1{,}250}{500} = +0{,}002500; \quad ^2\tilde{\psi}_{3-5} = + \frac{0{,}75}{500} = +0{,}001500;$$

Der Momentenausgleich wird nach Cross durchgeführt (Abschnitt I F.2b).

1. Verteilungszahlen und Fortleitungszahlen. Für den elastischen Bereich werden die durch E geteilten Steifigkeiten benützt:

$$(s_{2,1}) = \frac{J_{1,2}}{s_{1-2}} F_8 = 9{,}012 F_8;$$

$$(s_{2,4}) = \frac{J_{2,4}}{s_{2-4}} F_8 = 19{,}15 F_8;$$

$$(s_{2,3}) = (s_{3,2}) = \frac{J_{2,3}}{s_{2-3}} F_1 = 7{,}66 F_1$$

$$(s_{3,5}) = \frac{J_{3,5}}{s_{3-5}} F_8 = 4{,}98 F_8.$$

Damit ergeben sich die Verteilungszahlen

$$\mu_{i,k} = - \frac{(s_{i,k})}{\sum (s_{i,k})}.$$

Die Fortleitungszahl für den Stab 2—3 beträgt $\mu_{2-3} = F_2/F_1$.
Mit den Funktionswerten von Tabelle 14.9 ergeben sich die Steifigkeiten und Fortleitungszahlen und in Tabelle 14.10 die Verteilungszahlen nach Cross.

Tabelle 14.9

ν	Stab	F_1	F_2	F_8, F_8^*	$(s_{i,k})$	μ_{i-k}	F_3
1,30	1—2			2,057	18,538		
	2—3	3,652	2,091		27,974	0,5727	5,743
	2—4			2,911	55,746		
	3—5			3,440	17,131		
1,37	1—2			1,997	17,997		
	2—3	3,632			27,821	0,5772	5,729
	2—4			2,907	55,669		
	3—5			3,462	17,241		

Tabelle 14.10

| $\nu = 1{,}30$ | | | | $\nu = 1{,}37$ | | | |
Knoten	Stab	$(s_{i,k})$	$\mu_{i,k}$	Knoten	Stab	$(s_{i,k})$	$\mu_{i,k}$
2	2—1	18,538	−0,1824	2	2—1	17,947	−0,1773
	2—4	55,746	−0,5444		2—4	55,669	−0,5485
	2—3	27,974	−0,2732		2—3	27,821	−0,2741
3	3—2	27,974	−0,6201	3	3—2	27,821	−0,6174
	3—5	17,131	−0,3799		3—5	17,241	−0,3826

2. Starreinspannmomente

Aus den Sehnendrehungen $\tilde{\psi}_{i-k}$ ergeben sich nach Abschnitt I E.1:

Stab 2—3: $\quad \tilde{M}_{i,2;2,3} = \tilde{M}_{i,3;3,2} = -\dfrac{EJ_{2,3}}{s_{2-3}} F_3{}^i\tilde{\psi}_{2-3} = -2100 \cdot 7{,}660 \cdot F_3{}^i\tilde{\psi}_{2-3};$

Stab 1—2: $\quad \tilde{M}_{i,2;2,1} = -\dfrac{EJ_{1,2}}{s_{1-2}} F_8{}^i\tilde{\psi}_{1-2} = -2100 \cdot 9{,}012 \cdot F_8{}^i\tilde{\psi}_{1-2};$

Stab 2—4: $\quad \tilde{M}_{i,2;2,4} = -\dfrac{EJ_{2,4}}{s_{2-4}} F_8{}^i\tilde{\psi}_{2-4} = -2100 \cdot 19{,}15 \cdot F_8{}^i\tilde{\psi}_{2-4};$

Stab 3—5: $\quad \tilde{M}_{i,3;3,5} = -\dfrac{EJ_{3,5}}{s_{3-5}} F_8^{*i}\tilde{\psi}_{3-5} = -2100 \cdot 4{,}98 \cdot F_8^{*i}\tilde{\psi}_{3-5}.$

α) Laststufe $\nu = 1{,}30$

1. Starreinspannmomente für $^1\tilde{\psi}_{i-k}$

$$\tilde{M}_{1,2;2,1} = -2100 \cdot 9{,}012 \cdot 2{,}057 \cdot 0{,}001667 = -65{,}89;$$

$$\tilde{M}_{1,3;3,2} = \tilde{M}_{1,2;2,3} = -2100 \cdot 7{,}660 \cdot 5{,}743 \cdot (-0{,}0025) = +230{,}95;$$

$$^0\tilde{M}_{1,2;2,4} = -2100 \cdot 19{,}15 \cdot 2{,}911 \cdot (-0{,}001667) = +195{,}15;$$

$$^0\tilde{M}_{1,3;3,5} = -2100 \cdot 4{,}98 \cdot 3{,}44 \cdot (-0{,}002167) = +77{,}96;$$

$$\tilde{M}_2 = +230{,}95 + 195{,}15 - 65{,}89 = +360{,}21;$$

$$\tilde{M}_3 = +230{,}95 + 77{,}96 = +308{,}91.$$

Der Ausgleich nach Cross ist in Abb. I 14.11 a durchgeführt, womit die Momente $\tilde{M}^*_{1,i;i,k}$ bekannt sind.

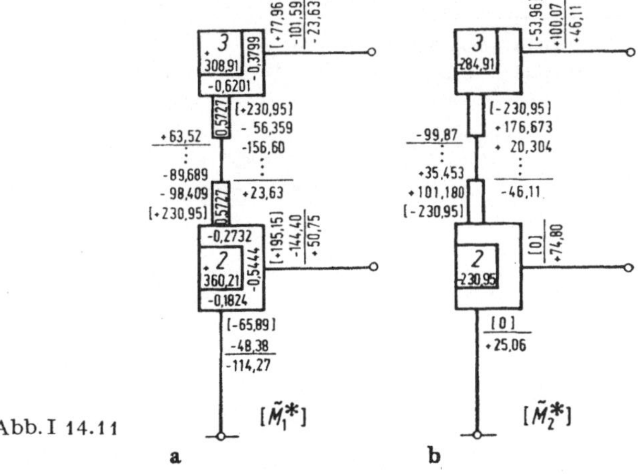

Abb. I 14.11

2. Starreinspannmomente für $^2\tilde{\psi}_{i-k}$

$$\tilde{M}_{2,2;2,1} = \tilde{M}_{2,2;2,4} = 0;$$

$$\tilde{M}_{2,2;2,3} = \tilde{M}_{2,3;3,2} = -230,95;$$

$$^0\tilde{M}_{2,3;3,5} = -2100 \cdot 4,98 \cdot 3,44 \cdot 0,0015 = -53,96;$$

$$\tilde{M}_2 = -230,95; \quad \tilde{M}_3 = -230,95 - 53,96 = -284,91.$$

Der Ausgleich nach Cross ist in Abb. I 14.11 b durchgeführt, womit die Momente $\tilde{M}^*_{2,i;i,k}$ bekannt sind.

3. Festhaltestabkräfte infolge der Einheitsverschiebungszustände. Nach (I F.27) und (I F.28) erhält man mit den Momenten $\tilde{M}^*_1$ und $\tilde{M}^*_2$ nach den Abb. I 14.11 a und b

$$V_{1,1} = -[(-23,63)(-0,002167) + (63,52 + 23,63)(-0,0025) +$$
$$+ 50,75(-0,00167) + (-114,27)0,001667] = +0,4418;$$

$$V_{2,2} = -[46,11 \cdot 0,0015 + (-99,87 - 46,11)0,0025] = +0,2958;$$

$$V_{1,2} = V_{2,1} = -[(-23,63)0,0015 + (63,52 + 23,63)0,0025] = -0,1824.$$

4. Festhaltestäbe aus der Belastung. Nach (I F.43 a und b) sind die $\eta_{i,k}$-Werte für Druckstäbe positiv, für Zugstäbe negativ einzuführen.

$$V_{P,1;1} = -P\sum \eta_{i,k}\,^1\tilde{\psi}^2_{i-k}s_{i-k} =$$
$$= -P[1,897 \cdot 0,001667^2 \cdot 632,46 + 1,25 \cdot 0,0025^2 \cdot 500 +$$
$$+ 1,35 \cdot 0,001667^2 \cdot 200 + (-0,75) \cdot 0,002167^2 \cdot 500] =$$
$$= -P \cdot 0,006230;$$

$$V_{P,2;2} = -P[1,25 \cdot 0,0025^2 \cdot 500 + (-0,75) \cdot 0,0015^2 \cdot 500] =$$
$$= -P \cdot 0,003063;$$

$$V_{P,2;1} = -P[1,25 \cdot (-0,0025) \cdot 0,0025 \cdot 500 + (-0,75) \cdot (-0,002167) \cdot$$
$$\cdot 0,0015 \cdot 500] = +P \cdot 0,002687.$$

5. Knickkriterium. Nach (I F.46) ergibt sich mit

$$q = \frac{P}{100}.$$

$\triangle_{P,1}$	$\triangle_{P,2}$	
$0,4418 - 0,6230\,q$	$-0,1824 + 0,2687\,q$	$= 0$
$-0,1824 + 0,2687\,q$	$0,2958 - 0,3063\,q$	$= 0$

$$0,1816q^2 - 0,2216q + 0,0974 = 0;$$

$$q_{\mathrm{kr}} = 0,7079; \quad P^*_{\mathrm{kr}} = 70,79\,\mathrm{t}.$$

β) Laststufe $\nu = 1,37$

Die Verteilungszahlen und Fortleitungszahlen sind in Tabelle 14.9 und 14.10 angegeben.

1. Starreinspannmomente für $^1\tilde{\psi}_{i-k}$

$$^0\tilde{M}_{1,2;2,1} = -63,00; \quad \tilde{M}_{1,2;2,3} = +230,39;$$

$$^0\tilde{M}_{1,2;2,4} = +194,88; \quad ^0\tilde{M}_{1,3;3,5} = +78,46.$$

Mittels des Ausgleiches nach Cross erhält man:

$$^0\tilde{M}^*_{1,2;2,1} = -110{,}39; \quad ^0\tilde{M}^*_{1,2;2,4} = +48{,}28;$$

$$\tilde{M}^*_{1,2;2,3} = +\,62{,}13; \quad \tilde{M}^*_{1,3;3,2} = +23{,}53; \quad ^0\tilde{M}^*_{1,3;3,5} = -23{,}53.$$

2. Starreinspannmomente für $^2\tilde{\psi}_{i-k}$

$$\tilde{M}_{2,2;2,3} = -230{,}39; \quad ^0\tilde{M}_{2,3;3,5} = -54{,}31.$$

Mittels des Ausgleiches nach Cross erhält man:

$$^0\tilde{M}^*_{2,2;2,1} = +24{,}23; \quad ^0\tilde{M}^*_{2,2;2,4} = +74{,}95; \quad \tilde{M}^*_{2,2;2,3} = -99{,}18;$$

$$\tilde{M}^*_{2,3;3,2} = -46{,}34; \quad ^0\tilde{M}^*_{2,3;3,5} = +46{,}35.$$

3. Festhaltestabkräfte

$$V_{1,1} = +0{,}4277; \quad V_{2,2} = +0{,}2943; \quad V_{1,2} = V_{2,1} = -0{,}1788;$$

$$V_{P,1;1} = -P \cdot 0{,}006230; \quad V_{P,2;2} = -P \cdot 0{,}003063;$$

$$V_{P,2;1} = +P \cdot 0{,}002687.$$

4. Knickkriterium

$\Delta_{P,1}$	$\Delta_{P,2}$	
$0{,}4277 - 0{,}6230\,q$	$-0{,}1789 + 0{,}2687\,q$	$= 0$
$-0{,}1789 + 0{,}2687\,q$	$0{,}2943 - 0{,}3063\,q$	$= 0$

$$q_{kr} = 0{,}6860; \quad P^*_{kr} = 68{,}60 \text{ t}.$$

Die Lösung stimmt somit mit der Annahme

$$P_{ang.} = 1{,}37 \cdot 50 = 68{,}5\text{t}$$

voll überein und auch mit der Lösung nach a β).

15. Beispiel.　Zweistöckiger, unsymmetrischer Rahmen

Das System und die Belastung sind in Abb. I 15.1 dargestellt.
Querschnittswerte:

$$F_1 = 78{,}1 \text{ cm}^2; \quad J_1 = 5\,700 \text{ cm}^4; \quad F_3 = 54{,}3 \text{ cm}^2; \quad J_3 = 2\,490 \text{ cm}^4;$$

$$F_2 = 65{,}3 \text{ cm}^2; \quad J_2 = 3\,830 \text{ cm}^4; \quad F_4 = 118{,}0 \text{ cm}^2; \quad J_4 = 14\,920 \text{ cm}^4.$$

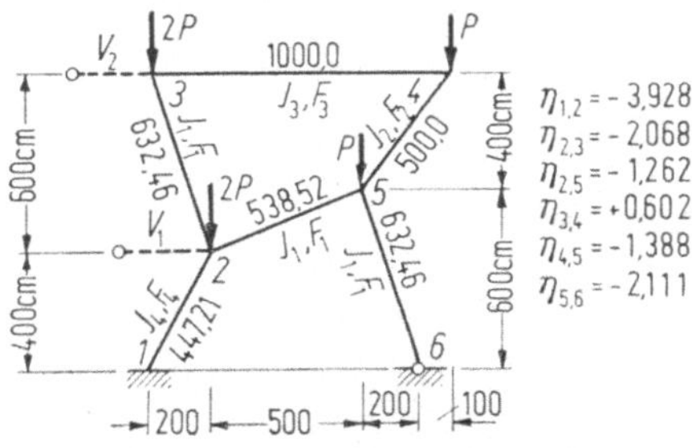

Abb. I 15.1

Berechnung der Stabkräfte nach Theorie I. Ordnung

Für den Gebrauchslastenzustand $[P]$ werden die Schnittbelastungen nach dem Verfahren Kani-Ostenfeld nach Bd. I A, IX D.1 berechnet. Für den elastischen Bereich ergeben sich die Verteilungszahlen nach Bd. I A (IX B.7) in Tabelle 15.1

$$\mu'_{i,k} = -\frac{1}{2} \frac{mk_{i,k}}{\sum mk_{i,k}} \; ; \quad k_{i,k} = \frac{J_{i,k}}{s_{i-k}}$$

Tabelle 15.1

Knoten	Stab	J	s	m	μ'_{ik}
		cm⁴	cm		
3	3−4	2490	1 000	1,0	−0,1082
	3−2	5 700	632,46	1,0	−0,3918
4	4−3	2490	1 000	1,0	−0,1227
	4−5	3830	500	1,0	−0,3773
5	5−4	3830	500	1,0	−0,1532
	5−2	5 700	538,52	1,0	−0,2116
	5−6	5 700	632,46	0,75	−0,1352
2	2−5	5 700	538,52	1,0	−0,0999
	2−3	5 700	632,46	1,0	−0,0851
	2−1	14 920	447,21	1,0	−0,3150

1. Verschiebungszustand $[\Delta_1 = 1]$. Aus der Verschiebung $\Delta_1 = 1$ am System Abb. I 15.2a ergeben sich nach Abb. I 15.2b die Werte

$$^1v_2 = -0,50; \quad ^1v_3 = -0,8333; \quad ^1v_4 = +0,7647; \quad ^1v_5 = +0,2353;$$

$$^1\tilde{\psi}_{1-2} = +\frac{1,11800}{447,21} = +0,0025000; \quad ^1\tilde{\psi}_{2-3} = -0,0016667;$$

$$^1\tilde{\psi}_{2-5} = -0,0014706; \quad ^1\tilde{\psi}_{3-4} = -0,0015980;$$

$$^1\tilde{\psi}_{4-5} = -0,0017647; \quad ^1\tilde{\psi}_{5-6} = +0,0012239.$$

Damit erhält man die *Starreinspannmomente*:

$$\tilde{M}_{1,1;1,2} = -\frac{6EJ_{1,2}}{s_{1-2}} \, ^1\tilde{\psi}_{1-2} = -\frac{6 \cdot 2100 \cdot 14920}{447,21} \cdot 0,0025 = -1\,050,9;$$

$$\tilde{M}_{1,2;2,5} = -196,2; \quad \tilde{M}_{1,2;2,3} = +189,3; \quad \tilde{M}_{1,3;3,4} = +50,1;$$

$$\tilde{M}_{1,5;5,4} = +170,5;$$

$$\tilde{M}_{1,5;5,6} = -\frac{3EJ_{5,6}}{s_{5-6}} \, ^1\tilde{\psi}_{5-6} = -69,5.$$

Damit ergeben sich die *Knotenmomente* $\tilde{M}_i$:

$$\tilde{M}_2 = \tilde{M}_{1,2;2,1} + \tilde{M}_{1,2;2,3} + \tilde{M}_{1,2;2,5} = -665,53;$$

$$\tilde{M}_3 = +239,40; \quad \tilde{M}_4 = +220,46; \quad \tilde{M}_5 = 296,96.$$

Der *Momentenausgleich nach Kani* erfolgt in Abb. I 15.3a, wodurch die Momente $\tilde{M}_i^*$ erhalten werden.

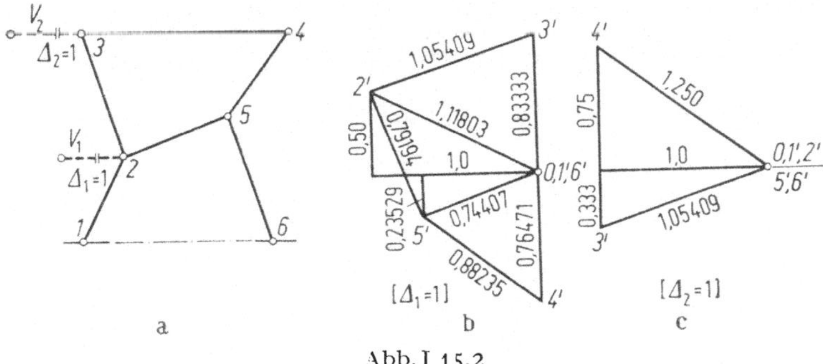

Abb. I 15.2

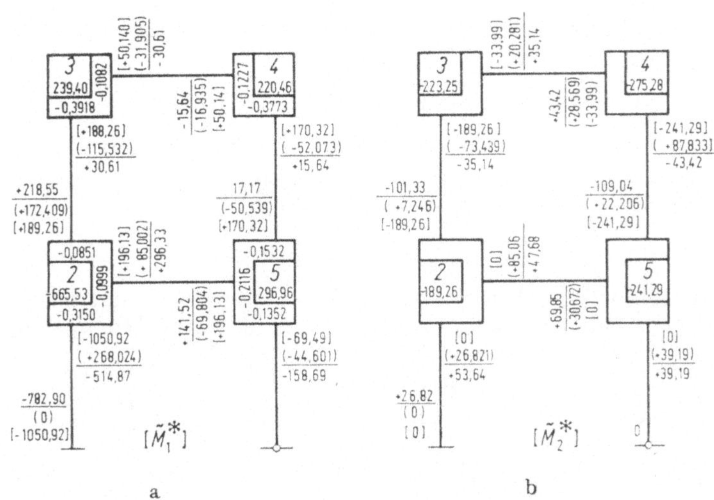

Abb. I 15.3

2. *Verschiebungszustand* $[\Delta_2 = 1]$. Aus der Verschiebung $\Delta_2 = 1$ am System nach Abb. I 15.2a erhält man aus der Abb. I 15.2c

$$^2v_2 = {}^2v_5 = 0; \quad {}^2v_3 = +0{,}3333; \quad {}^2v_4 = -0{,}75;$$

$$^2\tilde{\psi}_{2-3} = +0{,}001667; \quad {}^2\tilde{\psi}_{3-4} = +0{,}0010833;$$

$$^2\tilde{\psi}_{4-5} = +0{,}0025; \quad {}^2\tilde{\psi}_{1-2} = {}^2\tilde{\psi}_{2-5} = {}^2\tilde{\psi}_{5-6} = 0;$$

$$\tilde{M}_{2,2;2,3} = -189{,}26; \quad \tilde{M}_{2,3;3,4} = -33{,}99; \quad \tilde{M}_{2,4;4,5} = -241{,}39;$$

$$\tilde{M}_2 = -189{,}3; \quad \tilde{M}_3 = -223{,}25;$$

$$\tilde{M}_4 = -275{,}26; \quad \tilde{M}_5 = -241{,}29.$$

Die Momente $\tilde{M}_2^*$ sind in Abb. I 15.3b berechnet.

Nach Bd. I A (IX D.4) und (IX D.5) erhält man die Festhaltestabkräfte mit den Werten $\tilde{M}_1^*$ und $\tilde{M}_2^*$ und unter Beachtung, daß im vorliegenden Fall keine Momente

$\tilde{M}_P^*$ auftreten (die Lasten P wirken nur in den Knotenpunkten):

$$-V_{1,1} = (-514{,}87 - 782{,}90)\,0{,}0025 + (218{,}55 + 30{,}61)\,(-0{,}0016667) +$$

$$+ (-30{,}61 - 15{,}64)\,(-0{,}001598) + (15{,}64 + 17{,}17)\,(-0{,}001764) +$$

$$+ (141{,}52 + 296{,}33)\,(-0{,}0014706) + (-158{,}69)\,0{,}0012239 =$$

$$= -4{,}48182;$$

$$-V_{2,2} = -0{,}52350; \quad -V_{1,2} = -V_{2,1} = +0{,}44720;$$

$$-V_{P,1} = (-0{,}2 \cdot 0{,}8333 + 1{,}0 \cdot 0{,}7647 + 1{,}0 \cdot 0{,}2353 - 2{,}0 \cdot 0{,}5)\,P =$$

$$= -1{,}66667\,P;$$

$$-V_{P,2} = (-1{,}0 \cdot 0{,}75 + 2{,}0 \cdot 0{,}3333)\,P = -0{,}08333\,P.$$

Nach Bd. I A (IX D.2) erhält man das Gleichungssystem zur Ermittlung der unbekannten Verschiebungen $\Delta_{P,1}$ und $\Delta_{P,2}$:

$$\Delta_{P,1}(-4{,}48182) + \Delta_{P,2}\,0{,}44720 - 1{,}66667P = 0;$$

$$\Delta_{P,1}\,0{,}44720 + \Delta_{P,2}\,(-0{,}52350) - 0{,}08333P = 0.$$

Damit wird

$$\Delta_{P,1} = -0{,}42389P$$

und

$$\Delta_{P,2} = -0{,}52128P.$$

Nach Bd. I A (IX D.3) ergeben sich damit die endgültigen Schnittbelastungen $\bar{M}_{B,i}$, $\bar{Q}_{B,i}$ und $\bar{N}_{B,i}$ nach Abb. I 15.4a und b. Damit sind die Stabkräfte bzw. die Werte $\eta_{i,k}$ festgelegt.

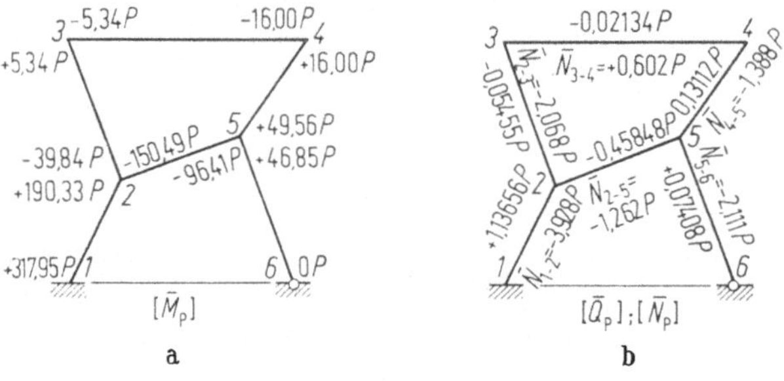

Abb. I 15.4

α) Knickkriterium

Die Berechnung der Knickbelastung erfolgt nach Abschnitt I F.2b nach dem Festhaltestabverfahren.

1. Näherungsberechnung ohne Berücksichtigung der Funktionen F. In diesem Falle können die Werte $V_{i,k}$ von früher übernommen werden:

$$V_{1,1} = +4{,}48182; \quad V_{1,2} = -0{,}44720; \quad V_{2,2} = +0{,}52350.$$

Nach (I F.43) erhält man die Festhaltestabkräfte aus der Belastung (II. Ordnung) mit

$$\eta_{1,2} = -3{,}928; \quad \eta_{2,3} = -2{,}068; \quad \eta_{2,5} = -1{,}262;$$

$$\eta_{3,4} = +0{,}602; \quad \eta_{4,5} = -1{,}388; \quad \eta_{5,6} = -2{,}111.$$

In (I F.43) sind die $\eta_{i,k}$-Werte mit entgegengesetzten Vorzeichen einzuführen:

$$V_{P;1,1} = -P[3{,}928 \cdot 0{,}0025^2 \cdot 447{,}21 + 1{,}262 \cdot 0{,}0014706^2 \cdot 538{,}52 +$$
$$+ 2{,}068 \cdot 0{,}0016667^2 \cdot 632{,}46 + (-0{,}602) \cdot 0{,}001598^2 \cdot 1000 +$$
$$+ 1{,}388 \cdot 0{,}0017647^2 \cdot 500 + 2{,}111 \cdot 0{,}0012239^2 \cdot 632{,}46] =$$
$$= -\frac{P}{100} \cdot 1{,}8706;$$

$$V_{P;2,2} = -P[2{,}069 \cdot 0{,}0016667^2 \cdot 632{,}46 + (-0{,}602) \cdot 0{,}0010833^2 \cdot$$
$$\cdot 1000 + 1{,}388 \cdot 0{,}0025^2 \cdot 500] = -\frac{P}{100} \cdot 0{,}7264;$$

$$V_{P;2,1} = +\frac{P}{100} \cdot 0{,}5653.$$

Damit erhält man nach (I F.46) mit $q = P/100$ die Knickdeterminante:

$\Delta_{P,1}$	$\Delta_{P,2}$	
$4{,}4818 - 1{,}87069\,q$	$-0{,}4472 + 0{,}56539\,q$	$= 0$
$-0{,}4472 + 0{,}5653\,q$	$+0{,}5235 - 0{,}7264\,q$	$= 0$

und $q_{kr} = 0{,}720$; $P^*_{kr} = 72{,}0$ t.

2. Berechnung mit Berücksichtigung der Funktionen F. Nach der Vorberechnung ergibt sich für den am stärksten beanspruchten Stab die Spannung

$$\sigma_{1,2} = \frac{72{,}0 \cdot 3{,}928}{118} = 2{,}397 \text{ t/cm}^2 > \sigma_P.$$

Trägt man diesen Wert in Abb. I 15.6 für $E = 2100$ auf und verbindet diesen Punkt mit dem Nullpunkt ($\sigma^*_k = 0$), so ergibt der Schnittpunkt der Geraden Ψ mit der Φ-Kurve einen Näherungswert $\sigma^*_{kr} = 2{,}18$ t/cm^2 (Gerade a).

Annahme: $^1P = 66$ t. Nach (I B.16) ist

$$\varepsilon = \frac{s}{i} \sqrt{\frac{\sigma^*_k}{T^*}}; \qquad i = \sqrt{\frac{J}{F}}.$$

Unter Beachtung der ε-Werte ergeben sich gegenüber *1.* andere Steifigkeiten und damit die Verteilungszahlen $^e\mu'_{i,k}$, $^g\mu'_{i,k}$ nach (I F.33) und (I F.34) und die Fortleitungszahl $c_{i,k}$ nach (I F.35). Diese werden mit den Funktionswerten der Tabelle 15.2 und Tabelle 15.3 berechnet.

Tabelle 15.2

Stab	$\eta_{i,k}$	σ^*_k t/cm^2	T^* t/cm^2	$\dfrac{s}{i}$	ε	$F_1,\,F_1^*$	$F_2,\,F_2^*$	F_8	$c_{i,k}=\dfrac{F_1}{F_2}$	$\dfrac{J_{i,k}}{s_{i-k}}$	$F_3,\,F_3^*$
$1-2$	$-3{,}928$	$2{,}197$	1887	$39{,}77$	$1{,}36$	$3{,}747$	$2{,}065$		$1{,}8146$	$33{,}362$	$5{,}813$
$2-5$	$-1{,}262$	$1{,}066$	2100	$63{,}04$	$1{,}42$	$3{,}724$	$2{,}072$		$1{,}7976$	$10{,}584$	$5{,}795$
$5-6$	$-2{,}111$	$1{,}784$	2091	$74{,}03$	$2{,}16$	$3{,}336$	$2{,}181$	$1{,}909$	$1{,}5292$	$9{,}012$	
$2-3$	$-2{,}068$	$1{,}748$	2096	$74{,}03$	$2{,}14$	$3{,}349$	$2{,}177$		$1{,}5380$	$9{,}012$	$5{,}526$
$4-5$	$-1{,}388$	$1{,}403$	2100	$65{,}29$	$1{,}69$	$3{,}604$	$2{,}104$		$1{,}7126$	$7{,}660$	$5{,}708$
$3-4$	$+0{,}602$	$0{,}732$	2100	$147{,}67$	$2{,}80$	$4{,}953$	$1{,}791$		$2{,}7643$	$2{,}490$	$6{,}743$

Tabelle 15.3

Knoten	Stab	$\mu'_{i,k}$
2	2 — 1	—0,3400
	2 — 5	—0,1205
	2 — 3	—0,1076
3	3 — 2	—0,4612
	3 — 4	—0,1050
4	4 — 3	—0,1117
	4 — 5	—0,4035
5	5 — 4	—0,1915
	5 — 6	—0,1321
	5 — 2	—0,2606

Nach (I F.36) und (I F.37) erhält man die Starreinspannmomente für die beiden Verschiebungszustände $[\Delta_1 = 1]$ und $[\Delta_2 = 1]$.

Zustand $[\Delta_1 = 1]$:

$$\tilde{M}_{1,1;1,2} = -\frac{T^* J_{1,2}}{s_{1-2}} F_3 {}^1\tilde{\psi}_{1-2} =$$

$$= -\frac{1\,887 \cdot 14\,920}{447,21} 5,813 \cdot 0,0025 = -914,88;$$

$$\tilde{M}_{1,2;2,5} = +189,42; \quad \tilde{M}_{1,2;2,3} = +173,97; \quad \tilde{M}_{1,4;4,5} = +162,03;$$

$$\tilde{M}_{1,3;3,4} = -\frac{T^* J_{3,4}}{s_{3-4}} F_3^{*}{}^1\tilde{\psi}_{3-4} = +56,34;$$

$$\tilde{M}_{1,5;5,6} = -\frac{T^* J_{5,6}}{s_{5-6}} F_8 {}^1\tilde{\psi}_{5-6} = -44,03;$$

$$\tilde{M}_2 = -551,49; \quad \tilde{M}_3 = +230,31; \quad \tilde{M}_4 = +218,37;$$

$$\tilde{M}_5 = +307,42.$$

Der Ausgleich wird in Abb. I 15.5 a durchgeführt, und zwar nach Bd. I A (IX B.36) bis (IX B.48), wobei mit Rücksicht auf das stabweise konstante Trägheitsmoment $c_{i,k} = c_{k,i}$ ist. Damit erhält man die Momente $\tilde{M}_1^*$.

Kontrolle in Knoten 2:

$$M'_{2,5} = -0,1205 \,[-551,49 + (-138,92 - 92,17 + 0)] = +94,3;$$

$$\tilde{M}^*_{1,2;2,5} = +189,42 + 1,7976 \cdot 94,30 - 92,17 = +266,76.$$

Kontrolle in Knoten 5:

$$\tilde{M}^*_{1,5;5,6} = -44,03 + 1,5292 \,(-47,00) = -115,91.$$

Zustand $[\Delta_2 = 1]$:

$$\tilde{M}_{2,2;2,3} = -173,97; \quad \tilde{M}_{2,3;3,4} = -38,20; \quad \tilde{M}_{2,4;4,5} = -229,55;$$

$$\tilde{M}_{2,1;1,2} = \tilde{M}_{2,2;2,5} = \tilde{M}_{2,5;5,6} = 0;$$

$$\tilde{M}_2 = -173,97; \quad \tilde{M}_3 = -212,17; \quad \tilde{M}_4 = -267,75; \quad \tilde{M}_5 = -229,55.$$

Der Ausgleich wird in Abb. I 15.5 b durchgeführt, womit die Momente M_2^* erhalten werden.

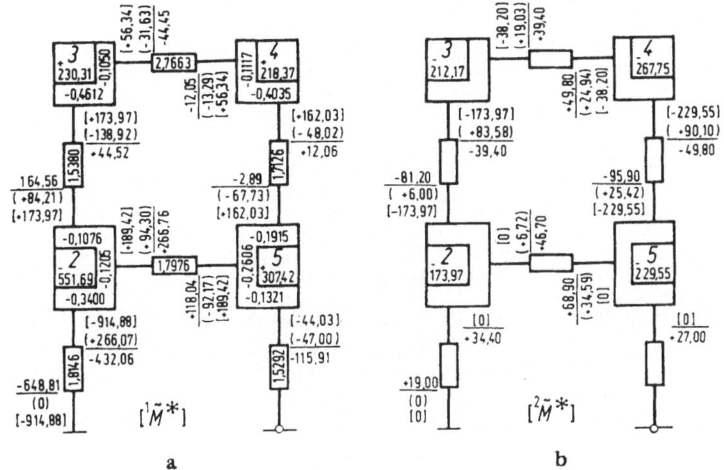

Abb. I 15.5

Knickbelastung. Nun werden die Festhaltestabkräfte $V_{m,n}$ nach (I F.27) und (I F.28) berechnet, wobei die $\tilde{M}_m^*$-Werte Verwendung finden, die unter Beachtung der von ε-abhängigen Steifigkeiten bestimmt werden:

$$-V_{1,1} = (-432,1 - 648,8) \cdot 0,0025 + (164,6 + 44,5) \cdot (-0,001667) +$$
$$+ (-44,5 - 12,1) \cdot (-0,001598) + (12,1 - 2,9) \cdot (-0,001765) +$$
$$+ (266,8 + 118,0) \cdot (-0,001471) + (-115,9) \cdot 0,001224 = -3,685;$$
$$-V_{2,2} = -0,469; \quad -V_{2,1} = -V_{1,2} = +0,310.$$

Weiter gilt wieder wie früher

$$V_{P;1,1} = -q \cdot 1,8706; \quad V_{P;2,2} = -q \cdot 0,7264;$$
$$V_{P;1,2} = +q \cdot 0,5653.$$

Damit erhält man nach (I F.46) die Knickbedingung ($D = 0$).

$\Delta_{P,1}$	$\Delta_{P,2}$	
$+3,685 - 1,871\,q$	$-0,312 + 0,565\,q$	$= 0$
$-0,312 + 0,565\,q$	$+0,469 - 0,726\,q$	$= 0$

$${}^1q_{kr} = 0,644; \quad {}^1P_{kr}^* = 64,4 \text{ t};$$

$${}^1\sigma_{kr,1-2}^* = \frac{3,928 \cdot 64,6}{118} = 2,14 \text{ t/cm}^2 \quad \text{zu} \quad T_{1-2}^* = 1887 \text{ t/cm}^2.$$

Annahme P = 70 t. Die Berechnung wurde in gleicher Weise durchgeführt unter Beachtung der neuen $\mu_{i,k}'$-Werte (neue Funktionen F) und es ergab sich hierfür

$$T_{1-2}^* = 1763 \text{ t/cm}^2; \quad {}^2q_{kr} = 0,634; \quad {}^2P_{kr}^* = 63,4 \text{ t};$$

$${}^2\sigma_{kr,1-2}^* = 2,11 \text{ t/cm}^2.$$

Endgültige Knickbelastung. Trägt man die aus T^* und σ_{kr}^* sich ergebende Kurve Ψ in Abb. I 15.6 ein, so erhält man aus dem Schnittpunkt der Φ- und Ψ-Kurve die endgültige Knickspannung $\sigma_{kr}^* = 2{,}15$ t/cm² (Kurve b).

$E,\ T^*$	σ_{kr}^*
2100	2,18
1887	2,14
1763	2,11

$$P_{kr}^* = \frac{118 \cdot 2{,}15}{3{,}928} = 64{,}6\ \text{t}.$$

Mit der ideellen Sicherheit $v = 2{,}08$ ergibt sich damit die zulässige Belastung

$$P_{zul} = \frac{64{,}6}{2{,}08} = 31{,}1\ \text{t}.$$

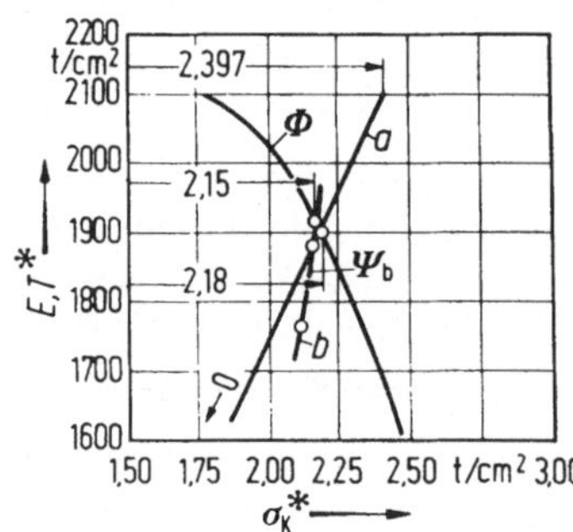

Abb. I 15.6

Literatur zum Kapitel I

[1] Beck, H.: Das Bauen mit Beton- und Stahlbetonfertigteilen. Betonkalender 1967, Teil II, S. 146.

[2] Beer, H.: Studie zur Festlegung einer Kurve der zulässigen Knickspannungen. Stahlbau-Rundschau 1960, H. 18.

[3] Beer, H., Schulz, G.: Biegeknicken gerader, planmäßig zentrisch gedrückter Stäbe aus Baustahl. CECM-VIII-71-1. Die Traglast des planmäßig mittig gedrückten Stabes mit Imperfektionen. VDI-Z. Bd. 111 (1969), Nr. 21, 1537/41; Nr. 23, 1683/87; Nr. 24, 1767/72.

[4] Bleich, E.: Theorie und Berechnung der eisernen Brücken. Berlin: Springer-Verlag 1924.

[5] Bürgermeister, G., Steup, H.: Stabilitätstheorie. Berlin: Akademie-Verlag, I. Teil, 1957, II. Teil 1963.

[6] Chwalla, E.: Die Kippstabilität gerader Träger mit doppelsymmetrischem I-Querschnitt. Forschungshefte aus dem Gebiet des Stahlbaues, Heft 2. Berlin: Springer-Verlag 1939.

[7] Chwalla, E.: Einführung in die Baustatik, 2. verb. und ergänzte Auflage. Köln: Stahlbau-Verlag G.m.b.H. 1954.

[8] Chwalla, E., Jokisch, F.: Über das ebene Knickproblem des Stockwerkrahmens. Stahlbau 14 (1941) 33.

[9] Dilger, W.: Veränderlichkeit der Biege- und Schubfestigkeit bei Stahlbetontragwerken und ihr Einfluß auf die Schnittkraftverteilung und Traglast bei statisch unbestimmter Lagerung. DAfStb 1966, Heft 179.

[10] Elwitz, E.: Die Lehre von der Knickfestigkeit, I. Teil. Hannover: Gebrüder Jänecke 1918.

[11] Engesser, F.: Über Knickfestigkeit gerader Stäbe. Z. Arch. und Ing. Ver. zu Hannover, Bd. 35 (1889) 455.

[12] Engesser, F.: Die Knickfestigkeit gerader Stäbe. Zbl. Bauverwaltung, Bd. 11 (1891) 483.

[13] Föppl, A. u. L.: Drang und Zwang. München-Berlin: Oldenbourg 1928.

[14] Gsell, G.: Betrachtungen zur Knicklänge von Fachwerkstäben. Köln: Stahlbauverlag 1969.

[15] Hartmann, F.: Knickung, Kippung, Beulung. Leipzig-Wien: Deuticke 1937.

[16] Hoff, N. J.: Stress Analysis of Aircraft Framework. Journ. Roy. Aero. Sec., July 1941.

[17] James: Principles effects of axial load and moment distribution analysis of rigid structures, 1933, Thesis. Stanford University, 1935, N. A. C. A. Technical Note No. 534.

[18] Jeltsch, W.: Ein einfaches Näherungsverfahren zum Nachweis der Kippsicherheit von Stahl-, Stahlbeton- und Spannbetonträgern. Diss. Techn. Hochsch. Graz, 1970.

[19] Ježek, K.: Die Festigkeit von Druckstäben aus Stahl. Wien: Springer 1937.

[20] Kappus, R.: Drillknicken zentrisch gedrückter Stäbe. Oldenbourg 1937.

[21] Kappus, R.: Luftfahrt-Forschung, Bd. 14 (1937) 444.

[22] v. Kármán, Th.: Untersuchung über die Knickfestigkeit. Physik. Z. 1908, 138.

[23] v. Kármán, Th.: Untersuchung über die Knickfestigkeit. Mitt. Forsch. Arbeiten VDI, H. 81, Berlin 1910.

[24] Klöppel, K., Friemann, H.: Übersicht über Berechnungsverfahren für Theorie II. Ordnung. Stahlbau 33 (1964) 270.

[25] Kollbrunner, C. F., Meister, M.: Knicken, Biegedrillknicken, Kippen, 2. Aufl. Berlin-Göttingen-Heidelberg: Springer-Verlag 1961.

[26] Krohn, R.: Knickfestigkeit. Berlin 1923.

[27] Lundquist, E.: Stability of structural members under axial load, 1937, N. A. C. A. Technical Note No. 617 und N. A. C. A. Technical Note No. 719.

[28] Lundquist, E.: Principles of moment distribution applied to stability of structural members, 1938, Proceedings of The First Intern. Congress of Applied Mechanics, S. 145—149.

[29] Lundquist, E., Kroll, W. D.: Tables of stiffness and Carry over Factor for Structural Members under Axialload. N. A. C. A. 1944, Report 4b 24.

[30] Markus: Die Theorie elastischer Gewebe biegsamer Platten. Berlin: Springer-Verlag 1924.

[31] Mayer, R.: Die Knickfestigkeit. Berlin: Springer-Verlag 1921.

[32] Müller, G.: Nomogramme für die Kippuntersuchung frei aufliegender I-Träger unter vertikaler Belastung. Köln: Stahlbau-Verlag 1961.

[33] Nadai, A.: Elastische Platten. Berlin: Springer-Verlag 1925.

[34] Niles, A. S., Newell, J. S.: Airplane Structures, Bd. 1 und 2, 3rd Edition, New York: Wiley 1943.

[35] Normen: DIN 4114.

[36] Normen: ÖNORM 4200/9. Teil.

[37] Pflüger, A.: Stabilitätsprobleme der Elastostatik. Berlin: Springer-Verlag 1950. 2. Aufl. 1961.

[38] Prandtl, L.: Kipperscheinungen. Inaug. Diss. München, 1899.

[39] Pucher, A.: Lehrbuch des Stahlbetonbaues, 3. Aufl. Wien: Springer-Verlag 1961, S. 50.

[40] Rafla, K.: Näherungsweise Berechnung der kritischen Kipplasten von Stahlbetonträgern. Beton- und Stahlbeton 1969, S. 183.

[41] Ratzersdorfer, J.: Die Knickfestigkeit von Stäben und Stabverbindungen. Wien: Springer-Verlag 1936.

[42] Resinger, F., Steiner, H.: Näherungslösung von statischen Problemen II. Ordnung und der Wölbkrafttorsion mit Hilfe der Deformationsmethode. Österr. Ing. Z. 2 (1959) H. 5, S. 172—178.

[43] Sattler, K.: Beitrag zur Knicktheorie dünner Platten. Mitteilung. Forschungsanstalten GHH-Konzern, H. 10, 1933.

[44] Sattler, K.: Das Durchbiegungsverfahren zur Lösung von Stabilitätsproblemen. Bautechnik 30 (1953) H. 10 und H. 11, S. 328—331.

[45] Sattler, K.: Das Verfahren Slavin zur Untersuchung der Stabilität ganzer Fachwerksysteme. Bautechnik 30 (1953), H. 8, S. 222—232.

[46] Sattler, K.: Die Stabilität von Stockwerkrahmen mit statisch unverschieblichen Knotenpunkten. Nachr. des Österr. Betonvereines XIII/(1953), Folge 10/11, Beilage zur österr. Bauzeitschrift 8 (1953), Heft 11/12.

[47] Schaber, E.: Beitrag zur Stabilitätsberechnung ebener Stabwerke. Köln: Stahlbau-Verlag 1960.

[48] Shanley, F. R.: Shanley Effect. J. aeronaut. Sci. 1946, S. 678.

[49] Slavin, A.: On truss members. Proc. Americ. Soc. Civ. Eng. 1950, Vol. 76, No. 1, S. 149.

[50] Slavin, A.: Stability studies of structural frames. Transaction of the New York Academy of Sciences, Series II, Vol. 12, No. 3, S. 82ff., 1950.

[51] Southwell: On the Analysis of Experimental Observations in Problems of Elastic Stability. Proc. Roy. Soc. (London), Ser. A, Vol. 135, 1932, S. 601—616.

[52] Steinbach, W.: Beitrag zur Kippstabilität von Kragträgern. Diss. T. U. Berlin 1961.

[53] Stüssi, F.: Abhandl. der IVBH, Bd. 3, Zürich 1935.

[54] Stüssi, F.: Baustatik I. 4. Aufl. Basel: Birkhäuser-Verlag 1971.

[55] Tetmajer, L. v.: Die Gesetze der Knickungs- und der zusammengesetzten Druckfestigkeit. Leipzig-Wien: Deuticke 1903.

[56] Thiedemann, W.: Über die Beulung anisotroper Plattenstreifen. DVL Bericht No. 16. Köln-Opladen: Westd. Verlag 1956.

[57] Timoshenko, S.: Theory of Elastic Stability. Trans. Americ. Soc. Civ. Eng. Bd. 87 (1924), S. 1247, New York, London 1936.

[58] Timoshenko, S., Lessels, I. M.: Festigkeitslehre. Berlin: Springer-Verlag 1928.

[59] Timoshenko, S., Gere, J. M.: Theory of Elastic Stability. New York-Toronto-London: McGraw-Hill 1961.

[60] Vetter, H.: Stabwerksknickung. Wien: Deuticke 1960.

[61] Wagner, H.: Verdrehung und Knicken von offenen Profilen. Festschr. 25 J. Techn. Hochsch. Danzig 1929, S. 329.

[62] Wansleben, F.: Die Theorie der Drehfestigkeit von Stahlbauteilen. D. St. V. Abhandl. a. d. Stahlbau H. 3, 1968.

[63] Weber, C.: VDI-Forschungsheft No. 249, Berlin 1921.

[64] Wlassow, W. S.: Dünnwandige elastische Stäbe. Berlin: VEB Verlag f. Bauwesen 1965.

[65] Zimmermann, H.: Knickfestigkeit der Stabverbindungen. Berlin: Ernst & Sohn 1925.

[66] Zimmermann, H.: Die Knickfestigkeit der Druckgurte offener Brücken. Berlin: Ernst & Sohn 1910.

[67] Zweiling, K.: Gleichgewicht und Stabilität. Berlin: VEB Verlag Technik 1953.

II. Stabilität räumlicher Tragwerke

Einleitung

Im Band II A [5] werden in den Kapiteln VII und VIII die Berechnungen beliebiger räumlicher Fach- und Stabwerke unter Verwendung der Matrizenschreibweise behandelt. Spener [7] hat darauf aufbauend die nachfolgenden Berechnungsverfahren, die die einfache und schematische Erfassung der kritischen Knickbelastungen solcher Systeme ermöglichen, entwickelt. Bezüglich der Sicherheitsbetrachtungen wird dabei weitgehend auf Kapitel I dieses Bandes Bezug genommen.

Dies hat zur Folge, daß unter Zugrundelegung des Wertes ε nach (I B.14) bis (I B.16)

$$\varepsilon = s \sqrt{\frac{S}{EJ}} = \frac{s}{i} \sqrt{\frac{\sigma}{E}}$$

bzw.

$$\varepsilon = \frac{s}{i} \sqrt{\frac{\sigma}{T}}$$

bzw.

$$\varepsilon = \frac{s}{i} \sqrt{\frac{\sigma^*}{T^*}}$$

die Funktionen F_1 bis F_{11} der Tafel F Verwendung finden können. Damit können — wie nachfolgend gezeigt wird — die Koeffizienten des Gleichungssystems für jede Laststeigerungsstufe einfach berechnet werden. Durch Nullsetzen der Nennerdeterminante desselben erhält man dann die kritische Laststeigerungsstufe.

Die Bezeichnungen und Vorzeichenfestlegungen stimmen mit denen der oben angeführten Kapitel überein.

Den nachfolgenden Untersuchungen werden folgende Annahmen und Voraussetzungen zugrunde gelegt:

Gültigkeit des Hookeschen Gesetzes;

Gültigkeit der Bernoullischen Hypothese;

jeder Stab ist die geradlinige Verbindung zweier Knoten;

der Schubmittelpunkt fällt mit dem Querschnittsschwerpunkt zusammen (doppelsymmetrische Querschnitte);

es wird nur die Saint-Venantsche Torsion berücksichtigt;

der Einfluß der Schubverformung wird vernachlässigt, er läßt sich aber nach Schaber [6] berücksichtigen;

bei der Berechnung der Fachwerke sind die Gelenke als reibungsfrei gedacht anzunehmen;

die Druckstäbe werden als ideal gerade Stäbe ohne Imperfektionen angenommen.

Der Einfluß von Imperfektionen wird in den Sicherheitsbetrachtungen erfaßt.

An Zahlenbeispielen wird die Durchführung der Berechnung gezeigt.

A. Stabilität von Stabwerken bei infiniten Verschiebungen

1. Allgemeines

Bei den Stabilitätsuntersuchungen von räumlichen Stabwerken sind neben den Dehnsteifigkeiten und den Abtriebskräften aus den Verschiebungen die Biegesteifigkeiten des Einzelstabes um beide Hauptachsen des vorhandenen Querschnittes und die Drehsteifigkeit zu berücksichtigen. Zu beachten ist dabei die Biegesteifigkeitsänderung bei vorhandener Normalkraft entsprechend Kapitel I.

Nach Tabelle I E.1 erhält man die Knotenbelastungen infolge Knotendrehungen und Knotenverschiebungen. Bei ihrer Anwendung muß auf die Vorzeichenfestlegungen dieser Arbeit Rücksicht genommen werden. Es ist dabei zu beachten, daß die Funktionen F bzw. F^* verschieden sind, je nachdem welches Trägheitsmoment J_2 oder J_3 in Frage kommt. Die Kennzeichnung dieser Funktionen in bezug auf die Achse der Biegung erfolgt durch einen weiteren Index 2 oder 3; zum Beispiel $^2F_8$ oder $^3F_8$. In den nachfolgenden Entwicklungen wird nur der Wert F für Druckstäbe angeschrieben, für Zugstäbe ist F^* an Stelle von F einzuführen.

Bei der Drehsteifigkeit wird der Einfluß von Verwölbungen und somit der Wölbwiderstand $J_{\omega\omega}$ vernachlässigt. Der Einfluß der Normalkraft auf die Drillsteifigkeit wird durch die Drillknicklast auf Grund der Saint-Venantschen Torsion berücksichtigt.

Entsprechend Bd. II A, VII und Abb. II A.1 wird ein stabeigenes Koordinatensystem eingeführt (q-System), bei dem die Achsrichtungen e_1, e_2 und e_3 der Stabachse $i - k$ mit den Hauptträgheitsachsen des Querschnittes gleichgerichtet sind. Das übergeordnete System mit den Achsrichtungen e_x, e_y und e_z wird als p-System bezeichnet.

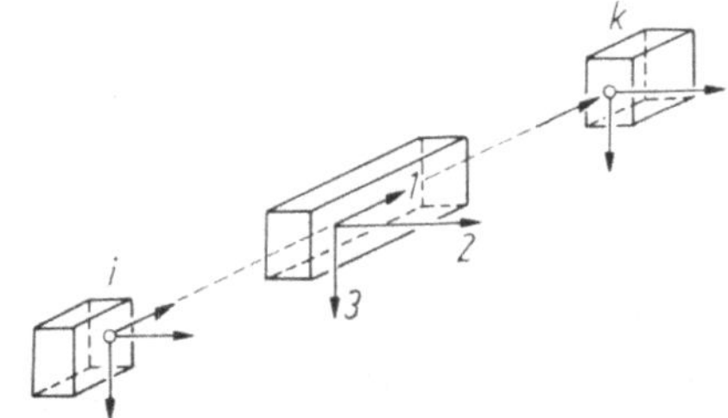

Abb. II A.1. Positive Achsrichtungen für $e_{1;i,k}$

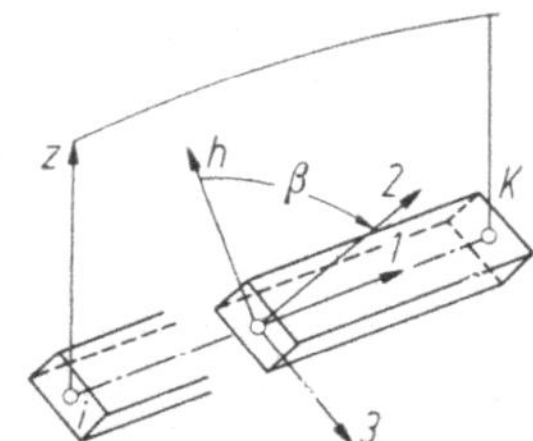

Abb. II A.2. Festlegung der positiven Achsrichtung e_2

Die Einheitsvektoren betragen im p-System:

$$e_1 = \begin{bmatrix} e_{1x} \\ e_{1y} \\ e_{1z} \end{bmatrix}; \qquad e_2 = \begin{bmatrix} e_{2x} \\ e_{2y} \\ e_{2z} \end{bmatrix}; \qquad e_3 = \begin{bmatrix} e_{3x} \\ e_{3y} \\ e_{3z} \end{bmatrix}; \qquad (\text{II A.1})$$

$$e_x = \begin{bmatrix} 1 \\ 0 \\ 0 \end{bmatrix}; \qquad e_y = \begin{bmatrix} 0 \\ 1 \\ 0 \end{bmatrix}; \qquad e_z = \begin{bmatrix} 0 \\ 0 \\ 1 \end{bmatrix}.$$

Damit kann man die Rotationsmatrize $\mathbf{R}$ eines Stabes ik bilden:

$$\mathbf{R}_{ik} = \begin{bmatrix} e_{1x} & e_{1y} & e_{1z} \\ e_{2x} & e_{2y} & e_{2z} \\ e_{3x} & e_{3y} & e_{3z} \end{bmatrix}. \qquad (\text{II A.2})$$

Die Komponenten der Einheitsvektoren e_2 und e_3 werden entsprechend Bd. II A, VII (VII A.1) bis (VII A.5) durch den Winkel β bestimmt, der die Hauptträgheitsachse 2 mit der Schnittgeraden h der Querschnittsebene mit der Ebene $(1-z)$ nach Abb. II A.2 einschließt.

Damit ergibt sich mit

$$k = \sqrt{1 - e_{1z}^2}\,;$$

$$e_2 = \begin{cases} e_{2x} = \dfrac{1}{k}\left(-\cos\beta\, e_{1x}\, e_{1z} + \sin\beta\, e_{1y}\right) \\[2mm] e_{2y} = \dfrac{1}{k}\left(-\cos\beta\, e_{1y}\, e_{1z} - \sin\beta\, e_{1x}\right) \\[2mm] e_{2z} = k\cos\beta \end{cases};$$

(II A.3)

$$e_3 = \begin{cases} e_{3x} = e_{1y}e_{2z} - e_{1z}e_{2y} \\[1mm] e_{3y} = e_{1z}e_{2x} - e_{1x}e_{2z} \\[1mm] e_{3z} = e_{1x}e_{2y} - e_{1y}e_{2x} \end{cases}.$$

(II A.4)

Für den Sonderfall $e_{1x} = e_{1y} = 0$, bei dem die Stabachse $i-k$ parallel zur z-Achse liegt, wird eine andere Winkelvereinbarung getroffen. Blickt man in Richtung der positiven Stabachse (e_1), so entsteht der Winkel $\bar\beta$ durch Drehung der positiven x-Achse nach der positiven Achse 2. Die Einheitsvektoren der Hauptträgheitsachsen können unter Beachtung von Abb. II A.3 bestimmt werden:

$$e_1 = \begin{bmatrix} 0 \\ 0 \\ e_{1z} = \pm 1 \end{bmatrix}; \qquad e_2 = \begin{bmatrix} +\cos\bar\beta \\ +\sin\bar\beta \\ 0 \end{bmatrix}; \qquad e_3 = \begin{bmatrix} -e_{1z}\sin\bar\beta \\ +e_{1z}\cos\bar\beta \\ 0 \end{bmatrix}.$$

(II A.5)

Nach Bd. II A, VII gilt (II A.2) für Rotationsmatrizen $\mathbf{R}_{ik}$ für Stäbe $i-k$, bei denen die Ordnungsrichtung vom Knoten i zum Knoten k gerichtet ist (siehe Abb. II A.1).

Abb. II A.3. Festlegung der positiven Achsrichtung e_2 bei senkrecht stehenden Stäben

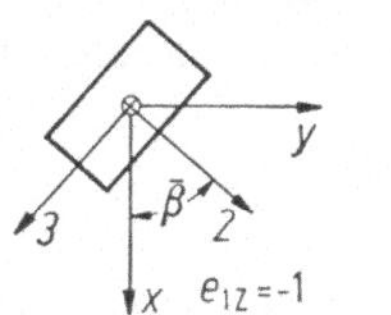

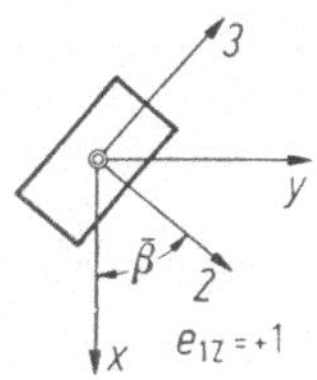

Für die Transformation eines Vektors — Belastungen, Schnittbelastungen oder Verformungen betreffend — gilt nach Bd. II A (VII C.56) und (VII C.57)

$$^q\mathfrak{P} = \mathbf{R}_{ik} \cdot {}^p\mathfrak{P};$$

(II A.6)

$$^p\mathfrak{P} = \mathbf{R}_{ik}^T \cdot {}^q\mathfrak{P}.$$

(II A.7)

Bei der Transformation von Matrizen gilt nach Bd. II A (VII C.59) zum Beispiel für eine Matrize A

$$^p\mathbf{A} = \mathbf{R}_{ik}^T \cdot {}^q\mathbf{A} \cdot \mathbf{R}_{ik}.$$

(II A.8)

2. Elastischer Bereich

a) Verformungen und Zusatzkräfte

Es werden jeweils die Zusatzbelastungen aus Einheitsverformungen $^q\breve{E}_{v=1}$ und $^q\breve{E}_{\varPhi=1}$ der Knoten i und k im q-System betrachtet. Die Vorzeichen gelten für den Stab von i nach k, d.h. für $e_{1;ik}$. Die endgültigen Schnittbelastungen ergeben sich dann aus der Multiplikation der Werte aus den Einheitsverformungen mit den unbekannten Knotendrehungen $\varPhi_i$ bzw. Knotenverschiebungen v_i.

α) Knotendrehung $^q\breve{E}_{\varPhi_i=1}$

Die bei diesen Entwicklungen angegebenen Momente gelten für den Fall, daß der Knoten i in allen 3 Richtungen starr eingespannt ist, während der Knoten k auch gelenkige Lagerung aufweisen kann. Die Momente in i bei gelenkiger Lagerung in k werden mit $\tilde{M}^0$ bezeichnet. Treten gelenkige Lagerungen auch im Punkt i auf, so sind die entsprechenden Momente in i Null.

Drehung $[^1\varphi_i = 1]$. Die Drillknicklast ohne Wölbkrafteinfluß beträgt nach (I A.47) für einen doppelt symmetrischen Querschnitt

$$P_d = \frac{GJ_1}{i_p^2}; \quad \text{mit} \quad i_p^2 = \frac{1}{F}(J_2 + J_3). \tag{II A.9}$$

Ist die Stabkraft $S_{B,i-k} = P_d$, so ist die Drehsteifigkeit Null.

Somit erhält man für den beiderseits eingespannten Stab die Starreinspann-momente im Punkt i für eine positive Stabkraft $S_{B,i-k}$:

$$^1\tilde{M}_{i;ik} = +\frac{GJ_{1,ik}}{s_{i-k}}\left(1 + \frac{S_{B,i-k}i_p^2}{GJ_{1,ik}}\right) = -^1\tilde{M}_{k;ik}. \tag{II A.10}$$

Ist einer der beiden Knoten in bezug auf die Torsion gelenkig gelagert, so ist

$$^1\tilde{M}^0_{i;ik} = {}^1\tilde{M}^0_{k;ik} = \emptyset.$$

Die Stützkräfte $\tilde{V}_{i;ik}$ und $\tilde{V}_{k;ik}$ sind Null.

Drehung $[^2\varphi_i = 1]$. Hierfür ergeben sich mit Tabelle I E.1 und Abb. II A.1 die Momente und Stützkräfte nach Tabelle II A.1a, wobei alle möglichen Lagerbedingungen berücksichtigt sind.

Drehung $[^3\varphi_i = 1]$. Entsprechend den vorherigen Entwicklungen ergeben sich die Momente und Stützkräfte nach Tabelle II A.1b, wobei alle möglichen Lagerbedingungen berücksichtigt sind.

β) Knotendrehung $^q\breve{E}_{\varPhi_k=1}$

Zustand $[^1\varphi_k = 1]$. Die Schnittbelastungen für Stäbe mit $e_{1;ik}$ ergeben sich entsprechend Abschnitt α):

$$^1\tilde{M}_{i;ik} = -\frac{GJ_{1,ik}}{s_{i-k}}\left(1 + \frac{S_{B,i-k}i_p^2}{GJ_{1,ik}}\right) = -^1\tilde{M}_{k;ik}; \tag{II A.11}$$
$$\tilde{V} = 0.$$

Zustand $[^2\varphi_k = 1]$ *und* $[^3\varphi_k = 1]$. Die Schnittbelastungen ergeben sich aus der Tabelle II A.1c und d, für alle möglichen Lagerbedingungen.

γ) Knotenverschiebung $^q\breve{E}_{v_i=1}$

Durch Knotenverschiebungen ergeben sich Zusatzkräfte in Stabrichtung und senkrecht dazu.

Verschiebung [$^1v_i = 1$]. Bei der Dehnsteifigkeit des Stabes $i - k$

$$K_{i-k} = \frac{EF_{ik}}{s_{i-k}} \qquad \text{(II A.12)}$$

ergibt sich für eine Verlängerung Δ_{i-k} die Stabkraft

$$S_{B,i-k} = K_{i-k}\Delta_{i-k} = \frac{EF_{ik}}{s_{i-k}} \Delta_{i-k}. \qquad \text{(II A.13)}$$

Bei einer Verschiebung [$^1v_i = 1$] tritt nach (II A.13) die Stabkraft $-K_{i-k}$ auf.
Es gilt

$$^1V_{k;ik} = -{}^1V_{i;ik} = +\frac{EF_{ik}}{s_{i-k}}. \qquad \text{(II A.14)}$$

Für die Momente und Stützkräfte ergibt sich

$$\tilde{M}_{i;ik} = 0; \qquad {}^2V_{i;ik} = {}^3V_{i;ik} = 0. \qquad \text{(II A.15)}$$

Verschiebung [$^2v_i = 1$]. Mit der Tabelle I E.1 erhält man mit $\psi_{i-k} = 1/s_{i-k}$ die
Zusatzbelastungen der Knoten i und k nach Tabelle II A.1e für die verschiedenen
Lagerbedingungen der Knoten i und k und für $e_{1;ik}$. Wenn i und k gelenkig gelagert
sind, so ändert sich das Vorzeichen der Stützkräfte, je nachdem es sich um einen Druck-
oder Zugstab handelt.
Verschiebung [$^3v_i = 1$]. Mit der Tafel I E.1 erhält man die Zusatzbelastungen nach
der Tabelle II A.1 f für die verschiedenen Lagerbedingungen.

δ) Knotenverschiebung $^q\check{\mathbf{E}}_{v_k = 1}$

Es gelten grundsätzlich die gleichen Entwicklungen wie bei Abschnitt γ).
Verschiebung [$^1v_k = 1$]. Es gilt

$$^q\mathbf{N}_{ik} = \begin{bmatrix} ^1\tilde{V}_{i;ik} & & \\ & 0 & \\ & & 0 \end{bmatrix} \qquad \text{(II A.16)}$$

mit

$$^1\tilde{V}_{i;ik} = -{}^1\tilde{V}_{k;ik} = +\frac{EF_{ik}}{s_{i-k}} \qquad \text{(II A.17)}$$

und

$$^2\tilde{V}_{i;ik} = {}^2\tilde{V}_{k;ik} = 0; \qquad \tilde{M}_{ik} = 0.$$

Zustände [$^2v_k = 1$] *und* [$^3v_k = 1$]. Die Schnittbelastungen sind in der Tabelle
II A.1g und h angegeben.
Ist für einen bestimmten Stab die Stabkraft $S = 0$ und damit $\varepsilon = 0$, so kann
statt der Tabelle II A.1 die Tabelle II A.2 Verwendung finden, wobei statt der
Funktionen F bestimmte ganze Zahlen vorhanden sind. Diese Tabelle II A.2 kann
auch mit Vorteil zur Aufstellung der Matrizen des Gleichungssystems (VII C.80)
des Bandes II A für verschiedene Lagerungen der Stabenden des Stabes $i-k$ Verwendung finden.

b) Arbeiten aus virtuellen Verformungszuständen

Aus den noch unbekannten Knotendrehungen $^x\varphi_n$, $^y\varphi_n$, $^z\varphi_n$ und Knotenverschiebungen ^xv_n, ^yv_n, ^zv_n des Systems entstehen Schnittbelastungen, die man durch Trans-
ponieren der Schnittbelastungen infolge der Knotendrehungen $^1\varphi_n$, $^2\varphi_n$, $^3\varphi_n$ und Knotenverschiebungen ^1v_n, ^2v_n, ^3v_n erhält. Die Größen dieser Schnittbelastungen im q-
System sind für die Einheit dieser Verformungen im Abschnitt a) angegeben.

Tabelle II A.1   *Schnittlasten für den Stab von i nach k aus Einheitsknotendrehungen*

i und k eingespannt	i eingespannt k gelenkig	i gelenkig k eingespannt	i und k gelenkig
	a) Verformungszustand $[^2\varphi_i = 1]$		
$^2\tilde{M}_i = +\dfrac{EJ_2}{s}\,^2F_1$	$^2\tilde{M}_i^0 = +\dfrac{EJ_2}{s}\,^2F_8$	$\emptyset$	$\emptyset$
$^2\tilde{M}_k = +\dfrac{EJ_2}{s}\,^2F_2$	$^2\tilde{M}_k^0 = \emptyset$	$\emptyset$	$\emptyset$
$^3\tilde{V}_i = -\dfrac{EJ_2}{s^2}\,^2F_3$	$^3\tilde{V}_i^0 = -\dfrac{EJ_2}{s^2}\,^2F_8$	$\emptyset$	$\emptyset$
$^3\tilde{V}_k = +\dfrac{EJ_2}{s^2}\,^2F_3$	$^3\tilde{V}_k^0 = +\dfrac{EJ_2}{s^2}\,^2F_8$	$\emptyset$	$\emptyset$
	b) Verformungszustand $[^3\varphi_i = 1]$		
$^3\tilde{M}_i = +\dfrac{EJ_3}{s}\,^3F_1$	$^3\tilde{M}_i^0 = +\dfrac{EJ_3}{s}\,^3F_8$	$\emptyset$	$\emptyset$
$^3\tilde{M}_k = +\dfrac{EJ_3}{s}\,^3F_2$	$^3\tilde{M}_k^0 = \emptyset$	$\emptyset$	$\emptyset$
$^2\tilde{V}_i = +\dfrac{EJ_3}{s^2}\,^3F_3$	$^2\tilde{V}_i^0 = +\dfrac{EJ_3}{s^2}\,^3F_8$	$\emptyset$	$\emptyset$
$^2\tilde{V}_k = -\dfrac{EJ_3}{s^2}\,^3F_3$	$^2\tilde{V}_k^0 = -\dfrac{EJ_3}{s^2}\,^3F_8$	$\emptyset$	$\emptyset$
	c) Verformungszustand $[^2\varphi_k = 1]$		
$^2\tilde{M}_i = +\dfrac{EJ_2}{s}\,^2F_2$	0	$^2\tilde{M}_i^0 = 0$	$\emptyset$
$^2\tilde{M}_k = +\dfrac{EJ_2}{s}\,^2F_1$	$\emptyset$	$^2\tilde{M}_k^0 = +\dfrac{EJ_2}{s}\,^2F_8$	$\emptyset$
$^3\tilde{V}_i = -\dfrac{EJ_2}{s^2}\,^2F_3$	$\emptyset$	$^3\tilde{V}_i^0 = -\dfrac{EJ_2}{s^2}\,^2F_8$	$\emptyset$
$^3\tilde{V}_k = +\dfrac{EJ_2}{s^2}\,^2F_3$	$\emptyset$	$^3\tilde{V}_k^0 = +\dfrac{EJ_2}{s^2}\,^2F_8$	0
	d) Verformungszustand $[^3\varphi_k = 1]$		
$^3\tilde{M}_i = +\dfrac{EJ_3}{s}\,^3F_2$	0	$^3\tilde{M}_i^0 = 0$	0
$^3\tilde{M}_k = +\dfrac{EJ_3}{s}\,^3F_1$	0	$^3\tilde{M}_k^0 = +\dfrac{EJ_3}{s}\,^3F_8$	0
$^2\tilde{V}_i = +\dfrac{EJ_3}{s^2}\,^3F_3$	0	$^2\tilde{V}_i^0 = +\dfrac{EJ_3}{s^2}\,^3F_8$	0
$^2\tilde{V}_k = -\dfrac{EJ_3}{s^2}\,^3F_3$	0	$^2\tilde{V}_k^0 = -\dfrac{EJ_3}{s^2}\,^3F_8$	0

Tabelle II A.1   *Schnittlasten für den Stab von i nach k aus Einheitsknotenverschiebungen*

i und k eingespannt	i eingespannt k gelenkig	i gelenkig k eingespannt	i und k gelenkig

e) *Verformungszustand* $[^2v_i = 1]$

$^3\tilde{M}_i = -\dfrac{EJ_3}{s^2}\,^3F_3$	$^3\tilde{M}_i^0 = -\dfrac{EJ_3}{s^2}\,^3F_8$	$^3\tilde{M}_i^0 = 0$	0
$^3\tilde{M}_k = -\dfrac{EJ_3}{s^2}\,^3F_3$	$^3\tilde{M}_k^0 = 0$	$^3\tilde{M}_k^0 = -\dfrac{EJ_3}{s^2}\,^3F_8$	0
$^2\tilde{V}_i = -\dfrac{EJ_3}{s^3}\,^3F_4$	$^2\tilde{V}_i^0 = -\dfrac{EJ_3}{s^3}\,^3F_9$	$^2\tilde{V}_i^0 = -\dfrac{EJ_3}{s^3}\,^3F_9$	$^2\tilde{V}_i^{00} = +\dfrac{EJ_3}{s^3}\,^3F_{11}$ *)
$^2\tilde{V}_k = +\dfrac{EJ_3}{s^3}\,^3F_4$	$^2\tilde{V}_k^0 = +\dfrac{EJ_3}{s^3}\,^3F_9$	$^2\tilde{V}_k^0 = +\dfrac{EJ_3}{s^3}\,^3F_9$	$^2\tilde{V}_k^{00} = -\dfrac{EJ_3}{s^3}\,^3F_{11}$ *)

f) *Verformungszustand* $[^3v_i = 1]$

$^2\tilde{M}_i = +\dfrac{EJ_2}{s^2}\,^2F_3$	$^2\tilde{M}_i^0 = +\dfrac{EJ_2}{s^2}\,^2F_8$	$^2\tilde{M}_i^0 = 0$	0
$^2\tilde{M}_k = +\dfrac{EJ_2}{s^2}\,^2F_3$	$^2\tilde{M}_k^0 = 0$	$^2\tilde{M}_k^0 = +\dfrac{EJ_2}{s^2}\,^2F_8$	0
$^3\tilde{V}_i = -\dfrac{EJ_2}{s^3}\,^2F_4$	$^3\tilde{V}_i^0 = -\dfrac{EJ_2}{s^3}\,^2F_9$	$^3\tilde{V}_i^0 = -\dfrac{EJ_2}{s^3}\,^2F_9$	$^3\tilde{V}_i^{00} = +\dfrac{EJ_2}{s^3}\,^2F_{11}$ *)
$^3\tilde{V}_k = +\dfrac{EJ_2}{s^3}\,^2F_4$	$^3\tilde{V}_k^0 = +\dfrac{EJ_2}{s^3}\,^2F_9$	$^3\tilde{V}_k^0 = +\dfrac{EJ_2}{s^3}\,^2F_9$	$^3\tilde{V}_k^{00} = -\dfrac{EJ_2}{s^3}\,^2F_{11}$ *)

g) *Verformungszustand* $[^2v_k = 1]$

$^3\tilde{M}_i = +\dfrac{EJ_3}{s^2}\,^3F_3$	$^3\tilde{M}_i^0 = +\dfrac{EJ_3}{s^2}\,^3F_8$	$^3\tilde{M}_i^0 = 0$	0
$^3\tilde{M}_k = +\dfrac{EJ_3}{s^2}\,^3F_3$	$^3\tilde{M}_k^0 = 0$	$^3\tilde{M}_k^0 = +\dfrac{EJ_3}{s^2}\,^3F_8$	0
$^2\tilde{V}_i = +\dfrac{EJ_3}{s^3}\,^3F_4$	$^2\tilde{V}_i^0 = +\dfrac{EJ_3}{s^3}\,^3F_9$	$^2\tilde{V}_i^0 = +\dfrac{EJ_3}{s^3}\,^3F_9$	$^2\tilde{V}_i^{00} = -\dfrac{EJ_3}{s^3}\,^3F_{11}$ *)
$^2\tilde{V}_k = -\dfrac{EJ_3}{s^3}\,^3F_4$	$^2\tilde{V}_k^0 = -\dfrac{EJ_3}{s^3}\,^3F_9$	$^2\tilde{V}_k^0 = -\dfrac{EJ_3}{s^3}\,^3F_9$	$^2\tilde{V}_k^{00} = +\dfrac{EJ_3}{s^3}\,^3F_{11}$ *)

h) *Verformungszustand* $[^3v_k = 1]$

$^2\tilde{M}_i = -\dfrac{EJ_2}{s^2}\,^2F_3$	$^2\tilde{M}_i^0 = -\dfrac{EJ_2}{s^2}\,^2F_8$	$^2\tilde{M}_i^0 = 0$	0
$^2\tilde{M}_k = -\dfrac{EJ_2}{s^2}\,^2F_3$	$^3\tilde{M}_k^0 = 0$	$^2\tilde{M}_k^0 = -\dfrac{EJ_2}{s^2}\,^2F_8$	0
$^3\tilde{V}_i = +\dfrac{EJ_2}{s^3}\,^2F_4$	$^2\tilde{V}_i^0 = +\dfrac{EJ_2}{s^3}\,^2F_9$	$^3\tilde{V}_i^0 = +\dfrac{EJ_2}{s^3}\,^2F_9$	$^3\tilde{V}_i^{00} = -\dfrac{EJ_2}{s^3}\,^2F_{11}$ *)
$^3\tilde{V}_k = -\dfrac{EJ_2}{s^3}\,^2F_4$	$^3\tilde{V}_k^0 = -\dfrac{EJ_2}{s^3}\,^2F_9$	$^3\tilde{V}_k^0 = -\dfrac{EJ_2}{s^3}\,^2F_9$	$^3\tilde{V}_k^{00} = +\dfrac{EJ_2}{s^3}\,^2F_{11}$ *)

*) Für Zugstäbe ist der negative Wert zu nehmen.

Tabelle II A.2   *1. Schnittlasten für den Stab von i nach k aus Einheitsknotendrehungen* $(S = 0)$

i und k eingespannt	i eingespannt k gelenkig	i gelenkig k eingespannt	i und k gelenkig
a) Verformungszustand $[^2\varphi_i = 1]$			
$^2\tilde{M}_i = +4\dfrac{EJ_2}{s}$	$^2\tilde{M}_i^0 = +3\dfrac{EJ_2}{s}$	0	0
$^2\tilde{M}_k = +2\dfrac{EJ_2}{s}$	$^2\tilde{M}_k^0 = 0$	0	0
$^3\tilde{V}_i = -6\dfrac{EJ_2}{s^2}$	$^3\tilde{V}_i^0 = -3\dfrac{EJ_2}{s^2}$	0	0
$^3\tilde{V}_k = +6\dfrac{EJ_2}{s^2}$	$^3\tilde{V}_k^0 = +3\dfrac{EJ_2}{s^2}$	0	0
b) Verformungszustand $[^3\varphi_i = 1]$			
$^3\tilde{M}_i = +4\dfrac{EJ_3}{s}$	$^3\tilde{M}_i^0 = +3\dfrac{EJ_3}{s}$	0	0
$^3\tilde{M}_k = +2\dfrac{EJ_3}{s}$	$^3\tilde{M}_k^0 = 0$	0	0
$^2\tilde{V}_i = +6\dfrac{EJ_3}{s^2}$	$^2\tilde{V}_i^0 = +3\dfrac{EJ_3}{s^2}$	0	0
$^2\tilde{V}_k = -6\dfrac{EJ_3}{s^2}$	$^2\tilde{V}_k^0 = -3\dfrac{EJ_3}{s^2}$	0	0
c) Verformungszustand $[^2\varphi_k = 1]$			
$^2\tilde{M}_i = +2\dfrac{EJ_2}{s}$	0	$^2\tilde{M}_i^0 = 0$	0
$^2\tilde{M}_k = +4\dfrac{EJ_2}{s}$	0	$^2\tilde{M}_k^0 = +3\dfrac{EJ_2}{s}$	0
$^3\tilde{V}_i = -6\dfrac{EJ_2}{s^2}$	0	$^3\tilde{V}_i^0 = -3\dfrac{EJ_2}{s^2}$	0
$^3\tilde{V}_k = +6\dfrac{EJ_2}{s^2}$	0	$^3\tilde{V}_k^0 = +3\dfrac{EJ_2}{s^2}$	0
d) Verformungszustand $[^3\varphi_k = 1]$			
$^3\tilde{M}_i = +2\dfrac{EJ_3}{s}$	0	$^3\tilde{M}_i^0 = 0$	0
$^3\tilde{M}_k = +4\dfrac{EJ_3}{s}$	0	$^3\tilde{M}_k^0 = +3\dfrac{EJ_3}{s}$	0
$^2\tilde{V}_i = +6\dfrac{EJ_3}{s^2}$	0	$^2\tilde{V}_i^0 = +3\dfrac{EJ_3}{s^2}$	0
$^2\tilde{V}_k = -6\dfrac{EJ_3}{s^2}$	0	$^2\tilde{V}_k^0 = -3\dfrac{EJ_3}{s^2}$	0

Tabelle II A.2   2. *Schnittlasten für den Stab von i nach k aus Einheitsknotenverschiebungen* ($S=0$)

i und k eingespannt	i eingespannt k gelenkig	i gelenkig k eingespannt	i und k gelenkig
e) *Verformungszustand* $[{}^2v_i = 1]$			
${}^3\tilde{M}_i = -6\,\dfrac{EJ_3}{s^2}$	${}^3\tilde{M}_i^0 = -3\,\dfrac{EJ_3}{s^2}$	0	0
${}^3\tilde{M}_k = -6\,\dfrac{EJ_3}{s^2}$	${}^3\tilde{M}_k^0 = 0$	${}^3\tilde{M}_k^0 = -3\,\dfrac{EJ_3}{s^2}$	0
${}^2\tilde{V}_i = -12\,\dfrac{EJ_3}{s^3}$	${}^2\tilde{V}_i^0 = -3\,\dfrac{EJ_3}{s^3}$	${}^2\tilde{V}_i^0 = -3\,\dfrac{EJ_3}{s^3}$	0
${}^2\tilde{V}_k = +12\,\dfrac{EJ_3}{s^3}$	${}^2\tilde{V}_k^0 = +3\,\dfrac{EJ_3}{s^3}$	${}^2\tilde{V}_k^0 = +3\,\dfrac{EJ_3}{s^3}$	0
f) *Verformungszustand* $[{}^3v_i = 1]$			
${}^2\tilde{M}_i = +6\,\dfrac{EJ_2}{s^2}$	${}^2\tilde{M}_i^0 = +3\,\dfrac{EJ_2}{s^2}$	0	0
${}^2\tilde{M}_k = +6\,\dfrac{EJ_2}{s^2}$	${}^2\tilde{M}_k^0 = 0$	${}^2\tilde{M}_k^0 = +3\,\dfrac{EJ_2}{s^2}$	0
${}^3\tilde{V}_i = -12\,\dfrac{EJ_2}{s^3}$	${}^3\tilde{V}_i^0 = -3\,\dfrac{EJ_2}{s^3}$	${}^3\tilde{V}_i^0 = -3\,\dfrac{EJ_2}{s^3}$	0
${}^3\tilde{V}_k = +12\,\dfrac{EJ_2}{s^3}$	${}^3\tilde{V}_k^0 = +3\,\dfrac{EJ_2}{s^3}$	${}^3\tilde{V}_k^0 = +3\,\dfrac{EJ_2}{s^3}$	0
g) *Verformungszustand* $[{}^2v_k = 1]$			
${}^3\tilde{M}_i = +6\,\dfrac{EJ_3}{s^2}$	${}^3\tilde{M}_i^0 = +3\,\dfrac{EJ_3}{s^2}$	0	0
${}^3\tilde{M}_k = +6\,\dfrac{EJ_3}{s^2}$	${}^3\tilde{M}_k^0 = 0$	${}^3\tilde{M}_k^0 = +3\,\dfrac{EJ_3}{s^2}$	0
${}^2\tilde{V}_i = +12\,\dfrac{EJ_3}{s^3}$	${}^2\tilde{V}_i^0 = +3\,\dfrac{EJ_3}{s^3}$	${}^2\tilde{V}_i^0 = +3\,\dfrac{EJ_3}{s^3}$	0
${}^2\tilde{V}_k = -12\,\dfrac{EJ_3}{s^3}$	${}^2\tilde{V}_k^0 = -3\,\dfrac{EJ_3}{s^3}$	${}^2\tilde{V}_k^0 = -3\,\dfrac{EJ_3}{s^3}$	0
h) *Verformungszustand* $[{}^3v_k = 1]$			
${}^2\tilde{M}_i = -6\,\dfrac{EJ_2}{s^2}$	${}^2\tilde{M}_i^0 = -3\,\dfrac{EJ_2}{s^2}$	0	0
${}^2\tilde{M}_k = -6\,\dfrac{EJ_2}{s^2}$	${}^2\tilde{M}_k^0 = 0$	${}^2\tilde{M}_k^0 = -3\,\dfrac{EJ_2}{s^2}$	0
${}^3\tilde{V}_i = +12\,\dfrac{EJ_2}{s^3}$	${}^3\tilde{V}_i^0 = +3\,\dfrac{EJ_2}{s^3}$	${}^3\tilde{V}_i^0 = +3\,\dfrac{EJ_2}{s^3}$	0
${}^3\tilde{V}_k = -12\,\dfrac{EJ_2}{s^3}$	${}^3\tilde{V}_k^0 = -3\,\dfrac{EJ_2}{s^3}$	${}^3\tilde{V}_k^0 = -3\,\dfrac{EJ_2}{s^3}$	0

Die virtuellen Verformungszustände im p-System betragen ${}^{p}\check{\mathbf{E}}_{\Phi_{n}=1}$ und ${}^{p}\check{\mathbf{E}}_{v_{n}=1}$.

Die virtuellen Arbeiten werden durch Multiplikation der Schnittbelastungen aus den unbekannten Verformungen im p-System mit den virtuellen Verformungszuständen im p-System gefunden.

Da aber die virtuellen Verformungszustände im p-System immer durch eine Einheitsmatrix ${}^{p}\check{\mathbf{E}} = \begin{bmatrix} 1 & & \\ & 1 & \\ & & 1 \end{bmatrix}$ ausgedrückt werden, die auf den Zahlenwert der Arbeit an einem Knoten n keinen Einfluß hat, wird sie bei den folgenden Entwicklungen weggelassen.

Bei den Entwicklungen der virtuellen Arbeiten wird immer jeder Knoten getrennt betrachtet und als Knoten i aufgefaßt. In den Beispielen müssen aus programmtechnischen Gründen immer die Einheitsvektoren e_1 eines Stabes $i - k$ von der niedrigeren Knotenpunktszahl zur höheren gewählt werden (z.B. $e_{1;7,8}$), die als Ordnungsrichtung bezeichnet wird.

Da die Schnittbelastungen aus Abschnitt a) immer für eine bestimmte Ordnungsrichtung $e_{1;ik}$ angegeben werden, muß darauf geachtet werden, daß die Schnittbelastungsmatrizen des betrachteten Knotens Verwendung finden. Wird z.B. der Knoten 8 eines Stabes $7-8$ betrachtet, so muß bei der Wahl der Schnittbelastungen aus den Tabellen auf die Richtung des Einheitsvektors $e_{1;7,8}$ Rücksicht genommen werden und somit der Knoten 8 mit der Knotenbezeichnung k gleichgesetzt werden.

Mit den Schnittbelastungen des Abschnittes a) ergeben sich entsprechend Bd. II A.VII Matrizen, die nachfolgend unter Verwendung von Tabelle II A.1 bzw. II A.2 angegeben werden. Da diese Matrizen im p-System benötigt werden, muß eine Transformation vom q- ins p-System vorgenommen werden, wobei immer die Rotationsmatrix $\mathbf{R}_{ik}$ des Stabes $i-k$ mit dem Einheitsvektor $e_{1;ik}$ Verwendung findet.

α) Virtuelle Drehungen ${}^{p}\check{\mathbf{E}}_{\Phi_{i}=1}$ des Knotens i

1. Arbeiten der Momente infolge ${}^{p}\Phi_{i}$. Allgemein lautet die Matrize der Momente am Knoten i infolge $[{}^{q}\Phi_{i} = 1]$ eines Stabes $i - k$ mit $e_{1,ik}$ im q-System:

$$
{}^{q}\check{\mathbf{K}}_{ii} = \begin{array}{c} \\ 1 \\ 2 \\ 3 \end{array} \begin{bmatrix} {}^{1}\tilde{M}_{i} & 0 & 0 \\ 0 & {}^{2}\tilde{M}_{i} & 0 \\ 0 & 0 & {}^{3}\tilde{M}_{i} \end{bmatrix}.
$$

$$
{}^{1}\varphi_{i} = 1 \quad {}^{2}\varphi_{i} = 1 \quad {}^{3}\varphi_{i} = 1
$$

$$\tag{II A.18}$$

Die Größen dieser Momente $\tilde{M}$ sind in (II A.10) und Tabelle II A.1 a und b angegeben, je nachdem ob Gelenke in i oder k vorhanden sind oder nicht.

Die Matrix im p-System ergibt sich mit (II A.8):

$$
{}^{p}\mathbf{K}_{ii} = \mathbf{R}_{ik}^{T} \cdot {}^{q}\check{\mathbf{K}}_{ii} \cdot \mathbf{R}_{ik} \tag{II A.19}
$$

Mit der Vorzeichenvereinbarung, daß positive Momente entgegengesetzte Vorzeichen als positive Drehungen haben (z.B. Abb. II A.4 und Bd. II A, Abb. VII C.1 und 2), lautet somit die Summe der negativen Arbeiten über alle m Stäbe, die in i anschließen:

$$
-{}^{v}\mathbf{A} = \left(\sum_{m} {}^{p}\mathbf{K}_{ii} \right) \cdot {}^{p}\Phi_{i}. \tag{II A.20}
$$

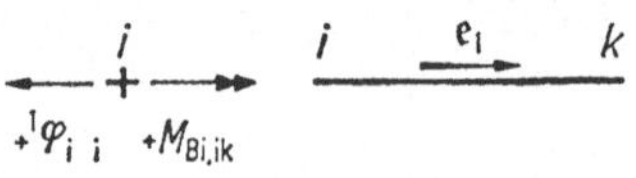

Abb. II A.4

2. Arbeiten der Momente infolge $^p\varPhi_k$. Infolge $[^q\varPhi_k = 1]$ lautet die Matrize der Momente am Knoten i eines Stabes $i - k$ im q-System

$$^q\check{\mathbf{K}}_{ki} = \begin{array}{c} \\ 1 \\ 2 \\ 3 \end{array}\begin{array}{ccc} ^1\varphi_k = 1 & ^2\varphi_k = 1 & ^3\varphi_k = 1 \\ \left[\begin{array}{ccc} ^1\tilde{M}_i & 0 & 0 \\ 0 & ^2\tilde{M}_i & 0 \\ 0 & 0 & ^3\tilde{M}_i \end{array}\right]\end{array}. \tag{II A.21}$$

Die Größen dieser Momente $\tilde{M}$ bei verschiedenen Lagerbedingungen in i und k sind in Tabelle II A.1c und d angegeben. Für diese diagonalsymmetrische Matrix ergibt sich mit (II A.8)

$$^p\mathbf{K}_{ki} = \mathbf{R}_{ik}^T \cdot {}^q\check{\mathbf{K}}_{ki} \cdot \mathbf{R}_{ik}. \tag{II A.22}$$

Die negative Arbeit am Knoten i beträgt:

$$-{}^vA = {}^p\mathbf{K}_{ki} \cdot {}^p\varPhi_k. \tag{II A.23}$$

3. Arbeiten der Momente infolge $^p\mathfrak{v}_i$. Die Matrize der Momente im Knoten i eines Stabes $i - k$ im q-System infolge $[^q\mathfrak{v}_i = 1]$ lautet:

$$^q\mathbf{D}_{ii} = \begin{array}{c} \\ 1 \\ 2 \\ 3 \end{array}\begin{array}{ccc} ^1v_i = 1 & ^2v_i = 1 & ^3v_i = 1 \\ \left[\begin{array}{ccc} 0 & 0 & 0 \\ 0 & 0 & ^2\tilde{M}_i \\ 0 & ^3\tilde{M}_i & 0 \end{array}\right]\end{array}. \tag{II A.24}$$

Die Größen der Momente $\tilde{M}_i$ bei verschiedenen Lagerbedingungen sind in Tabelle II A.1e und f angegeben.

Damit wird

$$^p\mathbf{D}_{ii} = \mathbf{R}_{ik}^T \cdot {}^q\mathbf{D}_{ii} \cdot \mathbf{R}_{ik}. \tag{II A.25}$$

Die Summe der negativen Arbeiten am Knoten i lautet:

$$-{}^vA = \left(\sum {}^p\mathbf{D}_{ii}\right) \cdot {}^p\mathfrak{v}_i. \tag{II A.26}$$

4. Arbeiten der Momente infolge $^p\mathfrak{v}_k$. Infolge des Zustandes $[^q\mathfrak{v}_k = 1]$ ergibt sich mit den Vorzeichenvereinbarungen und Tabelle II A.1g und h:

$$^2\tilde{M}_i(^3v_k = 1) = -{}^2\tilde{M}_i(^3v_i = 1);$$
$$^3\tilde{M}_i(^2v_k = 1) = -{}^3\tilde{M}_i(^2v_i = 1). \tag{II A.27}$$

Mit (II A.27) und (II A.24) ergibt sich die Schnittbelastungsmatrix:

$$-{}^q\mathbf{D}_{ii} = \begin{array}{c} \\ 1 \\ 2 \\ 3 \end{array}\begin{array}{ccc} ^1v_k = 1 & ^2v_k = 1 & ^3v_k = 1 \\ \left[\begin{array}{ccc} 0 & 0 & 0 \\ 0 & 0 & ^2\tilde{M}_i \\ 0 & ^3\tilde{M}_i & 0 \end{array}\right]\end{array} \tag{II A.28}$$

bzw.

$$-{}^p\mathbf{D}_{ii} = \mathbf{R}_{ik}^T \cdot (-{}^q\mathbf{D}_{ii}) \cdot \mathbf{R}_{ik}. \tag{II A.29}$$

Die negative Arbeit beträgt somit

$$-{}^vA = (-{}^p\mathbf{D}_{ii}) \cdot {}^p\mathfrak{v}_k. \tag{II A.30}$$

β) Virtuelle Verschiebungen $^p\check{\mathbf{E}}_{v_i=1}$ des Knotens i

1. Arbeiten der Stützkräfte infolge $^p\varPhi_i$. Die Matrize der Stützkräfte im q-System am Knoten i infolge des Zustandes $[^q\varPhi_i = 1]$ lautet

$$^q\mathbf{E}_{ii} = \begin{array}{c} \\ 1 \\ 2 \\ 3 \end{array}\begin{array}{ccc} ^1\varphi_i = 1 & ^2\varphi_i = 1 & ^3\varphi_i = 1 \\ \left[\begin{array}{ccc} 0 & 0 & 0 \\ 0 & 0 & ^2\tilde{V}_i \\ 0 & ^3\tilde{V}_i & 0 \end{array}\right]\end{array}. \tag{II A.31}$$

Die in der Matrize enthaltenen Schnittlasten sind in Tabelle II A.1a und b angegeben. Weiter ergibt sich dabei, daß

$$^2\tilde{V}_i(^3\varphi_i = 1) = -{}^3\tilde{M}_i(^2v_i = 1)$$

und

$$^3\tilde{V}_i(^2\varphi_i = 1) = -{}^2\tilde{M}_i(^3v_i = 1).$$ (II A.32)

Damit ergibt sich

$$^q\mathbf{E}_{ii} = -{}^q\mathbf{D}_{ii}^T$$ (II A.33)

und

$$^p\mathbf{E}_{ii} = \mathbf{R}_{ik}^T \cdot {}^q\mathbf{E}_{ii} \cdot \mathbf{R}_{ik}.$$ (II A.34)

Die Summe der negativen Arbeiten aller Stäbe, die an den Knoten i anschließen, beträgt mit (II A.34)

$$-{}^vA = -\left(\sum {}^p\mathbf{E}_{ii}\right) \cdot {}^p\boldsymbol{\Phi}_i$$ (II A.35)

bzw. mit (II A.33):

$$-{}^vA = \left(\sum {}^p\mathbf{D}_{ii}^T\right) \cdot {}^p\boldsymbol{\Phi}_i.$$ (II A.36)

Da das endgültige Gleichungssystem spiegelsymmetrisch ist, muß (II A.36) die transformierte Form von (II A.26) sein, was als Beweis gilt.

2. *Arbeiten der Stützkräfte infolge* $^p\boldsymbol{\Phi}_k$. Die Vorzeichen und Stützkräfte am Knoten i sind infolge $[^q\boldsymbol{\Phi}_k = 1]$ nach Tabelle II A.1c und d angegeben.

Damit wird $^q\mathbf{E}_{ki}$ die Matrix für die Stützkräfte dieses Zustandes:

$$^q\mathbf{E}_{ki} = \begin{array}{c} \\ 1 \\ 2 \\ 3 \end{array} \begin{array}{ccc} {}^1\varphi_k = 1 & {}^2\varphi_k = 1 & {}^3\varphi_k = 1 \\ \left[\begin{array}{ccc} 0 & 0 & 0 \\ 0 & 0 & {}^2\tilde{V}_i \\ 0 & {}^3\tilde{V}_i & 0 \end{array}\right] \end{array}.$$ (II A.37)

Die Koeffizienten werden nach Tabelle II A.1c und d ermittelt.

Als negative Arbeit am Knoten i ergibt sich:

$$-{}^vA = -{}^p\mathbf{E}_{ki} \cdot {}^p\boldsymbol{\Phi}_k$$ (II A.38)

mit

$$^p\mathbf{E}_{ki} = \mathbf{R}_{ik}^T \cdot {}^q\mathbf{E}_{ki} \cdot \mathbf{R}_{ik}.$$

3. *Arbeiten der Zusatzkräfte infolge* $^p v_i$. Auf Grund des Verschiebungszustandes $[^q v_i = 1]$ erhält man die Matrize der negativen Stützkräfte und der Dehnkraft am Knoten i nach (II A.14) und Tabelle II A.1e und f:

$$^q\mathbf{L}_{ik} = \begin{array}{c} \\ 1 \\ 2 \\ 3 \end{array} \begin{array}{ccc} {}^1v_i = 1 & {}^2v_i = 1 & {}^3v_i = 1 \\ \left[\begin{array}{ccc} -{}^1\tilde{V}_i & 0 & 0 \\ 0 & -{}^2\tilde{V}_i & 0 \\ 0 & 0 & -{}^3\tilde{V}_i \end{array}\right] \end{array}.$$ (II A.39)

Die negativen Vorzeichen der Koeffizienten wurden gewählt, da sich nach (II A.14) und Tabelle II A.1e und f, negative Werte für $\tilde{V}$ ergeben.

Die Transformierung von (II A.39) erfolgt nach (II A.8):

$$^p\mathbf{L}_{ik} = \mathbf{R}_{ik}^T \cdot {}^q\mathbf{L}_{ik} \cdot \mathbf{R}_{ik}.$$ (II A.40)

Somit ergibt sich als Summe der negativen Arbeiten aller am Knoten i angreifenden Stäbe

$$-{}^vA = \left(\sum_m {}^p\mathbf{L}_{ik}\right) \cdot {}^p v_i.$$ (II A.41)

4. *Arbeiten der Zusatzkräfte infolge* $^p v_k$. Infolge des Verschiebungszustandes $[^q v_k = 1]$ ergeben sich die Stützkräfte und eine Dehnkraft am Knoten i nach (II A.14) und Tabelle II A.1, die gegenüber denjenigen aus dem Zustand $[^q v_i = 1]$ gleich groß sind,

aber entgegengesetztes Vorzeichen aufweisen. Nach (II A.39) ergibt sich somit:

$$^p\mathbf{L}_{ik} = \begin{array}{c} \\ 1 \\ 2 \\ 3 \end{array} \begin{array}{ccc} ^1v_k = 1 & ^2v_k = 1 & ^3v_k = 1 \\ \left[\begin{array}{ccc} ^1\tilde{V}_i & 0 & 0 \\ 0 & ^2\tilde{V}_i & 0 \\ 0 & 0 & ^3\tilde{V}_i \end{array} \right] \end{array}. \qquad \text{(II A.42)}$$

Somit sind (II A.39) und (II A.42) gleich. Analog zu (II A.41) ergibt sich für die negative Arbeit am Knoten i

$$-{}^vA = -{}^p\mathbf{L}_{ik} \cdot {}^p\mathfrak{v}_k. \qquad \text{(II A.43)}$$

Bei einem beidseitig gelenkig gelagerten Stab ergeben sich Vereinfachungen bei der Berechnung von $^p\mathbf{L}_{ik}$.

Für diese Lagerung gilt nach Tabelle II A.1 e und f, für Zugstäbe mit

$$\varepsilon = s_{i-k} \sqrt{\frac{S_{B,i-k}}{EJ_{i,k}}}; \qquad \text{(II A.44)}$$

$$^2\tilde{V}_i({}^2v_i = 1) = -\frac{EJ_{3,ik}}{s_{i-k}^3}\,{}^3F_{11}^* = -\frac{EJ_{3,ik}}{s_{i-k}^3}\,{}^3\varepsilon^2 = -\frac{S_{B,i-k}}{s_{i-k}};$$

$$^3\tilde{V}_i({}^3v_i = 1) = -\frac{EJ_{2,ik}}{s_{i-k}^3}\,{}^2F_{11}^* = -\frac{EJ_{2,ik}}{s_{i-k}^3}\,{}^2\varepsilon^2 = -\frac{S_{B,i-k}}{s_{i-k}}, \qquad \text{(II A.45)}$$

wobei $^2\varepsilon$ und $^3\varepsilon$ zu dem Trägheitsmoment $J_{2,ik}$ und $J_{3,ik}$ gehören.

Mit (II A.14) und (II A.42) wird:

$$^q\mathbf{L}_{ik} = \left[\begin{array}{ccc} \dfrac{EF_{ik}}{s_{i-k}} & & \\ & \dfrac{S_{B,i-k}}{s_{i-k}} & \\ & & \dfrac{S_{B,i-k}}{s_{i-k}} \end{array} \right]. \qquad \text{(II A.46)}$$

Mit (II A.8) erhält man

$$^p\mathbf{L}_{ik} = \mathbf{R}_{ik}^T \cdot {}^q\mathbf{L}_{ik} \cdot \mathbf{R}_{ik} = \left[\begin{array}{ccc} l_{1,1} & l_{1,2} & l_{1,3} \\ l_{2,1} & l_{2,2} & l_{2,3} \\ l_{3,1} & l_{3,2} & l_{3,3} \end{array} \right]. \qquad \text{(II A.47)}$$

Unter Beachtung von (II A.2) ergeben sich die Koeffizienten $l_{i,k}$ wie folgt:

Multiplikator	$\dfrac{EF_{ik}}{s_{i-k}}$	$\dfrac{S_{B,i-k}}{s_{i-k}}$	
$l_{1,1} =$	$+e_{1x}e_{1x}$	$+e_{2x}e_{2x}$	$+e_{3x}e_{3x}$
$l_{1,2} =$	$+e_{1x}e_{1y}$	$+e_{2x}e_{2y}$	$+e_{3x}e_{3y}$
$l_{1,3} =$	$+e_{1x}e_{1z}$	$+e_{2x}e_{2z}$	$+e_{3x}e_{3z}$
$l_{2,1} = l_{1,2}$			
$l_{2,2} =$	$+e_{1y}e_{1y}$	$+e_{2y}e_{2y}$	$+e_{3y}e_{3y}$
usw.			

Mit den Entwicklungen von Bd. II A, VII A, ergeben sich mit (VII A.1) bis (VII A.4) die Beziehungen

$$e_{2x}^2 + e_{3x}^2 = 1 - e_{1x}^2;$$

$$e_{2x}e_{2y} + e_{3x}e_{3y} = -e_{1x}e_{1y};$$

$$e_{2x}e_{2z} + e_{3x}e_{3z} = -e_{1x}e_{1z} \quad \text{usw.}$$

Dies bedeutet, daß die Koeffizienten bei einem beiderseits gelenkig gelagerten Stab nur vom Einheitsvektor $e_{1;ik}$ abhängen, was schon aus der Anschauung selbstverständlich ist. Damit erhält $^p\mathbf{L}_{ik}$ für den beiderseits gelenkig gelagerten Stab die Form:

$$^p\mathbf{L}_{ik} = {}^p\mathbf{N}_{ik} + {}^p\mathbf{T}_{ik} = \qquad\qquad\qquad\qquad\qquad\qquad \text{(II A.48)}$$

$$= \frac{EF_{ik}}{s_{i-k}}\begin{bmatrix} e_{1x}^2 & e_{1x}e_{1y} & e_{1x}e_{1z} \\ e_{1x}e_{1y} & e_{1y}^2 & e_{1y}e_{1z} \\ e_{1x}e_{1z} & e_{1y}e_{1z} & e_{1z}^2 \end{bmatrix} + \frac{S_{B,i-k}}{s_{i-k}}\begin{bmatrix} 1 - e_{1x}^2 & -e_{1x}e_{1y} & -e_{1x}e_{1z} \\ -e_{1x}e_{1y} & 1 - e_{1y}^2 & -e_{1y}e_{1z} \\ -e_{1x}e_{1z} & -e_{1y}e_{1z} & 1 - e_{1z}^2 \end{bmatrix}.$$

c) Knickkriterium

Mit den negativen Arbeiten des Abschnittes b) unter Beachtung der Schnittbelastungen des Abschnittes a) kann das Gleichungssystem der virtuellen Arbeiten für jeden freien Knoten i in bezug auf die Knotendrehungen und Knotenverschiebungen aufgestellt werden.

Für die Durchführung der Rechnung werden folgende Abkürzungen festgelegt:

$$^p\mathbf{K}_i = \sideset{}{'}\sum_m {}^p\mathbf{K}_{ii};$$

$$^p\mathbf{D}_i = \sum_m {}^p\mathbf{D}_{ii};$$

$$^p\mathbf{E}_i = \sum_m {}^p\mathbf{E}_{ii}; \qquad\qquad \text{(II A.49)}$$

$$^p\mathbf{L}_i = \sum_m {}^p\mathbf{L}_{ik}.$$

Damit lauten die Arbeitsgleichungen des gesamten Systems in Matrizenschreibweise:

	Knoten i		Σ Knoten k	
	$^p\Phi_i$	$^p\mathfrak{v}_i$	$^p\Phi_k$	$^p\mathfrak{v}_k$
$\check{\mathbf{E}}_{\Phi_i=1}$	$^p\mathbf{K}_i$	$^p\mathbf{D}_i$	$^p\mathbf{K}_{ki}$	$-{}^p\mathbf{D}_{ii}$
$\check{\mathbf{E}}_{\mathfrak{v}_i=1}$	$-{}^p\mathbf{E}_i$	$^p\mathbf{L}_i$	$-{}^p\mathbf{E}_{ki}$	$-{}^p\mathbf{L}_{ik}$

(II A.50)

Die Anteile aus $^p\Phi_k$ und $^p\mathfrak{v}_k$ sind für jeden zum Knoten i benachbarten freien Knoten k anzuschreiben. Dieses Gleichungssystem zerfällt für jede der beiden Gleichungen je Knotenpunkt in 3 Gleichungen im $x - y - z$-System, das sind $6n$ Unbekannte bei n freien Knoten.

Wird eine dieser Unbekannten aus konstruktiven Gründen (drehstarrer Knoten, teilweise unverschieblicher Knoten usw.) Null, so werden der Koeffizient der Hauptdiagonale gleich „1" und alle anderen Koeffizienten der entsprechenden Spalte und Zeile gleich Null gesetzt.

Nachfolgend wird dazu das Schema angegeben, wenn zum Beispiel der Knoten 1 in der Richtung x unverschieblich wäre.

Gleichungsschema für $^x v_1 = 0$:

	$^x\varphi_1$	$^y\varphi_1$	$^z\varphi_1$	$^x v_1$	$^y v_1$	$^z v_1$	$^x\varphi_2$	$^y\varphi_2$	$\cdots$
$^x\varphi_1$	x	x	x	0	x	x	x	x	
$^y\varphi_1$	x	x	x	0	x	x	x	x	
$^z\varphi_1$	x	x	x	0	x	x	x	x	
$^x v_1$	0	0	0	1	0	0	0	0	
$^y v_1$	x	x	x	0	x	x	x	x	
$^z v_1$	x	x	x	0	x	x	x	x	
$^x\varphi_2$	x	x	x	0	x	x	x	x	
$^y\varphi_2$	x	x	x	0	x	x	x	x	

d) Durchführung der Rechnung

Bei der Berechnung der einzelnen Matrizen wird jeweils der Wert ε nach (II A.44) benötigt, da mit ε die Steifigkeitskennzahlen ^2F_n bzw. ^3F_n nach Tafel F festliegen. Um aber ε bestimmen zu können, müssen die Stabkräfte $S_{B,i-k}$ festliegen. Sie werden in üblicher Weise nach Theorie 1. Ordnung berechnet.

Zu diesem Zweck kann das gleiche Gleichungssystem (II A.50) Verwendung finden, wobei die F_n-Funktionen für $\varepsilon = 0$ eingeführt werden und die Belastungsglieder aus der gegebenen Belastung $^p\widetilde{\mathfrak{M}}_{B,i}$ und $^p\mathfrak{R}_{B,i}$ Berücksichtigung finden müssen. Dieses Gleichungssystem lautet nun statt (II A.50)

	Knoten i		Σ Knoten k		Bel.	
	$^p\boldsymbol{\Phi}_i$	$^p\mathfrak{v}_i$	$^p\boldsymbol{\Phi}_k$	$^p\mathfrak{v}_k$		
$^p\check{\mathbf{E}}_{\boldsymbol{\Phi}_i=1}$	$^p\mathbf{K}_i$	$^p\mathbf{D}_i$	$^p\mathbf{K}_{hi}$	$-^p\mathbf{D}_{ii}$	$+^p\widetilde{\mathfrak{M}}_{B,i}$	$= 0$
$^p\check{\mathbf{E}}_{\mathfrak{v}_i=1}$	$-^p\mathbf{E}_i$	$^p\mathbf{L}_i$	$^p\mathbf{E}_{ki}$	$-^p\mathbf{L}_{ik}$	$-^p\mathfrak{R}_{B,i}$	$= 0$

$$(\text{II A.51})$$

Hierbei ist $^p\widetilde{\mathfrak{M}}_{B,i}$ der Momentenvektor der Starreinspannmomente aller Stäbe und gegebener äußerer Momente am Knoten i:

$$^p\widetilde{\mathfrak{M}}_{B,i} = \sum {}^p\widetilde{\mathfrak{M}}_{Bi;ik} + {}^{\ddot{a},p}\widetilde{\mathfrak{M}}_i.$$

$^p\mathfrak{R}_{B,i}$ ist der Vektor der resultierenden Kräfte, die am Knoten i angreifen. Letzterer setzt sich aus den Kräften zusammen, die direkt am Knoten angreifen, und den Kräften, die am Stab $(i - k)$ wirken und nach dem Hebelgesetz auf die Knoten i und k verteilt werden.

Eine Verbesserung kann erreicht werden, wenn mit den erhaltenen Stabkräften die ε-Werte bestimmt werden und für den Gebrauchslastenzustand das Gleichungssystem (II A.51) nochmals gelöst wird.

Für eine bestimmte Laststeigerung sind dann die Stabkräfte und damit die ε-Werte festgelegt und es können alle Matrizen ($^q\mathbf{K}_{ii}$, $^q\mathbf{K}_{kk}$, $^q\mathbf{K}_{ki}$, $^q\mathbf{D}_{ii}$, $^q\mathbf{D}_{kk}$ usw.) jedes einzelnen Stabes im q-System aufgestellt werden. Anschließend werden die transponierten Matrizen zu den zugehörigen Knoten im Gleichungssystem eingeordnet.

Nachfolgend sei nochmals auf folgende Beziehungen hingewiesen:

$$^q\mathbf{K}_{ik} = {}^q\mathbf{K}_{ki};$$

$$^q\mathbf{L}_{ik} = {}^q\mathbf{L}_{ki};$$

$$^q\mathbf{D}_{ii} = -{}^q\mathbf{D}_{ki};$$

$$^q\mathbf{D}_{kk} = -{}^q\mathbf{D}_{ik};$$

$$^q\mathbf{D}_{kk} = {}^q\mathbf{D}_{ki}^{T};$$

$$^q\mathbf{L}_{ii} = -{}^q\mathbf{L}_{ik}.$$

(II A.52)

Bei gleichen Lagerbedingungen in i und k ergibt sich weiter:

$$^q\mathbf{K}_{ii} = {}^q\mathbf{K}_{kk};$$

$$^q\mathbf{D}_{ii} = -{}^q\mathbf{D}_{kk}.$$

(II A.53)

Bei der Aufstellung des Gleichungssystems nach (II A.50) ist bei der Berechnung der Matrizen auf die Ordnungsrichtung des Einheitsvektors $e_{1;ik}$ der einzelnen Stäbe Rücksicht zu nehmen. Da das Gleichungssystem für jeden freien Knoten i aufgestellt wird, kann i sowohl dem Stabanfang m als auch dem Stabende n entsprechen. Zum Beispiel werden für den Stab (7—8) eines Systems mit $e_{1;7,8}$ die Matrizen $^q\check{\mathbf{K}}_{7,7}$, $^q\check{\mathbf{K}}_{8,8}$ usw. berechnet, wobei man bei Anwendung der Tabelle II A.1 den Knoten 7 mit i und den Knoten 8 mit k gleichsetzen muß. Anschließend werden alle benötigten Matrizen des Stabes (7—8) mit der Rotationsmatrix $\mathbf{R}_{7,8}$ ins p-System transformiert. Bei der Aufstellung der Gleichung für den Knotenpunkt $i = 7$ wird $^p\mathbf{K}_{7,7}$ ein Teil von $^p\mathbf{K}_i = {}^p\mathbf{K}_7$, während für den Knotenpunkt $i = 8$ $^p\mathbf{K}_{8,8}$ ein Teil von $^p\mathbf{K}_i$ wird. Dieses Beispiel gilt sinngemäß für die anderen Matrizen des Gleichungssystems.

In diesem Sinne werden alle transponierten Matrizen zu den zugehörigen Knoten im Gleichungssystem eingeordnet.

Für den angenommenen Laststeigerungsfaktor ergibt sich ein bestimmter Determinantenwert D aus dem Gleichungssystem. Für verschiedene Laststeigerungsfaktoren erhält man die $D-v$-Kurve (Abb. II A.5) und aus der ersten Nullstelle den kritischen Laststeigerungswert v_{kr}.

Vorausgesetzt wird für die Knickuntersuchung, daß es sich um Systeme handelt, bei denen infolge Laststeigerungen noch mit infiniten Verformungen gerechnet werden kann.

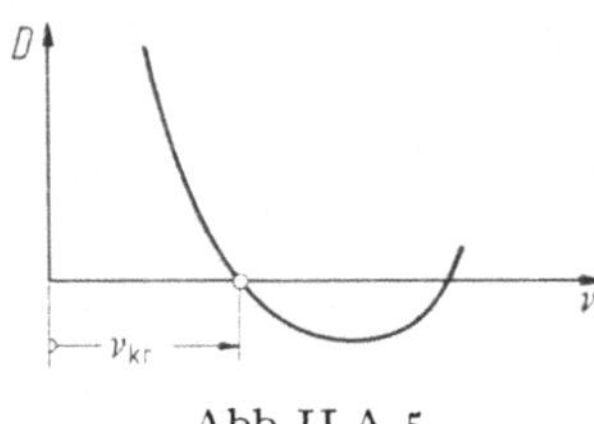

Abb. II A.5

3. Plastischer Bereich

Die gesamten Entwicklungen für den elastischen Bereich können für Untersuchungen im plastischen Bereich voll übernommen werden, wenn man nur die geänderten Moduli bei den einzelnen Koeffizienten der Matrizen berücksichtigt.

Grundsätzlich gelten bezüglich der Verwendung der Moduli die Entwicklungen des Kapitels I.

a) Stahlkonstruktionen

Den Untersuchungen im plastischen Bereich liegen die Überlegungen zugrunde, die bei der Stabilität ebener Systeme des Kapitels I — aber nur unter Erfassung der Biegesteifigkeit der einzelnen Stäbe — ausführlich entwickelt sind. Das Wesen dieser Betrachtungen bestand darin, trotz der verschiedenen Sicherheiten in den einzelnen Schlankheitsbereichen für Druckstäbe und den davon abweichenden Sicherheiten für Zugstäbe mit gedachten Spannungen σ^* rechnen zu können, denen die Sicherheit im Eulerbereich, je nach Vorschrift, zugrunde gelegt ist.

Der große Vorteil dieser Methode liegt darin, bei der Knickuntersuchung von Stabsystemen Druckstäbe ohne Imperfektionen einführen zu können. Bei Berücksichtigung von Imperfektionen würde man dann bei Druckstäben und Zugstäben gleiche Sicherheiten erhalten. Dies bedeutet in Wirklichkeit, daß statt der gedachten Eulersicherheit ν_E immer die Sicherheit gegen Fließen ν_F vorhanden ist.

Die Berechnung wird dabei mit dem ideellen Modul T_d^* nach (I B.12) für Druckstäbe und dem ideellen Modul T_z^* nach (I B.13) für Zugstäbe durchgeführt.

Die Werte dieser Moduli sind in den Tafeln G, zugehörig zu den Spannungen σ^* angegeben und in den Abb. G 1 und G 2 dieser Tafeln und Abb. II A.6 dargestellt.

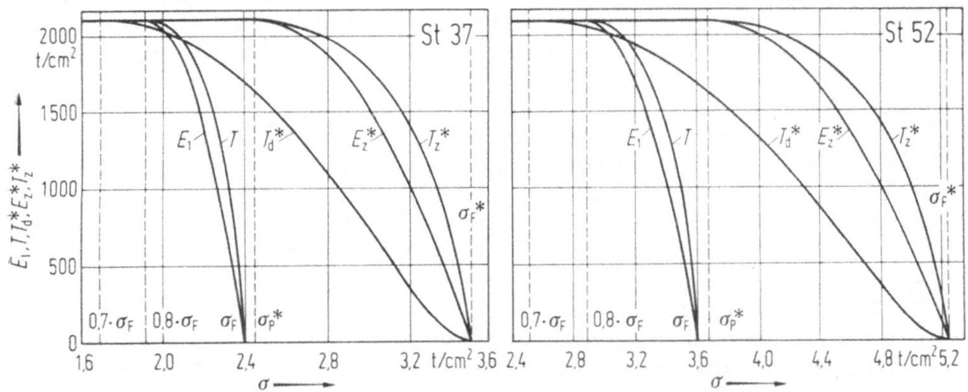

Abb. II A.6. Verschiedene Moduli im plastischen Bereich in Abhängigkeit von der Spannung

Bei der Entwicklung dieser Moduli wurde von der Spannungsdehnungslinie im plastischen Bereich nach der DIN 4114

$$E_1 = E\left[1 - \left(\frac{\sigma - \sigma_P}{\sigma_F - \sigma_P}\right)^2\right] \tag{II A.54}$$

(siehe Tafel G, Abb. G 1 und G 2) ausgegangen.

Für Fachwerke mit gelenkig angenommenen Stabanschlüssen an den Knoten sind unter Beachtung infiniter Ausbiegungen besondere Überlegungen notwendig.

Da jeder einzelne Druckstab knicksicher sein muß, gelten für Druckstäbe die obigen Überlegungen die Sicherheiten betreffend. Es ist naheliegend, ähnliche Betrachtungen der Stabilitätsberechnung des Gesamtsystems zugrunde zu legen.

Bei Zugstäben mit geringen Imperfektionen kann deren Einfluß im plastischen Bereich vernachlässigt werden.

Somit kann die E_1-Kurve nach (II A.54) und Abb. II A.6 unter Beachtung von (I B.11) wie folgt verändert werden:

$$E_z^* = E\left[1 - \left(\frac{\sigma^* - \sigma_P^*}{\sigma_F^* - \sigma_P^*}\right)^2\right]. \tag{II A.55}$$

E_z^* ist in Abb. II A.6 für St 37 und St 52 dargestellt. Die den Spannungen σ^* zugehörigen Werte E_z^* sind in der Tabelle G angegeben.

Das diesen Entwicklungen zugrunde gelegte Rechenverfahren kann nur Längenänderungen durch Stabkräfte erfassen.

Bei Druckstäben spielen Imperfektionen eine maßgebende Rolle, wobei durch die Momente aus diesen Imperfektionen Ausbiegungen verursacht werden, die ihrerseits zusätzliche Stabverkürzungen bringen.

Für das Ausknicken des Einzelstabes ist auf jeden Fall der T_d^*-Wert nach (I B.12) maßgebend, wobei die von der Schlankheit des Stabes abhängigen Sicherheiten in der Rechnungsdurchführung durch die einheitliche ideelle Eulersicherheit ν_E und den dazugehörigen T_d^*-Wert Berücksichtigung finden. Wenn schon beim Knicken des Einzelstabes die Einflüsse von Imperfektionen durch den T_d^*-Wert erfaßt werden, ist es naheliegend, diesen T_d^*-Wert auch für die Längenänderungen am Gesamtsystem zu verwenden.

Die Längenänderungen aus den Imperfektionen sind klein im Verhältnis zu den Längenänderungen aus der Stabkraftdehnung. Bei größeren Schlankheiten wird der Einfluß von Imperfektionen auf die Stabverkürzung größer sein als bei kleinen Schlankheiten bei gleichbleibendem Einfluß der Stabdehnungen.

Verwendet man statt des Moduls E_z^* den T_d^*-Modul für die Berechnung der Längenänderung aus den Stabkräften für Druckstäbe, so sind Längenänderungen aus Krümmungen in ungünstigster Weise miterfaßt. Es ist dies aus Abb. II A.6 ersichtlich, wo man erkennt, daß für eine bestimmte Spannung σ^* der Wert T_d^* wesentlich unter dem Wert E_z^* liegt. Die E_z^*-Kurve ist dabei direkt aus der Spannungs-Dehnungslinie abgeleitet worden.

Die nachfolgend durchgeführten Berechnungen sind daher auf der sicheren Seite und werden für die ideelle Eulersicherheit durchgeführt. Wird rechnungsmäßig unter den erwähnten Voraussetzungen die Eulersicherheit eingehalten, so ist unter Berücksichtigung der Imperfektionen auf jeden Fall sowohl für das Knicken des Einzelstabes als auch für das des Gesamtsystems und für die Zugstäbe zumindest eine tatsächliche Sicherheit ν_F gewährleistet.

Die Zahlenrechnung hat ergeben, daß es — ohne Berücksichtigung der infinitesimal benachbarten Knickfigur zur Ausgangslage des Systems — gerechtfertigt ist, für alle Druckstäbe aus der gegebenen Belastung den T_d^*-Modul, für Zugstäbe den Modul E_z^* und für unbelastete Stäbe den Modul E einzuführen. Damit ist die Berechnung auf der sicheren Seite, da für einen Stab, der mit Rücksicht auf die Knickfigur entlastet würde, immer eine geringere Dehnsteifigkeit verwendet wird.

Bei der Berechnung im plastischen Bereich werden somit die entsprechenden ideellen Moduli bei der Ermittlung der Steifigkeiten verwendet.

Bei der Drehsteifigkeit nach (II A.11)

$$\frac{GJ_{1,ik}}{s_{i-k}}\left(1 + \frac{S_{B,i-k}\,i_p^2}{GJ_{1;ik}}\right)$$

wird die Vereinbarung getroffen, daß der G-Modul sich im selben Verhältnis reduziert wie der E-Modul; somit gilt für den Druckstab:

$$G_d^* = G\,\frac{T_d^*}{E}; \tag{II A.56}$$

für den Zugstab:

$$G_z^* = G\,\frac{E_z^*}{E}. \tag{II A.57}$$

Bei der Dehnsteifigkeit nach (II A.14)

$$\frac{EF_{ik}}{s_{i-k}}$$

sind statt E und den Biegesteifigkeiten EJ_2/s_{i-k} bzw. EJ_3/s_{i-k} vereinfachend einzuführen

für Druckstäbe: $\qquad\qquad\qquad\quad T_d^*$ nach Abb. II A.6;

für Zugstäbe: $\qquad\qquad\qquad\quad E_z^*$ nach Abb. II A.6.

Die Durchführung der Rechnung erfolgt derart, daß man für eine Laststeigerung v_i die Stabkräfte ermittelt. Daraus ergeben sich die Spannungen σ^* und damit die zugehörigen G^*, T_d^*, E_z^*, G_z^*-Werte.

In weiterer Folge werden die ε-Werte und die zugehörigen F- bzw. F^*-Werte für Druck- und Zugstäbe ermittelt. Für das sich ergebende Gleichungssystem wird der Wert der Nennerdeterminante bestimmt.

Für verschiedene Annahmen von v_i erhält man die „$D - v_i$"-Kurve, deren erste Nullstelle nach Abb. II A.5 die kritische Sicherheit v_{kr}^* ergibt, die bei Stahlkonstruktionen immer größer als v_E sein muß.

b) Betonkonstruktionen

Es können die Überlegungen nach Kapitel I zugrunde gelegt werden.

Mit dem nach (I A.20) festgelegten E_b-Modul, bei Verwendung der Prismenfestigkeit σ_P und der Anfangsneigung E_0

$$E_b = E_0 \sqrt{1 - \frac{\sigma_b}{\sigma_P}}, \qquad\qquad\text{(II A.58)}$$

ergibt sich bei Biegung im Stadium I der T_b-Modul für Rechteckquerschnitte nach (I A.21)

$$T_b = \frac{4\,E_b E_0}{\left(\sqrt{E_b} + \sqrt{E_0}\right)^2}. \qquad\qquad\text{(II A.59)}$$

Es empfiehlt sich, auch bei Stabilitätsuntersuchungen von Betonstabwerken immer das System im Stadium I zu betrachten.

Es werden in den Formeln zur Bestimmung der Knickdeterminante bei den Biegesteifigkeiten und zur Errechnung der ε-Werte der Modul

$$T_b \text{ statt } E$$

und bei den Dehnsteifigkeiten der Modul

$$E_b \text{ statt } E$$

verwendet werden müssen.

Nach Laststeigerungen und dem Erhalt der Knicklast muß man sich dann aber Rechenschaft über die notwendige Sicherheit gegen Knicken geben, wobei die getroffenen Annahmen (Stadium II, E-Modul usw.) Berücksichtigung finden müssen.

B. Stabilität von Fachwerken mit Gelenkknoten bei infiniten Verschiebungen

Bei Fachwerksystemen mit Gelenkknoten ist — unabhängig von der Stabilität des Gesamtsystems — erforderlich, daß jeder Einzelstab mit seiner Knicklänge von Knoten zu Knoten knicksicher sein muß (Biegedrillknicksicherheit bzw. deren Sonderfälle). Weiters wird bei infiniten Verschiebungen vorausgesetzt, daß sich bei einer Laststeigerung die Einheitsvektoren der Stabrichtungen nicht ändern.

Bei dieser Art von Systemen sind nur die Dehnsteifigkeiten (EF_{ik}/s_{i-k}) und die Stabkräfte S_{i-k} für das Knickkriterium maßgebend. Als „Unbekannte Größen" treten je Knoten i die Verschiebungen

$$\,^p\mathfrak{v}_i = \begin{bmatrix} \,^x v_i \\ \,^y v_i \\ \,^z v_i \end{bmatrix}$$

.auf.

Es werden die Entwicklungen für den elastischen Bereich durchgeführt. Für den plastischen Bereich sind die Entwicklungen von Abschnitt A sinngemäß anzuwenden.

Bei Fachwerken wird für den Einheitsvektor in Stabrichtung der Index 1 bei den Komponenten e_{1x}, e_{1y} und e_{1z} weggelassen.

1. Knickkriterium

Es ergibt sich die Matrix $\,^p\mathbf{L}_{ik}$ nach (II A.48) zu

$$\,^p\mathbf{L}_{ik} = \,^p\mathbf{N}_{ik} + \,^p\mathbf{T}_{ik} =$$

$$= \frac{EF_{ik}}{s_{i-k}} \begin{bmatrix} e_x^2 & e_x e_y & e_x e_z \\ e_x e_y & e_y^2 & e_y e_z \\ e_x e_z & e_y e_z & e_z^2 \end{bmatrix} + \frac{S_{B,i-k}}{s_{i-k}} \begin{bmatrix} 1 - e_x^2 & -e_x e_y & -e_x e_z \\ -e_x e_y & 1 - e_y^2 & -e_y e_z \\ -e_x e_z & -e_y e_z & 1 - e_z^2 \end{bmatrix}. \qquad \text{(II B.1)}$$

Damit wird

$$\,^p\mathbf{L}_i = \sum_m \,^p\mathbf{L}_{ik}. \qquad \text{(II B.2)}$$

Die Summe $\sum\limits_m$ erstreckt sich dabei über alle an den betrachteten Knoten anschließenden Stäbe.

Die Arbeitsgleichung für jeden Knoten i lautet entsprechend (II A.50)

$$-\mathbf{A} = \,^p\mathbf{L}_i \cdot \,^p\mathfrak{v}_i - \sum_m (\,^p\mathbf{L}_{ik} \cdot \,^p\mathfrak{v}_k) = 0. \qquad \text{(II B.3)}$$

Damit ergibt sich allgemein das Gleichungssystem (II B.4)

$\,^p\mathfrak{v}_1$	$\,^p\mathfrak{v}_2$	$\cdots$	$\,^p\mathfrak{v}_n$	
$\,^p\mathbf{L}_1$	$-\,^p\mathbf{L}_{12}$	$\cdots$	$-\,^p\mathbf{L}_{1n}$	$= 0$
$-\,^p\mathbf{L}_{12}$	$\,^p\mathbf{L}_2$	$\cdots$	$-\,^p\mathbf{L}_{2n}$	$= 0$
$\vdots$			$\vdots$	
$-\,^p\mathbf{L}_{1n}$	$-\,^p\mathbf{L}_{2n}$		$\,^p\mathbf{L}_n$	$= 0$

(II B.4)

$\,^p\mathbf{L}_{ik}$-Werte treten in diesem Gleichungssystem nur jeweils für benachbarte Knoten auf.

Besonders zu vermerken ist, daß das Gleichungssystem (II B.3) für beliebige räumliche Fachwerke gilt, gleichgültig nach welchem Aufbausystem sie gebildet sind (statisch bestimmte oder statisch unbestimmte Systeme) (siehe [Bd. II A, VIII]).

Die ebenen Fachwerke sind ein Sonderfall, bei denen in den obigen Matrizen jene Zeilen und Spalten entfallen, die der Achsrichtung aus der Ebene·entsprechen.

2. Berechnung der Stabkräfte

Bei den obigen Entwicklungen wurden zur Bestimmung der Werte $\,^p\mathbf{L}_{ik}$ die Stabkräfte $S_{B,i-k}$ des unverformten Systems zugrunde gelegt. Aus den Grundgleichungen der Deformationsmethode für räumliche Fachwerke nach [Bd. II A, VIII] ergibt sich für die Knotenverschiebungen $\mathfrak{v}_i$ und $\mathfrak{v}_k$ ein Gleichungssystem.

Mit

$$\Delta_{ik} = (\mathfrak{v}_k - \mathfrak{v}_i) \cdot \mathfrak{e}_{ik} = \mathfrak{e}_{ik}^T \cdot (\mathfrak{v}_k - \mathfrak{v}_i) \qquad \text{(II B.5)}$$

wird die Stabkraft

$$\mathfrak{S}_{i-k} = \mathfrak{e}_{ik} \cdot S_{i-k} = \mathfrak{e}_{ik} \frac{EF_{ik}}{s_{i-k}} \cdot \Delta_{ik} =$$

$$= \frac{EF_{ik}}{s_{i-k}} \mathfrak{e}_{ik} \cdot \mathfrak{e}_{ik}^T \cdot (\mathfrak{v}_k - \mathfrak{v}_i).$$

Mit

$$\frac{EF_{ik}}{s_{i-k}} \mathfrak{e}_{ik} \cdot \mathfrak{e}_{ik}^T = {}^p\mathbf{N}_{ik} \qquad \text{(II B.6)}$$

wird

$$\mathfrak{S}_{i-k} = {}^p\mathbf{N}_{ik} \cdot \mathfrak{v}_k - {}^p\mathbf{N}_{ik} \cdot \mathfrak{v}_i. \qquad \text{(II B.7)}$$

Aus der Gleichgewichtsbedingung

$$\mathfrak{R}_{B,i} + \sum \mathfrak{S}_{B,i-k} = 0 \qquad \text{(II B.8)}$$

ergibt sich das Gleichungssystem zur Bestimmung von $\mathfrak{v}_i$ und $\mathfrak{v}_k$ in Vektorform

$$\left(\sum_m {}^p\mathbf{N}_{ik} \right) \cdot \mathfrak{v}_i - \sum_m ({}^p\mathbf{N}_{ik} \cdot \mathfrak{v}_k) - \mathfrak{R}_{B,i} = 0 \qquad \text{(II B.9a)}$$

bzw. mit

$$^p\mathbf{N}_i = \sum_m {}^p\mathbf{N}_{ik}; \qquad \text{(II B.10)}$$

$$^p\mathbf{N}_i \cdot \mathfrak{v}_i - \sum_m ({}^p\mathbf{N}_{ik} \cdot \mathfrak{v}_k) - \mathfrak{R}_{B,i} = 0. \qquad \text{(II B.9b)}$$

Die endgültigen Stabkräfte ergeben sich mit (II B.7) zu:

$$S_{B,i-k} = \mathfrak{S}_{B,i-k}^T \cdot \mathfrak{e}_{ik}. \qquad \text{(II B.11)}$$

$\mathfrak{R}_{B,i}$ ist dabei die auf den Knoten i wirkende äußere Belastung. Mit (II B.6) können mit den Verschiebungen aus (II B.7) die Stabkräfte ermittelt werden.

Verbesserte Stabkräfte unter Berücksichtigung infiniter Knotenpunktsverschiebungen kann man erhalten, wenn man die Abtriebskräfte aus diesen Verformungen mitberücksichtigt. Dies erfolgt in einfacher Weise derart, daß man entsprechend (II B.1) die $^p\mathbf{L}_{ik}$-Matrizen berechnet.

Statt (II B.9) erhält man nun das Gleichungssystem

$$^p\mathbf{L}_i \cdot \mathfrak{v}_i - \sum_m ({}^p\mathbf{L}_{ik} \cdot \mathfrak{v}_k) - \mathfrak{R}_{B,i} = 0. \qquad \text{(II B.12)}$$

Mit diesen so ermittelten Stabkräften sind die Determinanten $^p\mathbf{L}_{ik}$ neu zu berechnen. Damit erhält man aus (II B.4) die neue Knickbedingung. In der Regel kann diese Verbesserung der Knickbelastung aber vernachlässigt werden (siehe Beispiele).

C. Grenzlasten von Fachwerken mit Gelenkknoten bei finiten Verschiebungen

Bei Berücksichtigung finiter Verschiebungen gilt nicht mehr die Proportionalität zwischen Belastungssteigerung und Schnittkraft, da sich die infolge der Belastung ergebenden Verformungen auf die Größe der Schnittkräfte auswirken werden.

Ein Grenzzustand des Versagens ist dann erreicht, wenn das System bei einer bestimmten Laststufe eine Gleichgewichtslage bzw. eine Ruhelage erreicht, bei der noch kein Stab die Fließgrenze erreicht hat. Jede weitere Laststeigerung führt dann zu solchen Verformungen des Systems, bei denen sich keine Ruhelage mehr einstellen kann.

Um bei dieser Berechnung die Ergebnisse von Abschnitt B berücksichtigen zu können und um mit dem gleichen symmetrischen Gleichungssystem operieren zu können, wird der Weg über eine fortlaufende Iteration gewählt. Die sich dabei immer wiederholenden Rechnungen setzen praktisch eine Rechenanlage voraus.

Die Untersuchungen der Stabilität von Systemen unter Berücksichtigung finiter Verschiebungen wurden auf Fachwerke beschränkt, da bei biegesteifen Systemen die Berücksichtigung finiter Verformungen bei Laststeigerung zu einem Spannungsproblem (Fließbedingung an den Knotenpunkten) führt.

1. Elastischer Bereich

Mises und Ratzersdorfer [3] haben allgemein, auf Grund von Gleichgewichtsbetrachtungen an den einzelnen Knoten, Bedingungen für die Stabilität von Fachwerken, deren Knoten Verschiebungen erleiden, aufgestellt und auch Ansätze bei finiten Verschiebungen unter diesen Voraussetzungen gemacht. Die nachfolgenden Entwicklungen nach Spener [7] basieren wieder auf der Methode der virtuellen Verrückung unter Beachtung der Ergebnisse von Abschnitt B. In Abb. II C.1 sind für einen Stab in der $y — z$-Ebene:

a_{i-k} die Länge eines Stabes $i — k$ unter Berücksichtigung der Längenänderung aus der Belastung;

s_{i-k} die unverkürzte Länge des Stabes ohne Belastung;

β_{i-k} bzw. α_{i-k} die Winkel, die der Stab nach Aufbringung der Belastung bzw. vor Aufbringung derselben mit der Bezugsachse einschließt;

P die am Knoten angreifende Belastung.

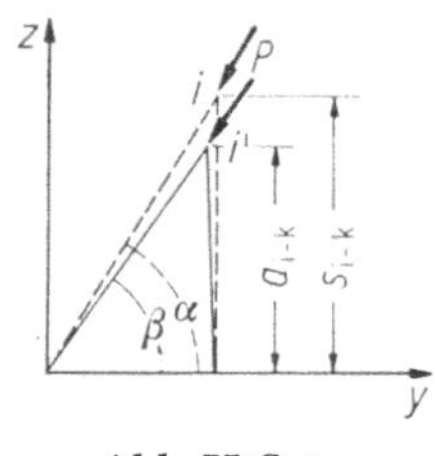

Abb. II C.1

Bestimmt man die Größen $EF(a — s)/s$ und EF/s, so sind diese identisch mit der, jeweilig einem bestimmten Iterationsschritt zugrunde gelegten Stabkraft und der Federkonstante des Stabes.

Der Winkel β_{i-k} ist der Winkel zwischen dem belasteten Stab und einer gewählten Bezugsachse (Abb. II C.1), wobei sich der betrachtete Punkt i unter Last von der Ausgangslage des unbelasteten Systems in eine finit benachbarte Lage i' verschoben hat.

Die Winkel der Stäbe im unbelasteten Zustand werden mit α_{i-k} bezeichnet. Bei finiten Verschiebungen wird:

$$\beta_{i-k} \neq \alpha_{i-k}.$$

Die Voraussetzung für die Methode der virtuellen Verschiebung zur Bestimmung der Stabkräfte nach Theorie 1. Ordnung nach (II B.9) oder nach Theorie 2. Ordnung nach (II B.12) war die unendlich kleine Verschiebung, die ein Knoten in jeder Richtung erleiden kann.

Bei Berücksichtigung finiter Verschiebungen kann die Methode der virtuellen Verrückung ebenfalls Verwendung finden, wenn man jeweils das deformierte System des betrachteten Iterationsschrittes zugrunde legt.

Die der Lage des deformierten Systems entsprechenden Winkel β_{i-k} bzw. die zugehörigen Einheitsvektoren finden in (II B.12) Verwendung.

Bei der Durchführung der Iteration wird man zweckmäßig die Verschiebung eines Knotens betrachten, die unter der Gebrauchslast den größten Wert aufweist und für die bei den einzelnen Iterationsschritten die gleiche Richtungstendenz erhalten bleibt.

Ist das System stabil, so wird der Unterschied zwischen Annahme und Ergebnis immer kleiner und die Verformungen streben einem Endwert zu. Wenn der verlangte Genauigkeitsgrad für die Verformung erreicht wird, kann die Iteration abgebrochen werden. Unter Umständen empfiehlt es sich, mehrere Knoten zu betrachten.

Der instabile Zustand einer Laststeigerung v ist dadurch gekennzeichnet, daß von einem gewissen Iterationsschritt an die Verformungen immer weiter zunehmen; das heißt, daß sich keine Ruhelage mehr einstellen kann.

Zu beachten ist, daß jeder einzelne Druckstab für sich knicksicher sein muß. Für die Gebrauchslast gelten die üblichen Sicherheitsfaktoren.

Mit

$$\sigma_{ki} = \frac{\pi^2 E}{\lambda^2} \quad \text{bzw.} \quad \sigma_{ki,T} = \frac{\pi^2 T}{\lambda^2}$$

ergibt sich außerdem die zusätzliche Bedingung für jeden Stab

$$\frac{S'}{F} < \sigma_{ki}. \tag{II C.1}$$

S' ist dabei die Stabkraft für eine bestimmte Laststeigerung unter Berücksichtigung der finiten Verformungen eines bestimmten Iterationsschrittes.

Der Rechengang ergibt sich wie folgt:

1. Es wird eine unbekannte Verschiebung v_i eines Systems als beobachtete Größe festgelegt.

2. Es werden für das gegebene, unbelastete System die Koordinaten der Einheitsvektoren e_{ik} der einzelnen Stäbe und deren Länge s_{i-k} berechnet.

3. Für eine bestimmte Laststeigerung v werden die Verformungen mit Hilfe von (II B.9) und die dazugehörigen Stabkräfte mit (II B.7 und II B.11) ermittelt. Für $\mathbf{N}_{ik}$ gilt hierbei (II B.1):

$$\left(\sum_m {}^p\mathbf{N}_{ik} \right) \cdot {}^p\mathfrak{v}_i - \sum_m \left({}^p\mathbf{N}_{ik} \cdot {}^p\mathfrak{v}_k \right) - v\mathfrak{R}_{B,i} = 0; \tag{II C.2}$$

$$\mathfrak{S}_{B,i-k} = {}^p\mathbf{N}_{ik} \cdot (\mathfrak{v}_k - \mathfrak{v}_i); \tag{II C.3}$$

$$S_{B,i-k} = \mathfrak{S}_{B,i-k}^T \cdot e_{ik}. \tag{II C.4}$$

4. Mit den Verformungen der letzten Iterationsstufe für die gleiche Laststeigerung v werden die neuen Koordinaten der Knotenpunkte und damit die neuen Einheitsvektoren der Stäbe ermittelt.

Dabei muß beachtet werden, daß die neuen Verformungen immer zu den Knotenpunktskoordinaten des unbelasteten Systems superponiert werden müssen.

Für den Stab $i - k$ ergibt sich mit den Ursprungskoordinaten:

$$\mathfrak{x}_i = \begin{bmatrix} x_i \\ y_i \\ z_i \end{bmatrix}; \qquad \mathfrak{x}_k = \begin{bmatrix} x_k \\ y_k \\ z_k \end{bmatrix};$$

$$\begin{aligned} \Delta x &= x_k - x_i, \\ \Delta y &= y_k - y_i, \\ \Delta z &= z_k - z_i; \end{aligned} \tag{II C.5}$$

und der zugehörige Einheitsvektor:

$$e_{ik} = \frac{1}{\sqrt{\Delta x^2 + \Delta y^2 + \Delta z^2}} \begin{bmatrix} \Delta x \\ \Delta y \\ \Delta z \end{bmatrix}.$$

Die neuen Koordinaten betragen:

$$\mathfrak{x}'_i = \begin{bmatrix} x_i + {}^x v_i \\ y_i + {}^y v_i \\ z_i + {}^z v_i \end{bmatrix}; \qquad \mathfrak{x}'_k = \begin{bmatrix} x_k + {}^x v_k \\ y_k + {}^y v_k \\ z_k + {}^z v_k \end{bmatrix};$$

$$\Delta x' = \Delta x + {}^x v_k - {}^x v_i ,$$

$$\Delta y' = \Delta y + {}^y v_k - {}^y v_i , \qquad\qquad \text{(II C.6)}$$

$$\Delta z' = \Delta z + {}^z v_k - {}^z v_i$$

und der neue Einheitsvektor beträgt:

$$\mathfrak{e}'_{ik} = \frac{1}{\sqrt{\Delta x'^2 + \Delta y'^2 + \Delta z'^2}} \begin{bmatrix} \Delta x' \\ \Delta y' \\ \Delta z' \end{bmatrix}.$$

5. Es werden mit Hilfe der neuen Einheitsvektoren, den Stabkräften des letzten Iterationsschrittes sowie den bekannten Dehnsteifigkeiten EF_{ik}/s_{i-k} die Matrizen ${}^p\mathbf{L}_{ik}$ entsprechend (II B.1) und nach (II B.12) das Gleichungssystem für die Verschiebungen aufgestellt:

$$ {}^p\mathbf{L}_i \cdot {}^p\mathfrak{v}_i - \sum_m \left({}^p\mathbf{L}_{ik} \cdot {}^p\mathfrak{v}_k \right) - v \mathfrak{R}_{B,i} = 0. \qquad\qquad \text{(II C.7)}$$

6. Die Genauigkeit der Annahme wird mit dem Ergebnis bei der nach 1. gewählten Verschiebung kontrolliert.

a) Das Erreichen der geforderten Genauigkeit beim letzten Iterationsschritt bedeutet, daß diese Laststufe stabil ist, und es kann die Rechnung abgebrochen und mit einer höheren Laststufe nach 3. wieder begonnen werden.

Für die neue Belastungssteigerung v_n kann wieder vom unverformten System ausgegangen und die Berechnung wie oben durchgeführt werden.

Es empfiehlt sich jedoch, die Endverformungen der vorhergehenden Laststufe (v_v) zugrunde zu legen. Es ist dabei zu beachten, daß die Stabkräfte des stabilen Endzustandes der vorhergehenden Laststufe mit dem Faktor v_n/v_v zu vervielfachen sind.

b) Treten bei einer bestimmten Laststufe von einem gewissen Iterationsschritt an immer größere Verformungen auf, so kann die Berechnung abgebrochen werden, da das System instabil ist.

c) Ist für einen bestimmten Iterationsschritt für einen Stab (II C.1) nicht mehr erfüllt, so muß die Berechnung ebenfalls abgebrochen werden.

d) Unter Beachtung der finiten Verformungen ist für Stahlkonstruktionen kein höherer Sicherheitsgrad als $v_F = \sigma_F/\sigma_{\text{zul}}$ erforderlich.

Daher kann die Berechnung beim Nachweis, daß v_F eingehalten ist, ebenfalls abgebrochen werden.

2. Plastischer Bereich

Gegenüber der Berechnung im elastischen Bereich ist im plastischen Bereich der Modul aus dem $\sigma - \varepsilon$-Diagramm zu berücksichtigen, und zwar

$$E_1 \quad \text{für Stahl nach (II A.54),}$$

$$E_b \quad \text{für Beton nach (II A.58).}$$

Diese Moduli sind in den Dehnsteifigkeiten zu berücksichtigen.

Bei Berücksichtigung der finiten Verformungen muß bei Stahlkonstruktionen die Sicherheit

$$v_F = \frac{\sigma_F}{\sigma_{\text{zul}}}$$

und bei Betonkonstruktionen die Sicherheit gegen Bruch gewährleistet sein.

Außerdem muß jeder Stab für sich knicksicher sein und es muß die Bedingung (II C.1) eingehalten werden.

Der Rechengang ist entsprechend dem im elastischen Bereich durchzuführen, nur müssen beim Aufstellen der Matrizen $^p\mathbf{N}_{ik}$ nach Punkt 5 die Moduli E_t bzw. E_b unter Zugrundelegung der Spannung im Stab $i - k$ des vorhergehenden Iterationsschrittes Berücksichtigung finden.

Zahlenbeispiele

1. Beispiel. Bogensysteme

a) Eingespannter Doppelbogen mit Querriegeln

Das System mit den Abmessungen, den Richtungen der Einheitsvektoren der Stäbe und der Belastungsanordnung ist in Abb. II 1.1 dargestellt. Es ist in bezug auf die x- und y-Richtung doppelsymmetrisch. Die Winkel der Hauptträgheitsachsen sind nach (II A.3) und (II A.4) festgelegt.

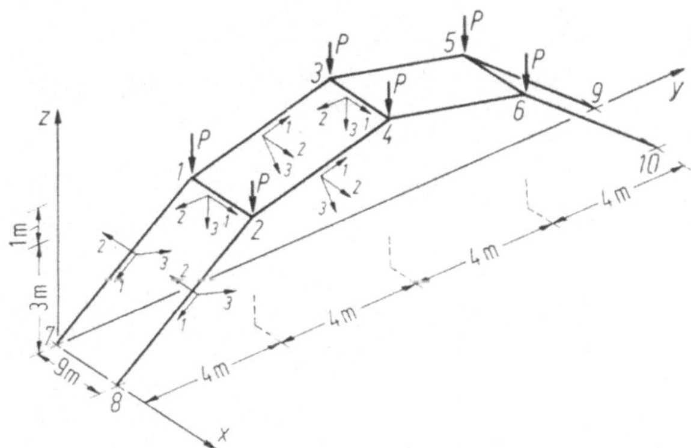

Abb. II 1.1. Bogensystem mit Punktbezeichnung und Festlegung der Stabachsen im q-System

Annahmen: St 37; $E = 2100$ t/cm²; $G = 810$ t/cm².

Stab 1—7, 2—8: $s_{1-7} = 500,0$ cm; $J_1 = 5538$ cm⁴; $J_2 = 5700$ cm⁴; $J_3 = 3800$ cm⁴; $F = 78,1$ cm²; $\beta = 90°$; $i_p^2 = 122,3$ cm².

Stab 1—2, 1—3, 2—4, 3—4: $s_{1-3} = 412,3$ cm; $s_{1-2} = 200$ cm; $J_1 = 2506$ cm⁴; $J_2 = 2490$ cm⁴; $J_3 = 1707$ cm⁴; $F = 54,3$ cm²; $\beta = 90°$; $i_p^2 = 77,3$ cm².

Gebrauchslast: $P = 25$ t.

Die Berechnung wird unter Zugrundelegung des T_d^*-Moduls für den Bogen und des E-Moduls für die Riegel durchgeführt und mit den Stabkräften nach (II A.51) nach der Theorie 1. Ordnung. Diese betragen:

$$\bar{S}_{1-7} = -2,493 P; \qquad \bar{S}_{1-3} = -2,053 P; \qquad \bar{S}_{1-2} = \bar{S}_{3-4} = 0.$$

Es gelten die Einheitsvektoren e des unverformten Systems.

α) Doppelsymmetrisches Ausknicken des Bogens

Die Untersuchung kann in diesem Fall über das halbe System durchgeführt werden, wobei für den Stab 3—4 die halben Querschnittswerte in die Rechnung eingeführt werden.

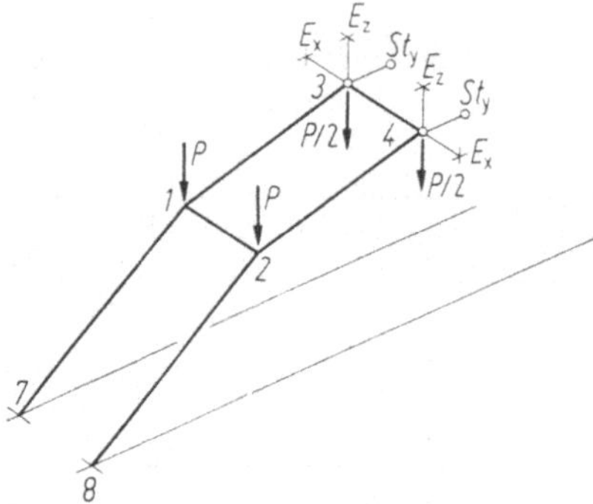

Abb. II 1.2. System beim doppelsymmetrischen Knicken

Bei diesem Fall sind die Knoten 3 und 4 in der y-Richtung unverschieblich und in der x- und z-Richtung durch Drehfesseln drehsteif gelagert (Abb. II 1.2). Dies ergibt die Verformungsbedingungen

$$^y v_3 = {}^y v_4 = 0; \qquad {}^x\varphi_3 = {}^z\varphi_3 = {}^x\varphi_4 = {}^z\varphi_4 = 0.$$

Das Knickkriterium lautet nach (II A.50):

	$^p\Phi_1$	$^p\mathfrak{v}_1$	$^p\Phi_2$	$^p\mathfrak{v}_2$	$^p\Phi_3$	$^p\mathfrak{v}_3$	$^p\Phi_4$	$^p\mathfrak{v}_4$	
$^p\check{E}_{\Phi_1}$	$^pK_1$	$^pD_1$	$^pK_{21,12}$	$-^pD_{11,12}$	$^pK_{31,13}$	$-^pD_{11,13}$			
$^p\check{E}_{\mathfrak{v}_1}$		$^pL_1$	$-^pE_{21,12}$	$-^pL_{12,12}$	$-^pE_{31,13}$	$-^pL_{13,13}$			
$^p\check{E}_{\Phi_2}$			$^pK_2$	$^pD_2$			$^pK_{42,24}$	$-^pD_{22,24}$	
$^p\check{E}_{\mathfrak{v}_2}$				$^pL_2$			$-^pE_{42,24}$	$-^pL_{24,24}$	$= 0.$
$^p\check{E}_{\Phi_3}$					$^pK_3$	$^pD_3$	$^pK_{43,34}$	$-^pD_{33,34}$	
$^p\check{E}_{\mathfrak{v}_3}$						$^pL_3$	$-^pE_{43,34}$	$-^pL_{34,34}$	
$^p\check{E}_{\Phi_4}$							$^pK_4$	$^pD_4$	
$^p\check{E}_{\mathfrak{v}_4}$								$^pL_4$	

Unter Beachtung, daß der Einheitsvektor e_2 immer horizontal gewählt wird, ergeben sich nach (II A.2) mit (II A.3) und (II A.4) die nachfolgenden Rotationsmatrizen:

$$\mathbf{R}_{17} = \mathbf{R}_{28} = \begin{bmatrix} 0 & -0{,}8 & -0{,}6 \\ -1{,}0 & 0 & 0 \\ 0 & 0{,}6 & -0{,}8 \end{bmatrix};$$

$$\mathbf{R}_{13} = \mathbf{R}_{24} = \begin{bmatrix} 0 & 0{,}970 & 0{,}243 \\ 1{,}0 & 0 & 0 \\ 0 & 0{,}243 & -0{,}970 \end{bmatrix};$$

$$\mathbf{R}_{12} = \mathbf{R}_{34} = \begin{bmatrix} 1{,}0 & 0 & 0 \\ 0 & -1{,}0 & 0 \\ 0 & 0 & -1{,}0 \end{bmatrix}.$$

Die Koeffizienten von (II A.50) lauten allgemein: Zum Beispiel

$$^p K_1 = {}^p K_{11,12} + {}^p K_{11,13} + {}^p K_{11,17};$$

$$^p K_2 = {}^p K_{22,12} + {}^p K_{22,24} + {}^p K_{22,28};$$

$$^p K_3 = {}^p K_{33,13} + {}^p K_{33,34};$$

$$^p K_4 = {}^p K_{44,24} + {}^p K_{44,34};$$

$$^p D_1 = {}^p D_{11,12} + {}^p D_{11,13} + {}^p D_{11,17};$$

$$^p D_2 = {}^p D_{22,12} + {}^p D_{22,24} + {}^p D_{22,28};$$

$$^p D_3 = {}^p D_{33,13} + {}^p D_{33,34};$$

$$^p D_4 = {}^p D_{44,24} + {}^p D_{44,34};$$

$$^p L_1 = {}^p L_{12} + {}^p L_{13} + {}^p L_{17};$$

$$^p L_2 = {}^p L_{12} + {}^p L_{24} + {}^p L_{28};$$

$$^p L_3 = {}^p L_{13} + {}^p L_{34};$$

$$^p L_4 = {}^p L_{24} + {}^p L_{34}.$$

Nachfolgend werden z. B. die Koeffizienten für eine Laststeigerung von $\nu = 2{,}5$ für die Zustände $^p \check{E}_{\Phi_2=1}$ und $^p \check{E}_{v_2=1}$ berechnet, für ε gilt dabei (I B.14) bis (I B.16).

1. Stabkennwerte:

Stab $1-7$, $2-8$: $\bar{S}_{1-7} = -2{,}493 \cdot 25{,}0 \cdot 2{,}5 = -155{,}8$ t;

$$\sigma = -\frac{155{,}8}{78{,}1} = -1{,}995 \text{ t/cm}^2; \qquad T_d^* = 2021 \text{ t/cm}^2;$$

$$^2\varepsilon = s_{1-7} \sqrt{\frac{|\bar{S}_{1-7}|}{T_d^* J_2}} = 1{,}839; \qquad G_d^* = 779 \text{ t/cm}^2;$$

$$^3\varepsilon = s_{1-7} \sqrt{\frac{|\bar{S}_{1-7}|}{T_d^* J_3}} = 2{,}252.$$

Nach Tafel F ergibt sich:

$$^2F_1 = 3{,}528; \quad ^2F_3 = 5{,}653; \quad ^2F_4 = 7{,}925; \quad ^3F_2 = 2{,}126;$$

$$^3F_1 = 3{,}273; \quad ^3F_3 = 5{,}473; \quad ^3F_4 = 5{,}875; \quad ^3F_2 = 2{,}200.$$

Stab $1-3$, $2-4$: $\bar{S}_{1-3} = -2{,}053 \cdot 25{,}0 \cdot 2{,}5 = -128{,}3$ t;

$$\sigma = -\frac{128{,}3}{54{,}3} = -2{,}363 \text{ t/cm}^2; \qquad T_d^* = 1729 \text{ t/cm}^2;$$

$$^2\varepsilon = s_{1-3} \sqrt{\frac{|\bar{S}_{1-3}|}{T_d^* J_2}} = 2{,}251; \qquad G_d^* = 667 \text{ t/cm}^2;$$

$$^3\varepsilon = s_{1-3} \sqrt{\frac{|\bar{S}_{1-3}|}{T_d^* J_3}} = 2{,}718.$$

Nach Tafel F:

$$^2F_1 = 3{,}274; \quad ^2F_3 = 5{,}474; \quad ^2F_4 = 5{,}880; \quad ^2F_2 = 2{,}200;$$

$$^3F_1 = 2{,}902; \quad ^3F_3 = 5{,}219; \quad ^3F_4 = 3{,}050; \quad ^3F_2 = 2{,}317.$$

Stab $1-2$, $3-4$: $\bar{S} = 0$; $\varepsilon_2 = 0$; $\varepsilon_3 = 0$; $T_d^* = 2100$ t/cm²;

$$^2F_1 = {}^3F_1 = 4{,}0; \quad ^2F_3 = {}^3F_3 = 6{,}0; \qquad G_d^* = 810 \text{ t/cm}^2;$$

$$^2F_2 = {}^3F_2 = 2{,}0; \quad ^2F_4 = {}^3F_4 = 12{,}0.$$

2. *Matrizen im q-System*. Im q-System werden die Größen

$$^{q}\check{K}_{ii,ik}, \quad ^{q}\check{K}_{kk;ik}, \quad ^{q}\check{K}_{ik}, \quad ^{q}D_{ii,ik}, \quad ^{q}D_{kk;ik}, \quad ^{q}D_{ik}, \quad ^{q}D_{ki}, \quad ^{q}E_{ik}, \quad ^{q}E_{ki} \quad \text{und} \quad ^{q}L_{ik}$$

für den betrachteten Stab $i-k$ für die Stabrichtung von i nach k bestimmt.

Zum Beispiel werden für die am Knoten 2 anschließenden Stäbe einige Matrizen entwickelt.

Für $^{q}K_{2,2;2,8}$ gilt nach (II A.10) und (II A.56):

$$^{1}\tilde{M}_{2;2,8}(^{1}\varphi_2 = 1) = \frac{G^* J_{1;2,8}}{s_{2-8}}\left(1 + \frac{\bar{S}_{2-8}i^2_{p;2,8}}{G^* J_{1;2,8}}\right) =$$

$$= \frac{779 \cdot 5538}{500}\left(1 - \frac{155,8 \cdot 122,3}{779 \cdot 5538}\right) = 8595;$$

und nach Tabelle II A.1 a und b:

$$^{2}\tilde{M}_{2;2,8}(^{2}\varphi_2 = 1) = \frac{T^*_d J_{2;2,8}}{s_{2-8}}\,^{2}F_1 = \frac{2021 \cdot 5700}{500} \cdot 3,528 = 81252;$$

$$^{3}\tilde{M}_{2;2,8}(^{3}\varphi_2 = 1) = \frac{T^*_d J_{3;2,8}}{s_{2-8}}\,^{3}F_1 = \frac{2021 \cdot 3800}{500} \cdot 3,273 = 50265.$$

Nach (II A.18) ergibt sich:

$$^{q}K_{2,2;2,8} = \begin{bmatrix} 8595 & 0 & 0 \\ 0 & 81252 & 0 \\ 0 & 0 & 50265 \end{bmatrix},$$

entsprechend erhält man $^{q}K_{2,2;1,2}$ und $^{q}K_{2,2;2,4}$.

$^{q}K_{4,2}$ wird nach (II A.21) mit den Formeln nach (II A.11) und Tabelle II A.1 c und d berechnet:

$$^{1}\tilde{M}_{2;2,4}(^{1}\varphi_4 = 1) = -\frac{G^* J_{1;2,4}}{s_{2-4}}\left(1 + \frac{\bar{S}_{2-4}i^2_{p;2,4}}{G^* J_{1;2,4}}\right) =$$

$$= -\frac{667 \cdot 2506}{412,3}\left(1 - \frac{128,3 \cdot 77,3}{667 \cdot 2500}\right) = -4028;$$

$$^{2}M_{2;2,4}(^{2}\varphi_4 = 1) = \frac{T^*_d J_{2;2,4}}{s_{2-4}}\,^{2}F_3 = \frac{1729 \cdot 2490}{412,3} \cdot 2,200 = 22973;$$

$$^{3}\tilde{M}_{2;2,4}(^{3}\varphi_4 = 1) = \frac{T^*_d J_{3;2,4}}{s_{2-4}}\,^{3}F_2 = \frac{1729 \cdot 1707}{412,3} \cdot 2,317 = 16581.$$

Damit wird:

$$^{q}K_{4,2} = \begin{bmatrix} -4028 & 0 & 0 \\ 0 & 22973 & 0 \\ 0 & 0 & 16581 \end{bmatrix};$$

$^{q}D_{2,2;2,4}$ wird nach (II A.24) mit Tabelle II A.1 e und f berechnet:

$$^{2}\tilde{M}_{2;2,4}(^{3}v_2 = 1) = +\frac{T^*_d J_{2;2,4}}{s^2_{2-4}}\,^{2}F_3 = \frac{1729 \cdot 2490}{412,3^2} \cdot 5,474 = 138,60;$$

$$^{3}\tilde{M}_{2;2,4}(^{2}v_2 = 1) = -\frac{T^*_d J_{3;2,4}}{s^2_{2-4}}\,^{3}F_3 = \frac{1729 \cdot 1707}{412,3^2} \cdot 5,219 = -90,57;$$

$$^{q}D_{2,2;2,4} = \begin{bmatrix} 0 & 0 & 0 \\ 0 & 0 & 138,60 \\ 0 & -90,57 & 0 \end{bmatrix};$$

$^q\mathbf{D}_{2,2;1,2}$ und $^q\mathbf{D}_{2,2;2,8}$ werden entsprechend ermittelt:

$^q\mathbf{D}_{22,12}$ ergibt sich nach Tabelle II A.1 g und h, wobei die Werte für den Knotenpunkt k entnommen werden müssen, da der Einheitsvektor $e_{1;1,2}$ zum Knoten 2 gerichtet ist.

$$^q\mathbf{D}_{2,2;1,2} = \begin{bmatrix} 0 & 0 & 0 \\ 0 & 0 & -784,35 \\ 0 & +537,61 & 0 \end{bmatrix}.$$

$^q\mathbf{E}_{4,2}$ wird nach (II A.37) mit Tabelle II A.1 c und d ermittelt:

$$^2\tilde{V}_{2;2,4}(^3\varphi_4 = 1) = \frac{T_d^* J_{3;2,4}}{s_{2-4}^2}\,^3F_3 = \frac{1\,729 \cdot 1\,707}{412,3^2} \cdot 5,219 = 90,57;$$

$$^3\tilde{V}_{2;2,4}(^2\varphi_4 = 1) = -\frac{T_d^* J_{2;2,4}}{s_{2-4}^2}\,^2F_3 = -\frac{1\,729 \cdot 2\,490}{412,3^2} \cdot 5,474 = -138,60;$$

$$^q\mathbf{E}_{4,2} = \begin{bmatrix} 0 & 0 & 0 \\ 0 & 0 & 90,57 \\ 0 & -138,60 & 0 \end{bmatrix};$$

$^q\check{\mathbf{L}}_{2,4}$ wird nach (II A.39) mit (II A.14) und Tabelle II A.1 e und f berechnet:

$$-^1\tilde{V}_{2;2,4}(^1v_2 = 1) = \frac{T_d^* F_{2,4}}{s_{2-4}} = \frac{1\,729 \cdot 54,3}{412,3} = 227,7;$$

$$-^2\tilde{V}_{2;2,4}(^2v_2 = 1) = \frac{T_d^* J_{3;2,4}}{s_{2-4}^3}\,^3F_4 = \frac{1\,729 \cdot 1\,707}{412,3^3} \cdot 3,050 = 0,128;$$

$$-^3\tilde{V}_{2;2,4}(^3v_2 = 1) = +\frac{T_d^* J_{2;2,4}}{s_{2-4}^3}\,^2F_4 = \frac{1\,729 \cdot 2\,490}{412,3^3} \cdot 5,880 = 0,361;$$

$$^q\check{\mathbf{L}}_{2,4} = \begin{bmatrix} 227,7 & 0 & 0 \\ 0 & 0,128 & 0 \\ 0 & 0 & 0,361 \end{bmatrix}.$$

$^q\check{\mathbf{L}}_{1,2}$ und $^q\check{\mathbf{L}}_{2,8}$ werden entsprechend berechnet.

3. *Matrizen im p-System.* Es gilt nach (II A.8)
$$^p\mathbf{M} = \mathbf{R}_{ik}^T \cdot {}^q\mathbf{M} \cdot \mathbf{R}_{ik}.$$

$^p\mathbf{D}_{2,2;1,2} =$

$$\cdot \begin{bmatrix} 0 & 0 & 0 \\ 0 & 0 & -784,35 \\ 0 & +537,61 & 0 \end{bmatrix} \cdot \begin{bmatrix} 1,0 & & \\ & -1,0 & \\ & & -1,0 \end{bmatrix}$$

$$\begin{bmatrix} 1,0 & 0 & 0 \\ 0 & -1,0 & 0 \\ 0 & 0 & -1,0 \end{bmatrix} \begin{bmatrix} 0 & 0 & 0 \\ 0 & 0 & +784,35 \\ 0 & -537,61 & 0 \end{bmatrix} = \begin{bmatrix} 0 & 0 & 0 \\ 0 & 0 & -784,35 \\ 0 & +537,61 & 0 \end{bmatrix};$$

$^p\mathbf{E}_{4,2} = \mathbf{R}_{2,4}^T \cdot {}^q\mathbf{E}_{4,2} \cdot \mathbf{R}_{2,4} =$

$$\cdot \begin{bmatrix} 0 & 0 & 0 \\ 0 & 0 & 90,57 \\ 0 & -138,6 & 0 \end{bmatrix} \cdot \begin{bmatrix} 0 & 0,970 & 0,243 \\ 1,0 & 0 & 0 \\ 0 & 0,243 & -0,970 \end{bmatrix}$$

$$\begin{bmatrix} 0 & 1,0 & 0 \\ 0,970 & 0 & 0,243 \\ 0,243 & 0 & -0,970 \end{bmatrix} \begin{bmatrix} 0 & 0 & 90,57 \\ 0 & -33,63 & 0 \\ 0 & +134,52 & 0 \end{bmatrix} = \begin{bmatrix} 0 & 21,97 & -87,90 \\ -33,63 & 0 & 0 \\ 134,52 & 0 & 0 \end{bmatrix}.$$

Gleichungssystem I

	$^p\Phi_1$			$^p\mathfrak{v}_1$			$^p\Phi_2$			$^p\mathfrak{v}_2$		
	$x\varphi_1$	$y\varphi_1$	$z\varphi_1$	x_{v_1}	y_{v_1}	z_{v_1}	$x\varphi_2$	$y\varphi_2$	$z\varphi_2$	x_{v_2}	y_{v_2}	z_{v_2}
$^p\breve{E}_{\Phi_1=1}$	125625				−122,68	+73,893	−10148					
		133198	−23946	78,912		784,35		52290				−784,35
		−23946	126739	−46,619	−537,61				35841		537,61	
$^p\breve{E}_{v_1=1}$		78,912	−46,619	570,64						−570,15		
	−122,68		−537,61		422,06	204,68			−537,61		−5,3761	
	+73,893	784,35			204,68	135,70		784,35				−7,8435
$^p\breve{E}_{\Phi_2=1}$	−10148						125625				−12268	73,893
		52290				784,35		133198	−23946	78,912		−784,35
			35841		−537,61			−23946	136739	−46,619	+537,61	
$^p\breve{E}_{v_2=1}$				−570,15				78,912	−46,619	570,64		
			537,61		−5,3761		−12268		+537,61		422,06	204,68
		−784,35				−7,8435	73,893	−784,35			204,68	135,70
$^p\breve{E}_{\Phi_3=1}$	0	0	0	0	0	0	0	0	0	0	0	0
		−2817,1	−4851,3	−21,974								
	0	0	0	0	0	0	0	0	0	0	0	0
$^p\breve{E}_{v_3=1}$		21,974	−87,896	−0,1283								
	0	0	0	0	0	0	0	0	0	0	0	0
	134,52				−53,503	−13,737						
$^p\breve{E}_{\Phi_4=1}$	0	0	0	0	0	0	0	0	0	0	0	0
								−2817,1	−4851,3	−21,974		
	0	0	0	0	0	0	0	0	0	0	0	0
$^p\breve{E}_{v_4=1}$								21,974	−87,896	−0,1283		
	0	0	0	0	0	0	0	0	0	0	0	0
							134,52				−53,503	−13,737

Gleichungssystem I (Fortsetzung)

	$^p\Phi_3$			$^p\mathfrak{v}_3$			$^p\Phi_4$			$^p\mathfrak{v}_4$		
	$^x\varphi_3=0$	$^y\varphi_3$	$^z\varphi_3=0$	$^xv_3$	$^yv_3=0$	$^zv_3$	$^x\varphi_4=0$	$^y\varphi_4$	$^z\varphi_4=0$	$^xv_4$	$^yv_4=0$	$^zv_4$
$^p\check{E}_{\Phi_1=1}$	0		0		0	134,52	0		0		0	
	0	$-2817,1$	0	21,974	0		0		0		0	
	0	$-4851,3$	0	$-87,896$	0		0		0		0	
$^p\check{E}_{v_1=1}$	0	$-21,974$	0	$-0,1283$	0		0		0		0	
	0		0		0	$-53,503$	0		0		0	
	0		0		0	$-13,737$	0		0		0	
$^p\check{E}_{\Phi_2=1}$	0		0		0		0		0		0	134,52
	0		0		0		0	$-2817,1$	0	21,974	0	
	0		0		0		0	$-4851,3$	0	$-87,896$	0	
$^p\check{E}_{v_2=1}$	0		0		0		0	$-21,974$	0	$-0,1283$	0	
	0		0		0		0	$-E_{4,2}$	0		0	$-53,503$
	0		0		0		0		0		0	$-13,737$
$^p\check{E}_{\Phi_3=1}$	1,0	0	0	0	0	0	0	0	0	0	0	0
	0	57304	0	21,974	0	392,17	0	26145	0	0	0	$-392,17$
	0	0	1,0	0	0	0	0	0	0	0	0	0
$^p\check{E}_{v_3=1}$	0	21,974	0	285,20	0		0	0	0	$-285,07$	0	
	0	0	0	0	1,0	0	0	0	0	0	0	0
	0	392,17	0		0	17,659	0	392,17	0		0	$-3,9217$
$^p\check{E}_{\Phi_4=1}$	0	0	0	0	0	0	1,0	0	0	0	0	0
	0	26145	0		0	392,17	0	57304	0	21,974	0	$-392,17$
	0	0	0	0	0	0	0	0	1,0	0	0	0
$^p\check{E}_{v_4=1}$	0		0	$-285,07$	0		0	21,974	0	285,20	0	
	0	0	0	0	0	0	0	0	0	0	1,0	0
	0	$-392,17$	0		0	$-3,9217$	0	$-392,17$	0		0	17,659

Alle Transformationen der einzelnen Matrizen des q-Systems werden entsprechend ins p-System transformiert und für die Matrizen ${}^p\mathbf{K}_i$, ${}^p\mathbf{D}_i$ und ${}^p\mathbf{L}_i$ die erforderlichen Matrizensummationen durchgeführt.

4. Knickkriterium. Mit obigen Matrizen ergibt sich das Gleichungssystem I (S. 286 u. 287). Mit Rücksicht auf die Verformungsbehinderungen (Lagerbedingungen) sind zuerst an den Stellen ${}^yv_3$, ${}^yv_4$, ${}^x\varphi_3$, ${}^z\varphi_3$, ${}^x\varphi_4$, ${}^z\varphi_4$ in den Hauptdiagonalen die Werte 1,0 einzusetzen und in den zugehörigen Zeilen und Spalten der Wert Null einzutragen. Für die Matrizen, die in einen solchen Bereich fallen, dürfen deren Koeffizienten in diesem Sperrbereich nicht eingetragen werden.

Zum Beispiel erkennt man für die Matrize $-{}^p\mathbf{E}_{4,2}$, daß nur mehr der einzige Koeffizient $-21{,}974$ übrig bleibt.

Der Wert der Determinante ergibt sich

$$\det D = 0{,}154 \cdot 10^{52} \text{ und ist in Abb. II 1.3 (Kurve a) eingetragen.}$$

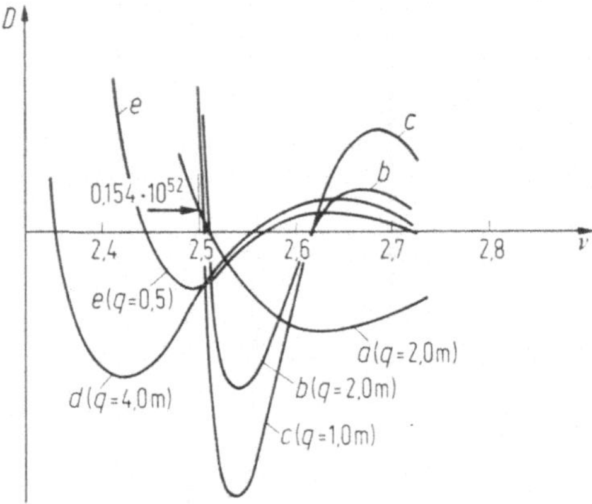

Abb. II 1.3. „$D - \nu$-Kurven" für verschiedene Fälle

Die Aufstellung des Gleichungssystems für verschiedene Laststeigerungsfaktoren ν ergibt die entsprechenden Determinantenwerte. Die „$D - \nu$"-Kurve a ergibt als Nullstelle die kritische Laststeigerung

$$\nu^*_{\mathrm{kr}} = 2{,}51,$$

und die kritische Knickbelastung für ein doppelsymmetrisches Ausknicken

$$P^*_{\mathrm{kr}} = 2{,}51 \cdot 25 = 62{,}75 \text{ t};$$

bzw. für den Regelfall mit $\nu_E = 2{,}35$

$$P_{\mathrm{zul}} = \frac{62{,}75}{2{,}35} = 26{,}7 \text{ t}.$$

Mit ${}^3\varepsilon = 2{,}732$ und ${}^2\varepsilon = 2{,}262$ ergeben sich für den Stab 2—4 die effektiven Knicklängen

$$s_{k,\mathrm{eff}} = \frac{\pi}{\varepsilon}\, s_{i-k},$$

bei ideellen Schlankheiten

$$\lambda = \frac{s_{k,\mathrm{eff}}}{i};$$

$${}^3s_{k,\mathrm{eff}} = \frac{\pi}{2{,}732}\, 412{,}3 = 473 \text{ cm}; \qquad {}^3\lambda = \frac{473}{5{,}6} = 84{,}5;$$

$${}^2s_{k,\mathrm{eff}} = \frac{\pi}{2{,}262}\, 412{,}3 = 573 \text{ cm}; \qquad {}^2\lambda = \frac{573}{6{,}77} = 84{,}5.$$

Gleichungssystem II

	$^p\Phi_1$	$^p\mathfrak{v}_1$	$^p\Phi_2$	$^p\mathfrak{v}_2$	$^p\Phi_3$	$^p\mathfrak{v}_3$	$^p\Phi_4$	$^p\mathfrak{v}_4$	$^p\Phi_5$	$^p\mathfrak{v}_5$	$^p\Phi_6$	$^p\mathfrak{v}_6$
$^p\check{E}_{\Phi_1=1}$	$^pK_1$	$^pD_1$	$^pK_{2,1}$	$-^pD_{1,1;1,2}$	$^pK_{3,1}$	$-^pD_{1,1;1,3}$						
$^p\check{E}_{\mathfrak{v}_1=1}$		$^pL_1$	$-^pE_{2,1}$	$-^pL_{1,2}$	$-^pE_{3,1}$	$-^pL_{1,3}$						
$^p\check{E}_{\Phi_2=1}$			$^pK_2$	$^pD_2$			$^pK_{4,2}$	$-^pD_{2,2;2,4}$				
$^p\check{E}_{\mathfrak{v}_2=1}$				$^pL_2$			$-^pE_{4,2}$	$-^pL_{2,4}$				
$^p\check{E}_{\Phi_3=1}$					$^pK_3$	$^pD_3$	$^pK_{4,3}$	$-^pD_{3,3;3,4}$	$^pK_{5,3}$	$-^pD_{3,3;3,5}$		
$^p\check{E}_{\mathfrak{v}_3=1}$						$^pL_3$	$-^pE_{4,3}$	$-^pL_{3,4}$	$-^pE_{5,3}$	$-^pL_{3,5}$		
$^p\check{E}_{\Phi_4=1}$							$^pK_4$	$^pD_4$			$^pK_{6,4}$	$-^pD_{4,4;4,6}$
$^p\check{E}_{\mathfrak{v}_4=1}$								$^pL_4$			$-^pE_{6,4}$	$-^pL_{4,6}$
$^p\check{E}_{\Phi_5=1}$									$^pK_5$	$^pD_5$	$^pK_{6,5}$	$-^pD_{5,5;5,6}$
$^p\check{E}_{\mathfrak{v}_5=1}$										$^pL_5$	$-^pE_{6,5}$	$-^pL_{5,6}$
$^p\check{E}_{\Phi_6=1}$											$^pK_6$	$^pD_6$
$^p\check{E}_{\mathfrak{v}_6=1}$												$^pL_6$

β) Allgemeines Knickkriterium für das Gesamtsystem

Wenn man keinerlei Aussage über die Form der Knickfigur macht, so muß das gesamte System untersucht werden. Man erhält mit den Werten der Knickdeterminante für die verschiedenen Laststeigerungsfaktoren v die „$D - v$“-Kurve. Deren Nullpunkte geben die kleinste und die höheren Knicklasten an. Alle möglichen Sonderfälle, wie symmetrisches und antimetrisches Ausknicken in und aus der Tragwerksebene und deren Kombinationen, müssen zu Nullpunkten führen, die in der allgemeinen „$D - v$“-Kurve enthalten sind.

Nach Abb. II 1.1 treten beim allgemeinen Fall die Größen $^P\mathfrak{v}_1$ bis $^P\mathfrak{v}_6$ und $^P\Phi_1$ bis $^P\Phi_6$ auf. Hierfür gilt das Gleichungssystem II (S. 289). Die Koeffizienten dieses Systems werden in gleicher Weise, wie unter α) gezeigt, berechnet, und zwar wieder für die verschiedenen Laststeigerungsfaktoren v und die jeweiligen Determinantenwerte D.

Die „$D - v$“-Kurve b ist für den Bogenabstand $q = 200$ cm in Abb. II 1.3 dargestellt und führt für die kleinste Knicklast zum gleichen Laststeigerungsfaktor $v_{kr} = 2{,}51$, wie der Fall α) (Kurve a) bei doppelsymmetrischen Randbedingungen. Zum Vergleich sind auch die „$D - v$“-Kurven c, d und e für die Bogenabstände $q = 100$ cm, 400 cm und 50 cm dargestellt, die die kritischen Werte

$$v_c^* = 2{,}505; \quad v_d^* = 2{,}36 \quad \text{und} \quad v_e^* = 2{,}443$$

zur Folge haben.

b) Einfacher eingespannter Bogen

α) Allgemeines Knickkriterium

Für den Bogen gilt die Abb. II 1.1, und zwar für die Knoten $7-1-3-5-9$. Es gelten alle System- und Querschnittswerte wie unter Abschnitt a). Als Gebrauchslast wird $P = 10$ t gewählt.

Die Durchführung der Berechnung erfolgt entsprechend Abschnitt a). Es ergibt sich für die unbekannten Verformungsgrößen das Gleichungssystem III:

Gleichungssystem III

	Φ_1	$\mathfrak{v}_1$	Φ_3	$\mathfrak{v}_3$	Φ_5	$\mathfrak{v}_5$	
$^P\check{E}_{\Phi_1=1}$	$^P\mathbf{K}_1$	$^P\mathbf{D}_1$	$^P\mathbf{K}_{3,1}$	$-^P\mathbf{D}_{1,1;1,3}$			
$^P\check{E}_{\mathfrak{v}_1=1}$		$^P\mathbf{L}_1$	$-^P\mathbf{E}_{3,1}$	$-^P\mathbf{L}_{1,3}$			
$^P\check{E}_{\Phi_3=1}$			$^P\mathbf{K}_3$	$^P\mathbf{D}_3$	$^P\mathbf{K}_{5,3}$	$-^P\mathbf{D}_{3,3;3,5}$	$= 0.$
$^P\check{E}_{\mathfrak{v}_3=1}$				$^P\mathbf{L}_3$	$-^P\mathbf{E}_{5,3}$	$-^P\mathbf{L}_{3,5}$	
$^P\check{E}_{\Phi_5=1}$					$^P\mathbf{K}_5$	$^P\mathbf{D}_5$	
$^P\check{E}_{\mathfrak{v}_5=1}$						$^P\mathbf{L}_5$	

Für verschiedene Laststeigerungsfaktoren v werden die Koeffizienten und die Werte der Determinante D berechnet und die „$D - v$“-Kurve a ermittelt (Abb. II 1.4).

Die kleinste Knicklast ergibt sich für $v_{kr}^* = 2{,}44$. Damit wird

$$\sigma_{kr,2-4}^* = -\frac{2{,}44 \cdot 2{,}053 \cdot 10{,}0}{54{,}3} = -\frac{50{,}0}{54{,}3} = -0{,}92 \text{ t/cm}^2.$$

Diese Spannung liegt im elastischen Bereich.

Damit ergeben sich die Werte:

$$\text{Stab } 1-3: {}^{2}\varepsilon = 412{,}3\,\frac{50{,}0}{2100\cdot 2490} = 1{,}275;$$

$$^{2}s_{k,\text{eff}} = \frac{\pi}{1{,}275}\,412{,}3 = 1\,015\ \text{cm}; \qquad {}^{2}\lambda = \frac{1\,015}{6{,}77} = 150;$$

$$^{3}\varepsilon = 412{,}3\,\frac{50{,}0}{2100\cdot 1\,707} = 1{,}541;$$

$$^{3}s_{k,\text{eff}} = \frac{\pi}{1{,}541}\,412{,}3 = 841\ \text{cm}; \qquad {}^{3}\lambda = \frac{841}{5{,}6} = 150;$$

$$\text{Stab } 1-7: {}^{2}\varepsilon = 500\,\frac{60{,}7}{2100\cdot 5\,700} = 1{,}126;$$

$$^{2}s_{k,\text{eff}} = \frac{\pi}{1{,}126}\,500 = 1\,395\ \text{cm}; \qquad {}^{2}\lambda = \frac{1\,395}{8{,}54} = 163;$$

$$^{3}\varepsilon = 500\,\frac{60{,}7}{2100\cdot 3\,800} = 1{,}380;$$

$$^{3}s_{k,\text{eff}} = \frac{\pi}{1{,}38}\,500 = 1\,138\ \text{cm}; \qquad {}^{3}\lambda = \frac{1\,138}{6{,}98} = 163.$$

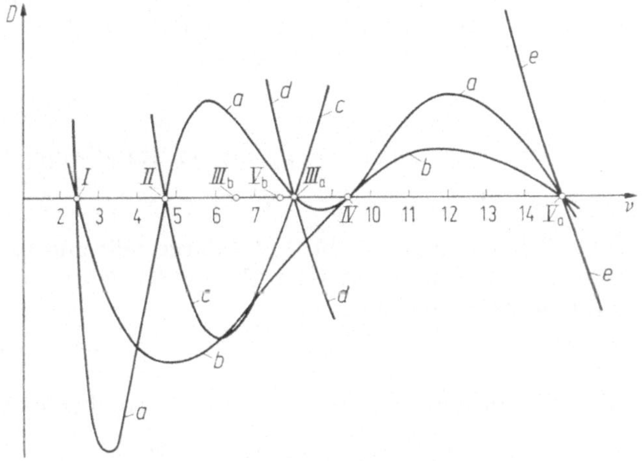

Abb. II 1.4. „$D - v$-Kurven" für den einfachen Bogen

Die nachfolgenden Überlegungen sind theoretischer Natur, da die höheren Knicklasten nicht maßgebend sind; daher wird vorerst der Einfachheit halber die unbeschränkte Gültigkeit des Hookeschen Gesetzes und damit die Gültigkeit von $E = 2100\ \text{t/cm}^2$ zugrunde gelegt.

Die Kurve a gilt streng bis rund $v = 4{,}7$, das ist beim Erreichen der 2. Knicklast. Der weitere Ast der Kurve a ist mehr theoretisch, da dann der Modul T_d^{*} einzuführen wäre.

β) Doppelsymmetrisches Ausknicken

Für diesen Fall gelten die Randbedingungen:

$$^{y}v_3 = 0; \qquad {}^{x}\varphi_3 = {}^{z}\varphi_3 = 0.$$

Hierfür gilt das Gleichungssystem IV:

Gleichungssystem IV

	$^p\Phi_1$	$^p\mathfrak{v}_1$	$^p\Phi_3$	$^p\mathfrak{v}_3$
$^p\check{E}_{\Phi_1=1}$	$^pK_1$	$^pD_1$	$^pK_{3,1}$	$-^pD_{1,1;1,3}$
$^p\check{E}_{\mathfrak{v}_1=1}$		$^pL_1$	$-^pE_{3,1}$	$-^pL_{1,3}$
$^p\check{E}_{\Phi_3=1}$			$^pK_3$	$^pD_3$
$^p\check{E}_{\mathfrak{v}_3=1}$				$^pL_3$

Die zugehörige „$D - v$"-Kurve b ist in Abb. II 1.4 dargestellt. Es wird darauf hingewiesen, daß sämtliche Nullpunkte I, IV, V a der Kurve b in der Kurve a ebenfalls auftreten.

γ) Doppelantimetrisches Ausknicken

Für diesen Fall gelten die Randbedingungen:

$$^xv_3 = {}^zv_3 = 0; \quad {}^y\varphi_3 = 0.$$

Das allgemeine Gleichungssystem ist gleich wie bei β), nur andere Zeilen und Spalten sind Null zu setzen, da andere Randbedingungen als bei β) vorliegen.

Die zugehörige „$D - v$"-Kurve c ist in Abb. II 1.4 dargestellt. Sie hat mit der allgemeinen Kurve a die Nullpunkte II und III a gemeinsam.

δ) Ebene Antimetrie

Es gilt wieder das Gleichungssystem von β) mit den Randbedingungen:

$$^xv_1 = {}^xv_3 = {}^zv_3 = 0; \quad {}^y\varphi_1 = {}^z\varphi_1 = {}^y\varphi_3 = {}^z\varphi_3 = 0.$$

Die zugehörige „$D - v$"-Kurve d ist in Abb. II 1.4 dargestellt und hat mit den Kurven a und c den gemeinsamen Nullpunkt III a. Bei Berücksichtigung der Plastizität würde sich der Nullpunkt III b ergeben.

ε) Ebene Symmetrie

Es gilt wieder das Gleichungssystem von β) mit den Randbedingungen:

$$^xv_1 = {}^xv_3 = {}^yv_3 = 0; \quad {}^y\varphi_1 = {}^z\varphi_1 = {}^x\varphi_3 = {}^y\varphi_3 = {}^z\varphi_3 = 0.$$

Die „$D - v$"-Kurve e ist in Abb. II 1.4 dargestellt und hat mit den Kurven a und b den Nullpunkt V a gemeinsam. Bei Berücksichtigung der Plastizität würde sich der Nullpunkt bei V b einstellen.

c) Zusammenfassung

Aus Abschnitt a) und b) erkennt man den sehr großen Einfluß den Querriegel auf die Knicksicherheit von Tragsystemen haben. Im vorliegenden Fall weist der Doppelbogen eine 2,5fach höhere Knicklast als der ebene Bogen auf.

Die Abb. II 1.4 läßt deutlich erkennen, daß die verschiedenen Symmetrie- und Antimetrieannahmen für die Knickfigur immer zu Nullpunkten auf der allgemeinen „$D - v$"-Kurve führen müssen und es nicht von vornherein klar ist, welcher Sonderfall unter Umständen maßgebend sein kann. Ebenfalls erkennt man aus dieser Abbildung den starken Einfluß der Plastizität bei den höheren Knicklasten.

Bei Berücksichtigung von Symmetrie und Antimetrie ist es rechentechnisch am einfachsten, an der Symmetrieachse immer einen freien Knoten anzunehmen und die Verformungen dieses Knotens in den Randbedingungen zu berücksichtigen, auch wenn man z.B. ein Gelenk bei Antimetrie annehmen könnte.

Bei der automatischen Berechnung der F-Werte mit Hilfe einer Rechenanlage ist darauf zu achten, daß bei ε-Werten zwischen 0 und 0,1 die Werte von $\varepsilon = 0$ eingeführt werden müssen, da sonst die Berechnung zu ungenauen Werten führt, weil es sich um den Bereich von Grenzübergängen handelt.

2. Beispiel. Vierstieliger räumlicher Rahmen

Das System mit den Abmessungen, den Richtungen der Einheitsvektoren der Stäbe und der Belastungsanordnung ist in Abb. II 2.1 dargestellt. Es ist in bezug auf die y-Achse sowohl in den Tragwerkswerten als auch in der Belastung einfach symmetrisch.

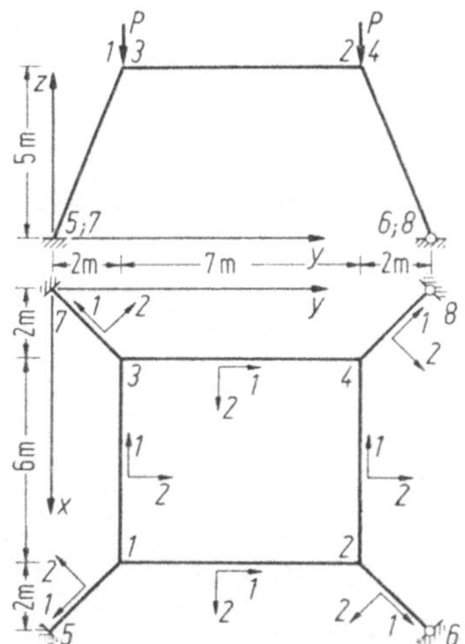

Abb. II 2.1. System mit Punktbezeichnung und Festlegung der Stabachsen im q-System

Annahmen:

Beton: $E_0 = 225\,000$ kg/cm²; $G_0 = 88\,000$ kg/cm²; $\sigma_P = 225$ kg/cm²; für E_b gilt (II A.58), für T_b gilt (II A.59).

Riegel: 40/25: $J_1 = 126\,875$ cm⁴; $J_2 = 133\,333$ cm⁴; $J_3 = 52\,083$ cm⁴; $F = 1\,000$ cm²; $s_{1-2} = s_{3-4} = 700$ cm; $s_{1-3} = s_{2-4} = 600$ cm; $\beta = 90°$.

Stiele: 25/25: $J_1 = 55\,078$ cm⁴; $J_2 = 32\,552$ cm⁴; $J_3 = 32\,552$ cm⁴; $F = 625$ cm²; $s_{St} = 574,5$ cm; $\beta = 90°$. Es gelten (II A.3) und (II A.4).

Gebrauchslast: ${}^z P_1 = {}^z P_3 = {}^z P_2 = {}^z P_4 = 10$ t.

Angenommen wird, daß keine Zugspannungen im Beton auftreten.

Die Stabkräfte für die Gebrauchslast werden unter Zugrundelegung der Moduli $E_0 = T_{b,0}$ nach (II A.51) nach der Theorie 1. Ordnung berechnet. Diese betragen:

$$\bar{S}_{1-5} = \bar{S}_{3-7} = -11,51 \text{ t};$$

$$\bar{S}_{2-6} = \bar{S}_{4-8} = -11,49 \text{ t};$$

$$\bar{S}_{1-2} = \bar{S}_{3-4} = \bar{S}_{1-3} = \bar{S}_{2-4} = -4,00 \text{ t}.$$

Allgemeines Knickkriterium für das Gesamtsystem

Die Durchführung der Rechnung erfolgt in gleicher Weise wie bei Beispiel 1. Das Gleichungssystem I wird nach (II A.50) aufgestellt.

Gleichungssystem I

${}^p\Phi_1$	${}^p\upsilon_1$	${}^p\Phi_2$	${}^p\upsilon_2$	${}^p\Phi_3$	${}^p\upsilon_3$	${}^p\Phi_4$	${}^p\upsilon_4$
${}^pK_1$	${}^pD_1$	${}^pK_{2,1}$	$-{}^pD_{1,1;1,2}$	${}^pK_{3,1}$	$-{}^pD_{1,1;1,3}$		
	${}^pL_1$	$-{}^pE_{2,1}$	$-{}^pL_{1,2}$	$-{}^pE_{3,1}$	$-{}^pL_{1,3}$		
		${}^pK_2$	${}^pD_2$			${}^pK_{4,2}$	$-{}^pD_{2,2;2,4}$
			${}^pL_2$			$-{}^pE_{4,2}$	$-{}^pL_{2,4}$
				${}^pK_3$	${}^pD_3$	${}^pK_{4,3}$	$-{}^pD_{3,3;3,4}$
					${}^pL_3$	$-{}^pE_{4,3}$	$-{}^pL_{3,4}$
						${}^pK_4$	${}^pD_4$
							${}^pL_4$

Für die verschiedenen Laststeigerungsfaktoren werden die Determinantenwerte bestimmt. Die „$D - \upsilon$"-Kurve a ist in Abb. II 2.2 dargestellt.

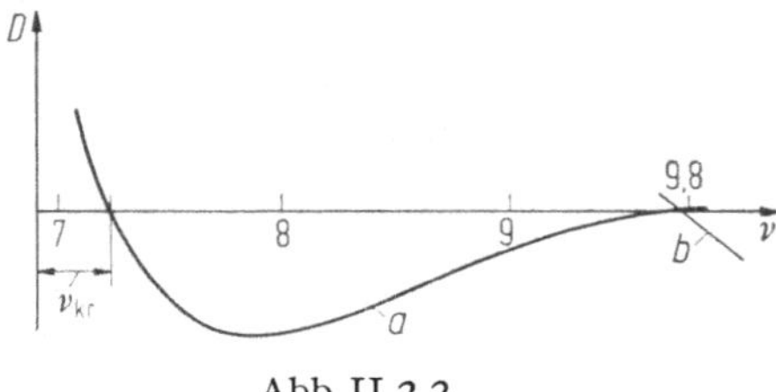

Abb. II 2.2

Aus der kleinsten Nullstelle ergibt sich:

$$\upsilon_{kr} = 7{,}24\,.$$

Damit ergibt sich für den Stab 2—6:

$$\sigma_{kr,2-6} = -\frac{11{,}49 \cdot 7{,}24}{625} = -0{,}133 \text{ t/cm}^2;$$

$$E_b = 225 \sqrt{1 - \frac{0{,}1331}{0{,}225}} = 143{,}7 \text{ t/cm}^2;$$

$$T_b = \frac{4\,E_b E_0}{\left(\sqrt{E_b} + \sqrt{E_0}\right)^2} = 177{,}3 \text{ t/cm}^2;$$

$${}^2\varepsilon = {}^3\varepsilon = 574{,}5 \sqrt{\frac{83{,}2}{177{,}3 \cdot 32552}} = 2{,}179;$$

$$s_{k,\text{eff}} = \frac{\pi}{2{,}179}\,574{,}5 = 828 \text{ cm}; \qquad \lambda = \frac{828}{7{,}22} = 115\,.$$

Für ein symmetrisches Knicken in Richtung der y-Achse erhält man die Kurve b (Abb. II 2.2). Der Nullpunkt ist auch wieder ein Nullpunkt der Kurve a. Das symmetrische Knicken liefert mit $\upsilon_{kr} = 9{,}77$ einen nicht maßgebenden Wert, da der allgemeine Fall einen viel geringeren Laststeigerungsfaktor liefert.

3. Beispiel. Räumliche Fachwerkstütze

Das System mit den Systemmaßen und der Belastungsanordnung ist in Abb. II 3.1 dargestellt. Es ist sowohl in geometrischer Hinsicht als auch die Belastung betreffend in bezug auf die x-Achse symmetrisch.

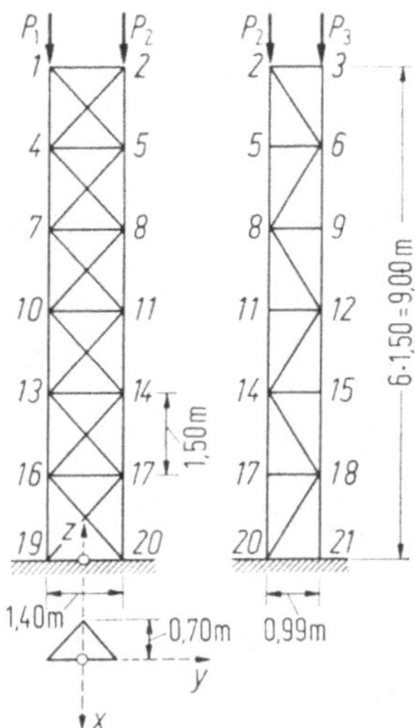

Abb. II 3.1. Räumliche Fachwerkstütze

1. Belastung. Die Gebrauchslast in den Knoten 1, 2 und 3 beträgt:

$$P_1 = P_2 = 17{,}0 \text{ t}; \qquad P_3 = 8{,}5 \text{ t}.$$

Damit ergeben sich die Vektoren $\mathfrak{R}_{B,i}$ nach (II B.9) in den Knoten 1, 2 und 3 zu:

$$\mathfrak{R}_{B,1} = \mathfrak{R}_{B,2} = \begin{bmatrix} 0 \\ 0 \\ -17{,}0 \end{bmatrix}; \quad \mathfrak{R}_{B,3} = \begin{bmatrix} 0 \\ 0 \\ -8{,}5 \end{bmatrix};$$

während in allen anderen Punkten keine Vektoren $\mathfrak{R}_{B,i}$ auftreten.

2. Material. Als Material wird St 37 angenommen.

3. Querschnittswerte (Rohre)

Stiele 1—19 und 2—20: ⌀ 108 mm; $s = 3{,}6$ mm; $F = 11{,}80$ cm²; $J_1 = 322$ cm⁴;
$J_2 = J_3 = 161$ cm⁴; $i = 3{,}694$ cm.
Stiel 3—21: ⌀ 76,1 mm; $s = 3{,}6$ mm; $F = 8{,}20$ cm²; $J_1 = 108$ cm⁴;
$J_2 = J_3 = 54$ cm⁴; $i = 2{,}57$ cm.
Füllstäbe (Diagonalen und Horizontalpfosten): ⌀ 48,3 mm; $s = 3{,}6$ mm;
$F = 5{,}06$ cm²; $J_1 = 25{,}4$ cm⁴; $J_2 = J_3 = 12{,}7$ cm⁴; $i = 1{,}59$ cm.

4. Systemmaße der Einzelstäbe

Stiele: $s_{i-k} = 150{,}0$ cm;
Pfosten bzw. Diagonalen der Ebene 1—19—20—2:

$$s_P = 140{,}0 \text{ cm}; \qquad s_d = 205{,}2 \text{ cm};$$

Pfosten bzw. Diagonalen der Ebene 1—19—21—3; 2—20—21—3:

$$s_P = 99{,}0 \text{ cm}; \qquad s_d = 179{,}7 \text{ cm}.$$

5. Einheitsvektoren der Stäbe

Stab e_1	$1-5$	$2-5,\ 3-6$ $5-8,\ 6-9$	$4-5$	$5-6$	$5-7$
e_x	0	0	0	$-0{,}7071$	0
e_y	$+0{,}6823$	0	$+1{,}0$	$-0{,}7071$	$-0{,}6823$
e_z	$-0{,}7311$	$-1{,}0$	0	0	$-0{,}7311$

Stab e_1	$1-6$	$2-6$	$4-6$	$6-7$	$6-8$
e_x	$-0{,}3895$	$-0{,}3895$	$-0{,}7071$	$+0{,}3895$	$+0{,}3895$
e_y	$+0{,}3895$	$-0{,}3895$	$+0{,}7071$	$-0{,}3895$	$+0{,}3895$
e_z	$-0{,}8346$	$-0{,}8346$	0	$-0{,}8346$	$-0{,}8346$

6. Stabkräfte für die Gebrauchslast. Die Stabkräfte werden nach (II B.9) bis (II B.11) berechnet. Hierfür sind die Matrizen $^p\mathbf{N}_{ik}$ nach (II B.1) erforderlich, wobei der Modul $E = 2100$ t/cm² maßgebend ist.

Zum Beispiel ergibt sich:

$$^p\mathbf{N}_{2,5} = {^p\mathbf{N}}_{5,8} = \frac{2100\cdot 11{,}8}{150{,}0}\begin{bmatrix} 0 & 0 & 0 \\ 0 & 0 & 0 \\ 0 & 0 & +1{,}0 \end{bmatrix} = \begin{bmatrix} 0 & 0 & 0 \\ 0 & 0 & 0 \\ 0 & 0 & +165{,}200 \end{bmatrix};$$

$$^p\mathbf{N}_{1,5} = \frac{2100\cdot 5{,}06}{205{,}2}\begin{bmatrix} 0 & 0 & 0 \\ 0 & +0{,}4655 & -0{,}4988 \\ 0 & -0{,}4988 & +0{,}5345 \end{bmatrix} = \begin{bmatrix} 0 & 0 & 0 \\ 0 & +24{,}110 & -25{,}832 \\ 0 & -25{,}832 & +27{,}678 \end{bmatrix};$$

$$^p\mathbf{N}_{5,7} = \frac{2100\cdot 5{,}06}{205{,}2}\begin{bmatrix} 0 & 0 & 0 \\ 0 & +0{,}4655 & +0{,}4988 \\ 0 & +0{,}4988 & +0{,}5345 \end{bmatrix} = \begin{bmatrix} 0 & 0 & 0 \\ 0 & +24{,}110 & +25{,}832 \\ 0 & +25{,}832 & +27{,}678 \end{bmatrix}; \qquad \text{usw.}$$

Damit wird:

$$^p\mathbf{N}_5 = {^p\mathbf{N}}_{1,5} + {^p\mathbf{N}}_{2,5} + {^p\mathbf{N}}_{4,5} + {^p\mathbf{N}}_{5,6} + {^p\mathbf{N}}_{5,7} + {^p\mathbf{N}}_{5,8} =$$

$$= \begin{bmatrix} +53{,}67 & +53{,}67 & 0 \\ +53{,}67 & +177{,}79 & 0 \\ 0 & 0 & +385{,}76 \end{bmatrix};$$

$$^p\mathbf{N}_6 = {^p\mathbf{N}}_{1,6} + {^p\mathbf{N}}_{2,6} + {^p\mathbf{N}}_{3,6} + {^p\mathbf{N}}_{4,6} + {^p\mathbf{N}}_{5,6} + {^p\mathbf{N}}_{6,7} + {^p\mathbf{N}}_{6,8} + {^p\mathbf{N}}_{6,9} =$$

$$= \begin{bmatrix} +143{,}22 & 0 & 0 \\ 0 & +143{,}22 & 0 \\ 0 & 0 & +394{,}34 \end{bmatrix}.$$

Damit erhält man das Gleichungssystem I (S. 299) nach (II B.9 b) zur Bestimmung der Verschiebungsvektoren $\mathfrak{v}_i$ der einzelnen Knotenpunkte, wobei die oben berechneten Matrizen $^p\mathbf{N}_{ik}$ einzuführen sind. Als Lösung ergeben sich die Verschiebungen, die z. B. für die Punkte 1, 2 und 5 nachfolgend angegeben sind:

[cm]	$\mathfrak{v}_1$	$\mathfrak{v}_2$	$\mathfrak{v}_5$
$^x v_i$	$+0{,}70932$	$+0{,}70932$	$+0{,}29939$
$^y v_i$	$-0{,}01076$	$+0{,}01076$	$+0{,}02036$
$^z v_i$	$-0{,}55703$	$-0{,}55703$	$-0{,}46472$

Die Knotenbelastungen $\mathfrak{S}_{i-k}$ infolge der Stabkräfte werden nach (II B.7) ermittelt:

$$\mathfrak{S}_{i-k} = {}^p\mathbf{N}_{ik} \cdot (\mathfrak{v}_k - \mathfrak{v}_i).$$

Zum Beispiel wird:

$$\mathfrak{S}_{1-5} = {}^p\mathbf{N}_{1,5} \cdot (\mathfrak{v}_5 - \mathfrak{v}_1) = \begin{array}{|ccc|c|} \hline & & & -0{,}40993 \\ & & & +0{,}03112 \\ & & & +0{,}09231 \\ \hline 0 & 0 & 0 & 0 \\ 0 & +24{,}110 & -25{,}832 & -1{,}634 \\ 0 & -25{,}832 & +27{,}678 & +1{,}751 \\ \hline \end{array} = \begin{bmatrix} 0 \\ -1{,}634 \\ +1{,}751 \end{bmatrix};$$

$$\mathfrak{S}_{2-5} = {}^p\mathbf{N}_{2,5} \cdot (\mathfrak{v}_5 - \mathfrak{v}_2) = \begin{array}{|ccc|c|} \hline & & & -0{,}40993 \\ & & & +0{,}00960 \\ & & & +0{,}09231 \\ \hline 0 & 0 & 0 & 0 \\ 0 & 0 & 0 & 0 \\ 0 & 0 & 165{,}200 & +15{,}249 \\ \hline \end{array} = \begin{bmatrix} 0 \\ 0 \\ +15{,}249 \end{bmatrix}.$$

Nach (II B.11) erhält man daraus die Stabkräfte S_{i-k}:

$$S_{1-5} = \mathfrak{S}_{1-5}^T \cdot \mathfrak{e}_{1,5} = \begin{array}{|ccc|c|} \hline & & & 0 \\ & & & +0{,}6823 \\ & & & -0{,}7311 \\ \hline 0 & -1{,}634 & +1{,}751 & -2{,}395 \\ \hline \end{array} = -2{,}395;$$

$$S_{2-5} = \mathfrak{S}_{2-5}^T \cdot \mathfrak{e}_{2,5} = \begin{array}{|ccc|c|} \hline & & & 0 \\ & & & 0 \\ & & & -1{,}0 \\ \hline 0 & 0 & +15{,}249 & -15{,}249 \\ \hline \end{array} = -15{,}249; \quad \text{usw.}$$

Mit diesen Stabkräften könnte man bereits die Stabilitätsuntersuchung mittels Laststeigerungsfaktoren v durchführen. Im vorliegenden Fall wird noch gezeigt, wie eine Verbesserung der Stabkraftwerte mit (II B.1) unter Verwendung von ${}^p\mathbf{T}_{ik}$ erfolgen kann. Da für den Gebrauchslastenfall der Modul E immer konstant bleibt, ändern sich die Matrizen ${}^p\mathbf{N}_{ik}$ dabei nicht.

Zum Beispiel für ${}^p\mathbf{T}_{ik}$:

$${}^p\mathbf{T}_{1,5} = \frac{-2{,}395}{205{,}2} \begin{bmatrix} +1{,}0 & 0 & 0 \\ 0 & +0{,}5345 & +0{,}4988 \\ 0 & +0{,}4988 & +0{,}4655 \end{bmatrix} =$$

$$= \begin{bmatrix} -0{,}01167 & 0 & 0 \\ 0 & -0{,}00624 & -0{,}00582 \\ 0 & -0{,}00582 & -0{,}00543 \end{bmatrix};$$

$${}^p\mathbf{T}_{2,5} = \frac{-15{,}249}{150{,}0} \begin{bmatrix} 1 & 0 & 0 \\ 0 & 1 & 0 \\ 0 & 0 & 0 \end{bmatrix} = \begin{bmatrix} -0{,}10166 & 0 & 0 \\ 0 & -0{,}10166 & 0 \\ 0 & 0 & 0 \end{bmatrix}; \quad \text{usw.}$$

Damit erhält man:

$$
{}^{p}\mathbf{L}_{1,5} = {}^{p}\mathbf{N}_{1,5} + {}^{p}\mathbf{T}_{1,5} =
\begin{bmatrix}
-0{,}012 & 0 & 0 \\
0 & +24{,}104 & -25{,}838 \\
0 & -25{,}838 & +27{,}672
\end{bmatrix};
$$

$$
{}^{p}\mathbf{L}_{2,5} = {}^{p}\mathbf{N}_{2,5} + {}^{p}\mathbf{T}_{2,5} =
\begin{bmatrix}
-0{,}102 & 0 & 0 \\
0 & -0{,}102 & 0 \\
0 & 0 & +165{,}200
\end{bmatrix};
$$

$$
{}^{p}\mathbf{L}_{5} = {}^{p}\mathbf{L}_{1,5} + {}^{p}\mathbf{L}_{2,5} + {}^{p}\mathbf{L}_{4,5} + {}^{p}\mathbf{L}_{5,6} + {}^{p}\mathbf{L}_{5,7} + {}^{p}\mathbf{L}_{5,8} =
$$

$$
=
\begin{bmatrix}
+53{,}47 & +53{,}67 & 0 \\
+53{,}67 & +177{,}57 & -0{,}0006 \\
0 & -0{,}0006 & +385{,}77
\end{bmatrix}; \quad \text{usw.}
$$

Nach (II B.12) ergibt sich das Gleichungssystem II (S. 299), das sich vom Gleichungssystem I nur dadurch unterscheidet, daß statt der Matrizen ${}^{p}\mathbf{N}_{ik}$ die Matrizen ${}^{p}\mathbf{L}_{ik}$ auftreten.

Man erhält daraus die geänderten Verschiebungen $\mathfrak{v}_i$:

[cm]	$\mathfrak{v}_1$	$\mathfrak{v}_2$	$\mathfrak{v}_5$
${}^{x}v_i$	$+0{,}95586$	$+0{,}95586$	$+0{,}47612$
${}^{y}v_i$	$-0{,}01050$	$+0{,}01050$	$+0{,}02086$
${}^{z}v_i$	$-0{,}56545$	$-0{,}56545$	$-0{,}47235$

und die geänderten Stabkräfte:

$$
S_{1-5} = -2{,}416\,\text{t};
$$

$$
S_{2-5} = -15{,}379\,\text{t}.
$$

Man ersieht daraus, daß sich nur ganz geringe Änderungen der Stabkräfte ergeben und damit die Theorie II. Ordnung für dieses System nicht erforderlich ist.

Im vorliegenden Fall wird jedoch mit den verbesserten Stabkräften weitergerechnet.

7. *Knickkriterium.* Die Knickdeterminante wird nach (II B.4) für verschiedene Laststeigerungsfaktoren ν_n aufgestellt.

Zuerst werden die Matrizen ${}^{p}\mathbf{L}_{ik}$ nach (II B.1) und damit auch die Matrizen ${}^{p}\mathbf{L}_i$ berechnet.

Für die verschiedenen Laststufen ändern sich lediglich die Multiplikatoren der Matrizen ${}^{p}\mathbf{N}_{ik}$ und ${}^{p}\mathbf{T}_{ik}$. So sind gegenüber der Berechnung dieser Matrizen für den Gebrauchslastenzustand die dort ermittelten Matrizen ${}^{p}\mathbf{N}_{ik}$ nur mit dem Faktor T_d^*/E bzw. E_z^*/E — wenn die Spannungen σ^* im plastischen Bereich liegen — und die Matrizen $\mathbf{T}_{ik}$ nur mit dem Laststeigerungsfaktor ν_n zu multiplizieren.

Annahme $\nu_1 = 2{,}4$. Die Stabkräfte $S_{B;i-k}$ erhält man durch Multiplikation der Stabkräfte aus den Gebrauchslasten $\nu_1 = 2{,}4$.

Gleichungssystem I

Knoten	$\mathfrak{v}_1$	$\mathfrak{v}_2$	$\mathfrak{v}_3$	$\mathfrak{v}_4$	$\mathfrak{v}_5$	$\mathfrak{v}_6$	$\mathfrak{v}_7$	$\mathfrak{v}_8$	$\mathfrak{v}_9$	$\mathfrak{v}_{10}$	$\cdots$	$\mathfrak{v}_{17}$	$\mathfrak{v}_{18}$	$-\mathfrak{R}_{B,i}$	$= 0$
1	$^p N_1$	$-{}^p N_{1,2}$	$-{}^p N_{1,3}$	$-{}^p N_{1,4}$	$-{}^p N_{1,5}$	$-{}^p N_{1,6}$	0	0	0	0	$\cdots$	0	0	$-\mathfrak{R}_{B,1}$	0
$\vdots$															$\vdots$
5	$-{}^p N_{1,5}$	$-{}^p N_{2,5}$	0	$-{}^p N_{4,5}$	$^p N_5$	$-{}^p N_{5,6}$	$-{}^p N_{5,7}$	$-{}^p N_{5,8}$	0	0	$\cdots$	0	0	0	0
6	$-{}^p N_{1,6}$	$-{}^p N_{2,6}$	$-{}^p N_{3,6}$	$-{}^p N_{4,6}$	$-{}^p N_{5,6}$	$^p N_6$	$-{}^p N_{6,7}$	$-{}^p N_{6,8}$	$-{}^p N_{6,9}$	0	$\cdots$	0	0	0	0
$\vdots$															$\vdots$
18	0	0	0	0	0	0	0	0	0	0	$\cdots$	$-{}^p N_{17,18}$	$^p N_{18}$	0	0

Gleichungssystem II

Knoten	$\mathfrak{v}_1$	$\mathfrak{v}_2$	$\mathfrak{v}_3$	$\mathfrak{v}_4$	$\mathfrak{v}_5$	$\mathfrak{v}_6$	$\mathfrak{v}_7$	$\mathfrak{v}_8$	$\mathfrak{v}_9$	$\mathfrak{v}_{10}$	$\cdots$	$\mathfrak{v}_{17}$	$\mathfrak{v}_{18}$	$-\mathfrak{R}_{B,i}$	$= 0$
1	$^p L_1$	$-{}^p L_{1,2}$	$-{}^p L_{1,3}$	$-{}^p L_{1,4}$	$-{}^p L_{1,5}$	$-{}^p L_{1,6}$	0	0	0	0	$\cdots$	0	0	$-\mathfrak{R}_{B,1}$	0
$\vdots$															$\vdots$
5	$-{}^p L_{1,5}$	$-{}^p L_{2,5}$	0	$-{}^p L_{4,5}$	$^p L_5$	$-{}^p L_{5,6}$	$-{}^p L_{5,7}$	$-{}^p L_{5,8}$	0	0	$\cdots$	0	0	0	0
6	$-{}^p L_{1,6}$	$-{}^p L_{2,6}$	$-{}^p L_{3,6}$	$-{}^p L_{4,6}$	$-{}^p L_{5,6}$	$^p L_6$	$-{}^p L_{6,7}$	$-{}^p L_{6,8}$	$-{}^p L_{6,9}$	0	$\cdots$	0	0	0	0
$\vdots$															$\vdots$
18	0	0	0	0	0	0	0	0	0	0	$\cdots$	$-{}^p L_{17,18}$	$^p L_{18}$	0	0

Zum Beispiel ergibt sich:

$$S_{1-5} = -2{,}416 \cdot 2{,}4 = -5{,}798;$$

$$S_{2-5} = -15{,}379 \cdot 2{,}4 = -36{,}910; \quad \text{usw.}$$

Dazu werden die Spannungen $\sigma^* = S_{i-k}/F_{ik}$ bestimmt und, sobald diese die Werte σ_P bzw. σ_P^* überschreiten, die zugehörigen Moduli T_d^* für Druckstäbe bzw. E_z^* für Zugstäbe aus der Tafel G entnommen. Im anderen Falle bleibt der Modul E des elastischen Bereiches maßgebend.

Zum Beispiel ergibt sich:

$$\text{Stab } 1-5: \ \sigma_{1,5} = \frac{-5{,}798}{5{,}06} = -1{,}146 \ \text{t/cm}^2; \quad E = 2100 \ \text{t/cm}^2;$$

$$\text{Stab } 2-5: \ \sigma_{2,5} = \frac{-36{,}910}{11{,}80} = -3{,}128 \ \text{t/cm}^2; \quad T_d^* = 507 \ \text{t/cm}^2.$$

Damit erhält man z. B.:

$$
{}^p\mathbf{L}_{1,5} = \frac{2100}{2100}
\begin{bmatrix}
0 & 0 & 0 \\
0 & +24{,}110 & -25{,}832 \\
0 & -25{,}832 & +27{,}678
\end{bmatrix}
=
$$

$$
+\, 2{,}4
\begin{bmatrix}
-0{,}0117 & 0 & 0 \\
0 & -0{,}0062 & -0{,}0058 \\
0 & -0{,}0058 & -0{,}0054
\end{bmatrix}
+
$$

$$
=
\begin{bmatrix}
-0{,}028 & 0 & 0 \\
0 & +24{,}095 & -25{,}846 \\
0 & -25{,}846 & +27{,}665
\end{bmatrix};
$$

$$
{}^p\mathbf{L}_{2,5} = \frac{507}{2100}
\begin{bmatrix}
0 & 0 & 0 \\
0 & 0 & 0 \\
0 & 0 & +165{,}200
\end{bmatrix}
+
$$

$$
+\, 2{,}4
\begin{bmatrix}
-0{,}1017 & 0 & 0 \\
0 & -0{,}1017 & 0 \\
0 & 0 & 0
\end{bmatrix}
=
$$

$$
=
\begin{bmatrix}
-0{,}244 & 0 & 0 \\
0 & -0{,}244 & 0 \\
0 & 0 & +39{,}884
\end{bmatrix}; \quad \text{usw.}
$$

Damit wird

$$
{}^p\mathbf{L}_5 =
\begin{bmatrix}
+53{,}17 & +53{,}67 & 0 \\
+53{,}67 & +177{,}27 & -0{,}0016 \\
0 & -0{,}0016 & +129{,}27
\end{bmatrix}; \quad \text{usw.}
$$

Die Nennerdeterminante des Gleichungssystems II mit den neu berechneten ${}^p\mathbf{L}_{ik}$ und ${}^p\mathbf{L}_i$-Matrizen entspricht der Knickbedingung (die Belastungsglieder „$-\mathfrak{R}_{B,i}$"

entfallen hierbei). Sie ist als Gleichungssystem III (S. 302) für einzelne Bereiche zahlenmäßig angeschrieben. Der Wert der Determinante beträgt

$$D_{v_1} = +0{,}66 \cdot 10^{87}.$$

Die Werte der Determinante für verschiedene v-Werte sind in Abb. II 3.2 dargestellt.

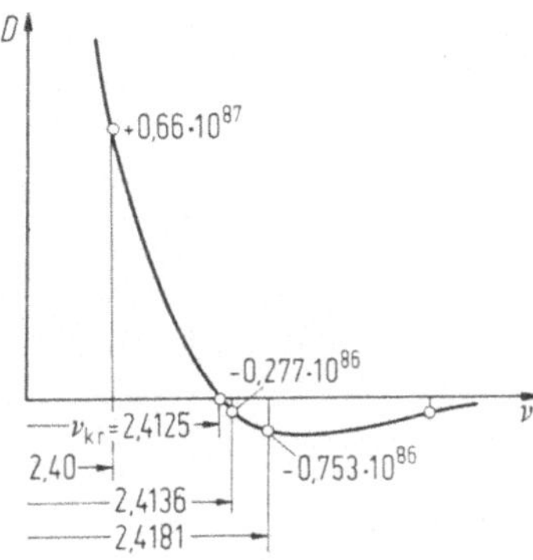

Abb. II 3.2. „$D - v$-Kurve"

Es ergibt sich daraus für $D = 0$ der kritische Laststeigerungsfaktor

$$v_{kr} = 2{,}412.$$

Dieser Wert ist z.B. für den Regelfall nach ÖNORM 4600 mit $v_E = 2{,}35$ größer als erforderlich.

Für den Einzelstab der Stiele 1—19 bzw. 2—20, z.B. Stab 2—5, mit gelenkig angenommenen Knotenpunktanschlüssen ergibt sich bei Annahme von

$$T_d^* = 630 \text{ t/cm}^2;$$

$$\sigma^* = \frac{\pi^2 T_d^* J_{2,5}}{s_{2-5}^2 F_{2,5}} = \frac{\pi^2 \cdot 630 \cdot 161}{150^2 \cdot 11{,}8} = 3{,}77 \text{ t/cm}^2.$$

Trägt man den durch σ^* und T_d^* festgelegten Punkt a in der Darstellung der Tafel G, Abb. G 1, ein (siehe Abb. II 3.3) und verbindet diesen Punkt mit dem Nullpunkt, so erhält man nach Kapitel I aus dem Schnittpunkt k der $T_d^* = \Phi$-Kurve und der Geraden Ψ die kritische Knickspannung

$$\sigma_{kr}^* = 3{,}13 \text{ t/cm}^2$$

des Einzelstabes.

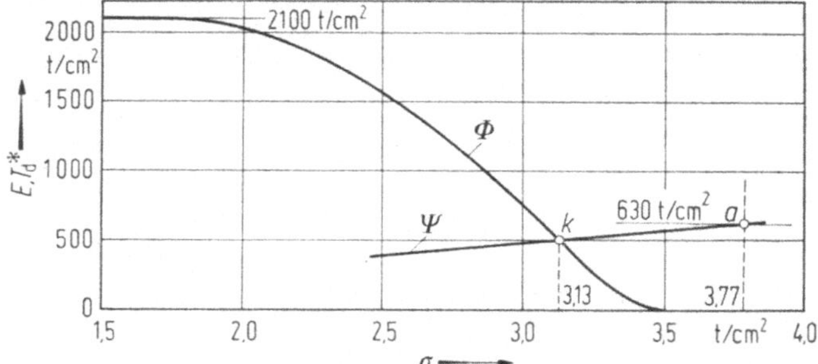

Abb. II 3.3

Gleichungssystem III

Knoten	$\mathfrak{v}_1$			$\mathfrak{v}_2$			$\mathfrak{v}_3$			$\mathfrak{v}_4$		
1	+62,39	−62,64	+19,22	−0,027	0	0	−53,67	+53,67	0	+0,244	0	0
	0	+162,39	−45,07	0	−75,90	0	+53,67	−53,67	0	0	+0,244	0
	0	0	+108,78	0	0	−0,027	0	0	+0,0005	0	0	−39,88
⋮												
5	+0,028	0	0	+0,244	0	0	0	0	0	−0,054	0	0
	0	−24,10	+25,85	0	+0,244	0	0	0	0	0	−75,90	0
	0	+25,85	−27,66	0	0	−39,88	0	0	0	0	0	−0,054
6	−8,971	+8,969	−19,22	−8,971	−8,969	−19,22	+0,136	0	0	−53,67	+53,67	0
	+8,969	−8,971	+19,22	−8,969	−8,971	−19,22	0	+0,136	0	+53,67	−53,57	0
	−19,33	+19,22	−41,19	−19,33	−19,22	−41,19	0	0	−86,48	0	0	+0,0016
⋮												
18	0	0	0	0	0	0	0	0	0	0	0	0

Knoten	$\mathfrak{v}_5$			$\mathfrak{v}_6$			$\cdots$	$\mathfrak{v}_{17}$			$\mathfrak{v}_{18}$			
1	+0,028	0	0	−8,971	+8,969	−19,22		0	0	0	0	0	0	= 0
	0	−24,10	+25,85	+8,969	−8,971	+19,22	⋯	0	0	0	0	0	0	
	0	+25,85	−27,66	−19,22	+19,22	−41,19		0	0	0	0	0	0	
⋮														
5	+53,17	+53,67	0	−53,67	−53,67	0		0	0	0	0	0	0	= 0
	+53,67	+177,27	−0,0015	−53,67	−53,67	0	⋯	0	0	0	0	0	0	
	0	−0,0015	−129,27	0	0	+0,0016		0	0	0	0	0	0	
6	−53,67	−53,67	0	+142,95	0	−0,0017		0	0	0	0	0	0	= 0
	−53,67	−53,67	0	0	142,95	0	⋯	0	0	0	0	0	0	
	0	0	+0,0016	−0,0017	0	+343,96		0	0	0	0	0	0	
⋮														
18								−53,67	−53,67	0	+142,96	0	−0,0003	
	0	0	0	0	0	0	⋯	−53,67	−53,67	0	0	+142,96	0	= 0
								0	0	+0,0017	−0,0003	0	+358,06	

Als zulässige Spannung für den Stab 2—5 ergibt sich für das Knicken des Einzelstabes für den Regelfall nach ÖNORM 4600, 4. Teil:

$$\sigma_{zul} = \frac{-3{,}13}{2{,}35} = -1{,}33 \text{ t/cm}^2.$$

(Für die Schlankheit $\lambda = s_{2-5}/i = 150/3{,}694 = 40{,}6$ ergibt sich nach ÖNORM $\sigma_{zul} = 1{,}325$ t/cm^2). Aus dem Systemknicken erhält man eine zulässige Spannung

$$\sigma_{zul} = \frac{S_{2-5}\nu_{kr}}{F\nu_E} = \frac{-15{,}379 \cdot 2{,}412}{11{,}80 \cdot 2{,}35} = -1{,}338 \text{ t/cm}^2.$$

Man erkennt daraus, daß im vorliegenden Fall das Systemknicken und das Knicken des Einzelstabes zur gleichen zulässigen Belastung führt, was aber ein Zufall ist. Für den Stab 1—5 ist der elastische Bereich maßgebend und man erhält für das Knicken des gelenkig gelagerten Stabes

$$\sigma_{kr} = \frac{-\pi^2 E J_{1,5}}{s_{1-5}^2 F_{1,5}} = -\frac{\pi^2 \cdot 2100 \cdot 12{,}7}{205{,}2^2 \cdot 5{,}06} = -1{,}255 \text{ t/cm}^2.$$

Für das Systemknicken beträgt die kritische Spannung

$$\sigma_{kr} = -\frac{2{,}416 \cdot 2{,}412}{5{,}06} = -1{,}152 \text{ t/cm}^2 < -1{,}255 \text{ t/cm}^2.$$

Somit ist das Systemknicken maßgebend.

Das System wurde auch nach Abschnitt II A mit biegesteifen Anschlüssen für alle Stäbe berechnet. Der kritische Laststeigerungsfaktor beträgt dabei

$$\nu_{kr} = 2{,}452,$$

wobei bei dieser Berechnungsart die Einzelstabknickung inbegriffen ist. Der Rechenaufwand ist dabei aber wesentlich höher, da außer den Verschiebungen der Knoten auch deren Drehungen als Unbekannte in die Rechnung eingehen. Im vorliegenden Fall ist die Sicherheit bei biegesteifen Knotenpunkten natürlich größer als bei gelenkig gedachten Knotenpunkten.

4. Beispiel. Abgespannter Bock

Für diesen einfachen Fall soll die Berechnung mit finiten Verschiebungen nach Abschnitt C gezeigt werden.

Das System mit seinen Abmessungen ist in Abb. II 4.1 dargestellt.

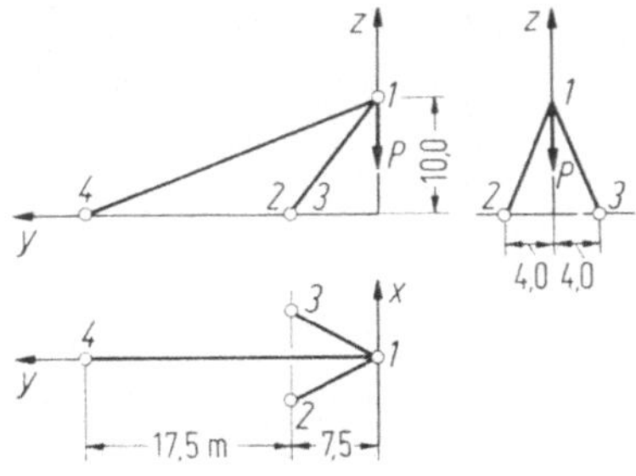

Abb. II 4.1

Material: St 37 und Spannstahl 125/140.

Querschnittswerte und Systemmaße:
Stab 1—2 und 1—3: Rohrdurchmesser 219,1; $s = 5{,}9$ mm; $F = 39{,}5$ cm²;
$J_2 = J_3 = 2247$ cm⁴; $J_1 = 4494$ cm⁴; $s_{1-3} = 13{,}124$ m.
Stab 1—4: (Spannstahl): $F = 1{,}7$ cm²; $J_2 = J_3 = 0$; $s_{1-4} = 26{,}926$ m;
$E = 2100$ t/cm².

Gebrauchslast: $P = 10{,}0$ t:

$$\mathfrak{R}_{B,1} = \begin{bmatrix} 0 \\ 0 \\ -10{,}0 \end{bmatrix}.$$

Koordinaten der Knotenpunkte [cm]

	$\mathfrak{x}_1$	$\mathfrak{x}_2$	$\mathfrak{x}_3$	$\mathfrak{x}_4$
x_i	0	−400	400	0
y_i	0	750	750	2500
z_i	1000	0	0	0

Einheitsvektoren $\mathfrak{e}_1$ *der Stäbe*

Stab	1—2	1—3	1—4
e_x	−0,3048	+0,3048	0
e_y	+0,5715	+0,5715	+0,9285
e_z	−0,7619	−0,7619	−0,3714

Die Verschiebung $^y v_1$ wird als zu beobachtende Größe gewählt.

α) 1. Rechnungsgang

Für die Gebrauchslast ($v_1 = 1{,}0$) wird nach (II C.2) die Verschiebung $\mathfrak{v}_1$ berechnet.
Von (II B.1) kommen für die Theorie I. Ordnung nur die Matrizen $^p\mathbf{N}_{ik}$ zur Verwendung:

$$^p\mathbf{N}_{1,2} = \frac{2100 \cdot 39{,}5}{1312{,}4} \cdot \begin{bmatrix} +0{,}0929 & -0{,}1742 & +0{,}2322 \\ -0{,}1742 & +0{,}3266 & -0{,}4354 \\ +0{,}2322 & -0{,}4354 & +0{,}5806 \end{bmatrix} =$$

$$= \begin{bmatrix} +5{,}871 & -11{,}008 & +14{,}678 \\ -11{,}008 & +20{,}639 & -27{,}519 \\ +14{,}678 & -27{,}519 & +36{,}693 \end{bmatrix};$$

$$^p\mathbf{N}_{1,3} = \frac{2100 \cdot 39{,}5}{1312{,}4} \cdot \begin{bmatrix} +0{,}0929 & +0{,}1742 & -0{,}2322 \\ +0{,}1742 & +0{,}3266 & -0{,}4354 \\ -0{,}2322 & -0{,}4354 & +0{,}5806 \end{bmatrix} =$$

$$= \begin{bmatrix} +5{,}871 & +11{,}008 & -14{,}678 \\ +11{,}008 & +20{,}639 & -27{,}519 \\ -14{,}678 & -27{,}519 & +36{,}693 \end{bmatrix};$$

$$\,^{p}\mathbf{N}_{1,4} = \frac{2100 \cdot 1,7}{2692,6} \cdot \begin{bmatrix} 0 & 0 & 0 \\ 0 & +0,8621 & -0,3448 \\ 0 & -0,3448 & +0,1378 \end{bmatrix} =$$

$$= \begin{bmatrix} 0 & 0 & 0 \\ 0 & +1,143 & -0,457 \\ 0 & -0,457 & +0,183 \end{bmatrix} ;$$

$$\,^{p}\mathbf{N}_{1} = \,^{p}\mathbf{N}_{1,2} + \,^{p}\mathbf{N}_{1,3} + \,^{p}\mathbf{N}_{1,4} = \begin{bmatrix} +11,743 & 0 & 0 \\ 0 & +42,421 & -55,496 \\ 0 & -55,496 & +73,568 \end{bmatrix} .$$

Aus

$$\,^{p}\mathbf{N}_{1} \cdot \mathfrak{v}_{1} - v\mathfrak{R}_{B,1} = 0$$

ergibt sich das Gleichungssystem zur Bestimmung von $\mathfrak{v}_{1}$:

$^{x}v_{1}$	$^{y}v_{1}$	$^{z}v_{1}$	$-v\mathfrak{R}_{B,1}$	
$+11,743$	0	0	0	
	$+42,421$	$-55,496$	0	$= 0$
0	$-55,496$	$+73,568$	$+10,0$	

Als Lösung erhält man:

$$^{x}v_{1} = 0; \quad ^{y}v_{1} = -13,503 \text{ cm}; \quad ^{z}v_{1} = -10,322 \text{ cm}.$$

Mit (II C.3) und (II C.4) ergibt sich:

$$\mathfrak{S}_{1-2} = \,^{p}\mathbf{N}_{1,2} \cdot (0 - \mathfrak{v}_{1}) = \begin{array}{|ccc|c|} \hline & & & 0 \\ & & & +13,503 \\ & & & +10,322 \\ \hline +5,871 & -11,008 & +14,678 & +2,858 \\ -11,008 & +20,639 & -27,519 & -5,358 \\ +14,678 & -27,519 & +36,693 & +7,145 \\ \hline \end{array} ;$$

$$S_{1-2} = S_{2-3} = \mathfrak{S}^{T}_{1-2} \cdot \mathfrak{e}_{1,2} = \begin{array}{|ccc|c|} \hline & & & -0,3048 \\ & & & +0,5715 \\ & & & -0,7619 \\ \hline +2,858 & -5,358 & +7,145 & -9,375 \\ \hline \end{array} ;$$

$$S_{1-4} = \mathfrak{S}^{T}_{1-4} \cdot \mathfrak{e}_{1,4} = +11,54 \text{ t}.$$

β) 2. Rechnungsgang

Mit den Verschiebungskomponenten des ersten Rechnungsganges ergeben sich die neuen Ortsvektoren der Knotenpunkte:

$$\mathfrak{r}'_{1} = \begin{bmatrix} x_{1} + \,^{x}v_{1} \\ y_{1} + \,^{y}v_{1} \\ z_{1} + \,^{z}v_{1} \end{bmatrix} = \begin{Bmatrix} 0 \\ -13,503 \\ +989,678 \end{Bmatrix} ; \quad \mathfrak{r}'_{2} = \mathfrak{r}_{2}; \quad \mathfrak{r}'_{3} = \mathfrak{r}_{3}; \quad \mathfrak{r}'_{4} = \mathfrak{r}_{4}.$$

Mit den neuen Koordinaten erhält man die neuen Einheitsvektoren für die einzelnen Stäbe.

Einheitsvektoren e_1 der Stäbe

Stab	$1-2$	$1-3$	$1-4$
e_x	$-0,3048$	$+0,3048$	0
e_y	$+0,5818$	$+0,5818$	$+0,9305$
e_z	$-0,7541$	$-0,7541$	$-0,3664$

Mit den Stabkräften des ersten Rechnungsganges und den neuen Einheitsvektoren e_1 werden die Matrizen $^pN_{ik}$ und die Matrizen $^pT_{ik}$ und damit nach (II B.1) $^pL_{ik}$ berechnet:

$$^pL_{1,2} = \frac{2100 \cdot 39,5}{1312,4} \cdot \begin{bmatrix} +0,0929 & -0,1773 & +0,2298 \\ -0,1773 & +0,3384 & -0,4387 \\ +0,2298 & -0,4387 & +0,5686 \end{bmatrix} +$$

$$+ \frac{-9,375}{1312,4} \cdot \begin{bmatrix} +0,9071 & +0,1773 & -0,2298 \\ +0,1773 & +0,6616 & +0,4387 \\ -0,2298 & +0,4387 & +0,4314 \end{bmatrix} =$$

$$= \begin{bmatrix} +5,865 & -11,208 & +14,528 \\ -11,208 & +21,386 & -27,730 \\ +14,528 & -27,730 & +35,936 \end{bmatrix}; \quad \text{usw.}$$

Damit wird

$$^pL_1 = {}^pL_{1,2} + {}^pL_{1,3} + {}^pL_{1,4} = \begin{bmatrix} +11,734 & 0 & 0 \\ 0 & +43,921 & -55,910 \\ 0 & -55,910 & +72,054 \end{bmatrix}.$$

Mit (II C.7) wird das Gleichungssystem für die Verschiebung v_1 erhalten:

$^xv_1$	$^yv_1$	$^zv_1$	$-v \cdot \Re_{B,1}$
$+11,734$	0	0	0
0	$+43,921$	$-55,910$	0
0	$-55,910$	$+72,054$	$+10,0$

Als Lösung erhält man:

$$^xv_1 = 0; \quad {}^yv_1 = -14,442 \text{ cm}; \quad {}^zv_1 = -11,345 \text{ cm};$$

und

$$\Delta = {}^yv_1(2) - {}^yv_1(1) = -(14,442 - 13,503) = -0,939 \text{ cm}.$$

In Abb. II 4.2 sind auf der Abszisse die Änderungen Δ der Verschiebungen $^yv_1$ aufgetragen und auf der Ordinate jeweils die Gesamtverschiebung $^yv_1$, die dem jeweiligen Rechnungsschritt zugrunde gelegt ist. Dies bedeutet, daß für den ersten Rechnungsschritt $^yv_1 = 0$ angenommen ist (Theorie I. Ordnung), für den $^yv_1 = \Delta = -13,503$ erhalten wurde (Punkt a).

Für den zweiten Rechnungsschritt war $^{y}v_{1} = -13{,}503$ zugrunde gelegt worden, für den sich $\triangle = -0{,}939$ ergab (Punkt b). Bei weiteren Rechenschritten, bei denen immer die gesamten Durchbiegungen vom unbelasteten System aus zu berücksichtigen sind, ergab sich für $^{y}v_{1} = -14{,}495$ der Wert $\triangle = 0$. Das heißt, der Punkt c stellt die Ruhelage für den Gebrauchslastenzustand dar. Für diesen Ruhezustand ergeben sich die Stabkräfte

$$S_{1-2} = -9{,}701 \text{ t} \quad \text{und} \quad S_{1-4} = +12{,}349 \text{ t}.$$

Im Stab $1-4$ tritt somit gegenüber der Theorie I.Ordnung eine Stabkraftsteigerung von rund 7% ein.

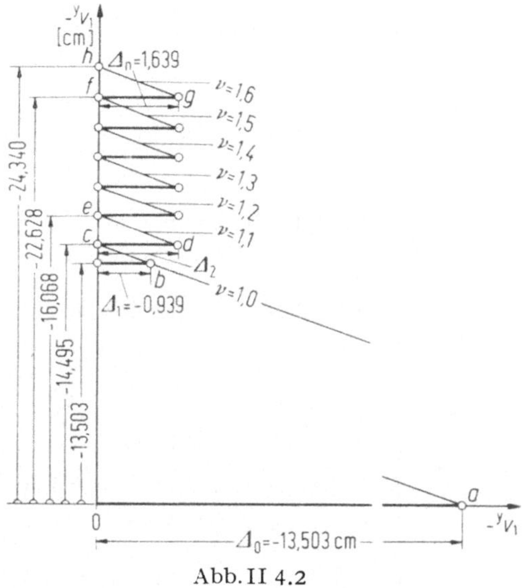

Abb. II 4.2

γ) Laststeigerungsfaktor $\nu_2 = 1{,}1$

Vergrößert man die zuletzt erhaltenen Stabkräfte mit $\nu_2 = 1{,}1$, so erhält man — zugeordnet zur Ordinate $^{y}v_{1} = -14{,}495$ — die Verschiebung $\triangle_2$ (Punkt d) und bei weiteren Rechenschritten die Ruhelage für $\triangle = 0$ bei der Ordinate $^{y}v_{1} = -16{,}068$ (Punkt e). Für weitere Laststeigerungen $\nu = 1{,}2$; $1{,}3$; $1{,}4$; $1{,}5$ erhält man jeweils die zugeordneten Ruhelagen. Zum Beispiel ergibt sich für $\nu = 1{,}5$ die Ordinate $^{y}v_{1} = -22{,}628$ cm für die Ruhelage mit $\triangle = 0$ (Punkt f).

Weiter betragen für diesen Zustand:

$$^{z}v_{1} = -18{,}119 \text{ cm}; \quad S_{1-2} = -14{,}843 \text{ t}; \quad S_{1-4} = +19{,}244 \text{ t}.$$

δ) Laststeigerungsfaktor $\nu = 1{,}6$

Für den Lastfaktor $\nu = 1{,}6$ — unter Zugrundelegung der Ruhelagewerte des Zustandes $\nu = 1{,}5$ — wird die Durchführung der Berechnung gezeigt.

Koordinaten der Knotenpunkte

$$\mathfrak{x}_1' = \begin{bmatrix} 0 \\ -22{,}628 \\ +981{,}881 \end{bmatrix}; \quad \mathfrak{x}_2' = \mathfrak{x}_2; \quad \mathfrak{x}_3' = \mathfrak{x}_3; \quad \mathfrak{x}_4' = \mathfrak{x}_4.$$

Neue Einheitsvektoren e_1 *der Stäbe*

Stab	$1-2$	$1-3$	$1-4$
e_x	$-0{,}3049$	$+0{,}3049$	0
e_y	$+0{,}5889$	$+0{,}5889$	$+0{,}9319$
e_z	$-0{,}7485$	$-0{,}7485$	$-0{,}3627$

Mit den Stabkräften

$$S_{1-2} = \frac{1{,}6}{1{,}5}\,(-14{,}843) = -15{,}833;$$

$$S_{1-4} = \frac{1{,}6}{1{,}5}\,(19{,}244) = +20{,}527$$

ergeben sich die Matrizen ${}^p L_{ik}$ nach (II B.1), wobei in den Multiplikatoren, die die Steifigkeiten darstellen, die Stablängen s_{i-k} unverändert belassen werden:

$$
{}^p L_{1,2} = \frac{2100 \cdot 39{,}5}{1\,312{,}4} \cdot
\begin{bmatrix}
+0{,}0930 & -0{,}1796 & +0{,}2282 \\
-0{,}1796 & +0{,}3469 & -0{,}4408 \\
+0{,}2282 & -0{,}4408 & +0{,}5602
\end{bmatrix} +
$$

$$
+ \frac{-15{,}833}{1\,312{,}4} \cdot
\begin{bmatrix}
+0{,}9070 & +0{,}1796 & -0{,}2282 \\
+0{,}1796 & +0{,}6531 & +0{,}4408 \\
-0{,}2282 & +0{,}4408 & +0{,}4398
\end{bmatrix} =
$$

$$
=
\begin{bmatrix}
+5{,}865 & -11{,}352 & +14{,}426 \\
-11{,}352 & +21{,}914 & -27{,}865 \\
+14{,}426 & -27{,}865 & +35{,}400
\end{bmatrix} ; \quad \text{usw.}
$$

$$
{}^p L_1 = {}^p L_{1,2} + {}^p L_{1,3} + {}^p L_{1,4} =
\begin{bmatrix}
+11{,}737 & 0 & 0 \\
0 & +44{,}981 & -56{,}176 \\
0 & -56{,}176 & +70{,}980
\end{bmatrix} .
$$

Mit (II C.7) wird das Gleichungssystem für die Verschiebung $\mathfrak{v}_1$ erhalten:

${}^x v_1$	${}^y v_1$	${}^z v_1$	$-1{,}6\,\mathfrak{R}_{B,1}$
$+11{,}737$	0	0	0
0	$+44{,}981$	$-56{,}176$	0
0	$-56{,}176$	$+70{,}980$	$+16{,}0$

Als Lösung erhält man

$$^x v_1 = 0; \quad {}^y v_1 = -24{,}264; \quad {}^z v_1 = -19{,}429;$$

und $\Delta = -1{,}639$ (Punkt g).

Bei mehrfacher Wiederholung des Rechnungsganges ergibt sich der Ruhepunkt für die Ordinate $^{y}v_1 = -24{,}340$ cm (Punkt h). Weiter betragen hierfür

$$^{z}v_1 = -19{,}560 \text{ cm};$$

$$S_{1-2} = -15{,}90 \text{ t}; \quad S_{1-4} = +20{,}693 \text{ t}.$$

Vergleicht man diese Stabkräfte mit den mit 1,6 multiplizierten Stabkräften des Gebrauchslastenzustandes nach Theorie I. Ordnung:

$$S_{1-2} = -1{,}6 \cdot 9{,}375 = -15{,}0 \text{ t} \quad \text{und} \quad S_{1-4} = 1{,}6 \cdot 11{,}54 = 18{,}5 \text{ t},$$

so ersieht man, daß sich nach der Theorie II. Ordnung unter Berücksichtigung der finiten Verschiebungen ein Stabkraftzuwachs im Stab $1-4$ von 12% ergibt.

Die Spannung im Spannstahl beträgt hierfür

$$\sigma = \frac{20{,}693}{1{,}7} = 12{,}2 \text{ t/cm}^2,$$

und man ist damit praktisch an der Streckgrenze des Materials.

Bei weiterer Laststeigerung würde, unter Beachtung des verminderten Moduls im plastischen Bereich, sich bald der Zustand einstellen, daß die Werte $\triangle$ nicht abnehmen, sondern immer zunehmen, also keine Ruhelage mehr erhalten werden kann.

Wenn man für Stahlkonstruktionen unter Beachtung der Theorie II. Ordnung die Sicherheit $v = \sigma_F/\sigma_{zul}$ zugrunde legt, so muß bei dieser Laststeigerung noch eine Ruhelage des Systems möglich sein.

Zum Beispiel ist nach ÖNORM 4600 für den Regelfall $v_{erf.} = 1{,}62$ gefordert. Im vorliegenden Fall wäre somit für den Spannstahl die Ruhelage gegeben.

Für die Rohrstützen erhält man bei $v = 1{,}6$ nach der Theorie II. Ordnung

$$\sigma = \frac{15{,}90}{39{,}5} = 0{,}403 \text{ t/cm}^2.$$

Auf Knicken des Stabes $1-2$ erhält man für den idealen Stab

$$\sigma_{ki} = \frac{\pi^2 E}{\lambda^2} = \frac{\pi^2 \cdot 2100}{160^2} = 0{,}752 \text{ t/cm}^2,$$

und mit $v_E = 2{,}35$ nach ÖNORM, Regelfall:

$$\sigma_{zul} = \frac{0{,}752}{2{,}35} = 0{,}321 \text{ t/cm}^2 \text{ für die Gebrauchslast}.$$

Vorhanden ist $\sigma_{vorh.} = 9{,}375/39{,}5 = 0{,}238$ t/cm², somit ist auch für die Rohrstütze die erforderliche Sicherheit gegeben, da auch (II C.1) eingehalten ist, und zwar ist

$$0{,}403 < 0{,}752.$$

Literatur zu Kapitel II

[1] Chwalla, E.: Hilfstafeln zur Berechnung von Spannungsproblemen der Theorie II. Ordnung und Knickproblemen. Köln: Stahlbau-Verlag 1959.
[2] Matz, K.: Knotenbewegungsfesthaltestabverfahren. Diss. Techn. Hochschule, Graz 1969.
[3] Mises, R. v., Ratzersdorfer, J.: Die Knicksicherheit von Fachwerken. ZAMM (1925) 218.

[4] Pucher, A.: Lehrbuch des Stahlbetonbaues. Wien: Springer 1961.
[5] Sattler, K.: Lehrbuch der Statik. Bd. I A und B. Grundlagen und fundamentale Berechnungs-verfahren. Berlin: Springer 1969.
Sattler, K.: Lehrbuch der Statik. Bd. II A. Sonderprobleme. Berlin: Springer 1974.
[6] Schaber, E.: Beitrag zur Stabilitätsberechnung ebener Stabwerke. Köln: Stahlbau-Verlag 1960.
[7] Spener, H.: Beitrag zur Stabilität räumlicher Tragwerke. Diss. Techn. Hochschule, Graz 1972.
[8] Timoshenko, S., Gere, J.: Theorie of Elastic Stability. McGraw-Hill 1961.
[9] Wagner, L.: Beitrag zur Berechnung räumlicher Tragwerke. Diss. Techn. Hochschule, Graz 1971.
Weitere Angaben siehe Kapitel I.

III. Die Stabilität von Scheiben

Im modernen Bauwesen — vor allem im Spannbetonbau — kommen immer dünnere Scheiben zur Anwendung, die die verschiedensten Formen haben und auch mehr oder weniger große Öffnungen aufweisen können. Letzteres tritt verschiedentlich im Montagebau bei belasteten Wandscheiben auf. Hierbei kann sowohl die genaue Untersuchung der Spannungsverteilung als auch die Feststellung der Beulsicherheit notwendig werden. Nachfolgend wird — auf der bekannten Theorie der Spannungsfunktion für Scheiben aufbauend — diese auf Scheiben mit Öffnungen erweitert. Es wird dabei das Differenzenverfahren für rechteckige Scheiben mit Vorteil verwendet. Das vom Verfasser 1932 [13] erstmalig veröffentlichte Verfahren, die Beulsicherheit von Scheiben mittels der Differenzenrechnung auch für Stabilitätsbetrachtungen von Scheiben zu verwenden, war für Vollscheiben mit beliebiger Berandung entwickelt worden. Diese Entwicklungen dienten auch als Kontrolle für ein Verfahren mit finiten Elementen nach T. Szyszkowitz [15] — auf das nachfolgend kurz hingewiesen wird — und welches die Erfassung beliebig geformter Scheiben mit beliebiger Belastung ermöglicht. An Zahlenbeispielen wird die Durchführung der Berechnung gezeigt. Daraus erkennt man auch, daß die Rechengenauigkeit bei Rechteckplatten schon bei verhältnismäßig großer Rastereinteilung sehr gut ist und den gestellten Anforderungen der Praxis genügt.

Für Rechteckplatten mit Öffnungen zeigte es sich, daß für Beuluntersuchungen die Differenzenrechnung zu größeren Abweichungen führen kann, da die Randbedingungen an inneren Eckpunkten mit diesen Verfahren nicht richtig erfaßt werden. Für solche Fälle kann wieder das Verfahren nach [15] mit Erfolg angewendet werden.

A. Spannungsfunktion und Spannungen

1. Isotrope Scheibe

a) Grundlagen

Nach Bd. II A (II C.9) bis (II C.14) ist mit $v = 1/m$

$$\varepsilon_x = \frac{\partial u}{\partial x} = \frac{1}{E}\left(\sigma_x - v\sigma_y\right);$$

$$\varepsilon_y = \frac{\partial v}{\partial y} = \frac{1}{E}\left(\sigma_y - v\sigma_x\right); \qquad \text{(III A.1)}$$

$$\gamma_{xy} = \frac{\partial u}{\partial y} + \frac{\partial v}{\partial x} = \frac{\tau_{xy}}{G}; \qquad G = \frac{E}{2(1+v)}.$$

Damit ergibt sich:

$$\frac{\partial^2 \varepsilon_x}{\partial y^2} = \frac{\partial^3 u}{\partial x\,\partial y^2}; \quad \frac{\partial^2 \varepsilon_y}{\partial x^2} = \frac{\partial^3 v}{\partial y\,\partial x^2}; \quad \frac{\partial^2 \gamma_{xy}}{\partial x\,\partial y} = \frac{\partial^3 u}{\partial x\,\partial y^2} + \frac{\partial^3 v}{\partial x^2\,\partial y}$$

und

$$\frac{\partial^2 \varepsilon_x}{\partial y^2} + \frac{\partial^2 \varepsilon_y}{\partial x^2} = \frac{\partial^2 \gamma_{xy}}{\partial x\,\partial y} \tag{III A.2}$$

bzw.

$$\frac{1}{E}\left(\frac{\partial^2 \sigma_x}{\partial y^2} - v\frac{\partial^2 \sigma_y}{\partial y^2}\right) + \frac{1}{E}\left(\frac{\partial^2 \sigma_y}{\partial x^2} - v\frac{\partial^2 \sigma_x}{\partial x^2}\right) = \frac{1}{G}\frac{\partial^2 \tau_{xy}}{\partial x\,\partial y}. \tag{III A.3}$$

Die beiden Gleichgewichtsbedingungen eines Flächenelementes

$$\left.\begin{aligned}\frac{\partial \sigma_x}{\partial x} + \frac{\partial \tau_{xy}}{\partial y} &= 0;\\[2mm] \frac{\partial \sigma_y}{\partial y} + \frac{\partial \tau_{xy}}{\partial x} &= 0\end{aligned}\right\} \tag{III A.4}$$

werden durch den Ansatz

$$\sigma_x = \frac{\partial^2 F}{\partial y^2}; \quad \sigma_y = \frac{\partial^2 F}{\partial x^2}; \quad \tau = -\frac{\partial^2 F}{\partial x\,\partial y} \tag{III A.5}$$

erfüllt.

Führt man (III A.5) in (III A.3) ein und beachtet, daß $1/G - 2v/E = 2/E$ ist, so erhält man die bekannte Scheibengleichung

$$\left.\begin{aligned}\frac{\partial^4 F}{\partial x^4} + 2\frac{\partial^4 F}{\partial x^2\,\partial y^2} + \frac{\partial^4 F}{\partial y^4} &= 0\\[4mm] \triangle\triangle F &= 0.\end{aligned}\right\} \tag{III A.6}$$

bzw.

b) Spannungsfunktion

α) Äußere Spannungsfunktion bei Belastung am Scheibenrand

Ist der zur Achse x parallele Rand einer Scheibe (Abb. III A.1) mit einer gleichmäßigen Druckbelastung p beansprucht, so gilt nach (III A.5) [3]

$$-p_m = \frac{\partial^2 F}{\partial x^2}.$$

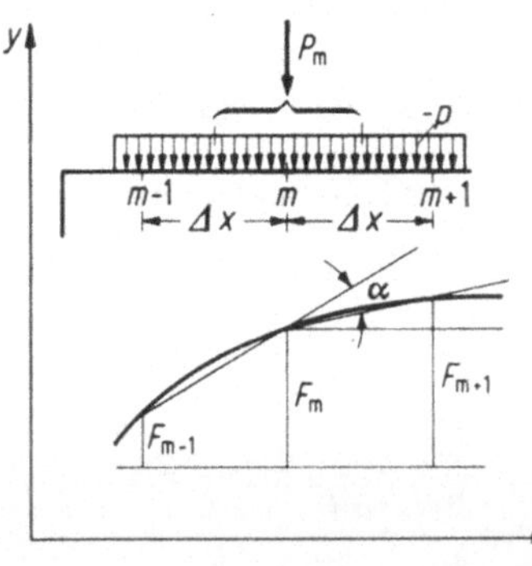

Abb. III A.1. Äußere Spannungsfunktion am belasteten Scheibenrand

Legt man durch die drei Ordinaten F_{m-1}, F_m, F_{m+1} der Spannungsfunktion eine quadratische Parabel und wendet die Differenzenrechnung [3] hierfür an, so erhält man

$$-p_m = \frac{F_{m+1} - 2F_m + F_{m-1}}{\Delta x^2}$$

bzw.

$$\Delta x \cdot p_m = P_m = -\left(\frac{F_{m+1} - F_m}{\Delta x} - \frac{F_m - F_{m-1}}{\Delta x}\right). \qquad \text{(III A.7)}$$

Aus (III A.7) erkennt man, daß eine Einzellast P_m der Neigungsänderung der äußeren Spannungsfunktion entspricht. Dies bedeutet, daß die Spannungsfunktion von im Gleichgewicht befindlichen Einzellasten eine Dachfläche sein muß, bei der von F, $\partial F/\partial x$ und $\partial F/\partial y$ je ein Ausgangswert beliebig gewählt werden kann [3]. Ist eine kontinuierliche Belastung $p(x)$ vorhanden, so ist die äußere Spannungsfunktion gekrümmt. In Abb. III A.2 stellt Sp(m) die Spur einer Ebene dar, die durch einen

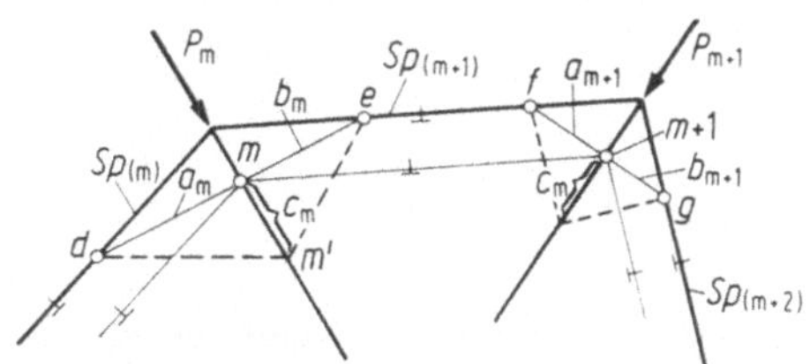

Abb. III A.2. Äußere Spannungsfunktion infolge Einzellasten

Punkt und zwei Richtungen willkürlich angenommen werden kann. Die Spur Sp($m + 1$) liegt dann nach (III A.7) bereits fest. Liegt der Punkt m in der Höhe c_m über der Grundfläche und legt man eine vertikale Ebene senkrecht zur Kraft P_m, so ergibt sich aus dem in die Grundfläche umgeklappten Linienzug $d-m-e$ in $d-m'-e$ nach (III A.7)

$$P_m = \frac{c_m}{a_m} + \frac{c_m}{b_m}$$

bzw.   (III A.8)

$$b_m = \frac{1}{\dfrac{P_m}{c_m} - \dfrac{1}{a_m}}.$$

Mit b_m liegt der Punkt e fest und somit die Spur Sp($m + 1$). Zieht man durch den Punkt m eine Parallele zur Spur Sp($m + 1$), so erhält man den Schnittpunkt $m + 1$, der ebenfalls die Höhe c_m hat. In gleicher Weise erhält man mit

$$b_{m+1} = \frac{1}{\dfrac{P_{m+1}}{c_m} - \dfrac{1}{a_{m+1}}}$$

den Punkt g aus f und damit die Spur Sp($m + 2$).

Sind die Kräfte P_1 bis P_n im Gleichgewicht, so müssen sich die erste und letzte Spur schließen.

Ist die Dachfläche festgelegt, so sind für eine beliebige Scheibe Sch (Abb. III A.3), auf die die Kräfte P_1 bis P_n wirken, an jedem Punkt des Randes die Spannungsfunktion F_n und deren Neigungen $\partial F_n/\partial x$ und $\partial F_n/\partial y$ eindeutig festgelegt. Die äußere Spannungsfunktion F_a (Dachfläche) gilt bis zum Rand der Scheibe. An diese schmiegt sich entsprechend (III A.6) die innere Spannungsfunktion F_i an (z. B. Schnitt $A-B$ in Abb. III A.3).

Nachfolgend wird am Beispiel der Rechteckscheibe gezeigt, wie die äußere Spannungsfunktion analytisch bestimmt wird [1, 2]. Für den Rand in x-Richtung nach Abb. III A.4 werden im Ausgangspunkt b die Werte

$$F_b = c_1; \quad \left(\frac{\partial F}{\partial x}\right)_b = c_2; \quad \left(\frac{\partial F}{\partial y}\right)_b = c_3$$

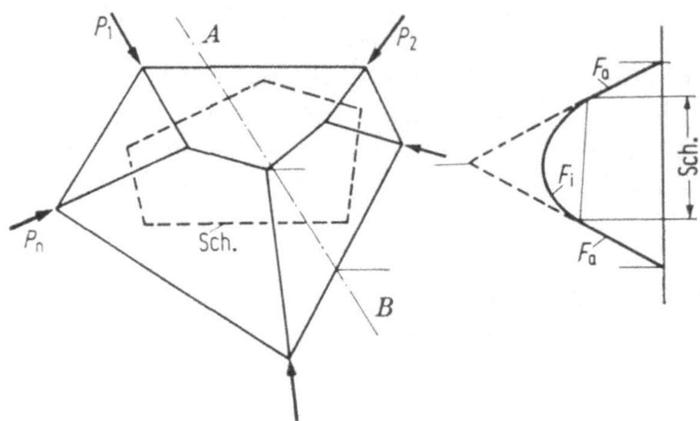

Abb. III A.3. Anschmiegung der inneren Spannungsfunktion an die Dachfläche der äußeren Spannungsfunktion infolge Einzellasten bei einer beliebig begrenzten Scheibe

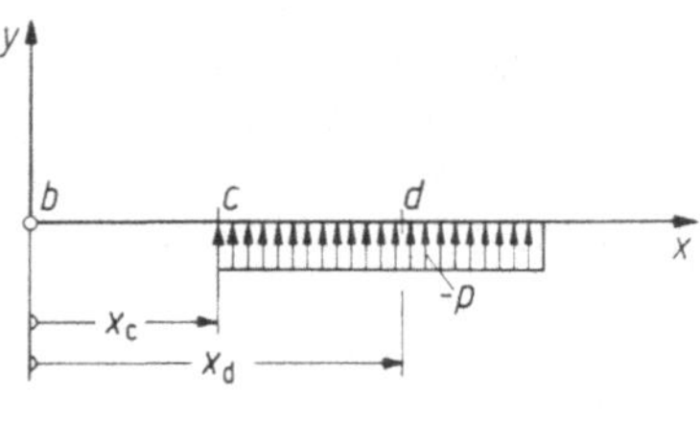

Abb. III A.4

beliebig angenommen (sie können auch alle mit Null angenommen werden). Für den Bereich $(b - c)$ gilt mit $\sigma_y = 0$, $\tau_{xy} = 0$ und (III A.5):

$$\frac{\partial^2 F}{\partial x^2} = 0; \quad \frac{\partial F}{\partial x} = c_2; \quad F = c_2 x + c_1;$$

$$\frac{\partial^2 F}{\partial x\,\partial y} = 0; \quad \frac{\partial F}{\partial y} = c_3,$$

und somit für $x = x_c$:

$$F_c = c_2 x_c + c_1; \quad \left(\frac{\partial F}{\partial x}\right)_c = c_2; \quad \left(\frac{\partial F}{\partial y}\right)_c = c_3.$$

Für den Bereich $(c - d)$ gilt mit $\sigma_y = -p$; $\tau_{xy} = 0$:

$$\frac{\partial^2 F}{\partial x^2} = -p; \quad \frac{\partial F}{\partial x} = -px + c_4; \quad F = -\frac{px^2}{2} + c_4 x + c_5;$$

$$\frac{\partial^2 F}{\partial x\,\partial y} = 0; \quad \frac{\partial F}{\partial y} = c_6.$$

Für $x = x_c$ erhält man damit:

$$c_2 x_c + c_1 = -\frac{p}{2} x_c^2 + c_4 x_c + c_5;$$

$$c_2 = -p x_c + c_4;$$

$$c_3 = c_6.$$

Aus den angenommenen Werten c_1, c_2 und c_3 können somit die Werte c_4, c_5 und c_6 bestimmt werden, womit auch im Bereich $(c - d)$ die äußere Spannungsfunktion und ihre Ableitungen eindeutig festgelegt sind. Geht man um den ganzen Rand der Scheibe herum, so kommt man bei einem Gleichgewicht der Belastung wieder zu den Ausgangswerten c_1, c_2 und c_3 zurück. Die Durchführung der Rechnung wird am Beispiel III.1 gezeigt.

β) Innere Spannungsfunktion für eine Vollscheibe

Legt man ein rechtwinkeliges Maschennetz der Differenzenrechnung zugrunde, so erhält man unter den Voraussetzungen nach [9] und mit den Bezeichnungen nach Abb. III A.5

$$\frac{\partial^2 F}{\partial x^2} = \sigma_y = \frac{\Delta^2 F}{\Delta x^2} = M_m = \frac{F_{m+1} - 2F_m + F_{m-1}}{\Delta x^2}; \qquad \text{(III A.9a)}$$

$$\left(\frac{\Delta^4 F}{\Delta x^4}\right)_m = \left(\frac{\Delta^2 M}{\Delta x^2}\right)_m = \frac{M_{m+1} - 2M_m + M_{m-1}}{\Delta x^2} =$$

$$= \frac{F_{m+2} - 4F_{m+1} + 6F_m - 4F_{m-1} + F_{m-2}}{\Delta x^2};$$

$$\frac{\partial^2 F}{\partial y^2} = \sigma_x = \frac{F_l - 2F_m + F_n}{\Delta y^2}; \qquad \text{(III A.9b)}$$

$$\frac{\partial^2 F}{\partial x \, \partial y} = -\tau_{xy} = \frac{(F_{l+1} - F_{l-1}) - (F_{n+1} - F_{n-1})}{4\Delta x \, \Delta y}; \qquad \text{(III A.9c)}$$

$$\frac{\Delta^4 F}{\Delta y^4} = \frac{F_k - 4F_l + 6F_m - 4F_n + F_o}{\Delta y^4};$$

$$\frac{\Delta^4 F}{\Delta x^2 \, \Delta y^2} = \frac{4F_m - 2(F_l + F_n + F_{m+1} + F_{m-1}) + F_{l+1} + F_{l-1} + F_{n+1} + F_{n-1}}{\Delta x^2 \, \Delta y^2}.$$

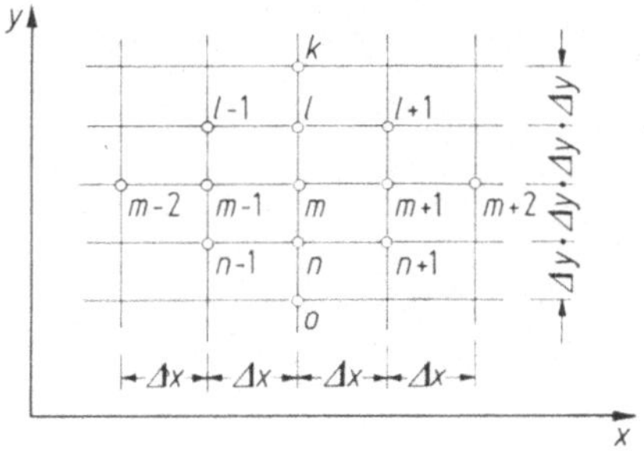

Abb. III A.5. Bezeichnung der Rasterpunkte

Setzt man diese Ausdrücke in (III A.6) ein, so ergibt sich mit $\Delta x = \alpha \cdot \Delta y$ die Differenzengleichung für jeden inneren Rasterpunkt.:

$$F_{m+2} - (4 + 4\alpha^2)(F_{m+1} + F_{m-1}) + F_m(6 + 8\alpha^2 + 6\alpha^4) + F_{m-2} - (4\alpha^2 + 4\alpha^4) \cdot$$

$$\cdot (F_l + F_n) + 2\alpha^2(F_{l+1} + F_{l-1} + F_{n+1} + F_{n-1}) + \alpha^4(F_k + F_o) = 0. \qquad \text{(III A.10)}$$

(III A.10) kann für jeden inneren Punkt angeschrieben werden und man erhält damit das Gleichungssystem für die unbekannten Werte F_i aller inneren Spannungsfunktionswerte.

Für einen dem Randpunkt n benachbarten Rasterpunkt $(n - 1)$ mit dem Wert $F_{i,n-1}$ (Abb. III A.6) entsprechen die Punkte n und $(n + 1)$ den Punkten $(m + 1)$ und $(m + 2)$ der Abb. III A.5. Die Werte $F_{a,n}$ und $F_{a,n+1}$ sind aber durch die äußere Spannungsfunktion festgelegt. In (III A.10) muß aber ein reduzierter Wert $\bar{F}_{a,n+1}$ statt $F_{a,n+1}$ in die Rechnung eingeführt werden, um die Randbedingung bezüglich der Neigung der Spannungsfunktion im Punkt n mit der Differenzenrechnung im Einklang zu halten.

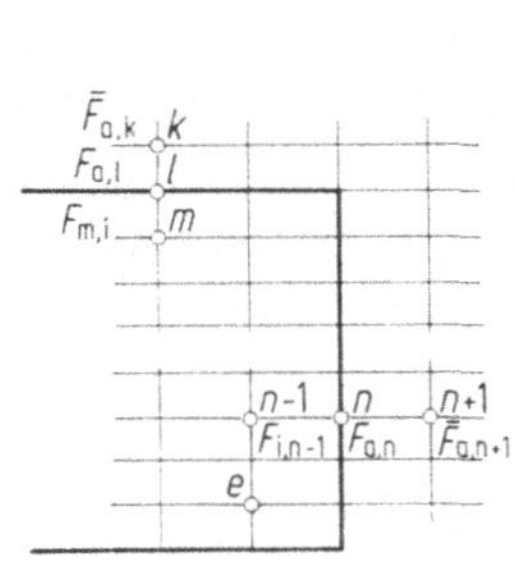

Abb. III A.6

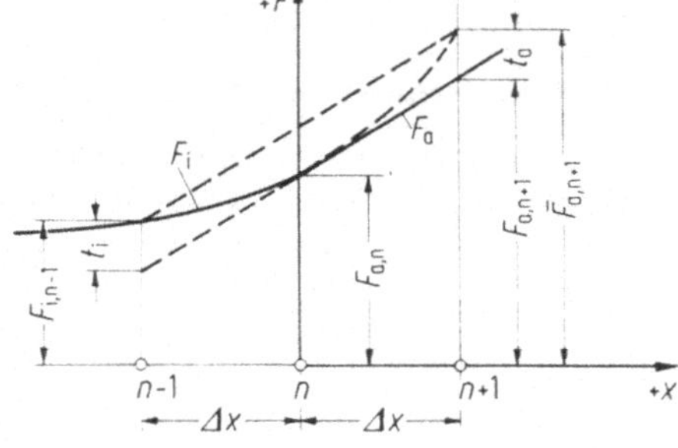

Abb. III A.7. Reduzierte ideelle äußere Spannungsfunktion

Verwendet man allgemein für eine Ableitung in Differenzenform die Beziehung

$$\left(\frac{\Delta F}{\Delta x}\right) = \frac{F_{m+1} - F_{m-1}}{2\Delta x},$$

so erkennt man aus Abb. III A.7, daß man statt des Wertes $F_{a,n+1}$ einen reduzierten Wert $\bar{F}_{a,n+1}$ der Ableitung zugrunde legen muß, um einen tangentialen Übergang der Spannungsfunktion F_i in die Spannungsfunktion F_a im Randpunkt zu erhalten. Aus der Beziehung $t_i = t_a$ ergibt sich

$$F_{i,n-1} - \left[F_{a,n} - \left(\frac{\partial F_a}{\partial x}\right)_n \cdot \Delta x\right] = \bar{F}_{a,n+1} - F_{a,n} - \left(\frac{\partial F_a}{\partial x}\right)_n \cdot \Delta x$$

bzw.

$$\bar{F}_{a,n+1} = F_{i,n-1} + 2\left(\frac{\partial F_a}{\partial x}\right)_n \cdot \Delta x \quad \text{bzw.} \quad \bar{F}_{a,n+1} = F_{i,n-1} + 2\left(\frac{\partial F_a}{\partial y}\right)_n \cdot \Delta y. \quad \text{(III A.11)}$$

Da die Neigung der äußeren Spannungsfunktion $(\partial F_a/\partial x)_n$ bzw. $(\partial F_a/\partial y)_n$ im Randpunkt n bekannt ist, kann somit $\bar{F}_{a,n+1}$ durch $F_{i,n-1}$ und einen bekannten Zusatzwert dargestellt werden.

Zu beachten ist dabei, daß dem letzten Rasterpunkt e vor einer Ecke (z.B. Abb. III A.6) zwei reduzierte Spannungsfunktionswerte, und zwar einer in der x-Richtung ($^x\bar{F}_{a,n+1}$) und einer in der y-Richtung ($^y\bar{F}_{a,n+1}$) zugeordnet sind.

Damit sind alle Voraussetzungen zur Aufstellung des Gleichungssystems nach (III A.10) gegeben. Sind die Werte F_i für alle Rasterpunkte bekannt, so können damit nach (III A.9) die Spannungen σ_x, σ_y und τ_{xy} berechnet werden. Die Durchführung der Rechnung ist im Beispiel III.1 gezeigt.

γ) Innere Spannungsfunktion für eine Scheibe mit einer Öffnung

Ist eine Scheibe am Außenrand belastet und weist im Innern eine Öffnung auf (Abb. III A.8), deren Rand nicht belastet ist, so führt die Berechnung nach Abschnitt β) nicht mehr zum Ziel, da die Gleichgewichtsbedingungen allein nicht mehr ausreichen. Ist der innere Rand unbelastet und damit der gesamte Öffnungsbereich ohne Kräfte, so kann auch keinerlei Krümmung der Spannungsfunktionsfläche in diesem Bereich vorhanden sein. Dies bedeutet, daß die Spannungsfunktionsfläche $F_{\ddot{o}}$ im Bereich der Öffnung durch eine Ebene gekennzeichnet ist.

Wählt man für drei beliebige Punkte b, c und d des Innenrandes (Abb. III A.8) die vorerst noch unbekannten Werte der Spannungsfunktion mit F_b, F_c und F_d, so ist die Spannungsfunktionsebene im Öffnungsbereich eindeutig bestimmt. Damit sind die Werte der Spannungsfunktion F und deren Neigungen $\partial F/\partial x$ und $\partial F/\partial y$ für alle inneren Randpunkte in Abhängigkeit von F_b, F_c und F_d festgelegt.

Die Aufstellung von (III A.10) kann für alle inneren Rasterpunkte in gleicher Weise wie nach Abschnitt β) erfolgen. Für die Randbedingungen längs eines inneren Randes kann wieder (III A.11) Verwendung finden, wobei jedoch im Eckbereich Besonderheiten zu beachten sind. Betrachtet man Abb. III A.9, so gilt allgemein bei der Aufstellung der Rasterpunktgleichung für einen Punkt i, h einer linken inneren Begrenzung einer Öffnung

$$\bar{F}_{a,h} = F_{i,h} + 2\left(\frac{\partial F_a}{\partial x}\right)_{r,v} \cdot \Delta x, \qquad \text{(III A.12a)}$$

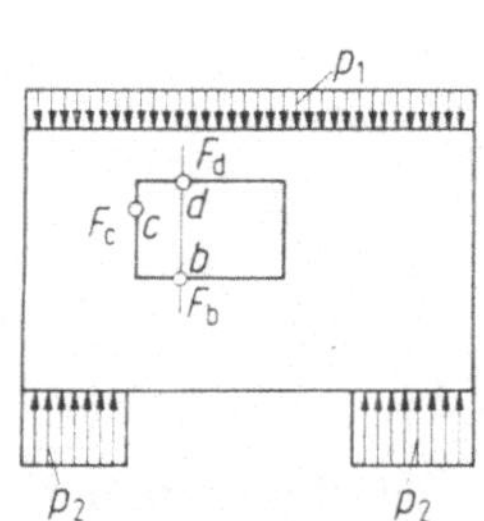

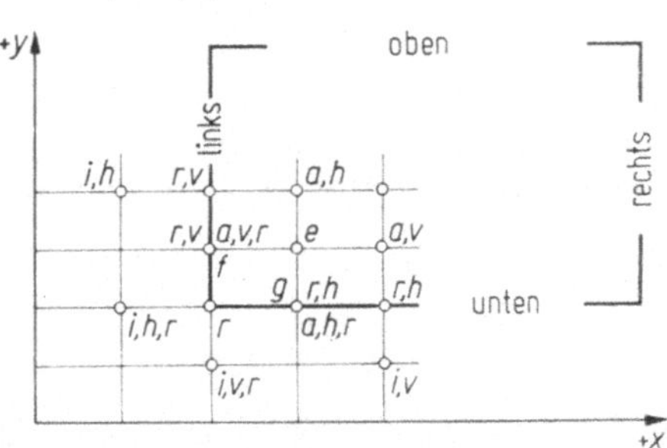

Abb. III A.8   Abb. III A.9

und zwar auch bei der Aufstellung der Rasterpunktgleichung für den in der verlängerten unteren Randlinie liegenden Punkt $i, h; r$

$$\bar{F}_{a,h,r} = F_{i,h,r} + 2\left(\frac{\partial F_a}{\partial x}\right)_r \cdot \Delta x. \qquad \text{(III A.12b)}$$

Für diesen Punkt $i, h; r$ ist somit nicht in (III A.10) der tatsächliche Spannungsfunktionswert F_g einzuführen, sondern $\bar{F}_{a,h,r}$ um die Tangentenbedingung einzuhalten.

In gleicher Weise gilt allgemein

$$\bar{F}_{a,v} = F_{i,v} + 2\left(\frac{\partial F}{\partial y}\right)_{r,h} \cdot \Delta y. \qquad \text{(III A.13a)}$$

Für den Rasterpunkt i, v, r ist in (III A.10) statt F_f der Wert

$$\bar{F}_{a,v,r} = F_{i,v,r} + 2\left(\frac{\partial F}{\partial y}\right)_r \cdot \Delta y \qquad \text{(III A.13b)}$$

einzuführen. Bei den Gleichungen für alle anderen Rasterpunkte als i, h, r und i, v, r sind die tatsächlichen Spannungsfunktionswerte am Rand (Punkte r; r, v; r, h) einzuführen und nicht reduzierte Werte $\bar{F}$ (siehe Beispiel III.2).

Dies bedeutet auch, daß für F_e einmal $\bar{F}_{a,h}$ und einmal $\bar{F}_{a,v}$ zu verwenden sind, je nachdem es sich bei dem betrachteten Innenpunkt um einen Rasterpunkt i, h oder i, v handelt.

Allgemein gelten in (III A.12) und (III A.13) unter Beachtung von Abb. III A.9 folgende Vorzeichen von $\partial F/\partial x$ und $\partial F/\partial y$ bei den verschiedenen Begrenzungsseiten einer Öffnung:

$$\text{linke Seite} \qquad + \frac{\partial F}{\partial x};$$

$$\text{rechte Seite} \qquad - \frac{\partial F}{\partial x};$$

$$\text{untere Seite} \qquad + \frac{\partial F}{\partial y};$$

$$\text{obere Seite} \qquad - \frac{\partial F}{\partial y}.$$

Im Gleichungssystem nach (III A.10) treten außer den n unbekannten Spannungsfunktionen F_i der inneren Rasterpunkte auch die drei Werte F_b, F_c und F_d als zusätzliche unbekannte Größen auf. Als Lösung der n Gleichungen für die n inneren Rasterpunkte erhält man die inneren Spannungsfunktionswerte F_i in Abhängigkeit von der gegebenen Belastung p und den drei unbekannten Werten F_b, F_c und F_d.

Für einen Punkt k erhält man allgemein bei einer äußeren Belastung p

$$F_k = a_k\, p + b_k F_b + c_k F_c + d_k F_d, \tag{III A.14}$$

wobei a_k, b_k, c_k und d_k bekannte Koeffizienten sind. Mit (III A.9a—c) erhält man für jeden inneren Rasterpunkt und Randpunkt, unter Beachtung von (III A.14) auch die Spannungen als Funktion von p, F_b, F_c und F_d:

$$\left.\begin{aligned}
\sigma_{k,x} &= a_{k,x}\, p + b_{k,x}\, F_b + c_{k,x}\, F_c + d_{k,x}\, F_d; \\
\sigma_{k,y} &= a_{k,y}\, p + b_{k,y}\, F_b + c_{k,y}\, F_c + d_{k,y}\, F_d; \\
\tau_{k,xy} &= a_{k,xy} p + b_{k,xy} F_b + c_{k,xy} F_c + d_{k,xy} F_d,
\end{aligned}\right\} \tag{III A.15}$$

wobei die Koeffizienten a_k bis d_k bekannte Größen sind. Zur Bestimmung der unbekannten Größen F_b, F_c und F_d wird die Annahme zugrunde gelegt, daß sich jene Spannungsfunktionsfläche einstellen wird, bei der die innere Formänderungsarbeit aus den Spannungen zum Minimum wird:

$$A_i = \frac{1}{2} \iint \left(\frac{\sigma_x^2}{E} + \frac{\sigma_y^2}{E} + \frac{\tau_{xy}^2}{G} \right) dx\, dy = \text{Min}. \tag{III A.16}$$

Führt man die Differentiation von A_i nach den unbekannten Größen F_b, F_c und F_d durch, so erhält man das Gleichungssystem zur Bestimmung dieser Größen:

$$\left.\begin{aligned}
\iint \left(\sigma_x \frac{\partial \sigma_x}{\partial F_b} + \sigma_y \frac{\partial \sigma_y}{\partial F_b} + \frac{E}{G} \tau_{xy} \frac{\partial \tau_{xy}}{\partial F_b} \right) dx\, dy &= 0; \\
\iint \left(\sigma_x \frac{\partial \sigma_x}{\partial F_c} + \sigma_y \frac{\partial \sigma_y}{\partial F_c} + \frac{E}{G} \tau_{xy} \frac{\partial \tau_{xy}}{\partial F_c} \right) dx\, dy &= 0; \\
\iint \left(\sigma_x \frac{\partial \sigma_x}{\partial F_d} + \sigma_y \frac{\partial \sigma_y}{\partial F_d} + \frac{E}{G} \tau_{xy} \frac{\partial \tau_{xy}}{\partial F_d} \right) dx\, dy &= 0.
\end{aligned}\right\} \tag{III A.17}$$

Allgemein gilt mit (III A.15)

$$\left.\begin{aligned}
\sigma \frac{\partial \sigma}{\partial F_b} &= (ap + bF_b + cF_c + dF_d)\, b = abp + b^2 F_b + bcF_c + bdF_d; \\
\sigma \frac{\partial \sigma}{\partial F_c} &= acp + bcF + c^2 F_c + cdF_d; \\
\sigma \frac{\partial \sigma}{\partial F_d} &= adp + bdF_b + cdF_c + d^2 F_d.
\end{aligned}\right\} \tag{III A.18}$$

Zur Vereinfachung der Berechnung der Integrale wird näherungsweise angenommen, daß die Spannungen in einem Rasterpunkt für die entsprechenden Flächenanteile konstant bleiben (z.B. Abb. III A.10). Es sind dann jeweils die Koeffizienten von (III A.18) mit den Flächenanteilen zu multiplizieren.

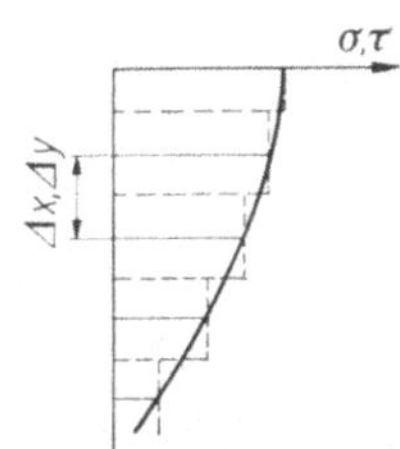

Abb. III A.10

Es gilt

$$\Delta F = m \cdot \Delta x \cdot \Delta y, \qquad \text{(III A.19)}$$

wobei nach Abb. III A.11 der Wert m von der Lage des Rasterpunktes abhängt. Werden alle Flächen mit 4 multipliziert, so ist für einen Innenpunkt (i) $m = 4{,}0$; für

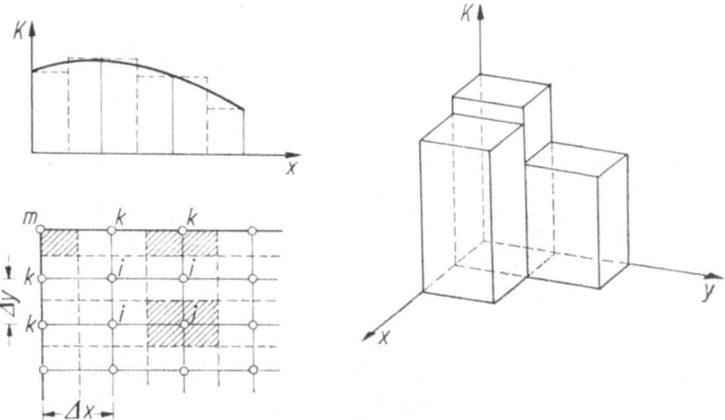

Abb. III A.11

einen Randpunkt (k) ist $m = 2{,}0$ und für einen Eckpunkt ist $m = 1{,}0$. Man erhält somit aus (III A.17) die Bedingungsgleichungen:

$$\left[\sum\left(b_x^2 + b_y^2 + \frac{E}{G}\,b_{xy}^2\right)m\right]F_b + \left[\sum\left(b_x c_x + b_y c_y + \frac{E}{G}\,b_{xy}c_{xy}\right)m\right]F_c +$$

$$+ \left[\sum\left(b_x d_x + b_y d_y + \frac{E}{G}\,b_{xy}d_{xy}\right)m\right]F_d + \left[\sum\left(a_x b_x + a_y b_y + \frac{E}{G}\,a_{xy}b_{xy}\right)m\right]p = 0;$$

$$\left[\sum\left(b_x c_x + b_y c_y + \frac{E}{G}\,b_{xy}c_{xy}\right)m\right]F_b + \left[\sum\left(c_x^2 + c_y^2 + \frac{E}{G}\,c_{xy}^2\right)m\right]F_c +$$

$$+ \left[\sum\left(c_x d_x + c_y d_y + \frac{E}{G}\,c_{xy}d_{xy}\right)m\right]F_d + \left[\sum\left(a_x c_x + a_y c_y + \frac{E}{G}\,a_{xy}c_{xy}\right)m\right]p = 0;$$

$$\left[\sum\left(b_x d_x + b_y d_y + \frac{E}{G}\,b_{xy}d_{xy}\right)m\right]F_b + \left[\sum\left(c_x d_x + c_y d_y + \frac{E}{G}\,c_{xy}d_{xy}\right)m\right]F_c +$$

$$+ \left[\sum\left(d_x^2 + d_y^2 + \frac{E}{G}\,d_{xy}^2\right)m\right]F_d + \left[\sum\left(a_x d_x + a_y d_y + \frac{E}{G}\,a_{xy}d_{xy}\right)m\right]p = 0;$$

$$\text{(III A.20)}$$

bzw.

$$B_b F_b + C_b F_c + D_b F_d + A_b\, p = 0;$$
$$B_c F_b + C_c F_c + D_c F_d + A_c\, p = 0; \qquad\qquad \text{(III A.21)}$$
$$B_d F_b + C_d F_c + D_d F_d + A_d\, p = 0.$$

Da die Konstanten A_i, B_i, C_i und D_i nach (III A.20) berechnet werden können, sind nach (III A.21) die unbekannten Größen F_b, F_c und F_d festgelegt. Damit sind auch die endgültigen Werte der Spannungsfunktion in allen Punkten bekannt und es können dann alle Spannungen aus (III A.15) berechnet werden (siehe Beispiel III.2).

Für den Sonderfall einer einfach symmetrischen Scheibe mit einer Öffnung bei einfach symmetrischer Belastung (Abb. III A.12) wird man im Punkt $a = 0$ die Größen $F_0 = (\partial F/\partial x)_0 = (\partial F/\partial y)_0 = 0$ wählen. Aus Symmetriegründen muß $(\partial F/\partial x)_b = (\partial F/\partial x)_c = 0$ gelten, und es treten somit nur zwei unbekannte Größen F_b und F_c auf.

Für den Sonderfall einer Doppelsymmetrie in bezug auf die Scheibe und deren Belastung (Abb. III A.13) ergibt sich unter der Annahme $F_0 = (\partial F/\partial x)_0 = (\partial F/\partial y)_0 = 0$ überhaupt nur eine unbekannte Größe F_b. Die Spannungsfunktion ist im Bereich der Öffnung eine horizontale Ebene mit der Höhe F_b.

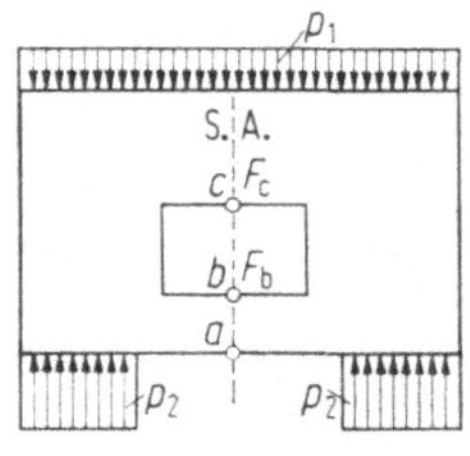

Abb. III A.12

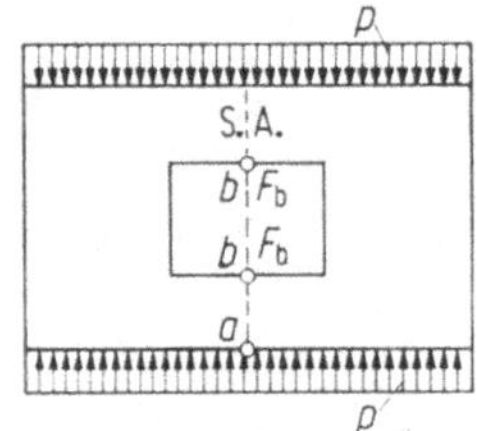

Abb. III A.13

Sind die Werte der Spannungsfunktion in allen Punkten berechnet, so können nach (III A.9) die Spannungen überall ermittelt werden.

Für die Punkte i, h, r bzw. i, v, r der Abb. III A.9 sind für die Berechnung der Schubspannungen τ die reduzierten Spannungsfunktionswerte $\bar{F}_{a,h,r}$ bzw. $\bar{F}_{a,v,r}$ einzuführen. Für die Berechnung der Normalspannungen im Eckpunkt sind ebenfalls die reduzierten Spannungsfunktionswerte $\bar{F}_{a,h,r}$ bzw. $\bar{F}_{a,v,r}$ zu verwenden. Für die Schubspannung im Eckpunkt gilt

$$\tau = -\frac{\mathrm{d}^2 F}{\mathrm{d}x\,\mathrm{d}y} = 0.$$

Die Durchführung der Berechnung und die Ergebnisse derselben werden in dem Beispiel III.2 gezeigt.

Treten am inneren Rand ebenfalls Belastungen p_i auf (Abb. III A.14), z.B. p_4 bis p_7, und sind diese für sich im Gleichgewicht, so schließt sich die äußere Spannungsfunktion des inneren Randes beim Herumgehen entlang des inneren Randes entsprechend den Entwicklungen des Abschnittes A, 1 b.

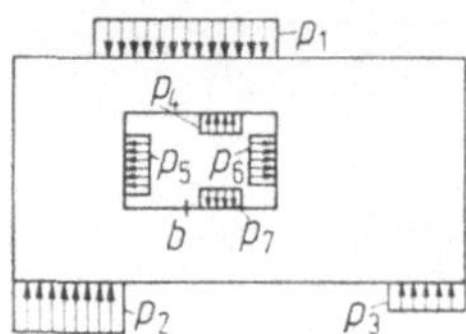

Abb. III A.14

Man nimmt hierbei aber an einem beliebigen Punkt b die Spannungsfunktion F_b und deren Ableitungen $\partial F_b/\partial x$ und $\partial F_b/\partial y$ als unbekannte Größen an. Die Größen F_b, $\partial F_b/\partial x$ und $\partial F_b/\partial y$ werden dann entsprechend (III A.14) bis (III A.21) berechnet.

Ist die Belastung des inneren Randes nicht für sich selbst im Gleichgewicht, sondern mit der äußeren Belastung der Scheibe, so kann man meist einen einfachen Näherungsweg beschreiten, indem man eine Belastungsumordnung vornimmt. Der Belastungszustand $[B_a]$ nach Abb. III A.15 kann zerlegt werden in die Zustände $[B_b]$ und $[B_c]$:

$$[B_a] = [B_b] + [B_c].$$

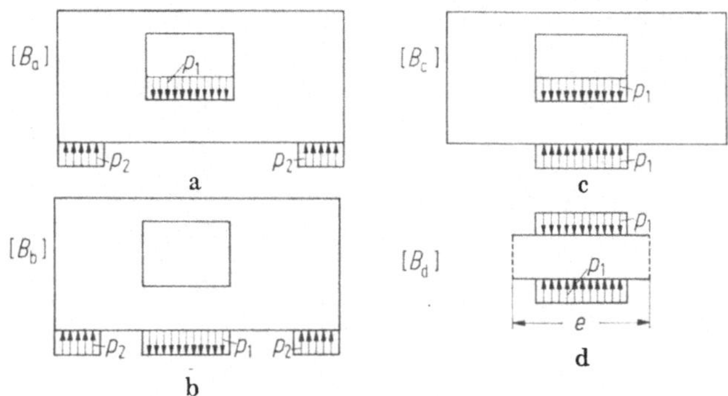

Abb. III A.15. Belastungsumordnung

Der Zustand $[B_b]$ ist nach obigen Entwicklungen eindeutig zu berechnen. Der Zustand $[B_c]$, bei dem es sich um ein Krafteinleitungsproblem handelt, das schnell abklingt, kann für eine gedachte Scheibe mit dem angenommenen Einflußbereich e als Zustand $[B_d]$ für sich berechnet werden. Somit wird

$$[B_a] = [B_b] + [B_d].$$

In ähnlicher Weise kann man sich auch in anderen Fällen in einfacher Weise helfen.

2. Orthotrope Vollscheibe

Für eine orthogonal anisotrope Scheibe werden für eine gerippte Scheibe oder eine Stahlbetonscheibe mit verschiedener Bewehrung in den Richtungen x und y reduzierte Höhen h_x und h_y in die Scheibenberechnung eingeführt.

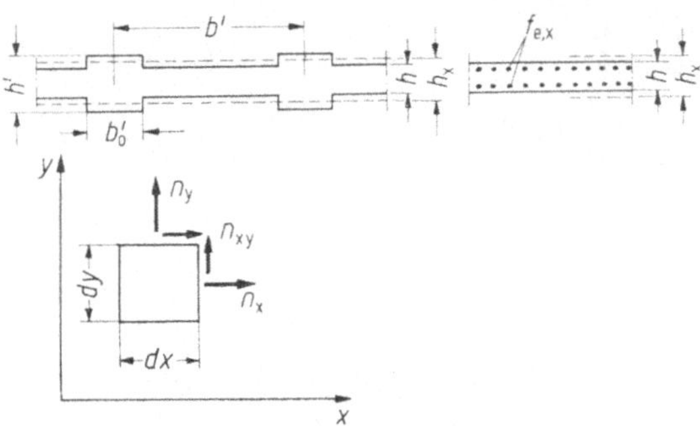

Abb. III A.16

Nach Abb. III A.16 erhält man

$$h_x = \frac{1}{b'}\,[b_0'\,h' + (b' - b_0')\,h] \quad \text{bzw.} \quad h_x = h + \frac{f_{e,x}}{n} \text{ für } x = \text{constant};$$

$$h_y = \frac{1}{b''}\,[b_0''h'' + (b'' - b_0'')\,h] \quad \text{bzw.} \quad h_y = h + \frac{f_{e,y}}{n} \text{ für } y = \text{constant}.$$

(III A.22)

Mit Abb. III A.16 gilt:

$$\sigma_x \approx \frac{n_x}{h_x}; \quad \sigma_y \approx \frac{n_y}{h_y}; \quad \tau_{xy} \approx \frac{n_{xy}}{h}. \tag{III A.23}$$

Für das Gleichgewicht am Scheibenelement gilt:

$$\frac{\partial n_x}{\partial x} + \frac{\partial n_{xy}}{\partial y} = 0; \qquad \frac{\partial n_y}{\partial y} + \frac{\partial n_{xy}}{\partial x} = 0$$

bzw.

$$\frac{\partial \sigma_x}{\partial x}\,h_x + \frac{\partial \tau_{xy}}{\partial y}\,h = 0; \qquad \frac{\partial \sigma_y}{\partial y}\,h_y + \frac{\partial \tau_{xy}}{\partial x}\,h = 0$$

bzw.

$$\frac{\partial \sigma_x}{\partial x}\,\frac{h_x}{h} + \frac{\partial \tau_{xy}}{\partial y} = 0; \qquad \frac{\partial \sigma_y}{\partial y}\,\frac{h_y}{h} + \frac{\partial \tau_{xy}}{\partial x} = 0.$$

(III A.24)

Mit

$$\alpha_x = \frac{h}{h_x}; \quad \alpha_y = \frac{h}{h_y} \tag{III A.25}$$

und dem Ansatz

$$\sigma_x = \alpha_x\,\frac{\partial^2 F}{\partial y^2}; \quad \sigma_y = \alpha_y\,\frac{\partial^2 F}{\partial x^2}; \quad \tau_{xy} = -\frac{\partial^2 F}{\partial x\,\partial y} \tag{III A.26}$$

wird (III A.24) erfüllt.

Mit (III A.1) und (III A.2) ergibt sich

$$\frac{1}{E}\left[\alpha_x\,\frac{\partial^4 F}{\partial y^4} - \nu\alpha_y\,\frac{\partial^4 F}{\partial x^2\,\partial y^2}\right] + \frac{1}{E}\left[\alpha_y\,\frac{\partial^4 F}{\partial x^4} - \nu\alpha_x\,\frac{\partial^4 F}{\partial x^2\,\partial y^2}\right] = -\frac{\partial^4 F}{\partial x^2\,\partial y^2}\,\frac{1}{G};$$

$$\frac{1}{E}\left[\alpha_y\,\frac{\partial^4 F}{\partial x^4} + \alpha_x\,\frac{\partial^4 F}{\partial y^4}\right] + \left[\frac{1}{G} - \frac{\nu\alpha_y}{E} - \frac{\nu\alpha_x}{E}\right]\frac{\partial^4 F}{\partial x^2\,\partial y^2} = 0.$$

Mit

$$\beta = 1 + \nu\left(1 - \frac{\alpha_x + \alpha_y}{2}\right) \quad \text{und} \quad G = \frac{E}{2(1 + \nu)} \tag{III A.27}$$

wird

$$\left[\frac{1}{G} - \frac{\nu}{E}\,(\alpha_x + \alpha_y)\right] = \left[\frac{2(1 + \nu)}{E} - \frac{\nu}{E}\,(\alpha_x + \alpha_y)\right] =$$

$$= \frac{2}{E}\left[1 + \nu\left(1 - \frac{\alpha_x + \alpha_y}{2}\right)\right] = \frac{2}{E}\,\beta,$$

und man erhält die Differentialgleichung der orthotropen Scheibe

$$\alpha_y\,\frac{\partial^4 F}{\partial x^4} + 2\beta\,\frac{\partial^4 F}{\partial x^2\,\partial y^2} + \alpha_x\,\frac{\partial^4 F}{\partial y^4} = 0. \tag{III A.28}$$

Die Randbedingungen lauten mit den Belastungen p_x, p_y und t_{xy}:

$$\left(\frac{p_x}{h_x}\right)_R = \alpha_x\left(\frac{\partial^2 F}{\partial y^2}\right); \quad \left(\frac{p_y}{h_y}\right)_R = \alpha_y\left(\frac{\partial^2 F}{\partial x^2}\right); \quad \left(\frac{t_{xy}}{h}\right)_R = -\left(\frac{\partial^2 F}{\partial x\,\partial y}\right). \tag{III A.29}$$

Führt man die Koordinatentransformation

$$x = \sqrt[4]{\alpha_y} \cdot \bar{x}; \qquad y = \sqrt[4]{\alpha_x} \cdot \bar{y} \qquad\qquad \text{(III A.30)}$$

durch und wählt

$$\varkappa = \frac{\beta}{\sqrt{\alpha_x \alpha_y}}, \qquad\qquad \text{(III A.31)}$$

so ergibt sich aus (III A.28)

$$\frac{\partial^4 F(\bar{x}\bar{y})}{\partial \bar{x}^4} + 2\varkappa \frac{\partial^4 F(\bar{x}\bar{y})}{\partial \bar{x}^2\,\partial \bar{y}^2} + \frac{\partial^4 F(\bar{x}\bar{y})}{\partial \bar{y}^4} = 0. \qquad\qquad \text{(III A.32)}$$

Die Lösung kann entsprechend den obigen Entwicklungen mit Hilfe der Differenzenrechnung erfolgen.

Abb. III A.17 zeigt z. B. die Unterschiede in den Spannungen zwischen einer isotropen und einer orthotropen Scheibe bei gleicher Länge, Breite und Belastung.

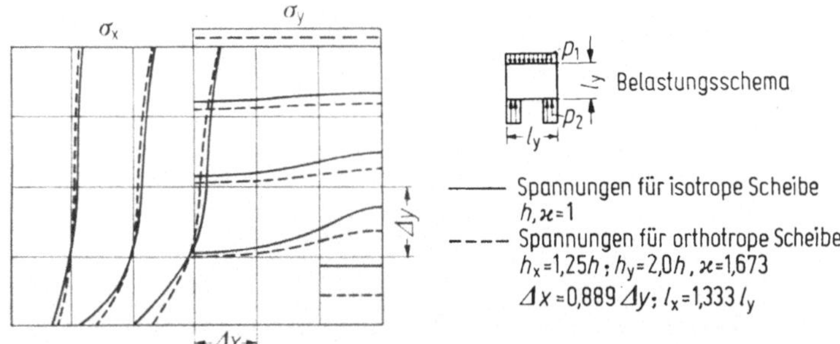

Abb. III A.17. Vergleich der Spannungen zwischen isotroper und orthotroper Scheibe

B. Stabilität der Scheiben

Die Stabilität von Scheiben hat wegen ihrer außergewöhnlichen Bedeutung, vor allem bei den dünnstegigen Stahlkonstruktionen, ein besonderes Interesse vieler Forscher gefunden und mit Rücksicht auf die Vielfalt der Variationsmöglichkeiten von Abmessungen und Spannungsverteilungen einen ungewöhnlich großen Niederschlag im wissenschaftlichen Schrifttum gefunden. Von den ersten Arbeiten von Bryan [4] 1891, Sommerfeld [14] 1907, und Timoshenko [16—18] 1907—1921 spannt sich ein weiter Bogen von Veröffentlichungen von Babré, Burchard, Bürgermeister, Chwalla, Fröhlich, Hartmann, Hampl, Iguchi, Iljuschin, Kollbrunner-Meister [8], Lokshin, Nadai, Reckling, Reißner, Schleicher, Schnadt, Stein, Steiner, Stüssi, um nur einige zu nennen, bis zu dem umfassenden Werk von Klöppel-Scheer-Möller [7].

Meist wurden hier Sonderfälle der Spannungsverteilung behandelt. Vom Verfasser wurde erstmalig 1932 [13] ein allgemeines Berechnungsverfahren für beliebige Scheiben mit beliebiger Spannungsverteilung σ_x, σ_y, τ_{xy} angegeben. Hierbei wurde auch die Differenzenrechnung erstmalig bei der Beulberechnung von Scheiben zur Anwendung gebracht.

Da die vielen Arbeiten über versteifte und unversteifte Scheiben für bestimmte Spannungsverteilungen in den Normen und Tabellenwerken ihren Niederschlag gefunden haben, braucht im Rahmen dieses Abschnittes darauf nicht näher eingegangen zu werden.

Die nachfolgenden Entwicklungen sollen nur zeigen, wie Fälle, die nicht in den Normen enthalten sind, in verhältnismäßig einfacher Weise gelöst werden können.

Hierbei sei vor allem darauf hingewiesen, daß die Entwicklung im Betonfertigteilbau und Spannbeton zu immer dünneren Abmessungen führt, so daß auch für solche Bauelemente der Nachweis der Stabilität von Wichtigkeit werden kann.

1. Differenzenmethode

a) Elastischer Bereich

Allgemein gilt für eine in ihrer Ebene und senkrecht dazu belasteten isotropen Scheibe der Stärke t [10, S. 235] mit Abb. III B.1 die Differentialgleichung für die Ausbiegungen w

$$N \, \triangle\triangle w = n_x \frac{\partial^2 w}{\partial x^2} + 2 n_{xy} \frac{\partial^2 w}{\partial x \, \partial y} + n_y \frac{\partial^2 w}{\partial y^2} \qquad \text{(III B.1)}$$

mit

$$N = \frac{E t^3}{12(1 - \nu^2)}. \qquad \text{(III B.2)}$$

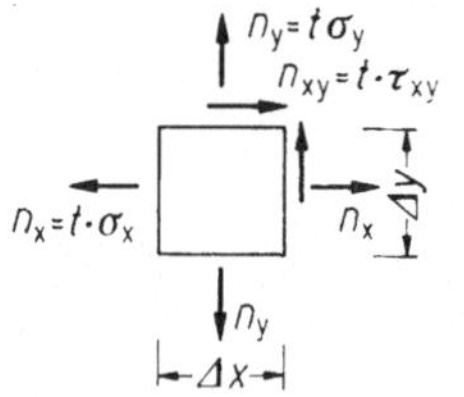

$n_y = t\,\sigma_y$; $n_{xy} = t \cdot \tau_{xy}$; $n_x = t \cdot \sigma_x$; n_x; Δy; n_y; Δx

Abb. III B.1

Für Stahl mit $\nu = 0{,}3$ ergibt sich $N = 193 \, t^3$ [tcm]. (Für den Sonderfall des gedrückten Stabes ergibt sich aus (III B.1) die bekannte Gleichung

$$\frac{\partial^4 w}{\partial x^4} = - \frac{P}{EJ} \frac{\partial^2 w}{\partial x^2}).$$

Entsprechend (III A.10) mit Abb. III A.5 ergibt sich in Differenzform mit $\triangle x = \alpha \cdot \triangle y$ für jeden inneren Rasterpunkt

$$\triangle\triangle w = \frac{1}{\triangle x^4} \left[w_{m+2} - (4 + 4\alpha^2)(w_{m+1} + w_{m-1}) + (6 + 8\alpha^2 + 6\alpha^4) w_m + \right.$$

$$+ \, w_{m-2} - (4\alpha^2 + 4\alpha^4)(w_l + w_n) + 2\alpha^2 (w_{l+1} + w_{l-1} + w_{n+1} + w_{n-1}) +$$

$$\left. + \, \alpha^4 (w_k + w_o) \right]. \qquad \text{(III B.3)}$$

Weiter gilt:

$$\left. \begin{array}{l} \dfrac{\partial^2 w}{\partial x^2} = \dfrac{w_{m+1} - 2 w_m + w_{m-1}}{\triangle x^2}; \\[2ex] \dfrac{\partial^2 w}{\partial y^2} = \alpha^2 \left(\dfrac{w_l - 2 w_m + w_n}{\triangle x^2} \right); \\[2ex] \dfrac{\partial^2 w}{\partial x \, \partial y} = \dfrac{\alpha}{4} \left(\dfrac{w_{l+1} - w_{l-1} - w_{n+1} + w_{n-1}}{\triangle x^2} \right). \end{array} \right\} \qquad \text{(III B.4)}$$

Mit (III B.3) und (III B.4) kann (III B.1) für jeden inneren Rasterpunkt und jeden Punkt eines freien Randes aufgestellt werden, wobei jedoch die Randbedingungen zu berücksichtigen sind.

Je nach der Lagerung des Scheibenrandes sind die nachfolgenden Randbedingungen zu beachten.

x-Richtung. Frei drehbar gestützter Rand (Abb. III B.2a):

$$w_m = 0; \quad w_{m+1} = -w_{m-1}. \tag{III B.6}$$

Starr eingespannter Rand (Abb. III B.2b):

$$w_m = 0; \quad w_{m+1} = w_{m-1}. \tag{III B.7}$$

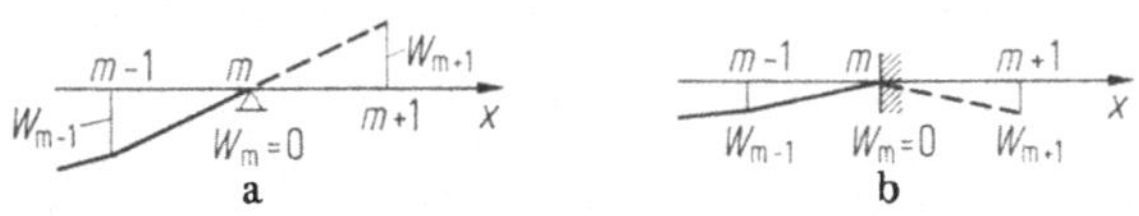

Abb. III B.2

Freier ungestützter Rand:

Nach [6] müssen für einen freien Rand sowohl die Momente als auch die Querkräfte Null sein. Die entsprechenden Gleichungen lauten allgemein:

$$\frac{\partial^2 w}{\partial x^2} + \nu \frac{\partial^2 w}{\partial y^2} = 0; \quad \frac{\partial^3 w}{\partial x^3} + (2-\nu)\frac{\partial^3 w}{\partial x \partial y^2} = 0. \tag{III B.8}$$

Mit (III B.4) und

$$\left.\begin{aligned}
\frac{\partial^3 w}{\partial x^3} &= \frac{1}{2\Delta x^3}\left[w_{m+2} - 2w_{m+1} + 2w_{m-1} - w_{m-2}\right]; \\[2mm]
\frac{\partial^3 w}{\partial x \partial y^2} &= \frac{\alpha^2}{2\Delta x^3}\left[w_{l+1} - 2w_{m+1} + w_{n+1} - w_{l-1} + 2w_{m-1} - w_{n-1}\right]
\end{aligned}\right\} \tag{III B.9}$$

ergibt sich in Differenzenform aus (III B.8) mit (III B.4) und (III B.9):

$$\left.\begin{aligned}
&(w_{m+1} - 2w_m + w_{m-1}) + \nu\alpha^2(w_l - 2w_m + w_n) = 0; \\[2mm]
&(w_{m+2} - 2w_{m+1} + 2w_{m-1} - w_{m-2}) + \\[1mm]
&+ (2-\nu)\alpha^2(w_{l+1} - 2w_{m+1} + w_{n+1} - w_{l-1} + 2w_{m-1} - w_{n-1}) = 0.
\end{aligned}\right\} \tag{III B.10}$$

y-Richtung. Frei drehbar gestützter Rand:

$$w_m = 0; \quad w_l = -w_n. \tag{III B.11}$$

Starr eingespannter Rand:

$$w_m = 0; \quad w_l = w_n. \tag{III B.12}$$

Freier ungestützter Rand:

$$\frac{\partial^2 w}{\partial y^2} - \nu \frac{\partial^2 w}{\partial x^2} = 0;$$

$$\frac{\partial^3 w}{\partial y^3} + (2-\nu)\frac{\partial^3 w}{\partial y \partial x^2} = 0. \tag{III B.13}$$

Mit

$$\frac{\partial^3 w}{\partial y^3} = \frac{\alpha^3}{2\Delta x^3}(w_k - 2w_l + 2w_n - w_o);$$

$$\frac{\partial^3 w}{\partial y \partial x^2} = \frac{\alpha}{2\Delta x^3}(w_{l+1} - 2w_l + w_{l-1} - w_{n+1} + 2w_n - w_{n-1}) \tag{III B.14}$$

ergibt sich mit (III B.4) und (III B.14) aus (III B.13)

$$\alpha^2(w_l - 2w_m + w_n) - \nu(w_{m+1} - 2w_m + w_{m-1}) = 0;$$

$$\alpha^2(w_k - 2w_l + 2w_n - w_o) +$$

$$+ (2-\nu)(w_{l+1} - 2w_l + w_{l-1} - w_{n+1} + 2w_n - w_{n-1}) = 0. \tag{III B.15}$$

Während beim frei drehbar gestützten Rand und eingespannten Rand die Durchbiegungen Null sind, treten beim freien Rand in den Rasterpunkten unbekannte Durchbiegungen auf. Da für die außerhalb des Randes liegenden Rasterpunkte — die für die Aufstellung der Differenzengleichungen erforderlich sind — die Durchbiegungen mittels der Gleichungen (III B.6) bis (III B.15) durch die unbekannten Durchbiegungen der inneren Rasterpunkte ausgedrückt werden können, treten nur die Durchbiegungen der Rasterpunkte der Scheibe als unbekannte Größen auf.

Beulbedingung

Stellt man (III B.1) für alle Rasterpunkte auf, so erhält man mit den von der Belastung abhängigen Schnittbelastungen n_x, n_y und n_{xy} ein homogenes Gleichungssystem in den unbekannten Rasterpunktdurchbiegungen:

$$w_{m+2} - (4 + 4\alpha^2)(w_{m+1} + w_{m-1}) + (6 + 8\alpha^2 + 6\alpha^4)w_m + w_{m-2} -$$

$$- (4\alpha^2 + 4\alpha^4)(w_l + w_n) + 2\alpha^2(w_{l+1} + w_{l-1} + w_{n+1} + w_{n-1}) + \alpha^4(w_k + w_o) =$$

$$= \frac{\Delta x^2}{N}\left[n_x(w_{m+1} - 2w_m + w_{m-1}) + \frac{\alpha}{2} n_{xy}(w_{l+1} - w_{l-1} - w_{n+1} + w_{n-1}) + \right.$$

$$\left. + \alpha^2 n_y(w_l - 2w_m + w_n) \right].$$
(III B.16)

Die Bedingung, daß die Nennerdeterminante für die kritische Belastung Null sein muß, ist das Beulkriterium. Entsprechend Kapitel I werden die Determinantenwerte D für verschiedene Belastungsstufen berechnet (Abb. III B.3) und die Funktion $D - p$ aufgetragen. Für die kritische Belastung p_{kr} ergibt sich die Bedingung

$$D = 0.$$
(III B.17)

Für die praktische Berechnung wird man zweckmäßig die in den einzelnen Rasterpunkten berechneten Schnittbelastungen n_x, n_{xy} und n_y auf die Rastereinheit als konstante Werte annehmen (Abb. III B.4).

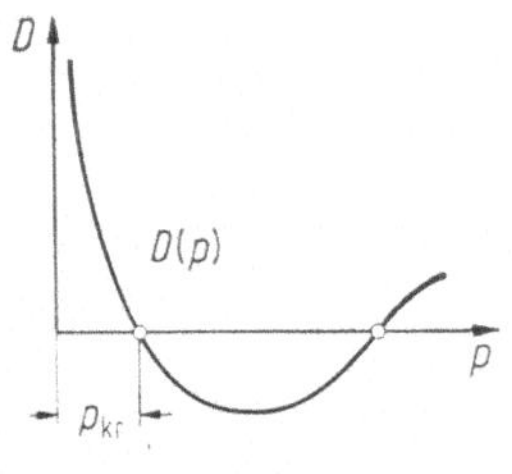

Abb. III B.3

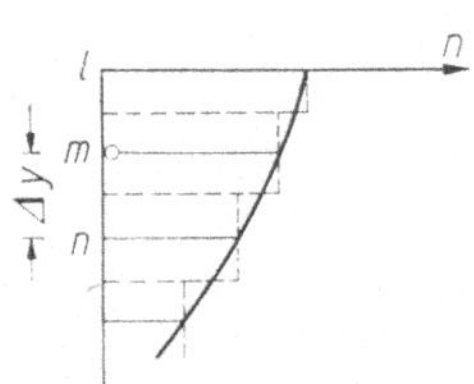

Abb. III B.4

Bei der Aufstellung der Randbedingungen muß man unterscheiden, ob es sich um einen Außenrand oder einen Innenrand einer Scheibe handelt.

Bei einem Außenrand (Abb. III B.5 a), bei dem an einer Ecke einer Seite auch ein freier Rand sein kann, sind die Durchbiegungen der gedachten Außenpunkte (z. B. w_1, w_2, w_3) eindeutig durch die Randbedingungen den inneren Rasterpunktdurchbiegungen zugeordnet. Die Rasterpunktgleichung (III B.16) kann damit eindeutig aufgestellt werden.

Für einen Innenrand einer Scheibe sind, da es sich dabei um freie Ränder handelt (Abb. III B.5 b), die Rasterpunktsgleichungen sowohl für alle Randpunkte (z. B. Punkte b, e, d) als auch für die benachbarten Innenpunkte (z. B. a, c) aufzustellen.

Zum Beispiel sind für die Punkte a und b aus den Randbedingungen die ideellen Durchbiegungen $^x w_1$ und $^x w_2$ der Rasterpunktgleichung zugrunde zu legen, wobei letztere durch w_a, w_b usw. ausgedrückt werden, während für die Punkte c und d die ideellen Durchbiegungen $^yw_1$ und $^yw_3$ maßgebend werden, welche durch w_a, w_c usw. ausgedrückt werden können.

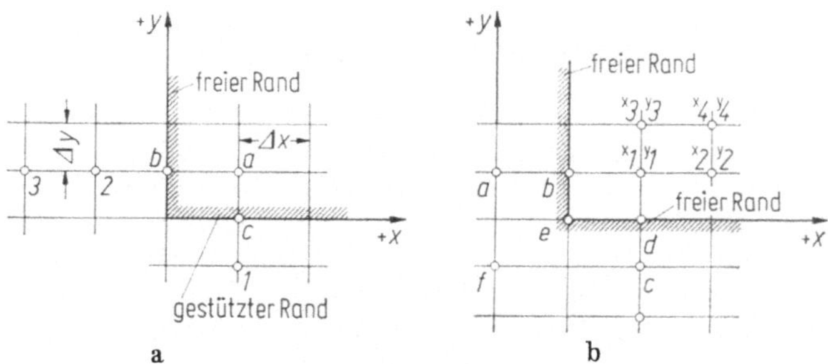

Abb. III B.5

$^xw_1$ und $^yw_1$, $^xw_3$, $^yw_3$ usw. sind in der Regel voneinander verschieden. Dies führt bei der Aufstellung der Rasterpunktgleichungen für Punkte wie a, b, c und d zu keinen Schwierigkeiten, da eine eindeutige Zuordnung der ideellen Rasterpunktdurchbiegungen zu den Rasterpunktsverschiebungen der Scheibe besteht.

Für die dem Eckpunkt zugeordnete Gleichung tritt aber eine theoretische Schwierigkeit auf. Aus der Bedingung $\partial^2 w/\partial x\,\partial y = 0$ ergibt sich einerseits ein Wert $^{xy}w_1$, andererseits sind die beiden Werte $^xw_1$ und $^yw_1$ vorhanden, so daß für diesen Punkt keine eindeutige Zuordnung gegeben ist. Die diesbezüglichen Berechnungen haben gezeigt, daß je nach Annahme des Wertes von w_1 sehr große Differenzen im Endergebnis der Beullast auftreten. Die Anwendung des Differenzenverfahrens für solche Probleme ist daher nicht zweckmäßig und es wird hierfür auf das Verfahren mit finiten Elementen nach Abschnitt 2. verwiesen.

Die Anwendung des Differenzenverfahrens wird im Beispiel III.3 gezeigt.

b) Plastischer Bereich

Die Berechnung im plastischen Bereich kann iterativ derart durchgeführt werden, daß man für einen angenommenen Laststeigerungsfaktor gegenüber der Gebrauchslast die Schnittbelastungen n_x, n_{xy} und n_y für die einzelnen Rasterpunkte berechnet. Überschreiten die einzelnen Spannungen σ_x, σ_y und $\tau_{xy}\sqrt{3}$ die Proportionalitätsgrenze σ_P, so muß das plastische Verhalten in den verschiedenen Richtungen Berücksichtigung finden. Reckling [12] hat die sich dabei ergebende Anisotropie eingehend behandelt. In dieser Arbeit wird auf die verschiedenen Näherungslösungen von Bleich, Timoshenko, Roš und Eichinger, Chwalla, Kollbrunner und Meister u.a.m. hingewiesen und es wird ein ausführliches Literaturverzeichnis dazu angegeben. Auf Grund dieser Näherungsansätze, deren Ergebnisse mit denen von Versuchen verhältnismäßig gut übereinstimmen, kann (III B.1) unter Berücksichtigung der verschiedenen Plastizitätsverhältnisse in den verschiedenen Richtungen wie folgt angeschrieben werden:

$$C_x \frac{\partial^4 w}{\partial x^4} + 2C_{xy} \frac{\partial^4 w}{\partial x^2\,\partial y^2} + C_y \frac{\partial^4 w}{\partial y^4} = \frac{1}{N}\left(n_x \frac{\partial^2 w}{\partial x^2} + 2n_{xy}\frac{\partial^2 w}{\partial x\,\partial y} + n_y \frac{\partial^2 w}{\partial y^2}\right) \qquad \text{(III B.18a)}$$

mit

$$C_x = \frac{T_x}{E};\quad C_y = \frac{T_y}{E};\quad C_{xy} = \sqrt{C_x C_y}; \qquad \text{(III B.18b)}$$

T_x und T_y sind jeweils zugeordnet zu den Spannungen $\sigma_x = n_x/t$ bzw. $\sigma_y = n_y/t$ nach Tafel G einzuführen.

Entsprechend ergibt sich auch eine abgeänderte Gleichung nach (III B.16). Die Berechnung muß so lange wiederholt werden, bis die Annahme des Laststeigerungsfaktors mit dem kritischen Laststeigerungsfaktor übereinstimmt.

2. Methode der Finiten-Elemente

Im Rahmen dieses Werkes wird nur grundsätzlich darauf verwiesen, wie mit Hilfe der Finiten-Element-Methode unter Zugrundlegung der Durchbiegemethode beliebige volle und gelochte Scheiben auf Beulen untersucht werden können. Dieses Verfahren wurde von T. Szyszkowitz [15] entwickelt, von dem auch die gesamte Zahlenrechnung dieses ganzen Kapitels elektronisch durchgeführt wurde, um Vergleichswerte zu haben. Es sei festgestellt, daß die Berechnung der Spannungen aus der Finiten-Element-Methode und der Differenzenmethode dieses Kapitels ausgezeichnet miteinander übereinstimmen. Dies gilt auch für die Beuluntersuchungen für Vollscheiben.

Die Berechnung erfolgt wie folgt:

Zuerst werden die Spannungen in der Scheibe — gleichgültig ob es sich um eine volle oder gelochte Scheibe und um Belastungen am Außen- und Innenrand handelt — mit der Finiten-Element-Methode berechnet. Abb. III B.6 zeigt z. B. die Annahme der

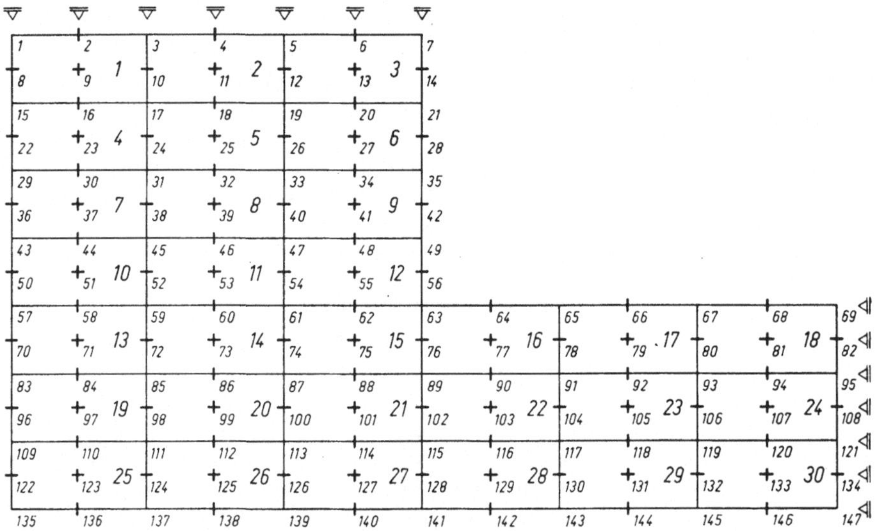

Abb. III B.6. Anordnung der finiten Elemente für Scheibenberechnung (ein Viertel der Scheibe)

Finiten Elemente für das Zahlenbeispiel III.4. Aus den längs der Ränder der Finiten-Elemente wirkenden bekannten Kräften können mit den vorerst noch unbekannten Durchbiegungen w_n der einzelnen Knotenpunkte allgemeine Ansätze für die Abtriebskräfte V_n in den einzelnen Knotenpunkten n aufgestellt werden.

Für Normalkräfte ergeben sich nach Abb. III B.7 mit der Knotenbezeichnung nach Abb. III A.5 die Abtriebskräfte zu:

$$\left.\begin{aligned} V_{m,x} &= + n_{x,m}\,\triangle y\,\frac{w_{m-1} - 2w_m + w_{m+1}}{\triangle x}; \\[2mm] V_{m,y} &= + n_{y,m}\,\triangle x\,\frac{w_l - 2w_m + w_n}{\triangle y}. \end{aligned}\right\} \qquad \text{(III B.19a)}$$

Für Schubkräfte ergibt sich nach Abb. III B.8 die Abtriebskraft

$$V_{m;xy} = \frac{n_{xy}}{2}\left(w_{l+1} - w_{n+1} + w_{n-1} - w_{l-1}\right). \qquad \text{(III B.19 b)}$$

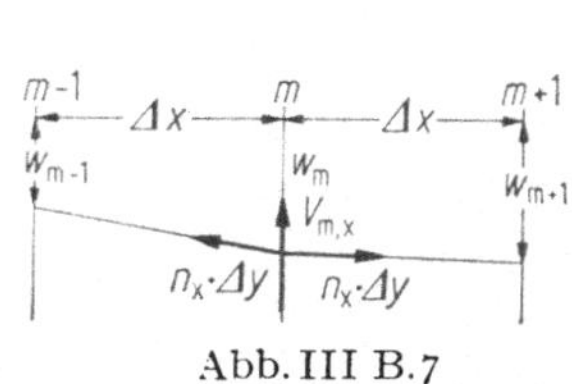

Abb. III B.7

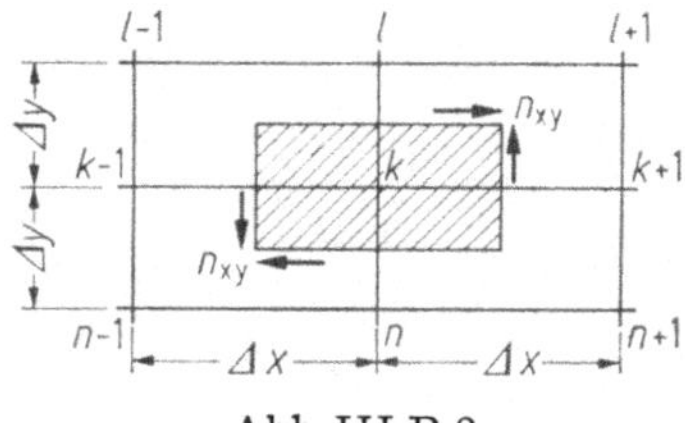

Abb. III B.8

Mit $\alpha = \Delta x/\Delta y$ erhält man insgesamt für den Punkt m die Abtriebskraft

$$V_m = n_{x,m}\frac{1}{\alpha}\left(w_{m-1} - 2w_m + w_{m+1}\right) + n_{y,m}\,\alpha\left(w_l - 2w_m + w_n\right) +$$

$$+ n_{xy,m}\frac{1}{2}\left(w_{l+1} - w_{n+1} + w_{n-1} - w_{l-1}\right). \qquad \text{(III B.19 c)}$$

Bringt man in einem einzelnen Knotenpunkt i eine virtuelle Belastung $^vP_i = 1$ auf, so können wieder mit finiten Elementen die zugehörigen Durchbiegungen $v_{i,n}$ jedes Knotens n infolge $^vP_i = 1$ berechnet werden. Aus dem Satz der virtuellen Arbeit erhält man die Bedingung

$$1 \cdot w_i - \sum_n V_n v_{i,n} = 0. \qquad \text{(III B.20)}$$

Diese Bedingung ist für jeden freien Knotenpunkt — freie ungestützte Ränder inbegriffen — aufzustellen.

Da V_n nach (III B.19) jeweils von einer bestimmten Anzahl von unbekannten Knotenpunktverschiebungen w abhängt, erhält man aus (III B.20) ein homogenes Gleichungssystem mit unbekannten Durchbiegungen w_n. Das Nullsetzen der Nennerdeterminante ergibt die kritische Beulbelastung.

Während für rechteckige Vollscheiben die Differenzenrechnung den Vorteil der überaus einfachen Handhabung aufweist, wobei auch der Umfang des Gleichungssystems wesentlich geringer sein kann als bei der Finiten-Element-Methode, liegt der Vorteil der letzteren in der ganz allgemeinen Anwendung in bezug auf Scheibenform und Belastung. Abb. III B.9 zeigt z.B. eine Scheibe mit beliebiger Form und Öffnungen und beliebiger Belastung. In [15] sind Zahlenbeispiele angegeben.

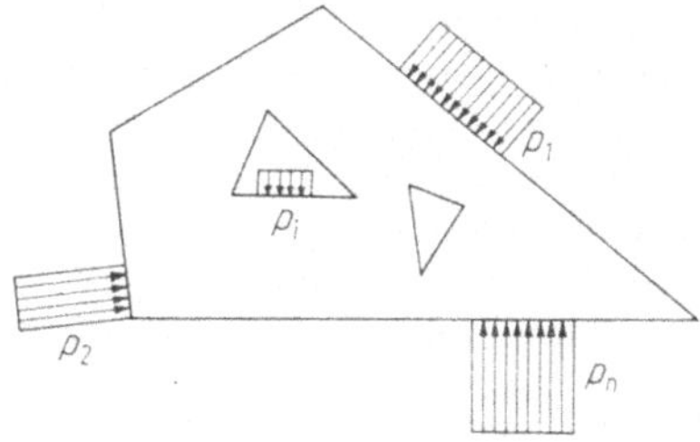

Abb. III B.9

Im Zahlenbeispiel III.4 sind die Ergebnisse der Beulberechnung für eine gelochte Scheibe angegeben.

3. Allgemeines zum Beulen von Rechteckscheiben

Die Berechnung der Beulbelastungen von Rechteckscheiben ist in den Normen (z.B. DIN 4114 [5]) verankert.

α) Biegespannungen oder Schubspannungen

Wirkt auf eine Scheibe (Abb. III B.10), deren Abmessungen durch den Wert α gekennzeichnet sind, eine bestimmte Belastungsart, so wird die kritische Beulbelastung im allgemeinen in der Form

$$\sigma_{ki} = k_n \sigma_e \quad \text{bzw.} \quad \tau_{ki} = k_s \sigma_e \tag{II B.21}$$

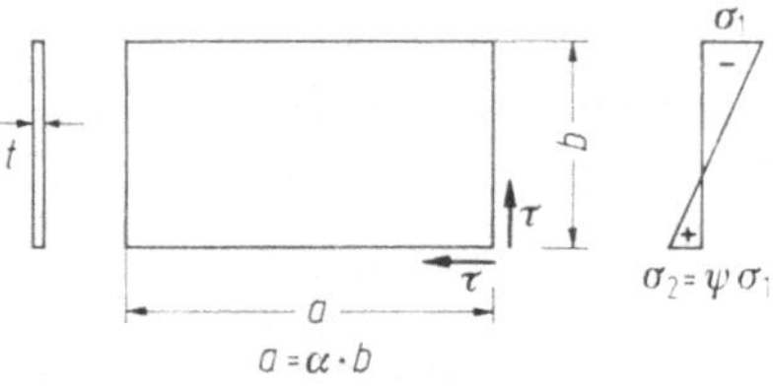

Abb. III B.10

angegeben, wobei für den elastischen Bereich gilt:

$$\sigma_e = \frac{\pi^2 E t^2}{12\, b^2 (1 - \nu^2)}. \tag{III B.22}$$

Für Stahl mit $E = 2100 \text{ t/cm}^2$ und $\nu = 0{,}3$ wird

$$\sigma_e = 1898 \left(\frac{t}{b}\right)^2 \quad [\text{t/cm}^2], \tag{III B.23}$$

wobei die Scheibendicke t und b in cm einzuführen sind. Die Beulsicherheit beträgt damit bei Biegespannungen allein

$$\nu_B = \frac{\sigma_{1,ki}}{\sigma_1}; \tag{III B.24}$$

bei Schubspannung allein

$$\nu_B = \frac{\tau_{ki}}{\tau}. \tag{III B.24}$$

Für eine beliebige Biegespannungsverteilung σ allein — gekennzeichnet durch den Wert ψ — sind die Werte k_n, für eine Schubspannungsbelastung τ allein sind die Werte k_s in allgemeiner Form in den Normen angegeben. Hierbei ist auch auf die verschiedene Lagerung der Scheibenränder Bezug genommen.

Abb. III B.11 zeigt dem Ingenieur nun anschaulich, wie die Werte k von der Belastungsart, den Scheibenabmessungen und den Randbedingungen abhängen, so daß er damit eine augenscheinliche Kontrolle für genauere Berechnungen hat. Er kann daraus auch sofort erkennen, wann und wo Aussteifungen sinnvoll werden. Übersteigt beim Biegespannungsfall allein $\sigma_{1,ki}$ die Proportionalitätsgrenze $\sigma_P = 0{,}8\sigma_s$, so kann nach DIN 4114, Tafel 7 (siehe auch Abb. III B.12) $\sigma_{1,ki}$ auf σ_{vk} abgemindert werden.

Damit wird die Sicherheit

$$\nu_B = \frac{\sigma_{vk}}{\sigma_1}. \tag{III B.25}$$

Mit der Vergleichsspannung

$$\sigma_v = \sqrt{\sigma^2 + 3\tau^2} \qquad\qquad (\text{III B.26})$$

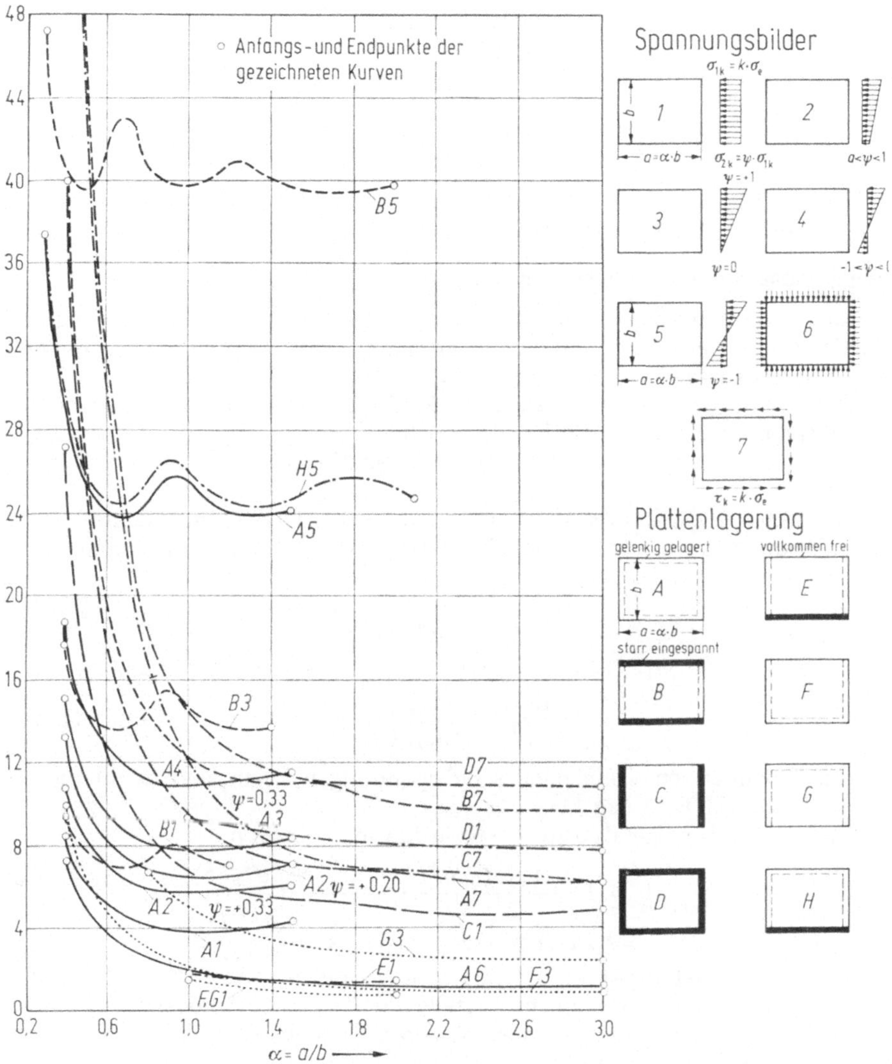

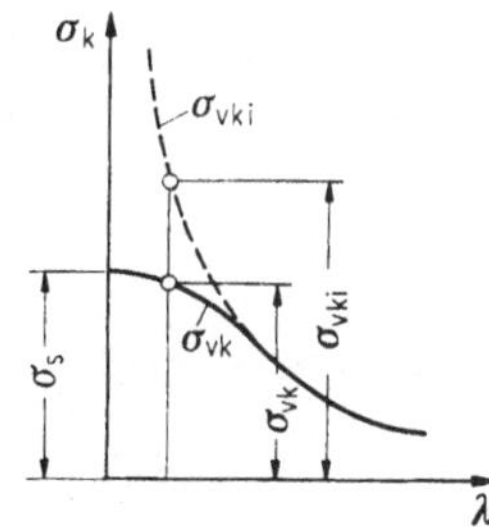

Abb. III B.11. Beulwerte k für Rechteckplatten bei verschiedener Spannungsverteilung
und verschiedener Randausbildung

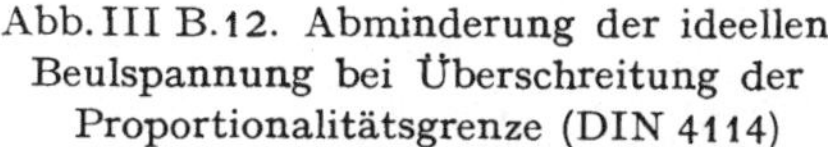

Abb. III B.12. Abminderung der ideellen
Beulspannung bei Überschreitung der
Proportionalitätsgrenze (DIN 4114)

wird für den Fall von Schubspannungen allein

$$\sigma_v = \tau \sqrt{3}$$

bzw.

$$\sigma_{v,ki} = \tau_k \sqrt{3},$$

welcher Wert wieder auf σ_{vk} abgemindert werden kann. Somit wird

$$\nu_B = \frac{\sigma_{vk}}{\tau \sqrt{3}}. \qquad\qquad \text{(III B.27)}$$

Zum Beispiel ist für $\alpha = 1{,}4$; $\psi = 0$; $\sigma_1 = 1{,}56 \ \text{t/cm}^2$; $\sigma_{1,ki} = 2{,}435 > \sigma_P$; nach DIN 4114, Tafel 7, wird $\sigma_{vk} = 2{,}143 \ \text{t/cm}^2$; $\nu = 2{,}143/1{,}50 = 1{,}37$.

β) Biegespannungen und Schubspannungen

Wirken Biegespannungen und Schubspannungen gleichzeitig, so besteht zwischen diesen ein festes Verhältnis, das auch bei einer Laststeigerung — gegenüber dem Gebrauchslastenzustand — bestehen bleibt.

Wenn für Normalspannungen allein die kritische Beulspannung $\sigma_{1,ki}$ auftritt, und für Schubspannungen allein die kritische Schubspannung τ_{ki}, so wird beim gleichzeitigen Auftreten beider das Beulen früher, bei Werten $\sigma_{1,k}^* < \sigma_{1,ki}$ und $\tau_k^* < \tau_{ki}$ auftreten.

In bekannter Weise kann als Näherung nach Abb. III B.13 angenommen werden: für reine Biegung ($\psi = -1$) und Schub ein Kreis als Bedingungsgleichung

$$\left(\frac{\tau_k^*}{\tau_{ki}}\right)^2 + \left(\frac{\sigma_{1,k}^*}{\sigma_{1,ki}}\right)^2 = 1, \qquad\qquad \text{(III B.28a)}$$

und für reinen Druck und Schub eine Parabel

$$\left(\frac{\tau_k^*}{\tau_{ki}}\right)^2 + \left(\frac{\sigma_{1,k}^*}{\sigma_{1,ki}}\right) = 1. \qquad\qquad \text{(III B.28b)}$$

Für Normalspannungen allein oder Schubspannungen allein sind damit die Randwerte 1 der Abb. III B.13 gegeben.

Für $\psi = c$ wurde folgende Interpolationskurve angenommen:

$$\left(\frac{\tau_k^*}{\tau_{ki}}\right)^2 = 1 - \frac{1+\psi}{2}\left(\frac{\sigma_{1,k}^*}{\sigma_{1,ki}}\right) - \frac{1-\psi}{2}\left(\frac{\sigma_{1,k}^*}{\sigma_{1,ki}}\right)^2. \qquad \text{(III B.29)}$$

Für $\psi = 1$ bzw. $\psi = -1$ geht (III B.29) in (III B.28) über.

Der Gebrauchslastenzustand ist mit $\sigma_1/\sigma_{1,ki}$ und τ/τ_{ki} durch den Punkt a in Abb. III B.13c festgelegt. Bei einem Ansteigen des Laststeigerungsfaktors ν wird der Punkt a sich auf der Geraden G weiterbewegen. Schneidet die Gerade G gerade die maßgebende Kurve Φ_ψ im Punkt b, so ist der Beulzustand erreicht.

Mit

$$\frac{\sigma_1}{\sigma_{1,ki}} = \eta; \qquad \frac{\tau}{\tau_{ki}} = \xi$$

und

$$\sigma_{1,k}^* = \nu_B \sigma_1; \qquad \tau_k^* = \nu_B \tau$$

wird

$$\frac{\tau_k^*}{\tau_{ki}} = \nu_B \xi; \qquad \frac{\sigma_{1,k}^*}{\sigma_{1,ki}} = \nu_B \eta,$$

und man erhält aus (III B.29)

$$\nu_B^2 \xi^2 = 1 - \frac{1+\psi}{2} \nu_B \eta - \frac{1-\psi}{2} \nu_B^2 \eta^2.$$

Die Beulsicherheit beträgt somit als Lösung der quadratischen Gleichung

$$v_B = \frac{1}{\dfrac{1 + \psi}{4}\,\eta + \sqrt{\left(\dfrac{3 - \psi}{4}\,\eta\right)^2 + \xi^2}}. \tag{III B.30}$$

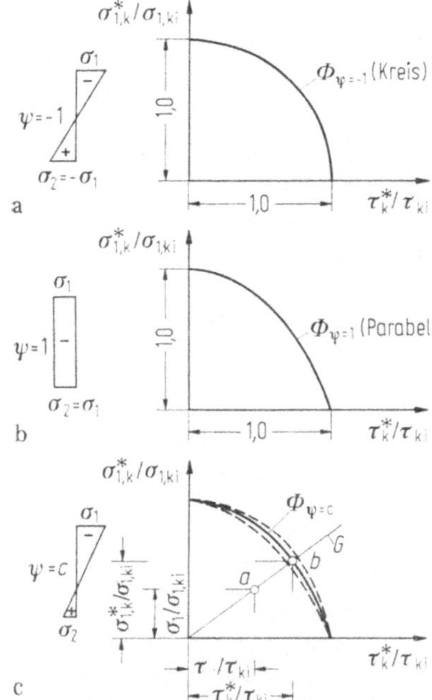

Abb. III B.13. Ermittlung der Beulbelastung
bei Wirkung von Normalspannungen
und Schubspannungen

Da σ_1 und τ durch die Gebrauchslasten gegeben sind und auch $\sigma_{1,ki}$ und τ_{ki} bekannt sind, kann somit die Beulsicherheit berechnet werden. Für reine Biegung und Schub ergibt sich mit $\psi = -1$

$$v_B = \frac{1}{\sqrt{\xi^2 + \eta^2}}, \tag{III B.31}$$

für reinen Druck und Schub

$$v_B = \frac{2}{\eta + \sqrt{\eta^2 + 4\xi^2}}. \tag{III B.32}$$

Mit der Vergleichsspannung

$$\sigma_{vk} = \sqrt{\sigma_1^2 + 3\tau^2}$$

wird

$$\sigma_{v,ki} = v_{Bi}\sqrt{\sigma_1^2 + 3\tau^2} \leqq \sigma_P \leqq 0{,}8\,\sigma_s. \tag{III B.33}$$

(III B.30) bis (III B.32) gelten solange $\sigma_{v,ki}$ nach (III B.33) kleiner als σ_P ist.

Überschreitet $\sigma_{v,ki}$ den Wert σ_P, so ist, entsprechend früher (DIN 4114), $\sigma_{v,ki}$ auf σ_{vk} abzumindern (Abb. III B.12), und es gilt dann

$$v_B = \frac{\sigma_{vk}}{\sqrt{\sigma_1^2 + 3\tau^2}}. \tag{III B.34}$$

Die Ergebnisse dieses Abschnittes können unter Umständen für Näherungsbetrachtungen bei den vorherigen Abschnitten für den plastischen Bereich von Vorteil sein bzw. bei der Untersuchung von Teilbereichen Verwendung finden.

Zahlenbeispiele

1. Beispiel. Vollscheibe mit Lagerung an den Scheibenenden

Die Scheibe, ihre Belastung und Lagerung und die angenommene Rasterteilung für die Differenzenrechnung ist in Abb. III 1.1 dargestellt. Für die Annahme $\Delta x = \Delta y = a$ wird $\alpha = 1{,}0$.

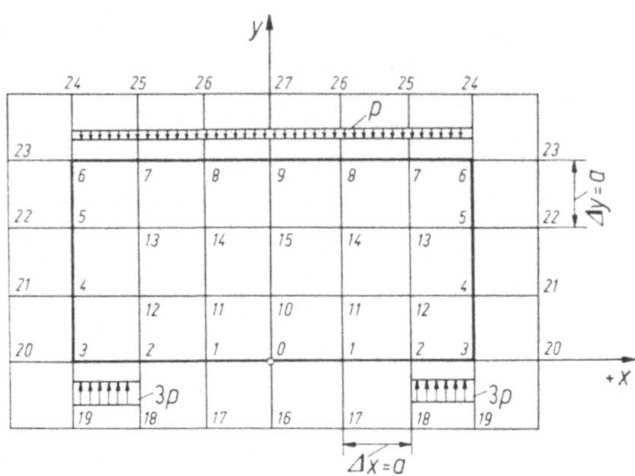

Abb. III 1.1

a) Äußere Spannungsfunktion

Von den drei frei wählbaren Größen der äußeren Spannungsfunktion werden — um die Symmetrie des Systems und der Belastung auszunützen — folgende Größen im Punkt 0 festgelegt:

$$F_0 = 0; \quad \left(\frac{\partial F}{\partial x}\right)_0 = 0; \quad \left(\frac{\partial F}{\partial y}\right)_0 = 0.$$

Damit erhält man nach Abschnitt A 1 b, α die Spannungsfunktion F_a und deren Neigungen $(\partial F/\partial x)_a$ und $(\partial F/\partial y)_a$ entlang des gesamten Scheibenrandes.

1. Bereich (0—2):

$$\sigma_y = \frac{\partial^2 F}{\partial x^2} = 0; \quad \frac{\partial F}{\partial x} = c_2; \quad F = c_2 x + c_1;$$

$$\tau_{xy} = -\frac{\partial^2 F}{\partial x\,\partial y} = 0; \quad \frac{\partial F}{\partial y} = c_3.$$

Für $x = 0$, $y = 0$ wird: $c_2 = 0$, $c_1 = 0$, $c_3 = 0$ und damit wird für den ganzen Bereich (0—2)

$$F_a = 0; \quad \left(\frac{\partial F}{\partial x}\right)_a = 0; \quad \left(\frac{\partial F}{\partial y}\right)_a = 0.$$

2. Bereich (2—3):

$$\sigma_y = \frac{\partial^2 F}{\partial x^2} = -3p; \quad \frac{\partial F}{\partial x} = -3px + c_4; \quad F = -3p\frac{x^2}{2} + c_4 x + c_5;$$

$$\tau_{xy} = -\frac{\partial^2 F}{\partial x\,\partial y} = 0; \quad \frac{\partial F}{\partial y} = c_6.$$

Für Punkt 2 gilt mit $x = 2a$

$$\frac{\partial F}{\partial x} = -3p\,2a + c_4 = 0; \quad c_4 = 6pa;$$

$$F = -\frac{3}{2}\,p\,4a^2 + 12pa^2 + c_5 = 0; \quad c_5 = -6pa^2;$$

$$\frac{\partial F}{\partial y} = c_6 = 0.$$

Somit gilt für den Bereich $(2-3)$:

$$F = -\frac{3}{2}\,px^2 + 6pax - 6pa^2;$$

$$\frac{\partial F}{\partial x} = -3px + 6pa; \quad \frac{\partial F}{\partial y} = 0.$$

Für den Punkt 3 wird:

$$F = -1{,}5pa^2; \quad \frac{\partial F}{\partial x} = -3pa; \quad \frac{\partial F}{\partial y} = 0.$$

3. Bereich (3—6):

$$\sigma_x = \frac{\partial^2 F}{\partial y^2}; \quad \frac{\partial F}{\partial y} = c_6; \quad F = c_6 y + c_5.$$

$$\tau_{xy} = -\frac{\partial^2 F}{\partial x\,\partial y} = -\frac{\partial}{\partial y}\left(\frac{\partial F}{\partial x}\right) = 0; \quad \frac{\partial F}{\partial x} = c_4;$$

Für den Punkt 3 gilt für $x = 3a$:

$$\frac{\partial F}{\partial y} = c_6 = 0; \quad \frac{\partial F}{\partial x} = c_4 = -3pa; \quad F = c_5 = -1{,}5pa^2;$$

$$c_5 = -15pa^2.$$

Für den Bereich $(3-6)$ gilt:

$$F = -1{,}5pa^2; \quad \frac{\partial F}{\partial x} = -3pa; \quad \frac{\partial F}{\partial y} = 0.$$

Damit wird für Punkt 6 mit $x = 3a$ und $y = 3a$:

$$F = -1{,}5pa^2; \quad \frac{\partial F}{\partial x} = -3pa; \quad \frac{\partial F}{\partial y} = 0.$$

4. Bereich (6—9):

$$\sigma_y = \frac{\partial^2 F}{\partial x^2} = -p; \quad \frac{\partial F}{\partial x} = -px + c_4; \quad F = -\frac{px^2}{2} + c_4 x + c_5;$$

$$\tau_{xy} = -\frac{\partial^2 F}{\partial x\,\partial y}; \quad \frac{\partial F}{\partial y} = c_6.$$

Für den Punkt 6 gilt:

$$-3pa + c_4 = -3pa; \quad c_4 = 0;$$

$$-4{,}5pa^2 + c_5 = -1{,}5pa^2; \quad c_5 = -3pa^2; \quad c_6 = 0.$$

Somit wird für den Bereich $(6-9)$:

$$F = -\frac{px^2}{2} - 3pa^2; \quad \frac{\partial F}{\partial x} = -px; \quad \frac{\partial F}{\partial y} = 0.$$

Für den Punkt 9 gilt mit $x = 0$:

$$F = -3pa^2; \quad \frac{\partial F}{\partial x} = 0; \quad \frac{\partial F}{\partial y} = 0.$$

Die Werte F, $\partial F/\partial x$ und $\partial F/\partial y$ sind in Tabelle 1.1 für alle Randpunkte 0 bis 9 eingetragen.

Tabelle 1.1

Pkt.	0	1	2	3	4	5	6	7	8	9
F_n	0,0	0,0	0,0	$-1,5pa^2$	$-1,5pa^2$	$-1,5pa^2$	$-1,5pa^2$	$+pa^2$	$+2,5pa^2$	$+3pa^2$
$\dfrac{\partial F_n}{\partial x}$	0,0	0,0	0,0	$-3pa$	$-3pa$	$-3pa$	$-3pa$	$-2pa$	$-pa$	0,0
$\dfrac{\partial F_n}{\partial y}$	0,0	0,0	0,0	0,0	0,0	0,0	0,0	0,0	0,0	0,0

Nach (III A.11) erhält man mit den Werten der Tabelle 1.1 die Werte der reduzierten Spannungsfunktionen $\bar{F}_a$ der Punkte 16 bis 27, ausgedrückt durch die inneren Spannungsfunktionen F_i der Punkte 10 bis 15. Sie sind in Tabelle 1.2 eingetragen. Zum Beispiel ergibt sich für $\bar{F}_{18}$ und $\bar{F}_{21}$:

$$\bar{F}_{18} = F_{12} + 2\left(\frac{\partial F}{\partial y}\right)_2 a = F_{12};$$

$$\bar{F}_{21} = F_{12} + 2\left(\frac{\partial F}{\partial x}\right)_4 a = F_{12} + 2(-3pa)\,a = F_{12} - 6pa^2$$

usw.

Tabelle 1.2

Pkt.	16	17	18	19	20	21
$\bar{F}_a =$	F_{10}	F_{11}	F_{12}	F_4	$F_2 - 6pa^2$	$F_{12} - 6pa^2$
Pkt.	22	23	24	25	26	27
$\bar{F}_a =$	$F_{13} - 6pa^2$	$F_7 - 6pa^2$	F_5	F_{13}	F_{14}	F_{15}

b) Innere Spannungsfunktion

Stellt man (III A.10) für alle inneren Rasterpunkte auf, so erhält man das nachfolgende Gleichungssystem:

Punkt 10:

$$F_{12} - (4 + 4\alpha^2)\,(F_{11} + F_{11}) + F_{10}(6 + 8\alpha^2 + 6\alpha^4) +$$
$$+ F_{12} - (4\alpha^2 + 4\alpha^4)\,(F_{15} + F_0) + 2\alpha^2(F_{14} + F_{14} + F_1 + F_1) + \alpha^4(F_9 + F_{16}) = 0;$$

Punkt 11:

$$F_4 - (4 + 4\alpha^2)\,(F_{12} + F_{18}) + F_{11}(6 + 8\alpha^2 + 6\alpha^4) +$$
$$+ F_{11} - (4\alpha^2 + 4\alpha^4)\,(F_{14} + F_1) + 2\alpha^2(F_{13} + F_{15} + F_2 + F_0) + \alpha^4(F_8 + F_{17}) = 0;$$

Punkt 12:

$$F_{21} - (4 + 4\alpha^2)(F_4 + F_{11}) + F_{12}(6 + 8\alpha^2 + 6\alpha^4) +$$
$$+ F_{10} - (4\alpha^2 + 4\alpha^4)(F_{13} + F_2) + 2\alpha^2(F_5 + F_{14} + F_3 + F_1) + \alpha^4(F_7 + F_{18}) = 0;$$

Punkt 13:

$$F_{22} - (4 + 4\alpha^2)(F_5 + F_{14}) + F_{13}(6 + 8\alpha^2 + 6\alpha^4) +$$
$$+ F_{15} - (4\alpha^2 + 4\alpha^4)(F_7 + F_{12}) + 2\alpha^2(F_6 + F_8 + F_4 + F_{11}) + \alpha^4(F_{15} + F_2) = 0;$$

Punkt 14:

$$F_5 - (4 + 4\alpha^2)(F_{13} + F_{15}) + F_{14}(6 + 8\alpha^2 + 6\alpha^4) +$$
$$+ F_{14} - (4\alpha^2 + 4\alpha^4)(F_8 + F_{11}) + 2\alpha^2(F_7 + F_9 + F_{12} + F_{10}) + \alpha^4(F_{26} + F_1) = 0;$$

Punkt 15:

$$F_{13} - (4 + 4\alpha^2)(F_{14} + F_{14}) + F_{15}(6 + 8\alpha^2 + 6\alpha^4) +$$
$$+ F_{13} - (4\alpha^2 + 4\alpha^4)(F_9 + F_{10}) + 2\alpha^2(F_8 + F_8 + F_{11} + F_{11}) + \alpha^4(F_{27} + F_0) = 0.$$

Wenn man die Werte aus Tabelle 1.1 und 1.2 in diese Gleichungen einsetzt und die einzelnen Glieder ordnet, erhält man das Gleichungssystem für die unbekannten Werte F_i der inneren Spannungsfunktion.

Gleichungssystem für F_i

F_{10}	F_{11}	F_{12}	F_{13}
$6 + 8x^2 + 7\alpha^4$	$-8(1 + \alpha^2)$	2	$0,0$
$-(4 + 4\alpha^2)$	$7 + 8x^2 + 7\alpha^4$	$-(4 + 4\alpha^2)$	$2\alpha^2$
$1,0$	$-(4 + 4\alpha^2)$	$7 + 8x^2 + 7\alpha^4$	$-(4\alpha^2 + 4\alpha^4)$
$0,0$	$2\alpha^2$	$-(4\alpha^2 + 4\alpha^4)$	$7 + 8x^2 + 7\alpha^4$
$2\alpha^2$	$-(4\alpha^2 + 4\alpha^4)$	$2\alpha^2$	$-(4 + 4\alpha^2)$
$-(4\alpha^2 + 4\alpha^4)$	$4\alpha^2$	$0,0$	2

F_{14}	F_{15}	Bel. Gl.	$= 0$
$4\alpha^2$	$-(4\alpha^2 + 4\alpha^4)$	$pa^2 3\alpha^4$	
$-(4\alpha^2 + 4\alpha^4)$	$2\alpha^2$	$pa^2(2,5\alpha^4 - 1,5)$	
$2\alpha^2$	$0,0$	$pa^2\alpha^4$	
$-(4 + 4\alpha^2)$	$1,0$	$pa^2(\alpha^2 - 4\alpha^4)$	
$7 + 8x^2 + 7\alpha^4$	$-(4 + 4\alpha^2)$	$-pa^2(1,5 + 2\alpha^2 + 10\alpha^4)$	
$-8(1 + \alpha^2)$	$6 + 8x^2 + 7\alpha^4$	$-pa^2(2\alpha^2 + 12\alpha^4)$	

$$\alpha = \frac{\Delta x}{\Delta y} = 1,0$$

Für $\alpha = 1$ ergeben sich die Lösungen:

$$F_{10} = +0,9551 pa^2; \quad F_{13} = +0,7636 pa^2;$$
$$F_{11} = +0,8335 pa^2; \quad F_{14} = +1,8937 pa^2;$$
$$F_{12} = +0,3197 pa^2; \quad F_{15} = +2,2419 pa^2.$$

c) Spannungen

Die Spannungen σ_y, σ_x und τ_{xy} können nach (III A.9a—c) berechnet werden. Zum Beispiel ergibt sich für Punkt 11:

$$\sigma_x = \frac{F_{14} - 2F_{11} + F_1}{\Delta_y^2} = \frac{+1,8937 - 2 \cdot 0,8335 + 0,0}{a^2} pa^2 = 0,227p;$$

$$\sigma_y = \frac{F_{12} - 2F_{11} + F_{10}}{\Delta_x^2} = \frac{0,3197 - 2 \cdot 0,8335 + 0,9551}{a^2} pa^2 = -0,392p;$$

$$\tau_{xy} = -\frac{(F_{13} - F_{15}) - (F_2 - F_0)}{4\Delta_x\Delta_y} = -\frac{0,7636 - 2,2419 - 0}{4a^2} pa^2 = +\frac{0,739p}{2}.$$

Die Spannungen sind in Abb. III 1.2 dargestellt.

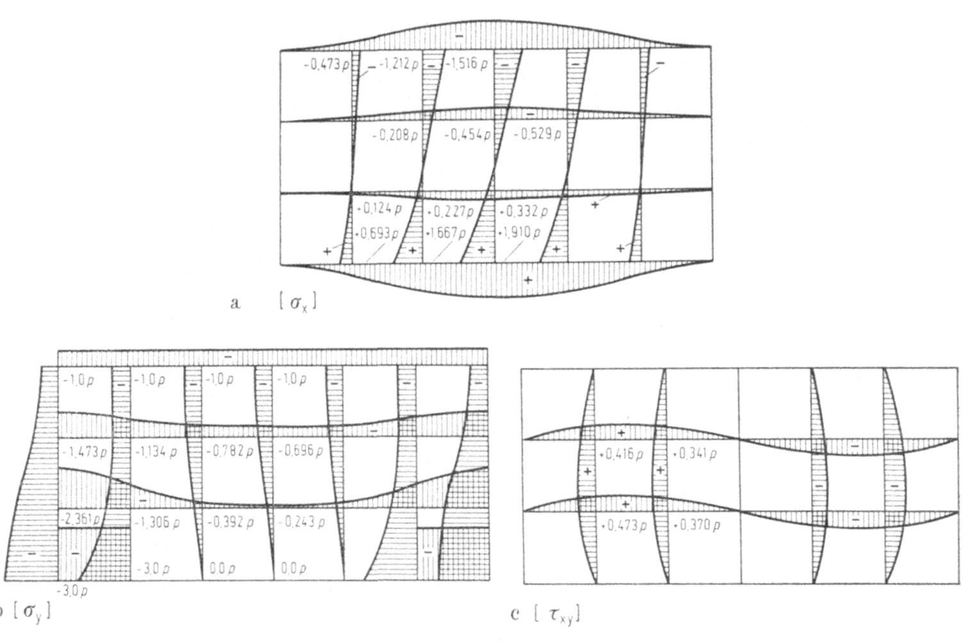

Abb. III 1.2. Spannungsverteilung

Will man eine genauere Verteilung der Spannungen erzielen, sind die Rasterpunkte enger zu wählen. Man kann sich ein Bild über die vorhandene Genauigkeit machen, wenn man für verschiedene Schnitte das Gleichgewicht der äußeren Belastung mit den inneren Schnittbelastungen aufstellt. Gegebenenfalls genügt daraus eine Korrektur, ohne Durchführung einer Rechnung mit engerer Rasterteilung.

2. Beispiel. An den Außenrändern gestützte gelochte Scheibe

Die Scheibe ist mit ihren Abmessungen und der Belastungsanordnung in Abb. III 2.1 dargestellt. Es ist Symmetrie zur y-Achse vorhanden. Die Rasterpunktaufteilung mit der Punktbezeichnung ist aus Abb. III 2.2 zu entnehmen. $\Delta x = 2,0$; $\Delta y = 1,0$.

a) Äußere Spannungsfunktion

Die Berechnung der äußeren Spannungsfunktion und deren Ableitungen am Scheibenrand erfolgt wie in Beispiel III.1, wobei als Ausgangswerte im Punkt 43 gewählt werden:

$$F_{43} = 0; \qquad \left(\frac{\partial F}{\partial x}\right)_{43} = 0; \qquad \left(\frac{\partial F}{\partial y}\right)_{43} = 0.$$

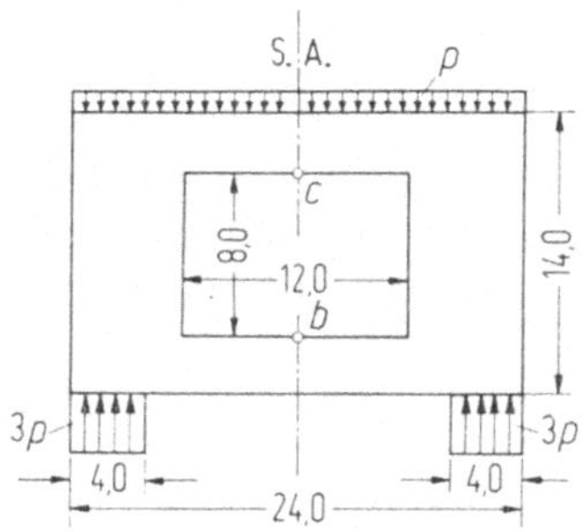

Abb. III 2.1

Abb. III 2.2. Gewählte Rasterpunkte

Damit ergeben sich die Spannungsfunktionswerte F und deren Ableitungen $\partial F/\partial x$ und $\partial F/\partial y$ für die äußeren Randpunkte nach Tabelle 2.1.

Tabelle 2.1

Pkt.	43−47	48	49−63	64	65	66	67	68	69
F_n	0	$-6{,}0p$	$-24{,}0p$	$-2{,}0p$	$+16{,}0p$	$+30{,}0p$	$+40{,}0p$	$+46{,}0p$	$+48{,}0p$
$\left(\dfrac{\partial F}{\partial x}\right)_n$	0	$-6{,}0p$	$-12{,}0p$	$-10{,}0p$	$-8{,}0p$	$-6{,}0p$	$-4{,}0p$	$-2{,}0p$	0
$\left(\dfrac{\partial F}{\partial y}\right)_n$	0	0	0	0	0	0	0	0	0

Für den unbelasteten inneren Rand ist infolge der Symmetrie von Scheibe und Belastung und mit den beiden vorerst noch unbekannten Werten $F_{84} = F_b$ und $F_{70} = F_c = F_e$ die Spannungsfunktion im Bereich der inneren Öffnung eine Ebene mit $\partial F/\partial x = 0$ und $\partial F/\partial y = (F_c - F_b)/8$. Damit gilt Tabelle 2.2

Tabelle 2.2

Pkt.	84−81	80	79	78	77
F_n	F_b	$\dfrac{7}{8}F_b + \dfrac{1}{8}F_c$	$\dfrac{3}{4}F_b + \dfrac{1}{4}F_c$	$\dfrac{5}{8}F_b + \dfrac{3}{8}F_c$	$\dfrac{1}{2}F_b + \dfrac{1}{2}F_c$

Pkt.	76	75	74	73−70
F_n	$\dfrac{3}{8}F_b + \dfrac{5}{8}F_c$	$\dfrac{1}{4}F_b + \dfrac{3}{4}F_c$	$\dfrac{1}{8}F_b + \dfrac{7}{8}F_c$	F_c
$\left(\dfrac{\partial F}{\partial x}\right)_n$		0		
$\left(\dfrac{\partial F}{\partial y}\right)_n$		$\dfrac{F_c - F_b}{8}$		

Tabelle 2.3

Pkt.	120	119	$^v118$	$^v80$
$\bar{F}_a$	$F_{12} + \dfrac{F_c - F_b}{4}$	$F_{11} + \dfrac{F_c - F_b}{4}$	$F_{10} + \dfrac{F_c - F_b}{4}$	$F_9 + \dfrac{F_c - F_b}{4}$

Pkt.	$^v74$	$^v112$	111	110
$\bar{F}_a$	$F_{33} + \dfrac{F_c - F_b}{4}$	$F_{34} + \dfrac{F_c - F_b}{4}$	$F_{35} + \dfrac{F_c - F_b}{4}$	$F_{36} + \dfrac{F_c - F_b}{4}$

Für die reduzierten Spannungsfunktionswerte außerhalb der Scheibe gilt (III A.11). Damit ergibt sich für die Punkte 91−103:

$$\bar{F}_{a,91} = F_6 - 2 \cdot 12p \cdot 2 = F_6 - 48p;$$
$$\vdots \qquad \vdots$$
$$\bar{F}_{a,103} = F_{42} - 48p.$$

Für den unteren und oberen Rand gilt mit $\partial F/\partial y = 0$:

$$\bar{F}_{a,85} = F_1; \quad \bar{F}_{a,86} = F_2; \quad \ldots \quad \bar{F}_{a,105} = F_{41}; \quad \bar{F}_{a,104} = F_{42}.$$

Für die reduzierten Spannungsfunktionswerte der inneren Öffnung erhält man nach (III A.12 und III A.13) für die Punkte 72, 112—118 und 82 mit $\partial F/\partial x = 0$:

$$^h\bar{F}_{72} = F_{29}; \quad ^h\bar{F}_{112} = F_{28}; \quad \bar{F}_{113} = F_{25}; \quad \ldots \quad ^h\bar{F}_{118} = F_{16}; \quad ^h\bar{F}_{82} = F_{13}.$$

$^h\bar{F}_{72}$ und $^h\bar{F}_{82}$ werden nur bei der Aufstellung der Rasterpunktgleichungen für die Punkte 13 und 29 — um die horizontalen Tangenten in den Punkten 81 und 73 zu berücksichtigen — verwendet. Für die Gleichungen der anderen Rasterpunkte (z. B. 9, 10, 33, 34) werden jedoch die richtigen Randwerte $F_{82} = F_b$, $F_{72} = F_c$ in die Rechnung eingeführt. Für die horizontalen inneren Ränder beträgt $\partial F/\partial y = F_c - F_b/8$. Damit ergeben sich nach (III A.13) die Werte $\bar{F}$ der Tabelle 2.3.

Die reduzierten Werte $^v\bar{F}_{74}$ und $^v\bar{F}_{80}$ werden wieder bei der Aufstellung der Rasterpunktgleichungen 33 und 9 benötigt, um den tangentialen Übergang in den Punkten 73 und 81 zu berücksichtigen. Für alle anderen Rasterpunktgleichungen, bei denen F_{74} und F_{80} auftreten, werden jedoch die wirklichen Größen und nicht die reduzierten verwendet.

b) Innere Spannungsfunktion

(III A.10) wird für alle inneren Rasterpunkte der Scheibe aufgestellt, somit für die Punkte 1 bis 42.

Mit $\alpha = \Delta x/\Delta y = 2{,}0/1{,}0 = 2$ erhält man das Gleichungssystem I.

Gleichungssystem I

Pkt. 1:
$$F_3 - 20\,F_2 + 134F_1 + F_3 - 80(F_{12} + F_{43}) + 8(2F_{11} + 2F_{44}) +$$
$$+ 16(F_{84} + F_{85}) = 0;$$

Pkt. 9:
$$F_7 - 20(F_8 + F_{11}) + 134F_9 + F_{11} - 80(F_{11} + F_4) +$$
$$+ 8(F_{13} + F_{82} + F_5 + F_3) + 16(^v\bar{F}_{80} + F_{46}) = 0;$$

Pkt. 10:
$$F_8 - 20(F_9 + F_{11}) + 134F_{10} + F_{12} - 80(F_{82} + F_3) +$$
$$+ 8(F_{81} + F_{83} + F_4 + F_2) + 16(^v\bar{F}_{118} + F_{45}) = 0;$$

Pkt. 13:
$$F_{52} - 20(F_{14} + F_{81}) + 134F_{13} + {}^h\bar{F}_{82} - 80(F_{16} + F_8) +$$
$$+ 8(F_{15} + F_{80} + F_7 + F_9) + 16(F_{17} + F_5) = 0;$$

Pkt. 42:
$$\bar{F}_{103} - 20(F_{62} + F_{41}) + 134F_{42} + F_{40} - 80(F_{64} + F_{31}) +$$
$$+ 8(F_{63} + F_{65} + F_{61} + F_{32}) + 16(\bar{F}_{104} + F_{30}) = 0.$$

Führt man die vorher angegebenen Werte F_n der Spannungsfunktion der Randpunkte und die reduzierten Werte $\bar{F}_n$ für Punkte außerhalb der eigentlichen gelochten Scheibe in das Gleichungssystem I ein, so erhält man das Gleichungssystem II für die unbekannten Werte F_1 bis F_{42}, wobei die Größen p, F_b und F_c in den Belastungsgliedern erscheinen.

Gleichungssystem II

Pkt.	1	2	3	4	5	6 ⋯	39	40	41	42	F_b	F_c	p
1	$+150$	-40	$+2$			⋯					-16	0	0
2	-20	$+151$	-20	$+1$		⋯					-16	0	0
⋮													
8				$+8$	-80	$+8$ ⋯					-8	0	$+24$
9			$+8$	-80	$+8$	⋯					$+76$	-4	0
10		$+8$	-80	$+8$		⋯					$+68$	-4	0
⋮													
13				$+16$		⋯					$+13$	-1	$+24$
⋮													
41						⋯ $+1$	-20	$+150$	-20		0	0	$+1080$
42						⋯	$+1$	-20	$+151$		0	0	-336

Als Lösung erhält man für die Punkte 1 bis 42 die Werte der Spannungsfunktionen als Funktionen von F_b, F_c und p: z.B. für die Punkte 33 bis 40 die Werte der Tabelle 2.4, in die auch für die Punkte 66 bis 73 die Randwerte der Spannungsfunktion in Abhängigkeit von F_b, F_c und p eingetragen sind.

Tabelle 2.4   *Multiplikatoren für F_b, F_c und p der Spannungsfunktionen*

Pkt.	33	34	35	36	Koeffizient
F_b	$-0,047855$	$-0,052817$	$-0,053063$	$-0,053047$	b_i
F_c	$0,757338$	$0,781586$	$0,780816$	$0,780438$	c_i
p	$8,50778$	$10,95816$	$12,57730$	$13,12314$	d_i

Pkt.	37	38	39	40	
F_b	$-0,030320$	$-0,030343$	$-0,030220$	$-0,027168$	b_i
F_c	$0,303160$	$0,303537$	$0,304703$	$0,292278$	c_i
p	$34,87518$	$33,41995$	$29,06761$	$21,97631$	d_i

Pkt.	66	67	68	69	
F_b	0	0	0	0	b_i
F_c	0	0	0	0	c_i
p	$+30,0$	$+40,0$	$+46,0$	$+48,0$	d_i

Pkt.	70	71	72	73	
F_b	0	0	0	0	b_i
F_c	$1,0$	$1,0$	$1,0$	$1,0$	c_i
p	0	0	0	0	d_i

c) Schnittbelastungen als Funktionen von F_b, F_c und p

Die Spannungen werden nach (III A.9) ermittelt. Zum Beispiel ergeben sich mit $\triangle x = 2$, $\triangle y = 1$ und Abb. III A.5 die nachfolgenden Ausdrücke:

Pkt. 66:
$$n_x = \frac{F_l - 2F_m + F_n}{\triangle y^2} = \bar{F}_{106} - 2F_{66} + F_{40} = 2(F_{40} - F_{66}) =$$

$$= 2F_b(b_{40} - b_{66}) + 2F_c(c_{40} - c_{66}) + 2p(d_{40} - d_{66}) =$$

$$= 2F_b(-0,27168 - 0) + 2F_c(0,29228 - 0) + 2p(21,97631 - 30,0) =$$

$$= -0,0543F_b + 0,5846F_c - 16,0474p;$$

$$n_y = -p; \quad n_{xy} = 0.$$

Pkt. 39:
$$n_x = F_{67} - 2F_{39} + F_{34} =$$

$$= F_b(b_{67} - 2b_{39} + b_{34}) + F_c(c_{67} - 2c_{39} + c_{34}) + p(d_{67} - 2d_{39} + d_{34}) =$$

$$= F_b(0 + 2 \cdot 0,030220 - 0,052817) +$$

$$+ F_c(0 - 2 \cdot 0,304703 + 0,781586) +$$

$$+ p(40,0 - 2 \cdot 29,06761 + 10,95816) = +0,0076F_b + 0,1722F_c +$$

$$+ 7,1770p;$$

$$n_y = \frac{F_{m+1} - 2F_m + F_{m-1}}{\triangle x^2} = \frac{1}{4}[F_{40} - 2F_{39} + F_{38}] =$$

$$= \frac{1}{4}[F_b(b_{40} - 2b_{39} + b_{38}) + F_c(c_{40} - 2c_{39} + c_{38}) +$$

$$+ p(d_{40} - 2d_{39} + d_{38})] = \frac{1}{4}[F_b(-0,027168 + 2 \cdot 0,030220 -$$

$$- 0,030343) + F_c(0,292278 - 2 \cdot 0,304703 + 0,303537) +$$

$$+ p(21,97631 - 2 \cdot 29,06761 + 33,41995)] =$$

$$= +0,0007F_b - 0,0034F_c - 0,6847p;$$

$$n_{xy} = + \frac{F_{l-1} - F_{l+1} + F_{n+1} - F_{n-1}}{4\triangle x \, \triangle y} =$$

$$= \frac{1}{8}[F_{68} - F_{66} + F_{33} - F_{35}] = \frac{1}{8}[F_b(b_{68} - b_{66} + b_{33} - b_{35}) +$$

$$+ F_c(c_{68} - c_{66} + c_{33} - c_{35}) + p(d_{68} - d_{66} + d_{33} - d_{35})] =$$

$$= \frac{1}{8}[F_b(0 - 0 - 0,047855 + 0,053063) + F_c(0 - 0 + 0,757338 -$$

$$- 0,780816) + p(46,0 - 30,0 + 8,50778 - 12,57730)] =$$

$$= +0,0006F_b - 0,0029F_c + 1,4913p; \qquad \text{usw.}$$

d) Unbekannte Spannungsfunktionen F_b und F_c

Mit den Koeffizienten von (III A.15) werden die Produkte nach (III A.18) und anschließend die Summen nach (III A.20) bestimmt. Die Berechnung ist für den Anteil des Punktes 39 gezeigt. Hierbei wird $E/G = 2,00$ eingeführt ($\nu = 0$):

Pkt. 39:
$$n_x = b_x F_b + c_x F_c + a_x p = 0,0076F_b + 0,1722F_c + 7,1770p;$$

$$n_y = b_y F_b + c_y F_c + a_y p = 0,0007F_b - 0,0034F_c - 0,6847p;$$

$$n_{xy} = b_{xy}F_b + c_{xy}F_c + a_{xy}p = 0,0006F_b - 0,0029F_c + 1,4913p;$$

$$b^2 = b_x^2 + b_y^2 + \frac{E}{G} b_{xy}^2 = +0{,}00006;$$

$$bc = b_x c_x + b_y c_y + \frac{E}{G} b_{xy} c_{xy} = +0{,}00130;$$

$$c^2 = c_x^2 + c_y^2 + \frac{E}{G} c_{xy}^2 = +0{,}02941;$$

$$ab = a_x b_x + a_y b_y + \frac{E}{G} a_{xy} b_{xy} = -0{,}05323;$$

$$ac = a_x c_x + a_y c_y + \frac{E}{G} a_{xy} c_{xy} = -1{,}23646.$$

Werden diese Werte für alle Scheibenpunkte (Randpunkte und innere Punkte) berechnet, mit dem jeweiligen Wert m multipliziert und die Summen gebildet, so erhält man die Koeffizienten von (III A.21). Schematisch ist dies in Tabelle 2.5 gezeigt.

Tabelle 2.5

Pkt.	b^2	bc	c^2	ab	ac	m
1	0,00030	0,00013	0	0	0	2
2	0,03017	0,00132	0	−0,00031	−0,00001	4
⋮						
39	0,00006	0,00130	0,02941	−0,05323	−1,23646	4
40	0,00015	0,00024	+0,03697	−0,00457	−1,19082	4
⋮						
83	0,47389	−0,09906	0,02071	−0,00262	0,00055	2
84	0,47486	−0,09916	0,02071	−0,00014	0,00003	1
	B_b	$B_c = C_b$	C_c	A_b	A_c	
	9,96281	−2,71765	9,10832	33,22752	−273,81672	

Das Gleichungssystem zur Bestimmung von F_b und F_c lautet damit:

$$9{,}96281 F_b - 2{,}71765 F_c + 33{,}22752 p = 0;$$
$$-2{,}71765 F_b + 9{,}10832 F_c - 273{,}31672 p = 0;$$

mit der Lösung:

$$F_b = 5{,}29627 p; \qquad F_c = 31{,}6425 p.$$

e) Endgültige Spannungsfunktion und endgültige Spannungen

Setzt man die Werte F_b und F_c in die allgemeinen Ansätze für die Spannungsfunktion ein, so erhält man die endgültigen Spannungsfunktionswerte, die in Abb. III 2.3 dargestellt sind. Zum Beispiel ist für Pkt. 39:

$$F_{39} = +38{,}55 p.$$

Mit (III A.15) erhält man mit den Werten von F_b und F_c die endgültigen Schnittbelastungen, die in Abb. III 2.4 dargestellt sind.

Zum Beispiel ist für Pkt. 39:

$$n_x = -1{,}71 p; \qquad n_y = -0{,}78 p; \qquad n_{xy} = +1{,}40 p.$$

Zu beachten ist, daß bei der vorgesehenen Rasterteilung in den Ecken der Öffnung Unstetigkeitsstellen auftreten müssen, daher gelten dort die Spannungen nur näherungsweise.

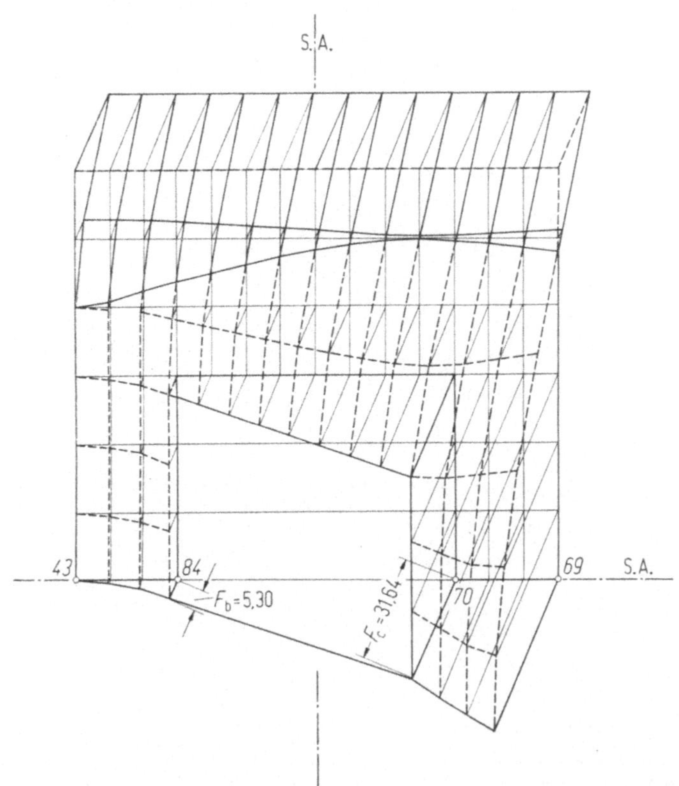

Abb. III 2.3. Axonometrische Darstellung der Spannungsfunktionsfläche

So ist z. B. für den Punkt 81 rechts die Schubkraft Null, während links davon die Schubkraft

$$n_{xy} = -\frac{(F_{16} - F_{118}) - (F_8 - F_{10})}{4\Delta x\,\Delta y}$$

mit

$$F_{118} \approx \frac{{}^v F_{118} + {}^h F_{118}}{2}$$

beträgt.

Ähnlich ist es mit den Biegespannungen. Rechts von Punkt 81 gilt:

$$n_y = \frac{{}^v F_{80} - 2F_{81} + F_9}{\Delta x^2},$$

während links davon F_{80} einzusetzen wäre.

In der Darstellung der Schnittbelastungen sind immer die größeren Werte eingesetzt.

Kontrollen über verschiedene Schnitte ergeben eine sehr gute Übereinstimmung zwischen den resultierenden Schnittbelastungen aus den Spannungen und aus den äußeren Belastungen.

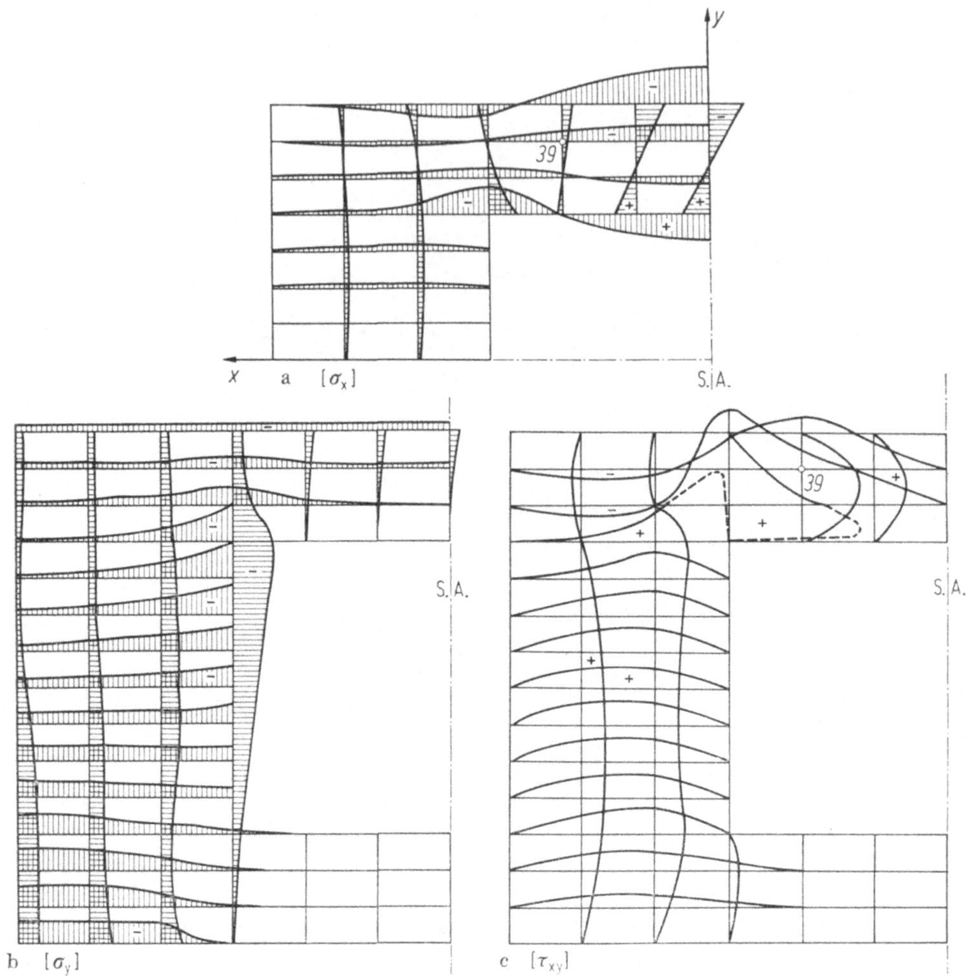

Abb. III 2.4. Spannungsverteilung

3. Beispiel. Beulen einer vollen Rechteckscheibe
mit dreiseitig gestützten Rändern und einem freien Rand

Die Scheibe und die Rastereinteilung ($\Delta x = 1$, $\Delta y = 2$), sowie die Belastungsanordnung sind in Abb. III 3.1 dargestellt. Damit wird $\alpha = \Delta x/\Delta y = 1/2$.

Randbedingungen. Nach (III B.6) und (III B.11) ergibt sich:

$$w_5' = -w_5; \quad w_1' = -w_1; \quad w_6' = -w_6; \quad w_7' = -w_7; \quad w_8' = -w_8.$$

Mit $\nu = 0$ erhält man nach (III B.8), (III B.4) und (III B.10):

$$w_9 - 2w_4 + w_3 = 0;$$

$$w_{11} - 2w_8 + w_7 = 0;$$

$$w_{10} - 2w_9 + 2w_3 - w_2 + \frac{2}{4}\left(w_{11} - 2w_9 + w_{11} - w_7 + 2w_3 - w_7\right) = 0;$$

$$w_{12} - 2w_{11} + 2w_7 - w_6 + \frac{2}{4}\left(0 - 2w_{11} + w_9 - 0 + 2w_7 - w_3\right) = 0.$$

Damit wird:

$$w_9 = 2w_4 - w_3;$$

$$w_{11} = 2w_8 - w_7;$$

$$w_{10} = w_2 - 6w_3 + 6w_4 + 2w_7 - 2w_8;$$

$$w_{12} = w_3 - w_4 + w_6 - 6w_7 + 6w_8.$$

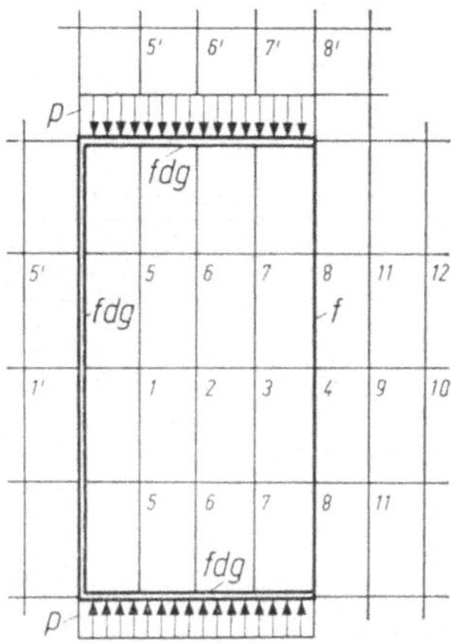

fdg freidrehbar gestüzter Rand
f freier Rand

Abb. III 3.1. Gewählte Rasterpunkte

Beulbedingung

Nach (III B.16) erhält man die Rasterpunktsgleichungen für die Punkte 1 bis 8 mit $n_x = n_{xy} = 0$; $n_y = p$ und

$$c = \frac{p}{N} \Delta x^2 = \frac{p}{N}.$$

Pkt. 1: $w_3 - 5(w_2 + 0) + \dfrac{67}{8} w_1 + w_1' - \dfrac{5}{4}(2w_5) + \dfrac{1}{2}(2w_6) + \dfrac{1}{16}(0) =$

$$= \frac{c}{4}(2w_5 - 2w_1)$$

Pkt. 8: $w_{12} - 5(w_{11}' + w_7) + \dfrac{67}{8} w_8 + w_6 - \dfrac{5}{4}(0 + w_4) + \dfrac{1}{2}(w_3 + w_9) +$

$$+ \frac{1}{16}(w_8' + w_3) = \frac{c}{4}(-2w_8 + w_4).$$

Setzt man die obigen Randbedingungen in die Rasterpunktgleichungen ein, so erhält man das Gleichungssystem I (S. 348).

Als Lösung erhält man aus $D = 0$ den Wert

$$c_{kr} = 0{,}49.$$

Würde man bei der gleichen Scheibenabmessung $\Delta y = 1$ wählen, so erhält man:

$$c = 0{,}495.$$

Nach Nadai [10, S. 283 ff.] ergibt sich

$$c = \frac{p}{N} = \frac{\pi^2}{b^2} + \frac{6(1 - \nu)}{a^2},$$

Gleichungssystem I

Pkt.	w_1	w_2	w_3	w_4
1	$29{,}5 + 2c$	-20	$+4$	0
2	-20	$33{,}5 + 2c$	-20	$+4$
3	$+4$	-20	$+29{,}5 + 2c$	-12
4	0	$+8$	-24	$17{,}5 + 2c$
5	$-5 - c$	$+2$	0	0
6	$+2$	$-5 - c$	$+2$	0
7	0	$+2$	$-5 - c$	$+2$
8	0	0	$+4$	$-5 - c$

Pkt.	w_5	w_6	w_7	w_8
1	$-10 - 2c$	$+4$	0	0
2	$+4$	$-10 - 2c$	$+4$	0
3	0	$+4$	$-10 - 2c$	$+4$
4	0	0	$+8$	$-10 - 2c$
5	$29{,}5 + 2c$	-20	$+4$	0
6	-20	$+33{,}5 + 2c$	-20	$+4$
7	$+4$	-20	$29{,}5 + 2c$	-12
8	0	$+8$	-24	$17{,}5 + 2c$

und mit $v = 0$; $a = 4$; $b = 8$

$$c = \frac{\pi^2}{64} + \frac{6}{16} = 0{,}529.$$

Die Abweichung gegenüber dem genauen Wert beträgt jeweils bei dieser sehr großen Rasterteilung mit nur wenigen Punkten nur rund 7%. Bei einer kleineren Rasterteilung sinkt die Abweichung auf wenige Prozente ab. Man kann somit diese Verfahren mit genügender Genauigkeit für alle Fälle, die nicht theoretisch geschlossene Lösungen aufweisen, anwenden. Unter Anwendung der angegebenen Methode mit Finiten Elementen ergibt sich für die Elementenaufteilung nach Abb. III 3.1 der Wert $c = 0{,}521$.

Setzt man den Wert $c = 0{,}49$ in das Gleichungssystem I ein und dividiert die Kopfzeile durch w_4, so erhält man das Gleichungssystem II, wobei eine Gleichung überzählig wird.

Gleichungssystem II

Pkt.	$\zeta_1 = \dfrac{w_1}{w_4}$	$\zeta_2 = \dfrac{w_2}{w_4}$	$\zeta_3 = \dfrac{w_3}{w_4}$	$\zeta_5 = \dfrac{w_5}{w_4} = 1{,}0$
1	$29{,}5 + 2c$	-20	$+4$	$-10 - 2c$
2	-20	$33{,}5 + 2c$	-20	$+4$
⋮				

Pkt.	$\zeta_6 = \dfrac{w_6}{w_4}$	$\zeta_7 = \dfrac{w_7}{w_4}$	$\zeta_8 = \dfrac{w_8}{w_4}$	$\zeta_4 = \dfrac{w_4}{w_4} = 1{,}0$	
1	$+4$	0	0	0	$= 0$
2	$-10 - 2c$	$+4$	0	$+4{,}0$	$= 0$
⋮					

Als Lösung ergibt sich die Form der Beulfigur nach Abb. III 3.2 mit

$$\zeta_1 = 0{,}294; \quad \zeta_2 = 0{,}564; \quad \zeta_3 = 0{,}779; \quad \zeta_4 = 1{,}0; \quad \zeta_5 = 0{,}208;$$

$$\zeta_6 = 0{,}400; \quad \zeta_7 = 0{,}565; \quad \zeta_8 = 0{,}707.$$

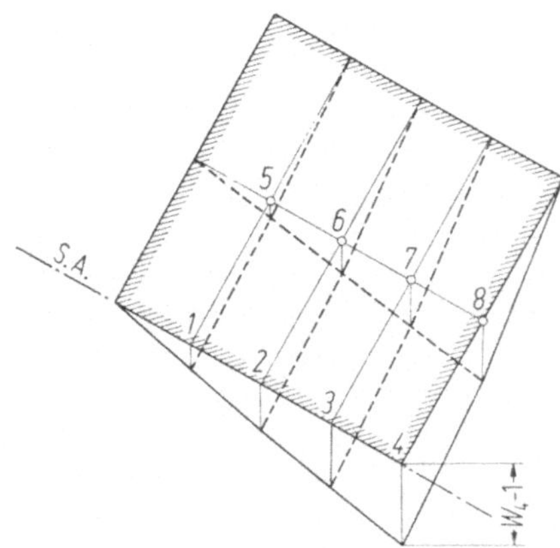

Abb. III 3.2. Axonometrische Darstellung der Beulfigur

4. Beispiel. Beulen einer gelochten Rechteckscheibe

Die Scheibe nach Abb. III 4.1 ist an allen Rändern frei drehbar gelagert. Als Belastung wirkt an den beiden Längsseiten die Druckbelastung p. Die Scheibe ist somit in geometrischer und belastungsmäßiger Hinsicht zu beiden Achsen symmetrisch, so daß die Berechnung sich nur auf ein Viertel der Scheibe beschränkt.

Die Bezeichnung der Rasterpunkte ist in Abb. III 4.2 angegeben. Es ist $\Delta x = 2{,}0$; $\Delta y = 1{,}0$; $\alpha = \Delta x/\Delta y = 2{,}0$.

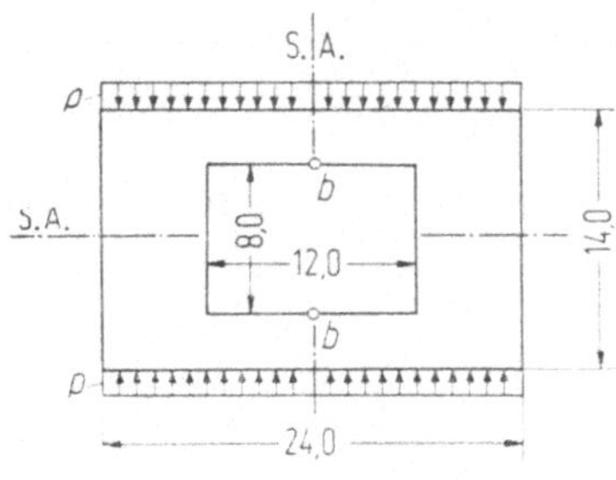

Abb. III 4.1

Die Berechnung der Spannungsfunktion erfolgt analog zum Beispiel III.2, wobei jedoch die Vereinfachung auftritt, daß mit Rücksicht auf die vorhandene Symmetrie nur ein unbekannter Wert F_b in (III A.14) auftritt, da die Spannungsfunktion im gesamten Öffnungsbereich durch eine horizontale Ebene mit der Höhe F_b festgelegt ist.

Der Wert F_b wird nach (III A.14) bis (III A.21) berechnet. Man erhält ihn aus einer einzigen Gleichung

$$6{,}9224 F_b + 72{,}1361 p = 0;$$

$$F_b = -10{,}4205 p.$$

Nach (III A.14) sind damit die Werte der Spannungsfunktion für alle Rasterpunkte gegeben (Tabelle 4.1). Für den Ausgangspunkt 0 wird $F_0 = 0$ angenommen.

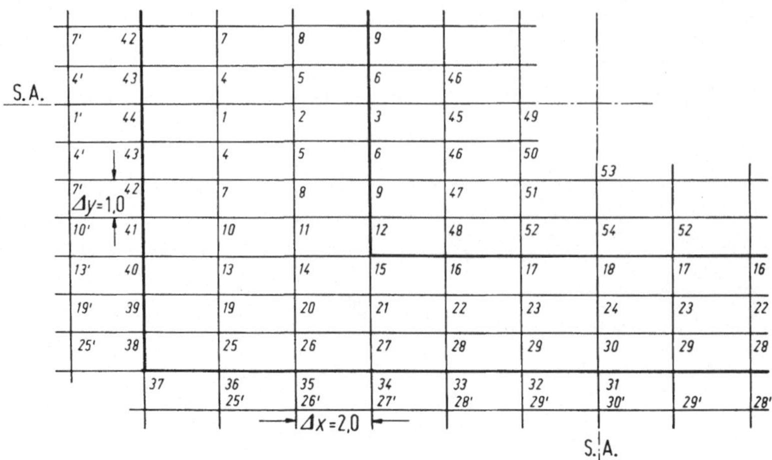

Abb. III 4.2. Gewählte Rasterpunkte

Tabelle 4.1   *Spannungsfunktion (Multiplikator p)*

Pkt.	1	2	3	4	5	6	7
F	$-45,21$	$-21,68$	$-10,42$	$-45,31$	$-21,82$	$-10,42$	$-45,62$
Pkt.	8	9	10	11	12	13	14
F	$-22,28$	$-10,42$	$-46,21$	$-23,21$	$-10,42$	$-47,13$	$-24,80$
Pkt.	15	16	17	18	19	20	21
F	$-10,42$	$-10,42$	$-10,42$	$-10,42$	$-48,33$	$-27,61$	$-12,83$
Pkt.	22	23	24	25	26	27	28
F	$-9,65$	$-8,07$	$-7,54$	$-49,46$	$-30,45$	$-16,06$	$-8,62$
Pkt.	29	30	31	32	33	34	35
F	$-4,31$	$-2,87$	$0,0$	$-2,0$	$-8,0$	$-18,00$	$-32,0$
Pkt.	36	37	38	39	40	41	42—44
F	$-50,0$	$-72,0$	$-72,0$	$-72,0$	$-72,0$	$-72,0$	$-72,0$

Die Spannungsfunktionsfläche ist in Abb. III 4.3 dargestellt. Damit ergeben sich nach (III A.9) die Schnittbelastungen, die für einige Punkte in Tabelle 4.2 angegeben sind und in Abb. III 4.4 dargestellt sind.

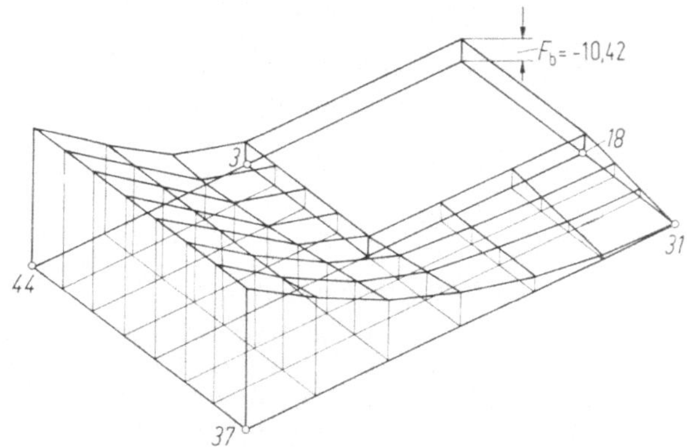

Abb. III 4.3. Axonometrische Darstellung der Spannungsfunktionsfläche

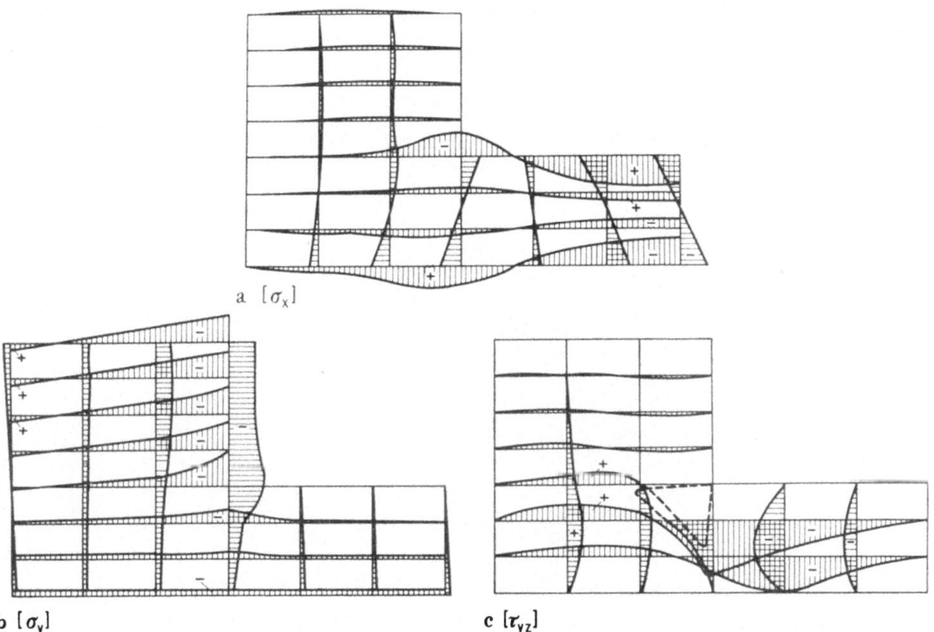

Abb. III 4.4. Spannungsverteilung

Tabelle 4.2   *(Multiplikator p)*

Pkt.	n_x	n_y	n_{xy}	Pkt.	n_x	n_y	n_{xy}	Pkt.	n_x	n_y	n_{xy}
1	−0,19	−0,81	0	10	−0,33	−0,70	0,32	14	−1,05	−1,95	−0,26
2	−0,27	−3,06	0	11	−0,73	−2,54	−0,19	15	−4,76	−7,21	
3	0	−5,61	0	12	0	−6,38	0	⋮			
⋮				13	−0,28	−0,66	0,54	30	−1,82	−0,72	0

Die Berechnung mit der Finiten-Element-Methode ergibt nur geringfügige Abweichungen von diesen Werten.

Beulkriterium

Zuerst sind die Randbedingungen nach (III B.6) bis (III B.18) festzulegen. Da es sich bei den Außenrändern um frei drehbar gestützte Ränder handelt, gilt nach (III B.6)

$$w_{m+1} = -w_{m-1}.$$

Mit Abb. III 4.2 wird

$$w'_{30} = -w_{30}; \quad w'_{29} = -w_{29} \cdots w'_1 = -w_1.$$

Kritische Beulbelastung

Die Untersuchung des Beulens dieser gelochten Scheibe wurde nach Abschnitt 2. mit der Finiten-Element-Methode [15] durchgeführt. Es ergibt sich danach unter Zugrundelegung von $v = 0$ ein kritischer Beulwert

$$p_{kr} = 0{,}049N$$

mit

$$N = \frac{Et^3}{12(1 - v^2)}.$$

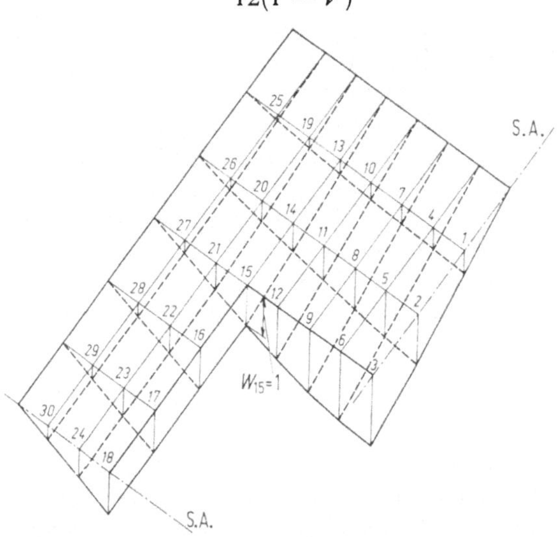

Abb. III 4.5. Axonometrische Darstellung der Beulfigur

Betrachtet man die Spannungsverteilung von $n_y = \sigma_y$ nach Abb. III 4.4 und denkt man sich den linken Scheibenteil vom Außenrand bis zum Innenrand herausgeschnitten, so kann näherungsweise für diesen Streifen eine mittlere, dreiecksförmige Spannungsverteilung nach Abb. III 4.6 — mit dem Randwert $6p$ — über den Teilscheibenbereich angenommen werden.

Nach Kollbrunner–Meister [8] ergibt sich für diese Belastungsart und den Randbedingungen nach Abb. III 4.6 die kritische Beulbelastung

$$\sigma_{kr} = k\sigma_e = 0{,}983 \frac{\pi^2 E t^2}{12b^2(1 - v^2)} \quad \text{für} \quad \alpha = \frac{a}{b} = \frac{14}{6}.$$

Mit $b = 6{,}0$; $t = 1{,}0$ und $v = 0$ wird

$$N = \frac{Et^3}{12(1 - v^2)} = \frac{E}{12};$$

$$\sigma_{kr} = 0{,}983 \frac{\pi^2 N}{b^2 t} = 0{,}983 \frac{\pi^2}{36} N = 0{,}269N.$$

Mit

$$\sigma_{kr} = 6p_{kr} = 0{,}269N$$

wird

$$p_{kr} = 0{,}045N.$$

Dieser Wert kann größenordnungsmäßig als Vergleichswert dienen.

In gleicher Weise wie bei Beispiel III.3 kann man im Gleichungssystem für die unbekannten Durchbiegungen den kritischen Wert $p_{kr} = 0{,}049N$ einsetzen und die neuen Unbekannten $\zeta_n = w_n/w_{15}$ einführen. Aus der Lösung des Gleichungssystems ergibt sich wieder mit den ζ_n-Werten die Form der Beulfigur, die in Abb. III 4.5 dargestellt ist.

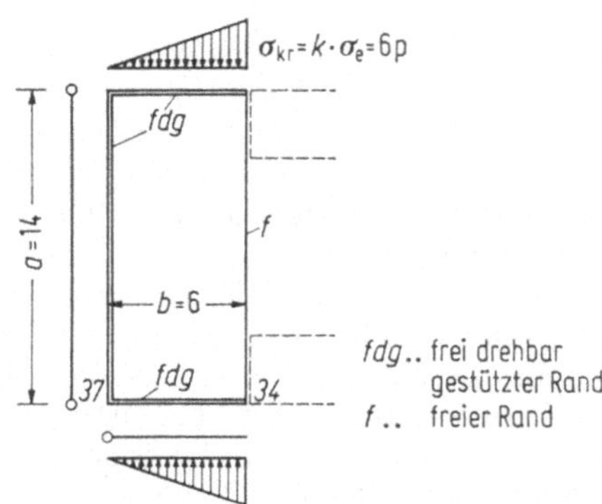

Abb. III 4.6. Herausgeschnittene Teilscheibe mit idealisierter Belastung

Literatur zu Kapitel III

[1] Bay, H.: Über den Spannungszustand in hohen Trägern und die Bewehrung von Eisenbetontragwänden. Wittwer 1931.

[2] Beyer, K.: Die Statik im Stahlbetonbau. Berlin: Springer 1948.

[3] Bortsch, R.: Die Ermittlung der Spannungen in beliebig begrenzten Scheiben. Akad. d. Wiss., Wien 1929. Smn 138—10.

[4] Bryan: On a Stability of a plane plate. London 1891. Math. Zeitschr. 22, 54.

[5] DIN 4114: Ausg. 1953.

[6] Girkmann, K.: Flächentragwerke. Wien: Springer 1954, 3. Aufl.

[7] Klöppel, Scheer, Möller: Beulwerte. 2 Bde. Berlin: Ernst & Sohn: Bd. I, 1960, Bd. II: 1968.

[8] Kollbrunner-Meister: Ausbeulen. Berlin: Springer 1958.

[9] Markus, H.: Die Theorie elastischer Gewebe biegsamer Platten. Bd. I, 2. Aufl. Berlin: Springer 1932.

[10] Nadai, A.: Elastische Platten. Berlin: Springer 1925.

[11] Rabich, R.: Statik der Platten, Scheiben, Schalen. Ing. Taschenbuch Bauwesen, Bd. I, Grundlagen d. Ingenieurbaus. Leipzig: Edition 1964.

[12] Reckling, K.-A.: Zur Theorie der Plattenbeulung im plastischen Materialbereich. Ing. Archiv. XXVIII Bd. 1959, S. 263—276.

[13] Sattler, K.: Beitrag zur Knicktheorie dünner Platten. Diss. TH Graz 1932, Mitt. Forsch. Anst. GHH-Konzern Bd. 3, H. 10, S. 257—284, Oberhausen Juli 1935.

[14] Sommerfeld, A.: Über die Knicksicherheit der Stege von Walzwerkprofilen. Z. Math. u. Phys. 54 (1907) 113 u. 318.

[15] Szyszkowitz, T.: Beitrag zur Stabilität von Scheiben unter Verwendung der Finiten-Element-Methode. Diss. TH Graz 1974.

[16] Timoshenko, S.: Einige Stabilitätsprobleme der Elastizitätstheorie. Z. Math. u. Phys. 58 (1910) 337.

[17] Timoshenko, S.: Stabilité des systèmes élastiques. Ann. Ponts Chauss. 1913, S. 372.

[18] Timoshenko, S.: Über die Stabilität versteifter Platten. Eisenbau 1921, S. 147.

IV. Eigenfrequenzen von Tragwerken

Die Kenntnis der Eigenfrequenzen eines Tragwerkes oder von Teilen desselben kann von Bedeutung werden, wenn durch Impulse von außen deren Frequenzen mit denen der Konstruktion übereinstimmen. Diese Impulse können durch Maschinen bei Hochbauten, bei Förder- und Glockentürmen, durch periodische Windeinflüsse bei Brücken und Türmen und Schornsteinen u. a. m. auftreten und ein schädliches Aufschaukeln der Konstruktion bedingen.

Sind die Impulse bekannt, so wird man eine Konstruktion wählen, deren Eigenfrequenzen nicht in den näheren Bereich der Impulse fallen. Man wird einen größeren Spielraum beachten, da nicht alle konstruktiven Anordnungen auch voll in der Berechnung erfaßt sein können (Änderungen der Belastung, elastische Einspannungen im Fundament, Ausbildung von Rahmenecken, besondere Formen der Querschnitte u. a. m.). Besondere Bedeutung wird den verschiedenen Schwingungen von Hängebrücken zugelegt, da dabei schwere Schäden auftreten können. Dies betrifft vor allem Torsionsschwingungen aus Windeinflüssen. Die Schwingungen von Verkehrseinflüssen sind bei Brücken nicht von Bedeutung. Es treten ja auch bei den Brücken von 1,0 m bis zu vielen hundert Metern Spannweite alle nur möglichen Frequenzen auf, und es ist kein Grund, irgendeine Frequenz als schädlich anzusehen, um so mehr bei Verkehrslasten immer wieder eine Störung der Frequenz bei verschiedenen Lasten und laufenden Laststellenwechsel auftreten.

Tritt an einem fertigen Bauwerk oder Bauteil eine Resonanzerscheinung auf, so bleibt nur die Möglichkeit einer Frequenzänderung durch zusätzliche konstruktive Maßnahmen übrig, die ein Verstimmen der ursprünglichen Frequenz zum Ziel haben.

Die obigen Ausführungen lassen schon erkennen, daß eine Rechengenauigkeit von wenigen Prozenten hierfür ausreichend zur Bestimmung der Eigenfrequenzen ist. Es ist daher naheliegend, Näherungsberechnungen zu verwenden, die diese Genauigkeitsgrenze gewährleisten. Mit der Energiemethode des Abschnittes A ist die Möglichkeit geboten, mit einfachen Mitteln der Statik die Eigenfrequenzen beliebiger ebener Fach- und Stabwerke zu berechnen. Es sind dabei nur zu gegebenen ideellen Belastungen die Durchbiegungen des Systems zu berechnen, was zu den Grundaufgaben der Statik gehört. Dabei können veränderliche Belastung, veränderliches Trägheitsmoment u. a. m. ohne rechnerische Schwierigkeiten erfaßt werden. Die Vergleiche der Rechnung mit den gemessenen Frequenzen zeigen — wie dies z. B. in den Zahlenbeispielen angegeben ist — sowohl bei vollwandigen wie Fachwerksystemen eine sehr gute und völlig befriedigende Übereinstimmung.

Für erdverankerte Hängebrücken sind im Abschnitt A 4 aus der Arbeit von Tschemmernegg [18] für einige Typen einfache Formeln für Biege- und Torsionsschwingungen angegeben. Für statisch unbestimmte Stabwerke — sowohl für ebene als auch räumliche Systeme — wurde das von Spener [13] erweiterte Verfahren von Koloušek [9] aufgenommen. Dies ist jedoch nur sinnvoll bei stabweise konstanten Querschnittswerten. Für ebene Systeme ist es einfach anzuwenden, es sind dazu aber tabulierte Tafelwerte erforderlich. Von besonderer Bedeutung wird dieses Verfahren aber für räumliche Systeme, da die Resonanzbedingungen rein schematisch in Matrizenschreibweise angeschrieben werden können. Bei letzterem Verfahren kann eine starke Reduzierung des Rechenaufwandes erzielt werden, wenn die Stabdehnungen der einzelnen Stabelemente und Stablängskräfte vernachlässigt werden, die in der Regel nur von geringem Einfluß sind.

Aus den Zahlenbeispielen ist die einfache Durchführung der Rechnung für die verschiedensten Systeme nach der Energie- und Deformationsmethode zu ersehen.

A. Energiemethode

Unter Verwendung der Energiemethode können mit Hilfe der statischen Durchbiegungen aus gegebenen bzw. ideellen Belastungen die Eigenschwingungszahlen von beliebigen Systemen berechnet werden [12].

1. Ebene vollwandige Träger

Betrachtet man den von Timoshenko [17] behandelten Fall eines freiaufliegenden masselosen Balkens mit einer schwingenden Masse P/g in Balkenmitte (Abb. IV A.1), so weist dieser mit der statischen Durchbiegung w_{st} die Federkonstante

$$f_z = \frac{P}{w_{st}} \qquad (IV\ A.1)$$

auf. Damit beträgt die in die Ruhelage zurückwirkende Federkraft für eine bestimmte Ausbiegung w_1

$$F = -f_z w_1. \qquad (IV\ A.2)$$

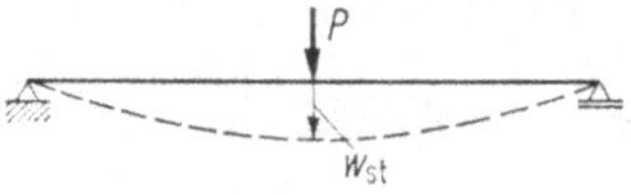

Abb. IV A.1

Nach dem Prinzip von d'Alembert gilt

$$-\frac{P}{g} \frac{d^2 w_1}{dt^2} - f_z w_1 = 0;$$

$$\frac{d^2 w_1}{dt^2} + \frac{f_z g}{P} w_1 = 0. \qquad (IV\ A.3)$$

Mit

$$\omega^2 = \frac{f_z g}{P} = \frac{g}{w_{st}} \qquad (IV\ A.4)$$

erhält man als Lösung von (IV A.3)

$$w_1 = A \cos \omega t + B \sin \omega t. \qquad (IV\ A.5)$$

Die Schwingungszeit für diese einfach harmonische Bewegung beträgt

$$T = \frac{2\pi}{\omega} = 2\pi \sqrt{\frac{w_{st}}{g}}, \qquad (IV\ A.6)$$

und die Frequenz

$$\nu = \frac{1}{T} = \frac{1}{2\pi} \sqrt{\frac{g}{w_{st}}}. \qquad (IV\ A.7)$$

Für eine Schwingung der Form

$$w_1 = A \cos \omega t \qquad (IV\ A.8)$$

wird

$$\frac{dw_1}{dt} = -A\omega \sin \omega t.$$

Für eine Durchbiegung w_1 gilt für die kinetische Energie

$$U = \frac{1}{2}\frac{P}{g}\left(\frac{dw_1}{dt}\right)^2 = \frac{1}{2}\frac{P}{g}A^2\omega^2 \sin^2 \omega t, \qquad \text{(IV A.9)}$$

und für die potentielle Energie der von Noll anwachsenden Federkraft

$$V = -\frac{1}{2}Fw_1 = -\frac{1}{2}FA \cos \omega t. \qquad \text{(IV A.10)}$$

Nach dem Satz von der Erhaltung der Energie, wonach zu jedem Zeitpunkt die Summe von kinetischer und potentieller Energie konstant ist, gilt auch

$$\max U = \max V.$$

Mit (IV A.9), (IV A.10) und (IV A.2) wird

$$\frac{1}{2}\frac{P}{g}A^2\omega^2 = -\frac{1}{2}FA = \frac{1}{2}f_z A^2, \qquad \text{(IV A.11)}$$

und mit (IV A.1) erhält man wie früher

$$\omega^2 = \frac{f_z g}{P} = \frac{g}{w_{st}}. \qquad \text{(IV A.4)}$$

Aus obigen Entwicklungen erkennt man, daß der Berechnung der Schwingungszeit und der Frequenzen die statischen Durchbiegungen zugrunde gelegt werden können. Mit $A = w_{st}$ ergibt sich aus (IV A.11)

$$\frac{1}{2}\frac{P}{g}w_{st}^2\omega^2 = \frac{1}{2}Pw_{st} \qquad \text{(IV A.12)}$$

und

$$\omega^2 = \frac{g}{w_{st}}.$$

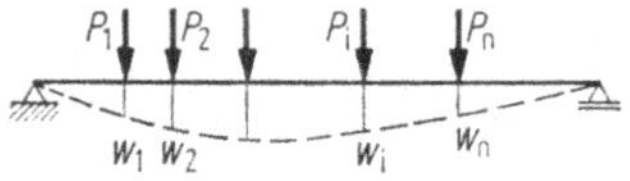

Abb. IV A.2

Ist der Träger mit mehreren Lasten P_1 bis P_n belastet (Abb. IV A.2), so erhält man entsprechend (IV A.12) mit den zugehörigen statischen Durchbiegungen w_1 bis w_n die Bedingungsgleichung

$$\frac{\omega^2}{g}\sum_n (P_n w_n^2) = \sum_n (P_n w_n). \qquad \text{(IV A.13)}$$

$$\omega = \sqrt{\frac{g \sum\limits_n (P_n w_n)}{\sum\limits_n (P_n w_n^2)}};$$

$$T = \frac{2\pi}{\omega} = 2\pi \sqrt{\frac{\sum\limits_n (P_n w_n^2)}{g \sum\limits_n (P_n w_n)}}. \qquad \text{(IV A.14)}$$

Geht man von den Einzellasten zu einer kontinuierlichen Belastung q über (Abb. IV A.3), so gilt entsprechend (IV A.14)

$$T = 2\pi \sqrt{\frac{\int qw^2 \, dx}{g \int qw \, dx}}. \tag{IV A.15}$$

Für einen Vollwandträger mit konstantem Trägheitsmoment und konstanter Belastung q (Abb. IV A.4) beträgt die Durchbiegung an der Stelle x

$$w = \frac{q}{24EJ} \left(x^4 - 2x^3 l + xl^3 \right).$$

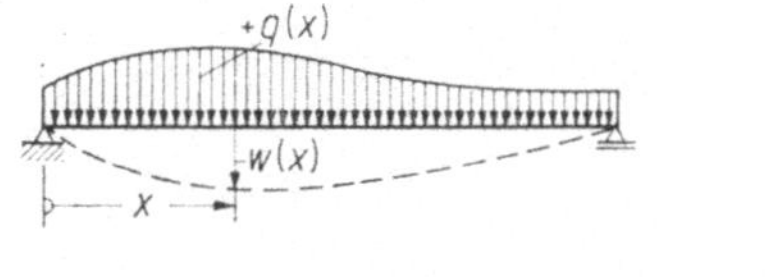

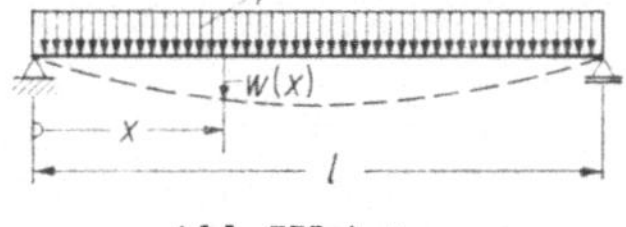

Abb. IV A.3 Abb. IV A.4

Damit wird

$$\int w^2 \, dx = \left(\frac{q}{24EJ} \right)^2 \frac{31 \, l^9}{630}; \quad \int w \, dx = \frac{q}{24EJ} \frac{l^5}{5},$$

und nach (IV A.15)

$$T = 2\pi l^2 \sqrt{\frac{q}{g \, EJ} \cdot \frac{31 \cdot 5}{24 \cdot 630}} = \frac{2l^2}{\pi} \sqrt{\frac{q}{g \, EJ}}. \tag{IV A.16}$$

Genau der gleiche Wert wird als Lösung der homogenen Differentialgleichung der Schwingung

$$\frac{q}{g} \frac{\partial^2 w}{\partial t^2} + EJ \frac{\partial^4 w}{\partial x^4} = 0$$

erhalten mit

$$T = \frac{2l^2}{\pi k^2} \sqrt{\frac{q}{g \, EJ}}, \tag{IV A.17}$$

wobei $k = 1$ für die Grundschwingung gilt (siehe [1, S. 49]). Hierbei ist nur die Trägheit der Drehbewegung vernachlässigt, welcher Anteil dem zweiten Glied der allgemeinen Gleichung der Schwingung

$$\frac{q}{g} \frac{\partial^2 w}{\partial t^2} - \frac{\gamma}{g} J \frac{\partial^4 w}{\partial x^2 \partial t^2} = -EJ \frac{\partial^4 w}{\partial x^4} + q + P(x, t) \tag{IV A.18}$$

entspricht [1, S. 46] und in der Regel von untergeordneter Bedeutung ist.

Für einen Träger mit veränderlicher Belastung q und veränderlichem Trägheitsmoment $J(x)$ (Abb. IV A.5) werden mit den elastischen Gewichten und abschnittsweise konstantem Trägheitsmoment J nach Abb. IV A.5 b (siehe Bd. I A, III B.6b) die Durchbiegungen w_n in den Feldpunkten n berechnet. Nimmt man im Bereich eines Abschnittes mit der Länge c_n näherungsweise den Mittelwert q_n als konstante Belastung (Abb. IV A.5 a) und die Biegelinie zwischen den Feldpunkten geradlinig verlaufend an (Abb. IV A.5 c), so gilt:

$$\int_0^l qw^2 \, dx = \sum_1^n \left| q_n \frac{c_n}{3} (w_n^2 + w_n w_{n+1} + w_{n+1}^2) \right|;$$

$$\int_0^l qw \, dx = \sum_1^n \left| q_n \frac{c_n}{2} (w_n + w_{n+1}) \right|. \tag{IV A.19}$$

Die Summation ist über alle Teilbereiche zu erstrecken. Mit (IV A.19) ergibt sich nach (IV A.15) die Schwingungszeit T. Bei Schwingungen höherer Ordnung ist es nur erforderlich, die Massen in den entsprechenden Schwingungsrichtungen wirken zu lassen und für die so wirkende Belastung die Durchbiegungen zu berechnen.

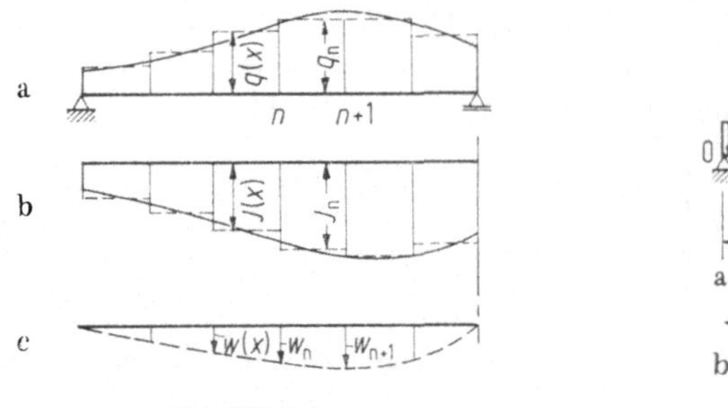

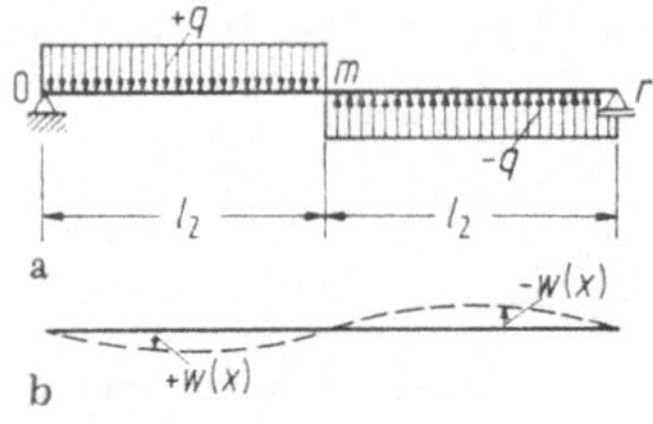

Abb. IV A.5   Abb. IV A.6

Für einen Träger mit konstantem Trägheitsmoment J und konstanter Belastung q wird sich für die Schwingung 2. Ordnung ein Knotenpunkt in Feldmitte ergeben (Abb. IV A.6). Läßt man die Belastung q nach Abb. IV A.6a wirken, also jeweils in Richtung der Durchbiegung, so ergeben sich die Durchbiegungen nach Abb. IV A.6b. Die Biegelinie im Bereich $(0 - m)$ bzw. $(m - r)$ ist aber die eines Trägers mit der Stützweite $l/2$. Da die potentielle und kinetische Energie in beiden Bereichen positiv und jeweils gleich groß sind, ergibt sich nach (IV A.15)

$$T = 2\pi \sqrt{\dfrac{2\displaystyle\int_0^{l/2} q w^2 \, dx}{2g \displaystyle\int_0^{l/2} w \, dx}} = \frac{2l^2}{4\pi} \sqrt{\frac{q}{g\,EJ}}. \qquad \text{(IV A.20)}$$

Dieser Wert stimmt mit (IV A.17) für $k = 2$ überein.

Sind die Belastung und das Trägheitsmoment nicht konstant über die Trägerlänge (Abb. IV A.7a), so nimmt man die Schwingungsform 2. Ordnung zuerst näherungsweise an (Abb. IV A.7b). Damit liegt der Lastwechselpunkt a fest. Berechnet man für die Belastungsanordnung nach Abb. IV A.7c die Biegelinie, so wird der

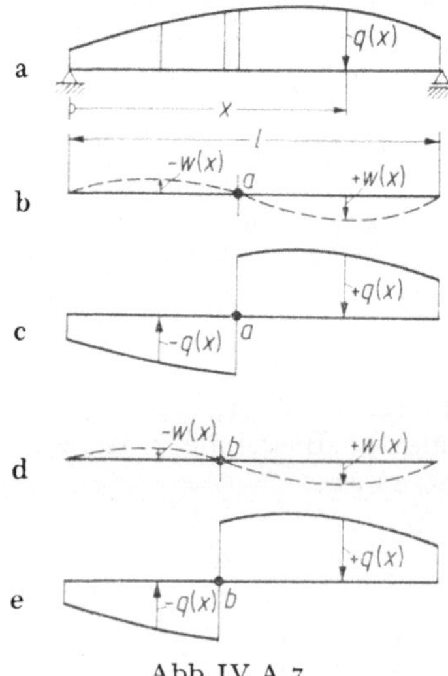

Abb. IV A.7

Nullpunkt b (Abb. IV A.7d) in der Regel nicht mit dem angenommenen Punkt a zusammenfallen. Die Berechnung wird für die Belastungsanordnung nach Abb. IV A.7e wiederholt. Stimmen angenommene und erhaltene Biegelinie überein, so kann nach (IV A.15) die Schwingungszeit berechnet werden. Zu beachten ist hierbei, daß sowohl die Integrale im Zähler wie im Nenner für beide Bereiche positive Werte ergeben, es sich somit um eine Summation handelt, da $(+q)$ und $(+w)$ bzw. $(-q)$ und $(-w)$ jeweils zusammen in gleicher Richtung wirken, somit in beiden Bereichen positive Werte für die kinetische und potentielle Energie auftreten.

In (IV A.19) sind somit für jeden Teilbereich c_n die Teilintegrale $\int qw^2 \, \mathrm{d}x$ und $\int qw \, \mathrm{d}x$ positiv, gleichgültig ob es sich um den Bereich mit positiven oder negativen Durchbiegungen handelt.

Die gezeigte Methode kann auch für statisch unbestimmte Systeme angewendet werden.

Für den Durchlaufträger über 2 Felder kommt sowohl eine symmetrische Schwingung nach Abb. IV A.8a als auch eine antimetrische nach Abb. IV A.8c in Frage. Für die symmetrische Schwingung beträgt bei konstantem Trägheitsmoment und konstanter Belastung die Durchbiegung an der Stelle x

$$w = \frac{q}{24EJ}\left(x^4 - \frac{3}{2}x^3 l + \frac{1}{2}xl^3\right).$$

Damit wird

$$\int_0^l w^2 \, \mathrm{d}x = \left(\frac{q}{24EJ}\right)^2 \frac{19}{2520}\, l^9;$$

$$\int_0^l w \, \mathrm{d}x = \left(\frac{q}{24EJ}\right)\frac{3}{40}\, l^5$$

und

$$T = 2\pi l^2 \sqrt{\frac{q}{g\,EJ}} \sqrt{\frac{19\cdot 40}{24\cdot 2520\cdot 3}} = \frac{2l^2}{1{,}565\,\pi}\sqrt{\frac{q}{g\,EJ}}.$$

Für die antimetrische Schwingung nach Abb. IV A.8c ist das Stützmoment aus der Belastung nach Abb. IV A.8b Null, die Biegelinie ist die des statisch bestimmten Systems mit der Stützweite l und

$$T = \frac{2l^2}{\pi}\sqrt{\frac{q}{g\,EJ}}.$$

Für ein statisch unbestimmtes System mit veränderlichem Trägheitsmoment führt (IV A.15) mit (IV A.19) ebenfalls zur Schwingungszeit und Frequenz. Für ein beliebiges statisch unbestimmtes System wird für eine angenommene Schwingungsform die jeweilige Belastung (ständige Last und bei belasteter Brücke auch Verkehr) in Richtung der Biegelinie wirken gelassen (z. B. Abb. IV A.9a und b). Für diesen Be-

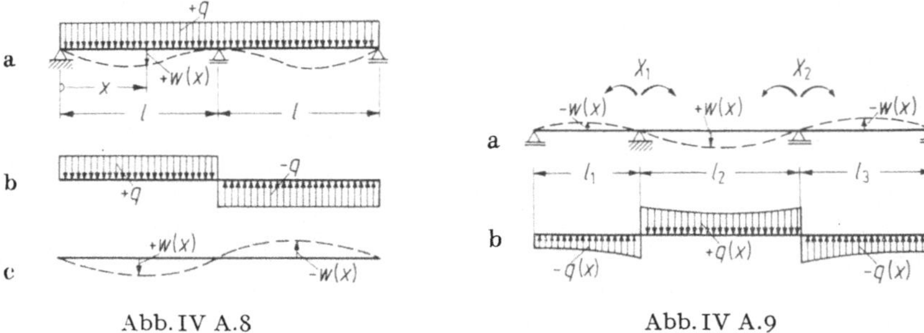

Abb. IV A.8   Abb. IV A.9

lastungsfall werden die unbekannten Größen X_i (z. B. X_1 und X_2) berechnet und aus dem zugehörigen Momentenzustand mit den elastischen Gewichten die Durchbiegungen ermittelt. Damit wird nach (IV A.15) die Schwingungszeit für die angenommene Schwingungsform erhalten. Die Durchführung der Berechnung ist in den Beispielen IV.1 und IV.3 gezeigt.

2. Ebene Stabwerke

Für ebene Stabwerke kann in ausgezeichneter Annäherung wieder für die Berechnung der Eigenschwingungszeit die Energiemethode zur Anwendung kommen, vor allem wenn von vorneherein die entsprechende Schwingungsfigur festliegt.

a) Unverschiebliche Systeme

Zur angenommenen Schwingungsfigur (Grundschwingung oder höhere Schwingung) werden die ständige Last q und bei belastetem System auch die Verkehrslast p in Richtung der gewählten Durchbiegung als ideelle Belastung eingeführt. Hierfür werden nach dem bekannten Verfahren die Momente, und damit mit den elastischen Gewichten für jeden Einzelstab die Durchbiegungen berechnet. Stimmen die aus der Berechnung sich ergebenden Durchbiegungsrichtungen mit den zugehörigen Annahmen für jeden Stab überein, so kann die entsprechende Schwingungszeit nach (IV A.15) mit (IV A.19) berechnet werden.

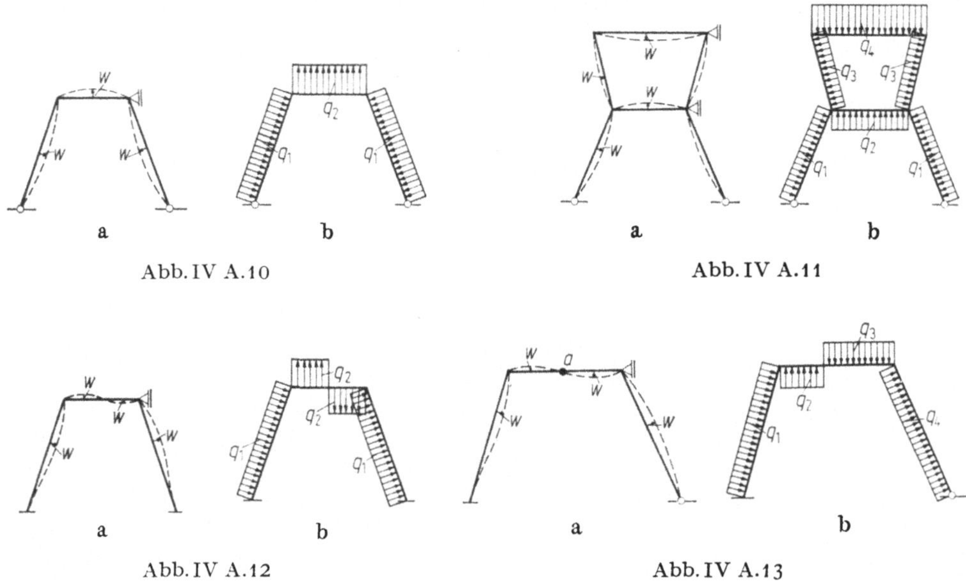

Abb. IV A.10   Abb. IV A.11

Abb. IV A.12   Abb. IV A.13

Abb. IV A.10, IV A.11 und IV A.12 zeigen z. B. schematisch die Wahl der Durchbiegungen (Abb. a) und die entsprechenden Belastungen (Abb. b) für die symmetrischen bzw. antimetrischen Schwingungen von symmetrischen Schrägstielrahmen.

Beim unsymmetrischen Rahmen nach Abb. IV A.13 wird bei der Berechnung der antimetrischen Schwingung der Punkt a, in dem die Durchbiegungen ihr Vorzeichen wechseln, zuerst geschätzt (Abb. IV A.13 a) und dazu die Belastung nach Abb. IV A.13 b angenommen. Ergibt sich bei der Berechnung der Durchbiegungen des Stabes $1-2$ eine größere Verschiebung des Punktes a, so ist die Belastungsanordnung zu ändern und die Berechnung der Durchbiegungen des gesamten Systems neu durchzuführen.

b) Verschiebliche Systeme

Die Berechnung verschieblicher Stabwerke nach der Energiemethode wird besonders vorteilhaft, wenn es sich um horizontale Verschiebungen von Stäben, die zwischen zwei beweglichen Knoten angeordnet sind, handelt. Das trifft vor allem bei Rahmen mit senkrechten Stielen und horizontalen Riegeln zu. Beim seitlichen Ausschwingen der Rahmen nach Abb. IV A.14 können die Durchbiegungen nach Abb. IV A.14a angenommen werden. Damit ist die Belastungsanordnung nach Abb. IV A.14b gegeben. Zu beachten ist dabei, daß die gesamte Riegellast $H_R = q_R b$ ebenfalls seitlich um das Maß u_R ausschwingt. H_R ist bei der Berechnung der Momente und Durchbiegungen somit neben q_R und q_{st} zu berücksichtigen.

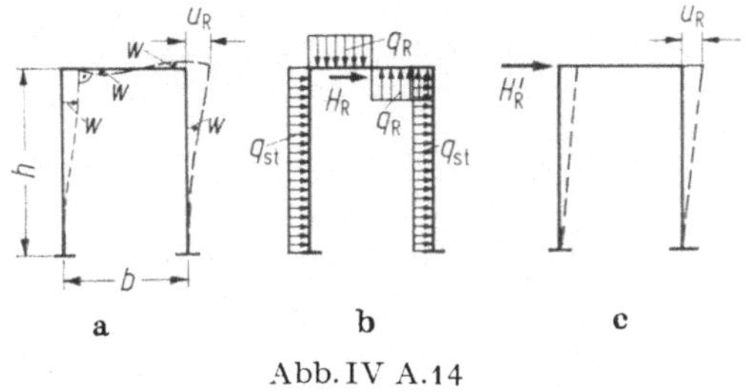

Abb. IV A.14

Die Schwingungszeit ergibt sich in diesem Fall nach (IV A.14) und (IV A.15) zu

$$T = 2\pi \sqrt{\frac{\int qw^2 \, ds + H_R u_R^2}{g[\int qw \, ds + H_R u_R]}}. \qquad \text{(IV A.21)}$$

Ein erster Näherungswert wird erhalten, wenn die halbe Belastung jedes Stieles mit in die ideelle Last H_R' (Abb. IV A.14c)

$$H_R' = 2\, q_{st}\, \frac{h}{2} + q_R b \qquad \text{(IV A.22)}$$

einbezogen und hierfür die Verschiebung u_R berechnet wird, mit (IV A.6) zu

$$T = 2\pi \sqrt{\frac{u_R}{g}}. \qquad \text{(IV A.23)}$$

Entsprechend können für einen beliebigen Stockwerksrahmen (Abb. IV A.15) mit

$$H_i' = \frac{1}{2} \sum (q_{st,i} h_i) + \frac{1}{2} \sum (q_{st,i+1} h_{i+1}) + \sum (q_R b) \qquad \text{(IV A.24)}$$

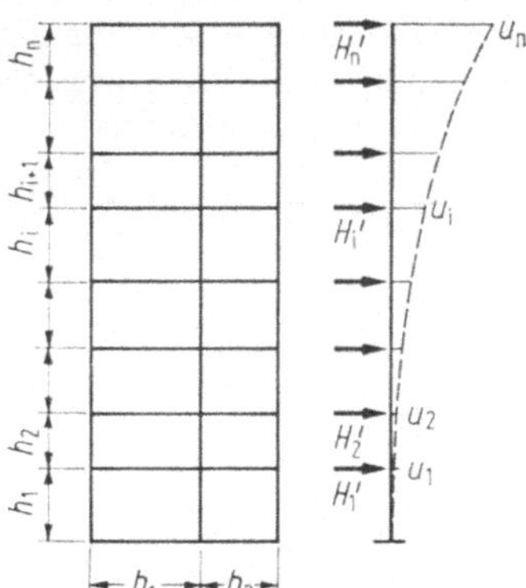

Abb. IV A.15

die Momente und Durchbiegungen u_i in üblicher Weise gefunden werden, womit sich
in guter Näherung entsprechend (IV A.14) die Schwingungszeit zu

$$T = 2\pi \sqrt{\frac{\sum (H_i' u_i^2)}{g \sum (H_i' u_i)}} \qquad\qquad \text{(IV A.25)}$$

ergibt.

Ein verbesserter Wert wird erhalten, wenn man die Durchbiegungen der Stiele
und die entsprechenden Belastungen berücksichtigt und

$$H_i = \sum (q_R b) \qquad\qquad \text{(IV A.26)}$$

einführt, zu

$$T = 2\pi \sqrt{\frac{\int qw^2\,ds + \sum (H_i u_i^2)}{g[\int qw\,ds + \sum (H_i u_i)]}}. \qquad\qquad \text{(IV A.27)}$$

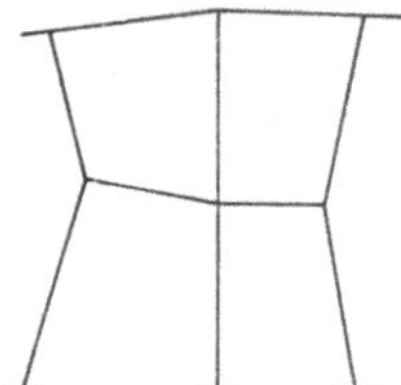

Abb. IV A.16

Bei Systemen mit beliebig gerichteten Einzelstäben (z. B. Abb. IV A.16) kann so vor-
gegangen werden, daß für eine gewählte Schwingungsform die Belastung und damit
der Verschiebungsplan der Knoten bestimmt werden (z.B. Abb. IV A.17). Für jeden
Einzelstab werden aus den Schnittbelastungen die Durchbiegungen w senkrecht zur
Stabachse bestimmt, womit sich die Anteile $\int qw^2\,ds$ und $\int qw\,ds$ ergeben und die
Verschiebung u_s in Stabrichtung, womit die Anteile $R_s u_s^2$ und $R_s u_s$ bestimmt werden.
Hierbei ist für $R_{s,n} = q_n l_n$ einzuführen. Entsprechend (IV A.26) erhält man

$$T = 2\pi \sqrt{\frac{\int qw^2\,ds + \sum (R_s u_s^2)}{g[\int qw\,ds + \sum (R_s u_s)]}}. \qquad\qquad \text{(IV A.28)}$$

Von Sonderfällen abgesehen, empfiehlt es sich jedoch, bei solchen Systemen die Deformationsmethode nach Abschnitt B zu verwenden, da hierbei keine Aussagen über die
Verformungen von vornherein gemacht werden müssen und alle möglichen Frequenzen für Grund- und Oberschwingungen aus einem Gleichungssystem erhalten werden.

Eine einfache Näherungsberechnung kann auch bei solchen Systemen wie folgt
durchgeführt werden. Für eine angenommene Schwingungsfigur kann ein Stab $i - k$
(Abb. IV A.18) sowohl eine Bewegung in Stabrichtung als auch eine Sehnendrehung
ψ_{i-k} ausführen. Verteilt man die Masse $m_{i,k}$ eines Stabes hälftig auf die benachbarten
Knoten i und k, mit $m_{i,k}\, s_{i-k}/2$, senkrecht zur Stabachse und in der Richtung der
angenommenen Verschiebung wirkend, und läßt man außerdem die gesamte Stab-

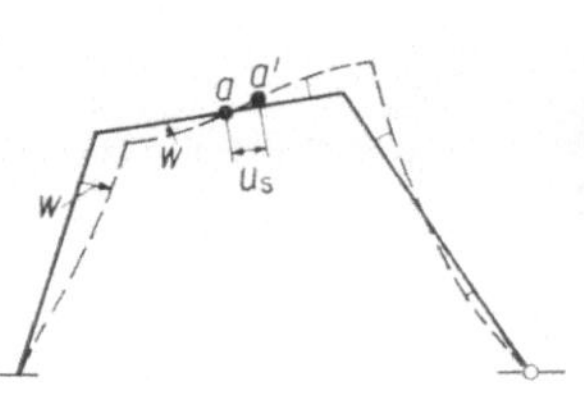

Abb. IV A.17

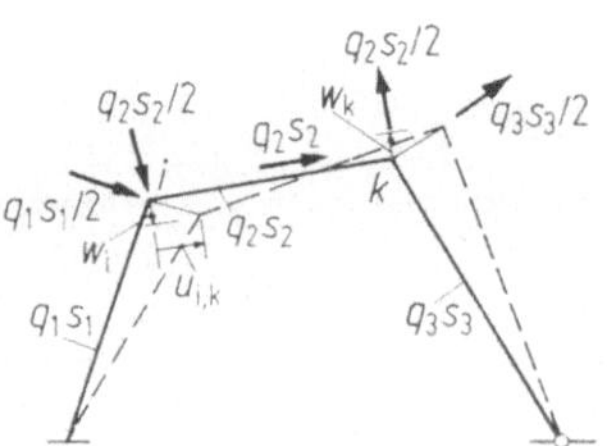

Abb. IV A.18

masse $m_{i,k}s_{i-k}$ in Richtung des Stabes $(i-k)$ wirken, so ist die gesamte ideelle Belastung des Rahmens für die angenommene Schwingungsfigur festgelegt. Mit dieser ideellen Belastung werden die Knotenpunktsverschiebungen in üblicher Weise berechnet und für jeden Stab $i-k$ die Knotenpunktsverschiebungen w_i und w_k senkrecht zur Stabrichtung und in Stabrichtung $u_{i,k}$ ermittelt. Die Schwingungszeit ergibt sich damit entsprechend (IV A.28) zu

$$T = 2\pi \sqrt{\frac{\sum \left[\frac{q_{i,k}s_{i-k}}{2} (w_i^2 + w_k^2) + q_{i,k}s_{i-k}u_{i,k}^2 \right]}{g \sum \left[\frac{q_{i,k}s_{i-k}}{2} (w_i + w_k) + q_{i,k}s_{i-k}u_{i,k} \right]}}. \qquad \text{(IV A.29a)}$$

Die Durchführung der Rechnung ist in den Zahlenbeispielen IV 4, 5 und 6 gezeigt.

Ist die Schwingungsfigur bekannt, so kann man vereinfachend auch die Stabmassen in den Knotenpunkten konzentriert annehmen und in Richtung der Knotenverschiebungen v_i^* nach der Schwingungsfigur wirken lassen.

Mit dieser Belastung in den Knotenpunkten werden wieder die Verschiebungen der Knoten berechnet und man erhält

$$T = 2\pi \sqrt{\frac{\sum_i \left[\sum_m \left(\frac{q_{i,k}s_{i-k}}{2} \right) v_i^{*2} \right]}{g \sum_i \left[\sum_m \left(\frac{q_{i,k}s_{i-k}}{2} \right) v_i^* \right]}}; \qquad \text{(IV A.29b)}$$

$\sum_m$ erstreckt sich über alle an einem Knoten i anschließenden Stäbe, $\sum_i$ über alle freien Knoten des Systems. Die Durchführung der Rechnung wird in Beispiel IV 6 gezeigt.

3. Ebene Fachwerke

Die Berechnung der Schwingungszeiten von Fachwerkträgern erfolgt in analoger Weise zu Abschnitt 1.

Zur angenommenen Schwingungsfigur (z. B. Abb. IV A.19) eines Fachwerkes werden die Knotenlasten G bzw. $G + P$ der einzelnen Knoten i in Richtung der Durchbiegungen wirkend angenommen. Damit werden die Stabkräfte — am sta-

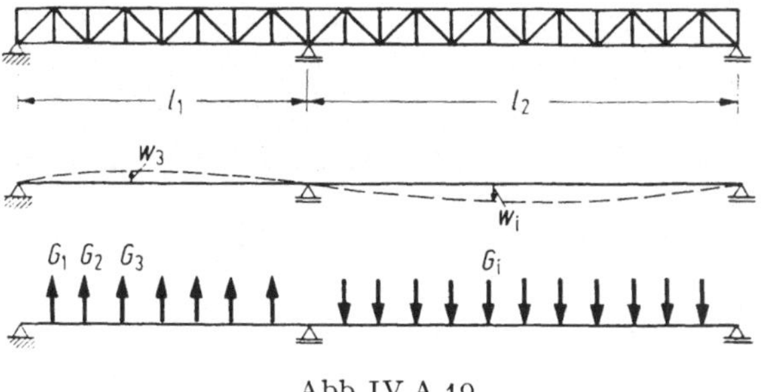

Abb. IV A.19

tisch bestimmten oder unbestimmten System — berechnet und mit den elastischen Gewichten die zugehörigen Durchbiegungen ermittelt, die mit den Richtungen der angenommenen Durchbiegungen übereinstimmen müssen. Wenn dies nicht der Fall ist, ist die Berechnung entsprechend der erhaltenen Durchbiegungsform zu wiederholen.

Entsprechend (IV A.14) gilt

$$T = 2\pi \sqrt{\frac{\sum (G_i w_i^2)}{g \sum (G_i w_i)}}$$

bzw.

$$T = 2\pi \sqrt{\frac{\sum [(G_i + P_i)\, w_i^2]}{g \sum [(G_i + P_i)\, w_i]}}. \qquad (IV\ A.30)$$

Die Durchführung der Rechnung ist im Zahlenbeispiel IV.2 gezeigt.

4. Hängebrücken

a) Biegeschwingungen

Bei der Berechnung in sich verankerter Hängebrücken können die Formeln von Abschnitt 1 und 2 entsprechend angewendet werden. Im Beispiel IV.1 ist die Durchführung der Zahlenrechnung gezeigt.

Anders liegen die Verhältnisse bei erdverankerten Hängebrücken, da hierbei die Theorie II. Ordnung von wesentlichem Einfluß ist. Den nachfolgenden Entwicklungen liegt die Arbeit von Tschemmernegg [18] zugrunde (siehe auch [10] und [7]). Bezeichnet man in (IV A.1) die Federkonstante f_z mit K und die Masse $m = P/g$, so lautet (IV A.6)

$$T = 2\pi \sqrt{\frac{m}{K}}. \qquad (IV\ A.31)$$

Bei der Untersuchung der Schwingung eines Trägers kann dieser ebenfalls als eine Feder aufgefaßt werden. Ist das Trägheitsmoment konstant, so erzeugt die gleichmäßig über die Trägerlänge verteilt angenommene Federkonstante K_B bei einer Durchbiegung ζ die Federkraft $K_B \zeta$. Setzt man die potentielle Energie der gesamten Federkräfte gleich der aus der Belastung p, die die Durchbiegung ζ erzeugt, so erhält man

$$\frac{1}{2} \int\limits_0^l (K_B \zeta)\, \zeta\, \mathrm{d}x = \frac{1}{2} \int\limits_0^l p \zeta\, \mathrm{d}x$$

und

$$K_B = \frac{\int\limits_0^l p \zeta\, \mathrm{d}x}{\int\limits_0^l \zeta^2\, \mathrm{d}x}. \qquad (IV\ A.32)$$

Für einen frei aufliegenden Träger mit konstantem Trägheitsmoment J ergibt sich mit

$$\zeta = \zeta_m \sin \frac{\pi x}{l}; \qquad \frac{\mathrm{d}^4 \zeta}{\mathrm{d}x^4} = \frac{\pi^4}{l^4}\, \zeta,$$

und nach Bd. I A (III B.10)

$$p = EJ \frac{\mathrm{d}^4 \zeta}{\mathrm{d}x^4};$$

$$K_B = \frac{\int\limits_0^l EJ \frac{\pi^4}{l^4}\, \zeta^2\, \mathrm{d}x}{\int\limits_0^l \zeta^2\, \mathrm{d}x} = \frac{\pi^4}{l^4}\, EJ.$$

Aus (IV A.31) erhält man mit $m = p/g$

$$T = 2\pi \sqrt{\frac{m}{K_B}} = \frac{2l^2}{\pi} \sqrt{\frac{m}{EJ}}, \qquad \text{(IV A.33)}$$

welcher Wert mit (IV A.17) übereinstimmt.

Für eine Hängebrücke mit konstantem Trägheitsmoment J erhält man entsprechend (IV A.33) für einen Hauptträger mit der Masse $m/2$

$$T = \frac{2\pi}{\omega_B} = \frac{1}{\nu_B} = 2\pi \sqrt{\frac{m}{2K_B}}. \qquad \text{(IV A.34)}$$

Für K_B gilt wieder (IV A.32), wobei jedoch für p der bekannte Ausdruck für die Hängebrücke (siehe auch I D.25 bis I D.27) einzuführen ist [7, S. 318]:

$$p = -H\zeta'' - \Delta H z'' + EJ\zeta^{IV}. \qquad \text{(IV A.35)}$$

Hierbei ist:
z　die Gleichung der Kabellinie,
ζ　die Biegelinie der Schwingung,
H　der Kabelzug aus der Belastung,
ΔH die Änderung des Kabelzuges bei der Schwingung.

Für ζ kann in ausgezeichneter Näherung

$$\zeta = \zeta_m \sin \frac{n\pi x}{l} \qquad \text{(IV A.36)}$$

eingeführt werden.

Allgemein ergibt sich somit

$$K_B = \frac{-\int_0^l \zeta(H\zeta'' + \Delta H z'')\,dx + \int_0^l \zeta(EJ\zeta^{IV})\,dx}{\int_0^l \zeta^2\,dx}, \qquad \text{(IV A.37)}$$

und

$$\omega_B = \sqrt{\frac{K_B}{m/2}}. \qquad \text{(IV A.38)}$$

Der Wert ΔH der Änderung der Kabelkraft ergibt sich aus der Bedingung, daß der Abstand der Kabelverankerungen unverändert bleibt, oder die Summe der differentiellen Längenänderungen des Kabels Null sein muß [7].

Somit gilt

$$\int_0^l \Delta x = 0. \qquad \text{(IV A.39)}$$

Nach Umformung ergibt sich daraus [7] die Bedingungsgleichung für ΔH:

$$\Delta H \frac{l_k}{E_k F_k} + z'' \int_0^l \zeta\,dx = 0. \qquad \text{(IV A.40)}$$

Mit der Gleichung der Kabellinie

$$z = \frac{1}{l^2}\, 4f(lx - x^2), \qquad z'' = -\frac{8f}{l^2} \qquad \text{(IV A.41)}$$

erhält man

$$\Delta H = \frac{E_k F_k}{l_k}\, \frac{8f}{l^2} \int_0^l \zeta\,dx. \qquad \text{(IV A.42)}$$

Hierbei sind E_k, F_k, l_k, f der E-Modul, die Fläche, die Länge und der Stich des Kabels.

Für verschiedene Wellenzahlen n kann (IV A.42) mit dem Ansatz nach (IV A.36) berechnet werden. Für antimetrische Schwingungsformen wird dabei $\Delta H = 0$. Die Werte K_B nach (IV A.37) sind unter Beachtung von (IV A.42) für verschiedene Systeme von Tschemmernegg [18] berechnet worden. Sie sind für einige Sonderfälle in den Tafeln IV A.1 und IV A.2 angegeben. Damit können die Schwingungszeiten der Eigenschwingungen bzw. die Frequenzen einfach berechnet werden.

b) Torsionsschwingungen

Da im Hängebrückenbau der Einfluß der Torsionssteifigkeit eine große Bedeutung hat, besonders bei weitgespannten Brücken, wurden zur raschen Abschätzung der Torsionseigenfrequenzen die unter a) angegebenen Formeln von Tschemmernegg [18] dahingehend erweitert, daß der Einfluß des Torsionswiderstandes berücksichtigt werden kann.

α) Brücken ohne unteren Windverband

Die Torsionsschwingungen können als lotrechte Schwingungen der beiden Kabel mit versetzter Phase aufgefaßt werden (Abb. IV A.20). In

$$\alpha^{*2} = \frac{\theta}{ml^2} \qquad\qquad \text{(IV A.43)}$$

bedeuten:

$m =$ Brückenmasse je Meter Brücke $[\text{ts}^2/\text{m}^2]$,
$\theta =$ Massenträgheitsmoment je Meter Brücke $[\text{ts}^2]$.
Weiter ist
$e =$ Abstand Tragwand—Brückenmitte $[\text{m}]$.

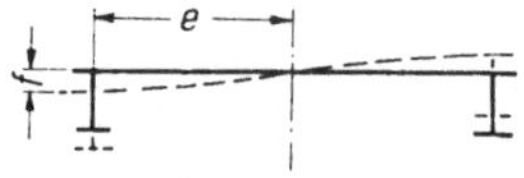

Abb. IV A.20

Die Federkonstante K_T für die Torsionsschwingung steht in Beziehung zur Federkonstante K_B für die Biegeschwingung. Es muß die Federkonstante K_T mal der Winkeldrehung gleich dem Moment der Federkonstanten aus den versetzten Biegeschwingungen der Hauptträger sein.

$$K_T \frac{\zeta}{e} = 2K_B \zeta e, \qquad\qquad \text{(IV A.44)}$$

$$K_T = 2e^2 K_B \quad \text{(siehe auch [10]).}$$

Es ergibt sich für

$$\omega_T = \sqrt{\frac{K_T}{\theta}} = \sqrt{\frac{2e^2 K_B}{\alpha^{*2}me^2}} = \sqrt{\frac{K_B}{m/2}}\sqrt{\frac{1}{\alpha^{*2}}} = \omega_B \sqrt{\frac{1}{\alpha^{*2}}}. \qquad \text{(IV A.45)}$$

$\sqrt{1/\alpha^{*2}}$ hat bei Hängebrücken den Wert $\sim$1,3 bis 1,5.

Die Torsionseigenfrequenzen lassen sich daher bestimmen, indem man die entsprechenden Biegeeigenfrequenzen mit dem Faktor $\sqrt{1/\alpha^{*2}}$ multipliziert. Die Torsionseigenfrequenzen liegen daher immer höher als die Biegeeigenfrequenzen.

β) Brücken mit unterem Windverband oder Versteifungsträger aus Hohlkastenprofilen

Die Differentialgleichung einer Hängebrücke mit Berücksichtigung der Torsionssteifigkeit lautet (Abb. IV A.20) [4]

$$p = -H\zeta'' - \frac{GJ_d}{2e^2}\zeta'' - \Delta H z'' + EJ\zeta^{\text{IV}}; \qquad \text{(IV A.46)}$$

$$p = -H\left(1 + \frac{GJ_d}{2e^2 H}\right)\zeta'' - \Delta H z'' + EJ\zeta^{\text{IV}}.$$

Mit

$$\beta^2 = \left(1 + \frac{GJ_d}{2e^2H}\right) \qquad\text{(IV A.47)}$$

und

$$H_i = \beta^2 H \qquad\text{(IV A.48)}$$

wird

$$p = -H_i\zeta'' - \triangle Hz'' + EJ\zeta^{IV}. \qquad\text{(IV A.49)}$$

Die ideelle Federkonstante K_{Bi} für die Biegung ist entsprechend (IV A.37)

$$K_{Bi} = \frac{-\int\limits_0^l \zeta(H_i\zeta'' + \triangle Hz'')\,\mathrm{d}x + \int\limits_0^l \zeta(EJ\zeta^{IV})\,\mathrm{d}x}{\int\limits_0^l \zeta^2\,\mathrm{d}x}. \qquad\text{(IV A.50)}$$

Damit erhält man nach (IV A.38)

$$\omega_{Bi} = \sqrt{\frac{K_{Bi}}{m/2}} \qquad\text{(IV A.51)}$$

und nach (IV A.45)

$$\omega_T = \omega_{Bi}\sqrt{\frac{1}{\alpha^{*2}}}. \qquad\text{(IV A.52)}$$

K_{Bi} ändert sich gegenüber K_B nur dadurch, daß infolge der Torsionssteifigkeit der Wert H_i nach (IV A.48) statt H einzuführen ist. In [18] sind für zwei Brückensysteme und für verschiedene Schwingungsformen die Werte K_{Bi} entwickelt. Sie sind, wenn das Kabel in Brückenmitte mit dem Versteifungsträger nicht oder gekoppelt ist und der Koppelungsfaktor q nach Steinmann [14, 15, 16] eingeführt wird, in den Tafeln IV A.1 und IV A.2 angegeben.

Hierbei ist in

$$\bar{J} = \frac{C_m}{2e^2} = \frac{J_{\omega\omega}}{2e^2} \qquad\text{(IV A.53)}$$

der Einfluß des Wölbwiderstandes erfaßt.

Zusammenfassend kann zu den Tafeln IV A.1 und IV A.2 gesagt werden, daß damit alle Schwingungen für ein- und dreifeldrige Hängebrücken rasch berechnet werden können.

Damit sind auch erstmalig Formeln für die Torsionseigenfrequenzen von Hängebrücken mit torsionssteifem Querschnitt angegeben. Bei den bisherigen Angaben von Steinmann und Amman sind in den Kriterien nur die K_B-Werte angegeben. Die neueren Untersuchungen lassen jedoch erkennen, daß nicht die K_B-Werte, sondern die K_T-Werte bei modernen Brücken maßgeblich werden.

Für durchlaufende Versteifungsträger, die noch mit Schrägseilen abgespannt sein können, und andere Systeme, wie Schrägseilbrücken, ist die Berechnung der Eigenfrequenzen komplizierter. Es sei diesbezüglich auf die Arbeit von Eßlinger [5] verwiesen. Besonders hingewiesen sei auch auf die Veröffentlichung von Waltking [19], wo zur Bestimmung des Massenträgheitsmomentes θ praktische Hinweise gegeben werden.

In der Arbeit von Tschemmernegg [18] ist auch das Problem der aerodynamischen Stabilität eingehend behandelt und an Zahlenbeispielen die praktischen Auswirkungen der verschiedenen konstruktiven Maßnahmen gezeigt. Ein umfangreiches diesbezügliches Schrifttumsverzeichnis ist dort ebenfalls angegeben.

Tafeln IV A.1

			Biegung	
			A	B
			Schwingungsform	K_B
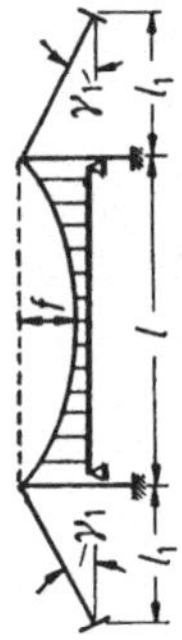 $L_K = l\cdot\left[1+\frac{8\cdot f^2}{l^2}\right]+2\cdot l_1\cdot\frac{1}{\cos^3\cdot\gamma_1}$	symmetrisch	1	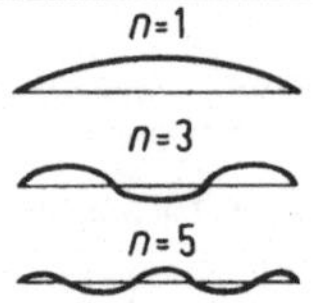	$K_B=\frac{\pi^2\cdot n^2}{l^2}\cdot H+\frac{512}{\pi^2\cdot n^2}\cdot\frac{E_K F_K\cdot f^2}{L_K\cdot l^3}+\frac{\pi^4\cdot n^4}{l^4}\cdot EI$
	symmetrisch	2	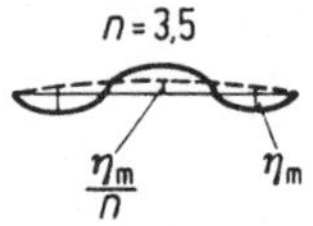	$K_B=\frac{\pi^2}{l^2}\cdot\frac{n^4+1}{n^2+1}\cdot H+\frac{\pi^4}{l^4}\cdot\frac{n^6+1}{n^2+1}\cdot EI$
	antimetrisch	3	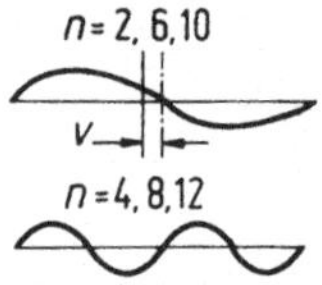	$K_B=\frac{\pi^2\cdot n^2}{l^2}\cdot H+\frac{\pi^4\cdot n^4}{l^4}\cdot EI$
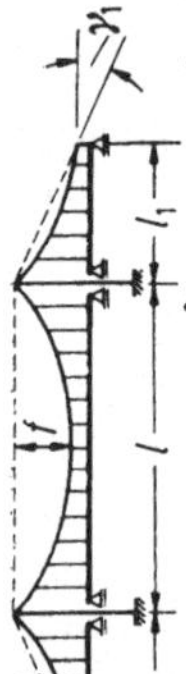 $L_K=l\cdot\left[1+\frac{8\cdot f^2}{l^2}\right]+2\cdot l_1\cdot\left[1+\frac{8\cdot f_1^2}{l_1^2}+\frac{3}{2}\cdot\tan^2\cdot\gamma_1\right]$	symmetrisch	4	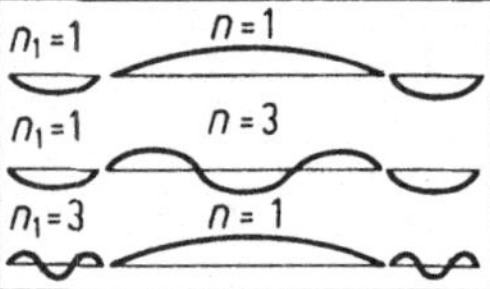	$K_B=\frac{\pi^2\cdot\left[\frac{n^2}{l^2}+q\cdot\frac{n_1^2}{l_1^2}\right]\cdot H+\pi^4\cdot\left[\frac{n^4}{l^4}+q\cdot\frac{n_1^4}{l_1^4}\right]\cdot EI}{1+q}$ $q=\frac{n_1^2}{2\cdot n^2}\cdot\frac{l}{l_1}$
	symmetrisch	5	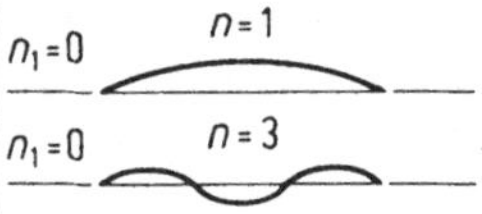	$K_B=\frac{\pi^2\cdot n^2}{l^2}\cdot H+\frac{512}{\pi^2\cdot n^2}\cdot\frac{E_K F_K\cdot f^2}{L_K\cdot l^3}\cdot\frac{\pi^4\cdot n^4}{l^4}\cdot EI$
	symmetrisch	6	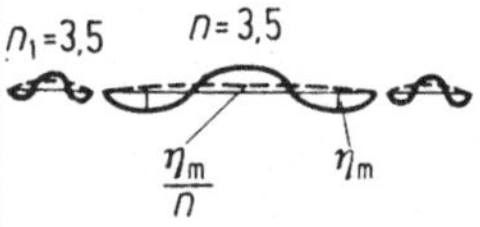	$K_B=\frac{\pi^2}{l^2}\cdot\frac{n^4+1}{n^2+1}\cdot H+\frac{\pi^4}{l^4}\cdot\frac{n^6+1}{n^2+1}\cdot EI$ $K_{B1}=\frac{\pi^2}{l_1^2}\cdot\frac{n_1^4+1}{n_1^2+1}\cdot H+\frac{\pi^4}{l_1^4}\cdot\frac{n_1^6+1}{n_1^2+1}\cdot EI$
	antimetrisch	7	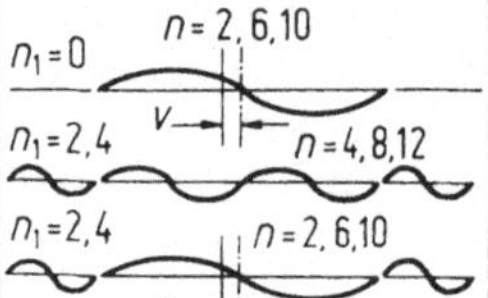	$K_B=\frac{\pi^2\cdot n^2}{l^2}\cdot H+\frac{\pi^4\cdot n^4}{l^4}\cdot EI$ $K_{B1}=\frac{\pi^2\cdot n_1^2}{l_1^2}\cdot H+\frac{\pi^4\cdot n_1^4}{l_1^4}\cdot EI$

Tafeln IV A.1

	Torsion		
C	D	E	F
Bemerkung	Schwingungsform	$K_{B,i}$	Bemerkung
$\Delta H \neq 0$ Die erforderliche Zunahme der Kabellänge wird durch die Zunahme von H geliefert	$n=1$ $n=3$ $n=5$	$K_{B,i}=\dfrac{\pi^2\cdot n^2}{l^2}\cdot\beta^2\cdot H+\dfrac{512}{\pi^2\cdot n^2}\cdot\dfrac{E_K F_K\cdot f^2}{L_K\cdot l^3}+\dfrac{\pi^4\cdot n^4}{l^4}\cdot EI$	$\Delta H \neq 0$ Die erforderliche Zunahme der Kabellänge wird durch die Zunahme von H geliefert
$\Delta H = 0$ Es wird der Schwingung eine Halbwelle der Amplitude $\dfrac{\eta_m}{n}$ überlagert	$n=3,5$ $\eta_m \quad \eta_m$ $\dfrac{}{n}$	$K_{B,i}=\dfrac{\pi^2}{l^2}\cdot\dfrac{n^4+1}{n^2+1}\cdot\beta^2\cdot H+\dfrac{\pi^4}{l^4}\cdot\dfrac{n^6+1}{n^2+1}\cdot EI$	$\Delta H = 0$ Es wird der Schwingung eine Halbwelle der Amplitude $\dfrac{\eta_m}{n}$ überlagert
$\Delta H = 0$ Bei $n=2,6,10$ verschiebt sich die Kabelmitte gegenüber dem Versteifungsträger	$n=2,6,10$ v $n=4,8,12$	$K_{B,i}=\dfrac{\pi^2\cdot n^2}{l^2}\cdot\beta^2\cdot H+\dfrac{\pi^4\cdot n^4}{l^4}\cdot EI$	$\Delta H = 0$ Bei $n=2,6,10$ verschiebt sich die Kabelmitte gegenüber dem Versteifungsträger
$\Delta H=0,\,q\neq 0$ Die Seitenöffnungen schwingen so mit, daß $\Delta H=0$	$n_1=1\quad n=1$ $n_1=1\quad n=3$ $n_1=3\quad n=1$	$K_{B,i}=\dfrac{\pi^2\cdot\left[\dfrac{n^2}{l^2}+q\cdot\dfrac{n_1^2}{l_1^2}\right]\cdot\beta^2\cdot H+\pi^4\cdot\left[\dfrac{n^4}{l^4}+q\cdot\dfrac{n_1^4}{l_1^4}\right]\cdot EI}{1+q}$ $q=\dfrac{n_1^2}{2\cdot n^2}\cdot\dfrac{l}{l_1}$	$\Delta H=0,\,q\neq 0$ Die Seitenöffnungen schwingen so mit, daß $\Delta H=0$
$\Delta H\neq 0,\,q=0$ Seitenöffnungen schwingen nicht mit. Die Zunahme der Kabellänge wird durch die Zunahme von H geliefert	$n_1=0\quad n=1$ $n_1=0\quad n=3$	$K_{B,i}=\dfrac{\pi^2\cdot n^2}{l^2}\cdot\beta^2\cdot H+\dfrac{512}{\pi^2\cdot n^2}\cdot\dfrac{E_K F_K\cdot f^2}{L_K\cdot l^3}+\dfrac{\pi^4\cdot n^4}{l^4}\cdot EI$	$\Delta H\neq 0,\,q=0$ Seitenöffnungen schwingen nicht mit. Die Zunahme der Kabellänge wird durch die Zunahme von H geliefert
$\Delta H=0$ Es wird der Schwingung eine Halbwelle der Amplitude $\dfrac{\eta_m}{n}$ überlagert	$n_1=3,5\quad n=3,5$ $\eta_m \quad \dfrac{\eta_m}{n}$	$K_{B,i}=\dfrac{\pi^2}{l^2}\cdot\dfrac{n^4+1}{n^2+1}\cdot\beta^2\cdot H+\dfrac{\pi^4}{l^4}\cdot\dfrac{n^6+1}{n^2+1}\cdot EI$ $K_{B,i,1}=\dfrac{\pi^2}{l_1^2}\cdot\dfrac{n_1^4+1}{n_1^2+1}\cdot\beta^2\cdot H+\dfrac{\pi^4}{l_1^4}\cdot\dfrac{n_1^6+1}{n_1^2+1}\cdot EI$	$\Delta H=0$ Es wird der Schwingung eine Halbwelle der Amplitude $\dfrac{\eta_m}{n}$ überlagert
$\Delta H=0$ Die Öffnungen schwingen unabhängig voneinander	$n_1=0\quad n=2,6,10$ $n_1=2,4\quad n=4,8,12$ $n_1=2\quad n=2,6,10$ v	$K_{B,i}=\dfrac{\pi^2\cdot n^2}{l^2}\cdot\beta^2\cdot H+\dfrac{\pi^4\cdot n^4}{l^4}\cdot EI$ $K_{B,i,1}=\dfrac{\pi^2\cdot n_1^2}{l_1^2}\cdot\beta^2\cdot H+\dfrac{\pi^4\cdot n_1^4}{l_1^4}\cdot EI$	$\Delta H=0$ Die Öffnungen schwingen unabhängig voneinander

Tafeln IV A.2

			Biegung	
			G	H
			Schwingungsform	K_B
$L_K = l \cdot \left[1 + \dfrac{8 \cdot f^2}{l^2}\right] + 2 \cdot l_1 \cdot \dfrac{1}{\cos^3 \cdot \gamma_1}$ (antimetrisch)		1	$n = 2,6,10$	$K_B = \dfrac{\pi^2 \cdot n^2}{l^2} \cdot H + \dfrac{512}{\pi^2 \cdot n^2} \cdot \dfrac{E_K F_K \cdot f^2}{L_K \cdot l^3} + \dfrac{\pi^4 \cdot n^4}{l^4} \cdot EI$
		2	$n = 4,8,12$	$K_B = \dfrac{\pi^2 \cdot n^2}{l^2} \cdot H + \dfrac{\pi^4 \cdot n^4}{l^4} \cdot EI$
		3	$n = 2,6,10$	$K_B = \dfrac{\dfrac{\pi^2 \cdot n^2}{l^2} \cdot H + \dfrac{\pi^4 \cdot n^4}{l^4} \cdot EI}{1 + 2 \cdot \left(\dfrac{16}{3} \cdot \dfrac{f}{n \cdot l}\right)^2}$ K_B nimmt durch die Zunahme der schwingenden Masse ab.
$L_K = l \cdot \left[1 + \dfrac{8 \cdot f^2}{l^2}\right] + 2 \cdot l_1 \cdot \left[1 + \dfrac{8 \cdot f_1^2}{l_1^2} + \dfrac{3}{2} \cdot \tan^2 \cdot \gamma_1\right]$ (antimetrisch)		4	$n_1 = 1,3,5$ $n = 2,6,10$	$K_B = \dfrac{\pi^2 \cdot \left[\dfrac{n^2}{l^2} + q \cdot \dfrac{n_1^2}{l_1^2}\right] \cdot H + \pi^4 \left[\dfrac{n^4}{l^4} + q \cdot \dfrac{n_1^4}{l_1^4}\right] \cdot EI}{1 + q}$ $q = \dfrac{2 \cdot n_1^2}{n^2} \cdot \dfrac{l}{l_1}$
		5	$n_1 = 0$ $n = 2,6,10$	$K_B = \dfrac{\pi^2 \cdot n^2}{l^2} \cdot H + \dfrac{512}{\pi^2 \cdot n^2} \cdot \dfrac{E_K F_K \cdot f^2}{L_K \cdot l^3} + \dfrac{\pi^4 \cdot n^4}{l^4} \cdot EI$
		6	$n_1 = 2,4,6$ $n = 4,8,12$	$K_B = \dfrac{\pi^2 \cdot n^2}{l^2} \cdot H + \dfrac{\pi^4 \cdot n^4}{l^4} \cdot EI$ $K_{B,1} = \dfrac{\pi^2 \cdot n_1^2}{l_1^2} \cdot H + \dfrac{\pi^4 \cdot n_1^4}{l_1^4} \cdot EI$
		7	$n = 2,6,10$	$K_B = \dfrac{\dfrac{\pi^2 \cdot n^2}{l^2} \cdot H + \dfrac{\pi^4 \cdot n^4}{l^4} \cdot EI}{1 + 2 \cdot \left(\dfrac{16}{3} \cdot \dfrac{f}{n \cdot l}\right)^2}$
		8	$n_1 = 1$ $n = 0$	$K_B = \dfrac{\dfrac{\pi^2 \cdot n_1^2}{l_1^2} \cdot H + \dfrac{\pi^4 \cdot n_1^4}{l_1^4} \cdot EI}{1 + \dfrac{l}{l_1} \cdot \left(\dfrac{16}{3 \cdot n_1} \cdot \dfrac{f_1}{l_1} \cdot \cos^2 \cdot \gamma_1\right)^2}$

Tafeln IV A.2

Torsion			
K	*L*	*M*	*N*
Bemerkung	Schwingungsform	$K_{B,i}$	Bemerkung
$\Delta H \neq 0$ Wenn der Versteifungsträger in Längsrichtung festgehalten wird (Puffer)	$n = 2,6,10$	$K_{B,i} = \dfrac{\pi^2 \cdot n^2}{l^2} \cdot \beta^2 \cdot H + \dfrac{512}{\pi^2 \cdot n^2} \cdot \dfrac{E_K F_K \cdot f^2}{L_K \cdot l^3} + \dfrac{\pi^4 \cdot n^4}{l^4} \cdot E\bar{I}$	$\Delta H \neq 0$ Die Längenänderung der Kabel wird durch die Zunahme von H geliefert
$\Delta H = 0$ Kupplung wirkungslos	$n = 4,8,12$	$K_{B,i} = \dfrac{\pi^2 \cdot n^2}{l^2} \cdot \beta^2 \cdot H + \dfrac{\pi^4 \cdot n^4}{l^4} \cdot E\bar{I}$	$\Delta H = 0$ Kupplung wirkungslos
Durch die Kupplung wird die Längsverschiebung auf die Versteifungsträger übertragen. Die Brücke schwingt in Längsrichtung mit		Diese Schwingungsform ist bei Torsionsschwingungen nicht möglich, da die Versteifungsträgerwände in entgegengesetzter Richtung schwingen müßten. Dies wird durch die horizontalen Windscheiben verhindert. (Das erklärt in diesem Fall den Vorteil einer Kupplung)	
$\Delta H = 0$ Die Seitenöffnungen schwingen so mit, daß $\Delta H = 0$	$n = 2,6,10$ $n_1 = 1,3,5$	$K_{B,i} = \dfrac{\pi^2 \cdot \left[\dfrac{n^2}{l^2} + q \cdot \dfrac{n_1^2}{l_1^2}\right] \cdot \beta^2 \cdot H + \pi^4 \cdot \left[\dfrac{n^4}{l^4} + q \cdot \dfrac{n_1^4}{l_1^4}\right] \cdot E\bar{I}}{1+q}$ $q = \dfrac{2 \cdot n_1^2}{n^2} \cdot \dfrac{l}{l_1}$	$\Delta H = 0$ Die Seitenöffnungen schwingen so mit, daß $\Delta H = 0$
$\Delta H \neq 0$ Wenn der Versteifungsträger in der Mittelöffnung in Längsrichtung festgehalten wird (Puffer)	$n_1 = 0$ $n = 2,6,10$	$K_{B,i} = \dfrac{\pi^2 \cdot n^2}{l^2} \cdot \beta^2 \cdot H + \dfrac{512}{\pi^2 \cdot n^2} \cdot \dfrac{E_K F_K \cdot f^2}{L_K \cdot l^3} + \dfrac{\pi^4 \cdot n^4}{l^4} \cdot E\bar{I}$	$\Delta H \neq 0$ Die Längenänderung der Kabel wird durch die Zunahme von H geliefert
$\Delta H = 0$ Die Öffnungen schwingen unabhängig voneinander	$n_1 = 2,4,6$ $n = 4,8,12$	$K_{B,i} = \dfrac{\pi^2 \cdot n^2}{l^2} \cdot \beta^2 \cdot H + \dfrac{\pi^4 \cdot n^4}{l^4} \cdot E\bar{I}$ $K_{B,i,1} = \dfrac{\pi^2 \cdot n_1^2}{l_1^2} \cdot \beta^2 \cdot H + \dfrac{\pi^4 \cdot n_1^4}{l_1^4} \cdot E\bar{I}$	$\Delta H = 0$ Die Öffnungen schwingen unabhängig voneinander
Wie bei einfeldrigen Brücken		Diese Schwingungsform ist bei Torsionsschwingungen nicht möglich. Siehe einfeldrige Brücken	
		Diese Schwingungsform ist bei Torsionsschwingungen nicht möglich, da auch die horizontale Windscheibe in der Mittelöffnung solche Schwingungen verhindert	

B. Deformationsmethode für ebene Stabwerke

Grundsätzlich gelten zur Feststellung der Resonanz — der Eigenfrequenzen eines Systems — die gleichen Gedankengänge, wie sie zur Ermittlung der kritischen Stabilitätsbedingung im Kapitel I dargelegt sind. Es ist hierbei nur die Differentialgleichung anders beschaffen und damit sind andere Eigenwerte bedingt. Es treten dabei auch andere Einspannmomente und Stützkräfte auf. Die Schnittbelastungen werden für den größten Schwingungsausschlag angegeben. Es werden harmonische Schwingungen vorausgesetzt.

Statt der Knickbedingung $D(\varepsilon) = 0$ des Kapitels I wird nunmehr für den Fall der Resonanz die Bedingung $D(\omega) = 0$ — wenn die Normalkräfte nicht berücksichtigt werden — und $D(a, d) = 0$ — bei Berücksichtigung derselben — verwendet.

Die Fälle von Grundschwingung oder Schwingungen höherer Ordnung entsprechen dabei den verschiedenen Stabilitätsfällen.

Ein umfangreiches Schrifttum bezieht sich sowohl auf Energie- und ähnliche Methoden (z. B. Hohenemser-Prager [8]) als auch auf die Deformationsmethode (z. B. Koloušek [9]). In [8] und [9] sind auch weitere Schrifttumsangaben enthalten.

Koloušek hat hierbei ebene Systeme behandelt und räumliche Sonderfälle, wobei bei letzteren die Schwingungsfigur vorausgesetzt wurde. Die Entwicklungen dieses Abschnittes B haben das Ziel, ganz allgemein auch für beliebige räumliche Systeme — siehe Abschnitt C — Anwendung zu finden, in gleicher Weise, wie dies in den Kapiteln I und II der Stabilitätsuntersuchung für ebene und räumliche Systeme gezeigt wurde. Spener [13] hat — bezugnehmend auf die grundsätzlichen Entwicklungen von Koloušek [9] — die Deformationsmethode, unter Zugrundelegung der Vorzeichenfestlegungen und der Matrizenschreibweise der Kapitel I und II, so aufbereitet, daß rein schematisch auch jedes beliebige räumliche System in bezug auf seine Resonanzeigenschaften erfaßten werden kann, wie nachfolgend gezeigt wird. Es werden dabei die Grundgleichungen und Funktionen nicht neu entwickelt, sondern aus [9] übernommen bzw. nur soweit solche Entwicklungen zum Verständnis notwendig sind, gebracht. Damit kann auch eine einheitliche Bezeichnungsweise beibehalten werden.

Den Entwicklungen dieses Abschnittes kommt somit besondere Bedeutung für Abschnitt C zu.

Mit Rücksicht auf den geringen Einfluß der Schubkräfte und der Rotationsträgheit werden diese nachfolgend nicht erfaßt. Ihre Berücksichtigung kann nach [9] erfolgen. Weiter werden stabweise konstante Querschnittswerte vorausgesetzt.

1. Grundlagen für den Elementarstab

a) Der Elementarstab ohne Normalkraft

α) Querschwingung

Nach Bd. I A, III B gilt unter Berücksichtigung, daß die Verschiebung $w(x, t)$ senkrecht zur Stabachse eine Funktion des Ortes und der Zeit ist,

$$\frac{\partial^3 w(x, t)}{\partial x^3} EJ + Q(x, t) = 0. \tag{IV B.1}$$

Damit wird

$$dQ(x, t) = -EJ \frac{\partial^4 w(x, t)}{\partial x^4} dx.$$

Betrachtet man für ein Element mit der Masse

$$\mu\, dx = \frac{m}{g}\, dx \qquad\qquad \text{(IV B.2)}$$

und der Beschleunigung $\dfrac{\partial^2 w}{\partial t^2}$ den Zuwachs der Massenkräfte $\mu\dfrac{\partial^2 w}{\partial t^2}$, so gilt

$$EJ\frac{\partial^4 w(x,\, t)}{\partial x^4} + \mu\frac{\partial^2 w(x,\, t)}{\partial t^2} = 0. \qquad\qquad \text{(IV B.3)}$$

Mit der Annahme einer harmonischen Schwingung

$$w(x,\, t) = w(x)\sin \omega t$$

wird

$$\frac{\partial^2 w(x,\, t)}{\partial t^2} = -\omega^2 w(x)\sin \omega t.$$

Damit lautet die Differentialgleichung der Schwingung

$$EJ\frac{d^4 w(x)}{dx^4} - \mu\omega^2 w(x) = 0. \qquad\qquad \text{(IV B.4)}$$

Mit dem Stabkennwert der Schwingung (ohne Normalkraft)

$$\lambda = s\sqrt[4]{\frac{\mu\omega^2}{EJ}} \qquad\qquad \text{(IV B.5)}$$

erhält man die allgemeine Lösung

$$w(x) = C_1\cosh\frac{\lambda}{s}x + C_2\sinh\frac{\lambda}{s}x + C_3\cos\frac{\lambda}{s}x + C_4\sin\frac{\lambda}{s}x. \qquad \text{(IV B.6)}$$

Die Konstanten C_1 bis C_4 sind — analog zu Kapitel I — für die verschiedenen aufgezwungenen Verformungen und Lagerungsbedingungen des Einzelstabes zu ermitteln.

Damit können für die Amplituden der Verformungen die Starreinspannmomente und Stützkräfte, die auf die Knoten i und k wirken, bestimmt werden. Als Beispiel wird die Entwicklung nur für den beiderseits starr eingespannten Stab bei einer aufgezwungenen Knotendrehung $\varphi_k = 1$ gezeigt (Abb. IV B.1).

Bezogen auf die Zugfaser erhält man mit den Randbedingungen $w_i = 0$; $w_i' = \varphi_i = 0$; $w_k = 0$; $w_k' = -\varphi_k = -1$ die Bedingungsgleichungen

$$C_1 + C_3 = 0;$$

$$C_2 + C_4 = 0;$$

$$C_1\cosh\lambda + C_2\sinh\lambda + C_3\cos\lambda + C_4\sin\lambda = 0;$$

$$\frac{\lambda}{s}\left(C_1\sinh\lambda + C_2\cosh\lambda - C_3\sin\lambda + C_4\cos\lambda\right) = -1.$$

Als Lösung ergeben sich die Werte

$$C_1 = -C_3 = -\frac{s}{2\lambda}\frac{\sinh\lambda - \sin\lambda}{\cosh\lambda\cos\lambda - 1};$$

$$C_2 = -C_4 = \frac{s}{2\lambda}\frac{\cosh\lambda - \cos\lambda}{\cosh\lambda\cos\lambda - 1}.$$

Damit ergeben sich die Starreinspannmomente

$$\bar{M}_{ik} = -EJw_i'' = -EJ\frac{\lambda^2}{s^2}(C_1 - C_3) = \frac{EJ}{s}\lambda\,\frac{\sinh\lambda - \sin\lambda}{\cosh\lambda\cos\lambda - 1}\,;$$

$$\bar{M}_{ki} = -EJw_k'' = -EJ\frac{\lambda^2}{s^2}(C_1\cosh\lambda + C_2\sinh\lambda - C_3\cos\lambda - C_4\sin\lambda) =$$

$$= -\frac{EJ}{s}\lambda\,\frac{\cosh\lambda\sin\lambda - \sinh\lambda\cos\lambda}{\cosh\lambda\cos\lambda - 1}.$$

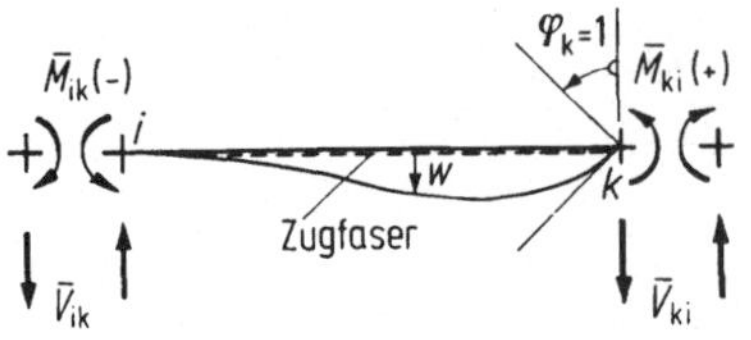

Abb. IV B.1

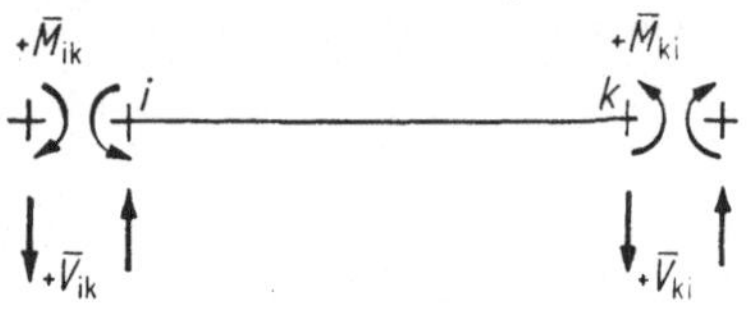

Abb. IV B.2

Mit der Vorzeichenfestlegung dieses Werkes für die Deformationsmethode (siehe Abb. IV B.2) wird

$$\bar{M}_{ik} = -\frac{EJ}{s}\lambda\,\frac{\sinh\lambda - \sin\lambda}{\cosh\lambda\cos\lambda - 1} = \frac{EJ}{s}H_1(\lambda)\,;$$

$$\bar{M}_{ki} = -\frac{EJ}{s}\lambda\,\frac{\cosh\lambda\sin\lambda - \sinh\lambda\cos\lambda}{\cosh\lambda\cos\lambda - 1} = \frac{EJ}{s}H_2(\lambda).$$

$$(IV B.7)$$

Mit der Vorzeichenfestlegung der Stützkräfte nach Abb. IV B.2 ergibt sich

$$Q_i = V_{ik}\,;\quad Q_k = V_{ki}.$$

Mit

$$w_i''' = \frac{\lambda^3}{s^3}(C_2 - C_4),$$

$$w_k''' = \frac{\lambda^3}{s^3}(C_1\sinh\lambda + C_2\cosh\lambda + C_3\sin\lambda - C_4\cos\lambda)$$

ergibt sich mit (IV B.1) unter Beachtung der vorliegenden Randbedingungen

$$\bar{V}_{ik} = -\frac{EJ}{s^2}\lambda^2\,\frac{\cosh\lambda - \cos\lambda}{\cosh\lambda\cos\lambda - 1} = \frac{EJ}{s^2}H_3(\lambda)\,;$$

$$\bar{V}_{ki} = -\frac{EJ}{s^2}\lambda^2\,\frac{\sinh\lambda\sin\lambda}{\cosh\lambda\cos\lambda - 1} = \frac{EJ}{s^2}H_4(\lambda).$$

$$(IV B.8)$$

Analog dazu erhält man für alle anderen Randbedingungen und die verschiedenen aufgezwungenen Knoten- und Sehnendrehungen die Starreinspannmomente und Stützkräfte nach Tabelle IV B.1 in Abhängigkeit von Funktionen $H(\lambda)$. In dieser Tabelle sind auch die Wirkungsrichtungen der Momente und Stützkräfte vorzeichengerecht eingetragen. Die Schnittbelastungen für Sehnendrehungen sind für $\psi_{i-k} = 1$ angegeben. Einer Knotenverschiebung von „1" senkrecht zur Stabachse (Abb. IV B.3) entspricht somit der Sehnendrehung $1/s_{i-k}$.

Die erforderlichen Funktionen H_1 bis H_{17} (IV B.25a, siehe Tafel H) sind in allgemeiner Form und tabuliert in den Tafeln $H(\lambda)$ dieses Bandes angegeben. (Siehe auch [9], wo noch Interpolationswerte für eine engere Unterteilung der Tafelwerte angegeben sind und auch [8]).

Abb. IV B.3   Abb. IV B.4

β) Längsschwingung

Bei einer Verschiebungsänderung $\partial u(x, t)/\partial x$ tritt die Längskraft

$$S(x, t) = EF \frac{\partial u(x, t)}{\partial x} \qquad \text{(IV B.9)}$$

auf.

Aus der Gleichgewichtsbedingung für ein Element dx (Abb. IV B.4) ergibt sich unter Berücksichtigung der Massenkraft

$$\frac{\partial S(x, t)}{\partial x} dx - \mu \frac{\partial^2 u(x, t)}{\partial t^2} dx = 0$$

bzw.

$$EF \frac{\partial^2 u}{\partial x^2} - \mu \frac{\partial^2 u(x, t)}{\partial t^2} = 0. \qquad \text{(IV B.10)}$$

Mit der Annahme einer harmonischen Schwingung

$$u(x, t) = u(x) \sin \omega t$$

wird

$$\frac{\partial^2 u(x, t)}{\partial t^2} = -\omega^2 u(x) \sin \omega t,$$

und man erhält die Differentialgleichung

$$EF \frac{d^2 u(x)}{dx^2} + \omega^2 \mu u(x) = 0. \qquad \text{(IV B.11)}$$

Mit dem Kennwert für die Längsschwingung

$$\varkappa = s \sqrt{\frac{\mu \omega^2}{EF}} \qquad \text{(IV B.12)}$$

erhält man die Lösung

$$u(x) = C_5 \cos \frac{\varkappa}{s} x + C_6 \sin \frac{\varkappa}{s} x. \qquad \text{(IV B.13)}$$

Führt man Zugkräfte als positive Stabkräfte ein, so erhält man für den Fall $u_k = 1$, $u_i = 0$ (Abb. IV B.5)

$$C_5 = 0; \quad C_6 = \frac{1}{\sin \varkappa}$$

und

$$\left. \begin{aligned} S_i &= EF \frac{\varkappa}{s} C_6 = \frac{EF}{s} \frac{\varkappa}{\sin \varkappa} = \frac{EF}{s} H_{18}(\varkappa); \\ S_k &= EF \frac{\varkappa}{s} C_6 \cos \varkappa = \frac{EF}{s} \frac{\varkappa \cos \varkappa}{\sin \varkappa} = \frac{EF}{s} H_{19}(\varkappa). \end{aligned} \right\} \qquad \text{(IV B.14)}$$

Die Schnittbelastungen für diesen Fall, sowie auch für die Fälle von Symmetrie und Antimetrie, wobei letztere sich durch Superposition des obigen Falles ergeben, sind wieder in Tabelle IV B.1 eingetragen. Die dazu erforderlichen Funktionen $H_{18}(\varkappa)$ und $H_{19}(\varkappa)$ (IV B.25a) sind in den Tafeln $H(\lambda)$ tabuliert.

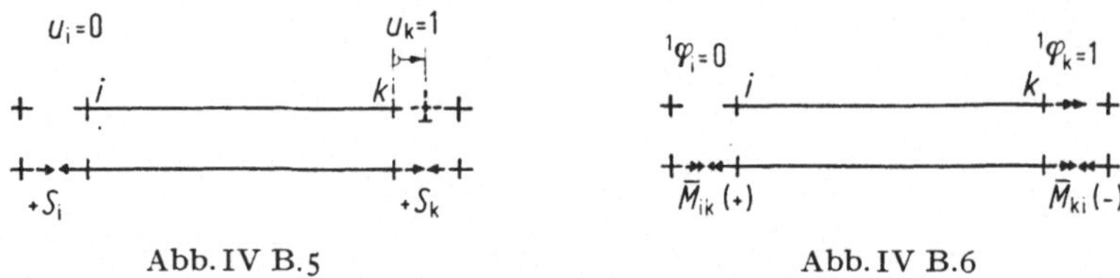

Abb. IV B.5   Abb. IV B.6

γ) Drehschwingungen

Es wird die Annahme getroffen, daß der Schwerpunkt mit dem Schubmittelpunkt zusammenfällt.

Ist $^1\varphi$ die Drehung um die Stabachse e_1,

$$J_d = J_1$$

und

$$\theta = \int r^2 \, dm \quad \text{das Massenträgheitsmoment,} \qquad \text{(IV B.15)}$$

so ergibt sich die Bedingung

$$\frac{\partial^2 \varphi(x, t)}{\partial x^2} GJ_d - \theta \frac{\partial^2 \, {}^1\varphi(x, t)}{\partial t^2} = 0. \qquad \text{(IV B.16)}$$

Mit dem Ansatz

$$^1\varphi(x, t) = {}^1\varphi(x) \sin \omega t$$

erhält man die Differentialgleichung

$$GJ_d \frac{d^2 \, {}^1\varphi(x)}{dx^2} + \theta \omega^2 \, {}^1\varphi(x) = 0. \qquad \text{(IV B.17)}$$

Mit dem Stabkennwert der Drehschwingung

$$\vartheta = s \sqrt{\frac{\theta \omega^2}{GJ_d}} \qquad \text{(IV B.18)}$$

lautet die Lösung

$$^1\varphi = C_7 \cos \frac{\vartheta}{s} x + C_8 \sin \frac{\vartheta}{s} x. \qquad \text{(IV B.19)}$$

Für die Randbedingungen $^1\varphi_k = -1$, $^1\varphi_i = 0$ (Abb. IV B.6) ergibt sich die Lösung entsprechend Abschnitt β):

$$\left.\begin{aligned} ^1M_{ik} &= + \frac{GJ_d}{s} H_{18}(\vartheta); \\[2mm] ^1M_{ki} &= - \frac{GJ_d}{s} H_{19}(\vartheta). \end{aligned}\right\} \qquad \text{(IV B.20)}$$

$H_{18}(\vartheta)$ und $H_{19}(\vartheta)$ (IV B.25a) sind wieder den Tafeln H zu entnehmen.

Die Schnittbelastungen — auch für die Sonderfälle der symmetrischen und antimetrischen Schwingungen — sind in Tabelle IV B.1 eingetragen.

Bei den Momenten wird entsprechend Kapitel II die Drillknicklast nach (II A.11) in Tabelle IV B.1 zusätzlich berücksichtigt.

b) Der Elementarstab mit Normalkraft

α) Querschwingung

Bei einem mit der Stabkraft S längsbelasteten Stab ergibt sich aus der Krümmung infolge der Durchbiegungen eine Abtriebskraft S/ϱ. Mit $\varrho = \mathrm{d}^2 w / \mathrm{d}x^2$ ergibt sich statt (IV B.4) bei einer Zugkraft die Differentialgleichung

$$EJ \frac{\mathrm{d}^4 w}{\mathrm{d}x^4} - S \frac{\mathrm{d}^2 w}{\mathrm{d}x^2} - \mu \omega^2 w = 0. \qquad \text{(IV B.21)}$$

Mit den Kennwerten ($S = +$ für Zugkräfte, $S = -$ für Druckkräfte)

$$d = s \sqrt{\frac{S}{2EJ} + \sqrt{\left(\frac{S}{2EJ}\right)^2 + \frac{\mu \omega^2}{EJ}}}\;; \qquad \text{(IV B.22)}$$

$$a = s \sqrt{-\frac{S}{2EJ} + \sqrt{\left(\frac{S}{2EJ}\right)^2 + \frac{\mu \omega^2}{EJ}}} \qquad \text{(IV B.23)}$$

lautet die Lösung der Differentialgleichung

$$w(x) = C_1 \cosh \frac{d}{s} x + C_2 \sinh \frac{d}{s} x + C_3 \cos \frac{a}{s} x + C_4 \sin \frac{a}{s} x. \qquad \text{(IV B.24)}$$

Für verschiedene Randbedingungen und aufgezwungene Verformungen sind die Konstanten C_1 bis C_4 zu bestimmen. Damit erhält man die zugehörigen Schnittbelastungen [9]. Es gilt hierfür wieder die Tabelle IV B.1, wobei jedoch die Funktionen $H_1(a, d)$ bis $H_{17}(a, d)$ einzuführen sind.

Diese Funktionen haben die allgemeine Form (IV B.25b, siehe Tafel H) (siehe auch [9]).

Diese Funktionen sind mit Rücksicht auf die vielen Variationsmöglichkeiten von a und d nicht tabuliert. Bei Verwendung einer elektronischen Rechenanlage ist dies auch nicht erforderlich.

β) Längsschwingung

Bei der Längsschwingung ergibt sich gegenüber Abschnitt a, β) keine Änderung.

γ) Drehschwingung

Bei der Drehschwingung gilt ebenfalls Abschnitt a, γ).

Kontrolle der Vorzeichen der Schnittbelastungen

In der Tabelle IV B.1 sind auch die Schnittbelastungen für den Zustand $S_{i-k} = 0$ und $\omega = 0$ eingetragen, die nach der Deformationsmethode ebener Systeme (Bd. I A) in bezug auf Größe und Richtung bekannt sind. Die Vorzeichen unter Beachtung der H-Funktionen müssen mit dem Zustand $[S_{i-k} = 0,\ \omega = 0]$ übereinstimmen, da letzterer ein Grenzfall des allgemeinen Falles ist.

2. Resonanzbedingung

α) Allgemeine Resonanzbedingung

Die allgemeine Form des homogenen Gleichungssystems, das mit Hilfe der virtuellen Arbeiten aufgestellt wird, ist völlig gleich mit dem für die Stabilitätsbedingung nach Kapitel I. Nimmt man die unabhängigen Knotendrehungen φ, Sehnendrehungen ψ und Dehnungen e als unbekannte Amplituden der Deformationsmethode an, so erhält man das Gleichungssystem (I E.16). Statt der Sehnendrehungen und Dehnungen können auch die Knotenpunktsverschiebungen $^{x}v_i$ und $^{z}v_i$ als Unbekannte eingeführt werden.

Tabelle IV B.1

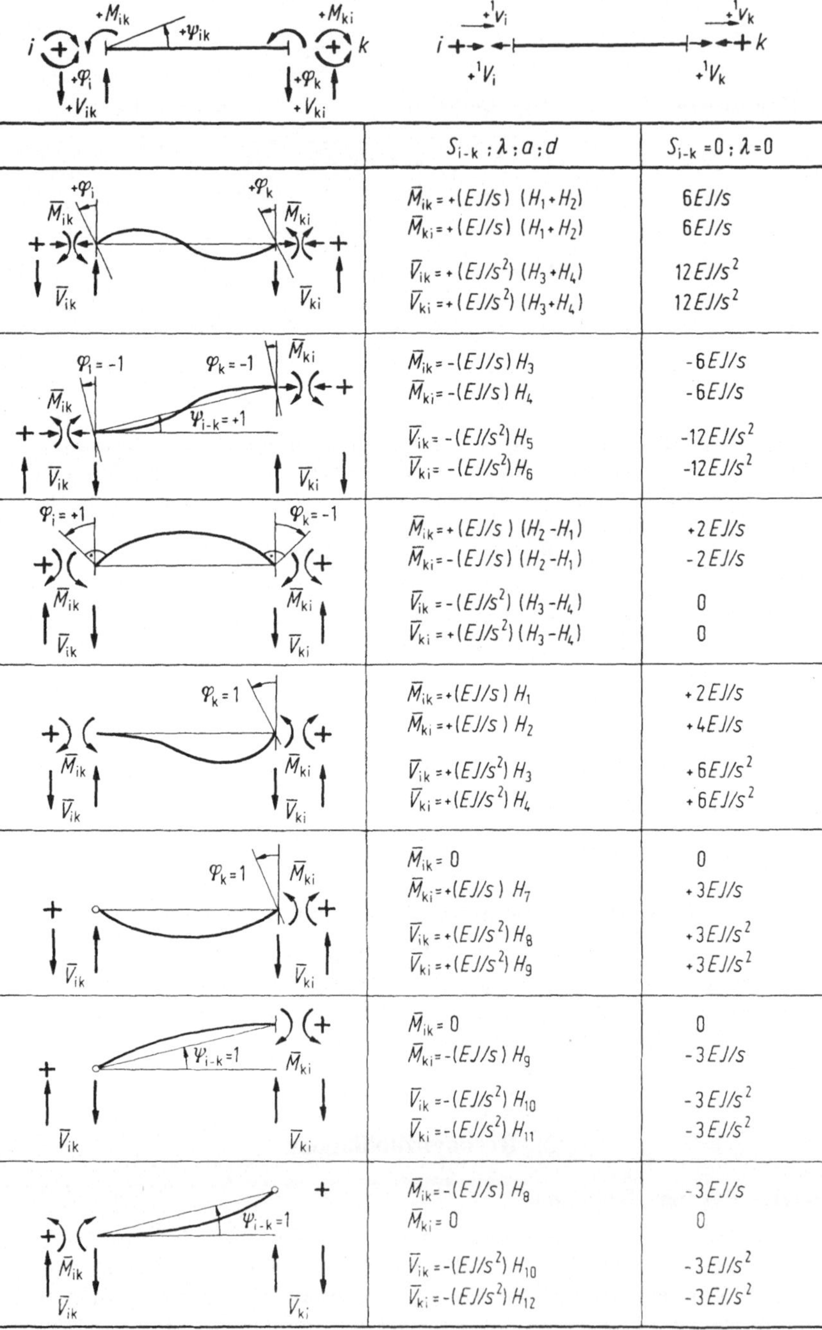

	$S_{i-k} ; \lambda ; a ; d$	$S_{i-k} = 0 ; \lambda = 0$
	$\bar{M}_{ik} = +(EJ/s)\,(H_1+H_2)$	$6\,EJ/s$
	$\bar{M}_{ki} = +(EJ/s)\,(H_1+H_2)$	$6\,EJ/s$
	$\bar{V}_{ik} = +(EJ/s^2)\,(H_3+H_4)$	$12\,EJ/s^2$
	$\bar{V}_{ki} = +(EJ/s^2)\,(H_3+H_4)$	$12\,EJ/s^2$
	$\bar{M}_{ik} = -(EJ/s)\,H_3$	$-6\,EJ/s$
	$\bar{M}_{ki} = -(EJ/s)\,H_4$	$-6\,EJ/s$
	$\bar{V}_{ik} = -(EJ/s^2)\,H_5$	$-12\,EJ/s^2$
	$\bar{V}_{ki} = -(EJ/s^2)\,H_6$	$-12\,EJ/s^2$
	$\bar{M}_{ik} = +(EJ/s)\,(H_2-H_1)$	$+2\,EJ/s$
	$\bar{M}_{ki} = -(EJ/s)\,(H_2-H_1)$	$-2\,EJ/s$
	$\bar{V}_{ik} = -(EJ/s^2)\,(H_3-H_4)$	0
	$\bar{V}_{ki} = +(EJ/s^2)\,(H_3-H_4)$	0
	$\bar{M}_{ik} = +(EJ/s)\,H_1$	$+2\,EJ/s$
	$\bar{M}_{ki} = +(EJ/s)\,H_2$	$+4\,EJ/s$
	$\bar{V}_{ik} = +(EJ/s^2)\,H_3$	$+6\,EJ/s^2$
	$\bar{V}_{ki} = +(EJ/s^2)\,H_4$	$+6\,EJ/s^2$
	$\bar{M}_{ik} = 0$	0
	$\bar{M}_{ki} = +(EJ/s)\,H_7$	$+3\,EJ/s$
	$\bar{V}_{ik} = +(EJ/s^2)\,H_8$	$+3\,EJ/s^2$
	$\bar{V}_{ki} = +(EJ/s^2)\,H_9$	$+3\,EJ/s^2$
	$\bar{M}_{ik} = 0$	0
	$\bar{M}_{ki} = -(EJ/s)\,H_9$	$-3\,EJ/s$
	$\bar{V}_{ik} = -(EJ/s^2)\,H_{10}$	$-3\,EJ/s^2$
	$\bar{V}_{ki} = -(EJ/s^2)\,H_{11}$	$-3\,EJ/s^2$
	$\bar{M}_{ik} = -(EJ/s)\,H_8$	$-3\,EJ/s$
	$\bar{M}_{ki} = 0$	0
	$\bar{V}_{ik} = -(EJ/s^2)\,H_{10}$	$-3\,EJ/s^2$
	$\bar{V}_{ki} = -(EJ/s^2)\,H_{12}$	$-3\,EJ/s^2$

Tabelle IV B.1

	$S_{i-k}:\lambda;a;d$	$S_{i-k}=0;\lambda=0$
$\psi_{i-k}=1$ $\bar{V}_{ik}$ $\bar{V}_{ki}$	$\bar{M}_{ik}=0$ $\bar{M}_{ki}=0$ $\bar{V}_{ik}=-(EJ/S^2)\,H_{13}$ $\bar{V}_{ki}=+(EJ/S^2)\,H_{14}$	0 0 0 0
$\varphi_k=1$ M_{ki} V_{ki}	$\bar{M}_{ik}=0$ $\bar{M}_{ki}=-(EJ/S)\,H_{15}$ $\bar{V}_{ik}=0$ $\bar{V}_{ki}=-(EJ/S^2)\,H_{16}$	0 0 0 0
$\bar{M}_{ki}$ $v_k=1$ $\bar{V}_{ki}$	$\bar{M}_{ik}=0$ $\bar{M}_{ki}=-(EJ/S^2)\,H_{16}$ $\bar{V}_{ik}=0$ $\bar{V}_{ki}=-(EJ/S^3)\,H_{17}$	0 0 0 0
$v_k=1$ ^1V_i ^1V_k	$^1V_i=+\dfrac{EF}{S}\,H_{18}(\varkappa)$ $^1V_k=-\dfrac{EF}{S}\,H_{19}(\varkappa)$	$+\dfrac{EF}{S}$ $-\dfrac{EF}{S}$
$v_i=1$ $v_k=1$ ^1V_i ^1V_k	$^1V_i=+\dfrac{EF}{S}\left(H_{18}(\varkappa)-H_{19}(\varkappa)\right)$ $^1V_k=+\dfrac{EF}{S}\left(H_{18}(\varkappa)-H_{19}(\varkappa)\right)$	0 0
$^1\varphi_k=-1$ $^1\bar{M}_{ik}$ $^1\bar{M}_{ki}$	$^1\bar{M}_{ik}=+\dfrac{G\,J_d}{S}\left(H_{18}(\vartheta)+\dfrac{S\,i_p^2}{G\,J_d}\right)$ $^1\bar{M}_{ki}=-\dfrac{G\,J_d}{S}\left(H_{19}(\vartheta)+\dfrac{S\,i_p^2}{G\,J_d}\right)$	$+\dfrac{G\,J_d}{S}$ $-\dfrac{G\,J_d}{S}$
$^1\varphi_i=-1$ $^1\varphi_k=1$ $^1\bar{M}_{ik}$ $^1\bar{M}_{ki}$	$^1\bar{M}_{ik}=+\dfrac{GJ_d}{S}\left[H_{18}(\vartheta)-H_{19}(\vartheta)+\dfrac{S\,i_p^2}{G\,J_d}\right]$ $^1\bar{M}_{ki}=+\dfrac{G\,J_d}{S}\left[H_{18}(\vartheta)-H_{19}(\vartheta)+\dfrac{S\,i_p^2}{G\,J_d}\right]$	0 0

$\beta)$ Resonanzbedingung unter Vernachlässigung der gegenseitigen Verschiebungen der Teilelemente mit der Masse $\mu\,dx$ in Stabrichtung

Bei der Stabilitätsuntersuchung ebener Systeme hat es sich gezeigt, daß der Einfluß der Stablängenänderungen für die kritische Belastung in der Regel bedeutungslos ist, so daß nur die Knotendrehungen und unabhängigen Sehnendrehungen berücksichtigt zu werden brauchen. Damit reduziert sich der Rechenaufwand wesentlich.

Die gleichen Voraussetzungen gelten für die Resonanzbetrachtungen. Bei den Schnittbelastungen sind in diesem Falle nur die Massenkräfte, die sich aus den unbekannten Knoten- und Sehnendrehungen ergeben, zu berücksichtigen. Der Einfluß der Massenkräfte, die bei Parallelschwingung eines Stabes in Stabrichtung auftreten, kann dabei näherungsweise als im Schwerpunkt des Gesamtstabes konzentriert angenommen werden, mit der Masse μs_{i-k} und der Verschiebung $v_{ik,s}$ des Schwerpunktes (Abb. IV B.7).

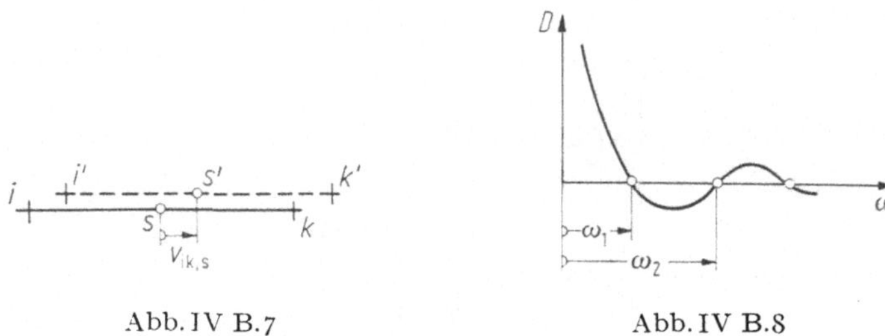

Abb. IV B.7   Abb. IV B.8

Entsprechend dem Gleichungssystem (I E.16) erhält man das homogene Gleichungssystem (IV B.26) der Resonanzbedingung. Die Koeffizienten $^n a_m$ werden dabei nach Abschnitt 3 ermittelt.

Gleichungssystem (IV B.26)

Belastungs-zustand	φ_1	$\cdots$	φ_f	φ_g	$\cdots$	ψ_{m-n}	ψ_{o-p}	$\cdots$	
virtueller Zustand									
$^v\varphi_1 = 1$	$^1 a_1^*$	$\cdots$	$^1 a_f$	$^1 a_g$	$\cdots$	$^1 a_{m-n}^*$	$^1 a_{o-p}^*$	$\cdots$	$= 0$
$^v\varphi_f = 1$	$^f a_1$	$\cdots$	$^f a_f^*$	$^f a_g$	$\cdots$	$^f a_{m-n}^*$	$^f a_{o-p}^*$	$\cdots$	$= 0$
$^v\psi_{m-n} = 1$	$^{m-n} a_1^*$		$^{m-n} a_f^*$	$^{m-n} a_g^*$	$\cdots$	$^{m-n} a_{m-n}^*$	$^{m-n} a_{o-p}^*$	$\cdots$	$= 0$

Das homogene Gleichungssystem kann nur erfüllt werden, wenn die Nennerdeterminante zu Null wird. Die Resonanzbedingung lautet daher

$$D_R = 0. \tag{IV B.27}$$

Der Grad der Determinante gibt die Anzahl der kritischen Frequenzen an.

Die Determinante wird entsprechend Kapitel I für verschiedene Werte ω berechnet. Trägt man die $D-\omega$-Kurve auf (Abb. IV B.8), so erhält man die kritischen Werte ω des Systems. Die Schwingungszeit beträgt nach (IV A.34) dann

$$T = \frac{2\pi}{\omega}, \tag{IV A.34}$$

wobei nach (IV B.5)

$$\omega = \sqrt{\frac{EJ}{\mu}} \cdot \frac{\lambda^2}{s^2} \tag{IV B.5 a}$$

ist.

γ) Resonanzbedingung für die Näherungslösung bei verschieblichen Systemen, wenn alle Massen in den Knotenpunkten konzentriert angenommen werden

Werden die Stäbe selbst masselos angenommen, und dafür alle Massen in den Knotenpunkten konzentriert gedacht, so ergibt sich für die Berechnung der Frequenzen eine wesentliche Vereinfachung der Berechnung. Die λ-Werte der einzelnen Stäbe sind in diesem Fall Null, da $\mu = 0$ zugrunde gelegt ist. Für die Funktionen H sind daher die Werte für $\lambda = 0$ aus den Tafeln zu entnehmen, die mit den entsprechenden Werten der Deformationsmethode zur Berechnung von Schnittlasten nach Bd. I A, VIII übereinstimmen. In Koeffizienten, die nur von Knotenverschiebungen aus Sehnendrehungen abhängen, sind die Anteile aus Arbeiten von in den Knoten konzentrierten Massen zu berücksichtigen.

Das zugehörige Gleichungssystem IV B.27 bleibt in seiner allgemeinen Form gleich wie (IV B.26).

3. Koeffizienten des Gleichungssystems (IV B.26)

α) Koeffizienten nach 2, β

Die Ermittlung der Koeffizienten $^{n}a_{m}$ erfolgt in analoger Weise wie bei Kapitel I, Abschnitt E 4b, mittels des Prinzips der virtuellen Arbeiten. Für die unabhängigen unbekannten Verformungszustände $[\varphi]$ und $[\psi]$ werden nach Tabelle IV B.1 die Schnittbelastungen entnommen und die virtuellen Arbeiten berechnet, die sich unter Berücksichtigung der Verformungen aus den virtuellen Zuständen $[^{v}\varphi = 1]$ und

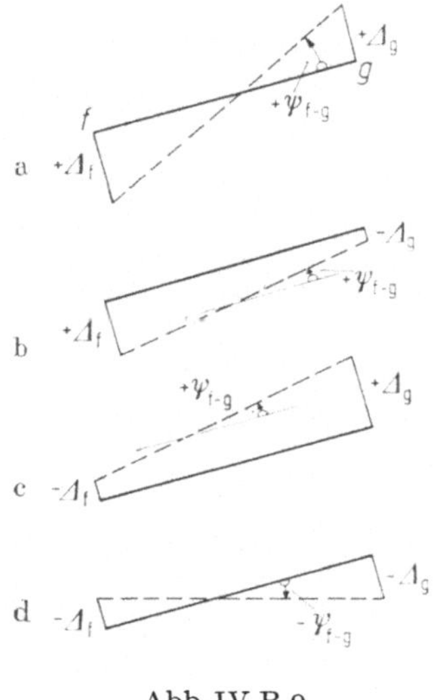

Abb. IV B.9

$[^{v}\psi = 1]$ ergeben. Die Verformungen aus Sehnendrehungen werden dabei wieder mit Verschiebungsplänen bestimmt (siehe Kapitel I) unter Beachtung der Vernachlässigung der Stablängenänderungen. Da im vorliegenden Fall bei Sehnendrehungen V_{ik} nicht gleich V_{ki} ist, wird mit den senkrecht zur Stabachse auftretenden Verschiebungen Δf und Δg in den Knoten f und g eines Stabes $(f - g)$ gearbeitet. Die Vorzeichen von Δf und Δg für eine positive Drehung ψ_{f-g} sind hierbei nach Abb. IV B.9 einzuführen. Es werden wieder die negativen Arbeiten ermittelt. Außerdem ist eine allfällige Parallelverschiebung eines Stabes $f - g$ in Stabrichtung zu berücksichtigen. Sind in den Knoten i zusätzliche konzentrierte Massen m_{i} vorhanden, so beeinflussen sie

Glieder aus den Sehnendrehungen. $f_{i,d}$, $f_{i,y}$ und $f_{i,z}$ sind die Federkonstanten von Dreh- und Wegfedern, die das System mit der Erdscheibe verbinden (Abb. IV B.10).

Abb. IV B.10

$$
{}^f a_f^* = \sum_e \frac{EJ}{s} H_2 + \sum_{g(g)} \frac{EJ}{s} H_7 + f_{f,d};
$$

$$
{}^g a_f = \frac{EJ}{s} H_1;
$$

$$
{}^f a_{m-n}^* = -\sum_e \frac{EJ}{s^2}\left(H_3{}^{\,m-n}\!\Delta g + H_4{}^{\,m-n}\!\Delta f\right) - \sum_{g(g)} \frac{EJ}{s^2}\left(H_8{}^{\,m-n}\!\Delta g + H_9{}^{\,m-n}\!\Delta f\right);
$$

$$
{}^g a_{m-n}^* = -\sum_e \frac{EJ}{s^2}\left(H_4{}^{\,m-n}\!\Delta g + H_3{}^{\,m-n}\!\Delta f\right) - \sum_{g(f)} \frac{EJ}{s^2}\left(H_9{}^{\,m-n}\!\Delta g + H_8{}^{\,m-n}\!\Delta f\right);
$$

$$
{}^{m-n}a_{m-n}^* = \sum_e \frac{EJ}{s^3}\left[H_5 \cdot 2\,{}^{m-n}\!\Delta f\,{}^{m-n}\!\Delta g + H_6\left({}^{m-n}\!\Delta f^2 + {}^{m-n}\!\Delta g^2\right)\right] +
$$

$$
+ \left\{ \sum_{g(f)} \frac{EJ}{s^3}\left[H_{10} \cdot 2\,{}^{m-n}\!\Delta f\,{}^{m-n}\!\Delta g + H_{11}\,{}^{m-n}\!\Delta g^2 + H_{12}\,{}^{m-n}\!\Delta f^2\right] \right.
$$

bzw. $\displaystyle \sum_{g(g)} \frac{EJ}{s^3}\left[H_{10} \cdot 2\,{}^{m-n}\!\Delta f\,{}^{m-n}\!\Delta g + H_{12}\,{}^{m-n}\!\Delta g^2 + H_{11}\,{}^{m-n}\!\Delta f^2\right] \Bigg\} + {}\,.$

$$
+ \sum_G \frac{EJ}{s^3}\left[H_{13} \cdot 2\,{}^{m-n}\!\Delta f\,{}^{m-n}\!\Delta g - H_{14}\left({}^{m-n}\!\Delta f^2 + {}^{m-n}\!\Delta g^2\right)\right] +
$$

$$
+ \sum_i f_{i,y}H_{19(\varkappa)}\,{}^{m-n}\tilde v_i^2 + \sum_i f_{i,z}H_{19(\varkappa)}\,{}^{m-n}\tilde w_i^2 -
$$

$$
- \sum_p \mu\omega^2 s\,{}^{m-n}\tilde v_s^2 - \sum_i m_i\,\omega^2\left({}^{m-n}\tilde v_i^2 + {}^{m-n}\tilde w_i^2\right);
$$

(IV B.28)

$$
{}^{o-p}a_{m-n} =
$$

$$
= \sum_e \frac{EJ}{s^3}\left[H_5\left({}^{o-p}\!\Delta f\,{}^{m-n}\!\Delta g + {}^{o-p}\!\Delta g\,{}^{m-n}\!\Delta f\right) + H_6\left({}^{m-n}\!\Delta f\,{}^{o-p}\!\Delta f + {}^{m-n}\!\Delta g\,{}^{o-p}\!\Delta g\right)\right] +
$$

$$
+ \left\{ \sum_{g(f)} \frac{EJ}{s^3}\left[H_{10}\left({}^{o-p}\!\Delta f\,{}^{m-n}\!\Delta g + {}^{o-p}\!\Delta g\,{}^{m-n}\!\Delta f\right) + H_{11}\,{}^{m-n}\!\Delta g\,{}^{o-p}\!\Delta g + H_{12}\,{}^{m-n}\!\Delta f\,{}^{o-p}\!\Delta f\right] \right.
$$

bzw.

$$
\sum_{g(g)} \frac{EJ}{s^3}\left[H_{10}\left({}^{o-p}\!\Delta f\,{}^{m-n}\!\Delta g + {}^{o-p}\!\Delta g\,{}^{m-n}\!\Delta f\right) + H_{12}\,{}^{m-n}\!\Delta g\,{}^{o-p}\!\Delta g + H_{11}\,{}^{m-n}\!\Delta f\,{}^{o-p}\!\Delta f\right] \Bigg\} +
$$

$$
+ \sum_G \frac{EJ}{s^3}\left[H_{13}\left({}^{o-p}\!\Delta f\,{}^{m-n}\!\Delta g + {}^{o-p}\!\Delta g\,{}^{m-n}\!\Delta f\right) - H_{14}\left({}^{m-n}\!\Delta f\,{}^{o-p}\!\Delta f + {}^{m-n}\!\Delta g\,{}^{o-p}\!\Delta g\right)\right] +
$$

$$
+ \sum_i f_{i,y}H_{19(\varkappa)}\,{}^{m-n}\tilde v_i\,{}^{o-p}\tilde v_i + \sum_i f_{iz}H_{19(\varkappa)}\,{}^{m-n}\tilde w_i\,{}^{o-p}\tilde w_i -
$$

$$
- \sum_p \mu\omega^2\,{}^{m-n}s v_s\,{}^{o-p}v_s - \sum_i m_i\omega_i^2\left({}^{m-n}\tilde v_i\,{}^{o-p}\tilde v_i + {}^{m-n}\tilde w_i\,{}^{o-p}\tilde w_i\right).
$$

(IV B.28)

Mit (IV B.5) wird

$$\sum_p \mu\omega^2 s\,^{m-n}v_s^2 = \sum_p \frac{EJ}{s^3}\lambda^4\,^{m-n}v_s^2$$

bzw.
$$\tag{IV B.29}$$

$$\sum_p \mu\omega^2 s\,^{m-n}v_s\,^{o-p}v_s = \sum_p \frac{EJ}{s^3}\lambda^4\,^{m-n}v_s\,^{o-p}v_s.$$

In obigen Gleichungen gelten die Summen über alle Stäbe, die durch den betrachteten virtuellen Verformungszustand beeinflußt werden. Hierbei erstreckt sich

$\sum_e$　　　　über beiderseits eingespannte Stäbe,

$\sum_{g(f)}$　　　über Stäbe mit einem Gelenk im Punkt f,

$\sum_{g(g)}$　　　über Stäbe mit einem Gelenk im Punkt g,

$\sum_G$　　　　über beiderseits gelenkig angeschlossene Stäbe,

$\sum_i$　　　　über alle Knoten mit wegelastischen Federn bzw. mit konzentrierten Einzelmassen,

$\sum_p$　　　　über alle Stäbe, bei denen die Stabmassen eine Längsverschiebung erfahren (s. Abb. IV B.7).

Die Durchführung der Berechnung ist aus den Zahlenbeispielen IV 3, 4 und 6 zu ersehen.

Auf Grund der Deformationsmethode können auch die verschiedenen Iterationsverfahren — entsprechend den Entwicklungen des Kapitels I bei Stabilitätsuntersuchungen — für die Berechnung der Resonanzbedingungen Anwendung finden. Die Anwendung des Momentenausgleichsverfahrens nach Grundmann ist z. B. aus [6] zu ersehen. Es sei auch auf das Verfahren nach Resinger [11] verwiesen.

β) Koeffizienten nach 2, γ

Zum Unterschied von Abschnitt α) werden für die einzelnen Zustände aus Sehnendrehungen $[^v\psi = 1]$ nur die Knotenpunktsverschiebungen v_i und w_i und nicht die Anteile Δg und Δf benötigt.

Da alle Massen in den Knotenpunkten konzentriert gedacht sind, ergeben sich die nachfolgenden Koeffizienten:

$$^f a_f^* = \sum_e 4\frac{EJ}{s} + \sum_g 3\frac{EJ}{s} + f_{f,d};$$

$$^g a_f = 2\frac{EJ}{s};$$

$$^f a_{m-n}^* = -\sum_e \frac{6EJ}{s}\,^{m-n}\widetilde{\psi} - \sum_g 3\frac{EJ}{s}\,^{m-n}\widetilde{\psi};$$

$$^{m-n}a_{m-n}^* = \sum_e 12\frac{EJ}{s}\,^{m-n}\widetilde{\psi}^2 + \sum_g 3\frac{EJ}{s}\,^{m-n}\widetilde{\psi}^2 +$$
$$\tag{IV B.30}$$
$$+ \sum_i f_{i,y}\,^{m-n}\widetilde{v}_i^2 + \sum_i f_{i,z}\,^{m-n}\widetilde{w}_i^2 - \sum_i m_i\omega^2(^{m-n}\widetilde{v}_i^2 + {}^{m-n}\widetilde{w}_i^2);$$

$$^{o-p}a_{m-n} = \sum_e 12\frac{EJ}{s}\,^{m-n}\widetilde{\psi}\,^{o-p}\widetilde{\psi} + \sum_g 3\frac{EJ}{s}\,^{m-n}\widetilde{\psi}\,^{o-p}\widetilde{\psi} +$$
$$+ \sum_i f_{i,y}\,^{m-n}\widetilde{v}_i\,^{o-p}\widetilde{v}_i + \sum_i f_{i,z}\,^{m-n}\widetilde{w}_i\,^{o-p}\widetilde{w}_i -$$
$$- \sum_i m_i\omega^2(^{m-n}\widetilde{v}_i\,^{o-p}\widetilde{v}_i + {}^{m-n}\widetilde{w}_i\,^{o-p}\widetilde{w}_i).$$

In obigen Gleichungen gelten die Summen über alle Stäbe, die durch den betreffenden virtuellen Verformungszustand beeinflußt werden. Somit erstreckt sich:

$\sum\limits_{e}$　über beiderseits eingespannte Stäbe,

$\sum\limits_{g}$　über einseitig gelenkig gelagerte, einseitig eingespannte Stäbe,

$\sum\limits_{i}$　über alle Knoten mit wegelastischen Federn bzw. mit konzentrierten Einzellasten.

Die Durchführung der Berechnung ist aus den Zahlenbeispielen IV.4 und IV.6 zu ersehen.

C. Deformationsmethode für räumliche Stabwerke

Die Berechnung der Resonanz räumlicher Stabwerke kann analog zu Kapitel II für die Stabilitätsuntersuchungen solcher Stabwerke durchgeführt werden.

Es gelten somit grundsätzlich die gleichen Voraussetzungen und Entwicklungen bezüglich der Schnittbelastungen aus unbekannten Verformungen, Steifigkeitsmatrizen, der Matrizentransformation usw. Es sind im wesentlichen nur die Funktionen H statt der Funktionen F zu verwenden. Kleine Abweichungen treten dadurch auf — wie man aus dem Vergleich der Tabelle I E.1 und IV B.1 ersieht —, daß infolge der Trägheitskräfte verschiedentlich Schnittbelastungen in den Knoten i und k voneinander abweichen, die im Kapitel II gleich waren.

Die Tabelle IV B.4 für die Schnittbelastungen aus Einheitsverformungen im q-System gilt mit der Ergänzung, daß die Funktionen H durch einen weiteren Index 2 oder 3, z.B. $^2H_8$ oder $^3H_8$, gekennzeichnet werden, je nachdem welches Trägheitsmoment J_2 oder J_3 in Frage kommt. Da die Eigenfrequenzen — auch bei Berücksichtigung der Normalkräfte — nur für die Gebrauchslasten interessant sind, wird die Berechnung im elastischen Bereich durchgeführt, dies gilt auch für Betonkonstruktionen. Man kann somit mit einem konstanten Elastizitätsmodul rechnen.

1. Verformungen und Zusatzkräfte im q-System

Es werden jeweils die Zusatzbelastungen aus Einheitsverformungen $^q\check{E}_{\varPhi=1}$ und $^q\check{E}_{\mathfrak{v}=1}$ der Knoten i und k eines Stabes $i - k$ im q-System betrachtet. Die Vorzeichen gelten für den Stab von i nach k, d.h. für $e_{1;i,k}$.

a) Knotendrehung $^q\check{E}_{\varPhi_i=1}$

Drehung [$^1\varphi_i = 1$]

Nach Tabelle IV B.1 ist

$$\left.\begin{aligned}
^1\tilde{M}_i &= \frac{GJ_d}{s}\left[H_{19}(\vartheta) + \frac{Si_p^2}{GJ_d}\right]; \\
^1\tilde{M}_k &= -\frac{GJ_d}{s}\left[H_{18}(\vartheta) + \frac{Si_p^2}{GJ_d}\right]; \quad \tilde{V}_i = \tilde{V}_k = 0.
\end{aligned}\right\} \quad \text{(IV C.1)}$$

Drehungen [$^2\varphi_i = 1$] und [$^3\varphi_i = 1$]

Nach Tabelle IV B.1 ergeben sich die Schnittbelastungen der Tabelle IV C.1 a und b.

b) Knotendrehung $^{q}\check{E}_{\Phi_k-1}$

Drehung $[^{1}\varphi_k = 1]$

Nach Tabelle IV B.1 ist:

$$\left.\begin{aligned}
^{1}\tilde{M}_i &= -\frac{GJ_d}{s}\left[H_{18}(\vartheta) + \frac{Si_p^2}{GJ_d}\right]; \\
^{1}\tilde{M}_k &= +\frac{GJ_d}{s}\left[H_{19}(\vartheta) + \frac{Si_p^2}{GJ_d}\right]; \quad \tilde{V}_i = \tilde{V}_k = 0.
\end{aligned}\right\} \qquad \text{(IV C.2)}$$

Drehungen $[^{2}\varphi_k = 1]$ und $[^{3}\varphi_k = 1]$

Nach Tabelle IV B.1 ergeben sich die Schnittbelastungen der Tabelle IV C.1 c und d.

c) Knotenverschiebung $^{q}\check{E}_{v_i=1}$

Verschiebung $[^{1}v_i = 1]$

Nach Tabelle IV B.1 ist

$$\left.\begin{aligned}
^{1}V_i &= -\frac{EF}{s}H_{19}(\varkappa); \quad {}^{1}V_k = +\frac{EF}{s}H_{18}(\varkappa); \\
\tilde{M}_i &= {}^{2}\tilde{V}_i = {}^{3}\tilde{V}_i = 0.
\end{aligned}\right\} \qquad \text{(IV C.3)}$$

Verschiebungen $[^{2}v_i = 1]$ und $[^{3}v_i = 1]$

Nach Tabelle IV B.1 ergeben sich die Schnittbelastungen der Tabelle IV C.1 e und f.

d) Knotenverschiebung $^{q}\check{E}_{v_k=1}$

Verschiebung $[^{1}v_k = 1]$

Nach Tabelle IV B.1 ist

$$\left.\begin{aligned}
^{1}V_i &= +\frac{EF}{s}H_{18}(\varkappa); \quad {}^{1}V_k = -\frac{EF}{s}H_{19}(\varkappa); \\
\tilde{M}_i &= {}^{2}\tilde{V}_i = {}^{3}\tilde{V}_i = 0.
\end{aligned}\right\} \qquad \text{(IV C.4)}$$

Verschiebungen $[^{2}v_k = 1]$ und $[^{3}v_k = 1]$

Nach Tabelle IV B.1 ergeben sich die Schnittbelastungen der Tabelle IV C.1 g und h.

2. Arbeiten aus virtuellen Verformungszuständen

Es gelten alle Entwicklungen des Abschnittes II A.2 sinngemäß. Für alle Matrizentransformationen gilt

$$^{p}\mathbf{A} = \mathbf{R}_{ik}^{T} \cdot {}^{q}\mathbf{A} \cdot \mathbf{R}_{ik}. \qquad \text{(IV C.5)}$$

a) Virtuelle Drehungen $^{p}\check{E}_{\Phi_{i}=1}$ des Knotens i

Arbeiten der Momente infolge $^{p}\check{\Phi}_i$

$$-{}^{v}A = \left(\sum_{m}{}^{p}\mathbf{K}_{ii}\right) \cdot {}^{p}\check{\Phi}_i \qquad \text{(IV C.6)}$$

Tabelle IV C.1

i und k eingespannt	i eingespannt, k gelenkig	i gelenkig, k eingespannt	i und k gelenkig
a Verformungszustand $[{}^2\varphi_i = 1]$			
${}^2\widetilde{M}_i = + \dfrac{EJ_2}{s}\,{}^2H_2$	${}^2\widetilde{M}_i^0 = + \dfrac{EJ_2}{s}\,{}^2H_7$	ϕ	ϕ
${}^2\widetilde{M}_k = + \dfrac{EJ_2}{s}\,{}^2H_1$	${}^2\widetilde{M}_k^0 = \phi$	ϕ	ϕ
${}^3\widetilde{V}_i = - \dfrac{EJ_2}{s^2}\,{}^2H_4$	${}^3\widetilde{V}_i^0 = - \dfrac{EJ_2}{s^2}\,{}^2H_9$	ϕ	ϕ
${}^3\widetilde{V}_k = + \dfrac{EJ_2}{s^2}\,{}^2H_3$	${}^3\widetilde{V}_k^0 = + \dfrac{EJ_2}{s^2}\,{}^2H_8$	ϕ	ϕ
b Verformungszustand $[{}^3\varphi_i = 1]$			
${}^3\widetilde{M}_i = + \dfrac{EJ_2}{s}\,{}^3H_2$	${}^3\widetilde{M}_i^0 = + \dfrac{EJ_2}{s}\,{}^3H_7$	ϕ	ϕ
${}^3\widetilde{M}_k = + \dfrac{EJ_3}{s}\,{}^3H_1$	${}^3\widetilde{M}_k^0 = \phi$	ϕ	ϕ
${}^2\widetilde{V}_i = + \dfrac{EJ_3}{s^2}\,{}^3H_4$	${}^2\widetilde{V}_i^0 = + \dfrac{EJ_3}{s^2}\,{}^3H_9$	ϕ	ϕ
${}^2\widetilde{V}_k = - \dfrac{EJ_3}{s^2}\,{}^3H_3$	${}^2\widetilde{V}_k^0 = - \dfrac{EJ_3}{s^2}\,{}^3H_8$	ϕ	ϕ
c Verformungszustand $[{}^2\varphi_k = 1]$			
${}^2\widetilde{M}_i = + \dfrac{EJ_2}{s}\,{}^2H_1$	ϕ	${}^2\widetilde{M}_i^0 = \phi$	ϕ
${}^2\widetilde{M}_k = + \dfrac{EJ_2}{s}\,{}^2H_2$	ϕ	${}^2\widetilde{M}_k^0 = + \dfrac{EJ_2}{s}\,{}^2H_7$	ϕ
${}^3\widetilde{V}_i = - \dfrac{EJ_2}{s^2}\,{}^2H_3$	ϕ	${}^3\widetilde{V}_i^0 = - \dfrac{EJ_2}{s^2}\,{}^2H_8$	ϕ
${}^3\widetilde{V}_k = + \dfrac{EJ_2}{s^2}\,{}^2H_4$	ϕ	${}^3\widetilde{V}_k^0 = + \dfrac{EJ_2}{s^2}\,{}^2H_9$	ϕ
d Verformungszustand $[{}^3\varphi_k = 1]$			
${}^3\widetilde{M}_i = + \dfrac{EJ_3}{s}\,{}^3H_1$	ϕ	${}^3\widetilde{M}_i^0 = \phi$	ϕ
${}^3\widetilde{M}_k = + \dfrac{EJ_3}{s}\,{}^3H_2$	ϕ	${}^3\widetilde{M}_k^0 = + \dfrac{EJ_3}{s}\,{}^3H_7$	ϕ
${}^2\widetilde{V}_i = + \dfrac{EJ_3}{s^2}\,{}^3H_3$	ϕ	${}^2\widetilde{V}_i^0 = + \dfrac{EJ_3}{s^2}\,{}^3H_8$	ϕ
${}^2\widetilde{V}_k = - \dfrac{EJ_3}{s^2}\,{}^3H_4$	ϕ	${}^2\widetilde{V}_k^0 = - \dfrac{EJ_3}{s^2}\,{}^3H_9$	ϕ

Tabelle IV C.1

i und k eingespannt	i eingespannt, k gelenkig	i gelenkig, k eingespannt	i und k gelenkig
e Verformungszustand $[{}^{2}v_i=1]$			
${}^{3}\widetilde{M}_i = -\dfrac{EJ_3}{s^2}\,{}^{3}H_4$	${}^{3}\widetilde{M}_i^{0} = -\dfrac{EJ_3}{s^2}\,{}^{3}H_9$	${}^{3}\widetilde{M}_i^{0} = \Phi$	Φ
${}^{3}\widetilde{M}_k = -\dfrac{EJ_3}{s^2}\,{}^{3}H_3$	${}^{3}\widetilde{M}_k^{0} = \Phi$	${}^{3}\widetilde{M}_k^{0} = -\dfrac{EJ_3}{s^2}\,{}^{3}H_8$	Φ
${}^{2}\widetilde{V}_i = -\dfrac{EJ_3}{s^3}\,{}^{3}H_6$	${}^{2}\widetilde{V}_i^{0} = -\dfrac{EJ_3}{s^3}\,{}^{3}H_{11}$	${}^{2}\widetilde{V}_i^{0} = -\dfrac{EJ_3}{s^3}\,{}^{3}H_{12}$	${}^{2}\widetilde{V}_i^{00} = +\dfrac{EJ_3}{s^3}\,{}^{3}H_{14}$
${}^{2}\widetilde{V}_k = +\dfrac{EJ_3}{s^3}\,{}^{3}H_5$	${}^{2}\widetilde{V}_k^{0} = +\dfrac{EJ_3}{s^3}\,{}^{3}H_{10}$	${}^{2}\widetilde{V}_k^{0} = +\dfrac{EJ_3}{s^3}\,{}^{3}H_{10}$	${}^{2}\widetilde{V}_k^{00} = +\dfrac{EJ_3}{s^3}\,{}^{3}H_{13}$
f Verformungszustand $[{}^{3}v_i=1]$			
${}^{2}\widetilde{M}_i = +\dfrac{EJ_2}{s^2}\,{}^{2}H_4$	${}^{2}\widetilde{M}_i^{0} = +\dfrac{EJ_2}{s^2}\,{}^{2}H_9$	${}^{2}\widetilde{M}_i^{0} = \Phi$	Φ
${}^{2}\widetilde{M}_k = +\dfrac{EJ_2}{s^2}\,{}^{2}H_3$	${}^{2}\widetilde{M}_k^{0} = \Phi$	${}^{2}\widetilde{M}_k^{0} = +\dfrac{EJ_2}{s^2}\,{}^{2}H_8$	Φ
${}^{3}\widetilde{V}_i = -\dfrac{EJ_2}{s^3}\,{}^{2}H_6$	${}^{3}\widetilde{V}_i^{0} = -\dfrac{EJ_2}{s^3}\,{}^{2}H_{11}$	${}^{3}\widetilde{V}_i^{0} = -\dfrac{EJ_2}{s^3}\,{}^{2}H_{12}$	${}^{3}\widetilde{V}_i^{00} = +\dfrac{EJ_2}{s^3}\,{}^{2}H_{14}$
${}^{3}\widetilde{V}_k = +\dfrac{EJ_2}{s^3}\,{}^{2}H_5$	${}^{3}\widetilde{V}_k^{0} = +\dfrac{EJ_2}{s^3}\,{}^{2}H_{10}$	${}^{3}\widetilde{V}_k^{0} = +\dfrac{EJ_2}{s^3}\,{}^{2}H_{10}$	${}^{3}\widetilde{V}_k^{00} = +\dfrac{EJ_2}{s^3}\,{}^{2}H_{13}$
g Verformungszustand $[{}^{2}v_k=1]$			
${}^{3}\widetilde{M}_i = +\dfrac{EJ_3}{s^2}\,{}^{3}H_3$	${}^{3}\widetilde{M}_i^{0} = +\dfrac{EJ_3}{s^2}\,{}^{3}H_8$	${}^{3}\widetilde{M}_i^{0} = \Phi$	Φ
${}^{3}\widetilde{M}_k = +\dfrac{EJ_3}{s^2}\,{}^{3}H_4$	${}^{3}\widetilde{M}_k^{0} = \Phi$	${}^{3}\widetilde{M}_k^{0} = +\dfrac{EJ_3}{s^2}\,{}^{3}H_9$	Φ
${}^{2}\widetilde{V}_i = +\dfrac{EJ_3}{s^3}\,{}^{3}H_5$	${}^{2}\widetilde{V}_i^{0} = +\dfrac{EJ_3}{s^3}\,{}^{3}H_{10}$	${}^{2}\widetilde{V}_i^{0} = +\dfrac{EJ_3}{s^3}\,{}^{3}H_{10}$	${}^{2}\widetilde{V}_i^{00} = +\dfrac{EJ_3}{s^3}\,{}^{3}H_{13}$
${}^{2}\widetilde{V}_k = -\dfrac{EJ_3}{s^3}\,{}^{3}H_6$	${}^{2}\widetilde{V}_k^{0} = -\dfrac{EJ_3}{s^3}\,{}^{3}H_{12}$	${}^{2}\widetilde{V}_k^{0} = -\dfrac{EJ_3}{s^3}\,{}^{3}H_{11}$	${}^{2}\widetilde{V}_k^{00} = +\dfrac{EJ_3}{s^3}\,{}^{3}H_{14}$
h Verformungszustand $[{}^{3}v_k=1]$			
${}^{2}\widetilde{M}_i = -\dfrac{EJ_2}{s^2}\,{}^{2}H_3$	${}^{2}\widetilde{M}_i^{0} = -\dfrac{EJ_2}{s^2}\,{}^{2}H_8$	${}^{2}\widetilde{M}_i^{0} = \Phi$	Φ
${}^{2}\widetilde{M}_k = -\dfrac{EJ_2}{s^2}\,{}^{2}H_4$	${}^{2}\widetilde{M}_k^{0} = \Phi$	${}^{2}\widetilde{M}_k^{0} = -\dfrac{EJ_2}{s^2}\,{}^{2}H_9$	Φ
${}^{3}\widetilde{V}_i = +\dfrac{EJ_2}{s^3}\,{}^{2}H_5$	${}^{3}\widetilde{V}_i^{0} = +\dfrac{EJ_2}{s^3}\,{}^{2}H_{10}$	${}^{3}\widetilde{V}_i^{0} = +\dfrac{EJ_2}{s^3}\,{}^{2}H_{10}$	${}^{3}\widetilde{V}_i^{00} = +\dfrac{EJ_2}{s^3}\,{}^{2}H_{13}$
${}^{3}\widetilde{V}_k = -\dfrac{EJ_2}{s^3}\,{}^{2}H_6$	${}^{3}\widetilde{V}_k^{0} = -\dfrac{EJ_2}{s^3}\,{}^{2}H_{12}$	${}^{3}\widetilde{V}_k^{0} = -\dfrac{EJ_2}{s^3}\,{}^{2}H_{11}$	${}^{3}\widetilde{V}_k^{00} = +\dfrac{EJ_2}{s^3}\,{}^{2}H_{14}$

mit

$$^1\varphi_i = 1 \quad ^2\varphi_i = 1 \quad ^3\varphi_i = 1$$

$$^q\check{\mathbf{K}}_{ii} = \begin{matrix}1\\2\\3\end{matrix}\begin{bmatrix} ^1\tilde{M}_i & & \\ & ^2\tilde{M}_i & \\ & & ^3\tilde{M}_i \end{bmatrix}. \tag{IV C.7}$$

$^1\tilde{M}_i$ ist nach (IV C.1), $^2\tilde{M}_i$ und $^3\tilde{M}_i$ sind nach Tabelle IV C.1a und b, einzuführen.

Arbeiten der Momente infolge $^p\check{\Phi}_k$

$$-{}^vA = {}^p\mathbf{K}_{ki} \cdot {}^p\check{\Phi}_k; \tag{IV C.8}$$

$$^1\varphi_k = 1 \quad ^2\varphi_k = 1 \quad ^3\varphi_k = 1$$

$$^q\check{\mathbf{K}}_{ki} = \begin{matrix}1\\2\\3\end{matrix}\begin{bmatrix} ^1\tilde{M}_i & & \\ & ^2\tilde{M}_i & \\ & & ^3\tilde{M}_i \end{bmatrix}. \tag{IV C.9}$$

$^1\tilde{M}_i$ ist nach (IV C.2), $^2\tilde{M}_i$ und $^3\tilde{M}_i$ sind nach Tabelle IV C.1c und d, einzuführen.

Arbeiten der Momente infolge $^p\mathfrak{v}_i$

$$-{}^vA = -\left(\sum_m {}^p\mathbf{D}_{ii}\right) \cdot {}^p\check{\mathfrak{v}}_i; \tag{IV C.10}$$

$$^1v_i = 1 \quad ^2v_i = 1 \quad ^3v_i = 1$$

$$^q\mathbf{D}_{ii} = \begin{matrix}1\\2\\3\end{matrix}\begin{bmatrix} 0 & 0 & 0 \\ 0 & 0 & ^2\tilde{M}_i \\ 0 & ^3\tilde{M}_i & 0 \end{bmatrix}. \tag{IV C.11}$$

$^2\tilde{M}_i$ und $^3\tilde{M}_i$ sind aus Tabelle IV C.1e und f, einzuführen.

Arbeiten der Momente infolge $^p\mathfrak{v}_k$

$$-{}^vA = (+{}^p\mathbf{D}_{ki}) \cdot {}^p\check{\mathfrak{v}}_k; \tag{IV C.12}$$

$$^1v_k = 1 \quad ^2v_k = 1 \quad ^3v_k = 1$$

$$^q\mathbf{D}_{ki} = \begin{matrix}1\\2\\3\end{matrix}\begin{bmatrix} 0 & 0 & 0 \\ 0 & 0 & ^2\tilde{M}_i \\ 0 & ^3\tilde{M}_i & 0 \end{bmatrix}. \tag{IV C.13}$$

$^2\tilde{M}_i$ und $^3\tilde{M}_i$ sind aus Tabelle IV C.1g und h, einzuführen.

b) Virtuelle Verschiebungen $^p\check{\mathbf{E}}_{v_i=1}$ des Knotens i

Arbeiten der Stützkräfte infolge $^p\check{\Phi}_i$

$$-{}^vA = -\left(\sum_m {}^p\mathbf{E}_{ii}\right) \cdot {}^p\check{\Phi}_i; \tag{IV C.14}$$

$$^1\varphi_i = 1 \quad ^2\varphi_i = 1 \quad ^3\varphi_i = 1$$

$$^q\mathbf{E}_{ii} = \begin{matrix}1\\2\\3\end{matrix}\begin{bmatrix} 0 & 0 & 0 \\ 0 & 0 & ^2\tilde{V}_i \\ 0 & ^3\tilde{V}_i & 0 \end{bmatrix}, \tag{IV C.15}$$

$^2\tilde{V}_i$ und $^3\tilde{V}_i$ sind aus der Tabelle IV C.1a und b, einzuführen.

Arbeiten der Stützkräfte infolge $^p\check{\Phi}_k$

$$-{}^vA = -{}^p\mathbf{E}_{ki}\cdot{}^p\check{\Phi}_k;\tag{IV C.16}$$

$$
{}^q\mathbf{E}_{ki} = \begin{array}{c}1\\2\\3\end{array}
\overset{\displaystyle {}^1\varphi_k = 1\quad {}^2\varphi_k = 1\quad {}^3\varphi_k = 1}{\left[\begin{array}{ccc}
0 & 0 & 0\\
0 & 0 & {}^2\tilde{V}_i\\
0 & {}^3\tilde{V}_i & 0
\end{array}\right]},\tag{IV C.17}
$$

$^2\tilde{V}_i$ und $^3\tilde{V}_i$ sind aus Tabelle IV C.1 c und d, einzuführen.

Arbeiten der Zusatzkräfte infolge $^p\mathfrak{v}_i$

$$-{}^vA = -\Big(\sum_m {}^p\mathbf{L}_{ii}\Big)\cdot{}^p\check{\mathfrak{v}}_i;\tag{IV C.18}$$

$$
{}^q\mathbf{L}_{ii} = \begin{array}{c}1\\2\\3\end{array}
\overset{\displaystyle {}^1v_i = 1\quad {}^2v_i = 1\quad {}^3v_i = 1}{\left[\begin{array}{ccc}
{}^1\tilde{V}_i & & \\
 & {}^2\tilde{V}_i & \\
 & & {}^3\tilde{V}_i
\end{array}\right]}.\tag{IV C.19}
$$

$^1\tilde{V}_i$ ist nach (IV C.3), $^2\tilde{V}_i$ und $^3\tilde{V}_i$ sind nach Tabelle IV C.1 e und f, einzuführen.

Arbeiten der Zusatzkräfte infolge $^p\mathfrak{v}_k$

$$-{}^vA = -{}^p\mathbf{L}_{ki}\cdot{}^p\check{\mathfrak{v}}_k;\tag{IV C.20}$$

$$
{}^q\mathbf{L}_{ki} = \begin{array}{c}1\\2\\3\end{array}
\overset{\displaystyle {}^1v_k = 1\quad {}^2v_k = 1\quad {}^3v_k = 1}{\left[\begin{array}{ccc}
{}^1\tilde{V}_i & & \\
 & {}^2\tilde{V}_i & \\
 & & {}^3\tilde{V}_i
\end{array}\right]}.\tag{IV C.21}
$$

$^1\tilde{V}_i$ ist nach (IV C.4), $^2\tilde{V}_i$ und $^3\tilde{V}_i$ sind nach Tabelle IV C.1 g und h, einzuführen.

Die Matrizen im q-System sind in obigen Formeln für die Richtung des Einheitsvektors $e_{1;ik}$ in der Ordnungsrichtung angegeben. Wenn das Stabende k mit dem betrachteten Knotenpunkt, für den die Gleichgewichtsgleichungen aufgestellt werden, übereinstimmt, gelten grundsätzlich die obigen Formeln, nur sind andere Abschnitte der Tabelle IV C.1 zu verwenden, und zwar:

$$\text{für } {}^q\mathbf{K}_{kk} \text{ die Abschnitte c und d,}$$

$$\text{für } {}^q\mathbf{D}_{kk} \text{ die Abschnitte g und h,}$$

$$\text{für } {}^q\mathbf{E}_{kk} \text{ die Abschnitte c und d,}$$

$$\text{für } {}^q\mathbf{L}_{kk} \text{ die Abschnitte g und h.}$$

3. Resonanzkriterium

a) Massebehaftete Stäbe

Mit den negativen Arbeiten des Abschnittes 2., unter Beachtung der Schnittbelastungen des Abschnittes 1., kann das Gleichungssystem der virtuellen Arbeiten für jeden freien Knoten i in bezug auf die Knotendrehungen und Knotenverschiebungen aufgestellt werden.

Für die Durchführung der Rechnung werden folgende Abkürzungen festgelegt:

$$\begin{aligned}
{}^{p}\mathbf{K}_i &= \sum_m {}^{p}\mathbf{K}_{ii}; \\
{}^{p}\mathbf{D}_i &= \sum_m {}^{p}\mathbf{D}_{ii}; \\
{}^{p}\mathbf{E}_i &= \sum_m {}^{p}\mathbf{E}_{ii}; \\
{}^{p}\mathbf{L}_i &= \sum_m {}^{p}\mathbf{L}_{ii}.
\end{aligned} \qquad \text{(IV C.22)}$$

Damit lauten die Arbeitsgleichung des gesamten Systems in Matrizenschreibweise:

$$(IV\ C.23)$$

	Knoten i		$\sum$ Knoten k		
	${}^{p}\check{\boldsymbol{\Phi}}_i$	${}^{p}\check{\mathfrak{v}}_i$	${}^{p}\check{\boldsymbol{\Phi}}_k$	${}^{p}\check{\mathfrak{v}}_k$	
$\check{\mathbf{E}}_{\Phi_i=1}$	${}^{p}\mathbf{K}_i$	${}^{p}\mathbf{D}_i$	${}^{p}\mathbf{K}_{ki}$	${}^{p}\mathbf{D}_{ki}$	$= 0$
$\check{\mathbf{E}}_{v_i=1}$	$-{}^{p}\mathbf{E}_i$	$-{}^{p}\mathbf{L}_i$	$-{}^{p}\mathbf{E}_{ki}$	$-{}^{p}\mathbf{L}_{ki}$	$= 0$

Die Anteile aus ${}^{p}\check{\boldsymbol{\Phi}}_k$ und ${}^{p}\check{\mathfrak{v}}_k$ sind für jeden zum Knoten i benachbarten freien Knoten anzuschreiben.

Weitere Einzelheiten über besondere Randbedingungen usw. entsprechen denen von Kapitel II A.3.

b) Näherungsberechnung bei Konzentration aller Massen in den Knotenpunkten

Dieses Berechnungsverfahren entspricht vollkommen dem Verfahren für ebene Systeme bei konzentrierten Massen in den Knotenpunkten (Abschnitt B.2). Da μ für die Stäbe zu Null angenommen wird, sind alle λ-Werte ebenfalls Null und alle Funktionswerte H sind für $\lambda = 0$ aus den Tafeln H zu entnehmen. Diese Werte H entsprechen den Steifigkeitswerten von Bd. II A, VII.

Es gilt wieder das allgemeine Gleichungssystem (IV C.23). Es ändern sich lediglich die Matrizen ${}^{p}\mathbf{L}_i$,

$$ {}^{p}\mathbf{L}_i = \sum_m {}^{p}\mathbf{L}_{ii} + {}^{p}\check{\mathbf{M}}_i, \qquad \text{(IV C.24)}$$

wobei gilt

$$ {}^{v}v_x = 1 \quad {}^{v}v_y = 1 \quad {}^{v}v_z = 1 $$

$$ {}^{p}\mathbf{M}_i = m_i\omega^2 \begin{bmatrix} 1 & & \\ & 1 & \\ & & 1 \end{bmatrix} = m_i\omega^2 \check{\mathbf{E}}. \qquad \text{(IV C.25)}$$

m_i sind die konzentrierten Einzelmassen in den Knotenpunkten.

c) Massebehaftete Stäbe und konzentrierte Einzelmassen in den Knotenpunkten

In diesem Fall gelten (IV C.24) und (IV C.25), wobei die ${}^{p}\mathbf{L}_{ii}$-Matrizen nach (IV C.22) für $\lambda \neq 0$ einzuführen sind.

4. Durchführung der Rechnung

Falls Stabkräfte berücksichtigt werden, müssen diese nach (II A.51) berechnet werden, wobei die Theorie 1. oder 2. Ordnung berücksichtigt werden kann.

Als nächster Schritt wird eine Frequenzzahl ω angenommen, und es werden für alle Stäbe $i - k$ die Kennzahlen λ nach (IV B.5), $\varkappa$ nach (IV B.12), ϑ nach (IV B.18) bzw. d und a nach (IV B.22) und (IV B.23) ermittelt.

Danach werden sämtliche benötigte Schnittbelastungsmatrizen jedes einzelnen Stabes im q-System ($^q\check{\mathbf{K}}_{ii}$, $^q\check{\mathbf{K}}_{ki}$, $^q\check{\mathbf{K}}_{kk}$, $^q\mathbf{D}_{ii}$ usw.) aufgestellt und in das p-System transformiert. Damit können die Matrizen des endgültigen Gleichungssystems (IV C.23) ($^p\mathbf{K}_i$, $^p\mathbf{D}_i$, $^p\mathbf{E}_i$, $^p\mathbf{L}_i$ usw.) bestimmt werden.

Nachfolgend sei nochmals auf folgende Beziehungen hingewiesen:

$$^q\check{\mathbf{K}}_{ik} = {}^q\check{\mathbf{K}}_{ki};$$

$$^q\mathbf{L}_{ik} = {}^q\mathbf{L}_{ki}.$$

Bei gleichen Lagerbedingungen in i und k gilt weiter:

$$^q\check{\mathbf{K}}_{ii} = {}^q\check{\mathbf{K}}_{kk};$$

$$^q\mathbf{D}_{ii} = -{}^q\mathbf{D}_{kk};$$

$$^q\mathbf{L}_{ii} = {}^q\mathbf{L}_{kk}.$$

Bei der Aufstellung des Gleichungssystems nach (IV C.23) ist bei der Berechnung der Matrizen auf die Ordnungsrichtung des Einheitsvektors der einzelnen Stäbe Rücksicht zu nehmen (siehe II A.2d, S. 272).

Bestimmt man für angenommene ω-Werte die Werte der Nennerdeterminante und trägt die Kurve $D - \omega$ auf (Abb. IV B.8), so erhält man aus den Nullpunkten derselben die Frequenzen der Resonanz.

Zahlenbeispiele

1. Beispiel. Schwingung einer in sich verankerten Hängebrücke

Das System dieser ausgeführten Brücke ist schematisch in Abb. IV 1.1 a dargestellt. Für die Grundschwingung nach Abb. IV 1.1 b wurde die gegebene Belastung q in Richtung der Durchbiegungen nach Abb. IV 1.1 c wirkend angenommen. Als unbekannte Größe X_1 wurde der Kabelzug gewählt. Da die Einflußlinie für „X_1" aus

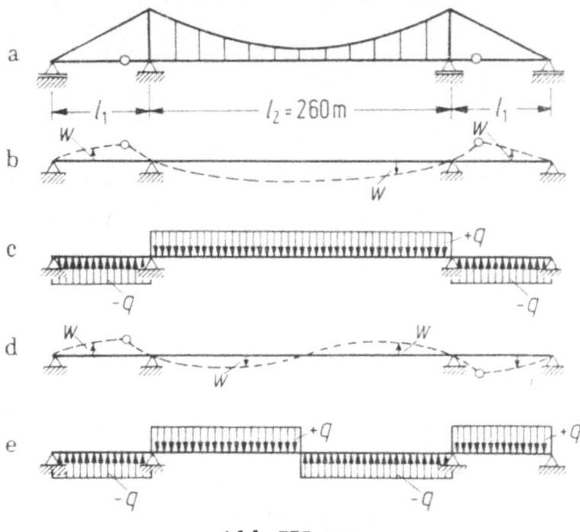

Abb. IV 1.1

der normalen Berechnung bekannt war, brauchte diese nur für die Belastung nach IV 1.1 c ausgewertet zu werden.

Für eine Belastung von $q = 12{,}53$ t/m ergeben sich

$$X_{1,q} = 3470{,}1 \text{ t}$$

und die Momente

$$\bar{M}_q = M_q + X_{1,q} M_1.$$

Mit diesen Momenten wurde die Biegelinie w berechnet. Für die halbe Brücke erhält man nach (IV A.19)

$$\int\limits_0^{l/2} q w_q \, dx = 2435 \text{ [tm]};$$

$$\int\limits_0^{l/2} q w_q^2 \, dx = 3713 \text{ [tm]}.$$

Mit $g = 9{,}81$ m/sec² ergibt sich aus (IV A.15)

$$T = 2\pi \sqrt{\frac{3713}{9{,}81 \cdot 2435}} = 2{,}475 \text{ sec}; \quad \nu = \frac{1}{T} = 0{,}404 \text{ Hertz}.$$

Die Schwingungsversuche am fertigen Bauwerk ergaben eine Schwingungszeit von $T = 2{,}4$ sec.

Für die außerdem mit der Verkehrslast p belasteten Brücke wird

$$q + p = 12{,}53 + 4{,}26 = 16{,}79 \text{ t/m} = 1{,}34 \, q$$

und $w_{q+p} = 1{,}34 \, w_q$

$$T = 2\pi \sqrt{\frac{1{,}34^2 \int q w_q^2 \, dx}{1{,}34 \int q w_q \, dx}} = 2{,}475 \sqrt{1{,}34} = 2{,}865 \text{ sec};$$

$$\nu = 0{,}349 \text{ Hertz}.$$

Für die Schwingung 2. Ordnung nach Abb. IV 1.1 d wird für die Belastungsanordnung nach Abb. IV 1.1 e die Unbekannte $X_{1,q} = 0$, da es sich um einen antimetrischen Belastungsfall handelt. Die Durchbiegung w_q ist somit nur für das statisch bestimmte Systeme zu berechnen.

Es ergibt sich

$$\text{für die unbelastete Brücke} \quad \nu = 0{,}415 \text{ Hertz},$$

$$\text{für die belastete Brücke} \quad \nu = 0{,}359 \text{ Hertz}.$$

Die Grundschwingung des Einhängeträgers der Seitenöffnung für sich allein beträgt

$$\text{für die unbelastete Brücke} \quad \nu = 0{,}973 \text{ Hertz},$$

$$\text{für die belastete Brücke} \quad \nu = 0{,}840 \text{ Hertz}.$$

2. Beispiel. Fachwerkbrücke über 2 Öffnungen

Für die unbelastete Eisenbahnbrücke nach Abb. IV 2.1 a beträgt die ständige Last $q = 2{,}85$ t/m und somit die Knotenlast

$$G = 2{,}85 \cdot 6{,}0 = 17{,}1 \text{ t}.$$

Es werden jeweils die EF_c-fachen Durchbiegungen w' mit W-Gewichten berechnet

$$w' = EF_c w; \quad w = \frac{w'}{EF_c}.$$

Damit erhält man nach (IV A.14)

$$T = 2\pi \sqrt{\frac{\sum (Gw'^2)}{(EF_c)^2} \frac{EF_c}{g \sum (Gw')}} = 2\pi \sqrt{\frac{\sum (Gw'^2)}{g \sum (Gw') EF_c}}.$$

Es werden eingeführt

$$G \text{ in } [t], w \text{ in } [m]; E = 21 \cdot 10^6 \; [t/m^2], F_c = 0{,}0807 \; m^2.$$

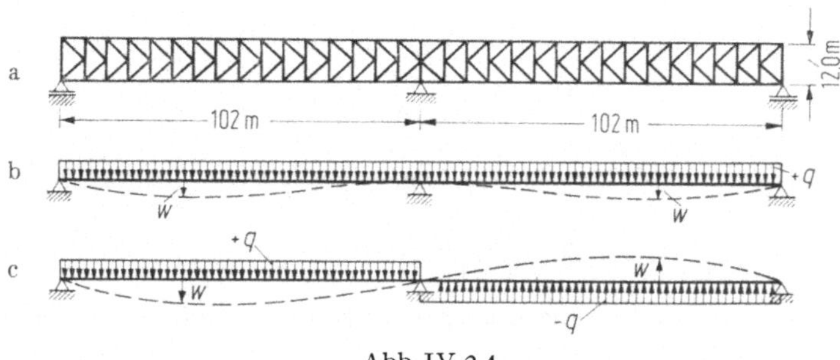

Abb. IV 2.1

Für die symmetrische Schwingungsform nach Abb. IV 2.1 b wird

$$X_q = 3\,664{,}35 \text{ t};$$

$$\sum (w'^2) = 44\,224\,983\,485;$$

$$\sum (w') = 772\,442;$$

$$T = 2\pi \sqrt{\frac{44\,224\,983\,485}{9{,}81 \cdot 772\,442 \cdot 21 \cdot 10^6 \cdot 0{,}0807}} = 0{,}3687 \text{ sec};$$

$$\nu = \frac{1}{T} = 2{,}712 \text{ Hertz (gemessen 2,775)}.$$

Für die antimetrische Schwingungsform nach Abb. IV 2.1 c ergibt sich mit $X_q = 0$

$$T = 2\pi \sqrt{\frac{134\,346\,132\,945}{9{,}81 \cdot 1\,355\,700 \cdot 21 \cdot 10^6 \cdot 0{,}0807}} = 0{,}485 \text{ sec};$$

$$\nu = \frac{1}{T} = 2{,}061 \text{ Hertz (gemessen 2,22)}.$$

Die Messungen wurden vom Reichsbahnzentralamt München 1943 durchgeführt [2]. Abb. IV 2.2 zeigt das Bauwerk, Abb. IV 2.3 den zur Erregung der Schwingungen verwendeten Losenhausen-Schwinger. In Abb. IV 2.4 sind Amplituden zur Erregerfrequenz dargestellt, aus denen die oben angeführten Eigenfrequenzen zu ersehen sind.

Dynamischer Beiwert. In [2, 3] werden Folgerungen aus den Schwingversuchen für die Schwingbeiwerte gezogen, die auszugsweise angeführt werden. Beträgt die Durchbiegung bei ruhender Belastung w_R und bei Fahrt w_F, so wird der Schwingbeiwert mit

$$\varphi = \frac{w_F}{w_R}$$

definiert, wobei für $w_F = w_R + w_d$ gilt. w_d ist hierbei der dynamische Beiwert. Untersucht wird der Einfluß für die niedrigste Frequenz $\nu = 2{,}2$ Hertz bei größten Amplituden.

Der Schwinger wies bei $v = 1,0$ eine Fliehkraft $Fl = 0,456$ t auf. Für $v = 2,22$ wird $Fl = 0,456 \cdot 2,22^2 = 2,25$ t (2 Hauptträger). Die statische Durchbiegung beträgt für die Schwingerstellung in Feldmitte für 1 Hauptträger

$$w_{P=1} = 0,0359 \text{ cm}.$$

Die statische Durchbiegung aus der Fliehkraft für $v = 2,22$ beträgt somit

$$w_{Fl} = \frac{2,25}{2} \cdot 0,0359 = 0,0404 \text{ cm/HT}.$$

Die größte gemessene Amplitude aus der dynamischen Belastung beträgt

$$\frac{0,835}{2} = 0,4175 \text{ cm/HT}.$$

Die Verstärkungszahl, die nicht dem Schwingbeiwert entspricht, ergibt sich daraus zu

$$\alpha = \frac{0,4175}{0,0404} = 10,33.$$

Der Schwingbeiwert wurde für eine Lokomotive Bauart 44 mit einem Triebraddurchmesser 1,4 m ermittelt. Die kritische Frequenz $v = 2,22$ der Brücke entspricht einer Fahrgeschwindigkeit

$$V = 1,4 \cdot \pi \cdot 2,2 = 9,74 \text{ m/sec}.$$

Abb. IV 2.2

Abb. IV 2.3

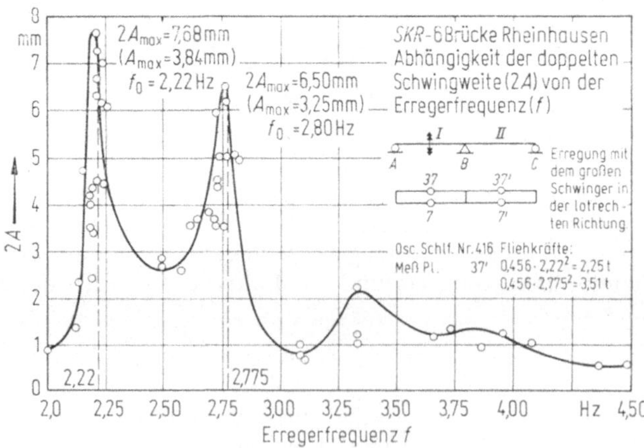

Abb. IV 2.4

Bei einer Durchfahrtszeit für die Stützweite $l = 102$ m

$$t = \frac{l}{v} = \frac{102}{9{,}74} = 10{,}48 \text{ sec}$$

sind somit 23 Schwingungen vorhanden, die die Annahme des vollen Aufschaukelns der Brücke zulassen.

Bei der zulässigen Höchstgeschwindigkeit dieser Lokomotive von 80 km/h = 22,25 m/sec betragen nach den Technischen Bestimmungen die Fliehkräfte nicht mehr als 15% des ruhenden Raddruckes. Außerdem sind die Gegengewichte der beiden Räder einer Achse um 90° gegeneinander versetzt. Ist P die Wirkung eines Gegengewichtes, so beträgt die resultierende Wirkung nach Abb. IV 2.5 $R = P\sqrt{2}$, die sich auf 2 Hauptträger verteilt. Maximal beträgt $P = 0{,}15 \cdot 10$ bei 20 t Achsdruck. Je Triebrad ergibt sich pro Hauptträger bei der kritischen Geschwindigkeit von 9,74 m/sec die Fliehkraft

$$F = \frac{0{,}15 \cdot 10 \cdot \sqrt{2}}{2} \cdot \left(\frac{9{,}74}{22{,}25}\right)^2 = 0{,}2035 \text{ t}.$$

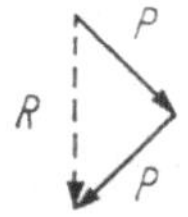

Abb. IV 2.5

Die Auswertung der Biegelinie für alle Triebradkräfte der Lokomotive ergab die statische Durchbiegung

$$w_{T,\text{st}} = 0{,}3167 \cdot 0{,}2035 = 0{,}0644 \text{ cm}.$$

Mit der Verstärkungszahl α wird der dynamische Wert

$$w_{T,d} = 10{,}33 \cdot 0{,}0644 = 0{,}664 \text{ cm}.$$

Die statische Durchbiegung für alle Radlasten der Lokomotive beträgt

$$w_R = 8{,}1975 \text{ cm}.$$

Somit wird

$$\varphi = \frac{w_R + w_d}{w_R} = \frac{8{,}1975 + 0{,}664}{8{,}1975} = 1{,}08.$$

Verwiesen wird auch auf [3], wo auf verschiedene Probleme der Schwingungen von Brücken und der dynamischen Beiwerte eingegangen wird und auch ein diesbezügliches Schrifttumsverzeichnis angegeben ist.

3. Beispiel. Vollwandiger Durchlaufträger über 3 Felder

Für den durch die ständige Last q belasteten Träger nach Abb. IV 3.1 sollen Schwingungszeit und Frequenz für die Grundschwingung festgestellt werden. Das Trägheitsmoment J_c ist über die ganze Trägerlänge konstant.

a) Energiemethode

Die Grundschwingung wird nach Abb. IV 3.2 angenommen. Entsprechend Abb. IV A.8 und IV A.9 wird die ideelle Belastung q nach Abb. IV 3.3 in Richtung der angenommenen Durchbiegungen wirken gelassen. Damit ergeben sich am statisch unbestimmten System die Momente $\bar{M}$ und die zugehörigen Durchbiegungen $\bar{w}$ nach Abb. IV 3.4 und Tabelle 3.1, Spalte 2 und 3.

Nach (IV A.15) beträgt die Schwingungszeit bei konstantem q

$$T = 2\pi \sqrt{\frac{\int q\bar{w}^2\,dx}{g\int q\bar{w}\,dx}} = 2\pi \sqrt{\frac{\int \bar{w}^2\,dx}{g\int \bar{w}\,dx}}.$$

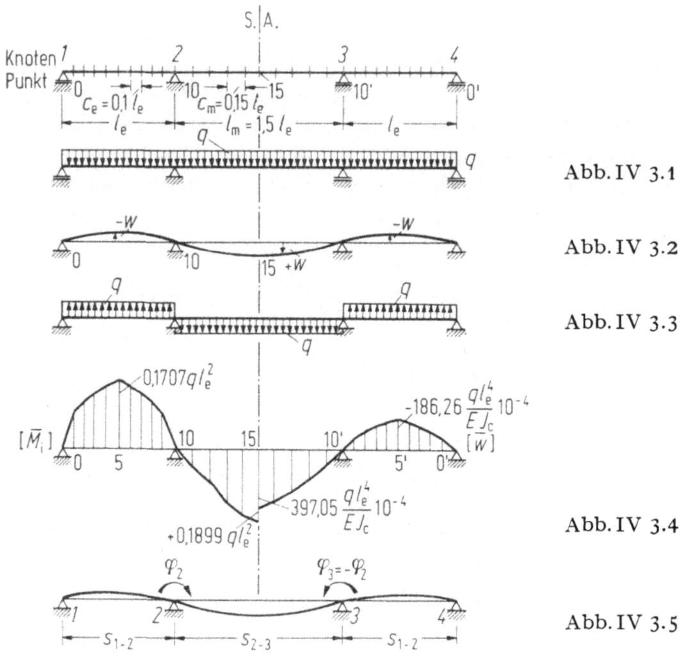

Tabelle 3.1

1	2	3	4	5	6
Pkt.	$\overline{M}_{q,i}\,\dfrac{1}{ql^2}$	$\bar{w}_i\,\dfrac{EJ_c}{ql^4}\,10^4 = a$	Feld	A, B	C, D
0	0	0	0 – 1	308,9	5,558
1	−0,0542	−55,578	1 – 2	2019,0	16,148
2	−0,0983	−105,904	2 – 3	4821,9	25,247
3	−0,1324	−146,567	3 – 4	7773,8	32,072
4	−0,1565	−174,156	4 – 5	9746,2	36,142
5	−0,1707	−186,261	5 – 6	10142,2	36,772
6	−0,1748	−181,463	6 – 7	8723,8	34,082
7	−0,1690	−159,352	7 – 8	5911,9	27,986
8	−0,1530	−120,509	8 – 9	2696,6	18,704
9	−0,1272	−66,530	9 – 10	442,6	6,653
10	−0,0913	0	10 – 11	1900,6	16,885
11	+0,0099	+112,564	11 – 12	13187,3	50,446
12	+0,0887	+223,740	12 – 13	33067,8	80,932
13	+0,1449	+315,806	13 – 14	53995,5	103,787
14	+0,1787	+376,110	14 – 15	67266,9	115,975
15	+0,1899	+397,054	Σ	221965,1	607,388

Nach (IV A.19) wird mit $c_o = 0{,}1\,l$ und $c_m = 0{,}15\,l$

$$\int \bar{w}^2 \, dx = \sum \left| \frac{c}{3} \left(\bar{w}_n^2 + \bar{w}_n \bar{w}_{n+1} + w_{n+1}^2 \right) \right| =$$

$$= \left(\frac{q l_e^4}{E J_c} 10^{-4} \right)^2 \frac{l_e}{3} \left[\sum_0^{10} 0{,}1 \left(a_n^2 + a_n a_{n+1} + a_{n+1}^2 \right) + \right.$$

$$\left. + \sum_{10}^{15} 0{,}15 \left(a_n^2 + a_n a_{n+1} + a_{n+1}^2 \right) \right]$$

$$= \left(\frac{q l_e^4}{E J_c} 10^{-4} \right)^2 \frac{l_e}{3} \left[\sum_0^{10} A_n + \sum_{10}^{15} B \right] ;$$

$$\int \bar{w} \, dx = \sum \left| \frac{c}{2} \left(w_n + w_{n+1} \right) \right| = \frac{q l_e^4}{E J_c} \frac{l_e}{2} \left[\sum_0^{10} 0{,}1 \left(a_n + a_{n+1} \right) + \right.$$

$$\left. + \sum_{10}^{15} 0{,}15 \left(a_n + a_{n+1} \right) \right] = \frac{q l_e^4}{E J_c} \frac{l_e}{2} \left[\sum_0^{10} C_n + \sum_{10}^{15} D_n \right].$$

Zu beachten ist, daß nach Abschnitt A.1 sowohl im positiven wie im negativen Bereich der Durchbiegungslinie die Integrale mit ihrem Absolutwert (positiv) einzuführen sind. Die entsprechenden Anteile sind in Tabelle 3.1, Spalte 5 und 6, eingetragen.

Damit erhält man mit $\mu = q/g$

$$T = 2\pi \sqrt{\frac{q l_e^4 \cdot 10^{-4} \cdot 221\,965 \cdot 2}{g E J_c \cdot 3 \cdot 607{,}388}} = 2\pi \frac{l_e^2}{100} \sqrt{\frac{\mu}{E J_c} 243{,}628} \,.$$

Mit $T = 2\pi/\omega$ nach (IV A.34) wird

$$\omega = \frac{2\pi}{T} \quad \text{bzw.} \quad \omega^2 = \frac{E J_c}{\mu l_e^4} \cdot \frac{10\,000}{243{,}628} = 41{,}046 \frac{E J_c}{\mu l_e^4} \,.$$

Nach (IV B.5) gilt

$$\omega^2 = \frac{\lambda^4}{l_e^4} \frac{E J_c}{\mu} = \frac{E J_c}{\mu l_e^4} 41{,}046$$

und damit wird

$$\lambda = 2{,}531 \,.$$

Nach der Deformationsmethode erhält man — wie nachfolgend gezeigt wird — zum Vergleich

$$\lambda = 2{,}49 \,.$$

b) Deformationsmethode

α) Ohne Ausnützung der Symmetrie

Nach Abb. IV 3.5 treten nur die beiden unbekannten Verformungsgrößen φ_2 und φ_3 auf. Nach (IV B.26) lautet das Gleichungssystem für die Resonanzbedingung:

φ_2	φ_3	
$^2a_2^*$	$^2a_3$	$= 0$
$^3a_2$	$^3a_3^*$	$= 0$

Die Koeffizienten ergeben sich nach (IV B.28):

$$^2a_2^* = \left(\frac{EJ}{s_{1-2}} H_7\right)_{1,2} + \left(\frac{EJ}{s} H_2\right)_{2,3} = \frac{EJ}{s_{1-2}}\left[(H_7)_{1,2} + \frac{1}{1,5}(H_2)_{2,3}\right];$$

$$^2a_3 = \left(\frac{EJ}{s} H_1\right)_{2,3} = \frac{EJ}{s_{1-2}}\left[\frac{1}{1,5}(H_1)_{2,3}\right];$$

$$^3a_3^* = {}^2a_2^*.$$

Mit (IV B.5) ist

$$\lambda_{1,2} = s_{1-2}\sqrt[4]{\frac{\mu\omega^2}{EJ}} = \lambda_{3,4};$$

$$\lambda_{2,3} = 1,4\, s_{1-2}\sqrt[4]{\frac{\mu\omega^2}{EJ}} = 1,5\lambda_{1,2}.$$

1. Annahme. Mit den Tafelwerten für H wird für

$$\lambda_{1,2} = 2,0;\quad \lambda_{2,3} = 1,5\cdot 2,0 = 3,0;$$

$$(H_7)_{1,2} = 2,67563;\quad (H_2)_{2,3} = 3,10161;\quad (H_1)_{2,3} = 2,70171;$$

$$^2a_2^* = \frac{EJ}{s_{1-2}}[2,676 + 2,068] = \frac{EJ}{s_{1-2}}\, 4,743 = {}^3a_3^*;$$

$$^2a_3 = \frac{EJ}{s_{1-2}}\, 1,801.$$

Damit erhält man das Gleichungssystem, gekürzt durch den Faktor EJ/s_{1-2}:

φ_2	φ_3	
4,743	1,801	= 0
1,801	4,743	= 0

Der Wert der Determinante beträgt $D = +19,255$.

Für die zweite Annahme

$$\lambda_{1,2} = 2,5;\quad \lambda_{2,3} = 3,75$$

wird die Determinante D bereits negativ: $D = -0,676$. $D = 0$ ergibt sich für $\lambda_{1,2} = 2,49$.

β) Ausnützung der Symmetrie

In diesem Fall tritt nur die Unbekannte φ_2 auf. Die Resonanzbedingung lautet:

$$^2a_2^* = 0.$$

Aus (IV B.28) ergibt sich, wenn man Abb. IV 3.5 beachtet:

$$^2a_2^* = \frac{EJ}{s_{1-2}}\left[(H_7)_{1,2} + \frac{1}{1,5}(H_2)_{2,3} - \frac{1}{1,5}(H_1)_{2,3}\right] = 0.$$

1. Annahme. $\lambda_{1,2} = 2,0; \lambda_{2,3} = 1,5\cdot 2,0 = 3,0$. Mit den unter α) ermittelten Funktionswerten H wird:

$$2,675 + \frac{3,102 - 2,702}{1,5} = +2,943.$$

2. Annahme. $\lambda_{1,2} = 2,5; \lambda_{2,3} = 3,75$:

$$2,126 + \frac{1,071 - 4,435}{1,5} = -0,117.$$

Der Nullwert der Gleichung ergibt sich wieder für $\lambda_{1,2} = 2,49$.

4. Bcispiel. Einstöckiger, zweistieliger Rahmen

Es wird das antimetrische Ausschwingen des Rahmens nach Abb. IV 4.1 a untersucht, so daß Abb. IV 4.1 b zugrunde gelegt werden kann. Das Gewicht der Stiele beträgt q, das der Riegel $3q$. Das Trägheitsmoment ist konstant.

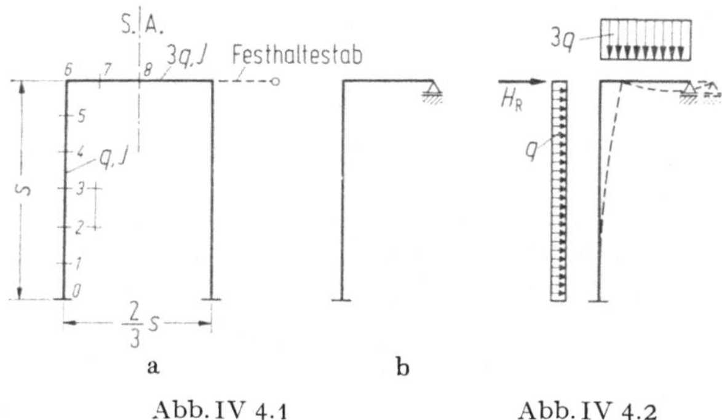

a   b

Abb. IV 4.1   Abb. IV 4.2

a) Energiemethode

α) Allgemeiner Fall

Alle Massen werden in Richtung der auftretenden Durchbiegungen wirken gelassen (Abb. IV 4.2). Dies bedeutet, daß die Stielmassen q/g und die halbe Riegelmasse H_R/g horizontal schwingen und außerdem die Riegelmassen $3q/g$ auch vertikal:

$$H_R = 3q\,\frac{2}{3}\,s\,\frac{1}{2} = qs.$$

Die Schnittbelastungen aus diesen ideellen Belastungen werden nach dem Festhaltestabverfahren (Bd. I A, Kapitel B und D) ermittelt.

Für den Knotenpunkt 6 ergeben sich die Verteilungszahlen (Bd. I A (IX B.7))

$$\mu'_{6,8} = -0{,}34615; \quad \mu'_{6,0} = -0{,}15385.$$

Die Starreinspannmomente betragen:

$$\tilde{M}_{B,0} = 0{,}08333qs^2;$$

$$\tilde{M}_{B;6,u} = -0{,}08333qs^2;$$

$$\tilde{M}_{B;6,r} = +\frac{0{,}125}{9}\,3qs^2 = +0{,}04167qs^2;$$

$$\tilde{M}_{\triangle_1=1;0} = \tilde{M}_{\triangle_1=1;6u} = \frac{6EJ}{s^2}.$$

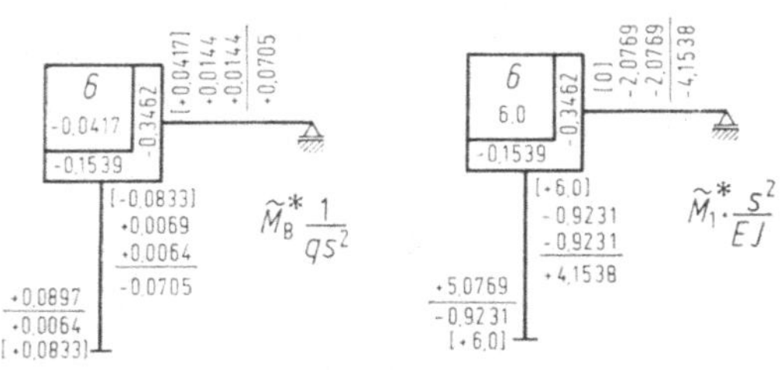

Abb. IV 4.3

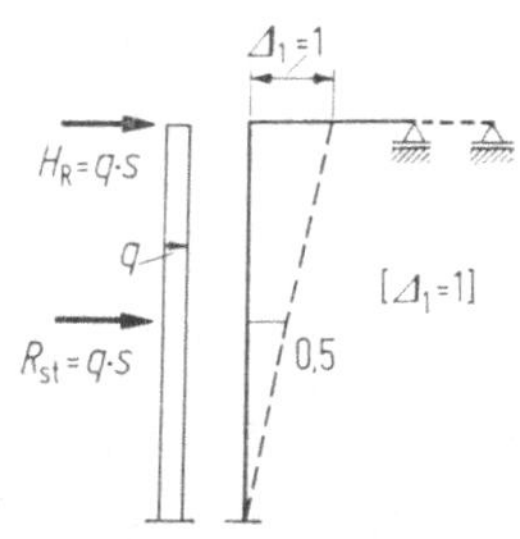

Abb. IV 4.4

In Abb. IV 4.3 sind die Ausgleiche nach Kani-Engesser durchgeführt, so daß die Momente $\tilde{M}_B^*$ und $\tilde{M}_1^*$ bekannt sind. Nach Bd. I A (IX D.4) und (IX D.5) erhält man die Festhaltestabkräfte, wobei der Verschiebungsplan für $\Delta_1 = 1$ nach Abb. IV 4.4 zu beachten ist.

$$\sum \left(\tilde{M}_{B,i;i,k}^* + \tilde{M}_{B,k;k,i}^*\right) {}^1\psi_{i-k} + \sum \mathfrak{P}_r \cdot {}^1\mathfrak{v}_r + V_{B,1} = 0;$$

$$\sum \left(\tilde{M}_{1,i;i,k}^* + \tilde{M}_{1,k;k,i}^*\right) {}^1\psi_{i-k} + V_{1,1} = 0;$$

$$-V_{B,1} = qs^2(0{,}08974 - 0{,}07051)\left(-\frac{1}{s}\right) + qs \cdot 0{,}5 + qs \cdot 1{,}0 =$$

$$= qs \cdot 1{,}48077;$$

$$V_{B,1} = -1{,}48077 qs;$$

$$-V_{1,1} = (4{,}1538 + 5{,}0769)\left(-\frac{1}{s}\right)\frac{EJ}{s^2} = -9{,}2307\frac{EJ}{s^3};$$

$$V_{1,1} = 9{,}2307\frac{EJ}{s^3}.$$

Nach Bd. IA (IX D.2) wird

$$\Delta_{B,1} = -\frac{V_{B,1}}{V_{1,1}} = +0{,}1604\frac{qs^4}{EJ}.$$

Die Knotenmomente erhält man aus

$$\bar{M}_{B,i} = \tilde{M}_{B,i}^* + \tilde{M}_{1,i;}^* \cdot \Delta_{B,1}.$$

Die Momente aus der Belastung q bzw. $3q$ am jeweils frei aufliegend gedachten Träger sind zwischen den Endmomenten einzuschalten. Es ergibt sich damit die Momentenlinie $\bar{M}_B$ nach Abb. IV 4.5. Mit den Momenten $\bar{M}$ werden mit W-Gewichten die Durchbiegungen $\bar{w}_{B,e}$ der einzelnen Träger 0—6 und 6—8 berechnet. Sie sind in Tabelle 4.1, Spalte 2, eingetragen. Dazu kommen im Stiel noch die Verschiebungen infolge $\Delta_{B,1}$ (Tabelle 4.1, Spalte 3), so daß sich die endgültigen Durchbiegungen $\bar{w}_B$ nach Tabelle 4.1, Spalte 4, ergeben (Abb. IV 4.6, a—c).

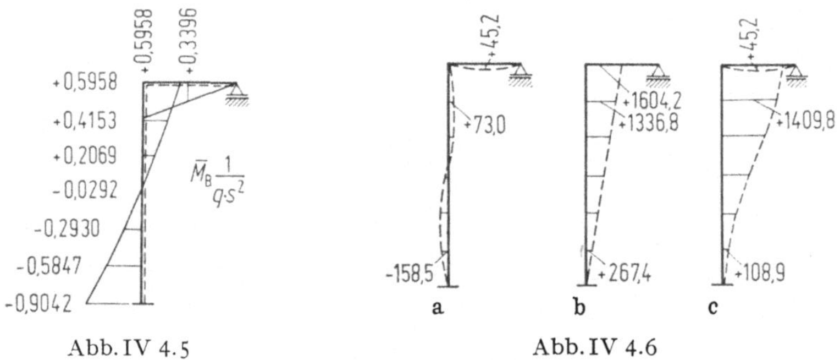

Abb. IV 4.5　　　　　　　　　　　　　　Abb. IV 4.6

Nach (IV A.19) und (IV A.20) ergibt sich mit Beachtung von H_R:

$$\int q_i \bar{w}^2 \, ds = \sum_0^6 \left[q\frac{c}{3}\left(\bar{w}_n^2 + \bar{w}_n\bar{w}_{n+1} + \bar{w}_{n+1}^2\right)\right] + \sum_6^8 \left[3q\frac{c}{3}\left(\bar{w}_n^2 + \bar{w}_n\bar{w}_{n+1} + \bar{w}_{n+1}^2\right)\right] +$$

$$+ qs\bar{w}_6^2 = \left(\frac{qs^4}{EJ}10^{-4}\right)^2 qs\left\{\frac{1}{3}\left[\frac{1}{6}\sum_0^6 \left(a_n^2 + a_n a_{n+1} + a_{n+1}^2\right) + \right.\right.$$

$$\left.\left. + \frac{1}{6}3\sum_6^8 \left(a_n^2 + a_n a_{n+1} + a_{n+1}^2\right)\right] + a_6^2\right\} =$$

$$= \left(\frac{qs^4}{EJ}10^{-4}\right)^2 qs\left\{\frac{1}{3}\left[\sum_0^6 A_n + \sum_6^8 B_n\right] + a_6^2\right\};$$

$$\int q_i \bar{w}\, ds = \sum_0^6 \left[\frac{qc}{2}(\bar{w}_n + \bar{w}_{n+1}) \right] + \sum_6^8 \left[3q\,\frac{c}{2}(\bar{w}_n + \bar{w}_{n+1}) \right] + qs\bar{w}_6 =$$

$$= \left(\frac{qs^4}{EJ}10^{-4} \right) qs \left\{ \frac{1}{2}\left[\frac{1}{6}\sum_0^6 (a_n + a_{n+1}) + \frac{1}{6}\,3\sum_6^8 (a_n + a_{n+1}) \right] + a_6 \right\} =$$

$$= \left(\frac{qs^4}{EJ}10^{-4} \right) qs \left\{ \frac{1}{2}\left[\sum_0^6 C_n + \sum_6^8 D_n \right] + a_6 \right\}.$$

Die einzelnen Summen sind in Tabelle 4.1, Spalte 6 und 7, angegeben.

Tabelle 4.1

1	2	3	4	5	6	7
Pkt.	$\bar{w}_{B,e}\dfrac{EJ\cdot 10^4}{qs^4}$	$w_{\Delta;B,i}\dfrac{EJ}{qs^4}10^4$	$\bar{w}_B\dfrac{EJ}{qs^4}10^4 = a_n$	Feld	A_n, B_n	C_n, D_n
6	0	$+1\,604{,}180$	$1\,604{,}180$	$6-5$	$1\,137\,079$	$502{,}329$
5	$+72{,}977$	$+1\,336{,}817$	$1\,409{,}794$	$5-4$	$792\,189$	$418{,}522$
4	$+31{,}887$	$+1\,069{,}453$	$1\,101{,}340$	$4-3$	$427\,835$	$306{,}338$
3	$-65{,}400$	$+802{,}090$	$736{,}690$	$3-2$	$161\,533$	$186{,}353$
2	$-153{,}298$	$+534{,}727$	$381{,}429$	$2-1$	$33\,143$	$81{,}715$
1	$-158{,}504$	$+267{,}363$	$108{,}859$	$1-0$	$1\,975$	$18{,}143$
0	0	0	0		$2\,553\,753$	$1\,513{,}401$
6	0	0	0	$6-7$	$1\,021$	$22{,}594$
7	$+45{,}189$	0	$+45{,}189$	$7-8$	$1\,021$	$22{,}594$
8	0	0	0		$2\,555\,795$	$1\,558{,}590$

Für die Riegelkraft H_R ist $a_6 = 1\,604{,}18$; $a_6^2 = 2\,573\,393$. Somit wird

$$\int q_i\bar{w}^2\, ds = \left(\frac{qs^4}{EJ}10^{-4} \right)^2 qs\,\{851\,932 + 2\,573\,393\} =$$

$$= \left(\frac{qs^4}{EJ}10^{-4} \right)^2 qs\,3\,425\,825;$$

$$\int q_i\bar{w}\, ds = \left(\frac{qs^4}{EJ}10^{-4} \right) qs\,\{779{,}295 + 1\,604{,}180\} = \left(\frac{qs^4}{EJ}10^{-4} \right) qs\,2\,383{,}475.$$

Nach (IV A.15) wird mit $\mu = q/g$

$$T = 2\pi \sqrt{\frac{\mu s^4}{EJ}10^{-4}\frac{3\,425\,825}{2\,383{,}475}} = 2\pi\frac{s^2}{100}\sqrt{\frac{\mu}{EJ}1437}.$$

Mit $T = 2\pi/\omega$ nach (IV A.34) wird

$$\omega^2 = \frac{EJ}{\mu s^4}\frac{10\,000}{1\,437} = \frac{EJ}{\mu s^4}6{,}9584.$$

Aus (IV B.5) wird

$$\omega^2 = \frac{\lambda^4}{s^4}\frac{EJ}{\mu} = \frac{EJ}{\mu s^4}6{,}9584$$

und

$$\lambda^4 = 6{,}9584;$$

$$\lambda = 1{,}624.$$

Der entsprechende Wert nach der Deformationsmethode (siehe Abschnitt b) beträgt ebenfalls $\lambda = 1{,}624$.

β) Vernachlässigung der senkrechten Riegelverformungen

Vernachlässigt man den Einfluß des Bereiches 6—8 in Tabelle 4.1, so erhält man

$$\int q_i \overline{w}^2 \, ds = \left(\frac{qs^4}{EJ} 10^{-4}\right)^2 qs \left\{\frac{2\,553\,753}{3} + 2\,573\,393\right\};$$

$$\int q_i \overline{w} \, ds = \left(\frac{qs^4}{EJ} 10^{-4}\right) qs \left\{\frac{1\,513{,}401}{2} + 1\,604{,}180\right\}$$

und damit

$$T = 2\frac{s^2}{100} \sqrt{\frac{\mu}{EJ} 1\,450{,}579} \; ;$$

$$\lambda = 1{,}620 \, .$$

γ) Reduzierung der Massen in den Knotenpunkten

Wird die Masse des Stieles hälftig auf die Knoten 0 und 6 aufgeteilt und die Masse des Riegels ebenfalls im Knotenpunkt angenommen, so wirkt nach Abb. IV4.7 nur mehr die Kraft $H = 1{,}5qs$ horizontal auf den Rahmen.

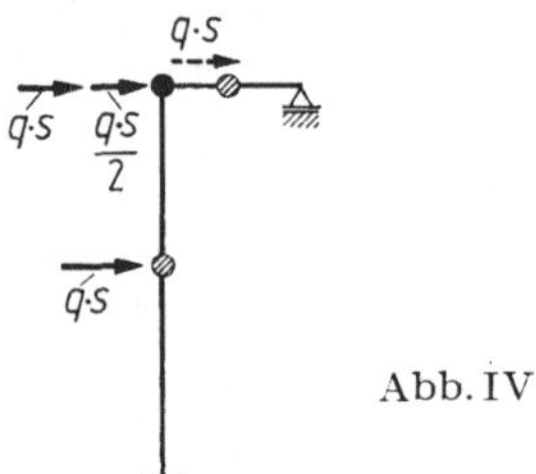

Abb. IV 4.7

Hierfür ist die Festhaltekraft

$$V_{B,1} = -1{,}5qs;$$

$$V_{1,1} = 9{,}2307 \frac{EJ}{s^3}$$

ist gleich wie im Abschnitt α). Damit wird

$$\triangle_{B,1} = \frac{1{,}5}{9{,}2307} \frac{qs^4}{EJ} = 1\,625 \frac{qs^4}{EJ} 10^{-4} \, .$$

Nach (IV A.14) wird

$$\sum P_n \overline{w}_n^2 = H_n \overline{w}_6^2 = 1{,}5qs \cdot 1\,625^2 \left(\frac{qs^4}{EJ} 10^{-4}\right)^2 = 3\,960\,996qs \left(\frac{qs^4}{EJ} 10^{-4}\right)^2 ;$$

$$\sum P_n \overline{w}_n = H_n \overline{w}_6 = 1{,}5qs \cdot 1\,625 \left(\frac{qs^4}{EJ} 10^{-4}\right) = 2\,437{,}5qs \left(\frac{qs^4}{EJ} 10^{-4}\right);$$

$$T = 2\frac{s^2}{100} \sqrt{\frac{\mu}{EJ} 1\,625} \; ;$$

$$\lambda = 1{,}575 \, .$$

Nach Abschnitt b wird λ genau $= 1{,}624$ (3% Abweichung).

Aus den Fällen α, β und γ erkennt man, daß bei verschieblichen Rahmen praktisch nur die horizontalen Verformungen maßgebend sind. Auch die Reduzierung der schwingenden Massen nur in die Knotenpunkte ergibt bereits sehr gute Näherungswerte, wobei aber der Rechenaufwand wesentlich geringer wird.

b) Deformationsmethode

Nach Abb. IV 4.8 treten nur die beiden Unbekannten φ_2 und ψ_{1-2} auf. Nach (IV B.26) lautet die Resonanzbedingung, wenn man bei der Antimetrie berücksichtigt, daß $\varphi_2 = \varphi_3$ ist,

φ_2	ψ_{1-2}	
${}^{2}a_2^*$	${}^{2}a_{1-2}^*$	$= 0$
${}^{1-2}a_2^*$	${}^{1-2}a_{1-2}^*$	$= 0$

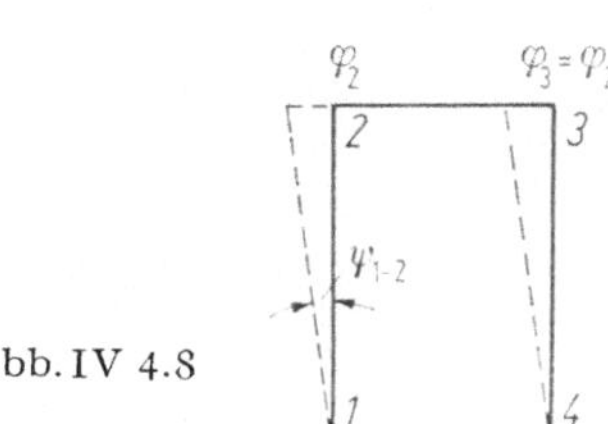

Abb. IV 4.8

α) Allgemeines Verfahren nach B, 2β

Für $\psi_{1-2} = 1$ beträgt die Verschiebung der Masse des Stabes $(2 - m)$ mit $3q\,(1/2)\,(2/3)\,s_{1-2} = qs_{1-2}$ den Wert s_{1-2}.

Nach (IV B.5) ergibt sich für die Stäbe $1-2$ und $2 - m$:

$$\lambda_{1,2} = s \sqrt[4]{\frac{q}{g}\frac{\omega^2}{EJ}}\;;$$

$$\lambda_{2,3} = \frac{2}{3}\,s\,\sqrt[4]{\frac{3q}{g}\frac{\omega^2}{EJ}} = 0{,}8774\,\lambda_{1,2}\,.$$

Nach (IV B.28) wird, wenn man das gleichzeitige Drehen der Knoten 2 und 3 um $\varphi_2 = \varphi_3$ beachtet:

$$ {}^{2}a_2^* = \frac{EJ}{s_{1-2}}\,(H_2)_{1,2} + \frac{EJ}{s_{1-2}}\,\frac{3}{2}\,(H_1 + H_2)_{2,3} = \frac{EJ}{s_{1-2}}\,[(H_2)_{1,2} + 1{,}5(H_1 + H_2)_{2,3}]\,; $$

$$ {}^{2}a_{1-2}^* = -\frac{EJ}{s_{1-2}^2}\,(H_4)_{1,2}\,s_{1-2} = -\frac{EJ}{s_{1-2}}\,(H_4)_{1,2}\,; $$

(da $\triangle_{2;1,2} = s_{1-2}$ für $\psi_{1-2} = 1$ ist);

$$ {}^{1-2}a_{1-2}^* = \frac{EJ}{s_{1-2}^3}\,(H_6)_{1,2}\,s_{1-2}^2 - \mu s_{1-2}\omega^2 s_{1-2}^2\,. $$

(Da nur das halbe System berücksichtigt ist, wird vom Riegel auch nur die halbe Masse $(1/2)\,3q\,(2/3)\,s_{1-2} = \mu s_{1-2}$ in die Rechnung eingeführt und auch nur 1 Stiel berücksichtigt.)

Mit (IV B.5) ist $\mu\omega^2 = (EJ/s^4)\,\lambda^4$.

1. Annahme. $\lambda_{1,2} = 1{,}50$; $\lambda_{2,3} = 0{,}8774 \cdot 1{,}5 = 1{,}32$. Damit erhält man aus den Tafeln H:

$$(H_2)_{1,2} = 3{,}951;\quad (H_1)_{2,3} = 2{,}021;\quad (H_2)_{2,3} = 3{,}971;$$

$$(H_4)_{1,2} = 5{,}733;\quad (H_6)_{1,2} = 10{,}110;$$

und es ergibt sich

$$^2a_2^* = \frac{EJ}{s_{1-2}}\,[3{,}951 + 1{,}5(2{,}021 + 3{,}971)] = \frac{EJ}{s_{1-2}}\,12{,}939;$$

$$^2a_{1-2}^* = -\frac{EJ}{s}\,5{,}733;$$

$$^{1-2}a_{1-2}^* = \frac{EJ}{s_{1-2}}\,[(H_6)_{1,2} - \lambda_{1,2}^4] = \frac{EJ}{s_{1-2}}\,[10{,}110 - 5{,}063] = \frac{EJ}{s_{1-2}}\,5{,}047.$$

Damit lautet das Gleichungssystem:

φ_2	ψ_{1-2}	
12,939	5,733	$= 0$
5,733	5,047	$= 0$

Die Nennerdeterminante ist dabei $D = +32{,}436$.

2. Annahme. $\lambda_{1,2} = 1{,}62$; $\lambda_{2,3} = 1{,}42$. Damit wird $D = +1{,}011$.

Trägt man die Kurve $D - \lambda$ für verschiedene Werte λ auf, so ergibt sich der Nullpunkt zu

$$\lambda_{1,2} = 1{,}624,$$

und damit die Schwingungszeit nach (IV A.34)

$$T = \frac{2\pi}{\omega}$$

mit

$$\omega = \sqrt{\frac{EJ}{\mu} \cdot \frac{1{,}624^2}{s_{1-2}^2}}.$$

β) Näherungsverfahren nach B, 2γ

Werden nach Abb. IV 4.9 die halbe Masse des Stabes $1-2$ und die Masse des Stabes $2 - m$ im Punkt 2 konzentriert angenommen, so ergibt sich damit die Gesamtmasse

$$m_2 = \frac{q}{g}\left[\frac{s}{2} + \frac{1}{2}\,\frac{2}{3}\,s\,3\right] = \frac{1{,}5qs}{g}.$$

Abb. IV 4.9

Die Koeffizienten des Gleichungssystems für $[^v\varphi_2 = 1]$ und $[^v\psi_{1-2} = 1]$ ergeben sich nach (IV B.30):

$$^2a_2^* = \frac{4EJ}{s} + 3\,\frac{EJ}{s/3} = 13{,}0\,\frac{EJ}{s};$$

$$^2a_{1-2}^* = -\frac{6EJ}{s};$$

$$^{1-2}a_{1-2}^* = 12\,\frac{EJ}{s} - \frac{1{,}5qs}{g}\,\omega^2 s^2.$$

Mit (IV B.5) ergibt sich

$$\frac{q}{g}\,\omega^2 s_{1-2}^3 = \frac{EJ}{s}\,\lambda_{1,2}^4\,,$$

und somit

$$^{1-2}a^*_{1-2} = \frac{EJ}{s}\,(12,0 - 1,5\lambda_{1,2}^4).$$

Damit ergibt sich das Gleichungssystem

φ_2	ψ_{1-2}	
13,0	$-6,0$	$= 0$
$-6,0$	$12,0 - 1,5\,\lambda_{1,2}^4$	$= 0$

Als Lösung erhält man $\lambda_{1,2} = 1,575$, welcher Wert genau der Lösung der Energiemethode nach 1,γ entspricht, da für beide Berechnungsarten die gleichen Voraussetzungen angenommen wurden.

5. Beispiel. Dreistöckiger, zweistieliger Rahmen

Für den Rahmen nach Abb. IV 5.1 betragen

$$J_c = J_1 = 10^{-4}\,\text{m}^4\,; \quad J_2 = 2 \cdot 10^{-4}\,\text{m}^4\,;$$

$$q_1 = 0,2\,\text{t/m}\,; \quad q_2 = 0,5\,\text{t/m}\,; \quad E = 21 \cdot 10^6\,\text{t/m}^2\,.$$

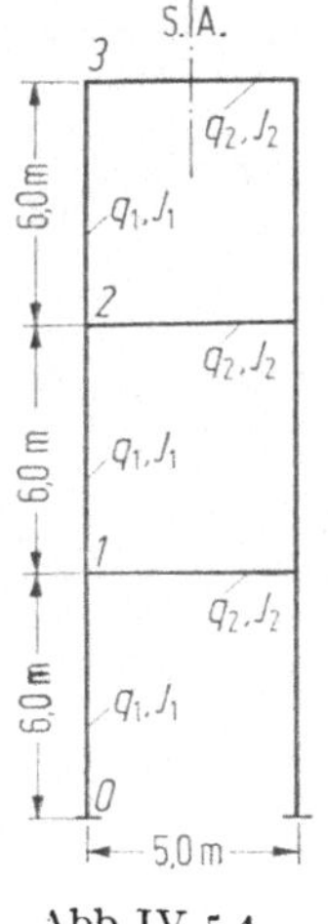

Abb. IV 5.1

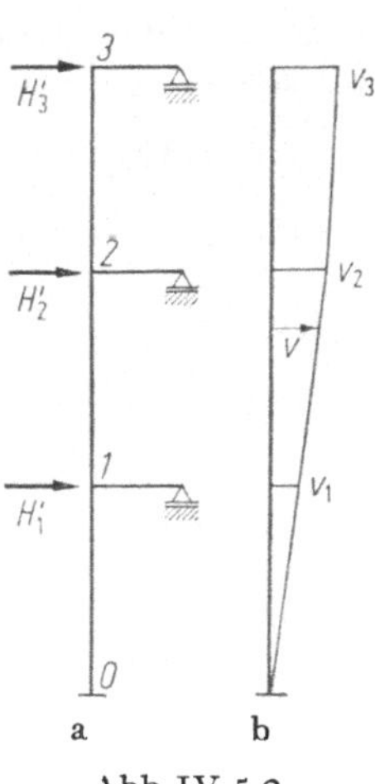

Abb. IV 5.2

Für das antimetrische Ausschwingen des Rahmens wird wieder das halbe System nach Abb. IV 5.2a betrachtet, wobei nach Abschnitt IV A.2b (IV A.22) in Näherung alle Massen jeweils in den Knotenpunkten angebracht werden. Damit werden

$$H_1' = H_2' = 6q_1 + 2,5q_2 = 2,45\,\text{t}\,;$$

$$H_3' = 3q_1 + 2,5q_2 = 1,85\,\text{t}\,.$$

Für diese Belastung werden nach dem Momentenausgleichsverfahren (Bd. I A, IX B) die Momente $\bar{M}_B$ bestimmt und aus den $M''_{i,k}$-Werten die horizontalen Verschiebungen (Abb. IV 5.2 b) ermittelt. Man erhält

$$v_1 = 159{,}287\,\frac{1}{EJ}\,;$$

$$v_2 = 297{,}513\,\frac{1}{EJ}\,;$$

$$v_3 = 361{,}834\,\frac{1}{EJ}\,.$$

Nach (IV A.25) ergibt sich

$$T = 2\pi \sqrt{\frac{\sum (H'_i v_i^2)}{g \sum (H'_i v_i)}} = 2\pi \sqrt{\frac{2{,}45 \cdot (159{,}287^2 + 297{,}513^2) + 1{,}85 \cdot 361{,}834^2}{g[2{,}45(159{,}287 + 297{,}513) + 1{,}85 \cdot 361{,}834]} \cdot \frac{1}{EJ_c}} =$$

$$= 2\pi \sqrt{\frac{521\,231}{1\,788{,}5 \cdot 9{,}81 \cdot 21 \cdot 10^6 \cdot 10^{-4}}} = 2\pi \frac{\sqrt{1{,}4146}}{10}\,.$$

Mit $T = 2\pi/\omega$ wird $\omega = 2\pi/T = 10/\sqrt{1{,}4146} = 8{,}408$.

Nach Koloušek [9, S. 36] ergibt sich der genaue Wert zu $\omega = 8{,}41$. Man erkennt daraus die sehr gute Übereinstimmung der Näherungsberechnung für verschiebliche Systeme.

6. Beispiel.   Unsymmetrischer Schrägstielrahmen

Es wird das seitliche Ausschwingen des Rahmens nach Abb. IV 6.1 a untersucht. Die Stiellängen betragen

$$s_{1-2} = 6{,}325 \text{ m}; \quad s_{2-3} = 5{,}0 \text{ m}; \quad s_{3-4} = 6{,}708 \text{ m}.$$

Das Trägheitsmoment J_c wird konstant angenommen.

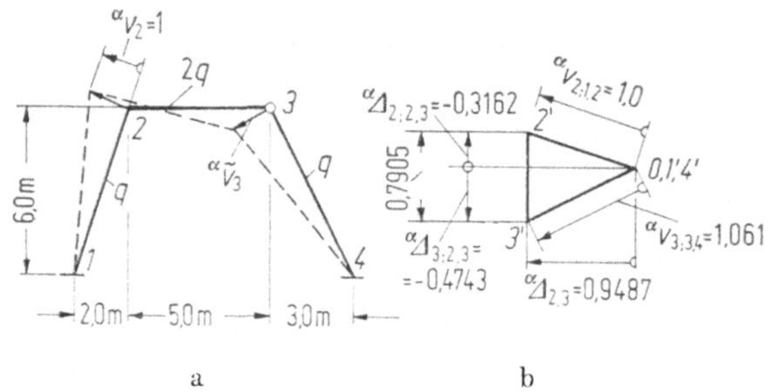

Abb. IV 6.1

Aus dem Verschiebungsplan für ${}^\alpha v_2 = 1$ (Abb. IV 6.1 b) erhält man unter Beachtung der Vorzeichenfestlegung der Abb. IV B.9:

$${}^\alpha\Delta_{2;1,2} = +1{,}0; \quad {}^\alpha\Delta_{2;2,3} = -0{,}3162; \quad {}^\alpha\Delta_{3;2,3} = -0{,}4743; \quad {}^\alpha\Delta_{3;3,4} = +1{,}061.$$

Außerdem ergibt sich die Horizontalverschiebung des Riegels zu

$${}^\alpha\Delta_{2,3} = {}^\alpha v_{2,3} = 0{,}9487.$$

a) Deformationsmethode

Da im Punkt 3 ein Gelenk vorhanden ist, kommen nur die beiden Unbekannten φ_2 und $^\alpha v_2$ in Frage. Nach (IV B.26) lautet das Gleichungssystem:

φ_2	$^\alpha v_2$	
$^2 a_2^*$	$^2 a_\alpha^*$	$= 0$
$^\alpha a_2^*$	$^\alpha a_\alpha^*$	$= 0$

α) Allgemeines Verfahren nach B, 2β

Nach (IV B.28) erhält man die Koeffizienten:

$$^2 a_2^* = +EJ\left[\left(\frac{H_2}{s}\right)_{1,2} + \left(\frac{H_7}{s}\right)_{2,3}\right];$$

$$^2 a_\alpha^* = -EJ\left[\left(\frac{H_4}{s^2}{}^\alpha\!\Delta_2\right)_{1,2} + \left(\frac{H_8\,{}^\alpha\!\Delta_3 + H_9\,{}^\alpha\!\Delta_2}{s^2}\right)_{2,3}\right];$$

$$^\alpha a_\alpha^* = EJ\left[\left(\frac{H_6}{s^3}{}^\alpha\!\Delta_2^2\right)_{1,2} + \left(\frac{2H_{10}\,{}^\alpha\!\Delta_2\,{}^\alpha\!\Delta_3 + H_{11}\,{}^\alpha\!\Delta_2^2 + H_{12}\,{}^\alpha\!\Delta_3^2}{s^3}\right)_{2,3} + \left(\frac{H_{12}}{s^3}{}^\alpha\!\Delta_3^2\right)_{3,4}\right] -$$

$$- 2\mu\omega^2 s_{2-3}^2\,{}^\alpha v_{2,3}^2 .$$

Mit (IV B.5) wird

$$2\mu\omega^2 s_{2-3}^2 = \left(\frac{\lambda^4}{s^3}\right)_{2,3} EJ;$$

$$\lambda_{1,2} = s_{1-2}\sqrt[4]{\frac{\mu\omega^2}{EJ}} = 6,325\sqrt[4]{\frac{\mu\omega^2}{EJ}};$$

$$\lambda_{2,3} = s_{2-3}\sqrt[4]{\frac{2\mu\omega^2}{EJ}} = 5,946\sqrt[4]{\frac{\mu\omega^2}{EJ}} = 0,940\lambda_{1,2};$$

$$\lambda_{3,4} = s_{3-4}\sqrt[4]{\frac{\mu\omega^2}{EJ}} = 6,708\sqrt[4]{\frac{\mu\omega^2}{EJ}} = 1,060\lambda_{1,2}.$$

Annahme:

$$\lambda_{1,2} = 1,893; \quad \lambda_{2,3} = 1,780; \quad \lambda_{3,4} = 2,008.$$

Damit ergeben sich die H-Werte aus den H-Tafeln nach Tabelle 6.1, in der auch die zugehörigen Verschiebungen $^\alpha\!\Delta$ eingetragen sind.

Tabelle 6.1

$1-2$		$2-3$		$3-4$	
$H_2 =$	$3,8750$	$H_7 =$	$2,8013$	$H_{12} =$	$-0,9841$
$H_4 =$	$5,3142$	$H_8 =$	$3,4142$	$^\alpha\!\Delta_2 =$	$+1,0607$
$H_6 =$	$7,1688$	$H_9 =$	$4,4752$		
$^\alpha\!\Delta_2 = +1,0$		$H_{11} =$	$-1,9947$		
		$H_{12} =$	$+0,5776$		
		$^\alpha\!\Delta_2 =$	$-0,3162$		
		$^\alpha\!\Delta_3 =$	$-0,4743$		
		$^\alpha v_{2,3} =$	$0,9487$		

Damit wird

$$^2a_2^* = +EJ(0{,}6127 + 0{,}5603) = 1{,}1730EJ;$$
$$^2a_\alpha^* = -0{,}0414EJ;$$
$$^2a_\alpha^* = -0{,}0374EJ.$$

Der Wert der Determinante ergibt sich zu $D = -0{,}0456(EJ)^2$. Für weitere Annahme von $\lambda_{1,2}$ erhält man:

$$\lambda_{1,2} = 2{,}531; \quad \lambda_{2,3} = 2{,}380; \quad \lambda_{3,4} = 2{,}685;$$
$$D = -0{,}2643(EJ)^2;$$
$$\lambda_{1,2} = 1{,}638; \quad \lambda_{2,3} = 1{,}540; \quad \lambda_{3,4} = 1{,}737;$$
$$D = +0{,}0117(EJ)^2;$$
$$\lambda_{1,2} = 1{,}702; \quad \lambda_{2,3} = 1{,}600; \quad \lambda_{3,4} = 1{,}805;$$
$$D = -0{,}0008(EJ)^2.$$

Die $D - \lambda_{2,3}$-Kurve ist in Abb. IV 6.2 dargestellt. Die Nullstelle ergibt sich zu

$$\lambda_{2,3} = 1{,}596.$$

Damit wird $\lambda_{1,2} = 1{,}698; \lambda_{3,4} = 1{,}804$.

Durch λ ist auch ω festgelegt und es wird

$$T = \frac{2\pi}{\omega}.$$

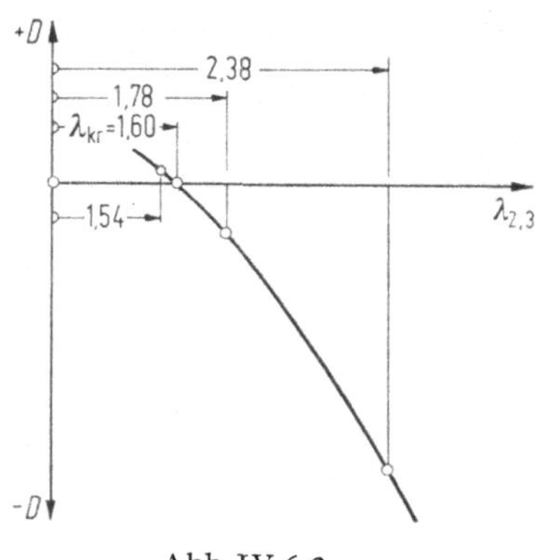

Abb. IV 6.2

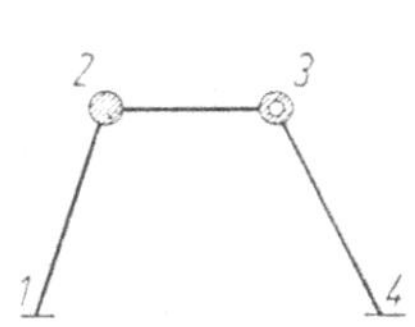

Abb. IV 6.3

β) Näherungsverfahren nach B, 2γ

Nach Abb. IV 6.3 werden die Massen der Stäbe in den Knotenpunkten konzentriert angenommen:

$$m_2 = \frac{q}{g}\left[\frac{s_{1-2}}{2} + \frac{s_{2-3}}{2}2\right] = 8{,}163\,\frac{q}{g};$$
$$m_3 = \frac{q}{g}\left[\frac{s_{2-3}}{2}2 + \frac{s_{3-4}}{2}\right] = 8{,}354\,\frac{q}{g}.$$

Bei Verwendung von (IV B.30) werden hier unmittelbar die resultierenden Knotenpunktsverschiebungen eingeführt, die sich aus Abb. IV 6.1 ergeben.

Man erhält mit

$$\frac{q\omega^2}{g} = EJ\lambda_{2,3}^4\,\frac{1}{2s_{2-3}^4}$$

die Koeffizienten

$$^2a_2^* = EJ\left[\frac{4}{s_{1-2}} + \frac{3}{s_{2-3}}\right] = +1{,}23241\,EJ;$$

$$^2a_\alpha^* = -EJ\left[\left(\frac{6}{s}\,{}^\alpha\psi\right)_{1,2} + \left(\frac{3}{s}\,{}^\alpha\psi\right)_{2,3}\right] = -0{,}05512\,EJ;$$

$$^\alpha a_\alpha^* = +EJ\left[\left(\frac{12}{s}\,{}^\alpha\psi^2\right)_{1,2} + \left(\frac{3}{s}\,{}^\alpha\psi^2\right)_{2,3} + \left(\frac{3}{s}\,{}^\alpha\psi^2\right)_{3,4}\right] -$$

$$- \left[\left(\frac{s_{1-2}}{2} + s_{2-3}\right)\Delta_2^2 + \left(s_{2-3} + \frac{s_{3-4}}{2}\right)\Delta_3^2\right]\frac{q\omega^2}{g} =$$

$$= 0{,}07360\,EJ - 17{,}5668\,\frac{q\omega^2}{g} = EJ[0{,}07360 - 0{,}01405\lambda_{2,3}^4].$$

Damit ergibt sich das Gleichungssystem:

φ_2	v_2	.
1,23241	$-0{,}05512$	$= 0$
$-0{,}05512$	$0{,}07360 - 0{,}01405\,\lambda_{2,3}^4$	$= 0$

Als Lösung ergibt sich

$$\lambda_{2,3} = 1{,}50$$

und

$$T = 2\pi\,\frac{5{,}0^2}{1{,}5^2}\,\sqrt{\frac{2\mu}{EJ}} = 98{,}71\,\sqrt{\frac{\mu}{EJ}}.$$

Dieser Wert entspricht genau dem nach Abschnitt b für die Energiemethode.

b) Energiemethode

Es wird die einfachste Näherung nach Abschnitt A angenommen, daß die Massenkräfte nur in den Knotenpunkten konzentriert werden, wobei die Schwingungszeiten nach (IV B.29a) bzw. (IV B.29b) berechnet werden.

Berechnung nach (IV B.29 a)

Für die angenommene Schwingungsfigur nach Abb. IV 6.4b wirken jeweils die halben Stabmassen der Stäbe 1—2 und 3—4 in den Knoten 2 und 3 senkrecht zur Stabachse, während sie für den Stab 2—3 sowohl senkrecht zur Stabachse als auch in Richtung der Stabachse wirken. Die der Ermittlung der Durchbiegungen zugrunde gelegten Lasten (Abb. IV 6.4a) betragen:

$$P_{2;2,1} = \frac{6{,}325}{2}\,q; \quad P_{3;3,4} = \frac{6{,}708}{2}\,q; \quad P_{2,3} = \frac{5{,}0}{2}\,2q = 5{,}0q.$$

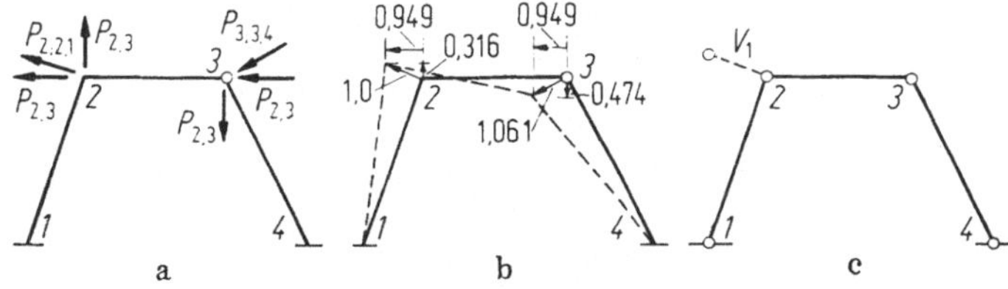

Abb. IV 6.4

Für diese Belastung wurden nach dem Festhaltestabverfahren (Bd. I A, Abschnitt IX B und IX D) die Schnittbelastungen und die Festhaltestabkraft V_1 (Abb. IV 6.4c) bestimmt. Die Verteilungszahlen im Punkt 2 betragen:

$$\mu'_{2,1} = -0{,}2566; \quad \mu'_{2,3} = -0{,}2434.$$

Mit dem Verschiebungsplan nach Abb. IV 6.1 b für $\Delta_1 = v_2 = 1$ ergeben sich für den Zustand $[\Delta_1 = 1]$ die Starreinspannmomente

$$\tilde{M}_{1;1,2} = \tilde{M}_{2;2,1} = -\frac{6EJ}{6{,}325}\frac{1}{6{,}325} = -0{,}1500EJ;$$

$$\tilde{M}_{2;2,3} = -\frac{3EJ}{5{,}0}\left(-\frac{0{,}791}{5{,}0}\right) = +0{,}0949EJ;$$

$$\tilde{M}_{4;4,3} = -\frac{3EJ}{6{,}708}\frac{1{,}061}{6{,}708} = -0{,}0707EJ.$$

Der Momentenausgleich hierfür ist in Abb. IV 6.5 durchgeführt, womit die Momente $\tilde{M}_1^*$ erhalten werden.

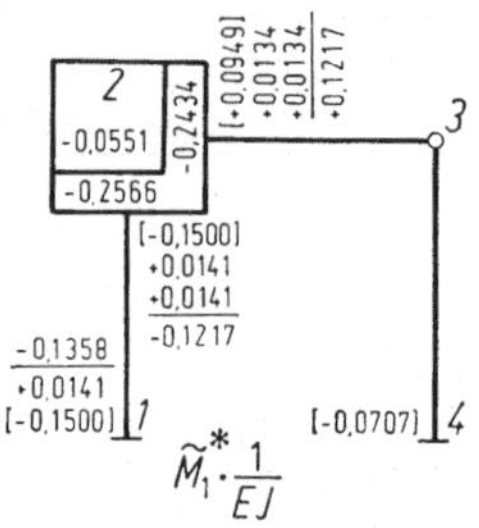

$$\tilde{M}_1^* \cdot \frac{1}{EJ}$$

Abb. IV 6.5

Nach Bd. I A (IX D.4) und (IX D.5) ergeben sich die Festhaltestabkräfte — unter Beachtung, daß für die nur in den Knoten angreifenden Kräfte die Momente $\tilde{M}_B^*$ Null sind —

$$\sum \left(\tilde{M}^*_{1,i;ik} + \tilde{M}^*_{1,k;k,i}\right){}^1\psi_{i-k} + V_{1,1} = 0;$$

$$\sum \mathfrak{P}_r \cdot {}^1\mathfrak{v}_r^* + V_{B,1} = 0$$

zu

$$V_{1,1} = -EJ\left[(-0{,}1217 - 0{,}1359)\frac{1}{6{,}325} - 0{,}1217\frac{0{,}791}{5{,}0} - 0{,}0707\frac{1{,}061}{6{,}708}\right] =$$

$$= +0{,}0711EJ;$$

$$V_{B,1} = -q\left[\frac{6{,}325}{2}1{,}0 + (5{,}0 \cdot 0{,}316 + 5{,}0 \cdot 0{,}474) + 2 \cdot 5{,}0 \cdot 0{,}949 + \frac{6{,}708}{2}1{,}061\right] =$$

$$= -20{,}159q.$$

Damit wird

$$\Delta_{B,1} = -\frac{V_{B,1}}{V_{1,1}} = \frac{20{,}159}{0{,}0711}\frac{q}{EJ} = +283{,}348\frac{q}{EJ}.$$

Mit (IV A.25 a) für T und

$$\omega = \frac{2\pi}{T}$$

wird

$$\omega =$$

$$= \sqrt{\dfrac{g\left(283{,}348\,\dfrac{q}{EJ}\right)20{,}159q}{\left(283{,}348\,\dfrac{q}{EJ}\right)^2 q\left[\dfrac{6{,}325}{2}\,1{,}0^2 + (5{,}0\cdot 0{,}316^2 + 5{,}0\cdot 0{,}474^2) + 10{,}0\cdot 0{,}949^2 + \dfrac{6{,}708}{2}\,1{,}061^2\right]}} =$$

$$= \sqrt{\dfrac{EJ}{\mu\,246{,}82}} \quad \text{und} \quad T = \dfrac{2\pi}{\omega} = 98{,}712\,\sqrt{\dfrac{\mu}{EJ}}.$$

Berechnung nach (IV B.29 b)

Wird die Masse nach Abb. IV 6.6 wieder in den Knotenpunkten konzentriert gedacht, dann als Belastung in Richtung v_2^* und v_3^* aufgebracht, so ergibt sich die Festhaltestabkraft nach Abb. IV 6.4 c mit den Verschiebungsgrößen nach Abb. IV 6.4 b.

$$V_{B,1} = -q\left[\left(\dfrac{6{,}325}{2} + 5{,}0\right)1{,}0 + \left(\dfrac{6{,}708}{2} + 5{,}0\right)1{,}061\right] = -17{,}026q.$$

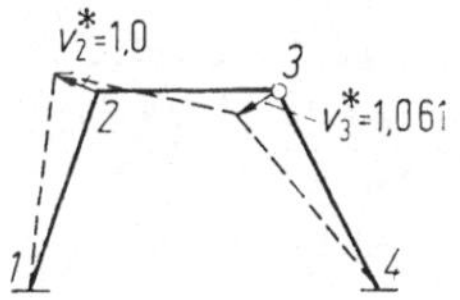

Abb. IV 6.6

Mit dem früher erhaltenen Wert $V_{1,1}$ wird

$$\Delta_{B,1} = -\dfrac{V_{B,1}}{V_{1,1}} = \dfrac{17{,}026}{0{,}0711}\,\dfrac{q}{EJ} = +239{,}469\,\dfrac{q}{EJ}.$$

Mit (IV A.29 b) wird

$$\omega = \sqrt{\dfrac{g\left(239{,}469\,\dfrac{q}{EJ}\right)17{,}026q}{\left(239{,}469\,\dfrac{q}{EJ}\right)^2 q\left(\dfrac{6{,}325}{2} + 5{,}0\right)1{,}0^2 + \left(\dfrac{6{,}708}{2} + 5{,}0\right)1{,}061^2\right]}} =$$

$$= \sqrt{\dfrac{EJ}{\mu\,247{,}07}} \quad \text{und} \quad T = 98{,}7\,\sqrt{\dfrac{\mu}{EJ}}.$$

Man erkennt aus den beiden obigen Berechnungsdurchführungen noch folgendes: Man kann einerseits die Massen senkrecht zum Stab und in seiner Richtung wirken lassen, wobei jeweils in ihrer Wirkungsrichtung die Knotenverschiebungen nach der Schwingungsfigur Berücksichtigung finden müssen, oder auch andererseits die Massenkräfte in den Knotenpunkten direkt in Richtung der Knotenpunktsverschiebung nach der Schwingungsfigur wirken lassen.

Mit (IV B.5) wird nach der Deformationsmethode

$$\omega = \dfrac{\lambda^2}{s}\,\sqrt{\dfrac{EJ}{\mu}}\,;\quad T = \dfrac{2\pi}{\omega} = 2\pi\,\dfrac{s^2}{\lambda^2}\,\sqrt{\dfrac{\mu}{EJ}}.$$

Mit $\lambda_{1,2} = 1{,}698$ wird für den Stab 1—2

$$T = 2\pi\,\dfrac{6{,}325^2}{1{,}698^2}\,\sqrt{\dfrac{\mu}{EJ}} = 87{,}2\,\sqrt{\dfrac{\mu}{EJ}}$$

und $\lambda_{2,3} = 1{,}596$

$$T = 2\pi \frac{5{,}0^2}{1{,}596^2} \sqrt{\frac{2\mu}{EJ}} = 87{,}2 \sqrt{\frac{\mu}{EJ}}.$$

Es ist gleichgültig, über welchen Stab man die Schwingungszeit berechnet, denn es gibt für das ganze System nur eine einheitliche Schwingungszeit.

Da es sich beim Schrägrahmen um ein steiferes System als beim Stockwerkrahmen handelt, ist die Abweichung der Näherungsberechnung größer. In vielen Fällen, wo eine aufgezwungene Schwingungsfrequenz nicht in den Bereich der Eigenschwingungen kommt, kann man damit das Auslangen finden. Man kann aber sofort eine Verbesserung erhalten, indem man mehrere Knotenpunkte einschaltet und die Rechnung in gleicher Weise durchführt. Schaltet man z. B. nach Abb. IV 6.7 zwei weitere Knoten 5 und 6 ein, so daß 3 Festhaltestäbe zur Stabilisierung des Gelenksystems erforderlich werden, so erhält man

$$T = \frac{2\pi}{\omega} = 91{,}9 \sqrt{\frac{\mu}{EJ}}.$$

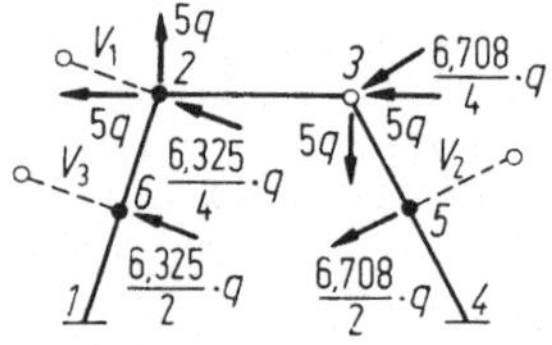

Abb. IV 6.7

7. Beispiel. Eingespannter Doppelbogen mit Querriegeln

Das System dieses Bogens ist in Abb. IV 7.1 dargestellt, es ist gleich wie bei Beispiel II.1. Auch die Querschnittsabmessungen sind gleich wie bei Beispiel II.1.

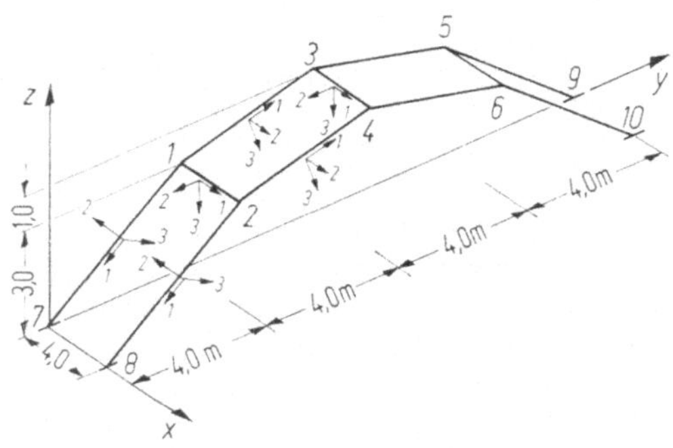

Abb. IV 7.1

Zusätzlich werden die Massenträgheitsmomente θ nach (IV B.15) für jeden Stab um die Stabachse (Drehachse) benötigt. Im vorliegenden Fall gilt

$$\theta = \int r^2 \, dm = \int (x^2 + y^2) \, dm = \frac{\gamma}{g} \int (x^2 + y^2) \, df = \frac{\gamma F}{gF} (J_2 + J_3) = \frac{\mu}{F} (J_2 + J_3).$$

Stab 1—7, 2—8:
$$\theta = \frac{0{,}613(5\,700 + 3\,800)}{10^3 \cdot 981 \cdot 78{,}1} = 0{,}760 \cdot 10^{-4} \ [\text{tsec}^2];$$

Stab 1—3, 2—4, 1—2, 3—4:
$$\theta = \frac{0{,}426(2\,490 + 1\,707)}{10^3 \cdot 981 \cdot 54{,}3} = 0{,}336 \cdot 10^{-4}.$$

Es werden in diesem Beispiel verschiedene Belastungen bei der Bestimmung der Frequenzen der Eigenschwingungen zugrunde gelegt, wobei sowohl massebelastete Stäbe als auch konzentrierte Einzellasten in den Knotenpunkten Berücksichtigung finden.

Es wird das doppelsymmetrische Ausschwingen des Bauwerkes nach der Deformationsmethode nach Abschnitt IV C.3a und IV C.3b untersucht. Bei dieser Schwingungsform braucht nur das halbe System nach Abb. IV 7.2 zugrunde gelegt zu werden, wobei für den Riegel 3—4 nur die halben Querschnittswerte und die halbe Belastung bzw. die halben Knotenbelastungen in den Punkten 3 und 4 zu berücksichtigen sind. Die Knoten 3 und 4 sind für diese Schwingungsform in der y-Richtung unverschieblich und in der x- und z-Richtung durch Drehfesseln drehsteif gelagert (Abb. IV 7.2).

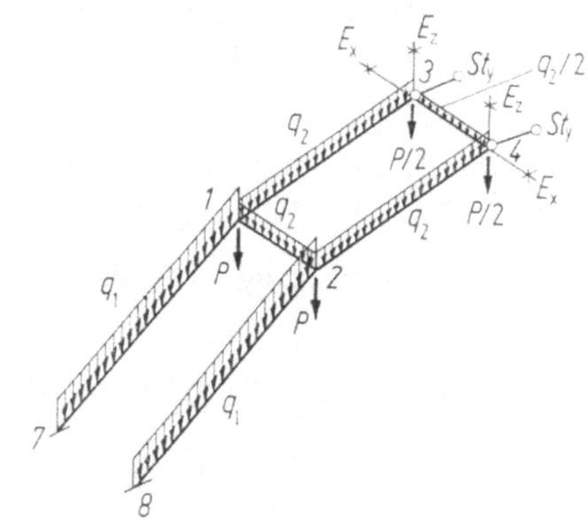

Abb. IV 7.2

Das Resonanzkriterium lautet nach (IV C.23), wobei nur die Glieder der Hauptdiagonale und rechts davon angeschrieben werden, da das Gleichungssystem spiegelsymmetrisch ist:

	$^p\check{\Phi}_1$	$^pv_1$	$^p\check{\Phi}_2$	$^pv_2$	$^p\check{\Phi}_3$	$^pv_3$	$^p\check{\Phi}_4$	$^pv_4$
$^p\check{E}_{\Phi_1}$	$^pK_1$	$^pD_1$	$^pK_{21}$	$^pD_{21}$	$^pK_{31}$	$^pD_{31}$	$()$	0
$^p\check{E}_{v_1}$		$-^pL_1$	$-^pE_{21}$	$-^pL_{21}$	$-^pE_{31}$	$-^pL_{31}$	0	0
$^p\check{E}_{\Phi_2}$			$^pK_2$	$^pD_2$	0	0	$^pK_{42}$	$^pD_{42}$
$^p\check{E}_{v_2}$				$-^pL_2$	0	0	$-^pE_{42}$	$-^pL_{42}$
$^p\check{E}_{\Phi_3}$					$^pK_3$	$^pD_3$	$^pK_{43}$	$^pD_{43}$
$^p\check{E}_{v_3}$						$-^pL_3$	$-^pE_{43}$	$-^pL_{43}$
$^p\check{E}_{\Phi_4}$							$^pK_4$	$^pD_4$
$^p\check{E}_{v_4}$								$-^pL_4$

Die Rotationsmatrizen aller Stäbe sind gleich wie in Beispiel II.1. Allgemein gelten nach (IV C.22) bis (IV C.25) bei massebelasteten Stäben und konzentrierten Einzellasten in den Knotenpunkten die nachfolgenden Matrizen:

$$^p\mathbf{K}_1 = {}^p\mathbf{K}_{11,12} + {}^p\mathbf{K}_{11,13} + {}^p\mathbf{K}_{11,17};$$

$$^p\mathbf{K}_2 = {}^p\mathbf{K}_{22,12} + {}^p\mathbf{K}_{22,24} + {}^p\mathbf{K}_{22,28};$$

$$^p\mathbf{K}_3 = {}^p\mathbf{K}_{33,13} + {}^p\mathbf{K}_{33,34};$$

$$^p\mathbf{K}_4 = {}^p\mathbf{K}_{44,24} + {}^p\mathbf{K}_{44,34};$$

$$^p\mathbf{D}_1 = {}^p\mathbf{D}_{11,12} + {}^p\mathbf{D}_{11,13} + {}^p\mathbf{D}_{11,17};$$

$$^p\mathbf{D}_2 = {}^p\mathbf{D}_{22,12} + {}^p\mathbf{D}_{22,24} + {}^p\mathbf{D}_{22,28};$$

$$^p\mathbf{D}_3 = {}^p\mathbf{D}_{33,13} + {}^p\mathbf{D}_{33,34};$$

$$^p\mathbf{D}_4 = {}^p\mathbf{D}_{44,24} + {}^p\mathbf{D}_{44,34};$$

$$^p\mathbf{L}_1 = {}^p\mathbf{L}_{11,12} + {}^p\mathbf{L}_{11,13} + {}^p\mathbf{L}_{11,17} + {}^p\mathbf{M}_1;$$

$$^p\mathbf{L}_2 = {}^p\mathbf{L}_{22,12} + {}^p\mathbf{L}_{22,24} + {}^p\mathbf{L}_{22,28} + {}^p\mathbf{M}_2;$$

$$^p\mathbf{L}_3 = {}^p\mathbf{L}_{33,13} + {}^p\mathbf{L}_{33,34} + {}^p\mathbf{M}_3;$$

$$^p\mathbf{L}_4 = {}^p\mathbf{L}_{44,24} + {}^p\mathbf{L}_{44,34} + {}^p\mathbf{M}_4.$$

Zweckmäßig wird aus programmtechnischen Gründen die Richtung des Einheitsvektors $e_{1;ik}$ immer von der niedrigeren Knotenpunktszahl zur höheren festgelegt.

a) Belastungsfall Eigengewicht der Stäbe

α) Genaues Verfahren

In diesem Fall werden nur die Massen der Stäbe in Rechnung gestellt, so daß (IV C.22) zu verwenden ist.

Als Belastungen werden nach Abb. IV 7.2 eingeführt:

$$q_1 = 0{,}613 \cdot 10^{-3} \ \text{t/cm}; \quad q_2 = 0{,}426 \cdot 10^{-3} \ \text{t/cm}.$$

Als erste Annahme zur Bestimmung der Koeffizienten wird $\omega = 30{,}0$ gewählt.

Stabkennwerte

Stab 1—7, 2—8

λ-Werte nach (IV B.5):

$$^2\lambda = s_{1-7} \sqrt[4]{\frac{\mu\omega^2}{EJ_2}} = 500 \sqrt[4]{\frac{0{,}613 \cdot 30^2}{10^3 \cdot 981 \cdot 2100 \cdot 5700}} = 1{,}309;$$

$$^3\lambda = s_{1-7} \sqrt[4]{\frac{\mu\omega^2}{EJ_3}} = 500 \sqrt[4]{\frac{0{,}613 \cdot 30^2}{10^3 \cdot 981 \cdot 2100 \cdot 3800}} = 1{,}449.$$

Funktionen H nach Tafel H:

$$^2H_2 = 3{,}9719; \quad {}^3H_2 = 3{,}9577;$$

$$^2H_4 = 5{,}8455; \quad {}^3H_4 = 5{,}7677;$$

$$^2H_6 = 10{,}906; \quad {}^3H_6 = 10{,}357.$$

$\varkappa$-Werte nach (IV B.12):

$$\varkappa = s_{1-7} \sqrt{\frac{\mu\omega^2}{EF}} = 500 \sqrt{\frac{0{,}613 \cdot 30^2}{10^3 \cdot 981 \cdot 2100 \cdot 78{,}1}} = 0{,}029;$$

$$H_{18}(\varkappa) = 1{,}0001; \quad H_{19}(\varkappa) = 0{,}9998.$$

ϑ-Werte nach (IV B.18):

$$\vartheta = s_{1-7}\,\sqrt{\frac{\theta\omega^2}{GJ_1}} = 500\,\sqrt{\frac{0{,}760\cdot 30^2}{10^4\cdot 810\cdot 5538}} = 0{,}062;$$

$$H_{18}(\vartheta) = 1{,}0006; \quad H_{19}(\vartheta) = 0{,}9987.$$

Stab 1—3, 2—4

$$\begin{array}{ll}
{}^2\lambda = 1{,}213; & {}^3\lambda = 1{,}3330; \\
{}^2H_1 = 2{,}0155; & {}^3H_1 = 2{,}0227; \\
{}^2H_2 = 3{,}9793; & {}^3H_2 = 3{,}9698; \\
{}^2H_3 = 6{,}0672; & {}^3H_3 = 6{,}0983; \\
{}^2H_4 = 5{,}8864; & {}^3H_4 = 5{,}8341; \\
{}^2H_5 = 12{,}279; & {}^3H_5 = 12{,}409; \\
{}^2H_6 = 11{,}196; & {}^3H_6 = 10{,}825; \\
H_{18}(\varkappa) = 1{,}0001; & H_{19}(\varkappa) = 0{,}9998; \\
H_{18}(\vartheta) = 1{,}0004; & H_{19}(\vartheta) = 0{,}9992.
\end{array}$$

Stab 1—2, 3—4

$$\,{}^2\lambda = s_{1-2}\,\sqrt[4]{\frac{\mu\omega^2}{EJ_2}} = s_{3-4}\,\sqrt[4]{\frac{(\mu/2)\omega^2}{EJ_2/2}} = 1{,}176;$$

$$\,{}^3\lambda = 1{,}293.$$

$$\begin{array}{lll}
{}^2H_1 = 2{,}0137; & {}^2H_2 = 3{,}9817; & {}^2H_3 = 6{,}0595; \\
{}^2H_4 = 5{,}8994; & {}^2H_5 = 12{,}247; & {}^2H_6 = 11{,}288; \\
{}^3H_1 = 2{,}0201; & {}^3H_2 = 3{,}9733; & {}^3H_3 = 6{,}0870; \\
{}^3H_4 = 5{,}8531; & {}^3H_5 = 12{,}362; & {}^3H_6 = 10{,}960;
\end{array}$$

$$H_{18}(\varkappa) = 1{,}0001; \quad H_{19}(\varkappa) = 0{,}9998;$$
$$H_{18}(\vartheta) = 1{,}0004; \quad H_{19}(\vartheta) = 0{,}9992.$$

Matrizen im q-System. Im q-System werden die Matrizen

$${}^q\mathbf{K}_{ii;ik};\ {}^q\mathbf{K}_{kk;ik};\ {}^q\mathbf{D}_{ii;ik};\ {}^q\mathbf{D}_{kk;ik};\ {}^q\mathbf{K}_{ik};\ {}^q\mathbf{D}_{ik};\ {}^q\mathbf{D}_{ki};\ {}^q\mathbf{L}_{ii;ik};\ {}^q\mathbf{L}_{kk;ik};\ {}^q\mathbf{L}_{ik};\ {}^q\mathbf{E}_{ik};\ {}^q\mathbf{E}_{ki}$$

für jeden Stab für die Stabrichtung $i - k$ (von der niederen zur höheren Knotenpunktszahl) bestimmt.

Zum Beispiel werden für die an den Knoten 2 anschließenden Stäbe einige Matrizen entwickelt.

${}^q\mathbf{K}_{22;28}$

Diese Matrize wird nach (IV C.1) für $S = 0$ und Tabelle IV C.1 a und b berechnet:

$${}^1\tilde{M}_{2;2,8}({}^1\varphi_2 = 1) = \frac{GJ_1}{s_{2-8}}\,[H_{19}(\vartheta) + 0)] = \frac{810\cdot 5538}{500}\,0{,}9987 = 8960;$$

$${}^2\tilde{M}_{2;2,8}({}^2\varphi_2 = 1) = \left(\frac{EJ_2}{s}\,{}^2H_2\right)_{2,8} = \frac{2100\cdot 5700}{500}\,3{,}9719 = 95087;$$

$${}^3\tilde{M}_{2;2,8}({}^3\varphi_2 = 1) = \left(\frac{EJ_3}{s}\,{}^3H_2\right)_{2,8} = \frac{2100\cdot 3800}{500}\,3{,}9577 = 63165.$$

Nach (IV C.7) ergibt sich

$$
{}^q\mathbf{K}_{22;28} = \begin{bmatrix} 8960 & & \\ & 95\,087 & \\ & & 63\,165 \end{bmatrix}.
$$

Entsprechend erhält man ${}^q\mathbf{K}_{22;12}$ und ${}^q\mathbf{K}_{22;24}$. Bei ${}^q\mathbf{K}_{22;12}$ sind jedoch Tabelle IV C.1 c und d zu verwenden.

${}^q\mathbf{K}_{42}$

Nach (IV C.2) wird mit $S = 0$ und Tabelle IV C.1 c und d:

$$
{}^1\tilde{M}_{2;2,4}({}^1\varphi_4 = 1) = -\left[\frac{GJ_1}{s} H_{19}(\vartheta)\right]_{2,4} = -\frac{810 \cdot 2506}{4143}\,1{,}0001 = -4924;
$$

$$
{}^2\tilde{M}_{2;2,4}({}^2\varphi_4 = 1) = \left(\frac{EJ_2}{s}\,{}^2H_1\right)_{2,4} = \frac{2100 \cdot 2490}{412{,}3}\,2{,}0155 = 25\,561;
$$

$$
{}^3\tilde{M}_{2;2,4}({}^3\varphi_4 = 1) = \left(\frac{EJ_3}{s}\,{}^3H_1\right)_{2,4} = \frac{2100 \cdot 1707}{412{,}3}\,2{,}0227 = 17\,586.
$$

Nach (IV C.9) wird

$$
{}^q\mathbf{K}_{42} = \begin{bmatrix} -4924 & & \\ & 25\,561 & \\ & & 17\,586 \end{bmatrix}.
$$

${}^q\mathbf{D}_{22;24}$

Nach Tabelle IV C.1 e und f wird

$$
{}^2\tilde{M}_{2;2,4}({}^3v_2 = 1) = \left(\frac{EJ_2}{s^2}\,{}^2H_4\right)_{2,4} = \frac{2100 \cdot 2490}{412{,}3^2}\,5{,}8864 = 181{,}059;
$$

$$
{}^3\tilde{M}_{2;2,4}({}^2v_2 = 1) = -\left(\frac{EJ_3}{s^2}\,{}^3H_4\right)_{2,4} = -\frac{2100 \cdot 1707}{412{,}3^2}\,5{,}8341 = -123{,}021.
$$

Nach (IV C.11) wird

$$
{}^q\mathbf{D}_{22;24} = \begin{bmatrix} 0 & 0 & 0 \\ 0 & 0 & +181{,}059 \\ 0 & -123{,}021 & 0 \end{bmatrix}.
$$

${}^q\mathbf{D}_{22;28}$ wird entsprechend berechnet.

${}^q\mathbf{D}_{22;12}$

Diese Matrize wird nach Tabelle IV C.1 g und h berechnet mit den Werten für den Knoten k, da der Einheitsvektor $e_{1;1,2}$ zum Knoten 2 gerichtet ist.

$$
{}^2\tilde{M}_{2;1,2}({}^3v_2 = 1) = -\left(\frac{EJ_2}{s^2}\,{}^2H_4\right)_{1,2} = -\frac{2100 \cdot 2490}{400^2}\,5{,}8994 = -192{,}80;
$$

$$
{}^3\tilde{M}_{2;1,2}({}^2v_2 = 1) = \left(\frac{EJ_3}{s^2}\,{}^3H_4\right)_{1,2} = \frac{2100 \cdot 1707}{400^2}\,5{,}8531 = +131{,}11.
$$

Nach (IV C.11) wird

$$
{}^q\mathbf{D}_{22;1,2} = \begin{bmatrix} 0 & 0 & 0 \\ 0 & 0 & -192{,}80 \\ 0 & 131{,}11 & 0 \end{bmatrix}.
$$

$^q\mathbf{E}_{4,2}$

Nach Tabelle IV C 1 c und d wird:

$$^2\tilde{V}_{2;2,4}(^3\varphi_4 = 1) = \left(\frac{EJ_3}{s^2}\,^3H_3\right)_{2,4} = \frac{2100 \cdot 1707}{412,3^2}\,6,0983 = +128,60;$$

$$^3\tilde{V}_{2;2,4}(^2\varphi_4 = 1) = -\left(\frac{EJ_2}{s^2}\,^2H_3\right)_{2,4} = -\frac{2100 \cdot 2490}{412,3^2}\,6,0672 = -186,62.$$

Nach (IV C.15) wird:

$$^q\mathbf{E}_{4,2} = \begin{bmatrix} 0 & 0 & 0 \\ 0 & 0 & +128,60 \\ 0 & -186,62 & 0 \end{bmatrix}.$$

$^q\mathbf{L}_{22;24}$

Nach (IV C.3) und Tabelle IV C.1 e und f wird:

$$^1\tilde{V}_{2;2,4}(^1v_2 = 1) = -\left[\frac{EF}{s}\,H_{19}(\varkappa)\right]_{2,4} = -\frac{2100 \cdot 54,3}{412,3}\,0,9998 = -276,51;$$

$$^2\tilde{V}_{2;2,4}(^2v_2 = 1) = -\left(\frac{EJ_3}{s^3}\,^3H_6\right)_{2,4} = -\frac{2100 \cdot 1707}{412,3^3}\,10,825 = -0,55352;$$

$$^3\tilde{V}_{2;2,4}(^3v_2 = 1) = -\left(\frac{EJ_2}{s^3}\,^2H_6\right)_{2,4} = -\frac{2100 \cdot 2490}{412,3^3}\,11,196 = -0,83523.$$

Nach (IV C.19) wird:

$$^q\mathbf{L}_{22;24} = \begin{bmatrix} -276,51 & & \\ & -0,55352 & \\ & & -0,83523 \end{bmatrix}.$$

Ebenso wird $^q\mathbf{L}_{22;28}$ berechnet.

$^q\mathbf{L}_{22;12}$

Diese Matrize wird entsprechend mit (IV C.4), aber mit den Tabellenabschnitten IV C.1 g und h, berechnet.

$^q\mathbf{L}_{42}$

Mit (IV C.4) und Tabelle IV C.1 g und h wird:

$$^1\tilde{V}_{2;2,4}(^1v_4 = 1) = \left[\frac{EF}{s}\,H_{18}(\varkappa)\right]_{2,4} = \frac{2100 \cdot 54,3}{412,3}\,1,0001 = 276,59;$$

$$^2\tilde{V}_{2;2,4}(^2v_4 = 1) = \left(\frac{EJ_3}{s^3}\,^3H_5\right)_{2,4} = \frac{2100 \cdot 1707}{412,3^3}\,12,409 = 0,63450;$$

$$^3\tilde{V}_{2;2,4}(^3v_4 = 1) = \left(\frac{EJ_2}{s^3}\,^2H_5\right)_{2,4} = \frac{2100 \cdot 2490}{412,3^3}\,12,279 = 0,91603.$$

Nach (IV C.21) wird:

$$^q\mathbf{L}_{42} = \begin{bmatrix} 276,59 & & \\ & 0,63450 & \\ & & 0,91603 \end{bmatrix}.$$

418   IV. Eigenfrequenzen von Tragwerken   [Lit. S. 424]

Matrizen im p-System. Es gilt nach (II A.8)

$$^pM = R_{ik}^T \cdot {}^qM \cdot R_{ik}.$$

Zum Beispiel werden die Transformationen für $^pD_{22;12}$ und $^pE_{42}$ gezeigt.

$$^pD_{22;12} = R_{12}^T \cdot {}^qD_{22;12} \cdot R_{12} =$$

$$
\begin{array}{ccc|ccc|ccc}
 & & & 0 & 0 & 0 & 1{,}0 & & \\
 & & & 0 & 0 & -192{,}80 & & 1{,}0 & \\
 & & & 0 & 131{,}11 & 0 & & & 1{,}0 \\
\hline
1{,}0 & 0 & 0 & 0 & 0 & 0 & 0 & 0 & 0 \\
0 & -1{,}0 & 0 & 0 & 0 & 192{,}80 & 0 & 0 & -192{,}80 \\
0 & 0 & -1{,}0 & 0 & -131{,}11 & 0 & 0 & 131{,}11 & 0
\end{array}
\;;
$$

$$^qE_{42} = R_{24}^T \cdot {}^qE_{42} \cdot R_{24} =$$

$$
\begin{array}{ccc|ccc|ccc}
 & & & 0 & 0 & 0 & 0 & 0{,}970 & 0{,}243 \\
 & & & 0 & 0 & 128{,}6 & 1{,}0 & 0 & 0 \\
 & & & 0 & -186{,}62 & 0 & 0 & 0{,}243 & -0{,}970 \\
\hline
0 & 1{,}0 & 0 & 0 & 0 & 128{,}6 & 0 & 31{,}18 & -124{,}73 \\
0{,}970 & 0 & 0{,}243 & 0 & -45{,}26 & 0 & -45{,}26 & 0 & 0 \\
0{,}243 & 0 & -0{,}970 & 0 & 181{,}05 & 0 & 181{,}05 & 0 & 0
\end{array}
\;.
$$

Nachdem die einzelnen Matrizen ins p-System transformiert werden, werden nach (IV C.22) die entsprechenden Matrizensummationen durchgeführt, um die Matrizen ^pK_i; ^pD_i; ^pE_i und ^pL_i zu erhalten.

Resonanzkriterium. Nach Einsetzen in das Gleichungssystem der Resonanzbedingung erhält man das nachfolgende Gleichungssystem I. Mit Rücksicht auf die Verformungsbehinderungen (Lagerbedingungen) sind zuerst an den Stellen $^yv_3$, $^yv_4$, $^x\varphi_3$, $^x\varphi_3$, $^x\varphi_4$ und $^z\varphi_4$ in den Hauptdiagonalen die Werte 1,0 einzusetzen und in den zugehörigen Zeilen und Spalten der Wert Null einzutragen. Für die Matrizen, die in einen solchen Bereich fallen, dürfen deren Koeffizienten in diesem Sperrbereich nicht eingetragen werden. Zum Beispiel erkennt man für die Matrize $-^pE_{42}$, daß nur mehr der einzige Koeffizient $-31{,}183$ übrig bleibt.

Der Wert der Determinante ergibt sich

$$\det D = -30{,}522 \cdot 10^{50}$$

und ist in Abb. IV 7, 3, Kurve a, eingetragen.

Die Rechnung wird für verschiedene ω-Werte wiederholt und man erhält für

$$\omega = 29{,}2; \quad \det D = -28{,}087 \cdot 10^{49},$$

$$\omega = 29{,}0; \quad \det D = +41{,}40 \cdot 10^{49},$$

$$\omega = 27{,}832; \quad \det D = +44{,}801 \cdot 10^{50}.$$

Als Lösung erhält man den Nullpunkt der Kurve $(D - \omega)$ für $\omega = 29{,}11$.

Gleichungssystem I

	$p\check{\Phi}_1$			$p\check{v}_1$			$p\check{\Phi}_2$			$p\check{v}_2$		
	$x\varphi_1$	$y\varphi_1$	$z\varphi_1$	xv_1	yv_1	zv_1	$x\varphi_2$	$y\varphi_2$	$z\varphi_2$	xv_2	yv_2	zv_2
$p\check{E}_{\Phi_1=1}$	150620				−124,02	48,252	−50763					
		87185	−32980	80,632		192,80		26325				−198,03
		−32980	112020	−27,960	−131,11				18100		136,35	
$p\check{E}_{v_1=1}$		80,632	−27,960	286,24						−285,10		
	−124,02		−131,11		471,16	221,77			−136,35		−0,69227	
	48,252	192,80			221,77	136,70		198,03				−1,0006
$p\check{E}_{\Phi_2=1}$	−50763						150620				−124,02	48,252
		26325				198,03		87185	−32980	80,632		−192,80
			18100		−136,35			−32980	112020	−27,960	131,11	
$p\check{E}_{v_2=1}$				−285,10				80,632	−27,960	286,24		
			136,35		−0,69227		−124,02		131,11		471,16	221,77
		−198,03				−1,0006	48,252	−192,80			221,77	136,70
$p\check{E}_{\Phi_3=1}$	0	0	0	0	0	0	0	0	0	0	0	0
		−3600,9	−5295,8	−31,183								
	0	0	0	0	0	0	0	0	0	0	0	0
$p\check{E}_{v_3=1}$		31,183	−124,73	−0,6345								
	0	0	0	0	0	0	0	0	0	0	0	0
	181,05				−64,865	−17,132						
$p\check{E}_{\Phi_4=1}$	0	0	0	0	0	0	0	0	0	0	0	0
								−3600,9	−5295,8	−31,183		
	0	0	0	0	0	0	0	0	0	0	0	0
$p\check{E}_{v_4=1}$								31,183	−124,73	−0,63450		
	0	0	0	0	0	0	0	0	0	0	0	0
							181,05				−64,865	−17,132

Gleichungssystem I (Fortsetzung)

	${}^p\check\Phi_3$			${}^p\check v_3$			${}^p\check\Phi_4$			${}^p\check v_4$		
	${}^x\varphi_3 = 0$	${}^y\varphi_3$	${}^z\varphi_3 = 0$	${}^x v_3$	${}^y v_3 = 0$	${}^z v_3$	${}^x\varphi_4 = 0$	${}^y\varphi_4$	${}^z\varphi_4 = 0$	${}^x v_4$	${}^y v_4 = 0$	${}^z v_4$
${}^p\check E_{\Phi_1=1}$	0		0		0	181,05	0		0		0	
	0	−3600,9	0	31,183	0		0		0		0	
	0	−5295,8	0	−124,73	0		0		0		0	
${}^p\check E_{v_1=1}$	0	−31,183	0	−0,6345	0		0		0		0	
	0		0		0	−64,865	0		0		0	
	0		0		0	−17,132	0		0		0	
${}^p\check E_{\Phi_2=1}$	0		0		0		0		0		0	181,05
	0		0		0		0	−3600,9	0	31,183	0	
	0		0		0		0	−5295,8	0	−124,73	0	
${}^p\check E_{v_2=1}$	0		0		0		0	−31,183	0	−0,63450	0	
	0		0		0		0		0		0	−64,865
	0		0		0		0		0		0	−17,132
${}^p\check E_{\Phi_3=1}$	1,0	0	0	0	0	0	0	0	0	0	0	0
	0	32685	0	29,831	0	96,400	0	13162	0	0	0	−99,016
	0	0	1,0	0	0	0	0	0	0	0	0	0
${}^p\check E_{v_3=1}$	0	29,831	0	143,06	0		0		0	−142,55	0	
	0	0	0	0	1,0	0	0	0	0	0	0	0
	0	96,400	0		0	17,512	0	99,016	0		0	−0,50032
${}^p\check E_{\Phi_4=1}$	0	0	0	0	0	0	1,0	0	0	0	0	0
	0	13162	0		0	99,016	0	32685	0	29,831	0	−96,400
	0	0	0	0	0	0	0	0	1,0	0	0	0
${}^p\check E_{v_4=1}$	0		0	−142,55	0		0	29,831	0	143,06	0	
	0	0	0	0	0	0	0	0	0	0	1,0	0
	0	−99,016	0		0	−0,50032	0	−96,400	0		0	17,512

Damit ergibt sich die Schwingungszeit

$$T = \frac{2\pi}{\omega} = 0,216 \text{ sec}.$$

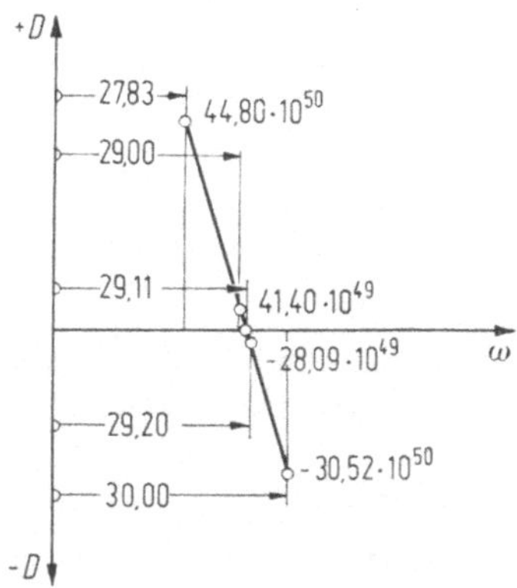

Abb. IV 7.3

β) Näherungsverfahren bei Konzentration der Stabmassen in den Knotenpunkten

Werden die Stäbe masselos angenommen und dafür die Stabmassen in den Knotenpunkten konzentriert, so erhält man die Knotenlasten

$$P_1 = P_2 = 0,613 \cdot 10^{-3} \cdot 250 + 0,426 \cdot 10^{-3} \left(\frac{412,3}{2} + 200\right) = 0,3264 \text{ t};$$

$$P_3 = P_4 = 0,416 \cdot 10^{-3} \left(\frac{412,3}{2} + \frac{200}{2}\right) = 0,1305 \text{ t}.$$

λ-*Werte*. Da für die Stäbe $\mu = 0$ angenommen wird, gilt für alle Stäbe

$$^2\lambda = {}^3\lambda = \varkappa = \vartheta = 0.$$

Damit ergeben sich folgende H-Werte für alle Stäbe:

$$H_1 = 2,0; \quad H_2 = 4,0; \quad H_3 = 6,0; \quad H_4 = 6,0;$$

$$H_5 = 12,0; \quad H_6 = 12,0; \quad H_{18} = 1,0; \quad H_{19} = 1,0.$$

Mit diesen Werten sind in gleicher Weise wie unter a) die Matrizen im q-System zu bestimmen, ins p-System zu transformieren und nach (IV C.22) zu summieren. Lediglich bei $^p\mathbf{L}_i$ sind nach (IV C.24) und (IV C.25) die Matrizen $^p\mathbf{M}_i$ mit zu berücksichtigen.

Man erhält

$$^p\mathbf{M}_1 = {}^p\mathbf{M}_2 = m_i\omega^2 \begin{bmatrix} 1,0 & & \\ & 1,0 & \\ & & 1,0 \end{bmatrix} = \frac{0,3264}{981}\omega^2 \begin{bmatrix} 1,0 & & \\ & 1,0 & \\ & & 1,0 \end{bmatrix};$$

$$^p\mathbf{M}_3 = {}^p\mathbf{M}_4 = \frac{0,1305}{981}\omega^2 \begin{bmatrix} 1,0 & & \\ & 1,0 & \\ & & 1,0 \end{bmatrix}.$$

Besonders hinzuweisen ist, daß in diesem Fall der konzentrierten Einzellasten alle Matrizen mit Ausnahme von $^p\mathbf{L}_i$ konstante Koeffizienten für jeden beliebigen ω-Wert haben.

Zum Beispiel wird

$$
{}^pK_1 = \begin{bmatrix} 151\,563 & 0 & 0 \\ 0 & 87\,693 & -33\,360 \\ 0 & -33\,360 & 112\,943 \end{bmatrix};
$$

$$
{}^pL_1 = \sum_3 {}^pL_{11} + {}^pM_1 =
$$

$$
= \begin{bmatrix} -286{,}455 & 0 & 0 \\ 0 & -471{,}366 & -221{,}761 \\ 0 & -221{,}761 & -136{,}914 \end{bmatrix} + \frac{\omega^2}{g} \begin{bmatrix} 0{,}3264 & & \\ & 0{,}3264 & \\ & & 0{,}3264 \end{bmatrix}.
$$

Die übrigen Matrizen sind entsprechend zu berechnen, und zwar wird das Gleichungssystem wieder für verschiedene ω-Werte aufgestellt, wobei nur die Matrizen ${}^pL_i$ jeweils neu berechnet werden.

Zum Beispiel ergibt sich für $\omega^2/g = 0{,}8$; $\omega = \sqrt{0{,}8 \cdot 981} = 28{,}01$:

$$
{}^pL_1 = \begin{bmatrix} -286{,}194 & 0 & 0 \\ 0 & -471{,}105 & -221{,}761 \\ 0 & -221{,}761 & -136{,}653 \end{bmatrix}.
$$

Der Wert der Determinante, wird

$$
\det D = 41{,}673 \cdot 10^{49}.
$$

Als Lösung ergibt sich für $\det D = 0$ der Wert $\omega = 28{,}13$. Die Übereinstimmung mit dem genauen Wert $\omega = 29{,}11$ ist mit 3% Unterschied sehr gut, der Rechenaufwand aber wesentlich geringer.

b) Belastungsfall: Eigengewicht der Stäbe und zusätzliche konzentrierte Einzelmassen in den Knotenpunkten

α) Genaues Verfahren

Es werden die Massen der Stäbe wie nach a α) berücksichtigt und zusätzlich die Massen in den Knotenpunkten (Abb. IV 7.2).

Belastungen: $q_1 = 0{,}613 \cdot 10^{-3}$ t/cm; $q_2 = 0{,}426 \cdot 10^{-3}$ t/cm; $P = 12{,}5$ t.

Die Berechnung ist genau wie unter Abschnitt a α) für verschiedene ω-Werte durchzuführen.

Bei den ${}^pL_i$-Matrizen sind nach (IV C.24) und (IV C.25) zusätzlich die ${}^pM_i$-Matrizen zu berücksichtigen.

Zum Beispiel wird

$$
{}^pM_1 = + \frac{\omega^2}{g} \begin{bmatrix} 12{,}5 & & \\ & 12{,}5 & \\ & & 12{,}5 \end{bmatrix}.
$$

Als Lösung erhält man für $\det D = 0$ den Wert

$$
\omega = 4{,}22.
$$

Damit wird die Schwingungszeit

$$
T = \frac{2\pi}{4{,}22} = 1{,}48 \text{ sec}.
$$

Entsprechend den Entwicklungen der Figur des Ausknickens bei den Stabilitätsuntersuchungen der Kapitel I bis III kann man die Form der Schwingungsfigur be-

rechnen, indem man den zu einer Schwingung gehörigen ω-Wert in das Gleichungssystem einsetzt, alle Verformungen durch eine bestimmte dividiert und das Gleichungssystem löst.

Im vorliegenden Fall wird $^x v_4 = 1,0$ angenommen. Damit erhält man:

$$\frac{^x v_3}{^x v_4} = 1,0; \qquad \frac{^x v_2}{^x v_4} = \frac{^x v_1}{^x v_4} = 0,58237;$$

$$\frac{^y v_4}{^x v_4} = \frac{^y v_3}{^x v_4} = 0; \qquad \frac{^y v_2}{^x v_4} = -0,00736; \qquad \frac{^y v_1}{^x v_4} = +0,00736;$$

$$\frac{^z v_4}{^x v_4} = -0,0229; \qquad \frac{^z v_3}{^x v_4} = +0,0229; \qquad \frac{^z v_2}{^x v_4} = +0,00794;$$

$$\frac{^z v_1}{^x v_4} = -0,00794.$$

Diese Verformungen sind in Abb. IV 7.4 eingetragen.

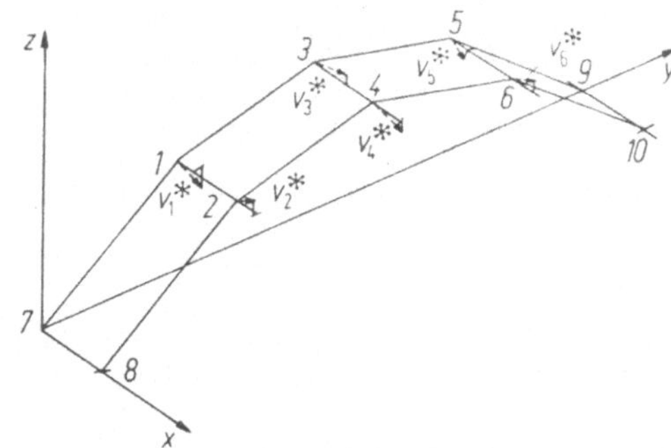

Abb. IV 7.4

β) Näherungsverfahren

Werden entsprechend aβ) auch die Stabmassen in den Knotenpunkten konzentriert, so ist die Berechnung nach aβ) durchzuführen.

Zum Beispiel wird

$$^p\mathbf{L}_1 = \begin{bmatrix} -286,455 & 0 & 0 \\ 0 & -471,366 & -221,761 \\ 0 & -221,761 & -136,914 \end{bmatrix} + \frac{\omega^2}{g} \begin{bmatrix} 12,8264 & & \\ & 12,8264 & \\ & & 12,8264 \end{bmatrix}.$$

Als Lösung erhält man wieder

$$\omega = 4,22.$$

γ) Genaues Verfahren unter Berücksichtigung der Stablängenänderungen

Berücksichtigt man auch die Stablängenänderungen, so müssen die H-Funktionen
in Abhängigkeit von a und d berechnet werden. In diesem Fall erhält man als Lösung

$$\omega = 3,79.$$

Auch in diesem Fall kann eine wesentliche Vereinfachung der Rechnung erhalten
werden, wenn man die Massen der Stäbe in den Knotenpunkten konzentriert. Hierbei
wird $\mu = 0$ und die Werte a und d nach (IV B.22) und (IV B.23) entsprechen den
ε-Werten für Zug- und Druckstäbe. Die Matrizen $^p\mathbf{K}_i$, $^p\mathbf{D}_i$ usw. sind dann wieder, mit
Ausnahme von $^p\mathbf{L}_i$, von ω unabhängig. In $^p\mathbf{L}_i$ ist wieder (IV C.24) und (IV C.25) zu
beachten.

Zusammenfassung

Aus diesem Beispiel erkennt man, daß in der Regel die einfachste Berechnungsweise mit der Konzentration aller Massen in Knotenpunkten zur Berechnung der Schwingungszeiten bzw. Frequenzen genügen wird. In Abb. IV 7.2 sind nur die gegebenen Lasten in ihrer Wirkungsrichtung eingetragen. Es sei jedoch darauf hingewiesen, daß die Massen selbst in der Schwingungsrichtung wirken (z. B. Abb. IV 7.4), wobei sich die Schwingungsrichtungen automatisch aus dem Gleichungssystem für den vorhandenen ω-Wert ergeben.

Literatur zum Abschnitt IV

[1] Bleich, F.: Theorie und Berechnung der eisernen Brücken. Berlin: Springer 1924.

[2] Brückmann: Bericht über die statischen und dynamischen Messungen an der fertig aufgestellten SKR-6-Versuchsbrücke in Rheinhausen. 1102 Jbvm 167, Juni 1943.

[3] Brückmann: Durch periodische Änderungen der Triebradlasten erregte erzwungene lotrechte Schwingungen von Eisenbahnbrücken als Einschwingvorgänge von masseveränderlichen und gedämpften Schwingsystemen. Köln: Deutscher Stahlbauverband (etwa 1953).

[4] Dischinger, F.: Der Einfluß der Torsionssteifigkeit der aussteifenden Träger auf die Stabilität der Hängebrücken. Bauingenieur 1950, 166—170 u. 246—251.

[5] Eßlinger, M.: Elektronische Berechnung der Eigenschwingungszahlen von Hängebrücken. Bauingenieur 1962, H. 10, 380—385.

[6] Grundmann, H.: Die Berechnung von Eigenfrequenzen mit Hilfe eines Momentenausgleichsverfahrens. Bauingenieur 47 (1972), H. 5, 171—175.

[7] Hawranek, A., Steinhardt, O.: Theorie und Berechnung von Stahlbrücken. Berlin: Springer 1958.

[8] Hohenemser, K., Prager, W.: Dynamik der Stabwerke. Berlin: Springer 1933.

[9] Koloušek, V.: Baudynamik der Durchlaufträger und Rahmen. Leipzig: Fachbuchverlag 1953.

[10] Müllenhoff: Der Entwurf von Brücken mit Rücksicht auf den Winddruck. Bautechnik 27 (1950) 164—166, 308—310.

[11] Resinger, F.: Die Steifigkeitsmethoden zur Lösung von Stabproblemen der Theorie I. und II. Ordnung. Bauingenieur 40 (1965) 352—357.

[12] Sattler, K.: Beitrag zur Berechnung der Eigenschwingungen von Brücken. Bauingenieur 1935, H. 51/52.

[13] Spener, H.: Beitrag zur Stabilität räumlicher Tragwerke. Dissertation Techn. Hochschule Graz 1972.

[14] Steinmann, D. B.: Rigidy and aerodynamic stability of Suspensionbridges. Trans. A. S. C. E. Vol. 110, 1946, 439—580.

[15] Steinmann, D. B.: Aerodynamic Theory of Bridge oscillation. Trans. A. S. C. E. Vol. 115, 1950, 1180—1260.

[16] Steinmann, D. B.: Hängebrücken, das aerodynamische Problem und seine Lösung. Acier-Stahl, Steel 1954, S. 495—508, S. 542—551.

[17] Timoshenko, Lessels: Festigkeitslehre. Berlin: Springer 1928.

[18] Tschemmernegg, F.: Beitrag zur praktischen Abschätzung der aerodynamischen Stabilität von Hängebrücken. Dissertation Techn. Hochschule Graz 1967.

[19] Waltking: Schwingungsdämpfung in Hängebrücken. Bauingenieur 1953, 28.

Tafel F

Für den Parameter

$$\varepsilon = s\,\sqrt{\frac{S}{EJ}} \qquad \text{bzw.} \qquad \varepsilon = s\,\sqrt{\frac{S}{TJ}}$$

bzw. mit den Moduli T_d^*, T_z^*, E_z^* statt T können die Funktionswerte F_1 bis F_{11} für Druckstäbe nach Kapitel I E.1a bis k für $\varepsilon = 0 - 2\pi$ und die Funktionswerte F_1^* bis F_{11}^* für Zugstäbe nach Kapitel I E.1a* bis k* für $\varepsilon = 0$ bis 50 aus der Zahlentafel F abgelesen werden (Seite 426—443). Die Zahlentafeln hat Dr.-Ing. E. Schaber zur Verfügung gestellt, wofür ihm besonders gedankt sei.

Funktionen F

Druckstäbe

$$F_1 = \frac{\varepsilon(\sin\varepsilon - \varepsilon\cos\varepsilon)}{2(1 - \cos\varepsilon) - \varepsilon\sin\varepsilon}$$

$$F_2 = \frac{\varepsilon(\varepsilon - \sin\varepsilon)}{2(1 - \cos\varepsilon) - \varepsilon\sin\varepsilon}$$

$$F_3 = \frac{\varepsilon^2(1 - \cos\varepsilon)}{2(1 - \cos\varepsilon) - \varepsilon\sin\varepsilon}$$

$$F_4 = \frac{\varepsilon^3\sin\varepsilon}{2(1 - \cos\varepsilon) - \varepsilon\sin\varepsilon}$$

$$F_5 = \frac{\varepsilon(1 + \cos\varepsilon)}{\sin\varepsilon}$$

$$F_6 = \frac{\varepsilon}{\sin\varepsilon}$$

$$F_7 = \frac{\varepsilon}{\tan\varepsilon}$$

$$F_8 = \frac{\varepsilon^2\sin\varepsilon}{\sin\varepsilon - \varepsilon\cos\varepsilon}$$

$$F_9 = \frac{\varepsilon^3\cos\varepsilon}{\sin\varepsilon - \varepsilon\cos\varepsilon}$$

$$F_{10} = \varepsilon\tan\varepsilon$$

$$F_{11} = \varepsilon^2$$

Zugstäbe

$$F_1^* = \frac{\varepsilon(\sinh\varepsilon - \varepsilon\cosh\varepsilon)}{2(\cosh\varepsilon - 1) - \varepsilon\sinh\varepsilon}$$

$$F_2^* = \frac{\varepsilon(\varepsilon - \sinh\varepsilon)}{2(\cosh\varepsilon - 1) - \varepsilon\sinh\varepsilon}$$

$$F_3^* = \frac{\varepsilon^2(1 - \cosh\varepsilon)}{2(\cosh\varepsilon - 1) - \varepsilon\sinh\varepsilon}$$

$$F_4^* = \frac{\varepsilon^3\sinh\varepsilon}{2(\cosh\varepsilon - 1) - \varepsilon\sinh\varepsilon}$$

$$F_5^* = \frac{\varepsilon(1 + \cosh\varepsilon)}{\sinh\varepsilon}$$

$$F_6^* = \frac{\varepsilon}{\sinh\varepsilon}$$

$$F_7^* = \frac{\varepsilon}{\tanh\varepsilon}$$

$$F_8^* = \frac{\varepsilon^2\sinh\varepsilon}{\varepsilon\cosh\varepsilon - \sinh\varepsilon}$$

$$F_9^* = \frac{\varepsilon^3\cosh\varepsilon}{\varepsilon\cosh\varepsilon - \sinh\varepsilon}$$

$$F_{10}^* = \varepsilon\tanh\varepsilon$$

$$F_{11}^* = \varepsilon^2$$

Tafel F

DRUCKSTAEBE

EPS.	F11	F10	F9	F8	F7	F6	F5	F4	F3	C=F2/F1	F2	F1	EPS.
0.00	0.00000	0.00000	3.00000	3.00000	1.00000	1.00000	2.00000	12.00000	6.00000	0.50000	2.00000	4.00000	0.00
0.01	0.00010	0.00010	2.99988	2.99998	0.99997	1.00002	1.99998	11.99988	5.99999	0.50000	2.00000	3.99999	0.01
0.02	0.00040	0.00040	2.99952	2.99992	0.99987	1.00007	1.99993	11.99952	5.99996	0.50001	2.00001	3.99995	0.02
0.03	0.00090	0.00090	2.99892	2.99982	0.99970	1.00015	1.99985	11.99892	5.99991	0.50002	2.00003	3.99988	0.03
0.04	0.00160	0.00160	2.99808	2.99968	0.99947	1.00027	1.99973	11.99808	5.99984	0.50004	2.00005	3.99979	0.04
0.05	0.00250	0.00250	2.99700	2.99950	0.99917	1.00042	1.99958	11.99700	5.99975	0.50006	2.00008	3.99967	0.05
0.06	0.00360	0.00360	2.99568	2.99928	0.99880	1.00060	1.99940	11.99568	5.99964	0.50009	2.00012	3.99952	0.06
0.07	0.00490	0.00491	2.99412	2.99902	0.99837	1.00082	1.99918	11.99412	5.99951	0.50012	2.00016	3.99935	0.07
0.08	0.00640	0.00641	2.99232	2.99872	0.99787	1.00107	1.99893	11.99232	5.99936	0.50016	2.00021	3.99915	0.08
0.09	0.00810	0.00812	2.99028	2.99838	0.99730	1.00135	1.99865	11.99028	5.99919	0.50020	2.00027	3.99892	0.09
0.10	0.01000	0.01003	2.98800	2.99800	0.99666	1.00167	1.99833	11.98800	5.99900	0.50025	2.00033	3.99867	0.10
0.11	0.01210	0.01215	2.98548	2.99758	0.99596	1.00202	1.99798	11.98548	5.99879	0.50030	2.00040	3.99839	0.11
0.12	0.01440	0.01447	2.98272	2.99712	0.99520	1.00240	1.99760	11.98272	5.99856	0.50036	2.00048	3.99808	0.12
0.13	0.01690	0.01700	2.97972	2.99662	0.99436	1.00282	1.99718	11.97972	5.99831	0.50042	2.00056	3.99775	0.13
0.14	0.01960	0.01973	2.97648	2.99608	0.99346	1.00327	1.99673	11.97648	5.99804	0.50049	2.00065	3.99739	0.14
0.15	0.02250	0.02267	2.97300	2.99550	0.99249	1.00376	1.99625	11.97300	5.99775	0.50056	2.00075	3.99700	0.15
0.16	0.02560	0.02582	2.96928	2.99488	0.99145	1.00428	1.99573	11.96928	5.99744	0.50064	2.00085	3.99659	0.16
0.17	0.02890	0.02918	2.96532	2.99422	0.99035	1.00483	1.99518	11.96532	5.99711	0.50072	2.00096	3.99615	0.17
0.18	0.03240	0.03275	2.96111	2.99351	0.98918	1.00542	1.99460	11.96112	5.99676	0.50081	2.00108	3.99568	0.18
0.19	0.03610	0.03654	2.95667	2.99277	0.98794	1.00604	1.99398	11.95668	5.99639	0.50090	2.00120	3.99518	0.19
0.20	0.04000	0.04054	2.95199	2.99199	0.98663	1.00670	1.99333	11.95200	5.99600	0.50100	2.00133	3.99466	0.20
0.21	0.04410	0.04476	2.94707	2.99117	0.98526	1.00739	1.99264	11.94708	5.99559	0.50111	2.00147	3.99412	0.21
0.22	0.04840	0.04920	2.94191	2.99031	0.98381	1.00811	1.99193	11.94192	5.99516	0.50121	2.00162	3.99354	0.22
0.23	0.05290	0.05385	2.93650	2.98940	0.98230	1.00887	1.99118	11.93652	5.99471	0.50133	2.00177	3.99294	0.23
0.24	0.05760	0.05873	2.93086	2.98846	0.98073	1.00966	1.99039	11.93088	5.99424	0.50144	2.00192	3.99231	0.24
0.25	0.06250	0.06384	2.92498	2.98748	0.97908	1.01049	1.98957	11.92499	5.99375	0.50157	2.00209	3.99166	0.25
0.26	0.06760	0.06917	2.91885	2.98645	0.97736	1.01136	1.98872	11.91887	5.99324	0.50170	2.00226	3.99098	0.26
0.27	0.07290	0.07472	2.91249	2.98539	0.97558	1.01225	1.98784	11.91251	5.99271	0.50183	2.00244	3.99027	0.27
0.28	0.07840	0.08052	2.90588	2.98428	0.97373	1.01319	1.98692	11.90591	5.99216	0.50197	2.00262	3.98954	0.28
0.29	0.08410	0.08654	2.89904	2.98314	0.97181	1.01416	1.98596	11.89907	5.99158	0.50211	2.00281	3.98877	0.29
0.30	0.09000	0.09280	2.89195	2.98195	0.96982	1.01516	1.98498	11.89199	5.99099	0.50226	2.00301	3.98799	0.30
0.31	0.09610	0.09930	2.88463	2.98073	0.96776	1.01620	1.98396	11.88467	5.99038	0.50241	2.00321	3.98717	0.31
0.32	0.10240	0.10604	2.87706	2.97946	0.96563	1.01727	1.98290	11.87711	5.98975	0.50257	2.00342	3.98633	0.32
0.33	0.10890	0.11303	2.86925	2.97815	0.96343	1.01838	1.98182	11.86930	5.98910	0.50274	2.00364	3.98546	0.33
0.34	0.11560	0.12027	2.86120	2.97680	0.96117	1.01953	1.98070	11.86126	5.98843	0.50291	2.00387	3.98456	0.34
0.35	0.12250	0.12776	2.85291	2.97541	0.95883	1.02071	1.97954	11.85298	5.98774	0.50308	2.00410	3.98364	0.35
0.36	0.12960	0.13551	2.84438	2.97398	0.95642	1.02193	1.97835	11.84446	5.98703	0.50326	2.00434	3.98269	0.36
0.37	0.13690	0.14351	2.83561	2.97251	0.95394	1.02319	1.97713	11.83569	5.98630	0.50345	2.00458	3.98171	0.37
0.38	0.14440	0.15178	2.82660	2.97100	0.95140	1.02448	1.97588	11.82669	5.98555	0.50364	2.00483	3.98071	0.38
0.39	0.15210	0.16031	2.81735	2.96945	0.94878	1.02581	1.97459	11.81745	5.98477	0.50383	2.00509	3.97968	0.39
0.40	0.16000	0.16912	2.80785	2.96785	0.94609	1.02717	1.97326	11.80796	5.98398	0.50403	2.00536	3.97862	0.40
0.41	0.16810	0.17820	2.79812	2.96622	0.94333	1.02858	1.97190	11.79824	5.98317	0.50424	2.00563	3.97754	0.41
0.42	0.17640	0.18756	2.78814	2.96454	0.94050	1.03002	1.97051	11.78828	5.98234	0.50445	2.00591	3.97643	0.42
0.43	0.18490	0.19721	2.77792	2.96282	0.93759	1.03149	1.96909	11.77807	5.98149	0.50467	2.00620	3.97529	0.43
0.44	0.19360	0.20714	2.76746	2.96106	0.93462	1.03301	1.96763	11.76763	5.98061	0.50489	2.00649	3.97412	0.44
0.45	0.20250	0.21737	2.75676	2.95926	0.93157	1.03456	1.96614	11.75694	5.97972	0.50512	2.00679	3.97293	0.45
0.46	0.21160	0.22791	2.74582	2.95742	0.92845	1.03616	1.96461	11.74602	5.97881	0.50535	2.00710	3.97171	0.46
0.47	0.22090	0.23874	2.73464	2.95554	0.92526	1.03779	1.96305	11.73485	5.97788	0.50559	2.00741	3.97046	0.47
0.48	0.23040	0.24989	2.72321	2.95361	0.92199	1.03946	1.96145	11.72344	5.97692	0.50583	2.00774	3.96919	0.48
0.49	0.24010	0.26136	2.71155	2.95165	0.91866	1.04117	1.95982	11.71180	5.97595	0.50608	2.00806	3.96789	0.49

EPS.	F1	F2	C=F2/F1	F3	F4	F5	F6	F7	F8	F9	F10	F11	EPS.
0.50	3.96656	2.00840	0.50633	5.97496	11.69991	1.95816	1.04291	0.91524	2.94964	2.69964	0.27315	0.25000	0.50
0.51	3.96520	2.00874	0.50659	5.97394	11.68778	1.95646	1.04470	0.91176	2.94759	2.68749	0.28527	0.26010	0.51
0.52	3.96382	2.00909	0.50686	5.97291	11.67542	1.95473	1.04653	0.90820	2.94550	2.67510	0.29773	0.27040	0.52
0.53	3.96241	2.00945	0.50713	5.97185	11.66281	1.95296	1.04840	0.90456	2.94336	2.66246	0.31054	0.28090	0.53
0.54	3.96097	2.00981	0.50740	5.97078	11.64996	1.95116	1.05031	0.90086	2.94119	2.64959	0.32369	0.29160	0.54
0.55	3.95951	2.01018	0.50768	5.96968	11.63687	1.94933	1.05225	0.89707	2.93897	2.63647	0.33721	0.30250	0.55
0.56	3.95801	2.01056	0.50797	5.96857	11.62354	1.94746	1.05424	0.89321	2.93671	2.62311	0.35109	0.31360	0.56
0.57	3.95649	2.01094	0.50826	5.96743	11.60997	1.94555	1.05628	0.88928	2.93441	2.60951	0.36535	0.32490	0.57
0.58	3.95495	2.01133	0.50856	5.96628	11.59616	1.94362	1.05835	0.88527	2.93206	2.59566	0.38000	0.33640	0.58
0.59	3.95337	2.01173	0.50886	5.96510	11.58211	1.94164	1.06046	0.88118	2.92968	2.58158	0.39504	0.34810	0.59
0.60	3.95177	2.01214	0.50917	5.96391	11.56781	1.93964	1.06262	0.87702	2.92725	2.56725	0.41048	0.36000	0.60
0.61	3.95014	2.01255	0.50949	5.96269	11.55328	1.93760	1.06482	0.87278	2.92478	2.55268	0.42634	0.37210	0.61
0.62	3.94849	2.01297	0.50981	5.96145	11.53851	1.93552	1.06706	0.86846	2.92226	2.53786	0.44262	0.38440	0.62
0.63	3.94680	2.01339	0.51013	5.96020	11.52349	1.93341	1.06935	0.86406	2.91970	2.52280	0.45934	0.39690	0.63
0.64	3.94509	2.01383	0.51046	5.95892	11.50824	1.93126	1.07168	0.85959	2.91710	2.50750	0.47651	0.40960	0.64
0.65	3.94335	2.01427	0.51080	5.95762	11.49274	1.92908	1.07405	0.85503	2.91446	2.49196	0.49413	0.42250	0.65
0.66	3.94159	2.01472	0.51114	5.95630	11.47701	1.92687	1.07647	0.85040	2.91177	2.47617	0.51223	0.43560	0.66
0.67	3.93979	2.01517	0.51149	5.95497	11.46103	1.92462	1.07893	0.84569	2.90905	2.46015	0.53081	0.44890	0.67
0.68	3.93797	2.01564	0.51185	5.95361	11.44481	1.92233	1.08144	0.84090	2.90627	2.44387	0.54989	0.46240	0.68
0.69	3.93612	2.01611	0.51221	5.95223	11.42835	1.92001	1.08399	0.83602	2.90346	2.42736	0.56948	0.47610	0.69
0.70	3.93424	2.01658	0.51257	5.95083	11.41166	1.91766	1.08659	0.83107	2.90060	2.41060	0.58960	0.49000	0.70
0.71	3.93234	2.01707	0.51294	5.94941	11.39471	1.91527	1.08923	0.82603	2.89769	2.39359	0.61027	0.50410	0.71
0.72	3.93041	2.01756	0.51332	5.94757	11.37753	1.91284	1.09193	0.82092	2.89475	2.37635	0.63149	0.51840	0.72
0.73	3.92845	2.01806	0.51370	5.94651	11.36011	1.91038	1.09467	0.81572	2.89176	2.35886	0.65329	0.53290	0.73
0.74	3.92646	2.01857	0.51409	5.94502	11.34245	1.90789	1.09745	0.81044	2.88872	2.34112	0.67569	0.54760	0.74
0.75	3.92444	2.01908	0.51449	5.94352	11.32455	1.90536	1.10029	0.80507	2.88565	2.32315	0.69870	0.56250	0.75
0.76	3.92240	2.01960	0.51489	5.94200	11.30640	1.90279	1.10317	0.79962	2.88252	2.30492	0.72234	0.57760	0.76
0.77	3.92033	2.02013	0.51530	5.94046	11.28801	1.90019	1.10611	0.79409	2.87936	2.28646	0.74664	0.59290	0.77
0.78	3.91823	2.02067	0.51571	5.93889	11.26939	1.89756	1.10909	0.78847	2.87615	2.26775	0.77162	0.60840	0.78
0.79	3.91610	2.02121	0.51613	5.93731	11.25052	1.89489	1.11212	0.78276	2.87289	2.24879	0.79730	0.62410	0.79
0.80	3.91394	2.02176	0.51655	5.93571	11.23141	1.89218	1.11521	0.77697	2.86959	2.22959	0.82371	0.64000	0.80
0.81	3.91176	2.02232	0.51699	5.93408	11.21206	1.88944	1.11834	0.77109	2.86625	2.21015	0.85087	0.65610	0.81
0.82	3.90955	2.02289	0.51742	5.93243	11.19247	1.88666	1.12153	0.76513	2.86286	2.19046	0.87881	0.67240	0.82
0.83	3.90731	2.02346	0.51787	5.93077	11.17264	1.88384	1.12477	0.75908	2.85942	2.17052	0.90755	0.68890	0.83
0.84	3.90504	2.02404	0.51832	5.92908	11.15256	1.88099	1.12806	0.75294	2.85594	2.15034	0.93713	0.70560	0.84
0.85	3.90274	2.02463	0.51877	5.92737	11.13225	1.87811	1.13140	0.74671	2.85242	2.12992	0.96758	0.72250	0.85
0.86	3.90042	2.02523	0.51923	5.92565	11.11169	1.87519	1.13480	0.74039	2.84885	2.10925	0.99894	0.73960	0.86
0.87	3.89806	2.02583	0.51970	5.92390	11.09089	1.87223	1.13825	0.73398	2.84523	2.08833	1.03123	0.75690	0.87
0.88	3.89568	2.02645	0.52018	5.92213	11.06986	1.86924	1.14176	0.72747	2.84157	2.06717	1.06450	0.77440	0.88
0.89	3.89327	2.02707	0.52066	5.92034	11.04858	1.86621	1.14533	0.72088	2.83786	2.04576	1.09879	0.79210	0.89
0.90	3.89083	2.02769	0.52115	5.91853	11.02705	1.86314	1.14895	0.71420	2.83411	2.02411	1.13414	0.81000	0.90
0.91	3.88837	2.02833	0.52164	5.91670	11.00529	1.86004	1.15262	0.70742	2.83031	2.00221	1.17060	0.82810	0.91
0.92	3.88587	2.02897	0.52214	5.91484	10.98329	1.85690	1.15636	0.70054	2.82647	1.98007	1.20820	0.84640	0.92
0.93	3.88335	2.02962	0.52265	5.91297	10.96104	1.85373	1.16015	0.69358	2.82257	1.95767	1.24701	0.86490	0.93
0.94	3.88080	2.03028	0.52316	5.91108	10.93855	1.85052	1.16400	0.68651	2.81864	1.93504	1.28708	0.88360	0.94
0.95	3.87822	2.03095	0.52368	5.90916	10.91582	1.84727	1.16791	0.67936	2.81465	1.91215	1.32846	0.90250	0.95
0.96	3.87561	2.03162	0.52421	5.90723	10.89285	1.84399	1.17189	0.67210	2.81062	1.88902	1.37122	0.92160	0.96
0.97	3.87297	2.03230	0.52474	5.90527	10.86964	1.84067	1.17592	0.66475	2.80654	1.86564	1.41543	0.94090	0.97
0.98	3.87030	2.03299	0.52528	5.90329	10.84619	1.83731	1.18002	0.65730	2.80241	1.84201	1.46114	0.96040	0.98
0.99	3.86761	2.03369	0.52583	5.90130	10.82249	1.83392	1.18417	0.64974	2.79824	1.81814	1.50844	0.98010	0.99

Tafel F

DRUCKSTAEBE

EPS.	F1	F2	C=F2/F1	F3	F4	F5	F6	F7	F8	F9	F10	F11	EPS.
1.00	3.86488	2.03439	0.52638	5.89928	10.79856	1.83049	1.18840	0.64209	2.79402	1.79402	1.55741	1.00000	1.00
1.01	3.86213	2.03511	0.52694	5.89724	10.77438	1.82702	1.19268	0.63434	2.78975	1.76965	1.60813	1.02010	1.01
1.02	3.85935	2.03583	0.52751	5.89518	10.74996	1.82352	1.19703	0.62649	2.78543	1.74503	1.66069	1.04040	1.02
1.03	3.85654	2.03656	0.52808	5.89310	10.72529	1.81998	1.20145	0.61853	2.78107	1.72017	1.71520	1.06090	1.03
1.04	3.85370	2.03730	0.52866	5.89099	10.70039	1.81640	1.20593	0.61047	2.77666	1.69506	1.77176	1.08160	1.04
1.05	3.85083	2.03804	0.52925	5.88887	10.67524	1.81278	1.21048	0.60230	2.77219	1.66969	1.83048	1.10250	1.05
1.06	3.84793	2.03880	0.52984	5.88673	10.64985	1.80913	1.21510	0.59403	2.76769	1.64409	1.89149	1.12360	1.06
1.07	3.84500	2.03956	0.53044	5.88456	10.62422	1.80544	1.21979	0.58565	2.76313	1.61823	1.95492	1.14490	1.07
1.08	3.84204	2.04033	0.53105	5.88238	10.59835	1.80171	1.22455	0.57716	2.75852	1.59212	2.02091	1.16640	1.08
1.09	3.83906	2.04111	0.53167	5.88017	10.57224	1.79795	1.22938	0.56857	2.75386	1.56576	2.08963	1.18810	1.09
1.10	3.83604	2.04190	0.53229	5.87794	10.54588	1.79415	1.23428	0.55986	2.74916	1.53916	2.16124	1.21000	1.10
1.11	3.83300	2.04269	0.53292	5.87569	10.51928	1.79031	1.23926	0.55105	2.74440	1.51230	2.23592	1.23210	1.11
1.12	3.82992	2.04350	0.53356	5.87342	10.49244	1.78643	1.24431	0.54212	2.73959	1.48519	2.31387	1.25440	1.12
1.13	3.82682	2.04431	0.53421	5.87113	10.46536	1.78251	1.24943	0.53308	2.73474	1.45784	2.39532	1.27690	1.13
1.14	3.82369	2.04513	0.53486	5.86882	10.43803	1.77856	1.25463	0.52393	2.72983	1.43023	2.48050	1.29960	1.14
1.15	3.82052	2.04596	0.53552	5.86648	10.41046	1.77457	1.25991	0.51466	2.72488	1.40238	2.56967	1.32250	1.15
1.16	3.81733	2.04680	0.53618	5.86413	10.38265	1.77054	1.26527	0.50527	2.71987	1.37427	2.66313	1.34560	1.16
1.17	3.81411	2.04764	0.53686	5.86175	10.35460	1.76647	1.27070	0.49577	2.71481	1.34591	2.76118	1.36890	1.17
1.18	3.81086	2.04850	0.53754	5.85935	10.32631	1.76236	1.27622	0.48614	2.70971	1.31731	2.86417	1.39240	1.18
1.19	3.80758	2.04936	0.53823	5.85693	10.29777	1.75822	1.28182	0.47640	2.70455	1.28845	2.97250	1.41610	1.19
1.20	3.80426	2.05023	0.53893	5.85449	10.26899	1.75404	1.28750	0.46654	2.69934	1.25934	3.08658	1.44000	1.20
1.21	3.80092	2.05111	0.53963	5.85203	10.23997	1.74981	1.29327	0.45655	2.69407	1.22997	3.20689	1.46410	1.21
1.22	3.79755	2.05200	0.54035	5.84955	10.21070	1.74555	1.29912	0.44644	2.68876	1.20036	3.33396	1.48840	1.22
1.23	3.79415	2.05290	0.54107	5.84705	10.18119	1.74125	1.30506	0.43620	2.68339	1.17049	3.46837	1.51290	1.23
1.24	3.79072	2.05380	0.54180	5.84452	10.15144	1.73692	1.31108	0.42583	2.67797	1.14037	3.61079	1.53760	1.24
1.25	3.78726	2.05472	0.54253	5.84198	10.12145	1.73254	1.31720	0.41534	2.67250	1.11000	3.76196	1.56250	1.25
1.26	3.78377	2.05564	0.54328	5.83941	10.09121	1.72812	1.32340	0.40472	2.66698	1.07938	3.92272	1.58760	1.26
1.27	3.78024	2.05657	0.54403	5.83682	10.06074	1.72367	1.32970	0.39397	2.66140	1.04850	4.09401	1.61290	1.27
1.28	3.77669	2.05752	0.54479	5.83421	10.03001	1.71917	1.33609	0.38308	2.65577	1.01737	4.27693	1.63840	1.28
1.29	3.77311	2.05847	0.54556	5.83157	9.99905	1.71464	1.34258	0.37206	2.65008	0.98598	4.47270	1.66410	1.29
1.30	3.76949	2.05943	0.54634	5.82892	9.96784	1.71007	1.34917	0.36090	2.64435	0.95435	4.68273	1.69000	1.30
1.31	3.76585	2.06040	0.54713	5.82625	9.93639	1.70545	1.35585	0.34961	2.63855	0.92245	4.90868	1.71610	1.31
1.32	3.76217	2.06137	0.54792	5.82355	9.90470	1.70080	1.36263	0.33817	2.63271	0.89031	5.15242	1.74240	1.32
1.33	3.75847	2.06236	0.54872	5.82083	9.87276	1.69611	1.36951	0.32660	2.62680	0.85790	5.41617	1.76890	1.33
1.34	3.75473	2.06336	0.54953	5.81809	9.84058	1.69138	1.37650	0.31488	2.62085	0.82525	5.70253	1.79560	1.34
1.35	3.75097	2.06436	0.55035	5.81533	9.80816	1.68660	1.38359	0.30302	2.61483	0.79233	6.01455	1.82250	1.35
1.36	3.74717	2.06538	0.55118	5.81255	9.77549	1.68179	1.39079	0.29101	2.60877	0.75917	6.35588	1.84960	1.36
1.37	3.74334	2.06640	0.55202	5.80974	9.74258	1.67694	1.39809	0.27885	2.60264	0.72574	6.73089	1.87690	1.37
1.38	3.73948	2.06743	0.55287	5.80691	9.70943	1.67205	1.40550	0.26654	2.59646	0.69206	7.14486	1.90440	1.38
1.39	3.73559	2.06848	0.55372	5.80406	9.67603	1.66711	1.41303	0.25408	2.59023	0.65813	7.60426	1.93210	1.39
1.40	3.73167	2.06953	0.55459	5.80119	9.64239	1.66214	1.42067	0.24147	2.58394	0.62394	8.11704	1.96000	1.40
1.41	3.72771	2.07059	0.55546	5.79830	9.60851	1.65712	1.42843	0.22870	2.57759	0.58949	8.69315	1.98810	1.41
1.42	3.72373	2.07166	0.55634	5.79539	9.57438	1.65207	1.43630	0.21577	2.57118	0.55478	9.34519	2.01640	1.42
1.43	3.71971	2.07274	0.55723	5.79245	9.54001	1.64697	1.44429	0.20268	2.56472	0.51982	10.08931	2.04490	1.43
1.44	3.71567	2.07383	0.55813	5.78950	9.50539	1.64183	1.45241	0.18943	2.55819	0.48459	10.94663	2.07360	1.44
1.45	3.71159	2.07493	0.55904	5.78652	9.47053	1.63666	1.46064	0.17601	2.55161	0.44911	11.94523	2.10250	1.45
1.46	3.70748	2.07604	0.55996	5.78352	9.43543	1.63144	1.46901	0.16243	2.54497	0.41337	13.12337	2.13160	1.46
1.47	3.70333	2.07716	0.56089	5.78049	9.40008	1.62617	1.47750	0.14867	2.53828	0.37738	14.53444	2.16090	1.47
1.48	3.69916	2.07829	0.56183	5.77745	9.36449	1.62087	1.48612	0.13475	2.53152	0.34112	16.25540	2.19040	1.48
1.49	3.69495	2.07943	0.56277	5.77438	9.32866	1.61553	1.49488	0.12065	2.52470	0.30460	18.40129	2.22010	1.49

DRUCKSTAEBE

EPS.	F11	F10	F9	F8	F7	F6	F5	F4	F3	C=F2/F1	F2	F1	EPS.
1.50	2.25000	21.15213	0.26783	2.51783	0.10637	1.50377	1.61014	9.29258	5.77129	0.56373	2.08058	3.69072	1.50
1.51	2.28010	24.80642	0.23079	2.51089	0.09192	1.51279	1.60471	9.25626	5.76818	0.56470	2.08173	3.68645	1.51
1.52	2.31040	29.89768	0.19349	2.50389	0.07728	1.52196	1.59924	9.21969	5.76505	0.56568	2.08290	3.68214	1.52
1.53	2.34090	37.48257	0.15593	2.49683	0.06245	1.53127	1.59373	9.18288	5.76189	0.56666	2.08408	3.67781	1.53
1.54	2.37160	49.99015	0.11812	2.48972	0.04744	1.54073	1.58817	9.14583	5.75871	0.56766	2.08527	3.67344	1.54
1.55	2.40250	74.52165	0.08003	2.48253	0.03224	1.55034	1.58257	9.10853	5.75551	0.56867	2.08647	3.66904	1.55
1.56	2.43360	144.48797	0.04169	2.47529	0.01684	1.56009	1.57693	9.07098	5.75229	0.56969	2.08768	3.66461	1.56
1.57	2.46490	1971.55198	0.00309	2.46799	0.00125	1.57000	1.57125	9.03320	5.74905	0.57071	2.08890	3.66015	1.57
1.58	2.49640	-171.66574	-0.03578	2.46062	-0.01454	1.58007	1.56552	8.99516	5.74578	0.57175	2.09013	3.65565	1.58
1.59	2.52810	-82.78648	-0.07491	2.45319	-0.03054	1.59029	1.55976	8.95689	5.74249	0.57280	2.09137	3.65112	1.59
1.60	2.56000	-54.77205	-0.11431	2.44569	-0.04674	1.60068	1.55394	8.91836	5.73918	0.57386	2.09262	3.64656	1.60
1.61	2.59210	-41.04654	-0.15397	2.43813	-0.06315	1.61124	1.54809	8.87960	5.73585	0.57493	2.09388	3.64197	1.61
1.62	2.62440	-32.89780	-0.19389	2.43051	-0.07977	1.62196	1.54219	8.84058	5.73249	0.57601	2.09515	3.63734	1.62
1.63	2.65690	-27.49990	-0.23408	2.42282	-0.09661	1.63286	1.53625	8.80133	5.72911	0.57710	2.09643	3.63268	1.63
1.64	2.68960	-23.66032	-0.27453	2.41507	-0.11368	1.64393	1.53026	8.76183	5.72571	0.57821	2.09773	3.62799	1.64
1.65	2.72250	-20.78879	-0.31525	2.40725	-0.13096	1.65519	1.52423	8.72208	5.72229	0.57932	2.09903	3.62326	1.65
1.66	2.75560	-18.55971	-0.35624	2.39936	-0.14847	1.66663	1.51815	8.68209	5.71884	0.58045	2.10035	3.61850	1.66
1.67	2.78890	-16.77879	-0.39749	2.39141	-0.16622	1.67825	1.51204	8.64185	5.71538	0.58158	2.10167	3.61371	1.67
1.68	2.82240	-15.32290	-0.43901	2.38339	-0.18419	1.69007	1.50587	8.60137	5.71189	0.58273	2.10301	3.60888	1.68
1.69	2.85610	-14.11020	-0.48079	2.37531	-0.20241	1.70208	1.49966	8.56064	5.70837	0.58389	2.10435	3.60402	1.69
1.70	2.89000	-13.08422	-0.52285	2.36715	-0.22088	1.71429	1.49341	8.51967	5.70484	0.58506	2.10571	3.59912	1.70
1.71	2.92410	-12.20471	-0.56517	2.35893	-0.23959	1.72670	1.48711	8.47845	5.70128	0.58625	2.10708	3.59420	1.71
1.72	2.95840	-11.44220	-0.60776	2.35064	-0.25855	1.73932	1.48077	8.43699	5.69770	0.58744	2.10846	3.58923	1.72
1.73	2.99290	-10.77462	-0.65062	2.34228	-0.27777	1.75216	1.47438	8.39528	5.69409	0.58865	2.10985	3.58424	1.73
1.74	3.02760	-10.18514	-0.69375	2.33385	-0.29726	1.76521	1.46795	8.35333	5.69046	0.58987	2.11126	3.57921	1.74
1.75	3.06250	-9.66066	-0.73715	2.32535	-0.31701	1.77848	1.46147	8.31113	5.68631	0.59110	2.11267	3.57414	1.75
1.76	3.09760	-9.19088	-0.78082	2.31678	-0.33703	1.79198	1.45495	8.26868	5.68314	0.59234	2.11410	3.56905	1.76
1.77	3.13290	-8.76754	-0.82476	2.30814	-0.35733	1.80571	1.44838	8.22599	5.67945	0.59360	2.11553	3.56391	1.77
1.78	3.16840	-8.38396	-0.86898	2.29942	-0.37791	1.81968	1.44176	8.18305	5.67573	0.59487	2.11698	3.55875	1.78
1.79	3.20410	-8.03471	-0.91346	2.29064	-0.39878	1.83388	1.43510	8.13987	5.67199	0.59615	2.11844	3.55354	1.79
1.80	3.24000	-7.71527	-0.95822	2.28178	-0.41995	1.84834	1.42839	8.09644	5.66822	0.59744	2.11991	3.54831	1.80
1.81	3.27610	-7.42190	-1.00326	2.27284	-0.44141	1.86305	1.42164	8.05277	5.66443	0.59875	2.12140	3.54303	1.81
1.82	3.31240	-7.15145	-1.04856	2.26384	-0.46318	1.87801	1.41483	8.00884	5.66062	0.60007	2.12289	3.53773	1.82
1.83	3.34890	-6.90126	-1.09414	2.25476	-0.48526	1.89325	1.40799	7.96468	5.65679	0.60141	2.12440	3.53239	1.83
1.84	3.38560	-6.66906	-1.14000	2.24560	-0.50766	1.90875	1.40109	7.92026	5.65293	0.60275	2.12592	3.52701	1.84
1.85	3.42250	-6.45291	-1.18613	2.23637	-0.53038	1.92453	1.39415	7.87560	5.64905	0.60412	2.12745	3.52160	1.85
1.86	3.45960	-6.25114	-1.23254	2.22706	-0.55344	1.94059	1.38716	7.83070	5.64515	0.60548	2.12900	3.51615	1.86
1.87	3.49690	-6.06230	-1.27922	2.21768	-0.57683	1.95694	1.38012	7.78554	5.64122	0.60688	2.13055	3.51067	1.87
1.88	3.53440	-5.88512	-1.32618	2.20822	-0.60057	1.97360	1.37303	7.74014	5.63727	0.60828	2.13212	3.50515	1.88
1.89	3.57210	-5.71851	-1.37342	2.19868	-0.62466	1.99055	1.36590	7.69450	5.63330	0.60970	2.13370	3.49960	1.89
1.90	3.61000	-5.56149	-1.42094	2.18906	-0.64911	2.00782	1.35871	7.64860	5.62930	0.61113	2.13529	3.49401	1.90
1.91	3.64810	-5.41320	-1.46873	2.17937	-0.67393	2.02541	1.35148	7.60246	5.62528	0.61258	2.13690	3.48838	1.91
1.92	3.68640	-5.27490	-1.51681	2.16959	-0.69912	2.04332	1.34420	7.55607	5.62124	0.61404	2.13852	3.48272	1.92
1.93	3.72490	-5.13990	-1.56517	2.15973	-0.72470	2.06158	1.33687	7.50944	5.61717	0.61551	2.14015	3.47702	1.93
1.94	3.76360	-5.01360	-1.61380	2.14980	-0.75068	2.08017	1.32949	7.46256	5.61308	0.61700	2.14179	3.47129	1.94
1.95	3.80250	-4.89348	-1.66272	2.13978	-0.77705	2.09912	1.32207	7.41543	5.60896	0.61851	2.14345	3.46552	1.95
1.96	3.84160	-4.77904	-1.71193	2.12967	-0.80384	2.11843	1.31459	7.36805	5.60483	0.62003	2.14512	3.45971	1.96
1.97	3.88090	-4.66985	-1.76141	2.11949	-0.83105	2.13812	1.30706	7.32043	5.60067	0.62156	2.14680	3.45386	1.97
1.98	3.92040	-4.56553	-1.81118	2.10922	-0.85870	2.15818	1.29949	7.27256	5.59648	0.62312	2.14850	3.44798	1.98
1.99	3.96010	-4.46571	-1.86123	2.09887	-0.88678	2.17864	1.29186	7.22444	5.59227	0.62468	2.15020	3.44207	1.99

Tafel F

DRUCKSTAEBE

EPS.	F11	F10	F9	F8	F7	F6	F5	F4	F3	C=F2/F1	F2	F1	EPS.
2.00	4.00000	-4.37008	-1.91157	2.08843	-0.91532	2.19950	1.28419	7.17608	5.58804	0.62627	2.15193	3.43611	2.00
2.01	4.04010	-4.27834	-1.96220	2.07790	-0.94431	2.22077	1.27646	7.12746	5.58378	0.62787	2.15366	3.43012	2.01
2.02	4.08040	-4.19023	-2.01311	2.06729	-0.97379	2.24247	1.26868	7.07860	5.57950	0.62948	2.15541	3.42409	2.02
2.03	4.12090	-4.10551	-2.06430	2.05660	-1.00375	2.26460	1.26085	7.02949	5.57520	0.63112	2.15717	3.41802	2.03
2.04	4.16160	-4.02395	-2.11579	2.04581	-1.03421	2.28718	1.25297	6.98013	5.57087	0.63277	2.15895	3.41192	2.04
2.05	4.20250	-3.94535	-2.16757	2.03493	-1.06518	2.31022	1.24504	6.93053	5.56651	0.63443	2.16074	3.40578	2.05
2.06	4.24360	-3.86952	-2.21963	2.02397	-1.09667	2.33373	1.23706	6.88068	5.56214	0.63612	2.16254	3.39960	2.06
2.07	4.28490	-3.79629	-2.27199	2.01291	-1.12871	2.35773	1.22902	6.83057	5.55774	0.63782	2.16436	3.39338	2.07
2.08	4.32640	-3.72550	-2.32463	2.00177	-1.16129	2.38223	1.22093	6.78022	5.55331	0.63954	2.16619	3.38712	2.08
2.09	4.36810	-3.65701	-2.37757	1.99053	-1.19445	2.40724	1.21279	6.72963	5.54886	0.64127	2.16803	3.38083	2.09
2.10	4.41000	-3.59068	-2.43081	1.97919	-1.22818	2.43278	1.20460	6.67878	5.54439	0.64303	2.16989	3.37450	2.10
2.11	4.45210	-3.52638	-2.48433	1.96777	-1.26251	2.45887	1.19636	6.62768	5.53989	0.64480	2.17177	3.36812	2.11
2.12	4.49440	-3.46400	-2.53815	1.95625	-1.29746	2.48552	1.18806	6.57634	5.53537	0.64659	2.17366	3.36171	2.12
2.13	4.53690	-3.40342	-2.59227	1.94463	-1.33304	2.51275	1.17971	6.52475	5.53082	0.64840	2.17556	3.35526	2.13
2.14	4.57960	-3.34456	-2.64668	1.93292	-1.36927	2.54057	1.17130	6.47291	5.52625	0.65023	2.17748	3.34878	2.14
2.15	4.62250	-3.28731	-2.70139	1.92111	-1.40617	2.56901	1.16284	6.42081	5.52166	0.65208	2.17941	3.34225	2.15
2.16	4.66560	-3.23158	-2.75640	1.90920	-1.44375	2.59808	1.15433	6.36848	5.51704	0.65395	2.18135	3.33568	2.16
2.17	4.70890	-3.17731	-2.81171	1.89719	-1.48204	2.62780	1.14576	6.31589	5.51239	0.65583	2.18332	3.32908	2.17
2.18	4.75240	-3.12440	-2.86732	1.88508	-1.52106	2.65820	1.13714	6.26305	5.50772	0.65774	2.18529	3.32243	2.18
2.19	4.79610	-3.07279	-2.92323	1.87287	-1.56083	2.68929	1.12846	6.20996	5.50303	0.65967	2.18728	3.31575	2.19
2.20	4.84000	-3.02241	-2.97944	1.86056	-1.60137	2.72110	1.11973	6.15662	5.49831	0.66161	2.18929	3.30902	2.20
2.21	4.88410	-2.97320	-3.03596	1.84814	-1.64271	2.75365	1.11094	6.10304	5.49357	0.66358	2.19131	3.30226	2.21
2.22	4.92840	-2.92510	-3.09278	1.83562	-1.68487	2.78696	1.10210	6.04920	5.48880	0.66557	2.19335	3.29545	2.22
2.23	4.97290	-2.87805	-3.14990	1.82300	-1.72787	2.82107	1.09320	5.99512	5.48401	0.66758	2.19540	3.28860	2.23
2.24	5.01760	-2.83201	-3.20733	1.81027	-1.77175	2.85599	1.08424	5.94078	5.47919	0.66961	2.19747	3.28172	2.24
2.25	5.06250	-2.78691	-3.26507	1.79743	-1.81653	2.89176	1.07523	5.88619	5.47435	0.67166	2.19956	3.27479	2.25
2.26	5.10760	-2.74272	-3.32312	1.78448	-1.86224	2.92840	1.06616	5.83136	5.46948	0.67374	2.20166	3.26782	2.26
2.27	5.15290	-2.69940	-3.38148	1.77142	-1.90891	2.96594	1.05704	5.77627	5.46459	0.67584	2.20377	3.26081	2.27
2.28	5.19840	-2.65689	-3.44015	1.75825	-1.95657	3.00442	1.04785	5.72094	5.45967	0.67796	2.20591	3.25376	2.28
2.29	5.24410	-2.61517	-3.49913	1.74497	-2.00526	3.04387	1.03861	5.66535	5.45473	0.68010	2.20806	3.24667	2.29
2.30	5.29000	-2.57419	-3.55842	1.73158	-2.05501	3.08433	1.02931	5.60951	5.44976	0.68226	2.21022	3.23954	2.30
2.31	5.33610	-2.53392	-3.61803	1.71807	-2.10587	3.12582	1.01996	5.55343	5.44476	0.68445	2.21240	3.23236	2.31
2.32	5.38240	-2.49433	-3.67795	1.70445	-2.15786	3.16840	1.01054	5.49709	5.43974	0.68667	2.21460	3.22514	2.32
2.33	5.42890	-2.45538	-3.73819	1.69071	-2.21102	3.21209	1.00107	5.44050	5.43470	0.68891	2.21682	3.21788	2.33
2.34	5.47560	-2.41704	-3.79875	1.67685	-2.26541	3.25694	0.99153	5.38366	5.42963	0.69117	2.21905	3.21058	2.34
2.35	5.52250	-2.37930	-3.85963	1.66287	-2.32106	3.30300	0.98194	5.32657	5.42453	0.69307	2.22130	3.20324	2.35
2.36	5.56960	-2.34211	-3.92083	1.64877	-2.37803	3.35032	0.97229	5.26923	5.41941	0.69577	2.22356	3.19585	2.36
2.37	5.61690	-2.30545	-3.98235	1.63455	-2.43636	3.39893	0.96257	5.21163	5.41427	0.69810	2.22585	3.18842	2.37
2.38	5.66440	-2.26930	-4.04419	1.62021	-2.49610	3.44890	0.95280	5.15379	5.40909	0.70047	2.22815	3.18095	2.38
2.39	5.71210	-2.23364	-4.10636	1.60574	-2.55731	3.50028	0.94297	5.09569	5.40390	0.70286	2.23046	3.17343	2.39
2.40	5.76000	-2.19843	-4.16886	1.59114	-2.62005	3.55312	0.93307	5.03734	5.39867	0.70527	2.23280	3.16587	2.40
2.41	5.80810	-2.16367	-4.23168	1.57642	-2.68437	3.60748	0.92311	4.97874	5.39342	0.70772	2.23515	3.15827	2.41
2.42	5.85640	-2.12933	-4.29484	1.56156	-2.75034	3.66344	0.91310	4.91989	5.38815	0.71019	2.23753	3.15062	2.42
2.43	5.90490	-2.09539	-4.35832	1.54658	-2.81804	3.72105	0.90302	4.86079	5.38285	0.71268	2.23992	3.14293	2.43
2.44	5.95360	-2.06184	-4.42214	1.53146	-2.88752	3.78040	0.89287	4.80144	5.37752	0.71521	2.24232	3.13519	2.44
2.45	6.00250	-2.02864	-4.48629	1.51621	-2.95888	3.84154	0.88267	4.74183	5.37216	0.71776	2.24475	3.12742	2.45
2.46	6.05160	-1.99580	-4.55077	1.50083	-3.03217	3.90457	0.87240	4.68197	5.36678	0.72035	2.24719	3.11959	2.46
2.47	6.10090	-1.96328	-4.61559	1.48531	-3.10751	3.96957	0.86207	4.62186	5.36138	0.72296	2.24966	3.11172	2.47
2.48	6.15040	-1.93108	-4.68076	1.46964	-3.18496	4.03663	0.85167	4.56149	5.35595	0.72561	2.25214	3.10381	2.48
2.49	6.20010	-1.89917	-4.74626	1.45384	-3.26463	4.10584	0.84121	4.50088	5.35049	0.72828	2.25464	3.09585	2.49

DRUCKSTAEBE

EPS.	F11	F10	F9	F8	F7	F6	F5	F4	F3	C=F2/F1	F2	F1
2.50	6.25000	-1.86756	-4.81210	1.43790	-3.34662	4.17730	0.83068	4.44001	5.34500	0.73098	2.25716	3.08784
2.51	6.30010	-1.83621	-4.87829	1.42181	-3.43104	4.25113	0.82009	4.37888	5.33949	0.73372	2.25970	3.07979
2.52	6.35040	-1.80512	-4.94482	1.40558	-3.51800	4.32744	0.80944	4.31751	5.33395	0.73648	2.26226	3.07170
2.53	6.40090	-1.77427	-5.01170	1.38920	-3.60763	4.40634	0.79872	4.25588	5.32839	0.73928	2.26484	3.06355
2.54	6.45160	-1.74365	-5.07893	1.37267	-3.70005	4.48798	0.78793	4.19400	5.32280	0.74212	2.26743	3.05536
2.55	6.50250	-1.71326	-5.14651	1.35599	-3.79541	4.57248	0.77708	4.13186	5.31718	0.74498	2.27005	3.04713
2.56	6.55360	-1.68306	-5.21445	1.33915	-3.89385	4.66001	0.76616	4.06947	5.31154	0.74788	2.27269	3.03885
2.57	6.60490	-1.65307	-5.28274	1.32216	-3.99554	4.75071	0.75517	4.00683	5.30587	0.75081	2.27535	3.03052
2.58	6.65640	-1.62326	-5.35139	1.30501	-4.10064	4.84475	0.74412	3.94393	5.30017	0.75378	2.27803	3.02214
2.59	6.70810	-1.59362	-5.42039	1.28771	-4.20934	4.94233	0.73299	3.88078	5.29444	0.75678	2.28072	3.01372
2.60	6.76000	-1.56415	-5.48976	1.27024	-4.32183	5.04363	0.72180	3.81738	5.28869	0.75982	2.28344	3.00525
2.61	6.81210	-1.53483	-5.55949	1.25261	-4.43833	5.14887	0.71054	3.75372	5.28291	0.76289	2.28619	2.99673
2.62	6.86440	-1.50566	-5.62959	1.23481	-4.55907	5.25828	0.69921	3.68981	5.27710	0.76601	2.28895	2.98816
2.63	6.91690	-1.47662	-5.70005	1.21685	-4.68429	5.37210	0.68781	3.62564	5.27127	0.76916	2.29173	2.97954
2.64	6.96960	-1.44770	-5.77089	1.19871	-4.81425	5.49059	0.67634	3.56122	5.26541	0.77234	2.29453	2.97088
2.65	7.02250	-1.41890	-5.84210	1.18040	-4.94924	5.61404	0.66480	3.49654	5.25952	0.77557	2.29736	2.96216
2.66	7.07560	-1.39021	-5.91368	1.16192	-5.08958	5.74277	0.65319	3.43161	5.25361	0.77883	2.30021	2.95340
2.67	7.12890	-1.36162	-5.98564	1.14326	-5.23559	5.87710	0.64151	3.36643	5.24766	0.78214	2.30308	2.94459
2.68	7.18240	-1.33312	-6.05798	1.12442	-5.38765	6.01741	0.62976	3.30099	5.24169	0.78549	2.30597	2.93572
2.69	7.23610	-1.30471	-6.13070	1.10540	-5.54615	6.16408	0.61793	3.23529	5.23570	0.78887	2.30888	2.92681
2.70	7.29000	-1.27636	-6.20381	1.08619	-5.71153	6.31756	0.60603	3.16934	5.22967	0.79230	2.31182	2.91785
2.71	7.34410	-1.24809	-6.27731	1.06679	-5.88427	6.47833	0.59406	3.10313	5.22362	0.79577	2.31478	2.90884
2.72	7.39840	-1.21988	-6.35119	1.04721	-6.06487	6.64689	0.58201	3.03667	5.21753	0.79929	2.31776	2.89977
2.73	7.45290	-1.19172	-6.42547	1.02743	-6.25392	6.82381	0.56989	2.96989	5.21143	0.80285	2.32077	2.89066
2.74	7.50760	-1.16360	-6.50014	1.00746	-6.45204	7.00974	0.55770	2.90298	5.20529	0.80646	2.32380	2.88149
2.75	7.56250	-1.13552	-6.57522	0.98728	-6.65992	7.20535	0.54543	2.83575	5.19912	0.81011	2.32685	2.87228
2.76	7.61760	-1.10748	-6.65069	0.96691	-6.87832	7.41140	0.53308	2.76826	5.19293	0.81380	2.32992	2.86301
2.77	7.67290	-1.07946	-6.72657	0.94633	-7.10809	7.62876	0.52066	2.70052	5.18671	0.81755	2.33302	2.85368
2.78	7.72840	-1.05146	-6.80286	0.92554	-7.35018	7.85834	0.50816	2.63252	5.18046	0.82134	2.33615	2.84431
2.79	7.78410	-1.02347	-6.87956	0.90454	-7.60561	8.10120	0.49559	2.56426	5.17418	0.82518	2.33930	2.83488
2.80	7.84000	-0.99548	-6.95668	0.88332	-7.87557	8.35850	0.48293	2.49575	5.16787	0.82907	2.34247	2.82540
2.81	7.89610	-0.96750	-7.03421	0.86189	-8.16136	8.63156	0.47020	2.42698	5.16154	0.83302	2.34567	2.81587
2.82	7.95240	-0.93951	-7.11216	0.84024	-8.46445	8.92185	0.45739	2.35795	5.15517	0.83701	2.34889	2.80628
2.83	8.00890	-0.91150	-7.19054	0.81836	-8.78651	9.23102	0.44451	2.28866	5.14878	0.84106	2.35214	2.79664
2.84	8.06560	-0.88347	-7.26935	0.79625	-9.12942	9.56096	0.43154	2.21912	5.14236	0.84516	2.35541	2.78695
2.85	8.12250	-0.85542	-7.34858	0.77392	-9.49531	9.91380	0.41849	2.14932	5.13591	0.84931	2.35871	2.77720
2.86	8.17960	-0.82734	-7.42826	0.75134	-9.88663	10.29199	0.40536	2.07926	5.12943	0.85352	2.36204	2.76740
2.87	8.23690	-0.79922	-7.50837	0.72853	-10.30619	10.69833	0.39215	2.00895	5.12292	0.85779	2.36539	2.75754
2.88	8.29440	-0.77106	-7.58893	0.70547	-10.75720	11.13606	0.37886	1.93838	5.11639	0.86211	2.36877	2.74762
2.89	8.35210	-0.74284	-7.66993	0.68217	-11.24343	11.60891	0.36548	1.86754	5.10982	0.86650	2.37217	2.73765
2.90	8.41000	-0.71458	-7.75139	0.65861	-11.76922	12.12125	0.35202	1.79645	5.10323	0.87094	2.37560	2.72763
2.91	8.46810	-0.68625	-7.83330	0.63480	-12.33971	12.67819	0.33848	1.72511	5.09660	0.87545	2.37906	2.71754
2.92	8.52640	-0.65785	-7.91567	0.61073	-12.96094	13.28579	0.32486	1.65350	5.08995	0.88001	2.38255	2.70740
2.93	8.58490	-0.62939	-7.99850	0.58640	-13.64009	13.95123	0.31114	1.58163	5.08327	0.88464	2.38606	2.69721
2.94	8.64360	-0.60084	-8.08181	0.56179	-14.38577	14.68312	0.29735	1.50951	5.07655	0.88934	2.38960	2.68695
2.95	8.70250	-0.57222	-8.16559	0.53691	-15.20839	15.49185	0.28347	1.43712	5.06981	0.89410	2.39317	2.67664
2.96	8.76160	-0.54350	-8.24984	0.51176	-16.12065	16.39015	0.26950	1.36448	5.06304	0.89892	2.39677	2.66627
2.97	8.82090	-0.51469	-8.33458	0.48632	-17.13822	17.39366	0.25544	1.29158	5.05624	0.90382	2.40040	2.65584
2.98	8.88040	-0.48578	-8.41981	0.46059	-18.28064	18.52194	0.24130	1.21841	5.04941	0.90878	2.40405	2.64535
2.99	8.94010	-0.45677	-8.50554	0.43456	-19.57259	19.79966	0.22707	1.14499	5.04255	0.91382	2.40774	2.63481

Tafel F

DRUCKSTAEBE

EPS.	F1	F2	C=F2/F1	F3	F4	F5	F6	F7	F8	F9	F10	F11	EPS.
3.00	2.62420	2.41145	0.91893	5.03565	1.07131	0.21274	21.25850	-21.04576	0.40824	-8.59176	-0.42764	9.00000	3.00
3.01	2.61353	2.41520	0.92411	5.02873	0.99736	0.19833	22.93977	-22.74143	0.38162	-8.67848	-0.39840	9.06010	3.01
3.02	2.60281	2.41897	0.92937	5.02178	0.92316	0.18383	24.89833	-24.71450	0.35468	-8.76572	-0.36903	9.12040	3.02
3.03	2.59202	2.42278	0.93471	5.01480	0.84870	0.16924	27.20876	-27.03952	0.32743	-8.85347	-0.33954	9.18090	3.03
3.04	2.58117	2.42662	0.94012	5.00779	0.77397	0.15455	29.97496	-29.82041	0.29985	-8.94175	-0.30991	9.24160	3.04
3.05	2.57026	2.43048	0.94562	5.00074	0.69899	0.13978	33.34622	-33.20644	0.27195	-9.03055	-0.28014	9.30250	3.05
3.06	2.55929	2.43438	0.95119	4.99367	0.62374	0.12491	37.54502	-37.42011	0.24372	-9.11988	-0.25023	9.36360	3.06
3.07	2.54825	2.43831	0.95686	4.98657	0.54823	0.10994	42.91815	-42.80821	0.21514	-9.20976	-0.22017	9.42490	3.07
3.08	2.53716	2.44227	0.96260	4.97943	0.47246	0.09488	50.03760	-49.94271	0.18622	-9.30018	-0.18995	9.48640	3.08
3.09	2.52600	2.44627	0.96844	4.97227	0.39643	0.07973	59.91883	-59.83910	0.15694	-9.39116	-0.15956	9.54810	3.09
3.10	2.51477	2.45030	0.97436	4.96507	0.32014	0.06448	74.55389	-74.48941	0.12730	-9.48270	-0.12901	9.61000	3.10
3.11	2.50349	2.45436	0.98038	4.95784	0.24358	0.04913	98.45698	-98.40785	0.09730	-9.57480	-0.09829	9.67210	3.11
3.12	2.49213	2.45845	0.98648	4.95058	0.16676	0.03369	144.50482	-144.47113	0.06692	-9.66748	-0.06738	9.73440	3.12
3.13	2.48072	2.46257	0.99269	4.94329	0.08968	0.01814	270.00463	-269.98648	0.03615	-9.76075	-0.03629	9.79690	3.13
3.14	2.46924	2.46674	0.99899	4.93597	0.01234	0.00250	1971.55323	-1971.55073	0.00500	-9.85460	-0.00500	9.85960	3.14
3.15	2.46740	2.46740	1.00000	4.93480	0.00000	0.00000	-374.67674	374.66349	0.00000	-9.86960	0.00000	9.92250	3.15
3.16	2.45769	2.47093	1.00539	4.92862	-0.06526	-0.01324	-171.68028	171.65120	-0.02555	-9.94905	0.02648	9.98560	3.16
3.17	2.44607	2.47516	1.01189	4.92123	-0.14313	-0.02908	-111.60586	111.56083	-0.05851	-10.04411	0.05817	10.04890	3.17
3.18	2.43439	2.47942	1.01850	4.91382	-0.22126	-0.04503	-82.81702	82.75594	-0.09089	-10.13979	0.09008	10.11240	3.18
3.19	2.42265	2.48372	1.02521	4.90637	-0.29966	-0.06108	-65.92483	65.84761	-0.12369	-10.23609	0.12220	10.17610	3.19
3.20	2.41083	2.48806	1.03203	4.89889	-0.37832	-0.07722	-54.81879	54.72531	-0.15692	-10.33302	0.15454	10.24000	3.20
3.21	2.39895	2.49243	1.03897	4.89138	-0.45724	-0.09348	-46.96140	46.85157	-0.19060	-10.43060	0.18712	10.30410	3.21
3.22	2.38700	2.49684	1.04601	4.88384	-0.53642	-0.10984	-41.10969	40.98339	-0.22473	-10.52883	0.21993	10.36840	3.22
3.23	2.37498	2.50128	1.05318	4.87626	-0.61587	-0.12630	-36.58306	36.44109	-0.25932	-10.62772	0.25299	10.43290	3.23
3.24	2.36289	2.50576	1.06046	4.86866	-0.69559	-0.14287	-32.97757	32.81802	-0.29438	-10.72728	0.28630	10.49760	3.24
3.25	2.35073	2.51028	1.06787	4.86102	-0.77557	-0.15955	-30.03832	29.86198	-0.32993	-10.82753	0.31987	10.56250	3.25
3.26	2.33850	2.51484	1.07540	4.85334	-0.85581	-0.17633	-27.59652	27.40329	-0.36597	-10.92847	0.35371	10.62760	3.26
3.27	2.32620	2.51943	1.08307	4.84564	-0.93632	-0.19323	-25.53595	25.32571	-0.40251	-11.03011	0.38782	10.69290	3.27
3.28	2.31383	2.52407	1.09086	4.83790	-1.01710	-0.21023	-23.77400	23.54665	-0.43957	-11.13247	0.42222	10.75840	3.28
3.29	2.30139	2.52874	1.09879	4.83013	-1.09814	-0.22735	-22.25030	22.00572	-0.47716	-11.23556	0.45690	10.82410	3.29
3.30	2.28888	2.53345	1.10686	4.82233	-1.17944	-0.24458	-20.91975	20.65783	-0.51529	-11.33939	0.49188	10.89000	3.30
3.31	2.27629	2.53821	1.11506	4.81449	-1.26101	-0.26192	-19.74794	19.46856	-0.55398	-11.44398	0.52716	10.95610	3.31
3.32	2.26363	2.54300	1.12342	4.80663	-1.34285	-0.27937	-18.70819	18.41124	-0.59323	-11.54933	0.56276	11.02240	3.32
3.33	2.25089	2.54783	1.13192	4.79872	-1.42495	-0.29694	-17.77947	17.46484	-0.63306	-11.65546	0.59868	11.08890	3.33
3.34	2.23808	2.55271	1.14058	4.79079	-1.50732	-0.31463	-16.94501	16.61258	-0.67349	-11.76239	0.63493	11.15560	3.34
3.35	2.22519	2.55763	1.14939	4.78282	-1.58996	-0.33243	-16.19124	15.84089	-0.71453	-11.87013	0.67152	11.22250	3.35
3.36	2.21223	2.56258	1.15837	4.77482	-1.67286	-0.35035	-15.50709	15.13870	-0.75619	-11.97869	0.70845	11.28960	3.36
3.37	2.19920	2.56759	1.16751	4.76678	-1.75603	-0.36839	-14.88342	14.49687	-0.79849	-12.08809	0.74574	11.35690	3.37
3.38	2.18608	2.57263	1.17682	4.75871	-1.83947	-0.38655	-14.31261	13.90779	-0.84145	-12.19835	0.78340	11.42440	3.38
3.39	2.17289	2.57772	1.18631	4.75061	-1.92318	-0.40483	-13.78831	13.36508	-0.88508	-12.30948	0.82144	11.49210	3.39
3.40	2.15962	2.58285	1.19597	4.74247	-2.00715	-0.42323	-13.30510	12.86335	-0.92940	-12.42150	0.85986	11.56000	3.40
3.41	2.14627	2.58803	1.20582	4.73430	-2.09139	-0.44175	-12.85841	12.39801	-0.97443	-12.53443	0.89868	11.62810	3.41
3.42	2.13285	2.59325	1.21586	4.72610	-2.17590	-0.46040	-12.44430	11.96512	-1.02019	-12.64829	0.93790	11.69640	3.42
3.43	2.11934	2.59852	1.22610	4.71786	-2.26068	-0.47918	-12.05938	11.56131	-1.06669	-12.76309	0.97754	11.76490	3.43
3.44	2.10575	2.60383	1.23653	4.70958	-2.34573	-0.49808	-11.70075	11.18364	-1.11396	-12.87884	1.01761	11.83360	3.44
3.45	2.09209	2.60919	1.24717	4.70128	-2.43105	-0.51710	-11.36583	10.82957	-1.16202	-12.99562	1.05812	11.90250	3.45
3.46	2.07834	2.61460	1.25802	4.69293	-2.51663	-0.53626	-11.05249	10.49685	-1.21089	-13.11339	1.09907	11.97160	3.46
3.47	2.06450	2.62005	1.26909	4.68456	-2.60249	-0.55555	-10.75849	10.18353	-1.26059	-13.23239	1.14049	12.04090	3.47
3.48	2.05059	2.62555	1.28039	4.67614	-2.68861	-0.57496	-10.48240	9.88788	-1.31114	-13.35204	1.18239	12.11040	3.48
3.49	2.03659	2.63110	1.29192	4.66770	-2.77501	-0.59451	-10.22257	9.60838	-1.36257	-13.47297	1.22477	12.18010	3.49

DRUCKSTAEBE

EPS.	F11	F10	F9	F8	F7	F6	F5	F4	F3	C=F2/F1	F2	F1
3.50	12.25000	1.31105	-13.71818	-1.46818	9.34366	-9.97767	-0.63401	-2.94861	4.65070	1.31569	2.64236	2.00834
3.51	12.32010	1.35497	-13.84251	-1.52241	9.09251	-9.74648	-0.65347	-3.03581	4.64214	1.32795	2.64806	1.99409
3.52	12.39040	1.39944	-13.96802	-1.57762	8.85385	-9.52791	-0.67406	-3.12329	4.63355	1.34048	2.65381	1.97975
3.53	12.46090	1.44446	-14.09475	-1.63385	8.62671	-9.32100	-0.69429	-3.21104	4.62493	1.35327	2.65961	1.96532
3.54	12.53160	1.49005	-14.22273	-1.69113	8.41021	-9.12487	-0.71466	-3.29906	4.61627	1.36634	2.66546	1.95081
3.55	12.60250	1.53622	-14.35198	-1.74948	8.20356	-8.93873	-0.73517	-3.38735	4.60757	1.37970	2.67137	1.93620
3.56	12.67360	1.58300	-14.48255	-1.80895	8.00605	-8.76188	-0.75582	-3.47592	4.59884	1.39335	2.67733	1.92151
3.57	12.74490	1.63040	-14.61447	-1.86957	7.81704	-8.59366	-0.77662	-3.56475	4.59007	1.40731	2.68335	1.90673
3.58	12.81640	1.67843	-14.74777	-1.93137	7.63593	-8.43349	-0.79756	-3.65386	4.58127	1.42158	2.68942	1.89185
3.59	12.88810	1.72712	-14.88249	-1.99439	7.46219	-8.28084	-0.81865	-3.74324	4.57243	1.43618	2.69554	1.87689
3.60	12.96000	1.77648	-15.01867	-2.05867	7.29532	-8.13522	-0.83989	-3.83289	4.56355	1.45111	2.70172	1.86183
3.61	13.03210	1.82653	-15.15636	-2.12426	7.13490	-7.99618	-0.86128	-3.92282	4.55464	1.46639	2.70796	1.84668
3.62	13.10440	1.87729	-15.29559	-2.19119	6.98049	-7.86331	-0.88282	-4.01302	4.54569	1.48204	2.71425	1.83143
3.63	13.17690	1.92878	-15.43642	-2.25952	6.83173	-7.73624	-0.90451	-4.10350	4.53670	1.49805	2.72061	1.81609
3.64	13.24960	1.98102	-15.57888	-2.32928	6.68827	-7.61463	-0.92636	-4.19425	4.52768	1.51445	2.72702	1.80066
3.65	13.32250	2.03403	-15.72304	-2.40054	6.54979	-7.49815	-0.94836	-4.28527	4.51861	1.53126	2.73349	1.78513
3.66	13.39560	2.08784	-15.86894	-2.47334	6.41600	-7.38652	-0.97052	-4.37657	4.50952	1.54847	2.74002	1.76950
3.67	13.46890	2.14247	-16.01663	-2.54773	6.28662	-7.27946	-0.99284	-4.46814	4.50038	1.56612	2.74661	1.75377
3.68	13.54240	2.19794	-16.16618	-2.62378	6.16140	-7.17672	-1.01532	-4.55999	4.49120	1.58420	2.75326	1.73794
3.69	13.61610	2.25428	-16.31765	-2.70155	6.04011	-7.07807	-1.03796	-4.65211	4.48199	1.60276	2.75997	1.72202
3.70	13.69000	2.31151	-16.47109	-2.78109	5.92253	-6.98329	-1.06076	-4.74451	4.47274	1.62179	2.76675	1.70599
3.71	13.76410	2.36967	-16.62658	-2.86248	5.80846	-6.89219	-1.08373	-4.83719	4.46345	1.64131	2.77359	1.68986
3.72	13.83840	2.42877	-16.78418	-2.94578	5.69770	-6.80457	-1.10687	-4.93014	4.45413	1.66136	2.78050	1.67363
3.73	13.91290	2.48885	-16.94397	-3.03107	5.59010	-6.72027	-1.13018	-5.02337	4.44476	1.68194	2.78747	1.65729
3.74	13.98760	2.54994	-17.10603	-3.11843	5.48547	-6.63912	-1.15366	-5.11688	4.43536	1.70308	2.79451	1.64085
3.75	14.06250	2.61207	-17.27043	-3.20793	5.38367	-6.56098	-1.17731	-5.21066	4.42592	1.72480	2.80161	1.62431
3.76	14.13760	2.67527	-17.43727	-3.29967	5.28456	-6.48569	-1.20113	-5.30472	4.41644	1.74713	2.80879	1.60765
3.77	14.21290	2.73958	-17.60663	-3.39373	5.18799	-6.41312	-1.22513	-5.39906	4.40692	1.77009	2.81603	1.59089
3.78	14.28840	2.80503	-17.77861	-3.49021	5.09385	-6.34316	-1.24931	-5.49368	4.39736	1.79371	2.82334	1.57402
3.79	14.36410	2.87166	-17.95332	-3.58922	5.00202	-6.27569	-1.27367	-5.58857	4.38776	1.81801	2.83072	1.55705
3.80	14.44000	2.93951	-18.13085	-3.69085	4.91238	-6.21059	-1.29821	-5.68375	4.37813	1.84302	2.83817	1.53996
3.81	14.51610	3.00862	-18.31133	-3.79523	4.82483	-6.14777	-1.32294	-5.77920	4.36845	1.86878	2.84570	1.52275
3.82	14.59240	3.07904	-18.49487	-3.90247	4.73927	-6.08713	-1.34785	-5.87493	4.35873	1.89532	2.85329	1.50544
3.83	14.66890	3.15080	-18.68160	-4.01270	4.65562	-6.02857	-1.37295	-5.97095	4.34898	1.92268	2.86097	1.48801
3.84	14.74560	3.22395	-18.87166	-4.12606	4.57377	-5.97202	-1.39825	-6.06724	4.33918	1.95088	2.86871	1.47047
3.85	14.82250	3.29854	-19.06519	-4.24269	4.49366	-5.91739	-1.42373	-6.16381	4.32934	1.97998	2.87654	1.45281
3.86	14.89960	3.37462	-19.26234	-4.36274	4.41519	-5.86460	-1.44941	-6.26067	4.31947	2.01002	2.88444	1.43503
3.87	14.97690	3.45225	-19.46328	-4.48638	4.33831	-5.81359	-1.47528	-6.35780	4.30955	2.04103	2.89242	1.41713
3.88	15.05440	3.53147	-19.66818	-4.61378	4.26292	-5.76428	-1.50136	-6.45522	4.29959	2.07307	2.90047	1.39912
3.89	15.13210	3.61236	-19.87722	-4.74512	4.18898	-5.71662	-1.52763	-6.55291	4.28959	2.10619	2.90861	1.38098
3.90	15.21000	3.69496	-20.09060	-4.88060	4.11642	-5.67053	-1.55411	-6.65089	4.27955	2.14045	2.91683	1.36272
3.91	15.28810	3.77934	-20.30853	-5.02043	4.04518	-5.62597	-1.58079	-6.74916	4.26947	2.17589	2.92513	1.34434
3.92	15.36640	3.86557	-20.53124	-5.16484	3.97519	-5.58288	-1.60769	-6.84770	4.25935	2.21259	2.93352	1.32583
3.93	15.44490	3.95372	-20.75897	-5.31407	3.90642	-5.54121	-1.63479	-6.94653	4.24918	2.25061	2.94199	1.30720
3.94	15.52360	4.04387	-20.99197	-5.46837	3.83880	-5.50091	-1.66211	-7.04564	4.23898	2.29002	2.95054	1.28844
3.95	15.60250	4.13609	-21.23053	-5.62803	3.77229	-5.46193	-1.68964	-7.14504	4.22873	2.33090	2.95919	1.26955
3.96	15.68160	4.23046	-21.47494	-5.79334	3.70683	-5.42422	-1.71739	-7.24472	4.21844	2.37334	2.96792	1.25052
3.97	15.76090	4.32707	-21.72553	-5.96463	3.64240	-5.38776	-1.74536	-7.34468	4.20811	2.41741	2.97574	1.23137
3.98	15.84040	4.42601	-21.98263	-6.14223	3.57893	-5.35249	-1.77356	-7.44493	4.19774	2.46323	2.98565	1.21209
3.99	15.92010	4.52738	-22.24664	-6.32654	3.51640	-5.31838	-1.80198	-7.54546	4.18732	2.51088	2.99465	1.19267

Tafel F

DRUCKSTAEBE

EPS.	F1	F2	C=F2/F1	F3	F4	F5	F6	F7	F8	F9	F10	F11	EPS.
4.00	1.17311	3.00374	2.56049	4.17686	-7.64628	-1.83063	-5.28539	3.45476	-6.51794	-22.51794	4.63129	16.00000	4.00
4.01	1.15342	3.01293	2.61217	4.16636	-7.74739	-1.85951	-5.25350	3.39399	-6.71687	-22.79697	4.73782	16.08010	4.01
4.02	1.13359	3.02222	2.66606	4.15581	-7.84878	-1.88863	-5.22266	3.33403	-6.92382	-23.08422	4.84711	16.16040	4.02
4.03	1.11362	3.03160	2.72230	4.14522	-7.95046	-1.91798	-5.19284	3.27486	-7.13930	-23.38020	4.95927	16.24090	4.03
4.04	1.09351	3.04108	2.78104	4.13459	-8.05242	-1.94758	-5.16402	3.21645	-7.36386	-23.68546	5.07442	16.32160	4.04
4.05	1.07325	3.05066	2.84246	4.12391	-8.15468	-1.97741	-5.13617	3.15876	-7.59812	-24.00062	5.19271	16.40250	4.05
4.06	1.05285	3.06034	2.90673	4.11319	-8.25722	-2.00750	-5.10926	3.10176	-7.84275	-24.32635	5.31427	16.48360	4.06
4.07	1.03230	3.07013	2.97407	4.10243	-8.36005	-2.03783	-5.08326	3.04543	-8.09848	-24.66338	5.43926	16.56490	4.07
4.08	1.01160	3.08002	3.04469	4.09162	-8.46316	-2.06842	-5.05816	2.98974	-8.36611	-25.01251	5.56784	16.64640	4.08
4.09	0.99075	3.09001	3.11885	4.08076	-8.56657	-2.09926	-5.03392	2.93466	-8.64651	-25.37461	5.70018	16.72810	4.09
4.10	0.96976	3.10011	3.19680	4.06987	-8.67027	-2.13036	-5.01053	2.88017	-8.94068	-25.75068	5.83646	16.81000	4.10
4.11	0.94860	3.11032	3.27885	4.05892	-8.77425	-2.16172	-4.98796	2.82624	-9.24966	-26.14176	5.97688	16.89210	4.11
4.12	0.92729	3.12064	3.36532	4.04794	-8.87853	-2.19335	-4.96619	2.77285	-9.57465	-26.54905	6.12165	16.97440	4.12
4.13	0.90583	3.13107	3.45658	4.03690	-8.98309	-2.22524	-4.94521	2.71997	-9.91698	-26.97388	6.27099	17.05690	4.13
4.14	0.88421	3.14162	3.55304	4.02582	-9.08795	-2.25741	-4.92500	2.66758	-10.27810	-27.41770	6.42514	17.13960	4.14
4.15	0.86242	3.15228	3.65515	4.01470	-9.19310	-2.28986	-4.90553	2.61567	-10.65965	-27.88215	6.58435	17.22250	4.15
4.16	0.84047	3.16306	3.76343	4.00353	-9.29854	-2.32258	-4.88680	2.56421	-11.06346	-28.36906	6.74890	17.30560	4.16
4.17	0.81836	3.17395	3.87843	3.99231	-9.40427	-2.35559	-4.86878	2.51318	-11.49161	-28.88051	6.91908	17.38890	4.17
4.18	0.79608	3.18497	4.00082	3.98105	-9.51030	-2.38889	-4.85146	2.46257	-11.94640	-29.41880	7.09520	17.47240	4.18
4.19	0.77363	3.19611	4.13130	3.96974	-9.61661	-2.42248	-4.83482	2.41234	-12.43047	-29.98657	7.27761	17.55610	4.19
4.20	0.75101	3.20737	4.27073	3.95839	-9.72323	-2.45636	-4.81886	2.36250	-12.94681	-30.58681	7.46668	17.64000	4.20
4.21	0.72822	3.21876	4.42004	3.94698	-9.83013	-2.49054	-4.80355	2.31301	-13.49883	-31.22293	7.66279	17.72410	4.21
4.22	0.70525	3.23028	4.58031	3.93553	-9.93733	-2.52503	-4.78889	2.26386	-14.09044	-31.89884	7.86637	17.80840	4.22
4.23	0.68211	3.24193	4.75280	3.92404	-10.04483	-2.55982	-4.77486	2.21504	-14.72613	-32.61903	8.07790	17.89290	4.23
4.24	0.65878	3.25371	4.93895	3.91249	-10.15262	-2.59492	-4.76146	2.16653	-15.41113	-33.38873	8.29786	17.97760	4.24
4.25	0.63528	3.26562	5.14045	3.90090	-10.26070	-2.63034	-4.74866	2.11832	-16.15149	-34.21399	8.52681	18.06250	4.25
4.26	0.61159	3.27767	5.35927	3.88926	-10.36908	-2.66608	-4.73646	2.07038	-16.95434	-35.10194	8.76534	18.14760	4.26
4.27	0.58771	3.28986	5.59774	3.87757	-10.47776	-2.70215	-4.72485	2.02271	-17.82805	-36.06095	9.01410	18.23290	4.27
4.28	0.56365	3.30219	5.85861	3.86583	-10.58673	-2.73854	-4.71383	1.97529	-18.78257	-37.10097	9.27379	18.31840	4.28
4.29	0.53939	3.31466	6.14520	3.85405	-10.69601	-2.77527	-4.70337	1.92810	-19.82983	-38.23393	9.54519	18.40410	4.29
4.30	0.51494	3.32727	6.46148	3.84221	-10.80558	-2.81233	-4.69347	1.88114	-20.98418	-39.47418	9.82915	18.49000	4.30
4.31	0.49029	3.34003	6.81233	3.83033	-10.91545	-2.84974	-4.68413	1.83439	-22.26314	-40.83924	10.12659	18.57610	4.31
4.32	0.46545	3.35295	7.20372	3.81839	-11.02561	-2.88750	-4.67533	1.78783	-23.68826	-42.35066	10.43856	18.66240	4.32
4.33	0.44040	3.36601	7.64310	3.80641	-11.13608	-2.92561	-4.66708	1.74146	-25.28636	-44.03526	10.76618	18.74890	4.33
4.34	0.41515	3.37923	8.13984	3.79438	-11.24685	-2.96408	-4.65935	1.69527	-27.09125	-45.92685	11.11071	18.83560	4.34
4.35	0.38969	3.39261	8.70595	3.78229	-11.35791	-3.00292	-4.65214	1.64923	-29.14618	-48.06868	11.47355	18.92250	4.35
4.36	0.36402	3.40614	9.35704	3.77016	-11.46928	-3.04212	-4.64546	1.60334	-31.50736	-50.51696	11.85626	19.00960	4.36
4.37	0.33814	3.41984	10.11375	3.75797	-11.58095	-3.08170	-4.63929	1.55759	-34.24923	-53.34613	12.26057	19.09690	4.37
4.38	0.31204	3.43370	11.00402	3.74574	-11.69292	-3.12166	-4.63362	1.51196	-37.47247	-56.65687	12.68843	19.18440	4.38
4.39	0.28572	3.44773	12.06662	3.73345	-11.80519	-3.16200	-4.62845	1.46645	-41.31671	-60.58881	13.14203	19.27210	4.39
4.40	0.25919	3.46193	13.35688	3.72112	-11.91777	-3.20274	-4.62378	1.42104	-45.98138	-65.34138	13.62382	19.36000	4.40
4.41	0.23242	3.47630	14.95669	3.70873	-12.03065	-3.24388	-4.61960	1.37572	-51.76154	-71.20964	14.13662	19.44810	4.41
4.42	0.20543	3.49085	16.99255	3.69628	-12.14383	-3.28542	-4.61591	1.33049	-59.11302	-78.64942	14.68359	19.53640	4.42
4.43	0.17821	3.50558	19.67077	3.68379	-12.25732	-3.32737	-4.61270	1.28533	-68.77921	-88.40411	15.26835	19.62490	4.43
4.44	0.15076	3.52049	23.35216	3.67124	-12.37111	-3.36973	-4.60997	1.24023	-82.06026	-101.77386	15.89507	19.71360	4.44
4.45	0.12306	3.53558	28.73001	3.65865	-12.48521	-3.41252	-4.60771	1.19519	-101.45430	-121.25680	16.56855	19.80250	4.45
4.46	0.09513	3.55087	37.32766	3.64592	-12.59961	-3.45524	-4.60592	1.15018	-132.45044	-152.34204	17.29431	19.89160	4.46
4.47	0.06695	3.56634	53.27138	3.63329	-12.71432	-3.49940	-4.60460	1.10521	-189.91706	-209.89796	18.07885	19.98090	4.47
4.48	0.03852	3.58201	92.99603	3.62053	-12.82934	-3.54350	-4.60375	1.06026	-333.07452	-353.14492	18.92973	20.07040	4.48
4.49	0.00984	3.59788	365.75129	3.60772	-12.94466	-3.58805	-4.60337	1.01532	-1315.92030	-1336.08040	19.85590	20.16010	4.49

DRUCKSTAEBE

EPS.	F1	F2	C=F2/F1	F3	F4	F5	F6	F7	F8	F9	F10	F11	EPS.
4.50	-0.01910	3.61395	-189.21297	3.59485	-13.06029	-3.63305	-4.60344	0.97039	683.78773	663.53773	20.86799	20.25000	4.50
4.51	-0.04830	3.63023	-75.16534	3.58195	-13.17623	-3.67853	-4.60397	0.92544	272.81915	252.47905	21.97873	20.34010	4.51
4.52	-0.07776	3.64671	-46.89889	3.56896	-13.29248	-3.72447	-4.60496	0.88049	170.94912	150.51872	23.20349	20.43040	4.52
4.53	-0.10749	3.66341	-34.08300	3.55593	-13.40904	-3.77090	-4.60641	0.83551	124.75263	104.23173	24.56101	20.52090	4.53
4.54	-0.13748	3.68033	-26.76895	3.54284	-13.52591	-3.81781	-4.60831	0.79049	98.38103	77.76943	26.07439	20.61160	4.54
4.55	-0.16776	3.69746	-22.04008	3.52970	-13.64309	-3.86522	-4.61066	0.74543	81.32463	60.62213	27.77242	20.70250	4.55
4.56	-0.19832	3.71482	-18.73173	3.51651	-13.76059	-3.91314	-4.61346	0.70032	69.38676	48.59316	29.69143	20.79360	4.56
4.57	-0.22916	3.73241	-16.28750	3.50325	-13.87839	-3.96157	-4.61672	0.65515	60.56250	39.67760	31.87798	20.88490	4.57
4.58	-0.26029	3.75023	-14.40800	3.48995	-13.99651	-4.01052	-4.62043	0.60991	53.77309	32.79669	34.39267	20.97640	4.58
4.59	-0.29171	3.76829	-12.91784	3.47653	-14.11494	-4.06001	-4.62459	0.56459	48.38650	27.31840	37.31593	21.06810	4.59
4.60	-0.32343	3.78659	-11.70744	3.46316	-14.23368	-4.11003	-4.62921	0.51918	44.00789	22.84789	40.75680	21.16000	4.60
4.61	-0.35546	3.80514	-10.70482	3.44963	-14.35274	-4.16060	-4.63427	0.47367	40.37787	19.12577	44.86693	21.25210	4.61
4.62	-0.38779	3.82394	-9.86073	3.43614	-14.47211	-4.21173	-4.63979	0.42806	37.31902	15.97462	49.86360	21.34440	4.62
4.63	-0.42044	3.84299	-9.14036	3.42255	-14.59180	-4.26343	-4.64576	0.38233	34.70587	13.26897	56.06962	21.43690	4.63
4.64	-0.45341	3.86230	-8.51839	3.40890	-14.71181	-4.31571	-4.65218	0.33647	32.44720	10.91760	63.98615	21.52960	4.64
4.65	-0.48670	3.88188	-7.97597	3.39513	-14.83213	-4.36858	-4.65906	0.29049	30.47508	8.85258	74.43566	21.62250	4.65
4.66	-0.52032	3.90173	-7.49877	3.38141	-14.95277	-4.42205	-4.66640	0.24436	28.73788	7.02228	88.86861	21.71560	4.66
4.67	-0.55427	3.92185	-7.07572	3.36759	-15.07373	-4.47612	-4.67420	0.19808	27.19569	5.38679	110.10415	21.80890	4.67
4.68	-0.58856	3.94226	-6.69811	3.35370	-15.19501	-4.53082	-4.68246	0.15163	25.81714	3.91474	144.44306	21.90240	4.68
4.69	-0.62320	3.96295	-6.35901	3.33975	-15.31660	-4.58615	-4.69118	0.10502	24.57725	2.58115	209.44305	21.99610	4.69
4.70	-0.65819	3.98394	-6.05282	3.32574	-15.43852	-4.64213	-4.70036	0.05823	23.45586	1.36586	379.34999	22.09000	4.70
4.71	-0.69354	4.00522	-5.77499	3.31167	-15.56076	-4.69876	-4.71001	0.01125	22.43656	0.25246	1971.54864	22.18410	4.71
4.72	-0.72926	4.02680	-5.52177	3.29754	-15.68331	-4.75606	-4.72014	-0.03592	21.50581	-0.77259	-620.14147	22.27840	4.72
4.73	-0.76535	4.04870	-5.29003	3.28335	-15.80620	-4.81404	-4.73073	-0.08331	20.65238	-1.72052	-268.55407	22.37290	4.73
4.74	-0.80181	4.07091	-5.07716	3.26910	-15.92940	-4.87272	-4.74181	-0.13091	19.86684	-2.60076	-171.62696	22.46760	4.74
4.75	-0.83866	4.09344	-4.88096	3.25479	-16.05293	-4.93210	-4.75336	-0.17874	19.14126	-3.42124	-126.23322	22.56250	4.75
4.76	-0.87589	4.11631	-4.69954	3.24041	-16.17678	-4.99220	-4.76540	-0.22680	18.46886	-4.18874	-99.90130	22.65760	4.76
4.77	-0.91353	4.13950	-4.53132	3.22597	-16.30095	-5.05304	-4.77793	-0.27511	17.84389	-4.90901	-82.70504	22.75290	4.77
4.78	-0.95157	4.16305	-4.37490	3.21147	-16.42546	-5.11462	-4.79095	-0.32367	17.26135	-5.58705	-70.59077	22.84840	4.78
4.79	-0.99003	4.18694	-4.22910	3.19691	-16.55029	-5.17697	-4.80446	-0.37251	16.71695	-6.22715	-61.59407	22.94410	4.79
4.80	-1.02891	4.21119	-4.09287	3.18228	-16.67544	-5.24009	-4.81848	-0.42161	16.20695	-6.83305	-54.64738	23.04000	4.80
4.81	-1.06821	4.23580	-3.96532	3.16759	-16.80092	-5.30401	-4.83301	-0.47101	15.72808	-7.40802	-49.12062	23.13610	4.81
4.82	-1.10795	4.26079	-3.84563	3.15283	-16.92674	-5.36874	-4.84804	-0.52070	15.27747	-7.95493	-44.61792	23.23240	4.82
4.83	-1.14814	4.28615	-3.73312	3.13801	-17.05288	-5.43429	-4.86360	-0.57070	14.85260	-8.47630	-40.87805	23.32890	4.83
4.84	-1.18878	4.31191	-3.62716	3.12313	-17.17935	-5.50069	-4.87968	-0.62101	14.45122	-8.97438	-37.72166	23.42560	4.84
4.85	-1.22989	4.33806	-3.52721	3.10818	-17.30615	-5.56795	-4.89629	-0.67166	14.07135	-9.45115	-35.02152	23.52250	4.85
4.86	-1.27146	4.36462	-3.43276	3.09316	-17.43328	-5.63608	-4.91343	-0.72265	13.71123	-9.90837	-32.68489	23.61960	4.86
4.87	-1.31352	4.39159	-3.34339	3.07808	-17.56075	-5.70511	-4.93112	-0.77399	13.36928	-10.34762	-30.64257	23.71690	4.87
4.88	-1.35606	4.41899	-3.25869	3.06293	-17.68855	-5.77505	-4.94936	-0.82569	13.04407	-10.77033	-28.84187	23.81440	4.88
4.89	-1.39911	4.44682	-3.17833	3.04771	-17.81668	-5.84592	-4.96816	-0.87777	12.73433	-11.17777	-27.24196	23.91210	4.89
4.90	-1.44266	4.47509	-3.10197	3.03243	-17.94515	-5.91775	-4.98752	-0.93023	12.43891	-11.57109	-25.81072	24.01000	4.90
4.91	-1.48674	4.50381	-3.02932	3.01708	-18.07395	-5.99055	-5.00745	-0.98310	12.15677	-11.95133	-24.52252	24.10810	4.91
4.92	-1.53135	4.53300	-2.96014	3.00166	-18.20309	-6.06435	-5.02797	-1.03638	11.88698	-12.31942	-23.35670	24.20640	4.92
4.93	-1.57650	4.56266	-2.89418	2.98617	-18.33256	-6.13916	-5.04908	-1.09008	11.62867	-12.67623	-22.29636	24.30490	4.93
4.94	-1.62220	4.59281	-2.83122	2.97061	-18.46238	-6.21501	-5.07078	-1.14423	11.38107	-13.02253	-21.32759	24.40360	4.94
4.95	-1.66847	4.62345	-2.77108	2.95498	-18.59253	-6.29192	-5.09310	-1.19882	11.14347	-13.35903	-20.43883	24.50250	4.95
4.96	-1.71531	4.65460	-2.71356	2.93929	-18.72302	-6.36992	-5.11604	-1.25388	10.91521	-13.68639	-19.62035	24.60160	4.96
4.97	-1.76275	4.68627	-2.65850	2.92352	-18.85386	-6.44902	-5.13960	-1.30942	10.69571	-14.00519	-18.86398	24.70090	4.97
4.98	-1.81079	4.71847	-2.60576	2.90769	-18.98503	-6.52926	-5.16380	-1.36546	10.48441	-14.31599	-18.16273	24.80040	4.98
4.99	-1.85944	4.75122	-2.55519	2.89178	-19.11655	-6.61066	-5.18866	-1.42200	10.28081	-14.61929	-17.51064	24.90010	4.99

DRUCKSTAEBE

EPS.	F1	F2	C=F2/F1	F3	F4	F5	F6	F7	F8	F9	F10	F11	EPS.
5.00	-1.90872	4.78452	-2.50666	2.87580	-19.24840	-6.69324	-5.21418	-1.47906	10.08445	-14.91555	-16.90258	25.00000	5.00
5.01	-1.95865	4.81839	-2.46006	2.85975	-19.38061	-6.77704	-5.24037	-1.53667	9.89490	-15.20520	-16.33408	25.10010	5.01
5.02	-2.00923	4.85285	-2.41528	2.84362	-19.51316	-6.86208	-5.26725	-1.59483	9.71177	-15.48863	-15.80130	25.20040	5.02
5.03	-2.06048	4.88791	-2.37222	2.82743	-19.64605	-6.94839	-5.29482	-1.65356	9.53469	-15.76621	-15.30084	25.30090	5.03
5.04	-2.11242	4.92358	-2.33077	2.81116	-19.77929	-7.03600	-5.32312	-1.71288	9.36332	-16.03828	-14.82973	25.40160	5.04
5.05	-2.16507	4.95988	-2.29087	2.79481	-19.91288	-7.12494	-5.35214	-1.77281	9.19735	-16.30515	-14.38536	25.50250	5.05
5.06	-2.21843	4.99682	-2.25241	2.77839	-20.04681	-7.21525	-5.38190	-1.83336	9.03649	-16.56711	-13.96542	25.60360	5.06
5.07	-2.27253	5.03443	-2.21534	2.76190	-20.18110	-7.30696	-5.41241	-1.89455	8.88046	-16.82444	-13.56784	25.70490	5.07
5.08	-2.32738	5.07272	-2.17958	2.74533	-20.31573	-7.40010	-5.44370	-1.95640	8.72901	-17.07739	-13.19079	25.80640	5.08
5.09	-2.38301	5.11170	-2.14506	2.72869	-20.45072	-7.49470	-5.47578	-2.01892	8.58190	-17.32620	-12.83263	25.90810	5.09
5.10	-2.43942	5.15139	-2.11173	2.71197	-20.58606	-7.59081	-5.50866	-2.08215	8.43891	-17.57109	-12.49189	26.01000	5.10
5.11	-2.49665	5.19182	-2.07952	2.69517	-20.72175	-7.68847	-5.54237	-2.14610	8.29984	-17.81226	-12.16725	26.11210	5.11
5.12	-2.55470	5.23300	-2.04838	2.67830	-20.85780	-7.78770	-5.57691	-2.21078	8.16448	-18.04992	-11.85751	26.21440	5.12
5.13	-2.61360	5.27495	-2.01827	2.66135	-20.99420	-7.88855	-5.61232	-2.27623	8.03267	-18.28423	-11.56160	26.31690	5.13
5.14	-2.67338	5.31770	-1.98913	2.64432	-21.13096	-7.99107	-5.64861	-2.34247	7.90422	-18.51538	-11.27854	26.41960	5.14
5.15	-2.73404	5.36126	-1.96093	2.62721	-21.26807	-8.09530	-5.68579	-2.40951	7.77899	-18.74351	-11.00744	26.52250	5.15
5.16	-2.79562	5.40565	-1.93361	2.61003	-21.40555	-8.20128	-5.72390	-2.47738	7.65680	-18.96880	-10.74749	26.62560	5.16
5.17	-2.85815	5.45091	-1.90715	2.59276	-21.54338	-8.30905	-5.76295	-2.54611	7.53754	-19.19136	-10.49795	26.72890	5.17
5.18	-2.92163	5.49704	-1.88150	2.57541	-21.68157	-8.41868	-5.80296	-2.61571	7.42105	-19.41135	-10.25815	26.83240	5.18
5.19	-2.98610	5.54409	-1.85663	2.55799	-21.82013	-8.53020	-5.84397	-2.68623	7.30722	-19.62888	-10.02747	26.93610	5.19
5.20	-3.05159	5.59207	-1.83251	2.54048	-21.95904	-8.64367	-5.88598	-2.75768	7.19593	-19.84407	-9.80534	27.04000	5.20
5.21	-3.11813	5.64101	-1.80910	2.52289	-22.09832	-8.75914	-5.92904	-2.83010	7.08706	-20.05704	-9.59123	27.14410	5.21
5.22	-3.18573	5.69094	-1.78639	2.50522	-22.23797	-8.87667	-5.97317	-2.90350	6.98050	-20.26790	-9.38467	27.24840	5.22
5.23	-3.25443	5.74189	-1.76433	2.48746	-22.37798	-8.99632	-6.01839	-2.97793	6.87616	-20.47674	-9.18520	27.35290	5.23
5.24	-3.32426	5.79388	-1.74291	2.46962	-22.51836	-9.11814	-6.06473	-3.05341	6.77395	-20.68365	-8.99243	27.45760	5.24
5.25	-3.39525	5.84695	-1.72210	2.45170	-22.65910	-9.24221	-6.11222	-3.12998	6.67376	-20.88874	-8.80596	27.56250	5.25
5.26	-3.46744	5.90113	-1.70187	2.43369	-22.80022	-9.36857	-6.16090	-3.20767	6.57552	-21.09208	-8.62545	27.66760	5.26
5.27	-3.54086	5.95646	-1.68221	2.41560	-22.94170	-9.49731	-6.21080	-3.28651	6.47914	-21.29376	-8.45057	27.77290	5.27
5.28	-3.61554	6.01296	-1.66309	2.39742	-23.08356	-9.62850	-6.26195	-3.36655	6.38454	-21.49386	-8.28101	27.87840	5.28
5.29	-3.69152	6.07067	-1.64449	2.37916	-23.22579	-9.76219	-6.31439	-3.44781	6.29166	-21.69244	-8.11649	27.98410	5.29
5.30	-3.76884	6.12964	-1.62640	2.36081	-23.36839	-9.89848	-6.36815	-3.53034	6.20042	-21.88958	-7.95675	28.09000	5.30
5.31	-3.84754	6.18990	-1.60880	2.34237	-23.51137	-10.03744	-6.42327	-3.61417	6.11076	-22.08534	-7.80153	28.19610	5.31
5.32	-3.92766	6.25150	-1.59166	2.32384	-23.65472	-10.17915	-6.47979	-3.69936	6.02260	-22.27980	-7.65062	28.30240	5.32
5.33	-4.00924	6.31446	-1.57498	2.30522	-23.79845	-10.32370	-6.53776	-3.78594	5.93590	-22.47300	-7.50378	28.40890	5.33
5.34	-4.09233	6.37885	-1.55873	2.28652	-23.94256	-10.47118	-6.59721	-3.87397	5.85059	-22.66501	-7.36083	28.51560	5.34
5.35	-4.17698	6.44470	-1.54291	2.26772	-24.08705	-10.62168	-6.65820	-3.96348	5.76662	-22.85588	-7.22156	28.62250	5.35
5.36	-4.26323	6.51207	-1.52750	2.24884	-24.23192	-10.77530	-6.72077	-4.05453	5.68393	-23.04567	-7.08581	28.72960	5.36
5.37	-4.35114	6.58100	-1.51248	2.22986	-24.37717	-10.93214	-6.78497	-4.14717	5.60248	-23.23442	-6.95340	28.83690	5.37
5.38	-4.44076	6.65155	-1.49784	2.21079	-24.52281	-11.09231	-6.85086	-4.24145	5.52222	-23.42218	-6.82418	28.94440	5.38
5.39	-4.53214	6.72377	-1.48358	2.19163	-24.66883	-11.25591	-6.91848	-4.33743	5.44309	-23.60901	-6.69800	29.05210	5.39
5.40	-4.62534	6.79772	-1.46967	2.17238	-24.81524	-11.42307	-6.98790	-4.43517	5.36506	-23.79494	-6.57472	29.16000	5.40
5.41	-4.72043	6.87347	-1.45611	2.15303	-24.96204	-11.59390	-7.05917	-4.53473	5.28808	-23.98002	-6.45421	29.26810	5.41
5.42	-4.81747	6.95106	-1.44289	2.13359	-25.10922	-11.76854	-7.13236	-4.63618	5.21211	-24.16429	-6.33634	29.37640	5.42
5.43	-4.91653	7.03058	-1.42999	2.11405	-25.25680	-11.94710	-7.20753	-4.73958	5.13712	-24.34778	-6.22100	29.48490	5.43
5.44	-5.01766	7.11208	-1.41741	2.09442	-25.40476	-12.12975	-7.28475	-4.84500	5.06307	-24.53053	-6.10807	29.59360	5.44
5.45	-5.12096	7.19565	-1.40514	2.07469	-25.55312	-12.31661	-7.36410	-4.95251	4.98991	-24.71259	-5.99746	29.70250	5.45
5.46	-5.22649	7.28135	-1.39316	2.05486	-25.70188	-12.50785	-7.44564	-5.06221	4.91762	-24.89398	-5.88905	29.81160	5.46
5.47	-5.33434	7.36927	-1.38148	2.03494	-25.85103	-12.70361	-7.52946	-5.17415	4.84615	-25.07475	-5.78276	29.92090	5.47
5.48	-5.44459	7.45950	-1.37008	2.01491	-26.00058	-12.90408	-7.61564	-5.28844	4.77549	-25.25491	-5.67850	30.03040	5.48
5.49	-5.55732	7.55211	-1.35895	1.99479	-26.15052	-13.10943	-7.70427	-5.40516	4.70560	-25.43450	-5.57618	30.14010	5.49

EPS.	F1	F2	C=F2/F1	F3	F4	F5	F6	F7	F8	F9	F10	F11	EPS.
5.50	-5.67264	7.64720	-1.34809	1.97456	-26.30087	-13.31984	-7.79544	-5.52440	4.63644	-25.61356	-5.47571	30.25000	5.50
5.51	-5.79064	7.74487	-1.33748	1.95424	-26.45162	-13.53551	-7.88925	-5.64626	4.56800	-25.79210	-5.37703	30.36010	5.51
5.52	-5.91142	7.84523	-1.32713	1.93381	-26.60277	-13.75664	-7.98580	-5.77084	4.50024	-25.97016	-5.28006	30.47040	5.52
5.53	-6.03509	7.94837	-1.31703	1.91328	-26.75433	-13.98346	-8.08520	-5.89826	4.43313	-26.14777	-5.18473	30.58090	5.53
5.54	-6.16177	8.05442	-1.30716	1.89265	-26.90630	-14.21619	-8.18755	-6.02864	4.36665	-26.32495	-5.09097	30.69160	5.54
5.55	-6.29158	8.16349	-1.29753	1.87192	-27.05867	-14.45507	-8.29299	-6.16208	4.30078	-26.50172	-4.99872	30.80250	5.55
5.56	-6.42464	8.27571	-1.28812	1.85107	-27.21145	-14.70035	-8.40163	-6.29872	4.23548	-26.67812	-4.90792	30.91360	5.56
5.57	-6.56109	8.39122	-1.27894	1.83013	-27.36464	-14.95231	-8.51362	-6.43869	4.17075	-26.85415	-4.81851	31.02490	5.57
5.58	-6.70107	8.51015	-1.26997	1.80903	-27.51825	-15.21122	-8.62908	-6.58214	4.10654	-27.02986	-4.73043	31.13640	5.58
5.59	-6.84474	8.63265	-1.26121	1.78792	-27.67227	-15.47739	-8.74817	-6.72922	4.04285	-27.20525	-4.64364	31.24810	5.59
5.60	-6.99225	8.75889	-1.25266	1.76665	-27.82671	-15.75114	-8.87105	-6.88009	3.97965	-27.38035	-4.55808	31.36000	5.60
5.61	-7.14376	8.88903	-1.24431	1.74527	-27.98156	-16.03280	-8.99789	-7.03491	3.91692	-27.55518	-4.47371	31.47210	5.61
5.62	-7.29947	9.02325	-1.23615	1.72373	-28.13683	-16.32272	-9.12886	-7.19386	3.85464	-27.72976	-4.39046	31.58440	5.62
5.63	-7.45955	9.16174	-1.22819	1.70219	-28.29253	-16.62129	-9.26415	-7.35714	3.79279	-27.90411	-4.30832	31.69690	5.63
5.64	-7.62422	9.30469	-1.22041	1.68043	-28.44865	-16.92891	-9.40396	-7.52495	3.73135	-28.07825	-4.22722	31.80960	5.64
5.65	-7.79367	9.45233	-1.21282	1.65865	-28.60519	-17.24600	-9.54851	-7.69750	3.67031	-28.25219	-4.14713	31.92250	5.65
5.66	-7.96815	9.60488	-1.20541	1.63672	-28.76216	-17.57303	-9.69801	-7.87502	3.60964	-28.42596	-4.06800	32.03560	5.66
5.67	-8.14790	9.76257	-1.19817	1.61467	-28.91955	-17.91047	-9.85272	-8.05775	3.54933	-28.59957	-3.98981	32.14890	5.67
5.68	-8.33317	9.92568	-1.19110	1.59251	-29.07738	-18.25884	-10.01289	-8.24595	3.48936	-28.77304	-3.91252	32.26240	5.68
5.69	-8.52423	10.09446	-1.18421	1.57023	-29.23564	-18.61870	-10.17880	-8.43990	3.42971	-28.94639	-3.83608	32.37610	5.69
5.70	-8.72140	10.26923	-1.17748	1.54783	-29.39433	-18.99063	-10.35073	-8.63989	3.37037	-29.11963	-3.76046	32.49000	5.70
5.71	-8.92497	10.45029	-1.17090	1.52532	-29.55346	-19.37526	-10.52901	-8.84624	3.31132	-29.29278	-3.68564	32.60410	5.71
5.72	-9.13529	10.63798	-1.16449	1.50269	-29.71303	-19.77327	-10.71397	-9.05929	3.25255	-29.46585	-3.61158	32.71840	5.72
5.73	-9.35272	10.83266	-1.15824	1.47993	-29.87303	-20.18538	-10.90597	-9.27941	3.19405	-29.63885	-3.53825	32.83290	5.73
5.74	-9.57766	11.03472	-1.15213	1.45706	-30.03348	-20.61237	-11.10540	-9.50697	3.13579	-29.81181	-3.46563	32.94760	5.74
5.75	-9.81051	11.24457	-1.14618	1.43407	-30.19437	-21.05508	-11.31268	-9.74240	3.07776	-29.98474	-3.39367	33.06250	5.75
5.76	-10.05173	11.46268	-1.14037	1.41095	-30.35570	-21.51440	-11.52826	-9.98615	3.01995	-30.15765	-3.32236	33.17760	5.76
5.77	-10.30180	11.68951	-1.13471	1.38771	-30.51749	-21.99131	-11.75261	-10.23870	2.96234	-30.33056	-3.25167	33.29290	5.77
5.78	-10.56126	11.92560	-1.12918	1.36434	-30.67972	-22.48685	-11.98627	-10.50058	2.90493	-30.50347	-3.18158	33.40840	5.78
5.79	-10.83065	12.17150	-1.12380	1.34085	-30.84240	-23.00215	-12.22979	-10.77236	2.84770	-30.67640	-3.11205	33.52410	5.79
5.80	-11.11061	12.42784	-1.11856	1.31723	-31.00554	-23.53845	-12.48380	-11.05465	2.79063	-30.84937	-3.04306	33.64000	5.80
5.81	-11.40179	12.69527	-1.11345	1.29348	-31.16913	-24.09706	-12.74895	-11.34811	2.73371	-31.02239	-2.97460	33.75610	5.81
5.82	-11.70491	12.97452	-1.10847	1.26961	-31.33318	-24.67943	-13.02596	-11.65347	2.67693	-31.19547	-2.90664	33.87240	5.82
5.83	-12.02076	13.26637	-1.10362	1.24560	-31.49770	-25.28713	-13.31562	-11.97151	2.62027	-31.36863	-2.83915	33.98890	5.83
5.84	-12.35021	13.57167	-1.09890	1.22147	-31.66267	-25.92188	-13.61879	-12.30309	2.56374	-31.54186	-2.77212	34.10560	5.84
5.85	-12.69417	13.89137	-1.09431	1.19720	-31.82811	-26.58554	-13.93640	-12.64914	2.50730	-31.71520	-2.70552	34.22250	5.85
5.86	-13.05369	14.22648	-1.08984	1.17279	-31.99401	-27.28017	-14.26947	-13.01070	2.45096	-31.88864	-2.63934	34.33960	5.86
5.87	-13.42988	14.57814	-1.08550	1.14826	-32.16039	-28.00801	-14.61913	-13.38888	2.39469	-32.06221	-2.57355	34.45690	5.87
5.88	-13.82397	14.94756	-1.08128	1.12358	-32.32723	-28.77153	-14.98661	-13.78492	2.33849	-32.23591	-2.50813	34.57440	5.88
5.89	-14.23734	15.33611	-1.07718	1.09877	-32.49455	-29.57345	-15.37327	-14.20019	2.28235	-32.40975	-2.44307	34.69210	5.89
5.90	-14.67147	15.74530	-1.07319	1.07383	-32.66235	-30.41678	-15.78061	-14.63617	2.22625	-32.58375	-2.37835	34.81000	5.90
5.91	-15.12804	16.17678	-1.06932	1.04874	-32.83062	-31.30483	-16.21029	-15.09454	2.17018	-32.75792	-2.31396	34.92810	5.91
5.92	-15.60890	16.63241	-1.06557	1.02351	-32.99938	-32.24130	-16.66415	-15.57715	2.11414	-32.93226	-2.24986	35.04640	5.92
5.93	-16.11608	17.11423	-1.06193	0.99814	-33.16861	-33.23031	-17.14427	-16.08605	2.05811	-33.10679	-2.18605	35.16490	5.93
5.94	-16.65191	17.62454	-1.05841	0.97263	-33.33834	-34.27644	-17.65291	-16.62353	2.00207	-33.28153	-2.12251	35.28360	5.94
5.95	-17.21893	18.16591	-1.05500	0.94697	-33.50855	-35.38484	-18.19267	-17.19217	1.94603	-33.45647	-2.05922	35.40250	5.95
5.96	-17.82005	18.74122	-1.05169	0.92117	-33.67925	-36.56127	-18.76642	-17.79486	1.88996	-33.63164	-1.99617	35.52160	5.96
5.97	-18.45852	19.35374	-1.04850	0.89522	-33.85045	-37.81226	-19.37742	-18.43484	1.83387	-33.80703	-1.93334	35.64090	5.97
5.98	-19.13803	20.00716	-1.04541	0.86913	-34.02215	-39.14518	-20.02936	-19.11583	1.77772	-33.98268	-1.87072	35.76040	5.98
5.99	-19.86277	20.70565	-1.04244	0.84238	-34.19434	-40.56841	-20.72642	-19.84199	1.72153	-34.15857	-1.80829	35.88010	5.99

Tafel F

DRUCKSTAEBE

EPS.	F1	F2	C=F2/F1	F3	F4	F5	F6	F7	F8	F9	F10	F11	EPS.
6.00	-20.63752	21.45400	-1.03956	0.81648	-34.36703	-42.09152	-21.47340	-20.61812	1.66527	-34.33473	-1.74604	36.00000	6.00
6.01	-21.46776	22.25770	-1.03680	0.78993	-34.54023	-43.72546	-22.27576	-21.44970	1.60893	-34.51117	-1.68394	36.12010	6.01
6.02	-22.35982	23.12305	-1.03413	0.76323	-34.71394	-45.48287	-23.13983	-22.34304	1.55251	-34.68789	-1.62200	36.24040	6.02
6.03	-23.32100	24.05737	-1.03158	0.73637	-34.88815	-47.37837	-24.07292	-23.30546	1.49600	-34.86490	-1.56019	36.36090	6.03
6.04	-24.35982	25.06918	-1.02912	0.70936	-35.06288	-49.42901	-25.08353	-24.34547	1.43937	-35.04223	-1.49850	36.48160	6.04
6.05	-25.48627	26.16845	-1.02677	0.68219	-35.23813	-51.65472	-26.18166	-25.47306	1.38263	-35.21987	-1.43691	36.60250	6.05
6.06	-26.71210	27.36695	-1.02452	0.65485	-35.41389	-54.07905	-27.37906	-26.69999	1.32576	-35.39784	-1.37542	36.72360	6.06
6.07	-28.05128	28.67864	-1.02236	0.62736	-35.59018	-56.72993	-28.68970	-28.04022	1.26875	-35.57615	-1.31400	36.84490	6.07
6.08	-29.52055	30.12026	-1.02031	0.59971	-35.76699	-59.64081	-30.13031	-29.51050	1.21160	-35.75480	-1.25265	36.96640	6.08
6.09	-31.14009	31.71198	-1.01836	0.57189	-35.94432	-62.85207	-31.72108	-31.13099	1.15428	-35.93382	-1.19136	37.08810	6.09
6.10	-32.93449	33.47839	-1.01651	0.54390	-36.12219	-66.41289	-33.48658	-32.92630	1.09679	-36.11321	-1.13010	37.21000	6.10
6.11	-34.93403	35.44978	-1.01476	0.51575	-36.30060	-70.38381	-35.45711	-34.92670	1.03912	-36.29298	-1.06887	37.33210	6.11
6.12	-37.17640	37.66383	-1.01311	0.48743	-36.47954	-74.84023	-37.67034	-37.16989	0.98126	-36.47314	-1.00765	37.45440	6.12
6.13	-39.70914	40.16808	-1.01156	0.45894	-36.65902	-79.87722	-40.17383	-39.70339	0.92319	-36.65371	-0.94644	37.57690	6.13
6.14	-42.59307	43.02335	-1.01010	0.43028	-36.83904	-85.61641	-43.02837	-42.58804	0.86491	-36.83469	-0.88522	37.69960	6.14
6.15	-45.90726	46.30871	-1.00874	0.40144	-37.01961	-92.21597	-46.31306	-45.90291	0.80640	-37.01610	-0.82397	37.82250	6.15
6.16	-49.75650	50.12893	-1.00749	0.37243	-37.20073	-99.88543	-50.13266	-49.75277	0.74766	-37.19794	-0.76268	37.94560	6.16
6.17	-54.28254	54.62579	-1.00632	0.34325	-37.38241	-108.90833	-54.62894	-54.27939	0.68866	-37.38024	-0.70135	38.06890	6.17
6.18	-59.68216	59.99604	-1.00526	0.31388	-37.56464	-119.67820	-59.99866	-59.67954	0.62941	-37.56299	-0.63996	38.19240	6.18
6.19	-66.23654	66.52087	-1.00429	0.28433	-37.74743	-132.75741	-66.52301	-66.23440	0.56989	-37.74621	-0.57849	38.31610	6.19
6.20	-74.36211	74.61571	-1.00342	0.25461	-37.93079	-148.97882	-74.61842	-74.36040	0.51008	-37.92992	-0.51694	38.44000	6.20
6.21	-84.70287	84.92757	-1.00265	0.22469	-38.11471	-169.63044	-84.92889	-84.70155	0.44998	-38.11412	-0.45529	38.56410	6.21
6.22	-98.31056	98.50515	-1.00198	0.19459	-38.29921	-196.81571	-98.50614	-98.30957	0.38957	-38.29883	-0.39354	38.68840	6.22
6.23	-117.02785	117.19216	-1.00140	0.16431	-38.48428	-234.22000	-117.19286	-117.02715	0.32885	-38.48405	-0.33166	38.81290	6.23
6.24	-144.40421	144.53805	-1.00093	0.13383	-38.66993	-288.94226	-144.53851	-144.40375	0.26779	-38.66981	-0.26964	38.93760	6.24
6.25	-188.26749	188.37066	-1.00055	0.10317	-38.85617	-376.63815	-188.37093	-188.26722	0.20639	-38.85611	-0.20748	39.06250	6.25
6.26	-269.95033	270.02264	-1.00027	0.07231	-39.04299	-539.97297	-270.02277	-269.95020	0.14463	-39.04297	-0.14517	39.18760	6.26
6.27	-475.50179	475.54304	-1.00009	0.04125	-39.23040	-951.04484	-475.54309	-475.50175	0.08250	-39.23040	-0.08268	39.31290	6.27
6.28	-1971.54573	1971.55573	-1.00001	0.01000	-39.41841	-3943.10146	-1971.55573	-1971.54573	0.01999	-39.41841	-0.02000	39.43840	6.28
2π	$-\infty$	$+\infty$	-1.00000	0.00000	-39.47842	$-\infty$	$-\infty$	$-\infty$	0.00000	-39.47842	0.00000	39.47842	2π

ZUGSTAEBE

EPS.	F*1	F*2	C*	F*3	F*4	F*5	F*6	F*7	F*8	F*9	F*10	F*11
0.0	4.00000	2.00000	0.50000	6.00000	12.00000	2.00000	1.00000	1.00000	3.00000	3.00000	0.00000	0.00000
0.1	4.00133	1.99967	0.49975	6.00100	12.01200	2.00167	0.99834	1.00333	3.00200	3.01200	0.00997	0.01000
0.2	4.00533	1.99867	0.49900	6.00400	12.04800	2.00666	0.99336	1.01330	3.00799	3.04799	0.03948	0.04000
0.3	4.01199	1.99701	0.49776	6.00899	12.10799	2.01498	0.98516	1.02982	3.01795	3.10795	0.08739	0.09000
0.4	4.02129	1.99469	0.49603	6.01598	12.19196	2.02660	0.97382	1.05277	3.03185	3.19185	0.15198	0.16000
0.5	4.03322	1.99173	0.49383	6.02496	12.29991	2.04149	0.95952	1.08198	3.04965	3.29965	0.23106	0.25000
0.6	4.04778	1.98813	0.49117	6.03591	12.43182	2.05964	0.94243	1.11722	3.07127	3.43127	0.32223	0.36000
0.7	4.06492	1.98391	0.48806	6.04883	12.58766	2.08101	0.92277	1.15824	3.09666	3.58666	0.42306	0.49000
0.8	4.08463	1.97908	0.48452	6.06371	12.76742	2.10555	0.90079	1.20475	3.12572	3.76572	0.53123	0.64000
0.9	4.10687	1.97366	0.48058	6.08054	12.97107	2.13321	0.87675	1.25646	3.15838	3.96838	0.64467	0.81000
1.0	4.13162	1.96767	0.47625	6.09929	13.19859	2.16395	0.85092	1.31304	3.19453	4.19453	0.76159	1.00000
1.1	4.15884	1.96113	0.47156	6.11997	13.44994	2.19771	0.82357	1.37414	3.23406	4.44406	0.88055	1.21000
1.2	4.18849	1.95406	0.46653	6.14254	13.72508	2.23443	0.79499	1.43945	3.27686	4.71686	1.00039	1.44000
1.3	4.22052	1.94648	0.46119	6.16700	14.02399	2.27404	0.76543	1.50861	3.32281	5.01281	1.12024	1.69000
1.4	4.25489	1.93842	0.45557	6.19331	14.34663	2.31647	0.73518	1.58129	3.37180	5.33180	1.23949	1.96000
1.5	4.29156	1.92991	0.44970	6.22147	14.69294	2.36165	0.70446	1.65719	3.42368	5.67368	1.35772	2.25000
1.6	4.33048	1.92097	0.44359	6.25145	15.06290	2.40951	0.67352	1.73598	3.47835	6.03835	1.47467	2.56000
1.7	4.37159	1.91163	0.43729	6.28322	15.45644	2.45996	0.64257	1.81739	3.53566	6.42566	1.59020	2.89000
1.8	4.41484	1.90192	0.43080	6.31676	15.87352	2.51292	0.61179	1.90113	3.59549	6.83549	1.70425	3.24000
1.9	4.46018	1.89186	0.42417	6.35205	16.31410	2.56832	0.58137	1.98695	3.65772	7.26772	1.81685	3.61000
2.0	4.50756	1.88149	0.41741	6.38906	16.77811	2.62607	0.55144	2.07463	3.72221	7.72221	1.92806	4.00000
2.1	4.55692	1.87083	0.41055	6.42775	17.26551	2.68609	0.52215	2.16394	3.78885	8.19885	2.03795	4.41000
2.2	4.60820	1.85992	0.40361	6.46812	17.77624	2.74829	0.49359	2.25469	3.85752	8.69752	2.14663	4.84000
2.3	4.66135	1.84877	0.39662	6.51012	18.31023	2.81258	0.46587	2.34671	3.92810	9.21810	2.25422	5.29000
2.4	4.71631	1.83742	0.38959	6.55372	18.86744	2.87889	0.43906	2.43983	4.00047	9.76047	2.36082	5.76000
2.5	4.77301	1.82589	0.38254	6.59890	19.44780	2.94713	0.41321	2.53392	4.07453	10.32453	2.46654	6.25000
2.6	4.83142	1.81421	0.37550	6.64563	20.05125	3.01721	0.38837	2.62885	4.15018	10.91018	2.57147	6.76000
2.7	4.89146	1.80241	0.36848	6.69387	20.67774	3.08906	0.36456	2.72450	4.22731	11.51731	2.67572	7.29000
2.8	4.95309	1.79050	0.36149	6.74359	21.32718	3.16259	0.34180	2.82078	4.30584	12.14584	2.77937	7.84000
2.9	5.01624	1.77853	0.35455	6.79477	21.99954	3.23772	0.32010	2.91761	4.38566	12.79566	2.88249	8.41000
3.0	5.08087	1.76650	0.34768	6.84737	22.69473	3.31437	0.29946	3.01491	4.46670	13.46670	2.98516	9.00000
3.1	5.14692	1.75443	0.34087	6.90135	23.41270	3.39248	0.27987	3.11261	4.54888	14.15888	3.08744	9.61000
3.2	5.21433	1.74236	0.33415	6.95669	24.15338	3.47196	0.26131	3.21065	4.63212	14.87212	3.18938	10.24000
3.3	5.28305	1.73030	0.32752	7.01336	24.91672	3.55275	0.24376	3.30899	4.71635	15.60635	3.29103	10.89000
3.4	5.35304	1.71827	0.32099	7.07132	25.70263	3.63477	0.22719	3.40758	4.80150	16.36150	3.39243	11.56000
3.5	5.42425	1.70629	0.31457	7.13054	26.51107	3.71796	0.21157	3.50639	4.88751	17.13751	3.49362	12.25000
3.6	5.49662	1.69436	0.30826	7.19098	27.34196	3.80226	0.19688	3.60538	4.97432	17.93432	3.59463	12.96000
3.7	5.57011	1.68252	0.30206	7.25263	28.19525	3.88759	0.18307	3.70453	5.06189	18.75189	3.69548	13.69000
3.8	5.64467	1.67076	0.29599	7.31544	29.07087	3.97391	0.17010	3.80381	5.15014	19.59014	3.79620	14.44000
3.9	5.72026	1.65912	0.29004	7.37938	29.96876	4.06115	0.15795	3.90320	5.23905	20.44905	3.89681	15.21000
4.0	5.79684	1.64758	0.28422	7.44443	30.88885	4.14926	0.14657	4.00268	5.32856	21.32856	3.99732	16.00000
4.1	5.87437	1.63618	0.27853	7.51055	31.83109	4.23819	0.13593	4.10225	5.41864	22.22864	4.09775	16.81000
4.2	5.95279	1.62491	0.27297	7.57771	32.79542	4.32788	0.12599	4.20189	5.50925	23.14925	4.19811	17.64000
4.3	6.03209	1.61379	0.26753	7.64588	33.78177	4.41829	0.11671	4.30158	5.60034	24.09034	4.29842	18.49000
4.4	6.11221	1.60283	0.26223	7.71504	34.79008	4.50938	0.10806	4.40133	5.69190	25.05190	4.39867	19.36000
4.5	6.19313	1.59203	0.25706	7.78516	35.82031	4.60110	0.09999	4.50111	5.78388	26.03388	4.49889	20.25000
4.6	6.27481	1.58139	0.25202	7.85619	36.87239	4.69342	0.09249	4.60093	5.87626	27.03626	4.59907	21.16000
4.7	6.35721	1.57093	0.24711	7.92813	37.94627	4.78628	0.08550	4.70078	5.96902	28.05902	4.69922	22.09000
4.8	6.44030	1.56064	0.24232	8.00094	39.04188	4.87966	0.07901	4.80065	6.06212	29.10212	4.79935	23.04000
4.9	6.52406	1.55054	0.23766	8.07459	40.15919	4.97352	0.07298	4.90054	6.15555	30.16555	4.89946	24.01000

ZUGSTAEBE

EPS.	F*11	F*10	F*9	F*8	F*7	F*6	F*5	F*4	F*3	C*	F*2	F*1
5.0	25.00000	4.99955	31.24929	6.24929	5.00045	0.06738	5.06784	41.29813	8.14907	0.23313	1.54061	6.60845
5.1	26.01000	5.09962	32.35332	6.34332	5.10038	0.06219	5.16257	42.45866	8.22433	0.22871	1.53088	6.69345
5.2	27.04000	5.19968	33.47761	6.43761	5.20032	0.05737	5.25769	43.64072	8.30036	0.22442	1.52133	6.77902
5.3	28.09000	5.29974	34.62216	6.53216	5.30026	0.05291	5.35318	44.84426	8.37713	0.22024	1.51198	6.86515
5.4	29.16000	5.39978	35.78694	6.62694	5.40022	0.04878	5.44900	46.06925	8.45462	0.21618	1.50281	6.95181
5.5	30.25000	5.49982	36.97195	6.72195	5.50018	0.04496	5.54514	47.31562	8.53281	0.21222	1.49384	7.03897
5.6	31.36000	5.59985	38.17716	6.81716	5.60015	0.04142	5.64157	48.58334	8.61167	0.20838	1.48505	7.12662
5.7	32.49000	5.69987	39.40258	6.91258	5.70013	0.03814	5.73827	49.87236	8.69118	0.20464	1.47645	7.21473
5.8	33.64000	5.79989	40.64818	7.00818	5.80011	0.03512	5.83523	51.18264	8.77132	0.20101	1.46805	7.30327
5.9	34.81000	5.89991	41.91395	7.10395	5.90009	0.03233	5.93241	52.51414	8.85207	0.19748	1.45983	7.39224
6.0	36.00000	5.99993	43.19989	7.19989	6.00007	0.02975	6.02982	53.86681	8.93340	0.19405	1.45179	7.48161
6.1	37.21000	6.09994	44.50599	7.29599	6.10006	0.02736	6.12742	55.24061	9.01531	0.19071	1.44394	7.57137
6.2	38.44000	6.19995	45.83224	7.39224	6.20005	0.02517	6.22522	56.63552	9.09776	0.18746	1.43627	7.66149
6.3	39.69000	6.29996	47.17862	7.48862	6.30004	0.02314	6.32318	58.05148	9.18074	0.18431	1.42878	7.75196
6.4	40.96000	6.39996	48.54514	7.58514	6.40004	0.02127	6.42130	59.48847	9.26424	0.18125	1.42147	7.84277
6.5	42.25000	6.49997	49.93178	7.68178	6.50003	0.01954	6.51957	60.94645	9.34823	0.17826	1.41433	7.93390
6.6	43.56000	6.59998	51.33854	7.77854	6.60002	0.01796	6.61798	62.42539	9.43269	0.17536	1.40736	8.02534
6.7	44.89000	6.69998	52.76541	7.87541	6.70002	0.01649	6.71651	63.92524	9.51762	0.17254	1.40055	8.11707
6.8	46.24000	6.79998	54.21239	7.97239	6.80002	0.01515	6.81516	65.44599	9.60300	0.16980	1.39392	8.20908
6.9	47.61000	6.89999	55.67947	8.06947	6.90001	0.01391	6.91392	66.98760	9.68880	0.16713	1.38744	8.30136
7.0	49.00000	6.99999	57.16665	8.16665	7.00001	0.01277	7.01278	68.55004	9.77502	0.16454	1.38112	8.39390
7.1	50.41000	7.09999	58.67392	8.26392	7.10001	0.01172	7.11173	70.13328	9.86164	0.16201	1.37496	8.48668
7.2	51.84000	7.19999	60.20128	8.36128	7.20001	0.01075	7.21076	71.73729	9.94865	0.15956	1.36894	8.57970
7.3	53.29000	7.29999	61.74872	8.45872	7.30001	0.00986	7.30987	73.36206	10.03603	0.15716	1.36308	8.67295
7.4	54.76000	7.39999	63.31624	8.55624	7.40001	0.00905	7.40905	75.00754	10.12377	0.15484	1.35736	8.76641
7.5	56.25000	7.50000	64.90384	8.65384	7.50000	0.00830	7.50830	76.67372	10.21186	0.15257	1.35178	8.86008
7.6	57.76000	7.60000	66.51151	8.75151	7.60000	0.00761	7.60761	78.36057	10.30029	0.15036	1.34634	8.95395
7.7	59.29000	7.70000	68.13925	8.84925	7.70000	0.00697	7.70698	80.06808	10.38904	0.14821	1.34103	9.04801
7.8	60.84000	7.80000	69.78706	8.94706	7.80000	0.00639	7.80639	81.79621	10.47810	0.14612	1.33585	9.14225
7.9	62.41000	7.90000	71.45492	9.04492	7.90000	0.00586	7.90586	83.54494	10.56747	0.14408	1.33081	9.23667
8.0	64.00000	8.00000	73.14285	9.14285	8.00000	0.00537	8.00537	85.31426	10.65713	0.14209	1.32588	9.33125
8.1	65.61000	8.10000	74.85084	9.24084	8.10000	0.00492	8.10492	87.10414	10.74707	0.14015	1.32108	9.42600
8.2	67.24000	8.20000	76.57889	9.33889	8.20000	0.00450	8.20451	88.91457	10.83729	0.13826	1.31639	9.52090
8.3	68.89000	8.30000	78.32698	9.43698	8.30000	0.00413	8.30413	90.74553	10.92776	0.13642	1.31182	9.61594
8.4	70.56000	8.40000	80.09513	9.53513	8.40000	0.00378	8.40378	92.59699	11.01849	0.13462	1.30736	9.71114
8.5	72.25000	8.50000	81.88333	9.63333	8.50000	0.00346	8.50346	94.46894	11.10947	0.13287	1.30301	9.80647
8.6	73.96000	8.60000	83.69158	9.73158	8.60000	0.00317	8.60317	96.36137	11.20069	0.13116	1.29876	9.90193
8.7	75.69000	8.70000	85.51987	9.82987	8.70000	0.00290	8.70290	98.27426	11.29213	0.12949	1.29461	9.99751
8.8	77.44000	8.80000	87.36820	9.92820	8.80000	0.00265	8.80265	100.20759	11.38379	0.12787	1.29057	10.09322
8.9	79.21000	8.90000	89.23658	10.02658	8.90000	0.00243	8.90243	102.16134	11.47567	0.12627	1.28662	10.18905
9.0	81.00000	9.00000	91.12500	10.12500	9.00000	0.00222	9.00222	104.13551	11.56776	0.12472	1.28277	10.28499
9.1	82.81000	9.10000	93.03346	10.22346	9.10000	0.00203	9.10203	106.13008	11.66004	0.12321	1.27900	10.38104
9.2	84.64000	9.20000	94.96195	10.32195	9.20000	0.00186	9.20186	108.14504	11.75252	0.12172	1.27533	10.47719
9.3	86.49000	9.30000	96.91048	10.42048	9.30000	0.00170	9.30170	110.18037	11.84519	0.12028	1.27174	10.57344
9.4	88.36000	9.40000	98.87905	10.51905	9.40000	0.00156	9.40156	112.23606	11.93803	0.11886	1.26824	10.66979
9.5	90.25000	9.50000	100.86765	10.61765	9.50000	0.00142	9.50142	114.31210	12.03105	0.11748	1.26483	10.76624
9.6	92.16000	9.60000	102.87628	10.71628	9.60000	0.00130	9.60130	116.40848	12.12424	0.11613	1.26147	10.86277
9.7	94.09000	9.70000	104.90494	10.81494	9.70000	0.00119	9.70119	118.52519	12.21759	0.11481	1.25820	10.95939
9.8	96.04000	9.80000	106.95364	10.91364	9.80000	0.00109	9.80109	120.66221	12.31110	0.11351	1.25501	11.05610
9.9	98.01000	9.90000	109.02236	11.01236	9.90000	0.00099	9.90099	122.81954	12.40477	0.11225	1.25189	11.15288

ZUGSTAEBE

EPS.	F*1	F*2	C*	F*3	F*4	F*5	F*6	F*7	F*8	F*9	F*10	F*11	EPS.
10.0	11.24974	1.24884	0.11101	12.49858	124.99716	10.00091	0.00091	10.00000	11.11111	111.11111	10.00000	100.00000	10.0
10.1	11.34668	1.24585	0.10980	12.59254	127.19507	10.10083	0.00083	10.10000	11.20989	113.21989	10.10000	102.01000	10.1
10.2	11.44369	1.24294	0.10861	12.68663	129.41326	10.20076	0.00076	10.20000	11.30870	115.34870	10.20000	104.04000	10.2
10.3	11.54078	1.24008	0.10745	12.78086	131.65172	10.30069	0.00069	10.30000	11.40753	117.49753	10.30000	106.09000	10.3
10.4	11.63793	1.23729	0.10632	12.87522	133.91044	10.40063	0.00063	10.40000	11.50638	119.66638	10.40000	108.16000	10.4
10.5	11.73514	1.23456	0.10520	12.96971	136.18941	10.50058	0.00058	10.50000	11.60526	121.85526	10.50000	110.25000	10.5
10.6	11.83242	1.23189	0.10411	13.06431	138.48863	10.60053	0.00053	10.60000	11.70417	124.06417	10.60000	112.36000	10.6
10.7	11.92976	1.22928	0.10304	13.15904	140.80808	10.70048	0.00048	10.70000	11.80309	126.29309	10.70000	114.49000	10.7
10.8	12.02716	1.22672	0.10200	13.25388	143.14776	10.80044	0.00044	10.80000	11.90204	128.54204	10.80000	116.64000	10.8
10.9	12.12462	1.22422	0.10097	13.34883	145.50767	10.90040	0.00040	10.90000	12.00101	130.81101	10.90000	118.81000	10.9
11.0	12.22213	1.22176	0.09996	13.44390	147.88779	11.00037	0.00037	11.00000	12.10000	133.10000	11.00000	121.00000	11.0
11.1	12.31970	1.21936	0.09898	13.53906	150.28812	11.10034	0.00034	11.10000	12.19901	135.40901	11.10000	123.21000	11.1
11.2	12.41732	1.21701	0.09801	13.63433	152.70866	11.20031	0.00031	11.20000	12.29804	137.73804	11.20000	125.44000	11.2
11.3	12.51499	1.21471	0.09706	13.72969	155.14939	11.30028	0.00028	11.30000	12.39709	140.08709	11.30000	127.69000	11.3
11.4	12.61271	1.21245	0.09613	13.82516	157.61031	11.40026	0.00026	11.40000	12.49615	142.45615	11.40000	129.96000	11.4
11.5	12.71047	1.21024	0.09522	13.92071	160.09142	11.50023	0.00023	11.50000	12.59524	144.84524	11.50000	132.25000	11.5
11.6	12.80828	1.20807	0.09432	14.01636	162.59271	11.60021	0.00021	11.60000	12.69434	147.25434	11.60000	134.56000	11.6
11.7	12.90614	1.20595	0.09344	14.11209	165.11418	11.70019	0.00019	11.70000	12.79346	149.68346	11.70000	136.89000	11.7
11.8	13.00404	1.20386	0.09258	14.20791	167.65581	11.80018	0.00018	11.80000	12.89259	152.13259	11.80000	139.24000	11.8
11.9	13.10198	1.20182	0.09173	14.30381	170.21761	11.90016	0.00016	11.90000	12.99174	154.60174	11.90000	141.61000	11.9
12.0	13.19997	1.19982	0.09090	14.39979	172.79958	12.00015	0.00015	12.00000	13.09091	157.09091	12.00000	144.00000	12.0
12.1	13.29799	1.19786	0.09008	14.49585	175.40169	12.10013	0.00013	12.10000	13.19009	159.60009	12.10000	146.41000	12.1
12.2	13.39605	1.19593	0.08927	14.59198	178.02396	12.20012	0.00012	12.20000	13.28929	162.12929	12.20000	148.84000	12.2
12.3	13.49415	1.19404	0.08849	14.68819	180.66638	12.30011	0.00011	12.30000	13.38850	164.67850	12.30000	151.29000	12.3
12.4	13.59229	1.19218	0.08771	14.78447	183.32894	12.40010	0.00010	12.40000	13.48772	167.24772	12.40000	153.76000	12.4
12.5	13.69046	1.19035	0.08695	14.88082	186.01164	12.50009	0.00009	12.50000	13.58696	169.83696	12.50000	156.25000	12.5
12.6	13.78866	1.18858	0.08620	14.97724	188.71448	12.60008	0.00008	12.60000	13.68621	172.44621	12.60000	158.76000	12.6
12.7	13.88690	1.18682	0.08546	15.07372	191.43745	12.70008	0.00008	12.70000	13.78547	175.07547	12.70000	161.29000	12.7
12.8	13.98517	1.18510	0.08474	15.17027	194.18054	12.80007	0.00007	12.80000	13.88475	177.72475	12.80000	163.84000	12.8
12.9	14.08347	1.18341	0.08403	15.26688	196.94376	12.90006	0.00006	12.90000	13.98403	180.39403	12.90000	166.41000	12.9
13.0	14.18181	1.18175	0.08333	15.36355	199.72711	13.00006	0.00006	13.00000	14.08333	183.08333	13.00000	169.00000	13.0
13.1	14.28017	1.18012	0.08264	15.46029	202.53057	13.10005	0.00005	13.10000	14.18264	185.79264	13.10000	171.61000	13.1
13.2	14.37856	1.17851	0.08196	15.55707	205.35415	13.20005	0.00005	13.20000	14.28197	188.52197	13.20000	174.24000	13.2
13.3	14.47698	1.17694	0.08130	15.65392	208.19784	13.30004	0.00004	13.30000	14.38130	191.27130	13.30000	176.89000	13.3
13.4	14.57543	1.17539	0.08064	15.75082	211.06164	13.40004	0.00004	13.40000	14.48065	194.04065	13.40000	179.56000	13.4
13.5	14.67391	1.17387	0.08000	15.84778	213.94555	13.50004	0.00004	13.50000	14.58000	196.83000	13.50000	182.25000	13.5
13.6	14.77241	1.17237	0.07936	15.94478	216.84956	13.60003	0.00003	13.60000	14.67937	199.63937	13.60000	184.96000	13.6
13.7	14.87093	1.17090	0.07874	16.04184	219.77368	13.70003	0.00003	13.70000	14.77874	202.46874	13.70000	187.69000	13.7
13.8	14.96949	1.16946	0.07812	16.13894	222.71789	13.80003	0.00003	13.80000	14.87812	205.31812	13.80000	190.44000	13.8
13.9	15.06806	1.16804	0.07752	16.23610	225.68220	13.90003	0.00003	13.90000	14.97752	208.18752	13.90000	193.21000	13.9
14.0	15.16666	1.16664	0.07692	16.33330	228.66660	14.00002	0.00002	14.00000	15.07692	211.07692	14.00000	196.00000	14.0
14.1	15.26529	1.16526	0.07633	16.43055	231.67110	14.10002	0.00002	14.10000	15.17634	213.98634	14.10000	198.81000	14.1
14.2	15.36393	1.16391	0.07576	16.52784	234.69569	14.20002	0.00002	14.20000	15.27576	216.91576	14.20000	201.64000	14.2
14.3	15.46260	1.16258	0.07519	16.62518	237.74036	14.30002	0.00002	14.30000	15.37519	219.86519	14.30000	204.49000	14.3
14.4	15.56129	1.16127	0.07463	16.72256	240.80512	14.40002	0.00002	14.40000	15.47463	222.83463	14.40000	207.36000	14.4
14.5	15.66000	1.15999	0.07407	16.81998	243.88996	14.50001	0.00001	14.50000	15.57407	225.82407	14.50000	210.25000	14.5
14.6	15.75873	1.15871	0.07353	16.91744	246.99488	14.60001	0.00001	14.60000	15.67353	228.83353	14.60000	213.16000	14.6
14.7	15.85748	1.15747	0.07299	17.01494	250.11989	14.70001	0.00001	14.70000	15.77299	231.86299	14.70000	216.09000	14.7
14.8	15.95625	1.15624	0.07246	17.11249	253.26497	14.80001	0.00001	14.80000	15.87246	234.91246	14.80000	219.04000	14.8
14.9	16.05504	1.15503	0.07194	17.21006	256.43013	14.90001	0.00001	14.90000	15.97194	237.98194	14.90000	222.01000	14.9

ZUGSTAEBE

EPS.	F*1	F*2	C*	F*3	F*4	F*5	F*6	F*7	F*8	F*9	F*10	F*11	EPS.
15.0	16.15384	1.15384	0.07143	17.30768	259.61536	15.00001	0.00001	15.00000	16.07143	241.07143	15.00000	225.00000	15.0
15.1	16.25267	1.15267	0.07092	17.40534	262.82069	15.10001	0.00001	15.10000	16.17092	244.18092	15.10000	228.01000	15.1
15.2	16.35152	1.15152	0.07042	17.50303	266.04606	15.20001	0.00001	15.20000	16.27042	247.31042	15.20000	231.04000	15.2
15.3	16.45038	1.15038	0.06993	17.50075	269.29150	15.30001	0.00001	15.30000	16.36993	250.45993	15.30000	234.09000	15.3
15.4	16.54925	1.14925	0.06944	17.69851	272.55701	15.40001	0.00001	15.40000	16.46944	253.62944	15.40000	237.16000	15.4
15.5	16.64815	1.14815	0.06897	17.79630	275.84259	15.50001	0.00001	15.50000	16.56897	256.81897	15.50000	240.25000	15.5
15.6	16.74706	1.14706	0.06849	17.89412	279.14824	15.60001	0.00001	15.60000	16.66849	260.02849	15.60000	243.36000	15.6
15.7	16.84599	1.14599	0.06803	17.99197	282.47394	15.70000	0.00000	15.70000	16.76803	263.25803	15.70000	246.49000	15.7
15.8	16.94493	1.14493	0.06757	18.08986	285.81971	15.80000	0.00000	15.80000	16.86757	266.50757	15.80000	249.64000	15.8
15.9	17.04388	1.14388	0.06711	18.18777	289.18554	15.90000	0.00000	15.90000	16.96711	269.77711	15.90000	252.81000	15.9
16.0	17.14286	1.14286	0.06667	18.28571	292.57143	16.00000	0.00000	16.00000	17.06667	273.06667	16.00000	256.00000	16.0
16.1	17.24184	1.14184	0.06623	18.38369	295.97738	16.10000	0.00000	16.10000	17.16623	276.37623	16.10000	259.21000	16.1
16.2	17.34085	1.14085	0.06579	18.48169	299.40338	16.20000	0.00000	16.20000	17.26579	279.70579	16.20000	262.44000	16.2
16.3	17.43986	1.13985	0.06536	18.57972	302.84944	16.30000	0.00000	16.30000	17.36536	283.05536	16.30000	265.69000	16.3
16.4	17.53889	1.13889	0.06494	18.67778	306.31556	16.40000	0.00000	16.40000	17.46494	286.42494	16.40000	268.96000	16.4
16.5	17.63793	1.13793	0.06452	18.77586	309.80172	16.50000	0.00000	16.50000	17.56452	289.81452	16.50000	272.25000	16.5
16.6	17.73699	1.13699	0.06410	18.87397	313.30795	16.60000	0.00000	16.60000	17.66410	293.22410	16.60000	275.56000	16.6
16.7	17.83605	1.13605	0.06369	18.97211	316.83422	16.70000	0.00000	16.70000	17.76369	296.65369	16.70000	278.89000	16.7
16.8	17.93514	1.13514	0.06329	19.07027	320.38054	16.80000	0.00000	16.80000	17.86329	300.10329	16.80000	282.24000	16.8
16.9	18.03423	1.13423	0.06289	19.16846	323.94691	16.90000	0.00000	16.90000	17.96289	303.57289	16.90000	285.61000	16.9
17.0	18.13333	1.13333	0.06250	19.26667	327.53333	17.00000	0.00000	17.00000	18.06250	307.06250	17.00000	289.00000	17.0
17.1	18.23245	1.13245	0.06211	19.36490	331.13980	17.10000	0.00000	17.10000	18.16211	310.57211	17.10000	292.41000	17.1
17.2	18.33158	1.13158	0.06173	19.46316	334.76632	17.20000	0.00000	17.20000	18.26173	314.10173	17.20000	295.84000	17.2
17.3	18.43072	1.13072	0.06135	19.56144	338.41288	17.30000	0.00000	17.30000	18.36135	317.65135	17.30000	299.29000	17.3
17.4	18.52987	1.12987	0.06098	19.65974	342.07948	17.40000	0.00000	17.40000	18.46098	321.22098	17.40000	302.76000	17.4
17.5	18.62903	1.12903	0.06061	19.75806	345.76613	17.50000	0.00000	17.50000	18.56061	324.81061	17.50000	306.25000	17.5
17.6	18.72821	1.12821	0.06024	19.85641	349.47282	17.60000	0.00000	17.60000	18.66024	328.42024	17.60000	309.76000	17.6
17.7	18.82739	1.12739	0.05988	19.95478	353.19955	17.70000	0.00000	17.70000	18.75988	332.04988	17.70000	313.29000	17.7
17.8	18.92658	1.12658	0.05952	20.05316	356.94633	17.80000	0.00000	17.80000	18.85952	335.69952	17.80000	316.84000	17.8
17.9	19.02579	1.12579	0.05917	20.15157	360.71314	17.90000	0.00000	17.90000	18.95917	339.36917	17.90000	320.41000	17.9
18.0	19.12500	1.12500	0.05882	20.25000	364.50000	18.00000	0.00000	18.00000	19.05882	343.05882	18.00000	324.00000	18.0
18.1	19.22422	1.12422	0.05848	20.34845	368.30689	18.10000	0.00000	18.10000	19.15848	346.76848	18.10000	327.61000	18.1
18.2	19.32346	1.12346	0.05814	20.44691	372.13383	18.20000	0.00000	18.20000	19.25814	350.49814	18.20000	331.24000	18.2
18.3	19.42270	1.12270	0.05780	20.54540	375.98080	18.30000	0.00000	18.30000	19.35780	354.24780	18.30000	334.89000	18.3
18.4	19.52195	1.12195	0.05747	20.64390	379.84780	18.40000	0.00000	18.40000	19.45747	358.01747	18.40000	338.56000	18.4
18.5	19.62121	1.12121	0.05714	20.74242	383.73485	18.50000	0.00000	18.50000	19.55714	361.80714	18.50000	342.25000	18.5
18.6	19.72048	1.12048	0.05682	20.84096	387.64193	18.60000	0.00000	18.60000	19.65682	365.61682	18.60000	345.96000	18.6
18.7	19.81976	1.11976	0.05650	20.93952	391.56904	18.70000	0.00000	18.70000	19.75650	369.44650	18.70000	349.69000	18.7
18.8	19.91905	1.11905	0.05618	21.03810	395.51619	18.80000	0.00000	18.80000	19.85618	373.29618	18.80000	353.44000	18.8
18.9	20.01834	1.11834	0.05587	21.13669	399.48337	18.90000	0.00000	18.90000	19.95587	377.16587	18.90000	357.21000	18.9
19.0	20.11765	1.11765	0.05556	21.23529	403.47059	19.00000	0.00000	19.00000	20.05556	381.05556	19.00000	361.00000	19.0
19.1	20.21696	1.11696	0.05525	21.33392	407.47784	19.10000	0.00000	19.10000	20.15525	384.96525	19.10000	364.81000	19.1
19.2	20.31628	1.11628	0.05495	21.43256	411.50512	19.20000	0.00000	19.20000	20.25495	388.89495	19.20000	368.64000	19.2
19.3	20.41561	1.11561	0.05464	21.53121	415.55243	19.30000	0.00000	19.30000	20.35464	392.84464	19.30000	372.49000	19.3
19.4	20.51494	1.11494	0.05435	21.62989	419.61977	19.40000	0.00000	19.40000	20.45435	396.81435	19.40000	376.36000	19.4
19.5	20.61429	1.11429	0.05405	21.72857	423.70714	19.50000	0.00000	19.50000	20.55405	400.80405	19.50000	380.25000	19.5
19.6	20.71364	1.11364	0.05376	21.82727	427.81455	19.60000	0.00000	19.60000	20.65376	404.81376	19.60000	384.16000	19.6
19.7	20.81299	1.11299	0.05348	21.92599	431.94198	19.70000	0.00000	19.70000	20.75348	408.84348	19.70000	388.09000	19.7
19.8	20.91236	1.11236	0.05319	22.02472	436.08944	19.80000	0.00000	19.80000	20.85319	412.89319	19.80000	392.04000	19.8
19.9	21.01173	1.11173	0.05291	22.12346	440.25693	19.90000	0.00000	19.90000	20.95291	416.96291	19.90000	396.01000	19.9

ZUGSTAEBE

EPS.	F*1	F*2	C*	F*3	F*4	F*5	F*6	F*7	F*8	F*9	F*10	F*11	EPS.
20.0	21.11111	1.11111	0.05263	22.22222	444.44444	20.00000	0.00000	20.00000	21.05263	421.05263	20.00000	400.00000	20.0
21.0	22.10526	1.10526	0.05000	23.21053	487.42105	21.00000	0.00000	21.00000	22.05000	463.05000	21.00000	441.00000	21.0
22.0	23.10000	1.10000	0.04762	24.20000	532.40000	22.00000	0.00000	22.00000	23.04762	507.04762	22.00000	484.00000	22.0
23.0	24.09524	1.09524	0.04545	25.19048	579.38095	23.00000	0.00000	23.00000	24.04545	553.04545	23.00000	529.00000	23.0
24.0	25.09091	1.09091	0.04348	26.18182	628.36364	24.00000	0.00000	24.00000	25.04348	601.04348	24.00000	576.00000	24.0
25.0	26.08696	1.08696	0.04167	27.17391	679.34783	25.00000	0.00000	25.00000	26.04167	651.04167	25.00000	625.00000	25.0
26.0	27.08333	1.08333	0.04000	28.16667	732.33333	26.00000	0.00000	26.00000	27.04000	703.04000	26.00000	676.00000	26.0
27.0	28.08000	1.08000	0.03846	29.16000	787.32000	27.00000	0.00000	27.00000	28.03846	757.03846	27.00000	729.00000	27.0
28.0	29.07692	1.07692	0.03704	30.15385	844.30769	28.00000	0.00000	28.00000	29.03704	813.03704	28.00000	784.00000	28.0
29.0	30.07407	1.07407	0.03571	31.14815	903.29630	29.00000	0.00000	29.00000	30.03571	871.03571	29.00000	841.00000	29.0
30.0	31.07143	1.07143	0.03448	32.14286	964.28571	30.00000	0.00000	30.00000	31.03448	931.03448	30.00000	900.00000	30.0
31.0	32.06897	1.06897	0.03333	33.13793	1027.27586	31.00000	0.00000	31.00000	32.03333	993.03333	31.00000	961.00000	31.0
32.0	33.06667	1.06667	0.03226	34.13333	1092.26667	32.00000	0.00000	32.00000	33.03226	1057.03226	32.00000	1024.00000	32.0
33.0	34.06452	1.06452	0.03125	35.12903	1159.25806	33.00000	0.00000	33.00000	34.03125	1123.03125	33.00000	1089.00000	33.0
34.0	35.06250	1.06250	0.03030	36.12500	1228.25000	34.00000	0.00000	34.00000	35.03030	1191.03030	34.00000	1156.00000	34.0
35.0	36.06061	1.06061	0.02941	37.12121	1299.24242	35.00000	0.00000	35.00000	36.02941	1261.02941	35.00000	1225.00000	35.0
36.0	37.05882	1.05882	0.02857	38.11765	1372.23529	36.00000	0.00000	36.00000	37.02857	1333.02857	36.00000	1296.00000	36.0
37.0	38.05714	1.05714	0.02778	39.11429	1447.22857	37.00000	0.00000	37.00000	38.02778	1407.02778	37.00000	1369.00000	37.0
38.0	39.05556	1.05556	0.02703	40.11111	1524.22222	38.00000	0.00000	38.00000	39.02703	1483.02703	38.00000	1444.00000	38.0
39.0	40.05405	1.05405	0.02632	41.10811	1603.21622	39.00000	0.00000	39.00000	40.02632	1561.02632	39.00000	1521.00000	39.0
40.0	41.05263	1.05263	0.02564	42.10526	1684.21053	40.00000	0.00000	40.00000	41.02564	1641.02564	40.00000	1600.00000	40.0
41.0	42.05128	1.05128	0.02500	43.10256	1767.20513	41.00000	0.00000	41.00000	42.02500	1723.02500	41.00000	1681.00000	41.0
42.0	43.05000	1.05000	0.02439	44.10000	1852.20000	42.00000	0.00000	42.00000	43.02439	1807.02439	42.00000	1764.00000	42.0
43.0	44.04878	1.04878	0.02381	45.09756	1939.19512	43.00000	0.00000	43.00000	44.02381	1893.02381	43.00000	1849.00000	43.0
44.0	45.04762	1.04762	0.02326	46.09524	2028.19048	44.00000	0.00000	44.00000	45.02326	1981.02326	44.00000	1936.00000	44.0
45.0	46.04651	1.04651	0.02273	47.09302	2119.18605	45.00000	0.00000	45.00000	46.02273	2071.02273	45.00000	2025.00000	45.0
46.0	47.04545	1.04545	0.02222	48.09091	2212.18182	46.00000	0.00000	46.00000	47.02222	2163.02222	46.00000	2116.00000	46.0
47.0	48.04444	1.04444	0.02174	49.08889	2307.17778	47.00000	0.00000	47.00000	48.02174	2257.02174	47.00000	2209.00000	47.0
48.0	49.04348	1.04348	0.02128	50.08696	2404.17391	48.00000	0.00000	48.00000	49.02128	2353.02128	48.00000	2304.00000	48.0
49.0	50.04255	1.04255	0.02083	51.08511	2503.17021	49.00000	0.00000	49.00000	50.02083	2451.02083	49.00000	2401.00000	49.0
50.0	51.04167	1.04167	0.02041	52.08333	2604.16667	50.00000	0.00000	50.00000	51.02041	2551.02041	50.00000	2500.00000	50.0

Tafel G

Die Tafeln G betreffen den plastischen Bereich von St 37 und St 52.

Es werden die Moduli

$$E_1 = E\left[1 - \left(\frac{\sigma - \sigma_p}{\sigma_F - \sigma_p}\right)^2\right] \quad \text{nach DIN 4114}$$

mit $\sigma_p = 0{,}8\,\sigma_F$;

$$T = \frac{E}{\left[0{,}5 + \dfrac{0{,}5(\sigma_F - \sigma_p)}{\sqrt{(\sigma_F - \sigma_p)^2 - (\sigma - \sigma_p)^2}}\right]^2} \quad \text{nach DIN 4114}$$

mit $\sigma_p = 0{,}8\,\sigma_F$;

$$T_d^* = \frac{E}{\left[0{,}5 + \dfrac{0{,}5(\sigma_F^* - \sigma_p)}{\sqrt{(\sigma_F^* - \sigma_p)^2 - (\sigma^* - \sigma_p)^2}}\right]^5} \quad \text{nach (I B.12)}$$

mit $\sigma_p = 0{,}7\,\sigma_F$; $\quad \sigma_F^* = \dfrac{\nu_E}{\nu_F}\,\sigma_F = 1{,}456\,\sigma_F$;

$$T_z^* = \frac{E}{\left[0{,}5 + \dfrac{0{,}5(\sigma_F^* - \sigma_p^*)}{\sqrt{(\sigma_F^* - \sigma_p^*)^2 - (\sigma^* - \sigma_p^*)^2}}\right]^2} \quad \text{nach (I B.13)}$$

mit $\sigma_p^* = 0{,}7\,\sigma_F^*$; $\quad \sigma_F^* = \dfrac{\nu_E}{\nu_F}\,\sigma_F = 1{,}456\,\sigma_F$;

$$E_z^* = E\left[1 - \left(\frac{\sigma^* - \sigma_p^*}{\sigma_F^* - \sigma_p^*}\right)^2\right] \quad \text{nach (II A.55)}$$

mit $\sigma_p^* = 0{,}7\,\sigma_F^*$; $\quad \sigma_F^* = \dfrac{\nu_E}{\nu_F}\,\sigma_F = 1{,}456\,\sigma_F$;

in Abhängigkeit von der Spannung σ bzw. σ^* angegeben. Ebenso werden die Verhältnisse

$$\frac{E_1}{E}, \frac{T}{E}, \frac{T_d^*}{E}, \frac{T_z^*}{E} \quad \text{und} \quad \frac{E_z^*}{E} \quad \text{in die Tabelle aufgenommen.}$$

Die Moduli für St 37 und St 52 sind in den beiden Abbildungen dieser Tafel dargestellt.

Tafel G

M O D U L T*D ST 37

SIGMA	MODUL	MODUL/E	SIGMA	MODUL	MODUL/E
T/CM**2	T/CM**2	-	T/CM**2	T/CM**2	-
1.680	2100.	1.0000	2.600	1429.	.6803
1.700	2100.	.9998	2.620	1399.	.6664
1.720	2099.	.9994	2.640	1370.	.6522
1.740	2097.	.9986	2.660	1339.	.6378
1.760	2095.	.9976	2.680	1309.	.6231
1.780	2092.	.9962	2.700	1277.	.6082
1.800	2089.	.9945	2.720	1245.	.5930
1.820	2084.	.9926	2.740	1213.	.5775
1.840	2080.	.9903	2.760	1180.	.5618
1.860	2074.	.9877	2.780	1146.	.5458
1.880	2068.	.9848	2.800	1112.	.5297
1.900	2061.	.9816	2.820	1078.	.5133
1.920	2054.	.9781	2.840	1043.	.4966
1.940	2046.	.9743	2.860	1008.	.4798
1.960	2037.	.9702	2.880	972.	.4628
1.980	2028.	.9658	2.900	936.	.4455
2.000	2018.	.9611	2.920	899.	.4281
2.020	2008.	.9561	2.940	862.	.4106
2.040	1997.	.9508	2.960	825.	.3928
2.060	1985.	.9452	2.980	787.	.3750
2.080	1972.	.9393	3.000	750.	.3570
2.100	1959.	.9330	3.020	712.	.3389
2.120	1946.	.9265	3.040	674.	.3207
2.140	1931.	.9197	3.060	635.	.3025
2.160	1916.	.9125	3.080	597.	.2843
2.180	1901.	.9051	3.100	559.	.2660
2.200	1884.	.8974	3.120	520.	.2478
2.220	1868.	.8893	3.140	482.	.2296
2.240	1850.	.8810	3.160	444.	.2115
2.260	1832.	.8724	3.180	407.	.1936
2.280	1813.	.8634	3.200	369.	.1759
2.300	1794.	.8542	3.220	333.	.1584
2.320	1774.	.8446	3.240	297.	.1412
2.340	1753.	.8348	3.260	261.	.1245
2.360	1732.	.8247	3.280	227.	.1081
2.380	1710.	.8142	3.300	194.	.0924
2.400	1687.	.8035	3.320	162.	.0773
2.420	1664.	.7925	3.340	132.	.0629
2.440	1640.	.7812	3.360	104.	.0496
2.460	1616.	.7696	3.380	78.	.0373
2.480	1591.	.7577	3.400	55.	.0263
2.500	1565.	.7455	3.420	35.	.0168
2.520	1539.	.7330	3.440	19.	.0091
2.540	1512.	.7202	3.460	8.	.0036
2.560	1485.	.7072	3.480	1.	.0006
2.580	1457.	.6939			

M O D U L T*Z ST 37

SIGMA	MODUL	MODUL/E	SIGMA	MODUL	MODUL/E
T/CM**2	T/CM**2	-	T/CM**2	T/CM**2	-
2.440	2100.	1.0000	3.360	908.	.4324
2.460	2100.	.9999	3.380	820.	.3903
2.480	2099.	.9995	3.400	722.	.3437
2.500	2097.	.9987	3.420	613.	.2918
2.520	2095.	.9975	3.440	489.	.2328
2.540	2092.	.9960	3.460	345.	.1642
2.560	2088.	.9941	3.480	169.	.0804
2.580	2083.	.9918			
2.600	2077.	.9891			
2.620	2071.	.9861			
2.640	2064.	.9827			
2.660	2056.	.9788			
2.680	2047.	.9746			
2.700	2037.	.9700			
2.720	2026.	.9650			
2.740	2015.	.9595			
2.760	2003.	.9536			
2.780	1989.	.9472			
2.800	1975.	.9404			
2.820	1960.	.9331			
2.840	1943.	.9254			
2.860	1926.	.9171			
2.880	1907.	.9083			
2.900	1888.	.8990			
2.920	1867.	.8891			
2.940	1845.	.8786			
2.960	1822.	.8675			
2.980	1797.	.8558			
3.000	1771.	.8433			
3.020	1743.	.8302			
3.040	1714.	.8164			
3.060	1684.	.8017			
3.080	1651.	.7862			
3.100	1617.	.7699			
3.120	1580.	.7525			
3.140	1542.	.7342			
3.160	1501.	.7148			
3.180	1458.	.6942			
3.200	1412.	.6723			
3.220	1363.	.6490			
3.240	1311.	.6243			
3.260	1255.	.5978			
3.280	1196.	.5695			
3.300	1132.	.5391			
3.320	1063.	.5064			
3.340	989.	.4710			

| M O D U L | T * D | ST 52 | M O D U L | T * D | ST 52 | M O D U L | T * D | ST 52 | M O D U L | T * D | ST 52 |
| SIGMA | MODUL | MODUL/E | SIGMA | MODUL | MODUL/E | SIGMA | MODUL | MODUL/E | SIGMA | MODUL | MODUL/E |
T/CM**2	T/CM**2	-	T/CM**2	T/CM**2	-	T/CM**2	T/CM**2	-	T/CM**2	T/CM**2	-
2.520	2100.	1.0000	3.320	1873.	.8920	4.120	1202.	.5723	4.920	227.	.1081
2.540	2100.	.9999	3.340	1862.	.8866	4.140	1180.	.5618	4.940	205.	.0976
2.560	2099.	.9997	3.360	1850.	.8810	4.160	1157.	.5512	4.960	183.	.0873
2.580	2099.	.9994	3.380	1838.	.8753	4.180	1135.	.5405	4.980	162.	.0773
2.600	2098.	.9989	3.400	1826.	.8694	4.200	1112.	.5297	5.000	142.	.0676
2.620	2096.	.9983	3.420	1813.	.8634	4.220	1089.	.5188	5.020	123.	.0584
2.640	2095.	.9976	3.440	1800.	.8573	4.240	1066.	.5077	5.040	104.	.0496
2.660	2093.	.9967	3.460	1787.	.8510	4.260	1043.	.4966	5.060	87.	.0412
2.680	2091.	.9957	3.480	1774.	.8446	4.280	1019.	.4854	5.080	70.	.0335
2.700	2089.	.9945	3.500	1760.	.8381	4.300	996.	.4741	5.100	55.	.0263
2.720	2086.	.9932	3.520	1746.	.8315	4.320	972.	.4628	5.120	42.	.0198
2.740	2083.	.9918	3.540	1732.	.8247	4.340	948.	.4513	5.140	29.	.0140
2.760	2080.	.9903	3.560	1717.	.8177	4.360	923.	.4398	5.160	19.	.0091
2.780	2076.	.9886	3.580	1702.	.8107	4.380	899.	.4281	5.180	11.	.0052
2.800	2072.	.9868	3.600	1687.	.8035	4.400	875.	.4164	5.200	5.	.0023
2.820	2068.	.9848	3.620	1672.	.7962	4.420	850.	.4047	5.220	1.	.0006
2.840	2064.	.9827	3.640	1656.	.7887	4.440	825.	.3928	5.240	.	.0000
2.860	2059.	.9805	3.660	1640.	.7812	4.460	800.	.3809			
2.880	2054.	.9781	3.680	1624.	.7735	4.480	775.	.3690			
2.900	2049.	.9756	3.700	1608.	.7656	4.500	750.	.3570			
2.920	2043.	.9730	3.720	1591.	.7577	4.520	724.	.3449			
2.940	2037.	.9702	3.740	1574.	.7496	4.540	699.	.3329			
2.960	2031.	.9673	3.760	1557.	.7413	4.560	674.	.3207			
2.980	2025.	.9643	3.780	1539.	.7330	4.580	648.	.3086			
3.000	2018.	.9611	3.800	1521.	.7245	4.600	623.	.2964			
3.020	2011.	.9578	3.820	1503.	.7159	4.620	597.	.2843			
3.040	2004.	.9544	3.840	1485.	.7072	4.640	571.	.2721			
3.060	1997.	.9508	3.860	1466.	.6983	4.660	546.	.2599			
3.080	1989.	.9471	3.880	1448.	.6894	4.680	520.	.2478			
3.100	1981.	.9432	3.900	1429.	.6803	4.700	495.	.2357			
3.120	1972.	.9393	3.920	1409.	.6710	4.720	470.	.2236			
3.140	1964.	.9351	3.940	1390.	.6617	4.740	444.	.2115			
3.160	1955.	.9309	3.960	1370.	.6522	4.760	419.	.1996			
3.180	1946.	.9265	3.980	1350.	.6426	4.780	394.	.1877			
3.200	1936.	.9220	4.000	1329.	.6329	4.800	369.	.1759			
3.220	1926.	.9173	4.020	1309.	.6231	4.820	345.	.1642			
3.240	1916.	.9125	4.040	1288.	.6132	4.840	321.	.1526			
3.260	1906.	.9076	4.060	1267.	.6031	4.860	297.	.1412			
3.280	1895.	.9026	4.080	1245.	.5930	4.880	273.	.1300			
3.300	1884.	.8974	4.100	1224.	.5827	4.900	250.	.1190			

Tafel G

M O D U L			T * / Z	ST 52	
SIGMA	MODUL	MODUL/E	SIGMA	MODUL	MODUL/E
T/CM**2	T/CM**2	-	T/CM**2	T/CM**2	-
3.660	2100.	1.0000	4.460	1805.	.8597
3.680	2100.	1.0000	4.480	1789.	.8517
3.700	2100.	.9998	4.500	1771.	.8433
3.720	2099.	.9995	4.520	1753.	.8347
3.740	2098.	.9990	4.540	1734.	.8257
3.760	2096.	.9983	4.560	1714.	.8164
3.780	2095.	.9975	4.580	1694.	.8067
3.800	2093.	.9965	4.600	1673.	.7966
3.820	2090.	.9954	4.620	1651.	.7862
3.840	2088.	.9941	4.640	1628.	.7754
3.860	2084.	.9926	4.660	1605.	.7642
3.880	2081.	.9909	4.680	1580.	.7525
3.900	2077.	.9891	4.700	1555.	.7404
3.920	2073.	.9871	4.720	1528.	.7279
3.940	2068.	.9850	4.740	1501.	.7148
3.960	2064.	.9827	4.760	1472.	.7012
3.980	2058.	.9802	4.780	1443.	.6870
4.000	2053.	.9775	4.800	1412.	.6723
4.020	2047.	.9746	4.820	1380.	.6570
4.040	2040.	.9716	4.840	1346.	.6410
4.060	2034.	.9684	4.860	1311.	.6243
4.080	2026.	.9650	4.880	1274.	.6068
4.100	2019.	.9614	4.900	1236.	.5886
4.120	2011.	.9576	4.920	1196.	.5695
4.140	2003.	.9536	4.940	1154.	.5495
4.160	1994.	.9494	4.960	1110.	.5285
4.180	1985.	.9450	4.980	1063.	.5064
4.200	1975.	.9404	5.000	1014.	.4831
4.220	1965.	.9356	5.020	963.	.4585
4.240	1954.	.9306	5.040	906.	.4324
4.260	1943.	.9254	5.060	850.	.4048
4.280	1932.	.9199	5.080	788.	.3753
4.300	1920.	.9142	5.100	722.	.3437
4.320	1907.	.9083	5.120	651.	.3098
4.340	1895.	.9021	5.140	573.	.2730
4.360	1881.	.8957	5.160	489.	.2328
4.380	1867.	.8891	5.180	396.	.1884
4.400	1853.	.8821	5.200	291.	.1384
4.420	1837.	.8750	5.220	169.	.0804
4.440	1822.	.8675	5.240	1o.	.0074

MODUL E_1 ST 37			MODUL T ST 37			M O D U L			E^*_z ST 37		
SIGMA	MODUL	MODUL/E	SIGMA	MODUL	MODUL/E	SIGMA	MODUL	MODUL/E	SIGMA	MODUL	MODUL/E
T/CM**2	T/CM**2	-	T/CM**2	T/CM**2	-	T/CM**2	T/CM**2	-	T/CM**2	T/CM**2	-
1.920	2100.	1.0000	1.920	2100.	1.0000	2.440	2100.	1.0000	3.240	896.	.4265
1.940	2096.	.9983	1.940	2098.	.9991	2.460	2100.	.9998	3.260	834.	.3972
1.960	2085.	.9931	1.960	2093.	.9965	2.480	2098.	.9990	3.280	771.	.3672
1.980	2067.	.9844	1.980	2083.	.9921	2.500	2094.	.9974	3.300	707.	.3365
2.000	2042.	.9722	2.000	2071.	.9860	2.520	2090.	.9950	3.320	641.	.3050
2.020	2009.	.9566	2.020	2054.	.9779	2.540	2083.	.9920	3.340	573.	.2729
2.040	1969.	.9375	2.040	2033.	.9680	2.560	2075.	.9882	3.360	504.	.2400
2.060	1921.	.9149	2.060	2008.	.9560	2.580	2066.	.9837	3.380	433.	.2063
2.080	1867.	.8889	2.080	1978.	.9420	2.600	2055.	.9784	3.400	361.	.1720
2.100	1805.	.8594	2.100	1944.	.9257	2.620	2042.	.9725	3.420	287.	.1369
2.120	1735.	.8264	2.120	1905.	.9070	2.640	2028.	.9658	3.440	212.	.1011
2.140	1659.	.7899	2.140	1860.	.8857	2.660	2013.	.9584	3.460	136.	.0646
2.160	1575.	.7500	2.160	1809.	.8616	2.680	1995.	.9502	3.480	57.	.0273
2.180	1484.	.7066	2.180	1752.	.8343	2.700	1977.	.9413			
2.200	1385.	.6597	2.200	1687.	.8035	2.720	1957.	.9317			
2.220	1280.	.6094	2.220	1614.	.7688	2.740	1935.	.9214			
2.240	1167.	.5556	2.240	1532.	.7295	2.760	1912.	.9103			
2.260	1046.	.4983	2.260	1438.	.6849	2.780	1887.	.8985			
2.280	919.	.4375	2.280	1331.	.6340	2.800	1861.	.8860			
2.300	784.	.3733	2.300	1208.	.5753	2.820	1833.	.8728			
2.320	642.	.3056	2.320	1065.	.5069	2.840	1803.	.8588			
2.340	492.	.2344	2.340	894.	.4256	2.860	1773.	.8441			
2.360	335.	.1597	2.360	685.	.3261	2.880	1740.	.8287			
2.380	171.	.0816	2.380	415.	.1975	2.900	1706.	.8125			
2.400	.	.0000	2.400	.	.0000	2.920	1671.	.7956			
						2.940	1634.	.7780			
						2.960	1595.	.7597			
						2.980	1555.	.7406			
						3.000	1514.	.7208			
						3.020	1471.	.7003			
						3.040	1426.	.6790			
						3.060	1380.	.6570			
						3.080	1332.	.6343			
						3.100	1283.	.6109			
						3.120	1232.	.5867			
						3.140	1180.	.5618			
						3.160	1126.	.5362			
						3.180	1071.	.5099			
						3.200	1014.	.4828			
						3.220	955.	.4550			

Tafel G

MODUL — E_1 — ST 52

SIGMA (T/CM**2)	MODUL (T/CM**2)	MODUL/E (-)
2.880	2100.	1.0000
2.900	2098.	.9992
2.920	2094.	.9969
2.940	2085.	.9931
2.960	2074.	.9877
2.980	2059.	.9807
3.000	2042.	.9722
3.020	2021.	.9622
3.040	1996.	.9506
3.060	1969.	.9375
3.080	1938.	.9228
3.100	1904.	.9066
3.120	1867.	.8889
3.140	1826.	.8696
3.160	1782.	.8488
3.180	1735.	.8264
3.200	1685.	.8025
3.220	1632.	.7770
3.240	1575.	.7500
3.260	1515.	.7215
3.280	1452.	.6914
3.300	1385.	.6597
3.320	1316.	.6265
3.340	1243.	.5918
3.360	1167.	.5556
3.380	1087.	.5177
3.400	1005.	.4784
3.420	919.	.4375
3.440	830.	.3951
3.460	737.	.3511
3.480	642.	.3056
3.500	543.	.2585
3.520	441.	.2099
3.540	335.	.1597
3.560	227.	.1080
3.580	115.	.0548
3.600	.	.0000

MODUL — T — ST 52

SIGMA (T/CM**2)	MODUL (T/CM**2)	MODUL/E (-)
2.880	2100.	1.0000
2.900	2099.	.9996
2.920	2097.	.9985
2.940	2093.	.9965
2.960	2087.	.9938
2.980	2080.	.9903
3.000	2071.	.9860
3.020	2060.	.9808
3.040	2047.	.9748
3.060	2033.	.9680
3.080	2017.	.9603
3.100	1998.	.9516
3.120	1978.	.9420
3.140	1956.	.9314
3.160	1931.	.9197
3.180	1905.	.9070
3.200	1876.	.8931
3.220	1844.	.8780
3.240	1809.	.8616
3.260	1772.	.8437
3.280	1731.	.8244
3.300	1687.	.8035
3.320	1640.	.7808
3.340	1588.	.7562
3.360	1532.	.7295
3.380	1471.	.7004
3.400	1404.	.6687
3.420	1331.	.6340
3.440	1251.	.5958
3.460	1163.	.5537
3.480	1065.	.5069
3.500	954.	.4544
3.520	829.	.3949
3.540	685.	.3261
3.560	514.	.2448
3.580	302.	.1439
3.600	.	.0000

M O D U L — ST 52

SIGMA (T/CM**2)	MODUL (T/CM**2)	MODUL/E (-)
3.660	2100.	1.0000
3.680	2100.	1.0000
3.700	2099.	.9996
3.720	2098.	.9990
3.740	2096.	.9980
3.760	2093.	.9967
3.780	2090.	.9950
3.800	2085.	.9931
3.820	2081.	.9908
3.840	2075.	.9882
3.860	2069.	.9853
3.880	2062.	.9820
3.900	2055.	.9784
3.920	2047.	.9745
3.940	2038.	.9703
3.960	2028.	.9658
3.980	2018.	.9609
4.000	2007.	.9557
4.020	1995.	.9502
4.040	1983.	.9444
4.060	1970.	.9382
4.080	1957.	.9317
4.100	1942.	.9249
4.120	1927.	.9178
4.140	1912.	.9103
4.160	1895.	.9026
4.180	1878.	.8944
4.200	1861.	.8860
4.220	1842.	.8773
4.240	1823.	.8682
4.260	1803.	.8588
4.280	1783.	.8491
4.300	1762.	.8390
4.320	1740.	.8287
4.340	1718.	.8180
4.360	1695.	.8070
4.380	1671.	.7956
4.400	1646.	.7840
4.420	1621.	.7720
4.440	1595.	.7597

E_z^* — ST 52

SIGMA (T/CM**2)	MODUL (T/CM**2)	MODUL/E (-)
4.460	1569.	.7470
4.480	1542.	.7341
4.500	1514.	.7208
4.520	1485.	.7072
4.540	1456.	.6933
4.560	1426.	.6790
4.580	1395.	.6645
4.600	1364.	.6496
4.620	1332.	.6343
4.640	1299.	.6188
4.660	1266.	.6029
4.680	1232.	.5867
4.700	1197.	.5702
4.720	1162.	.5534
4.740	1126.	.5362
4.760	1089.	.5187
4.780	1052.	.5009
4.800	1014.	.4828
4.820	975.	.4643
4.840	936.	.4456
4.860	896.	.4265
4.880	855.	.4070
4.900	813.	.3873
4.920	771.	.3672
4.940	728.	.3468
4.960	685.	.3261
4.980	641.	.3050
5.000	596.	.2837
5.020	550.	.2620
5.040	504.	.2400
5.060	457.	.2176
5.080	409.	.1950
5.100	361.	.1720
5.120	312.	.1487
5.140	263.	.1250
5.160	212.	.1011
5.180	161.	.0768
5.200	110.	.0522
5.220	57.	.0273
5.240	4.	.0020

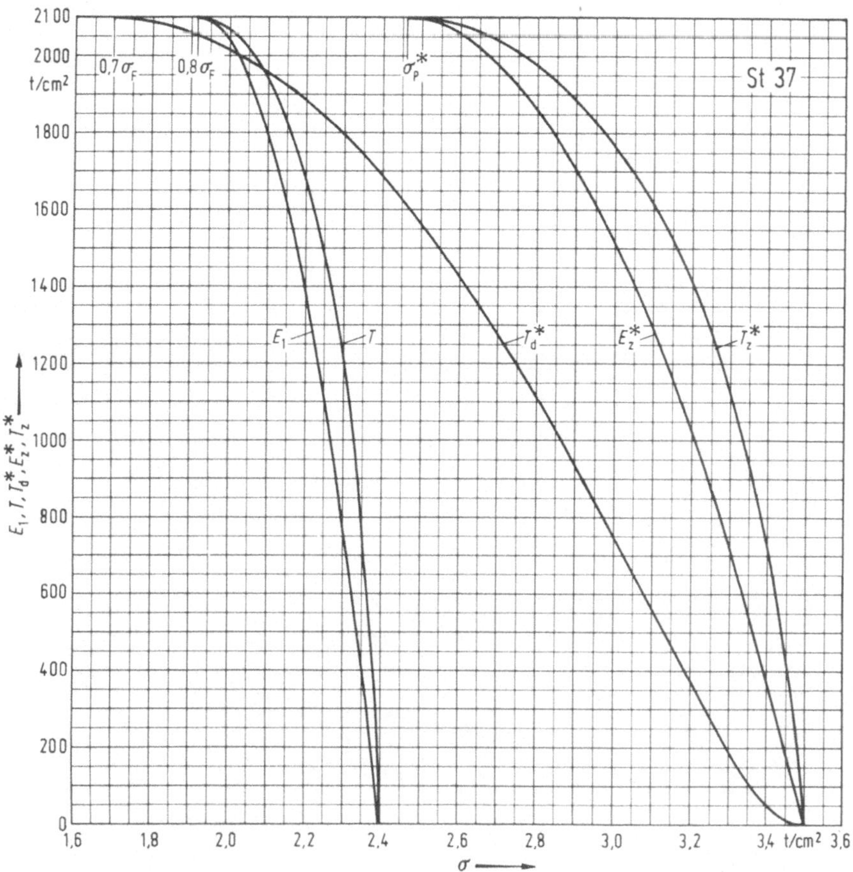

2100
2000
t/cm²
1800
1600
1400
1200
1000
800
600
400
200
0
$E_1, T, T_d^*, E_z^*, T_z^*$
0,7 σ_F
0,8 σ_F
σ_P^*
St 37
E_1
T
T_d^*
E_z^*
T_z^*
1,6
1,8
2,0
2,2
2,4
2,6
2,8
3,0
3,2
3,4 t/cm² 3,6
σ

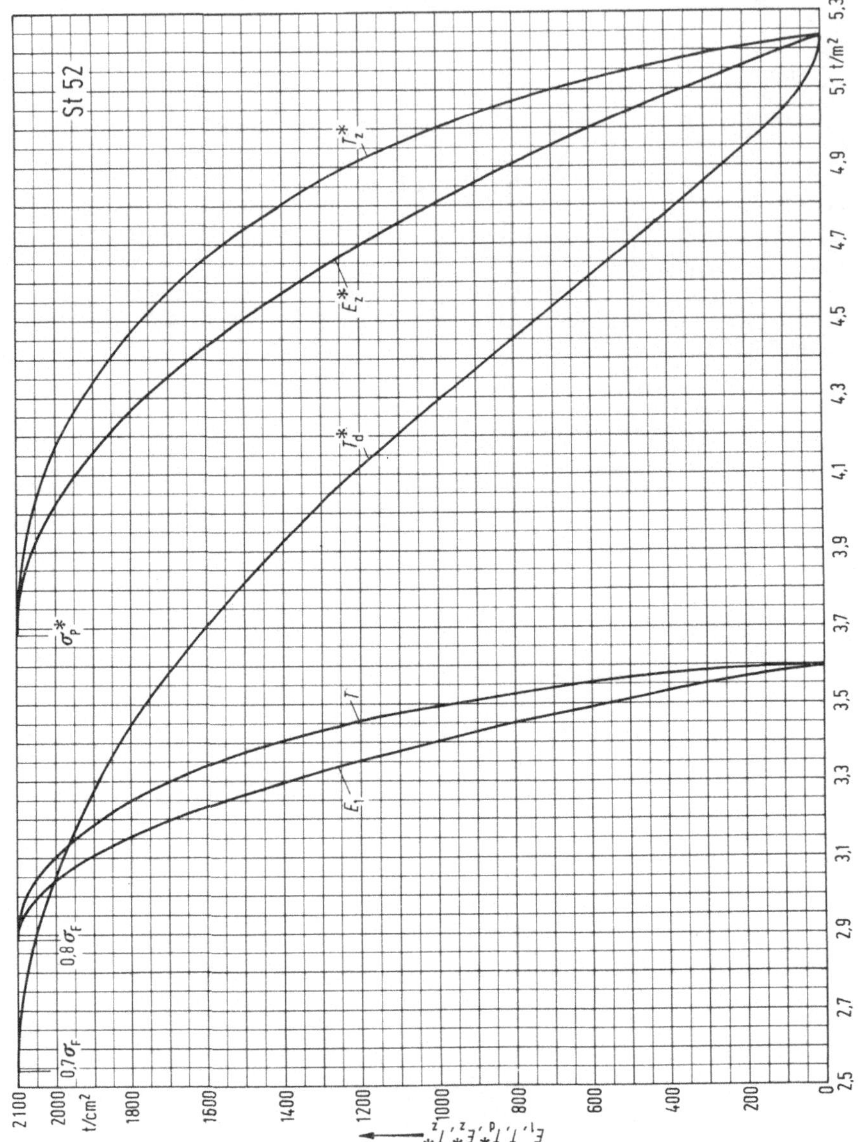
St 52
T_z^*
E_z^*
T_d^*
T
E_1
σ_p^*
σ_F
$0,8\,\sigma_F$
$0,7\,\sigma_F$
t/cm²
$E_1, T, T_d^*, E_z^*, T_z^*$
2100
2000
1800
1600
1400
1200
1000
800
600
400
200
0
2,5
2,7
2,9
3,1
3,3
3,5
3,7
3,9
4,1
4,3
4,5
4,7
4,9
5,1
5,3 t/fm²

Tafel H

In den nachfolgenden Zahlentafeln sind die Funktionen H_1 bis H_{17} von

$$\lambda = \sqrt[4]{\frac{\mu\omega^2}{EJ}}$$

sowie die Funktionen H_{18} und H_{19} von

$$\varkappa = s\sqrt{\frac{\mu\omega^2}{EF}}$$

bzw.

$$\vartheta = s\sqrt{\frac{\theta\omega^2}{GJ_d}}$$

angegeben.

Die allgemeinen Formeln für diese Funktionen lauten:

$H_n(\lambda)$ (IV B.25 a)

$$H_1(\lambda) = -\frac{\lambda(\sinh\lambda - \sin\lambda)}{\cosh\lambda\cos\lambda - 1}\,;$$

$$H_2(\lambda) = -\frac{\lambda(\cosh\lambda\sin\lambda - \sinh\lambda\cos\lambda)}{\cosh\lambda\cos\lambda - 1}\,;$$

$$H_3(\lambda) = -\frac{\lambda^2(\cosh\lambda - \cos\lambda)}{\cosh\lambda\cos\lambda - 1}\,;$$

$$H_4(\lambda) = -\frac{\lambda^2\sinh\lambda\sin\lambda}{\cosh\lambda\cos\lambda - 1}\,;$$

$$H_5(\lambda) = -\frac{\lambda^3(\sinh\lambda + \sin\lambda)}{\cosh\lambda\cos\lambda - 1}\,;$$

$$H_6(\lambda) = -\frac{\lambda^3(\cosh\lambda\sin\lambda + \sinh\lambda\cos\lambda)}{\cosh\lambda\cos\lambda - 1}\,;$$

$$H_7(\lambda) = \frac{2\lambda\sinh\lambda - \sin\lambda}{\cosh\lambda\sin\lambda - \sinh\lambda\cos\lambda}\,;$$

$$H_8(\lambda) = \frac{\lambda^2(\sinh\lambda + \sin\lambda)}{\cosh\lambda\sin\lambda - \sinh\lambda\cos\lambda}\,;$$

$$H_9(\lambda) = \frac{\lambda^2(\cosh \lambda \sin \lambda + \sinh \lambda \cos \lambda)}{\cosh \lambda \sin \lambda - \sinh \lambda \cos \lambda} \; ;$$

$$H_{10}(\lambda) = \frac{\lambda^3(\cosh \lambda + \cos \lambda)}{\cosh \lambda \sin \lambda - \sinh \lambda \cos \lambda} \; ;$$

$$H_{11}(\lambda) = \frac{2\lambda^3 \cosh \lambda \cos \lambda}{\cosh \lambda \sin \lambda - \sinh \lambda \cos \lambda} \; ;$$

$$H_{12}(\lambda) = \frac{\lambda^3(\cosh \lambda \cos \lambda + 1)}{\cosh \lambda \sin \lambda - \sinh \lambda \cos \lambda} \; ;$$

$$H_{13}(\lambda) = \frac{\lambda^3(\sinh \lambda - \sin \lambda)}{2 \sinh \lambda - \sin \lambda} \; ;$$

$$H_{14}(\lambda) = \frac{\lambda^3(\cosh \lambda \sin \lambda - \sinh \lambda \cos \lambda)}{2 \sinh \lambda \sin \lambda} \; ;$$

$$H_{15}(\lambda) = \frac{\lambda(\cosh \lambda \sin \lambda - \sinh \lambda \cos \lambda)}{\cosh \lambda \cos \lambda + 1} \; ;$$

$$H_{16}(\lambda) = \frac{\lambda^2 \sinh \lambda \sin \lambda}{\cosh \lambda \cos \lambda + 1} \; ;$$

$$H_{17}(\lambda) = \frac{\lambda^3(\cosh \lambda \sin \lambda + \sinh \lambda \cos \lambda)}{\cosh \lambda \cos \lambda + 1} \; ;$$

$$H_n(\varkappa) \; \text{bzw.} \; H_n(\vartheta);$$

$$H_{18}(\varkappa), (\vartheta) = \frac{\varkappa}{\sin \varkappa}, \frac{\vartheta}{\sin \lambda} \; ;$$

$$H_{19}(\varkappa), (\vartheta) = \frac{\varkappa}{\tan \varkappa}, \frac{\vartheta}{\tan \vartheta} .$$

Für die Funktionen $H_1 - H_{17}$ von a und d werden nur die allgemeinen Formeln angegeben. Diese sind nicht tabuliert.

$H_n(a, d)$ (IV B.25 b)

$$H_1(a, d) = - \frac{(a^2 + d^2)(a \sinh d - d \sin a)}{2\,ad(\cosh d \cos a - 1) + (a^2 - d^2) \sinh d \sin a} \; ;$$

$$H_2(a, d) = - \frac{(a^2 + d^2)(d \cosh d \sin a - a \sinh d \cos a)}{2ad(\cosh d \cos a - 1) + (a^2 - d^2) \sinh d \sin a} \; ;$$

$$H_3(a, d) = - \frac{ad(a^2 + d^2)(\cosh d - \cos a)}{2ad(\cosh d \cos a - 1) + (a^2 - d^2) \sinh d \sin a} \; ;$$

$$H_4(a, d) = - \frac{ad(d^2 - a^2)(\cosh d \cos a - 1) + (a^2 + d^2) \sinh d \sin a}{2ad(\cosh d \cos a - 1) + (a^2 - d^2) \sinh d \sin a} \; ;$$

$$H_5(a, d) = - \frac{ad(a^2 + d^2)(d \sinh d + a \sin a)}{2ad(\cosh d \cos a - 1) + (a^2 - d^2) \sinh d \sin a} \; ;$$

$$H_6(a, d) = -\frac{ad(a^2 + d^2)(a \cosh d \sin a + d \sinh d \cos a)}{2ad(\cosh d \cos a - 1) + (a^2 - d^2)\sinh d \sin a};$$

$$H_7(a, d) = \frac{(a^2 + d^2)\sinh d \sin a}{d \cosh d \sin a - a \sinh d \cos a};$$

$$H_8(a, d) = \frac{ad(d \sinh d + a \sin a)}{d \cosh d \sin a - a \sinh d \cos a};$$

$$H_9(a, d) = \frac{ad(a \cosh d \sin a + d \sinh d \cos a)}{d \cosh d \sin a - a \sinh d \cos a};$$

$$H_{10}(a, d) = \frac{ad(d^2 \cosh d + a^2 \cos a)}{d \cosh d \sin a - a \sinh d \cos a};$$

$$H_{11}(a, d) = \frac{ad(a^2 + d^2)\cosh d \cos a}{d \cosh d \sin a - a \sinh d \cos a};$$

$$H_{12}(a, d) = \frac{ad[2a^2d^2 + (a^4 + d^4)\cosh d \cos a + ad(d^2 - a^2)\sinh d \sin a]}{(a^2 + d^2)(d \cosh d \sin a - a \sinh d \cos a)};$$

$$H_{13}(a, d) = \frac{ad(d^3 \sinh d - a^3 \sin a)}{(a^2 + d^2)\sinh d \sin a};$$

$$H_{14}(a, d) = \frac{ad(a^3 \cosh d \sin a - d^3 \sinh d \cos a)}{(a^2 + d^2)\sinh d \sin a};$$

$$H_{15}(a, d) = \frac{(a^2 + d^2)(a^3 \cosh d \sin a - d^3 \sinh d \cos a)}{2a^2d^2 + ad(d^2 - a^2)\sinh d \sin a + (a^4 + d^4)\cosh d \cos a};$$

$$H_{16}(a, d) = \frac{ad[ad(a^2 - d^2)(\cosh d \cos a - 1) + (a^4 + d^4)\sinh d \sin a]}{2a^2d^2 + ad(d^2 - a^2)\sinh d \sin a + (a^4 + d^4)\cosh d \cos a};$$

$$H_{17}(a, d) = \frac{ad(d^2 + a^2)(d^3 \cosh d \sin a + a^3 \sinh d \cos a)}{2a^2d^2 + ad(d^2 - a^2)\sinh d \sin a + (a^4 + d^4)\cosh d \cos a}.$$

Tafel H

Panel 1 (λ = .00–.48)

λ	.00	.02	.04	.06	.08	.10	.12	.14	.16	.18	.20	.22	.24	.26	.28	.30	.32	.34	.36	.38	.40	.42	.44	.46	.48
H12	3.0000	3.0000	3.0000	3.0000	3.0000	3.0000	3.0000	2.9999	2.9998	2.9998	2.9996	2.9994	2.9992	2.9989	2.9986	2.9981	2.9975	2.9968	2.9960	2.9951	2.9940	2.9927	2.9912	2.9894	2.9875
H11	3.0000	3.0000	3.0000	3.0000	3.0000	3.0000	2.9999	2.9998	2.9997	2.9995	2.9992	2.9989	2.9984	2.9978	2.9970	2.9961	2.9949	2.9935	2.9918	2.9899	2.9876	2.9849	2.9818	2.9783	2.9742
H10	3.0000	3.0000	3.0000	3.0000	3.0000	3.0000	3.0000	3.0001	3.0001	3.0001	3.0002	3.0003	3.0005	3.0006	3.0009	3.0011	3.0015	3.0019	3.0023	3.0029	3.0036	3.0043	3.0052	3.0062	3.0074
H9	3.0000	3.0000	3.0000	3.0000	3.0000	3.0000	3.0000	3.0000	2.9999	2.9999	2.9999	2.9998	2.9997	2.9996	2.9995	2.9993	2.9991	2.9989	2.9986	2.9982	2.9978	2.9973	2.9968	2.9962	2.9954
H8	3.0000	3.0000	3.0000	3.0000	3.0000	3.0000	3.0000	3.0000	3.0000	3.0000	3.0001	3.0001	3.0001	3.0002	3.0002	3.0003	3.0004	3.0005	3.0007	3.0008	3.0010	3.0012	3.0015	3.0018	3.0021
H7	3.0000	3.0000	3.0000	3.0000	3.0000	3.0000	3.0000	3.0000	3.0000	3.0000	3.0000	3.0000	2.9999	2.9999	2.9999	2.9998	2.9998	2.9997	2.9997	2.9996	2.9995	2.9994	2.9993	2.9991	2.9990
H6	12.0000	12.0000	12.0000	12.0000	12.0000	12.0000	11.9999	11.9999	11.9998	11.9996	11.9994	11.9991	11.9988	11.9983	11.9977	11.9970	11.9961	11.9950	11.9938	11.9923	11.9905	11.9884	11.9861	11.9834	11.9803
H5	12.0000	12.0000	12.0000	12.0000	12.0000	12.0000	12.0000	12.0000	12.0001	12.0001	12.0002	12.0003	12.0004	12.0006	12.0008	12.0010	12.0013	12.0017	12.0022	12.0027	12.0033	12.0040	12.0048	12.0058	12.0068
H4	6.0000	6.0000	6.0000	6.0000	6.0000	6.0000	6.0000	6.0000	6.0000	5.9999	5.9999	5.9999	5.9998	5.9998	5.9997	5.9996	5.9995	5.9993	5.9991	5.9989	5.9987	5.9984	5.9980	5.9977	5.9972
H3	6.0000	6.0000	6.0000	6.0000	6.0000	6.0000	6.0000	6.0000	6.0000	6.0000	6.0000	6.0001	6.0001	6.0001	6.0002	6.0003	6.0003	6.0004	6.0005	6.0006	6.0008	6.0010	6.0012	6.0014	6.0016
H2	4.0000	4.0000	4.0000	4.0000	4.0000	4.0000	4.0000	4.0000	4.0000	4.0000	4.0000	4.0000	4.0000	4.0000	3.9999	3.9999	3.9999	3.9999	3.9998	3.9998	3.9998	3.9997	3.9996	3.9996	3.9995
H1	2.0000	2.0000	2.0000	2.0000	2.0000	2.0000	2.0000	2.0000	2.0000	2.0000	2.0000	2.0000	2.0000	2.0000	2.0000	2.0000	2.0001	2.0001	2.0001	2.0001	2.0002	2.0002	2.0003	2.0003	2.0004
λ	.00	.02	.04	.06	.08	.10	.12	.14	.16	.18	.20	.22	.24	.26	.28	.30	.32	.34	.36	.38	.40	.42	.44	.46	.48

Panel 2 (λ = .50–.98)

λ	.50	.52	.54	.56	.58	.60	.62	.64	.66	.68	.70	.72	.74	.76	.78	.80	.82	.84	.86	.88	.90	.92	.94	.96	.98
H12	2.9853	2.9828	2.9800	2.9768	2.9733	2.9694	2.9652	2.9604	2.9553	2.9496	2.9434	2.9366	2.9293	2.9213	2.9127	2.9034	2.8933	2.8825	2.8709	2.8585	2.8451	2.8309	2.8156	2.7994	2.7821
H11	2.9696	2.9645	2.9587	2.9522	2.9450	2.9370	2.9282	2.9185	2.9078	2.8961	2.8833	2.8694	2.8542	2.8378	2.8201	2.8009	2.7802	2.7579	2.7340	2.7083	2.6808	2.6515	2.6201	2.5866	2.5510
H10	3.0087	3.0102	3.0118	3.0137	3.0158	3.0181	3.0206	3.0234	3.0265	3.0298	3.0335	3.0375	3.0418	3.0466	3.0517	3.0572	3.0631	3.0695	3.0764	3.0838	3.0917	3.1002	3.1092	3.1188	3.1291
H9	2.9946	2.9937	2.9927	2.9916	2.9903	2.9889	2.9873	2.9856	2.9837	2.9817	2.9794	2.9769	2.9743	2.9714	2.9682	2.9648	2.9612	2.9573	2.9530	2.9485	2.9436	2.9384	2.9329	2.9270	2.9207
H8	3.0025	3.0029	3.0033	3.0039	3.0044	3.0051	3.0058	3.0066	3.0075	3.0084	3.0094	3.0106	3.0118	3.0131	3.0146	3.0161	3.0178	3.0196	3.0215	3.0236	3.0259	3.0282	3.0308	3.0335	3.0364
H7	2.9988	2.9986	2.9984	2.9981	2.9978	2.9975	2.9972	2.9968	2.9964	2.9959	2.9954	2.9949	2.9943	2.9936	2.9929	2.9922	2.9914	2.9905	2.9896	2.9886	2.9875	2.9863	2.9851	2.9838	2.9824
H6	11.9768	11.9728	11.9684	11.9635	11.9580	11.9519	11.9451	11.9377	11.9295	11.9206	11.9108	11.9002	11.8886	11.8760	11.8625	11.8478	11.8320	11.8150	11.7967	11.7771	11.7561	11.7337	11.7098	11.6843	11.6571
H5	12.0080	12.0094	12.0109	12.0126	12.0146	12.0167	12.0190	12.0216	12.0244	12.0275	12.0309	12.0346	12.0386	12.0429	12.0476	12.0527	12.0582	12.0641	12.0704	12.0772	12.0845	12.0923	12.1006	12.1094	12.1189
H4	5.9967	5.9962	5.9955	5.9948	5.9941	5.9932	5.9923	5.9912	5.9901	5.9888	5.9874	5.9859	5.9843	5.9825	5.9806	5.9785	5.9763	5.9739	5.9713	5.9686	5.9656	5.9624	5.9591	5.9555	5.9516
H3	6.0019	6.0023	6.0026	6.0030	6.0035	6.0040	6.0046	6.0052	6.0059	6.0066	6.0074	6.0083	6.0093	6.0103	6.0115	6.0127	6.0140	6.0154	6.0170	6.0186	6.0203	6.0222	6.0242	6.0263	6.0286
H2	3.9994	3.9993	3.9992	3.9991	3.9989	3.9988	3.9986	3.9984	3.9982	3.9980	3.9977	3.9974	3.9971	3.9968	3.9965	3.9961	3.9957	3.9953	3.9948	3.9943	3.9937	3.9932	3.9926	3.9919	3.9912
H1	2.0004	2.0005	2.0006	2.0007	2.0008	2.0009	2.0011	2.0012	2.0014	2.0015	2.0017	2.0019	2.0021	2.0024	2.0026	2.0029	2.0032	2.0036	2.0039	2.0043	2.0047	2.0051	2.0056	2.0061	2.0066
λ	.50	.52	.54	.56	.58	.60	.62	.64	.66	.68	.70	.72	.74	.76	.78	.80	.82	.84	.86	.88	.90	.92	.94	.96	.98

λ	H1	H2	H3	H4	H5	H6	H7	H8	H9	H10	H11	H12	λ
1.00	2.0072	3.9905	6.0310	5.9475	12.1289	11.6282	2.9809	3.0395	2.9140	3.1400	2.5132	2.7637	1.00
1.02	2.0078	3.9897	6.0336	5.9432	12.1396	11.5975	2.9793	3.0427	2.9069	3.1516	2.4729	2.7442	1.02
1.04	2.0084	3.9888	6.0363	5.9386	12.1509	11.5650	2.9776	3.0462	2.8993	3.1639	2.4302	2.7235	1.04
1.06	2.0090	3.9880	6.0392	5.9337	12.1628	11.5305	2.9758	3.0499	2.8913	3.1770	2.3850	2.7016	1.06
1.08	2.0097	3.9870	6.0422	5.9286	12.1755	11.4940	2.9740	3.0538	2.8829	3.1909	2.3371	2.6783	1.08
1.10	2.0105	3.9860	6.0455	5.9231	12.1890	11.4554	2.9720	3.0579	2.8739	3.2055	2.2864	2.6537	1.10
1.12	2.0113	3.9850	6.0489	5.9174	12.2031	11.4146	2.9699	3.0623	2.8644	3.2210	2.2329	2.6278	1.12
1.14	2.0121	3.9839	6.0525	5.9113	12.2181	11.3716	2.9676	3.0669	2.8544	3.2373	2.1764	2.6004	1.14
1.16	2.0130	3.9827	6.0563	5.9049	12.2339	11.3263	2.9653	3.0718	2.8439	3.2546	2.1168	2.5714	1.16
1.18	2.0139	3.9815	6.0603	5.8982	12.2505	11.2785	2.9628	3.0769	2.8327	3.2728	2.0540	2.5410	1.18
1.20	2.0149	3.9802	6.0645	5.8911	12.2680	11.2282	2.9602	3.0823	2.8210	3.2920	1.9879	2.5089	1.20
1.22	2.0159	3.9788	6.0689	5.8836	12.2865	11.1754	2.9574	3.0880	2.8087	3.3122	1.9184	2.4752	1.22
1.24	2.0170	3.9774	6.0736	5.8757	12.3058	11.1198	2.9546	3.0939	2.7958	3.3334	1.8453	2.4397	1.24
1.26	2.0181	3.9759	6.0785	5.8675	12.3262	11.0615	2.9515	3.1002	2.7821	3.3558	1.7685	2.4025	1.26
1.28	2.0193	3.9743	6.0836	5.8588	12.3475	11.0003	2.9483	3.1068	2.7678	3.3792	1.6879	2.3634	1.28
1.30	2.0205	3.9727	6.0890	5.8498	12.3699	10.9362	2.9450	3.1138	2.7529	3.4038	1.6034	2.3224	1.30
1.32	2.0218	3.9709	6.0946	5.8403	12.3934	10.8690	2.9415	3.1210	2.7371	3.4297	1.5148	2.2794	1.32
1.34	2.0232	3.9691	6.1006	5.8303	12.4180	10.7986	2.9378	3.1286	2.7207	3.4568	1.4221	2.2344	1.34
1.36	2.0246	3.9672	6.1067	5.8199	12.4437	10.7250	2.9340	3.1366	2.7034	3.4852	1.3250	2.1873	1.36
1.38	2.0261	3.9652	6.1132	5.8090	12.4707	10.6481	2.9300	3.1450	2.6854	3.5149	1.2234	2.1380	1.38
1.40	2.0277	3.9632	6.1200	5.7976	12.4988	10.5677	2.9258	3.1537	2.6665	3.5460	1.1171	2.0865	1.40
1.42	2.0293	3.9610	6.1271	5.7857	12.5282	10.4837	2.9214	3.1629	2.6467	3.5786	1.0062	2.0326	1.42
1.44	2.0310	3.9587	6.1344	5.7733	12.5590	10.3961	2.9168	3.1725	2.6261	3.6127	.8903	1.9764	1.44
1.46	2.0328	3.9564	6.1421	5.7604	12.5911	10.3047	2.9119	3.1825	2.6046	3.6483	.7693	1.9177	1.46
1.48	2.0346	3.9539	6.1502	5.7469	12.6245	10.2095	2.9069	3.1929	2.5821	3.6854	.6431	1.8565	1.48
1.50	2.0366	3.9514	6.1586	5.7328	12.6594	10.1102	2.9017	3.2038	2.5587	3.7243	.5115	1.7927	1.50
1.52	2.0386	3.9487	6.1673	5.7182	12.6958	10.0068	2.8962	3.2152	2.5342	3.7648	.3744	1.7262	1.52
1.54	2.0407	3.9459	6.1764	5.7029	12.7337	9.8992	2.8906	3.2271	2.5087	3.8071	.2315	1.6569	1.54
1.56	2.0429	3.9430	6.1859	5.6871	12.7732	9.7873	2.8846	3.2394	2.4822	3.8512	.0828	1.5848	1.56
1.58	2.0451	3.9400	6.1957	5.6705	12.8142	9.6709	2.8784	3.2523	2.4545	3.8972	-.0720	1.5097	1.58
1.60	2.0475	3.9369	6.2060	5.6534	12.8570	9.5499	2.8720	3.2658	2.4258	3.9451	-.2330	1.4316	1.60
1.62	2.0500	3.9336	6.2167	5.6355	12.9014	9.4243	2.8653	3.2798	2.3958	3.9950	-.4005	1.3504	1.62
1.64	2.0525	3.9302	6.2277	5.6170	12.9476	9.2937	2.8584	3.2943	2.3647	4.0470	-.5745	1.2660	1.64
1.66	2.0552	3.9267	6.2393	5.5978	12.9956	9.1583	2.8511	3.3095	2.3323	4.1012	-.7554	1.1783	1.66
1.68	2.0579	3.9231	6.2512	5.5778	13.0455	9.0177	2.8436	3.3253	2.2986	4.1575	-.9433	1.0873	1.68
1.70	2.0608	3.9193	6.2636	5.5571	13.0972	8.8719	2.8357	3.3417	2.2636	4.2162	-1.1383	.9927	1.70
1.72	2.0637	3.9154	6.2765	5.5356	13.1510	8.7208	2.8276	3.3588	2.2273	4.2772	-1.3408	.8945	1.72
1.74	2.0668	3.9113	6.2899	5.5133	13.2068	8.5641	2.8192	3.3766	2.1896	4.3406	-1.5508	.7927	1.74
1.76	2.0700	3.9071	6.3038	5.4902	13.2646	8.4019	2.8104	3.3950	2.1504	4.4066	-1.7687	.6871	1.76
1.78	2.0733	3.9027	6.3182	5.4663	13.3246	8.2338	2.8013	3.4142	2.1098	4.4752	-1.9947	.5776	1.78
1.80	2.0768	3.8982	6.3331	5.4415	13.3868	8.0599	2.7918	3.4341	2.0676	4.5465	-2.2289	.4640	1.80
1.82	2.0803	3.8935	6.3485	5.4159	13.4513	7.8798	2.7820	3.4548	2.0238	4.6205	-2.4716	.3464	1.82
1.84	2.0840	3.8886	6.3645	5.3893	13.5181	7.6936	2.7718	3.4763	1.9785	4.6975	-2.7231	.2245	1.84
1.86	2.0878	3.8836	6.3811	5.3618	13.5873	7.5009	2.7612	3.4986	1.9314	4.7774	-2.9836	.0983	1.86
1.88	2.0917	3.8784	6.3982	5.3334	13.6589	7.3018	2.7503	3.5218	1.8827	4.8604	-3.2533	-.0324	1.88
1.90	2.0958	3.8731	6.4160	5.3040	13.7331	7.0960	2.7389	3.5458	1.8321	4.9466	-3.5325	-.1677	1.90
1.92	2.1001	3.8675	6.4343	5.2736	13.8099	6.8833	2.7272	3.5708	1.7798	5.0361	-3.8215	-.3077	1.92
1.94	2.1044	3.8617	6.4533	5.2422	13.8893	6.6636	2.7150	3.5966	1.7255	5.1290	-4.1206	-.4526	1.94
1.96	2.1089	3.8558	6.4730	5.2098	13.9715	6.4367	2.7023	3.6235	1.6694	5.2255	-4.4300	-.6025	1.96
1.98	2.1136	3.8497	6.4933	5.1763	14.0565	6.2025	2.6892	3.6514	1.6112	5.3255	-4.7500	-.7575	1.98

Tafel H

λ	H1	H2	H3	H4	H5	H6	H7	H8	H9	H10	H11	H12
2.00	2.1184	3.8433	6.5143	5.1417	14.1444	5.9608	2.6756	3.6803	1.5510	5.4294	-5.0809	-.9178
2.02	2.1234	3.8368	6.5361	5.1059	14.2353	5.7114	2.6616	3.7102	1.4886	5.5372	-5.4230	-1.0835
2.04	2.1286	3.8300	6.5585	5.0690	14.3293	5.4541	2.6470	3.7413	1.4240	5.6490	-5.7767	-1.2548
2.06	2.1339	3.8230	6.5817	5.0310	14.4264	5.1887	2.6319	3.7735	1.3572	5.7651	-6.1423	-1.4318
2.08	2.1394	3.8158	6.6057	4.9917	14.5267	4.9151	2.6163	3.8070	1.2881	5.8855	-6.5201	-1.6148
2.10	2.1451	3.8084	6.6304	4.9512	14.6304	4.6331	2.6001	3.8416	1.2166	6.0104	-6.9104	-1.8038
2.12	2.1510	3.8007	6.6560	4.9094	14.7374	4.3424	2.5834	3.8775	1.1425	6.1399	-7.3137	-1.9990
2.14	2.1570	3.7928	6.6823	4.8663	14.8480	4.0430	2.5661	3.9148	1.0660	6.2744	-7.7303	-2.2007
2.16	2.1633	3.7846	6.7096	4.8219	14.9623	3.7344	2.5481	3.9534	.9867	6.4138	-8.1606	-2.4089
2.18	2.1697	3.7762	6.7377	4.7761	15.0802	3.4167	2.5296	3.9935	.9048	6.5585	-8.6049	-2.6240
2.20	2.1764	3.7675	6.7667	4.7289	15.2020	3.0895	2.5103	4.0350	.8200	6.7086	-9.0638	-2.8461
2.22	2.1832	3.7586	6.7966	4.6803	15.3276	2.7526	2.4904	4.0780	.7324	6.8644	-9.5376	-3.0753
2.24	2.1903	3.7494	6.8275	4.6302	15.4574	2.4059	2.4698	4.1226	.6417	7.0259	-10.0268	-3.3120
2.26	2.1976	3.7399	6.8594	4.5786	15.5912	2.0490	2.4485	4.1689	.5479	7.1936	-10.5318	-3.5563
2.28	2.2052	3.7301	6.8922	4.5254	15.7294	1.6818	2.4264	4.2169	.4509	7.3676	-11.0532	-3.8085
2.30	2.2129	3.7200	6.9261	4.4707	15.8719	1.3041	2.4036	4.2666	.3506	7.5481	-11.5914	-4.0688
2.32	2.2209	3.7096	6.9611	4.4144	16.0190	.9155	2.3800	4.3182	.2468	7.7355	-12.1470	-4.3375
2.34	2.2292	3.6989	6.9972	4.3564	16.1707	.5159	2.3555	4.3717	.1395	7.9299	-12.7204	-4.6148
2.36	2.2377	3.6879	7.0343	4.2967	16.3273	.1050	2.3301	4.4273	.0285	8.1318	-13.3124	-4.9009
2.38	2.2465	3.6766	7.0727	4.2352	16.4887	-.3175	2.3039	4.4848	-.0864	8.3414	-13.9233	-5.1963
2.40	2.2555	3.6649	7.1122	4.1720	16.6552	-.7519	2.2767	4.5446	-.2052	8.5590	-14.5540	-5.5011
2.42	2.2648	3.6528	7.1529	4.1069	16.8270	-1.1983	2.2486	4.6065	-.3280	8.7850	-15.2049	-5.8157
2.44	2.2744	3.6405	7.1949	4.0400	17.0041	-1.6571	2.2195	4.6709	-.4552	9.0197	-15.8768	-6.1403
2.46	2.2843	3.6277	7.2382	3.9711	17.1868	-2.1285	2.1893	4.7376	-.5867	9.2636	-16.5704	-6.4754
2.48	2.2945	3.6146	7.2828	3.9002	17.3752	-2.6129	2.1580	4.8070	-.7229	9.5169	-17.2865	-6.8213
2.50	2.3050	3.6011	7.3288	3.8273	17.5695	-3.1105	2.1257	4.8789	-.8638	9.7802	-18.0257	-7.1783
2.52	2.3159	3.5872	7.3762	3.7524	17.7698	-3.6217	2.0921	4.9537	-1.0096	10.0540	-18.7889	-7.5468
2.54	2.3270	3.5729	7.4250	3.6753	17.9764	-4.1467	2.0573	5.0313	-1.1606	10.3385	-19.5770	-7.9273
2.56	2.3385	3.5582	7.4754	3.5960	18.1894	-4.6859	2.0213	5.1120	-1.3169	10.6345	-20.3908	-8.3202
2.58	2.3504	3.5430	7.5272	3.5145	18.4091	-5.2396	1.9839	5.1958	-1.4788	10.9424	-21.2313	-8.7258
2.60	2.3625	3.5275	7.5807	3.4307	18.6356	-5.8081	1.9451	5.2830	-1.6465	11.2628	-22.0995	-9.1447
2.62	2.3751	3.5114	7.6358	3.3445	18.8691	-6.3919	1.9049	5.3736	-1.8203	11.5963	-22.9964	-9.5774
2.64	2.3881	3.4949	7.6926	3.2559	19.1100	-6.9912	1.8632	5.4679	-2.0004	11.9435	-23.9231	-10.0244
2.66	2.4014	3.4780	7.7511	3.1648	19.3583	-7.6064	1.8199	5.5660	-2.1870	12.3051	-24.8808	-10.4863
2.68	2.4151	3.4605	7.8115	3.0712	19.6145	-8.2379	1.7750	5.6681	-2.3805	12.6819	-25.8708	-10.9635
2.70	2.4293	3.4426	7.8736	2.9749	19.8786	-8.8861	1.7283	5.7744	-2.5812	13.0746	-26.8942	-11.4569
2.72	2.4439	3.4241	7.9377	2.8759	20.1510	-9.5514	1.6798	5.8851	-2.7895	13.4841	-27.9526	-11.9669
2.74	2.4569	3.4051	8.0038	2.7742	20.4320	-10.2342	1.6294	6.0004	-3.0056	13.9112	-29.0473	-12.4944
2.76	2.4744	3.3855	8.0718	2.6696	20.7218	-10.9350	1.5771	6.1207	-3.2299	14.3570	-30.1800	-13.0400
2.78	2.4904	3.3654	8.1420	2.5621	21.0208	-11.6541	1.5226	6.2461	-3.4629	14.8223	-31.3522	-13.6046
2.80	2.5068	3.3447	8.2144	2.4515	21.3292	-12.3920	1.4659	6.3770	-3.7050	15.3084	-32.5658	-14.1889
2.82	2.5237	3.3234	8.2889	2.3379	21.6473	-13.1493	1.4069	6.5136	-3.9565	15.8163	-33.8227	-14.7939
2.84	2.5412	3.3015	8.3658	2.2211	21.9756	-13.9263	1.3455	6.6562	-4.2182	16.3474	-35.1249	-15.4205
2.86	2.5592	3.2790	8.4451	2.1010	22.3143	-14.7236	1.2815	6.8053	-4.4903	16.9030	-36.4745	-16.0699
2.88	2.5778	3.2558	8.5269	1.9776	22.6638	-15.5417	1.2148	6.9611	-4.7736	17.4845	-37.8738	-16.7429
2.90	2.5969	3.2319	8.6112	1.8506	23.0245	-16.3812	1.1452	7.1242	-5.0686	18.0935	-39.3254	-17.4409
2.92	2.6166	3.2073	8.6982	1.7201	23.3968	-17.2425	1.0726	7.2949	-5.3760	18.7318	-40.8319	-18.1651
2.94	2.6369	3.1820	8.7879	1.5860	23.7812	-18.1264	.9968	7.4736	-5.6965	19.4012	-42.3962	-18.9169
2.96	2.6579	3.1560	8.8804	1.4480	24.1780	-19.0333	.9176	7.6610	-6.0309	20.1037	-44.0214	-19.6977
2.98	2.6795	3.1292	8.9759	1.3061	24.5878	-19.9639	.8348	7.8575	-6.3799	20.8413	-45.7109	-20.5091

λ	H1	H2	H3	H4	H5	H6	H7	H8	H9	H10	H11	H12	λ
3.00	2.7018	3.1016	9.0745	1.1602	25.0110	-20.9189	.7481	8.0639	-6.7445	21.6166	-47.4683	-21.3529	3.00
3.02	2.7248	3.0732	9.1762	1.0101	25.4480	-21.8989	.6574	8.2806	-7.1257	22.4320	-49.2975	-22.2309	3.02
3.04	2.7485	3.0440	9.2811	.8557	25.8995	-22.9045	.5622	8.5085	-7.5246	23.2904	-51.2029	-23.1451	3.04
3.06	2.7730	3.0139	9.3895	.6969	26.3661	-23.9366	.4625	8.7483	-7.9422	24.1949	-53.1891	-24.0978	3.06
3.08	2.7983	2.9828	9.5014	.5335	26.8482	-24.9959	.3577	9.0009	-8.3799	25.1487	-55.2612	-25.0914	3.08
3.10	2.8243	2.9509	9.6169	.3654	27.3465	-26.0832	.2477	9.2672	-8.8391	26.1555	-57.4248	-26.1285	3.10
3.12	2.8513	2.9180	9.7363	.1924	27.8616	-27.1993	.1319	9.5483	-9.3213	27.2195	-59.6860	-27.2119	3.12
3.14	2.8791	2.8841	9.8596	.0144	28.3943	-28.3449	.0100	9.8452	-9.8281	28.3451	-62.0515	-28.3450	3.14
3.16	2.9078	2.8491	9.9870	-.1689	28.9452	-29.5212	-.1185	10.1594	-10.3615	29.5371	-64.5288	-29.5312	3.16
3.18	2.9374	2.8131	10.1187	-.3575	29.5151	-30.7289	-.2542	10.4921	-10.9235	30.8011	-67.1260	-30.7743	3.18
3.20	2.9681	2.7759	10.2549	-.5518	30.1047	-31.9690	-.3976	10.8448	-11.5164	32.1432	-69.8523	-32.0787	3.20
3.22	2.9997	2.7377	10.3956	-.7519	30.7150	-33.2426	-.5493	11.2195	-12.1427	33.5700	-72.7176	-33.4491	3.22
3.24	3.0325	2.6982	10.5412	-.9579	31.3468	-34.5507	-.7101	11.6178	-12.8053	35.0893	-75.7333	-34.8908	3.24
3.26	3.0663	2.6574	10.6918	-1.1702	32.0010	-35.8944	-.8807	12.0421	-13.5072	36.7093	-78.9118	-36.4098	3.26
3.28	3.1013	2.6154	10.8477	-1.3890	32.6786	-37.2750	-1.0622	12.4948	-14.2522	38.4397	-82.2674	-38.0127	3.28
3.30	3.1375	2.5720	11.0090	-1.6145	33.3807	-38.6936	-1.2554	12.9785	-15.0442	40.2911	-85.8159	-39.7070	3.30
3.32	3.1750	2.5272	11.1761	-1.8469	34.1083	-40.1515	-1.4616	13.4964	-15.8876	42.2758	-89.5752	-41.5013	3.32
3.34	3.2138	2.4810	11.3491	-2.0856	34.8626	-41.6502	-1.6821	14.0520	-16.7878	44.4075	-93.5657	-43.4051	3.34
3.36	3.2539	2.4332	11.5283	-2.3338	35.6448	-43.1910	-1.9183	14.6493	-17.7506	46.7021	-97.8107	-45.4294	3.36
3.38	3.2955	2.3839	11.7140	-2.5838	36.4563	-44.7754	-2.1720	15.2929	-18.7826	49.1775	-102.3368	-47.5868	3.38
3.40	3.3386	2.3329	11.9066	-2.8520	37.2985	-46.4051	-2.4451	15.9882	-19.8918	51.8548	-107.1745	-49.8918	3.40
3.42	3.3833	2.2802	12.1063	-3.1237	38.1728	-48.0817	-2.7399	16.7413	-21.0870	54.7579	-112.3594	-52.3610	3.42
3.44	3.4296	2.2256	12.3135	-3.4043	39.0807	-49.8070	-3.0591	17.5593	-22.3787	57.9151	-117.9325	-55.0140	3.44
3.46	3.4776	2.1692	12.5286	-3.6941	40.0241	-51.5828	-3.4059	18.4507	-23.7792	61.3593	-123.9423	-57.8736	3.46
3.48	3.5274	2.1109	12.7519	-3.9935	41.0045	-53.4113	-3.7837	19.4253	-25.3029	65.1294	-130.4455	-60.9665	3.48
3.50	3.5792	2.0505	12.9838	-4.3030	42.0240	-55.2944	-4.1972	20.4950	-26.9669	69.2716	-137.5097	-64.3247	3.50
3.52	3.6329	1.9879	13.2248	-4.6231	43.0845	-57.2345	-4.6513	21.6737	-28.7918	73.8410	-145.2156	-67.9863	3.52
3.54	3.6887	1.9230	13.4754	-4.9542	44.1883	-59.2338	-5.1525	22.9785	-30.8023	78.9045	-153.6606	-71.9973	3.54
3.56	3.7467	1.8558	13.7360	-5.2959	45.3376	-61.2951	-5.7085	24.4300	-33.0286	84.5433	-162.9632	-76.4137	3.56
3.58	3.8071	1.7861	14.0072	-5.6517	46.5349	-63.4209	-6.3285	26.0537	-35.5078	90.8574	-173.2696	-81.3044	3.58
3.60	3.8698	1.7138	14.2896	-6.0193	47.7829	-65.6141	-7.0245	27.8814	-38.2860	97.9715	-184.7612	-86.7552	3.60
3.62	3.9352	1.6387	14.5838	-6.4001	49.0844	-67.8779	-7.8112	29.9530	-41.4215	106.0427	-197.6670	-92.8742	3.62
3.64	4.0033	1.5607	14.8904	-6.7951	50.4424	-70.2155	-8.7075	32.3197	-44.9887	115.2719	-212.2799	-99.7996	3.64
3.66	4.0742	1.4797	15.2102	-7.2048	51.8603	-72.6304	-9.7382	35.0479	-49.0846	125.9204	-228.9806	-107.7112	3.66
3.68	4.1482	1.3954	15.5440	-7.6301	53.3416	-75.1265	-10.9358	38.2258	-53.8373	138.3343	-248.2729	-116.8470	3.68
3.70	4.2254	1.3078	15.8925	-8.0718	54.8902	-77.7079	-12.3444	41.9725	-59.4203	152.9819	-270.8389	-127.5289	3.70
3.72	4.3060	1.2165	16.2566	-8.5309	56.5101	-80.3788	-14.0254	46.4533	-66.0743	170.5130	-297.6244	-140.2035	3.72
3.74	4.3902	1.1214	16.6374	-9.0083	58.2059	-83.1441	-16.0662	51.9046	-74.1430	191.8557	-329.9807	-155.5088	3.74
3.76	4.4763	1.0223	17.0358	-9.5052	59.9823	-86.0087	-18.5963	58.6759	-84.1355	218.3839	-369.9076	-174.3891	3.76
3.78	4.5705	.9188	17.4531	-10.0226	61.8447	-88.9784	-21.8158	67.3077	-96.8382	252.2216	-420.4964	-198.3039	3.78
3.80	4.6670	.8108	17.8904	-10.5618	63.7987	-92.0589	-26.0515	78.6820	-113.5349	296.8345	-486.7916	-229.6349	3.80
3.82	4.7682	.6980	18.3491	-11.1243	65.8505	-95.2569	-31.8751	94.3426	-136.4724	358.2897	-577.6228	-272.5510	3.82
3.84	4.8744	.5800	18.8306	-11.7115	68.0070	-98.5793	-40.3866	117.2598	-169.9733	448.2585	-709.9764	-335.0723	3.84
3.86	4.9858	.4564	19.3366	-12.3250	70.2756	-102.0338	-54.0071	153.9710	-223.5521	592.4316	-921.2411	-434.8518	3.86
3.88	5.1029	.3270	19.8688	-12.9666	72.6642	-105.6289	-79.3143	222.2371	-323.0564	860.6022	-1312.9893	-619.8466	3.88
3.90	5.2262	.1912	20.4291	-13.6383	75.1820	-109.3736	-142.6661	393.2292	-572.0640	1532.4489	-2292.2464	-1082.2323	3.90
3.92	5.3560	.0486	21.0196	-14.3421	77.8386	-113.2782	-589.7997	1600.5002	-2329.2023	6276.5112	-9197.9485	-4342.7704	3.92
3.94	5.4928	-.1012	21.6427	-15.0806	80.6448	-117.3536	298.0060	-796.8080	1159.5087	-3144.1793	4510.7122	2129.6954	3.94
3.96	5.6373	-.2589	22.3009	-15.8561	83.6125	-121.6121	122.4900	-322.9565	469.7315	-1282.2060	1799.3448	849.4977	3.96
3.98	5.7900	-.4250	22.9971	-16.6718	86.7549	-126.0671	78.4472	-204.1078	296.5975	-815.2736	1118.1939	527.8595	3.98

λ	H1	H2	H3	H4	H5	H6	H7	H8	H9	H10	H11	H12	λ
4.00	5.9516	-.6003	23.7344	-17.5306	90.0866	-130.7336	58.4027	-150.0605	217.7675	-602.9899	807.6118	381.1835	4.00
4.02	6.1229	-.7855	24.5164	-18.4362	93.6240	-135.6281	46.9395	-119.1856	172.6579	-481.7684	629.5256	297.0645	4.02
4.04	6.3046	-.9815	25.3469	-19.3925	97.3852	-140.7693	39.5169	-99.2228	143.4256	-403.4298	513.8181	242.3967	4.04
4.06	6.4978	-1.1891	26.2304	-20.4040	101.3905	-146.1777	34.3174	-85.2644	122.9281	-348.6887	432.4221	203.9284	4.06
4.08	6.7036	-1.4096	27.1717	-21.4755	105.6630	-151.8766	30.4714	-74.9621	107.7482	-308.3174	371.9077	175.3186	4.08
4.10	6.9230	-1.6439	28.1765	-22.6128	110.2282	-157.8922	27.5104	-67.0511	96.0448	-277.3457	325.0411	153.1519	4.10
4.12	7.1575	-1.8937	29.2510	-23.8221	115.1156	-164.2539	25.1598	-60.7899	86.7386	-252.8592	287.5804	135.4255	4.12
4.14	7.4086	-2.1603	30.4024	-25.1106	120.3582	-170.9952	23.2478	-55.7147	79.1550	-233.0363	256.8741	120.8875	4.14
4.16	7.6781	-2.4455	31.6389	-26.4865	125.9938	-178.1543	21.6616	-51.5211	72.8505	-216.6799	231.1792	108.7150	4.16
4.18	7.9679	-2.7513	32.9696	-27.9591	132.0658	-185.7750	20.3239	-48.0004	67.5214	-202.9707	209.3030	98.3447	4.18
4.20	8.2805	-3.0802	34.4055	-29.5393	138.6240	-193.9074	19.1803	-45.0052	62.9533	-191.3293	190.4014	89.3782	4.20
4.22	8.6183	-3.4347	35.9590	-31.2395	145.7263	-202.6097	18.1908	-42.4282	58.9898	-181.3343	173.8608	81.5257	4.22
4.24	8.9847	-3.8179	37.6444	-33.0742	153.4398	-211.9495	17.3259	-40.1897	55.5148	-172.6718	159.2237	74.5712	4.24
4.26	9.3832	-4.2335	39.4787	-35.0605	161.8432	-222.0057	16.5632	-38.2288	52.4397	-165.1036	146.1426	68.3507	4.26
4.28	9.8180	-4.6859	41.4820	-37.2182	171.0290	-232.8713	15.8852	-36.4986	49.6962	-158.4450	134.3483	62.7369	4.28
4.30	10.2944	-5.1801	43.6777	-39.5710	181.1071	-244.6566	15.2782	-34.9623	47.2304	-152.5513	123.6293	57.6301	4.30
4.32	10.8184	-5.7221	46.0943	-42.1473	192.2088	-257.4933	14.7314	-33.5905	44.9996	-147.3071	113.8171	52.9507	4.32
4.34	11.3973	-6.3194	48.7657	-44.9813	204.4926	-271.5402	14.2359	-32.3594	42.9692	-142.6194	104.7756	48.6343	4.34
4.36	12.0400	-6.9809	51.7334	-48.1143	218.1508	-286.9902	13.7846	-31.2499	41.1110	-138.4124	96.3937	44.6286	4.36
4.38	12.7575	-7.7174	55.0484	-51.5973	233.4200	-304.0802	13.3716	-30.2459	39.4018	-134.6237	88.5800	40.8903	4.38
4.40	13.5634	-8.5427	58.7738	-55.4937	250.5943	-323.1047	12.9920	-29.3342	37.8222	-131.2015	81.2582	37.3835	4.40
4.42	14.4748	-9.4739	62.9893	-59.8831	270.0433	-344.4338	12.6417	-28.5039	36.3561	-128.1025	74.3645	34.0779	4.42
4.44	15.5137	-10.5328	67.7964	-64.8670	292.2390	-368.5399	12.3171	-27.7456	34.9897	-125.2900	67.8449	30.9482	4.44
4.46	16.7082	-11.7478	73.3268	-70.5772	317.7931	-396.0351	12.0154	-27.0514	33.7115	-122.7331	61.6533	27.9724	4.46
4.48	18.0959	-13.1562	79.7542	-77.1875	347.5129	-427.7273	11.7340	-26.4144	32.5115	-120.4052	55.7504	25.1320	4.48
4.50	19.7270	-14.8085	87.3127	-84.9320	382.4867	-464.7053	11.4707	-25.8289	31.3810	-118.2836	50.1020	22.4109	4.50
4.52	21.6712	-16.7742	96.3259	-94.1343	424.2174	-508.4722	11.2237	-25.2899	30.3127	-116.3486	44.6787	19.7952	4.52
4.54	24.0274	-19.1523	107.2531	-105.2539	474.8405	-561.1642	10.9913	-24.7929	29.3001	-114.5831	39.4548	17.2727	4.54
4.56	26.9410	-22.0881	120.7702	-118.9667	537.4963	-625.9221	10.7720	-24.3342	28.3375	-112.9723	34.4076	14.8327	4.56
4.58	30.6349	-25.8047	137.9133	-136.3087	616.9995	-707.5610	10.5646	-23.9104	27.4199	-111.5032	29.5173	12.4658	4.58
4.60	35.4692	-30.6620	160.3557	-158.9534	721.1271	-813.8585	10.3681	-23.5186	26.5429	-110.1643	24.7662	10.1636	4.60
4.62	42.0658	-37.2821	190.9875	-189.7910	863.3098	-958.2458	10.1814	-23.1562	25.7026	-108.9456	20.1387	7.9188	4.62
4.64	51.5992	-46.8392	235.2665	-234.2793	1068.9116	-1166.0875	10.0035	-22.8209	24.8955	-107.8383	15.6208	5.7247	4.64
4.66	66.5850	-61.8494	304.8846	-304.1103	1392.2675	-1491.7191	9.8339	-22.5106	24.1186	-106.8343	11.1999	3.5754	4.66
4.68	93.5614	-88.8504	430.2252	-429.6673	1974.5776	-2076.3411	9.6717	-22.2236	23.3690	-105.9269	6.8647	1.4655	4.68
4.70	156.4769	-151.7910	722.5844	-722.2466	3333.0657	-3437.1782	9.5163	-21.9583	22.6441	-105.1096	2.6049	-.6098	4.70
4.72	470.0923	-465.4320	2180.0147	-2179.9009	10105.9566	-10212.4555	9.3672	-21.7131	21.9419	-104.3771	-1.5886	-2.6550	4.72
4.74	-475.9468	480.5811	-2216.5169	2216.4031	-10326.1303	10217.2069	9.2238	-21.4868	21.2601	-103.7242	-5.7244	-4.6740	4.74
4.76	-158.9054	163.5132	-743.1663	742.8208	-3479.2609	3367.8743	9.0858	-21.2782	20.5970	-103.1466	-9.8101	-6.6705	4.76
4.78	-95.7165	100.2974	-449.5384	448.9573	-2114.8920	2001.0028	8.9525	-21.0862	19.9507	-102.6404	-13.8530	-8.6479	4.78
4.80	-68.6656	73.2191	-323.8545	323.0339	-1531.0095	1414.5778	8.8238	-20.9100	19.3198	-102.2019	-17.8594	-10.6094	4.80
4.82	-53.6500	58.1755	-254.1022	253.0379	-1207.0604	1088.0456	8.6991	-20.7486	18.7028	-101.8280	-21.8355	-12.5577	4.82
4.84	-44.1025	48.5997	-209.7629	208.4507	-1001.2165	879.5773	8.5783	-20.6013	18.0984	-101.5157	-25.7869	-14.4955	4.84
4.86	-37.4988	41.9672	-179.1044	177.5401	-858.9557	734.6501	8.4609	-20.4673	17.5054	-101.2627	-29.7188	-16.4254	4.86
4.88	-32.6611	37.1001	-156.6536	154.8329	-754.8426	627.8280	8.3468	-20.3461	16.9226	-101.0665	-33.6360	-18.3497	4.88
4.90	-28.9660	33.3751	-139.5135	137.4319	-675.4143	545.6473	8.2356	-20.2371	16.3490	-100.9251	-37.5433	-20.2705	4.90
4.92	-26.0527	30.4313	-126.0072	123.6603	-612.8779	480.3144	8.1272	-20.1397	15.7836	-100.8367	-41.4448	-22.1899	4.92
4.94	-23.6978	28.0454	-115.0967	112.4798	-562.4097	427.0049	8.0213	-20.0535	15.2255	-100.7996	-45.3446	-24.1100	4.94
4.96	-21.7557	26.0718	-106.1052	103.2138	-520.8646	382.5728	7.9176	-19.9781	14.6738	-100.8125	-49.2467	-26.0324	4.96
4.98	-20.1274	24.4114	-98.5726	95.4017	-486.1037	344.8787	7.8162	-19.9130	14.1278	-100.8741	-53.1547	-27.9591	4.98

λ	H13	H14	H15	H16	H17	H18	H19
.00	.0000	.0000	.0000	.0000	.0000	1.0000	1.0000
.02	.0000	.0000	.0000	.0000	.0000	1.0001	.9999
.04	.0000	.0000	.0000	.0000	.0000	1.0003	.9995
.06	.0000	.0000	.0000	.0000	.0000	1.0006	.9988
.08	.0000	.0000	.0000	.0000	.0000	1.0011	.9979
.10	.0000	.0000	.0000	.0000	.0001	1.0017	.9967
.12	.0000	.0001	.0001	.0001	.0002	1.0024	.9952
.14	.0001	.0001	.0001	.0002	.0004	1.0033	.9935
.16	.0001	.0002	.0002	.0003	.0007	1.0043	.9915
.18	.0002	.0003	.0003	.0005	.0010	1.0054	.9892
.20	.0003	.0005	.0005	.0008	.0016	1.0067	.9866
.22	.0004	.0008	.0008	.0012	.0023	1.0081	.9838
.24	.0006	.0011	.0011	.0017	.0033	1.0097	.9807
.26	.0008	.0015	.0015	.0023	.0046	1.0114	.9774
.28	.0010	.0020	.0020	.0031	.0061	1.0132	.9737
.30	.0014	.0027	.0027	.0041	.0081	1.0152	.9698
.32	.0017	.0035	.0035	.0052	.0105	1.0173	.9656
.34	.0022	.0045	.0045	.0067	.0134	1.0195	.9612
.36	.0028	.0056	.0056	.0084	.0168	1.0219	.9564
.38	.0035	.0070	.0070	.0104	.0209	1.0245	.9514
.40	.0043	.0085	.0086	.0128	.0256	1.0272	.9461
.42	.0052	.0104	.0104	.0156	.0312	1.0300	.9405
.44	.0062	.0125	.0125	.0188	.0376	1.0330	.9346
.46	.0075	.0149	.0150	.0225	.0449	1.0362	.9285
.48	.0089	.0177	.0178	.0266	.0532	1.0395	.9220
.50	.0104	.0208	.0209	.0314	.0627	1.0429	.9152
.52	.0122	.0244	.0245	.0368	.0734	1.0465	.9082
.54	.0142	.0284	.0285	.0428	.0854	1.0503	.9009
.56	.0164	.0328	.0330	.0495	.0988	1.0542	.8932
.58	.0189	.0377	.0381	.0570	.1138	1.0583	.8853
.60	.0216	.0432	.0436	.0654	.1304	1.0626	.8770
.62	.0247	.0493	.0498	.0747	.1489	1.0671	.8685
.64	.0280	.0560	.0567	.0849	.1692	1.0717	.8596
.66	.0317	.0633	.0642	.0962	.1916	1.0765	.8504
.68	.0357	.0714	.0725	.1086	.2161	1.0814	.8409
.70	.0401	.0802	.0816	.1222	.2430	1.0866	.8311
.72	.0449	.0897	.0915	.1370	.2724	1.0919	.8209
.74	.0502	.1001	.1024	.1533	.3045	1.0975	.8104
.76	.0558	.1114	.1142	.1709	.3393	1.1032	.7996
.78	.0620	.1237	.1271	.1902	.3772	1.1091	.7885
.80	.0686	.1369	.1411	.2111	.4183	1.1152	.7770
.82	.0758	.1511	.1563	.2337	.4627	1.1215	.7651
.84	.0835	.1665	.1727	.2583	.5108	1.1281	.7529
.86	.0918	.1830	.1905	.2848	.5627	1.1348	.7404
.88	.1007	.2007	.2098	.3135	.6186	1.1418	.7275
.90	.1102	.2196	.2306	.3445	.6788	1.1489	.7142
.92	.1205	.2399	.2531	.3779	.7436	1.1564	.7005
.94	.1314	.2616	.2773	.4139	.8133	1.1640	.6865
.96	.1430	.2847	.3034	.4526	.8881	1.1719	.6721
.98	.1555	.3093	.3315	.4944	.9683	1.1800	.6573

λ	H13	H14	H15	H16	H17
2.00	3.2961	5.9799	-17.4329	-23.3221	-27.0376
2.02	3.4621	6.2556	-15.3663	-20.4493	-22.8741
2.04	3.6363	6.5428	-13.8020	-18.2670	-19.6546
2.06	3.8191	6.8422	-12.5769	-16.5508	-17.0698
2.08	4.0112	7.1542	-11.5916	-15.1636	-14.9310
2.10	4.2129	7.4796	-10.7819	-14.0173	-13.1168
2.12	4.4251	7.8190	-10.1048	-13.0524	-11.5451
2.14	4.6482	8.1731	-9.5302	-12.2275	-10.1587
2.16	4.8829	8.5427	-9.0363	-11.5128	-8.9164
2.18	5.1301	8.9286	-8.6072	-10.8862	-7.7877
2.20	5.3906	9.3317	-8.2309	-10.3311	-6.7495
2.22	5.6652	9.7530	-7.8981	-9.8348	-5.7842
2.24	5.9549	10.1935	-7.6015	-9.3872	-4.8777
2.26	6.2607	10.6544	-7.3355	-8.9806	-4.0190
2.28	6.5840	11.1370	-7.0955	-8.6084	-3.1992
2.30	6.9258	11.6426	-6.8777	-8.2656	-2.4110
2.32	7.2877	12.1726	-6.6790	-7.9479	-1.6483
2.34	7.6711	12.7287	-6.4970	-7.6518	-.9061
2.36	8.0777	13.3127	-6.3295	-7.3743	-.1801
2.38	8.5095	13.9266	-6.1747	-7.1129	.5333
2.40	8.9685	14.5724	-6.0311	-6.8656	1.2373
2.42	9.4570	15.2528	-5.8974	-6.6305	1.9346
2.44	9.9776	15.9702	-5.7725	-6.4060	2.6275
2.46	10.5332	16.7277	-5.6555	-6.1908	3.3183
2.48	11.1271	17.5286	-5.5455	-5.9837	4.0087
2.50	11.7628	18.3767	-5.4417	-5.7836	4.7004
2.52	12.4445	19.2761	-5.3436	-5.5897	5.3950
2.54	13.1768	20.2317	-5.2506	-5.4011	6.0938
2.56	13.9652	21.2488	-5.1621	-5.2170	6.7981
2.58	14.8155	22.3337	-5.0778	-5.0369	7.5092
2.60	15.7348	23.4933	-4.9972	-4.8601	8.2280
2.62	16.7312	24.7358	-4.9199	-4.6860	8.9557
2.64	17.8139	26.0707	-4.8457	-4.5143	9.6932
2.66	18.9938	27.5090	-4.7743	-4.3444	10.4414
2.68	20.2837	29.0635	-4.7053	-4.1759	11.2012
2.70	21.6987	30.7493	-4.6386	-4.0085	11.9734
2.72	23.2567	32.5847	-4.5740	-3.8417	12.7590
2.74	24.9793	34.5912	-4.5111	-3.6753	13.5586
2.76	26.8925	36.7950	-4.4500	-3.5089	14.3730
2.78	29.0281	39.2280	-4.3903	-3.3423	15.2032
2.80	31.4255	41.9297	-4.3320	-3.1751	16.0497
2.82	34.1336	44.9492	-4.2748	-3.0072	16.9134
2.84	37.2145	48.3487	-4.2187	-2.8381	17.7950
2.86	40.7481	52.2082	-4.1634	-2.6678	18.6952
2.88	44.8383	56.6317	-4.1090	-2.4959	19.6149
2.90	49.6238	61.7581	-4.0553	-2.3222	20.5548
2.92	55.2933	67.7763	-4.0022	-2.1464	21.5156
2.94	62.1103	74.9497	-3.9495	-1.9685	22.4983
2.96	70.4545	83.6583	-3.8972	-1.7881	23.5034
2.98	80.8935	94.4699	-3.8452	-1.6049	24.5320

Fortsetzung nächste Seite

Tafel H

λ	H13	H14	H15	H16	H17	H18	H19
1.00	.1687	.3355	.3618	.5393	1.0544	1.1884	.6421
1.02	.1828	.3633	.3944	.5876	1.1466	1.1970	.6265
1.04	.1978	.3929	.4295	.6395	1.2454	1.2059	.6105
1.06	.2137	.4242	.4673	.6953	1.3512	1.2151	.5940
1.08	.2306	.4575	.5080	.7553	1.4644	1.2245	.5772
1.10	.2485	.4926	.5517	.8198	1.5856	1.2343	.5599
1.12	.2674	.5298	.5988	.8892	1.7152	1.2443	.5421
1.14	.2874	.5691	.6495	.9638	1.8540	1.2546	.5239
1.16	.3086	.6106	.7041	1.0440	2.0025	1.2653	.5053
1.18	.3310	.6544	.7630	1.1303	2.1614	1.2762	.4861
1.20	.3546	.7005	.8265	1.2233	2.3316	1.2875	.4665
1.22	.3795	.7491	.8950	1.3235	2.5139	1.2991	.4464
1.24	.4058	.8002	.9691	1.4316	2.7092	1.3111	.4258
1.26	.4335	.8540	1.0491	1.5483	2.9188	1.3234	.4047
1.28	.4626	.9105	1.1358	1.6744	3.1438	1.3361	.3831
1.30	.4933	.9698	1.2298	1.8109	3.3855	1.3492	.3609
1.32	.5255	1.0321	1.3319	1.9589	3.6456	1.3626	.3382
1.34	.5594	1.0975	1.4430	2.1196	3.9259	1.3765	.3149
1.36	.5951	1.1660	1.5641	2.2945	4.2283	1.3908	.2910
1.38	.6325	1.2378	1.6963	2.4851	4.5553	1.4055	.2665
1.40	.6718	1.3130	1.8412	2.6934	4.9095	1.4207	.2415
1.42	.7130	1.3918	2.0003	2.9218	5.2943	1.4363	.2158
1.44	.7563	1.4742	2.1756	3.1728	5.7133	1.4524	.1894
1.46	.8017	1.5604	2.3693	3.4497	6.1711	1.4690	.1624
1.48	.8493	1.6505	2.5843	3.7562	6.6730	1.4861	.1347
1.50	.8992	1.7447	2.8239	4.0971	7.2255	1.5038	.1064
1.52	.9515	1.8431	3.0923	4.4780	7.8366	1.5220	.0773
1.54	1.0063	1.9458	3.3945	4.9060	8.5160	1.5407	.0474
1.56	1.0637	2.0531	3.7370	5.3899	9.2760	1.5601	.0168
1.58	1.1238	2.1651	4.1279	5.9410	10.1321	1.5801	-.0145
1.60	1.1868	2.2819	4.5777	6.5736	11.1044	1.6007	-.0467
1.62	1.2527	2.4037	5.1002	7.3068	12.2191	1.6220	-.0798
1.64	1.3217	2.5308	5.7138	8.1661	13.5114	1.6439	-.1137
1.66	1.3939	2.6633	6.4441	9.1864	15.0294	1.6666	-.1485
1.68	1.4695	2.8014	7.3266	10.4169	16.8411	1.6901	-.1842
1.70	1.5486	2.9453	8.4136	11.9294	19.0453	1.7143	-.2209
1.72	1.6315	3.0952	9.7839	13.8325	21.7918	1.7393	-.2586
1.74	1.7181	3.2515	11.5633	16.2994	25.3189	1.7652	-.2973
1.76	1.8089	3.4142	13.9650	19.6235	30.0305	1.7920	-.3370
1.78	1.9038	3.5836	17.3812	24.3447	36.6703	1.8197	-.3779
1.80	2.0032	3.7601	22.6223	31.5786	46.7737	1.8483	-.4199
1.82	2.1072	3.9439	31.6750	44.0599	64.1051	1.8780	-.4632
1.84	2.2162	4.1353	51.0535	70.7553	101.0078	1.9087	-.5077
1.86	2.3302	4.3346	121.7752	168.1257	235.2002	1.9406	-.5534
1.88	2.4497	4.5421	-385.3708	-529.9412	-725.5257	1.9736	-.6006
1.90	2.5747	4.7581	-77.7038	-106.4129	-142.3641	2.0078	-.6491
1.92	2.7058	4.9830	-44.1591	-60.2145	-78.5935	2.0433	-.6991
1.94	2.8431	5.2173	-31.2946	-42.4817	-54.0001	2.0802	-.7507
1.96	2.9870	5.4612	-24.4943	-33.0957	-40.8900	2.1184	-.8038
1.98	3.1379	5.7153	-20.2895	-27.2813	-32.6901	2.1582	-.8587

λ	H13	H14	H15	H16	H17
3.00	94.3157	108.2730	-3.7934	-1.4189	25.5847
3.02	112.1940	126.5406	-3.7417	-1.2298	26.6625
3.04	137.1613	151.9058	-3.6901	-1.0374	27.7662
3.06	174.4319	189.5829	-3.6384	-.8413	28.8967
3.08	235.9926	251.5592	-3.5866	-.6415	30.0551
3.10	356.8866	372.8777	-3.5345	-.4377	31.2421
3.12	701.9901	718.4149	-3.4822	-.2297	32.4589
3.14	9718.0206	9734.8885	-3.4296	-.0171	33.7064
3.16	-858.5065	-841.1860	-3.3765	.2001	34.9858
3.18	-420.0790	-402.2962	-3.3229	.4223	36.2981
3.20	-282.0101	-263.7551	-3.2688	.6498	37.6444
3.22	-214.4569	-195.7196	-3.2140	.8827	39.0261
3.24	-174.4268	-155.1969	-3.1584	1.1213	40.4444
3.26	-147.9743	-128.2415	-3.1021	1.3660	41.9005
3.28	-129.2148	-108.9683	-3.0449	1.6171	43.3960
3.30	-115.2353	-94.4644	-2.9867	1.8748	44.9321
3.32	-104.4293	-83.1230	-2.9275	2.1394	46.5104
3.34	-95.8379	-73.9849	-2.8671	2.4113	48.1326
3.36	-88.8536	-66.4426	-2.8056	2.6909	49.8004
3.38	-83.0728	-60.0920	-2.7427	2.9785	51.5154
3.40	-78.2166	-54.6543	-2.6785	3.2745	53.2795
3.42	-74.0867	-49.9307	-2.6127	3.5793	55.0948
3.44	-70.5376	-45.7757	-2.5454	3.8934	56.9633
3.46	-67.4606	-42.0802	-2.4764	4.2172	58.8872
3.48	-64.7726	-38.7610	-2.4056	4.5511	60.8689
3.50	-62.4091	-35.7533	-2.3329	4.8958	62.9108
3.52	-60.3194	-33.0060	-2.2581	5.2517	65.0157
3.54	-58.4628	-30.4784	-2.1812	5.6194	67.1862
3.56	-56.8064	-28.1372	-2.1020	5.9995	69.4255
3.58	-55.3235	-25.9555	-2.0203	6.3928	71.7367
3.60	-53.9920	-23.9108	-1.9360	6.7999	74.1232
3.62	-52.7934	-21.9846	-1.8490	7.2215	76.5887
3.64	-51.7124	-20.1609	-1.7590	7.6585	79.1371
3.66	-50.7359	-18.4266	-1.6660	8.1117	81.7727
3.68	-49.8528	-16.7703	-1.5695	8.5821	84.5000
3.70	-49.0537	-15.1822	-1.4696	9.0707	87.3239
3.72	-48.3305	-13.6539	-1.3659	9.5785	90.2496
3.74	-47.6761	-12.1779	-1.2581	10.1068	93.2828
3.76	-47.0844	-10.7479	-1.1461	10.6568	96.4298
3.78	-46.5501	-9.3583	-1.0295	11.2300	99.6972
3.80	-46.0686	-8.0039	-.9080	11.8277	103.0922
3.82	-45.6358	-6.6804	-.7813	12.4517	106.6229
3.84	-45.2481	-5.3838	-.6489	13.1037	110.2979
3.86	-44.9023	-4.1105	-.5105	13.7857	114.1266
3.88	-44.5956	-2.8574	-.3656	14.4999	118.1193
3.90	-44.3256	-1.6216	-.2138	15.2486	122.2876
3.92	-44.0900	-.4003	-.0544	16.0344	126.6440
3.94	-43.8869	.8086	.1132	16.8602	131.2023
3.96	-43.7145	2.0076	.2895	17.7292	135.9779
3.98	-43.5712	3.1986	.4754	18.6450	140.9878

Sachverzeichnis